天津市重点出版扶持项目

津沽名家文库（第一辑）

中国古代逻辑史

（上）

温公颐 著

南开大学出版社

天　津

图书在版编目(CIP)数据

中国古代逻辑史. 上、下 / 温公颐著. —天津：
南开大学出版社，2019.7
（津沽名家文库. 第一辑）
ISBN 978-7-310-05777-1

Ⅰ. ①中… Ⅱ. ①温… Ⅲ. ①逻辑史－研究－中国－
古代 Ⅳ. ①B81－092

中国版本图书馆 CIP 数据核字(2019)第 059583 号

南开大学出版社出版发行
出版人：刘运峰
地址：天津市南开区卫津路 94 号　　邮政编码：300071
营销部电话：(022)23508339　23500755
营销部传真：(022)23508542　　邮购部电话：(022)23502200
＊
天津丰富彩艺印刷有限公司
全国各地新华书店经销
＊
2019 年 7 月第 1 版　　2019 年 7 月第 1 次印刷
210×148 毫米　32 开本　31.375 印张　10 插页　730 千字
定价：198.00 元

如遇图书印装质量问题,请与本社营销部联系调换,电话:(022)23507125

温公颐先生（1904—1996）

第八章

第一節　略傳

王安石（一〇二一—一〇八六）

北宋哲學中，除周邵張及二程之外，亦有以文學家或政治家之資格而兼談哲理者，如歐陽修、司馬光、

蘇東坡、王安石等是。歐陽修於排佛外，尚有易童子問、歷史眼光雖佳，然少要見，東坡之經史均佳，然

當時之性論，只在韓愈論中安排告子揚雄之說，而此司馬光，具有政治及史學天才，然其濟虛以橫傳之

太玄，無甚獨創，兼標為傑出之思想家，只有王安石方具政治天才同時又曾深入哲理問題，故易述之

王安石字介甫，號半山，臨川人，生於宋真宗天禧五年公元一〇二一年，二十二歲登進士第，神宗即皇

翰林學士兼侍讀，拜參知政事，年四十九，頒布有名的新法，雖遭老輩反對，但彼不顧一切，謂天變不

足畏，祖宗不足法，人言不足卹，免司馬光等官職，種種為元豐，明兇後，值大旱，罷去，神宗死，安石不久亦卒，蓋

温公颐先生手迹

出版说明

津沽大地，物华天宝，人才辈出，人文称盛。

津沽有独特之历史，优良之学风。自近代以来，中西交流，古今融合，天津开风气之先，学术亦渐成规模。中华人民共和国成立后，高校院系调整，学科重组，南北学人汇聚天津，成一时之盛。诸多学人以学术为生命，孜孜矻矻，埋首著述，成果丰硕，蔚为大观。

为全面反映中华人民共和国成立以来天津学术发展的面貌及成果，我们决定编辑出版"津沽名家文库"。文库的作者均为某个领域具有代表性的人物，在学术界具有广泛的影响，所收录的著作或集大成，或开先河，或启新篇，至今仍葆有强大的生命力。尤其是随着时间的推移，这些论著的价值已经从单纯的学术层面生发出新的内涵，其中蕴含的创新思想、治学精神，比学术本身意义更为丰富，也更具普遍性，因而更值得研究与纪念。就学术本身而论，这些人文社科领域常研常新的题目，这些可以回答当今社会大众所关注话题的观点，又何尝不具有永恒的价值，为人类认识世界的道路点亮了一盏盏明灯。

这些著作首版主要集中在 20 世纪 50 年代至 90 年代，出版后在学界引起了强烈反响，然而由于多种原因，近几十年来多未曾再版，既为学林憾事，亦有薪火难传之虞。在当前坚定文化自信、倡导学术创新、建设学习强国的背景下，对经典学术著作的回顾与整理就显得尤为迫切。

　　本次出版的"津沽名家文库（第一辑）"包含哲学、语言学、文学、历史学、经济学五个学科的名家著作，既有鲜明的学科特征，又体现出学科之间的交叉互通，同时具有向社会大众传播的可读性。具体书目包括温公颐《中国古代逻辑史》、马汉麟《古代汉语读本》、刘叔新《词汇学和词典学问题研究》、顾随《顾随文集》、朱维之《中国文艺思潮史稿》、雷石榆《日本文学简史》、朱一玄《红楼梦人物谱》、王达津《唐诗丛考》、刘叶秋《古典小说笔记论丛》、雷海宗《西洋文化史纲要》、王玉哲《中国上古史纲》、杨志玖《马可·波罗在中国》、杨翼骧《秦汉史纲要》、漆侠《宋代经济史》、来新夏《古籍整理讲义》、刘泽华《先秦政治思想史》、季陶达《英国古典政治经济学》、石毓符《中国货币金融史略》、杨敬年《西方发展经济学概论》、王亘坚《经济杠杆论》等共二十种。

　　需要说明的是，随着时代的发展、知识的更新和学科的进步，某些领域已经有了新的发现和认识，对于著作中的部分观点还需在阅读中辩证看待。同时，由于出版年代的局限，原书在用词用语、标点使用、行文体例等方面有不符合当前规范要求的地方。本次影印出版本着尊重原著原貌、保存原版本完整性的原则，除对个别问题做了技术性处理外，一律遵从原文，未予更动；为优化版本价值，订正和弥补了原书中因排版印刷问题造成的错漏。

　　本次出版，我们特别约请了各相关领域的知名学者为每部著作撰写导读文章，介绍作者的生平、学术建树及著作的内容、特点和价值，以使读者了解背景、源流、思路、结构，从而更好地理解原作、获得启发。在此，我们对拨冗惠赐导读文章的各位学者致以最诚挚的感谢。

　　同时，我们铭感于作者家属对本丛书的大力支持，他们积极创造条件，帮助我们搜集资料、推荐导读作者，使本丛书得以顺利问世。

最后，感谢天津市重点出版扶持项目领导小组的关心支持。希望本丛书能不负所望，为彰显天津的学术文化地位、推动天津学术研究的深入发展做出贡献，为繁荣中国特色哲学社会科学做出贡献。

南开大学出版社

2019 年 4 月

《中国古代逻辑史》导读

田立刚　张晓芒

　　20 世纪 80 年代初，环境清幽、风景优美的南开大学校园里，每当早晨和午后，在马蹄湖和新开湖边，人们总能看到一位学者模样的老先生在优雅地散步。他身体健朗，精神矍铄，迈着缓慢而稳重的步履，穿过湖边梧桐树硕大树冠掩映的弯曲小路，走在大中路上，走在学校新建不久的教授楼间。他就是本套中国逻辑史系列专著——《先秦逻辑史》《中国中古逻辑史》和《中国近古逻辑史》的作者，年届八旬的我国著名哲学家、逻辑学家和教育家，时任中国逻辑学会副会长和南开大学哲学系主任的温公颐教授。

一、温公颐先生生平及学术建树

　　温公颐先生，原名温寿链，1904 年 11 月 4 日出生于福建省龙岩县。1982 年，温先生在一篇自传文章《我研究哲学的经过》中，对家乡景致做了这样的描写："闽西南崇山峻岭的山区中，有一座海拔约 5000 公尺的高峰。峰顶苍松覆盖，冬季白雪皑皑。山顶古庙倾圮，只剩断瓦颓垣。山腰巨石嶙峋，有似龙盘虎踞。山麓丛林密布，夏蝉鸣声震耳，响彻山谷。南山翠竹成林，碧波荡漾。

北山甘泉夺石而出，村民饮涤所资。在这样风光秀丽的廖天山下，有一座约六七十户人家的山村，即福建省龙岩县万安乡的好坑村。"①温先生的祖、父辈均务农，岁入不足，他是依靠本村宗祠的补贴，才在家乡读完小学和中学的。1922年夏，温先生考入北京大学，成为当时龙岩县第一个国立大学的大学生。由于家境清寒，温先生靠当时龙岩县政府的资助才顺利进入北大学习。1922年到1924年，他先在北京大学预科学习两年，1924年秋升入北京大学哲学系本科。1926到1927年学年里，温公颐先生在大学本科三年级的时候，当时在清华大学哲学系任教的金岳霖先生受邀来北大讲授逻辑学课程，温先生跟随金岳霖先生系统学习了西方传统逻辑和现代逻辑的知识与理论。1928年夏，温公颐先生在北京大学毕业。

大学毕业后，温公颐先生接受北京大学之邀，担任校长室秘书兼文科预科讲师的工作，后历任北京大学哲学系本科讲师、教授等职。在北京大学执教期间，他还曾兼任北京师范大学、北平私立中国大学、朝阳大学、华北大学等高校的教授。

1959年10月，温公颐先生调入南开大学，主持南开大学哲学系的重建工作。他先在政治经济学系担任教授兼副主任，并开始在南开讲授哲学、逻辑学和中国哲学史等课程。1962年秋，南开大学哲学系重建后,温先生担任哲学系教授兼系主任，直到1987年8月退休。退休后，他继续受聘担任南开大学哲学系教授、逻辑学专业博士生导师，主持南开大学逻辑学专业的创建和中国逻辑史学科的建设发展工作，并坚持完成了国家社科重点项目中国逻辑史的研究。

温公颐先生早年在北京大学预科和哲学系读书期间，已广泛

---

① 温公颐：《我研究哲学的经过》，见《温公颐文集》，山西高校联合出版社，1996年，第1页。

2

研读了中西著名哲学家的著作，这不仅为他以后对哲学的研究探索奠定了坚实的基础，而且使他形成了早期哲学思想的基本倾向。在读预科时，他甫一接触中国古代哲学思想的精华，就深深为之所吸引。当时，北大文科预科开设有中国学术论著集要课程，所用教材辑录了从先秦诸子到明清历代著名哲学家的重要篇章，开卷首篇即《庄子》的《天下》篇，当他读到"寂漠无形，变化无常，死与？生与？天地并与？神明往与？芒乎何之？忽乎何适？万物毕罗，莫足以归"时，顿觉死生事大，宇宙无穷，这涵盖了从世界观到人生观的诸多问题。对程朱理学的学习，使温先生对孔孟的儒学正宗思想产生了浓厚的兴趣，他认识到，孔孟的人伦日用之学应为哲学研究的中心，是社会政治和伦理观念建构与维持的基础。

升入哲学系本科之后，温公颐先生又系统地学习了西方哲学思想。先是康德、黑格尔哲学，后是以培根、洛克等人为代表的唯物主义经验论思想，这些都对他日后哲学观念的形成和阐释发生过重要的影响。特别是通过中西哲学的比较，他深切地体会到中西哲学的互补性，认为只有融汇中西方哲学，才能达于对哲学之最高原理的整体性把握。他认为，中国哲学重在人伦日用，以伦理的求善为主，"大学之道，在明明德，在亲民，在止于至善"，这是儒学正宗，也代表了中国两千多年的哲学主干；而西方哲学在于求真，"哲学"一词之本义"爱智"乃是西方哲人追求的理想。因此，哲学研究不但在求善，也在求真，并在求真、善、美三位一体。三者融贯的最高境界为"圣"，"圣"即真、善、美的统一体。哲学是对整个宇宙最高原理的探求，决不能满足于有形的物质世界，应穷极奥妙，潜心幽玄，以求直证真知，才是哲学家的职志。中国哲学中的"道"，西方哲学中的"本质""上帝"，都是哲学家终身研索不已的对象。这种对哲学的见识，构成了温公颐先生早期学术思想的基本内容，也是他日后学术思想发展的重要线索。1937 年，温公颐先生总结他在北京的高校讲课的内容，把课程讲义编著出版了，即被定为当时"大学丛书"的《哲学概论》和《道德学》两部著作，其中所阐述的思想原理，正是本之于他的上述思想。

《哲学概论》最早是温公颐先生从 1931 年起在北京师范大学主讲哲学概论时编写的讲义，讲义参考美国学者康查汉（G. W. Cunningham）英文原版的《哲学问题》和鲍尔生（F. Paulsen）、耶路撒冷（W. Jerusalem）、付立顿（G. S. Feerton）等人的《哲学概论》编译而成。后几经整理修改，写成《哲学概论》一书。北京大学贺麟教授为该书作序，1937 年由上海商务印书馆出版。《道德学》一书，也由讲义修改而成，是温公颐先生 1933 年在北京师范大学主讲道德学时编写的。该书参考了英文版的《道德学教本》和《道德学概论》两书写成，1937 年由上海商务印书馆出版。以上两书是温公颐先生早期学术思想的代表作，反映了他当时对哲学、伦理学原理的理解较多地接受了康德、黑格尔哲学的影响。温先生曾谈到，《哲学概论》和《道德学》两书，并不是照搬西方人的观点，而是以中国传统的儒家思想对许多哲学、伦理学问题做出了新的阐释。"我编著的《哲学概论》和《道德学》二书虽以康德、黑格尔哲学为主导，但也参酌了中国儒家传统的思想。在《哲学概论》中，用中国传统的知行观来分析全部哲学问题；在《道德学》中，以'求放心''知几''尽性'为道德修养之途径，以'仁''义''礼''智''信'为重要德行。都可以看出书中的儒家思想的影响。"[1]

在北京多所大学任教期间，温公颐先生还多次主讲过中国哲

---

[1] 温公颐：《我研究哲学的经过》，见《温公颐文集》，山西高校联合出版社，1996 年版，第 10 页。

学史课程。他把西方哲学本体论、认识论、道德学、知行观等诸多哲学范畴，应用于对中国古代哲学人物与学派思想的理论分析中，结合先秦诸子及后代哲学家固有的哲学概念，按照中国哲学发展的历史线索，把先秦到明清的哲学做了全面系统的梳理与阐释。后来，他把自己多年讲授中国哲学史课程所用的讲义整理成《中国哲学史》一书，分为上下两卷，共四十余万字，用俊秀工整的毛笔小楷写成全书。1948 年底，这部书的书稿曾交予上海商务印书馆准备出版，但由于历史的原因，温公颐先生精心著述的这部《中国哲学史》最终未能面世。

1949 年以后，温公颐先生学术研究的中心转向了逻辑学领域。他积多年讲授逻辑学课程的经验，综合当时国内流行的几本苏联的逻辑学教科书，并结合我国社会主义革命和建设的生动事例，编著了《逻辑学》一书。该书于 1958 年由高等教育出版社出版后，受到学术界普遍关注与好评。1959 年《读书》杂志第 6 期曾载文评述道："温公颐著的《逻辑学》一书，无论从体系上，或是从理论的阐述方面，都是比较完整、稳妥的。"①此后，温公颐先生又结合工农业生产中逻辑方法的应用，写成了一本逻辑学通俗读物《类比推理在实践中的运用》，对推动逻辑知识的普及起到了积极的作用。

正是从事中国哲学史和逻辑学的教学与理论研究所形成的学术功底与理论见识，为温公颐先生后来转入中国逻辑史的研究奠定了良好的基础。

从 20 世纪 70 年代后期开始，温公颐先生学术研究事业的中心集中到中国逻辑史领域。当时中国逻辑史的研究与教学在逻辑学这个大学科中尚属薄弱环节。1979 年，全国哲学规划会议

---

① 家国：《评去年出版的形式逻辑教材和一般读物》，《读书》，1959 年第 6 期。

在济南召开，会上把中国逻辑史列为"六五"计划重点科研项目，由中山大学杨沛荪先生、华南师范大学李匡武先生和南开大学温公颐先生共同主持完成。但后来由于杨、李两先生健康原因，该项目最终只能由温先生一人来承担。[①]在此后不到十年的时间里，温先生先后独立撰写完成了《先秦逻辑史》《中国中古逻辑史》和《中国近古逻辑史》三部重要学术专著，其中《先秦逻辑史》获得天津市哲学社会科学优秀成果奖一等奖；主编出版了国内第一本研究生教材《中国逻辑史教程》，该书获得了全国高等学校优秀教材奖；写作并发表了一系列关于中国逻辑史研究的学术论文。粗略统计，在这一时期，温公颐先生撰写和主编的学术论著总计近二百万字。由此他一生的学术研究事业也达到一个新的高峰，使这一时期成为最能代表他的学术思想成就的时期。很难想象，一位患有严重眼疾的耄耋老人，能够不避寒暑，不辞辛劳，殚精竭虑地完成如此巨大工作量的学术建树。

二、治学观念和特点

温公颐先生在北大、南开等高校讲授哲学、逻辑学、道德学、中国哲学史和中国逻辑史等课程近七十年，并一直从事相关的学术理论研究工作。在长期的教学与研究实践中，他逐步形成了科学严谨的治学理念，并写过多篇论述治学观念、治学方法的文章。

1931年，温先生根据朱熹读书和写作的特点，写下一篇题为《朱子读书法》的文章，发表在当时的《师大教育丛刊》上。文中谈道："哲学的著作，常用抽象的名词，它所讲的，又是宇宙的至高原则，所以初学的人，往往感到艰涩隐晦的困难，因而浅尝

---

① 温公颐：《中国中古逻辑史·前言》，上海人民出版社，1989年，第1页。

辍止。"为此，他把朱熹读书方法概括为六个方面，"即（一）循序渐进；（二）熟读精思；（三）虚心涵泳；（四）切己体察；（五）著紧用力；（六）居敬持志"。并提出，上述六点"实在是我们读一切书籍时所当注意的，我们读哲学的书籍，当然也应依照朱子的方法"。[①]

1937年，温先生在《哲学概论》一书的附录中，收录了他写的《读哲学书的方法》一文。据温先生回忆，他把文中的观点曾和当时在北大任教的熊十力、张东荪等教授讨论交流，并得到他们的赞许。这篇文章汲取了西方语言哲学和语义学的观点与方法，集中讨论了哲学著作中概念的理解和阐释方面的问题。首先，是日常语言中的普通语词用在哲学家著作中，被赋予了特殊的意义，或有着专门的用法，如中国哲学中的"天"和"道"，西方哲学中的"事件"和"存在"，等等。对于这些概念和语词，要结合哲学家具体讨论的思想观点做出准确的理解和解释，而不能简单地凭空想象或望文生义。其次，即使是同一语词，在不同哲学家那里也可能会有不同的意义，他以西方哲学中的"观念"一词为例，分析了这个概念被不同哲学家使用时所表达的不同意义。"'观念'一词，至少在哲学中有四种不同的意义：一为柏拉图之'理念'说，系一永久的典型，比'上帝'更为实在；二为新柏拉图派（Neo-Platonism）的'观念'说，就是'上帝'心里的一种模型；三为洛克的'观念'说，就是人们思想时所思物的直现；四为休谟（David Hume）的'观念'说，这就是官觉印象的模糊影象。"[②]

上文中还探讨了解释哲学概念或哲学命题专门意义的方法。温先生认为，了解和掌握哲学著作中概念或命题的准确含义，可

---

① 温公颐：《读哲学书的方法》，见《温公颐文集》，山西高校联合出版社，1996年，第18页。
② 同上书，第20页。

以通过两个步骤：一是通过查字典，寻找普通词典，或哲学词典，或百科全书之类书中对概念的一般解释；二是结合哲学家对概念或语词的具体使用，给予特殊的理解和解释，并进而做出归纳概括。如儒家所说的"仁"字，用于"仁慈"和"仁义"都与道德"善"的观念相关，在《论语》一书的使用中，"仁"字出处不同，意义各有不同。"颜渊问仁。子曰：'克己复礼为仁。'……颜渊曰：'请问其目。'子曰：'非礼勿视，非礼勿听，非礼勿言，非礼勿动。'"又记："仲弓问仁。子曰：'出门如见大宾，使民如承大祭。己所不欲，勿施于人。在邦无怨，在家无怨。'"又记："司马牛问仁。子曰：'仁者，其言也讱。'"又记："樊迟问仁。子曰：'居处恭，执事敬，与人忠。'"总括这几条解释，我们可以得出"仁"就是做人的道理，或为"统摄诸德，完成人格"之名。①

以上问题，表面上看起来是读哲学书时对概念、语词的理解问题，实际上反映的是一种治学观念与态度，所思所想、所读所写都要一丝不苟、科学严谨。不仅要仔细认真研读原著，还要综合一般的理解和解释，把握哲学概念的确切含义，这是研究哲学的基础和必要的前提条件。在写作和讲授中国逻辑史的过程中，温先生结合教学与科研，写下了《治学三要》一文，其中讲到了做学问的三个"贵在"。

第一，贵有创见。"我国古代，百家争鸣，先哲各抒卓见，蔚为先秦的光辉灿烂时代。西哲尝谓哲学家为独立的思想家（Isolate thinker），康德以 11 年的思考写成他的巨著《纯粹理性批判》，其尤为著者。印哲言'见'（Darsana），益指能如实了知，契会中道之谓。东西古哲，所见皆同。"②温先生认为，做学问犹如集众见

① 温公颐：《读哲学书的方法》，见《温公颐文集》，山西高校联合出版社，1996 年，第 23 页。

② 温公颐：《治学三要》，见《温公颐文集》，山西高校联合出版社，1996 年，第 16 页。

而迈进真理之途，中西哲人的思想，各有所见，亦有所蔽，都是对真理的追求，我们要通过学习了解，对是非真伪做出独立的判断。所以，做学问不能人云亦云，必须提出自己的新见。在为博士生讲授中国逻辑史课程的过程中，温先生每讲一部分，都要求学生写一篇体会文章，其中不仅要综合概括前人的观点，还必须提出自己的见解。如果只是简单地汇总有关文章的观点，他都会提出严厉的批评。可见，温先生对于学术创新始终是高标准严要求的。

第二，贵得要旨。"每一哲学家的思想是复杂的，我们必须拨云雾而抓要害。纲举目张，自可理出头绪。比如公孙龙，有人说是唯物的，有人说是唯心的，究竟哪个对呢？我们只要抓住他'且夫指固自为非指，奚待于物而乃与为指？'的话，就可证明指是先于物而存在，指先物后，当然是属于唯心论的。公孙龙虽也讲物，但他的物是由指变来的，这和唯物论者的物不同。有人问柏克莱：'你吃的是观念吗？穿的是观念吗？'柏克莱答道：'吃的、穿的自然都是物质的东西。'又如董仲舒是神学正名逻辑的主持者，但他有近似唯物派的名实观，那是为汉统治者讲赏罚用的，和他的主旨无关。"①这就是说，对哲学家的基本观点要做综合分析，不能仅凭一两句话妄加评判。当然，贵得要旨是很高的学术要求和理论境界，只有在对哲学家的思想系统学习、全面领会、融会贯通的基础上才能做到。因此，它也是判定一个学者学术理论水平高下的重要标准。

第三，贵查原著。温公颐先生提出："治学不能只根据第二手资料，必须根据原著。"②温先生一生阅读过大量中西方哲学家的

---

① 温公颐：《治学三要》，见《温公颐文集》，山西高校联合出版社，1996年，第17页。
② 同上。

著作，包括许多外文的原典，他在哲学史、逻辑史方面可谓知识渊博，学贯中西。但是，在撰写三部中国逻辑史著作的过程中，他总是要求助手或学生帮助他把有关人物的原著找来，重新仔细研读，写成后再仔细核对原文。在这三部中国逻辑史著作中，我们可以见到许多引用的著作原文，甚至图表，都是温先生从有关人物的著作中查找、记录，然后结合论述加以引用的。写《中国中古逻辑史》中印度因明传入中国部分时，由于南开大学图书馆相关的文献有限，他专门派学生到北京图书馆、中国社会科学院哲学研究所资料室查找，包括英文的因明研究著作，他都找来认真阅读。

温先生把学术研究的文献资料分为一手的和二手的。一手的资料，是指哲学家或思想家本人著作的原文，他认为一手资料是进行学术研究的主要的、基本的文献依据；二手的资料，即指关于思想家理论的研究性著作或者论文，它们在研究中只能起参考的作用。他认为，如果只根据第二手资料，就有可能发生误解，甚至出现错误。"如某书讲墨子'兼爱'，为和'于路'君子辩难，实则《墨子》本文作'于故'。'于故'者为迂远无补实际之事。某书讲孟子'王馈金一百而不受'，实则《孟子》原文为'王馈兼金一百而不受'，这就不对了。我近年写《先秦逻辑史》，力求做到遍读原著全文而后动笔，无非想尽量避免片面性和可能发生的错误而已。昔顾亭林写《日知录》，喻为采铜于山以铸钱，这具有深长的意义。如果我们仅买旧钱充铸，自不免于粗恶之讥。为学亦犹是已。"[①]温先生科学严谨的治学态度、治学方法，为研究中国逻辑史的晚辈学者和他的学生们树立了榜样。

---

① 温公颐：《治学三要》，见《温公颐文集》，山西高校联合出版社，1996年，第17页。

三、本书的思想体系和意义价值

如前所述，温公颐先生的这三部中国逻辑史专著，都是为了承担与完成原国家教委设立的国家社科重点项目而作。1979 年上海人民出版社来津提出愿意承担出版工作并建议分册出版，温先生为此重新制订了研究和写作计划。第一部《先秦逻辑史》于 1982 年完成，1983 年出版；第二部《中国中古逻辑史》于 1986 年初完成，1989 年出版；第三部《中国近古逻辑史》于 1992 年完成，1993 年出版。三本书独立成册，各有特点，但思想内容密切相关，历史断代亦相互衔接。而这十年，正是国内学界中国逻辑史研究形成新的热潮的时期，温先生这三部中国逻辑史专著的出版，对推动国内中国逻辑史研究热潮的形成和发展，产生了重大影响，其中许多具有创建性的学术观点引起了学界的广泛关注与讨论。

（一）《先秦逻辑史》

《先秦逻辑史》全书分为上、下两编，其中上编包括了邓析、墨翟、惠施和公孙龙等辩者、墨辩逻辑（上、下），共五章。下编有孔子、孟子、稷下学派、荀子和韩非等人的逻辑思想，也包括五章。温公颐先生在该书前言中论述了书中涉及的四个重要问题，每个问题都包含了温先生的创新观点或看法。

第一，关于先秦逻辑史的地位问题。简言之，包括先秦逻辑到底有没有，以及先秦逻辑处于什么水平和地位这两个问题。近代以来，西方逻辑再次传入我国并引起较大反响。参照西方逻辑，对中国古代有无逻辑的问题，学界出现过两种针锋相对的看法，即先秦时期的名辩学说就是中国古代逻辑，以及先秦没有亚里士多德那样的逻辑的观点。温先生认为："我国古代的一些逻辑学家并不像亚里士多德作了系统的思维规律与形式的研究，如果拿亚氏标准来衡量，也许很难说得上有。正如拿西方所谓哲学的标准来衡量中国古代哲学就会得出中国古代只有伦理学、政治学，而没有西人之所谓哲学一样。"①书中提出诸多论据，论证中国古代无逻辑的说法不仅是违反历史事实的，在学术上也是不可取的。关于先秦逻辑史的地位，温先生提出："先秦逻辑史是我国逻辑史中最光辉灿烂的一页，也是世界逻辑史上最古的一颗宝贵的明珠。如果先秦逻辑史是发轫于邓析、奠基于墨翟的话，那么，它就比希腊的亚里士多德还要早一百多年。先秦逻辑史在我国整个文化史中占了很重要的地位。"②这样的观点，对当时中国逻辑史研究的开展，无疑起到了直接的推动作用。

第二，关于先秦逻辑史的对象范围和写法问题。温先生赞同狭义的范围与写法，即以逻辑思想的发展为主线，在必要时亦要讨论有关的哲学和历史文化背景问题。他提出："逻辑史只能限于逻辑理论本身的发展，从而找出它的发展变化的规律。我本人同意狭义的写法。但对某一逻辑学家的理论和他的哲学密切相关时，就不得不略提他的哲学基础，不过重点还在逻辑本身，这就和哲学史的阐述区别开来了。"③这就为全书研究论述的重点和内容的选取提出了统一的标准，也为后来的研究者提供了重要参考。

第三，关于先秦逻辑史的体系。书中集中讨论了两个问题，一是要打破《汉书·艺文志》把先秦诸子划分为九流的旧说，不能简单地按照汉代学者对先秦学派的划分来依照时间次序论述先秦各思想家与各学派的逻辑思想。二是结合先秦逻辑思想发展的特点，把先秦时期出现的逻辑思想和逻辑理论分为辩者派与正名

---

① 温公颐：《先秦逻辑史·前言》，上海人民出版社，1983年，第1页。
② 同上。
③ 同上书，第3页。

派两部分。《先秦逻辑史》一书的内容体系正是据此把全书分为两编的，与先前及之后的先秦逻辑史著作相比，在内容体系上是一个重大的创新。至于辩者派和正名派的区别，温公颐先生指出："辩者派和正名派的基本差别在于前者是立足于逻辑本身来讲逻辑，而后者却以政治伦理为主，逻辑为辅，因而是一种政治伦理的逻辑。两派互相辩难，同时也互相汲取……整个先秦逻辑史是在这两派的互相斗争又互相影响下而推动前进的。"①

第四，关于先秦伪书的看法。温先生认为，"要写好先秦逻辑史，还有一个对于伪书的看法问题。先秦逻辑史料的真伪考订是重要的，因为真实的逻辑史必须根据可靠的史料。"②先秦诸子的著作，除《孔子》《孟子》《墨子》和《荀子》外，许多书都存在伪书或疑伪的问题。伪书是全伪，根本不是署名者的著作，或完全不是署名者的观点；疑伪是说书中部分观点不是署名者那个时代可能有的，其中的文字真伪混杂。先秦的《邓析子》《尹文子》，甚至《公孙龙子》都存在伪书或疑伪的争议。对此，温先生提出："对所谓伪书，应有正确的看法，决不能一提伪书就予以全盘否定……我们应把一些所谓伪书的内容对照当时的时代背景来考察，如果该书确实反映了当时的时代情况，那它就有一定的价值。比如。《邓析子》中的《无厚》《转辞》的内容是反映春秋末期社会情况的。《尹文子》的'正形名'之说也反映战国中期的名辩情况，就不能认为纯属假造。除了用时代背景进行检证之外，还可参校先秦诸子的评述，如邓析的'两可''两然'之说，荀子的《不苟》篇、《非十二子》篇、《儒效》篇中都提到，《吕氏春秋·离谓》篇也有论述，这也可供佐证。"③温公颐先生的这种观点，为中国

---

① 温公颐：《先秦逻辑史·前言》，上海人民出版社，1983年，第5页。
② 同上书，第5-6页。
③ 同上书，第6页。

逻辑史写作中资料文献的选取，提供了重要的参考标准。

（二）《中国中古逻辑史》

《中国中古逻辑史》包括了中国逻辑史从秦汉之际到隋唐时代的发展内容，全书共分为以下十二章：第一章，《吕氏春秋》的逻辑思想；第二章，《淮南子》的逻辑思想；第三章，董仲舒的神学正名逻辑；第四章，《盐铁论》中的逻辑问题；第五章，扬雄的数的演绎逻辑；第六章，王充的论证逻辑；第七章，东汉伦理的逻辑思想；第八章，魏晋南北朝的形而上学逻辑或玄学逻辑；第九章，魏晋南北朝的形式逻辑科学的发展；第十章，因明在印度的产生及其在中国的传播和影响；第十一章，刘知几的论证逻辑；第十二章，柳宗元、刘禹锡的唯物的逻辑思想。

书中首先谈到《中国中古逻辑史》和《先秦逻辑史》的关系，肯定二者既有区别，又有联系。二者的区别在于，先秦时代百家争鸣，造就了正名派逻辑和辩者派逻辑在研究逻辑的目的、理论的中心等方面有着鲜明的分别；而秦汉之后，学派或人物的逻辑思想逐步演变为相对独立发展的单一模式，因而全书单独设章，不再采取分编的方法。但中古逻辑和先秦逻辑在逻辑史主题内容的发展上是一贯的、相通的，后世又有所继承和发展。如先秦逻辑中墨家讲推类，到《吕氏春秋》和《淮南子》则发展为"类固不必可推知"和"类不可必推"，先秦的正名和名实观，到东汉时代则限定为人伦品鉴中的名（名位、名份）和实（能力、德行）的讨论，等等。

其次，温公颐先生总结概括了中古逻辑的特点，包括中世纪化、复古化、笺注化、杂糅化等，并逐一做了分析论证，既反映了不同历史阶段在政治文化方面的差异，也包括了逻辑思想探讨内容方面的变化。而像董仲舒的神学正名逻辑、扬雄笺注化的数的演绎逻辑、王充的论证逻辑等，则是逻辑思想在内容特质上的表征，是一种笺注化的表现。有些思想家的逻辑讨论融会先秦儒、道、墨等学派的立场观点，体现为杂糅化，等等。这些特点决定了全书各章节讨论的核心概念有所不同，温公颐先生将之称为"逻辑范畴研究的探索"。

先秦之后，中国古代思想文化的发展由"百家争鸣"转向"一统天下"的格局，名辩问题的讨论也由高潮、兴盛逐步走向衰落、式微，至魏晋时代鲁胜甚至发出"自邓析至秦时，名家者世有篇籍，率颇难知，后学莫复传习，至于今五百余岁，遂亡绝"[①]的感叹。从文献资料看，像先秦墨家的《墨辩》六篇、荀子的《正名》篇等专门论述逻辑思想的经典著作已几难发现，这就为中国逻辑史的研究写作带来很大难度。温先生在该书的前言中写道："本书于 1982 年 6 月开始撰写，直至 1986 年夏才写毕，时经五个寒暑。当写至第九章时，正值 1985 年盛夏，汗流稿纸，但从未搁笔，幸底于成。"[②]由此可见，温先生《中国中古逻辑史》的研究写作是极其艰辛困难的。

（三）《中国近古逻辑史》

《中国近古逻辑史》包括了从两宋时期到清代中国逻辑思想史发展的过程。温公颐先生总结梳理了这一时期逻辑思想发展的线索，从对科学实验和观察的注重，对唯心主义逻辑观的批判，对政治民主观的逻辑论证，对明末清初西方逻辑的传入和李之藻的《名理探》，以及清代诸子学的复兴等方面，展开叙述和论证，提出了很多独到的见解。

《中国近古逻辑史》全书包括：第一章，北宋的试验逻辑与观察逻辑思想；第二章，北宋数理推导与理学推导的逻辑思想；

---

① ［唐］房玄龄等撰：《晋书·列传·隐逸传》，中华书局，1974 年，第 2434 页。
② 温公颐：《中国中古逻辑史·前言》，上海人民出版社，1989 年，第 6 页。

第三章，朱熹的逻辑方法；第四章，南宋浙东学派的逻辑思想；第五章，明代反宋明理学的逻辑思想；第六章，明末西方逻辑的初输入；第七章，明末清初名辩学的复兴；第八章，明末清初逻辑方法的发展；第九章，清初唯物论者的逻辑思想；第十章，清中叶诸子学中的逻辑思想等。

温公颐先生曾经对他的学生谈到他雷打不动地坚持每天两次散步的目的，除了在紧张的教学与管理工作之余，放松身心和思考问题，更主要是为了锻炼身体，以保持健康的体魄和充沛的精力来完成他所承担的重点科研项目中国逻辑史研究的任务。可能很少有人知道，那时的温先生一只眼睛已经失明，另一只眼睛也只有微弱的视力，而且患有较严重的帕金森病，写作时手会不停地颤抖，他抱着病残之躯，在此后的近十年时间里潜心研究，辛苦著述，最终完成了这三本近八十万字的逻辑史巨著。他为我国中国逻辑史学科的建立和发展，为推动当代中国逻辑史研究形成新的热潮所做的工作和取得的成果，都是重大的学术成就和理论贡献。

1993 年 11 月，在庆祝温公颐先生执教六十五周年暨九十华诞之际，中国逻辑学会发来的贺信中写道："敬爱的温公颐教授……您不顾自己年迈和繁重的教学任务，年复一年，日复一日，您一直都在孜孜不倦、从不间断地从事着中国逻辑史的研究，终于完成了《先秦逻辑史》《中国中古逻辑史》《中国近古逻辑史》三大卷论著，不仅为当今中国逻辑史的研究起了直接的推动作用，而且为推动今后的中国逻辑史的研究建树了丰碑……您为中国知识分子树立了光辉的榜样，堪称我们中国逻辑学界的楷模。"[①]

2019 年 4 月

---

① 温公颐：《温公颐文集》，山西高校联合出版社，1996 年，第 370-371 页。

16

目　录

上　册

下　册

先秦逻辑史

温公颐 著

上海人民出版社

责任编辑　　刘鸿钧

封面装帧　　许明耀

封面题字　　王建纲

先 秦 逻 辑 史

温公颐著

上海人民出版社出版

（上海绍兴路 54 号）

新华书店上海发行所发行　上海颛桥印刷厂印刷

开本 850×1156　1/32　印张 11.5　字数 261,000

1983 年 5 月第 1 版　1983 年 5 月第 1 次印刷

印数 1－14,000

书号 2074·408　　定价（六）1.15 元

目　录

3

前　　言

在前言中,我拟谈以下四个重要问题:

第一,关于先秦逻辑史的地位。

先秦逻辑史是我国逻辑史中最光辉灿烂的一页,也是世界逻辑史上最古的一颗宝贵的明珠。如果先秦逻辑史是发轫于邓析、奠基于墨翟的话,那么,它就比希腊的亚里士多德还要早一百多年。先秦逻辑史在我国整个文化史中占了很重要的地位。

先秦时代有没有逻辑科学?我国古代的一些逻辑学家并不象亚里士多德作了系统的思维规律与形式的研究,如果拿亚氏标准来衡量,也许很难说得上有。正如拿西方所谓哲学的标准来衡量中国古代哲学就会得出中国古代只有伦理学、政治学,而没有西人之所谓哲学一样。这种对中国哲学史和中国逻辑史采取虚无主义的人,现在是不会再有了。但我认为这个问题还有进一步分析的必要,否则,问题仍然存在。

我国古代无"逻辑"之名,只有"形名"或"辩"之称。《庄子·天道》云:"形名者,古人有之。"晋代鲁胜的《墨辩注序》云:"墨子著书,作《辩经》以立名本。""形名"或"辩"所讲的内容基本上是和西方所讲的"逻辑"一致的。那末,"形名家"(《战国策·秦策》)

1

或"辩者"(《庄子·天下》)应该是研究逻辑的人了。但依汉班固《汉书·艺文志》对名家的解释,这些形名家、名家或"辩者"又成了"苟钩𫔹析乱"之流,即搞"苛察缴绕"的诡辩之徒。《汉志》所列名家的书,如《邓析》和《公孙龙子》又都被称为玩琦辞的诡辩论。那么诡辩又怎能算做"逻辑"?

为认清先秦逻辑科学的瑰宝,首先必须破除《汉志》的偏见。在邓析、惠施、公孙龙的所谓诡辩中,实有不少宝贵的逻辑理论,我们不能以诡辩而弃之不顾。理由详见本书第一编第三章,兹从略。

其次,我们要扩大视野,不能只局限于墨辩、荀、韩。当然,墨辩逻辑是先秦时代的科学的系统的逻辑,是先秦逻辑的最大硕果,它的"三物逻辑"可以与西方的三段论和古印度的因明媲美。因此,本书在第一编中,特辟四、五两章详加阐发。但墨辩逻辑之外,如孔、孟的正名逻辑,特别是稷下唯物派的逻辑理论,对战国后期逻辑思想的发展起了关键性的作用。我们应对它们加以详尽阐述。只有这样,先秦时代的逻辑科学才能真正表现出内容之丰富,理论之细密。在逻辑方法上,无论是演绎、归纳、类比等等,这时也都有灵活的运用。这样看待先秦逻辑史,所谓它是中国逻辑史上最光辉灿烂的一页,是世界逻辑史上最古的一颗明珠,才能获得其意义。

第二,关于先秦逻辑史的写法。

肯定先秦逻辑史的地位之后,就要谈它的写法问题。怎样写逻辑史?近年的争论集中于如下两个问题,即(1)写的范围问题;(2)写的方法问题。

先谈写的范围。这有两种不同意见,即一为广义的写法,一为狭义的写法。广义的写法,认为逻辑史的发展和哲学史、科技史等相关联,为使逻辑史得到全面性,就不能不涉及有关哲学和

2

科技等的发展。狭义的写法，认为逻辑史和哲学史、科技史不同。如果把它们混在一起，就会影响逻辑史本身的科学性和系统性。因此，逻辑史只能限于逻辑理论本身的发展，从而找出它的发展变化的规律。我本人同意狭义的写法。但对某一逻辑学家的理论和他的哲学密切相关时，就不得不略提他的哲学基础，不过重点还在逻辑本身，这就和哲学史的阐述区别开来了。

写的范围确定逻辑史本身之后，还有一个如何写的方法问题。这就是上面所提的第二个问题。对于这一问题，也有不同意见。一种意见认为，逻辑史既是逻辑理论发展转变的历史，就应限于逻辑学家的逻辑理论，找出其承先启后的转变程序，概括得出发展的规律。另一种意见，认为逻辑理论的发展转变程序，自然是写的重要目的；但逻辑理论的提出，不是逻辑学家主观自生的东西，它和逻辑学家的实践密切相关。有的逻辑学家的理论是从他的逻辑运用中，特别是在他和不同派别的论辩中，或从政治斗争或从自然的探索中总结出来的，这在我国先秦时期很突出。正名派如孔、孟、荀、韩等既无论矣，即是以墨辩的系统逻辑理论来说，也是在社会、政治、伦理、经济等探索中或对自然科学的研究中来讲它的推论形式和逻辑规律的。这样，我们对于明显的逻辑篇章，如墨辩的《经》、《说》、《取》，公孙龙的《名实论》和荀子的《正名篇》等，需要加以仔细分析之外，其余如孔、墨（翟）、孟、韩等著作也需作一番理论上的和方法上的分析概括，然后才能写好先秦逻辑史。当然，对于一般论著的分析，也不是仅作逻辑的范例提出，而须指出它的逻辑方法的意义。就是对某一逻辑学家的理论阐述，也不能孤立地讲他的逻辑理论本身，而须着眼于这一理论承先启后的线索。我们必须运用马克思主义的逻辑的和历史的统一观点来进行先秦逻辑史的研究，使先秦逻辑史具有科学历史的意义。

3

第三,关于先秦逻辑史的体系。

要解决先秦逻辑史的体系,必须先确立两个纲领。首先,必须打破《汉志》的陋说。班固《汉书》是为汉代统治者说教的,他提出诸子出于王官的陋说,已由胡适严厉批判(参阅胡适著《中国哲学史大纲·附录·诸子不出于王官论》)。胡适的批判是正确的。班固不但对九流的来源作了错误的推测,而且对九流的划分,也表现出偏见,此点上边已谈到。先秦诸子本无九流的划分。先秦典籍所载,先有儒、墨显学,后有杨、儒、墨的争论,最后又有儒、墨、杨、秉四的说法。不但班固的九流之说,前所未闻,即司马谈之所谓六家(阴阳、儒、墨、名、法、道德),也未见记载。因此,我们阐述先秦逻辑史必须打破汉儒的框框,然后才能理出头绪。其次,先秦逻辑史的内容是很丰富的,既有普通形式逻辑的内容,也有辩证逻辑思维的研究,还有数理逻辑方面的研究以及语言逻辑的研究等。因此,我们可以写一部以普通形式逻辑为主的先秦逻辑史,也可以写出一部先秦辩证逻辑思维史(先秦有无辩证逻辑,现有争论,但对辩证思维的存在则无可怀疑),也可写一部先秦数理逻辑史或先秦语言逻辑史。本书则以普通形式逻辑研究为主,即以形式逻辑的理论、思维规律和形式的发展转变为主要内容。对于辩证逻辑思维的内容,如《周易》、老、庄或孙子兵法中的有关内容,只好略去。其他如数理逻辑、语言逻辑等也不在本书论述范围之内。

确定这两条纲领之后,下面再谈先秦逻辑思想的发生和主要两派——辩者逻辑思想和正名逻辑思想——的发展。

春秋末期是我国奴隶制开始崩溃,封建制兴起的剧变时代。礼坏乐崩的结果,引起"名实相怨"的问题,先秦的逻辑思想必然要应运而生。其首创人物应推邓析。作为正名派的创始者孔丘,时间虽略后邓析,但也在此时出现。辩者一派,从邓析开始,

4

奠基于墨翟，中经惠施、公孙龙的发展，最后完成于战国晚期的墨辩学者。孔丘首先提出正名，创立政治伦理的逻辑，孟轲继之，稷下唯物派的学者们也标榜正名以正政之说，最后完成于战国晚期的荀况和韩非。

辩者派和正名派的基本差别在于前者是立足于逻辑本身来讲逻辑，而后者却以政治伦理为主，逻辑为辅，因而是一种政治伦理的逻辑。两派互相辩难，同时也互相汲取。鲁胜云："孟子非墨子，其辩言正辞，则与墨同"(《墨辩注序》)。反之，"正名"的口号，不但见于《公孙龙子》中，而且在墨辩中也出现过(《经说下》167条)。可见两派虽互相抨击，也互相影响，整个先秦逻辑史是在这两派的互相斗争又互相影响下而推动前进的。

第四，关于先秦伪书的看法。

要写好先秦逻辑史，还有一个对于伪书的看法问题。先秦逻辑史料的真伪考订是重要的，因为真实的逻辑史必须根据可靠的史料。但先秦时代的许多古书，除了《论语》、《孟子》、《荀子》等少数经典性的著作之外，很少不发生伪书问题。有认为全伪的，如《邓析子》、《尹文子》(尹文的《名书》仅见《吕览》高诱注，早亡佚)、《列子》等，近人甚至有认为《公孙龙子》也全是伪书。至于真伪混杂的就更多了，《管子》、《晏子春秋》以及《庄子》、《韩非子》等，都有伪著羼杂其间。就是最可靠的《墨经》，梁启超也认为有后人附加的手笔(参阅梁著《墨经校释·后序》，但胡适对此点已作反驳)。这样看来，先秦逻辑史的可靠资料就很少了，以这样贫乏的内容，又怎能和光辉灿烂的先秦逻辑史相匹配呢？

要解决先秦逻辑史的资料问题，我认为对所谓伪书，应有正确的看法，决不能一提伪书就予以全盘否定。我们不应采取资产阶级学者的态度，为疑古而疑古，陷入疑古的泥潭里去。我们应把一些所谓伪书的内容对照当时的时代背景来考察，如果该

5

书确实反映了当时的时代情况,那它就有一定的价值。比如《邓析子》中的《无厚》、《转辞》的内容是反映春秋末期社会情况的。《尹文子》的"正形名"之说也反映战国中期的名辩情况,就不能认为纯属假造。除了用时代背景进行检证之外,还可参校先秦诸子的评述,如邓析的"两可"、"两然"之说,荀子的《不苟篇》、《非十二子篇》、《儒效篇》中都提到,《吕氏春秋·离谓篇》也有论述,这也可供佐证。

此外,还有一些所谓伪书的内容,如《管子》书中的《心术上》、《心术下》、《内业》、《白心》各篇就有非常重要的价值,因为它们解决了战国中期以后逻辑思想发展的关键问题。至于《庄子》的《天下篇》尽管有人怀疑,但它对于先秦学术发展的阐述,以及对惠施的历物、辩者的二十一事的记载就具有非常重要的史料价值。

章学诚云:"古人之言,所以为公也,未尝矜于文辞而私据为己有也"(《文史通义·内篇四·言公上》,中华书局版,103页)。章氏的话可以帮助我们解决伪书的看法。先秦时代的一些学者,往往不是亲自著书,而由其弟子记述。他们也不是为传之于世,以期成名成家。这样,在有些书的编纂中,就可能互相错杂。我们只要根据时代背景的旁证和先秦诸子的评述,就可以作出科学的选择,从所谓伪书的原料中,选出有价值的逻辑资料。

本书出版,蒙中国逻辑史研究会的同志们提供了宝贵意见,上海人民出版社刘鸿钧同志、南开大学崔清田、臣立刚同志协助阅校,付出不少辛勤劳动,谨此致谢。

第 一 编
辩者的逻辑思想

第一章　邓　析

第一节　关于辩者和他们的逻辑

什么叫做辩者？辩者的思想是怎样产生的？对于这些问题，有必要先作说明。

第一，我们研究春秋战国时代的辩者，必须打破汉朝人对于诸子划分的界限。按汉朝人的划分，辩者似应列在名家；但辩者不限于名家，墨家也在其内。所以某个思想家究竟是否辩者，不能依于《汉书·艺文志》的规定，而应就他本人的主要思想的特点来衡量。邓析、少正卯、惠施、桓团、公孙龙固然是辩者；而墨翟和战国晚期的墨者也应列在辩者之中。这是我要说明的第一点。

第二，春秋战国的辩者亦称"辩士"。《庄子·天下》称"辩者"。《公孙龙子·迹府》、《庄子，徐无鬼》、《荀子·儒效》则称"辩士"。名称虽不同，含义却一样。这是我要说明的第二点。

第三，辩者的特征在于向时代挑战。他们对于传统的一切都要评价，不论是政治的、经济的、道德的，都要重新厘订，所以这时期的辩者，既为奴隶制维护者所反对，也为战国末期以言必轨于法的封建统一论者所排斥。这是因为他们要思考一切问题,提出奇谈怪论。韩非在《五蠹》中把"言谈者"列为五蠹之一,并攻击他为"微妙之言"。荀卿也把"好治怪说"、"玩琦词"的惠施和邓析列为他所非的十二子之中。平心而论,辩者的命题,有的类乎诡辩,颇似古希腊的诡辩派;但它们也并非全属诡辞,而有其积极的一面。在我国逻辑科学的开创和发展上说,辩者还是有功的。希腊古哲如普罗太哥拉斯(Protagoras)高吉士(Gorgias)这一派,曾被称为诡辩家,这也欠妥,因为诡辩家原文为Sophist,这是从希腊文 σοφός 译来,它本意是"智者"。我认为称作"智者派"比称为"诡辩派"实较恰当些。当然,辩者和古希腊的"智者"都对时代提出挑战,是有类似之处的;受当时当权者的压迫也一样。苏格拉底的被判死刑,据说,当时他也曾被视为"智者",可见当时"智者"的危险处境。这是我要说的第三点。

第四,辩者出现于春秋末到战国阶段,并非偶然,这是春秋战国时期经济政治激变的产物。奴隶制经济政治从夏代经商代以至东周已经历了一千五、六百年。至春秋时期已开始崩溃。逮至战国,奴隶主的政治经济已被封建主的政治经济所代替。

首先,从经济方面看,奴隶主氏族的土地所有制——井田制,由于西周末到东周以来奴隶和平民不断暴动和起义,奴隶集体逃亡,造成了奴隶主统治的危机。新兴封建主却乘机收留逃亡的奴隶,并以大斗出、小斗入等方法收买人心,使"人归之如流水"。这样,封建主的势力逐渐扩大,奴隶主的经济体制逐渐瓦解。另一方面,由于铁器和牛耕的使用,生产工具起了划时代的变革,荒地大量开垦,私田大量增多,以一家一户为生产单位的封建性生产方式,就自然替代了过去"千耦其耘"的奴隶生产。私田原来是不纳税的,但春秋以来,"私肥于公"的局面就迫使一些统治者不得不改变他们的剥削方式,把力役地租改为物品地租,即采用赋税制。春秋初期,齐国管仲采用"相地衰征"的方法,增

4

加了统治者的收入。前 645 年，晋国"作爰田"，把田地赏赐给有功者，开始了一些人由军功上升为地主的门路。前 594 年，鲁国采取"税亩制"。前 543 年郑国子产进行田制改革，使"田有封洫，庐井有伍"，承认私田合法化。由田制的变更，军制也跟着改变。前 552 年，楚"量入修赋"。前 538 年，郑"作丘赋"。前 483 年，鲁季康子"以田赋"。这即根据收入多寡，征集军赋。这样，庶人也因军赋的改革而相应地提升了地位。

由于奴隶制的经济崩溃，政治组织也随之瓦解。阶级关系发生了翻天覆地的变化。奴隶主贵族没落，降为平民。"栾、郤、胥、原、狐、续、庆、伯，降为皂隶"。《诗》有黎侯之赋《式微》，昔日居统治地位的贵族已转为被统治的平民。相反，被统治的平民却一跃升为统治阶级。管仲自称出身贱人。宁戚以贩牛而仕齐，百里奚以为奴而仕秦。过去所谓"天有十日，人有十等"的奴隶制的等级制已开始崩溃。

由于政治经济的巨大变动，以礼为中心的奴隶主上层建筑也发生动摇。为奴隶制辩护的孔丘对此大发"天下无道"的牢骚。的确，春秋以来，臣弑君、子弑父的"乱伦"怪事是不少的，而越礼僭分的事，更是层出不穷。"八佾舞于庭"，"以雍彻"，"旅于太山"等等，把孔丘气得发昏而莫可奈何！"礼坏乐崩"，一切都得重新估价，旧名和新实，对不上号，"名实相怨"，"处士横议"，春秋战国时代的辩者就是在奴隶制到封建制的巨大变革的环境中诞生的。

第五，辩者逻辑思想的特点。春秋战国时期的辩者虽也有以"正名"议论政治、讲习道德的风气，但他们的重点还是放在纯逻辑的探究上。首先，他们注意逻辑推论的基本概念。邓析开始注意"类"概念的重要性。墨子进而推广到"故"和"法"的概念。后来，惠施、公孙龙则深入到分析概念的内涵与外延。最

5

后,则以战国晚期墨辩逻辑的概念论集其大成。

其次,辩者的逻辑不象正名派纠缠于伦理政治的内容,把价值的标准混入真实的标准之中,而是就思维活动本身和所反映的客观事实的关系上加以考察。在这点上,他们的逻辑研究具有和一般自然科学研究的共同点,因而他们的逻辑具有科学的性质。辩者的重要人物中,有的对自然科学,如机械学、几何学、力学等有所研究,如邓析、墨翟、惠施和墨辩学者,他们的逻辑较多地汲取自然科学的知识,这就自然使他们的逻辑理论具有一定的科学性,最终成为我国古代科学的系统的逻辑。

本编辩者的逻辑计分五章:第一章,邓析;第二章,墨子;第三章,惠施、公孙龙,附兒说、田巴;第四章,墨辩逻辑(上);第五章,墨辩逻辑(下)。本章先讲邓析。

第二节　邓析的生平及其著述

邓析是春秋末期的一位杰出的辩者,约卒于前 501 年。他虽然是一位郑国的大夫,但他却站在时代前进的一面,和当时郑国的当权者子产、驷颛处于对立面。邓析数难子产之政。《吕氏春秋·离谓》云:"郑国多相悬以书者(类似今日贴在墙上的招贴),子产令无悬书,邓析致之(即派人送上门去)。子产令无致书,邓析倚之(即把意见写好后混在东西里送出去)。令无穷则邓析应之亦无穷矣。"因为邓析这样和子产作对,所以《荀子·宥坐》、《吕氏春秋·窝谓》、《列子·力命》、《说苑·指武》都说邓析被子产所杀。实则依《左传》所载(《左传·鲁定公九年》,即前 501 年):"郑驷颛杀邓析而用其竹刑"。由此可见,杀邓析的不是子产,因子产死于鲁昭公二十年(前 522 年),驷颛杀邓析,子产已死了二十一年了。邓析之不见容于郑国的掌权者和鲁国

6

少正卯之见诛于孔丘，情况是相同的。孔丘数少正卯的罪状中有"言伪而辩"，"顺非而泽"两条(《荀子·宥坐》)，在孔丘的眼里，少正卯正是一位大胆揭露奴隶制黑暗面的辩者。孔丘杀少正卯，他的门生不以为然。孔丘却辩解说，其"居处足以聚徒成群，言谈足以饰邪营众，强足以反是独立，此小人之桀雄也，不可不诛也"(同上引)。"饰邪营众"、"反是独立"，正和邓析的"以非为是，以是为非"(《吕氏春秋·离谓》)相同。邓析和少正卯之分别遭到郑、鲁当权者的杀害，原因是相同的。

上文引《左传》"郑驷颛杀邓析而用其竹刑"，可见，《竹刑》是邓析的创作，邓析反对子产，又可见《竹刑》和子产的《刑书》有别。杜预《左传》注云："邓析郑大夫欲改郑所铸旧制，不受君命，而私造刑书，书之于竹简，故云《竹刑》。"《正义》："昭六年，子产铸刑书于鼎。今别造《竹刑》，明是改郑所铸旧制。若用君命遣造，则是国家法制，邓析不得独专其名。……驷颛用其刑书，则其法可取，杀之不为作此书也。"

《左传》昭公六年，子产铸刑书，叔向曾诒书谏曰："民知争端矣，将弃礼而征于书，锥刀之末，将尽争之，乱狱滋丰，贿赂并行，终子之世，郑其败乎？"叔向之所料，正为邓析后来之所为。邓析曾教人打官司。《吕氏春秋·离谓》云："子产治郑，邓析务难之，与民之有狱者约，大狱一衣，小狱襦裤，民之献衣襦裤而学讼者不可胜数。"邓析之所以能用"两然"、"两可"(详本章第五节)之法进行教讼，一定是子产的刑书措词疏阔，才给他钻了空子。驷颛杀邓析，却采用他的《竹刑》，可见《竹刑》实胜过子产的刑书。当时郑的掌权者只要于他们的统治有利，还是不以其人而废其书的。

子产的刑书是铸在铁鼎上的，让人观看。而邓析的《竹刑》是书在竹片上，可以流传。所以从形式上说，邓析《竹刑》的做法比子产的铁鼎又进了一步。关于《竹刑》内容，因早已亡佚，无从

7

获悉。但从以上分析看，《竹刑》可能反映了新兴封建主的利益，它是进步的产物。

邓析作《竹刑》，依古书所载，是没有什么疑问的。但他是否又著了《邓析子》一书，疑之者甚多。钱穆《先秦诸子系年考辨》云："《邓析子》乃战国晚世桓团辩者之徒所伪托。邓析实仅有《竹刑》，未尝别自著书也"（该书第18页）。考《汉书·艺文志》有《邓析》二篇。刘向叙云："臣所雠中《邓析子》四篇，臣叙书一篇，凡中外书五篇，以相校除复重，为五篇。其论无厚者，言之异同，与公孙龙同类。"邓析生于春秋末期和老聃、孔丘的年代相近，说《邓析子》完全是邓析自著，恐难置信。但今本《邓析子》二篇中的基本主张出于邓析，是有旁证的。先秦诸子中如《荀子》和《吕氏春秋》都对他有所评论。"两然""两可"说是他的重要内容，这在《邓析子》的《转辞》里，是可以窥见的。唐人李善《文选注》多次引用《邓析子》，可见唐人也不认为《邓析子》一书全是伪造。当然，刘向所谓"其论无厚者，言之异同，与公孙龙同类"之说，也非事实。因邓析之所谓"无厚"重在政治伦理方面的立论，还不是战国晚期惠施和墨辩学者从纯逻辑角度的分析。我们还不能把它们混同。

第三节　逻辑思想的发轫

《汉书·艺文志》上把邓析列为名家之首，名家基本上即我们现在所称的逻辑学家，我们把邓析作为先秦逻辑思想的开创者，和《汉志》的意见大抵相同。人类思维认识的发展先开始于对客观世界的了解，然后逐渐转入主观思维本身的探究，征之东西方古代哲学思想的发展，都是遵循这一共同轨道的。古希腊哲学的研究始于泰利士对宇宙本原的探索。历经毕达哥拉斯、

8

巴门尼德斯、恩披独克鲁以至德谟克利泰，步步深入，终至智者派对于人类认识本身进行反思，最后由亚里士多德完成了致密的逻辑体系。我国古哲也是开始于对世界元素的探索。《周易》所讲的阴阳和《周书·洪范》所讲的五行，都是对世界本原研究的开始。进入春秋时代，有以水为万物本原的，也有以气为万物本原的。古哲关于宇宙原素的探索，经过逐渐深入，终于转向思维本身的研究。在另一方面，由于经济政治的巨大变革，各种社会矛盾激化，因而引起对思维本身的探索，这也是很自然的。

邓析生当春秋末期，正值古代思维认识觉醒的时代。他从自然和社会的诸多现象的变动中，反省人类思维本身的活动。邓析开始认识到理性思维在认识上的重要作用。他提出要"循其理"（《邓析子·无厚》）。只有注重理性的思索，才能超出感觉的局限，接近于事物的本质。他所谓"视于无有"，"听于无声"（《邓析子·转辞》），即指超感觉之外的理性探索。"山渊平"，"天地比"，"齐秦袭"，这不是经验的认识，而为理性的思维。客观事物的高低、远近关系不是绝对的，而是相对的，这只有在不受感觉经验所局限的人，从理性思考中才能获得。据《说苑·指武》所载，邓析曾创作桔槔机，以利农田的灌溉，可见邓析已有了初步的几何、力学的科学知识。这只有从经验的累积中，进入抽象概括的科学思维才能得到。逻辑思维不论是概念判断或推理论证，都是抽象概括的理性思维活动。邓析对于"理"的重视，实已看到了逻辑思维的重要一环。非理性的活动，既不能有科学，也不能有逻辑。我们之所以把邓析列为先秦逻辑的开创者，即因他已初步把握了逻辑思维的特征，即抽象和概括的作用。

9

第四节　逻辑概念的初步探索

邓析除了初步把握了逻辑思维的特征外，还初步探索了逻辑概念的思维形式。

首先，邓析注意了类概念的重要性。春秋以前，所谓"类"，最早为祭祀之名。《尚书·舜典》"肆类于上帝"，这即指对上帝的一种最高的祭祀。到了周初，"类"转化为"善"。《诗·大雅·皇矣》："克明克类"；《笺》："类，善也；勤施无私曰类"。这时，类已从具体的祭名，演为抽象的道德之名。到了邓析，"类"更进了一步，他抽象概括成为逻辑推论的依据。他说："谈辩者别殊类使不相害，序异端使不相乱，谕志通意，非务相乖"（《邓析子·无厚》）。"别殊类"即逻辑推理的重要关键；只要抓住事物的类同类异，不使相乱，则可把客观事物理出秩序来。所以，注重"类"，标志邓析的逻辑思维已达到相当成熟的水平。当然，真正把"类"概念作为逻辑推论的基础，尚需有待于战国初年的墨翟，邓析只不过初步提到别类的重要性而已。

其次，邓析提出了一些重要概念。他受了当时政治经济重大变革的影响，提出了一些对立概念，"无厚"和"有厚"，"名"和"实"等。先谈他的"无厚"和"有厚"的对立概念。

《邓析子·无厚》篇说：

"天于人，无厚也；君于民，无厚也；父于子，无厚也；兄于弟，无厚也。何以言之？天不能屏勃厉之气，全夭折之人，使为善之民必寿，此于民无厚也。凡民有穿窬为窃者，有诈伪相迷者，此皆生于不足，起于贫穷，而君必执法诛之，此于民无厚也。尧、舜位为天子，而丹朱、商均为布衣，此于子无厚也。周公诛管、蔡，此于弟无厚也。"

10

当时奴隶主贵族把天捧为最高的主宰，它创生万物，统治臣民，天恩无穷，人民只能顶礼膜拜，不能违反。邓析却提出天无厚论，这就推翻了奴隶主宗教迷信的骗局，提高了人的地位。"君无厚"，是对君王绝对权威的否定，提高了民的地位。"父于子无厚"、"兄于弟无厚"，这是对奴隶主宗法伦理的否定。邓析对于天和人的矛盾，君和民的矛盾，伦常关系中父子、兄弟等矛盾，都站在被压迫和被统治的一面，否定统治者和压迫者的绝对权威，所以他对当时社会矛盾的揭露是具有政治斗争精神的。

应当指出，邓析的无厚论着重点还是在于政治伦理和宗教的范畴，和后来战国时期的"无厚不可积，其大千里"（惠施）、"端，体之无厚而最前者也"（墨辩）的纯逻辑的分析是不同的。

从逻辑观点看，邓析能从当时政治、伦理和宗教上许多矛盾现象，概括出无厚与有厚的矛盾，从而体现"无"和"有"的对立概念，这就是逻辑概念思维的发端。

邓析除注意"无"和"有"的矛盾之外，还注意到名和实的矛盾。"名实相怨"是当时社会的严重情况。怎样解决名实的矛盾呢？邓析不同于孔丘，用旧名以正新实，维护奴隶主贵族的统治；他是从新兴的封建地主阶级的立场出发，重新厘订了名实的关系。《邓析子·无厚》云："循名责实，君之事也；奉法宣令，臣之职也"。又云："循名责实，察法立威，是明王也。"邓析注重封建君主的权威的确立，排斥贵族的擅权，认为只有这样才能使法令通行全国，巩固地主阶级的政治经济利益。从这里，我们可以推论出邓析所循的名，决不是孔丘所正的旧名。只有新厘订的名才能符合新出现的实，真正做到名和实的相应。名和实的关系，从另一个方面看，也就是名和形的关系。名需副实，实必应名，名以察形，形以检名。"名不可以外务"（《邓析子·无厚》），从逻辑角度上说，就是名必须和它的内涵及所反映的对象一致。否

11

则就为不恰当之名。当然，邓析的名和逻辑的概念还不是一个东西，它所应的实，也不能说就是概念所指称的对象。因此我们还不能拿现代逻辑的概念内涵与外延来指明他的名和实。邓析的名，实际上是指他的法律上的许多规定，而他的实或形，就是封建官僚机构中不同职务、不同等级的官员。"位不可越，职不可乱，百官有司，各务其形"（《邓析子·无厚》），这就是形能应名的理想情况，这也就是邓析之所谓治世。

"循名责实"之说为战国时法家所祖述，因而邓析不仅是名家的开创者，也是法家的开创者。

邓析提"循名"，孔丘提"正名"，老聃讲"无名"，战国以后，诸子都提出名实问题，都有各自不同的名实观。墨翟主张取实予名，一个主张的对否，不以其名，而以其实。这与孔丘重名而不重实，要拿名来纠正实，正相反对。杨朱主张"无名论"，以为名只是空洞的名称（文字上的），没有实际的具体内容，这和老聃的无名论又大有不同。《尹文子》讲"名以检形，形以定名"（《尹文子·大道上》），公孙龙有《名实论》（《公孙龙子》），荀子有《正名篇》。因而西方逻辑传入我国初期，有的学者便把逻辑译为"名学"，实则逻辑不仅讲名，而且还讲判断、推理、论证以及科学方法等。"名学"决不能概括西方逻辑科学的内容。即就"名"来说，也和逻辑的概念有区别。我国古来的名，主要指名分、名器等政治和伦理方面的意义，它并非纯粹逻辑的范畴。"名"重在语言的表达，而概念却为逻辑思维的基础。中国逻辑的发展与西方是有所不同的。

总之，邓析在逻辑概念思维上提出了一些值得注意的问题。"类"概念的提出，对立概念的分析，对于后来逻辑概念的发展产生深远的影响，在逻辑思维的发展史上是有价值的。

12

第五节　对立命题的转换和"两可"推论

邓析不但在概念思维上,提出了一些值得注意的分析,在判断和推理方面,也有他的创见。对立命题的转换和"两可"推论,即为他在判断论和推理论中的贡献。

兹先谈对立命题的转换。从矛盾对立的统一、相反相成的道理看,"可"和"不可"、"然"和"不然"、"肯定"和"否定"都不是固定不变的。由条件的不同,标准的不同("标准"即邓析之所谓"极"),对立命题是可以互相转换的。他提出转换的原则为"参以相平,转而相成"(《邓析子·转辞》)。例如,欲和恶、善和恶是互相对立的。但是如果能了解双方对立的立场,则欲和恶、善和恶,也未尝不可相互转换。

"两可"、"两然"的推论是和对立命题的转换相关联的。从先秦诸子对邓析的批评看,"两可"、"两然"确实是邓析的重要主张。《邓析子》中关于这些论述,并不是全为后人的伪造。《荀子·儒效》云:"邓析不恤是非,然不然之情。"《列子·力命》云:"邓析操两可之说,设无穷之辞。"《吕氏春秋·离谓》云:"邓析……以非为是,以是为非,是非无度,而可与不可日变。"又云:"可与不可无异也。"从这些先秦古籍对邓析的评述中,可以看出"两可"、"两然"的推论正是邓析逻辑推论的特点。

什么是"两可"、"两然"之说?《吕氏春秋》曾有一段故事记载,生动地作了说明,兹录如下:"洧水甚大,郑之富人有溺者。人得其死者,富人请赎之;其人求金甚多,以告邓析。邓析曰:'安之,人必莫之卖矣。'得死者患之,以告邓析。邓析又答之曰:'安之,此必无所更买矣。'"在这个故事里,赎死者和得死者的立场是对立的,但邓析却用同一"安之"回答对立的双方,这就是"两可"、"两然"之论。其所以能造成"两可""两然"的原因，即由于双方的需求相反；买者只要安于不买，则卖者无所可卖，当可把赎金压低。反之，卖者只要安于不卖，则买者却又没有地方可买，这样买者只有增加赎金才能把尸体赎到手。正由于双方的立场不同，所以邓析才能用同样的话回答双方，而使双方各得其所欲。欲恶本是对立的，但由于立场不同，欲恶却可以互相转化。如果只有一种立场的话，那么就无法转换了。

邓析的"两可"法，到了战国时，就被公孙龙所援用。公孙龙教赵国平原君反驳秦王之约就采用两可法。据《吕氏春秋·淫辞》载：

> "秦赵相与约。约曰，自今以来，秦之所欲为，赵助之，赵之所欲为，秦助之。居无几何，秦王兴兵攻魏，赵欲救之，秦王不悦，使人让赵王曰：'约曰，秦之所欲为，赵助之；赵之所欲为，秦助之。今秦欲攻魏，而赵因欲救之，此非约也。'赵王以告平原君，平原君以告公孙龙。公孙龙曰：'亦可以发使而让秦王曰：赵欲救之，今秦王独不助赵，此非约也。'"

这里，秦赵双方都依约来进行辩解，从约所规定，秦赵所求都合乎约，而结论却相反，这就是"两可"。这类简单两难推论的毛病，是由于有两个不同的标准作怪，而辩者双方都抓住了有利于己的一面，而抛却不利于己的另一面，因而导致诡辩的形式。

《吕氏春秋·淫辞》所载的邓析两难式，不一定能真正表达邓析"两可"的真意。邓析的"两可"说，是在于引起辩论者对辩论立场的注意。辩论双方应有一个共同的标准。邓析注意名实之极。他说："循名责实，实之极也。按实定名，名之极也。"（《邓析子·转辞》）"极"即指标准，名实应有它们的共同标准，不能随意而定。如果双方各以其名实之极互相指责，那就一定会导致诡辩，我想这不是邓析的初意。

14

两难论式如果严格遵守逻辑推论的规则，就可免于导致诡辩。正确的两难式是可得到积极的成果的。郑国子产反对然明毁乡校的建议，即采用两难式。子产说："夫人朝夕退而游焉，以议执政之善否。其所善者，吾则行之；其所恶者，吾则改之。是吾师也，若之何毁之？"（《左传·襄公三十一年》）子产对于议政者的态度，就是采用两可法。不论议的善或恶，都一致加以肯定。善则照着做，恶则改掉它，这对于推行政令可产生积极的效果。所以，这一方法的运用是有益处的。

"两可"、"两然"是一种演绎的论证。在归纳方面，邓析也提出"因循"的客观观察法，而且认为"因循"的原则是必须依理而行。"因之循理"（《邓析子·转辞》），这是很重要的。"理"即是客观存在的法则，不同的类，有构成其所以是此而非彼的"理"。因此，循理又必须注意到"别类"。邓析称为"动之以其类"（《邓析子·转辞》）。火就燥，水就湿，这即燃烧和湿润的"理"不同。"理"和"类"是我国古代逻辑的基本概念，详细的阐发当然有待于战国时代的墨辩。但邓析既说到"别殊类使不相害"，又说到"动之以其类"，而且把"类"和"理"联系起来，他确是作了一个良好的开端。

总之，邓析虽然还不是一位理论严密的逻辑学者，但对逻辑思维的特点，以及对概念、判断和推理等思维形式，他都提出了一些初步的看法，这对先秦逻辑的发展起了一定的启蒙作用。我们之所以把邓析列为先秦逻辑史的第一人，就是这个原因。

第二章 墨 翟

第一节 墨翟的生平和他的辩者性格

墨子姓墨，名翟，鲁国人。他约生于公元前475年，卒于公元前390年，盖在孔子卒后和孟子生前之间。

墨子著书，据《汉书·艺文志》所载为七十一篇，现只存五十三篇。其中《经》上下、《经说》上下、《大取》、《小取》等六篇为战国末期的墨者推演了墨子思想所作；《亲士》、《修身》、《所染》恐为后人伪作。其余大部分都可代表墨子思想；但也不是他所自著，而为墨徒所记述。

墨子出身于小手工业者，但后上升为"士"。他虽"学儒者之业，受孔子之术"（《淮南子·要略》），但反对儒家，成为先秦显学之一。他是墨家学派的创始者。

我们为什么把墨子列入辩者的行列呢？这有如下的几点理由。

第一，墨子的思想代表战国初期小手工业者的利益，所以它和代表贵族利益的儒家思想相对立。墨子生在鲁国，受过儒学的教养。但他认为"其礼烦扰而不悦，厚葬靡财而贫民，久服伤生而害事"（《淮南子·要略》），所以，他反对儒家的主张，针锋相

16

对地提出薄葬、短丧、非命、非乐等等相抗衡; 墨子思想是和儒家作斗争中形成的。因此, 墨子的著述充满了论辩的精神; 他具有一般辩者的性格。

第二, 墨子注重谈辩, 在他对弟子们的教导中即有"谈辩"一科。《墨子·耕柱》述及县子硕问墨子"为义孰为大务"时, 墨子回答说, "譬若筑墙然, 能筑者筑, 能实壤者实壤, 能欣者欣, 然后墙成也。为义犹是也。能谈辩者谈辩, 能说书者说书, 能从事者从事, 然后义事成也。"可见, 谈辩的重要课题, 已列入墨子的教学之中。墨子本人也常和论敌作辩论, 如《墨子·公孟》载墨子与程子辩之类, 所谓"辩于言谈"已成为墨学的一个特点。

因为墨子自己注重谈辩, 自然就注意了逻辑思维的一些重要方式, 这样就使他的言谈具有坚强的逻辑力量。他说:"吾言足用矣, 舍(吾)言而革(更)思者, 是犹舍穑(即割稻子)而攘粟(拾稻子)也, 以其言非吾言者, 是犹以卵投石也; 尽天下之卵, 其石犹是也, 不可毁也。"(《墨子·贵义》)由此可以证明墨翟确是一位强有力的辩者。

第三, 根据先秦古书所载, 墨子总被看作一位不易对付的辩者。《庄子·骈拇》云:"骈于辩者, 累瓦(丸)结绳窜句, 游心于坚白同异之间, 而敝跬(音屑, 敝跬, 用力貌)誉无用之言非乎, 而杨、墨是也"。《庄子·疏》云:"墨者, 姓墨, 名翟, ……禀性多辩, 咸能致高谈危险之辞, 鼓动物性, 固执是非。"《庄子·胠箧篇》云:"钳杨、墨之口。"《孟子》称"距杨、墨, 放淫辞"。从庄周和孟轲的眼光看, 墨翟确是一个辞锋锐利的辩者。

基于以上三点理由, 我们把墨子列入辩者的行列。

第二节 逻辑思维的认识价值

墨翟作为一位谈辩大师,对于逻辑又有哪些贡献呢?

墨子在邓析之后,对逻辑思维作出进一步的发展。比如邓析只是初步提到逻辑思维的抽象和概括的特征;而墨翟却进一步提出逻辑思维对认识客观世界的作用,把逻辑的求真目的肯定下来。其次,邓析只对一些矛盾概念作了分析;但墨子却进一步明确逻辑推论的基本概念,对"类""故""理"的重要性和它们相互的联系作了初步的探索,为后来墨辩的"三物"逻辑奠定了始基。对于逻辑推论的方法,邓析只提出"两可"、"两然"的两难论;但墨翟却深入逻辑的演绎、归纳和类比等诸多形式,并以"三表法"作为他一切立论的依据。虽然他未提出逻辑思维的规律,但在许多论辩过程中是运用了矛盾律的。所以如果我们把邓析作为我国逻辑的发轫者,那末,墨翟可以称为我国古代逻辑的奠基者。

现在先谈他对逻辑思维的认识作用的肯定。

人类的知识开始于感觉对客观事物的接触,所以知识是来源于外界事物的经验,这是唯物论的认识论的根本立场。但我们不能事事都通过经验获得知识,古代和外域的知识是不能直接经验到的,关于未来的知识也不是过去和现在的人们所能直接经验的。因此,象这一类的知识就必须通过逻辑推论才有可能得到。墨翟虽然是一个经验论者,但他却肯定推理对求知的重要作用。在这个意义上,逻辑应该是我们求知的工具。逻辑不只是对语言文字起一种规范作用,而且在求知上也能起重要作用。逻辑是一门求真的科学,这在西方,从古希腊的亚里士多德直到近代,都是这样认为的。革命导师恩格斯对这点也是肯

18

定的。恩格斯在《反杜林论》中曾谈到:"甚至形式逻辑也首先是探寻新结果的方法,由已知进到未知的方法"①。逻辑是一门求真的科学,东西方的先哲所见都是相同的。

在《墨子·非攻中》曾引古语说:"谋而不得,则以往知来,以见知隐。""以往知来",就是从已知推到未知。"以见知隐",就是从表面的现象推至看不到的本质,这即逻辑的推理作用。逻辑思维是可以帮助我们求得新知的。在《墨子·鲁问》中答复彭轻生子"往者可知,来者不可知"的问语时说道:"'籍(藉)设而亲在百里之外,则遇难焉,期以一日也,及之则生,不及则死。今有固车良马于此,又有奴马四隅之轮于此,使子择焉,子将何乘?'对曰:'乘良马固车可以速至。'子墨子曰:'焉在不知来。'"只要根据确实可靠的知识就可推到未来的尚未知道的东西,这即是逻辑推理的宝贵处。墨子对逻辑思维的认识就比邓析更深入一层了。

第三节 关于"类"、"故"、"理"概念的分析

邓析虽然提出了对立概念,并提到"类"的概念,但还没有把它作为逻辑推理的基础的概念看待。到了墨子,就注意到在逻辑推论中的基本概念。这就是指"类"、"故"、"理"三概念的重要性。兹先谈他的类概念。

(1)类概念。类概念是逻辑推论的基础,又是战国末期墨辩"三物逻辑"的重要一环。墨子在他的一些重要的论辩中,都以类为重要武器,驳斥了论敌的"不知类"、"不察类"的无逻辑性。墨子劝楚勿攻宋,面斥公输殷说:"义不杀少而杀众,不可谓

---

① 《马克思恩格斯全集》第20卷第147页。

知类"（《墨子·公输》），驳得公输般无话可说。《墨子·非攻上》曾提到"杀一人，谓之不义，必有一死罪矣。若以此说往，杀十人，十重不义，必有十死罪矣。杀百人，百重不义，必有百死罪矣。当此，天下之君子，皆知而非之，谓之不义。今至大为不义，攻国，则弗知非，从而誉之，谓之义。"这也是不知"义"之类的错误。

墨子要人"知类"，还要人"察类"。如前举关于杀人为不义之类是很容易理解的，只要不存偏见，就可知道。但另外也有一些事情究属何类，它究是同类，抑是异类，却不那么明显，这就需要仔细审察一番，才能弄明白。《墨子·非攻下》载，好攻伐之君提出"禹征有苗，汤伐桀，武王伐纣，此皆立为圣王，是何故也？"反诘墨子。墨子回答说："子未察吾言之类。""若以此三圣王者观之，则非所谓攻也，所谓诛也。"墨子这里把"攻"和"诛"区别开来。同样用兵，但"攻"和"诛"不同。攻无罪为"攻"，讨有罪为"诛"。这是类的不同，不能混淆。我们不能用"诛"之有利，来为"攻"之有害作辩护。这就需深入分析战争的正义性与非正义性，不是一眼就可以看出的。墨子虽反对战争，但对正义的防御战争，他并不反对，反而却极力支持。墨子劝楚勿攻宋，固然由于他从理论上辩赢了公输般；但更重要的是他早已作好反侵略战争的准备。他叫他的弟子禽滑釐等三百人拿他的防御武器，在宋国城墙上准备抵抗楚的进攻。如果没有这一着，那就很难止楚攻宋了。

墨子把"诛"和"攻"区别开来，使每一概念的涵义明确起来，这就深入到对概念的分析和研究。墨子还把"毁"和"告闻"区别开来，也属同一道理。《墨子·公孟》载："程子曰：'甚矣，先生之毁儒也！'子墨子曰：'儒固无此若四政者，而我言之，则是毁也。今儒固有此四政者，而我言之，则非毁也，告闻也。'程子无辞而

20

出。"可见"毁"的概念有它一定的内涵:若无其内涵而妄言"毁",则犯了虚假概念的逻辑错误。

（2）"故"概念。"故"是墨子所经常提的一个概念。他曾说："无故从有故"（《墨子·非儒下》），没有理由的应该服从有理由的，这是合逻辑的。墨子注重"明故"。因为某一事物之所以为某一类事物,决不是随意断定,而有其客观根据。比如墨子把"入人园圃,窃其桃李","攘人犬豕鸡豚","入人栏厩,取人马牛","杀不辜人,扡其衣裘,取戈剑"（《墨子·非攻上》）等列入"不义"之类,就是因为这些行为都有"亏人自利"的特征,而"亏人自利"是"不义"的。因此,把这些"亏人自利"的行为列入"不义"之类,是有它们的"故"的。"故"在客观事物方面说,即是这一事物形成的原因。在思维的论辩中,"故"即是立论的理由。因而"明故"对于"察类"有非常重要的作用。墨子在《非攻下》中曾两次提到"子未察吾言之类,未明其故者也",可见"明故"和"察类"的密切联系。"故"是墨辩的"三物"逻辑的重要一物,虽墨子的"故",不如《墨经》分析的细密,但墨子是很明确地提到"故"的重要性,这就给墨辩的系统逻辑奠定了基础。在这点上说,墨子对中国逻辑的建立是有功的。

（3）"理"概念。把"故"作进一步的分析,就可得出"成故"的"理"来。为什么"亏人自利"为"不义",即因"亏人自利"的实质,即是"不与其劳,获其实,己非其有所取之故"（应作"以非其所有取之故"）。这样,就可以看出"入园圃窃桃李"等行为之属于"不义"类,是由于它们都具有"亏人自利"之"故"。而"亏人自利"之所以成为这些"不义"类之故,又都是根据"不与其劳,获其实"之"理"。这就是墨辩"故"、"理"、"类"三物逻辑的雏型。

根据以上分析,墨子对逻辑概念的研究比邓析深入多了。

第四节　逻辑方法的运用

墨子把逻辑当作认识客观事物的工具，认为依据合理的推论是可以得到知识的。因此，他除了注意"类"、"故"、"理"在推理中的重要作用外，还注意逻辑方法的使用。他的"三表法"，即其著名的一例。

什么是三表法？《墨子·非命上》言：

"子墨子曰：言必立仪，言而无仪，譬犹运钧之上而立朝夕者也，是非利害之辩不可得而明知也，故言必有三表。何谓三表？子墨子曰：有本之者，有原之者，有用之者。于何本之？上本之于古者圣王之事。于何原之？下原察百姓耳目之实。于何用之？发以为刑政，观其中国家百姓人民之利。"

所以三表法是墨子用以辨别是非，区别利害的方法。立言必须依于正确的法则，这就是墨子之所谓"法仪"。没有法则，随便乱说一顿，就会弄到是非混淆、利害不分的错误。这里可以看到墨子已经意识到逻辑法则的重要性。当然，逻辑思维的规律，如矛盾律和排中律等只有到了墨辩学者，才从辩论中总结出来；墨子所提的三表法还不具有逻辑规律的性质。他只是根据他的经验论的认识论提出三条立言的标准，这对于驳斥老聃和孔丘的先验论是有重大意义的。

三表法的第一表，上本之于古者圣王之事，这就是拿过去的人的经验来作标准，检核立言的当否。第二表，下原察百姓耳目之实，这就是拿现在的人的经验来衡量立言的当否。第三表，发以为刑政，观其中国家百姓人民之利，这是拿未来的人的经验进行是非利害的验证。墨子自己所提的重要主张如非命、明鬼等

22

就是通过三表法进行检证，宣传其正确的。

三表法本身是有缺点的。墨子只看到经验对人类获得知识的重要性，但忽视了理性的探索。他以耳闻目见为真，竟至以常人之见鬼，为有鬼论的依据；这就是片面的经验论产生的错误。东汉王充批判墨子"用耳目论，不以心意议"。"墨议不以心而原物，苟信闻见，则虽效验章明，犹为失实。"(《论衡·薄葬篇》)王充的批评，击中了墨子三表法的要害。

"三表法"之外，墨子也曾涉及演绎、归纳和类比等逻辑方法的初步运用。

(1)关于演绎。墨子从他的宗教世界观出发，提出以"天志"为一切推论的最高原理，即他所谓"法仪"。《墨子·法仪》云：

> "子墨子曰：天下从事者，不可以无法仪，无法仪而其事能成者无有也。虽至士之为将相者皆有法。虽至百工从事者，亦皆有法。百工为方以矩，为圆以规，直以绳，正以悬，(平以水)，无巧工不巧工，皆以此五者为法"。

墨子心中的法是什么呢？就是"天志"。《天志中》云："子墨子之有天志，辟人(之)无以异乎轮人之有规，匠人之有矩也"。墨子以天志为法，进行他的联锁演绎推论。

首先，他在《法仪》中肯定天之所以为法的理由，"天之行广而无私，其施厚而不德，其明久而不衰"，这就是圣人之所以法天的原因。

其次，怎样法天呢？那就是要看天爱好什么、憎恶什么来决定。依墨子的"兼爱"说，他断定天喜人相爱、相利，不喜欢人相恶、相贼。

第三，他又论证天之欲人兼相爱，交相利，不欲人之相恶相贼，这是因为天对任何人都是"兼而爱之，兼而利之"的缘故。

第四，他又进一步论证天之兼而爱之，兼而利之。这是由于

"天之兼而有之，兼而食之"。

墨子就是这样从天志出发，用联锁演绎的证明法，证明他的兼爱说是正确的。

（2）关于归纳。墨子的推理论证有时还采用归纳方式。例如他从入人园圃窃桃李，攘人犬豕鸡豚，入人栏厩取马牛，杀不辜人，扡（夺）其衣裘取戈剑诸事例中，归纳出它们的共同点，即是"亏人自利"。这就是采用归纳的方式。又如在《墨子·非攻中》列举莒之亡国，陈、蔡之亡国，中山之亡国等事例，归纳出攻战之可以招致亡国的恶果，论证了"攻战不可不非"。

墨子有时还采用归纳中的同异法，论证其主张的正确性。例如他列举圣王禹、汤、文、武，"兼爱天下之百姓，尊天事鬼"，因而取得兴国之福。相反，暴王桀、纣、幽、厉"兼恶天下之百姓，诟天侮鬼"，因而致取亡国之祸。由是，总结出兼爱的正确性。

墨子有时也采用因果法来论证某一命题的正确性。例如在《墨子·公孟》篇中，公孟子问："君子服然后行乎？其行然后服乎？"墨子回答说："行不在服。"墨子证明"服"和"行"没有因果的必然联系，举了齐桓公、晋文公、楚庄王和越王勾践等四君的事迹为例，此四君者，他们的服装都不同，齐桓公高冠博带，晋文公大布之衣、牂羊（母羊）之裘，楚庄王鲜冠组缨、绛（同缝，大也）衣博袍，越王勾践断发文身；这四君的服装没有一个相同的，但都得到国治，由此证明行动和服装并没有必然联系。照因果法的规定，如果某甲不出现时，而某乙总在那里，就可以断定某甲不是某乙的原因。服装虽不一样，但都得到国治。可见服装和国治没有必然联系。

（3）关于比喻和类比。墨子善于用"辟"或"类比"进行谈辩，这是墨辩辟、侔、援法的开端。在劝楚勿攻宋时，墨子列举了文轩、敝舆、锦绣、短褐、粱肉、糟糠等例，和荆地五千里、宋地五

24

百里,荆之犀兕麋鹿、鱼鳖鼋鼍,宋之雉兔狐狸(鲋鱼),荆之长松文梓梗楠豫章和宋无长木进行类比,说明楚王攻宋为"必伤义而不得"。鲁阳文君将攻郑,墨子闻而止之。他用天之兼有天下和鲁之有四境之内进行类比。天之不许鲁攻郑, 也和鲁君不许鲁国内大都攻小都、大家伐小家同理。

墨子常用浅显的事例说明他的大道理。他用瞽者不知白黑"非以其名,以其取",来说明"天下之君子不知仁,非以其名,以其取"。他用一草之本能疗天子之疾,不因其贱而不用, 说明自己的主张: 只要能治国,决不能因为"贱人之所为而不用"(《墨子·贵义》)。

墨子常用比喻法来反驳论敌, 特别生动有力。墨子对公孟子"无鬼神"又主"君子必学祭礼",反驳道:"执无鬼而学祭礼,是犹无客而学客礼也,是犹无鱼而为鱼罟也。"(《墨子·公孟》)

公孟子主张贫富寿夭都由命定,不能损益,但他又说"君子必学"。墨子驳斥道:"教人学而执有命,是犹命人葆(包裹头发)而去其冠也"(同上引)。

在说明问题时,墨子也常用"辟"法,使人省悟。如墨子弟子耕柱子不满墨子怒责他时,墨子说:" '我将上太行,驾骥与羊,子将谁驱?' 耕柱子曰:'将驱骥也'。子墨子曰:'何故驱骥也?' 耕柱子曰:'骥足以责'。子墨子曰:'我亦以子为足以责' "(《墨子·耕柱》)。正因为耕柱子是他的一个好门生,所以墨子才多责备他。可是墨子并没有直截了当地把这道理对耕柱子说, 却举了骥和羊的例子,让耕柱子自己省悟。

巫马子不满墨子之兼爱说,对墨子说:"子兼爱天下未云(有)利也,我不爱天下,未云(有)贼也,功皆未至,子何独自是而非我哉?"墨子说:"今有燎者于此,一人奉水,将灌之,一人掺火,将益之,功皆未至,子何贵于二人?"巫马子曰:"我是彼奉水者之意,而非夫掺火者之意。"墨子说："吾亦是吾意而非子之意也。"（《墨子·耕柱》）这里，墨子也并未直接驳斥巫马子，而只举了个例子，使巫马子自明他的理亏。

墨子除了运用逻辑方法进行论辩外，复使用矛盾律的思想武器。当然，墨子并未明白地提出矛盾律；但在他的论辩过程中，却很巧妙地运用了这一思维规律，以战胜论敌。比如墨子和公输般的辩论，先使公输般承认"吾义固不杀人"，然后引入"义不杀少而杀众"的矛盾结论，使公输般暴露自己的矛盾而认输。在《墨子·非攻上》先使人承认入园圃窃桃李、入栏厩窃牛马等为不义，最后引入论敌"攻国为义"的矛盾。墨子还用"少见黑曰黑，多见黑曰白"，"少尝苦曰苦，多尝苦曰甘"的矛盾，用以暴露"小为非则知而非之，大为非攻国则不知非"的矛盾。墨子驳子夏之徒"狗豨犹有斗，恶有士而无斗"时说："伤矣哉！言则称于汤文，行则譬于狗豨，伤矣哉！"（《墨子·耕柱》）这就是指出子夏之徒言和行的矛盾。从这许多例子中可以看出墨子不自觉地运用矛盾律来攻破论敌的论点。

从上可知墨翟对思维的求知作用，对逻辑思维的基本概念以及逻辑方法的运用等，都作出了贡献。

本章讲墨子的逻辑，是以《墨子》书中《经》、《说》、《取》之外的各篇为材料的。从这些材料中，已可看出墨子对墨辩逻辑的奠基作用，但也可以看出墨子逻辑作为创始者的缺点。他虽提出逻辑推论的重要概念，但并未深入分析；三表法也不是严密的逻辑方法，这些问题就有待于后继者去解决。至于晋朝鲁胜所说"墨子著书，作辩经以立名本"之说，容待《墨辩逻辑》章再谈。

26

第三章　惠施、公孙龙、兒说、田巴

第一节　惠　　施

惠施，宋人(《吕氏春秋·淫辞篇》，高诱注)。约生于公元前370年，卒于前310年左右。他曾做过魏的宰相，后被张仪所排挤，离魏去楚、转宋。在楚时曾和南方倚人黄缭辩论。在宋时，曾和庄周论学。《庄子·天下篇》曾载：

> "惠施多方，其书五车。其道舛驳，其言也不中。历物之意曰：'至大无外，谓之大一；至小无内，谓之小一。无厚不可积也，其大千里。天与地卑，山与泽平。日方中方睨，物方生方死。大同而与小同异，此之谓小同异；万物毕同毕异，此之谓大同异。南方无穷而有穷。今日适越而昔来。连环可解也。我知天下之中央，燕之北，越之南是也。泛爱万物，天地一体也。'"

这就是他的著名的"历物十事"。《庄子·天下篇》又称他有《万物说》，但已不存。就是"历物十事"，也只剩下结论，至于如何导出结论，也不能确知。

惠施是战国中期一位知识渊博的科学家，同时也是一位重要的逻辑学家。

27

过去一向称惠施为诡辩家，实则他的"历物十事"有着丰富的自然科学依据，他和诡辩家是有区别的。他虽和庄子友善，但两人的主张不同。我们应从战国时期自然科学发展的角度来了解他的主张，不能把他的合同异和庄周的相对主义混为一谈。

有人把惠施比拟为古希腊智者普洛太哥拉斯（参阅侯外庐编:《中国思想通史》第一卷第434页），我们认为这不恰当。因为惠施的历物，我们虽不能确知其推导过程，但总的看来是有科学依据的，和普氏的"人是万物的尺度"不同。

惠施的逻辑思想究竟代表前进的地主阶级，抑是代表没落的奴隶主阶级？侯外庐等认为惠施思想"是在没落界限上挣扎的六国治人者集团合纵政策的思想反映"（引同上书,同页），我们不以为然。惠施确是合纵的组织者，他的合纵和张仪的连横发生对抗，因而被张仪赶出了魏国。但合纵和连横都是战国时期各封建主国家企图统一中国的政治策略。惠施主张"大一"，正是他想结束当时封建割据以实现统一的哲学理论基础，从理论上反映了他想消除各封建主的割据以期达到中国封建大一统的局面。所以我们不能说代表秦国游说的张仪是进步的，而代表六国游说的惠施是落后的。何况惠施曾为魏惠王立法。《吕氏春秋·淫辞》云:"惠子为魏惠王为法。为法已成，以示诸民人,民人皆善之。"可见惠施还兼有进步法家的气派。

惠施的逻辑思想是唯物的，抑是唯心的？我们认为基本上是唯物的。他的"历物十事"不论在分析同异、空间、时间、生物演化各方面，都是从实际的具体事物进行归纳概括，然后得出结论。他从客观的事物情况出发，不是从主观的思想意识出发。这点从《庄子》的评语中，也可以看得出来。《庄子·天下》评惠施为"强于物"，"散于万物"，"逐万物"，这就为庄子的主观唯心主义所不容，终于使庄周发出"穷响以声，形与影竞走也，悲夫"的感叹!

惠施的唯物的立场不但在理论上有所阐述，而且在实际行动上也有具体表现。他回答了倚人黄缭关于天不坠、地不陷和风雨雷霆之故的问题。可惜这些有关自然科学的宝贵资料都没有遗传下来。有人认为《庄子·外物》中，有"木与木相摩则然（燃），金与火相守则流。阴阳错行，则天地大绉（骇），于是乎有雷霆。水中有火，乃焚大槐"。这些可能是惠施《万物说》的部分解答。

《吕氏春秋·有始览》中云："天地有始，天微以成，地塞以形，天地合和，生之大经也。以寒暑、日月、昼夜知（别）之，以殊形殊能异宜说（辩）之。夫物合而成，离而生。知合知成，知离知生，则天地平矣。……极星与天俱游，而天极不移。……夏至日行近道，乃参于上，当枢之下，无昼夜。白民之南（白民之国，在海外极内），建木之下（建木在广都南方），日中无影，呼而无响，盖天地之中也。天地万物，一人之身也，此之谓大同。众耳目鼻口也，众五谷寒暑也，此之谓众异，则万物备也。天斟（聚集）万物，圣人览焉，以观其类。解在乎天地之所以形，雷电之所以生，阴阳材物之精，人民禽兽之所安平。"

这是一篇有关天地生成、万物化生的天文、地理、生化的简述。从天地一人之身的类比，导出惠施的"大一"。从众耳目鼻口，众五谷寒暑，导出惠施的"小一"。"大一"和"小一"，虽各有特点，但都具天地一体的一般性，本质上是同一的。整个宇宙浑然一体，但一体中有差别，这就是离异。众异中有同一，所以不是各不相属的孤立体，因而能成为大同。在大同和众异之间，则充满着同中有异、异中有同的芸芸万类，这就导出惠施的"大同异和小同异"的分类基础，同时这也就是惠施观察万类演化的基础。《庄子·寓言》有"万物皆种也，以不同形相禅"。又《庄子·至乐》

29

言："种有几，得水则为繼。……万物皆出于机，皆入于机"。这些可能和惠施的"万物说"有关联。惠施和庄周友善，惠施返宋时曾和庄论学，庄很佩服惠施的学问。惠施先庄周而死，《庄子·徐无鬼》云："庄子送葬，过惠子之墓，顾谓从者曰：'郢人垩慢其鼻端若蝇翼，使匠石斫之。匠石运斤成风，听而斫之，尽垩而鼻不伤，郢人立不失容'。宋元君闻之，召匠石曰：'尝试为寡人为之。'匠石曰：'臣则尝能斫之。虽然，臣之质死久矣。'自夫子之死也，吾无以为质矣，吾无与言之矣。"这里充分表现出庄周对惠施钦佩的深挚感情。所以《庄子》书中载惠施学说不是没有可能的。

钱穆《先秦诸子系年考辨》云："《楚辞》有《天问》篇，相传为屈原作，亦未见其必然。岂亦如黄缭问施之类耶？屈原为楚怀王左徒，当在惠子使楚稍后。然则《天问》一派之思想，固可与惠施、黄缭有渊源也"（该书第 324 页）。钱穆这些话确是一个合理的推论。总之，从先秦的典籍中，我们可以勾出惠施的一些有关科学研究的情况。惠施从他的自然科学研究中推导出他的唯物的逻辑思想，这是合乎逻辑的。

惠施的逻辑思想是从哪里发展出来的？说者不一。有的说惠施的"大一"导源于老聃，郭沫若即是这样提的（参阅郭著《青铜时代》第 53 页）。郭沫若又说："惠施、公孙龙之徒本是杨朱的嫡派"（引同上书，第 51 页）。这是因为惠施之学主"去尊"和杨朱的"无君"说相似。这样，郭沫若肯定惠施是"老聃、杨朱一派"（引同上书，第 52 页）。我们认为惠施的"大一"与其说直接导源于老聃，不如说导源于《管子》。《管子·心术上》："道在天地之间也，其大无外，其小无内。"《管子·内业》："灵气在心，一来一逝，其细无内，其大无外。"而《管子》书中这几篇有人认为是稷下唯物派所持，则惠施"大一"、"小一"思想，或即导源于稷下唯物

30

派。至于惠施的"去尊"和杨朱的"无君"也不能等同看。孟轲评杨朱"为我"为无君，确有点象无政府主义。但惠施"去尊"可能指在上者不要骄傲自大以成为孤家寡人，而不利于封建主的统治。惠施是合纵派的主持者，是战国中期政界的重要人物，这和杨朱的隐士态度也大相径庭。至于惠、龙主名辩，更是杨朱无名说的对立面。所以，说惠、龙为杨朱的嫡派是欠妥当的。

要探索惠施逻辑思想的渊源，我们认为晋朝鲁胜的话，值得我们注意。鲁胜在《墨辩注序》中说："墨子著书，作《辩经》以立名本。惠施、公孙龙祖述其学，以正刑（形）名显于世。"（《晋书·隐逸传》）近人胡适称《墨辩》内容和惠施、公孙龙一书一致，甚至许多字句和文章都一样，因此，他把惠施、公孙龙归入"别墨"一派（参阅胡适《中国哲学史大纲》卷上，第 187 页）。章士钊批判了胡适，说："谓惠出于墨，……将与言墨出于惠，同为无义"（章士钊《逻辑指要》附录二《名墨訾应论》第 253 页）。在章士钊看来，《墨辩》和惠施所论意义相反，不能视为同派。关于惠、龙和墨辩的同异，不是本篇的主题，此处不述。我们这里只是认为依照鲁胜所说，惠施之学出于墨翟一说是有根据的。这是从邓析至战国时代的逻辑思想的发展可以看出的线索。当然，也不是如胡适所说，惠、龙用科学的墨学来代替墨翟的宗教墨学。下面即从这一方面分析惠施逻辑思想的来龙去脉。

鲁胜云："自邓析至秦时，名家者世有篇籍"（《墨辩注序》），所以侯外庐、汪奠基等都认为惠施之学出自邓析（参阅侯著《中国思想通史》第一卷，第 434 页；汪著《中国逻辑思想史料分析》第一辑，第 146 页）。《吕氏春秋·离谓篇》、《列子》中的《力命篇》和《仲尼篇》载邓析"无穷"、"无厚"之说，这可能是惠施"无穷"、"有穷"，"无厚不可积"的渊源所在。但怎样从邓析演变发展成为惠施之学，侯、汪二氏都未申说。我们认为这必须寻出由邓析发展到惠施的思想线索，而后惠学出于邓析的提法才能有着落。

要理出由邓到惠施的逻辑思想发展，就必须抓住墨翟的逻辑思想的环节。墨翟确是由邓至惠施的中介。我认为鲁胜所谓惠出于墨之说，正是洞察到了这一逻辑发展的关键。这并不是说惠的全部世界观都出于墨翟，或如胡适所说以科学墨学代替宗教墨学。惠施只是继续发展了墨翟的逻辑思想而已。

从邓析关于"无厚"、"有厚"的矛盾概念的揭露，发展到墨翟对于"类"的概念的重视。墨翟指出"知类"、"察类"的重要性，这就把逻辑推论的中心一环"类"，紧紧抓住了。墨翟还从"类"的认识推演到"故"的认识，提出"察类"必须"明故"，再进而提出"理"或"法"(法仪)的概念。"理"是作为"类"和"故"的中心桥梁。战国晚期墨辩的"三物逻辑"，这样已逐具雏型，这是墨翟的伟大功绩。

从概念论的思维发展过程看，墨翟是超出了邓析。但他对于概念本身还缺乏分析研究。到了战国中期，由于政治斗争、生产斗争和自然科学的进步发展，逻辑学家就有可能从社会、自然的许多领域中总结概括出一般概念的特征。惠施和公孙龙就是承担了这一概念分析的重大任务。

任何概念都有它所含的属性，这就是概念的内涵。任何概念都有它所指的对象，这就是概念的外延。内涵和外延是每一概念组成的两个重要原素。而概念间的差异也都是从它的各自的内涵和外延不同来断定。

概念的内涵有多寡的不同，外延有广狭的不同。一般地说，概念的内涵加多，外延就缩小；相反，内涵减少，外延就逐渐扩大。宇宙间的物类，就以各种不同的外延和内涵而相互离异和相互包含。惠施的"大一"、"小一"，"大同异"、"小同异"，都体现了概念内涵和外延的变异。在"大一"和"小一"之间可以有千万

32

种等级不同的"大"、"小"类的存在。在"大同异"和"小同异"之间也可有千万种不同的"同"、"异"之类的存在。总之，对于"大"和"小"、"同"和"异"，应深入分析它们各自特有的内涵和外延。只有这样的概念，才能正确反映客观存在的对象。只有这样的"名"，才能符合客观存在的"实"。

侯外庐同意冯友兰把惠施和公孙龙分为"合同异"和"离坚白"的两派。惠施是合同异派的首领。除了"历物十事"之外，还把辩者二十一事中的八事："卵有毛"(一)，"郢有天下"(二)，"犬可以为羊"(三)，"马有卵"(四)，"丁子有尾"(五)，"山出口"(六)，"龟长于蛇"(七)，"白狗黑"(八)，列入惠施合同异范围之中。公孙龙是离坚白派的首领，除了《公孙龙子》各篇外，还把辩者二十一事中的十三事："鸡三足"(九)，"火不热"(十)，"轮不辗地"(十一)，"目不见"(十二)，"指不至，至不绝"(十三)，"矩不方，规不可以为圆"(十四)，"凿不围枘"(十五)，"飞鸟之影未尝动也"(十六)，"镞矢之疾而有不行不止之时"(十七)，"狗非犬"(十八)，"黄马骊牛三"(十九)，"孤驹未尝有母"(二十)，"一尺之棰，日取其半，万世不竭"(二十一)，划归离坚白范围。但从概念的内涵和外延的密切结合言，决不能只有外延而无内涵，或只有内涵而无外延。这样，合派不是绝对不讲离，离派也不是绝对不讲合。汪奠基谓："非谓对惠施言合而不言离，对公孙龙则言离而不言合。惠施的历物论的'毕同'、'毕异'之说，正是承认离形色的抽象普遍真理与形质相对安定性的个体差异存在。"(汪著《中国逻辑思想史料分析》第一辑，第 157 页)我认为这一看法是合乎惠施、公孙龙的观点的(《韩非子·外储说右上》有"同坚白"的提法)。当然，惠施虽讲离，但仍归本于合，故得出"天地一体"的结论。公孙龙虽讲合，但仍归本于离，故最后得出"离也者天下故独而正"的结论。惠施重在概念外延的扩大，而公孙龙却重在内涵的分离。所以,"合"、"离"二派的名称是恰当的。

惠施不但注意概念的外延分析,同时也注意概念的内涵。每一概念都有它的确切的内涵, 用以区别概念间的差异。例如关于空间的形量方面,不论大和小,高和低,部分和整体都有它的确切所指。惠施确定"大一"为"至大无外",只有无外之大,才能称为"大一", 这是所有"有外之大"所不能比拟的。他又把"小一"定义为"无内之小",这也是"大"、"小"两概念的极限,在此两极限之间却可有千差万别的"大"、"小"不同的概念。这就显示了"大"、"小"概念内涵中的变化。关于空间上"大"、"小"两概念既有它们的确定性一面,又有它们灵活性的一面。"大"、"小"有它们的极限,但又有它们的相对差别。因此,惠施的思想既和公孙龙的绝对主义不同,又和庄周的相对主义有异。他的概念观已具有变动的观念在内,这是惠施对概念论的一大贡献。

再拿"同"、"异"的概念来说,一方面既有它们不同的确切涵义,但又不能把它们绝对化。因为客观实在的世界是同中有异,异中有同。卵生动物和胎生动物是不同的, 但从生物演进的过程看,胎生动物是从卵生动物逐渐演化而来,这样"卵有毛"、"马有卵"等等命题就不是非常可怪之论,而有它们的科学依据。

依据惠施对概念外延和内涵的分析,不但空间形量的大、小、高、低和物类间的同、异,有它们的极限的一面,还有它们相对变换的一面。时间的概念也是一样。时间的过去、现在、未来, 都有各自特定的内涵, "今"是"今", 它不是"昔"; "昔"是"昔",决不是"今"。"日中"是"日中",决不是"日睨";"日睨"是"日睨",决不是"日中"。同样,"生"和"死"的概念, 也有它们特定的内涵而不能随意更换。但另一方面这些概念又决不可以绝对化的。在时间绵延的长河中,"今"、"昔"、"生"、"死"是不断转化的。"今"可为"昔","昔"亦可为"今";"生"可为"死","死"复

34

可为"生"。所以惠施说:"今日适越而昔来","日方中方睨,物方生方死"。惠施这些命题,从表面看,似是非常可怪之论,但从战国以来的天文、地理、生物等科学知识看,是有科学基础的。《周髀算经》说:"日运行处北极,北方日中,南方夜半;日在东极,东方日中,西方夜半;日在南极,南方日中,北方夜半;日在西极,西方日中,东方夜半。"这样对东方的越地(如江、浙)的人来说是"今天到越",但从西方湘、鄂地区的人来说,也可以说是"昨天来越"了。"今"、"昔"两个时间上的概念是在时间由西往东的流转中而互易其位置的。这里是否含有地球转动和地为球形的观念呢?从惠施命题的结论上推断是可能有的。我们还可进一步推断时间的变动和空间变动的联系性,说明时空不是两个相互对立的概念,而是密切结合的。《墨子·经上》说:"动,或徙也。"又《墨子·经说下》:"宇,或徙","宇徙,久"。墨经中也是把"宇"(空间)和"久"(时间)结合起来,而去掉它们的绝对化。

惠施又说:"南方无穷而有穷","我知天下之中央,燕之北,越之南是也"。所谓"无穷"、"有穷"、"中央"等空间概念,如结合到时间的转动,都可作出科学的理解。"南方"、"北方"也和"东方"、"西方"的概念一样,是转移的。所以,南方的无穷不是真无穷而为有穷。"中央"既可在北的燕,也可以在南的越。时空的相对观竟能创始于二千多年前的战国时代,这确是一个惊人的发现。我们不同意有人给先哲的创见,勾画出一个固定的时间表,说某科学概念只有到汉代才能产生的说法(参阅侯外庐编《中国思想通史》第一卷,第439页载"所谓地圆,地动的道理,汉代才有人直观地洞察出来")。

惠施不但在概念论方面作了贡献,而且在判断论方面也前进了一步。侯外庐认为,惠施的每一论题都可化为如下的判断形式:"个别即是普遍"。这是一种"分析判断",主词通过述词而丧失其具体性与差别性变成了抽象的同一的浑一体，即"天地一体"（参阅侯著《中国思想通史》第一卷，第436页）。但我们认为惠施命题的表述，不限于分析判断。所谓分析判断，依照康德的定义，是"乙宾辞属于甲主辞而为包含于甲概念中之某某事物"。这和"乙与甲虽相联结而乙则在甲概念之外"不同，这是综合判断（康德《纯粹理性批判》中译本，第33页）。如"一切物体皆为延扩的"，此即一分析判断，即分析主词概念的属性即可得出；而"一切物体皆有重量"则为综合判断，宾词所具有的属性不能通过主词概念的分析得出（参阅上书，同页）。

有些惠施所提的命题如"郢有天下"、"马有卵"、"丁子有尾"之类，恰属于分析判断，个别表现一般，通过这类判断把个别融合于更大的一般之中，从而丧失了个别的差异性。

但另外一些判断，如"龟长于蛇"，"天与地卑、山与泽平"，却是属于关系判断，说明主概念和宾概念所具有"长于"或"等于"的关系。这就不是分析判断了。惠施从这类判断的分析也可以达到空间的极限概念，如"大一"、"小一"之类。可见惠施的合同异的"天地一体"观，并不总是运用分析判断的。

惠施也运用综合判断如"连环可解也"，在主概念"连环"中不能分析出"可解"的属性，这是通过经验得出的。正如"物体有重"之类。"日方中方睨，物方生方死"，"南方无穷而有穷"，"无厚不可积也，其大千里"，"我知天下之中央，燕之北，越之南是也"，象这类判断，我们认为也不是依于主概念的分析，无宁可以说是从一些经验的概括和推导中得来。

惠施在推理方面也有所发展，比如关于类比推理，在墨翟时已很注重，但未具体说明类比推理的逻辑意义，惠施却对类比作了分析，确定类比的作用在于"以其所知，谕其所不知，而使人知之"（《说苑·善说》）。惠施对梁王"无譬"的回答，正是指出"譬"

的推理作用。惠施说:"今有人于此,而不知弹者曰:'弹之状何若?'对曰:'弹之状如弹则谕乎?'"这时惠施问梁王,这种回答你能了解吗?梁王说:"未谕"。于是惠施又另作解释道:"弹之状如弓,而以竹为弦则知乎?"梁王说:"知道了。"惠施正是用类比法来解释"弹"的。

《吕氏春秋·爱类》载:

> "匡章谓惠子曰:'公之学去尊,今又王齐王,何其到(倒)也?'惠子曰:'今有人于此,欲必击其爱子之头,石可以代之。'匡章曰:'公取之代乎,其不与?''施取代之,子头所重也,石所轻也,击其所轻以免其所重,岂不可哉?'匡章曰:'齐王之所以用兵而不休,攻击人而不止者,其故何也?'惠子曰:'大者可以王,其次可以伯也。今可以王齐王而寿黔首之命,免民之死,是以石代爱子头也,何为不为?'"

这也是一段精巧的比喻。

从上边的分析看来,惠施对于古代逻辑思想的发展,不论在概念论、判断论和推理论几方面,都作出了积极的贡献。

第二节 公 孙 龙

1. 公孙龙的生平:公孙龙是战国时赵人,约生于公元前325年,卒于前256年。公孙龙曾为赵平原君食客,平原君待之甚厚。他曾劝平原君勿以存邯郸而受封,并曾与赵惠文王论偃兵事。他说:"偃兵之意,兼爱天下之心也,兼爱天下,不可以虚名为也。"(《吕氏春秋·审应览》)梁启超云:"惠施、公孙龙皆所谓名家者也,而其学实出于墨"(《墨子学案》165页)。梁启超和晋鲁胜的意见一致,鲁胜《墨辩注序》即云公孙龙祖述墨学。我们认为墨翟确是在邓析之后,战国初期逻辑学发展的关键人物。

墨翟之后，惠施、公孙龙发展了墨翟关于概念论的分析研究。梁启超谓"施、龙辩辞，亦多与《经》出入"（同上引梁著，同页）。郭沫若说："《经下》关于坚白之辩与公孙龙完全相同"（《十批判书》，第 284 页）。可见惠、龙和墨辩互为謦应。胡适"别墨"之称固然不恰当，但他认为《墨经》内容有和《公孙龙子》相同的地方（胡适：《中国哲学史大纲》卷上，第 187 页），则是有根据的。

从公孙龙的逻辑思想看，它和墨翟有历史渊源关系。再从他所著《坚白》《通变》和《名实》诸篇的内容看，又和《墨子·经下》有相通的地方。可见鲁胜称龙祖述墨学之说，不为无稽。

公孙龙曾说燕昭王以偃兵（《吕氏春秋·应言篇》）。这和墨子的非攻一致。有人说非攻是战国时各派共有的要求，不能以此定公孙龙为墨派。但公孙龙却明白说："偃兵之意，兼爱天下之心也。"这就是墨翟的非攻说，因兼爱正是墨学之所以区别于儒学的地方，比如孟轲反对战争，但他却反对兼爱。儒、墨都反对战争，但反对的理由却大不相同。这正是墨辩所谓"其然也同，而其所以然不必同"的具体例证。我们不能只看各家非攻之同而忽视他们的根本差别。

公孙龙在平原君家曾和孔穿辩论"白马非马"。他引孔丘"异楚人于所谓人"来比喻他的"白马非马"，使孔穿无以应。但《孔丛子·公孙龙篇》却载孔穿以后的反驳说："异楚王之所谓楚，非异楚王之所谓人也"。孔丘从人的外延说，认为楚人不过是人中的一个属，范围小，所以"欲广其人，宜在去楚"。马是"白马"这一概念的重要属性，所以"欲正名色，不宜去白"。这一反驳，固有其理由，但和公孙龙本意仍有距离。

公孙龙还与邹衍辩论。《史记·平原君列传》，《集解》引刘向《别录》云，"齐使邹衍过赵，平原君见公孙龙及其徒綦母子之属，论'白马非马'之辩，以问邹子"，邹衍认为不可。他说："天下之辩有'五胜','三至'（疑至为"正"），而'辞正'为下。辩者别殊类使不相害，序异端使不相乱，抒意通指，明其所谓，使人与知焉，不务相迷也。故胜者不失其所守，不胜者得其所求。若是，故辩可为也。及至烦文以相假，饰辞以相悖，巧譬以相移，引人声使不得及其意，如此害大道。"邹衍的批评正代表当时一般人对公孙龙的看法是"辞胜于理"（《孔丛子》引平原君语）。而"辞正"又是最下的。公孙龙与孔穿有"臧三耳"之辩（见《吕氏春秋·淫辞篇》，或称"臧三牙"）。《列子·仲尼篇》载公孙龙有"有意不心，有指不至，有物不尽，有影不移，发引千钧，白马非马，孤犊未尝有母"的诡辩。公孙龙被时人目为"负类反伦"（乐正子舆语，见《列子·仲尼篇》）的诡辩家是有原因的。

公孙龙在赵有不少门徒，綦母子、魏中山公子牟（魏牟）尤其著名。公子牟还为公孙龙的诡辩作辩护说："夫无意则心同，无指则皆至；尽物者，尝有；影不移者，说在改也；发引千钧，势至等也；白马非马，形名离也；孤犊未尝有母，有母非孤犊也"（见前引《列子·仲尼篇》）。

公孙龙标榜"以正名实而化天下"，所以过去研究公孙龙的人总认为他的辩是为统治阶级服务的。例如冯友兰认为"惠施是为新兴地主阶级服务，公孙龙是为奴隶主贵族服务"（《中国哲学史新编》第一册，第341页），理由是惠施主变，而公孙龙主不变。我认为战国末期地主阶级已取得对奴隶主阶级斗争的压倒胜利，他就逐渐转到维护自己的既得利益，而反对变。韩非主变法，但他反对"数变法"（参阅《韩非子·解老》："治大国而数变法则民苦之，是以有道之君贵静，不重变法"），理亦同此。所以仅仅根据公孙龙主不变，就把他看作为奴隶主贵族服务的人物，理由是不充分的。我们认为公孙龙的逻辑思想已走向纯逻辑化，和正名主义的政治逻辑有所不同（此点后边另行阐述）。

关于战国时两公孙龙的问题。《史记·仲尼弟子列传》载有公孙龙字子石,少孔子五十三岁。又《史记·孟荀列传》赵亦有公孙龙,"为坚白同异之辩"。这样有两公孙龙的问题。据近人考证,著书的公孙龙为战国末年的公孙龙。公孙龙字子秉(《庄子·徐无鬼》"儒、墨、杨、秉四与夫子而五",《列子·仲尼篇》殷敬顺释文:"龙字子秉"),他比惠施、庄周等略晚。公孙龙的籍贯,有的说是赵人(见《汉志》)。《史记·仲尼弟子列传》,《集解》引郑玄曰:楚人。《正义》引《家语》说是卫人。有的说是魏人(《吕氏春秋·应言篇》高诱注)。但据考证,以赵人为是。

2.公孙龙的逻辑思想和他的客观唯心主义。

公孙龙对逻辑科学的贡献在于他对逻辑概念作出深入的分析研究。战国初期墨子提出了"类"、"故"、"法"等逻辑基本概念,给古代逻辑科学奠定了始基。但墨子本人对于这些重要的逻辑概念并未作进一步的分析研究,继承发展这一任务的就为惠施、公孙龙一派的辩者,最后由战国晚期的墨辩集其大成。

公孙龙提出许多重要概念,如"指"、"物"、"名"、"谓"等等。而"白马非马"、"坚白石二"更是他的著名命题。这些概念和命题也不是公孙龙所创始,如"坚""白"语词的提出,早在《论语》中就有过。《论语》云:"不曰坚乎,磨而不磷,不曰白乎,涅而不缁"(《论语·阳货》)。可见在春秋末孔丘时代,"坚""白"已成了当时比喻的语词。《孟子·告子上》也提到白羽、白玉、白雪等"白"的语词。"白马非马"之论已见于公孙龙之前的兒说。公孙龙似乎是继承了兒说的论点。关于"指"的提法,《庄子·齐物论》中也已有过。《庄子》云:"以指喻指之非指,不若以非指喻指之非指;以马喻马之非马,不若以非马喻马之非马也。天地一指也,万物一马也"。总之,公孙龙所提的许多概念并不是出于他的独创,只是继述前人所说,那末,公孙龙的贡献又在哪里?

我认为公孙龙的独创在于他用了多元的客观唯心主义思想予这些概念以新的系统的解释。公孙龙的《指物论》即是他的客观唯心主义的中心。至于《白马论》、《坚白论》、《名实论》和《通变论》不过是《指物论》的应用说明。因此阐述公孙龙的逻辑思想必须从他的《指物论》开始。

什么是"指"？手有所指就叫指。《礼记·大学》云："十手所指"，即此义。俞樾云："指，谓指目之也。见牛而指目之曰牛，见马而指目之曰马，此所谓物莫非指也"（见谭戒甫《公孙龙子发微》所引，该书12页）。就"指"的本义上说，就是这样。

但公孙龙的"指"不是指这些通常的含义，而另有他自己独创的意义。公孙龙认为"指"是超出感觉的物质世界之上，独立自藏的抽象实在。这一客观的抽象实在，即是现象世界的本体。现象世界中能被人们感觉到的万物，只是本体界中的"指"的化身，它本身并非独立自存，须依靠于"指"而存在。如果没有"指"，就没有"物"，"物"不过是"指"的集合体的体现者。如橘子只由于它的香味、形状等等的"物指"结合起来，我们才能有橘子的感觉。如果把橘子的香味、甜味、红的颜色和椭圆形状等等物指都拿掉了，试问橘子的"实"还能见到吗？看不见了。橘子如此，"马"、"白马"、"坚白石"等等，也莫不如此。一句话，天下的物都由物指构成，没有指就无所谓物了。所以他说："物莫非指"。

进一步，我们要问，构成了物的"指"，是否即本体界的"指"？公孙龙说，不是的。他说："物莫非指，而指非指"。构成万物之实的指，公孙龙称为"物指"或"与物之指"。这对本体界的"指"说，它即是"非指"。他说："指与物，非指也"。因"指"是超时空而"自藏"，所以它不能出现在时空之内的具体的个体上。

中国文字简单，具体的"白"和抽象的"白"都用同一个"白"

字。在外文如英语却有区别。具体的"白"称"white"，而抽象的白，就白的性质言却称"whiteness"。这样，具体名词的"白"和抽象名词的"白"就区分开来了。公孙龙把现象界的"物指"和本体界的"指"都叫"指"。他有的地方的"指"是指称本体界自藏的"指"，而有的地方却指现象界的"物指"或"与物之指"，又名"非指"。这样，《指物论》通篇成了不易弄懂的"苛察缴绕"的诡辞。

从唯物论的观点看，客观的现象是有它的实际存在的，这即宇宙万有的物质性。物质界的一切，都在空间与时间之中，因而每一事物都占有空间的某一点和时间的某一瞬。空间和时间是物质存在的形式。没有不在时空中的事物，也没有不具物质的时空。物质和空间、时间三者的统一，形成了宇宙万有的存在和变动。

公孙龙是客观唯心主义者，他虽在《名实论》中说："天地与其所产焉物也"，但这一表面的唯物命题，却被他的唯心主义哲学所窒息。因为天地间的物，不是自存的实在，而要依于本体界的"指"而存在。没有指就没有物，没有本体界，就没有现象界。公孙龙这样釜底抽薪，结果把物质变为抽象的存在，和唯物论者的物，正处于对立的地位。

我们对客观世界的认识是通过感觉器官的感触，然后到达思维——从物到心——这是唯物论的观点。公孙龙也是从感觉的认识出发，说目能见白，手能触坚，可是他强调坚白的物性依于主观认识而有，不承认物性本身的客观实在，因而导致唯心主义。列宁说："从感觉出发，可以遵循着主观主义的路线走向唯我论（"物体是感觉的复合或组合"），也可以遵循着客观主义的路线走向唯物主义（感觉是物体、外部世界的映象）。"① 所以，

---

① 《列宁全集》第 14 卷第 124 页。

42

从感觉经验出发,可以导致唯物论,也可以导致唯心论。问题在于你是否承认物质第一性、意识第二性的重要原理。公孙龙站在客观唯心主义立场,否定物的客观存在,所以尽管他有许多表面上的唯物命题,但终究被他的唯心论所淹没。

从唯物论的认识论说,我们的认识是从个别的具体事物开始,然后把同类具体事物的属性抽象概括出来,得出该类属性的一般的认识。我们从白雪的白,白羽的白,白石的白,抽象概括之后,得出一般的白的认识。这就是从个别到一般,从具体到抽象。这是唯物论的反映论的认识程序。个别和一般,具体和抽象,有它对立的一面,也有它的统一的一面。列宁说:"个别就是一般","个别一定与一般相联而存在。一般只能在个别中存在,只能通过个别而存在。任何个别(不论怎样)都是一般。任何一般都是个别的(一部分,或一方面,或本质)。任何一般只是大致地包括一切个别事物。任何个别都不能完全地包括在一般之中等等。"① 抽象的一般和具体的个别,既对立,又统一,这是客观事物的同一和差别的辩证法的反映。

公孙龙看出抽象的一般和具体的个别的矛盾,一般的马,"有马如(而)已耳"(《白马论》)和具体个别的马如"白马"、"黄马"等是不同的。这是正确的。但抽象的一般不能离具体的个别而存在。一般的马只有通过个别的马如白马、黄马等而存在。离开具体个别的马也就找不到一般的马了。公孙龙看不到一般的马和具体的马的对立统一,把对立绝对化,否定了它们的统一,因而得出"白马非马"的命题。再进一步他由客观唯心主义观点出发,把脱离具体个别的一般看作超时空而自藏的东西。所以他说:"指也者天下之所无也"。但"天下无指,物不可谓无

① 《列宁全集》第38卷第409页。

指也"。他的意思是天下看不到"自藏"的指，但此"自藏"之指并非不存在，而是存在于超时空的本体界中。何以见得它存在于本体界中，是因为天下之物有指，即"物莫非指"。此物所具的非指是从自藏之指转化而来的。而且"指者天下之所兼"，如"不坚白石而坚"的自藏之坚，虽感觉不到，但它的存在是无可疑的。

一般的坚，一般的白，各有它的自性，这就是指"不坚石物而坚"之坚，"不白物而白"之白。坚白的自性是先于石物而有，并不是由于有了坚白石之后，才有此坚白的自性。公孙龙的理由是，如果"白固不能自白，恶能白石物乎？若白者必白，则不白物而白焉"（《坚白论》）。这样，一般的坚和白都有它们的自性，它们不是由于"坚白石"之后才有此坚白的。可证，现象界虽看不到自藏的坚白，但本体界确实存在无疑。

公孙龙的认识方法和前述的唯物论的方法正处于相反的方向。唯物论认为从具体个别概括出抽象的一般，而他却从抽象的一般推出个别。没有一般的坚和白，就不会有个别的坚和白。这是由一般到个别，由抽象到具体———由心到物———的唯心论的认识方法。

公孙龙既然这样割裂了本体界和现象界，把抽象的一般和具体的个别对立起来，他又如何找出他们的联系？有什么力量使这么绝然分割的东西发生关系？关于这点，公孙龙没有作出充分的论证，只是说"且夫指固自为非指，奚待于物而乃与为非指"（末"非"字，据伍校增，《指物论》）。这就是说，"自藏之指"自己有力量和"物指"发生关系，并非由于物本身的力量。可见，公孙龙并不是心物二元论者，而是唯心论者。

从实际上看，公孙龙所谓"指"，实即指"物性"。章炳麟名之为"德"即"物德"。章炳麟说："坚与白其德也"（《国故论衡下·辩性下》）。坚白即指物所具有的属性。形的大小、方圆，色的

44

黄、白、青、黑，质的坚、柔、脆、韧，都是物性，即公孙龙之所谓"指"。公孙龙从他的"离"的绝对立场出发，认为物性各各分离不能结合在一起。所以，"坚白石"离，只有"坚石"和"白石"，而不能有"坚白石"。这即因见白不见坚，抚坚不抚白。坚白只能为二，不能为一。白和马不同，白马也和马不同，所以只能说"白马非马"，而不能说"白马是马"。

个别具体的物可分为众多的抽象一般的物性，但抽象一般的物性却不能再进行分析。因此，在本体界中的"指"是各各分离的。坚，白，马，白马等等各自有它们的自性，不能再分化为其它自性。这样，公孙龙的客观唯心主义就成为多元的客观唯心主义，颇有莱布尼茨单子论的意味。

本体界的"指"是不变不动的，但现象界的指却跟着具体个体事物的变动而变动。例如本体界的右，始终是右而不能变为左。但现象界的右，即"有与的右"却可依具体事物的位置的变动，而易其位置。在右边的东西可以转移为左边的东西，所以实际上，右是可变的。公孙龙用"无与的右"（本体界的）和"有与的右"（现象界的）解决变和不变的矛盾。在《通变论》中曾提及"右苟变，安可谓右? 苟不变，安可谓变?"公孙龙为解决这个两难，运用本体的不变的右，和现象界的可变的右区别。这样"有与的右"变了，"无与的右"仍不变。右还是永久存在的。但是不变的本体怎能使现象界的东西发生变动? 公孙龙并未作出明确的论证。

3. 公孙龙逻辑思想的要点。

上段就公孙龙的《指物论》阐明他的逻辑思想与他的多元的客观唯心主义的关系。本段再根据他的《指物》、《白马》、《坚白》、《名实》、《通变》各篇，阐明他的逻辑思想的要点。

公孙龙根据他的"指"为独立自藏、各各分离的观点，论证每

45

一概念的内涵(物指)也是各自分离而独立存在。内涵不但有质的差异,如马的内涵的质和石的内涵的质各各不同,而且还有数量上的差异,不得混而为一。如言"马"只指具有马的质,公孙龙称之为"马马",意即指具有马的质的内涵之马, 也即是他所谓"有马如(而)已耳"之马。"马马"不是指"众马", 也不是如谭戒甫所谓 "二马"(《公孙龙子形名发微》页20,"马马为二形之表现"),而是指马的本质,马之所以为马者。

"白马"的内涵却具有"马"和"白"的两个成分,它和"马"仅是"马"的本质"不同"。因而"白马"这一概念就跟"马"的概念不一。所以他说"白马非马"。因为这一命题的主概念和它的宾概念显然是不同的,人们只能说"白马非马","白马"≠"马",不能说"白马是马"。把不等的东西认作相等, 那是错误的。在公孙龙看来, "白马"固有异于"黄马"和"黑马",同时也有异于"马",这是他的《白马论》的要点。

同理,"二"的概念和"一"的概念不同。所以他说:"二无一"(《通变论》)。照常识说:"二"是由于"一"加"一",应该说"二有一"。但公孙龙说:"二"的概念的内涵不同于"一"的内涵,不能把不同内涵的"二"和"一"等同起来,说"二有一"。例如"左加右为二",但"二无右","二亦无左"。

"坚"的概念的内涵反映客观事物的质, "白"的概念内涵反映客观事物的色。因而这两个不同内涵的概念是不能结合在一起的,而是互相分离的。因此,公孙龙说,一块坚白石,只能说它是二,而不能说它是三,这是因为我们只能认识到"坚石"(二)和"白石"(二),而认识不到"坚白石"(三)(参阅《坚白论》)。

公孙龙对于命题或判断的分析,也是依于他的概念论的。公孙龙的《名实论》发挥了他的"唯谓"的判断观。

任何一个命题或判断都表现为名实的关系。什么叫做名?

46

什么叫做实？公孙龙都有明确的定义。名者命也；名是用来谓实的。所以公孙龙说："名，实谓也"（《名实论》）。"名"具有"谓"的作用。对当前的一个动物，名之为狗，这即名谓的作用。但名之所指是客观事物的实，这个实，即公孙龙之所谓物指，即"与物之指"，"狗"、"马"、"白"、"坚"等等，一方面是"名"的对象，也是谓的对象。物指虽能通过名表述出来，但名只是物指的代表记号而不是物指本身。公孙龙所谓"天下无指者生于物之各有名不为指也"（《指物论》）。世人只见到万物的名，却看不到万物的指，因而"天下无指"。

名虽不是指，但我们却可以因于名而大略地认识到指。所以，名可起到认识客观事物的桥梁作用。

什么叫做实？"实"是从客观存在的物得出的。公孙龙在此有明确的规定。他说："天地与其所产焉物也。物以物其所物而不过焉实也"（《名实论》）。"物以物其所物而不过焉"，即指一件事物，不多不少就是那个事物。如果多了，那就是"过"了；如果少了，那就是"旷"了。"过"和"旷"都不是那个事物的"实"。例如"白马"只能是"白马"，如果把"白马"叫"马"，那是"旷"了"白"，不是"白马"的"实"。"马"就是"马"，如果把"马"叫做"白马"，那就是"过"了，也不是"马"的"实"。公孙龙这里充分运用了同一律的抽象的同一性。即"甲是甲"不能是任何非甲。

依此，公孙龙提出"唯谓"之说。他说："其名正则唯乎其彼此焉。谓彼，而彼不唯乎彼，则彼谓不行。谓此，而此不唯乎此，则此谓不行。……故彼彼当乎彼，则唯乎彼；其谓行彼。此此当乎此，则唯乎此；其谓行此。"（《名实论》）决不能"彼此而彼且此，此彼而此且彼"（同上书）。应当这样，即"知此之非此也，知此之不在此也，则不谓也。知彼之非彼也，知彼之不在彼也，则不谓也"（同上书）。"白马"之名只能谓"白马"之实，"马"之名也只能谓"马"之实。"白马"既不能谓"马"，也不能谓"白"。

公孙龙从内涵方面分析概念和命题自有其正确的一面。西方逻辑侧重于外延方面的分析（即类的推衍），从量的方面入手，推论的准确度较高。为求推论更精确，他们又逐渐把逻辑转到数理方面，就产生了数理逻辑。这是西方形式逻辑的一个重要发展。中国逻辑较侧重于概念、判断、推理等的实质性的研究，较少注意形式方面的分析。所以从这方面说中国逻辑稍逊于西方和印度的逻辑。但中国逻辑的研究结合我国语言的特点，也有其独到之处。中国逻辑不纠缠于形式，而注重思维的实质性的研究，所以它可以避免西方或印度逻辑的烦琐处。公孙龙正发挥了中国逻辑的特点，从内涵方面分析研究概念和判断。这样的逻辑，我们也可称之为"内涵的逻辑"，以别于西方的"外延的逻辑"。

概念的内涵和外延是密切结合着的，它是整个概念的不可缺的元素。内涵表示概念的质，外延表示概念的量。没有无质的量，也没有无量的质。因此，完全排斥外延而单讲内涵，或是排斥内涵而单讲外延都是错误的。公孙龙只谈概念的内涵（指），而忽视它的外延。他把"白马"和"马"分离开来，但"白马"和"马"不但有内涵的关系，还有外延的关系。"白马"的外延只限于"白色的马"的一个属，而"马"的外延，不但包括"白马"这一个属，而且还包括了"黄马"、"黑马"等等的属。所以求马，不但"黄马"、"黑马"等可应，即"白马"也可以应。如下页图中所示，在马的圆圈内包含有"白马"、"黄马"和"黑马"……等小圆圈，我们不能说"黄马"、"黑马"可以应"有马"，而把"白马"排斥于应"有马"之外。公孙龙故意说："求'马'，'黄'、'黑'马皆可致"（《白马论》），而独不提"白马"也可致。他又转移论点，说求"白马"，"黄"、"黑"马不可致，再由"黄"、"黑"马之不可应"白马"，证明"白马"之"非马"，陷入诡辩的论证。

其次，把"白马"和"马"并列，只承认二概念外延的互相排斥，而忽视二概念外延的相合处，只强调二概念内涵的多少分别，而忽视二概念外延之有大小。公孙龙这样就把种属关系打乱，既打乱了种属关系，

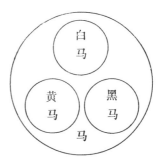

又使"类"的区别发生困难。公孙龙在《通变论》中以有齿无齿分别羊和牛；又以角和尾之有无，分别牛羊和马的不同。这类的区别，是没有什么科学意义的。他更进而把当时五行家以五色配五行的说法，引来作取譬论证。拿青、白、黄、碧等颜色关系，进行"二无一"的命题类比，说"青以白非黄，白以青非碧"证明"黄"为"正举"，"碧"为"暴举"，更使人迷乱，坠入五里雾中。

当然，公孙龙对于"类"概念也作了深入的分析。墨翟认为"类"是逻辑推论的基础，所以他有"知类"、"察类"的提法。忽视"类"的关系，就会陷入"无类"逻辑，而变为诡辩。但公孙龙深入分析"类"概念，感到以"类"为推，也不见得就准确。例如羊有齿，牛无齿，是羊与牛不同类；但羊和牛都有角，不同之中另有它们的所同。所以公孙龙说："羊与牛虽（唯）异……而或类焉"（《通变论》）。再拿羊和牛与马比较，羊牛有角，马无角；马有尾，羊牛无尾。故曰："羊合牛非马也"（《通变论》）。以角和尾的有无来区别羊牛与马为异类，当然是可以的。但羊、牛、马都有四足，它们是四足兽，又可当作同类。这和鸡只具二足，就为"类"的不同。这样，"羊合牛非马"和"牛合羊非鸡"，虽然二命题的形式相同，但它们的实质有异。因"非鸡"和"非马"不一样，"非马"的"非"较之"非鸡"的"非"的程度较浅些，实由于羊牛和马犹有四

49

足兽的同类关系,而鸡只具二足,它是二足之"禽"和四足之"兽"的不同类。

再进一步分析,四足的羊、牛、马和二足的鸡为不同类。但公孙龙说:"谓鸡足一,数足二,二而一,故三。谓牛羊足一,数足四,四而一,故五。牛羊足五,鸡足三"(《通变论》)。这里,牛羊足五,鸡足三,虽不相同,但它们都是"谓足"和"数足"的相加,就又有它们的共同处。所以公孙龙说:"牛合羊非鸡,非有以非鸡也"(《通变论》)。笼统地把鸡排除于牛羊之外,是理由不充分的,"非有以非鸡"即指此。

从上述中可见公孙龙对"类"概念是作了深一层的分析。单凭类以为推,而忽视物指的关系,就会发生"狂举"的错误。"狂举",由于名实不相符,"白马是马",以类为推,只看概念外延的关系,而忽视他们的物指,就会造成名实不符的"狂举"。而"白马非马"却从物指的关系分析,使"白马"之名符合于"白马"之实,这即"正举"。公孙龙说:"材,不材,其无以类,审矣。举是,乱名,是谓狂举"(《通变论》)。章沛称"材"指"结合体中的构成因素"(参阅章沛《公孙龙子今解》)。同时即指可结合的二因素。如"白"和"马"虽类不同,但白和马是材,可以结合(即相与)而为"白马",这是"正举"。"不材"指不可结合的因素,如羊和牛虽有相类处,但它们是"不材",不可以结合,如结合就不成东西,只能说"羊合牛非马";不可结合的反而把它们结合,就是"狂举"。杜国庠称"材"为"正举","不材"为"狂举",意亦相同(参阅《杜国庠文集》第116页)。从此可见公孙龙的推论不基于类,而基于指。这即我们所说的不是基于外延关系的逻辑推论,而是以内涵关系为推论基础。公孙龙从概念、判断到推理都以内涵为基础建立他的内涵的逻辑。这是公孙龙对中国逻辑科学的重大贡献。

我认为公孙龙的逻辑是内涵的逻辑。杜国庠和章沛也有类

50

似的看法。杜国庠说:"公孙龙的名学重内容不重形式"(见杜著《论公孙龙子》,《杜国庠文集》第116页)。章沛说:"公孙龙的逻辑谈'与'(∩),不谈'类',不是常识的类推演,亦不涉及类概括问题"(见章著《公孙龙子今解》)。但公孙龙为什么只重内容,不重形式,为什么只谈"与"(∩),不谈"类",杜、章二氏并没有予以说明。我认为公孙龙这一逻辑的发展,是跟他对于"类"概念作进一步的分析有关。此点上边已作了论证。

关于逻辑的规律,公孙龙虽没有明确提出,但他在论辩的过程中,的确是充分运用的。前边已谈到公孙龙的"白马非马"之辩,就是他坚持"白马只能等于白马"的抽象同一律。抽象的同一律贯穿于公孙龙的全部论点中。"二"只能是"二",不能是"一",所以说"二无一"。"坚石"只能是"坚石","白石"只能是"白石",所以说"坚白石二"而不能说是"三"。对于名实关系他也坚持这一原则。"物以物其所物而不过焉,实也"。不论什么东西的存在,都有它的"不过"、"不旷"的实,"过"了,"旷"了,都离开了那个东西的实,就不能再用那个东西的"名"去叫它,这就是名实相符,体现了名以谓实的作用。所以"彼"即是"彼","此"即是"此","彼彼止于彼,此此止于此,可。彼此而彼且此,此彼而此且彼,不可"(《名实论》)。其所以不可,就是因为破坏了同一律。

至于矛盾律,只作为驳斥论敌的武器,不象同一律用作贯彻全部论点的基础。公孙龙在和孔穿的论辩中,即抓住了孔穿在"教"与"学"上的矛盾。公孙龙指出孔穿"先教而后师之"(《迹府》)是矛盾的。公孙龙又引"是仲尼异楚人于所谓人,而非龙异白马于所谓马",同样是矛盾的。公孙龙就是揭出孔穿的这些矛盾而取得胜利的。

公孙龙在《通变论》中论证"狂举"和"正举"之不同时,也运用了矛盾律、排中律。公孙龙云:"牛合羊非鸡,非有以非鸡也。与马以鸡,宁马。材不材,其无以类,审矣。举是,乱名,是谓狂举"。"牛合羊非鸡"和"左与右非二"为同式。前者既为"狂举",后者当亦为"狂举"无疑。因"左与右为二"和"左与右非二"是矛盾的命题。矛盾命题之一为错,其反对方面必真。这里公孙龙也用了排中律,因"非二"和"为二"之间不能有第三者。

公孙龙对逻辑的又一贡献, 即他摆脱了正名主义的政治逻辑,而把逻辑纯化。公孙龙标榜"正名实以化天下"(《迹府》),但最后他只说到"审其名实, 慎其所谓"(《名实论》)。这和孔丘的政治正名, 尹文、荀况、韩非等为法治正名不同。尹文把名、法、刑、赏并列(《尹文子·大道下》),荀子讲正名在"一于道法,而谨于循令"(《荀子·正名论》)。而公孙龙只谈"审其名实, 慎其所谓",并无其他。所以公孙龙之正名是从纯逻辑观点出发,不带有政治和伦理意味。

公孙龙在《通变论》中虽也提到"其有君臣之于国焉"和"暴则君臣争而两明"的话,但公孙龙认为这是"强寿",即勉强的比喻。伍非百谓"寿"通"俦","类也"(见《杜国庠文集》第 117 页引文)。《荀子·劝学篇》杨倞注:"畴与俦同,类也"。"强寿"即"强俦",即强为类比。其实君、臣和国, 与青、白和碧都是公孙龙的引物取譬,初无其他意义。谢希深《公孙龙子注》,处处引君臣之道以说明这一段譬喻,恐有失公孙龙的本意。

第三节　兒　说、田　巴

1. 关于齐稷下及其辩者。

我们先介绍一下齐稷下的情况。稷下是战国时代学术活动的中心,它是齐国国都的西门。"外有学堂,即齐宣王立学所也,

52

故称为稷下之学"（《太平寰宇记》卷十八，益都下引《别录》）。又《史记·田齐世家集解》引刘向《别录》云："齐有稷下，城门也。谈说之士，期会于稷下也"。

稷下学宫是什么时候开始的，徐幹《中论·亡国篇》云："齐桓公（田齐）立稷下之宫，设大夫之号，招致贤人而尊宠之，孟轲之徒皆游于齐"。可见稷下学宫开始于田桓公（田午）。田氏篡齐未久，为延揽贤士，收名声，所以开稷下之宫以延聘各方贤者讲学。这是为齐封建主的政治服务的。

稷下学宫从齐（田）桓公起，历齐威王、宣王、湣王、襄王，一直到齐王建以至齐亡，经一百余年，造成战国时百家争鸣、学术研究的中心，功绩不小。

游稷下的学者称为"学士"。《史记·田齐世家》："稷下学士，不治而议论"。其前辈称"先生"。《新序》："齐稷下先生喜议政事"。孟轲称宋牼为"先生"，梁惠王称淳于髡为先生。宋钘、尹文亦云："先生恐不得饱，弟子虽饥，不忘天下"（《庄子·天下篇》）。长者还尊为"老师"。《史记·孟荀列传》："田骈之属皆已死，齐襄王时，而荀卿最为老师。齐尚修列大夫之缺，而荀卿三为祭酒。"可见荀卿被尊为"老师"，还当过三次"学长"（祭酒）。

这些"学士"、"先生"虽不治而议论，但待遇非常优厚。他们都"赐列第，为上大夫"（《史记·田齐世家》）。田骈"赀养千钟，徒百人"（《齐策》）。齐宣王对孟轲也"将中国授室，养弟子以万钟"。这就给这些学者们以著书立说、成立学派的优厚的生活条件。

稷下学士有名可考的，有孟轲（邹人），淳于髡（齐人），彭蒙（齐人），宋钘（宋人），尹文（齐人），慎到（赵人），接子（齐人），田骈（齐人），环渊（楚人），兒说（宋人），荀况（赵人），邹衍（齐人），邹奭（齐人），田巴（齐人），鲁仲连（齐人）。看来学士先生要算齐

53

人居首位了。

稷下学士见解不一,学派不同。其中如孟轲、荀况、邹衍等为儒家;宋钘、尹文为墨家(荀子以墨翟、宋钘为一派); 接子、环渊为道家;慎到、田骈为法家(荀子以慎到、田骈为一派);儿说、田巴为辩者。当然各派在互相辩驳的过程中也受到了对方的一定影响。如孟轲、荀卿虽非诽名辩, 但他们的正名言都受到辩者的影响。孟轲自己也承认他好辩。《孟子》一书中有白马、白羽、白雪之辩,这可能是受儿说、田巴的影响。宋钘、尹文虽为墨家,但也受到名辩派的影响。如《公孙龙子·迹府》载尹文对齐王论"士",显然是辩者的风度。至于慎到、田骈虽为法家, 但都学黄老道德之学,其受道家影响无疑(参考《史记·孟荀列传》)。名法观念又一向贯穿于法家各派的思想之中,所以慎到、田骈又兼有正名的名辩思想。

对于以上稷下各派的学术思想不是我们这里所要阐述的对象。本节只限于儿说、田巴的思想。

2. 儿说

关于儿说的事迹,先秦诸子中,只见于《韩非子》和《吕氏春秋》二书。

《韩非子·外储说左上》云:"儿说,宋人,善辩者也,持'白马非马'也,服齐稷下之辩者。乘白马而过关,则顾白马之赋。故籍之虚辞,则能胜一国;考核按形,不能谩于一人。"

《吕氏春秋·君守篇》云:"鲁鄙人遗宋元王'闭', 元王号令于国,有巧者皆来解'闭',人莫之能解。儿说之弟子请往解之。乃能解其一,不能解其一。且曰:'非可解而我不能解也,固不可解也。'问之鲁鄙人,鄙人曰:'然,固不可解也,我为之,而知其不可解也。今不为而知其不可解也,是巧于我。'故如儿说之弟子者以不解解之也。"

54

从这两段引文中可以知道兒说是宋人。据钱穆考证，"兒说年辈盖在施、龙二人间"（参阅钱著《先秦诸子系年考辨》第367页）。《淮南子·人间训》高诱注："兒说，宋大夫也"。他是稷下有名的辩者，主"白马非马"之辩。从兒说弟子为宋元王解"闭"一事看，兒说当同为宋元王时人。他的"白马非马"之辩当在公孙龙之先。

《文选·演连珠·刘峻注》："倪、惠以坚白为辞，故其辩难继"。谭戒甫云："按倪、惠者，兒说，惠施也。'兒'、'倪'通用字"（《公孙龙子形名发微》第79页）。可见兒说是与惠施同时。兒说"白马非马"之辩远在公孙龙之先，他可能是"白马非马"说的始创者。

郭沫若在《十批判书》中说："兒说即貌辩"（该书第255页）。他只从文字上分析"兒说"和"貌辩"的关系，不能认为确证。至于只根据貌辩是辩者（《战国策·齐策》），也很难证明他就是兒说，因辩者不只一人，对此以存疑为是。

兒说"白马非马"的命题，把通称的"白"和定形的"马"割裂开来，把抽象的普遍概念和具体的个体概念对立起来，成了当时的诡辩命题。实则通称和定形不能分离，名和形应相结合，实际上也是结合着的。名实判为两，合为一，这是符合科学常识的。坚持形名合一的科学的常识就可驳倒离形言名的诡辩。兒说的"白马非马"之辩，固能服齐稷下之辩者，但骑白马过关时，守关的官吏却要按白马来上税，所以说："籍之虚辞，则能胜一国，考实按形，不能谩于一人"。

王应麟《汉书艺文志考证》引吕东莱云："告子彼长而我长之，彼白而我白之，斯言也，盖坚白同异之祖。孟子累章辩析，历举玉、雪、羽、马、人五白之说，借其矛而伐之，而其技穷。"据此可以看到兒说一类辩者对当时学术界的巨大影响。

55

"白马非马"之说，至公孙龙又有所发展，已见本章第二节，兹不赘。

至于兒说弟子为宋元王解"闭"之事，《吕氏春秋·君守篇》只云"以不解解之"，详情如何，不得而知。《淮南子·人间训》云："夫兒说之巧，于闭结无不解，非能闭结而尽解之也，不解不可解也。……连环不解，物之不通者，圣人不争也。"这样"解闭"云者，恐亦和惠施之"连环可解"为同类性质。

3.田巴

田巴是齐的辩士。《史记·鲁仲连传·正义》云："齐辩士田巴，服狙丘，议稷下，毁五帝，罪三王，服五伯，离坚白，合同异，一日服千人。有徐劫者，其弟子曰鲁仲连，年十二，号'千里驹'，往请田巴曰：'臣闻堂上不奋，郊草不芸，白刃交前，不救流矢，急不暇缓也。今楚军南阳，赵伐高唐，燕人十万，聊城不去，国亡在旦夕，先生奈之何？若不能者，先生之言有似枭鸣，出城而人恶之。愿先生勿复言'。田巴曰：'谨闻命矣'，巴谓徐劫曰：'先生乃飞兔也，岂直千里驹'？巴终身不谈"。

田巴既非诽五帝，罪三王，又离坚白，合同异，确是一位辩者，和正名派相对立。他之不见容于当时的齐国政治环境，自在意中。

本章阐述，以惠施、公孙龙的逻辑思想为重点，附述一下稷下派中的兒说和田巴。惠施是合同异派的首领，而公孙龙则为离坚白派的首领，惠施之学基本是唯物的，而公孙龙之学却是唯心的。惠施有丰富的科学知识，"历物十事"大多从当时科学中推衍出来。公孙龙则以客观唯心论为基础，推衍他的逻辑体系。惠施受稷下唯物派的影响较深，而公孙龙却受稷下的辩者影响较深，这是惠、龙两派的不同点。

从另一方面说,惠、龙之学又有他们的共同点。他们的逻辑思想都渊源于邓析和墨翟,尤其在概念的外延和内涵的分析上,发挥了墨翟所未竟之功,推动了战国晚期墨辩科学系统逻辑的建立。惠施的合同异,似侧重于概念外延的分析,公孙龙的离坚白似侧重于概念内涵的探究。但概念的内涵和外延是概念的不可分割的要素,因而言合的,也要讲到离,言离的也不是不讲合。从这点上说,惠、龙之学又有他们的共同点。至于惠、龙所提的许多命题都被称为"诡辞",因此,他们也就被称为诡辩家,这又是他们的第三共同点。当然,在他们的诡辞中也含有若干真理的颗粒,这在本章第一、二节中是已阐述了的。

稷下是战国时的重要学术中心,各派不同的学者都荟萃于此,因而对战国中晚期学术思想的发展起了巨大的作用,先秦逻辑思想的发展也不例外。本章第三节提了兒说、田巴的点滴主张,还可看到他们对公孙龙的影响。而本书的第二编第三章则要评述稷下唯物派的逻辑以及这一学派对于战国晚期逻辑思想的影响。当然,一个时期的学术进步,正由于有不同派别的互相批评和互相影响,这就是战国时期百家争鸣的功用。先秦两大派的逻辑思想,辩者派和正名派,既互相攻击,又互相汲取。只有这样,才取得了先秦晚期的科学逻辑的硕果。

第四章　墨辩逻辑(上)

墨辩逻辑是我国古代逻辑的光辉典范，内容丰富，系统严整。因此，本编特辟两章(即第四、第五章)加以阐述。本章先述墨辩逻辑的一般问题，如墨辩逻辑思想的发展，它的唯物主义的基础，认识论基础和墨辩逻辑总纲等。

下章进而论述墨辩逻辑对于概念、判断和推理论证的理论和方法。

第一节　墨辩逻辑思想的发展

(一)墨辩和墨翟

1. 墨辩一名之由来。

墨辩之名始自晋时鲁胜。《晋书·隐逸传》载鲁胜《墨辩注序》云："墨辩有上下经，经各有说，凡四篇。与其书众篇连第，故独存。"鲁胜盖把《墨子》书中的《经上》、《经下》、《经说上》、《经说下》四篇称为"墨辩"。但《墨子》书中的《大取》、《小取》二篇性质和《经》上下、《经说》上下四篇同，所以清朝汪中《述学·墨子序》云："《经上》至《小取》六篇，当时谓之《墨经》。"这就把鲁胜的墨辩，从四篇扩充到六篇。"经""辩"词虽不同，其义实一也。孙诒让著《墨子闲诂》中《墨学传授考·相里氏》条云："案《墨经》即《墨辩》，今书《经说》四篇，及《大取》《小取》二篇，盖即相里子、邓陵子之伦所传诵而论说者也。"可见汪、孙二氏都把辩和经同等看待，同时把鲁胜的墨辩四篇扩展为六篇。因此，我们现在所提的《墨辩》，即指《墨子》书中的《经上》、《经下》、《经说上》、《经说下》、《大取》和《小取》六篇。

2．《墨辩》的作者。

《墨辩》的作者为谁？向来说者不一。有主《墨辩》为墨翟所著者。晋鲁胜即持此说。鲁胜《墨辩注序》云："墨子著书，作《辩经》以立名本。"就是说《经》上、下和《经说》上、下都是墨子自著的。清毕沅亦同此说。（见孙诒让《墨子闲诂》《经上》题注："毕云：此翟自著"）。

有认为《经上》为墨子自著，而其余则出之墨徒，则著者非一人，成书也非一时，最晚的完成于战国末期。梁启超《墨经校释》云："《经上》必为墨子自著无疑。《经下》或墨子自著，或禽滑厘孟胜诸贤补续，未敢悬断，……《经说》固大半传说墨子口说，然既非墨子手著，自不能谓其言悉皆墨子之意；后学引申增益，例所宜有。"（《墨经校释》第四页）。孙诒让则称四篇"似战国之时，墨家别传之学，不尽墨子之本恉"（《墨子闲诂·经上》题注）。胡适则认为"六篇是这些别墨的书"（《中国哲学史大纲》卷上，第 186 页）。胡适认为《庄子·天下篇》所说的"俱诵墨经"的《墨经》是指《兼爱》、《非攻》之类，为"宗教的墨学"；至于六篇作者的"别墨"，则为"科学的墨学"。胡适还提出《墨辩》六篇绝非墨子所作的理由，如文体不同和理想不同等（参阅同上引书第 185～186 页）。

谭戒甫赞成梁启超的主张，反对孙诒让和胡适的见解。他说："梁氏所言，略得近似"（《墨辩发微》第 5 页）。汪奠基虽没有明确说《经上》为墨子自著，但认为这篇的名辩思想合于墨子时代的客观要求。至于其余各篇则为战国中叶的墨者所发挥（参阅汪著《中国逻辑思想史料分析》第一辑，第267页）。

我们认为，《墨辩》为墨子自著之说和墨子所处的时代不合。墨子的生卒年代虽难确考，但一般认为他生于战国初年，相当孔子卒后十年左右。在那个时代，亲自著书的风气尚未形成，大多是由门人或再传弟子记录其师说。如《论语》及《墨子》书中的《尚贤》、《尚同》、《兼爱》、《非攻》诸篇之类，都是门人弟子的记录。所以《墨辩》决不会是墨子所自著。我们也不同意《墨辩》为"别墨"所作之说，因《墨辩》的逻辑思想确是由墨子打下基础。虽战国中叶后有发展，但其基本思想却出于墨子本人，并非"别墨"所自造。

《经上》始于明故，《经下》始于察类，而故和类是逻辑推论的基础，这在墨子首先提出，我们已在墨子的逻辑思想中阐述过。《墨辩》提出"辞以故生，以理长，以类行"，形成墨辩的"三物逻辑"，而"三物逻辑"的思想，在墨子已初具规模。至于譬、侔、援、推之辞的运用，墨子在宣传其教义中已在实际上做了。我们虽然不同意谭戒甫的作法，把墨子的十大主张的论证都按论式排列，但墨子的各篇论说都具有严密的逻辑关系，这就是推论形式的灵活运用。在墨子教学中，"谈辩"列为一科，墨子注重辩说是很显著的。在辩说过程中，墨子研究辩说的理论基础和辩说所采用的逻辑形式也是理所应有的事。《墨辩》导源于墨子，是合乎历史发展的趋势的。

《墨辩》继承墨子逻辑的基本理论，但也扬弃了墨子的一些宗教信仰，例如天、鬼之类。这是战国时期唯物主义的思想发展，自然科学的进步使然。墨子的兼爱说也发生了变化。墨子把兼相爱、交相利并提，但战国晚期的墨辩把兼爱扩展为周爱，

60

言爱不及利，这或由于墨辩反映了战国末期新兴地主阶级的利益，对劳动大众的利益已趋淡薄，不若墨子当战国初年反映小生产劳动阶层的利益。此外，墨辩之重视自然科学，把逻辑推论和对自然科学的认识结合起来，形成科学的逻辑体系，这又是《墨辩》逻辑之所以超出墨子的地方。

(二)墨辩和惠施、公孙龙

墨辩和惠施、公孙龙之学关系怎样？有两派相反意见。一派认为惠施、公孙龙为墨学之一支，因此，把墨辩当作惠施、公孙龙的作品，这即胡适所谓墨辩出于"别墨"之说(胡著《中国哲学史大纲》卷上，第187页上有"墨辩诸篇若不是惠施、公孙龙作的，一定是他们同时的人作的"之言)。胡适的论据是："这六篇中讨论的问题，全是惠施、公孙龙时代的哲学家争论最烈的问题，如坚白之辩，同异之论之类。还有《庄子·天下篇》所举惠施和公孙龙等的议论，几乎没有一条不在这六篇之中讨论过的。又如今世所传《公孙龙子》一书的《坚白》、《通变》、《名实》三篇，不但材料都在《经上、下》、《经说上、下》四篇之中，并且有许多字句文章都和这四篇相同。"(同上引书，同页)

另一派则认为墨辩和惠、龙一派互相对立，如章士钊和谭戒甫即其著者。章士钊认为"墨、惠两家其所同论之事，其义无不相反。"(《逻辑指要·名墨訾应论》第254页)。谭戒甫称《墨辩》为名学，而公孙龙则为形名家。谭戒甫说："三墨所究墨学也，亦名学也；而公孙龙所究者为形名学也。名与形名截然不同"(《墨辩发微》第17页)。

以上两派各走极端，不免偏激。依我们上边的论述，认为惠、龙之学——他们的主要的逻辑思想实出于墨。他们发展了墨子的逻辑思想，亦可看作墨家的一支。汪奠基认为："惠施、公孙龙的名辩，亦不过是祖述墨辩逻辑的一支。"(《中国逻辑思想史料分析》第一辑，第 269 页）汪氏之论差近之。

墨子死后，墨离为三。《韩非子·显学篇》说："自墨子之死也，有相里氏之墨，有相夫氏之墨，有邓陵氏之墨。"《庄子·天下篇》云："相里勤之弟子，五侯之徒；南方之墨者：苦获、已齿、邓陵子之属，俱诵墨经，而倍谲不同，相谓别墨；以坚白同异之辩相訾，以觭偶不仵之辞相应。"可见墨子死后，墨徒们各执一是，互相批评、互相辩诘的复杂情况。从东西方哲学发展的历史看，一个学派的创始人死后，继承者的派别分裂，互相诋毁，实属常事。孔子死后，儒分为八（《韩非子·显学篇》）。荀子和孟子都属儒家，但荀况极力抨击孟轲。子张一派之儒也受到子游和曾子的攻击。《论语·子张篇》载："子游曰：'吾友张也，为难能也，然而未仁。'"又载："曾子曰：'堂堂乎张也，难与并为仁矣。'"可见同在一派之内，数传之后，成为互相水火，无足为奇。《墨辩》和惠施、公孙龙虽同出于墨翟，但对坚白同异之辩各执己见，他们虽俱诵墨经，但倍谲不同。我们不能说墨辩属名家，而惠施、公孙龙属形名家，或依他们对某些主张的对抗，就抹掉他们的共同来源。

我们如果详细检查墨辩的内容，就可以发现其中和惠、龙对抗之外，也有相合之处。他们之间不但"相訾"，而且亦"相应"。"相訾"是相互批评；"相应"是相互"对答"。《说文·言部》以"䜘"释"诺"，即以言对问也。兹举数例以示名墨之相应如下：

1. 《经下 105》（《墨辩》编号，依照汪奠基著《中国逻辑思想史料分析》一书所排）云："不可偏去而二，说在见与俱，一与二，广与修"。《经说下》："不：见不见离。一二不相盈，广修，坚白。""二"是整体，不可偏去，如云"坚白石"，于石，一也，坚白二也，而在于石，故云："坚白石"。若偏去白，或偏去坚，则"坚白石"不存，所以说不可偏去。

《说》说明"不可偏去而二"的道理，在于"见与俱"，"一与

62

二"，"广与修"。"俱"字，高亨认为是"不见"二字之误，因为见与不见合，然后才能成见，这是对立统一的客观必然情况。因此，若偏去其一，则见无由成。一与二相依而成数，广与修相联而成体，若去其一，则数和体都不见了。坚白亦然。我们见白，不见坚，抚坚不抚白，是坚白相离。但由于有石之一，坚白虽一见，一不见，仍存于石中，所以坚白之二和石之一合而为三。但若偏去坚白之二，则石之一亦无由见。所以一得一而明，二得一而见，若偏去其一，则"坚白石"不存。（参阅高亨著：《墨经校诠》第114页）

《经下》是就"盈"的方面，论证"不可偏去而二"，而《经说下》似又就"离"的方面，论证"不可偏去而二"，这是从反面证明了"不可偏去而二"的道理。"见不见离"，一与二，广与修，坚与白都相离。只有在这样的真正对立的存在之后，对立统一才有可能。这样，《经说下》的观点与公孙龙的观点一致。《墨辩》这一部分的论证和惠、龙派不是相訾而是相应（参阅邓高镜著：《墨经新释》第62页）。谭戒甫亦承认此条和公孙龙的《坚白论》"其辞例略同，而含义亦无异"（《墨辩发微》第131页）。

2. 《经下132》："或：过名也。说在实。"《经说下》："或，知是之非此也，有知是之不在此也；然而谓'此南北'，过而以已为然。始也谓此'南方'，故今也谓此'南方'。""或"即迷惑之"惑"，"过"即谬误之谓。名必须符实，不符实之名，即有谬误差错之过名，把过名当成真名即有所惑。例如，地域的东西南北，常因地理知识的增加而有所变动。住在中原的人，原以楚国为南方；但住到楚国后，又会以楚国之南如交趾等处为南方了。此时，我们如仍称楚为南方，就是"过名"，违背了已经改变的事实。"知是之非此也，又知是之不在此也"就要改变原来的称谓，不能以"已然"为"然"。这和《公孙龙子·名实篇》云："夫名，实谓也。知此之非此也，知此之不在此也，则不谓也"，含义正同。《墨辩》的这段论证和公孙龙不是相訾，而是相应。（参阅梁启超《墨经校释》第123页；邓高镜《墨经新释》第76页；汪奠基《中国逻辑思想史料分析》第一辑，第344页）。

3.《经下·117》云：“景不徙，说在改为。”《经说下》：“景，光至景亡，若在，尽古息。”物景的移动，是由于光和物体的地位有所改移才形成的。“光至，景亡”，新影的光至，旧影的形亡。如没有新光射至，则旧影始终存在于原处，尽古不变。影不徙，即是此理。我们看电影时，其中的人物动作一似真的动。实则由于胶卷底片的转移，使我们看见电影中的人物如逼真的活动。

《列子·仲尼篇》引公孙龙云：“有影不移。”又张湛《列子注》引惠子曰：“飞鸟之影未尝动也”（见前引书《仲尼篇》注）。《庄子·天下篇》引辩者云：“飞鸟之景，未尝动也”。释文引司马云：“鸟动影生，影生光亡。亡非往，生非来。墨子曰：‘影不徙也’”。可见《墨辩》“影不徙”之说和惠、龙相应，而非相訾（参阅邓高镜《墨经新释》第68～69页；汪奠基《中国逻辑思想史料分析》第一辑，第336页；高亨《墨经校诠》第126～127页）。

《墨辩》不但有和惠、龙相应处，而且还发展了惠、龙的某些逻辑思想，比如关于“类”的问题，公孙龙曾提出以类为推的困难。但公孙龙并未作系统的理论说明。到了《墨辩》，则把类推困难作了理论说明。《经下102》云：“推类之难，说在名（依孙校增）之大小。”《经说下》：“推：谓四足兽，与牛马、与物，尽异，大小也。此然是必然，则俱为麋（依范耕云校改，麋读为麇，与非同义）。”推类之所以难，就在于客观存在的类有范围大小的不同，有种属的各异。牛马为四足兽，但牛马有反刍与非反刍的不同。马中又有战马和耕马的互异。我们不能依四足的标记必定为兽类，如龟、蛙为四足，但不是兽类。因此我们在类同之中应看到其间的别异，否则就会产生错误。

64

又《经下 165》云："狂举不可以知异，说在有不可。"《经说下》："狂：'牛与马惟异'，以牛有齿，马有尾，说'牛之非马'也不可。是俱有，不偏有，偏无有。曰：'牛与马不类'，用牛有角，马无角；是类不同也。若举牛有角，马无角，以是为'类之不同'，是狂举也。犹牛有齿，马有尾。"

《公孙龙子·通变篇》曾提出"正举"和"狂举"的问题。正举者名实均当，狂举者名实不当。举名者必拟实，狂举则无以审类而乱名，但怎样才能使名实相当，这就需认真考察物类的具体情况，不能笼统规定。《墨辩》从物类不同的根本标志着眼，既需注意于同类之遍有，异类之遍无，还需注意到这一类差的属性，为类的本质属性。这点《墨辩》在《经下 165》和《经说下 165》中作了系统的理论发挥，补充了《公孙龙子·通变篇》的不足。

《经说下 165》说，以牛有齿，马有尾，作为牛马的类别是不可的，因这种属性不是同类遍有，异类遍无。牛有齿，马也有齿；马有尾，牛亦有尾，又怎样可以拿二类共有的东西作为类别的标志呢？但用有角无角为牛马之不同是可以的，因凡牛都有角，凡马都无角。但角之有无，并非牛马不同的本质属性，如果以牛有角、马无角作为类别，又将陷于狂举。其结果等于以牛有齿、马有尾之为狂举。有角并不是牛类的本质属性，因羊亦有角。有角者不都为牛故。"狂举不可以知异"，正说明狂举是混乱了类和名的。

关于名谓问题，公孙龙曾提"唯谓"之说。公孙龙说：

"其名正则唯乎其彼此焉。谓彼，而彼不唯乎彼；则彼谓不行。谓此，而此不唯乎此；则此谓不行。其以当不当也，不当而当，乱也。故彼彼当乎彼，则唯乎彼；其谓行彼。此此当乎此，则唯乎此；其谓行此。其以当而当也，以当而当正也。故彼，彼止于彼，此，此止于此，可。彼此而彼且此，此

彼而此且彼,不可。"（《公孙龙子·名实篇》）

对于公孙龙子的"彼彼此此"的名谓说，《墨辩》作了一些补正。《经下167》云："'彼彼此此'与'彼此'同，说在异。"《经说下》云："彼，正名者'彼此'。彼此可：彼彼止于彼，此此止于此，彼此不可：彼且此也，此亦可彼。彼此止于彼此。若是而彼此也，则彼彼亦且此此也"。依《墨辩》意，正名的问题在于处理好名实之相应。实是所谓，名是所以谓。实是彼，名是此。在一个判断中，实是主词，名是谓词。实和名一方面有其相同点，又有其相异点。这正表现出判断中主宾同异的辩证统一。因为主宾有其同一性，所以我们可以用名以谓实。如用马名以谓白马之实，指出"白马是马"，就因为白马之实中有和马名的相同性。但白马之实又有和马名的不同性，即因白马之实内还有"白"的性质，这是"马"名之所无。判断的作用即在于彼实中分析出其异中之同、或者同中之异来。在正名的情况下，"彼彼此此"和"彼此"一样。因前者和后者都发挥判断的名实关系，从异中指出其所同。"彼彼"即谓彼为彼，"此此"即谓此为此。"彼此"则谓此为彼。这三个判断都依名实的差别指谓其所同，性质上都是一般正名者所用的，执彼此之异以言其同。公孙龙的"彼彼当乎彼，则唯乎彼，其谓行彼。此此当乎此，其谓行此"固然不错，但只要彼此之正在于彼此止于彼此，则"彼且此也，此亦可彼"。如是则"彼彼此此"与"彼此"同。所以说"正名者彼此"。

总之，从以上分析，《墨辩》和惠、龙不但相訾，而亦相应，在相訾相应的过程中，墨辩不但克服了他们的错误，同时也发展了他们正确的一面。墨辩逻辑集先秦逻辑思想之大成，惠、龙的逻辑思想对它也发生了影响。

（三）墨辩对于先秦诸子的批判

墨辩的逻辑思想也可以说是从它对先秦诸子的批判中发展

形成的。墨辩不但继承和发展了墨子的思想，受到了惠施和公孙龙的影响，而且对于先秦的各种不同的主张，依据自己的见解进行严厉的批判。墨辩甚至对于先秦各家对它的攻击也进行了反驳。

墨辩为发展逻辑科学，建立求真的有效方法，它不能容忍对于人类知识文化采取消极否定态度的老、庄思想。对于言必称尧舜的崇古的儒家思想也必须予以批判。至于当时否定墨辩的怀疑主义思想，或违反逻辑的诡辩思想更需进行严厉的抨击。兹依次陈述于后。

1. 墨辩对老、庄思想的批判

老子宣扬"绝圣弃智"（《老子》19 章），"绝学无忧"（《老子》20 章）。庄周发出"吾生也有涯，而知也无涯，以有涯随无涯，殆矣"（《庄子·养生主》）的悲鸣，主张"离形去知"的"坐忘"（《庄子·大宗师》），不谱是非，反对辩论。这对发展逻辑科学是最危险的思想。《墨辩》对此提出了批判。

《经下 176》云："学之无益也，说在诽者"（依《说》义，"益"字上增"无"字）。《经说下》云："学也，以为不知学之无益也，故告之也，是使智学之无益也，是教也，以学为无益也，教，谤。"教人以学无益;是自相矛盾的;因学无益，必是废教才可;今反而教之，是学有益也。老、庄之宣扬绝学弃智是矛盾之论，它是不能成立的。

《经下 177 云》："诽之可否，不以众寡，说在可非。"《经说下》云："诽:'论诽之可不可，以理之可非，虽多诽，其诽是也;其理不可非，虽少诽，非也。今也谓'多诽者不可'，是犹以长论短"。诽即对错误的论断提出批评。必须排除谬误，然后才能得出合乎逻辑的结论。墨辩站在逻辑的正确立场上指出可非论断之违反逻辑，不合于理。所以批评的正确在于理之可非，不在次数的多

67

少。只要可诽，多诽也可以；如不可诽，虽少诽，也不行。这是对庄周"不谴是非，以与世俗处"（《庄子·天下篇》）的批判。

《经下178》云："非诽者诤，说在弗非。"《经说下》云："非：非诽，已之诽也，不非。诽，'非可非也，不可非也'，是不非诽也。"庄周有"与其誉尧而非桀也，不如两忘而化其道"（《庄子·大宗师》），这是一种"非诽"的态度。《吕氏春秋·正名篇》云："可不可而然不然，是不是而非不非"，这是战国晚期的"非诽"风气。墨辩认为这种反对批评的态度在于企图消灭是非真假的界限，是求真知的大敌，是违反逻辑科学的邪说，必须予以批判。实际上，非诽者以非人之诽，以自成其诽，这是自相矛盾的。如果对自己的诽不能非，就不能反对他人之所诽。所以诽，不论在任何人身上，都不应反对。这就是说，"诽，非可非也，不可非也，是不非诽也。"

《经下170》云："以言为尽诤，诤（诤，谬也）。说在其言。"《经说下》云："以：诤，不可也。之人之言可，是不诤。则是有可也。之人之言不可，以当，必不审。"老子有"言者不知"（《老子》56章），"辩言不善"（《老子》81章），因而主"不言之教"（《老子》2章）。庄周认为"辩也者，有不辩也……大辩不言……言辩而不及"（《庄子·齐物论》），照他说，一切言论都是片面的，错误的，老、庄这些主张就是《墨经》这里所谓"言尽诤"的论点。《墨经》认为"一切判断都是错误的"，这判断本身就是错误的，因这一判断实犯了自语相违的逻辑错误。所以《经》云，"说在其言"，这句话本身即足以证明它的错误。说"天下之言都是错误的"，他必以此言为真，这就和他这句话的本意矛盾。他这一句真话，即足以破他"天下之言都错"的论点。《经说下》所谓"之人之言可，是不谬，则是有可也"。既有不谬之言在，又怎能说天下之言都谬呢？如果此人的话是谬的，那末，"天下之言尽谬"，实不尽

68

谬也。如是拿他这句谬言去审天下之言，必不当了。

对于老、庄的"有生于无"的唯心主义思想，墨辩也提出批判。《经下148》云："无不必待有，说在所谓"。《经说下》云："无：若无'焉'，则有之而后无。无天陷，则无之而无"。一个东西的有无要看具体事实来定，这即"所谓"，"所谓"即实也。古有"焉鸟"，今没有，这是"有而后无"。至于"无天陷"，根本即未有"天陷"，这即"无之而无"。

2．墨辩对儒家思想的批判

人类社会文化是向前发展的，人类知识也因历史的逐渐积累而丰富。人类从原始的对自然的幼稚观察，逐渐深入对自己本身思维的审察，因而发展了认识论和逻辑科学，这是合乎历史的必然。这样，对崇古思想，认为古胜于今，就必须予以抨击。墨子对"古言服，然后仁"（《墨子·公孟篇》）之说早已提出反对。战国中叶以后，由于地主阶级思想家力主变革，反对法古，认为"前世不同教，何古之法？帝王不相复，何礼之循？"（《商君书·定法》）《墨辩》的学者也反映了当时地主阶级的前进思想，致力于知识的推进，真知的追求，所以对于崇古的儒家，也提出批判。

《经下152》云："尧之义也，生于今而处于古，而异时，说在所义二。"《经说下》云："尧、霍：或以名视人，或以实视人。举友富商也，是以名视人也。指是霍也，是以实视人也。尧之义也，是声也于今，所义之实处于古。"这里有两个问题，即一为古今问题，一为名实问题。在时间上说，今古异时，古为好的，今未必好，不能以古之好来例诸今，尧的好声名，生于今，但尧义之实处于古，时间不同，所义为二，我们不能把它混同。

二是名实问题。我们示人，有时举名以示人，例如举尧之名或举富商之名。这相当于逻辑上的名义上的定义（Verbal definition）。有时举实以示人，如指当前的鹤鸟以示人。这相当于

69

普通逻辑上的实质上的定义(Substantial definition)。尧义之名生于今,而尧义之实处于古。名实各不同,我们也不能把它混为一谈。

《经下116》云:"在诸其所然未然者, 说在于是推之"。《经说下》云:"在:尧善治,自今在诸古也,自古在之今,则尧不能治也。"儒家以尧为至治之极,推崇备至,如《论语·泰伯》云:"大哉尧之为君也! 巍巍乎! 唯天为大,唯尧则之。荡荡乎,民无能名焉。巍巍乎其有成功也, 焕乎其有文章!"墨辩根据推的原则,认为从所已然推未然之事为"推"。从今推察到古,是事之所已然者,尧善治,是于古时为然。但自古推察到今,是从所已然推诸所未然,那么,尧之善治古,就未必能善治今。推之是否正确,关键在于把所已然的既知界,和所未然的未知界总合观察,然后进行推断才可靠。《经》文所谓"于是推之"。这一"是"字,即指"其所然与未然"的依据。我们决不能仅根据古之如何而必今之同样如何, 以尧之治施之于今而必得善治之果。这是墨辩对儒家崇古薄今的批判。

《经下133》云:"知:知之,否之,足用也,誖。说在无以也。"《经说下》:"智:论之,非智,无以也。"墨辩对于知的态度,是本积极求知的科学精神,由已知推到未知, 使未知也成为知。这样,知识就可深入而扩大,提高人类文化知识水平。因此,墨辩对于老、孔的知识态度提出了批评。《老子·71章》云:"知, 不知,上。不知,知,病。"这是以不知为上的知识倒退态度。《论语·为政》:"由! 诲女知之乎? 知之为知之,不知为不知,是知也"。《荀子·子道篇》引申此段之意云:"由志之,吾语女,慎于言者不华,慎于行者不伐,色知而有能者,小人也。故君子知之曰知之,不知曰不知,言之要也。能之曰能之,不能曰不能,行之至也,言要则知(智),行至则仁,既知(智)且仁, 夫恶有不足以哉?"在墨辩

70

学者看来，孔丘的提法虽和老聃不同，但对不知的态度，不是积极去改变不知的状况而反安于不知，仍是消极的。"知之""否之"即知与不知，和平相处，不是用知去改变不知，使达于知。墨辩解释这一态度的错误即因其"无以"，即无用，"以"，用也。《经说下》引释云，必须积极"论物"之智才为足用。"非智"，不是积极论物以求其知，是无用的。所以说："非智，无以也。"

3. 墨辩对怀疑主义的批判

战国时期，诸子递出，各陈所说，互相辩驳。先有墨对儒的批判，后有孟轲对杨、墨的抨击；儒分为八、墨离为三之后，同家各派也互不相容。百家争鸣的结果，在积极方面，促进学术思想的进步发展；但消极方面，也引起人们对知识之有无可能，真理之有无标准的问题发生怀疑。庄周的相对主义和怀疑主义就是在这样争论不休之中产生的。庄周认为，辩论不能定是非，提出"辩无胜"之说。他说：

> "既使我与若辩矣，若胜我，我不若胜，若果是也，我果非也耶？我胜若，若不吾胜，我果是也，而果非也耶？其或是也，其或非也耶？其俱是也，其俱非也耶？我与若不能相知也"（《庄子·齐物论》）。

照他看来，辩胜者未必是，辩负者亦未必非，他从根本上推翻了逻辑的作用，这对逻辑科学的建立是一大威胁。墨辩针对这种怪论，提出"辩胜，当也"（《经上74》），和"当者，胜也"（《经说下134》），对辩的作用，作出积极的肯定。墨辩把"胜"和"当"联系起来，胜者必当，而当者也必胜。胜而当者为是，负而不当者为非，而识别关键即在"辩"上。所以《经下134》说："谓辩无胜，必不当。说在辩"。《经说下》云："谓：所谓非同也，则异也。同则或谓之狗，其或谓之犬也。异则或谓之牛，其或谓之马也。俱无胜，是不辩也。辩也者，或谓之是，或谓之非，当者胜也。"判断是对客观事物的断定，而断定不外肯定和否定两种。"所谓非同也，则异也"，指明了逻辑判断分别同异的基本作用。如果两或同谓，谓狗，谓犬，则可以同是，也可以同非。如果两或异谓，谓牛，谓马，亦可以同是，也可以同非。那样，就不会得出辩的胜负来。只有在同一对象之下，或谓之是，或谓之非时，这才可以分别胜负。

辩的胜负是非的标准，在于你的所谓（判断）能否与客观的"彼"相符以为断。和客观的"彼"相符的，为是，是者必胜。不符合客观的"彼"，必非，非者必负。肯定客观的"彼"的存在为墨辩的唯物主义的根本立场，和庄周的否定"彼"的唯心主义处于对立的地位。胡适把"争彼"的"彼"曲解为"佊"，"争佊"即辩论（胡著：《中国哲学史大纲》卷上，第 200 页），并没有理解墨辩的"彼"的唯物主义的真义。"彼"的存在是墨辩逻辑的基本概念，容后另述之。

4．墨辩对惠施、公孙龙的批判

前边讲到惠施、公孙龙对墨辩的正面影响，以及墨辩发挥了或补正了惠、龙的逻辑思想。但墨辩对惠、龙不是仅作正面的发挥或补正，而且批判了他们的错误论点。这也许就是他们相訾的一面。

惠施从相对主义的立场出发，否定空间和时间的差异。空间的高低、远近、有穷无穷都不是绝对的。时间的先后，过去、现在和未来也是相对的，物类的同异也是相对的。这样他提出万物毕同毕异的主张。墨辩对此都加以批驳。

惠施说"天与地卑，山与泽平"，否定了空间的高下的差别。墨辩认为如果衡以"平"的科学定义，则可纠正这一怪论。《经上 52》云："平，同高也。"必须是两件高度相等的事物才能叫平。《海岛算经》有"两表齐高"之说，这即《经上》此条的意义。这样，

72

依照古代几何学的平行线定义，同底同高才是平行线的方形，"天与地卑，山与泽平"之说是不能成立的。

《经上54》云："中，同长也。"《经说上》："中，自是往相若也。""中"的确定含义为同长，那么，天下的中央，就不能象惠施所讲的"燕之北，越之南"。

《经上56》："日中，正南也。"这是从四方的定位出发，确定日中在正南。这样，惠施的"日方中方睨"之说也不能成立了。

惠施说："无厚不可积也，其大千里。"墨辩说："厚，有所大也"（《经上55》），厚有容积，故有所大，如无容积则不能有所大。因此，"无厚不可积，其大千里"之说，是矛盾的。

惠施说："南方无穷而有穷。"墨辩说无穷和有穷不同，不能混为一谈。《经上41》云："穷，或有前不容尺也。"或即地域之域，尺即指线，地域的边缘，不能再容线的空间时，即为有穷。

《经说上》云："穷，或不容尺，有穷也。莫不容尺，无穷也。"如果地域的边缘，还能容线，即表示还有无尽的空间存在，这即为无穷。可见无穷的概念和有穷的概念是互相对立的。"无穷而有穷"的说法是矛盾的。

惠施抹煞今昔的时间差别，认为"今日适越而昔来"。墨辩认为，时间的今昔和空间距离的远近联系着。行路的人，先走近，后及远。如果我们从西边的湖北东行至浙江（越），则先从湖北走时为昔，而后到浙江时为今。这样，今天到越，就不能说成昨天来越了。我们不能脱离空间的距离，抽象地谈时间的今昔。这里体现了墨辩已猜测到了运动、时间和空间的联系性，这是可贵的。《经下163》云："行修以久，说在先后。"《经说下》："行：行者必先近而后远。远近，修也，先后，久也。民行修，必以久。"《墨经》这条确是驳斥了惠施"今日适越而昔来"的怪论。

关于宇宙万物的区别，惠施只注意同异分别的相对性，倡

"毕同毕异"之说。墨辩认为"夫物有以同而不率遂同"(《小取》)。《经上86》把同分为四种,"同:重、体、合、类"。《经说上》云:"二名一实,重同也。不外于兼,体同也。俱处于室,合同也。有以同,类同也。"《大取》更把同分为十种,即"重同,具(当为俱)同,连同,同类之同,同名之同,同根之同,丘同,鲋(当为附)同,是之同,然之同。"《经上87》把"异"也分为四种:"异:二,不体,不合,不类。"《经说上》云:"异:二必异,二也。不连属,不体也。不同所,不合也。不有同,不类也。"《大取》也把异分为"非之异"和"不然之异"。总之,墨辩是依据科学的致密分析,深入研究万类事物之所以同和所以异,决不以惠施之毕同毕异为然也。

墨辩对公孙龙的批判,集中在坚白、指物、白马诸论点。公孙龙站在客观唯心主义的立场,把物的所有性质,即他之所谓指的,都一一分离,独立自藏。这样,他认为一块坚白石的坚和白二性是各各分离,目能见白,不能见坚;手能抚坚,不能抚白;不能见坚,则坚离于石,不能抚白,则白离于石。所以对一块坚白石说,我们只能得到白石或坚石之二,而不能得到坚白石在一起之三。

再进一步,不但坚和白相离,白和石,坚和石,亦相离。这是因为先有不定于石之白和坚的存在,而后才有石之白和石之坚。因此,坚、白、石都各离而自藏,超出我们感官所能及之外。

墨辩站在唯物主义的立场,不承认有离物自存的物性。我们必先有具体事物的白,如白石、白雪、白羽、白马的白,然后才能有抽象的一般的白;没有具体的个体事物,也就没有抽象的一般的物性。墨辩虽然承认目能见白,不能见坚,手能抚坚,不能抚白;但不见坚时,坚仍存在石,不触白时,白仍存于石;因坚白是"坚白石"的二本质属性,所以坚白只能盈于石,而非离于石。存和藏不同,存是存于客观的物中,而离却离物外而自藏,超出

74

感觉界之外。所以盈和离的分别，存和藏的分别，标志唯物主义的墨辩和唯心主义的公孙龙分歧的两大特征。

《经上 66》云：“坚白不相外也。”《经下 136》：“于一，有知焉，有不知焉。说在存。”《经说下》云：“于：石一也，坚白二也；而在石。故有知焉，有不知焉。可。”知与不知是人们感觉中的事，但存与不存为客观实在的物的问题。我们不能依据感觉上的不知就说客观的物不存。如果只依主观感觉之有无来断定客观事物的有无，那正是唯心主义者的偏见，不能达到符合于客观事物之真。是一，是二，最后应以客观事物本身为依据，如果客观事物是一块坚白石，那么尽管感觉上有白与坚之二，但客观上仍为坚白石之一。因为在同一客观实在的物身上，“坚白之撄相尽”故。《经上 67》云：“撄，相得也。”《经说上》：“撄：尺与尺俱不尽，端与端俱尽。尺与端，或尽或不尽。坚白之撄相尽，体撄不相尽”。客观界的两件事物，彼此相交，如尺与尺，相触，如端与端，相容，如坚白，都是相撄，相撄即相得。在坚白石中，坚白二性是相容的。有坚处必有白，有白处必有坚，所以坚白二性是相得于石中的。一块坚白石，如果把它打碎了，仍是坚白石。《大取》云：“苟是石也白，败是石也，尽与白同。”“坚白”是“坚白石”的本质属性，本质属性是物性所本有。《吕氏春秋·诚廉篇》云：“石可破也，而不可夺坚。坚，……性之有也；性也者所受于天也，非择取而为之也。”坚白石的本质属性——“坚白”和它的非本质属性如“大小”不同。非本质属性是可以变换的。如一大块坚白石打碎之后变小了，就只能说“小坚白石”。所以《大取》说：“是石也唯（虽）大，不与大同。”

坚白二性是否可以相非呢？那是可以的。那就是坚白不在同一事物身上，如白马之白和坚石之坚。此时，白马和坚石是客观独立存在的二物。《经说上 66》云：“坚，得二，异处不相盈，相

75

非，是相外也。"墨辩此处所谓坚白的二，是指异处不相盈的二，和公孙龙的"坚白石二"是大不相同的。

墨辩对于公孙龙的指物说，也从唯物主义的立场提出批评。《经下137》云："有指，于二，而不可逃，说在以二棐（参）。"《经说下》云："有指：子智是，有（又）智是吾所先举，重；则子智是，而不智吾所先举也，是一。谓有智焉，有不智焉也。若智之，则当指之智告我，则我智之。兼指之，以二也；衡指之，参直之也。若曰：必独指吾所举，母举吾所不举，则者（这）固不能独指，所欲指不传，意若未校。且其所智是也，所不智是也，则是智是之（与）不智也，恶得为一，而谓'有智焉有不智焉'。"

公孙龙从客观唯心主义出发，说客观世界的物都由指构成，说："物莫非指"。但指又可离物而独存于指的世界中。因此，不但在某一物中的指可以各各分离，而且指和物也可分离。如坚白石，坚白二指是分离的，坚白和石也各各分离。根本原因就在于公孙龙否定客观世界的物的实存，因而指没有它的负荷者。墨辩站在唯物主义的立场，确认物的客观存在。所谓指只能附丽于物之上，它不能离物自存。墨辩根本否认有"自藏"之指。上引二段《墨经》即论证此点。"有指于二而不可逃，说在以二参"，这就是说，在坚白石上的坚白二指是不能逃离的。这可以由两个人的直指加以参考而得证明。《说》例举了"独指"、"兼指"、"衡指"的不同。"独指"即指坚白中之一。"兼指"即兼指坚白之二指。"衡指"，"衡"三也，即指坚白和石之三。二人不论是独指白，或独指坚，都可同时得到不指（即举）的坚或白。因为坚白是相涵于石，而且是彼此相撄而存的。你指坚我知坚，也知你所不指的白；你见白，我知白，同时我也知所不见的坚。同时由于坚白相盈于石，所以由坚白之二，又可知坚白石之三。因实际上在客观的"坚白石"内，只是一，不过在我们主观认识上可以分析

76

为三罢了。

《说》例强调"独指"之不可能，因指在实际上并不象公孙龙所说的各各分离，而是相因而在的。因此，你指白，坚含其中，你指坚，白也含其中，在坚白石内知一即知二，同时也知三。理由是客观界并没有抽象的不附丽在任何一物的坚和白在。在我们的主观认识上虽然可以将坚白分开，但在坚白石的物体里是融合为一的。如果以主观上的可分开当作客观事实上的分离，那是唯心主义者的错误所在。

公孙龙说："不与物之指"不在感觉界中，是无法指出的。墨辩驳斥他说："所知而又不能指"，那是蠢事。所以《经下138》云："所知而弗能指，说在春也。逃臣，狗犬，遗者。""春"一般都作人名解，我认为应作"蠢"解。《释名》："春，蠢也。"《经说下》："所：春也，其执固不可指也。逃臣不知其处，狗犬不知其名，遗者巧，弗能两也。"逃亡了的奴隶，不知他的住处，狗犬没有名，无法指狗犬之实。《淮南子·齐俗篇》云："若夫规矩钩绳者，巧之具也，而非所以为巧也。"又云："今夫为平者准也，为直者绳也。若夫不在於准绳之中可以平直者，此不共之术也。"准绳之平直，是出于工匠的巧手技能，此"不共"之巧，是无法具体去确指的。

公孙龙所谓指可离物之说固由于他否定物的存在，同时也由于他不辩空间和时间在认识上所起的重要性。公孙龙把坚白二指的认识依于视触二觉的分离而互相割裂，对白的认识和对坚的认识不能衔接起来，所以得出坚白各自相离的结论。墨辩认为我们视觉对白的认识可以通过时空的联合而与触觉对坚的认识衔接起来；如果没有时空的作用，不但坚白无有，即物的存在也成问题。物质、空间、时间三者的紧密联系，这是近代科学的发现。但墨辩在二千多年前已隐约猜测到这一真理，确是可贵的。

《经下 115》云:"无久与宇,不坚白,说在因。"《经说下》云:"无坚得白,必相盈也。"此条经和经说,高亨《墨经校诠》把它分作二条,意义更明确些。高著《经下 115》云:"不坚白,说在无久与宇。"《经下 116》云:"坚白,说在因"。这样,不坚白,把坚白分离,原因在于无久(时间)和宇(空间)。而坚白在一起的认识,却在于有久和宇。因有久和宇,所以坚白二性相因而存。所以说"抚(无)坚得白,必相盈也。"单从主观的感觉说,白的视觉和坚的触觉在时间上是有先后的,尽管这先后的时间是极其小、刹那即逝;但在空间上说,视觉所得之白和触觉所得之坚都在这一块石的空间上,它们并没有分裂。"坚白相盈","盈莫不有也"(《经上 65》)。这即指有白处必有坚,有坚处必有白,我们决不能把坚白从坚白石的个体中分离出去。

公孙龙的《白马论》从"求马,黄黑马皆可致,求白马,黄黑马不可致",说明黄黑马可应有马,不可以应白马,可见白马之非马。实则公孙龙故意把白马排除于应有马之列,反说黄黑马可应有马,不可应有白马,证明白马之非马,这是犯了窃取论题的逻辑错误。墨辩《大取·语经》云:"求白马焉,执驹焉,说求之舞(无),说非也"(照谭戒甫校)。驹是小白马,求白马,可以拿驹应之。驹和白马名虽不同,但实质相同,驹可应有白马,说求之无,说非也。这和缘木求鱼,是求之非也不同。

《大取·语经》再进一步,举了友人有一秦马,那末,他就可以算有马了。因他求的,就是这个马。"有(友)有于秦马,有(友)有于马也;智求者,之(此)马也。"有马既与有秦马无异,为什么求白马与求马不同?须知"白马是马"和"秦马是马"是同样道理。公孙龙的"白马非马"之说,纯属一种诡辩。

5.墨辩对其它错误学说的批判及对非墨者的反驳。

(1)墨辩对仁内义外说的批判。告子说:"仁,内也,非外也；义，外也，非内也。"(《孟子·告子上》)《管子·戒篇》："仁从中出，义从外作。"仁内义外之说是战国时流行的一种学说，墨辩不以为然。墨辩认为，仁，爱也；义，利也，能爱能利都属于人们主观上努力的所有事，应该可说都是内的。只有爱和利的对象，即所爱所利才属于客观外在的东西，可以称为外。今说"仁内"，是举主观上的努力，而"义外"却举客观的对象。这是举非其伦，是为"狂举"，犹以左目为出，右目为入，是不符事实的诨论。《经下175》云："仁义之为外内也，非。说在仵颜。"《经说下》云："仁：仁，爱也。义，利也。爱、利，此也。所爱所利，彼也。爱利不相为内外，所爱所利亦不相为外内。其为'仁，内也；义，外也'，举'爱'与'所利'也，是狂举也。若左目出，右目入。"眼睛在颜面上，仵者伍也，左目出，右目入，那就等于说左边眼睛看东西，从视觉里边出来，右边眼睛看东西，反而从外边吸取外形进去，参伍不齐，所以称为"仵颜"。

《经说下》将本条能爱、能利和所爱、所利分开，似乎已把爱和利作为一种抽象概括的提法，这和《经上》7、8两条所解释的"仁，体爱也"，"义，利也"有所不同。可见《经上》代表前期墨家的思想，而《经说下》代表战国晚期的墨家思想。墨辩六篇既非作于一人，也非作于一时，于此也可证明。

（2）对于五行生克说的批判。战国时邹衍（和公孙龙同时）有五德终始之说，谓"五德从所不胜"（《文选·齐故安陆昭王碑文李注引》）。邹衍认为五行相克，如金克木，木德之后为金德，火克金，故金之后为火德。他把这一理论运用于历史演变，五德终始，周而复始。墨辩反对此说，认为五行以多胜少，火多可化金，但金多也可灭火，所以五行无常胜。《经下142》云："五行无常胜，说在宜。"《经说下》："五：金、水、土、火、木，离然。火铄金，火多也。金靡炭，金多也。金之府水，火离木，若识麋与鱼之数，

惟所利"。五行各自独立，并无相生相克的联系存在。所以谓之
"离然"。水多可灭火，火多可胜水，并无所谓常胜。"说在宜"，
"宜"照高亨校作"多"。所以"说在宜"即说在多也。

金之府水，府者藏也，火离木，离者丽也。所以不是金生水，
木生火，只是水藏于金，火附于木而已。墨辩依据对金、木、水、
火、土等自然性质的考察，批判了五行生克说的无逻辑性。

（3）对于其他诡辩命题的反驳。

《庄子·天下篇》载"火不热"。诡辩家把火热作为纯主观上
的感觉，火本身没有热。墨辩认为这是和客观事实不符的主观
论断。《经下146》云："火热，说在顿"。《经说下》云："火，谓火
热也。非以火之热我有，若视日。"火热是客观的火所具有的属
性，不是主观的感觉。如果没有火热的客观本性，我们也不会感
觉到热的。

火之热是积聚于燃火物的本身，所以说"在顿"。顿者，聚也。
如太阳是一个炽热的物体，它积聚了巨量的热，所以我们一抬头
看日，即觉得有热。所以热不是突然而有的，这即非俄（我）有之
义。墨辩此条表现出唯物论者对唯心论者的反驳。

《庄子·天下篇》又载："一尺之棰，日取其半，万世不竭。"这
是就概念上的可分性言，一尺之棰，可以无限分为二，但实际上
是不可能的。墨辩就客观的实物上分析，斫半的进程达于最后
的极限，即端时，已无半可斫，因此反对无限分割的论点。《经
下159》云："非半，弗斫则不动，说在端。"《经说下》云："非：斫
半，进前取也。前则中无为半，犹端也。前后取，则端中也，斫必
半，无与非半，不可斫也。"《墨经》此条正是驳"无限二分"的
观点。

《庄子·天下篇》又载："狗非犬。"《尔雅·释畜》："犬未成毫
曰狗"，则狗犬二名同实。狗是犬的一种，应该说"狗是犬"。《经

80

下139》云:"知狗而自谓不知犬,过也。说在重。"二名一实为重同,所以知狗即知犬。知狗而自谓不知犬,是错误的;说"狗非犬"当然也是错误的。当然,就狗、犬各自的名义上的定义言,那么,狗是狗,犬是犬,狗犬为不重;不重则知狗不知犬为不过,而知狗重知犬为过。通过这一分析,墨辩揭露了"狗非犬"提法的含混和其中所含的错误。

《庄子·天下篇》云:"孤驹未尝有母。"《列子·仲尼篇》引公孙龙云:"孤犊未尝有母。"只就文字名义上定义云,这一命题也可通。李颐注《庄子·天下篇》此条云:"驹生有母,言孤则无母。孤称立,则母名去也。"但墨辩根据"取实予名"的原则,实际上的驹是有母的。驹之母虽死,但已为驹之母了,就存于过去的实有界中,而不能去掉。未曾出现的东西,或可以无,但过去已出现过的东西,就不能说无。说"孤驹无母"还可以通,说"孤驹未尝有母"那就成离实言名的诡辩,是反逻辑的。

《经下160》云:"可无也,有之而不可去,说在尝然。"《经说下》云:"可无也,已然则尝然,不可无也。"此条反驳"孤驹未尝有母"之说。

(4)对于非墨论点的反驳

当时反对墨者的有两个主要论点,即一为无穷害兼,这是反对墨之兼爱说,二为"杀盗非杀人",这是说墨者"惑于用名以乱名"(《荀子·正名》)。无穷害兼的非难,提出两点困难,即一为地域无穷,无法兼爱;二为人数无穷,也无法兼爱。墨辩认为,这两种无穷都不足以难兼爱之说。《经下172》云:"无穷不害兼,说在盈否。"《经说下》云:"无:南者有穷,则可尽;无穷,则不可尽。有穷无穷,未可智,则可尽不可尽亦未可智。人之盈之否未可知,而人之可尽不可尽,亦未可知,而必人之可尽爱也,诤。人若不盈无穷,则人有穷也;尽有穷无难。盈无穷,则无穷尽也;尽无穷无难。"这就是说，地域无穷，人不能充盈此无穷；那么，人数是有穷的了。人数既有穷，则尽爱此有穷的人，无难。如果地域无穷，人数也无穷，则以无穷之人数充盈此无穷之地域，则无穷还是可尽的。无穷既可尽，则尽爱此无穷之人，不难。

反对无穷的人，又争辩道，如果不知众多的人数，又怎能去尽爱他呢？《经下173》答辩说："不知其数而知其尽也，说在问者"。《经说下》云："不：不智其数，恶智爱民之尽之也？或者遗乎其问也。尽问人，则尽爱其所问。若不智其数，而智爱之，尽之也无难。"墨辩认为不知人之数，不害尽爱之。因为我们可以用问人的方法进行，问一个，即爱一个，这样尽所问之人，则能达到尽爱了。

反对者又说，不知人住的地方，又怎样去问？《经下174》答辩云："不知其所处，不害爱之，说在丧子者。"这就是说，不知人之所处，也不害爱之，例如，有人丧失他的儿子，这人还可对他的儿子表示爱的。

以上为墨辩对于无穷害兼的反驳。

关于"杀盗非杀人"的命题，荀子提出批评。荀子在《正名篇》云："杀盗非杀人也，此惑于用名以乱名也。"对于这种用名乱名的邪说，荀子提出"验之所以为有名，而观其孰行，则能禁之矣。"这就是说，只要审察"人"和"盗"名之由来，即可止此邪说。"盗"是"人"中的别名，而"人"却是"盗"的共名，共名统摄别名，别名要在共名之中。那么盗应该是在人的范围之内。杀盗也即是杀人。"杀盗非杀人"的命题和"白马非马"之论同为诡辩。

墨辩对荀子的这一批评提出"是而不然"的反驳。《小取》云："获之亲，人也。获事其亲，非事人也。其弟，美人也，爱弟，非爱美人也。车，木也。乘车，非乘木也。船，木也。入船，非入木也。盗，人也。多盗，非多人也。无盗，非无人也。奚以明之？

恶多盗，非恶多人也。欲无盗，非欲无人也。世相与共是之。若若是，则虽盗，人也；爱盗，非爱人也；不爱盗，非不爱人也；杀盗，非杀人也，无难矣。此与彼同类，世有彼而不自非也，墨者有此，而众非之，无它故焉，所谓内胶外闭与（心毋空乎？内胶而不解也）！此乃是而不然者也。"墨辩这里深入分析名的外延和内涵的不同，决不能混淆两种不同的意义，造成混淆概念的逻辑错误。例如"获之亲，人也"，这一"人"名，是用在外延上的意义，是说获之亲是属于人的外延之内。但"获事其亲，非事人也"，这一人名是用在内涵上的意义，获事其亲和事一般人有别，决不能混同。这就是所谓"是而不然"。同理，"盗，人也"，也是用在外延上的意义，但"爱盗，非爱人也；不爱盗，非不爱人也"；"杀盗，非杀人也"，这里的许多"人"名却用在内涵上的意义，显然盗和一般的人不同，在人的内涵外复加上了盗的属性，所以才叫做盗。这样，盗和人是有区别的，我们不能把它们混为一谈。墨辩认为，如果大家同意爱弟非爱美人，入船非入木，乘车非乘木，甚至于承认恶多盗非恶多人，欲无盗非欲无人，但对于"杀盗非杀人"却进行攻击而共非之，这只能说心存偏见，即所谓"内胶外闭"，看不到合逻辑的道理。

当然，儒墨两家对盗的态度，早有不同，不能只认为是逻辑名词上的争论。《庄子·天运》："禹之治天下，使民心变。人有心而兵有顺（训），杀盗非杀，人自为种而天下耳（伃）。是以天下大骇，儒墨皆起。"可见，"杀盗非杀人"一语可能出自禹教。但墨子对于"不与其劳获其实"的人是痛恨的。因此盗之窃人东西，当在杀戮之列。儒家反是，孔子对季康子问政"如杀无道以就有道何如"？孔子答云："子为政，焉用杀？子欲善而民善矣。"（《论语·颜渊》）《荀子·正论》引孔子曰："天下有道，盗其先变乎！"《孔丛子·刑论篇》云："民之所以生者衣食也。上不教民，民匮其生；饥寒切于身而不为非者寡矣。故古之于盗，恶而不杀也。"可见儒墨对盗的根本态度自来有差异，不过到了战国末期，对于杀盗的争论又在逻辑学上展开，范围又扩大了。

战国晚期墨者有上升为地主阶级者，杀盗非杀人之说，亦表现地主阶级的利益，这可能又是不同阶级的态度表现。

(四)墨辩和战国时期的自然科学与社会科学。

墨辩逻辑的发展和以往各家各派的思想的批判继承有关，同时也和战国以来的自然科学和社会科学的发展有关。人类科学的进步，对唯物主义思想起了推动作用。墨辩的唯物主义的逻辑思想也受到了战国时期科学进步的影响。战国时代，封建经济已起了主导作用。由于铁器农耕的使用，水利工程的建设，促进了农业的发展，农业科学的研究也随之而起。《吕氏春秋》中的《上农》、《任地》、《辩土》、《审时》诸篇，研究了土壤、种植等农业耕作方法，推动了农业的发展。

手工业中的冶铁业、煮盐业、制陶业和纺织业等也逐一发达起来，于是就出现了象《考工记》的手工业手册。医疗事业也有巨大的进步，名医如郑国的扁鹊发明脉理，他能从病人的气色、声音、形貌上诊断出不同症状和病的轻重。医书有托名黄帝的《内经》，现存的《素问》、《灵枢》，为中国医学病理学打下基础。天文、历法、数学的知识也有长足的进步。战国中期楚人甘德和魏人石申测定黄道附近一百二十多个恒星的位置和它们距北极的度数，并用以观测木、火、土、金、水五星的运行，找出它们出伏的规律。《甘石星经》测定的恒星记录为世界上最早的恒星表。地理学家对当时的地域也有新的研究。《山海经》的《山经》、《周礼》的《职方氏》、《尚书》的《禹贡》都是战国时有名的地理著作。邹衍的"大九洲"之说，对当时人的地理知识也有重大影响。

由于工农业的发达，商业也兴旺起来。富商巨贾买贱卖贵，

84

富比王侯。如邯郸郭纵、赵国卓氏、魏国孔氏、鲁国丙氏都以冶铁致富。盐商猗顿富比王公。范蠡、端木赐都是著名的大商人。商业大都市，如齐都临淄、赵都邯郸、魏都大梁等，都是各地珍奇的集中地。《荀子·王制篇》曾提到北海的走马吠犬，南海的羽翮齿革，曾青（钢精）丹干（丹砂），东海的紫纻（紫贝）鱼盐，西海的皮革文旄（旄牛尾），都集中于都市，足证商业的流通，贯穿于全国。社会经济发达，于此可见。

墨辩逻辑的唯物主义思想是建基于当时的自然科学的成果之上。从客观的实际出发，着重具体的事实，这是一般科学的精神，也是墨辩逻辑的基本点。从《经上》关于时间、空间、运动的解释，以及几何形态的定义，从《经下》关于光学、力学的定理的说明，可以看出墨辩学者对自然科学是有一定素养的。《经下》关于经济交换、市场价格规律的阐述，则又足以反映墨辩学者对于商业经济的研究。

墨辩对于战国时期科学的汲取，不但继承了过去，而且还有所创新，这是难能可贵的。例如关于时间（久）和空间（宇），不但作了科学的定义，说"久，弥（徧也）异时也"（《经上39》），"久：古、今、旦、莫（暮）"（《经说上》）；"宇，弥异所也"（《经上40》），"宇：东、西、南、北"（《经说上》）；而且认为久和宇须互相结合才能显其意义。《经下114》云："宇或徙，说在长宇久。"《经说下》"宇：长徙而有（又）处，宇。宇南北，在旦有（又）在暮。宇徙久。"这里说明时间和空间是互相依存的。宇：指东、南、西、北之地域，地域迁移而成宇的空间范围，但域徙又必须联系时间才能体现。所以空间的域徙，必须和时间的长徙联系起来，才能获得空间的概念。假如我们从南开大学校门走到主楼为十分钟，经过了五百米，则这五百米的空间距离是由十分钟来表记的。没有时间的迁动，则无由区别五百米的空间。所以说："宇或徙，说

85

在长宇久","长徙而有处,宇"。

反之,时间的变动,又须依赖于空间的域徙。我们说一小时的时间,是用钟表的分针走完了钟表的一圆圈的空间距离。所以没有空间,也就没有时间了。所以说:"宇徙久"。"久"是由于有宇徙才形成的。时空结合的观念在西方只有到了二十世纪爱因斯坦的相对论出世以后才获得,但在我国,却在二千多年前的墨辩学者就猜测到了。虽然我们无从推出墨辩这一时空结合的推导过程,但即此一结论,亦可标志我国先哲的卓见。

空间时间的结合是通过物质运动来体现的。《经上49》云:"动,或徙也。"运动的产生是由于部分地域的转徙。如门户的开关转动,是由于户枢的转徙。这样,时空的结合,又必须和运动相结合。物质、运动和空间、时间的结合形成了物质世界的统一体。

复次,墨辩的科学定义是从实际出发的。例如关于端与尺,虽和几何学的点与线相似,但它们不是一个抽象的概念,而与具体实际联系着的。《经上61》云:"端,体之无厚(序)而最前者也。"《经说上》:"端,是无同也。"这把端和体积联系起来,它是没有容积而最前的一点。这和一般几何的抽象的点不同。

《经上62》云:"有间,中也。"《经说上》:"有间,谓夹之者也。"又《经上63》云:"间,不及旁也"("及"为"与"意)。《经说上》云:"间,谓夹者也。尺前于区穴(旧注穴字衍)而后于端,不夹于端与区内。及,及非齐之及也。"有间者指两件东西夹在一起产生;那么,所谓"间",即指两物相夹的"中间"的"中"。尺即今几何学之所谓线。区即几何学之所谓面,端即点。这样似乎尺(线)夹于端与区之间。这从抽象方面说来是如此的。但墨辩认为尺前于区而后于端,并不是间于二者之间,而只是端、尺、区三者在空间排列形成的次序,有相与摄及的意义。从一般几何上讲,积点成线,积线成面,好象线面为各自独立的实体;但实际上,离线无法

86

成点，离面也无法成线。因它们彼此之间是互相涉及的，它们都有实际内容的。

从春秋末期开始，大商人如范蠡、计然等，已注意商品经济的变化，摸索出一些规律。计然说："论其有余不足，则知贵贱。贵上极则反贱，贱下极则反贵。贵出如粪土，贱取如珠玉"（《史记·货殖列传》引计然语）。这就是从财货的有余或不足，看出货物的贵或贱。而贵贱是可转化的。贵极就反贱，贱极则反贵。物价贵时，就尽量抛出；物价贱时，则尽量收购。这样，就可以随贵贱规律的变动而获得巨额利润。后来战国初年的白圭就是"乐观时变，故人弃我取，人取我与"（同上引书）。白圭还是继承了范蠡、计然的买贱卖贵的那套生意经。就上边战国初期商业发达的情况看，那时的经济繁荣又远超于春秋末年。墨辩学者从当时丰富的经济变动中又总结了一些有价值的经济学说。《经下129》云："买无贵，说在仮其价。"《经说下》："买：刀籴相为贾。刀轻则籴不贵，刀重则籴不易。王刀无变，籴有变；岁变籴则岁变刀。若鬻子"。这里说明物价和货币的反比关系。刀即古代的货币，籴即谷。物价无所谓贵，情况依于币值和谷物的相互关系。币值轻则谷不贵，币值重则谷不贱（谷不易，易犹贱也）。而每年谷物的贵贱又依于谷物的丰欠不同而变化。谷价年年变，则币值也年年变。墨辩这里比范蠡、计然等进一步说明货币和商品交易的规律和变化。

《经下130》云："贾宜则雠（售），说在尽"。《经说下》云："贾：尽也者尽去其所以不雠（售）也。其所以不雠（售）去，则雠（售），正贾也。宜不宜，正欲不欲，若败邦，鬻室，嫁子"。这条又把物价的贵贱联系到买者的主观需要上去。价的宜不宜，关系在于买的人的欲不欲，买者需要时，则物虽贵也买，如不需要时，物虽贱他也不买。

87

第二节　墨辩逻辑的唯物主义基础

一、"彼"的客观物质世界的存在。

辩者的逻辑思想,从邓析、墨翟以至惠施基本上是唯物主义的。但到公孙龙却转到唯心主义方面去。墨辩继承了墨翟的唯物主义优良传统,批判了公孙龙的客观唯心主义,确立了我国古代唯物主义的逻辑体系。

公孙龙从他的客观唯心主义观点出发,把客观的物化为抽象的物指,而物指又是从超出感觉界外的指的世界中转化而来。墨辩反对这种反科学的说法,认为物指不过是附丽于客观存在的物身上的一种属性,离开物也就不能有它的指。因此,物质世界的存在是不能否定的。逻辑思维所用的概念和判断以及它所遵循的规律等,无非是客观存在的物态以及它们运动变化的规律在我们意识中的反映。我们必须先有客观事物的逻辑,然后才有主观思维的逻辑。真知或正确的认识,只是和客观物态变化相符合的真实反映。而错误的或不正确的知识也就是因为它歪曲了客观实际情况。真假、对错的标志,是或不是,然或不然的区别,只有依照客观实际存在的标准来作出判断。离开客观的物质世界,离开它们的互相联系和变动的规律,也就没有什么思维的逻辑可讲了。

这一客观的物质界,即逻辑思维的基础,墨辩有一专门术语,即称为"彼"。"彼"即客观物质世界本身,也就是我们的思维对象。墨辩中谈到"彼"的,有如下几条:《经上73》:"彼(原作攸,依孙校改),不可两不可也。"《经说上》:"彼:凡牛枢非牛,两也,无以非也。"又《经上74》:"辩,争彼也。辩胜当也。"《经说上》:"辩,或谓之牛,或谓之非牛,是争彼也。是不俱当,不俱当,必或不当,不当若犬"。胡适《中国哲学史大纲》第 200 页,解"彼"为"彼",引《广雅·释诂》,以《论语·宪问》中"子西彼哉"作证。"彼"误为"彼",而"彼"(今作"彼")与"诐"通。《说文》:"诐,辩论也"。因此,胡适把"争彼"解成"争论"。

胡适对《墨经》中的"彼"的歪曲解释,章士钊曾提出批判。章云:"争彼二字联缀直为不辞。"(参阅章著《逻辑指要》第 276页)。又言:"如某君之说,殆止曰,辩,彼也,足矣,不当言争彼。"(同上引,同页)实则把"辩"定义为"争彼",已陷于同语反复的逻辑错误。胡适是主张实用主义的唯心论者,他也很难理解墨辩的唯物论观点。

章士钊曾言:"彼字在《墨经》为最要义"。这一语,点到了墨辩逻辑的关键所在,是值得赞许的。但"彼"字究指什么?章氏却未加阐发,实为美中不足。汪奠基解"彼"为争辩的论题,或待证的命题(汪著《中国逻辑思想史料分析》第一辑,第 312 页)。这不能说不对,但微嫌未能道出"彼"的精义所在。梁启超解"彼"为所研究之对象。梁云:"'彼'者何?指所研究之对象也。能研究之主体为我,故所研究之对象对'我'而名'彼'也"(梁著《墨经校释》第 62 页)。梁又云:"论理学之应用谓之辩,辩者何?对于所研究之对象,辩论以求其是也。故曰'争彼'"(同上引,第 63页)。梁用"研究的对象"解"彼",差为近之。但"对象"一词,仍欠明确,因客观物质界的东西,可称作"对象",主观意识界的东西,也可称作对象,则对象究何所指,梁未作进一步说明。

我认为"彼"字即指物质界的对象。《经说上 74》明说:"或谓之牛,或谓之非牛,是争彼也。""彼"即指"牛",而"牛"确是物质界中的一物,不是存于主观意识界之内的东西。两个人对当前的那个事物发生争论,甲说它是牛,乙说它不是牛。这两种说法不能两个都对,即不能"俱当",必有一"不当"。当者的论断符

89

合于那个动物的实际，而"不当"者的论断不符合客观实际。如那个动物真实为牛，而你说它不是牛，竟说是犬，那你的论断不当，即是错误的。但所举的非牛中的"犬"也是物质界中的一物。

人们正确的知识即是对客观存在的事物能有如实的反映。牛、犬、马等等实际存在的动物，如实反映到思维之中，得出牛、犬、马等等概念。这即正确的逻辑思维。而牛、犬、马等等动物和其它一切有形质的、有体的事物便组成了墨经所谓"彼"的世界。章士钊如果说"彼"为"《墨经》的最要义"，也只有在"彼"确定为物质界的意义下，才中肯綮。

承认不承认"彼"的物质界的存在，是唯物主义和唯心主义逻辑思想的分水岭（这一唯物和唯心的区别，并没有排除以物质第一性或第二性为唯物与唯心的区别，对于一件事物的定义固可以从不同角度分别作出的）。唯物和唯心的辩的中心问题即在于"彼"的存在上。所以《墨辩》言："辩，争彼也。"（《经上74》）。既有辩就有胜负，胜负根据什么来断定，就是看谁的辩能符合于"彼"的实际情况。符合于"彼"者为"当"，当者即胜。《经下134》云："当者胜也。"不符合于"彼"者即"不当"，不当者必负无疑。

当者必胜，反之，胜者也必当。所以《经上74》云："辩胜，当也"。当与不当是依据同客观实际的"彼"的符合与否以为断，而胜负又依据辩的当否以为断。当否的问题，是从主观的认识能力和客观的彼的事物认识间的彼此关系考察得来，而胜负则根据于当否所产生的价值判断。胜的是真值，而负者则是假值。当与胜、不当与负表述虽不同，而实质上是一个东西。因此，可以得出一条普遍性的规律："凡当者必胜"，"凡胜者必当"。这就是说，胜等于当，当等于胜，决不能犹疑其间。

为什么可以得出这样的普遍规律呢？《墨经》说得很清楚。

90

《经上73》云:"彼,不可两不可也。"对"彼"的断定,只有"可"和"不可"的二可能,不是可,就是不可;不是不可,即是可。它既不得"两可",也不得"两不可"。因客观事物的情态,只能承认它是如何如何,或否认它是如何如何。它不为肯定,即为否定,决不可能既是这个,又是那个, 或既不是这个,又不是那个。客观事物本身是有十分明确的界限,决无模棱两可的可能。

唯心主义者总是千方百计地企图否认"彼"界的存在,否定"彼"的客观性和物质性。庄周从主观唯心主义的观点出发,说什么"物无非彼,物无非是","彼出于是,是亦因彼"(《庄子·齐物论》)。庄周这种"彼是方生"说,把"彼"当成了可以任意说它什么都可以的东西,否定了"彼"的客观的独立的存在。他更进而提出"两可"、"两然"的是非无定论,辩胜者不一定对, 负者不一定错的"辩无胜论",从而根本否定真知的可能,这是逻辑思维的一大危机。

墨辩坚持"彼"界存在的唯物主义立场, 从而定出"彼"的逻辑思维规律。彼的断定,不得两是,即是逻辑的矛盾律的体现。彼的断定亦不得"两非",这是排中律的体现。根据矛盾律和排中律,我们就可推出关于事物断定的对错,推出正确的知识来。墨辩就这样高举"彼"界的客观存在的大旗,把我国古代的逻辑的航程从庄周怀疑主义的危机中挽救出来,向正确的航向迈进,因而结出了我国唯物主义的逻辑科学体系的硕果。

二、"彼"界的类属联系。"彼"界的存在是依类属关系形成一个有秩序的整体,决不是杂乱无章、漆黑一团的混沌(chaos)。唯心主义者否定客观独立的"彼"界,因而他们也就否定类的存在。孟轲"甚僻违而无类"(《荀子·非十二子篇》),庄周"类与不类,相与为类"(《庄子·齐物论》),他们都从主观唯心主义出发,企图抹掉类的差别,"彼"的世界竟成了他们可以随心所欲、任意

91

摆弄的烂泥团。然而，"彼"界的存在不是孟、庄所能否定得了的。大宇之内，万类芸芸，遍一切时间，万物以种类而相续。遍一切空间，万物以同异类而分布。方以类聚，物以群分，我们所处的世界，形成井井有条的宇宙。人类自己也依合群为类而生存，依于辩类而有知，又更进而运用类合、类分的知识改善我们的生活，推动社会的前进。

逻辑思维怎样能起到认识客观世界、获得正确知识的作用，最关键的一环也在于抓住类的联系。战国初期墨翟已经提出"知类"、"察类"的重要性。但到战国中期既受了唯心论者的"无类逻辑"的干扰，又受了惠施、公孙龙片面的类属观的影响。惠施片面夸大了类的相对性，提出"天地一体"（《庄子·天下篇》）的结论。公孙龙片面夸大了类的绝对性，提出"离也者，天下故独而正"（《公孙龙子·坚白论》）的结论，这都是歪曲了类的客观真实情况的偏激之言。实则客观的物类，既有相对性的一面，也有绝对性的一面。相对和绝对是辩证统一的。相对性是就一类与异类的共同之处看。绝对性是就一类与异类的不同处看。比如人之所以为人，有其所以异于其它动物的本质特征，如能制造工具及有理性之类，人之所以异于其它动物者在此，这就是人类之绝对性的一面。但人又有和其他动物相同的一面，如饮食之欲、男女之欲和群居等等，这就是人类的相对性的一面。人类作为动物类之下的一个属言，有它和其他的属相异的一面和相同的一面。既不是绝对的异，也不是绝对的同，而是异中有同和同中有异。最大的类名，为"物"。《经说上78》云："名：物，达也。"这即荀子所谓"大共名"。万物就是物类的总称。在"达名"之下，可以分为等级不同的"类"名，如"命之马，类也"（同上引）。这是一类事物之名，马只限于马的类属，它与牛、羊不同。马之下又可依于使用之不同而可分为战马和耕马。在另一方面，马

92

虽和牛羊不同,但它们又都具有四足,又是"四足兽"之一属。因此,物类可以依于其种属的关系,而有大类和小类之分。就其高于己类之类看,则己为小类,因为它只是在高类下的一个属。但就其低于己类之类看,则己又为"大类",因己之下可以统摄不同的属。

墨辩注意到类的这些区别,所以据类以为推时,应注意到类的大小不同。《经下102》云:"推类之难,说在名之大小。"《经说下》云:"推:谓四足兽,与牛马,与物,尽异,大小也。此然是必然,则俱为麋(依范耕研校改为"靡",和非字同义)。"《经说》此条提到因类的范围有大小,所以造成推类的困难。《经说》举四足兽牛马为推类之例。牛马虽为四足兽,但四足兽是大名,"牛马"是小名。小名属于大名,所以可以说牛马是四足兽。但不能说四足兽即牛马。在另一方面"四足者"是大名,而"四足兽"又是小名,四足兽是四足者中的一个属,因此不能说四足者皆为兽;如龟、蛙四足,都不是兽。我们不能仅据已然现象而推断其必然,必须找到必然的真实根据,否则必会发生错误。

《经下103》云:"物尽同名,二与斗,爱,食与招,白与视,丽与(暴),夫与履。"《经说下》云:"同名:俱斗,不俱二,二与斗也。包肝肺子,爱也。橘茅,食与招也。白马多白,视马不多视,白与视也。为丽不必丽,不必,丽与暴也。为非以人,是不为非,若为夫勇,不为夫,为履,以买衣为履,夫与履也。"《经》与《经说》错字较多,不易确解(可参阅高亨《墨经校诠》和谭戒甫《墨辩发微》),但其意则甚明确。即物有异实而同名的,或异名而同实的。如包肝肺是俗人所爱("包"指裹炙肉),子亦人所爱,爱之名同,爱之实各异。是异实而同名。《战国策·秦策》:"郑人谓玉未理者为璞,周人谓鼠之未腊者亦为璞",此亦名同而实异。又如玉蜀黍,又名包米或玉米,但都是一个东西,是异名而同实。墨辩提出要注意到类名的实质内容，不能仅依文字上的名言而必断其实的如何。总之，墨辩认为推理固有困难，但只要我们注意类的大小不同和它的实质性的差异，就可避免推论时的错误。类的存在，不仅使"彼"界井然有条，同时又是逻辑推理的重要基础。

三、"彼"界的因果联系。"彼"界的变动不是杂乱无章，而是具有一定的因果规律的。因果关系的确认与否，也是唯物论者和唯心论者不同的一个标志。唯心论总是否定客观世界的因果必然性，他们只见事件的相续，看不出其间必然的因果联系。康德甚至认为因果性的范畴只不过是人类悟性强加于客观界的东西，并非客观界之所本有。庄周讲"无待"，讲"自生"、"自化"，他慨叹地说："物之生也，若骤若驰，无动而不变，无时而不移。何为乎？何不为乎？夫固将自化"（《庄子·秋水篇》）。他把万物的变动归之于偶然的因素，其间并没有必然因果联系。

墨辩则反是。墨辩认为彼界的存在，不仅体现为空间上的类属关系，而且体现为时间上的因果联系。事物的变化，有它的前因，有它的后果。《小取》云："其然也，有所以然也。"一事物之如此，有其所以如此的原因，决没有无因而生的东西。只要我们认识到它的原因，我们就算有了一事物的知识。所以因果联系虽有时间的先后，但仅有先后，还不足断其为因果，只有找出它的必然的关系，能达"俱然"程度之后，因果关系才成立。

墨辩所谓因，有其专门术语，即"故"。墨经开章明义，即论"故"。"故"是一事物形成的原因，反映到思维意识中时即为理由。《经上1》云："故，所得而后成也。"《经说上》云："故：小故有之不必然，无之必不然；体也，若有端。大故，有之必然，无之必不然。若见之成见也"。从客观物质世界上说，故是一件事物形成的原因，所以说"所得而后成也"。《经说》进一步分析，把一事物形成的原因分为部分和全部两类。部分的原因，称为"小故"，

94

全部的原因称为"大故"。有部分的原因，事物不一定形成，但缺少了这一部分原因，事物就必不能形成。所以说"小故有之不必然，无之必不然"。比如积端而成体，有端不必成体，但无端就不能成体。又如，光是成见的部分原因，有光不一定能成见，但无光必不能成见，所以光对见的形成言，只是小故。

"大故"是一事物形成的全部原因，比如见之成见，必有眼的视觉，光的协助，和所见之物等集合起来，才能成见。全部原因俱备，见即能成，否则见不能成。所以说，"大故有之必然，无之必不然"。

客观事物的原因反映到思维意识中即为理由。此时的"故"即指推论中的理由。墨翟说过："无故从有故"（《非儒下》），没有理由的应该服从有理由的。在推论中的理由也可分为两种，一是必要而不充分的理由，有此理由结论不一定可以得出，但没有此必要而不充分的理由时，结论却绝不能得出。这种理由，是局部的，墨辩称之为小故。必要而又充分的理由指全部理由，全部理由俱备，比如成见之条件，眼睛、光线和所看见的物体都全了，即可得出见的结论。全因不备，即推不出此结论。全因，墨辩称之为"大故"。

墨翟提出"明故"的必要性。墨辩发挥了"明故"要义，提出"辞以故生"（《大取》），"以说出故"（《小取》）。《经说下》每条都提到"说在某某"，可见墨辩逻辑对故的重视。而故的基础却在客观的"彼"界内所具有的因果联系网。

从上分析，可知墨辩唯物主义的逻辑是以其客观的"彼"界为基础的。而"彼"界的类属和因果联系，又是墨辩推论的两大支柱"类"和"故"的客观基础。

第三节　墨辩逻辑的唯物主义认识论基础

墨辩逻辑建基于它的唯物主义世界观,同时,也奠基于它的唯物主义认识论。其所以能批判战国以来的形形色色的唯心主义,发挥唯物论逻辑的优良传统,良非偶然。

战国初期,墨翟已十分注意感觉经验的重要性。他以"取实予名"的唯物论的名实观批判了老聃、孔丘的唯心的名实观。他的著名的三表法即以直接经验为基础。但墨翟片面强调感觉经验,忽略了理性的思索,导至以耳闻目见之真,证明鬼神的存在,这是墨翟经验论的缺点。惠施、公孙龙也从经验的个体事物出发,但惠误以局部的个别经验情况当作一般的普遍情况,如依据个别的山和水一样平,竟推出"山渊平"的普遍结论,这就流入相对主义。龙从感觉的物指出发,导致绝对主义。这样,墨翟逻辑的唯物主义的传统便不能沿着正确的方向有所继承和发展。

墨辩学者吸取战国以来自然科学研究的成果,掌握了唯物的世界观,确认"彼"界不但是独立于意识之外的独立存在,而且又是一个具有类属和因果联系的条理世界。对于这样一个客观存在的有理世界是可以依于人类思维而得到认识的。任何对于客观界的否定,对于人类知识的怀疑,都是没有根据的。

人类知识开始于我们的感官对于外界事物的接触,这是唯物的认识论的基本点。认识的主观能力必须和客观对象相结合,然后才能得到正确的知识。《经上》三、四、五、六各条充分阐明了这一唯物的认识论观点。

《经上 3》云:"知,材也"。《经说上》云:"知材,知也者,所以知也,而不必知,若明。"墨辩认为知识来源于感觉经验,这点和墨翟同。但墨辩并不停止在笼统的感觉经验上,而进一步深入

96

分析其结构。感觉经验之获得，首先须靠我们的感觉材能，即能感的觉官。如颜色、形状等，须靠眼睛的视觉，声音的清浊、高低，须靠耳朵的听觉。同样，鼻之于香臭的嗅觉，舌之于甜酸苦辣的味觉，皮肤之于冷热粗滑的触觉。墨辩称之为"五路"知，这即五种感觉的通道。《经说下 145》："惟以五路知"，五路即指眼、耳、鼻、舌、身的五种感觉通路，我们凭借它们去摄取外界的印象。所以《经说上 3》云："知材，知也者，所以知也。"但觉官只是感觉的才能，仅有此才能，不一定即能知，还必须有外物的存在，和光线的协助，否则只有视觉本身，就无法见物。这里，墨辩站在唯物论的立场，强调感觉素材的必要性，而感觉素材乃得之于客观的"彼"界，并非主观感觉所有，这就和公孙龙分道扬镳了。

墨辩坚持唯物论的感觉论，认为感觉内容属于客观，但也不同于机械论视感觉为被动的摄取。我们的感知，不是如镜之照物，简单地、被动地把外边所有摄入视觉中，而是有所择取。人的知识为有意志、有目的的活动，在主观方面应有所求索，才能使用觉官摄取我们所欲知的东西。墨辩称之为虑知。《经上 4》云："虑，求也。"《经说上》云："虑：虑也者以其知有求也，而不必得之，若睨。"荀况说："情然而心为之择，谓之虑"（《荀子·正名篇》），也同此意。"睨"字，《说文》目部，解为"衺视"，这即有意的寻视动作。但有意寻视，不必即有所得，因此纯为主观的能动作用，必须客观有所适合，才能有所得。墨辩于此，坚持知之内容的客观性，防止滑入唯心主义的陷阱。

感性认识和理性认识是我们认识事物的两个不同阶段。感性认识必须发展到理性认识而理性认识又必须以感性认识为基础，这是马克思主义唯物论的反映论的认识论。但感性和理性也是互相渗透的，决不能机械地折为两截。毛泽东同志说："感

97

觉到了的东西,我们不能立刻理解它,只有理解了的东西才更深刻地感觉它。"① 这表现出认识的整体性。墨辩虽远未达到这样的唯物论的反映论,但它已注意到感觉中的思索作用,这就是墨辩之所谓"虑知",我们不能不佩服二千多年前墨辩学者的这一惊人的创见。

感知、虑知既然只是知觉的材能,这一主观方面的材能必须与外界事物相接触,摄取外界的形象,才能得到知识。这是墨辩唯物的认识论的要义。《经上5》云:"知,接也。"《经说上》云:"知:知也者,以其知过物而能貌之,若见。""知接",即和外界事物相接触。人的认识的材能必与外界相接,这即《经说上》所云的"过物"。"过"字,孙诒让注云:"疑当为遇(迁)"(孙著《墨子闲诂》)。实则"过"字并不误。"过"字有"过从"之义,如友人互相"过从"。"过物"表示知识的材能和物发生"过从"的活动,这样就能亲取外物的形象,使我们心中得到外界事物的印象而表之于观念。

从"感知"、"虑知"以至"接知",到此为止,仍属于感性认识阶段,我们只有关于外物的表象知识,还不能形成概念。必须再进一步由感性达于理性的思索。这样,对于外物的认识不是简单模糊的表象,而能达到事物的条理,对于外物能掌握其实质和规律的概括,这种对外物的深切明著的理解,就是理性的概念之知。

《经上6》云:"恕,明也。"《经说上》云:"恕:恕也者,以其知论物,而其知之也著,若明。"

"恕"字,从知,从心,这表示通过心的辨察活动,才得到知识。从感性所得的材料,经过心知的辨察功夫,就能去粗取精、去伪存真、由此及彼、由表及里,把握事物的本质,从而形成概念的知识,也即是现在我们所谓理性的认识。感性的认识必须发展到理性认识以后,才有希望避免感觉的错误。墨翟本人尚未

---

① 《毛泽东选集》1—4卷合订本,第263页。

注意及此，所以陷入片面经验论的错误。他以见鬼为真，王充批评为"以耳目论，不以心意议"，正击中了墨翟片面经验论的要害。墨辩学者提出"恕知"，纠正了墨翟的错误，这是墨辩的一大贡献。

根据以上分析，墨辩从《经上3》的"知材"起，以及于《经上4》的"虑求"，《经上5》的"接知"，《经上6》的"恕明"，深入研究了人类认识的整体活动，由感性以达于理性，虽字数不多，但涉及认识的许多关键问题，感性和理性的相互渗透，认识的开始和认识的完成，都贯注到"摹略万物之然"（《小取》）的中心点上。第一步，知材，由感物而获得感觉材料。第二步，虑求，由索物而作有目的的探索。第三步，知接，过物而摄取貌态。第四步，恕明，论物而深入本质，使深切而著明。不论那一步，都以物为认识的总基础，"感物"，"索物"，"过物"，"论物"，都围绕着"物"这一中心，展开人们的认识活动，充分表现出认识论的唯物论精神。既拨开了唯心论的云翳，又避免片面经验的错误，虽远未能达到感性与理性的辩证统一的理解，但在二千多年前的我国古代哲学中，确是难能可贵的。

关于墨辩的认识论，还有一点值得提出的，即墨辩学者对于时间和空间在认识事物时所起的作用。《经下145》云："知而不以五路，说在久。"《经说下》云："智：以目见，而目以火见，而火不见。惟以五路智。久，不当以目见，若以火见"。久即时间，对时间的认识不是由某一官觉得来，而是通过事件的连续，比如从早到晚，或从东到西，不断流转，积累在记忆中，形成时间流动之认识后，才能得到。久，不当"以目见"，即仅从我们的眼睛的视觉，是看不到时间的；它是从对空间的联系比较，在记忆中长久积累的所得。"宇徙久"，即表明"久"的概念必须联系到"宇"的迁徙。反之，"宇"的概念也必须联系到"久"而后得。"宇，长徙而有处。"

有时间上的"长徙而有处"，才能获得空间的概念。可见时间和空间知识之获得和一般仅从五官的直接感触不同。它们虽也离不开对外界事物的直接感触，但必须在思维记忆中，经过长久活动而后得。

再进一步，墨辩认为时间和空间又是一切感官所必须凭借的两种重要的机能，没有时间和空间，我们就很难得到外物的整体感觉。比如"坚白石"的感觉，从视觉所得之白，必须在时间上和触觉所得之坚联系在一起。同时，在空间上，坚白石中之坚与白，也必须相盈在一起。只有这样，通过时间与空间的媒介作用，坚和白的属性才能结合在一起，从而得到"坚白石"的总的知觉。公孙龙的"离坚白"之论，固然受他的客观唯心主义所支配，而把坚白二物的指看成各自独立而自藏的东西，同时，也由于他没有认识到时间和空间在感觉认识中所起的重要作用。墨辩从唯物的世界观批判了公孙龙的"离坚白"，提出坚白相盈不相外的观点。同时，在感性认识上，特别重视久和字所起的作用，从对感性的科学分析中更充实了有力的论证。

康德的名著《纯粹理性批判》一书是西方近代认识论的巨著。他在该书的第一部分"先验的感性论"（参阅蓝公武中译本第47～49页）中，提出空间和时间为感性认识的两个重要法式。康德十分重视空间与时间在认识上的重要作用，从感性认识的深入分析上说，康德的分析是有见地的。但康德是先验论者，他把空间和时间作为我们认识的先验法式，从而否定了时空的客观实在性，这是不正确的。马克思主义的唯物论的认识论，认为物质、运动和空间、时间是统一的。列宁说："世界上除了运动着的物质，什么也没有，而运动着的物质只有在空间和时间之内才能运动。"① 物质的客观实在性决定了时空的客观实在性。康德

① 《列宁全集》第14卷第179页。

把时空当作主观认识的形式，从而否定它们的实在性，这是错误的。

墨辩一方面承认空间、时间在认识上的重要性，另一方面又确认时间和空间的客观实在性。这样，他始终坚持唯物论者的立场。在两千多年前的封建社会中，墨辩能有这样的卓见，这是十分可贵的！

第四节　墨辩逻辑的总纲

一、辩的六大任务

春秋以来，各国诸侯称伯争雄，合纵连横，游说四方，儒墨显学的创始者都已注意及此。孔丘教人有言语一科，宰我、子贡则为言语一科之杰出者（《论语·先进》云："言语：宰我，子贡"）。墨翟教人也有谈辩一科（《墨子·耕柱篇》云："能谈辩者谈辩"）。《史记·平原君虞卿列传·集解》引刘向《别录》云："辩者别殊类使不相害，序异端使不相乱，抒意通指，明其所谓。"这是辩的巨大作用。但战国中叶以后，辩说渐入歧途。他们"烦文以相假（蛊惑），饰辞以相惇，巧譬以相移"（同上引书）。这样使"辞胜于理"，流为诡辩，先秦逻辑思想受到诡辩的干扰。墨辩学者奋起，摧陷廓清，明辩学的正道，使先秦逻辑思想向正确方向发展。他们创造了科学的逻辑体系，写出了中国逻辑史上的最光辉的一页。

墨辩《小取》一篇对辩的几个基本问题，有系统的总结性的阐述，对于什么是辩，它的重要的任务，辩的基本原则，**辩的主要形式，辩的基本方法，与夫辩的道德要求，都有明确的规定。这是作为探索自然与社会的所然及其所以然的逻辑科学的运用，决不是巧辩以取胜的诡辩术。墨辩的逻辑科学固然也注意思维形式的运用，思维规律的掌握，但它处处从客观实际出发，把每一思维形式，紧密联系到具体情况，不是简单的表面形式，或抽象名谓的概念。这也就是中国逻辑之所以异于西方和印度的所在。

《小取》开宗明义提出辩的六大任务。

"夫辩者，将以明是非之分，审治乱之纪，明同异之处，察名实之理，处利害，决嫌疑焉。"这里的六大任务是(一)明是非；(二)审治乱；(三)明同异；(四)察名实；(五)处利害；(六)决嫌疑。辩的唯一目的在于明是非。逻辑是求真之学，真理是客观存在的，不是随人意而决定的。这就批判了春秋战国以来的以非为是、以是为非的诡辩论和庄周的以"两行"为是的无是非论。墨子在《兼爱》中，论证了"兼"之所以为是，"别"之所以为非，主张兼以易别，这就是"明是非"的典型范例。《小取》篇总论了"物或不是而然，或是而不然。或一周而一不周，或一是而一不是"的各种情况。《大取》篇也提到："一人指，非一人也，是一人之指，乃是一人也"。这样，"是非"关乎客观事物的全与分的不同关系。墨辩六篇全部无非以求阐明墨辩逻辑之是，和其他反逻辑的辩论之非。

辩的第二大任务，是"审治乱之纪"，"明是非"的重大目的在于能"审治乱之纪"。墨辩学者继承了墨翟重实用的逻辑精神，他们不是为辩而辩，把辩当成概念的游戏，而把辩作为治理国家的工具。国家的治或乱有其致治或致乱之原，找出治乱之原，摸清其规律，就可以去乱而致治。墨子倡兼爱，指出兼是而别非。他认为只要依兼之所是去做，就可以使人与人相爱而不互相残害。他说："视人之室若其室，谁窃？视人身若其身，谁贼？……视人家若其家，谁乱？视人国若其国，谁攻？"(《墨子·兼爱上》)可见，兼相爱是致治之原，而别相恶，则为致乱之故。从是的去做，就可使国家治平，而从非的去做，就足以使国家丧乱。审治乱之

102

纪和明是非之分，二者的关系密切，有如响之应声，影之随形。墨子曾称"焉有善而不可用?"（《墨子·兼爱下》）他所谓"善"，当亦包含有"是"的意思在内。没有一件正确的事情是不能实行和不能得到效益的。

辩的第三项大任务，在于"明同异之处"。如果说，"审治乱之纪"是"明是非"的应用，那末"明同异之处"就是"明是非"的依据。战国中叶以来，是非混淆之原，多生于同异无别。庄周的无是非论就是一个明显的例子。庄周的"齐物论"，把一切物类的同异差别都抹煞掉。"天下莫大于秋毫之末，而太山为小"，大小、寿夭、美丑、生死、物我、真伪，甚至梦幻与真实都无差别，试问在这样一个物我玄同的世界，能有是非的标准吗？墨辩学者批判了庄周的相对主义的同异观，同时也批判了惠施的合同异和公孙龙的绝对离异观。墨辩从实际的具体情况出发研究客观事物，既有同的一面，也有异的一面，并进而研究同的许多不同情况和异的具体差别。《小取》云："夫物有以同，而不率遂同。辞之侔也，有所至而正（疑当作止。），其然也，有所以然也，其然也同，其所以然不必同。其取之也，有所以取之。其取之也同，其所以取之不必同。"《经上 86》更把同分为四种："同：重、体、合、类。"《经说上》云："同：二名一实，重同也。"两个不同的名字都指一个实，那就是重同。如"犬"和"狗"都指的同一个动物，那就是重同。所以说，"杀狗是杀犬"可。《经下 153》云："狗，犬也；而杀狗非杀犬也，（不）可。说在重。"《经说下》云："狗：狗，犬也。杀狗（依高亨校增此二字）谓之杀犬，可，若两膭。"膭或即是髀。《韩非子·外储说右上》："解左髀，说右髀。"左右髀为两肢同体，虽有左右之异，但亦可称为同。又《经下 139》云："智狗而自谓不智犬，过也。说在重"。狗、犬，二名一实是重同，所以说知狗而自谓不知犬，是错误的。

体同者，二物都在一体上，如手足与头目是为同体。合同者都在一屋内如桌子、椅子都在屋中，是为合同。类同者如人的"二足而无毛"为类同，牛马同为"四足而生毛"，为牛马之类同。

《大取》篇更把同分为十种：1、重同；2、具同；3、连同；4、丘同；5、鲋同；6、同类之同；7、同名之同；8、是之同；9、然之同；10、同根之同。重同即《经》所谓二名一实之同。具同即《经》所谓合同，连同即《经》所谓体同。丘同即合异为同，如小丘层叠上升而为高山，小流汇集而为大河。鲋即付，鲋同即比附相同。同类之同，即《经》所谓类同。一类之个体虽异，但有其类之共同点。同名之同，即异实同名，如郑人称未琢之玉为璞，周人称鼠之未腊者为璞。是之同，即指命题的肯断一样，如车，木也；白马，马也之类。然之同，指所然或必然的同，如"好读书，好书也"、"好斗鸡，好鸡也"之类。同根之同，即指同源异流，如孟子、荀子皆宗孔子而有法先王和法后王的不同。

在异的方面，墨辩也同样深入剖析。《经上87》云："异：二、不体、不合、不类。"《经说上》云："异：二必异，二也。不连属，不体也。不同所，不合也。不有同，不类也。"二必异即二体异实，如马和牛，二体实异。不连属，如树的枝叶和动物的四肢。不同所，如室内的椅桌和室外的花卉。不有同，为类的差异，如猴、虎和燕、鹤。

《大取·语经》提出三种异，即，"有非之异；有不然之异；有其异也，为其同也，为其同也异。""非之异"，如"乘车，非乘木也；入船，非入木也"之类。"不然之异"，如"且读书，非读书也；且斗鸡，非斗鸡也"之类。"其异也，为其同也。为其同也异。"这即《经》所谓"同异交得"（《经上89》），用以比度有无的方法。

辩的第四项任务，是察名实之理。春秋以来，由于奴隶制的经济政治的崩溃，旧名已无法用于新实，因而发生"名实相怨"的问题。对于这一重大问题，主要的哲学派别都表示了自己的意见。老子主张"无名"，孔子主"正名"，墨子主"取实予名"。对老、孔的唯心主义的名实观，墨子以唯物主义的名实观加以抨击。他对当时只知义之名而不察义之实，并把大不义的攻国誉之为义的君子们，称为颠倒黑白的妄人。他感慨地说："今有人于此，少见黑曰黑，多见黑曰白，则以此人不知白黑之辩矣；少尝苦曰苦，多尝苦曰甘，则必以此人为不知甘苦之辩矣。今小为非，则知而非之；大为非攻国，则不知非，从而誉之，谓之义，此可谓知义与不义之辩乎？"（《墨子·非攻上》）所以不知义之实而徒知义之名，是不能称之为真知义的。

进一步分析，义之名符合义之实，道理何在？攻国之所以为不义，又违反了什么义之实？墨子对此有明确的回答。这就是有利的才算义，不利的为不义。《经上 8》："义，利也。"尊重别人的劳动果实为义，而偷盗人家的东西，掠夺人家的劳动果实为不义。"不与其劳获其实，非其所有而取之"，是"不义之实"的共同点。窃人桃李，偷人衣裘和攻略人国，实质上都具有不义之实。因此，这些行动都属不义之类。

义之名，有义之实，破坏了义之实，即陷于不义之名。因此，名如何符合实，成为逻辑上的一个重要问题。《经说上 80》云："所以谓，名也；所谓，实也；名实耦，合也"。从逻辑的判断来分析，名是判断的宾词，实是判断的主词。"白马是马"，白马是"所谓"的实，而马则是"所以谓"的名。因白马是马类中的一属，它具有马的内涵，所以我们可以用马之名以称谓"白马"之实。这样，名实相耦，可叫做名实合。

名实合的情况有三种不同。《经上 83》云："合：正、宜、必。"《经说上》云："合：并立，反中，志工（功），正也。臧之为，宜也。非彼，必不有，必也。"这说明判断中的名实合，即主词与谓词的相合, 有这样三种情况。第一种为正合, 其中又有并立、反中、志功之别。并立者主谓并立而略其系词。例如"狗犬", 狗是实, 犬是名, 而略其系词"是"。反中, 例如"狗, 犬也", "也"起系词作用, 但置于判断之末, 称为反中。志是行为的动机, 功是行为的效果。如射箭, 射中的者即射者之志和射中之功合, 这即志功相合。

"臧之为", 臧和为是二事二名, 但"臧之为"成为一名, 指臧的所为, 既不专指臧, 也不专指为。这里加了介词"之"字。"臧之为"成为一名, 正宜于"臧之为"的客观实际, 是为宜合。

"非彼必不有", 在判断形式上, 表现为"非……不……", 或"非……必不……"的形式。如非规必不能为圆, 非矩必不能为方之类。关于名实的问题, 以下还须论及, 兹即止于此。

辩的第五项任务为"处利害"。儒家严义利之辩。"君子喻于义, 小人喻于利"(《论语·里仁》)。墨家却反是, 认为义利是统一的。墨子本人即确定仁人的内容, 为能兴天下之利, 除天下之害的人。《墨子·兼爱下》云: "仁人之事者, 必务求兴天下之利, 除天下之害"。他反对儒家空谈仁义, 而主张从国家人民的实际利害出发, 这是很有说服力的。当然, 利害是有阶级性的, 墨子当时也不可能完全站在人民的立场上讲利害, 但他比较孔丘来说, 是切近于人民一方面的。他强调生产劳动的重要性, 提出"赖其力者生, 不赖其力者不生"(《墨子·非乐上》), 这和孔丘的轻视劳动正立于反对地位。墨翟不从义的抽象定义出发, 视"义"为"宜", 而从义的具体内容着眼, 把义等于利。这也体现了他的唯物思想的一方面。《经上8》云: "义, 利也。"墨辩此点正继承了墨子的思想。

墨辩不但继承了墨子以利为义的思想, 而且进一步有所发挥。首先, 墨辩从心理方面找出利之所以为我们行动的基础。这

106

就是把利害和心理上的欲恶结合起来。人莫不趋利避害，这是出于动物的生存本能。所以利者人之所欲，而害者人之所恶。《经上26》云："利，所得而喜也。"《经说上》云："利：得是而喜，则是利也，其害也，非是也。"《经上27》云："害，所得而恶也。"《经说上》云："害：得是而恶，则是害也。其利也，非是也。"这两条利害对举，喜恶相联，条理分明。墨辩从人的喜恶断定利或害。得利可产生喜的效果，因此，可用"所得而喜"给"利"下定义。相反，所得的结果，发生恶的结果，便知恶即是害，因而同样可以给害下定义说："害，所得而恶也。"

但世间的利害不是纯粹存在的，而是利之中有害，害之中亦有利，利害正是对立面的统一。在此利害的统一体中，如利大于害，那就是利了。如害大于利时，那就成了害了。如果利大于害而利时，其中的害就不能算害而归于恶。所以说，"得是而喜，则是利也。其害也，非是也。"这就是指利中的害，非属于害。《大取》云："断指以存腕（同腕），利之中取大，害之中取小也。害之中取小者（旧作也），非取害也，取利也。其所取者，人之所执也。遇盗人而断指以免身，利也，其遇盗人害也。"遇见了强盗本是一件害事，但我牺牲一个指头而逃脱了强盗的杀害，那反而是一件有利之事。这时断指虽亦一害，但就害之中取小言，这个害就不是可恶的事了。

在另一方面，如获小利而得大害时，那就是一件有害的、可恶的事。这时虽也有小利在其中，但这一小利不是我们所喜的。如《墨子·贵义》云："今谓人曰：'予子冠履而断子之手足，子为之乎？'必不为。何故？则冠履不若手足之贵也。"既有断手足之恶，即便得到冠履的小利，那还不是可喜的。所以说："得是而恶，则是害也。其利也，非是也。"

其次，墨辩提出如何摆正喜怒以权衡利害的方法。喜恶是人

107

的感情的心理活动，常人的喜恶往往易于偏激，因而影响利欲的追求，或恶害之躲避。因此，欲恶务使得平正，这是关键所在。《经上25》云："平，知无欲恶也"。《经说上》云："平，惔然（恬静也）"。人的感情，常易受外物的刺激而起重大的波动，因此，常易受过度之喜恶而伤身。在这样激动情况下，趋利避害就难得平正。墨辩这里提到平，即指心地泰然，恬然自若，利害之来，不至惊慌失措，就可处理得当。荀子提出"静"，说"心未尝不动也，然而有所谓静。不以梦剧乱知谓之静"（《荀子·解蔽》）。墨辩所谓知无欲恶之谓平，也和"静"的心境差不多。

再次，墨辩还提出"权"的作用。《经上84》云："欲正，权利；恶正，权害。"《经说上》云："权者两而勿偏。"权为利害的杠杆，而权衡利害的合适与否，又有赖于正平的欲恶。欲而正，则可不为小害而弃大利。恶而正，则可不为小利而趋大害。这样，权是行为的指挥者，它主要基于欲恶之正而权衡利害之轻重，这是补知识之不及。《经上75》云："为，穷知而悬于欲也。"这就说明人的行为有时不是决于理智之判断，而操于欲之情感。有些事情明知其有害而为之，如贪于饮食者，不顾食物的骚臭而竞食之，致生疾病。为挽救智慧之穷，就需借助于权的作用。《大取》云："于所体之中而权轻重之谓权。权非为是也，亦非为非也。权，正也。"可见权不是为解决是非问题，而是解决利害的轻重问题，它的依据也不基于知之是否，而依于欲恶之正。欲恶得其正，则可权衡适度，避免一偏，所以说"权者两而勿偏"。这里的"两"，即指欲和恶，利和害；而权衡恶与害时，也要同时考虑到欲和利。荀子云："凡人之取也，所欲未尝粹而来也；其去也，所恶未尝粹而往也；故人无动而可以不与权俱"。"权不正，则祸托于欲而人以为福；福托于恶而人以为祸，此亦人之所以惑于祸福也。"（《荀子·正名篇》）荀子对权的解释和他对权正的重视，可与墨辩的权说

108

互相发明。

辩的第六项任务，为"决嫌疑"。庄周对知识的可能与否，真理有无标准可说，都采怀疑主义的态度。这种否认知识的态度是不对的。墨辩对此加以批判。但在另一方面，为避免武断，并寻求正确的知识，墨辩主张采取以疑为求知的方法。"决嫌疑"，就作为辩的一项重大任务提出来。《易·文言传》云："或之者疑之也"。对一件事情的有无，未能遽然断定，因此产生如此、如彼的猜测，这就叫做疑。实则疑字有二义，一即指疑惑说，另一指疑立说。经典多通假以疑为疑。《说文》："疑，定也"。所以疑的作用，一方在于对某一事物作疑惑的分析，同时也在通过分析而起到定立的作用。荀况说："信信，信也；疑疑，亦信也"（《荀子·非十二子篇》）。荀子此处，也把疑当做定立看。疑惑和定立，义相反而相成。墨辩学者对疑在认识中所起的作用，非常重视。《经说下 101》云："彼以此其然也，说是其然也，我以此其不然也，疑是其然也"。一个判断的确否，能否达到"俱然"的标准，即在于它能否经得起"疑是其然"的反诘。

判断是对于客观事物有所断定，墨辩称为"谓"。《经下 104》云："有之实也，而后谓之；无之实也，则无谓也。不若敷（花）与美，谓是则是固美也。谓也，则是非美。无谓则疑。"不管花是美，或不美，都是对实的谓的表现，如果"本有之实"都无，则名实相离，不能有所谓。"无谓则疑"。《经下 149》云："擢虑不疑，说在有无。"《经说下》云："擢，疑无谓也。臧也今死而春也得之，又死也可。"《说文》云："擢，引也"。援引实例，说明有无，可以不疑。如果有疑，则不能有所谓。所以"疑"关系到主辞的成否。

《经下 111》云："疑，说在逢、循、遇、过"。《经说下》云："疑，逢为务则士，为牛庐者夏寒，逢也。举之则轻，废之则重，非有力也。林似削，非巧也。若石羽，循也。斗者之敝也，以饮酒，若以日

109

中,是不可智也,遇也。智与,以已为然也与? 过也。"墨辩把疑分为四种:即第一,为"逢见"的疑。例如,看见忙于工作的人,疑是掌管事物之士;看见做牛棚的人,疑为使牛得以取夏凉。第二种为"循因"的疑。例如,举之轻者若羽毛,置之重者如石块,因此疑力之有无,实则循其势而已。又如,木札之朴,由于斧斤之斸(斫)削,疑者以为工人之巧,实则非巧也,循其势而已。第三种为"偶遇"的疑,如遇斗者,或以为由于酗酒之故,或以为由于市场上的争吵。第四为"过去"的疑。例如,对已往所经历之事,是真知的吗? 还是不过以已然为然? 逢见的疑,对人,循因的疑,对事。偶遇的疑,指事前,过去的疑,指事后。对这些不同情况,都应采取怀疑分析态度,然后才可能得出正确的结论。墨辩的疑确是一种逻辑思维的方法。

以上辩的六种任务,明是非,明同异,察名实似指逻辑思维的理论问题;而审治乱,处利害,决嫌疑,似可指逻辑思维的应用。但墨辩继承了墨翟重用的基本精神,理论的归结全在用字上,他是从实际的运用中提炼思维的各种方法。因此,审治乱,处利害和决嫌疑,并不是机械地应用,而是和理论的探索密切结合在一起的。

(二)辩的两大原则。

1、"摹略万物之然"(《小取》)。列宁说:"自然界=第一的、非派生的、原初的存在物。"① 又说:"逻辑形式和逻辑规律不是空洞的外壳,而是客观世界的反映。"② 他又说:"逻辑学是关于认识的学说,是认识的理论。认识是人对自然界的反映。但是,这并不是简单的、直接的、完全的反映,而是一系列的抽象过程,即概

---

① 《列宁全集》第38卷第58页。
② 《列宁全集》第38卷第192页。

110

念、规律等等的构成、形成过程，这些概念和规律等等(思维、科学＝'逻辑观念')有条件地近似地把握着永恒运动着的和发展着的自然界的普遍规律性。"① 列宁这三段话标志着一个唯物主义者研究逻辑科学的根本原则。首先,必须承认人的思维的逻辑是以客观事物的逻辑为基础的。没有客观事物的逻辑,也就没有主观思维的逻辑。而客观事物即指自然界的所有一切, 自然界一切是独立自存的、不依人们的意志为转移的。这即列宁所谓"第一的、非派生的、原始存在"的意思。墨辩所谓"彼"的世界,实即指此自然界的一切,这是一个唯物论者首先必须承认的。

自然界的所然, 有它一定的表现形式。而其所以然又有它的一定的规律。对这些形式和规律,人们只有不断地去探索,如实地反映到意识中来,然后才能获得关于外界的知识。"摹略万物之然",即对外界自然加以摹拟概括, 使我们逐渐掌握各种事物的概念, 由现象到本质, 由比较浅的本质到更深入一步的本质。逻辑思维的活动,关系到认识事物的规律和本质的学问。墨辩学者对此是有认识的。墨辩注意求故、求因,求物之所以然,都是在"摹略万物之然"的原则下进行的。

2、"论求群言之比"(《小取》)。有的学者认为"论求群言之比"是对各家学说的批判。我认为不对。"论求群言之比"是紧跟"摹略万物之然"来的。上句是对事物的所然的规律的概括,本句则把摹拟概括所得,表之于言语文字之中,这就是逻辑的名言辞说的事。如何用准确的名言表达概念,用适当的谓词表达论断, 遵守什么法则对客观事物的联系进行表述等等, 都是逻辑思维的所有事。所以辩的第二原则, 实即指关于逻辑本身的研究。

---

① 《列宁全集》第38卷第194页。

（三）辩的三种思维形式——名、辞、说。怎样精密地来"论求群言之比"，就需借助于"名、辞、说"的语言表达方式。

1、"以名举实"。名是语言的基本单位。语言是思维的物质外壳，没有语言的思维是不能设想的。墨辩学者虽没有深刻揭示语言和思维间的紧密内在联系，但他们已初步看出逻辑思维的活动和语言文字的关联，这点是难得的。

在墨辩中，有三个术语必须搞清楚，即"名"、"言"、"举"三者的不同和关系。名是实的标记，所以说"以名举实"。在一个判断中，实是所谓，属主词的位置，名是所以谓，属宾词的位置。客观事物的实，包含许多不同属性，有本质的属性，也有非本质的属性。墨辩这里所指的实应是指某一事物的本质属性。如"白马是马"用"马"名举"白马"之实，是即"白马"的本质属性。《经说上31》："告以文名,举彼实故也"，"实故"即该事物本质属性的总和。

名表现于文字，成为"文名"，表现于语言，则为发出的声音。《经说上78》云："声出口,俱有名,若姓字俪。"出口成声，必用名表达，否则声音就没有意义。"叱狗"，指当前的一动物叱之为狗，使狗之名的声音附丽于狗，这样别人听了才确知你发言之所指。有意义的声音需有名，反之，名也必依于出口之声的语言物质外壳，否则名之如何，固不可得知。

有意义的声音就不是一般的声响，而为有组织的语言。所以说："言也者，诸口能之，出名（原作民）者也。名（民）若画虎（傂）也。言，谓也，言犹名（石）致也。"（《经说上32》）言出诸口，用名组织起来，如虎名用以指虎之实。所以说"言犹名致也"，没有名就不成为言。

从以上分析，名和言都属于语言方面的范畴。但它们所标志的实，却为思维中反映所成的概念。名以举实，名以标志概念，但名不等于概念。墨经中标志概念的字为"举"。"举,拟实也"

112

（《经说上 31》）。又说:"言,出举也"(《经上 32》)。"举"是模拟客观的实的成果, 反映于思维中即成概念。概念必须运用语言的物质外壳, 这即言以出举之意。名以举实, 言以出举, 同是用语言的物质外壳来表达概念, 所不同者, 名指单一的概念, 而言却用谓来表达, 这已涉及发抒概念的内涵,"言, 谓也", 言是具有"辞"的作用的。

2、"以辞抒意"。辞相当于逻辑中的判断,汉语辞字即含判断义。法官的判决称为判辞。《说文》云:"辞, 讼也。从高辛, 犹理辜也"。这和英语 judgment 之由 judge 转变而成相似。《周易·系辞上传》云:"辩吉凶者存乎辞", 又云:"系辞焉以断其吉凶", 所以古"辞"字都有断义。

仅有概念, 还不足以示人所指, 必须将概念所含的意义抒发出来, 表之于判断之后, 然后概念之意始明。

判断一方为推论的基础, 另方又是推论的归结。《大取》:"辞以故生, 以理长, 以类行","立辞而不明于其所生, 妄也"。可见正确的辞, 是从正确的推论获得。

3、"以说出故"。辞从推论或论证得出, 这种推论和证明的过程, 墨辩称之为"说"。《经上 72》云:"说, 所以明也。"利用说来把问题弄清楚就要分析问题的前因后果, 充分找出其理由。"以说出故"之故即指事物形成的原因, 或一种主张所持的理由。一物之所以然, 原因不必同。病人发生高温的现象, 或由于患有重感冒, 或因受伤寒菌的侵害, 都有可能。虽有多因, 究竟一象之起, 确由某因而生, 就要详密观察, 论证其因果联系的过程。这就需要利用逻辑的推论作用。我们提出一种主张, 就得把主张的理由详加逻辑的论证, 然后才能使人信服。墨子一再提出要"辩其故"(《墨子·兼爱中》), 要"明其故"(《墨子·非攻下》)。墨辩继续发扬墨子"辩故"、"明故"精神, 提出"以说出故"的思维形

113

式。墨辩各条都有《说》，而《经下》各条都标明"说在……"的形式。所以"以说出故"的精神，实贯穿于全部的《墨经》中。墨辩所持各种论点，都具有坚强的逻辑力量。这和它"以说出故"的逻辑精神是紧密联系着的。

"以名举实"是属于概念论的范围。"以辞抒意"是属于判断论范围。"以说出故"是属于推理论证范围。以下当分别阐述之。

（四）辩的基本方法。辩的基本方法有二，即"以类取，以类予"。墨子重视类的作用，前文已详。墨辩揭示逻辑推理论证过程中的类的重大作用，提出以类取、以类予的基本方法。类取是归纳推理，重视某类事物之同点或不同点。类予是演绎推理，基于类取所得，作为一般原则之后，再给予同类其它事物之中。而同法者必同类。比如"知"和"见"都具有"过物能貌"之同法，所以是同类。《经说上5》以见喻知，说："知也者以其知过物而能貌之，若见。"这就是"以类取"。以类取者，依类取辟，以见喻知，即同类取辟的一种联系。

另一方面，见有"过物能貌"之性，则"见"者接也。又知既有"过物能貌"之性，则"知"亦接也。这即"以类予"。类取、类予，互相结合，归纳和演绎不能分离，分析和综合交互为用，这是逻辑方法的基本精神。

（五）辩的道德要求。墨辩学者批判诡辩论者巧辩以求胜，提出"有诸己不非诸人"，"无诸己不求诸人"的两条原则，以为立敌共许的道德要求。

对同类事物，我承认其中之一，就不能反对别人承认其中的另一，这就是"有诸己不非诸人"。

对同类事物，我不承认其中之一，就不能要求别人承认其中的另一，这就是"无诸己不求诸人"。归根到底，这两条原则还是

114

根于类的同异客观基础的。

（六）墨辩逻辑的科学体系——"三物"逻辑。

墨辩逻辑有它自己特具一格的科学体系。我们称之为"三物逻辑"。"三物"者，即指故、理、类三件东西。三物逻辑的基本含义，战国初期的墨子已初创规模。墨辩学者继承了墨子的三物逻辑的精神，通过战国时期与各家论辩，最后发展了它的完整体系。《大取·语经》有简要说明。《语经》云："三物必具，然后足以生。"又云："夫辞以故生，以理长，以类行者也，立辞而不明于其所生，妄也。今人非道无所行，虽有强股肱而不明于道，其困也可立而待也。夫辞以类行者也，立辞而不明于其类，则必困矣。"辞是逻辑推论组成的核心部分，而辞的生成，却和故、理、类紧密联系，离开故、理、类就无法形成正确的辞。所以故、理、类是逻辑推论的组织形式。这一组织形式，既不同于西方传统的三段论，也不同于印度因明的宗、因、喻。近人研究墨辩逻辑，喜欢用亚里士多德的三段论比喻三物逻辑。如冯友兰先生在他所著的《中国哲学史新编》中就说："'理'就是大前提，'故'就是小前提，'辞'就是由大前提、小前提推出来的结论。"（该书第 404 页）他更举例说明，把因明学的宗、因、喻也套在里边，说辞为宗，故为因，类为喻。谭戒甫的《墨辩发微》一书更是处处以西方和印度的逻辑分析墨辩的推论。我们认为这样的比附是不能说明墨辩逻辑的真意的。当然，逻辑是人类正确思维的工具，是人类求知的桥梁，当然它具有全人类性的特点，东西方三支逻辑体系当然有它们的共同点。如概念、判断、推理的思维形式，矛盾律、排中律等思维规律的运用，归纳、演绎、类比等逻辑方法的使用，都存在于东西方三大支的逻辑系统之中。但思维的逻辑工具是和民族的语言表达密切结合的。而世界各民族的语言，就各有其社会历史不同的特点，因而在逻辑的组织结构上就不会完全一

115

样。同是逻辑的概念或判断，墨辩所讲的名，就不全等于概念，而辞也不就等于判断。同是演绎或归纳，也不是完全采用同一的方式。墨辩的"类取"和"类予"虽是演绎和归纳并用，但它并不依于三段论或归纳五法进行。所以如果曲为比附，就会失去墨辩逻辑的精义。

现在我们回到三物本身的解释。"辞以故生"之故，表面看好象是和三段论的小前提或因明之所谓因相似，但辞所根据之故，实指客观事物的所以然之故，是《经上1》所谓"所得而后成"之故。墨辩逻辑从客观实际出发，不是限于文辞的表述和只具形式上的东西，而是具有真实内容的。

"辞以理长"这个理也不是指大前提，而是指客观事物的条理，或《大取》中之所谓"道"。一定事物的故，都有他的形成过程，这就是它的形成的规律。例如热是物体体积膨胀的原因，但这一原因的出现是依于分子凝聚力的规律决定的。我们只找到了物体体积所以膨胀之故，还不能彻底解决问题，还须进一步分析故的形成的规律，然后辞的肯断才能得到充分的说明。

从思维逻辑的结构上说，理也不是指大前提，而是指整个推论过程所循的规则。

"辞以类行"的类，也不是简单的比喻，而是依于类取、类予，以类为推，把所得的结论——辞，推广到尚未知道的、普遍的范围去，最后达到"俱然"的遍效性。

前节讲到公孙龙的逻辑思想时，曾提到"内涵逻辑"，公孙龙似乎想从概念内涵的分析建立他的一套"内涵逻辑"。但只从概念内涵方面来建立"内涵逻辑"是不够的，而且是片面的，形而上学的。墨辩学者站在唯物主义的基础上，从逻辑的实质上，分析它的客观物质界的基础，使思维逻辑和客观事物的逻辑，统一起来。他们虽注意于"论求群言之比"，但密切结合"摹略万物之

116

然"来进行。"三物逻辑"充分吸收战国时期科学研究成果,不论在概念的定义上,或推理论证的形式上,充分考虑到同和异,正面和反面,在一定程度上,抓住了思维的辩证性。"三物逻辑"这样注重于实质问题的研究,既摆脱了公孙龙概念分析的形而上学的片面性,又不纠缠于形式逻辑的烦琐形式。墨辩的"三物逻辑"在内涵逻辑的建设上确是取得了一定的科学成果的。

汪奠基曾把墨辩逻辑称为"大取逻辑"(汪著《中国逻辑思想史料分析》第一辑,第381页)。但我认为"三物"之名虽出于《大取》,而"三物逻辑"的含义却贯穿于全部《经》、《说》、《取》之中。"大取逻辑"之名会使人误为限于《大取》,不如直截了当称之为"三物逻辑",既标出了墨辩逻辑的特点,也表现了中国逻辑之所以异于西方和印度的地方。因此,"三物逻辑"之名似较优于"大取逻辑"。

第五章 墨辩逻辑(下)

第五节 概 念 论

(一)概念的意义及其与语词的关系

概念,墨辩称为"举"。"举,拟实也"《经上31》。"拟实"者,即把客观事物的本质属性加以抽象和概括,反映到思维意识中,即形成"举"。所以《经上31》又云:"举:告以文名,举彼实故也。""实故"即指一件事物的本质属性,某事物之所以区别于其它事物即由它所具有的"实故"来决定。故指"所得而后成"的东西,顾名思义,"实故"即某一事物之实之所由成的故。如人之所以为人,即因其具有理性,能制造工具等"实故"。《经上22》云:"生,刑(形)与知处也。"知觉和形体结合在一体即 "生"的"实故",这和无生物只有形体而无知觉者不同。

"实"指客观独立存在的对象。实者不可见,但每一事物之实,都有它的外相,墨辩称为"荣"。所以《经上11》云:"实,荣也。"《经说上》云:"实:其志气之见也,使人如己,不若金声玉服。""使人如己"的"人"字,梁启超校改为"之"(见梁著《墨经校释》第13页)。因实不可见,以实之荣表之于外,务使其恰如自己的本来面目,不象金声玉服徒有其外而无其实。"坚白石"之

118

实表之于外而可以知见者为眼见之白和手触之坚二属性，这即"坚白石"的荣，标志着"坚白石"之实。

一物的本质属性是不能变的，如果变了，那就不成那个东西的原样了。《大取》云："苟是石也白，败（毁也）是石也，尽与白同。"石之白的本质属性不因石的打碎而起变化。

一物本质属性之和不能偏弃，偏弃了就会影响它的本质的整体，它的实也即不见了。《经下105》云："不可偏去而二，说在见与（不见）俱、一与二、广与修。"（"不见"两字依杜国庠校增，见《杜国庠文集》第232页）。"二"是墨辩学者指兼之全体的专门术语，它不是简单的数目字。兼之实不能偏去，所以说二不可偏去。如"坚白石"之坚和白为"坚白石"的本质属性，所以偏去坚或白，即不成为"坚白石"了。广与修构成平面之兼也不可偏去，偏去广或偏去修，也不成其为平面了。《经说》用广、修、坚、白来说明"二"不可偏去的实例。

一件事物的非本质属性，情况却不同，它可以偏去而不影响其实的存在。如美花之美，即为花的非本质属性，所以偏去之后，花之实仍存在。《经下104》所谓"一，偏弃之"，《经说下》所谓"不与一在"，《经下108》所谓"偏去莫加少"，都是此意。

一件事物的概念既有它的确定性的一面，也有它的灵活性的一面，它应该是确定性和灵活性的统一。如果没有确定性，可以随意变换，那就不能形成概念。《经上41》云："穷，或有前不容尺也。"《经说上》云："穷：或不容尺，有穷；莫不容尺，无穷也。"就空间的面积上说，边界前不容一线（尺）为有穷。如边界前还能容线，即无穷。所以有穷和无穷，界限分明，二概念不能混淆。惠施"无穷而有穷"之说显然犯了混淆概念的逻辑错误。又如"中"的概念和圆的"中心"概念不一。《经上54》云："中，同长也"。《经说上》云："中，自是往相若也"。这是就一定线的"中点"言,每一线条可有不同的截点,位置各不一样,但中点对各截点的距离是相等的。至于圆的中心,则为通过圆心作一直线都均等,所以说"一中同长"(《经上58》),指圆心言。

但概念的确定性又不能理解为不变性。因客观事物本身是不断变动的,概念作为变动物的反映,也不能永恒不变。因此,每一概念又有它的灵活性。《经下158》云:"一少于二,而多于五,说在建位。"《经说下》云:"一:五有一焉,一有五焉,十,二焉。""一"的概念是有变化的,就它本有之实言,一是少于二的数。但建位而为十时,则一变为五的二倍。所以说"五有一焉,一有五焉,十,二焉"。

每一事物的概念也随客观情况的发展变化而有所变化。比如战国初期墨子倡兼爱之说,用以抨击古代氏以别贵贱的等级差别。但兼爱概念的内涵则随战国后期的社会发展和各派思想斗争的情况而作某些改变。《经下172—174》各条则提出"尽爱"之说,谓人可尽爱,不问地域之有穷、无穷。"尽爱"的涵义自较"兼爱"为宽。更进到最后《小取》时期,又变为"周爱"之说,称"爱人,待周爱人而后为爱人"(《小取》)。"周爱"的涵义比泛提"尽爱"又严格些。所以墨家"兼爱"概念的内涵约可有这三种不同变化。再从爱的内容上言,墨子兼爱是和交利并提。兼相爱、交相利是紧密联在一起的,但到后期墨者,则把爱利分开,泛言爱而不及利。概念的发展性,于此可见一斑。

再如关于"治"的概念,古今含义多异。《经说下116》云:"尧善治,自今在诸古也;自古在之今,则尧不能治也。"所以"善治"的内涵不是恒古不变。又《经下152》云:"尧之义也,生于今而处于古,而异时。说在所义二。"这就指出"义"的概念的内涵有古今演变的不同。我们不能崇古不化,用形而上学的观点看待"善治"的概念。

120

概念所反映的事物的本质，也不是一成不变的。列宁说：
"人的概念并不是不动的，而是永恒运动的，相互转化的，往返
流动的；否则，它们就不能反映活生生的生活。"① 他又说："人
的思想由现象到本质，由所谓初级的本质到二级的本质，这样不
断地加深下去，以至于无穷。"② 墨辩学者虽不能说已具有概念
的辩证运动的清楚认识，但他们对概念实质知识的追求确在对
概念本质步步深入的探索之中。比如对"力"的概念，《经上21》
定义云："力，刑之所以奋也。"《经说上》："力：重之谓，下与（举）
重，奋也。"这是对力的一种初步本质的理解。到了《经下》阶段，
则进一步把力分为"悬挈"与"收引"，二力相反的作用。《经
下126》云："挈与收板（反）。"《经说下》云："挈，有力也；引，无力
也。""挈"是提之上升，"引"是引之下坠。提之上升，显有力形；
引之下坠，仿若无力。实则同是力的两种不同表现。可见墨辩
学者对力的本质理解是不断深入的。

从本质对现象的关系上说，它们是两个对立统一的范畴。列
宁说："现象是本质的。"③ 又说："世界本身和现象世界是同一
的，但同时又是对立的"④ 。我们从现象认识到本质，它们不是
互相割裂，而是互相联系，所以列宁教导我们从现象去认识本
质，现象是比本质丰富的，从众多的现象中加以分析、抽象、概括
之后就可能找到事物的本质。墨辩也注意到现象知识的积累和
探索。墨辩之所谓"荣"，即对本质之"实"言。"荣"即墨辩所指的
现象。荣和实相应，它是实之表现于外者，为我们感官所感觉到
的东西。在现象界中我们知觉到的物，如色、声、香、味等，墨辩

① 《列宁全集》第38卷第277页。
② 《列宁全集》第38卷第278页。
③ 《列宁全集》第38卷第278页。
④ 《列宁全集》第38卷第160页。

称之为指。如"坚白石"之坚和白，即"坚白石"之指。物的属性即指。而属性众多，有已知的，还有未知的，但未知的不能即认为它们不存在。我们见白，不见坚，但它仍在于石中。抚坚不抚白，但白仍存于石中，所以《经下136》云："于一，有知焉，有不知焉。说在存"。《经说下》云："于：石一也，坚白二也；而在石。故有知焉，有不知焉，可"。我们既有尚未知道的指存在，就应不断探索物之所然，逐渐积累指的知识，最后，才有希望找出事物的"实"来。《经下137》重视"累"。概念的属性只有通过经验的积累，达到对象的完整的具体的认识。最后，才能找出对象比较深入的本质，概念之所以需要不断发展，充分表现了概念灵活性的一面。这点墨辩学者已注意到了。

概念是思维活动的细胞，它必须用语言或文字表达出来，才能让人知道。《经上32》云："言，出举也"。语言是思维的物质外壳，唯物论者不承认有脱离语言物质外壳的赤裸裸的思维的存在。"举"必须用言表达出来，否则思维意识中的"举"是无由使人知道的。

语言的表达又必须用名组织起来，名是概念的记号，但它本身不等于概念，只是表达概念的工具。"名，若画虎也"（《经说上32》），画的虎只是真的、实在的虎的摹拟描绘。名的作用，正和虎的画像相似。名是语言结构的单位，这和概念为思维结构的单位相似。名虽不等于概念，但它可以反映概念。"告以文名，举彼实故"（《经上31》），即是此理。"以名举实"，即名在逻辑上的重要功用。我们想把正确的概念表之于外，则必须有准确之名，然后才可收"名闻而实喻"（《荀子·正名》）之效。墨辩学者对逻辑和语言的密切联系非常注意。《大取》有《语经》即述及语言和逻辑思维表述的确切化问题。可惜只剩断简残篇，又比较借乱，无法窥其全豹。但他们对语言和思维有专门的研究，这是

122

没有问题的。《小取》云："一马，马也；二马，马也；马四足者，一马而四足也，非两马而四足也。白马，马也。马或白者，二马而或白也，非一马而或白也。"这些即涉及汉语言文字的单多数问题。中国文字不象西文之有单多数的记号。一马、二马、众马都称"马"。但马而四足，则指一马言，而马或白，则至少有二马在，因一马无所谓或白。类此名言之表达，如不弄清楚，就会使思维发生错乱而致误谬。

中国文字没有单多数，也没有时间上的过去、现在、未来的区分。因此，同一动词究属那一时态，就应另有标志，才不致有误。《经上 33》云："且，言然也。"《经说上》云："且：自前曰且，自后曰已，方然亦且。""然"是事情的经过，事情的经过，有过去、现在、将来三时之不同。"且"者"将"也。自前而言，为且，为将，也即指未来尚未出现之事。《小取》云："且入井，非入井也。"这即指将要入井，还不能叫做入井。"方然"之事，也称"且"，那即指现在。但从后而言则为已，所以说"自后曰已"。这即指已经过去的事。

中国文字，对施事和受事的规定，也不若西方文字之谨严。在古汉语中也有简单的记号。《经下 141》云："所存与存者，于存与孰存。驷异，说在主"（据高亨校，"驷异说"疑当作"四焉，说在异"，见高著《墨经校诠》165 页）。《经说下》云："所：室堂所存也、其子存者也。据存者而问室堂，恶存也？主室堂而问存者，孰存也？是一主存者以问所存。一主所存以问存者"。这是用"所"代表受事记号，而"者"代施事记号。"所存"指被存的对象，如室堂是。"存者"指主人发施存的行为者，如"其子，存者也"。

（二）概念的定义

墨辩学者对当时一些常用的自然科学和社会科学的概念无不给以科学的、准确的定义。例如，关于时间、空间和运动都有简明的定义。"久，弥异时也"(《经上 39》)，遍一切时间为久，古今旦暮都含其中。"宇，弥异所也"(《经上 40》)，遍东西南北囊括在内，也说出了宇的特点。"动，或徙也"(《经上 49》)，或的移徙为动，一物为动，是它在空间地域上的迁移，没有这样的迁移，就不能形成动象了。

墨辩学者对时空、运动的定义，还不只限于个别的规定。他们还深入一步把三者联系起来，从彼此相互的关系中，看出时、空、动的实质。这虽是一种初步直观的猜测，今天我们也无法了解到他如何作出这一科学的推导过程，但即使是直观性的推测，也无疑是难能可贵的。

当然，对于时、空、动的科学含义，应当把《经上 39、40》两条和《经下 114》条联系起来考虑。《经上》肯定了时、空、动的实有性，批判了唯心主义者对时、空、动的歪曲的解释。《经下》则进一步把时、空、动三者结合起来为统一联合的整体。《经下 114》云："宇，或徙，说在长宇久"。《经说下》云："宇，长徙而有处，宇，南北，在旦(有)在暮，宇徙久"。"长徙而又处"这是用时间的流动来解释空间。"宇徙久"，这又是用空间的变动来解释时间。所以时间离开空间或空间离开时间都无法体会久和宇的真实。只有把时、空和物质的运动统一起来，才能抓住时、空、动的实质。

如果《经下》、《经说下》是较《经说上》晚出，那么《经下》的墨辩学者是继承他们的前人而前进一步了。无论如何，我们应把时、空、动的科学概念的完成当作墨辩全体学者所做的贡献。

其次，墨辩对于概念所下的定义，不但揭示概念所涵的本质属性，而且揭示了概念本质中矛盾的对立统一，这确是值得称道的定义方法。比如对于"勇"的概念，一方固包含"敢为"的一面，但同时也包含"不敢为"的对立的一面。真正的勇士对其所当为之事，即令粉身碎骨，也在所必为，义无反顾。但对于所不当为之

124

事，他宁可忍辱负重，决不鲁莽而为。只有这样，才能称得起大勇。蔺相如勇于却秦师，但为团结一致，将相和睦，对盛气凌人的廉颇退让，这无害于蔺相如之为勇者。《经上20》云："勇，志之所以敢也。"《经说上》云："勇，以其敢于是也，命之；不以其不敢于彼也，害之。""敢为是"，固为勇，"不敢为彼"亦不害其为勇。可见勇的本质，包含了敢与不敢的矛盾统一。

又如，对于"利"、"害"的概念，墨辩也采用同一方法，揭示利害两概念中相反相成的对立因素，明确二者的本质。《经上26》云："利，所得而喜也。"《经说上》云："利；得是而喜，则是利也；其害也，非是也。"兼爱交利是墨子的主旨，墨辩进而从心理上进一步研究，找出利和害观念在心理上的基础。好利恶害，固出于人的本性，这就从理论上巩固了墨子的教义。但利的概念固包含可喜的一面，然同时也包含可恶的一面。因世间上的利，决不是单纯的利而是杂有害于其间，不过主导为利而已。比如遇盗人而断指以免身是利的事，但断指究属有害。可是在免身的大利之中，断指之害就不是可恶之事了。所以说，"其害也，非是也"。

《经上27》云："害所得而恶也。"《经说上》云："害，得是而恶，则是害也。其利也，非是也。"世间的害也不是纯粹的，而杂有利其间。不过在害的情况下，利只占从属地位。例如：断手足而得冠履是不合算的。

墨辩学者有时把一件事物的名义上的定义和实质上的定义区别开来。比如"狗"的定义，如按字书上说："犬未成豪为狗"，这是"狗"的名义上的定义，就狗的名义上的定义，狗不是犬。但就狗的实上说，它和犬是同质的，狗和犬是二名一实，为重同。这样"狗非犬"的命题是错误的，因从实质上言，应说"狗是犬"。《经下139》云："知狗而自谓不知犬，过也，说在重。"《经说下》云："智：

125

智狗，重智犬，则过；不重，则不过。"狗、犬实质为一，所以知狗而自谓不知犬，是错的。但从名义上说，狗和犬不重，那么知狗谓不知犬，是可通的。

又《经说下152》云："尧、霍：或以名视人，或以实视人。举友富商也，是以名视人也。指是霍也，是以实视人也。"这里所谓以名视人，就是一种名义上的定义；以实视人，则为实质上的定义。二者显然有别。

《经说下153》云："狗，犬也；而杀狗非杀犬也，（不）可。说在重。"（高亨《墨经校诠》在"可"字上加"不"字，见该书第177页）。这就从狗、犬的实质上的定义言，狗犬为二名一实，所以"杀狗非杀犬"不可。但按原文说："杀狗非杀犬也可。"似就狗犬的名义上定义看的。狗犬在名义上不重，不重则狗犬各异，因而"杀狗非杀犬"可。

从墨子"取实予名"的观点看，实为主，名为从，名必须符实，取得名实合的真知才对。名义上定义和实质上定义的区分，在某种场合上亦有其用处。但如果把它们绝对分割则有陷名实分离，导致诡辩的危险。"杀狗非杀犬"，"杀盗非杀人"一类命题，终究有沦于诡辞之讥者以此。

（三）概念的划分

墨辩对于概念的划分可从两方面看。

第一，从概念的外延方面划分，可依其使用范围的大小，分为三类，即（1）达；（2）类；（3）私。

《经上78》云："名：达、类、私。"《经说上》云："名：物，达也，有实必待之名（"之名"原作"文多"，依孙诒让校改，参阅《墨子闲诂》第218页，商务印书馆国学基本丛书本）。命之马，类也。若实也者必以是名也。命之臧，私也。是名也，止于是实也。声出口，俱有名。若姓字丽（原作"宇丽"依梁启超校改为"字丽"，梁

126

138

著《墨经校释》67页)"。

1、"达名"，即普通逻辑所谓普通名词。宇宙间万类芸芸，无论飞潜动植、声光化电，凡有质碍之物，皆得以物之名命之。荀子说："万物虽众，有时而欲遍举之，故谓之物。物也者，大共名也"（《荀子·正名篇》）。达名即大共名。从中国古文的用法，"物"字不但包括有形之物，甚至无形之物，如"道"，有的也采用此字。如《老子》："道之为物，惟恍惟惚"（《老子·21章》）。《中庸》："天地之道，可一言而尽也，其为物不贰，则其生物不测"（《中庸·第26章》）。《老子》与《中庸》均把无形的道包括于"物"名之中。因此，中文的"物"字的含义，比英文的matter含义为广。matter是指具质料之物言的。"声出口，俱有名"，名之附丽于声，犹姓字之附丽于人，则一般的事为，或如文法上所讲的词类，如介词、连词、助词、感叹词等也都是属于名的范围中。荀子称之为大共名，即外延最广的普通名词，实极恰当。

2、类名，即一类事物的名。如马，即白马、黄马、黑马等不同颜色之马的通称。它的外延只限同类个体事物，因而比"达名"的外延小。荀子称类名为大别名，他说："有时而欲偏举之，故谓之鸟兽。鸟兽也者，大别名也"（《荀子·正名篇》）。鸟兽之名只限鸟类或兽类的个体，而不能用于其他。

3、私名，即普通逻辑的专有名词。它的外延只限于某一特定的个体，是外延最小的名词。如臧只限于某一服役者所有。

从概念的内涵上说，可以依不同种类的性质，而采用二分法或多分法。

例如，对于"尽"的概念的划分，即二分法。《经上42》云："尽，莫不然也。"《经说上》云："尽，但止、动。"尽的概念的内涵即指一切事之无一不然者，所以说"莫不然也"。但莫不然之态，可以概括为"止"与"动"之二类。止即静止，动即运动，万物的所然过程不在静止之态即在运动之态，尽可分为止和动的二类。或尽于止，或尽于动，止动概括了"尽"的内涵。

此外，如"穷"可分为"有穷"和"无穷"。《经说上41》云："穷：或不容尺，有穷；莫不容尺，无穷也。""或不容尺"和"莫不容尺"正括尽了"穷"概念的内涵。

又如"时"可分为"有久"和"无久"。《经说上43》云："时，或有久，或无久"。"有久"即占有时间，如古今旦暮之类。"无久"即不占有时间，如"始"之为言，"当时也"（《经上43》）。如日始出，是指日刚出来，就刚出之际言，不占有时间。

此外如"已"可分为"成"与"亡"之二类。《经上76》云："已：成、亡。"《经说上》云："已：为衣，成也；治病，亡也。"做衣服以做成为已，所以俗称做衣为"成衣"。治病则反是，它是以"亡"为已，治病在于去病，把病消亡掉。这和成正立于反对地位。

又如，"使"有两种，一为"谓使"，二为"故使"。《经上77》云："使：谓（通为），故。"《经说上》云："使：令谓，谓也，不必成；湿，故也，必待所为之成也。""令谓"是假令其如此，但尚未经事实的验证，所以不必成；故使即指客观事物形成的所以然的原因，如土之湿，由于水之浸入，这种"故使"和"令使"显然不同，因它具有客观的必然因果性。

再如，"见"可分两种，一为体见，二为尽见。《经上82》云："见：体、尽。"《经说上》云："见：特者，体也。二者，尽也。"见知有二，部分的见知为体见，"体分于兼也"。全部的见知为"尽见"，这是穷极对立的双方的见知，如上下、左右、古今、利害、是非、正反……等等，所以说"二者尽也"。"二"是墨经用以标帜全部的术语，含有对于对立双方的复杂情况的了解。

概念的内涵不能以二括尽的就采用多分法。

例如，我们的知识可分为七种，《经上80》云："知：闻、说、

128

140

亲、名、实、合、为。"《经说上》云："知：传授之，闻也。方不障，说也。身观焉，亲也。所以谓，名也。所谓，实也。名实耦，合也。志行，为也。"闻、传、亲三种是就知识的来源上说，从传闻得到的为闻知；从推论得到的为说知；通过推论不为方域所障碍，所以说，"方不障，说也。"从亲身经历所得的知为亲知。名、实、合、为四种是就知识的结构上说，在逻辑的判断上说，名处于宾词的地位，它是用以说明主词的，"所以谓，名也"。实是所谓，处于主词的地位，"所谓，实也"。名实相符，主宾相应，此所谓"名实耦，合也"。志为行为的动机或意向，意向发之于外为行动，即有所作为，所以说"志行，为也"。

又如"为"可分为六种。《经上85》云："为：存、亡、易、荡、治、化。"《经说上》云："为：甲（旧作早，从孙校）台，存也。病，亡也。买鬻，易也。消（旧作霄，从孙校）尽，荡也。顺长（上声），治也。鼃（蛙）鼠（旧作买，从孙校），化也。"制甲，筑台，以存为为。治病以亡为为，买卖以交易为为。消灭东西，以涤荡为为。顺长，顺利长育，以治为为、鼃（蛙）鼠化为鹑，以化为为。

以上是多分法中之七分或六分，但有时也采用三分或四分，不拘一格。例如，把"合"分为"正，宜，必"（《经上83》），把"谓"分为"移，举，加"（《经上79》），即三分法；把"同"分为"重，体，合，类"（《经上86》），把"异"分为"二，不体，不合，不类"（《经上87》），"疑"分为"逢，循，遇，过"（《经下111》)是即四分法。

墨辩论概念尚有一点须提及的，即对于对立概念的注重。如"俱一"与"惟是"是一般与个别的对立关系，一般和个别，相反而相成，"俱一"指一般，"惟是"指个别。《经下113》云："物一体也，说在俱一，惟是。"《经说下》云："物：俱一，若牛马四足。惟是当牛马。数牛数马，则牛马二；数牛马，则牛马一。若数指，指五而五一。"从牛马之足的共相言，则牛马四足。但从牛马的殊相

129

言，则惟是当牛马，而牛马二。正如手的五指，是它的殊相，但必须俱一于手上，五指才能有表现。这就是指的殊相与共相的对立统一。

此外，如"观同"，"观异"，"或不容尺"，"莫不容尺"；"体"与"兼"；"一"与"二"；"止"和"动"；"利"和"害"；"喜"和"恶"；"志"和"功"；"实"和"荣"；"誉(明美)"和"诽(明恶)"；"赏(上报下之功)"与"罚(上报下之罪)"；"有所大"和"无所大"等等，其尤著者。注意这些对立概念的运用，对于取得正确的逻辑推理是有帮助的。

第六节　判　断　论

(一)判断的意义

上边说过，判断，墨辩称为"辞"。但墨辩所谓辞，含义较判断为广。我们不能只从西方逻辑的判断形式，即从主谓结构的形式去理解辞，应从辞的实质上探索它的意义。从《大取·语经》看，辞之成立，是和三物密切联系的。"辞以故生，以理长，以类行。"客观事物的所以然之故，故所由成的规律联系，以及同故的必同类的依据，就是整个辞的实质。谭戒甫把辞提高到与三物并列，称为四物(参阅谭著《墨辩发微》第240页)，是有理由的。辞既是逻辑推论的归结，又是逻辑推论的基础。墨辩逻辑是以辞为中心展开的，它是客观事物的形成与规律之联系和类属关系在思维领域中的反映。辞之表述于语言而为"谓"(即命题)时，固可有主宾式的语词结构，但辞的实质决不局限于这一形式的理解。

近人有以辞比拟于西方三段论的结论或印度因明的宗看。这是一种形式上的理解，和墨辩的辞的真实意义还有距离。"三

130

物逻辑"的这一特点,已在上文阐述过。墨辩逻辑和客观事实有严密的依据,从这点说,"三物逻辑"是一种实质性逻辑,和西方的形式逻辑(Formal Logic)是有区别的。公孙龙企图只从概念内涵的分析建立"内涵的逻辑",不免陷于片面的、形而上学的缺点。只有墨辩的"三物逻辑",才能真正称作"内涵的逻辑"。

《大取·语经》确定了辞的含义之后,复提出"察次由比","察声端名",从物类不同的区划和名言文字的正确表述方法,获得各种辞类,并提出十三种辞,以示例证。辞的论断是以物类为基础的,因此,察次比类是正确命辞的依据。墨辩对于"比"、"次"有严格的规定。《经上68》云:"㭃(比),有以相撄,有不相撄也"。《经说上》云:"㭃,两有端而后可。"用对比或类比方法区别物类的同异,从而得出不同的论断是逻辑思维的常法。但比应有可比之点在,这就是同类相比,异类不比,同类事物尽管有差别,但有相撄(相容)处。如稻与麦不同,但都同属粮食类,故可有相同的比值。但木与夜不能比长,因一属于植物类,一属于时间类,异类不相撄(不相容)就不能相比。《经下107》云:"异类不比,说在量。"《经说下》云:"异:木与夜孰长;智与粟孰多;爵、亲、行、贾四者孰贵?麋与霍孰霍?蚓与瑟孰瑟?"这条阐述了立辞应严格遵守异类不比原则。事物有表面相同而其质量不同的,如木与夜,智与粟。爵、亲、行、贾虽有其所贵之名,但其所以贵则不同。爵,贵在政府;亲,贵在家族;行,贵在社会;贾,贵在市集;如把它们混而同之,就会陷于无类逻辑的错误。孟轲把朝廷的爵,乡党的齿,辅世长民的德,混为一谈(参阅《孟子·公孙丑下》),即为比拟不伦,陷于荀卿的"无类"之讥(《荀子·非十二子篇》)。

"次"是有关序列的关系。天之生物也有序,物之既形也有秩,客观世界的万类是有理有则的存在,我们找出它们的自然的序列,就可借以辨别它们各自的性质。因此,次的序列的认识和比的物类的认识同样重要(近代原子发现基于原子序列表者,更可证明此点)。立辞要明类,同时也需分其次序。《经上69》云:"次,无间而不相撄也。"《经说上》云:"次:无厚而后可。"间指不及旁(《经上63》)之谓,则"无间"者必"及旁"。厚是有所大(《经上55》),无厚则无所大,无所大则不相盈。二物的次,一方是紧相接而不跳跃;但同时又不相盈,这正说出了"次"的特点。

在所举的十三种关于辞的例中,《语经》和《经下》不同。《经下》用"说在……"的形式,而《语经》却用"其类在……"的形式。这虽是只有二字的不同,但应注重其不同的意义。"说"是推论,以"说出故",即用推论以求论断的理由。这是采用推论式。"类"即"类取,类予",重在比类而行。这即"辞以类行"之义。所以"其类在……"是一种比喻的方法。因《语经》文字脱漏错简较多,各家解释不一,但基本上是属以类为推的类比法无疑,兹依次简释如下。

1."故浸淫之辞,其类在鼓粟。"浸淫之辞,意即指诡辩淫辞之类,具有煽惑人心作用。鼓粟二字,谭戒甫引孙人和解为"鼓铁"。(谭著《墨辩发微》第290页),"鼓铁"即扇动风箱使铁石化为铁,淫辞之惑人,有类此者。

2."圣人也,为天下也。其类在追迷。"圣人以天下为事者也。对于天下迷误无知者,以先知觉后知、先觉觉后觉的精神启迪他们,使他们脱离迷惘之境,所以说"其类在追迷"。

3."或寿或卒,其利天下也指(应作相)若。其类在誉名。""卒"该读如"促"(曹耀湘说),匆卒也。寿指长寿,卒指短寿,圣人利天下,不论长寿短寿都一样。誉名亦犹是。长寿无名不称,短寿如颜回有好学之名而被称誉。所以说"其类在誉名"。

4."一日而百万生,爱不加厚。其类在恶害"。曹耀湘云:

"生者持养也。持养万众，但不加厚于盗，因盗害人。墨家恶盗，为于夺非其所有，所以说"其类在恶害"。

5．"爱二世有厚薄，而爱二世相若。其类在'蛇文'。"二世指众世与寡世，尚世与后世。众寡指空间言，尚后指时间言，虽空间有众寡不同，时间有古今异时，但其为爱一样，有若"蛇文"相交，互缠为一，故曰："其类在'蛇文'"。"蛇文"者，据谭戒甫考证，是如"楅"之形，"龙首，其中蛇交"（《墨辩发微》第292页）。

6．"爱之相若，择而杀其一人，其类在阮下之鼠。"墨家爱无等差，但主杀盗，正因盗如阮下之鼠，为害人群也。所以说"其类在阮下之鼠"。

7．"小仁（旧作人）与大仁，行厚相若。其类在申（曹耀湘改作"田"）。""贵为天下，其利人不厚于匹夫"，这就是"行厚相若"。"其类在田者"，"田"者匹夫所耕，五谷所从出，无论贵贱，都赖以为生，了无差别，所以说"其类在田"。

8．"凡兴利除害也。其类在漏雍。"雍与壅同，塞水使保护河堤，无使溃决。圣人兴利除害并行。除害有如堵漏洞，正所以为利，故云"其类在漏雍"。

9．"厚亲，不称行而类（顾）行。其类在江上井。""类"应作"顾"。即人子不能与亲比量其行，犹江水与井水不能比量。但人子应顾视亲之行而厚亲。江上为井，取其适用，不与比量，所以说"其类在'江上井'"。

10．"不为己之可学者。其类在猎走。"墨子兼爱，摩顶放踵利天下为之，这种不为己的精神，人人皆可学而致之，这犹之猎走兽者都可学而能一样，所以说"其类在猎走"。

11．"爱人非为誉也。其类在逆旅。"爱人非所以要誉于乡党朋友也，因要誉出于为己之心，有害兼爱。当然，"爱人不外己"（《大取》），但这是伦列之爱，其目的仍在为人，如逆旅之设，乃在便利行人，非所以为我也。故曰"其类在逆旅"。"旅"者，旅舍也。

12．"爱人之亲，若爱其亲。其类在官苟。"曹耀湘解官苟为官事，这指急官事如私事，无公私之分，爱人如亲，如爱己之亲，无人己之分，其类正同，故云"其类在官苟"。

13．"兼爱相若，一爱相若，一爱相若，其类在死也（"死也"依谭校作"宛虵"，《墨辩发微》第 294—295 页）。"一爱者，纯一不二，所以爱无等差，有如蛇之逶迤，婉转无碍，一爱纯一，也就兼爱而无限，其类正同。

以上十三类辞的解释，容有不准确之处，而且其所举的类，多半为粗浅的比附，似和逻辑的类比法仍有距离。但总的精神是在揭示"辞以类行"的意义，正表现出墨辩之所谓辞，有其丰富内容，我们不能仅从形式上比拟于形式逻辑的判断。

(二)判断的语言表达："辞"和"谓"

逻辑思维的辞必须表之于语言的物质外壳，这就是墨辩之所谓"谓"。"谓"相当于西方逻辑的命题（Proposition）。它由"所谓"和"所以谓"两部分组成。"所谓"为主词（或主概念），"所以谓"为宾词（或宾概念）。《经说上 80》云："所以谓，名也；所谓，实也。"又《经说上 32》云："言，谓也。言犹名致也。""言出举"，用语言表达概念必须采用谓（命题）的形式，而谓的组成，则由主词和宾词结合。表达主宾词都是名(term)，所以说"言犹名致"。不过墨辩的"所谓"之名称为"实"，那是就"所谓"之内涵上言，其表达形式仍是名。

就谓的组织形式言，只"所谓"和"所以谓"的二部分，而此二部分的表现形式却并不采用西方亚里士多德的判断三部分的结构，这即把联系词"是"或"不是"省去，只成两部分的结合。所以"谓"和判断的结构并不相同。墨辩的谓或言是对客观事物的活动或处态有所表述。表述的方式则随客观事物的活动或处态的情况的不同而不同。墨辩把谓的形式分为三种，即移，举，加。《经上79》云："谓：移，举，加。"《经说上》云："谓：狗、犬，命也。狗犬（谭戒甫改为"狗吠"，见《墨辩发微》第103页），举也。叱狗，加也。"

第一种，移谓式，即移犬之名以谓狗之实，这和亚里士多德的主宾式的判断一致，但它并未用主宾间的连系字"是"。

第二种，举谓式，"狗犬"。这即以狗犬之名，泛举狗犬之实。这是对客观事物的处态的表达。在举谓中，狗犬并立，其间并无主宾之分，我疑举谓正是《经上83》条正合中的"并立"的合。

第三种，加谓式，"叱狗"。对当前的动物而叱之为狗，用狗名加于狗之实上，谓之"加谓"。这里并无主词的表露。

从上三式看，移谓式中主宾词是明显的，所谓和所以谓分明。第二式的举谓，似只存二主概念，而第三式的加谓，又似只存了宾概念了。所以墨辩的谓式组织不是全属于主宾结构。

《经上83》云："合：正，宜，必。"《经说上》云："合：并立，反中，志工（功），正也。臧之为，宜也。非彼，必不有，必也。"这条是说明"名实耦"的三种不同情况，也就是说，在判断中主宾结构的三种情况。

第一种为正合。正合为二式，一为并立，二为反中。这指主宾二词的并立，不用中介词。如"身观焉，亲也"，"志行，为也"之类。

正合的第二式为反中。依谭戒甫解释（《墨辩发微》第107页），即把连辍字"也"、"焉"等介词置于宾词之末，如"狗犬也"。"也"置于宾词末，起联系词作用，因其不在中，如"柴也愚"，"参也鲁"之类，故称反中。正合表达了立辞之志与效，称为志功，所以叫做正合。

135

第二种为宜合。"臧之为，宜也"，臧和为的二事用介词"之"缀合而为一事，成了"臧的行为"。这样，"臧之为"就适宜于说明客观存在的"臧的行为"，称为宜合。

第三种为必合。"非彼必不有"，这应属于条件判断，其形式应为"非……不……"，或"非……必不……"。这表达客观事物的必然关系，称为必合。

从上三种合的形式看，名实耦的方式也是多样的。

(三)判断的分类

墨辩的判断是丰富多样的，我们把它分作如下几类。

1. 照判断的主宾概念的关系言(康德称为关系判断)，墨辩也有普通逻辑所谓定言、假言和选言判断的不同。

(1) 定言(或直言)判断。定言判断，墨辩称作"效"。《小取》云："效者，为之法也。所效者，所以为之法也。故中效，则是也；不中效，则非也；此效也。"定言判断是直接判定主概念之具有或不具有宾概念的某种属性，其间并无条件可言。效，即效法，所以说"所若而然"。顺着它去做，就可得到同样的结果。如依圆规画图，就可得出圆形的结果。《说文》："法，刑也。……型者，铸器之法也。"用钱模铸钱，即可得出同样的钱币。所以说："一法之相与也尽类，若方之相合也。说在方。"《经下164》又云："一方尽类，俱有法而异，或木或石，不害其方之相合也。尽类，犹方也，物俱然"(《经说下164》)。这种判断的断定，确认主宾概念的直接联系，这种联系是一种必然的性质。所以"效"的判断又是属于模态判断中的必然判断。

同法者必同类，而正确的故都可以为法。这是法、故、类三者的关系。这里关键在故上。而故之是否正确，又要看它能否中效。中效者是，不中效者非。这里又涉及到演绎推论，当于下详之。

(2) 假言判断。《小取》云："假也者，今不然也"(依谭戒甫校，增"也"字，《墨辩发微》第251页）。假言判断指言主宾关系为有条件的。它的形式"如果……则……"。后件不是当前的事实，它的出现要看前件存在与否以为断。比如，如果天下雨，则地湿。这里地湿以天下雨为条件。所以说："假也者，今不然也"。假定存在的事情，不是现在存在的事情。"人若不盈无穷，则人有穷也"（《经说下172》）。人之有穷，以其不盈无穷为条件，这即假言判断。《经说上77》云："使：令谓，谓也，不必成。""令谓"，即假设的词谓，为假言判断，其所谓并非当前的现实，所以说"不必成"。

"今不然"之假和"假必诤"之假（《经下109》）不同。前者为假设之假，而后者则为真假之假。"狗，假霍也"（同前引），狗不是真霍，它只是氐（抵当之氐）霍而已。

假言判断的实质在于前后件构成的条件关系，不在假言标志词语（如"假使"，"如果"……）的有无。《经说下129》云："刀轻则籴不贵"，这里"籴不贵"以"刀轻"为条件，是假言判断，但它没有假言词语的标记。

（3）选言判断。它的主宾词的关系也是有条件的。如"时或有久，或无久"《经上43》）。有久和无久互相排斥。有久的出现，以排斥无久出现为条件。又《经说上45》云："兼之体也。其体或去或存"。这指兼之体有去和存的两可性。

选言判断，墨辩称为"或"。《小取》云："或也者，不尽也"。尽指"莫不然"（《经上42》）。不尽就不是"莫不然"，而有所选择之意。《经说上67》云："尺与端或尽或不尽"。《经说上74》云："辩：或谓之牛，或谓之非牛"。这些都是"不尽"的选言判断。

墨辩的选言判断不一定都用"或"字表达，也有用"有"字的，如"以人之有黑者，有不黑者也，止黑人。与以有爱于人，有不爱于人，止爱人"（《经说上98》）。这里黑和不黑，爱于人和不爱于人都是选言关系。但它并不用"或"表达。

其实,选言判断的实质在于它的主宾词有选择关系的存在,固不在于有无选择的语词标记。如《经说下 104》云:"一:一与(举)、一亡;不与(举),一在"。这里虽无选言记号,但"举"和"亡","举"与"在"确为选择关系,所以实质上它是选言判断。

选言肢也不限于二肢,而可以有二个以上的不同数目。如《经下 111》云:"疑:说在逢,循,遇,过。"这里逢、循、遇、过为四肢的选言关系。

《经下 138》云:"所知而弗能指,说在春也。逃臣,狗犬,遗者。"这里所知而不能举的事例为逃臣、狗犬和遗者三件,也是一种选言关系,它的选言肢为三。

2．模态判断。从判断定语所指的属性究是主词的实际所有,为实然的,抑只是盖然的,还是为主词必然所有的,可以分为实然判断、盖然判断和必然判断的三类。

(1) 实然判断。墨辩称为"所然"或"此然"。《经上 71》云:"佴,所然也。""佴"字,高亨校改为"循"(《墨经校诠》第 73 页》)。"循",即顺,顺其道而行为循。"所然"者,即顺其道而行,可现其事之本然。某事之实际如此者即为某事之本然。实然判断只不过指出主宾词的事实联系。

"此然"即指一事的"既然"状况,即一事之实际经过。《经说下 101》云:"彼以此其然也,说是其然也;我以此其不然也,疑是其然也。"人家认为某事的经过即如此(此其然),我怀疑它不是如此(疑是其然)。

一事实的经过只不过实际上如此,是事件之实然情况。这一实然情况,可能是一度的,局部的,它不具有普遍必然性。我们如果把"此然"情况当作"必然"看,就会发生错误。《经说下 102》云:"此然是必然,则俱为麋(依范校改,麋读为靡,与非同)。"可

138

150

见"此然"不是"必然"。如果能达"俱然"情况，则已具有"俱一"的普遍有效性，那就成为必然了。

（2）盖然判断。墨辩称为"疑谓"。《经下111》条讲到"逢见"的疑。见到牛庐时，不一定就是为夏凉的准备。市场殴斗滋事，也不一定即由于酗酒。因这类情况，我们只能作出盖然性的判断。

《经下131》云："无说而惧，说在弗必。"《经说下》云："子在军，不必其死生；闻战亦不必其死生。前也不惧，今也惧"。这就是说，没有理由而发生恐惧或不惧，都是盖然性的推测，盖然推论就不能断其必然。

（3）必然判断。墨辩称之为"效"。上边已言，效是定言判断，它实际上已起到必然判断的作用。效者，为之法也。法式都具必然性。所以"效"同时也是必然判断。

科学法则大都用定言式表达。"平，同高也"（《经上52》）。"圆，一中同长也"（《经上58》）。"临鉴而立，影到（倒）"（《经下122》）。这些科学的判断是定言式的，但它们都具有科学法则的意义，所以同时又是必然性的判断。只要一中同长必成为圆形，这是圆的法效作用。

3．时态判断，一事的进行有它的时间的经过，一般分为过去、现在和未来的三时。墨辩对于三时的区划，也运用适当的语词表达三种不同的时态判断。

《经上33》云："且，言然也。"《经说上》云："且：自前曰且，自后曰已，方然，亦且"。且有二义：

（1）为将义，即将要发生而还未发生之事。如《小取》："且读书，非读书也"。这就是说，将要读书，但还没有读书，这个"且然"为未来时。

（2）为方义，即指正在做的事，不前也不后，称为"方然"，这是指现在时。

自后而言,则一事已经做了,称为"已"。"已然则尝然"(《经说下 160》)。孤驹现在虽无母,但它在过去是由母生,则不能说它未尝有母。

总之,墨辩的时态判断,可归纳为:(1)"已然"(过去)(2)"方然"(现在)和(3)"且然"(未来)之三种。

"且"和"已"表示时态的判断。到了《经下》更进而联系模态判断中的必然关系,进一步分为 (1)且然必然; (2)且已必已; (3)且用功必然; (4)且用功必已; 等四种。《经下 150》云:"且然不可正(高校"正"作"止")而不害用功,说在宜。"《经说下》云:"且:犹是也。且然必然。且已必已。且用工而后然者,必用工而后然。且用工而后已者,必用工而后已"。(高亨《墨经校诠》第175 页增中间两句)。事之宜者为是,将然之事如果为是,它也必然会出现,所以说"且然必然。"不宜之事,虽不从事禁之,也必然会受到禁止,所以说"且已必已"。事有待于用力从事而后然者,就必须"必用工而后然"。事有待于从事禁止而后已者,也必然"用工而后已",然、已如何,关键在事之所宜,固无害于用工。

4. 全称、特称判断的区划。

对于判断的量,墨辩也作了全称、特称的不同区划,全称大抵用"莫不"表示。如"尽,莫不然也"(《经上 42》)。"盈,莫不有也"(《经上 65》)。

特称的量,用"特"表达。如《经上 82》:"见:体,尽。"《经说上》云:"见:特者,体也。二者,尽也。"体是部分,部分称"特"。二者全体,所以说二者尽也。

墨辩有时用"有"字表特称判断。《经下 136》云:"于一,有知焉,有不知焉。"这里的"有"指部分,即有部分是知道的,有部分是不知道的。现在普通逻辑中仍用"有些"表特称判断。

140

第七节 推 理 论

(一)推理的意义

什么是推理? 墨辩曾下了定义。《小取》云: "推也者以其所不取之同于其所取者予之也"。"其所不取"即未知部分,"所取"即已知部分。现在既然知道那未知部分和既知部分相同,因而我们就拿既知部分的情况给予那未知部分,这样,未知就变为已知。所以, 简单说来, 推理者即从已知推到未知的思维活动。

《经下169》云: "闻所不知若所知,则两知之,说在告"。《经说下》云: "闻: 在外者所(不)知也。或曰: 在室者之色若是其色,是所不智若所智。犹白若黑也,谁胜? 是若其色也,若白者必白。今也智其色之若白也,故智其白也。夫名以所明正所不智,不以所不智疑所明。若以尺度所不知长。外亲知也; 室中,说知也。"

这里通过室外的亲知, 即所已知的白, 推到室内所未知的白,因而室内和室外的颜色都为白,从所知扩大到未知,则两知之, 这即推理的作用。比如尺的长短是已知的,布的长短是尚未知道的,现在拿尺去量布,则布的长短也知道了。这就是推。

墨辩这里提出一条推论的原则, 即推论的前提必须是明确的,然后才能得出正确的结论,这即"以所明正所不知"。但决不能以尚未明的结论去怀疑所明的前提,即"不以所不智疑所明"。只有这样, 人类的知识才能逐渐推广而深化, 取得不断的进步。

墨辩认为人的知识来源不外三方面。一为亲自经历的亲知,二为传闻得来的闻知,三为推论得来的推知。推知,它又称为说知。我们不能事事亲知,古代的和外域的知识有许多无法亲知的。闻知亦有限度。所以大部分知识都须靠说知, 即从逻辑的推论得到的知识。说知的长处，即可不为时间和地域所限。《经说上 80》云："方不㢓，说也"，不为方域所阻碍即说的特点。《经上 72》云："说，所以明也。"《小取》云："以说出故。"《墨经》各条都有"说"，而《经下》则标以"说在……"。所以墨辩的"说"，是具有逻辑推理和论证的作用。

墨子虽重视经验的亲知，但他也同样注重推理得到的知识，他曾说："以往知来，以见知隐"（《墨子·非攻中》）。根据过去的知识，就可以推到未来的知识，根据现象的表见，就可以推知到隐蔽的本质。这是人类理性推理的重大功能，即人之所以能超出万类，建立人类文化的依据。墨子反驳彭轻生子的"往者可知，来者不可知"时，曾举了一个生动的例子说服了彭轻生子（例子见前引）。墨子在知识问题上是一个唯物论者，对人类知识的获得，是充满信心的。

墨辩学者继承墨子知识论和逻辑方法的优良传统，发展了推理的理论和推理论证的许多方法。最后还提出防止推理误谬的一些办法。这样，墨辩的逻辑推论形成了一个比较完整的体系。这是墨辩逻辑的重大贡献。

（二）推理的依据

列宁说："外部世界、自然界的规律，机械规律和化学规律的区分（这是非常重要的），乃是人的有目的的活动的基础。"[①] 逻辑科学在服务于人认识客观世界时，无疑是一种有目的活动，而它是以外部世界、自然界的规律为基础的。逻辑思维的形式，不论是概念、判断和推理，正如列宁所说，不是空洞的外壳，而是客观世界的反映，所以他说："最普通的逻辑的'格'……是事物的被描绘得很幼稚的……最普通的关系"[②]。那末，推理的客观依

① 《列宁全集》第 38 卷第 200 页。
② 《列宁全集》第 38 卷第 189 页。

142

据是什么？我认为推理的客观依据有两个重要的规律：

1. 同异律。同异律即万物类同类异的规律。外部世界由于有类的存在，因而我们的思维就可根据类的同异来进行推论。列宁十分重视类概念的存在，认为"类概念是'自然的本质'，是规律……"①。比如演绎的三段论虽不直接涉及某一外界的具体内容，但它确实以类的包含关系为基础。三段论公理指出：对于一类对象所肯定的一切东西，对于属于这一类的任何个别对象以及对于这些对象的任何一个集团都是肯定的；对于一类对象所否定的一切东西，对于这一类的任何个别对象以及这些对象的任何一个集团都是否定的。这就是客观物类的包含关系。

当然，客观的物类并不总属于这样简单的包含关系，因为物类之间，既不是绝对的同，也不是绝对的异，而是同之中有异，异之中有同。怎样从诸多不同的现象发现它们的所同，从众多相同之点分析其差异，从而深入洞察物类的本然，这即逻辑推理中分析与综合、演绎与归纳之所有事。

墨辩对类的同异分析有比较深入的研究。它既批判了惠施的合同异，也批判了公孙龙的离坚白。它抓住异中求同，同中见异，这是合乎科学的分析法。墨辩对同有明确的定义。《经上88》云："同：异而俱于之一也。"《经说上》云："同：二人而俱见是楹也，若事君。"从诸多的不同的事例中发见它们有一个共同点，则这一共同点可能即为我们所要找的原因或原因的部分。说例举二人共见是楹和事君，两人各不同，但都看见一根柱子，即有其所同；二人共事一君，也即此各异的二人之所同。这和普通逻辑所讲的求同法是相同的。

墨辩没有异的定义，但有"同异交得"一条，把求同法和求异法联合起来，类似归纳推理中的同异联合法。《经上89》云："同

---

① 《列宁全集》第38卷第295页。

异交得，放有无。"《经说上》云："同异交得，于福家良，恕有无也。比度，多少也。兔蚋、还园，去就也。乌折用桐，坚柔也。剑尤早，死生也。处室子、子母，长少也。两绝胜，白黑也。中央，旁也。论行、行行、学实，是非也。难宿、成未也。兄弟，俱适也。身处志往，存亡也。霍为，姓故也。贾宜，贵贱也。"事物的有无某种属性，一物之生究由某种原因，这涉及有无问题，最难断定。墨辩虽然举了求同法之一例，但只观其同，很不可靠。因为同有多种（《经上86》引为四种，《大取》引为十种）。"夫物有以同而不率遂同。……其然也同，而其所以然不必同。……其取之也同，其所以取之，不必同"（《小取》）。为尽量避免错误，墨辩提出"同异交得，放有无"之重要方法。归纳推理中的同异联合法正所以补救简单求同或求异之弊。说例，文字伪脱较多，各家解释不同，但其总的精神，无非说明在互相矛盾对立的事物中既有它们的同一性，也有它们的差异性。例如"处室子、子母，长少也"，一个女子，先为处女，结婚后成为子之母，则说明共是一人而有长少的矛盾对立情况。又如"兄弟，俱适"，一人可以为兄，也可以为弟，依其所处行列而定。"身处志往，存亡也"，共是一人，就其身处为存，就其志往为亡，而存亡这一矛盾属性都共存于一人之身中。"中央，旁也"，没有四旁，就没有中央，反是亦然。所以中央和旁边是对立统一的。总之，墨辩学者已猜测到了自然界的万类中，是同而有异，异而有同。对于同一性和差别性的辩证统一，有了某种直观的觉察。这是难能可贵的。逻辑推理的客观依据即此同异参差的物质世界。我们姑名其为同异律。

2．因果律。同异律侧重于客观物类的存在方面的反映，客观的物类是不断变化发展的，在变化发展的过程中，有其互相间的因果联系，这即因果律的反映。列宁说："'因果关系的运动'实际上＝在不同的广度或深度上被抓住、被把握住内部联

144

156

系的物质运动以及历史运动……"①。不论自然界或社会历史方面的许多变化都可以分析到它的因果联系,它必是"世界性联系的一个极小部分……这不是主观联系的一小部分,而是客观实在联系的一小部分"②。所以列宁把"因果性"规定为"片面地、断续地、不完全地表现世界联系的全面性和包罗万象的性质。"③。

墨辩学者对因果性的重要性是有一定的认识的。墨辩《经上》开章明义,明故,说"故,所得而后成也。"所得而后成即指一事物形成的原因。他们还进一步分析原因的整体和部分对于一件事物产生的影响。整体原因称为大故。"大故有之必然,无之必不然。"部分原因称为"小故"。"小故有之,不必然,无之必不然。"原因既重要如此,所以逻辑推论必以求故为目标。《小取》提出要"以说出故",即由于此。

原因是复杂的,一果的出现,可以由于不同的原因。《墨子·公孟篇》云:"人之所得于病者多方,有得之寒暑,有得之劳苦。"这就说明病原的多样性,正确诊断原不是一件容易事。《经下110》云:"物之所以然与所以知之,与所以使人知之,不必同,说在病。"物之所以然,可以由于不同的原因造成。河水的泛滥,可由于河堤不固,可由于特大暴雨,也可由于上游的森林缺少。这样就必须找出"多因"之故,才能作出正确的结论。逻辑推论的归纳方法正是以探寻事物的确切原因为目的的。普通逻辑所讲的充足理由律即以客观事物的因果性为基础。

(三)思维的规律

墨辩学者对于思维规律虽无明文规定,但对于矛盾律和排中律却有比较确切的内容。矛盾律和排中律的实质内容已具备

---

① 《列宁全集》第 38 卷第 170 页。
② 《列宁全集》第 38 卷第 170 页。
③ 《列宁全集》第 38 卷第 168 页。

145

于墨辩的逻辑之中。

逻辑思维的规律是推理论证之合乎逻辑的必要条件。违反了它，就会造成不合逻辑的谬论和诡辩。墨辩学者之所持以与"两可"、"两然"、"辩无胜"等诡辩论者的辩驳，即以矛盾律和排中律为武器。兹先述矛盾律。

1．矛盾律。《经上74》云："辩：争彼也。辩胜，当也。"《经说上》云："辩：或谓之牛，或谓之非牛，是争彼也。是不俱当，不俱当，必或不当。不当，若犬。"对某一客观对象，双方引起争论，这就是辩的实质。比如，对当前的一只动物，某甲谓之牛，某乙谓之非牛，就要发生辩论。对于同一个动物引起两相矛盾对立的论断，决不能双方都是对的。"谓之牛"为是，"谓之非牛"必非。反之，亦然。所以说"是不俱当，不俱当，必或不当"。当前那只动物实际上是一只牛，而你说它是非牛而为犬，那就不当了。不当者，即你的论断不能正确反映当前那个动物的真象。而当者的论断却能符合客观对象的本然。墨辩学者是唯物论者，他们承认有一个独立于意识外的客观物质界的存在，因而判断的真假，只有用客观存在的对象来进行检查。客观世界的事物是变动不居，不断发展的。这点墨辩是承认的(见前引)，但某一事物在同一时间及同一关系之下，就有它的稳固性、确定性，它决不能既是这个，又不是这个。因为"是这个"又"不是这个"，是自相矛盾。自相矛盾的东西也是客观上不存在的。

唯心主义根本否定客观事物的独立存在性，一切都依主观意识的变换而转移。大小、高低、寿夭、美丑、是非，甚至于物和我都无确切的界线，他们认为大可以是小，小也可以是大，寿可以说是夭，夭也可以称为寿。这样是可为非，非可为是，根本违反了逻辑思维的规律，成为无逻辑的诡辩。

2．排中律。矛盾律指出"不俱当，必或不当"，即二者不能俱是，必有一非。排中律指出两相对立的矛盾判断不得两非，而必有一是。这即"不可两不可也"。《经上73》云："彼，不可两不可也。""不可两不可"即"必有一可"，正是排中律的含义。但近人研究墨辩者对此条的文字有不同的解释，因而无法揭示排中律的具体内容。只有章士钊在其所著《逻辑指要》中明确此条为排中律。他说："不可两不可者，非名学上之矛盾律，而名学上之不容中律也"（该书第274页）。"不容中律"即"排中律"，我认为章士钊的解释正揭示这条经义的排中律内容。

矛盾律否决了两个相反论断的两是，而必有一非。排中律否决了两个相反论断的两非，而必有一是。这样从正反两面堵死了"两可，两然"和"辩无胜"的诡辩论。墨辩运用这两条思维规律建立了他的科学逻辑体系。

墨辩学者到《经下》阶段，更进一步批判了"辩无胜"的诡辩论。《经下134》云："谓辩无胜，必不当。说在辩。"《经说下》云："谓：所谓非同也，则异也。同则或谓之狗，其或谓之犬也。异则或谓之牛，其或谓之马也。俱无胜，是不辩也。辩也者，或谓之是，或谓之非，当者胜也。"这里把辩无胜的原因指出来，即在"不辩"上，怎样才算辩，论敌双方应对同一对象各自提出对立的论断，这样一是一非，就无可躲避。既不能两是，也不能两非，而必有一是和一非。这里是兼用了矛盾律和排中律。

如果不是这样情况，或为同谓，谓狗，谓犬，则两者可以俱是，也可以俱非。或为异谓，谓牛，谓马，也可成为俱是或俱非，就无以成辩，也就成为"俱无胜"了。

（四）推理的形式

关于推理的形式，墨辩提出了七种。《小取》云："或也者，不尽也。假也者，今不然也。效者，为之法也。所效者，所以为之法也。故中效，则是也；不中效，则非也；此效也。辟也者，举也（同它)物而以明之也。侔也者，比辞而俱行也。援也者，曰'子然，我奚独不可以然也'。推也者，以'其所不取之'同于'其所取者'予之也；是犹谓它者同也，吾岂谓它者异也"。墨辩这里提出辩的七种方法，即推理的七种形式。

1．"或"。"或"是选言判断，前已言之。在推理上说，它即为选言推理。选言推理是由选言判断组成。例如，"时或有久，或无久。始，当无久"（《经上 43》）。由此可得一个结论云，"始非有久"。这是由肯定到否定的选言论式。

《小取》以"不尽"解"或"。"尽，莫不然也"（《经上 42》）。"不尽"，即有不然的情况。如"马或白"（《小取》），白只是马的一种可能的颜色，它不括尽马的全部的颜色，因白马之外，还有黄马、黑马和骊马等。我们如果拿不尽的选言肢作前提，就只能得一肯定否定式的选言论式，即"马或白、或黄、或黑，或……，此马是白的，所以它不是黑的、黄的、或……"。

从另一方面说，"或"有疑惑义。墨辩认为对于可以疑惑的事情，只能作出可能的，不必然的推论。如"子在军，不必其死生；闻战亦不必其死生"（《经下131》）。因此对死生的两种可能，只能作出或然性的推论。

2．假。"假也者，今不然也"。"假"是假言判断，上边已言之。在推理上言，它即为假言推理。假言推理由假言判断组成。墨辩运用假言和选言的结合组成了二难论式。如反驳无穷害兼一条，即属两难论证式。《经下 172》云："无穷不害兼，说在盈否。"《经说下》云："无：南者有穷则可尽；无穷则不可尽。有穷无穷未可智，则可尽不可尽亦未可知。人之盈之否未可智，而人之可尽不可尽亦未可智。而必人之可尽爱也，诗。人若不盈无穷，则人有穷也；尽有穷无难。盈无穷，则无穷尽也；尽无穷无难。"这里论敌用二难式难墨者，谓"无穷害兼"，兼爱不可行。墨

148

辩亦采二难式进行反驳，谓"无穷不害兼"。论敌用地域的有穷、无穷和人数的可尽、不可尽的两组选言命题构成一假言论式，使墨者陷于两难。论敌首先以地域只有有穷和无穷的二互相排斥的选言肢和有穷可尽无穷不可尽的又一互相排除的选言肢构成两难，然后再用假言论式把两组的选言命题结合起来，得出人不可能尽爱的结论。墨辩就论敌两组的假言推论分别予以破斥，解除了论敌的两难不足以难兼爱之说。因为人如果不能充盈无穷的南方，那末，人数是有尽的；人数既有尽，则尽爱此有尽之人，无难。如果人数能充盈此无穷的南方，则所谓南方的无穷非真无穷也，那末，尽爱此无穷南方之人也无难。

墨子在和问者的对答中，也经常用两难的破斥法来对付问者的两难。《墨子·公孟篇》载："子墨子有疾。跌鼻进而问曰：'先生以鬼神为明，能为祸福，为善者赏之，为不善者罚之。今先生圣人也，何故有疾？意者先生之言有不善乎，鬼神不明知乎？'子墨子曰：'虽使我有病，（鬼神）何遽不明？人之所得于病者多方，有得之寒暑，有得之劳苦。百门而闭一门焉，则盗何遽无从入'？"这里跌鼻以"先生之言不善"或"鬼神不明"的两难来问难墨子之得病。墨子用破斥假言命题前后件的必然联系来破除跌鼻之两难，现在先把跌鼻的二难式引下：

如果先生之言善，则先生不应得病；

如果鬼神明知，则先生也不应得病。（大前提）

现在先生既得病，（小前提）

所以，或者先生之言不善，或者鬼神不明。（结论）

这是用否定假言判断的后件来否定前件的两难论式。

墨子破斥这一两难，采用否定两假言判断之前后件的必然联系。即我的言善，也可以得病；鬼神明知，我还可以得病。因为得病的原因既不必由于我的言不善，也不必由于鬼神不明，而可由于受寒暑、遭劳苦等因而生之故。

3. 效。效，上边曾言为直言判断(定言判断)，在推理上说，"效"即相当于演绎推理。"效也者法也。所效者，所以为之法也"。效即效法，所效，即所以为之法。比如说："圆：规写交也"（《经说上 58》），规是画圆之器，依规画出的图形，即成圆形，所以规即成了为圆之法。同法者必同类，凡依规画成的图形均属于圆类。《经上 70》云："法，所若而然也。"《经说上》云："法: 意、规、圆三也，俱可以为法。""所若而然"即顺着它去做，就能造成法定的效果，这样即成法。规是画圆之器，依规而画可得圆形，因此，规即为造圆之法。但规是为圆之器，这一具体的为圆之器，又根据什么造成的？这就必须先有圆的概念，即"一中同长"（《经上 58》）的意念。这一意念即造规的成因，所以它也为圆之法。但"一中同长"之故是否为正确的，这就要看依这一圆的意念造出的规是否真的可得出圆形为定，能得出的为"中效"之故，"不中效"的则非真故。依中效之故所造的规画出的圆形是真圆形，所以它也可为圆之法。这样看来，意、规、圆三者，都可以为圆之法。墨辩的演绎，以法为依，但法不是单纯抽象的意念，而是在实际上能产生具体实效的东西，否则将失其为法的资格，这是墨辩逻辑的唯物论立场。诡辩论者提出"规不可为圆"，而墨辩却针锋相对地反驳道"规可以为圆"，并把规可以为圆之法的成因和效果分析出来，既有科学理论的根据（即为圆之故），又有实际的成果(画出的圆形)，使"规不可为圆"的诡辞无所立足。

墨辩重视法的观念是继承墨子精神的。《墨子·法仪篇》载："子墨子曰: '天下从事者不可以无法仪；无法仪而其事能成者无有也。……百工为方以矩，为圆以规，直以绳，正以悬，平以水(三字依孙校补)，无巧工不巧工，皆以此五者为法。' "墨子所

150

提的矩、规、绳、悬、水都是为法的工具。墨辩进一步分析法的意、规、圆三项重要成分，使墨子的法观念更完整更严密。这是和战国以来的科学的发展和与诡辩论者作斗争密切相关的。

因为同法的必同类，而正确的故（即中效的故）均可以为法，这样墨辩的演绎不用因明的三支或亚里士多德的三段论。它的形式只包括辞和故，即相当于因明的宗和因，三段论式的结论和小前提，而把喻或大前提省去。章太炎的《原名篇》强以三支解墨辩的演绎，因此，以后的墨辩研究者如谭戒甫的《墨辩发微》，就把墨辩逻辑解成因明式及三段论式，这并不能揭示墨辩逻辑的基本精神。胡适曾对章太炎墨辩有三支的论点提出批评（参看胡著《中国哲学史大纲》卷上，第 210—213 页），我认为是正确的。理由已详胡著《中国哲学史大纲》中，这里不另述了（胡适解"意、规、圆三也俱可以为法"，把三者分开，是可以的）。

4. 辟。"辟也者，举也物而以明之也。""也物"即"他物"，即是说用一件相类似的别的东西来说明这件事，就叫做辟。"辟"和下边的"侔"都是用类似的东西来说明所要说明的东西，但辟在两件具体事物间的比喻，而侔则在两种辞类间的比喻，此为它们的不同点。

辟的方法和侔与援的方法同属于普通逻辑的类比推理范围，都起到了某种程度的类比推理的作用。但其间有简繁的不同，因而在推论上也有浅深的不同。大抵辟较简，推得也较浅，以次逐步上升到侔，最后到援，则充分具备类比推理的规模。

辟的方法是能帮助人们了解事物情况的。据说，战国时梁王反对惠施用辟，惠施说，不用辟，你懂得吗？惠施说："今有人于此而不知弹者，曰'弹之状何若？'应曰'弹之状如弹，则谕乎？'王说：'未谕也。'于是更应曰：'弹之状如弓，而以竹为弦，则知乎？'王曰：'可知矣。'惠子曰：'夫说者固以其所知谕其所不知而使人知之。今王曰无辟，则不可矣'"（见《说苑》）。"以其所知喻其所不知而使人知之"即具推理的作用了。

墨子本人就最喜用辟，而且最善于用辟来折服对手的。《墨子·耕柱篇》曾提到墨子用籞来比喻耕柱子，使耕柱子受责而无怨。在《墨子·公输篇》中，墨子用了一连串的辟喻，说明楚之攻宋为有窃疾，因而止楚攻宋。这又是一个突出的例子。墨辩学者提出辟为推理的一种方法，是继承墨子用辟精神的。

在《墨经》中用辟，有同辟和异辟二种。例如："知也者，以其知过物而能貌之，若见。"（《经说上 5》）"想也者，以其知论物而其知之也著，若明。"（《经说上 6》）这类是以"若……"为同辟。又如"爱己者，非为用己者也，不若爱马者"（《经说上 7》），"实：其意志之见也，使人如己；不若金声玉服"（《经说上 11》），这类即以"不若……"为异辟。又有时，采连举数例作例，以"是犹……"的形式表达。如"若夫绳之引轴也，是犹自舟中引横也。倚：倍、拒、擎、邪，倚焉则不正"（《经说下 127》）。又如《经说上 75》条以食脯、得刀二事为喻，也用"是犹……"的形式。

5．侔。"侔也者，比辞而俱行也。"《说文》："侔，齐等也。"辞义齐等的两个判断可以作侔式的推论。所以侔法是比类两辞之间的推理，也是以所知喻未知的。如公孙龙反驳孔穿对"白马非马"的诘难时，即引"仲尼异楚人于所谓人"的命题作比喻，"是仲尼异楚人于所谓人而非龙异白马于所谓马，悖"（《公孙龙子·迹府篇》）。

墨子也常用侔的方法，进行辩说。如《墨子·非攻上》云："今有人于此，少见黑曰黑，多见黑曰白，则以此人不知白黑之辩矣。少尝苦曰苦，多尝苦曰甘，则必以此人为不知甘苦之辩矣。今小为非，则知而非之，大为非，攻国，则不知非，从而誉之，谓之义；此可谓知义与不义之辩乎？"墨子在这里用黑白、甘苦与义不

152

164

义进行类比,批判了以攻国为义之非。

在《墨经》中也常用侔式。如《经下142》提出"五行无常胜,说在宜(高校作多)"。《经说下》举"火烁金,火多也。金靡炭,金多也",说明五行以多胜少的道理, 即比辞俱行。《小取》云:"且读书,非读书也; 好读书,好书也。且斗鸡,非斗鸡也; 好斗鸡,好鸡也",这即不是而然的侔辞。

有的侔辞采用普通逻辑的附性法的方式,在原判断的主宾项中各增一字,得出另一新判断。如《小取》云:"白马,马也。乘白马,乘马也。""获,人也; 爱获,爱人也。"这里,前例在原判断的主宾项中各增一"乘"字; 后例,在原判断中各增一"爱"字, 这样分别得出各有不同意义的新判断。

6.援."援也者,曰: 子然,我奚独不可然也"。援即援例。援例是从一类个别相似的事件中进行推论,和普通逻辑的类比推理最切近。类比推理的特点在于根据对象本身的类似属性来进行推论。如甲乙两对象中发现有一部分属性相同,因而推到其他属性也相同。这就是从特殊推到特殊。

在可以援例的事件中,总须具有某些相同的特点,换言之,它们必属于同类的事例。否则属于异类,就不能进行类比。《经下107》云:"异类不仳(比)。"木与夜不能比长,智与粟不能比多。此点前已言之。

"援也者,曰: 子然,我奚独不可以然也。"这是拿你作为我所援引的例子。这里首先肯定你我都属人类,都具人类所有的共同属性。因此, 你如能做到的事, 我也一定可以做到。《经下149》云:"擢虑不疑,说在有无。"《经说下》云:"擢: 疑无谓也。臧也今死而春也得之,又死也可。"《说文》:"擢,引也。"擢即和援一样。"虑","大凡也"(《荀子·议兵篇,杨倞注》),"擢虑不疑"者即引另一事而推到类似的此事,是非对否,大略可决,所以不疑。

"擢虑不疑"，"疑则无谓"。《经说下 104》云："有之实也，而后谓之；无之实也，则无谓也，……无谓，则疑也"。谓，表名实关系。有实才能以名谓，无实则不能有所谓了。但"臧也今死而春也得之，又死也可"。这是在臧与春的二实间有必要的相同点。首先，臧、春都属人类，有人类所共有的许多属性，其间包括生命存在的特点。如果臧吃了毒药而死，那末春吃了毒药同样也必死无疑。这就是"擢虑不疑"，有无之性可定，不疑则谓成。从臧之死于毒推至春之死于毒，这是从一类的任一对象所具的属性（"臧服毒必死"）推到这一类的其他任一个体也必具此属性（"春服毒必死"）。这是适切的类比推理。

7．推。"推也者，以'其所不取之'同于'其所取者'予之也。是犹谓也（他）者同也；吾岂谓也（他）者异也"。这个推，前言具有一般推理的特点，所以我们引以为推理之定义。但就经文的解释，是从所已知的若干事例中分析其若干同点，再推到若干未曾经验知道的事例之中，最后把所已知的结论推到未知事例中去，扩大了原先知识的范围，因而得出的结论要比原先的前提的范围广。这是归纳推理的特点。归纳推理是从个别推到一般，结论的范围大于前提。例如欧洲人在未发现澳洲的黑天鹅之前，总认为天鹅羽毛的颜色是白的，因这是从欧洲所见到的天鹅归纳出来的结论。俗话说："月晕而风，础润而雨"，这也是从实际经验中积累归纳出来的结论。

归纳得来的结论没有演绎推论所得结论的必然性。因为正如列宁所说："以最简单的归纳方法所得到的最简单的真理，总是不完全的，因为经验总是未完成的。"[1] 因此，归纳的结论必须用相反事例加以检验。《小取》云："是犹谓也（他）者同也，吾岂

---

① 《列宁全集》第 38 卷第 191 页。

谓也(他)者异也"。那些事例的相同,究竟有无相异的事例。如果有的话,就必须能作出解释,解除矛盾,否则结论就会被推翻了。

墨辩对归纳推理的这一缺点,也注意到了。它既提出"法同,则观其同"(《经上 97》),"法异,则观其宜"(《经上 98》)之外,复提出"同异交得,放有无"(《经上 89》)的方法,这就用归纳推理的同异联合法。这样就可以补救简单归纳的缺点。

墨辩重视反面事例的检查。《经说下 101》云:"彼以此其然也,说是其然也。我以此其不然也, 疑是其然也。"应用"疑是其然"的精神可以防止结论的错误。如果"此然是必然"(《经说下 102》),则会陷入"俱为非"的错误了。《墨子·贵义篇》载:"子墨子北之齐。遇日者。日者曰:'帝以今日杀黑龙于北方,而先生之色黑,不可以北。'子墨子不听,遂北,至淄水不遂,而反焉。日者曰:'我谓先生不可以北'。子墨子曰:'南之人不得北,北之人不得南,其色有黑者,有白者,何故皆不遂也?'"墨子这里就是用不然事例的证据对日者提出反驳,证明色黑者不可北行的逻辑错误。

(五)证明和反驳

墨辩除了论述以上的许多推理形式之外,复提出证明与反驳的方法。证明和反驳,墨辩称之为"止"或"诺"。

1."止"。《经上 50》云:"止,以久也"。《经说上》云:"止:无久之不止,当牛非马,若矢过楹。有久之不止,当马非马,若人过梁"。王闿运云:"久,谓撑柱也。《记》曰:'久诸墙。''夕'以象行,'乀'以象有物久之。止物者,物本不止,以有久者故止"(见谭戒甫《墨辩发微》第 82 页所引)。"牛不是马",没有人否认它,普遍流行,如飞矢过楹,不停地前进,这是"无久之不止"。"当马非马"(即"白马非马"),大家否认,但如公孙龙之流仍主之。人行遇江

155

河被阻,有止之者,但可架桥而过,这即为"有久之不止"。总之,久即表示对敌论的否定,表示拒绝承认之意。

《经下101》云:"止,类以行之,说在同"。《经说下》云:"止:彼以此其然也,说是其然也。我以此其不然也,疑是其然也"。

上边言推理时,依于类进行,这即"类取,类予"的方法。但以类为推,如不注意其种属关系和范围的大小,以为"此然"是"必然",就易陷于错误。如以四足者为兽,但蛙、龟、鳄虽四足而非兽。所以"推类之难,说在名之大小"(《经下102》),是有道理的。

证明和反驳也是推理的运用。普通逻辑上推理是前提在先,结论在后,而证明则论题在前,推论在后,程序逆转,实质上是相同的。

墨辩的反驳——"止",也采用"类以行之"的办法,理由相同,其根据都在类同、类异的关系上。如牛马虽俱为四足的兽类,然其间有反刍与非反刍的分别。即在马类中,又有耕马和战马的差异。因此,对于同类的肯断,如想达到"俱然"的结论,就必须经得起相异事例的检举。如以"动物用毛色保护生命的安全"(达尔文所提),则必须解释北冰洋的动物的不同情况。在一片皆为白雪所掩盖的环境中,如北极熊、北极兔、雪鹗和格林兰鹫等毛色皆白,用以保护安全;但也有不是白色的动物,如冰貂永远是褐色,貉羊也终年褐色,乌鸦永远是黑色。对于这些相反的事例,如果不能说明(如不能说明冰貂生长在树上,褐色的毛正和树皮颜色相合,正可以保护其安全;貉羊的生命安全在于合群,褐色正利于在一片皆白的环境下辨认同伴而归群;乌鸦既不需觅食,也不需避祸,所以不妨黑色),则动物保护色的原则就不能成立。"彼举然者,则举不然者而问之",这就是止法的运用。墨子本人即常用这种反驳的方法进行辩论。如他对于宣扬攻战为利的人,则说"计其所自胜,无所可用也;计其所得,反

156

不如所丧者之多"(《墨子·非攻中》)。对于主"用攻战以宾服天下"的人们，则用吴王阖闾和晋的智伯为例(同上引书)进行反驳。对穆贺称墨子之言为"贱人之所为"(《墨子·贵义篇》)，则用一草之本，虽贱可以治天子之病为例进行反驳。止法在论辩过程中实有重大作用。

《经上99》云："止，因以别道。""道"即推理的合逻辑的途径。合道与否，可用止法以别之。经不起止的反驳的，即为违反逻辑的推论。

2. 诺。《经上92(依谭本校，汪本引94)》云："诺：五利用。"《经说上》云："诺：相从、相去、先知、是、可，五也。正五诺，若'人于知'，有说。过五诺，若'员无直'，无说。用五诺，若自然矣。""诺"又是墨辩的一种反驳方法。"诺"有五种，即(1)相从，(2)相去，(3)先知，(4)是，(5)可。这即反驳的五种不同方法。"诺"字的原意，依《说文》解释和"䛑"同。"䛑"即应之俗字，所以"诺"，答也。因此，诺即辩论双方的对答方式。谭戒甫云："大抵实名成辞，必有一许一不许，方起争论。其一许，一不许，即已许之而敌不许也。故凡己许所提出之题义，以与不许之敌方相论决者，皆谓之诺也"(谭著《墨辩发微》第116页)。可见诺的对答形式确具有普通逻辑所谓反驳的意义。现依次解释如下。

(1) 相从的诺。相从的诺，依孙诒让解云："相从，谓彼谓而我从之。"这即指先曲从敌说，然后逐渐把论敌引入矛盾的结论，使论敌不得不承认自己的错误。《墨子·公输篇》载墨子与公输盘的问答云："子墨子曰：'北方有侮臣，愿借子杀之。……公输盘曰：'吾义固不杀人'。子墨子起，再拜曰：'请说之。吾从北方，闻子为梯，将以攻宋，宋何罪之有？荆国有余于地而不足于民，杀所不足，而争所有余，不可谓智。宋无罪而攻之，不可谓仁。知而不争，不可谓忠，争而不得，不可谓强。义不杀少而杀众，不可谓知类'。公输盘服。"这里从公输盘的所谓义引出了他的不义，即是相从的诺的例证。

（2）相去的诺。孙诒让解"相去"为"口诺而意不从"。这即指独自证明与论敌论题相对立之论题为正确，然后依矛盾律，对立的一方正确，对立的他方必误无疑。《墨子·公孟篇》载："公孟子曰：'君子必古言服，然后仁'。子墨子曰：'昔者商王纣，卿士费仲，为天下之暴人，箕子、微子，为天下之圣人，此同言而或仁或不仁也。周公旦为天下之圣人，关叔为天下之暴人，此同服，或仁或不仁。然则不在古服与古言矣"。这是墨子不顾公孟子的论题，而独自引证仁不在古言古服上。而公孟子之原论题"君子必古言服然后仁"，就不能成立了。

（3）"先知"之诺；（4）"是"之诺；（5）"可"之诺，这即证明论敌的论题或是立敌共许的先哲所提，或则为彼此共认的真理，或则为切合客观实际的确论。这些都是不容引起争论的论题，因那是属于不成问题的问题，毋容置辩。

总之，五诺的运用，是针对论敌所提的论题性质不同，因而就需采用不同的诺法。《经说》称"五利用"即此意。

（六）推理的谬误和它的防止

1．推理发生谬误的原因。上边曾言推理的客观依据，一为物类的存在，二为因果的联系。但以类为推，不是没有问题的。公孙龙已见及此，墨辩也同样认识到这一问题的严重性。《经下102》已提出推类之难。类同、类异常因区别的根据的不同而有所不同。如以反刍和非反刍为据，则牛为反刍动物，而马则为非反刍动物。但牛马都具有四足则又同属于四足兽之类。类的外延有广狭的不同，"楚人"的外延当比"人"的外延小，但"楚人"终究是"人"之下的一小类。白马的外延也比马的外延小，但把白马排斥于马类之外，坚持"白马非马"之论，就成为诡辩。

因果关系的存在,又是推理的另一依据,但客观世界的因果联系是非常复杂的。同样的原因可以产生不同的结果,而同样的结果又可由于不同的原因而生。在归纳研究中,虽可采用观同、观异和同异交得诸法进行因果的探索,但很难保证它一定无误。同样高烧的病人可由于重感冒,也可由于受伤寒菌之侵入,如果不化验血液,就很难得到确诊。社会的现象,就更加复杂了。星星之火,可以燎原,意外之事,是经常发生的。如果不通过多方面的观察实验,就很难确断某一事物的因果联系。

《小取》云:"夫物有以同而不率遂同。辞之侔也,有所至而正。其然也,有所以然也;其然也同,其所以然不必同。其取之也,有所以取之;其取之也同,其所以取之,不必同。是故辟、侔、援、推之辞,行而异,转而危(诡),远而失,流而离本,则不可不审也。故言多方、殊类、异故,则不可遍观也"。《小取》这里把辟、侔、援、推诸法之所以容易发生错误的原因,说得很清楚。一切物类虽有以同,但同类之中,则有不同的异属。我们不能以其类同而抹煞了它们异属而概称为同。犬和羊同属动物,是为类之同。但犬和羊又有其属之不同,不能抹掉它们的属差,而说"犬可以为羊"(《庄子·天下篇》)。郢都和天下都属空间的范畴,是为类同;但郢小而天下大,我们不能抹煞它们大小的区别而说成"郢有天下"(同上引书)。辞的比附,必须有一定的范围,才能得正,不能漫无边际,了无伦类。"异类不比",我们不能以木与夜比长,拿智与粟比多。比喻易生歧义,更为错误之源。郢书燕说,自古引为鉴戒。辟、侔、援、推之辞,都有"行而异"、"转而危"、"远而失"、"流而离本"的可能。在辩论过程中,采用反逻辑的方法,偷换概念、转移论点以期取胜于人,就有陷于"行而异"的危险。如果采用自语相违、循环定义的方法,就又将成为诡辞,陷入"转而危"的错误。至若比拟不伦,则必沦于"远而失"的

159

谬误。故、理、类是断辞的依据，"三物必具，然后辞足以生"，不根于故、理、类的原则而妄作臆断，那就必然会"流而离本"了。

2．关于谬误的分类和防止，《小取》云："夫物或乃是而然，或是而不然，或不是而然(此句据下文补，依汪校)，或一周而一不周，或一是而一不是也，不可常用也"。这里墨辩指出可能致误的五种形式，必须予以深切注意，应从"多方、殊类、异故"上进行普遍观察分析，不能随便作出"遍观"的结论。这段所述的五种形式是：(1)是而然，(2)是而不然，(3)不是而然，(4)一周而一不周，(5)一是而一非。在这五种形式中，可以归纳为三种关系的存在：a，是和然的关系；b，周和不周的关系；c，是和非的关系。

就是和然的关系看，可发生(1)是而然和(2)是而不然。兹先解说这两种情况。为什么会发生这两种不同情况？

首先，"是"和"不是"属于物性问题的表态。如"白马是马"肯断"白马"有"马"的属性，因而就概念的内涵上说，"白马"包含了"马"的属性。"骊马，马也，""获，人也"，"臧，人也"，依此类推。"马"或"白"或"骊"，获、臧均是人，都从对象所含之属性看。

其次，"然"和"不然"属于对一种动作的表态。如"乘白马，乘马也"，"乘白马"这一动作包括在"乘马"的动作范围之中。

"是"和"不是"的断定，有时和"然"与"不然"的断定一致，这就是《小取》所谓(1)"是而然"的情况。这相当于普通逻辑的附性法。将原判断的主宾词加上同义的一字，即可得出另一正确的新判断。

"白马，马也"——原判断。主宾词各加——"乘"字，得出"乘白马，乘马也"。这是正确的新判断。同理，下列各判断的推论也是正确的。

"骊马，马也。"——"乘骊马，乘马也。"

"获，人也。"——"爱获，爱人也。"

"臧，人也。"——"爱臧，爱人也。"

但"是"和"不是"的关系，有时和"然"与"不然"关系不一致。这时，原判断为是，而新判断却变为否定的"不然"，这就是《小取》所谓（2）"是而不然"的情况。例如：

"获之亲，人也。"——"获事其亲，非事人也。"

原判断的"人"，作为主概念"获之亲"的一个属性看，说它具有"人"的内涵。但新判断的"人"，却作"人"的外延看。这时，"事亲"的动作，和"事人"的动作有别，所以"事亲"就不能包括在"事人"的动作之中。所以新判断，成为"获事其亲，非事人也"。这样，我们为避免错误，就应把概念的内涵看法和它的外延看法分开才好。

同理，"其弟，美人也"，这里"美人"是作为"其弟"的一个属性看，这是从内涵方面来看"美人"这一概念。但在"爱弟，非爱美人也"这一判断中，"美人"却从外延方面看，当作具体的、个别的"美人"；因此，"爱弟"的动作就和"爱美人"的动作不同。所以得出"爱弟，非爱美人"的新判断。

又，"车，木也"。"木"只是"车"所有的一个属性。但"乘车，非乘木也"，这里，"木"是从外延上看，是指个别独立的个体树木，因而它和"车"有别，"乘车"不可以说"乘木"。

同理，"船，木也"，但"入船，非入木也"。

又，"盗，人也"，这里"人"是作为"盗"的一个属性，是从内涵上着眼的。但"多盗，非多人也"，这里"多人"之"人"，却作为具体的个别的人看。所以它和"盗"不同，"多盗"不能说"多人"，"无盗"也不是"无人"，"恶多盗"也不是"恶多人"，"欲无盗"，也不是"欲无人"。

在另一方面，也可以从"盗，人也"，推出"爱盗，非爱人也"，"不爱盗，非不爱人也"，"杀盗，非杀人也"。"杀盗"和"杀一般人"有别，这就是《小取》所谓"是而不然"之例。

在"是而然"的情况下，如"白马，马也"，"马"作为"白马"的一个属性看，是从"马"的概念的内涵上看，但何以在此处却可以从内涵的看法转入外延的看法而不发生错误？这是因为实际上"白马"是"马"的一个属，"白马"的外延包括在"马"的外延之中。所以"乘白马"的外延，当然可以包括在"乘马"的外延之内，这是符合客观实际，也是合乎逻辑的。这样，在"是而然"的情况下，表面上，是从内涵转入外延，实质上，它是从外延的推论进入另一外延的推论。附性法之合乎逻辑的推论者以此。

在"白马"这一概念中，具有"白"和"马"二属性（公孙龙称为"指"），但"马"是客观存在的实，"白"只为客观对象所有的"德"，"实"不可去，而"德"却可去。"白"的德不为"马"实之所遍有，因它可以换成其它的色如黄、黑、骊等等。公孙龙由于他不承认有客观存在的实（即客观实在的物质界），他把实在界都化为平等齐一的"物指"，因而得出"白马非马"的论断，这是由于他的客观唯心主义的世界观使然。但墨辩却不然，他们是唯物主义者，他们承认客观界有其实。实是一事物的根本，相当于西哲所谓"第一德"（primary qualities）。至于颜色的白黑、形状的大小，那只是"第二德"（secondary qualities），无关于一事物的本质，有无"第二德"，不会影响某一事物之所以为某一事物。所以"马"之"白"可去，"马"之"实"不能去；去"马"就成了"非马"了。"白马"只能是"马"，而不能是"非马"。"马"是"白马"的"第一德"，所以"乘白马"即为"乘马"。兒说虽操"白马非马"之论，但乘白马而过关，却要"顾白马之赋"。"白马非马"的怪论，经不起实际事实的驳斥。

162

"人"是"盗"的一个属性，但非它的本质属性。"盗"的本质属性应该是"非其所有而取之"的偷盗行为，这正是盗之所以区别于其他的非盗的人的。"杀盗非杀人"，即"杀盗"是杀人中之有偷盗行为者，并不是杀一般的人。从这点上说，"杀盗非杀人"还是有别于荀况所指斥的"惑于用名以乱名"的。

当然，儒墨两家对"盗"的态度有政治上的不同，儒认为盗可恶而不必杀，但墨却从"不与其劳获其实，非其所有而取之"的观点出发，对盗应取严厉制裁，所以"杀盗非杀人"，杀盗于"兼爱"说无害。

（3）"不是而然。"这除逻辑问题外，还涉及语言表达问题。《大取·语经》可能是讲逻辑和语法学、语言学的关系问题，惜已大部遗佚，不能窥其全豹。墨辩学者早已注意逻辑思维和语言的关系，这是很可贵的。

"且读书，非读书也。"孙诒让云："且，将也。""将"是未来时，将要读书，但还不是即在读书，应该把未来和现在的动作区别开来。这里有语言问题，也有逻辑问题，也可算作一种"时态"的逻辑吧？"且"是形容词"读"的一种副词。"且读书"和"读书"的时态不同，具有不同的逻辑意义，不应把它们混淆。但"好读书"，指"有读书的爱好"，这是指某人的一种品性，"好读书"当可列入某人"读书"的范围之内，所以可以说"好读书，好书也"，这是"不是而然"的一个例子。

原判断"且读书，非读书也"是否定判断，"读书"的属性并不包括于"且读书"的概念中，所以得出否定判断的结论。但"好读书"却属于"好书"的外延之中，所以可以说"好读书，好书也"，这是肯定判断。"不是而然"，从一个否定判断可以转入一个肯定判断，这有关于主宾概念的内涵和外延的关系，我们应把它们分别清楚，才能避免推论上的谬误。

同理,如下几个判断的推论,也是合逻辑的。

"且斗鸡,非斗鸡也"。——"好斗鸡,好鸡也"。

"且入井,非入井也"。——"止且入井,止入井也"。

"且出门,非出门也"。——"止且出门,止出门也"。

"且夭,非夭也"。——"寿,非夭也。"

"有命,非命也。"——"非'执有命',非命也"。

不过最后二判断中,"寿,非夭也","非夭"的"非"为负前辞(negative prefix),形式为负,辞义内容为正,所以"寿,非夭也"为肯定判断,和原判断"且夭,非夭也"为否定判断不同。原判断中的"非夭"的"非"为否定辞,等于"不是",其意为"将夭,还不是夭。"

同理,最后一个判断中的原判断"有命,非命也"。这一"非"字也作"不是"解,即指"执有命之说, 实则并不是命"。至于从原判断转推到新判断"非'执有命',非命也"。这一"非命"之"非",亦为负前辞,和"非夭"之"非"同,形式上是负,而内容上为正。它的意思是说"非'执有命'即是'非命'"之意。这是一个肯定判断,与原判断之否定者不同。兹分别以图解之,就可更加明白易晓。

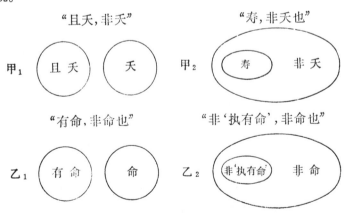

164

176

古汉语中的"非"字，有时作形容词或状词用，但有时又作为否定动词用，因此容易把二者混淆，又汉语习惯，断定判断一般不加"是"字作连辍词，而此时宾词中的"非"字又作形容词，就很容易把肯定判断看成否定。如"寿，非夭也"，"非'执有命'，非命也"之类，实际上，前者为"寿是非夭"，而后者"非'执有命'是非命"，我们把连系词补上，就可看出"非夭"、"非命"为否定宾词，它们并不是否定判断的动词。判断的表达形式似是否定的，但判断的实质却是肯定的。

（4）"一周而一不周。"

"爱人，待周爱人而后为爱人。不爱人，不待周不爱人；有失周爱，因为不爱人矣。"

"爱人"为肯定判断，因此，宾词"人"为不周延。不周延的爱人，不能算爱人；必"周爱人"之后，才能算"爱人"。这是继承墨子兼爱之说而又推进了一步。

"不爱人"是否定判断，作为否定判断的宾词"人"是周延的，所以"不爱人"不必等到"周不爱人"然后才为"不爱人"，只要不爱一个人，也即够上"不爱人"的称号了。这又从反面证明"爱人必周"之说。

"乘马，不待周乘马然后为乘马也。有乘于马，因为乘马矣。""乘马"为肯定判断，"马"的宾词不周延，因此只要乘一头马，即可称为"乘马"。

"逮至不乘马，待周不乘马，而后为不乘马。""不乘马"之宾词"乘马"是周延的，所以必须到了"周不乘马"之后，即连一头马也不乘，才得称为"不乘马"。墨辩学者从判断主宾概念的周延与否的分析，论证了"周爱"的意义。

（5）"一是而一非"。

"居于国，则为居国。有一宅于国，不为有国。"这是有词性不同的语法问题，也有逻辑判断的周延与否问题。"居于国"的"居"，是动词，而"居国"的"居"，则为形容词，也可说由动词转为形容词；词性虽不同，词义上却一致，所以可以说"居于国，则为居国"。

从逻辑上说，"居于国"的概念和"居国"的概念，无论在内涵或外延上都是一致的，这是属于同一概念，因而"居于国"可以说即"居国"。

"有一宅于国，而不为有国。"

从语法上说，这里两个"有"字都是及物动词，词性是一致的；但这两个"有"字的性质不同，前者为部分的有，后者为全部的"有"，所以"有一宅于国"，不能称为"有国"。

从逻辑上说，"国中之一宅"的外延是在"国"的广大外延中的一极小部分，这是上下位概念的关系，我们决不能把一个下位概念，等同于它的上位概念，因而我们只能说"有一宅于国而不为有国。"

"桃之实，桃也。棘之实，非棘也。"从语法上说，名的称谓原由社会上的约定俗成，"桃之实，叫桃"，但"棘之实是枣，而不是棘"，所以前者为是，而后者为非，即一是一非。

从逻辑上说，"桃之实属桃所有"，或可说"桃实具有桃性"，所以可称"桃之实，桃也"。但棘之实为枣而非棘，枣是棘所生，棘是因，枣是果；因为果为棘所生，能生与所生不能等同，所以说"棘之实，非棘"。

"问人之病，问人也。恶人之病，非恶人也。"从语法上说，"问人之病"和"问人"的两个"问"字，词义是相同的，所以可说"问人之病为问人"。从逻辑上说，"问人之病"的概念属于"问人"的外延之中，所以"问人之病"为"问人"是合乎逻辑的；但"恶人之病"和"恶人"的"恶"字，意义不同，前者以"病"为恶的对象，而

166

后者以"人"为恶的对象,所以不能说"恶人之病为恶人"。

从逻辑上说,"恶人之病"的外延和"恶人"的外延,是互相排斥的,所以"恶人之病,非恶人也"。

"人之鬼,非人也。兄之鬼,兄也。"

"人"的外延和"鬼"的外延不同,所以说"人之鬼,非人也"。"兄之鬼"是"兄"的一个属性,所以说"兄之鬼,兄也"。

同理,"祭人之鬼"和"祭人"不同,所以说"祭人之鬼,非祭人也"。但"兄之鬼"既是"兄",所以"祭兄之鬼",可以称为"祭兄"。

"之马之目眇,则谓之马眇;之马之目大,而不谓之马大"。"目眇"是"马"的一个属性,所以可以说"之马之目眇,可谓之马眇"。但"目大"和"马大"不同,因"目大"只是"马"的某一局部属性,决不能移作"马"的全部属性,我们不能把局部当全部,违反全大于分的公理。因此,从马之目大,不能作出"马大"的结论。

同理,"之牛之毛黄,则谓之牛黄。之牛之毛众,而不谓之牛众"。此牛的"毛黄"是此牛的一个属性,当然可以说,"之牛之毛黄,则谓之牛黄",但"牛毛"的"多",和"牛"的"多"有别,我们不能根据一物的部分属性的"多",当作它的"整体"的"多"。因此,"之牛之毛众,而不谓之牛众"。

"一马,马也;二马,马也。"这是因为我国汉字无单复数的差别。单数称"马",多数也称"马"。如果是外国文字,如英文,它的多数,在字尾加上"s",那就和单数的"马"不同了。

"马四足者,一马而四足也,非两马而四足也。""四足"是"马足"之通称,所以"马四足者,一马而四足也"。但"二马"却有"八足",所以"马四足"不能指"二马"。"二马"的足数和一马的足数不一样。

"白马,马也。马或白者,二马而或白也,非一马而或白也"。

167

179

一头马的颜色,只能是一种,如此马是白的,就叫做"白马",但不能叫"或白",因必有"二马"在,才能称"或白",而一马就无称"或"的可能。这些由于汉字的表达不同,影响到逻辑概念上内涵和外延的差别。如果不加注意,就会在推理中犯逻辑错误。

墨辩的逻辑思想继承了墨子逻辑的优良传统,而另有所发挥。在概念的分析上,它不但克服了惠施、公孙龙的缺点,而且还更深入一步,墨辩不但对概念的内涵和外延进行细致的分析,而且对概念的确定性和灵活性的统一,本质属性与非本质属性的区别,正反属性既对立又统一等等,作出了前所未有的分析。这已越出一般形式逻辑的范围,涉及到辩证思维方面。在判断论方面,它从辞和客观实际的联系方面,探索内涵逻辑的实质,还把逻辑的辞和汉语的语句表达联系起来,探索了思维和语言的关系。这就更为难能可贵。在推理论证方面,对于推理的本质,推理论证的思维规律,推理的方法和谬误的分析与防止等等,都有较为详尽而系统的叙述。所以墨辩逻辑不但集辩者逻辑思想的大成,而且在先秦的整个时代也可以说达到了高峰。

在先秦逻辑史上,墨辩逻辑似集中于纯逻辑方面的研究,因此,在逻辑科学体系上能远胜其余各家。但它也未能完全摆脱正名派的影响,"审治乱之纪"还是作为逻辑研究的一个目标,因而它的逻辑探索也就必然要涉及到伦理和经济的范围,作为一部逻辑专著看,还有美中不足之处。

168

第 二 编

正名的逻辑思想

第一章　孔子的逻辑思想

第一节　正名逻辑思想的由来

孔丘(公元前 551 年—前 479 年)生当春秋末期，正是奴隶制走向崩溃，封建制兴起的转折关头，姬周政权衰落，诸侯称伯，礼坏乐崩，奴隶制的政治经济以至伦理纲常产生急剧变化。孔丘对此感叹万分，栖栖遑遑，周游列国，思所以变易当时的无道天下为有道。但孔丘的理想的德治主义远离当时的现实，由于诸侯正热衷于富国强兵，兼并土地，称伯中原；因此，他们都视孔丘为迂阔，终于不用。孔丘不得不返回鲁国以讲学终其身。

孔丘是有他的一套道德王国的理想的。"春秋无义战"(《孟子·尽心下》)，他认为臣弑君、子弑父等悖伦行为，实由于道德理念的破坏。君不君，臣不臣，父不父，子不子，伦道丧亡，乱由兹起。拨乱世而反诸正，就只有以君臣父子的理念纠正当时乱伦的行动，才能使天下复归于有道。

周继殷后，周公(旦)创立"以德配天"的宗教伦理观念。他感到"天命靡常"(《诗·大雅·文王》)，"皇天无亲，唯德是辅"(《僖公五年》引《周书》)。统治者"敬德"才能"保民"(《尚书·梓材》)。这种"以德配天"，把政治加以伦理化的思想为孔子所继承。孔子认为最高统治者应当是"圣王"，具圣人之德才能居王者之位。"圣也者，尽伦者也；王也者，尽制者也。两尽者，足以为天下极矣"（《荀子·解蔽》）。圣王之下的各级臣民也应同样具有贤者之德。以圣贤之德操，自可使万民心悦诚服，"有耻且格"，全国相亲相爱，自无犯上作乱之事，而天下太平。这是孔子理想的道德王国。

从这种政治伦理化的理想出发，他提出正名以正政的方法，使国家恢复正轨。君臣父子兄弟夫妇朋友都各自有它的道德范畴，如君仁、臣忠、父慈、子孝、夫义、妇顺、朋友有信之类。孔子即用君臣父子等道德范畴的本质，也就是以君臣父子等之名来正当时客观存在的君臣父子等之实；用概念本质的名纠正实际上的君臣父子之实，使实符合于名。这样天下的君臣父子兄弟夫妇等之实都能各为其所应该作的行为，自可无过不及之弊。如是人伦整饬，纲纪井然，国家至治，可计日而待。

孔子对"名实相怨"的问题，用主观的名去纠正客观的实，使实和名合，这是唯心论者的正名方法。这和墨家"取实予名"的唯物地解决"名实相怨"的问题正立于反对地位。

孔丘正名的目的在于父子有亲，君臣有义，长幼有序，夫妇有别。总之，在孔子的眼光看来，逻辑的任务不在于求真，而在于求善。如何能"止于至善"（Summum bonum），这是他的中心理想。

正名主义的逻辑是和政治伦理化分不开的。正名主义的逻辑为尔后孟轲、荀子和韩非所继承。秦汉以后，孔子思想定于一尊，正名主义的逻辑也就压倒了先秦辩者的正名实的纯逻辑。墨辩的科学的系统逻辑在二千多年的长期封建社会中被埋没，这是一个主要原因。

172

孔子正名主义的逻辑思想主要由于他的政治伦理化所促成,而"敬德保民"又是出自他所崇拜的周公,这是他的正名逻辑之历史根源。

孔子正名逻辑之又一历史根源,则和古代"正名物"的思想有关。《礼记·祭法》载:"黄帝正名百物以明民共财"。《尚书·夏书·禹贡》载:"禹敷土,随山刊木,奠高山大川。"《尔雅·释诂》相传为周公作。《尔雅·序》云:"夫尔雅者所以通诂训之指归,叙诗人之兴泳,总绝代之离辞,辩同实而殊号,……若乃可以博物不惑,多识于鸟兽草木之名者,莫近于尔雅。"孔丘甚赞《诗经》的名言作用。他说:"不学诗,无以言"(《论语·季氏》)。这样,从上古的黄帝正名物,禹王名山川,乃至《尔雅》、《诗经》之辩识博物之名,这一正名实的逻辑传统对孔丘的正名主义是发生作用的。《庄子》说:"《春秋》以道名分"。《春秋》一书相传为孔子正名主义的具体表现。它虽重在"寓褒贬,别善恶,息邪说,正人心"等伦理的价值判断,但也同时表现它的重视文法、语言、逻辑方面的阐述。《左传·僖公十有六年》:"春,王正月,戊申朔,陨石于宋五。是月,六鹢退飞过宋都"。《公羊传》解云:"曷为先言霣而后言石?霣石记闻,闻其磌然,视之则石,察之则五。……曷为先言六而后言鹢?六鹢退飞,记见也,视之则六,察之则鹢,徐而察之,则退飞。"董仲舒《春秋繁露·深察名号》云:"春秋辩物之理以正其名,名物如其真,不失秋毫之末,故名鹢石则后其五,言退鹢则先其六,圣人谨于正名如此,'君子于其言,无所苟而已',五石六鹢之辞是也。"陨石六鹢的记叙,有语法学的问题,也有逻辑学的问题。记闻根于听觉、闻声、视石、数五的逻辑顺序是依于听觉而得的思维程序。记见,是基于视觉、数六、察鸟、徐察,才见退飞,这是根于视觉所得的思维程序。五石六鹢之辞固然关系到王道的兴衰(参照《谷梁传》解),但其中包含思维反映客观现实的情

173

状问题,这和逻辑学求真任务是一致的。

从孔子在《论语》一书所体现的逻辑思维中, 虽以人伦道德为主干,但在阐述人伦道德的过程中,也表现了一些有价值的逻辑分析。他对名(概念)、言(判断)的分析和各种推论方法的提出,都具有一定的认识价值。他重视学,也重视思, 既重"一贯"的演绎,也重视博学的归纳。而无征不信,注重从实际的行为中考察人事之当否,应该说是具有科学精神的。我们应肃清"四人帮"的影射史学的流毒,还孔子历史的本来面目。

第二节 正 名 和 正 政

孔子以政治为伦理,只要能做到伦理上所规定的,也就实现政治的目的了。在《论语·为政》中,别人问他为什么不干政治,他答:"《书》云:'孝乎惟孝,友于兄弟,施于有政',是亦为政,奚其为为政?"他引《书经》上的话,惟有孝顺父母,友爱兄弟,用这种道德风尚影响政治,也就是参与政治了,为什么要做官才叫参加政治呢? 孝顺父母,是做儿子应尽的子道,友爱兄弟,这是做兄弟的应尽的弟道。孔丘认为做到子弟所规定的道德要求, 就是正了子弟之名。如此类推, 为君或臣的能尽君臣之名所要求于他们的行为,也就算正了君臣之名。在伦道上讲,这就算尽了人伦; 而在政治上讲,君臣各尽其本分,就能使天下治,所以在孔丘眼光里,正名就是正政。

《论语·颜渊》载:"齐景公问政于孔子。孔子对曰:'君君、臣臣、父父、子子'。公曰:'善哉! 信如君不君,臣不臣,父不父,子不子,虽有粟,吾得而食诸?'"孔丘的答齐景公问,正本于他的正名正政的思想,而景公却深感当时的状况, 远不是孔丘之所期望的,政权的危机已暴露了。

为什么孔子注意正名以正政呢？这是因为统治者对被统治者具有模范的表率作用。根据他的"君子之德风，小人之德草，草上之风必偃"（《论语·颜渊》）的原则，在上者的模范道德品格是能使在下者受到感化的。孔子在答复如何为政的问题上，都阐述了这一道理。他答季康子问政时，即说："政者正也，子帅以正，孰敢不正？"（同上引）他又对季康子说："苟子之不欲，虽赏之不窃"（同上引）。"子欲善而民善矣"（同上引）。总之，孔子的原则是"其身正，不令而行；其身不正，虽令不从"（《论语·子路》），"苟正其身矣，于从政乎何有？不能正其身，如正人何？"（同上引）

把正名和正政的密切关系，阐述得最透彻的，莫过于他答子路问政一段。《论语·子路》载：

> "子路曰：'卫君待子而为政，子将奚先？'子曰：'必也正名乎。'子路曰：'有是哉，子之迂也，奚其正？'子曰：'野哉，由也！君子于其所不知，盖阙如也。名不正，则言不顺；言不顺，则事不成；事不成，则礼乐不兴；礼乐不兴，则刑罚不中；刑罚不中，则民无所措手足。故君子名之必可言也，言之必可行也。君子于其言，无所苟而已矣。'"

在这段话里，孔子既说出了正名和正政的关系，也说出了言与行的关系。从逻辑上说，言由名致，判断由概念组成，言的正确性必须依于名的正确性；如果名过其实，或名分不正，那么，由这样的名构成的言，也就会流为巧言或妄言了。从逻辑上说，概念上的意义混淆不清，当然会使判断模棱两可，不能正确地反映客观的实际。

所以孔子说："名不正，则言不顺。"

言不顺，判断不正确，就会影响到实际的行动。因为人们的行动是根于他的判断作出的，判断既然错了，那么，根于错误判断所作出来的事情，就难得有好结果。

所以孔子说："言不顺，则事不成。"

孔子提倡以礼乐治天下，礼主秩序，乐主和谐，礼者天地之序，乐者天地之和。整个国家既能井然有序，又能上下和谐，那就是太平盛世。这就是孔子的政治理想，也就是他的社会理想。

由于言不顺，将弄到事不成。礼乐者为天下的大事，天下大事哪可通过不正确的行动来实现呢？这是不可能的。

因此，"事不成，则礼乐不兴。"

国家法令，都因于礼，"礼者法之大分"（《荀子·劝学》），该赏则赏，该罚则罚，那么，赏罚自可中肯，而无错赏错罚的现象出现。如果礼乐不兴，礼乐就混乱；礼乐混乱，则根于礼而定的一切赏罚也决不会有恰中的可能。

所以"礼乐不兴，则刑罚不中"。

该赏不赏，该罚不罚，甚至弄到赏不当赏、罚不当罚的时候，老百姓就会弄到无所适从，不知怎样才好，国家人民安得不乱？

所以"刑罚不中，则民无所措手足"。

我们把这段话作逻辑分析，它是一套联锁推理。它包括了如下的五层推论：

（1）名不正，则言不顺；

（2）言不顺，则事不成；

（3）事不成，则礼乐不兴；

（4）礼乐不兴，则刑罚不中；

（5）刑罚不中，则民无所措手足；

―――――――――――――――――――――――――――

所以名不正，则民无所措手足。（结论）

176

由上面的反面推论加以逆转，又可得出下边的正面推论：

名正则言顺（名之必可言）；

言顺则可行（言之必可行）；

所以，名正才可行。（结论）

正名，使思维的概念明确而准确；正言，使判断做到恰当，这是一般逻辑所要求的。孔子的正名、正言当也包括这一方面的问题，但它的重点，并不在一般逻辑的要求上，而在于礼乐兴，刑罚中，使人人都归于善。这样，他的正名正言主要属于道德的价值判断。道德的价值判断只表达应该如何如何，而不是事实上如何如何。因此，上边的联锁推论虽表现为直言三段论式，但其间并不反映客观现实的必然联系。它所作出的结论只是属盖然性的推断，并不是必然的结论。

第三节　概念论（名）

从上节正名的方法看，孔子是以意念中的名来正客观存在的实，这是唯心主义的名实观。在孔丘的眼光里，名的实质是永恒不变的。当然，孔子心中的不变的名主要是指名分言，或者指他理想中的道德范畴言，还不是指一般的事物的名。在名分上说，君臣、父子、夫妇、昆弟、朋友之义，是亘古而长在，是无所逃于天地之间，它是超时间和空间的限制的。所以说："殷因于夏礼，所损益可知也；周因于殷礼，所损益可知也。其或继周者，虽百世可知也"（《论语·为政》）。

这是指三纲五常，百世不易，三纲五常的名的实质是永恒不变的。用现代逻辑的语言讲，就是概念的本质不变。一个概念的本质如果改变了，就不是那个事物的概念。古代的酒杯是有

177

189

角的；如果没有角了，那还算酒杯吗？所以孔子说："觚（师古说：觚，角也。）不觚，觚哉！觚哉！"（《论语·雍也》）从逻辑概念的本义上说，概念是反映客观事物的本质属性的思维形式，孔子对于觚的改变发生名实不符的感叹是有道理的。

再从孔子的许多道德范畴说，名的本质也不变。如仁，如义，如忠，如孝，都各有它的本质内涵。孔子就是根据这些道德范畴的本质内涵来衡量某个具体的人或某个具体的事，是否为真的仁或真的义。比如先有一个圆的概念规定了圆的本质为"一中同长"之后，然后才可以判定某个圆的东西是否真的属于圆形。这样，仁的概念在先，而具体的仁人或事为在后。这是先有意象的存在，而后才有事物的存在，是象生而后有物的唯心论的世界观。

道德范畴的本质究竟是什么？因它本身极其抽象，又是最高的概括，就很难象圆的概念把它定义出来。子贡曾感慨地叹道："夫子之文章，可得而闻也，夫子之言性与天道，不可得而闻也"（《论语·公冶长》）。实则性和天道都是最高范畴，孔子虽曾说到"性相近也，习相远也"（《论语·阳货》），用习对比着说，但究竟什么是性，在《论语》里也查不出来。关于道，孔子曾说了一些，如"道不行，乘桴浮于海"（《论语·公冶长》），"道之将行也与，命也；道之将废也与，命也"（《论语·宪问》）。但究竟什么是道，也找不出它的定义。说得最多的，在《论语》中要算仁了。他答樊迟问仁，为"爱人"（《论语·颜渊》）。答仲弓问仁，为"出门如见大宾，使民如承大祭。己所不欲，勿施于人。在邦无怨，在家无怨"（同上引）。他答司马牛问仁为"仁者其言也讱"（同上引）。最详细的，莫过于他答颜渊问仁，他说："克己复礼为仁。"而详目则为"非礼勿视，非礼勿听，非礼勿言，非礼勿动"（同上引）。这又把礼引来和仁对比着说了。从孔子在《论语》中所答弟子的问来

178

看，仁实际上不过是指一个人如何做人的道理。所以继承孔学的《中庸》，就干脆把它定义为"仁者，人也"。《孟子》也同样定义为"仁也者，人也"（《孟子·尽心下》）。蔡元培（孑民）先生在他所著的《中国伦理学史》中概括孔子的仁为"统摄诸德，完成人格之名"，这也算是对孔子的仁的一个最高的概括。

概念的本质是完善的理想，这一理想在概念的世界中是不变的。但在实际世界中，具体的人和具体的事，就很难体现这一不变的本质。就以孔子本人而论，在当时或以后的人们的眼睛里，是够得上称为仁的了。但他却谦虚地说："若圣与仁，则吾岂敢"（《论语·述而》）。他的高足颜回，也只是"其心三月不违仁"（《论语·雍也》）。"其余则日月至焉而已矣"（同上引）。孔子认识了这一理想和现实的差距，所以提出"无求备于一人"（《论语·微子》）的说法。管仲虽不免于"三归"、"反坫"的非礼之讥，但孔子因其功及人民，许其"如其仁"的称号。这是孔子的灵活处。

概念的不变性和概念的灵活性是否构成了对立的统一呢？我们还不能这样高度地看待孔子。事实上，他也不会理解到概念的抽象概括和具体的个体事物的联系。从逻辑分析上说，先有具体的个别，才能抽出抽象的一般概念。个别在先，一般在后；抽象和具体，个别和一般，正是辩证的统一关系。但从孔丘对待概念的本质看，他是唯心论者，他不可能体会这种个别和一般、具体和抽象的辩证关系。孔子是中国历史上第一位有贡献的教育家，他从多年的教学实践中，也体会到因材施教，对具体不同的人和具体不同的事，采用有针对性的答问，这点是具有科学价值的。比如孔子对于问孝的回答，则因人而殊。对孟懿子问孝，称"无违"（《论语·为政》）。对孟武伯问孝，称"父母唯其疾之忧"（同上引）。对子游问孝，则称"今之孝者是谓能养，至于犬马，皆能有养，不敬，何以别乎？"（同上引）而对子夏问孝却曰"色难"。在孔子的心目中,或许有他所谓孝的概念本质,但在具体的回答中,却不能教条地、千篇一律地回答,而依于问者的具体情况作出不同的解答。解答虽不同,但总归是包括在孝的概念的内涵之中。从这点上说,也可说是"孝"的概念的灵活性的表现。

因为概念的本质是最高的抽象,所以不易作出明确的定义。那么,孔子又用什么方法来表述概念的涵义呢?

关于概念定义的方式,孔子采用各种不同的形式。孔子有时采用直言判断的形式,对某一概念作出名义上的定义(Verbal definition)。比如他说:"克己复礼为仁"(《论语·颜渊》),把仁的内涵直接指出来,"仁"即是"克己复礼";只要能做到"克己复礼",那就可以叫做"仁"了。

有时,对概念进行内涵的描写,也可称作描写式定义,这不是严格的逻辑的定义,只是定义的一种补充形式。例如,什么是"君子"?孔子说明"君子"这一概念的四种特征,即"义以为质,礼以行之,孙以出之,信以成之"(《论语·卫灵公》)。

有时,孔子采用比喻式的说明。例如对于什么叫做"明"?孔子用"浸润之谮,肤受之愬,不行焉"作比方来说明"明"(《论语·颜渊》)。象水一样的点滴浸润进行的谮言,用肤浅的、没有真实内容的话进行毁谤,都能抗得住,不为所惑,这就可以叫做"明"了。

有时,孔子也采用标志的方法,抓住概念的某一突出的特征进行说明。例如,他对叶公问政,就回答道:"近者悦,远者来"(《论语·子路》)。"近者悦,远者来",是他心目中美好政治的突出标志,所以他举此以答叶公问。

有时孔子也采用解释词语的方式来定义一个概念。如他对季康子问政时,他答道:"政者,正也"(《论语·颜渊》)。这就是

180

从"政"字的含义进行解释，以明"政"的概念的实质。

孔子注意到"名之必可言"，所以对用名的准确性是注意到的。每一个名应有它的确定的意义，从现代逻辑说，即概念不容混淆。例如"和"与"同"是两个有区别的概念，不能把它们混淆。"君子和而不同，小人同而不和"（《论语·子路》）。"和"是指不附和，不盲从，能用自己的正确意见纠正别人不正确的意见，因此，取得团结一致的结果。"同"却指盲从附和，不肯表示自己的不同意见，只显出表面一致的结果。"和"与"同"的区别，本是春秋末期思想家所注意到的。《左传》昭公二十年，就记载了齐国大夫晏婴提出"和"与"同"为两个不同的概念。他说："和如羹焉，水火醯醢盐梅，以烹鱼肉，燀之以薪，宰夫和之，齐之以味，济其不及，以泄其过"。至于"同"只是简单的同一，"若以水济水"，是尝不出味道来的。晏婴把"和"与"同"的相异，应用于君臣的关系上。而孔子却运用这两个概念的差异，以为君子和小人之分。

孔子又区别"达"和"闻"的不同。《论语·颜渊》载："子张问：'士何如斯可谓之达矣？'子曰：'何哉？尔所谓达者？'子张对曰：'在邦必闻，在家必闻。'子曰：'是闻也，非达也。夫达也者，质直而好义，察言而观色，虑以下人。在邦必达，在家必达。夫闻也者，色取仁而行违，居之不疑。在邦必闻，在家必闻。'"这里很清楚地把"达"和"闻"区别开。达者品质正直，遇事讲理，善于分析人言，识别人的态度，在思想上又能表示退让。至于"闻"则不同，只表面上似乎好仁，而行动不如此，他却以仁人自居而不疑。这种人在为官时会骗取名望，在家时也会骗取名望。

还有"政"和"事"也不同，不能混淆。《论语·子路》载："冉子退朝，子曰：'何晏也？'对曰：'有政。'子曰：'其事也，如有政，虽不吾以，吾其与闻之。'"这里，冉有不明白"政"和"事"的区别，实则冉有之所谓"政"不过是普通的事务，如果是政务，他是一定会参与的。《左传》哀公十一年曾载季孙欲以田赋访诸仲尼，说"子为国老，待子而行"。可见孔子的话是有根据的。重大的国家大事为"政"，至于日常工作，那只是"事"而已，这是孔子对"政"和"事"的区别。

孔子注意名的确定含义、概念间的不同和概念间的关系。他还注意到概念间的对立关系，例如"述"和"作"、"用"和"舍"、"行"和"藏"的对立关系。他"述而不作"（《论语·述而》），"用之则行，舍之则藏"（同上引）。这种对立关系的概念是互相排斥的，承认一边，就必须排除另一边。

又有一些概念的关系是并列概念，他们可以相容，而不是互相排斥（实则对立概念可以认为并列概念中之不相容的一种）。例如"学"和"思"是相容的并列概念。相容的并列概念应互相补充，不宜互相排斥，所以说"学而不思则罔，思而不学则殆"（《论语·为政》）。两个相容的并列概念互相排斥之后，都不能得到好结果。

"文"和"质"也是相容的两个并列概念，不应互相排斥。所以说"文犹质也，质犹文也"（《论语·颜渊》）。"文"和"质"的关系有似于形式和内容的关系，它们是表里关系，是一体的两面。二者应互相配合，不应互相排除或超越，否则就会弄到"质胜文则野，文胜质则史"（《论语·雍也》）的不恰当的结果。

对立概念和并列概念之外，还有矛盾概念。例如"和"与"同"是互相矛盾的，"君子和而不同，小人同而不和"（《论语·子路》）。孔子有时还利用概念间的矛盾关系，进行推断。"枨也欲，焉得刚"（《论语·公冶长》）。"刚"和"欲"是互相矛盾的，由枨之有"欲"，可以推知枨之不能"刚"。

由于孔子的逻辑是为政治和伦理道德服务的，所以他心目中的有些矛盾概念只反映他的伦理观点，并不反映客观事实的真实。比如"义"和"利"两个概念，不但孔子，即尔后的孟子和整个封建社会中的儒家人物都认为是矛盾的。"君子喻于义，小人喻于利"（《论语·里仁》）。"义"、"利"成为"君子"与"小人"的分野标志。《孟子》："鸡鸣而起，孳孳为善者，舜之徒也；鸡鸣而起，孳孳为利者，蹠之徒也"（《孟子·尽心上》）。舜和蹠之分在于"善"和"利"上。但在墨家看来，"义"和"利"并不矛盾，不但不矛盾，而且是一致的。《墨子·经上》云："义，利也"，它是以"利"来给"义"下定义的。正名主义的逻辑在于求善，逻辑的真正任务在于求真，它们是有明显的区别的。因此，孔子的逻辑并不具有现代逻辑的含义。

第四节　判断论（言和辞）

逻辑的判断，孔子称为言或辞。孔子重视名，同时也重视言。"名之必可言也，言之必可行也。君子于其言，无所苟而已矣。"言是名的展开，又是行的归宿。结合名而成言，这就言的表面形式上说是如此的。但言的含义却从若干"行"的累积中概括而成，特别那些表述正确道理的"雅言"，即"言中伦"之言，更是如此。"子所雅言，诗、书、执礼"（《论语·述而》）。"雅"者，《尔雅》疏云："正也"。"雅言"即"正言"，即合乎理的正确之言。"伦，理也"，"言中伦"也就是言中理。当然，孔子所指的"雅言"，主要是合乎他的道德标准之言，还不是指反映客观事实的"事实判断"，即我们现代逻辑所指的判断。但他能从言的根源上来分析判断，从判断和实践的关系上来看判断的形成，用他的话说，就是先有行而后才能有言，言是以行为基础的，这一点是正确的。毛泽东同志在《中国革命战争的战略问题》中指出："正确的判断来源于周到的和必要的侦察"①。侦察是实战前的必要行动; 如果没有这样的行动, 就不会构成正确作战的判断。当然, 我们不能说孔子之以行为言的基础即和毛泽东同志的判断形成观一样; 因前者并不包含从唯物辩证法的观点去分析判断, 充其量, 只是从道德实践的过程中, 形式逻辑地概括关于判断的理论, 但仅就这一点说, 也是有价值的。

"敏于事而慎于言"(《论语·学而》), "先行其言而后从之"(《论语·为政》), 这是在言行关系上, 孔子先行后言的正确主张。我们必须先实际做到了, 然后再说, 切勿说出了却做不到。"君子欲讷于言而敏于行"(《论语·里仁》), "古者言之不出, 耻躬之不逮也"(同上引), 这表现孔子重视言, 更重视行。没有正确的行做基础的言, 那只是空言, 甚至流于"巧言"或"奸言", 这是孔子所反对的。

从一方面看, 言是行的结果, 但从另方面看, 言又是行的主持者, 言具有指导行的作用。孔子注重慎言, 这是由于怕言过其行, 言不及行。但更重要的, 由于言对行能发挥指导性的作用。"一言可以兴邦, ……一言而丧邦"(《论语·子路》)。言之当否, 甚至关系到国家的兴亡, 此言之不可不慎的重要原因。

孔子为使言之必可行, 对言的问题, 他是着实研究一番的。现在分别论述如次:

第一, 关于言的教育问题。春秋战国之际, 由于社会制度发生激剧的突变, 政治、经济以及伦理道德各方面都发生矛盾。如何解决当时存在的矛盾, 以利于各诸侯国的发展, 就成为当务之急。《汉书·艺文志》说先秦诸子"皆起于王道既微, 诸侯力政, 时君世主, 好恶殊方, 是以九家之术, 蜂出并作, 各引一端, 崇其所

---

① 《毛泽东选集》1—4 卷合订本, 第 163 页。

善,以此驰说,取合诸侯。"儒、墨各家为宣传他们各自的主张,以实现其各自的政治理想,就需注意辩说,掌握语言的必要工具。墨子教门徒有谈辩一科(《墨子·耕柱》载:"能谈辩者谈辩")。孔子也有语言一科的教学。《论语·述而》载:"子以四教:文、行、忠、信"。这里所说的"文",不仅指历代的文献,而且也包括语文在内。《诗经》一书,是孔子认为语言教学的最好教材,所以他有"不学诗,无以言"(《论语·季氏》)的教导。《史记·孔子世家》说:"孔子以诗、书、礼、乐教",诗教实即孔子的语言教学。在孔门的弟子中,以言语擅长的,有宰我、子贡(《论语·先进》)。他们和以德行著称的颜渊、闵子骞、冉伯牛、仲弓,以政事著称的冉有、季路,以文学著称的子游、子夏并列,足证孔子是重视言语训练的。

那末,言语的训练以什么为标准?孔子从他的道德要求出发,认为言必须以"中伦"为的。"中伦"即合乎理的话。"言忠信"(《论语·卫灵公》),即言的主要内容。因此,孔子的言并不是一般逻辑的事实判断,而属伦理的价值判断。他所注意的不是判断之断定是否和客观实际相符,而是注意判断者在表达判断时所应取的态度。比如说,对于什么样的人,才可与之言,什么样的人又不可与之言。说话要尽力避免"失人"和"失言"的缺点。《论语·卫灵公》载"可与言而不与之言,失人;不可与言而与之言,失言。知者不失人,亦不失言。"要做到一方不失人,他方又不失言,的确是要具有一定的智慧才能办到。

发言既要防止"失人"和"失言"的毛病,还要避免"躁"、"隐"、"瞽"的毛病。什么叫做躁,隐,瞽?《季氏》解释道:"言未及之而言谓之躁,言及之而不言谓之隐,未见颜色而言谓之瞽"。

第二个问题,关于言的组织形式问题。西方传统逻辑的判断组织形式有三个组成部分,即主项、谓项和联项。但中国逻辑

185

的判断表达，并不必具此三项，往往只具主宾二项而没有联项。此点上边在墨辩逻辑中已提到。至于孔子的言，甚至只有一项。这涉及到字和言的关系，在《论语》中，有以一字为一言的。如子贡问："有一言而可以终身行之者乎?"子曰："其恕乎!"(《论语·卫灵公》)。这个"恕"字即代表一言。又《论语·阳货》载："子曰:'由也，女闻六言六蔽矣乎?'对曰:'未也'。'居: 吾语女。好仁不好学，其蔽也愚; 好知不好学，其蔽也荡; 好信不好学，其蔽也贼; 好直不好学，其蔽也绞; 好勇不好学，其蔽也乱; 好刚不好学，其蔽也狂。"这里所提的六言，显然是指"仁"、"知"、"信"、"直"、"勇"、"刚"六字。

孔子对言的组织形式，没有固定的要求，但对言的内容却有一个标准，那就是应该达到"雅"。雅即合理的正言，也即切合实际而无过不及之蔽。孔子最反对"巧言"。他说"巧言乱德"(《论语·卫灵公》)。"巧言"即指那些花言巧语，言过其实的言。他也反对"佞"。佞者不依实理，徒逞口才。他答"雍也仁而不佞"之问时，就说"焉用佞? 御人以口给，屡憎于人。不知其仁，焉用佞?"(《论语·公冶长》)孔子用以表达判断的词，除"言"一词之外，复用"辞"字表达。他说:"辞达而已矣"(《论语·卫灵公》)。辞能表达意见就可以了。判断是概念的展开，一个判断，如果能把概念的含义恰当地表达出来，那就合乎逻辑的要求。孔子认为言或辞的标准要求，即在于"雅"或"达"。雅、达虽重在道德的表述上，但也具有一般逻辑判断的意义。现代逻辑要求判断要恰当。恰当的判断是应具有达、雅的特征。

言辞达雅的要求，不是随便可以做到的，孔子注意言语的训练，不为无因。如果在外交上用的言辞，就更须慎重行事。《宪问》载："为命，裨谌草创之，世叔讨论之，行人子羽修饰之，东里子产润色之。"这就是说郑国外交辞令的创制，经过裨谌的拟稿，世叔的讨论，子羽的修饰，最后才由执政者子产作文辞上的润色，的确可以表现对于外交言辞运用的重视。

第三个问题，对于判断的区分。从《论语》记载看，孔子所用的判断，可以有如下的几种。

1．法语之言和巽与之言。《论语·子罕》载："法语之言，能无从乎？改之为贵。巽与之言，能无说乎？绎之为贵。说而不绎，从而不改，吾末如之何也已。""法语之言"，是指合乎法则的话，这种原则性的话具有指导行动的作用，是大家所遵从的。不但要遵从，还应对比自己的行动，找出差距，加以改正。"巽与之言"，是顺从己意的话，这会使我们高兴，我们应加以分析推演，寻求其能令人高兴的原因。如果表面信从，而自己不改；或只管高兴，而不进行分析，那么，对于这种人是不能有所希望了。

法语之言既代表原则性的话，一般总以直言判断表出。巽与之言可以进行演绎分析，也是大多数以直言判断表出。所以我们把这两种言辞归之于一般逻辑的直言判断中。

2．条件判断，可分为假言与选言两种。

（1）假言判断。后件的出现决定于前件的存在。例如"举直错诸枉，则民服；举枉错诸直，则民不服"（《论语·为政》）。这是一对假言判断的形式。前者以"举直错诸枉"为前件，"民服"为后件；后者，以"举枉错诸直"为前件，而以"民不服"为后件，而前件的存在，就可以决定后件的存在。

假言判断也有采用必要条件的表达式的。例如："不愤，不启；不悱，不发"（《论语·述而》）。这里两组假言判断，它们的前件"愤"和"悱"各自为它们后件"启"和"发"的必要条件。不到学生发愤学习的时候，就不去开导他们；不到学生欲说而不能时，就不去启发他们。此外，如"不学诗，无以言"（《论语·季氏》），"不学礼，无以立"（同上引），"不有祝鮀之佞，而有宋朝之美，难乎免于今之世矣"(《论语·雍也》),也都是必要条件的假言判断形式。

(2) 选言判断。选言判断有不相容的和相容的两种,例如"女为君子儒,无为小人儒"(《论语·雍也》),"君子成人之美,不成人之恶"(《论语·颜渊》),"志士仁人,无求生以害仁,有杀身以成仁"(《论语·卫灵公》),都为不相容的选言判断。因为"为君子儒",就不能"为小人儒";"为小人儒",就不能"为君子儒"。"成人之美",就不能"成人之恶";"成人之恶",就不能"成人之美"。"求生以害仁",就不能"杀身以成仁";"杀身以成仁",就不能"求生以害仁"。它们二者间是不相容的。

但也有的选言判断为相容的关系。如"君子之于天下也,无适也,无莫也"(《论语·里仁》),"无适","无莫",即"无所为仇,也无所欣羡",二者可兼而有之。

3.联言判断。联言判断是指一套并列关系的判断,它们所反映的对象,都可同时存在,联言关系中的每一判断都真。依其所联的判断为二言、三言或四言的不同,而有二言的联言判断、三言的联言判断和四言的联言判断。

(1) 二言的联言判断。在联言关系中只有二言。例如:"关,雎,乐而不淫,哀而不伤"(《论语·八佾》);"敏而好学,不耻下问"(《论语·公冶长》);"博学于文,约之以礼"(《论语·雍也》);"学而不厌,诲人不倦"(《论语·述而》);"居之无倦,行之以忠"(《论语·颜渊》);"君子以文会友,以友辅仁"(同上引),等等。

(2) 三言的联言判断。在联言的关系中的判断为三言。例如,"兴于诗,立于礼,成于乐"(《论语·泰伯》);"老者安之,朋友信之,少者怀之"(《论语·公冶长》);"发愤忘食,乐以忘忧,不知老之将至"(《论语·述而》);"生,事之以礼;死,葬之以礼,祭之以礼"(《论语·为政》);"子所之慎:斋、战、疾"(《论语·述而》);"视其所以，观其所由，察其所安"（《论语·为政》）；"足食，足兵，民信"（《论语·颜渊》）；"子所雅言：诗、书、执礼"（《论语·述而》），等等。

（3）四言的联言判断。在联言关系中的判断有四言。例如，"君子食无求饱，居无求安，敏于事而慎于言，就有道而正焉"（论语·学而》）；"子谓子产有君子之道四焉：其行己也恭，其事上也敬，其养民也惠，其使民也义"（《论语·公冶长》）；"恭而无礼，则劳；慎而无礼，则葸；勇而无礼，则乱；直而无礼，则绞"（《论语·泰伯》）；"子绝四：毋意，毋必，毋固，毋我"（《论语·子罕》）；"非礼勿视，非礼勿听，非礼勿言，非礼勿动"（《论语·颜渊》）；"出则事公卿，入则事父兄，丧事不敢不勉，不为酒困"（《论语·子罕》），等等。

第四个问题，即判断中名词的周延问题。我们从《论语》的判断分析中，有个别判断也涉及到判断中的周延问题。例如，"有德者必有言，有言者不必有德。仁者必有勇，勇者不必有仁"（《论语·宪问》）。在这两个肯定判断中，第一个肯定判断的宾词为"有言"，是不周延的；因此，换位后，就得出"有言者不必有德"的特称判断。同样，在第二个肯定判断中的宾词"有勇"也是不周延的，因此换位后也只能得出"勇者不必有仁"的特称判断。

从以上的分析，孔子所用的判断，固然是立足于伦理道德的阐述，但它们也确实具有一般逻辑的意义。

第五节　推　理　论

在《论语》一书中，也涉及到推理的问题。推理涉及的内容虽为伦理的、政治的方面，但也具有一般逻辑的意义。孔子在多年从事教学的实践过程中，也确实摸到一些具有逻辑意义的方

法,在帮助人们对客观事物的认识上,是有一定价值的。兹分别简述如下:

1. 关于推理的意义和根据。推理就是从已经知道的东西推到尚未知道的东西, 因而未知的部分也就知道了。用孔子的话说, 即"告诸往而知来者"(《论语·学而》)。"往"是指过去已知的东西, "来"是指未来尚不知道的东西。从过去已知的东西推知未来尚不知道的东西, 这就是推理。《论语·学而》有一段子贡和孔子对话, "子贡曰:'贫而无谄, 富而无骄, 何如?'子曰:'可也; 未若贫而乐, 富而好礼者也'。子贡曰:'《诗》云: 如切如磋, 如琢如磨, 其斯之谓与?'子曰:'赐也, 始可与言《诗》已矣, 告诸往而知来者。'"孔子用"贫而乐, 富而好礼"的话回答子贡, 子贡竟引《诗》的话作比喻推论, 孔子赞许子贡能作到"告诸往而知来者"。这是运用了逻辑推理的一条范例。

《论语·八佾》也有一段问《诗》的话:"子夏问曰:'巧笑倩兮, 美目盼兮, 素以为绚兮', 何谓也? 子曰:'绘事后素。'曰:'礼后乎?'子曰:'起予者商也! 始可与言《诗》已矣。'"这里, 子夏从孔子的答话"绘事后素"而悟到"礼后", 孔子十分赞扬, 认为他的理解可以引发自己。从这段对话中, 我们可以看出它的逻辑推论的层次。首先孔子分析《诗经》上关于美人的描绘, 认为必须先有美的素质才能施以脂粉, 美质是基础, 美容的打扮只是文采而已。其次, 子夏又根据"绘事后素"的分析, 认为礼只是人的真实感情的表达, 必先有真实的感情, 然后用礼文表现才能使人受到感动。否则无真情的实质, 徒具礼的虚文, 那只会使人感到他的虚伪而已。这样, 从《诗》的意义中引导出一系列的推论, 既有它的前提, 又有它的结论, 是合乎一般逻辑推理的意义的。

为什么能够从过去推论到将来, 从这里推到那里呢? 孔子认为, 我们在时间上能从过去推到未来, 在空间上能从我推到别

190

人身上，是因为事物的时间发展，有它的连续一贯的不变性，人我之间有抽象的同一性。当然，把事物的发展看成连续不变的，还是形而上学的看法。《论语·为政》载："子张问：'十世可知也？'子曰：'殷因于夏礼，所损益，可知也；周因于殷礼，所损益，可知也。其或继周者，虽百世，可知也。'"这里，孔子虽承认历史的发展，但只有量的变化，而没有质的变化。"损"、"益"只是去一点，加一点，这只是逐渐的改良，并不是质的飞跃。在孔子的心目中，三纲五常，伦理之大经，万古不易；至于礼文末节，文质改易，是可因时制宜的。孔子的改良主义的政治观是以他的形而上学的不变观为基础的。荀况说："古今一度也，类不悖，虽久同理"（《荀子·非相》）。这恐怕是受到孔子形而上学思想的影响。如果把逻辑推论只是依据于这种形而上学的不变性，那只能是对推论的一种歪曲。

人我之推论建基于人类个体间的抽象同一性，也同样是错误的。孔子忠恕的仁道以己为中心，向上下左右进行推己及人的推论，显然是从人己的抽象平等同一性出发，这也是不符合客观事实的。实际上，他的抽象同一的原则，也和他亲亲为仁，爱有等差的主张矛盾，难怪墨家批评他的仁为"体爱"，是部分的爱，而墨者要以"兼爱"易之。

2．推理的方法。关于推理的方法，从《论语》的分析中，可以看到演绎、归纳和类比等都涉及到。从上边关于孔子对推理的意义和依据的分析看，他的推理的方法，演绎多于归纳。兹分述如下。

（1）一贯法。一贯即演绎法。《论语》有两处提到一贯，一即为《论语·卫灵公》所载："子曰：'赐也，女以予为多学而识之者与？'对曰：'然，非与？'曰：'非也，予一以贯之。'"另一，即在《论语·里仁》篇所载："子曰：'参乎！吾道一以贯之。'"什么叫

"一贯"？何晏《论语注》云："善有元，事有会，天下殊途而同归，百虑而一致，知其元则众善举矣，故不待多学而一知之。"宇宙间万象纷纭，但有其统理，能抓住它的统理，即何晏所谓"元"、"会"，即可依类贯通，万事无碍而条达。所以孔子的"一贯"法，实际依据普遍的最高原则推及一切事物的演绎法。荀子所谓"以一持万"、"以一知万"，即"一贯"的道理。

那么，"一贯"指的是什么？从曾子的解释看，"一贯"即指"忠恕"。孔子对曾子说了"一贯"之道后，曾子答道"对呀"！但其他门生不懂，问曾子，曾子说："夫子之道，忠恕而已矣。"可见"忠恕"即孔子的"一贯"。《大戴礼·三朝记》云："知忠必知中，知中必知恕，知恕必知外，……内思毕心（一作必）曰知中。中以应实，曰知恕。内恕外度，曰知外。"章太炎释忠恕云："心能推度曰恕，周以察物曰忠。故夫闻一以知十，举一隅而以三隅反者，恕之事也。……周以察物，举其征符，而辩其骨理者，忠之事也。……'身观焉'，忠也。'方不障'，恕也"（《章氏丛书·检论》）。章氏依据《三朝记》把忠恕解作逻辑的推论和一般人以伦理诠解忠恕不同。他并引《墨经》的话解说忠恕，这有他的独到见解。"恕"字本训"如"（《苍颉篇》）。《声类》说："以心度物曰恕。"所以"恕"即指推论，即一般逻辑的推理。《墨子·经上》"明也"一条，旧本作"恕"，"恕"即指"知论物而其知之也著"的作用，即心知的理性分析和辩察作用。因此，"恕"并非只有"推己及人"的伦理意义，而有它的逻辑推论（inference）的意义。

孔子重视一贯的推论之知，而以闻见的记忆之知为次。《论语·述而》载："多闻择其善者而从之；多见而识之；知之次也。"闻见而得的知识，在他看来，是次一等的。最重要的，是能进行推论，"举一隅"能以"三隅反"（同上引），从众多的事件中抓住它们的一贯条理。柏拉图所谓"多中求一"，正是哲学的思索作

192

用。孔子言"一贯"，老子云"得一"，东西古哲都注意于最高的"一"的追求。所以"一贯"，既是逻辑的推论方法，也是一种哲学方法。

孔子心目中之所谓"一"究何所指？从孔子哲学体系中分析，此"一贯"中之"一"，应当指他的理想中的仁说。仁既是天地生物的大道，又是贯通人伦的人道。"天地之大德曰生"（《易传》），此天地生物之道即仁道。《中庸》说："仁者，人也"。所以仁又是人道的体现。这样，从孔学的分析，孔之"一贯"的"一"，当指仁道无疑，不过这已涉及孔子哲学体系的研究，于逻辑无涉，就不去细说了。

（2）多学法。孔子注重一贯的演绎，也不忽视多学的归纳。他是学与思并重。他虽说"学而不思则罔"，同时又说"思而不学则殆"（《论语·为政》）。他又说："吾尝终日不食，终夜不寝，以思，无益，不如学也"（《论语·卫灵公》）。孔子讲"多学而识"，提倡"多闻"，"多见"。说"多闻阙疑"，"多见阙殆"（《论语·为政》）。他要学《诗》，学《礼》，说："不学《诗》，无以言……不学《礼》，无以立"（《论语·季氏》）。总之，他要从"博学"中，先取得知识的材料，然后，才进行分析思考。他自己就是一个"发愤忘食"、努力学习的典范。

他讲"学"，而且还注重"习"，《论语》第一章就讲"学而时习之"，这即指学须结合习，要时时把学过的东西，不断进行实习，才能真正学到东西。他要"温故而知新"（《论语·为政》），从已经学得的东西，不断地温习，就可推出新的东西来。所以他重视历史文献的学习；他是从历史的考察中，归纳概括得出一般的规律的。他从夏、商、周三代礼制的研究，得出损益因革的规律，以这一规律作为演绎的依据，就可推到未来百代的历史变革。这虽是一种形而上学的历史方法，但从逻辑推理的角度看，仍具有从杂多的具体事例中，概括一般规律的归纳意义。

193

孔子注重历史事件的归纳，他也十分重视事实的证验。他说："夏礼吾能言之，杞不足征也；殷礼吾能言之，宋不足征也，文献不足故也。足，则吾能征之矣"（《论语·八佾》）。无征不信，这是合乎逻辑证明的精神，我们应加以肯定。

有人认为孔子的学，只是书本知识，以读书为事（参阅胡适《中国哲学史大纲》，卷上，第110页），并引子路驳孔子的话"有民人焉，有社稷焉，何必读书，然后为学"（《论语·先进》）作证，这是一种误解。当然，文献的学习是他的学的中心，"博学于文"（《论语·雍也》）即是此意。但孔子的学并不限于读书，从文献上学，他也不忽视实事的学，"子入太庙，每事问"（《论语·乡党》）。"每事问"即注重"实事求是"的一种精神，在当时人的心目中，他是博古通今的一位圣人。《史记·孔子世家》记载孔子对于当时所谓怪事的断定，还认定死于陈廷的隼，是受到"肃慎之矢"所伤。可证他是具有渊博的知识，时人称之为"博学"（《论语·子罕》）是有根据的。至于孔子答樊迟问学为稼，为圃，他说不如老农，老圃。这虽表现孔子的读书脱离劳动，但也表现他对于知识的积极态度。"知之为知之，不知为不知"（《论语·为政》），这正是一个学问家所当采取的正确态度。墨辩对他的批评，我认为也是一种误解。

因为他注重实事，注重行，所以对于不同的对象，不同的人物，采取不同的方式加以处理，他不是教条地照着刻板的公式来进行演绎，《论语·先进》载：

> "子路问：'闻斯行诸？'子曰：'有父兄在，如之何其闻斯行之？'冉有问：'闻斯行诸？'子曰：'闻斯行之。'公西华曰：'由也问闻斯行诸，子曰有父兄在；求也问闻斯行诸，子曰闻斯行之，赤也惑，敢问？'子曰：'求也退，故进之；由也兼人，故退之。'"

194

对同一问题，孔子的答复相反，正因为子路的性格和冉求不同。子路勇于前进，而冉求却缩手缩脚，所以对子路要拉他一把，而对冉求却推他一把。对具体不同的人，孔子采用不同的方法，这种因材施教的教学法是合乎归纳精神的。

在其他问题的答复中，孔子也作出针对性的答复。如孟懿子问孝，称"无违"，即要无违于礼。对孟武伯问孝却说应注意自己的健康，不使父母担忧。对子游问孝，则答以应有尊敬心。如此等等。

（3）比喻法。除演绎和归纳之外，孔子也经常用比喻法来说明问题。《论语·为政》载："为政以德，譬如北辰，居其所而众星拱之。"以众星围绕北辰，比喻臣民服从君上，关键在于君上的德治。以君上崇高的品德感化臣民，则臣民心悦诚服而不致离贰。这种形象的比喻，还不能算严格的逻辑类比。众星拱北辰是属于自然现象，而臣民诚服君上却属于社会的政治范畴，其间有类属的不同。所以孔子的比喻只是一种形象的说明，用以阐述他的德治主张而已。

《论语·泰伯》记曾子语："鸟之将死，其鸣也哀；人之将死，其言也善"。这也是一种比喻。当然，以鸟比附人，这还只是一种形象的比喻，不能算作逻辑的类比。

"近取譬"，是孔子所谓"为仁之方"（《论语·雍也》）。其实质就是以己为中心对他人进行类比。自己不要的东西，不要拿去给人家，这就是所谓"恕"的方法。自己想要站得住，也要使人家能够同样站得住；自己行得通，也要使人家同样行得通，这即"忠"的方法。中心为忠，如心为恕，总之，不外以己之心去度人之心。《大学》所谓"絜矩"之道，《中庸》引《诗》，以"伐柯"为则，孟子所谓"推恩"，都不外是对孔子"近取譬"的继承。孔子从抽象的人性出发，认为同属人类自有其共同点，这有他对的一面。

但实际上，社会中的人是具体的，在阶级社会中，任何人都在一定的阶级中生活，就不可能有人人共同的欲望。因此，孔子的"近取譬"的比喻法只是一种抽象的形而上学的方法，和一般逻辑所讲的类比有很大的距离。

（4）两端法。两端法是近似一般逻辑的两难法，即二难推理的方法。当然，逻辑推理中的二难推理，有时也不限于二难，而所谓二难者也不一定真有所难。不过在和论敌的辩论中，运用二难以攻论敌，确是一种锐利武器。

春秋时代是社会制度剧变的时代，奴隶制崩溃，封建制形成，各种矛盾激化。如何排除矛盾，使社会生活复归于和谐，向前发展，也必然反映到逻辑思维中来。邓析的两可法，子产的两然法，孔子的两端法都是客观现实的矛盾在主观思维活动中的反映。

从逻辑分析看，两端法是一种复杂的推理法，其中有演绎也有归纳，有推论也有证明和反驳。《论语·子罕》载："子曰：'吾有知乎哉？无知也。有鄙夫问于我，空空如也。我叩其两端而竭焉'"。从这段记载中，孔子的两端法很象古希腊苏格拉底的反诘法。苏格拉底也自认为没有知识，他也是从问者的论题中揭示其矛盾之后，逼使问者不得不承认自身的矛盾而否定原有的论题。这里所指的两端，也就是指一件事物或一个问题的正反两面言。清代焦循《论语补疏》解此云：

> "凡事皆有两端：如杨朱为我，无君也，乃曾子居武城，寇至则去。墨子兼爱，无父也，乃禹手足胼胝，至于偏枯。是故一旌善也，行之，则诈伪之风起；不行，又无以使民知劝。一伸枉也，行之，则刁诉之俗甚；不行，又无以使民知惩。一理财也，行之，则头会箕敛之流出；不行，则度支或不足。一议兵也，行之，则生事无功之说进；不行，则国威将不振。凡若

196

208

是，皆两端也"。

这就是说，任何一件事，都有两面性，既有有利的一面，同时又有不利的一面。任何一事都是由这样互相矛盾的两面组成。而事物之所以发生变化，也正由于互相矛盾对立的因素不断斗争所促成。这种客观事物的辩证法不是两千多年前的邓析、子产或孔子所能认识的。但他们从形式逻辑的角度，运用排中律以期排除事物的矛盾，这是逻辑思想初期发展的自然情况。希腊的亚里士多德重视矛盾律，与我国春秋战国时期的哲学家重视发现矛盾，运用二难法、两端法以排除矛盾，正复相似。焦循所谓"鄙夫来问，必有所疑，惟有两端，斯有疑也"（《论语补疏》）。矛盾存在，不得解决，自生疑惑，孔子即就鄙夫所问，步步揭示矛盾对立的过程，以暴露矛盾本身之不合理。他是一个"中庸"之道的执行者，在当时矛盾激化的情况下只想用两端法来排除矛盾是不可能的。

在《论语》中，既有典型的两难法，也有利用两难式来排除困难的论式。前者如《论语·卫灵公》载："直哉史鱼！邦有道，如矢；邦无道，如矢。君子哉蘧伯玉！邦有道，则仕；邦无道，则可卷而怀之"。摆成论式如下：

（一）如果国家政治清明，史鱼象箭一样直；如果国家政治黑暗，史鱼也象箭一样直；（大前提）

国家政治或者清明，或者黑暗；（小前提）

总之，史鱼都象箭一样直。（结论）

（二）如果国家政治清明，蘧伯玉就出来做官；如果国家政治黑暗，他就退隐山林；（大前提）

国家政治或者清明，或者黑暗；（小前提）

所以他或者出来做官或者退隐山林。(结论)

至于运用两难以排除困难的方式，如《论语·子张》载子夏门人之论交。子夏门人问交于子张，"子张曰：'子夏云何?'对曰：'子夏曰，可者与之，其不可者拒之。'子张曰：'异乎吾所闻：君子尊贤而容众，嘉善而矜不能。我之大贤与，于人何所不容?我之不贤与，人将拒我，如之何其拒人也'"。这里，在"可"与"不可"的两端中，子张的方法不是象子夏的办法，简单地采用"容与"或"拒绝"的形而上学的片面做法，而是从"可"与"不可"的两端中，看出它们存在的辩证因素。既尊重贤者而与之，也不嫌俗众而拒之；既应鼓励好人，也应怜悯无能的人。这样，子张就超出子夏的两难。

从《论语》的记载中，孔子本人的许多做法，也具有超出两难的精神。如《论语·述而》载："子曰：'三人行，必有我师焉；择其善者而从之，其不善者而改之'"。在"善"与"不善"的两端对立中，孔子分别采用"从"和"改"的破斥两难的办法。这样，就会"三人行，必有我师"，孔子无"常师"(《论语·子张》)。孔子赞扬子产的"两可法"(《左传》襄公三十一年子产议政答然明问)，正因他们主张有一致处。

此外，如对贤与不贤的两端，也采用同样的办法。"见贤思齐焉，见不贤而内自省也"(《论语·里仁》)。贤的要向他看齐，不贤的要进行自我反省，有所改进，因而对己都有好处。

孔子自己也公开承认是"我则异于是，无可无不可"(《论语·微子》)。孔子被称为"圣之时"，是事出有因的。从他的"毋意，毋必，毋固，毋我"(《论语·子罕》)看，则孔子所破的，固不限于二难，而达于"四难"了。这是孔子运用两端法于伦理实践的典型表现。

(5) 观察法。孔子对于人物的评价是通过长期的细心观察

198

得来的，观察法是归纳的基础，是对客观存在的事实作缜密系统调查，再进行分析，然后得出结论。所以，观察法应属于归纳法的重要一环，是进行科学归纳前必备的工作。

在自然科学中，如天文、气象的研究，一时还不能由实验控制的，大都采用观察法。在社会现象的研究中，观察更是一种重要的方法。孔子在他长期教学实践过程中，探索了观察的可靠程序。《论语·为政》载："视其所以，观其所由，察其所安。人焉廋哉？人焉廋哉？"这就是从一个人的行为出发，看他为什么要这样做，最后，再看他做了以后对他所发生的效果。这是系统的由始到终的周密的观察的手法。所以孔子说，通过这样缜密观察，一个人的为人如何，就可弄清楚了。

又如对于一个人是否尽了孝道，他也提到如下的观察方法，即"父在，观其志；父没，观其行；三年无改于父之道，可谓孝矣"（《论语·学而》）。

3．推理的形式。从《论语》的分析中，孔子也运用了一般逻辑的推理形式。如直言论式、假言论式、联锁推理及二难论式等等都涉及到。如"道之以政，齐之以刑，民免而无耻；道之以德，齐之以礼，有耻且格"（《论语·为政》）。这是一种直言推论。前提和结论都是直言判断。

又如《论语·述而》载："奢则不孙，俭则固。与其不孙也，宁固。"这是选言和假言结合的复合推理。这里，大前提是由两个假言判断，即"如果奢侈，就显得骄傲；如果俭朴，就显得寒伧"结合起来的选言关系。小前提"不愿显得骄傲"，否定大前提中的前一选言肢。结论就是"宁可显得寒伧"，择取大前提中的后一选言肢。这是合乎由否定到肯定的选言推理。

至于联锁推论，前述孔子正名论时已作分析。现再举论证中的联锁式如下：《论语·泰伯》："士不可以不宏毅，任重而道远。仁以为己任，不亦重乎？死而后已，不亦远乎？"摆成论证式：

论题：士不可以不宏毅。

第一道理由：任重而道远。

第二道理由：（1）仁以为己任，不亦重乎？
　　　　　　　（2）死而后已，不亦远乎？

这一并列判断是用以分别证明第一道理由的。也就是这一论题中的理由的理由。

至于二难式，已见前两端法的论述，兹不述。总之，从上边的分析看，孔子对于推理、论证和反驳方式，确有丰富多采的发现和运用。

本章首先阐述孔子正名逻辑思想的由来，渊源甚久，但正式提出"正名"是始于孔子，因而孔子成了正名逻辑派的创始者。有人认为孔子不但是正名逻辑的创始者，而且也是中国逻辑史的开创者。这还值得仔细研究。从辩者派的逻辑思想的发展看，邓析无疑是这派的创始者，而邓析年代略前于孔子，这样，中国逻辑史似应始于邓析。当然，邓析和孔子都是春秋末期的人物，而这一时期正是奴隶制崩溃、封建制兴起的社会剧变时代，政治经济转变的环境造成了产生逻辑思想的温床，这必然反映到这时重要思想家的思想上，邓析和孔子分别作为先秦逻辑思想上两派发轫的重要人物，良非偶然。

从第二节起，先后论述了孔子正名逻辑的意义和表现在《论语》一书中有关概念、判断和推理、论证等逻辑探索。孔子不仅把政治伦理化，而且还把逻辑伦理化。伦理的目的在于求善，而逻辑的目的在于求真，他把两种任务不同的科学混在一起，就影响了他对逻辑本身的深入探索。在名实问题上，他采用名决

200

定实的唯心观点，在概念和判断上也往往以价值概念和价值判断的存在作为一般概念和判断的标准，得不到客观真实的情况，在推理论证方面也往往流于形而上学的、主观的臆断，背离科学的真实。这种唯心的正名观，一直影响到后来孟子和秦汉以后。汉武时代，孔子定于一尊，儒家思想成为尔后二千多年封建王朝的正统，使辩者的科学逻辑思想受到抑压，中国逻辑科学走向式微，诚足令人感叹！

　　当然，孔子有长期的教学经验，对思维和学习的关系还有比较正确的看法。他对一些伦理道德问题的解答过程中，也有不少有价值的逻辑论断，这在第三节到第五节内已详加分析。至于他所提的"正名"口号，固为儒学正统所继承，但也给辩者以一定的影响。公孙龙之"正名实"，墨辩之提"正名者"，可为明证。先秦的逻辑思想就是在这两派的互相批评和互相影响的过程中发展壮大的，在这点上，孔子的"正名"不为无功。

第二章　孟子的逻辑思想

第一节　孟子的时代和正名逻辑简述

孟子是战国时邹人。约生于公元前 390 年, 卒于公元前 305 年, 活了八十四岁。[①]

孟子一生的活动, 约在孔子死后一百五十年左右, 封建的政治经济体制已在各诸侯国中纷纷建立, 这和春秋末期孔子的时代已大不相同。我们研究孟子的逻辑思想, 应考察到孟子生活的时代, 当时政治经济的情况和墨学对他的影响, 然后才能理出头绪。

孟子虽然以继承孔子之学自命。他说:"乃所愿, 则学孔子也"(《孟子·公孙丑上》)。又说:"五百年必有王者兴, 其间必有名世者"(《孟子·公孙丑下》)。《孟子》七篇最后一段, 还历数了从尧舜到孔子的发展, 他自命不凡地说:"由孔子而来至于今,

----

① 孟子的生卒, 除前说外, 还有二说。即一, 认为他生于公元前 385 年, 卒于公元前 304 年(参阅杨伯峻《孟子译注》)。二, 认为他生于公元前 372 年, 卒于公元前 289 年(参阅胡适、冯友兰、任继愈等各自编写的《中国哲学史》), 胡、冯、任三人的断定是依明人所纂《孟子年谱》, 即"孟子生于周烈王四年四月二日, 死于赧王二十六年十一月十五日, 年八十四"。

202

百有余岁，去圣人之世若此其未远也，近圣人之居若此其甚也，然而无有乎尔，则亦无有乎尔"(《孟子·尽心下》)。孟子显然以继承孔圣人自居。韩非称孔子死后，儒分为八(《韩非子·显学篇》)。八派中对后来影响最大的只有孟、荀二派。宋明以后，封建统治者把《孟子》列为封建科举所必读的经书，孟子的亚圣地位远超过荀子。孟子"道性善，言必称尧舜"。他发展了孔子的唯心主义先验论，作为他的性善说的依据。他把后来的封建帝王所希望于人民的仁、义、礼、智等道德条目说成是出自人的本性，这就有利于地主阶级的统治。特别在宋以后，封建的政治经济已走下坡路，统治阶级为麻痹人民，就更需孟子的性善说，程朱理学之所以能取得宋、元、明、清四个朝代的官方哲学的地位，即此之由。

孔、孟的继承性确是象上边所简述的，但孔、孟毕竟因时代的不同而有主要的差别。首先从政治经济情况的变革上说，公元前403年，韩、魏、赵三家分晋，分别建立了地主阶级专政的封建体制。李悝且为魏"尽地力之教"，建立了封建的地主阶级的土地所有制。齐、楚、燕、秦各国也分别先后不同地建立封建体制，奴隶主的政治经济体系已全面崩溃。孟子虽以道尧舜、法先王相号召，但他已不是象孔子憧憬于西周的奴隶制，而提出一些为地主阶级长远利益着想的方案，这就是如何缓和地主阶级和农民阶级的矛盾，以软的一手消除农民的反抗。所谓"民为贵，社稷次之，君为轻"(《孟子·尽心下》)，就是说，民的问题最重要(这一"贵"字，不是指贵贱之"贵"，而是指重要之"贵"，所以，它的对立概念是"轻"，不是"贱")。"出乎尔者，反乎尔"(《孟子·梁惠王下》)，人民受尽压迫和剥削之后，他们是能够乘机报复的。孟子虽以道德教养为重，但不忘人民的生产与生活。《孟子·梁惠王上》和《孟子·尽心上》曾两次提到，要做到"五亩之宅，树之以桑，五十者可以衣帛矣；鸡豚狗彘之畜，无失其时，七十者可以食肉矣;百亩之田,勿夺其时,八口之家,可以无饥矣"。使一般人有土地和财产,"仰则足以事父母,俯则足以畜妻子,乐岁终身饱,凶年免于死亡"(《孟子·梁惠王上》)。这决不是奴隶制的奴隶,而是封建制中的农民。这里,孟子已抛弃了孔子为奴隶主阶级服务的立场而站在地主阶级的立场了,这是孔孟阶级立场的不同。

孔子虽受到少正卯的挑战,弄到孔门三盈三虚(王充《论衡·讲瑞篇》),结果,他为相七日,即杀害了少正卯。但少正卯的主张究竟如何,我们仅从《荀子·宥坐篇》所载孔丘所数的少正卯的几大罪状,也难窥其底蕴。孟轲的时代却不同了。"学儒者之业,受孔子之术"的墨翟竟反戈一击,异军突起,成为天下显学,与洙泗争雄长。企图摆脱地主阶级统治的剥削压迫,争取个人生活的独立自由,提倡为我主义的杨朱,也和把个人束缚于五伦关系之中的儒家伦理思想唱对台戏。"杨朱、墨翟之言盈天下。天下之言,不归杨,则归墨"(《孟子·滕文公下》),这使孟轲深感儒道之备受威胁,因此,孟子遑遑不可终日,以距杨、墨为己任。

地主阶级取代了奴隶主阶级成为统治阶级之后,对于如何巩固地主阶级的统治的问题发生了暴力统治和反暴力统治的两派争论。战国时代的法家人物如吴起、商鞅之流,主张用武力扩充土地,主张富国强兵,以耕战相号召。而孟轲却从地主阶级的长远利益着想,继承孔丘的德治主义,以施行仁政达到王天下为目的。《孟子》七篇中,以宣扬仁政为中心,对于好战的群雄,大张挞伐。

此外,对于主张"贤者与民并耕而食,饔飧而治"的许行,主张自食其力的陈仲子,孟子也认为和儒家王道思想对立,同样加以批判。对于主张"生之谓性"的告子,孟子认为和他的性善说唱对台戏,因此也进行了反驳。

基于以上所述,战国的政治经济形势的转变和反映政治经

204

济形势的各种相反的思潮，使孟子的正名逻辑思想具有辩的特色。晋朝鲁胜曾说："孟子非墨家，其辩言正辞则与墨同"（《晋书·隐逸传》鲁胜《墨辩注序》）。《孟子·滕文公下》载公都子问孟子"外人皆称夫子好辩"，孟子辩解地说："我亦欲正人心，息邪说，距诐行，放淫辞，以承三圣者；岂好辩哉？予不得已也"。孟子已把孔子的正名以正政之说，扩充为"正人心，息邪说，距诐行，放淫辞"，正名、正政的工夫要从"正人心"的根本处用功。"先王有不忍人之心，斯有不忍人之政。""不忍人之心"为"仁心"，"不忍人之政"为"仁政"。仁政根于仁心。所以正政的工夫要从正人心出发，这就比孔子推进了一大步。孟子还更深入地说明不忍之心是生于人的本性，所谓"恻隐之心，人皆有之"（《孟子·告子上》）。有恻隐之心，即仁的发端。当时诸侯不能行仁政，不是他不能去做，而是他不肯去做，把"不为"和"不能"严格地区别开来，借以堵塞诸侯不行仁政的借口。这样，从正心以达于正政是合乎逻辑的，正名以正政的思想已相当系统化了。

战国时代"诸侯放恣，处士横议"（《孟子·滕文公下》），百家争鸣，辩论成风。孟子曾游齐稷下，而稷下学宫，更是各家荟萃之所，《尹文子》既提形名相应之说，又提出形名相离之说（详见下边第三章）。孟子也沾染了离形言名的风气。他从白羽之白、白雪之白和白玉之白抽出白的共同属性（《孟子·告子上》），白是各物的通称，羽、雪、玉则为事物的定形。把抽象的一般概念和具体的个别概念区别开来，这是对概念认识的深化，是逻辑思维的一大进步。虽然孟子利用离形言名的方法，提出犬性、牛性和人性与白羽、白玉等进行类比，企图驳斥告子"生之谓性"的论题，使自己陷入异类不比的逻辑错误。但他对白羽、白雪和白玉的概念分析是合乎逻辑的，在概念的认识上，他比孔丘已前进了一步。

295

此外, 对于言辞(即判断)的分析和逻辑推论的各种形式, 也比孔丘深化。比如, 孔子曾提出两端法(即二难论式), 但很简略。到了孟子, 由于经常运用二难式进行论证和反驳, 不但二难推论过程明确化, 而且方式也多样化。这点下面当另谈。

总之, "辩"是推动逻辑发展的动力, 西方古代希腊是这样, 印度古代是这样, 我国古代也是这样。那些合逻辑的"辩"固是逻辑发展的动力, 即使被人称之为诡辩的"辩"也对逻辑发展起到反面的促进作用。孟子正名逻辑思想的发展, 正是受到战国时代论辩风气的影响。

第二节 关于知的问题

前章曾言孔子的逻辑是为他的政治伦理服务的。政治伦理的要务在于正名, 所以我们称他的逻辑为正名的逻辑。孟子的逻辑也是为他的政治伦理服务的, 政治伦理的要务在于正人心, 正人心才能正政。所以在这一点上, 孟子继承了孔子的衣钵。

逻辑为求知的工具, 目的在于求真。伦理的目的在于求善, 把逻辑伦理化, 就改变了逻辑本来的要求。因此, 孟子的逻辑也就以仁人的仁政为旨归, 这点又是孔孟之所同。

孔、孟虽有以上两点的相同, 但又另有他们的不同, 这就因为孟子是向主观唯心主义发展了孔子的思想, 这和荀子之转入唯物主义方面发展正相径庭。

孔子虽也说过"生而知之者上也"(《论语·季氏》), 但这指的是最高一等的圣人才能有的。至于一般的人, 可以说百分之九十以上的人, 都是"学而知之"。就是孔子自己也承认: "我非生而知之者, 好古敏以求之者也"(《论语·述而》)。孟子却不同, 他为了论证"仁、义、礼、智非由外铄我也, 我固有之也"(《孟子·

206

告子上》)的先天道德论,于是他倡导"良知"、"良能"说。《孟子·尽心上》载"孟子曰:人之所不学而能者,其良能也;所不虑而知者,其良知也。孩提之童无不知爱其亲者,及其长也,无不知敬其兄也。亲亲,仁也;敬长,义也;无他,达之天下也。"对良知良能,孟子下了一条很清楚的定义,那就是不学习就能够做到,不思索就能知道,这就是先验的知识,也就是孟子所称为"生而知之"的知。孟子怎样证明人人都有良知良能呢?他举了小孩们没有不知道爱父母的,长大了,没有不知道尊敬兄长的,亲亲为仁,敬长为义,仁义之德,是遍存于天下之人。先验道德存在的事实,证明了先天良知的存在;反之,先天良知的存在,又给先验道德以理论上的根据。这样,孔子之只为圣人所具有的"生知",孟子却把它扩大到所有人的身上,难怪他说"人皆可以为尧舜"(《孟子·告子下》),就是人人都具有做圣人的资格。

良知不是通过思考得来,那么,良知是超逻辑的。它不必运用概念、判断和推理等逻辑思维形式,而仅凭主观直觉即可得到。这从他的道德的根源看或孟子所称为"四端"之德看,确是如此。但在道德知识之外,人的其它知识是否都不靠学习,不加思索,就可得到呢?是否许多比较复杂的道德关系也可不作逻辑的推论直接得到呢?孟子对此,并没有作出正面的肯定。我们从对《孟子》七篇的分析看,孟子除了承认先天的良知之外,还有"见知"、"闻知"和"推知"三种。在这三种知识中,特别是"推知"留待下节专述。

孟子在他书中的最后一篇即《孟子·尽心下》的末了一段曾提到"见知"和"闻知"的问题。他说:"由尧舜至于汤,五百有余岁,若禹、皋陶,则见而知之;若汤则闻而知之。由汤至于文王,五百有余岁,若伊尹、莱朱,则见而知之;若文王则闻而知之。由文王至于孔子,五百有余岁,若太公望、散宜生,则见而知之;若孔子则闻而知之。"从这段文字看，见知和闻知的区别，在于见知是亲身经验到的知识，闻知只凭传闻得到知识。见知是直接的，闻知是间接的，禹和皋陶与尧舜同时，所以关于尧舜的事迹，禹、皋陶可以从亲身经历得到，所以属于见知。但从尧舜到汤经历了五百多年，所以关于尧舜的事迹，对于汤来说，就只能从历史的记载或前人的传说中得来，所以称为闻知。同理，伊尹、莱朱为汤的同时代人，所以汤的事迹对他们二人说，就为见知，而文王却经历了五百年的长时间，所以他对汤的事迹只能是闻知。太公望、散宜生对文王的事迹为见知，而对孔子，则为闻知，理由同此。

人们对客观世界的认识是从直接经验开始的，所以见知是人们知识的基础。毛泽东同志说："一切真知都是从直接经验发源的。但人不能事事直接经验，事实上多数的知识都是间接经验的东西，这就是一切古代的和外域的知识"[1]。从尧舜到汤，从汤到文王，从文王到孔子都各经历了五百年的期间，所以在五百年后的人要想知道五百年前的事，就无法通过直接经验，只有凭历史的记载，或古人的传说中得来，这即是间接的知识。上边述及墨辩逻辑时，曾谈到墨辩学者把知识分为闻、说、亲三大类。从知识的来源上说，总不外闻、说、亲的三大类。孟子所讲的见知，即相当于墨辩的亲知。而孟子所讲的推知，即相当于墨辩的说知。至于闻知一类，孟、墨所指是相同的。

孟子重辩，所以特重推知方面，但同时，他也不忽视亲身经历的见知。规矩法则是重要的，"不以规矩，不能成方圆"（《孟子·离娄上》）。但只有规矩而不通过自己的努力练习，从实践中取得经验，还是不行的。必须竭尽自己感觉的能力，纯熟地去

---

[1] 《毛泽东选集》1—4 卷合订本，第264页。

运用规矩准绳，然后才能得到方圆平直的效果。所以孟子说：
"圣人既竭目力焉，继之以规矩准绳，以为方圆平直，不可胜用
也；既竭耳力焉，继之以六律正五音，不可胜用也"（同上引）。
他又说："梓匠轮舆能与人以规矩，不能使人巧"（《孟子·尽心
下》）。所谓"巧"，不但包括专业知识的获得，而且包括专业知识
的运用。也只有到了能熟练地运用知识之后，才可以说真正得
到某种专业的知识，否则一知半解或教条地背诵是不能算得到
真知的。孟子重视耳目等感官的锻炼，同时也注重心思的锻炼。
"竭心思"（《孟子·离娄上》）是孟子重视的。他把"竭心思"和
"竭目力"与"竭耳力"并提，这是正确的，应该肯定的。

　　孟子是十分重视历史知识的，在《孟子》七篇中，引用《诗》、
《书》以证明他的论点的地方不少。《孟子·梁惠王下》载："齐宣
王问曰：'文王之囿方七十里，有诸?'孟子对曰：'于传有之'"，这
即依历史所载来回答齐宣王之问。他又引文王之王政："耕者九
一，仕者世禄，关市讥而不征，泽梁无禁，罪人不孥"来回答齐宣
王之问王政（同上引）。文王事迹之外，诸如尧、舜、禹、汤等史事
也有不少引述。当然，孟子对历史的知识也不是盲目地信从。他
说过"尽信《书》，则不如无《书》。吾于《武成》取二三策而已矣。
仁人无敌于天下，以至仁伐至不仁，而何其血之流杵也?"（《孟
子·尽心下》）。孟子所讲的历史故事，也不见得都是真的历史
事实，有的是他编造的，这即荀子所说的"案往旧造说"（《荀子·
非十二子篇》）。例如，他所讲的井田制（《孟子·滕文公上》）及周
室班爵禄（《孟子·万章下》）等等，即有非历史真实之处。"四人
帮"的影射史学，抓住孟子要恢复井田制，即断定孟子是为奴隶
主阶级服务的人物，实则孟子的井田制只是正经界以便计爵禄
等差和征收农税等等方法，并非奴隶制时代的所有物。总之，孟
子注重历史知识而不盲目信从，采取批判的历史态度，是对的，

209

但为证成他的论点而编造历史却是错误的。《春秋》"寓褒贬，别善恶"的作法，只能是孔家主观历史的阐述，历史科学是不当取的。

第三节　关于逻辑推理的问题——推知

推知是一种间接得来的知识，这是需依逻辑的思维活动才能得到。孔子注重推，"闻一知十"，"举一隅而以三隅反"，即从推得到的。孔子注重忠恕，我们前已解释忠恕即是一种推论的作用（Inference）。孟子继孔子之学，也同样重视推。孟子说："故推恩足以保四海，不推恩无以保妻子，古之人所以大过人者，无他焉，善推其所为而已矣"（《孟子·梁惠王上》）。

推知的一般通则，总是根据已知以推未知。拿自己作依据，推到别人身上，知道自己要尊敬自己的父母，因而推到也要尊敬别人的父母；知道自己要抚爱自己的儿女，因而推到也要抚爱人家的儿女，这就是推。孟子说："老吾老，以及人之老，幼吾幼，以及人之幼，天下可运于掌"（《孟子·梁惠王上》），这即推知所得的效果。

掌握了推的方法，可以由此及彼，由近及远，也可由微知著，由显知隐。总之，都是由已知推到未知。《孟子·尽心下》载："盆成括仕于齐，孟子曰：'死矣，盆成括！'盆成括见杀，门人问曰：'夫子何以知其将见杀？'曰：'其为人也小有才，未闻君子之大道也，则足以杀其躯而已矣。'"孟子根据盆成括"小有才，未闻君子之大道"，而推其将来"杀其躯"，这即由现在已知的东西推到将来未知的东西，即逻辑推理的过程。又如，孟子从齐宣王之不忍牛之觳觫，若无罪而就死地，拿羊去换牛，推其能够"保民而王"（《孟子·梁惠王上》），从齐宣王不忍牛之死的小事推到保民而王的大事，这就需经复杂的推论过程。孟子所推的内容固然是属于政治伦理范围，但也具有普通逻辑的意义。对于推理的依据、推理的方法和推理的各种形式，在《孟子》七篇中都有所论述，现在依次略述于下。

第一，关于推理的依据。

推理的依据不外分为类、故、法三项。

1．类。类是我们推理的重要依据。不论演绎、归纳或类比都需凭类以为推。演绎三段论的公理即基于类的蕴涵关系建立起来的。归纳之由特殊推至一般，或类比之由个别推至个别，摒除类的关系将无法进行。

在我国逻辑史上，墨翟首先提出类的重要性，类是推理的基础，所以他提出要"知类"和"察类"。不知类，不察类，就会陷于错误的推断。

孟子在墨翟之后，也同样重视类的关系在推理中的重要作用。孟子也提到要"知类"。《孟子·告子上》载："孟子曰：'今有无名之指屈而不信，非疾痛害事也，如有能信之者，则不远秦楚之路，为指之不若人也。指不若人，则知恶之；心不若人，则不知恶，此之谓不知类也。'"这里是把"不若人"作为一类相同的东西看，对于同类的东西，作出恶和不恶的两种相反的态度，就犯了不知类的逻辑错误，我们如果把这一推理摆成三段式，就可看得明白。

凡不若人的东西是可恶的；（大前提）

无名之指屈而不信为不若人；（小前提）

所以无名之指屈而不信是可恶的。（结论）

这是合乎第一格规则的。再看下式：

凡不若人的东西是可恶的；（大前提）

心不若人；（小前提）

心不可恶。(结论)

上式犯了第一格小前提不能否定的规则,所以结论是错误的。

孟子在对论敌的许多辩论中,经常运用类的武器,比如他对许行的大屦与小屦同价的批评,即基于类的关系。鞋的大小粗细不同类,就应有不同的价钱,不能抹杀他们质量的差别。在孟子看来,量的大小、质的贵贱不能混同。所以他说:"体有贵贱,有小大。无以小害大,无以贱害贵。"(《孟子·告子上》)他指的小大贵贱是从他的伦理观点来讲的,所谓大体小体和大人小人之分是应加以批评的。但从逻辑上看,分别大小和贵贱为不同类,是无可非议的。

类是客观的存在,正因客观事物有其类属的不同,所以人们才能根据类属的差异来加以识别;同时,人们也根据类的不同来进行制作和安排生活。《孟子·告子上》引龙子的话说:"不知足而为屦,我知其不为蒉。"正因为所有人的足是相同的,所以做鞋的人决不会把鞋子做成筐子。同理,正因人们所欣赏的美味和牛马不同类,所以大家才都喜爱名庖易牙所做的菜。

类不但是推论的基础,生活和生产的重要凭据,而且还可利用它调动人们向上的积极性。《孟子·公孙丑上》载:"有若曰:'岂惟民哉?麒麟之于走兽,凤凰之于飞鸟,太山之于丘垤,河海之于行潦,类也,圣人之于民,亦类也。出乎其类,拔乎其萃,自生民以来未有盛于孔子也。'"孔子之于民,犹麒麟之于走兽,凤凰之于飞鸟,太山之于丘垤,河海之于行潦,是出乎其类、拔乎其萃的人物。孔子之所以为人们所尊崇,就是因为他具有楷模的作用。只要是个有志气有毅力的人都有希望超凡入圣,达到圣人的地步。所以孟子说:"舜,人也;我亦人也"(《孟子·离娄下》)。又说:"何以异于人哉?尧舜与人同耳"(同上引)。因此,孟子认为他有为舜的资格。这样的类比是合乎逻辑的。

212

在同一类之下，还可有不同的小类，逻辑上称为种或属。比如在人类之下，有出类拔萃的圣人，也有庸庸碌碌的庸人和穿踰之类的士人(即《孟子·尽心下》所称"未可以言而言，是以言饴之也；可以言而不言，是以不言饴之也；是皆穿踰之类也")，和偷窃与强盗之类。在植物类里边，有贵重的"梧檟"(木理细密的好木材)，也有不值钱的"樲棘"(即酸枣和"荆棘"，《孟子·告子上》)。客观世界都由千差万别的不同物类所组成，看不到类的关系，就会弄到同异不分，是非不别，终至于扰乱天下。孟子驳许行说："物之不齐，物之情也，……子比而同之，是乱天下也"(《孟子·滕文公上》)。他深有感慨乎"无类"的恶果！

孟子提倡"知类"，同时也讲"充类"。所谓"充类"，即把类所具有属性扩而充之，至于极而后已。孟子就是运用"充类"的方法去批评陈仲子。他说："以母则不食，以妻则食之；以兄之室则弗居，以于陵则居之，是尚为能充其类也乎？若仲子者，蚓而后充其操者也"(《孟子·滕文公下》)，蚯蚓上食槁壤、下饮黄泉，才是真正的"廉洁"。如果把陈仲子的所谓"廉洁"扩而充之，那就必须达到蚯蚓而后可。象仲子食妻之食，住于于陵，那就不能算是廉洁了。

类是从具有相同属性的个体概括而成的，作为一类标志的属性，必须遍存于类的每一个体中；否则，只有部分个体具有，或只有很少的个体具有，就不能作为类的标帜属性，而需予以抛弃。陈仲子所谓的"廉洁"，衣食住都需自力购置，那是作为社会的人所办不到的，因为那样，只有人变为蚯蚓才有可能，这就是暴露了陈仲子主张的矛盾。孟子的"充类"法也可算是一种揭露论敌矛盾的方法。

2. 故。故是客观事物形成的原因。孟子说："天之高也，星辰之远也，苟求其故，千岁之日至，可坐而致也"(《孟子·离娄

213

225

下》），天极高，星辰极远，都有它之所以高或所以远的原因。只要把原因找出，就可坐在屋子里推算出一千年后的日至来，这就是自然规律的体现。孟子这里所讲的故，就是相当于事物发生的原因。

客观事物发生的原因反映到人们的思维中，就成为推论的理由。逻辑推理的正确是应有它的充足理由的，墨翟除了提出察类和知类之外，还提出"明故"。在论辩过程中，无故从有故，理由欠缺的应该服从理由充分的。

孟子除了提出"知类"之外，也提出"求故"。不过孟子主性善，而性善是天之所生，没有丝毫人为造作之迹。比如不忍之心，纯乎人的自然天性，无半点利害杂念羼杂其间。因此，他反对从"则故"的观点来说性，他批评当代的人性论者不过是"则故而已矣。故者以利为本，所恶于智者，为其凿也"（《离娄下》）。"则故"是以故为法则，依于以往的陈迹，顺（即利）其所以然，如告子所讲的"生之谓性"（《孟子·告子上》）之类即把生之所以然讲成性，就不是人性的本然，这是孟子所反对的。

稷下派的学者，把"故"和"智"并提，这就是所谓"去智与故"（《管子·心术上》）之说。孟子这里也提"所恶于智者，为其凿也"，可能和"去智故"说有关。不过稷下派之"去智故"为的是要虚其心，而孟子之反对智与"则故"，则为捍卫他的性善，"去智与故"，无非可以避免自私用智，穿凿附会，丧其本然之性，因此，孟子对故讲得很少。

当然，"故"作为立论的理由，孟子是十分注意的，《孟子·告子下》谈到宋牼将之楚，孟子遇于石丘，孟子问他，你老先生往那儿去？他说，听说秦国和楚国要打仗，我将前往说服他们。孟子说，你老提出什么理由去说服他们？他说："我要说明打仗是不利的。"在这一对话中，可以看到作为理由的"故"，是"说"（推理论

214

证)的根据。在其它的论辩过程中，虽没有提到"故"的字样，但在实质上，他是以申述理由作为论辩的基础的。

3．法。类是推理的基础，故是推理的根据，有了基础和根据之后，在推理的过程中还必须遵守推理应循的法则。正确的思维活动，有其必当遵守的总规律如同一律、矛盾律等等；又有依于推理形式之不同，而必须遵守的各自规律。违反这些规律就会犯逻辑错误，使我们的行动归于失败。孟子提出"规矩"的概念，他之所谓规矩，相当于墨翟之所谓"法议"，也就和今天我们所讲的推理的法则相等。孟子说："大匠诲人，必以规矩，学者亦必以规矩"（《孟子·告子上》）。又说："离娄之明，公输子之巧，不以规矩，不能成方圆"（《孟子·离娄上》）。所以思考的法则是获得思维正确的必要条件，犹之规矩准绳是获得方圆平直的必备条件一样。只有聪明智巧，而不遵循法则就难于成器。只有心的思考作用，而没有法则依据，同样不能得到有效的思维。孟子承认思维的器官为心（古人还没有认识到脑是思维的器官），他说："心之官则思"（《孟子·告子上》），但耳目之官不思，这是心官与感官之不同处。他批评那些只知养桐梓而不知养身的人，是太不用思考的人（"弗思甚也"，同上引）。当然，孟子劝人要动用心官进行思维，其目的在于养其心志以达圣人之境。因此，孟子所讲的思维，目的在于成圣，而不在于求真，这和我们现在所讲的逻辑思维的目的是有本质的差别。规矩者方圆之正；圣人者，人伦之正。成器以规矩为法，为善以圣人为法。孟子所讲的推理的类、故和法，都在伦理的范围，即他所讲的推理的许多方法，也是以政治伦理为对象，这正是孔孟正名逻辑的特点。

第二，推理的方法。

推理的方法不外演绎、归纳和类比。孟子是先验论者，所以他侧重于演绎。归纳和类比只不过是配合演绎来进行的一种方法。先略述演绎法。

1．演绎法。演绎法是根据普遍的大前提推到个别的特殊事例。西方逻辑的典型演绎以亚里士多德的三段论为代表，而孟子所采的演绎固然也可摆成三段论，但没有定型化。他的演绎形式是多样化的。这点下当另谈。

我们说孟子的推论，主要采用演绎法，即是根于他从普遍原则出发进行推论。例如关于治理国家以仁政为普遍原则：施仁政则可以致治，可以使国家兴盛；不施仁政，则可使国家败乱而终至于灭亡。这样，他就得出一条结论说："道二，仁与不仁而已矣"（《孟子·离娄上》）。再把这一结论作为前提，就可推出"三代之得天下也以仁，其失天下也以不仁。国之所以废兴存亡者亦然"（同上引）。施仁政，可以兴，可以存；不行仁政，可使国家衰败而破亡。根据不仁致败的原则又可以推出"天子不仁，不保四海；诸侯不仁，不保社稷；卿大夫不仁，不保宗庙；士庶人不仁，不保四体"（同上引）。这就是孟子基于仁政的普遍原则进行演绎推论的一个范例。

再如，基于孟子性善的普遍原则，推出人人都具有仁、义、礼、智的四端之德。又因为"人皆有恻隐之心"的为仁之端，所以见孺子之将入井，就能不加思索地迅速往救，这也是一种演绎推论。

孟子说："规矩方圆之至也"（《孟子·离娄上》）。所以规矩是为方圆的普遍原则。从这一原则出发，就可以推出："离娄之明，公输子之巧，不以规矩，不能成方圆"（同上引）的结论。

孟子又说："圣人，人伦之至也"（同上引）。这又是一条普遍原则，依这条原则，就可推出尧、舜即为君道或臣道的楷模。最后，可以得出结论说："不以舜之所以事尧事君，不敬其君者也。"这就是不尽臣道。"不以尧之所以治民治民，贼其民者也"，此之

216

谓不尽君道。

在孟子的一些论断中，虽然语意简单，但从逻辑上分析，是显然从他所省略的普遍前提进行演绎得出的。《孟子·滕文公上》载："彼，丈夫也；我，丈夫也，吾何畏彼哉？"这就是从作为丈夫的你我是彼此平等的，这一原则在这一论断中是省略了。又如，"舜，何人也？予，何人也？有为者，亦若是"（同上引），这就是从所有有作为的人来看，则人人都是平等的，这一普遍原则也同样被省略了。

以上二例，与省略大前提得出结论的三段论相似。但亦偶有似于省略小前提的三段论式的。《孟子·万章上》载："匹夫而有天下者，德必若舜禹，而又有天子荐之者，故仲尼不有天下。"这里大前提和结论都具备，但省略了小前提，即仲尼虽德若舜禹，但他没有天子的推荐。这一小前提，推论中是省去的。

2．归纳法。归纳法是从个别事例推出通则的逻辑方法。在孟子的推论中也不乏其例。《孟子·公孙丑上》载：

> "尊贤使能，俊杰在位，则天下之士皆悦，而愿立于其朝矣；市，廛而不征，法而不廛，则天下之商皆悦，而愿藏于其市矣；关，讥而不征，则天下之旅皆悦，而愿出于其路矣；耕者，助而不税，则天下之农皆悦，而愿耕于其野矣；廛无夫里之布，则天下之民皆悦，而愿为之氓矣，信能行此五者，则邻国之民仰之若父母矣……如此，则无敌于天下。"

我们把它摆成归纳式如下：

(1) 尊贤使能，俊杰在位……士归之；

(2) 市廛而不征，法而不廛……商归之；

(3) 关讥而不征……旅（行商）归之；

(4) 助而不税……农归之；

(5) 廛无夫里之布……民归之；

士、商、旅、农、民……是天下之民。

所以天下之民都归之,使民仰望之如父母。

这样可以推得"无敌于天下"的结论。当然,孟子这里所用的归纳是属于枚举归纳。

孟子认为欲使国家兴旺,达于王者的地位,即须把老百姓的生活解决好,不致挨冻挨饿。孟子于此也采枚举归纳法进行推论。《孟子·梁惠王上》云:

> "五亩之宅,树之以桑,五十者可以衣帛矣。鸡豚狗彘之畜,无失其时,七十者可以食肉矣。百亩之田,勿夺其时,八口之家可以无饥矣。谨庠序之教,申之以孝悌之义,颁白者不负戴于道路矣。老者衣帛食肉,黎民不饥不寒,然而不王者,未之有也。"

把这段推论列成下式:

（1）五亩之宅,树之以桑,五十者可以衣帛矣。

（2）鸡豚狗彘之畜,无失其时,七十者可以食肉矣。

（3）百亩之田,勿夺其时,八口之家可以无饥矣。

（4）谨庠序之教,申之以孝悌之义,颁白者不负戴于道路矣。

老年人穿上丝绵,吃上肉,一般人不冻不饿,受到教育,这就是说明人民的生活问题得到解决;人民生活解决,就可使天下归附,实现王国了。

在孟子和淳于髡的对话中,淳于髡也运用枚举归纳法说明"有诸内,必形诸外",他说:"昔者王豹处于淇,而河西善讴;绵驹处于高唐,而齐右善歌;华周杞梁之妻善哭其夫,而变国俗。有诸内,必形诸外"(《孟子·告子下》)。

孟子在论证"生于忧患而死于安乐"时,也采用枚举归纳法。他说:

"舜发于畎亩之中，傅说举于版筑之间，胶鬲举于鱼盐之中，管夷吾举于士，孙叔敖举于海，百里奚举于市。故天将降大任于是人也，必先苦其心志，劳其筋骨，饿其体肤，空乏其身，行拂乱其所为，所以动心忍性，曾益其所不能……然后知生于忧患而死于安乐也。"（《孟子·告子下》）

　　枚举归纳之外，孟子有时采用同异法来论证他的论题。例如，孟子对齐宣王说"与百姓同乐，则可以致王"，即采此法。《孟子·梁惠王下》载:

　　"今王鼓乐于此，百姓闻王钟鼓之声，管籥之音，举疾首蹙頞而相告曰:'吾王之好鼓乐，夫何使我至于此极也? 父子不相见，兄弟妻子离散。'今王田猎于此，百姓闻王车马之音，见羽旄之美，举疾首蹙頞而相告曰:'吾王之好田猎，夫何使我至于此极也? 父子不相见，兄弟妻子离散。'此无他，不与民同乐也。"

　　"今王鼓乐于此，百姓闻王钟鼓之声，管籥之音，举欣欣然有喜色而相告曰:'吾王庶几无疾病与，何以能鼓乐也?'今王田猎于此，百姓闻王车马之音，见羽旄之美，举欣欣然有喜色而相告曰:'吾王庶几无疾病与，何以能田猎也?'此无他，与民同乐也。今王与百姓同乐，则王矣。"

与民同乐，可使老百姓都感到愉快，关心国王的健康;反之，不与百姓同乐，却能使老百姓都愁眉苦脸，怨声载道。可见国王只要能和老百姓同乐，就可使国家兴旺，终于王天下。

　　孟子为证明环境对于人的影响时，也采用同异法。《孟子·滕文公下》记载楚人叫他儿子学齐国话的故事。他说:"一齐人傅之，众楚人咻之，虽日挞而求其齐也，不可得矣;引而置之庄岳之间数年，虽日挞而求其楚，亦不可得矣。"要想在楚国的环境内学会齐国话是很困难的;但如果把楚人的小孩放到齐国去住几

219

年，自然就会讲满口齐国话，那时你要他再讲楚国话又很难了。可见环境的力量是巨大的。

孟子反驳淳于髡"贤者无益于国"时，也采用同异法。他说："虞不用百里奚而亡，秦穆公用之而霸。不用贤则亡"（《孟子·告子下》）。

在客观世界的各种现象中，因果的联系是复杂的。有同因而异果的现象，也有异因而同果的现象。在社会的人事关系中，也有同样错综复杂的因果关系。孟子对于有的问题的解答，采用了因同而果不同的回答。比如，他对屋庐子的质问，为什么到任国见季子，而到齐国却不见储子？即采用因同而果不同的关系进行解答。《孟子·告子下》载："孟子居邹，季任为任处守，以币交，受之而不报。处于平陆，储子为相，以币交，受之而不报。他日，由邹之任，见季子；由平陆之齐，不见储子。屋庐子喜曰：'连得间矣。'问曰：'夫子之任，见季子；之齐，不见储子，为其为相与？'"孟子回答道：不是的。《尚书》说过，享献之礼可贵的是仪节，如果仪节不够，礼物虽多，只能叫做没有享献，因为享献人的心意并没有用在这上面，这是因为他没有完成那享献的缘故。从季子和储子二人都送了孟子礼物，孟子都没有回报他们，原因是相同的，但结果不同。因为孟子从邹国到任国，他拜访了季子；但孟子从平陆到齐国，却不去拜访储子。这样，结果的表现也不同。为何有这样的不同态度呢？就是因为季子送礼时，季子不能亲身去邹国；而孟子在平陆时，储子为齐相，是可以亲去平陆的，但他却只叫人送去而不亲去，则于礼有欠缺。孟子之所以后来拜访了季子而不拜访储子，采取不同态度对付两位送礼的人，即由于此。这从逻辑上看，因同而果不同。

在另一种情况，又有异因而同果的现象出现。比如他说：

220

"居下位，不以贤事不肖者，伯夷也；五就汤，五就桀者，伊尹也；不恶汙君，不辞小官者，柳下惠。三子者不同道，其趋一也。一者何也？曰，仁也"（《孟子·告子下》）。这里举了伯夷、伊尹、柳下惠三位贤者的不同事迹，但其所得的结果却是一样的，这就是"仁"，这就是异因而同果，殊途而同归。

3. 类比法。在孟子的许多推论中，除了前述的演绎和归纳之外，还经常运用类比法。比如他对齐宣王说，如果想以齐的武力与天下为敌，是很难取胜的。他为说明此理，先举邹楚二国之战为例，进行类比。孟子问齐宣王说："邹人与楚人战，则王以为孰胜？"曰："楚人胜。"孟子然后又说："然则小固不可以敌大，寡固不可以敌众，弱固不可以敌强。海内之地方千里者九，齐集有其一，以一服八，何以异于邹敌楚哉？"（《孟子·梁惠王上》）

孟子对当时用无耻乞怜的手法，求升官发财的人，讲了齐人有一妻一妾的故事，进行生动的类比。《孟子·离娄下》载：

"齐人有一妻一妾而处室者，其良人出，则必餍酒肉而后反。其妻问所与饮食者，则尽富贵也。其妻告其妾曰：'良人出，则必餍酒肉而后反；问其与饮食者，尽富贵也，而未尝有显者来，吾将瞷良人之所之也。'早起，施从良人之所之，徧国中无与立谈者。卒之东郭墦间，之祭者，乞其余；不足，又顾而之他，此其为餍足之道也。其妻归，告其妾，曰：'良人者，所仰望而终身也，今若此。'与其妾讪其良人，而相泣于中庭，而良人未知之也，施施从外来，骄其妻妾。由君子观之，则人之所以求富贵利达者，其妻妾不羞也，而不相泣者，几希矣！"

孟子对万章问关于象欲杀舜之事，舜事先知道否？孟子答道，为什么不知道呢？"象忧亦忧，象喜亦喜。"那么，"舜的喜欢是虚伪的吗？"这时，孟子引了一段郑子产的故事进行类比，为舜辩解。《孟子·万章上》载：

"昔者有馈生鱼于郑子产，子产使校人畜之池。校人烹之，反命曰：'始舍之，圉圉焉；少则洋洋焉；攸然而逝。'子产曰：'得其所哉！得其所哉！'校人出，曰：'孰谓子产智？予既烹而食之，曰得其所哉，得其所哉。'故君子可欺以其方，难罔以非其道。彼以爱兄之道来，故诚信而喜之，奚伪焉？"象和他的父亲瞽瞍千方百计地想杀舜，叫舜修理谷仓，在舜上房后，把梯子去掉，放火烧仓。他们使舜淘井，却用土填塞井眼，以为舜一定死了，哪里知道舜已设法逃出来，回到自己房中弹琴了。象看到这情景，不好意思地对舜说："我好想念你啊！"象的伪善假话和子产的校人是相同的。但孟子却用"君子可欺以其方"的话掩盖了子产之智和舜的诚信。这样，他通过类比解答了万章的提问。

孟子除了用比较复杂的类比法进行推论外，还经常用简单的比喻来解答问题。孟子对齐宣王辨释"不能"和"不为"的区别，即用简单的比喻。他说："挟太山以超北海，语人曰，'我不能'，是诚不能也。为长者折枝，语人曰，'我不能'，是不为也，非不能也。故王之不王，非挟太山以超北海之类也，王之不王是折枝之类也。"（《孟子·梁惠王上》）此外，孟子用"缘木求鱼"的比喻说明齐宣王之"欲辟土地，朝秦楚，莅中国而抚四夷"（见上引）之不可能。用"五十步笑百步"，批评梁惠王之不施仁政，竟想增加人口为可笑，以宋人之揠苗助长喻告子之不知义。他还以"倒悬"喻虐政（《孟子·公孙丑上》），以"时雨"喻王政（《孟子·梁惠王下》），以水之就下，喻人之性善（《孟子·告子上》），以水之胜火喻仁之胜不仁（《孟子·告子上》），以流水之不盈科不行，喻君子之不成章不达（《孟子·尽心上》）。类此比喻，在《孟子》七篇中不胜枚举。

孟子有时还运用比喻法来进行反驳。他说："今恶辱而居不

222

仁,是犹恶湿而居下也"(《孟子·公孙丑上》)。又说:"今恶死亡而乐不仁,是犹恶醉而强酒"(《孟子·离娄上》)。"今也小国师大国而耻受命焉,是犹弟子而耻受命于先师也"(《孟子·离娄上》)。"今欲无敌于天下而不以仁,是犹执热而不以濯也"(《孟子·离娄上》)。

孟子对概念下定义,有时也采用比喻法。他说:"仁,人之安宅也;义,人之正路也"(《孟子·离娄上》)。把安宅比作仁,把正路比作义,对于那些旷安宅不去住,舍正路而不去走的人,提出批评。

孟子也运用同样的方法对"大丈夫"下定义。"居天下之广居,立天下之正位,行天下之大道。得志,与民由之;不得志,独行其道。富贵不能淫,贫贱不能移,威武不能屈;此之谓大丈夫"(《孟子·滕文公下》)。

孟子不但运用比喻进行定义,还有时运用比喻进行推论,使推论的过程更加确切清楚。例如,他用鱼来比喻生命,用熊掌来比喻道义。二者择一,不能兼有时,我宁可弃鱼而取熊掌,舍生命而取道义。孟子说:"鱼,我所欲也,熊掌亦我所欲也;二者不可得兼,舍鱼而取熊掌者也。生亦我所欲也,义亦我所欲也;二者不可得兼,舍生而取义者也"(《孟子·告子上》)。根据上边生动的选言推论,又进行演绎,就可以得到意义更深刻得多的结论。"生亦我所欲,所欲有甚于生者,故不为苟得也;死亦我所恶,所恶有甚于死者,故患有所不辟也。"宁正言不讳的危身,所以不能从俗富贵以偷生,这就是基于"所欲有甚于生"和"所恶有甚于死"的选言论式推得的必然结论。

孟子还以牛山之木来比喻人心之具有仁义之德。牛山之木本来是很茂盛的,只因为坐落在齐都郊外,不断受到砍伐,因此才变成光山。人心本具有仁义善端,只因人们受环境的坏影响,不断丧失他的良心，因此才变成坏人。就在人的每日夜间也还会发现一点善心来，尤其是天刚亮时，就每每有一股清明之气萌于胸中，这正好比被砍伐了的树木还可有再生的萌芽，只要善于养育，还可成为林木。如果再生的萌芽，不加保护，反被牛羊所践踏，那就无望其成材了。人在每日所生的"夜气"又被第二天的不良作为所干扰而丧失，正如牛羊之践踏萌蘖，就会使人跻于禽兽。但这并不能说明人的本性不好，好比秃秃光山并不是山的本性一样。孟子通过这一类比，既说明人虽有本来性善，但也不能抛弃教养。最后，他得出结论说："苟得其养，无物不长；苟失其养，无物不消。"（《孟子·告子上》）这一推论是合乎逻辑的。

孟子长于用类比或比喻来进行推论，所以他的论证就显得生动而有力。但孟子是先验论者，他更多地就先验方面去规定一些类的概念，而不是通过实际经验去概括出类的概念。所以，他提出的类很多是非科学的。依于非科学的类来进行类比，就会犯"异类不比"的错误。比如他把朝廷的爵，乡党的齿和辅世长民的德，进行类比（《孟子·公孙丑下》），这就不伦不类了。荀子批评孟子为"甚辟违而无类"是有根据的。

4．演绎、归纳和类比之错综运用。

孟子在论辩的过程中，对于推理的各种形式错综运用的多，而且不拘一格。有时也采用归纳得出一般结论之后，又采用联锁式以证成他的结论。比如《孟子·公孙丑上》有一段先用归纳法列举"尊贤使能，俊杰在位，则天下之士皆悦，而愿立于其朝矣；……"之后，又采用联锁推论证成此结论。"率其子弟，攻其父母，自有生民以来，未有能济者也。如此，则无敌于天下。无敌于天下者天吏也。然而不王者，未之有也。"把这段列成联锁式，则成为下式：

224

（1）仰望之如父母，是无法攻破的，因为从来也没有带领子弟，攻他们的父母而能成功的（带证体）；

（2）无法攻破即可无敌于天下；

（3）无敌于天下即是"天吏"；

（4）"天吏"没有不能统一天下的；

最后，可得出结论说：

（5）能使人民仰望之如父母，则可以王天下。

以上是兼采带证体的联锁式。

有时，孟子先采演绎的论证，然后再用归纳去补充。比如《孟子·万章上》关于舜之有天下，为"天与之"的论证，即采此式。兹列成论式如下：

（1）论题："天与之"。

（2）论据："尧荐舜于天，而天受之"；因为"使之主祭，而百神享之，是天受之。""暴之于民，而民受之"，因为"使之主事而事治，百姓安之，是民受之也。"

以上是采用演绎论证。为巩固这一论证，他又用枚举归纳以证成其题。

"尧崩，三年之丧毕，舜避尧之子于南河之南。"

（1）"天下诸侯朝觐者，不之尧之子而之舜"；

（2）"讼狱者，不之尧之子而之舜"；

（3）"讴歌者，不讴歌尧之子而讴歌舜"。

（4）结论："故曰：天也。"

孟子最后还用反面的论证而加以否定。"而居尧之宫，逼尧之子，是篡也，非天与也。"如果尧死后，舜窃住尧的宫殿，登上宝座，把尧的儿子赶跑，那是篡夺，而非"天与"。可是事实把这一反面否定了。从正反两面，证明"天与"说，天通过民意表示天意。"天视自我民视，天听自我民听"。

关于类比推理的综合运用，前已举例说明，兹再举一例，以类比进行反驳。《孟子·梁惠王下》载："孟子谓齐宣王曰：'王之臣有托其妻子于其友而之楚游者，比其反也，则冻馁其妻子，则如之何？'王曰：'弃之。'曰：'士师不能治士，则如之何？'王曰：'已之。'曰：'四境之内不治，则如之何？'王顾左右而言他。"这里孟子拿负友人嘱托的朋友、不能办案的狱吏和齐宣王不能治国视为同类，迫使齐宣王不得不默认自己的错误。

孟子所用的归纳，还限于枚举归纳，不能算是科学的归纳。至于类比的运用，也是一种比喻式的，还不能算严格的逻辑类比。至于演绎，则所用形式以联锁推论为多，有时附以带证体的形式。联锁推论有采顺进式的，也有采逆退式的，如《孟子·离娄上》载："居下位而不获于上，民不可得而治也。获于上有道，不信于友，弗获于上矣。信于友有道，事亲弗悦，弗信于友矣。悦亲有道，反身不诚，不悦于亲矣。诚身有道，不明乎善，不诚其身矣。"这段联锁式可排成下式：

（1）居下位而不获于上，民不可得而治也。

（2）获于上有道，不信于友，弗获于上矣。

（3）信于友有道，事亲弗悦，弗信于友矣。

（4）悦亲有道，反身不诚，不悦于亲矣。

（5）诚身有道，不明乎善，不诚其身矣。

所以

（1）诚身才能悦亲；

（2）悦亲才能信友；

（3）信友才能获上；

（4）获上才能治人。

因此，得出最后结论：

诚身才能治民，即——

226

238

（5）诚是治民之本。

5．比较、对比和观察。

（1）比较法。比较法是使我们识别事物的常用方法。但怎样进行比较才能得出比较正确的结论，这是运用比较法的重要问题。

孟子对于比较法的运用，有一点值得肯定，就是对两件事的比较，应当在它们同一基础上进行。比如对于两个学生成绩优劣的比较，应就他们共同的基础进行比较，如两生的班级相同，教师教授相同，都学过某些相同的基础知识等等，否则就难得出正确的结论。《孟子·告子下》载任人问屋庐子"礼与食孰重？"屋庐子说："礼重。"又问："色与礼孰重？"他又答："礼重。"又问："以礼食，则饥而死；不以礼食，则得食，必以礼乎？亲迎，则不得妻；不亲迎，则得妻，必亲迎乎？"屋庐子答不了，去请教孟子。孟子说："于答是也何有？不揣其本，而齐其末，方寸之木可使高于岑楼。金重于羽者，岂谓一钩金与一舆羽之谓哉？取食之重者与礼之轻者而比之，奚翅食重？取色之重者与礼之轻者而比之，奚翅色重？"孟子这里讲礼与食、色的比较，应就基本上相同点去考虑，如果轻重相差悬殊，比较就会失去意义，合理的逻辑比较是应考虑到这点的。

（2）对比法。对比法也是帮助我们认识事物的方法。对于一些相似的事物，通过对比之后，可以区别得更清楚些。孟子常用对比法以区别两种不同的对象。例如孟子对"齐宣王问卿"，即采对比法。他说卿有两种：有贵戚之卿，有异姓之卿。什么是贵戚之卿？"君有大过则谏，反覆之而不听，则易位"（《孟子·万章下》）。至于异姓之卿则反是，"君有过则谏，反覆之而不听，则去"（同上引）。对舜蹠之分，孟子也用对比法。《孟子·尽心上》载："鸡鸣而起，孳孳为善者，舜之徒也；鸡鸣而起，孳孳为利者，蹠之徒也。欲知舜与蹠之分，无他，利与善之间也。"利和善的对立，当然是就儒家的观点言；若在墨家，利和善就不是对立的了。孔、孟讲逻辑只为他们的伦理服务，就此也可证明。

此外，孟子对于性和命的区别，也用了对比。孟子说："口之于味也，目之于色也，耳之于声也，鼻之于臭也，四肢之于安佚也，性也，有命焉，君子不谓性也。仁之于父子也，义之于君臣也，礼之于宾主也，知之于贤者也，圣人之于天道也，命也，有性焉，君子不谓命也"（《孟子·尽心下》）。美味声色虽出于天性，但得到与否，属于命运，则不能强求，就不能称之为性。仁、义、礼、智与天道，能否实现，属于命运，但它们是天性的必然，应努力遵从天性以求其实现。所以这些就不称为命而叫它们为性。

孟子分别"诛"和"弑"的不同，也用二者的定义作对比。"贼仁者谓之'贼'，贼义者谓之'残'；残贼之人，谓之'一夫'。闻诛一夫纣矣，未闻弑君也"（《孟子·梁惠王下》）。以下犯上，杀其君者为"弑"。至于成为"一夫"的君主，那就人人皆得而诛之，不能称为弑。杀有罪为"诛"，杀无罪者为"弑"。孟子明确概念的涵义，避免概念的混淆，这或许受辩者派的影响。

（3）观察法。孟子虽为先验论者，但也并没完全忽视经验的归纳，这点前边已谈及。因他注意经验，所以他也注重观察。孟子说："存乎人者，莫良于眸子。眸子不能掩其恶。胸中正，则眸子瞭焉；胸中不正，则眸子眊焉。听其言也，观其眸子，人焉廋哉？"（《孟子·离娄上》）。以眸子明暗，观察人的好坏，不一定是科学的。但"有诸内，必形诸外"（《孟子·告子下》）。眸子更是体现内心变化的焦点，那么，孟子的这一观察人们品质的办法，也是有一定根据的。

228

第四节　关于言和辩

孟子以"知言"、"善辩"著称。他自己也曾说过"我知言"（《孟子·公孙丑上》）。他也承认他"好辩"，不过是出于"不得已"（《孟子·滕文公下》）。孟子的言和辩，虽主要为他的性善说和仁政的政治观服务，但在逻辑上说，也有他的贡献，这是应该肯定的。兹先述他对言的看法，再论他的辩。

1. 言。辩言正辞是春秋末期到战国时期的一种学术风气。鲁胜说，孟子虽反对墨家，但其辩言正辞却与墨同。我们证以《孟子》七篇的内容，鲁胜的话是有根据的。

什么叫做言？言的内容应该是什么？怎样来表达言，又怎样来审查言的正否？这些问题，孟子是考察到的。

(1) 言的内容。孟子提出言应当有内容，即言应有其实。他说："言无实不祥"（《孟子·离娄下》）。这就是说没有内容的言是不好的。孟子所讲的言，基本上和普通逻辑所讲的判断相当。判断是对客观事物有所断定；某一事物存在或不存在，它具有某种属性或某种关系，这都是判断所反映的客观的实，判断是以客观的实为基础的。不具有客观的实的判断，那是一种不真实的判断，是逻辑所否定的。

孟子要求言要有实，有具体的内容，这是合乎逻辑的。当然，孟子所要求的实，还不是属于逻辑判断所要求的真实。换句话说，他所指的实不属于事实判断，而属于伦理、道德的价值判断。这点我们是应区别清楚的。正因为如此，孟子所讲的许多有实之言，颇类一般逻辑的名言上的定义 (verbal definition)，而不是实质上的定义(Substantial definition)。比如他说："仁之实，事亲是也；义之实，从兄是也；智之实，知斯二者弗去是也；礼之实，节

229

文斯二者是也；乐之实，乐斯二者，乐则生矣"（《孟子·离娄上》）。这里所讲的仁、义、礼、智、乐的实，并不是从一般的事实中概括得来，和墨家逻辑的"取实予名"根本不同。又如他说："可欲之谓善，有诸己之谓信，充实之谓美，充实而有光辉之谓大，大而化之之谓圣，圣而不可知之之谓神"（《孟子·尽心下》）。这里对于善、信、美、大、圣、神等概念所下的定义，只具有名义上的意义，并不具有实质性的东西。

孔子主张"雅言"，孟子提倡"善言"。所谓"善言"，即指"言近而旨远"（同上引）之言。言的内容应当是人生日用所需的东西，但它的含义却又是深刻的。这是他所谓"君子之言也，不下带（朱熹《集注》云："古人视不下于带，则带之上乃目前常见至近之处也。举目前之近事，而至理存焉"）而道存焉"（《孟子·尽心下》）的意思。所言的内容虽是平常可见的东西，但理却在其中。孔、孟都反对"空言"，空言者或言而无实，或远离人生实际，或如杨子为我、墨子兼爱之类不近人情的东西，他们都是反对的。"言语必信"（同上引），所以他主慎言。孟子说："人之易其言也，无责耳矣"（《孟子·离娄上》），随便把什么话都说出口的人，那就不足责备了。这还是孔子"讷言"的遗训。

（2）言的方法。孟子注重言的内容，还注重言的方法。他一方面主"言语必信"（《孟子·尽心下》），但另一方面，又说，"言不必信"（《孟子·离娄下》）。在平常的时候，说话是必须守信的；但在非常的时候，就不必句句都守信了。孟子的标准，还是一个"义"字。言语必信，或不必信，依于"义"而定，所谓"惟义所在"（同上引）。从此可见，判断真实的标准，他不从逻辑上考虑，而从伦理上找根据。这正是他的逻辑伦理化的特点。

对什么人，说什么话，也不是随便的。有该说的时候，也有不该说的时候。孟子说："士未可以言而言，是以言餂之也；可以

230

言而不言，是以不言恬之也，是皆穿踰之类也"(《孟子·尽心下》)。所以不该说而说，或该说而不说，都有陷于穿踰之类的危险。孟子自己就有一次不与右师(即齐大夫王驩)言，师认为这是孟子对他的简慢。孟子知道后，便解释说："礼，朝廷不历位而相与言"(《孟子·离娄下》)。这就是从礼节说，在朝廷里，不应跨过位次来交谈。

总之，在言的方法上，在什么场合，言必有信，又在什么时候掌握言的时机，他的依据还不外"礼"和"义"。

(3) 对于不正确的言辞的批判。孟子自称"知言"。所谓"知言"者，即指能识别那些不正言的错误，并从而纠正它。《孟子·公孙丑上》载："'何谓知言?'曰:'诐辞知其所蔽，淫辞知其所陷，邪辞知其所离，遁辞知其所穷。'"诐辞即是一偏之辞，只见部分，不见全体，一叶障目，不见泰山。所以诐辞的形成，由于它有所蔽，如荀子评墨子蔽于用而不知文之类。淫辞即指一些过分夸大之辞。淫者，过也，如久雨为淫雨。淫辞的形成，正由于它有所陷溺之故。所以说："淫辞知其所陷。"邪辞即指离开正道之辞。离于正为邪，所以说:"邪辞知其所离。"遁辞指一些理有所穷之辞，因理有所穷，所以不能正直地说，躲躲闪闪，采用诡辩的方法，以假乱真，就成为遁辞。至于怎样才能避免"四辞"的错误，他并未具体说明。但从孟子对于"四辞"的批语上看:"生于其心，害于其政;发于其政，害于其事"(同上引)，则只有归于"仁义"之道，才能纠正诐、淫、邪、遁四辞的错误。《孟子》开章明义第一章，他对梁惠王说:"王亦曰仁义而已矣，何必曰利?"一语道破孟子所指正言的意义，凡违反"仁义"之言，都可被他列在四辞之中。孟子对于不正确言辞的纠正是求助于伦理，这和荀子从逻辑的观点纠正乱名者是不同的。

(4) 对负辞或负判断的注重。判断是对客观事物有所断定，而断定不外肯定或否定二途。从事物的全面看，肯定和否定是互为表里的，因肯定某物是什么，即等于断定它不是其他的什么。否定它是什么，也同时意味它是属某一范围的什么。对判断的辩证关系的深入理解，当然只有掌握了马克思主义的辩证逻辑之后才有可能。但在二千多年前的孟子也初步体会到这一判断的否定作用。反面的否定是和正面的肯定相辅相成的。孟子说："教亦多术矣，予不屑之教诲也者，是亦教诲之而已矣"（《孟子·告子下》）。"不屑之教诲"也是一种"教"，不过它是从否定的角度去看。这样"教"的行动是包括正面的"教"和反面的"不教"，也可说是"不教之教"。他又说："人不可以无耻，无耻之耻，无耻矣"（《孟子·尽心上》）。这就是说，人不可以没有羞耻，没有羞耻的羞耻，真是不知羞耻。这样，"耻"就包括"耻"和"无耻"两方面，也可称为"无耻之耻"。

孟子对于人的作为也从两方面看，他说："人有不为也，而后可以有为"（《孟子·离娄下》）。这就是说，一个人不能事事都做，要把事情做好，就需放弃一些工作，然后才能把所需做的工作做好。所以"为"是包括"为"和"不为"两方面的。工人无为于刻木，而有为于用斧，主上无为于亲事，而有为于用臣，只讲"为"或"不为"都是片面的。

正因为孟子注意到负判断方面的作用，所以他既坚持原则性，也注意到灵活性。处常行经，处变行权。"男女授受不亲，礼也；嫂溺，援之以手者，权也"（《孟子·离娄上》）。"君之视臣如手足，则臣视君如腹心；君之视臣如犬马，则臣视君如国人；君之视臣如土芥，则臣视君如寇仇"（《孟子·离娄下》）。君臣之义，并不是"无所逃于天地之间"，它只是一种相对的关系。当然，孟子的这样一些带辩证关系的认识，并不是从他逻辑上的推论得出，而是由于战国时代的巨大社会变革，动摇了传统的礼则所致。

232

2. 辩。孟子的辩，在于"正人心，息邪说，距诐行，放淫辞"（《孟子·滕文公下》）。所谓邪说、诐行、淫辞，主要指杨、墨。"杨氏为我，是无君也；墨氏兼爱，是无父也。无父无君，是禽兽也"（同上引）。所以他说："能言距杨、墨者，圣人之徒也"（同上引）。杨、墨之外，如许行的君臣并耕，陈仲子的自食其力和告子的"生之谓性"等也在孟子所反对之列，自然也要和他们展开辩论。所以辩论成为孟子逻辑中最突出的一个组成部分。

孟子所最常用的辩论方法有二，一为反诘法，二为二难法。

（1）反诘法。孟子对论敌常先从论敌所承认的原则出发，然后慢慢导出矛盾的结论，这样迫使论敌承认自己的错误。比如他使齐宣王了解到欲辟土地、朝秦楚、莅中国而抚四夷为不可能，先让齐宣王承认邹与楚战，楚人必胜的事例，然后对比齐和天下诸国的关系，正犹邹之与楚。这样，迫使齐宣王承认想用武力统治天下也会遭致失败。

孟子反对许行"君臣与民并耕"之说也采用反诘法。他先让许子承认必须拿自己所种的粮食去换做饭用的家具和耕田用的农具，因为衣冠、家具和农具不能件件都由自己来做，那样就会妨碍耕稼了。然后孟子转入社会分工的问题，说明"百工之事，固不可耕且为也，……尧、舜之治天下，岂无所用其心哉？亦不用于耕耳"（《孟子·滕文公上》）。孟子通过这样的反诘，说明许行君臣并耕之说是错误的。

对告子"生之谓性"说，他也采反诘法。他先让告子承认"生之谓性"和"白之谓白"为同类。然后再使他承认"白羽之白也，犹白雪之白；白雪之白犹白玉之白"。由是，孟子转引"犬之性犹牛之性，牛之性犹人之性"为错误的，得出白羽之白、白雪之白和白玉之白，与犬之性、牛之性和人之性是不同类的事物。孟子这里却用不同类的事物进行类比，这是违反了"异类不比"的逻辑

233

错误。但他采用辩难的方法确是一种反诘法。

（2）二难法。孔子提出了两端法，即相当于逻辑的二难法。孟子发展了二难法。所谓孟子发展了二难，就是他所采用的形式较为复杂。他或兼用类比，或并采带证。

（a）二难兼用类比推证的。《孟子·公孙丑下》载，孟子本来打算去晋见齐王，恰巧齐王派人去找他，孟子反托病不去。第二天，孟子却去东郭大夫家吊丧。公孙丑对他说，昨天托病不去见王，今天反去吊丧，这是不行的吧？孟子解除这二难，用昨天有病，但今天好了，所以昨天的不去和今天的去，不构成矛盾，二难不是真有难。

孟仲子为应付齐王派医生来治孟子病，怕暴露出孟子的假病，嘱孟子不要回家，避住景丑家。景丑提出君臣主敬之义责难孟子，说孟子不敬齐王。孟子强辩道，他比任何一个齐人都更尊敬齐王。因为他是以尧、舜之道说齐王的。景丑这时又向孟子提出责难，说"君命召，不俟驾"，可是你本欲朝王，反因王命而不去。这就于礼不合了。孟子为反驳景丑的责难，一方面运用富与仁、爵与义的类比，不能以朝廷之爵位来抹杀他的年龄和德操。另一方面又以汤之不敢召伊尹和桓公之不敢召管仲为类比，评齐王之召孟子为错误。他通过这两种复杂的类比，排斥了由于他托病不见齐王，反而吊东郭之丧所构成的二难。当然，孟子以不同类的爵、齿、德三者进行类比，陷于无类逻辑之讥。但我们从二难的形式上看，是复杂化了。

（b）二难兼用带证式的。周公使管叔监殷，管叔以殷畔，陈贾对此向孟子提出二难说："周公使管叔监殷，管叔以殷畔；知而使之，是不仁也；不知而使之，是不智也。仁智，周公未之尽也"（《孟子·公孙丑下》）。孟子对陈贾的二难，承认其一难，即周公是不知而使之，孟子承认周公为不智。但孟子对不知而使的过

234

错,却引用儒家的家族伦理为他辩解。他说:"周公,弟也;管叔,兄也。周公之过,不亦宜乎?且古之君子,过则改之;今之君子,过则顺之。古之君子,其过也,如日月之食,民皆见之;及其更也,民皆仰之。今之君子,岂徒顺之,又从为之辞。"(同上引)这样,孟子既引证了周公与管叔的兄弟关系,又引证了"古之君子,过则改之"的美德,证明周公的"不知"之过,实质上并不算什么。他就用这种带证的方法来排除陈贾提出的二难。

《孟子·尽心上》载:"孟子谓宋勾践曰:'子好游乎?吾语子游。人知之,亦嚣嚣;人不知,亦嚣嚣。'"所谓"嚣嚣",依赵岐《孟子注》为"自得无欲之貌"。这就是说,人家知道我或不知道我,都自得其乐,这是游说诸侯者所应采的态度。

孟子对于这个二难式,采用如下的引证式来完成它。这就是从对"嚣嚣"的定义展开论证。他说:"尊德乐义,则可以嚣嚣矣。故士穷不失义,达不离道。穷不失义,故士得己(自得之意)焉;达不离道,故民不失望焉。古之人,得志,泽加于民;不得志,修身见于世。穷则独善其身,达则兼善天下。"(同上引)把这段进行分析,可以得出如下的几层推论。

第一,

故士穷不失义,达不离道;(大前提)

穷不失义,故士得己焉(肯定大前提的前件);(小前提)

达不离道,故民不失望焉(肯定大前提的后件);(小前提)

故士或得己焉,或民不失望焉;(结论)

第二,以"达"的同一概念"得志",和"穷"的同一概念"不得志"换入,构成如下的二难式:得志,泽加于民,不得志,修身见于世。

(省略:古之人,或得志,或不得志,小前提;古之人,或泽加于民,或修身见于世,结论)。

235

247

第三，再将"穷"、"达"分别代入"不得志"、"得志"，得出如下两个意义相同的判断"穷则独善其身，达则兼善天下"。

通过以上几层论证，最后证成最初的二难论题，即"人知之，亦嚣嚣；人不知，亦嚣嚣"。

《孟子·公孙丑下》载"陈臻问（孟子）曰：'前日于齐，王馈兼金一百而不受；于宋，馈七十镒而受，于薛，馈五十镒而受。前日之不受是，则今日之受非也；今日之受是，则前日之不受非也。夫子必居一于此矣'"。孟子对陈臻的二难也用带证的方式，分别加以肯定，所谓二难，并非真有所难。他说："皆是也，当在宋也，予将有远行，行者必以赆，辞曰：'馈赆'，予何为不受？当在薛也，予有戒心，辞曰：'闻戒，故为兵馈之'，予何为不受？若于齐，则未有处也。无处而馈之，是货之也。焉有君子而可以货取乎？"

从以上看来，孟子的二难推论，比起孔子时代，已相当复杂化，这也是孟子逻辑的进步处。

本章首先阐述了孟子对孔子正名逻辑的继承，并指出孟子和孔子的时代不同，因而在正名逻辑的内容和方法上有其差别。在内容上，孟子从正名以正政转入正人心以正政，并以主观唯心主义为他正人心以正政的思想作理论基础。在方法上，孟子采用辩的方法来和各种相反的思潮作斗争，最后达到他的正人心，息邪说，以仁义王天下的目的。

孟子虽主先验论，提倡良知、良能，但对见知、闻知和推知也没有忽视。他在许多有关道德的论辩中都涉及逻辑思维的问题，诸如逻辑推论的依据和普通逻辑的方法，象演绎、归纳和类比等等，也都有轻重不同程度的表述。他重视心官的思考作用，这是逻辑推论的根源。稷下唯物派和荀子也都重视心的征知作用，这是正名逻辑派的一个共同点。

236

孟子逻辑的主要贡献在于：(1)对某些道德概念作出了比较明确的定义，这有助于概念的进一步分析。(2) 重视判断的内容，提出"言无实不祥"的正确主张。他同时重视言的方法和言的正确性。对判断正负的辩证关系也不自觉地提到了，这也是难能可贵的。(3)他发展了孔子的两端法,二难论式成为孟子进行论辩和反驳的重要形式。反诘法、比较法也是他在论辩时所熟练运用的方法。

孟子的逻辑虽有如上三点的贡献，但也有他的缺点，主要在于混淆了逻辑和伦理的不同要求，因而造成了逻辑的混乱。荀子评他为"甚避违而无类"，说明他陷入无类逻辑的错误。至于他把逻辑思维和伦理的内容混在一起，致使他无法对逻辑的形式和规律、规则等作出比较深入的分析，这是正名派的共同缺点。

第三章　稷下唯物派的正名逻辑

第一节　稷下唯物派正名逻辑的资料及其简介

　　郭沫若在他的《青铜时代·宋钘尹文遗著考》一文中曾说过:"我感觉着我是把先秦诸子中的一个重要的学派发现了。有了这一发现,就好象重新找到了一节脱了节的连环扣一样。"(该书第 269 页) 郭沫若的这些话我基本上是同意的。不过他所发现的这个学派是指宋钘、尹文一派,而我却认为这一重要学派是指齐稷下搞正名逻辑的唯物派,这是大不相同的地方。

　　郭沫若认为《管子》书中的《心术上》、《心术下》、《内业》、《枢言》等篇为宋钘、尹文的遗著。他用《庄子·天下篇》中评述宋钘、尹文的一段和《管子》书这几篇对照, 认为《庄子》所谈的宋、尹思想和《管子》所谈的宋、尹思想一致。特别是《管子》中的《白心篇》即《庄子·天下篇》的"以此白心"的具体说明。从郭沫若提出这一论点后,大多讲中国哲学史的都把《管子》书中五篇归之宋、尹,用作宋、尹哲学思想的材料。

　　我认为《管子》书中的这五篇确是一组思想完整的体系,对于战国时期哲学思想的发展和逻辑思想的转变确有重要的地位。从《管子》中找出这一派确能寻着战国思想的承先启后的关

238

键。但若把这些材料归于宋、尹，我认为论证还不充足。

第一、《庄子·天下篇》所评述的宋、尹思想主要是"见侮不辱"和"情欲寡"二方面。荀子《正论》篇对宋子的批评也针对这二点。从这二点看，宋、尹的主张似对墨子的非攻与非斗找出了心理学的理论根据，所以荀子把墨翟与宋钘归为一派进行批评。

反观《管子》书的五篇，对宋、尹的"见侮不辱"和'情欲寡'并没提及。《管子》虽也提到"去欲"之说，主张"去欲则宣"，要"虚其欲"（《管子·心术上》)，但和《庄子·天下篇》的"情欲寡"是不同的。"情欲寡"是指人生来就是情欲寡浅的。所以并不是"虚其欲"的问题。

第二、《管子》书的五篇主要阐发了"道"的最高范畴，把"道"作为名法的最后依据。但在《庄子·天下篇》中的宋、尹，对此反而只字不提。

第三、郭沫若认为《管子·内业》中有"食莫若无饱"之说，就是"愿天下之安宁以活民命，人我之养，毕足而止"的基本理论（郭著《青铜时代》第260页）。但《内业》的"食莫若无饱"是从养生的角度出发。所谓"凡食之道，大充（内）伤而形不臧"（《管子·内业》)。这是指饱食能使肠胃受伤。这和宋、尹的"五升之饭足矣，先生恐不得饱，弟子虽饥，不忘天下"的精神迥然二致。前者目的在于为我，以求长生；后者的目的在于为他，以活民命，怎样能把它们二者混而为一呢？

第四、《庄子·天下篇》的"以此白心"，和《管子》中的《白心》篇名，只是名词上的偶合，不能作为二者相同的证明。从文法上说，《庄子·天下篇》的"以此白心"是指以"不累于俗，不饰于物，不苟于人，不忮于众，愿天下之安宁，以活民命，人我之养，毕足而止"的这些主张来表白自己的心迹。这和《白心篇》的"建常

（本作当）立首（本作有），以靖（同静）为宗"的道家精神是不同的。

根据以上四点的理由，我们不拟把《管子》中的五篇划作宋、尹思想的资料。关于宋、尹的学说只能依据《庄子》、《荀子》、《韩非子》及《吕氏春秋》各书去勾稽索引，概括宋、尹主张的轮廓。至于《管子》中的这五篇，我们用作齐稷下唯物派搞正名逻辑的材料，原因是这儿篇和今本《尹文子》一书所具有的逻辑思想正可作为战国中期逻辑思想发展的承先启后的关键。《管子》和今本《尹文子》如果认作管子或尹文本人所作，那确属伪书。但如果把其中的某部分作为齐稷下学士的杂著，则确有它们的学术价值。罗根泽曾称《列子》虽非列御寇所作，但不能因此而鄙弃于不顾（罗根泽：《诸子考索》，第422页）。罗根泽对于伪书的看法我是同意的。实则《列子·杨朱篇》的"为我"观点也不妨引作杨朱为我的材料（参阅胡适《中国哲学史大纲》第176页），因为杨子为我，在《孟子》中是有旁证的。这样，就不能因《列子》是伪书而把它全部否定。我对于《邓析子》、《管子》、《尹文子》、《慎子》、《尸子》各种所谓伪书的估价，就是如此。

我们把《管子》书的这五篇和今本《尹文子》、《慎子》、《尸子》等用作稷下唯物派的正名逻辑材料，即因为这些材料具有共同的系统的观点。这些系统观点的主持者虽不能有所确定，但作为齐稷下士的杂著是可以的。现在把它的观点略述如下。

第一、稷下唯物派的正名逻辑继承了孔丘的正名以正政的逻辑思想。正名的逻辑作用不在求真而在于求治。正名所以治国，这是正名主义逻辑的特点。《尹文子·大道上》云："名也者，正形者也。形正由名，则名不可差。故仲尼云：'必也正名乎！'名不正，则言不顺也。"这是引孔子的正名来说明它的政治作用。因为稷下派主张正名以正政，所以对于儒家的礼义和乐是重视的。

240

《管子·心术上》对义和礼有明确的规定。它说："义者，谓各处其宜也。礼者，因人之情，缘义之理，而为之节文者也。故礼者，谓有理也。理也者，明分以谕义之意也。故礼出乎义，义出乎理，理因乎宜者也。"稷下唯物派处在封建制普遍推行的战国中期，因而他们所讲的礼，已不是孔子所指的周礼，而是依于新兴地主阶级统治的需要，适宜于当时环境而生的礼。这是与理结合的礼。而他们所讲的理，还不是指客观世界存在的规律，只是统治封建国家的法理。《尹文子·大道上》云："明主不为治外之理"，可谓一语道破当时封建主所专注的理，正是指适合于他们统治所需的法理。不过稷下派的礼虽和孔丘不同，但在政治的作用上是一致的。孔丘的礼治正可加以适当的改造而为封建主服务。

儒家的礼乐，不但是治国的工具，而且还是修养的武器。《管子·心术下》云："凡民之生也必以正平，所以失之者必以喜乐哀怒。节怒莫若乐，节乐莫若礼，守礼莫若敬。"《管子·内业》也谈到"止怒莫若诗，去忧莫若乐，节乐莫若礼，守礼莫若敬，守敬莫若静"，心地平正是人生修养的鹄的。不过常人因受喜怒哀乐的情感所激动往往不能保其平正的心境，这样就需借助礼乐的功用以恢复其平正之心。稷下派在这里已把儒家的礼乐和黄老的主静立极结合起来。"外敬而内静"（《管子·心术下》）正是他们所企求实现的生活境界。

第二、改造了老子精神性的道而为物质性的道。道成为礼法和逻辑思维的最高范畴。老子的道对于殷周以来具有人格神的天帝，自是一种扬弃。但"先天地生"的道只能是一种客观精神的存在。精神性的道已不适应于战国时期地主阶级思想家的要求。因此稷下派的黄老学者就沿用老子的道而加以唯物主义的改造，使老子的消极无为变为稷下派的积极的无为，这就是君道无为而臣道有为，"无为制窍"，这是黄老派的要点，也是战国晚期韩非等法家所提倡的。"无代马走，无代鸟飞"，"不夺能能，不与下诚"（《管子·心术上》），所以君道必须无为。但无为决不是袖手旁观，而另有君道所当为之事，这就是静以制动，虚以应实。如心之在身，使九窍各称其职。故君操国柄，使百官各尽其能。"人主者立于阴，阴者静……阴则能制阳矣，静则能制动矣"（《管子·心术上》）。以阴制阳，以静制动，这是人主之所有事。"圣人得虚道"（同上引），虚则不屈，应物不穷。"虚道"即天之道，"天之道虚其无形"（同上引），战国时代政权集中在封建主一人身上，君主如何统理万机而又不致陷入琐碎的政事上，就只有效法于天道的无为而使臣下有为。《尹文子·大道上》云："庆赏刑罚，君事也；守职效能，臣业也。……君不可与臣业，臣不可侵君事，上下不相侵与，谓之名正"，黄老的刑名法术之学已和老子的消极无为不同了。

老子的道是客观精神的实体，这是他的奴隶主阶级世界观的反映。从客观精神实体——"道"出发，不但在政治上表现为消极的无为，在认识上也表现为先验论，在逻辑上又表现为无名论。他反对知识，反对辩，这就又表现为反理智主义。老子这些倒退的唯心思想是不适应于战国时期封建主的发展生产、注重科学的环境的。稷下派的唯物论者把老子之精神性的道，改为物质性的气，认为道就是气，并不是超于气的物质之上的存在。气是一切万物的根本，人的肉体和精神也由气生。这样就把老子的先验的认识论改为素朴唯物的反映论，由老子的"塞其兑"变为稷下唯物派的"开其门"。老子的无名论变为稷下唯物派的刑名相应论，再由刑名之学转入刑名法术之学。这就是稷下唯物派对老子"道"加以唯物的改造之后所得的成果。

第三、稷下唯物派继承了墨子"取实予名"的唯物的名实观，改造了孔子的唯心主义的名实观。孔子主张以名正实，使名实相符。墨子批判了儒家，认为实是第一性的，名是第二性的，应该取实予名，不能以名正实。稷下唯物派的正名逻辑虽然继承了孔子正名以正政的思想，但对于名实关系问题却采取了墨子的唯物的名实观，提出"以形务（侔）名"的主张。这就是以形取名，实是第一位的，而名只是实的反映，为第二位的。《尹文子》虽讲"名也者正形者也"，但"正形"不是指改正形的意思，而只是要使名和形互相对应。《尹文子·大道上》发挥形名对应之说，"今万物具存，不以名正之则乱；万名具列，不以形应之则乖，故形名者不可不正也"，这就是名以正形的确解。稷下唯物派只采用了孔子正名的口号，但他们并未采用孔子的正名方法，这是辩者派的逻辑对正名派所生的影响。

名和形发生紧密联系之后，对名的看法，也和孔子不同。孔子的名基本上是指家族伦理的一些名分关系，如君臣、父子、夫妇、兄弟之类，但稷下派的名，虽也指这些名分关系，但名的实质有了根本的变化。那就是说，名者所以纪物，"名也者，圣人之所以纪万物也"（《管子·心术上》），"凡物载名而来"（《管子·心术下》），这样，名的内涵是客观存在的物，物形千差万别，名也随而不同。这样，稷下唯物派对于逻辑的概念，不得不作出进一步的分析。在概念的外延方面，他们作出了初步的划分；在概念内涵方面也探求了各种属性的区别，如一般和个别、具体与抽象之类。

还有，表达概念的名是和语言紧密关联的。而具有形声的名怎样表达逻辑的概念，这又是一个新问题。语言是社会交际和交流思想的工具，它受着使用地区的人们的社会所制约。这样，就可能出现不同地区的人们虽使用某一共同的名言，但表达的概念却不一致。这样语言学上的研究就和逻辑学的研究发生了紧密的联系。稷下唯物派对于这样名言的研究，已逐渐把正

243

名的逻辑转入了名辩逻辑的轨道，这对战国后期逻辑的发展起了转折的关键作用。

最后，名既以实为基础，就又发生了怎样才能对客观事物作出如实的正确的反映问题。"正名自治，奇名自废"，这是稷下派提出的要旨。但怎样才能得到正名，这不是一个简单的问题。稷下派为了解决这一新问题，对于人们的认识作了一些有价值的探索，他们既注重心的思维作用，同时也不抛弃感觉经验的摄取。既克服了老子"闭门"、"塞兑"的错误，也克服了墨子片面经验论的缺点。他们要求心官达到"虚"、"壹"、"静"的清明境界，这对战国晚期的荀子产生了极大的影响。

从以上的分析，稷下唯物派的正名逻辑对于孔、老、墨都有所继承，而又有所扬弃。它不是孔、老、墨的单纯的调和，而是在唯物主义的"道"的指引下而另有创新。他们的创新，对战国时期惠施、公孙龙等的名辩思想，荀况的唯物主义认识论思想和韩非的法理学思想都发生了重要的启蒙作用。稷下唯物派确是战国中期以后各种思潮发展中不可缺少的一环。

第二节　逻辑的最高范畴——"道"

列宁说："范畴是区分过程中的一些小阶段，即认识世界的过程中的一些小阶段，是帮助我们认识和掌握自然现象之网的网上纽结。"① 老子提出"道"的范畴作为他对世界认识的"网上纽结"，这是中国古代哲学发展到春秋末期的一个进步的标帜。但老子是一个客观唯心主义者，他虽曾提出许多有价值的辩证观点，但终被他的唯心主义体系所压抑而陷入形而上学。循环

---

① 《列宁全集》第38卷第90页。

论、调和论、宿命论等等表现，就是他的致命弱点。

老子的道是精神的实体，所谓世界的"有"是由道的"无"而生，"天下万物生于有，有生于无"（《老子·四十章》），这样，"有"只成了"无"的附属品。他轻视感觉经验，片面强调理性的思索。强调"无名之朴"，而轻视有名之器。"无名"成了他的道的范畴的特征。老子企图以无名论为武器，一方面反对孔子的正名治国，他方面也反对邓析、少正卯之流的名言辩察。他要去名言以复归于道的淳朴境界。但是世界是前进的，老子的归真返朴，去名辩而为无名，只表现了他个人主观的幻想而无补于实际。

稷下唯物派扬弃了老子的道的精神实质，而改为物质性的气，由老子的客观唯心主义改为素朴唯物主义。这样，稷下唯物派就解除了老子的辩证法和唯心主义体系的矛盾，澄清了逻辑概念和逻辑范畴的关系。

稷下唯物派之所谓道，是"虚而无形"的宇宙本体。《管子·心术上》云："虚而无形谓之道"。《尹文子·大道上》云："大道无形。"但道虽无形象，万物却由此生。《管子·内业》云："凡道，无根，无茎，无叶，无荣，万物以生，万物以成，命之曰道。"又云："道也者，口之所不能言也，目之所不能视也，耳之所不能听也；所以修心而正形也，人之所失以死，所得以生也，事之所失以败，所得以成也。"又云："夫道者所以充形也，而人不能固。其往不复，其来不舍，谋（寂）乎莫闻其音，卒乎乃在于心，冥冥乎不见其形，淫淫乎与我俱生，不见其形，不闻其声，而序其成，谓之道。"道是无形体的，因此，它超于视听的感觉之外。但道虽无形体，而世间有形体的东西却由它得到形体。不但有形的东西由它生成，就是无形的心灵也依于道而存。所以道遍存于一切物质和精神界之中，大至无外的宏观世界和小至无内的微观世界，莫不有道的

245

存在。

那么，这个无所不在、无所不包的道是什么呢？从稷下唯物派看，这个道即是气，也即是精气。《管子·内业》云："凡物之精，此（比）则为生，下生五谷，上为列星。流于天地之间，谓之鬼神；藏于胸中，谓之圣人。"可见，所谓道生万物即精气生万物，五谷、列星等有形的物质界的事物是由气所生，就是我们看不到的精神本身也是由气而生的。在稷下唯物派看来，灵气是有道的特点的，"道之在天地之间也，其大无外，其小无内"（《管子·心术上》），灵气也和道一样。《管子·内业》云："灵气在心，一来一逝，其细无内，其大无外。"《管子·内业》云："道所以充形。"《管子·心术上》也说："气者，身之充也。"可见气是和道一样的。

老子的道既是精神性的无形象的实体，所以它是无名的。因为名是有所限定的。说它是上，就不能是下，是此，就必非彼，但道既在上，又在下，既在此，又在彼。"其上不皦，其下不昧"，"瞻之在前，忽然在后"。这样，"道"就超出了逻辑的名言规定之上，它不能从感官的感触概括抽象而成一定的概念，只能凭"静观"、"玄览"等理性的探索，去拟议最高范畴的特性。什么"常"、"无"、"精"、"真"、"信"等等都只是一套套抽象的猜想，并不是从科学的概念中概括得来的。恩格斯说："实物、物质无非是各种实物的总和，而这个概念就是从这一总和中抽象出来的；运动无非是一切可以从感觉上感知的运动形式的总和；象'物质'和'运动'这样的名词无非是简称，我们就用这种简称，把许多不同的、可以从感觉上感知的事物，依照其共同的属性把握住。因此，要不研究个别的实物和个别的运动形式，就根本不能认识物质和运动；而由于认识个别的实物和个别的运动形式，我们也才认识物质和运动本身。"①老子既然采用"塞兑"、"闭门"的认识方法，抛

---

① 《马克思恩格斯全集》第20卷第579页。

246

弃了从个别具体到一般抽象的认识过程,那么,他所谓"道"的范畴,也就只能具有形而上学的意义。

从老子的精神性的道变为物质性的气之后,就不同了。气是具体世界的质料,它虽不能和直感的气,如人的鼻息之类一致,但它不是空无。它是一切具有各种形体色相的总源泉,它是可以指称的东西。"大道无形,称器有名"(《尹文子·大道上》)。"物固有形,形固有名"(《管子·心术上》)。这样,老子的无名论就变为稷下唯物派的形名论,老子超逻辑的道,变为稷下唯物派的逻辑的最高范畴。稷下唯物派在逻辑的最高范畴——"道"的指引下,一方面深入研究形名相应关系,予战国时期的逻辑思想以更高一级的推进,逐渐从正名的逻辑向名辩的逻辑迈进;另一方面又处处运用"道"的本然规律,防止名的苛察缴绕,使正名和正形确能取得一致而消除二者之间的矛盾。把老子之道向唯物主义方向发展,必然要走向形名的逻辑科学。《庄子·天道篇》云:"古之明大道者,先明天而道德次之,道德已明而仁义次之,仁义已明而分守次之,分守已明而形名次之,形名已明而因任次之,因任已明而原省次之,原省已明而是非次之,是非已明而赏罚次之。"又云:"故书曰:'有形有名'。形名者,古人有之,而非所以先也。古之语大道者,五变而形名可举,九变而赏罚可言也。"《庄子》这两段话的意义,既说明古代逻辑思想的发展,也反映了客观历史发展的真实。从大道无名,进到称器有名,最后进而为形名法术之学,这是战国时期新兴地主阶级政权的需要。《史记》称韩非"喜刑名法术之学而其归本黄老"(《史记·老子韩非列传》),这既是历史的必然,也是逻辑的必然。

第三节　名　和　实

1. 名的意义和它的形成。稷下唯物派扬弃了老子的无名论,汲取了墨子的"取实予名"观点,把名建立在客观的实的基础上, 从而又纠正了孔子的以名正实的唯心观点。名虽也还指孔家的一些伦理的关系,如君臣、父子、夫妇之类,但基本上已转入与物实相应的名, 即名者所以谓实。它是客观的实在我们思维中的反映。就这个意义上说,名是相当于逻辑的概念。概念是反映事物的本质属性的思维形式。宇宙间万物不同,名亦各异。《管子·心术上》云:"名者,圣人之所以纪万物也。"又《管子·心术下》云:"凡物载名而来。" 所以先有物而后有名, 名者所以纪物,这是"正名百物"的原来意义。

客观某一物的个体的存在,有其实,也有其形,因此,名和物的关系,也可分为名和实,或名和形的关系。实和形代表客观的存在,把这一客观存在反映在我们主观思维中即成为概念。以语言文字的物质外壳表达这思维的概念即是名或辞。名依实有,也可以说是名由形生。形或实是第一性的,而名却是第二性的。这是素朴唯物论的名实观。《管子·心术上》云:"物固有形,形固有名。"《尹文子·大道上》云:"有形者必有名。……形而不名,未必失其方圆白黑之实。"这就确认实的客观存在,而名不过为实所派生。"名者实之宾",这是合乎科学的唯物主义名实论的。

名是以客观的实为基础, 没有这一客观基础就不会有正确的名。但是仅有这一客观基础是否就能产生名呢? 不是的。仅有客观的物质基础,只能说有了名的素材,有了名的素材还必须通过人们的主观认识作用,才能获得名的结果。

248

稷下唯物派认为人们对于客观事物的认识必须通过两个重要的机能，这就是心和官即感官。心是思维的主宰者，它在我们身上的地位，就象国君在一国的地位，所以说"心之在体，君之位也"(《管子·心术上》)，智慧的源泉在心，所以说："心也者智之舍也，故曰宫"(《管子·心术上》)。那么，心怎样发挥它的理智的思索作用呢？稷下唯物派认为逻辑思维的活动，一方面要运用概念、判断等探索，同时，另一方面又必须结合形的动作，从实践行动中进行思索。《管子·心术下》云："意以先言，意然后形。形然后思，思然后知。""意"即指逻辑的概念，"言"即指逻辑的判断；判断是概念的展开，而概念又是判断的基础。我们必须先有某种概念的存在，然后判断才能有所表达，所以说"意以先言"，这是就意和言的关系上说。就另一方面说，意又和形的举动联系着。我们的举止一定表现为各种不同的形态，而不同的形态，又是受意所指使，所以说"意然后形"。有了各种不同的动作形态，就有不同形态所当遵循的理则，否则行动就难于成功。这就需依动作的进程而展开思索。思索是通过各种实践活动进行，他不是凭空幻想。所以说："形然后思。"经过一连串的不断思考之后，就可获得某一事物的知识，所以说"思然后知"。稷下唯物派把心的思维活动和形态动作相结合，重视思知的实践动作，这是难能可贵的。

心的认识活动既要通过形态动作和外界相联系，所以它就必须依赖感官的帮助，不能采用老子"塞兑"、"闭门"的方法。稷下唯物派初步认识到官窍对于心君的协助作用。所以说"心之在体，君之位也；九窍之有职，官之分也，耳目者，视听之官也，心而无与于视听之事，则官得守其分矣"(《管子·心术上》)。物质界的形体色理的知识必须通过耳目之官的接触，这是稷下唯物派对于老子的先验论的重大改造。只有通过这一改造，才能把

249

老子的超逻辑的"道"的范畴,建基于逻辑的科学之上,成为逻辑的最高范畴。在这一点上, 稷下唯物派和墨子同为中国古代唯物主义逻辑思想的奠基人。

心的思维器官要想发挥它的认识作用, 必须和官觉结合恰当。它既需主持各种官觉的活动,把各种官觉所得联系概括而成为一个完整的知识,这是战国末期墨辩学者的研索,他们已作出了杰出的贡献(见前)。稷下唯物派的学者们尚不能做到这一步。但另一方面,心的思维器官却不能干涉或歪曲官感的作用。这即"心而无与于视听之事, 则官得守其分矣"。这是很重要的一点。

在另一方面,心官本身也有它自己的要求,这就是"洁其宫"的工作。稷下唯物派认为要使心的思维器官能明察万物之理,就必须使心如明镜。所谓"镜大清者, 视乎大明"(《管子·心术下》),倘若尘埃蔽其上,就无法反映客观事物的真相。那么, 心怎样使它能如明鉴呢? 这里, 稷下唯物派提出要以天地之道为榜样。"天之道虚,地之道静,虚则不屈,静则不变,不变则无过"(《管子·心术上》)。什么叫做虚?"虚者无藏也", 无藏即指没有主观成见,没有成见,就能物来顺应, 心与理合。近代西方哲学家培根斤斤于偶像之破除,用意似与此相仿。人之患在于自私而用智, 自私则有所求, 用智则难与客观本然之理合。所以为使心虚,就必须去智与故,就是不用自己的小聪明和自己沿习已久的成见。所以说:"去智与故,言虚素也。其应, 非所设也; 其动,非所取也; 此言因也。因也者舍己而以物为法者也。感而后应,非所设也; 缘理而动,非所取也。过在自用,罪在变化。自用则不虚,不虚则仵于物矣。变化则为(伪)生,为生则乱矣。故道贵因"(《管子·心术上》)。这里, 稷下唯物派提出了静因之道,值得注意。摒除主观偏见,舍己而以物为法,就能象影之随

250

形,响之应声,抓住客观事物的本质。上边曾说稷下唯物派之所谓道的实质即"精",这即气之精的部分。从"凡物之精,比则为生"一条看,精气既是外部物质世界的原材料,同时也是人们内部精灵的物质材料。这样,体现在整个世界——包括自然、社会和思维中的理应该是一致的。整个世界无非是理(Logos)的化身。因此,逻辑思维的问题,既要逐一穷究每个事物的条理,也应总摄整个事物的条理。不然,就会陷于只见树木,不见森林,逻辑的演绎或归纳等等,将陷于支离破碎,得不到宇宙的大理,体会不到逻辑的最高范畴——"道"的本然。稷下派的慎到已提出"弃知去己,而缘不得已,冷汰于物以为道理"(《庄子·天下》)。他认为"无知之物,无建己之患,无用知之累,动静不离于理"(同上引),所以主张"无用圣贤","块不失道"(同上引)。这就比"心虚"、"无藏"、"弃智与故"又更进了一步。我们从此也可以看到稷下唯物派的正名逻辑如何逐步走向后来的刑名法术之学的过程。《尹文子·大道下》提出圣法和圣人的差别,云:"圣人者自己出也;圣法者,自理出也,理出于己,已非理也;已能出理,理非己也。"这样,理是充满外部物质世界和我们的内心世界之中,理虽然要通过人心去发现,但它不是人心所能创造。稷下唯物派斤斤于要去智故,恐怕是智故足以伤理,稷下派不是反对知,不过是"若无知","君子之处也,若无知,言至虚也;其应物也,若偶之,言时适也"(《管子·心术上》)。稷下唯物派的正名逻辑是以逻辑最高范畴——"道"的规律、虚静的规律来解决形名间的矛盾的,也就是解决我们主观的认识如何能抓住客观的本质问题,这对战国晚期的荀况和韩非是发生了重大影响的。

保持心如明鉴,要求心虚无藏,这是一方面,但另一方面又要去欲,因为理智的活动常受欲念的影响,使心不得平静。《管子·心术上》云:"世人之所职(识)者精也,去欲则宣,宣则静矣。

静则精,精则独(立)矣; 独则明, 明则神矣。"人之所以能识别外物,靠心的思维活动。精指精神作用,只由于有欲,使思路受到干扰。去欲就可以使思路畅通,发挥逻辑的推理作用,所以"去欲则宣","宣"即指畅通无碍。畅通无碍,心虽动而常静,如是,就可做到专精(精独),而明察万物(明为神)了。这里把去欲和心地清明的关系说得非常透彻,人有喜怒哀乐之情,故不能无所好恶。"人迫于恶,则失其所好,怵于好,则忘其所恶"(同上引)。所以必须"不怵乎好,不迫乎恶"(同上引)。这样,心的思维活动就不致受情欲的干扰而依理而动,深入认识外界的本然。

总之,名的形成,一方既需有客观的物质基础,即物实,同时又需有主观精神认识的基础, 即心思和官觉的能动作用。主观与客观相互配合而后纪物之名可成。

2. 名实相关的原则。稷下唯物派继承了墨子"取实予名"的唯物的名实观而又有新的发展。名怎样反映实, 实又怎样去应名? 稷下唯物派提出一条名实相应的原则,即"言(名)不得过实,实不得延名"(《管子·心术上》)。这样, 在名的外延方面和内涵方面必须和所要反映的实一致。只有这样名实一致的名,才得叫做正名; 否则名过其实, 或实反延名, 就是不正名,而为奇名。《管子·白心》云:"正名自治, 奇名自废。"又《管子·枢言》云:"名正则治, 名倚则乱。"这是因为正名不论在外延和内涵那一方面都正确反映了客观的实, 所以依据这样的名就可检察物形之当否。反之,奇名是歪曲了客观的实,如果拿奇名以察实就适足以乱实。正名可使物自理,而奇名却使物自废,所以名实相应原则之重要, 有如此者。《尹文子·大道上》曾举了两个历史的事例, 说明名过实和实延名之不妥。《尹文子·大道上》云:"世有因名以得实,亦以因名以失实。""因名以得实",为实延名,"因名以失实",为名过实。二者都违反名实相应的原则。"宣王好射,说人之谓己能用强也,其实所用不过三石,以示左右。左右皆引试之,中阙而止,皆曰:'不下九石,非大王孰能用是。'宣王悦之。然则宣王用不过三石,而终身自以为九石,三石实也,九石名也;宣王悦其名,而丧其实。"这即名过其实,宣王所用为不正之名。

"齐有黄公者,好谦卑,有二女,皆国色。以其美也,常谦辞毁之,以为丑恶。丑恶之名远布,年过而一国无聘者。卫有鳏夫,时冒娶之,果国色。然后曰,黄公好谦,故毁其子不姝美。于是争礼之,亦国色也。国色,实也;丑恶,名也。此违名而得实矣。"实为国色,反名丑恶,这即实延名,这和名过实,都同为不正之名。黄公受实延名的恶果,终使他的女儿年过青春而不得嫁,这即吃了名实不相应的亏。《尹文子·大道上》举了以上二例之外,还引了楚王把假凤凰当作真凤凰而予献鸟者以十倍之价。魏田父的邻人把无价之宝视为怪石,以欺田父,再从而盗取之,以献于魏王终获千金重赏。这些都是利用名过实或实延名的逻辑错误,谋取非法利益的范例。

名实需相应,地位是相等的。"名者,名形者也;形者,应名者也"(《尹文子·大道上》)。所以名与形不能偏废。世界上既有万物的存在,就需有名以区别之,所以有物就必须有名。但名不能和物分离,既然万名俱列,如果没有它们相应的形明确其所指,就会引起思维上的混乱;再由思维的混乱,引起行为上的错误。所以说:"今万物俱存,不以名正之,则乱;万名俱列,不以形应之,则乖。故形名者,不可不正也"(《尹文子·大道上》)。墨子重实轻名,瞽者不知白黑,非以其名,以其取,所以名的知识在墨子看来不及实知的重要。稷下唯物派,继承墨子"取实予名"的观点,但克服了墨子重实轻名的缺点。他们认为掌握了正名的知识就可以通过逻辑的概念、判断和推理的作用来探索外界

253

的知识。因此，稷下派重视正名的研究。其所以然者，就是因形名需相应，但在实际上，却不都是如此。有名无形，或有形而无名的事是经常会发生的。"有形者必有名，有名者未必有形。形而不名，未必失其方圆白黑之实；名而无形，不可不寻名以检其差。"(《尹文子·大道上》)怎样去"寻名以检其差"，主要不外从名的外延或内涵方面察看名和名之间的种属联系，通过定义和划分的方法明确名之所指。

每一种名需有确切的内涵，不能彼此相混。善名用以命善，恶名用以命恶。例如圣、贤、仁、智之名，用以命善，善名应具善的内涵。顽嚣凶愚之名，用以命恶；所以恶名具有恶的内涵。这样，稷下唯物派，提出名的定义的原则，即察名分和稽虚实，使"善恶尽然有分，虽未能尽物之实，犹不患其差也"(《尹文子·大道上》)。名称的作用，就在于"别彼此而检虚实者也。自古至今，莫不用此而得，用彼而失。失者由名分混，得者由名分察。今亲贤而疏不肖，赏善而罚恶，贤不肖善恶之名，宜在彼，亲疏赏罚之称宜属我。我之与彼，又复一名，名之察也。名贤不肖为亲疏，名善恶为赏罚，合彼我之一称而不别之，名之混者也"(《尹文子·大道上》)。可见他们很注重察名分，稽虚实，别彼此；总之，务使一事之名限于一事之实，这样可以避免混淆概念的逻辑错误。

从上引《尹文子·大道上》关于定名分一节看来，名一方和它所反映的实(形)相联系，另方复和人们对名产生的态度，即所谓"分"相关联。善名命善，恶名命恶，这是由善恶之名的内涵决定的。人们对于善名，发生喜爱之心，对于恶名，发生厌恶之心，这就是由名之内涵不同引起人们主观心理的不同反应，这即由名所生之分。正名的目的，既要依于客观的实定出正确的名，还要依据正确的名引起人心的爱恶作用。这样使人向善而恶恶，使名发生伦理的、政治的影响。正名定分之说不但《尹文子》主

254

之,《慎子》、《尸子》亦主之。《慎子》云:"今一兔走,百人逐之,非一兔足为百人分也,由分未定也。分未定(据明慎懋赏正本,商务印书馆版),尧且屈力,而况众人乎?积兔在市,行者不顾,非不欲兔也,分已定矣。分已定,人虽鄙不争。"《尸子·发蒙》云:"若夫名分圣(汪继培谓"圣"字当为"明王"二字之误)之所审也。……审名分,群臣莫敢不尽力竭智矣。天下之可治,分成也;是非之可辨,名定也。"由此看来,分既表达人们对名所引起的主观感应态度,也表示对客观事物地位的归属。对于一只兔子,在野和在市的地位不同。在野,兔之分未定;在市,兔之分已定。未定可引起大众的争逐,已定,就不能再有所争逐。一国之内,百官有百官之名,即有百官之名所应做的本分之事。如能各司其本职,做到自己名分所当做的事,则一国可治理。"定此名分,万事不乱"(《尹文子·大道上》),正是稷下唯物派的正名逻辑的表现。

定名分,稽虚实,别彼此,是从名的内涵方面去规定名的意义。在另一方面,又可从名的外延方面,通过划分的方法去确定不同类名的含义。《尹文子·大道上》云:"名有三科:……一曰,命物之名,方圆白黑是也;二曰,毁誉之名,善恶贵贱是也;三曰,况谓之名,贤愚爱憎是也。"从现代逻辑看,这种关于名的划分,并没有依照划分的规则进行,比如善恶贵贱是毁誉之名,贤愚爱憎又何尝不是含有毁誉的意义。再就名分的区别说,在况谓之名中,并列了贤愚爱憎,贤愚属于名,爱憎属于分;名属彼,分属我。彼我既属各异,就不得同列一类之中。不过在此三科的名的类别中,第一类是对于客观事实的概括反映,这是指客观界的形或色言。第二类是对伦理价值的概括反映,是属于价值概念之类。第三类是对人们动作形态的概括反映,如对爱憎的心理形态的反映。这样,从三种的划分中,似可得到关于名的初步的分别。稷下派关于名的分类,已开了墨辩和荀况的先河。

255

3. 名和言的关系。从现代逻辑说,名代表逻辑的概念。不过概念是思维的细胞,它是没有形象的,概念必须通过语言的物质外壳,用名言表达出来,才能让我们知道。因此逻辑上的概念和语法上的词就构成内容和形式的关系。概念是词的内容,而词是概念的形式,逻辑的概念是具有全人类性的,但表达概念的词却受各民族不同语言的影响而各有不同。即在同一民族的语言中,也有因地区的习俗的不同而用词不一样。甲地区所用的词虽和乙地区相同,但所指却各不相同,这就是同名而异实。《尹文子·大道下》载:"郑人谓玉未理者为璞,周人谓鼠未腊者为璞。周人怀璞,谓郑贾曰:'欲买璞乎?'郑贾曰:'欲之。'出其璞,视之,乃鼠也,因谢不取。"同为璞名,而玉、鼠各异其实,这是受了战国时期周、郑两地的语言不同所生的影响。

不同地区的语言往往因各自风俗习惯的不同而各异其指,即使同一地区里的人,如果用该地所习用共同名词而另作专门对象的标志,也会引起误解而造成混乱。《尹文子·大道下》引了如下的一个例子:"庄里丈人字长子曰盗,少子曰殴。盗出行,其父在后,追呼之曰:'盗!盗!'吏闻因缚之。其父呼殴,喻吏遽而声不转,但言'殴!殴!'吏因殴之,几毙。"盗之名的内涵是指偷东西的人。庄里丈人竟取盗以名其子,以致引起官吏的误解,把他的长子当作真盗而加以逮捕。丈人又不适当地名其少子为"殴",因而又使官吏误解为痛殴所捕之盗,几乎把他的长子打得半死,这不是恶作剧吗?

《尹文子·大道下》又引了另一类似的例子:"康衢长者字僮曰'善搏',字犬曰'善噬',宾客不过其门者三年。长者怪而问之,乃实对。于是改之,宾客往复。"从这两个例子可以看到名是约定俗成的,是社会交流思想的工具,什么名指什么实。在未约定俗成之前,固然可以随意决定,但在约定俗成之后,就不能任意

256

改换。否则就会产生庄里丈人和康衢长者的严重恶果。

由以上分析,逻辑的概念和语言的词虽紧密联系,但不是一回事。语词的歧义和概念的混淆,常由概念和词语的交互错综而产生。

另一方面,名形需相应,但名形有时相离,也会引起思维的混乱。关于这一问题,另段阐述如下。

4．形名相离的问题。形与名的相离有两个不同的方面。

(1) 形与名的相离表现为普遍概念(通称)和单一概念 (定形)的分离,抽象概念和具体概念的分离。

《尹文子·大道上》云:"语曰:'好牛',又曰:'不可不察也'。'好'则物之通称,'牛'则物之定形,以通称随定形,不可穷极者也。设复言'好马',则复连于马矣,则'好'所通无方也。设复言'好人',则彼属于人也; 则'好'非'人','人'非'好'也。则'好牛'、'好马'、'好人'之名自离矣。"从现代逻辑看,所谓"通称"即普遍概念, 普遍概念可以运用于同类中的任何一个个体的事物身上,因为普遍概念的内涵是为该类任一个体事物所共有的,在语言上说普遍概念即普通名词,也即《尹文子》所谓"通称"。

所谓"定形"对"通称"说,它是单一概念 (普遍概念和单一概念是相对的。普遍概念的普遍程度有等级的不同。"牛"作为"动物"之下的一个属说,它是单一的属概念; 但对"牛"之下的"黄牛"或"水牛"来说,它又成了种的普遍概念了。等而上之,最高的普遍概念,为物的范畴,最低的单一概念为具体的个体,在最高种与最低属之间, 则可有外延等级不同的各种普遍概念),也可以说是具体概念。比如"牛",作为一类动物看,它是单一概念, 也是具体概念。具体概念的对立面为抽象概念。比如"好"是具体概念"牛"的一个属性, 它是抽象的,因此"好"是抽象概念。从唯物论的观点看,必须先有具体的物的存在,然后才能有

257

抽象属性的存在。比如必须先有具体的牛的存在,然后才能说到它的"好"。否则抽象的"好",将无所附丽。"好"和人的关系也一样,同样是抽象和具体的关系,普遍和单一的关系。抽象和具体,普遍和单一是对立统一的,它们不能互相分离,互相割裂;因为在实际上,它们确是统一着的。但从另一方面看,抽象的属性可以遍存于不同具体的单一对象之中,如具有好的属性的牛,或马,或人,都可称为"好牛"、"好马"、"好人"。这样"好"的属性似与具体的牛或马或人分离了。具体的人是各种属性的集合体,人的一个属性不等于人的属性的整体,部分不能等于全体,在这个意义上说,就成了"好"非"人","人"非"好"了。同理,也可以说"好"非"牛","牛"非"好";"好"非"马","马"非"好"了。那么"好"的"名"和"好"的"形"如"牛"、"马"、"人"等也就分开了。

形与名的分离,实际上只能在思维的分析上进行,从唯物论观点看,是不能分离的。具体概念和抽象概念是对立统一的,普遍和单一也是对立统一的。可是唯心论者却从名形的相离钻了空子。他们认为抽象的东西可以脱离具体的东西而独存,白马的白、坚石的坚,可以脱离具体的马、具体的石而独存,这即后来兒说、公孙龙所主的"白马非马"之论的说法。因此,稷下唯物派形名相离之说,已开兒说、公孙龙"白马非马"论之端,形名相离有引起诡辩的一面。但我们却可以从此看出稷下唯物派的逻辑对概念已作出了深入一层的分析,比邓析和墨翟推进了一大步,这点是应该予以肯定的。

(2) 形与名相离,表现为正名和正形之不尽一致。《尹文子·大道上》云:"名者,名形者也;形者,应名者也。然形非正名也,名非正形也,则形之与名,居然别矣。"又云:"圣贤仁智,命善者也,顽嚚凶愚,命恶者也。今即圣贤仁智之名,以求圣贤仁智之实,未之或尽也;即顽嚚凶愚之名,以求顽嚚凶愚之实,亦未或尽也。"这里说明形名虽相应，但不能尽。圣贤仁智之名与圣贤仁智之实，顽嚣凶愚之名和顽嚣凶愚之实仍有距离。正名和正形在事实上恐难达吻合的境界。

怎样解决正名和正形的矛盾呢？稷下唯物派采用两种办法。一即因的方法。因的方法即道的无为方法。《管子·心术上》云："因也者，无益无损也；以其形，因为之名，此因之术也。"又云："因也者，舍己而以物为法者也。感而后应，非所设也，缘理而动，非所取也。"这就是说，心的思维活动必须随物的自然变化，不要擅自穿凿，歪曲客观形势。所谓无为之道贵因，即是此意。

第二个办法，即不为苛察。司马谈评名家说："名家苛察缴绕，使人不得反其意，专决于名，而失人情，故曰使人俭而善失真"（《史记·太史公自序——论六家要旨》）。司马谈这段对名家的批评，正说到了名家的毛病所在。名本来用以谓实，但名不论怎样周密，终有不能概尽实的地方。因名本身即表现一种限定，名为此，即不能是彼，是彼即不能是此，是即有所不是。所以用名以命实，贵得实的本质，不在实的枝叶。如斤斤于细节的苛求，反会失去实的本质。这即司马谈所谓"使人俭而善失真"，反而失去名的真正作用。

稷下唯物派的意思，名是我们所需要的，但不可拘于名。他们是否预见到名辩流于后来的诡辩倾向，我们尚不好断定。但这种重名又不拘于名的精神，似乎受了大道无名的思想所影响。"大道无形，称器有名"（《尹文子·大道上》），"大道可安而不可说"（《管子·心术上》）。道非形器，无可指名，该苞万有，自难言说。我们必须体会到道的无名之实，才能善为有名之用。无名依有名而彰，有名还无名而成。有名和无名实相对立而又互相统一着。这里稷下唯物派扬弃了老子无名论的绝对性，又把儒、墨两派的重名说摆在适当的地位。稷下唯物派似乎在调和儒、墨、道三派的名实论。他们认为无名、无为是道之体，但无名必须通过有名，无为必须通过有为。稷下派的这一观点，似和战国晚期法家的观点一致。名法的统一观，正是稷下派之所以把形名逻辑过渡到刑名法术逻辑的桥梁。

第四节 名 和 法

1. 名法的统一。春秋末年，名法统一的观念，已有端倪。孔子倡正名以正政，提出正名逻辑，就是因为名不正的结果，可以使礼乐不兴，刑罚不中。正名是逻辑问题，刑罚中是法治问题；正名可使法治，不正名可使法乱，所以就这点说，名法具有相同的实质。邓析提出"循名责实"（《邓析子·转辞》）。战国中期提出"正名覆实"或"控名责实"，这个名是有法的含义。如父子是个名，这个名各有它所指的实，即父或子所当做的事。如果父不父、子不子，那就是名失其实，失去了为父或为子的身分，就应受到社会的谴责。

名法统一的观念，到了稷下唯物派更是发挥尽致。《管子·白心》云："名正法备，则圣人无事。"《尹文子·大道上》云："庆赏刑罚，君事也。守职效能，臣业也。君科功黜陟，故有庆赏刑罚；臣各慎所务，故有守职效能。君不可与臣业，臣不可侵君事，上下不相侵与，谓之名正，名正而法顺也。"又云："仁义礼乐，名法刑赏，凡此八者五帝三王治世之术也。"在稷下唯物派看，名和法已立于同等地位，而正名更是法备的先行条件，因为"正名去伪，事成若化；以实覆名，百事皆成。……正名覆实，不罚而威"（《尸子·分》），"是非随名实，赏罚随是非"（《尸子·发蒙》）。"以实覆名"，"正名覆实"是正名之所有事，赏罚是执法之所有事。要

260

272

赏罚得当,必须先把是非弄清楚;而要把是非弄清楚,就必须把名实核对清楚。名实相符者为是,不符者为非,所以"是非随名实,赏罚随是非"。这里有名先法后的次序问题。

名法的统一,复表现为它们目的相同,就是无为而治。"名正法备,则圣人无事",名和法是当时封建主所必操的两种统治工具。掌握了这两种工具,才能言寡而令行,愚智尽情,四方得治。《管子·禁藏》云:"法立而不用,刑设而不行",正是封建君主所要求实现的法治的理想目的。

稷下唯物派基于名法统一的观念,给名和法都进行分类。"名有三科,法有四呈。一曰,命物之名,方圆白黑是也。二曰,毁誉之名,善恶贵贱是也。三曰,况谓之名,贤愚爱憎是也。一曰,不变之法,君臣上下是也;二曰,齐俗之法,能鄙同异是也;三曰,治众之法,庆赏刑罚是也;四曰,平准之法,律度权量是也"(《尹文子·大道上》)。关于名的分类,上边已谈过,兹不述。奴隶社会的等级制,封建社会还要保持的,因此君臣上下的等级关系,他们是认为不能改易的天经地义。这里第一类即君臣上下的不变之法。第二类为齐俗之法,法的作用在齐一行动,能鄙同异的区别应有齐一的标准。这些标准大体都是从实践经验或从科学研究中总结得来。第三类为治众之法,这是对臣民行动效果的保证,使有功者得庆赏,有罪者受刑罚,这样,就可使天下之人纳入国家的轨范之中,国家自可走上富裕强盛的道路,君权也就得以巩固了。《慎子·佚文》说:"法者,所以齐天下之动,至公大定之制也。"执法的威力于此可见。第四类为平准之法。封建国家,疆土日大,人民日众,就必须设有一定标准的律度权量通行全国,这样才能有利于政治经济生活的进行。人的聪明才智总是有限度的,就是以离娄之明,公输子之巧,不以规矩,不能成方圆,这是孟轲已讲过的。稷下唯物派,就更重视法的标准作

261

用。按法字古作灋。《说文》云:"灋,判也。平之如水,从水;廌、所以触不直者去之,从廌去。"法的原始含义就有模范和标准之意。法的这种公平标准性也即所以塞臣民的怨望之心,服从国家的统治。《慎子·君人》云:"君人(者),舍法而以身治,则诛赏予夺从君心出。然则受赏者虽当,望多无穷;受罚者虽当,望轻无已。君舍法以心裁轻重,则同功殊赏,同罪殊罚矣,怨之所由生也,是以分马之用策,分田之用钩,非以策钩为胜于人智,所以去私塞怨也。"《慎子》充分说明了法的公正作用在于一民心,塞私怨。当然,策和钩也不一定即正确的,但法虽不善,比没有法还是好的。《慎子》说:"法虽不善,犹愈于无法,所以一人心也。夫投钩以分财,投策以分马,非钩策为均也,使得美者不知所以美,得恶者不知所以恶,此所以塞愿望也"(《慎子·威德》)。《尹文子·大道下》重视圣法的标准性、客观性亦同此理。

2. 名法的区别和矛盾。名法虽有统一的一面,但又有区别和矛盾的另一面。名在于别同异,明贵贱,分亲疏,而法却在齐一和平等。国君执法以绳之下,王子犯法与庶民同罪。"明君圣人不为一人枉其法"(《管子·心术上》),正和"天不为一物枉其时"(同上引)同义。从法的齐一和平等精神出发,它就要反对名的别异精神,它要等贵贱,一亲疏。孔子虽主正名,但他反对法。晋铸刑鼎,孔子叹其失度而将亡(《左传·昭公二十九年》)。名法的对抗,已滥觞于春秋之末。稷下唯物派虽继承孔子正名之说,但他们已由刑名法术的并列,而逐渐向法过渡。这是因为战国时期封建制已先后在各国建立,尊君权,重法治,禁私学,已成为当时学术的一种风尚。李悝著《法经》,为魏文侯"尽地力之教",推行封建制的生产关系。尔后,商鞅在秦、吴起在楚也相继变法,建立了封建制的政治经济体系。稷下派的学者更发挥法治的理论体系。《管子·七法》说:"治民一众,不知法不可。"又说:

262

"法律政令者，吏民规矩绳墨也"（《管子·七臣七主》）。法是封建主集权的必要工具。有了法，君臣上下贵贱都能有所遵循，这样可使封建国家得到治理。《管子·任法》把法分为三类，即生法、守法和法于法。"生法者，君也；守法者，臣也；法于法者，民也"。"君臣上下贵贱皆从法，此之谓大治"（同上引），君主推行法治必须集中权力，具有至高无上之势。如有法无势，法难以自行。《管子·法》云："凡人君之所以为君者，势也。故人君失势，则臣制之矣。势在下，则君制于臣矣；势在上，则臣别于君矣。"势为胜众之资，君主必须据有此胜众之资，然后才能使令行禁止，发生法的实效。慎子曰："尧为匹夫，不能治三人；而桀为天子，能乱天下，吾以此知势位之足恃而贤智之不足慕也"（转引自《韩非子·难势篇》）。可见势是和法一样重要。

人主居可胜之势，推行法治，这是一场严重的斗争；如果没有术以知奸，还是要失败的。《管子·明法解》说："明主者有术数而不可欺也。"看来在稷下派中已把法术势的理论都探索到了。形名学已向形名法术之学过渡。逻辑名理的研究已转入法理学的轨道上去，这是战国晚期的形势。

根据以上分析，稷下唯物派的逻辑已分两个方面发展，即一方面，以它对逻辑概念的深入分析，发展为惠施、公孙龙和墨辩学者的名辩逻辑。另一方面，则发展为荀子、韩非等法理逻辑。前一派主要注重辨察，深入概念、判断和推理论证等诸多逻辑思维方法的研究，既有演绎，又有归纳，最后完成了墨辩的科学逻辑体系。后一派则重法理的推究，以法为依据而进行大的演绎。荀子的"立隆正"（《正论》），"以类度类"（《非相》），"以浅持博，以一持万"（《儒效》），都是大演绎的表现。由于中央集权的需要，他反对辩。他说："夫民易一以道而不可与共故，故明君临之以势，道之以道，申之以命，章之以论，禁之以刑。故其民之化道也如神，辩说恶用矣哉"（《正名》）。韩非也认为名辩派的逻辑是一些微妙之言，"微妙之言，上智之所难知也，……故微妙之言，非民务也"（《五蠹》）。这样名和法由分别而发生对抗，从战国末到秦以后，以法治为主的法家一派占据了统治地位，名辩的逻辑科学却受到压抑而日趋式微了。

本章首先解决了稷下唯物派的资料问题。论证了《管子》书中的五篇不是宋钘、尹文的著述，它们和《尹文子》、《慎子》、《尸子》等书应作为稷下唯物派的资料。其次，简述了这派的共同思想为继承孔子的正名逻辑，改造老子精神性的道，接受墨子唯物的名实观，改造孔子唯心的名实观，对老、孔、墨既有继承，又有扬弃。这样，它就成为战国中期逻辑思想发展转变的枢纽。惠施、公孙龙和墨辩学者的名辩逻辑和荀、韩的法理学的逻辑都和这派思想有关。

这派的主要贡献在于：（一）深入了概念的具体分析，初步探索了普遍概念与单一概念，抽象概念和具体概念的问题，使概念的内涵和外延的研究提到日程上来，为惠施、公孙龙和墨辩学者对概念的深入而系统的研究奠定了基础。（二）发挥了唯物的名实观，明确地提出了"名不得过实，实不得延名"的名实相应说，对惠、龙、墨辩的辩者一派和荀子、韩非的正名一派均有影响。（三）建立了逻辑的最高范畴——"道"，解除了正名与正实之间的矛盾。

稷下唯物派也存在一些缺点：（一）在本体论上，存在着唯物的不彻底性问题。他们把老子精神性的道改造为物质性的道（道即气），但同时认为人的心灵亦为气之所成，这样反被孟子钻了空子，而向主观唯心主义发展。他们的离形言名之说为公孙龙所利用，向客观唯心主义发展。（二）在认识论上，稷下唯物派

264

为克服墨子的片面经验论的缺点，而重视理智的思索是正确的，但它又过于重视心官的统帅作用，企图以"洁其宫"、"去智故"的方法，使心达于虚、壹、静的大清明境界，这就无形中降低了感觉经验的基础作用，使逻辑偏向演绎发展，如后来荀子所为。（三）稷下唯物派的因应说，虽然企图克服认识主体和认识客体之间的矛盾，但去智与故的结果，反而不利于逻辑的理性的探索，他们除了对概念作了一些分析外，其余如判断和推论等等逻辑活动均付缺如，这些缺点都有待于战国晚期的逻辑学者来加以克服。

第四章　荀子的逻辑思想

第一节　孔子正名逻辑的继承和发展

1. 孔子正名逻辑的继承。

荀子名况，字卿，亦称孙卿。约生于公元前 298 年，卒于公元前 238 年。他是战国时赵人，曾游齐稷下学宫三次。他曾到过秦，但认为秦无儒，和他的理想相左。最后，他到楚，时楚春申君当国，荀卿做了兰陵令。春申君死，因家兰陵，卒死于兰陵。

荀卿之学，自命为出于孔子。他对先秦诸子，甚至同派的子思、孟轲都有所批判，但对于孔子却推崇备至。他认为"孔子仁智且不蔽，故学乱（治也）术（治国之方）足以为先王者也。……德与周公齐，名与三王并"（《荀子·解蔽》）。荀子一生以宣扬儒学、维护礼义为己任。但他生当战国末期，诸侯争伯，战乱无已。诸子争鸣，奋其雄辩，取合诸侯。儒家仁义之说，已被视为迂阔，荀子虽为先秦的最后大儒，也终无补于儒家之再兴。他的高足韩非终于转入法家的营垒。"孙卿迫于乱世，鳛（迫也）于严刑，上无贤主，下遇暴秦，礼义不行，教化不成。……孙卿怀将（大也）圣之心，蒙佯狂之色，视天下以愚"（《荀子·尧问》）。孙卿之不得志，可于此见之。

266

荀卿之学虽自命为出于孔子，但他兼采诸子之长。他汲取稷下唯物派的自然天道观，改造了孔、孟的唯心主义的天道观。物质天、自然天已代替了孔、孟的主宰天和命运天。在认识论和逻辑学方面也受了稷下唯物派和墨家的影响，把孔、孟的先验论改造为唯物论的反映论；孔、孟的以名正实的唯心的名实观，已改为依实定名的唯物的名实观。不过荀子虽有这些转变，其中心思想却仍属于孔子的儒家一派。

荀子的逻辑思想也是以孔子的正名主义为宗的。正名的任务在于为政治和伦理服务，这即对"正名所以正政"的儒家逻辑思想的继承。正名的目的在于"正道而辨奸"，使"邪说不能乱，百家无所窜（隐逃）"（《荀子·正名》）。从荀子眼光看，名墨诸子之辩，已远离礼义之域，这种奸言诡辞，应在禁止之列。逻辑的主要任务在于求善而不在于求真。他虽也提到"别同异"的正名作用，但"明贵贱"是名的主要目的。所以荀子的逻辑只是一种政治的、伦理的逻辑，和我们现代的逻辑是不同的。

齐稷下学宫是战国时名辩的中心。荀子游齐，正当名辩盛行之际，所以他也深受名辩思潮的影响，他对于名辩是肯定的。孟轲距杨墨，其好辩说是出于不得已。荀况肯定辩，也是由于他不肯"以己之潐潐（明察），受人之掝掝（惽惽）"（《荀子·不苟》）。他是要以"大儒之辩"来止"小人之辩"。这点，他和孟子的志趣相同。"君子必辩"（《荀子·非相》），这是荀子提出的口号，但辩的内容、辩的方法和辩的目的却和名辩诸子不同。

首先，从辩的内容上说，君子之辩，以"仁"为主，这和小人之辩，为"言险"、宣扬邪恶者不同（《荀子·非相》）。荀子把辩分成三类，即（一）为"小人之辩"；（二）为"士君子之辩"；（三）为"圣人之辩"。什么是小人之辩？这就是"听其言则辞辩而无统，用其身则多诈而无功，上不足以顺明王，下不足以和齐百姓，然而口舌之均(动听，"均"同"匀")，噡(同"詹"，多言)唯(唯诸，少言)则节(很适当)，足以为奇伟(夸大)偃却(骄傲)之属，夫是之谓奸人之雄"(《荀子·非相》)。这当然指的是惠施、邓析、它嚣、魏牟、陈仲、史鳍、墨翟、宋钘、慎到、田骈之流。这些"奸人之雄"是应受圣人之诛的(如孔丘之杀少正卯)。

什么是"士君子之辩"？"先虑之，早谋之，斯须之言而足听，文而致实，博而党(通"谠"，直言)正"(同上引)，这是士君子之辩。

什么是"圣人之辩"？"不先虑，不早谋，发之而当，成文而类，居错(动静)迁徙(变动)，应变不穷"(同上引)，这即为"圣人之辩"。荀子是以士君子和圣人之辩来阻止小人之辩的。

其次，关于辩的方法，荀子也和名辩派不同。他反对"析辞擅作"，反对"苛察"。他要以"理胜"，反对"辞胜"。他说："君子行不贵苟难，说不贵苟察，名不贵苟传，唯其当之为贵"(《荀子·不苟》)。他主张"辩而不辞"，这就是把是非分清即可，不要弄到如惠子的"蔽于辞而不知实"。他要"辩而不争"，反对以诡辩争胜。他在《荀子·非相》篇中，把谈说之术作了简明的阐述。他说："谈说之术：矜庄以莅之，端诚以处之，坚强以持之，譬称以喻之，分别以明之，欣驩、芬芗以道之，宝之，珍之，贵之，神之。如是则说常无不受，虽不说人，人莫不贵，夫是之谓为能贵其所贵。"这就是谈说要庄严端重，态度诚恳。同时又要坚信自己的主张，用比喻来启发对方，善用分析使其明了。以温和热情的态度把自己的主张传授给别人，同时，又要珍视自己的正确意见。这样，听者就没有不愿接受的。

总之，荀子的谈辩方法是本于"隆礼"、"言仁"的立场，以诚恳的道德态度来引导人们，使之归于礼义。所谓"正名"、"当辞"，止于"白其志义"(《荀子·正名》)而止，这和名墨的谈辩，以搞逻辑分析为主是不同的。

2. 名、辞、辩、说——逻辑体系的建立。

荀子的逻辑思想虽不如墨辩的精密完备,但名、辞、辩、说方面也有他一套正名论的逻辑体系。《荀子·正名》篇, 即为他的正名逻辑的系统阐述。有人认为荀子的逻辑长于名词概念的分析, 而于判断和推论则付缺如。我们认为在《荀子·正名》篇里,似有这种情况,但综合《荀子》一书全部看, 他不但对名作出了详尽系统的分析, 而对于判断也有他的独到的见解。在判断的意义分析上, 以及如何达到正确的分析,还提出了一些辩证的见解。这点比之墨辩是毫无逊色的。在推理论证方面, 也有许多新的论式的创造。比如各种连锁推论的运用, 定义式的推论等等。至于思维规律方面,他虽未有明文提出, 但在他许多论辩的过程中,无疑他是体会了矛盾律和同一律的精神。凡此种种,我们当于以下各节分别阐述。

第二节　荀子逻辑的唯物论的认识论依据

荀子唯物论的名实观是建基于他的唯物论的认识论上的。春秋战国以来对于名实关系的看法, 不外唯物和唯心两派。其主名决定实,改实就名的,属于唯心派,如孔子、孟子之流属之。其以实为主,以实牟名的,属于唯物派,如墨子之"取实予名",稷下唯物派之"以其形,因为之名"者属之。荀子"稽(考察)实定数(法度名称)"的正名法,无疑是属于唯物派的。

荀子唯物的名实观是和他的唯物的认识论紧密联系的。他在认识论上,强调客观事物的存在,重视主观认识能力必须与客观事物相合,才能得到真知识。他说:"凡以知,人之性也;可以知,物之理也。以可以知人之性,求可以知物之理,而无所疑(定也)止之,则没世穷年不能遍也"(《荀子·解蔽》), 在《荀子·正名》篇中他说得更清楚了，云：“所以知之在人者谓之知（智），知有所合谓之智（知识），所以能之在人者谓之能（才能），能有所合谓之能（伎能）”，这里荀子强调“合”，就是主观的认识能力，必须和知的对象即客观物理相合，才能有知识和才能。这和墨辩强调“接知”、重视物对于知识构成的重要作用，是一致的。如果认知不与物接，不和物合，那只是主观推想，算不得知识。稷下唯物派强调心君的作用，孟子也说“心之官则思”。荀子继续肯定心的思维的主导作用。他说：“心有征知。”“征知”即对感官传来的感觉分别作出鉴别的作用，感官（荀子称为“天官”）只能对于外界事物有所感触，得到感觉的素材（sense data）。这种感觉的素材必须通过心的“征知”加以分析区别，才能去伪存真，确定外界知识的性质。所以他说：“征知则缘耳而知声可也，缘目而知形可也”（同上引）。如果没有心的征知活动，则无由鉴别其感觉的性质。但荀子和老子、孟子之轻视感觉者不同，他把心的征知建立在感觉经验的基础上。他在明确这一知识来源的唯物论观点时说：“然而征知必将待天官之当簿其类然后可也”（同上引），“簿”即指直接的接触，如两军冲锋，直接肉搏然。感官必须“簿”外界的物类，然后心的征知，才能有它的材料。如果没有五官的簿类，心的征知就会落空了。荀子之所以纠正了孟子的唯心的认识论，即赖有此。

主观的认识能力怎样才能和客观的认识对象相合呢？这就有待实践的证验。荀子注重“行”，知从行开始，又回过来指导行。如说：“不闻不若闻之，闻之不若见之，见之不若知之，知之不若行之。学至于行之而止矣。行之，明也；明之，为圣人。圣人也者，本仁义，当是非，齐言行，不失毫厘，无他道焉，已（止）乎行之矣”（《荀子·儒效》）。知识的进程只有达到行的阶段，才能到达于圣人的“明”的境界。荀子之重行，虽渊源于孔子，但不能

270

认为只出于孔学的旧说，而是从他的唯物主义认识论合逻辑地推出的必然结果。这是荀学对于孔学有所订正之处。

因为在认识论上，荀子注重行以达到主观与客观相合，所以他在逻辑方法上，一方面注重经验的积累，提出一个"积"字，他方面又注重"符验"，"参证"。荀子从他的性恶论出发，主张"隆积"以"化性"起"伪"。他认为人性虽恶，但有师法之化，礼义的陶冶，就可以达于圣人的境界。他说："注错（措置）习俗，所以化性也；并一而不二，所以成积也，习俗移志，安久移质，并一而不二，则通于神明，参于天地矣"（《荀子·儒效》）。荀子认为圣人不是天生的，是后天积善而成的。这好比积土成山，积水成海一样，"涂之人百姓积善而全尽谓之圣人"（同上引），所以他说："圣人也者，人之所积也"（同上引）。种地、做工、做买卖，都不是每人生来就会的，都需靠个人经验的积累。因此，君子的品质也必须从礼义的积累逐渐形成。人的知识也不是生而即有的，必须靠后天的学习，不断积累，才能取得"青出于蓝而青于蓝"的有效成果。这些都给孔、孟的先验论以有力的批判。因为荀子在认识论上注重经验的积累，所以他在逻辑方法的运用上也不轻视归纳的概括作用。

荀子强调"合"，使思维的活动能和客观对象相合，就必须在逻辑方法上注意证验。他说："是非疑，则度之以远事，验之以近物，参之以平心（公正态度）"（《荀子·大略》）。又说："凡善言古者必有节（验也）于今；善言天者必有征于人。凡论者，贵其有辨合、有符验"（《荀子·性恶》）。注意客观事实的证验，这是合乎科学逻辑的精神。荀子的符验之说，以后为韩非所继承和发挥，形成了他的有名的"参验"说。

271

第三节　逻辑的基本概念和基本规律

1. 逻辑的基本概念。

"类"、"故"、"法"是逻辑推论的三个基本概念，墨翟曾分别提出，至墨辩则发展为"故"、"理"、"类"的"三物逻辑"。荀子在这一方面，也受到了墨家的影响，尽管在其它方面，他批评了墨家。荀子在论辩过程中，十分重视"类"的概念。他提出"其言有类"(《荀子·儒效》)，"言以类使"(《荀子·子道》)，"听断以类"，"以类行杂"(《荀子·王制》)。他认为我们的知识只有达到知而能类(《荀子·儒效》曾提"知不能类"的话)，才能打破经验的狭窄局限，补救闻见之所不到，法教之所不及；否则虽有大法，也无济于事。反之，如能知之以类，则"虽在鸟兽之中，若别白黑"(《荀子·儒效》)。因此，能"举统类以应之，无所儗㥜(疑惑)"(同上引)，就成为荀子理想中"大儒"的标志。

荀子重视"类"概念，所以在论辩过程中，他就善于以"类"之不同破斥论敌对"类"的混淆。例如，他批判老聃的去欲、宋钘、孟轲的寡欲时，就说："凡语治而待去欲者，无以道欲而困于有欲者也。凡语治而待寡欲者，无以节欲而困于多欲者也。有欲无欲，异类也，生死也，非治乱。欲之多寡，异类也，情之数(数量)也，非治乱也"(《荀子·正名》)。"有欲无欲"是属于生死的生理范畴，和"治乱"之属政治范畴不能混为一谈。

"类"在逻辑推理中，何以如此重要？因为"类不悖，虽久同理"(《荀子·非相》)。同类者必同法，也即是说同类者必定同理。荀子把"类"和"法"并提，即此之故。荀子说："其有法者以法行，无法者以类举，听(处理)之尽(极，指最好的办法)也"(《荀子·王制》)。这就是说，有法令规定的，就照法令去办；没有

272

法令规定的，就可依法以类为推。这样就可算处理政事的最好方法了。《荀子·大略》篇也谈到"有法者照法行，无法者以类举……通类而后应"之说，理亦同此。

总之，我们掌握了类的关系，就可以"以近知远，以一知万，以微知明"（《荀子·非相》），就可以"以人度人，以情度情，以类度类，以说度功，以道(事物的总原则)观尽"（同上引），就可以"听断以类，明振毫末，举措应变而不穷"（《荀子·王制》）。"类"之所以成为逻辑推论的重要关键，即此之故。

荀子重视"类"和"法"，同时也重视"故"。因为要说明某事之为某类，就得说清它的所以然之故。因此荀子提出要"辨其故"（《荀子·臣道》），要"辨则尽故"（《荀子·正名》）。可见，荀子对于逻辑推论的三个基本概念是深有所体会的。

当然，荀子是儒家大师，他所谓法，所谓理，是以礼义为准则。"礼者法之大分，类之纲纪"（《荀子·劝学》），这就体现了荀子儒家政治伦理的逻辑(Political——Ethical Logic)特征和墨辩逻辑是大不相同的。

2. 逻辑的基本规律。

逻辑的基本规律：同一律、矛盾律、排中律，是思维赖以进行的基础，违反了它，就无法进行合理的推论。荀子对这些逻辑的基本规律虽没有明文规定，但从荀子的论辩过程的全貌看，他是运用了这些规律的。荀子提出要明于天人之分，就可免去"错(通措)人而思天"的混乱思想。他注意了"可不可"和"能不能"的不同。"可不可"是说有这种可能性。如说"涂之人，可以为禹"，这只说每人都有为禹的可能；但可以为禹，未必都能为禹，因为能为禹，必须靠实际去做，才能实现。一颗橡实可以生成橡树，这只是橡实的可能性，但要真成为橡树，就必需有辛勤的种植工夫。可能性和现实性有很大区别，我们说"可能性"不是"现实性"，

273

"可以为禹"不是"能为禹"。荀子注意客观事物的差异,在思维方面就要注重概念的差异性。"治"就是"治",和"乱"不同,因此,"治治",不能说成"治乱"。所以他说:"君子治治,非治乱也"(《荀子·不苟》)。"治"的内涵为"非礼义",它们间有显著的不同,我们决不能把它们混淆起来。"是"和"非"也一样。"是谓是,非谓非"(《荀子·修身》)。因此,"是是,非非,谓之智;非是,是非,谓之愚"(同上引)。智愚之分即在于明辨是非与否以为断。概念的差别性和概念的同一性是相反相成的。概念的本身同一,是它和别的概念区别的基础。"治"的"礼义"内涵的同一,即为它与"乱"的"非礼义"内涵的区别所在。如果没有同一,就不会有差别。反之,如果没有差别,也就无所谓同一。如变色蛇一会如此,一会如彼,当然就无所谓同一。同中有异,异中有同,这是同异律的客观基础。"同则同之,异则异之"(《荀子·正名》),这正是同一律的运用。而"是是、非非",又是同一律的公式说明。对同一律的重要作用,荀子是有所体会的。

在荀子的论辩过程中,既运用同一律,也运用矛盾律。矛盾是客观的存在,是不能否定的;但在思维活动中,却不能有逻辑矛盾。荀子经常运用矛盾律对论敌进行反驳。荀子批评宋钘"情欲寡"时说:"然则亦以人之情为目不欲綦(极尽)色,耳不欲綦声,口不欲綦味,鼻不欲綦臭,形不欲綦佚。此五綦者,不以人之情为不欲乎?曰:'人之情欲是已。'曰:若是,则说必不行矣。以人之情为欲此五綦者而不欲多,譬之是犹以人之情为欲富贵而不欲货也,好美而恶西施也"(《荀子·正论》)。"欲富贵",而"不欲货","好美而恶西施",是矛盾之事,决不能并立的。

在《强国》篇中,对于不施仁义而图以武力致汤武之治的谬论,荀子也用"伏而咶天"、"救经引足"、"欲寿殉颈"等矛盾事例进行批判。因为这样矛盾的事例是决不可能并存的。

274

矛盾律是说两相反对之说不能两是，排中律是说两相矛盾之论不能两非。荀子有"类不可两"，"择一而壹"（《荀子·解蔽》）之说。这就是不得两非的排中律的体现。"是之则受，非之则辞"（同上引），或受之为是，或辞之为非，二者必居其一。

荀子还注意"持之有故"，"言之成理"（《荀子·非十二子》），"有故"、"成理"正所以增强自己立论的逻辑力量，这即注意立论要有充足理由。

总之，荀子对逻辑思维的规律都有所体会和实际运用。他虽无明文规定，但我们不能以此而否定他对逻辑规律的认识。

第四节　概　念　论（名）

1．名的意义。

中国古代逻辑中之所谓名，相当于西方逻辑的概念。因此，我国初期传述西方逻辑的前辈，如严复（译有《穆勒名学》和耶芳斯《名学浅说》诸书）、屠孝实（有《名学纲要》）等都以"名学"译"逻辑学"。实则西方逻辑不仅研究概念，而且也研究判断、推理论证与辩谬诸部分。"名学"一词不能概括"逻辑学"的全部内容。即以"名"来译概念，也不是十分适切。因为名只是逻辑概念的语言标记，它不能完全等于逻辑的概念。在古代汉语中，名词中的实词是代表概念的，但虚词如"之"、"乎"、"者"、"也"之类，并不代表概念。照现代逻辑关于概念的定义言，概念是反映客观对象的本质属性的思维形式，所以必须先有客观的实的存在，然后才能有思维中概念的形式。从这点上说，荀子所称为"名"确实也有现代逻辑概念的涵义。荀子说："名也者所以期累实也"（《荀子·正名》）。"期累"一词注释家从来就有各种不同解释，但我们通观荀子著作，"期累实"即指对客观存在的"实"进行思维上的联系与概括。"期"有"会"意。《说文》:"期，会也"。"累"，《说文》云:"缀得理也;一曰，大索也。"这就是说，把东西联系得有条理，如绳索之贯穿然，就称为"累"。我们依据《说文》对"期"、"累"二字的解释，认为荀子之所谓"期累实"的含义，即指对客观存在的实，进行联系概括而成条理的活动。一件事物之名，即对该事物的实质，在思维上能有所联系和概括。例如"马"是反映了"马"类动物所具的特征，而且它的特征是概括了所有个体的马的。这样，荀子所下的"名"的定义，就具有普通逻辑概念的含义。

荀子的名必须联系到实，即"名"以指"实"，所以能得出"名闻而实喻"(《荀子·正名》)的效果，名实的相应是以实为主，名为副，名是所以反映实的，这是荀子唯物论的名实观和孔、孟的唯心的名实观不同的地方。

从以上的分析，荀子的名，具有逻辑概念的涵义。但荀子的名还另有语言文字的意义。语言文字是社会的人们交流思想、协同动作的工具。所以荀子又提出"名"的社会意义。荀子十分强调"约定俗成"对名形成时所起的作用。他说:"名无固宜，约之以命，约定俗成谓之宜，异于约则谓之不宜。名无固实，约之以命实，约定俗成谓之实名"(《荀子·正名》)。所谓"约定俗成"即指名的社会性。当然，这种"约定"命名的方法也不是随意妄为的，而有他的所谓"径易而不拂"的原则。"径易"，即是直捷易懂，"不拂"，即清楚明白，不致互相混淆。所以能做到"径易而不拂"的名，就是"善名"，即属于好的名。这样，名的形成依据，就和上边所讲"期累实"有别。不过我们不能认为这是荀子的矛盾，而是名的逻辑意义和它的语文意义不同，有以致之。上边我们说，中国古代逻辑学家之所谓"名"，不全等于西方逻辑所谓概念，理由也在此。以"期累实"作为概念的名的定义是和现代

276

逻辑概念的定义基本相同。荀子的逻辑在墨辩逻辑的基础上有所发挥,他对名所作的定义,即其突出点,对我国古代逻辑是有贡献的。

荀子的名除了具有逻辑的意义和社会的意义外,还另有其政治伦理的意义,这即他所谓"刑名从商,爵名从周,文名从《礼》"(《荀子·正名》)的说法。从儒家的传统观点看,这种政治伦理的意义是非常重要的。因为封建的统治要靠爵位等级和刑罚礼教来维持,而有关这一类的名就须借用传统的旧名。"名守"、"名分"即是指名的政治伦理的含义。

2. 名的作用。

依荀子对名的了解,即名所以反映实,名具有逻辑概念的意义。名所以交流思想,即名的社会意义。名所以正名分,即名的政治伦理的意义。这样荀子的名就具有三种不同的作用。

第一、名对于认识客观事物的作用。荀子说:"万物同宇而异体"(《荀子·富国》)。宇宙间万类芸芸,然有它的一定秩序,这就是类属分野。井井有条的万类之中,是同中有异,异中有同,就有必要把同类事物的个体抽象概括其同类性,异类事物的个体,又要区别它们的异类性,把这些同异不一的各类事物联系概括,反映到思维意识中来就成为概念。荀子所称"名也者所以期累实也","期累实"即指名对于事物的实质性的反映。这种名的逻辑的作用,荀子称之为"辩同异"(《荀子·正名》)。因为天下事物既不象惠施之谓"毕同",也不是他之所谓"毕异",就要从异中认出同,从同中分出异,"名以指实"(同上引)就是指出物实的同异差别。通过正名能使概念明确,使思维不致混乱。当然离开人的主观认识,没有心的思维活动,单就客观事物本身上说也就不会有名实一致与否的问题。所谓"异形离心交喻,异物名实互(原作"立")纽"(《荀子·正名》)。离开心知的认识活动,则异形的事物可以交相晓喻，不同东西的名和实也会纠缠在一起。《尔雅》说："犬未成豪曰狗"，那末狗是犬的一种。《说文》又说："犬，狗之有悬蹏（蹄）者也。"那末，犬，又成为狗的一种。这样，事物的名可以依认识者的观点的不同发生不同的变化。"离心交喻"，"名实互纽"于此可见一斑。《庄子·天下篇》辩者二十一事中，有"狗非犬"，"犬可以为羊"，就是从脱离人的认识，不加以确定之名造成的。如果我们既然以"羊"命羊，以"犬"命犬了，就不能又说"狗非犬"。因为，那样就会变为诡辩。

第二、名对于交流思想的作用。语言文字是社会交流思想的工具。人群的结合，必须靠语言交流思想，协同动作，然后共同生产，组成社会才有可能。而语言组织的基础就是名。墨辩有"言由名致"。荀子说："累而成文，名之丽（同"俪"，配合）也"（《荀子·正名》）。名词之在语文中，和概念之在思维中一样都具有类似细胞的核心作用。名的作用，不但需要反映客观的实，而且要能使人明白易晓，发生交流思想的作用。荀子说："彼正其名，当其辞，以务白其志义者也。彼名辞也者，志义之使也，足以相通则舍之矣"（《荀子·正名》）。名辞只要表达思想，使人了解其所指，思想得以相通，就可以了。超过这个限度，那就是"析辞擅作名"（同上引），玩弄名辞，不但阻碍思想的交流，而且使人迷惑，发生辩讼，造成混乱。荀子称之为"大奸"，是应加以禁止的。

荀子十分重视名的"约定"作用。约定就是同一社会中的人都要共同认可和遵守。"名无固宜，约之以命，约定俗成谓之宜"。"名无固实，约之以命实，约定俗成，谓之实名"（《荀子·正名》），我们大家都用白的名称去叫所有白的东西，都用黑的名称去叫黑的东西，就不许再用白来称黑，或反以黑为白。所以"白狗黑"（《庄子·天下篇》）只能是诡辞奸言，因为，它违反了约名的共同规定，人们无法交流思想。

278

第三、名的政治伦理的作用。"名守"、"名分"是儒家认为名的一项最重要的作用。孔子提出正名是为政的根本道路，因为名不正的结果，可使刑罚错乱，民无所措手足，必然要使天下大乱。荀子继承了孔子的这种政治逻辑，所以他说名的首要作用在于"明贵贱"（《荀子·正名》）。所谓贵贱就是指尊卑有别、长幼有序的儒家政治伦理制度。春秋以来，奴隶制崩溃，封建制形成，这是所以造成"名实相怨"的根本原因。但孔子从唯心的名实观出发，竟认为社会动乱是由于名不正的结果，所以他企图以"寓褒贬，别善恶"的《春秋》笔法，使"乱臣贼子惧"，恢复天下的秩序。这无疑是一种倒果为因的方法，是行不通的。

荀子生当战国末期，继孔子的遗绪，也企图以正名的方法，"率民而一"（《荀子·正名》）。他要人"壹于道法而谨于循令"（同上引）。对于那些"敢讬为奇辞以乱正名"（同上引）的人，就应使"明君临之以势，道之以道，申之以命，章之以论，禁之以刑"（同上引）。这样，荀子的名，实已具有法的作用。虽然，名的政治作用是荀子为新兴的封建君主设想的，这和孔子之企图维护奴隶制有所不同；但"正名以正政"的唯心观点和他的"稽实定数"的唯物的名实观相左了。

3. 名的分类。

荀子不但在名的意义和名的作用上提出自己的见解，在名的分类上也有他的新义。

荀子把名分为三大类：

第一、依名的新旧标准言，可有旧名和新名的不同。旧名是指刑名、爵名和文名。刑名从商，那是沿用殷代的称号。爵名从周，那是沿用两周以来的称号，文名从《礼》，那是依照《礼》经的规定，基本上也是周礼的继承。以上刑名、爵名和文名三种，荀子认为是属于旧传统的范畴。

和旧名相对的为新名,所以称之为新名,即不是依于历史的沿袭,而是依于某一时期社会中人的约定俗成而定出的,这即荀子之所谓散名。

散名有两类:一类为各种事物之名,即荀子所谓"散名之加于万物者,则从诸夏之成俗曲期(即共同约定),远方异俗之乡,则因之而为通"(《荀子·正名》)。

第二类,指人身上的各种称谓, 如"性"、"伪"、"情"、"虑"、"智"、"能"、"行"、"命"之类。这一类的名称,基本上为荀子的自创,因为他所谓"性",所谓"伪",所谓"智",所谓"命"等,不但和儒家以外诸子有所不同,即与同派儒家中如孟子等,也有差异,甚至有相反的含义。

第二、依约定俗成的情况不同而有宜名、实名和善名的区别。宜名即合适的名称,对某一事物,起什么名, 没有本来就合适的;但起了名之后,大家约定俗成, 都习惯了, 没有什么不合适, 那就是宜名。实名就是对一定的实所起的名称。就实的本身说,原没有非起某名不可的必然性,但大家都同意以某名命某实之后,约定俗成,就不许随便更改了,这就是实名。"丁子"(虾蟆)本无尾,才称为"丁子",如果把"有尾的"也称为"丁子",那就违反实名约定的要求。因此, 辩者说"丁子有尾"(《庄子·天下篇》)就是诡辩。

善名即指"径易不拂"之名,"径易"即直截了当,不苟察缴绕;"不拂"是准确清楚。直截了当而又准确清楚,这是一个好的名称所应有的特征,否则也很难得到大家的公认。

第三、依名的外延和内涵不同而有单、兼、共、别的分别。墨辩曾把名分为达、类、私之三类, 这已就名的应用范围的大小有所区别。荀子又进一步, 以语词和逻辑概念的外延和内涵的不同,分为单、兼、共、别之四类。荀子说:"单足以喻则单, 单不足以喻则兼；单与兼无所相避（违背）则共，虽共，不为害矣"（《荀子·正名》）。从语词上说，"单"就是指单称名词，"兼"是指复合名词，"共"是指共有名词(Common noun)。在汉语的文法中，单称名词都用一个字表达，如马、牛之类是。而兼名或复合名词则兼用二个或二个以上的字表达，如白马、四足兽之类。"共名"是共有名词，是指高于同列之上的名词，如"四足兽"即为马、牛、羊等之上一级的共有名词。

从逻辑上分析，单称名词和逻辑上的单独概念不同，如马、牛、羊是单称名词，因为它们都是用一个字表达的。但这些单称名词并不是单独概念(Singular Concept)，而是普遍概念(General Concept)。因为单独概念只适用一个对象，而这些单称名词马、牛、羊等都可适用无数的马、牛或羊。反之，兼名或复合名词，由二个以上的字构成的，也不一定是单独概念（即荀子之所谓"大别名"），而是普遍的概念，如白马、四足兽之类。固然，有些复合名词如"中华人民共和国的首都"，"阿Q正传的作者"之类是属于单独概念一类，但并非全都如此。

基于以上分析，我们不能把荀子的单、兼之名看成共、别之名。单名并非即为共名，而兼名也并非即为别名。单、兼之别是语词上的分类，而共、别之别则在逻辑概念上分析。从概念上说，它的外延有广狭的不同，内涵有多寡的区别。荀子说："物也者，大共名也。推而共之，共则有共，至于无共然后止"（《荀子·正名》）。荀子的"大共名"即相当于墨辩的"达名"。它的外延最大，但内涵却很少。"大共名"可以概括万物，只要有形的东西都可以"物"称之。大共名之上是否还有更高的名称，荀子没有明说，但荀子曾说："推而共之，共则有共，至于无共然后止"（《荀子·正名》）。可见大共名之上容有更高一级的名存在。

在另一方面，"大别名"是外延最小、内涵最多的概念。荀子

281

说:"鸟兽也者,大别名也。推而别之,别则有别,至于无别然后止"(《荀子·正名》)。荀子举鸟兽以为"大别名"之例是不恰当的,因为鸟兽是类名,其底下还可一直分下去,以至于最低的一个属为止。

从荀子大共名和大别名的分析看,他已了然于类属的相对关系。因为在大共名和大别名之间,可以有许多不同层次的共别联系,即较高的类和较低的属的关系,这即和西方古代逻辑所谓Porphyry的树的划分相似,在最高纲(Suinmum Genus)和最低属(Infima Species)之间则可以有许多不同等级的种属关系,这就比墨辩简单地把"名"分为"达"、"类"、"私",更深入一层了。

以上我们把荀子的单、兼之分和共、别之分区别开来,这在荀子的原著中也是有根据的。荀子不是说"单与兼无所相避则共,虽共不为害矣"吗?"避"有乖违意,所以单、兼相共的条件即在于它们彼此间没有互相乖违,如"马"和"白马"的单、兼关系,即是相容的,不是互相排斥的,"白马"和"马"是类属的关系,从中就可以找出它们的共别关系。这里"马"是单名,又是共名,而"白马"是兼名,又是别名,因"白马"只是"马"类之下的一个属。公孙龙无视这一单、兼相容的关系,反把它们认作互相乖违,提出"白马非马"的诡辞,那是十分错误的。

4.概念的定义法。荀子是经常运用定义的方法来揭示某一概念的涵义。比如,什么叫做礼,什么叫做乐,什么是性,又什么是伪等等。因为这些名词是属于社会政治伦理的范畴,但它们依于历史发展的阶段的不同而不同,即使在同学派当中,也会由于各个哲学家的主张的不同,而有其歧异。比如荀子的礼和孔子的礼有别,他所指的性则和孟子所指的性相反。荀子为标出他自己的见解,就必然要借助于定义方法,限定其名词所含的意义。

282

当然，荀子所用的名词一般都属于社会伦理的范畴，它们是很难用普通逻辑经常用的通过属加种差的定义法来进行定义的。列宁就曾指出过，"对于认识论的这两个根本概念，除了指出它们之中哪一个是第一性的，实际上不可能下别的定义"①，因为象"存在"与"思维"，"物质"与"感觉"，"物理的"与"心理的"等等是找不出比它们更广泛的概念的。

荀子所用的定义法更多地是从一件事物的发生方面，或从它的作用方面，或从它和其他类似的事物的不同方面，互相对比，或用性质的分析等等来下定义。兹简述如下：

（1）发生的定义法，这即从一件事物的发生来规定它的涵义。例如他从礼的起源来规定礼的意义。荀子说："礼起于何也？曰：人生而有欲，欲而不得，则不能无求，求而无度量分界，则不能不争。争则乱，乱则穷。先王恶其乱也，故制礼义以分之，以养人之欲，给人之求。使欲必不穷乎物，物必不屈于欲，两者相持而长，是礼之所起也"（《荀子·礼论》）。这里，荀子从解决人生欲求方面来指出礼的涵义，就是从礼的产生来揭示它的意义。

（2）标志式的定义，即找出一件事物的特征，标出它的特殊意义。荀子既从礼的起源来揭示其意义，又从礼的特殊作用，标志其意义。他说："礼者断长续短，损有余，益不足，达爱敬之文，而滋成行义之美者也"（《荀子·礼论》）。这就从礼对于人们的行为进行规范所起的作用，来给礼下定义。

（3）对比的定义法。有时荀子采用二件事物对比的方法来揭示其意义。例如他拿乐和礼对比，来明确二者不同的意义。荀子云："乐也者，和之不可变者也；礼也者，理之不可易者也。乐

---

① 《列宁全集》第 14 卷第 146 页。

合同,礼别异。礼乐之统,管乎人心矣。穷本极变,乐之情也。著诚去伪,礼之经也"(《荀子·乐论》)。他拿乐的和与礼的别作对比,分别明确了礼与乐的不同本质。

(4)论证式的定义法。荀子有时采用论证式的定义法,即在定义过程中,加入一段论证,最后作出定义的形式,这样的定义,特别显示出它的逻辑性。荀子在《荀子·致仕》中给"进良之术"下定义时即采此法,云:"衡(不偏)听、显幽、重明(即明明、表彰贤明)、退奸,进良之术。朋党比周之誉, 君子不听;残贼加累(加罪于人)之谮,君子不用;隐忌雍蔽(阻贤者)之人,君子不近;货财禽犊之请, 君子不许。凡流(无据)言、流说、流事、流谋、流誉、流愬不官(不通过公开途径)而衡至者,君子慎之。闻听而明誉(当为"晉"即"察")之,定其当不当,然后出其刑赏而还与之。如是,则奸言、奸说、奸事、奸谋、奸誉、奸愬莫之试也; 忠言、忠说、忠事、忠谋、忠誉、忠愬莫不明通, 方起以尚(上)尽(通"进")矣。夫是之谓衡听、显幽、重明、退奸, 进良之术。"在这段文章里,第一句,"衡听、显幽、重明、退奸"为定义词, "进良之术"为被定义词。这一直言判断并无系词连接。从第二句"朋党比周之誉,君子不听"起,直至"方起以尚尽矣"是对定义词作论证解释。最后点出原先的定义式,层次分明,说服力强。

(5)联锁式的定义法。荀子有时采用联锁式的定义法。例如在《荀子·乐论》中,他开首把"乐"(音月)定义为"乐"(音勒)之后,用一连串的联锁论证以规定其定义,云:"夫乐者乐也,人情之所必不免也。故人不能无乐,乐则必发于声音,形于动静,而人之道,声音动静,性术之变尽是矣。故人不能不乐, 乐则不能无形,形而不为道,则不能无乱。先王恶其乱也,故制雅、颂之声以道之, 使其声足以乐而不流(淫乱),使其文足以辩而不諰(邪),使其曲直、繁省(声音的繁简)、廉肉(声音的清晰饱满)、节奏,足以感动人之善心，使夫邪污之气,无由得接焉。是先王立乐之方也"。

对于"礼有三本"说,荀子也采用同一方式,荀子云:"礼有三本:天地者,生之本也;先祖者,类之本也;君师者,治之本也。无天地,恶生? 无先祖,恶出? 无君师,恶治? 三者偏亡焉,无安人。故礼,上事天,下事地,尊先祖而隆君师,是礼之三本也"(《荀子·礼论》)。这里,在"礼有三本"的论断之后,提出生、类、治三种根本的正面论证和反面论证,最后得出"礼有三本"的定义。

5. 概念的划分法。荀子既采用了普通逻辑的定义法,也采用了概念的划分法。定义揭示概念的内涵,明确它的本质。划分揭示概念的外延,明确它适用的范围。

在荀子的著作中, 运用划分法来揭示某一概念的外延的地方不少。比如对于人,依其品质行为的不同,区分为俗人、俗儒、雅儒和大儒四种。

(1) 俗人。什么是俗人?"不学问,无正义,以富利为隆(崇高意),是俗人者也"(《荀子·儒效》)。

(2) 俗儒。什么是俗儒?"逢(大)衣浅带,解果(中高边低)其冠,略法先王而足乱世:术缪学杂,不知法后王而一制度,不知隆礼义而杀(贬低)诗书;其衣冠行伪(为)已同于世俗矣,然而不知恶者;其言议谈说已无以异于墨子矣,然而明不能别;呼先王以欺愚者以求衣食焉,得委积(积蓄)足以掩其口(糊口),则扬扬如也(得意貌);随其长子(显贵的长子),事其便辟(同嬖,指宠爱);举其上客,亿然(安然)若终身之虏而不敢有他志;是俗儒者也"(同上引)。

(3) 雅儒。什么是雅儒?"法后王,一制度,隆礼义而杀诗书:其言行已有大法矣,然而明不能齐(同济,解决意)法教之所不及,闻见之所未至,则知不能类也(不能类推);知之曰知之,不知曰不知,内不自以诬,外不自以欺,以是尊贤畏法而不敢怠傲;是雅儒者也"(同上引)。

(4) 大儒。什么是大儒?"法后王,统礼义,一制度,以浅持博,以今持古,以一持万,苟仁义之类也,虽在鸟兽之中,若别白黑,倚物怪变,所未尝闻也,所未尝见也,卒然起一方,则举统类以应之,无所儗怎(疑惑),张法而度之,则晻然(完全相合)若合符节,是大儒者也"(同上引)。

以上的划分,荀子并没有按照划分的规则进行,更不是照着一个标准去划分,而是照着他的所谓大儒的理想标准来划分不同的等级。但通过划分来明确"人"的不同类别,作用是一样的。

在《荀子·强国》篇中,荀子对"威"也作了划分。他把"威"划分为三种,即(1)道德之威;(2)暴察之威;(3)狂妄之威。

(1) 什么是道德之威?他说:"礼乐则修,分义则明,举错(措)则时,爱利则形(表现);如是百姓贵之如帝(上帝),高之如天,亲之如父母,畏之如神明。赏不用而民劝,罚不用而威行,夫是之谓道德之威。"

(2) 什么是暴察之威?"礼乐则不修,分义则不明,举错则不时,爱利则不形,然而其禁暴也察,其诛不服也审,其刑罚重而信,其谋杀猛而必奄然(突然)而雷击之,如墙厌之(当作压之);如是,则百姓劫(动持)则致畏,嬴(松弛)则傲上,执拘(捉拿)则冣(集中),得间?则散,敌中(攻打)则夺(被敌争夺以去),非劫之以形势,非振之以诛杀,则无以有其下:夫是之谓暴察之威。"

(3) 什么是狂妄之威?"无爱人之心,无利人之事,而日为乱人之道,百姓讙敖(不服从),则从而执缚之,刑灼之,不和人心。如是下比周贲溃(逃跑)以离上矣,倾覆灭亡,可立而待也:夫是之谓狂妄之威。"

这里,荀子也是按照三种不同的威的实质进行描述的。

286

此外，在《荀子·解蔽》篇中把蔽划分为欲、恶、始、终、远、近、博、浅、古、今十种，在《荀子·臣道》篇中把人臣划分为态臣、篡臣、功臣、圣臣之四类；可见，荀子是善于用划分法来使概念明确的。

6. 概念的明确而准确。荀子十分注重概念的明确而准确，切忌混淆概念。上边已提到他把"可不可"和"能不能"，严格区别开来。他又把"性"和"伪"区别开。他说："不可学、不可事而在天者，谓之性；可学而能，可事而成之在人者，谓之伪；是性伪之分也"（《荀子·性恶》）。"性"指天生，"伪"指人为，这就是天人之分，不能混为一谈。

他在《荀子·天论》中把"怪"和"畏"区别开来，"怪"是指"天地之变、阴阳之化，物之罕至者也。"如"星坠"、"木鸣"、"日月蚀"、"风雨不时"之类。"畏"是指"人妖"而言，如"楛耕伤稼，耘耨失岁，政险失民……道路有死人"，"政令不明，举错不时，本事不理"，"礼义不修，内外无别，男女淫乱"之类，他认为罕见的自然现象，怪之可也，而畏之非也。

荀子还把有欲、无欲与生死之属于生理的现象和治乱之属于政治伦理的现象区别开来。他说："有欲无欲，异类也，非治乱也。"又说："欲之多寡，异类也，情之数也，非治乱也"（《荀子·正名》）。这样严格区别不同类型的概念，就十分有助于澄清思想，申述自己的正确主张。

从定义揭示概念的内涵，从划分揭示概念的外延，荀子也似乎触及到内涵和外延的相互关系。在《荀子·王制》篇中，他把水火、草木、禽兽和人作出一系列的界说，他说："水火有气而无生，草木有生而无知，禽兽有知而无义，人有气、有生、有知、亦且有义，故最为天下贵也。""水火"是属于无生物，"草木"是属于有生物中的植物类，"禽兽"是属于有生物中的动物类，人则属于动

287

物类中之最高等级。从概念的内涵上看，无生物只具有一般物的物质特征，即当时人们所称之为气；但它不具有生命的内涵。草木就不但具有气的物质特征，还具有生命的内涵；但它还不具有知觉的活动。禽兽不但有气、有生命，还具有知觉的活动，但它不具有义的内涵。人则兼有气、有生命、有知觉，而且还有义。所以从内涵上说，人的内涵最多，外延最小；但从外延上说，物的外延最广，而内涵最少。水火具一般的物——即气的内涵，所以它应属于外延最大的范畴中。人的外延最小，因他只限于动物中的最高一级的动物。荀子称物为大共名。《正名》篇云："物也者，大共名也。"这即从物这一名称的外延上看，它的外延最大。由此可见荀子对于概念的分析，似比墨辩又前进了一步。

7.对于乱名的纠正。荀子依据他对于名的深入分析，依他"稽实定数"的正名原则，对于当时干扰名实关系的乱名提出批评和纠正。荀子指出当时的乱名，可分为三类。

(1)惑于用名以乱名，如"见侮不辱"，"圣人不爱己"，"杀盗非杀人"之类。对于这种乱名，荀子认为只要"验之所以为有名而观其孰行，则能禁之矣"（《荀子·正名》）。"见侮不辱"是宋钘的主张，他宣传"侮"不是"辱"，所以说见侮不以为辱，就可以避免斗殴。但"侮"名是包含"辱"的，正因为包含了"辱"，所以人受侮，就要和侮之者作争斗，宋钘把"侮"名的内涵抽去，已不是一般人所称的"侮"名，是以名乱名了。这是应该纠正的。

"圣人不爱己"，"杀盗非杀人"是墨家的主张。其实，"己"是"人"的一分子，"盗"也是人的一分子，说"圣人不爱己"，"杀盗非杀人"那就是以名的内涵干扰名的外延，陷于以名乱名的错误。

(2)惑于以实乱名。如"山渊平"、"情欲寡"、"刍豢不加甘，大钟不加乐"之类是。"山渊平"是惠施的主张。在个别的情况下，低的山和高的渊一样平，但不能根据个别的情况去否定一

288

般。荀子认为这种乱名的纠正，可以"验之所缘以同异而观其孰调，则能禁之矣"（《荀子·正名》）。山高渊低，这是人所共同的感觉，名者所以别同异，如果山渊平，则同异不别，和命名的意义相左。"情欲寡"是宋钘的主张，一般人的情欲是多的，固然有的人是情欲寡的，但不能以个别来否定一般。"刍豢不加甘，大钟不加乐"是墨子的主张，可能有人不爱吃肉，不听音乐，但不能说一般的人都不爱吃肉，都不听音乐。如果以个别的事实来否定一般名的涵义，那就是以实乱名，陷于以个别来否定一般的逻辑错误。

(3) 惑于以名乱实，如"非而谒盈，有牛马非马也。"北京大学的《荀子新注》把第一句改为"非而谓盈"，即把相非的、互相排斥的说成互相包含的。"有牛马非马"，在牛马群中否定它有马，这即以名乱实。纠正的方法，可以"验之名约，以其所受，悖其所辞(反对)，则能禁之矣"（《荀子·正名》）。这即以大家公认的名来指出他以名乱实的错误，拿他所承认的名来反驳他所反对的名，就能禁止以名乱实了。"相排斥"并不是"相包含"，"牛马群"有马，就不能说没有马。因为那样就会以抽象的名来扰乱具体的实，陷于以名乱实的错误。

第五节　判断论（辞）

1. 辞的意义。辞即普通逻辑所谓判断。荀子对辞有简明的定义，他说："辞也者兼异实之名以论一意也"（《荀子·正名》）。这比墨辩"以辞抒意"又进了一步，墨辩只说辞发挥了意的所指，但怎样"抒意"，并未提到。荀子却把辞以抒意的方式清楚地说了出来。他说了"兼异实之名以论一意"，这即把判断的主宾概念的关系阐明，表达了判断的含义。"兼"有"并"义，即联系意。把主概念和宾概念的名联系起来，揭示出某一判断的意义，就构成判断的形式。例如"人是动物"，在这一判断中"人"和"动物"是异实之名，把这两个异实的名联系起来，揭出它的意义，即成"人是动物"的判断。可见荀子所作判断的定义确比墨辩推进一步。

判断是认识的主体对于被认识的客观对象有所断定，这即对认识的对象有所分别。拿以上所举的例子说，"人是动物"，它把人归到动物类，就要把人和其他非动物区别开来，这即其所异。但又要认其所同，即把人之所以为动物的共同点找出来。所以判断既有别异作用，又有认同作用。从异中认出同，又从同中分出异，这是判断的一体两面。荀子说："心生而有知，知而有异；异也者，同时兼知之；同时兼知之，两也。然而有所谓一；不以夫一害此一，谓之壹"（《荀子·解蔽》）。荀子既言"两"，又言"一"，"不以夫一害此一"，不以同之一，害异之一；也不以异之一，害同之一。两中有一，一中有两，这充分表现判断的肯定和否定作用的统一。荀子对于判断这样的分析已越过一般形式逻辑的范畴，依稀中接触到了辩证思维的领域。上边我说，荀子不但在概念论方面有他的新见，即判断论方面，也同样有他的发展，理由即在此。

2．判断的正确。判断怎样才能达到正确，荀子对这一问题也有所探索。他认为判断的正确，首先必须有客观的依据，这就需靠感官(他所谓"天官")来汲取客观的感觉素材，如"形体、色、理，以目异；声音清浊，调节(原为竽)奇声，以耳异；甘、苦、咸、淡、辛、酸、奇味，以口异；香、臭、芬、郁(香味)、腥、臊、漏(马膻气)膻(yǒu 牛膻气)奇臭，以鼻异；疾、养(痒)、沧(寒)、热、滑、铍、轻、重，以形体异"（《荀子·正名》）；这就是通过眼睛、耳朵、鼻子、舌头、身体来汲取外界形形色色的判断素材，这是唯物论的判断论。如无此客观素材的依据，那就很容易成为虚假判断。

其次，仅有感觉经验的依据，还不能构成正确的判断，还必须有心的征知活动，才能"缘耳而知声"，"缘目以知形"。如果心不在焉，那就会白黑在前而目不见，雷鼓在侧而耳不闻。何况我们常易被错觉和幻觉所欺骗。如"冥冥(昏暗)而行者，见寝石以为伏虎也，见植林以为立人也，冥冥蔽其明也。醉者越百步之沟，以为蹞步(kuǐ 半步)之浍(小沟)也，俯而出城门，以为小之闺(上圆下方的小门)也，酒乱其神也。厌目(按目)而视者，视一以为两；掩耳而听者，听漠漠(无声)以为哅哅(喧嚣声)，势乱其官也。故从山上望牛者若羊，而求羊者不下牵也，远蔽其大也；从山下望木者，十仞之木若箸，而求箸者不上折也，高蔽其长也。水动而景摇，人不以定美恶，水势玄(眩)也。瞽者仰视而不见星，人不以定有无，用精(视力)惑也"(《荀子·解蔽》)。在这段文字中，荀子充分分析了仅仅依靠感觉，往往会被各种客观或主观所引起的错觉或幻觉所欺骗，使我们得不到正确的真实的判断。因此，他强调心官的征知作用，用以纠正感觉经验的缺陷。这样，墨子的有鬼论也就同时受到了批判。在《荀子·解蔽》篇中，他引了涓蜀梁以疑鬼而致死，就是一个受到感觉欺骗的范例。

第三、要使判断达到正确，还必须有一个正确标准，这即他之所谓"止诸至足"。他说："曷谓至足？曰：圣王也。圣也者，尽伦者也；王也者，尽制者也，两尽者，足以为天下极矣"(《荀子·解蔽》)。"极"即标准，也即是大法。他用此大法来衡量天下的是非，合乎王制的称为是，不合王制的即称之为非。这是荀子为当时地主阶级政权统治天下的最好设想。荀子于此引了古书的说法来证成王制之为最好标准。他说："传曰：'天下有二：非察是，是察非。'谓合王制与不合王制也"(同上引)。关于合王制与否之为判断是非标准究竟当否的问题，我们不去讨论，但从这里也引伸出具有逻辑意义的一个问题，即由是非双方的互相勘察可以揭示正确的判断来。从逻辑上考虑，由对可以推错，由错也可推对。这就是"非察是、是察非"所引伸出来的逻辑意义。在是非对立的统一中，已含有辩证法的因素。这也是荀子在判断论上的又一贡献。

3．辞和言。辞是指逻辑的判断。关于辞的含义和它如何才能正确的问题，上边已作了简略说明。逻辑的判断是在思维中进行，它必须用语言来表达，才能为人所了解；这象概念一样，概念是一种思维形式，它必须用语词来表达，才能为人所认识。

辞表现之于语言的形式，即为言。言相当于逻辑的命题（proposition），也就是辞的语言的物质外壳，犹名词（term）之作为概念的语言物质外壳一样。所以言和辞实质上是一致的。在荀子的用语中，虽有"言辩而不辞"（《荀子•不苟》）之说，好象言和辞不同。但这里的"辞"，不是指逻辑的判断，而是指一般的文饰辞藻讲，所谓"言辩而不辞"者，即指言能讲清道理，宣扬礼义就行了，不必用过多的辞藻，以致陷入"惠子蔽于辞而不知实"的错误。"辞足以见极"（《荀子•正名》），辞只要能"白其志义"（同上引）即足。过此，即易陷于奇辞或奸言，为荀子所反对。

就辞之语言表达上说为言，缀言解释即成辩、成说。荀子有时把辩和说分开，他说："辩而不说者争也"（《荀子•荣辱》），所谓辩而不说，由于为与人争，不能委曲以晓人。辩只是争辩，目的在于取胜；而说，则加以解释，使人理解，这是辩和说的不同。荀子虽反对惠施、邓析的名辩，但他并没有否定名辩的作用；他只是欲以"大儒之辩"来反对"小人之辩"。因此，荀子提出一条言辩的原则，就是言辩要合于礼义。荀子说："君子必辩，……君子辩言仁也。言而非仁之中也，则其言不若其默也，其辩不若其呐

292

（讷）也。言而仁之中也，则好言者上矣，不好言者下也。故仁言大矣。起于上所以导于下；起于下所以忠于上，谏救是也。故君子之行仁也无厌，志好之，行安之，乐言之，故言君子必辩"（《荀子·非相》）。他又说："凡言不合先王，不顺礼义，谓之奸言，虽辩，君子不听。法先王，顺礼义，党（亲近）学者，然而不好言，不乐言，则必非诚士也。故君子之于言也，志好之，行安之，乐言之，故君子必辩。凡人莫不好言其所善，而君子为甚。故赠人以言，重于金石珠玉；劝人以言，美于黼黻文章；听人以言，乐于钟鼓琴瑟。故君子之于言无厌"（同上引）。可见荀子不但提倡言，还要人不断地谈论它。他的唯一条件，就是这个言的内容只限于礼义或仁而已。

荀子对人曾下了一个简明的定义，就是"人之所以为人者，非特以二足而无毛也，以其有辩也"（同上引）。但这个辩，不是指惠、邓的名辩，而是指依礼而知有所别。"辩莫大于分，分莫大于礼"（同上引）。所以说人道有辩，也即等于说人是有礼义的动物一样。

荀子又言"言必当理"（《荀子·儒效》）。他说："凡知说有益于理者为之，无益于理者舍之，夫是之谓中说"（同上引）。这里所说的理也是指礼义的理言，不是指纯逻辑的理。如果离开礼义之理的言说，如"充（实）虚之施（移）易也，坚白同异之分隔也，是聪耳之所不能听也，虽有圣人之智，未能偻指也，不知无害为君子，知之，无损为小人"（同上引）。可见所谓言必中理，归根到底还是离不开圣王的礼义。"言必中理"之外，荀子又言"其言有类"。《荀子·儒效》篇云："其言有类，其行有礼。"这就是说，比类于善，不为狂妄之言。所谓"法后王，统礼义，一制度，以浅持博，以今持古，以一持万，苟仁义之类也，……卒然起一方，则举统类而应之，无所儗㥜，张法而度之，则晻然若合符节"（《荀子·

儒效»)。可见这里所谓"类"也是指礼义之类言。

"礼义"是言的标准,荀子比之于"坛宇"。坛即祭坛,祭祀时所筑的高台,宇即屋边,所谓言有坛宇,即指言有界限,相当今之所谓"论域"。荀子说:"君子言有坛宇,行有防表,道有一隆,言政治之求,不下于安存;言志意之求,不下于士;言道德之求,不二(离开)后王。道过三代谓之荡,法二后王谓之不雅(正确)……故诸侯问政,不及安好,则不告也;匹夫问学,不及为士,则不教也;百家之说,不及后王,则不听也;夫是之谓君子言有坛宇,行有防表也"(«荀子·儒效»)。

4. 假言判断的形式。关于判断的形式,如直言、假言、选言、联言等,荀子多沿用先秦诸子所采用的各种方式。不过假言判断的形式,到了荀子似乎有进一步的发展。现在只举«荀子·劝学»中的一组假言判断为例。

(1) "无冥冥(埋头苦干)之志者,无昭昭(显著)之明;无惛惛(精诚专默)之事者,无赫赫(巨大)之功;

(2) 行衢道(歧路)者不至;
事两君者,不容;

(3) 目不能两视而明,耳不能两听而聪。"

第一式,以符号表达,为

"无S,无P"——"只有S才有P"。

第二式,以符号表达,为

"有S,无P"——"无S才有P"。

第三式,以符号表达,为

"不能有S而有P"——"只有无S,才有P"。

可见,荀子运用的假言形式是复杂化了。

第六节 推理和论证(辩说)

1. 推理的意义,逻辑思维的活动是通过概念、判断、推理和论证来进行的, 在荀子的逻辑中也不例外。他之所谓名即相当于逻辑的概念, 他的所谓辞, 相当于逻辑的判断, 这已在以上二节中叙述过了。他的所谓说即相当于逻辑的推理, 而他之所谓辩, 即相当于逻辑的论证。在《荀子·正名》篇中, 对于这些逻辑的活动, 荀子曾作简要的解释, "实不喻然后命, 命不喻然后期, 期不喻然后说, 说不喻然后辩。故期、命、辩、说也者, 用之大文也"。对于一件客观实物不懂就要给它命名, 名也者命也。给了名还不清楚, 就需运用判断来表示它的意义。"期"字有会意, 这即运用主宾概念的联系表达这一名所有的含义, 使人有所期会。也就荀子所谓"兼异实之名以论一意"(《荀子·正名》)的意思。所以我认为这里的"期"字实即指逻辑判断的作用, 犹之乎"命"字起到"名"的作用一样。下了判断之后, 还不够明白, 那就需进一步作出推论, 说明其理由, 这就是他之所谓"说"。墨辩有"以说出故"之说, 这即推论其理由, 荀子的说和墨辩有相同处。如果推论之后, 还不能彻底明白, 那就要进行最后一步工夫即论证, 这即逻辑证明的作用。荀子之所谓辩, 即逻辑的论证过程。

荀子对于辩说, 曾作了两个定义。其一, 即"辩说也者, 不异实名以喻动静之道也"(《荀子·正名》)。逻辑的推理和论证是在运用概念和判断的基础上进行的, 这即荀子所谓"期命也者辩说之用也"(同上引)。因而在推理论证中如何使用概念和判断才能达到正确推理论证的结果, 就成为推论的关键问题。荀子这一定义, 就是从这点着眼的。无论在任何一个推理论证的过程中, 有一条思维的规律是必须遵守的, 即同一律, 这即是说所用概念的意义，必须从头到尾保持它的同一性，一贯性，否则就会犯偷换概念、转移论点的逻辑错误。定义中所谓"不异实名"即指"实名"不能有先后的歧义，必须维持论证过程的一贯性和同一性。在运用这样的概念与判断之下，就可以推论出正反双方，究竟哪一方是合乎逻辑的，正确的。定义中所谓"动静之道"实即指正反双方不同的推论。"动静"即指对立的两方面，在逻辑上说，也可说"是非"，也可说"对错"。荀子用"动静"二字概括了推论的两方。这样，什么叫推理？所谓推理就是通过它能够得出是、非、对、错的结论来的一种逻辑活动。究竟你的主张是对，是错？不能武断决定，必须经过严格的逻辑推论，找出它之所以对或所以错的理由来。这也就是荀子所谓别同异、明是非的逻辑作用。从现代逻辑的观点看，荀子的这一定义是正确的。

其二，在上述的定义之外，荀子又另下一个辩说的定义。他说："辩说也者，心之象道也"（《荀子·正名》）。如果说第一个定义侧重于推论的作用说，那末，这条定义就侧重于它的目的上说。荀子所谓心，即指理性的思维活动言。心为"天君"，它能征别从"天官"（感官）获得的各种感觉经验的正误。这样，心即为理性思维的代表。"象"有表现或反映的意思。"道"即指客观规律，或真理。"心之象道"即理性思维能反映客观世界的规律或真理。我们通过辩说，即通过逻辑的推理论证，即可以认识到客观的规律或真理。而求得真理即为逻辑推理的最终目的所在。这是合乎逻辑求真的任务和一般逻辑所讲的意义是一致的。

总括以上两条定义，可以看出逻辑的推论在于求真，通过推论可以辩别是、非、对、错的所在，既有目的，又有方法，这比墨辩仅仅把推理规定为推理的要求及"推也者以其所不取之同于其

296

所取者予之也",要深入一步了。

2. 辩的效果。荀子对于推理论证所得的效果是十分明确的。他说:"辩异而不过,推类而不悖,听则合文,辩则尽故。以正道而辩奸,犹引绳以持曲直;是故邪说不能乱,百家无所窜(措手)"(《荀子·正名》)。通过辩说可以得到四种不同的效果。即:

(1)辩异而不过。推论是往往会发生错误的。如以类为推,则类的标准有时会发生问题。墨辩已提出"推类之难,说在名之大小",类不可必推,这是推理应该警惕的。依据感觉经验的材料为推,有时会为幻觉、错觉所蔽而致生错误。怎样才能尽量避免错误,免除过错,最重要的一点,即在于能辩异,对于相反的或相异的事例,能作出合乎逻辑的解释。墨辩提出"同异交得",普通逻辑重视同异联合法的运用,把貌似相反的事例作出合理解释,从反面证成自己的论点,就能减少推理的错误。我们根据可靠的前提,又严格遵守推理的规律和规则,就可得出正确的结论。恩格斯说:"如果我们有正确的前提,并且把思维规律正确地运用于这些前提,那末结果必定与现实相符"[1]。东西方的逻辑学家是坚信正确的推论能够避开错误而得出符合现实的效果的。

(2)推类而不悖。荀子重视类,前已言之。推类是逻辑推理的重要关键。但推类应不发生悖谬,才能得出正确的结论。如果象墨辩所说,"行而异,转而危(诡),远而失,流而离本"(《墨子·小取》),那就会变为悖谬的推类,陷于逻辑的错误。荀子的辩说是在他认为严格的规律之下进行的,因此,就可以达到"推类而不悖"的效果。

---

[1] 《马克思恩格斯全集》第20卷第661页。

（3）听则合文。这里的"文"是指礼法言。礼法是荀子逻辑推论的最高依据。当然也是辩说的最大前提。正确的辩说，是合于礼义的，而违反礼义的辩说，就会成为诡辩。荀子企图以"大儒之辩"来止"小人之辩"，也不过是要用礼义来规范人的言行，避免流入奸言、奸行。"听则合文"是辩说必须达到的效果。

（4）辩则尽故。故即立论的理由，墨子早已提出"无故从有故"的原则，这是一切正确的逻辑推论所当遵循的。我们如果想避免诡辩的"辞胜"，就当以理服人，把论点的正确理由摆出来，这样才能使人心服口服。通过逻辑推理和论证就可把自己论点的理由详尽地摆出来，这才会有坚强的逻辑力量，使论敌无所施其伎俩。能得到以上四种效果，就可明正道而辩奸邪，好比依据直绳来断曲直，奇谈怪说无由惑乱人心，百家异论也要陷于无所措手足。最后达到"率民而一"，这是荀子为当时封建君主统一天下所提出的一套理论。

3．推理的方法。

（1）演绎法。荀子的逻辑既为他的政治理想服务，他就必须为封建主设想一套统治方术。荀子称之为"操术"。他说："君子位尊而志恭，心小而道大，所听视者近，而所闻见者远。是何邪？则操术然也。故千百人之情，一人之情也；天地始者，今日是也；百王之道，后王是也。君子审后王之道，而论于百王之前，若端洪（原为"拜"）而议，推礼义之统，分是非之分，总天下之要，治海内之众，若使一人，故操弥约而事弥大。五寸之矩尽天下之方也。故君子不下室堂，而海内之情举积此（全部聚集）者，则操术然也"（《荀子·不苟》）。这一操术的方法，实即演绎法。荀子虽为我国古代有名的素朴唯物主义者，但他的世界观是形而上学的。他认为"古今一度（有人说，"度"是衍）也，类不悖，虽久同理"（《荀子·非相》）。古今一度，则时间无关于事物的变化，就

298

310

可以由今推古；类不悖，则个体与一般无别。在他看来，不但古今一样，种类相同，而且远和近，一和万，微和明，也都是一样的。我们掌握了近的情况，就可推到远处的情况；知道了一的道理，就可推到成千上万；知道隐微的事物，就可以推到明显的东西。一般是推论的大前提，个别则是推出的结论。如果知道一般的人是有死的，那就可以推到个别的人如张三也是有死的。我们掌握了规和矩，就可以概括了天下的方圆。这是很直截了当的方法。

荀子的演绎法是和他的法后王的政治主张联系着的。他认为"欲观圣王之迹，则于其粲然者矣，后王是也。彼后王者天下之君也，舍后王而道上古，譬之是犹舍己之君而事人之君也。故曰：欲观千岁，则数今日；欲知亿万，则审一二；欲知上世，则审周道"（《荀子·非相》）。后王之法，既和百王同，同时又是我们所能了解的最详尽的榜样。当然要以后王为法。在另一方面，后王又具有圣王的资格。他曾说："百王之道，一是矣"（《荀子·不苟》）。一即指圣人，即指后王。这看他对于"一"的解释即可知道。"此其道出于一，曷谓一？曰：执神而固，……神固谓之圣人。圣人也者道之管（枢要）也。天下之道管是矣"（同上引）。这样，他之所谓以一推万，实即以后王之法为演绎的大前提来推到一切方面。荀子的逻辑为他的政治主张服务，这是他的正名逻辑特点；同时他的逻辑方法的运用，又是从他的政治主张概括出来，这又是他的正名逻辑的另一个新特点。

（2）归纳法。荀子的逻辑虽以演绎为主，但他究竟是一位古代杰出的唯物论者，在知识问题上，始终抛弃孔、孟、老聃的先验论，坚持能知和所知相结合的唯物论的反映论。只有心的"征知"是不能得到真实知识的，"征知必将待'天官'之当薄其类然后可"（《荀子·正名》）。可以知人之性必须和可以知物之理相结合，然后才能获得可靠的真实的知识。这样，荀子就十分重视关于后天经验的积累，注重于物方面的研究，他要"以赞稽物"。他要讲"疏观万物而知其情，参稽治乱而通其度，经纬天地而材（裁）官万物"（《荀子·解蔽》）。他注重学，"君子博学"（《荀子·劝学》），要"不知则问，不能则学"（《荀子·非十二子》）。既要问学，积累经验，参稽万物之情，就必须重视归纳的研究法。在荀子的著作中不乏归纳研究的范例，兹举《荀子·富国》篇关于"治国"、"乱国"、"荣国"、"辱国"的观察研究为例。

"观国之治乱臧否，至于疆易（"易"同"埸"；"疆易"即指边界言）而端已见矣。"

这就是说一个国家的治或乱，臧或否，只要到它的边界一调查，就可看出迹象。

"乱国"的边界是怎样的？

"其候徼（边哨巡逻）支缭（环绕），其竟关之政（关卡检查）尽察（烦细），是乱国已。"

"治国"的边界又是怎样的？

"其耕者乐田，其战士安难，其百吏好法，其朝廷隆礼，其卿相调议（议论协调），是治国已"。

什么是"辱国"？

"凡主相臣下百吏之俗，其于货财取与计数也，须孰尽察（十分精细地检查），其礼义节奏（礼义法度）也，芒轫（昏暗，松弛），慢楛（粗劣），是辱国已。"

什么是"荣国"？

"凡主相臣下百吏之属，其于财货取与计数也，宽饶简易（手续宽而易）；其于礼义节奏也，陵（严明）谨尽察，是荣国已。"

以上"乱国"、"治国"、"辱国"、"荣国"四种不同的结论，是通过对它们的边界调查观察，然后才归纳概括得出的。

300

荀子的归纳很难说是现代逻辑的谨严的归纳，充其量也不过是枚举归纳而已。

（3）演绎与归纳的结合。荀子有时还把演绎和归纳结合起来，用以推论其主张的正确。在《荀子·议兵》篇中有一段阐明礼是治国的根本。他先用演绎形式，说明"礼者，治辨（治理）之极（最高标准）也，强国之本也，威行之道也，功名之总（纲要）也"。

"王公由之，所以得天下也"；

"不由，所以陨社稷（国家）也。"

礼既为国家治理的最高标准，所以统治者依礼而行，就可取得天下；背礼妄为，就能倾覆社稷。这是遵循原理上的推论，最后得出"由其道则行，不由其道则废"的结论。

荀子为证成这原则上的演绎推论，他运用了归纳上的同异法，他先用楚国不由礼而只凭坚甲利兵，或仅依"汝、颍以为险，江、汉以为池，限之以邓林，缘之以方城"（《荀子·议兵》），终于被秦、齐、韩、魏所击败，楚国四分五裂。

殷纣王背礼妄为，仅恃严刑峻罚，以期统治天下，终于被周武王所击溃，身死国亡。

其次，他用帝尧之治天下，省刑罚而威行如流，城郭不辨（修固），沟池不抎（音"胡"，同"掘"，参阅《议兵》）而国安固。这就是由于尧依礼而治之故。

通过正面之由礼道而治，反面背礼而亡的例子，就可证明前边演绎推论的正确。

（4）连锁推论。荀子有时运用连锁推论式，以证成其说。例如《荀子·君道》篇论证君爱民的重要性，即采此式。

"君者民之原也；原清则流清，原浊则流浊。故有社稷者而不能爱民，不能利民，而求民之亲爱己，不可得也。"

301

313

"民不亲不爱，而求其为己用，为己死，不可得也。"

"民不为己用，不为己死，而求兵之劲，城之固，不可得也。"

"兵不劲，城不固，而求敌之不至，不可得也。"

"敌至而求无危削，不灭亡，不可得也。"

"危削灭亡之情举积此矣，而求安乐，是狂生者也。"

在以上的几段推论，即采用连锁论式，它说明人主不爱民可以导至国家灭亡。

荀子有时也采连锁式来构成定义。他对于"君"的解释，即用此法。"君者何也？曰：能群也。能群也者何也？曰：善生养人者也，善班（通"辨"，治理）治人者也，善显设（任用安排）人者也，善藩饰（装饰，如衣著等差）人者也。善生养人者人亲之，善班治人者人安之，善显设人者人乐之，善藩饰人者人荣之。四统者俱而天下归之，夫是之谓能群"（《荀子·君道》）。

在《荀子·富国》篇中，为说明建立君臣关系的必要性，也采用此法。"皆有可也，智愚同；所可异也，智愚分。势同而知异，行私而无祸（惩罚意），纵欲而不穷，则民心奋（奋起争夺）而不可说（说服）也。如是，则知者未得治也；知者未得治，则功名未成也；功名未成，则群众未县（悬，无尊卑、贵贱、上下等级）也；群众未县，则君臣未立也。无君以制臣，无上以制下，天下害生纵欲。"

又，他说明"节用裕民"的必要性时，亦采此法。"足国之道，节用裕民，而善臧（同藏）其余。节用以礼，裕民以政。彼裕民（此二字应为"节用"）故多余，裕民则民富，民富则田肥以易（治理）；田肥以易，则出实百倍"（《荀子·富国》）。

连锁式有时还兼带比较的形式，步步推进。如关于如何利民与爱民，荀子即用步步对比推进的方式。"不利而利之（没有给人民利益，却要从人民中索取利益），不如利而后利之之利也（不如先予人民以利益，然后从而索取之为更有益）。不爱而用

302

之，不如爱而后用之之功也。"

"利而后利之，不如利而不利者之利也，爱而后用之，不如爱而不用者之功也。"

"利而不利也，爱而不用也，取天下者也。"

"利而后利之，爱而后用之者，保社稷者也。"

"不利而利之，不爱而用之者，危国家者也。"

荀子在《富国》篇当中所用的这种连锁式是相当复杂化了。

(5)比较推论。比较是人们认识事物的常用方法，荀子的推论方法有时就是通过比较来进行的。在《荀子·王霸》篇中，为说明义立而王，即以信立而伯，权谋立而亡进行比较，就可以使人深入体会王者之要在于确立礼义上。云："故用国(治国)者，义立而王，信立而霸，权谋立而亡。三者明主之所谨择也，仁人之所务白(务必搞清楚)也。挈国(举国)以呼礼义而无以害之，……之(其)所与为之者，之人则举义士也；之所以布陈于国家刑法者，则举义法也；主之所极(亟)然帅群臣而首乡之者，则举义志(目标)也。如是，则下仰上以义矣，是綦(基础)定也。綦定而国定，国定而天下定。……故曰：以国济(同"齐"，统一)义，一日而白(荣显)，汤、武是也。……是所谓义立而王也。"

"德虽未至也，义虽未济也，然而天下之理略奏矣(基本具备)，刑赏已诺信乎天下矣，臣下晓然皆知其可要(可以相信)也。……虽在僻陋之国，威动天下，五伯是也。……是所谓信立而伯也。"

"挈国以呼功利，不务张其义，齐其信，唯利之求，内则不惮诈其民而求小利焉，外则不惮诈其与而求大利焉，……如是则臣下百姓莫不以诈心待其上矣。上诈其下，下诈其上，则上下析(分离)也。如是则敌国轻之，与国疑之，权谋日行，而国不免危削，綦之而亡，齐闵(即齐闵王)、薛公(名田文，号孟尝君，曾为齐

303

闵王相)是也。"

以上,通过三方面的对比,就可使封建君主了然于"义立而王"的道理。

(6)比喻推理。荀子的推理有时采用比喻式。在《荀子·强国》篇中,他拿铸剑来比拟治国。他说:"刑(同型)范正,金锡(铜锡材料)美、工冶巧、火齐(冶炼火候)得,剖刑(打开模子)而莫邪已(成)。然而不剥脱(剥去不光滑的剑面),不砥厉(磨炼),则不可以断绳;剥脱之,砥厉之,则劙(音离,割也)盘盂,刎(杀)牛马忽然耳。彼国者,亦强国之剖刑(刚从模子打开的剑)已。然而不教诲,不调一(调整,统一),则入不可以守,出不可以战,教诲之,调一之,则兵劲城固,敌国不敢婴(同"撄",触犯)也。彼国者亦有砥厉,礼义节奏(礼义法度的具体规定)是也。故人之命在天,国之命在礼。"这里用剖型比喻待治理的国家,用礼义节奏比喻剥脱和砥厉。这样,使治国者了然于礼的重要性。

在《荀子·致士》篇中也采用了比喻式。他说:"川渊深而鱼鳖归之,山林茂而禽兽归之,刑政平而百姓归之,礼义备而君子归之,故礼及身而行修,义及国而政明,能以礼挟(同诶)而贵名白,天下愿,令行禁止,王者之事毕矣。"又云:"无土则人不安居,无人则土不守,无道法则人不至,无君子则道不举。故土之与人也,道之与法也者,国家之本作也;君子也者,道法之总要也,不可少顷旷也。"这里用土与人为国的根本,比喻君子为道法之总要。

当然,荀子的比喻推理,只是一种解释作用,还远非一般逻辑所讲的类比法。

(7)选言论式。荀子的推论有时也采选言论式。如《荀子·致士》篇言:"赏不欲僭(过分),刑不欲滥。赏僭则利及小人,刑滥则害及君子。若不幸而过,宁僭无滥。与其害善,不若利淫

304

（犯罪者）。"如摆成论式，可列如下：

　　赏不欲僭，刑不欲滥。（大前提）

　　赏僭则利及小人，刑滥则害及君子。（小前提）

　　若不幸而过，宁僭无滥。（结论）

　　与其害善，不若利淫。（与其伤害好人，不如便宜罪人。**结论，带证体**）

这是一个肯定否定式，肯定"僭"，否定"滥"。对大前提中的选言肢，肯定前者，否定后者。宁可便宜小人，不要伤害君子。

　　在选言推论中，荀子往往把选言的前提摆出后，不作出最后的结论，因为结论从前提自可推出，可以省去。如《荀子·强国》篇提出："人君者，隆礼尊贤而王，重法爱民而霸，好利多诈而危，权谋倾覆幽险而亡。"从这一选言的大前提中，作为一个愿为王者的君主，他自当选择第一选言肢而排除以后三肢，最后得出"隆礼尊贤而王"的结论。

　　（8）假言论式。荀子除用选言式外，也用假言推论式。在《荀子·王霸》篇中，他阐明君主治理国家的问题，即采用此法。他说："主道治近不治远，治明不治幽，治一（主要的事）不治二（烦杂的事）。主能治近则远者理，主能治明则幽者化，主能当一则百事正。夫兼听天下，日有余而治不足者，如此也，是治之极也"。在这一假言论式中，可以得出由肯定前件到肯定后件的结论。即人主如果能把近处事情治理好，那末，远处的事情当然也可治理好。如果能把明显的事情治理好，那末，不明显的也能随之而发生变化；如果能把主要的事情（即所谓"一"）治得恰当，那么一切其他的事情（即所谓"百"）也可治理得正确了。

　　（9）两难式。荀子在个别处，也采两难式。如在《荀子·非十二子》篇中云："信信，信也；疑疑，亦信也。贵贤，仁也；贱不肖，亦仁也。言而当，知也；默而当，亦知也。故知默犹知言也。"

这里"信"和"疑","贤"和"不肖","知"和"默"都是对立的，但从对立的双方都得出同一的结果，即"信"、"仁"和"知"。拿第一例摆成两难式,可得下式:

大前提: 信信, 信也; 疑疑, 亦信也。

小前提: 信或疑。

结论: 都是信。

(10) 因果推论。因果关系是错综复杂的。异因而同果之事在自然现象和社会现象中都可能发生。荀子也注意到这点。如《荀子·富国》篇说到兵弱和国贫时,即提出了多因说。"观国之强弱贫富有征验。上不隆礼则兵弱,上不爱人则兵弱,己诺不信则兵弱,庆赏不渐(进)则兵弱,将率不能则兵弱。上好功则国贫,上好利则国贫,士大夫众则国贫,工商众则国贫,无制数度量则国贫。"这里各列举了兵弱和国贫的四种原因。

4. 证明法。荀子的论证,有时采用演绎,有时采用归纳。他特别重视反证。例如他证明人之所以能群,在于有礼义,先用省略的三段论式。

"力不若牛,走不若马,而牛马为用,何也? 曰: 人能群,彼不能群也。人何以能群? 曰: 分。分何以能行? 曰: 义。"(《荀子·王制》篇)这段由三个论式结合起来。

第一,人能使用牛马,(论题)

　　　　因为人能合群。(论据)

第二,人何以能群?(论题)

　　　　因为人能有所分别。(论据)

第三,人何以能分别?(论题)

　　　　因为人知礼义。(论据)

以上三式都是省略的三段论。

荀子在取得第三式的结论之后，进而运用正反两方面的论

306

证，证明能群在于有礼义。

第一，先采用正面的论证，

"义以分则和，

和则一，

一则多力，

多力则强，

强则胜物。

故宫室可得而居也，故序四时，裁万物，兼利天下，无它故焉，得之分义也。"这是通过一系列的连锁论证最后取得结论。

继之，第二步，从反面论证无礼义，就不能群，由是，产生反面的结果。

"故人生不能无群，

群而无分则争，

争则乱，

乱则离，

离则弱，

弱则不能胜物，

故宫室不可得而居也，不可少顷舍礼义之谓也。"

在演绎的论证中，荀子善于运用矛盾律以增强其论证力量。如《荀子·强国》篇论证礼义之重要性云："弃己之所安强，而争己之所以危弱也；损己之所不足，以重己之所有余；若是其悖谬也，而求有汤、武之功名，可乎？辟之是犹伏而咶天，救经而引其足也。"

"为人臣者，不恤己行之不行，苟得利而已矣，是渠冲(攻城大车)入穴而求利也。"

"知贵生乐安而弃礼义，辟之是犹欲寿而歾颈也。"

在这段论证中，荀子利用五对矛盾的事例来论证其不行。即

307

一,弃安强而争危弱;二,损不足而重有余;三,伏以咶天,救经引足;四,用攻城的大车去攻小洞以求利;五,贵生乐安而弃礼义,欲寿而殀颈。当然,在这些矛盾对立的事例中也含比喻义。

荀子的论证,有时也用归纳法。在《荀子·王霸》篇中,为论证人君用贤专一之重要时,列举了汤、文、武、成王和齐桓公作为例证。用以证成"用一而当"可致治的理论,即采用枚举归纳法。

荀子有时采用因果关系的论证。即有 a,有 b;无 a,无 b;如果 a 在 b 不在,或 a 不在而 b 在,那末,a、b 就没有因果的关系。在《荀子·天论》中论证"天行有常"即采此法,兹分析如下:

"天行有常,不为尧存,不为桀亡。"(论题)

"治乱,天邪?

曰:日月、星辰、瑞历(历象),是禹桀之所同也;禹以治,桀以乱,治乱非天也。"(论据)

如以禹治为 a,则桀乱为无 a,即 ā。日月、星辰、瑞历为 b,则上式可列成:

a 在——b 在,

a 不在——b 在,

不管 a 的出现与否,b 都在,可证 a 和 b 没有因果关系。如是可以得出结论说:

"治乱非天也。"(结论)

同理,也可证明治乱并非地和时的关系。"时邪?曰:繁启蕃长于春夏,畜积收藏于秋冬,是又禹桀之所同也;禹以治,桀以乱,治乱非时也。"

"地邪?曰,得地则生,失地则死,是又禹桀之所同也;禹以治,桀以乱,治乱非地也。"

根据以上三条论证,可知治乱不是由于天、时、地,它们之间

308

并无因果联系。所以最后证明论题"天行有常，不为尧存，不为桀亡"的正确性。

5. 反驳法。荀子对于论辩，运用证明，证成自己论点的正确；同时又用反驳，攻破论敌的论点。反驳法大约有如下三种：

（1）连锁对比的反驳。在《荀子·正论》篇中，他反驳"主道利周（即周密，隐蔽真情）"的论点，即采用上下对比的连锁论式。

"世俗之为说者曰：'主道利周'。是不然。主者，民之唱也；上者，下之仪也。彼将听唱而应，视仪而动。唱默则民无应也，仪隐则下无动也。不应不动，则上下无以相胥（原作"有"，相待也）也。……故上者下之本也；上宣明则下治（明确治理方向）辨矣，上端诚则下愿悫（谨慎忠厚）矣，上公正则下易直（平易正直）矣。治辨则易一（统一），愿悫则易使，易直则易知（容易了解下情）；易一则强，易使则功，易知则明，是治之所由生也。"以上是从正面的连锁对比论证，以下从反面反驳论敌论题的错误：

"上周密则下疑玄（同眩，疑惑不解）矣，上幽险则下渐诈（欺诈）矣，上偏曲则下比周（结党营私）矣。疑玄则难一，渐诈则难使，比周则难知；难一则不强，难使则不功，难知则不明；是乱之所由作也。"这样，正反两方对比推证，最后得出结论："故主道利明不利幽，利宣不利周。"荀子的反驳是具有强大的逻辑性的。

（2）概念分析的反驳法。这即通过对论敌的论题进行概念分析，揭露它的不合理性，从而反驳论敌的论点。荀子为反驳"禅让"说，即采此法。他说："世俗之为说者曰：'尧、舜禅让'。是不然。天子者，势位至尊，无敌于天下，夫有谁与让矣！道德纯备，智惠（慧）甚明，南面而听天下，生民之属，莫不振动从服以化顺之，天下无隐士，无遗善，同焉（代词，指尧、舜）者是也，异焉者非也。夫有恶（乌）擅（同禅）天下矣？"（《荀子·正论》）这即就"禅让"一词进行分析。"禅让"是由受让者和让者组成，但天子

309

321

是无敌于天下的，所谓"天子无妻(匹敌)"，没有和天子相等的人，即没有可以受让者。另一方面，天子道德智慧为万民所景仰，他是天下的楷模，又有什么理由把地位让人？这样一分析，所谓"禅让"，既没有受让者，也没有让人者，"禅让"是虚假的概念。因此，荀子得出结论说："尧、舜禅让，是虚言也"。

（3）对论敌论题的反驳法。在《荀子·议兵》篇，荀子反驳陈嚣和李斯的论点，即采用击破论敌论题法。

陈嚣提出以"有兵为争夺"，反对荀子的仁义议兵。"陈嚣问孙卿子曰：先生议兵，常以仁义为本。仁者爱人，义者循理，然则又何以兵为？凡所为有兵者，为争夺也。"这里，陈嚣认为"仁义"和争夺是矛盾的，以仁义议兵，本身不当。荀子反驳陈嚣的论题，认为"有兵为争夺"是错误的，有兵的目的在于禁暴除害，而禁暴除害却为仁义之师的本质。所以，"孙卿子曰：非女所知也。彼仁者爱人，爱人故恶人之害之也。义者循礼，循礼故恶人之乱之也。……故仁人之兵，所存者神(尽善浃治之意)，所过者化(受到感化)，若时雨之降，莫不说喜。"荀子这里从仁义的对立面——不仁、不义，即害和乱，来说明有兵的目的。这样仁义和有兵的表面矛盾解除了。仁不仅会爱，还会恶；义不仅包含循理，还包含恶乱。从形式逻辑说，这是运用对立概念来解除矛盾，实质上，也含有对仁义的辩证的看法，荀子指出了陈嚣对爱人和循理的理解是片面的。

李斯认为"秦四世有胜，兵强海内，威行诸侯，非以仁义为之也，以便从事(怎样有利就怎样做)而已"。荀子认为"以便从事"是不对的，因他所谓"便"不是指"大便之便"，只是"不便之便"而已，"大便之便"在修仁义。孙卿子曰："非女所知也，女所谓便者，不便之便(不是真正便利的便利)也。吾所谓仁义者，大便之便也。彼仁义者所以修政者也；政修则民亲其上，乐其君，而轻为之死。故曰,凡在于君,将率末事也。秦四世有胜,諰諰(恐惧貌)然常恐天下之一合而轧己也,此所谓末世之兵,未有本统也。故汤之放桀也,非其逐之鸣条之时也,武王之诛纣也,非以甲子之朝而后胜之也;皆前行素修也(一贯施仁义),此所谓仁义之兵也。"荀子的这一反驳,也有过于重视仁义而忽视军事之处。他还看不到军事和政治的辩证统一。

本章我们首先指出荀子的逻辑是孔子正名派的继承。正名所以正政,这是正名派的一贯思想,孟轲、稷下唯物派以至荀子,均不例外。荀子的逻辑虽也讲"别同异",但"明贵贱"是它的首要目标。他虽说"君子必辩",但他是要以君子言仁之辩来止小人之辩,这和名辩派根本不同。

在另一方面,荀子也受到名辩派的影响。他在墨辩逻辑取得杰出成就之后,对于名言的分析作出了新的发挥。他对名的三种划分和单、兼、共、别的区别,比墨辩似又推进了一步。"辞是兼异实之名以论一意",则已深入到判断中主宾概念的相互联系,具有辩证思想的雏型。在推理论证中,他提出了"辩异不过,推类不悖,听则合文,辩则尽故"的四项原则,保证推理论证的正确,这些都是荀子逻辑的贡献。他用名辩派的唯物的名实观改造了孔、孟的唯心的名实观,这样,使他的逻辑走上唯物主义的道路,这又是他对正名逻辑的贡献。

荀子的逻辑基本上是演绎的,但由于他坚持唯物论的认识论原则,注重心知必须与感知相结合,强调实际经验的积累,这样,他也没有忽视归纳的重要性。他注重积累实际经验的精神,对于后来韩非的参验说是有影响的;他的连锁推论的熟练运用,则已开韩非连珠体之先河。荀子逻辑在先秦逻辑的最后发展中是有重要地位的。

311

荀子的逻辑基本上是唯物的，但在他以宣扬仁义为主的思想影响下，他所讲的名，所讲的类，实质上只是礼的别名。他要以国家的命令刑罚来"正道辩奸"、"率民而一"，这样就不能不使他的名蒙上唯心色彩，走到和"稽实定数"相反的道路上去。另一方面，他不恰当地把礼义和名辩对立起来，竭力排斥名辩，这就削弱了他对逻辑思维的具体分析。如果说荀子企图以礼义的力量压抑名辩，那么，韩非就进一步用法术的政治力量打击名辩。墨辩的科学逻辑未能继续发展，与荀、韩的反名辩思潮不无关系，这对先秦逻辑史的发展是不利的。荀子逻辑的确存在着这些缺点。

312

第五章　韩非的逻辑思想

第一节　韩非的生平和时代

韩非是战国末期韩国人，约生于公元前 280 年（周赧王 35 年），死于公元前 233 年（秦王政 14 年）。

据《史记·老子韩非列传》云："韩非者，韩之诸公子也。喜刑名法术之学，而其归本于黄老。……与李斯俱事荀卿。非见韩之削弱，数以书谏韩王（按即韩王安。前 230 年亡于秦），韩王不能用。……非使秦，秦王悦之，未信用。李斯、姚贾害之，……下吏治非，李斯使人遗非药，使自杀。"

韩非著书，据司马迁说，有"《孤愤》、《五蠹》、《内外储》、《说林》、《说难》十余万言"。《汉书·艺文志》著录，有韩子五十五篇之说，现存《韩非子》恰为五十五篇。但其中如《初见秦》等，并不是韩非所作。

韩非所处的时代是新旧交替的时代。即以韩国来说，在韩昭侯时曾任申不害为相而强盛一时，但"韩者，晋之别国也。晋之故法未息，而韩之新法又生；先君之令未收，而后君之令又下"（《韩非子·定法》）。可见，韩国还在新旧交替的不断变革之中。何以有此新旧不断的递嬗，这是因为代表新兴的封建势力和旧有的氏族贵族矛盾激化所致。从春秋末期开始，奴隶主的经济体制逐渐崩溃，新兴封建的经济体制逐渐兴起。公元前594年，鲁宣公实行"初税亩"，对私田一律收税，承认私田的合法性。公元前552年，楚令尹子木整理田赋和军制，进行"量入修赋"。公元前543年，郑子产实行"田有封洫，庐井有伍"，使个体农民合法化。这种经济体制的改革，进入战国便更大规模地进行，李悝（又名李克。章太炎《检论原法注》断为一人）为魏文侯尽地力之教，又著《法经》，确立土地财产所有权。自后，商鞅在秦，吴起在楚相率变法，地主阶级的封建统治已代替了奴隶主的统治。虽商鞅、吴起被杀，但封建的经济体制并未被复辟派所推翻。经济发展的规律是不会以氏族贵族的意志为转移的。

封建经济的确立，以法制为主的政治也取代了礼治。礼在于分，法在于齐，氏族贵族为维持其统治权力竭力维护礼而反对法。叔向反对子产铸刑鼎，孔子反对晋铸刑书，都表示同一态度。叔向所谓"民知争端矣，将弃礼义而征于书，锥刀之末，将尽争之"（《左传·昭公六年》），孔子所谓"何以尊贵？贵何业之守？贵贱无序，何以为国？"（《左传·昭公二十九年》）这无非说明"礼不下庶人，刑不上大夫"的旧秩序已趋崩溃。但法之必然代替礼，是由封建经济体制决定的。尽管孔子反对，但社会发展的规律是不会由于孔子的反对而变更的。荀子虽还主礼治，但荀之礼几等于法。所谓"礼者，法之大分，类之纲纪"（《荀子·劝学》）。"虽王公士大夫之子孙也，如不能属于礼义，则归之庶人。虽庶人之子孙也，积文学，正身行，能属于礼义，归之卿相士大夫"（《荀子·王制》）。贵族与庶人的严格分野已被法的齐一精神所打破。韩非直截了当地抛弃礼治，而以法、术、势三者统一的法治作为中央集权的封建统治奠定基础，这是战国以来封建割据的政治形势必然趋于封建大一统所决定的。

314

总之，韩非所处的时代是地主阶级在经济政治方面战胜了奴隶主阶级，封建割据的战国七雄由于发展封建经济的需要，要求大一统所出现的局面。韩非的刑名法术思想不过是这一客观的封建政治经济的变革在思想意识上的反映而已。

第二节　历史的逻辑

韩非的逻辑，有人称它为实质的逻辑，也有人称它为应用的逻辑，这是因为韩非不象名、墨或荀子等发挥逻辑的理论，而着眼于逻辑在刑名法术上的运用。司马迁说他是，"观往者得失之变"而写成他的论著，是有根据的。

从逻辑理论的阐发上说，韩非确不如名、墨和荀子。因此，有人除了称道他的矛盾律外，其他似不足道。有的甚至还不以为他在矛盾律上有何贡献。我认为这些意见还值得商榷。

韩非在先秦时代是法家的集大成者，是先秦最后一位杰出的唯物主义者，他对于哲学上许多思想的发挥和贡献，我们在此不提。我只就他的逻辑思想来进行分析，他确实有不可磨灭的功绩。韩非在逻辑上的贡献，不在于逻辑理论的系统探索，而在于他深入分析客观社会历史的发展进程，这也就是司马迁所谓"观往者得失之变"。这样，他把历史的发展事实和逻辑的思维分析密切结合起来。如果我们说韩非的逻辑有什么特点，我们可以说逻辑的与历史的统一，就是它的突出的特点。因此，韩非的逻辑可以称之为历史的逻辑。

逻辑的和历史的统一，是由黑格尔首先提出来的，黑格尔批评康德的逻辑形式主义，因康德认为逻辑"抽去一切知识内容只论究普泛所谓思维之方式"（康德：《纯粹理性批判》〔"判"按此字应译为"导"〕中译本第 73 页）。黑格尔指出康德的观点是错误的，因为形式是有内容的。黑格尔曾说过："历史上的那些哲学系统的次序，与理念里的那些概念规定的逻辑推演的次序是相同的"，"我认为，如果我们能够对哲学史里面出现的各个系统的基本概念，完全剥掉它们的外在形态和特殊应用，我们就可以得到理念自身发展的各个不同的阶段的逻辑概念了"（《哲学史讲演录》第一卷，三联书店1956年版，第34页）。黑格尔把哲学史的发展当作理念发展的具体化。因此，逻辑范畴的发展次序和哲学思想的发展次序是一致的。

黑格尔把历史的发展和逻辑范畴的发展视为一致的东西，这是有贡献的。但他是唯心主义者，他把客观历史的发展当作逻辑思维的具体体现，这就把第一性的东西和第二性的东西颠倒了。辩证唯物主义认为历史的事实是客观存在的第一性的东西，而逻辑范畴的发展不过是客观历史发展的反映，它是第二性的东西。黑格尔以唯心主义的逻辑的与历史的统一观去批评康德，是不可能彻底扫清康德的逻辑形式主义的。

真正解决逻辑的和历史的统一问题，只有马克思主义的辩证唯物论才能做到。恩格斯指出："历史从哪里开始，思想进程也应当从哪里开始，而思想进程的进一步发展不过是历史过程在抽象的、理论上前后一贯的形式上的反映；这种反映是经过修正的，然而是按照现实的历史过程本身的规律修正的，这时，每一个要素可以在它完全成熟而具有典范形式的发展点上加以考察。"① 这是马克思主义的对逻辑的和历史的统一问题的经典性的名言。在这里，恩格斯首先指出，思想的进程决不是象康德所说的纯形式的东西，而是跟着客观历史的开始而开始的，它有客观实际的历史内容。第二，思想的进程的进一步发展只不过是

---

① 《马克思恩格斯全集》第13卷第532—533页。

历史过程在抽象的、理论上前后一贯的形式上的反映，决不象黑格尔所说的逻辑范畴的推演决定客观历史程序的发展。历史发展的事实是第一性的，而逻辑思维的推演是第二性的。第二性的东西只是第一性的东西的反映。当然，反映不是照像，不是模拟，是经过一番修正，不过这个修正仍是以历史过程本身的规律为依据。第三，思想的每一要素应在它完全成熟而有典范形式的发展点上加以考察。

我们用马克思主义的逻辑的与历史的统一观去衡量韩非的逻辑，就可以发现韩非是不自觉地走上了逻辑的与历史的统一的道路上的。

首先，韩非反对名、墨的辩说，认为"积辩累辞，离理失术"（《韩非子·难势》），"坚白无厚之辞章，而宪令之法息"（《韩非子·问辩》）。他反对兒说的"白马非马"之"虚辞"（《韩非子·外储说左上》），反对郑人争年的"辞胜"（同上引）。他主张"言行者，以功用为之的彀者也"（《韩非子·问辩》），"听言督其用"，"无用之辩不留朝"（《韩非子·八经》）。他认为言必须能参，能用，使言有内容，就不致陷于"淫说"、"诡辞"。

韩非反对名、墨的辩说，其批评未免偏激。但他认为名言应有客观的内容，还是正确的。从逻辑和历史的统一观点看，逻辑思维的判断、推论应该符合客观的实际情况，因为逻辑的概念思维不是人的头脑中自生的东西，而只是客观世界的反映，韩非所谓言要有内容，这也是防止主观的空洞的思考，割裂了逻辑的和历史的统一的必要措施。

逻辑思维的形式和规律都有它们的客观内容。列宁说："逻辑形式和逻辑规律不是空洞的外壳，而是客观世界的反映。"①

---

① 《列宁全集》第 38 卷第 192 页。

人们只是通过亿万次的实践,从而概括出思维的形式和规律。在人类历史发展的过程中,社会制度的急剧突变,各种思潮的激烈争辩,常常是逻辑思维发展的契机。韩非生当战国晚年,各种社会矛盾激化,各派思想斗争剧烈,他就有可能从社会历史事变的洞察中, 总结概括各种逻辑方法和思维规律。兹先略举一、二,借以说明原委,其详当待本章以下各节再行分析。

第一, 关于演绎方法。

《韩非子·十过》云:"寡人闻邻国有圣人,敌国之忧也。(大前提)

今由余,圣人也。(小前提)

寡人患之。"(结论)

这是秦穆公见成王使臣由余时,对内史廖的一段谈话。

又《韩非子·说林上》云:"普天之下,莫非王土,率土之滨,莫非王臣。(大前提)

今君天子。(小前提)

则我天子之臣也。"(结论)

这是引温人之周,周不纳客,温人因引《诗》证明他是臣而非客。

第二,关于归纳方法。

韩非运用历史事例,就更多了。例如,《韩非子·内储说上七术》论证"观听不参,则诚(情)不闻,听有门户,则臣壅塞",即采枚举归纳,从历史事例中证明这一论点。他列举了:

1. "侏儒之梦见灶"。这即卫灵公宠弥子瑕,专断卫国的故事。一人炀灶,身蔽火光,后头的人就看不到火。弥子瑕专宠于卫君, 群臣无由见君, 弥子瑕之蔽君有如炀灶者之蔽火。这即"观听不参,则诚不闻,听有门户,则臣壅塞"的具体说明。

2. "哀公之称莫众而迷"。鲁哀公时,季孙擅权,一国都"一

318

辞同轨于季孙氏",举鲁国尽化为一,所以孔子对鲁君说:"明主之问臣,一人知之,一人不知。"然后才能考察出正伪, 如果一国都同于季孙,那就听不到不同意见,所以"莫众而迷",这也是"观听不参"的典型事例。

3."齐人见河伯"。这是齐人欺齐王的故事。齐人指大鱼为"河伯",齐王信以为真。

4."惠子之言'亡其半'"。这是惠施对张仪欲以秦、韩与魏之势伐齐荆的反驳, 惠施说:"夫齐荆之事也诚利, 一国尽以为利,是何智者之众也? 攻齐荆之事诚不利, 一国尽以为利,何愚者之众也? 凡谋者,疑也。疑也者,诚疑以为可者半,以为不可者半。今一国尽以为可, 是王亡半也。"这即魏王偏听张仪一面之词的不当。

从以上所举的例子看,韩非是通过历史事例的考察,然后概括出归纳的原则。他不是抽象地、形式地讲归纳形式,而是通过具体的事例来说明。

第三,关于比喻方法。

通过历史事例进行逻辑的类比, 更是韩非常用的方法。韩非的逻辑推论,重视类的概念,他一再提出"知类""察类"和"取类"的重要性。《韩非子·孤愤》云:"智(知)不类越,而不智不类其国, 不察其类者也。"又《难势》云:"此不知类之患也。"在《饰邪》中,谈到"不可以取类"。《定法》亦云:"自是以来,诸用秦者,皆应、穰之类也。"这种对类的重视,固然是他对墨翟以来逻辑传统的承籍。但韩非讲类,却不是仅作理论上的说明,而是通过历史事例的分析。在《韩非子·喻老》中, 通过历史事例进行类比推论不乏其例,兹举扁鹊为桓侯治病为例:

"扁鹊见蔡桓公,立有间,扁鹊曰:'君有疾在腠理(指皮肤),不治将恐深。'桓侯曰: '寡人无疾。'扁鹊出, 桓侯曰:

'医之好治不病以为功。'居十日，扁鹊复见曰：'君之病在肌肤，不治将益深。'桓侯不应。扁鹊出，桓侯又不悦。居十日，扁鹊复见曰：'君之病在肠胃，不治将益深。'桓侯又不应。扁鹊出，桓侯又不悦。居十日，扁鹊望桓侯而还走。桓侯故使人问之。扁鹊曰：'疾在腠理，汤熨之所及也；在肌肤，铖石之所及也；在肠胃，火齐之所及也；在骨髓，司命之所属，无奈何也。今在骨髓，臣是以无请也。'居五日，桓侯体痛，使人索扁鹊，已逃秦矣。桓侯遂死。"

这一事例，确是生动而深刻，它使人了然于"图难于其易，为大于其细"的深奥道理。

此外，如二难推理、连珠推论和矛盾律的提出，韩非也无一不是通过社会历史的事例加以说明。当然，这些推论的方法或思维规律在韩非以前也有人用过，但在韩非手中就运用得更加熟练了。有的还为韩非所始创，如连珠推论；有的为韩非所开始提出，如矛盾律。这就只有从韩非所处的时代才能分析清楚。

韩非的历史逻辑，固然和他的时代背景有关，但另一方面，也和他的唯物的认识论有联系。韩非继承荀子的唯物主义的认识论，注意客观事物的参验。他把这种参验法应用于历史的分析，提出上古、中古、近古的不同进化，着眼于"事因于世，而备适于事"，"世异则事异，事异则备变"（《韩非子·五蠹》）的变法观。韩非历史的逻辑是和他的历史进化观分不开的，而历史进化观又是唯物主义认识论的产物。因此，韩非历史逻辑的产生，固是当时客观社会形势的反映，但主观方面，又有他的唯物主义认识论的深刻根源。

当然，韩非并不是自觉地表现这一思想，这在两千多年前也是不可能的。而且他所叙述的历史事实也很粗糙，逻辑的分析也非全面，甚至还有某些错误。但我们现在不能苛求于韩非。

320

第三节　法术的名实观

名实问题是先秦逻辑思想中的一个重要问题，不论是唯物主义者或唯心主义者都有不同的解答。韩非对名实问题的解答有其继承性的一面，也有他创新的一面。在继承性方面，即发展了墨、荀的唯物的观点，把实看作是第一性的，而名只是对实的反映，为第二性的。在创新方面，即他把历史的逻辑观渗透到名实问题上，现分别阐述如下。

第一，韩非的唯物主义的名实观。韩非是先秦最后一位杰出的唯物主义者。他的唯物主义的哲学思想也从名实关系上表现出来。他和墨、荀一样，都认为实是客观存在的，名是客观存在的实在我们思想上的反映。他指出："名正物定，名倚物徙"（《韩非子·扬权》）。这两句话，我们不能作假言命题看，当作名正物才定，名倚物才徙。而应该作"名正于物定，名倚于物徙"。如果照前一念法，那就会变成名决定物，为唯心论者的观点。但照后者的读法，名是决定于物，物定名才正，物徙名才倚，这是物（实）决定名的唯物主义观点。有什么证据呢？证据就在这两句话的后边两句，即"不知其名，复修其形"。"不知其名"有两个含义，一即天下事物，有形必有名，但也有虽有形而不知其名的情况出现，这时我们就得考察这一事物的真实形体来定出它的相应的名来。因为名是依形而有，并非主观随意决定。第二种含义，即名已产生混乱的情况，在逻辑上说，即概念不清，这时就须检查它的原本形体，来修正此不清之名或混淆的概念。这就叫"复修其形"。"修"有"循"意，即循察它的原本物形，借以找出名之离形的原因，以便使名正确化。可见"名正物定，名倚物徙"我们只能作出唯物的解释，决不能将唯心的解释加于韩非这一

321

命题之上。

从韩非的眼光看，名和事（即形或实，此点下边再详言）都不是随意规定的。在《韩非子·主道》中，他提到"故虚静以待令（"令"字疑衍），令名自命也，令事自定也"。在《韩非子·扬权》篇中又云："圣人执一以静，使名自命，令事自定。"这就是指事物之名，由事物本身所决定，并非人的主观上强为之名，所以说"令名自命"。一件事情应该怎样做，由事情本身所决定，也不是人的有意规定，所以说"令事自定"。韩非两次提到"令名自命，令事自定"，充分表现了他对事和名的客观依据的肯定，表明了他的唯物主义观点。

第二，法术的名实观。韩非对这一问题的看法贯彻了他的唯物主义名实观。什么是名实？韩非所讲的和以往有别。司马迁称"韩非好刑名法术之学"，他讲刑名是为法术服务的。他和他的前人不同，在他之前对形名只作逻辑理论的分析，而他却是结合实际的法术进行分析，这也是他的历史逻辑观的一方面体现。

韩非以前的逻辑学者一般都把名作为逻辑的概念，而形即指客观界的实。但韩非不同。他把名指言，而形指事说。言和事的关系，即名和实的关系。《韩非子·二柄》云："人主将欲禁奸，则审合刑（形）名者，言与事也。为人臣者陈而言，君以其言授之事，专以其事责其功。功当其事，事当其言则赏；功不当其事，事不当其言则罚。"这里显然用言与事直指名与形。韩非为封建主治理国家着想，认为只要人主抓好形名这一总枢纽，即可达到无为而治的理想，人主根据人臣的陈言，然后给做某一官职的事，有功就得赏；否则所做的事和言不合，或功不当其事，就要受到惩罚。赏罚即君所操的二柄。《韩非子·定法》中又说到"因任而授官，循名而责实"。这样，韩非之所谓形名有三种意

322

334

义:一、即以言为名,事为形;二、即以官为名,以做官的人为形;三、以法为名,依法所做的事为形。而这三种意义是互相关联的。事与言必须相符,官与职必须相称,臣下所做的事,又必须以法为准则,否则为名实不符。在《韩非子·功名》中,他有清楚的解释:"人主者,天下一力以共载之,故安;众同心以共立之,故尊;人臣守所长,尽所能,故忠。以尊主主(衍)御忠臣,则长乐生而功名成,名实相持(待)而成,形影相应而立。""人臣守所长尽所能",即本他们一定官职(即名),发挥应有的效能(形)。这样,他的官职之名,即和他所作之事(形)结合,这即"名实相持","形名参同"。反之,如果"立功者不足于力,亲近者不足于信,成名者不足于势。近者已亲,而远者不结,则名不称实者也"。"名不称实"即指事(形)和官职(名)不相牟。这即韩非形名相合的新观点。

从韩非的这一形名相合的新观点出发,怎样检查形名相合就成为重要的问题。检查形名相合的方法,韩非称为参验法。《韩非子·奸劫弑臣》云:"循名实而定是非,因参验而审言辞。"《韩非子·扬权》一再讲到"形名参同",要"参之以比物,伍之以合虚","行参以谋多,揆伍以责失"(《韩非子·八经》)。"参"谓参验形名,"多"即指功,"行参以谋多",即参验以谋功。"伍"即把事物排队,从中找出错误之所在。"参伍"以四征为验。这就是"必揆之以地,谋之以天,验之以物,参之以人。四征者符,乃可以观矣"。地指地利,天指天时,物指物理,人指人情。揆地、谋天、验物、参人,计度比例,以取考证,这样,是非得失,即可查出。韩非还举了许多具体的方法,以明四征的证验。这即"参言以知其诚",即参听人言以知其诚否。"易视以改(当作"考")其泽",这即变换考察角度来证验择守("泽"同"择"意)。"据见以得非常",即从眼前所见到的东西,察知隐蔽难知的阴情。"举往以悉其前"，调查他的历史，考证其过去的经验。"即迩以知其内"，从就近的观察，以了解他的内心动态。"握明以问所暗"，即掌握已知的事来考问秘密的事。"诡使以绝黩泄"，这即诡谲参使以绝泄情实。"倒言以尝所疑"，这即倒言反事，则奸情得。"举错以观奸动"，这即指出错误来观察臣子的奸险行动。"明说以诱避过"，明说政策以诱导匿过者的坦白。"作斗以散朋党"，即进行一些斗争来解散他们的党羽。"深一以警众心"，这即深知一物，使众奸皆惧。"泄异以易其虑"，泄露不同意见来改变人臣的思虑。如此等等，都是人主运用多种参验方法来驾驭其臣下的统治术。

　　从以上的分析看，韩非的参验法，基本上是属于普通逻辑所讲的观察、试验、调查等等归纳方法。但仅靠"偶参伍之验"，"众端参观"等对事实进行考察还不够；另一方面，还必须对照道的规律，即韩非所谓"伍之以合虚"，然后才能鉴别其正误。什么叫"合虚？"董桂新曾解释云："韩非谓虚静无为，与道大适，故云合虚"（见陈奇猷《韩非子集释》上册，第 136 页所引）。用道的虚静来解释"合虚"，大致不错。韩非之学出于其师荀子，荀子讲"虚一而静"。韩非的虚静说和荀子的认识论有关，自无问题。但韩非的虚静观是从道的本体推得，这是受老子的直接影响。司马迁谓韩非之学"归本于黄老"即指此。就道的本体言，它是宇宙万物所从出的根源，所谓"道者，万物之始，是非之纪也"（《韩非子·主道》）。"道者，万物之所然也，万理之所稽也"（《韩非子·解老》）。然道之所以为万物之始，万理之所稽者，不过是因物之自为，理之自现，非道故为之也。韩非说"虚静无为，道之情也"，道的本质即虚，它是"宏大而无形"（《韩非子·扬权》）。这样，"伍之以合虚"，"合虚"者即合于道之谓也。"合于道"有二义：一，要以道之虚静为法。虚静是认识客观真实的主要条件，"虚则知

324

实之情,静则知动者(之)正"(《韩非子·主道》),这也即是稷下唯物派的"静因之道"。二、即要以道的原则为考核的标准,因道是尽稽万物之理的总原理。当然,韩非这里的道,主要指的是"为人主之道",人主之道即"法术"。所以要合于道的原则,实即指要合"法术"的原则,一切行为都需以法为准则。"君操其名,臣效其形"(《韩非子·扬权》)。名即法,臣所作为之事必须和法的条文相合,这就是"臣效其形"。

总之,韩非的参验,一方面要重视事物的观察、调查,考其实情;同时,又要合于道的原理,具体说来,即要合于法的规定。只有这样,才能真正做到"形名参同",达到名与实合的要求。

第三,名不得过实,实不得延名的新解。"名不得过实,实不得延名",这是稷下唯物派的名实相应观。韩非也继承这一理论。不过由于他所指的名实另有新义,因而对于"名不得过实,实不得延名",也就有他的新解。韩非的名指言,实指事。事和言相应,功和事相称,才算名实相符。《韩非子·二柄》云:

> "人主将欲禁奸,则审合刑名者,言与事也。为人臣者陈而言,君以其言授之事,专以其事责其功。功当其事,事当其言则赏;功不当其事,事不当其言则罚。故群臣其言大而功小者则罚,非罚小功也,罚功不当名也。群臣其言小而功大者亦罚,非不说于大功也,以为不当名也,害甚于有大功,故罚。"

言是名,事是形,即实。言大功小,即名过其实,名实不符,所以应罚。言小功大,即实延名,也是名实不符。功大是欢迎的,但害有比大功厉害的。因为破坏名实相符的关系,也应受到处罚了。为了说明这个道理,韩非举了三个典型的例子。

1. "昔者韩昭侯醉而寝,典冠者见君之寒也,故加衣于君之上。觉寝而说,问左右曰:'谁加衣者?'左右对曰:'典冠。'君因兼罪典衣与典冠。其罪典衣，以为失其事也；其罪典冠，以为越其职也。非不恶寒也，以为侵官之害甚于寒。""侵官之害"，即实延于名。"典衣"不是"典冠"的职事，但他却越俎代庖，这就犯了越官有功、名不符实的错误。

2. 《韩非子·外储说右上》载：季孙相鲁，子路为郈令。子路用私俸为稀饭去餐于五父之衢的挖沟的人。孔子听了后，派子贡去倒掉他的饭，砸破他的锅，子路不悦，和孔子论辩。孔子说："夫礼，天子爱天下，诸侯爱境内，大夫爱官职，士爱其家，过其所爱曰侵，今鲁君有民，而子擅爱之，是子侵也。"这里，子路也犯了侵官之罪，陷于实延其名，名不符实的错误。

3. 同上篇又载：太公望东封于齐而诛居士狂裔、华士昆弟二人。周公旦往止之，对太公望说：二子贤者也，不宜诛。太公望则认为"贤者"之名，不符二士之实，因贤者应可为人主所用，但二士不臣天子，不友诸侯，耕作而食，掘井而饮，无求于人，无上之名，无君之禄，不事仕而事力。"不臣天子，是望不得而臣，不友诸侯，是望不得而使；耕作而食，掘井而饮，无求于人，是望不得以赏罚劝禁。"这样，二士的行动和贤者的名相距太远，是即名过其实，二子不能称为"贤者"，而实为"叛民"，是以太公望诛之。

从以上分析，韩非虽继承了稷下派的"名不得过实，实不得延名"之说，但他的解释却不同，他是结合法术思想进行的。

第四节　社会历史的矛盾在概念论和判断论中的反映

一、概念论

韩非的概念论有其继承性的一面，如对类概念的注重（已见前），概念不容混淆等，这些是和墨翟以至墨辩、荀子之所同。但

326

韩非的概念论由于受到当时社会历史矛盾发展的影响，又有他的突出的一面。在他的概念论中，对立的和矛盾的概念占了重要地位。他反对概念的混淆、名词的滥用，但他所以反对的原因，与夫纠正之道，却是从他的法术观出发，和名、墨之从纯思维方面考虑者有别。现分对立、矛盾概念的突出和概念混淆的分析，略述如次。

1．对立、矛盾概念的突出。

在《韩非子·六反》中，他举"奸伪无益之民六"和"耕战有益之民六"相对立。在这两组对立概念中，法术之士和时君世主又各有相反的看法，形成不同的对立。在第一组中，"降北之民"被誉为"贵生之士"；"离法之民"被誉为"文学之士"；"牟食之民"被誉为"有能之士"；"诈伪之民"被誉为"辩智之士"；"暴憿之民"被誉为"磏勇之士"；"当死之民"被誉为"任誉（侠）之士"。这样，就成了六对矛盾。

在"耕战有益之民"中，也有六组对立矛盾。如"死节之民"被毁为"失计之民"；"全德之民"被毁为"朴陋之民"；"生利之民"被毁为"寡能之民"；"整谷（善）之民"被毁为"愚赣之民"；"明上之民"被毁为"谄（诮）谗之民"；如此等等。

在《韩非子·八说》中，韩非提出产生国家危难的八组矛盾。这即"为故人行私，谓之不弃；以公财分施，谓之仁人；轻禄重身，谓之君子；枉法曲亲，谓之有行；弃官宠交，谓之有侠；离世遁上，谓之离傲；交争逆令，谓之刚材（即在下与上争，不行政令）；行惠取众，谓之得民。"兹将这八组分列如下：

（1）"不弃"——"吏有奸"；

（2）"仁人"——"公财损"；

（3）"君子"——"民难使"；

（4）"有行"——"法制毁"；

（5）"有侠"——"官职旷"；

（6）"高傲"——"民不事"；

（7）"刚材"——"令不行"；

（8）"得民"——"君上孤"。

以上八组矛盾关系总结为"匹夫之私誉"和"人主之大败"，或"匹夫之私毁"和"人主之公利"两大对矛盾。依韩非之意只有去"匹夫之私誉"才能保持"人主之公利"。对抗矛盾的解决，只有运用排中律。从选言判断中，否定其一，而肯定其一。

在《韩非子·诡使》中，他指出"上之所贵"与"上之所以为治"的对立：

　　"夫立名号，所以为尊也，今有贱名轻实者，世谓之高。设爵位，所以为贱贵基也，而简上不求见者，世谓之贤。威利所以行令也，而无利轻威者，世谓之重。法令所以为治也，而不从法令为私善者，世谓之忠。官爵所以劝民也，而好名义不进仕者，世谓之烈士。刑罚所以擅威也，而轻法不避刑戮死亡之罪者，世谓之勇夫。"

这里，上之所贵，为"名号"、"爵位"、"威利"、"法令"、"官爵"、"刑罚"等，而下之所贵，却为虚伪的"高"、"贤"、"重"、"忠"、"烈士"、"勇夫"。这样，下之所贵正破坏了上之所贵，形成对立矛盾，上下相诡（诡者，违也），人主"贵其所以乱，而贱其所以治"，使"贵"、"贱"和"治"、"乱"易位，这就是国家所以不治的根本原因。该篇充分揭露了当时社会和政治的各种矛盾现象，对于逻辑的矛盾对立概念有了更深刻的反映。这是韩非的历史的逻辑观在概念论上的反映。

2. 概念混淆的揭露。在逻辑思维的活动中，概念必须明确而准确，这点从墨翟以来就已注意了。但韩非反对概念的混淆，并非从纯逻辑思维的观点出发，而是基于法术观点来考虑。韩

328

非认为，名是圣人之所以为治道的三要素之一。他说:"名者上下之所同道也"(《韩非子·诡使》)。"上下之所同道"必须含义一致，然后才能通行全国。这样，名实际上具有法的作用。任何一个名或概念都有它的内涵和所指的对象。诡辩论者利用名词的歧义来混淆是非，颠倒黑白，这当然在所必禁。"坚白"、"无厚"之辩，是和宪令矛盾的。"难知"之察，"博文"之辩，都是韩非所反对的。

战国时期，除了名辩的流派之外，也另有一些利用名词的歧义来进行曲解以取私的。这也是概念明确而准确的大敌。在《韩非子·外储说左上》中，他举了如下两个例子。

(1) 曲解书意:"书曰:'绅(束也)之束之'。宋人有治者，因重带自绅束也。人曰:'是何也?'对曰:'书言之，固然。'"书所讲的"绅之束之"是指修身谨慎之意，但宋人曲解其意，以重复的腰带来捆束其腰。

又云:"书曰:'既雕既琢，还归其朴'。梁人有治者，动作言学，举事于文，曰'难之'，顾失其实。人曰:'是何也?'对曰:'书言之，固然。'"这位梁人断章取义，引书曲解，动作辄说所学，举事必文之，这是教条地解书而不问客观实际。

(2) 郢书燕说:"郢人有遗燕相国书者，夜书，火不明，因谓持烛者曰'举烛'，而误书'举烛'。举烛非书意也。燕相国受书而说之，曰:'举烛者，尚明也; 尚明也者，举贤而任之。'燕相白王，王大悦，国以治。治则治矣，非书意也。" 在《韩非子·外储说左下》中，他又举了名词歧义的一例。"哀公问于孔子曰:'吾闻夔一足，信乎?'曰:'夔，人也，何故一足?'彼其无他异，而独通于声，尧曰'夔一而足矣，使为乐正。'故君子曰'夔有一足，非一足也。'"前"一足"是指有一而足之意，后"一足"，却指一条腿言。这是一足之名，因文法不同，而有不同的含义。

在《韩非子·定法》中,他对商鞅提出了如下的批判:商君之法以斩首之多寡而定官爵之高低,这是错误的。以斩首为官等于以斩首者为医匠,那就会弄到医不成,病不已。因斩首靠勇力,而医匠靠技巧,各不相牟。我们从名词概念上去分析,也可以说是"斩首者"一词并不包含有"医匠"的内涵,更没有"智能之官"之内涵。在逻辑思维上言,商君也可以说犯了混淆概念的错误。

3. 关于概念的定义。

如何纠正混淆概念的逻辑错误呢?唯一的办法,只有一切都轨于法。这是韩非的法术逻辑所决定的。但韩非也致力于名词、概念的定义方法。在《韩非子·解老》中,有不少关于定义的解释。例如,对于德的定义:"上德不德(得),言其神不淫于外也。神不淫于外则身全,身全之谓德。"这是通过身全来对"德"下定义。

他有时也采用概念的分析法来下定义。例如对于虚的定义。"虚者,谓其意无所制也。故以无为无思为虚,其意常不忘虚,是制于为虚也。虚者之无为也,不以无为为有常,不以无为为有常则虚"(《韩非子·解老》)。

有时他还采用比喻式的定义法。如《韩非子·喻老》云:"邦者,人君之辎重也。""势重者,人君之渊也。"比喻虽不能算作严格的逻辑定义,但形象的比喻,能使人更深刻地了解某一事物的本质,还是可以发挥定义的作用的。韩非通过主父生传其邦,离其辎重,卒至生幽而死,这可使人更深刻了然于"邦者人君之辎重"的定义。

一个概念可以有不同的特征,因而就概念特征之侧重,可以作出不同的定义。例如,关于法的概念,可以就它的公开性("法莫如显")的特征进行定义如下:"法者,编著之图籍,设之于官府,而布之于百姓者也"(《韩非子·难三》)。又可以就法所具有的刑罚实质进行定义如下:"法者,宪令著于官府,刑罚必于民心,赏存乎慎法,而罚加乎奸令者也"(《韩非子·定法》)。

韩非有时还采用比较复杂的连珠式进行定义,下当另详。

二、判断论

1.言和辩。 判断,韩非称为言。言是考察臣民的重要依据,所谓"君以其言授之事,专以其事责其功"。言的当否,影响到事功上,所以韩非重言。

韩非虽重言,但反对辩。他把辩称为"博辩"("以博文为辩",《韩非子·问辩》),"辩智"("博习辩智",《韩非子·八说》)。他心中所指的辩是指舞文弄墨之辩,如"坚白"、"无厚"或"白马非马"之类等。在《韩非子·外储说左上》复发挥墨子"言多不辩"之意,为怕人览其文而忘其用,陷于"买椟还珠"之讥。所以"言无端末"、"辩无所验"(《韩非子·南面》)的虚辞、"辞辩"(《韩非子·亡征》),是他所反对的。"举事实,去无用"(《韩非子·显学》),这是他立言的宗旨。

2.言的二特征: 正确的言具有二个特征:即一为参验,二为实用。言必须能参,谓之"参言"(《韩非子·八经》)。参言"必有报"(同上引)。报者、复也,复犹验也。有报有复,无非是指言能用事实加以验证,所言能与事实相符之意,这样的言就不是虚言。

其次,言应有实用的特征。"言行者以功用为之的彀者也"(《韩非子·问辩》)。"听言督其用,课其功","说必责用"(《韩非子·八经》)。否则"言不督乎用则邪说当上"(同上引),那就会造成混乱,破坏国家的治理。

能参、能用之言是有具体内容的,那就是法令所指的具体内容。韩非说:"令者,言最贵者也;法者,事最适者也。言无二贵,

331

法不两适,故言行而不轨于法令者必禁"(《韩非子·问辩》)。"言无二贵"、"法不两适",可见法令是言的唯一标准,也就是言的唯一具体内容。除此之外,言虽至察,在所必禁。

3. 言的意义的分析: 轨于法令的言是不能有疑义的,但在一般人的言中,言的含义就可因言者和听者之不同而产生不同的意义。在《韩非子·说难》中有近似普通逻辑的命题意义的分析,值得注意。

该篇云:"凡说之难,非吾知之有以说之之难也;又非吾辩之能明吾意之难也;又非我敢横失,而能尽之难也。"韩非此处很明白地告诉我们,表述命题(即言说)并不困难,而把所表述的命题能让人明了其中的含义,却是一件非常困难的事。上引第一分句,是指非吾知之难,有以说之之难也,犹言非吾知说之难,而有以说被说者为难也。第二分句指的是,非吾辩之难,能明吾意之难也,非吾口才辩给之难,是被说者能明吾意之难也。第三分句指的是,非非吾极呈智辩之难,而有以尽吾意之难。总之,同是一句话,一个命题,可以从不同的角度、不同的立场、不同的观点去分析理解,因而同是一个判断、一个命题可以包含许多不同的意义,甚至包含两相矛盾的意义。

当然,逻辑的判断必须用语言文字表达,而语言却往往由于它们本身的歧义而产生误解。可是韩非此处解说命题的含义,还不是由于文字歧义所生,而是由于论者或听者的立场不同,好恶不同,因而产生不同的理解。这充分说明人臣进言,常因人主之立场和好恶不同,而受到错误的解释。例如:

"所说出于厚利者也, 而说之以名高,则见无心而远事情,必不收矣。所说阴为厚利而显为名高者也,而说之以名高,则阳收其身而实疏之;说之以厚利,则阴用其言,显弃其身矣。"

这里，"名高"和"厚利"是对立的，但究竟被听者视为"下节"、"卑贱"，或被视为"无心而远事情"，就不是命题本身的事，而依于被说者本人的"好名高"或"好厚利"来决定。这就说明"命题的意义"可由于了解命题的人的不同而产生不同的结果。此外如：

　　"论其所爱，则以为借资（谓借君之所爱，以为己资）；论其所憎，则以为尝（试试）己也（即试探君主的心情）；

　　径省其说，则以为不智而拙之（谓人主意在文华，而说但径捷省略其辞，则以说者为无知而见屈辱也）；

　　米盐博辩则以多而交之（米盐杂而且细，言其辞琐碎鄙俚。"交之"应作"辩之"）；

　　略事陈意，则曰怯懦而不尽；

　　虑事广肆（肆，陈也。"广肆"指广为陈说，不为忌讳），则曰草野而倨侮（"草野"指鄙俗，"倨侮"指侮谩）。

　　以上各条，有因文字的错脱，不易明其真实所指，但从整体看，可以推见命题的含义，常因被说者的性格、利害等等而发生影响，那是很显然的。这与因名词歧义所生的误解不同。

　　在该篇中，韩非还引了两段有趣的故事，说明同一命题，不但可以引起不同意义的理解，而且引起不同了解后的相反行动。

　　（1）"昔者郑武公欲伐胡，故先以其女妻胡君，以娱其意，因问于群臣，吾欲用兵，谁可伐者？大夫关其思对曰：'胡可伐。'武公怒而戮之曰：'胡兄弟之国也，子言伐之，何也？'胡君闻之，以郑为亲己，遂不备郑，郑人袭胡取之。"

　　（2）"宋有富人，天雨墙坏，其子曰：'不筑，必将有盗'。其邻人之父亦云。暮而果大亡其财。其家甚智其子，而疑邻人之父。"

　　在上引的第一例中，郑武公对关其思提出的"胡可伐"的命

333

345

题加以否定，并用刑戮手段来表示对命题含义的坚决否定。但这一否定是假的，它不过是要使胡君相信他的否定是真的，以便乘胡君的不备以取胡而已。

胡君相信郑武公的否定为真，结果吃了大亏。可见一个命题的真假值问题，也随不同立场的人而生差别，真值可以转为假值，而假值又可转为真值，命题的文辞不变，而含义却变。

在所引的第二例中，宋富人之子说"墙坏不筑，必将有盗"，得到其父的称道，认为他儿子很聪明，但邻人之父说了同样的话，却被富人当作偷盗的嫌疑犯。富人肯定他儿子命题的意义，而否定了他的邻人，甚至怀疑邻人有偷意，可见命题含义的变换，已不限于言辞本身的影响，而且涉及到具体的行动了。

除了在《韩非子·说难》中谈到了命题意义的分析之外，在《韩非子·难言》中也涉及这一问题：

> "言顺比滑泽（言之美好动听），洋洋缅缅然（"洋洋"，盛大貌；"缅缅"，素好貌），则见以为华而不实；敦祗恭厚（敬也），鲠固慎完（鲠直不卤莽），则见以为拙而不伦；多言繁称，连类比物，则见以为虚而无用；揔微说约（概括精义），径省而不饰（直捷而不修饰），则见以为刿（淡沫，即暗味）而不辩；激急亲近，探知人情（急切而近情），则见以为谮（慴）而不让；闳大广博，妙远不测，则见以为夸而无用；家计小谈，以具数言，则见以为陋；言而近世（近俗），辞不悖逆，则见以为贪生而谀上；言而远俗，诡躁人间，则见以为诞；捷敏辩给，繁于文采，则见以为史（史者文多而质少，《论语》"文胜质则史"）；殊释（弃经）文学，以质信（质朴）言，则见以为鄙；时称《诗》、《书》，道法往古，则见以为诵（诵说旧事）。"

这里十二组的言辞分析，基本上和《韩非子·说难》有相似处，但其中也有侧重点不同的地方。由上可见韩非对判断（言）的研究,不重形式上的分析或理论上的阐述,而是结合当时的"言"的情况作意义上的分析,这在先秦逻辑判断论中,是有其特点的。

4.对立判断和矛盾判断的突出。韩非的历史逻辑在以上所谈关于言的各段中有反映,但在对立判断和矛盾判断中更有突出的反映,这是由于当时社会的矛盾激化有以造成的。

在韩非的对立与矛盾的判断中,有的形式和普通逻辑相同。例如:

(1)"三守完,则国安身荣;三守不完,则国危身殆"(《韩非子·三守》)。

(2)"人臣有必言之责,又有不言之责"(《韩非子·南面》)。

(3)"田伯鼎为士而存其君,白公好士而乱荆"(《韩非子·说林上》)。

(4)"利所禁,禁所利";

"誉所罚,毁所赏"(《韩非子·外储说左下》)。

(5)"四拟者破,则上无意,下无怪也。四拟不破,则陨身灭国矣"(《韩非子·说疑》)。

(6)"不知,则曾、史可疑于幽隐;必知,则大盗不取悬金于市"(《韩非子·六反》)。

但有的对立矛盾判断并不具备普通逻辑的完整形式,但它的意义本身还是属于对立、矛盾关系的。例如:

(1)"斩敌者受赏而高慈惠之行";

"拔城者受爵禄,而信廉(应为"兼")爱之说";

"坚甲利兵以备乱,而美荐绅之饰";

"富国以农,距敌恃卒,而贵文学之士"(《韩非子·五蠹》)。

(2)"是墨子之廉,将非孔子之侈;是孔子之孝,将非墨子之戾";

"是漆雕之廉,将非宋荣之恕;是宋荣之宽,将非漆雕之暴"

（《韩非子·显学》）。

（3）"负薪而救火";

"绳直,而枉木斫;准夷,而高科削;权衡县,而重益轻;斗石设而多益少"（《韩非子·有度》）。

（4）"行小忠则大忠之贼;顾小利,则大利之残"（《韩非子·十过》）。

（5）"法术之士操五不胜之势,以岁数而又不得见";"当涂之人乘五胜之资,而旦暮独说于前"。

"智法之士与当涂之人不可两存之仇"（《韩非子·孤愤》）。

（6）"为天子,能制天下";"尧为匹夫,不能正三家"（《韩非子·功名》）。

类似这样的对立、矛盾判断,在其他各篇中,也有不少例证。

第五节 社会历史的矛盾在推理论证中的反映

1. 矛盾律的提出和运用。

（1）矛盾律提出的历史背景。

韩非的历史逻辑的最突出的表现即在于他对于矛盾律的提出。从上节矛盾对立概念与矛盾对立判断的阐述,已可概见从春秋末期到战国以来社会历史矛盾的发展和激化的情况。春秋战国时代的社会基本矛盾即新兴地主阶级和奴隶主阶级的对抗。新兴的土地自由买卖的私有制,逐渐取代了奴隶主的井田制,而新兴的封建郡县制也逐渐取代了奴隶主的分封制。代表地主阶级利益的法家人物更是有计划地提出变法的主张,为建立封建的统治而服务。为秦变法的商鞅虽遭车裂的惨祸,但商鞅死后秦法不变。为楚变法的吴起虽遭射杀的悲剧,但楚照样发展了封建制。韩非在商鞅、吴起之后,综合了法家法、术、势的

336

三派主张，提出了建立中央专制集权的封建大一统的理论体系，成为秦建立封建帝国的思想基础。韩非虽被诬陷而死，但其主张竟实行于秦。可见社会经济的发展规律，封建制代替奴隶制是不以人的主观意志为转移的。

历史的辩证法已注定，两个对抗阶级的大搏斗，只有新兴进步的一方才能消灭保守落后的一方。韩非立足于新兴的进步的一方，和落后的贵族重臣展开殊死的斗争。他批判儒、墨，掀掉仁义和兼爱的温情面纱，把人与人的关系还原为"人皆挟自为心"的利害的网结。"主卖官爵，臣卖智力"，君臣并没有什么仁和忠的道德存在。"主利在有能而任官，臣利在无能而得事；主利在有劳而爵禄，臣利在无功而富贵；主利在豪杰使能，臣利在朋党用私"（《韩非子·孤愤》）。君臣之间是一种对立的矛盾关系。"父母之于子也，产男则相贺，产女则杀之。此俱出父母之怀衽，然男子受贺，女子杀之者，虑其后便，计之长利也。故父母之于子也，犹用计算之心以相待也"（《韩非子·六反》）。"人为婴儿也，父母养之简，子长而怨。子盛壮成人，其供养薄，父母怒而诮（责也）之。子父至亲也，而或谯或怨者，皆挟相为而不周于为己也"（《韩非子·外储说左上》）。可见，父母与子女间也只有利害关系，并无慈与孝的道德。

君臣、父子如此，夫妻、主仆等等也是一种利害关系。妻子色衰而爱薄，佣耕用力则钱易，舆人成舆希望人富贵，匠人成棺希望人死亡。并不是舆人仁爱而匠人贼害，实由于人不贵，则车子卖不出去，人不死，棺木也就少人过问。这是各人的利害不同，决定他们各自的行动，决不是什么性善性恶的问题，而是各人的生存利益所在，客观上不得不如此。

至于法术之士和当涂之人更是当代矛盾激化的焦点所在。《韩非子·孤愤》云：

> "智术之士，必远见而明察，不明察不能烛私；能法之
> 士，必强毅而劲直，不劲直不能矫奸。……智术之士明察、听
> 用，且烛重人之阴情；能法之士劲直、听用，且矫重人之奸
> 行。故智术能法之士用，则贵重之臣必在绳之外矣。是智
> 法之士与当涂之人不可两存之仇也。"

"不可两存"，即矛盾的尖锐表现。战国时期社会历史的事实矛盾在逻辑思维中已不能不有所反映。矛盾律这一思维规律已形成了恩格斯所说的"完全成熟而具有典范形式"的范畴。这就是韩非提出矛盾律的客观历史的依据，也是他的历史逻辑的一大特色。

（2）韩非的矛盾律。

韩非的矛盾律见于他的《难一》与《难势》二篇中。《韩非子·难一》云：

> "历山之农者侵畔，舜往耕焉，期年圳亩正。河滨之渔
> 者争坻，舜往渔焉，期年而让长。东夷之陶者器苦窳，舜往
> 陶焉，期年而器牢。仲尼叹曰：'耕、渔与陶，非舜官也，而舜
> 往为之者，所以救败也。舜其信仁乎？乃躬藉处苦而民从
> 之，故曰：圣人之德化乎。'或问儒者曰：'方此时也，尧安
> 在？'其人曰：'尧为天子。'然则仲尼之圣尧奈何？圣人明察
> 在上位，将使天下无奸也。今耕渔不争，陶器不窳，舜又何
> 德而化？舜之救败也，则是尧有失也。贤舜则去尧之明察，
> 圣尧则去舜之德化，不可两得也。楚人有鬻楯与矛者，誉之
> 曰：'吾楯之坚，物莫能陷也。'又誉其矛曰：'吾矛之利，于物
> 无不陷也。'或曰：'以子之矛，陷子之楯，何如？'其人弗能应
> 也。夫不可陷之楯，与无不陷之矛，不可同世而立。今尧舜
> 之不可两誉，矛楯之说也。"

儒家宣传尧舜为至治之典范，韩非却用"贤舜则去尧之明

察，圣尧则去舜之德化"，揭发了儒家的矛盾。"贤舜"和"圣尧"不得两誉，因"德化"和"明察"不得两存。这和盾之莫能陷与矛之无不陷"不可同世而立"一样。所以，"尧、舜之不可两誉，矛楯之说也"。

这里，韩非在中国逻辑史上第一次提出"矛盾"的名词，给矛盾律提供了正式的称号，这是有功的。其次，他把矛盾律的意义分析了，即两个互相否定的判断不能同真，必有一伪，这正是亚里士多德以来，普通逻辑学中关于矛盾律的含义。

在《韩非子·难势》篇中，韩非又因贤治与势治的争论，提到矛盾律问题：

"复应之曰：其人以势为足恃以治官，客曰必待贤乃治，则不然矣。夫势者，名一而变无数者也。势必于自然，则无为言于势矣；吾所为言势者，言人之所设也。今曰：尧、舜得势而治，桀、纣得势而乱，吾非以尧、舜为不然也。虽然，非一人之所得设也。……此自然之势也，非人之所得设也。若吾所言，谓人之所得设也。……谓人之所得势也而已矣，贤何事焉。何以明其然也？……人有鬻矛与楯者，誉其楯之坚，'物莫能陷也'。俄而又誉其矛曰：'吾矛之利，物无不陷也。'人应之曰：'以子之矛，陷子之楯，何如？'其人弗能应也。以为不可陷之楯与无不陷之矛，为名不可两立也。夫贤之为势（道）不可禁，而势之为道也无不禁，以不可禁之势（贤），与无不禁之道（势），此矛楯之说也。夫贤势之不相容亦明矣。"

韩非这里提出了"势治"与"贤治"之不两立，因为"贤治"之"不可禁"，与"势治"之"无不禁"，正如不可陷之楯与无不陷之矛"为名不可两立"一样。这就是从名的概念上说，两者是互相矛盾的概念，它不可能在我们的正确思维中同时存在。在《韩非

339

子·难一》中只说到"不可陷之楯与无不陷之矛，不可同世而立"，就是说矛盾不能同时存在。而在《韩非子·难势》中却深入一步，指出矛盾在名的概念上不可两立，似乎韩非已觉察到客观矛盾事实的存在和我们主观思维意识中矛盾概念的区别。

（3）韩非矛盾律和普通逻辑所讲的亚里士多德的矛盾律的同异。普通逻辑的矛盾律是由古希腊的亚里士多德（公元前384—前322)提出的。亚氏在《后分析篇》里曾说："对某一事物不能同时既肯定又否定"(《亚里士多德集》第一卷，第二章第77页）。这就是说，"事物不能同时存在而又不存在"(《形而上学》，商务印书馆1959年版第40—41页），或"同样属性在同一情况下不能同时属于又不属于同一主题"（同上书第62页）。这就是普通逻辑所讲的矛盾律的要义。对同一事物的存在或它所具有的属性均不能同时肯定又否定，因为那样就违反了矛盾律的规定。韩非的矛盾律也是指两相反对的判断不能同时成立，肯定其一，必须否定另一。就这点上说，他的矛盾律和普通逻辑的矛盾律是相同的。

但在另一方面，又有不同的地方。第一，普通逻辑的矛盾律是指同一主项不能有互相矛盾的谓项。而韩非矛盾律的两相矛盾的谓项，则分属于不同的主项。"不可陷之盾"和"无不陷之矛"是两个独立的主项。在客观世界中，盾和矛是独立存在的，因此，不可陷的属性，在客观上，也不会和无不陷之矛的属性构成矛盾。只是有人问到了"以子之矛陷子之盾"的时候，这时，人们在意识中把这互相矛盾的属性联系在一起，矛盾才开始发现。这是韩非矛盾律的特点，为西方矛盾律之所无者。

其次，从韩非的矛盾律产生的历史背景看，它是在许多具体对立性矛盾的事件之中概括反映出来的。所谓"不可两存之仇"，即是属于排中关系，应属于排中律的范围。没有"无不陷之

340

矛"才能有"莫能陷之盾";反之,没有"莫能陷之盾",才能有"无不陷之矛"。这样,矛和盾的关系是排中性的,所以韩非矛盾律的实质应属于普通逻辑的排中律(当然,排中律是同一律与矛盾律的统一,也包括矛盾性质)。

第三,普通逻辑的矛盾律只是两相反对的判断不能同真,但可两假,因此,由真可以推假,由假不得推真。这和排中律不同。排中律对两相矛盾的判断是说不得两真,但也不得两假。因此,由真可以推假,由假亦可推真。可是韩非的矛盾律并没有这样明确的规定。它只是说明两相矛盾的判断不得两立。但"不得两立"的性质并未进一步说明。因此,韩非的矛盾律和排中律的界限并未划清。这比起西方的矛盾律的清楚规定就略有逊色。实际上,从韩非在《难一》和《难势》所举的例子中,如尧的"明察"和舜的"德化",或"贤舜"与"圣尧"并不是相互排斥的对立概念。同时,贤治和势治也不构成矛盾关系。韩非由于站在法家立场批判儒家的是古非今,提出尧、舜之不得两誉。他又批判儒墨的贤人政治,提出势治与贤治之不两立,因而把相容的关系纳入法家的不相容的看法之中,运用矛盾律以非难对方。实则从纯逻辑的角度看,这是有缺点的。

(4) 韩非的"抱法处势"意义下的矛盾律和西方矛盾律的意义是一致的。因在这里,他解决了两相反对的判断不得两真、而可两假的问题。真正的真值是介于两极的中间,即第三者。这点,韩非对反势论者引尧、舜和桀、纣的势治和势乱进行反驳时,提出他的"人设之势"以区别于尧、舜与桀、纣的自然之势(即运用了矛盾律)。韩非认为:

> "世之治者不绝于中,吾所以为言势者,中也。中者,上不及尧、舜,而下亦不为桀、纣。抱法处势则治,背法去势则乱。今废势背法而待尧、舜,尧、舜至乃治,是千世乱而一治

也。抱法处势以待桀、纣，桀、纣至乃乱，是千世治而一乱也。且夫治千而乱一，与治一而乱千也，是犹乘骥骃而分驰也，相去亦远矣"（《韩非子·难势》）。

尧、舜和桀、纣为治乱的两极，千世不一出，但尧、舜与桀、纣之间的中主则不断出现，中主抱法处势可治，就无须用贤了。

韩非为证成两极之非而中主为是，还用王良与臧获之驾驭，饴蜜与苦菜之甘苦为喻。他说："且御、非使王良也，则必使臧获败之；治、非使尧、舜也，则必使桀、纣乱之。此味非饴蜜也，必苦菜亭历也"（《韩非子·难势》）。他讥评这种说法为"积辩累辞，离理失术，两末（指至圣与至暴，太甘与太苦）之议也"（同上引）。

从矛盾律的两相反对的关系言，不是尧、舜，不一定必为桀、纣；不是桀、纣，也不一定即为尧、舜；正如不是饴蜜，不必即为苦菜，因在两相反对之间有中间状态存在。在政治上说，这正是韩非之所谓"中"。"中"者既非尧、舜，亦非桀、纣。难势论者企图以尧、桀的两极，运用排中律来非难势治，是驳不倒韩非的。因尧、桀的两极并非排中关系，只具反对关系。反对关系不得两真，但可两假，而第三者才是真，这即"抱法处势"，为中主设想的势治。韩非这里已不自觉地运用了矛盾律，而这一意义的矛盾律正和普通逻辑的矛盾律一致。

从以上分析，韩非是接触到普通逻辑的矛盾律的，只因他对反对关系和矛盾关系还没有深入研究，对立概念和矛盾概念还含混不清，因而运用矛盾律对于论敌的反驳就令人感到没有坚强的逻辑力量。这也是初创者所难避免的。

有人说，矛盾律的名称是翻译过来的，韩非只提"矛盾"一词，并没有提出矛盾律。也有人认为韩非只是达到矛盾律的边缘。我不赞成这些人的看法。过去曾有人拿西方的哲学标准来

342

衡量中国的哲学，说中国没有西人所谓哲学而只有伦理学或政治学。这类西方哲学的标准观，现在已没有人再提了。我们不能采取虚无主义的态度来看我们古圣的哲学和逻辑。中国的哲学和逻辑有它自己的特点，虽然也有和西方相同的东西，这就是他们的共性。哲学不在我们现在讨论的范围之内，我们只拿逻辑来说，我国古代的名辩之学实具有西方逻辑学的特征，因此，前人有译逻辑为"辩学"的。但中国的逻辑虽也讲概念、判断和演绎、归纳等各种推理形式，但它的名称和内容就不尽一致。这点，我讲墨辩逻辑和荀子逻辑时已涉及。难道我们先秦逻辑学家所讲的名，就一定要和西方逻辑的概念完全一致？如果不一致，就可以说中国逻辑不讲概念吗？当然不能。对于思维的规律亦复如此。同一律、矛盾律和排中律等同异规律，韩非以前的学者都已提到，而以墨辩为最精。但墨辩也没有用同一律、矛盾律和排中律的名称。韩非的可贵之处，就是他以历史逻辑观点，从大量的客观存在的矛盾事实中总结出矛盾律，并正式提出"矛盾"名称，这就比他的前人前进了一步。当然，照我们上边的分析，韩非的矛盾律还有不够清楚的地方；对立概念和矛盾概念的区别，反对关系和矛盾关系的不同，即矛盾律和排中律的界限，还不够清楚，这些就是他的缺点。但如果因为这点竟抹杀韩非对矛盾律的贡献，我认为是欠公允的。

2．二难推理的普遍运用。

（1）韩非二难推理的特点。 二难推论早已滥觞于春秋末期的邓析和孔丘。邓析的两可、两然法和孔丘的两端论都具有二难性。自后如墨、如荀也多利用反对与矛盾的关系进行二难的论辩。不过到了韩非，由于社会历史矛盾的激化，矛盾对立的概念和矛盾对立判断的突出，因而二难式的论辩就成为韩非普遍运用的形式。《难一》、《难二》、《难三》、《难四》及《难势》各篇固然有集中的表现，即如《孤愤》、《诡使》、《六反》、《八说》、《八经》、《五蠹》、《显学》以及《储说》诸篇，也有很多运用矛盾对立的辩难形式。

韩非的二难式和普遍逻辑所讲的二难基本上是相同的。但他并没有一定的形式，只是不自觉地运用许多矛盾对立的辩难，基本精神则和一般的二难体相符。我们从他所引的各种事例中，概括出他的二难体。

（2）韩非二难的各种形式。

（Ⅰ）完全式。所谓完全的二难式，即可用西方的二难公式排列的，它具有大前提、小前提和结论。例如，《韩非子·显学》中对于孔、墨俱道尧、舜的批判，即属此例。

"无参验而必之者，愚也；弗能必而据之者，诬也。"（大前提）

"故明据先王（按明、信也，明显自信先王而设有参验），必定尧舜（即武断确定尧、舜之道）者"。（小前提）

"非愚则诬也。"（结论）

这里和西方二难不同的，即大前提中的二假言判断是联断的选言关系，不是互相排斥的选言判断。因而它的小前提和结论，也是联断的选言判断。

（Ⅱ）省略小前提的二难式。完全式较少见，更多的是用省略式。有省略了小前提的，例如《韩非子·孤愤》云：

(a) "其可以罪过诬者，以公法而诛之；其不可被以罪过者，以私剑而穷之。"（大前提）

"是明法术而逆主上者，不僇于吏诛，必死于私剑矣。"（结论）

这里省略了小前提"或可以罪过诬，或不可被以罪过"。

(b) 在《韩非子·难一》中，他批评齐桓公五次往见小臣稷

344

为不知仁义,也采用此式。

"使小臣有智能而遁桓公,是隐也,宜刑;若无智能而虚骄矜桓公,是诬也,宜戮。"(大前提)

"小臣之行,非刑则戮。"(结论)

这里省略了小前提"小臣有智能或无智能"。

(Ⅲ)省小前提和结论的。

(a)《韩非子·难一》:"贤舜,则去尧之明察;圣尧,则去舜之德化。"(大前提)

这里省略小前提"贤舜或圣尧"及结论"或去尧之明察,或去舜之德化"。

(b)《韩非子·说林下》:"以我为君子也,君子安可毋敬也;以我为暴人也,暴人安可侮也。"(大前提)

这里省略小前提"我或为君子,或为暴人"及结论"或不可毋敬,或不可侮"。

韩非在二难推理中经常运用只具大前提的省略式,原因是在大前提中两相矛盾对立的事件已构成明显的"不两立"或"不两得"的排中关系,二难式的实质已具备,就无需有形式上的展开了。

(Ⅳ)复杂的二难式。 上举各种的二难式都属于简单的二难。但韩非的二难有时反驳论题,有时反驳论据,还连带批判论敌的理由,这样,就成了一个复杂式。在《韩非子·难一》篇中,韩非批判晋文公"既知一时之权,又知万世之利",并批评仲尼的"善赏"说,即用比较复杂的形式。据载,晋文公与楚人战,但楚众晋寡,不易取胜,因此召舅犯和雍季问对策。舅犯说,兵不厌诈,应以诈取胜;雍季反对,认为诈民后必无复(指无有忠信)。文公以舅犯之议胜楚,但归而行赏时,先雍季而后舅犯。理由是舅犯是一时之权,雍季是万世之利。韩非对此采二难的反驳式:

345

357

  "战而胜,则国安而身定,兵强而威立,虽有后复,莫大于此,万世之利,奚患不至? 战而不胜,则国亡兵弱,身死名息,拔拂今日之死不及(即救死犹恐不及),安暇待万世之利? 待万世之利,在今日之胜,今日之胜在诈于敌,诈敌,万世之利也。"

这是一个带证体的二难的大前提。反驳了文公"既知一时之权,又知万世之利"的论题。

  韩非既反驳了文公的论题,又反驳了文公先雍季后舅犯的论据。接着他指出了"仲尼不知善赏":

  "文公之所以先雍季者,以其功邪? 则所以胜楚破军者,舅犯之谋也;以其善言邪? 则雍季乃道其后之无复也,此未有善言也。"

  "舅犯前有善言,后有战胜,故舅犯有二功而后论,雍季无一焉而先赏",所以,"仲尼不知善赏"。

反驳论题和论据之外,韩非还指出文公所犯的逻辑错误,即把舅犯之所谓诈敌误解为诈其民,这是犯了混淆概念的逻辑错误。同时,又指出雍季的逻辑错误,答非所问,即离了论题。"文公问以少遇众,而对曰'后必无复',此非所以应也。"这样,对于论敌论据中的理由也附带批评了。

  由上分析,可知韩非的二难,并不局限于西方的二难式。

  3. 连珠体的创立。 连珠体是韩非首创的逻辑推论形式,这是韩非的一大贡献。严复在他所译的《穆勒名学》中称亚里士多德的三段论为"联珠"(即连珠,见该书第140页《释联珠》)。一般则称几个三段论的联合体为联珠,和严复所指又有不同。关于韩非的连珠体,我们分几点介绍如下:

  (1)什么是韩非的连珠? 蒲板园说,《储说》古人或称之为连珠,杨升庵《外集》云"《北史·李先传》:'魏帝召先读《韩子连珠》二十二篇。'"韩非书中有连语,先列其纲而后分条解释,谓之"连珠"(见梁启雄著《韩子浅解》上册,第226页)。这是关于韩非创立连珠的历史记载。

秦汉以后,连珠影响甚大。《文选·李善注》:"傅玄叙连珠曰:所谓连珠者,兴于汉章之世"。任昉《文章缘起》谓连珠始于扬雄。这类连珠"辞丽言约","假喻达旨",已成为一种文学体裁。至如西晋陆机的三段连珠与东晋葛洪的《博喻》、《广譬》(《抱朴子》)却和韩非的连珠一样,实质上是一种逻辑推论形式。沈约(公元464—499年)曾说:"连珠,盖谓词句连续,互相发明,若珠之结绯也"(《艺文类聚》五十七)。沈约此说是就连珠有逻辑推论的性质说的。韩非的连珠,正属此类。兹以《储说》诸篇为例,它先列总纲,即所谓《经》,这相当于逻辑论证中的论题。后逐条解说,称为《说》,这相当于普通逻辑的论据。他还用历史的事实进行论证。以《韩非子·内储说上七术》中的一段为例:

"七术:一曰,众端参观;二曰,必罚明威;三曰,信赏尽能;四曰,一听责下;五曰,疑诏诡使;六曰,挟知而问;七曰,倒言反事"。这就是所谓《经》,也就是总的论题。

以下再就"众端参观"来分析。"观听不参,则诚不闻,听有门户,则臣壅塞。"这是分论题。为解释此分论题,则用"说"(即论据)以解之。"其说在侏儒之梦见灶,哀公之称'莫众而迷',故齐人见河伯,与惠子之言'亡其半'也。其说在竖牛之饿叔孙,而江乙之说荆俗也,嗣公欲治不知故使有敌。"这里,"其说在某某"和墨辩的形式相似。不过韩非是引用历史故事来加以说明,也可以说是他的历史逻辑在连珠中的一种体现。

兹再引《韩非子·奸劫弑臣》中的一段,以示韩非连珠的运用。

论题:仁义不足以治国("世主美仁义之名,而不察其实,是

347

以大者国亡身死,小者地削主卑")。

论证:"夫施与贫困者,此世之所谓仁义;哀怜百姓,不忍诛
罚者,此世之所谓惠爱也。"(a)

"夫有施与贫困,则无功者得赏;不忍诛罚,则暴乱者
不止"(b,由a导出)。"国有无功得赏者,则民外不务
当敌斩首,内不急力田疾作,皆欲行货财,事富贵,为
私善,立名誉,以取尊官厚俸"(c,由b导出)。

结论:"故奸私之臣愈众,暴乱之徒愈胜,不亡何待?"

从这一简单的例子中,可以看出韩非的连珠,正如沈约之所谓
"辞句连续,互相发明,如珠之结绯",前后段之间确具推论关系,
成为逻辑推论的一种形式。

(2) 韩非的连珠和西方连珠的异同。普通逻辑的连珠(So-
rites)是由两个以上的三段论组成,有两种不同形式, 即哥克伦
尼(Goclenius1547—1629)连珠,称顺进式, 即由范围大的推到
范围小的。另一,为亚里士多德的连珠,称逆退式,它由范围小
的推到范围大的。如:

(a) 顺进连珠

动物是有机体;

有脊类是动物;

哺乳类是有脊类;

马是哺乳类。

所以马是有机体。

(b) 逆退连珠

马是哺乳类;

哺乳类是有脊类;

有脊类是动物;

动物是有机体。

348

360

所以马是有机体。

这两种连珠是类属间的推论，但韩非连珠是因果联系的推论。兹举《韩非子·备内》篇为例：

(a) "徭役多则民苦，

　　民苦则权势起，

　　权势起则复除重(优免徭役多)，

　　复除重则贵人富。

　　苦民以富贵人，起势以借人臣，非天下长利也。"(结论)

(b) "徭役少则民安，

　　民安则下无重权，

　　下无重权则权势灭，

　　权势灭则德在上矣。"(结论)

上例"徭役多则民苦"，"徭役少则民安"是因果关系，所以韩非连珠和西方连珠在形式上虽基本相同，但内容上却大不一致，这是应予注意的。

复次，韩非连珠没有固定形式。他有时把几个连珠联合在一起，而且是错综地进行。例如《韩非子·解老》篇，解"祸兮福之所倚"时，即用复杂式。

"人有祸则心畏恐，

　心畏恐则行端直，

　行端直则思虑熟，

　思虑熟则得事理。

　行端直则无祸害，

　无祸害则尽天年；

　得事理则必成功，

　尽天年则全而寿；

　必成功则富与贵"，

结论:"全、寿、富、贵之谓福"。

"而福本于有祸",

故曰:"祸兮福之所倚"。

在这一复杂的连珠整体中,我们可以把它分为四个组成部分。

第一连珠:

人有祸则心畏恐,

心畏恐则行端直,

行端直则思虑熟,

思虑熟则得事理。

第二连珠:

行端直则无祸害,

无祸害则尽天年。

第三连珠:

得事理则必成功,

尽天年则全而寿。

第四连珠:

必成功则富与贵,

全、寿、富、贵之谓福。(第四连珠的结论)

而福本于有祸,故曰:"祸兮福之所倚"(整个连珠的结论)。

这里,第二连珠是从第一连珠的第二列出发,而第三连珠却又从第一连珠的结论出发,而从第二连珠的结论推导出"全而寿"的结论。第四连珠又从第三连珠第一行导出,然后总结第三连珠的结论"全、寿"与第四连珠的结论"富、贵"而得出整个连珠的结论"全、寿、富、贵之谓福"。它们极呈错综穿插的奇观,这非西方连珠的呆板式所能比拟也。

（3）韩非连珠和西方连珠不但内容上有所不同，结构上也有差异，已如前述，兹再就韩非所经常使用的几种形式略述如下：

（Ⅰ）并引连珠式：

《韩非子·解老》："人也者，乘于天明以视，寄于天聪以听，托于天智以思虑。"（论题）

第一并引连珠（论证，采反证法）：

"故视强则目不明，

听甚则耳不聪，

思虑过度则智识乱。"

第二并引连珠，由第一导出：

"目不明则不能决黑白之分，

耳不聪则不能别清浊之声，

智识乱则不能审得失之地。"

第三并引连珠，由第二导出：

"目不能决黑白之色则谓之盲，

耳不能别清浊之声则谓之聋，

心不能审得失之地则谓之狂。"

第四并引连珠，从第三导出：

"盲则不能避昼日之险，

聋则不能知雷霆之害，

狂则不能免人间法令之祸。"

所以欲免盲聋狂之祸，就当"乘于天明以视，寄于天聪以听，托于天智以思虑"，论题的正确性得证。

（Ⅱ）比喻连珠式：

《韩非子·观行》云：

351

前提 { "古之人目短于自见,故以镜观面。智短于自知, 故以道正己"(a)。

论证 {
"镜无见疵之罪,道无明过之恶"(b,由 a 反推)。
"目失镜则无以正须眉,身失道则无以知迷惑"(c,由a反推而来)。
"西门豹之性急,故佩苇以自缓;董安于之心缓,故佩弦以自急"(d,从 c 正面导出)。
}

结论:"故以有余补不足, 以长续短之谓明主"("镜补目之短,道补己之短")。

这里,以镜与道喻以长补短,有余补不足。

又《韩非子·安危》云:

前提:"法所以为国也,而轻之,则功不立,名不成。"

论证 {
"古扁鹊之治其(甚)病也,以刀刺骨;圣人之救危国也,以忠拂耳"(a)。"刺骨,故小痛在体,而长利在身;拂耳,故小逆在心,而久福在国"(b,由 a 导出)。
"故甚病之人利在忍痛,猛毅之君以福拂耳"(c,由 b 导出)。
"忍痛,故扁鹊尽巧;拂耳,则子胥不失"(由 c 导出)。
"病而不忍痛,则失扁鹊之巧;危而不拂耳,则失圣人之意"(由 c 反推导出)。
}

结论:"如此,长利不远垂,功名不久立。"

这里,以扁鹊之治病和圣人之扶危比喻"法"。

(Ⅲ) 顺、逆连珠交错式:

《韩非子·解老》云:

论题:"祸莫大于可欲"。

352

论证 {

逆连珠：

"人有欲则计会乱，

计会乱则有欲甚，

有欲甚则邪心胜，

邪心胜则事经绝，（即径绝）

事经绝则祸乱生。"

顺连珠：

"祸乱生于邪心，

邪心诱于可欲。"

逆连珠：

"可欲之类，进则教良民为奸，退则令善人有祸。奸起则上侵弱君，祸至则民人多伤。"

结论："上侵弱君而下伤民人者，大罪也。故曰：'祸莫大于可欲。'"

（Ⅳ）结合归纳的连珠式。

韩非连珠，主要为演绎推论，但也有和归纳结合进行的。在《韩非子·外储说右下》中，为论证"赏罚共则禁令不行"时，即采用归纳的连珠式。

论题："赏罚共则禁令不行。"

"何以明之？以造父、于期，子罕为出彘，田恒为圃池。"（归纳事例）

结论："故宋君、简公弑。"

"患在王良、造父之共车，田连、成窍之共琴也。"（带证的结论）

在《韩非子·内储说上七术》中，为论证"爱多者则法不立，威寡者则下侵上。是以刑罚不必则禁令不行。"即采归纳事例十一条以证明之。

论题："刑罚不必则禁令不行。"

论证：（枚举归纳）

一、"董子之行石邑"。

二、"子产之教游吉"。

三、"仲尼说陨霜"。

四、"殷法刑弃灰"。

五、"行将去乐池"。

六、"丽水之金不守"。

七、"积泽之火不救"。

八、"成欢以太仁弱齐国"。

九、"卜皮以慈惠亡魏王"。

十、"管仲断死人"。

十一、"嗣公买胥靡"。

总之，韩非的连珠灵活运用，没有固定的格式，这又是它超出西方连珠的地方。

本章我们阐述了韩非历史逻辑的特点，他的名实观的新见，矛盾说的分析，连珠推论的创立，由此可以概见韩非在中国逻辑史上的贡献。但韩非的逻辑是为法术服务的，因而也就具有正名派的共同缺点。他把法术的政治问题和逻辑的思维问题纠缠在一起，削弱了他对逻辑思维形式的探索。同时，他把法术和名辩对立起来，不恰当地抨击了名辩。他虽提了矛盾律，但由于他站在法家立场，分不清矛盾的和对立的关系，混淆排中律和矛盾律的界限，竟把一些相容的概念如"贤治"和"势治"，"明察"和"德化"作为不相容的矛盾概念。这样，他就削弱了矛盾律的实际应用。这些不能不说是韩非逻辑的瑕疵。

354

天津市重点出版扶持项目

津沽名家文库（第一辑）

中国古代逻辑史

（下）

温公颐 著

南开大学 出版社

天　津

中国中古逻辑史

温公颐著　上海人民出版社

责任编辑　　秦建洲

封面装帧　　范一辛

中国中古逻辑史

温公颐 著

上海人民出版社出版、发行

（上海绍兴路54号）

新华书店上海发行所经销　常熟市新华印刷厂印刷

开本 850×1156　1/32　印张 12.5　插页 2　字数 284,000

1989 年 11月第 1 版　1989 年 11月第 1 次印刷

印数 1—1,500.

ISBN7—208—00344—0/B·65

定价 6.90元

目　录

前　言

在前言里，我拟说明以下四个问题，即

1．本书和《先秦逻辑史》的关系；

2．中国中古逻辑史的特点；

3．逻辑范畴研究的探索；

4．本书的写作过程。

兹分述于下。

一、本书和拙著《先秦逻辑史》的关系。

1979年在全国哲学规划会议上，决定把逻辑科学的薄弱部门"中国逻辑史"列为重点研究的项目，并推举中山大学扬芾荪同志、华南师范大学李匡武同志和我三人共同担任撰写工作。后杨、李二同志以健康欠佳，（李同志已作古）因而该项写作任务不得不由我个人担任。从1979年到1982年夏已完成第一卷，经上海人民出版社哲学编辑室提议，改以专著形式单独出版。因此，第一卷命名为《先秦逻辑史》，业于1983年5月出版。

《中国中古逻辑史》是"中国逻辑史"的第二卷，时间是从秦汉到隋唐。这样，《先秦逻辑史》也可称为《中国上古逻辑史》。继《中国中古逻辑史》之后，从北宋至清中叶1840年的第三卷则编为《中国近古逻辑史》。从1840年到1949年的第四卷，则编为《中国近代逻辑史》。这样，从古到今，集成我的"中国逻辑史"的四卷本。

本书和《先秦逻辑史》既有区别，又有联系。先秦时代是我国逻辑思想百家争鸣，光辉灿烂的时代，其间各家思想纵横交错，波澜壮阔，为理清头绪，采用分编撰述的方式。进入中古，形势不同，争鸣局面已经消失，逻辑思想基本上走入单一发展的道路。因此，本书采用按章分列，不用分编的方法。

本书虽和《先秦逻辑史》有如上的区别，但在逻辑史的发展上是一贯的。中古逻辑史的逻辑问题，有的是承藉古代的，如名实问题，讲神学逻辑的董仲舒也有他的名实观。有的则深化了古代，如关于类的问题。类是逻辑推论的基础，先秦各逻辑家都重视类的推论，但以类为推不是没有问题的，公孙龙、《墨辩》都提到过。《墨辩》认为"推类之难，说在名之大小"（《墨辩·经下》），这还只是注意到类的大小上，还未考虑到类的实质问题。到了《吕氏春秋》、《淮南子》则比古代进了一步，提出类的实质问题。类的复杂性不仅在于它的量的方面，范围的大小，而且还在于它的质的方面，有异同。如小方为大方之类，但小智非大智之类。因此《吕氏春秋》提出"类固不必可推知"（《吕氏春秋·别类篇》）。《淮南子·说林训》也提到"类不可必推"，因礜石可以毒死人，但可以养蚕，性质各异，就不能混为一类。由上可知，中国中古逻辑史在某些问题上是发展了古代的。

二、中国中古逻辑史的特点。

中国中古逻辑史的特点由它的社会政治经济所决定，略析之有四：

1. 中古逻辑思想的中世纪化。所谓中世纪化，即指中世纪时代的特征。世界三大文化系统，西方、印度和我国到了中世纪时代都染上了中世色彩。西方古代希腊文化繁荣昌盛，但到中世纪后，反陷入"黑暗时代"。印度古代宗计繁兴是一个开明时代，但佛灭后，由小乘而大乘，反被咒语迷信的气氛所笼罩。我国先秦是一个光辉灿烂时期，但到中古也为宗教迷雾所侵袭。这就是中世纪的神学化的特点。先秦的儒家成为儒教,道家转为道教,东汉时佛教传入中国后,又成为儒、释、道三教鼎立之势。

中世纪化的第二个特征即复古化。董仲舒的"奉天而法古"就是一个典型例子。其他学者亦大多引经据典,不敢逾越章句。

中世纪化的第三个特征即笺注化。复古化自然带来笺注化。这一时期的学者好象真理都被古人发现完了,只要把古人说过的加一番注释说明,就可万事大吉。汉代经师,皓首穷经,各种注疏,汗牛充栋。印度佛教因明传入中国后也不例外,高僧穷经也侧重疏证经文。

中世纪化的第四特征,即思想的杂糅化。古代百家争鸣,都"言之有故,持之成理",它具有独创精神,但到中世纪,独创精神基本消失。董仲舒以儒家杂糅其他各家,《淮南子》又以道家杂糅其他之说,此其著者。总之,神学化、复古化、笺注化、杂糅化是中世纪化的四大特征。

2. 东汉逻辑的伦理化。东汉朝廷为选拔优秀人才,治理国家,诏举贤良方正,州郡察举孝廉秀才。东汉士人为个人升官,取得富贵尊荣,于是竞相奔走于名人之下,冀得一奖誉,以为进升之阶。这样,人伦品鉴之风盛行,郭泰、许劭都是人伦品鉴的杰出人物。顾亭林所谓"尊儒节义,敦励名实"(《日知录·卷十三》),风俗为之一变。不过这里的"敦励名实"的"名实"已非先秦旧义。因先秦之所谓实是指客观存在的物实,而"名"即指对客观"物实"的反映。东汉时所谓"名实"却另有所指。所谓"实"是指一个人具有的品德,而"名"则指社会上给某人的奖誉。所谓"盛名之下,其实难副"(李固给黄琼信),是指社会奖誉他的名和他品德的实不副。因此,东汉的名实观纯属人伦道德的评价。这是东汉社会政治的产物,它构成了中古逻辑的一个特点。

• 3 •

3. 魏晋南北朝逻辑的玄学化。 魏晋南北朝玄风披靡,这有社会政治的原因,也有思想转变的原因。如果我们说,东汉伦理的逻辑产生于当时的察举制度,那么,魏晋的玄学逻辑则产生于"九品中正"的门阀士族制度。"高谈虚论,左琴右书","迂诞浮华,不涉世务"(《颜氏家训·涉务》),正好为谈玄道虚的门阀特权人物的写照。特权人物的糜烂生活是建筑在各种社会矛盾集中的基础上的,当时既有地主与农民对抗的矛盾,又有少数民族与汉族间的民族矛盾,统治集团间又有争夺皇权的矛盾。他们不敢正视矛盾,妄图以形而上学的方法割裂矛盾,而择取自以为是的矛盾一方,这样就产生了形而上学的逻辑思潮。

在汉魏思想转变上说,汉代的经学、烦琐的章句已不适于东汉末的政治社会环境,经学大师马融、郑玄首先迫于形势,不得不作出经学的自我否定,从经学转到玄学的清谈。

汉代的唯物主义以道家的自然说抨击了神学目的论,使唯心主义无法招架,但王弼提出自然变化的根柢,从汉代唯物主义的宇宙论转入形而上学的唯心主义本体论。这样,深究本体的形而上学的探索,风靡一世。

总之,形而上学的风行使这时的逻辑也沾上玄学色彩,这又是中古逻辑思想的另一特色。

4. 印度佛教因明的传入。 印度因明之传入我国使中古逻辑史增添新鲜血液,这是中国中古逻辑史的又一特色。因明最早传入我国在南北朝时期的北魏。北魏孝文帝延兴二年(公元472年),吉迦夜和昙曜流支合译《方便心论》,这是古因明部分。到了唐玄奘于公元645年从印度取经回国后,大量译述了新因明的重要著作,如陈那的《因明正理门论》、《因明入正理论》。他的高弟窥基、文轨等又著了重要的注疏。加以当时唐帝的大力支持,因明、唯识之学盛极一时。对我国当时逻辑学界起到了不少影响。吾友虞愚同志近著一文题为《因明在中国的传播和发展》(《哲学研究》1986年,第11、12期),曾说:"因明在中国的传播和发展之后,早成为浩浩荡荡中国逻辑史长河中不可分割的组成部分。"这是十分正确的,我同意他的意见。特别是在清代末年,从日本取回许多重要失传的因明著作之后,章太炎、梁启超等都有因明的论著,因明不但复兴了,而且更密切地和中国逻辑相结合,成为中国近代逻辑史的精彩部分。

三、逻辑范畴研究的探索。

列宁说:"自然界在人的认识中的反映形式,这种形式,就是概念、规律、范畴等等"(《列宁全集》第38卷,194页)。可见范畴是人们对客观事物的深入底层的更深刻的认识,它比一般概念的认识要深入得多。那么,什么是逻辑范畴,列宁也有明确的解释。他说:"在人面前是自然现象之网。本能的人,即野蛮人没有把自己同自然界区分开来,自觉的人就区分开来了。范畴是区分过程中的一些小阶段,即认识世界过程中的一些小阶段,是帮助我们认识和掌握自然现象之网的网上纽结"(同上引,第90页)。所以他对逻辑范畴下个定义说:"人对自然界的认识(="观念")的各个环节,就是逻辑的范畴"(同上引,第212页)。自然现象之网不是杂乱无章的,它以各自的规律形成网上的纽结。只要能抓住这一纽结,就可纲举目张,对认识对象一览无遗了。

逻辑史的思想发展过程,也有它的网结点,这即逻辑范畴所在。对一个时期逻辑思想旨在于能寻得贯穿它的纽结,找出它的范畴。比如魏晋南北朝时代,逻辑思想的发展就分别形成了如下的一些范畴,"有无"范畴、"本末"范畴、"一多"范畴、"意言"范畴、"动静"范畴、"质用"范畴、"即异"范畴等。通过这些**逻辑范畴**的分析,就可以看清这一时期逻辑家争论的脉络。这样**就**

比仅依各个逻辑家的平列叙述，深入一步。我在本书第八章关于《魏晋南北朝的玄学逻辑》即用范畴分析法处理的。将来我希望能进一步写出中国逻辑范畴史，如西方哲学史家闻德尔邦特的《西方哲学通史》(W.Windelband：A History of Phylosophy)然。但现在只能作局部的尝试。

四、本书的写作过程。

本书于1982年6月开始撰写，直至1986年夏才写毕，时经五个寒暑。当写至第九章时，正值1985年盛夏，汗流稿纸，但从未搁笔，幸底于成，并把打印稿分寄国内中国逻辑史部分专家及上海人民出版社编辑部审阅。1986年10月，邀请各专家及出版社编辑部同志来津讨论。提供宝贵意见，以便进行修改。专家们对本书提了不少优点，也提了一些修改意见。会后，我当即着手修改。1987年2月修改完毕，当送交上海人民出版社付印。参加讨论会或提供意见的，有北京中国社会科学院哲学所的虞恩同志、周云之同志和刘培育同志；广州中山大学的杨芾荪同志及林铭钧同志；上海华东政法学院的刘鸿钧同志；上海人民出版社的唐继无同志及秦建洲同志；江西教育学院的周文英同志；天津南开大学的崔清田同志。他们都提供了不少宝贵意见，特此道谢！国家教委文科教材办大力支持，把本书列入"七五"规划中的大学参考教材。上海人民出版社对于本书的出版予以大力支持，均谨致谢忱！南开大学田立刚同志对本书的抄写校对费了大量工夫，并此致谢！

温公颐

1987年2月　于南开大学

第一章 《吕氏春秋》的逻辑思想

第一节 《吕览》的写作及其折衷主义的特征

《吕氏春秋》是吕不韦召集宾客所写的一部集体著述。吕不韦作政治投机成功后，当了秦国的宰相。他鉴于当时魏国的信陵君、楚国的春申君、齐国的孟尝君都养士相倾，他招致食客三千人，使客人口著听闻，集论以为八览、六论、十二纪。（见《史记·吕不韦列传》）因此，《吕氏春秋》亦称《吕览》。

吕不韦的《吕氏春秋》的集编，固然是在于他想藉此以炫耀关东各国，但也有他的政治意图，这就是宣扬君道无为、臣道有为的黄老学来作为掌握秦政权的理论依据。此点在《序说》和《序意》中都引黄帝诲颛顼的话可以证明。

《序意》云："维秦八年，岁在涒滩（太岁在申为涒滩。指万物吐秀倾垂之貌）。秋，甲子朔，朔之日，良人请问十二纪。文信侯（吕不韦封洛阳，号文信侯）曰：尝得学黄帝之所以诲颛顼矣，爰（曰）'有大圆在上，大矩在下，汝能法之，为民父母。'"

又《圜道》云："天道圆，地道方，圣王法之，所以立上下……主执圆，臣处方，方圆不易，其国乃昌。"

这里把《序意》的政治意图，讲得更清楚了。《吕览》虽是一部杂书，但它是以黄老学来糅和各家的。

《吕览》的杂，在《汉书·艺文志》中早已指出，这就是"兼儒

· 1 ·

墨，合名法"。（《汉志》）清汪中代毕沅序《吕氏春秋》也指出这点。（见汪中：《述学补遗》下）《吕氏春秋》的杂，即表现为折衷主义，虽有黄老学的线索，但不能掩盖其"杂"的本质。何况它对黄老并无理论上的发挥，只利用它的君道无为理论呢。

以下就折衷主义的特征分析如下：

1．折衷主义失去先秦时的独创精神。

先秦诸子争鸣，都能"言之有故，持之成理"。不论他们的主张内容如何，但都能有所见。《吕览》"兼儒墨，合名法"的结果，成了一锅大杂烩。缀拾各家残说，自然和各家原意相左。比如《察今》篇是继承法家变法精神的。什么"古今之法，言异而典殊"，"古之命（名）多不通乎今之言"，所以提出"世易时移，变法宜矣"的主张。但《察今》变法理论却和法家"不法常可"，"论世之事，因为之备"的精神相反。它提出要学"先王所以为法"。"先王之所以为法者人也，而己亦人也。故察己则可以知人，察今则可以知古。古今一也，人与我同耳"。（《察今》）这样，《察今》的变法和法家的"不法常可"已变了样。它是有"常可"可法的，这即人的本身。这哪里是"事因于世，而备适于事"的唯物精神呢？

在《长见》篇中，更把变法的理论建立于"古今一度"的形而上学，和法家的"上世亲亲而爱私，中世尚贤而说仁，下世贵贵而尊官"（《商君书·开塞》篇）的历史进化观点背道而驰。《长见》篇云："今之于古也，犹古之于后世也；今之于后世，亦犹今之于古也。故审之今，则可知古，知古则可知后，古今前后一也。故圣人上知千岁，下知千岁也。"这不是孔子的"百世可知"，荀子的"类不悖，虽久同理"的儒家论调吗？哪有半点法家的变法味呢？

这里有一件事我要提出的，即人类思维史的发展也有它的共性的一面。我国先秦时代百卉争荣的灿烂光辉局面，一步入中古，就转入折衷消沉。西方古希腊的繁盛思想，一到希腊罗马时期，也同样转入折衷消沉。折衷主义的著名人物如罗马的西塞洛，也只是企图融合柏拉图、亚里士多德和伊壁鸠鲁等相互对立的各派之说，并无新见。到了中世纪，就更在柏拉图和亚里士多德的体系中乞讨生活（12世纪前，是柏拉图的天下；12世纪后，转为亚里士多德所支配），竟成了思想上的黑暗时代（Dark age）。我国从秦到西汉以后，也是纷纷以注解经书为生，好象真理都被古经书发现完了，董仲舒的唯心主义的今文学家无论矣，即以唯物主义著称的人物，如杨雄、桓谭、王充之辈，也斤斤于古文经的探索。这些思想家也汲取两汉以来的科学成果，丰富自己的体系，但已无复先秦诸子的创造精神。佛教传入中国后，又添上佛典的输入与注疏，同样表现中古的特征。秦皇、汉武封建专制主义大帝国的建立和罗马大帝国的统治是否造成思想单调的原因呢？这有待于历史学家的深入探索。

我们再观印度的情况，也有和西方与中国相似的表现。古印度释迦牟尼时代，宗计繁兴，扫除婆罗门教的弊端，但到阿育王（公元前273——前232年）统一全印度后，佛教普及全印，为适应印度各地人民信仰的需要，就不得不窜改旧规，把过去的咒术和迷信又收容教中，佛教由小乘变为大乘。这样，释迦在世时的革命精神全失。所以印度的中古阶段也同样步入西方、中国的命运。这又是一件可引为鉴戒的历史事件。

2．折衷主义不但表现为杂乱的融合，而且还表现为互相抵牾，自相矛盾。

《吕览》对于墨家的态度既赞扬，又攻击。如《当染》篇称颂墨子和孔子并称。但《振乱》、《禁塞》和《大乐》三篇，却以墨子的非攻、救守和非乐为过。即在同一篇中，也有互相矛盾处。如《应言》篇司马喜难墨者师以非攻。司马喜赞成赵的攻燕，但反对赵之攻中山。这表现对墨子之非攻，既否定、又肯定。

• 3 •

在认识论和逻辑学方面，也有互相矛盾的地方。如《知接》篇，强调知识必须与外物接触，然后才能获得客观的真实情况。这种重视耳闻目见的感性之知似是墨辩关于"接知"的继续。但在《任数》篇中，却认为耳目心智都不足恃。它引孔子的话说："所信者目也，而目犹不可信；所恃者心也，而心犹不足恃"。这就和《知接》互相矛盾。《重言》篇甚至提出"圣人听于无声，视于无形。"这就把认识转入神秘主义。此外，它一方面既重视言，但又主"至言去言"，(《精谕》)这和老子的不言之教无异。

3。《吕氏春秋》的杂，不但表现为互相矛盾，而且还表现为有所重复。

吴起去西河事，既见于《长见》篇，(《仲冬记》)又见于《观表》篇。(《恃君览》)此外如《节丧》与《安死》，《去尤》与《去宥》，《应同》与《召类》也是重复互见。《应同》和《召类》原来连篇名都相同。《吕氏春秋》毕沅新校本总目《应同》下注说："旧本俱作名类，注云：'一作应同'。今按'名类'乃'诏类'之讹，然与卷二十内名复，今故即以'应同'题篇。《应同》篇，类固(同)相召，气同则合，声此则应"。以下文字和《召类》大同小异。

为什么有这样的重复出现，是否为凑篇数把一篇分作两篇，或出各人之手？这都有可能。

列宁说："'又是这个，又是那个'，'一方面，另一方面'……这就是折衷主义。辩证法要的是从具体的发展中来全面地估计对比关系。而不是东抽一点，西抽一点"。(《再论工会、目前局势及托洛茨基和布哈林的错误》。《列宁全集》第32卷，第80页。)《吕氏春秋》不是象先秦诸子从实际生活出发提出他的主张，而是从先秦诸子的遗著中"东抽一点，西抽一点"，篡集成书，其结果就形成了内容重复、矛盾百出的一锅大杂烩，这是十足的折衷主义的货色。

• 4 •

第二节　正名逻辑的继续

上节说到吕不韦编纂《吕氏春秋》的政治意图在于宣扬君道无为的黄老思想来为他掌握秦政权的理论作依据。这一政治的意图也支配了《吕氏春秋》的逻辑思想。

从吕不韦的政治意图出发,在逻辑观方面,自然要选择儒家一派的正名逻辑,反对辩者派的名辩逻辑。代表《吕氏春秋》正名逻辑思想的篇章,有《正名》、《审分》、《审应》、《重言》诸篇。而《正名》和《审分》又是它的正名逻辑的纲领。

《正名》云:"名正则治,名丧则乱。使名丧者,淫说也。说淫则可不可而然不然,是不是而非不非……,凡乱者刑名不当也。"

《审分》云:"王良之所以使马者,约审之以控其辔,而四马莫敢不尽力。有道之主,其所以使群臣者亦有辔。其辔何如,正名审分,是治之辔也。故按其实而审其名,以求其情,听其言而察其类,无使放悖。夫名多不当其实,而事多不当其用者,故人主不可以不审名分也。……今有人于此,求牛则名马,求马则名牛,所求必不得矣。……万物群牛马也,不正其名,不分其职,……乱莫大焉。"

"名正则治,名丧则乱,"国家的治乱,由于名的正丧,这是孔子的唯心主义的正名观的继续。事实上,国家的治乱是由于客观经济的转变和社会阶级的斗争所左右,无关于思想上的名言的正否。《正名》的论点无疑是倒果为因的主观说教,不是合逻辑的、唯物的名实观点。

《吕氏春秋》的正名固然继承了孔子一派的正名论,但还有它们的不同。孔子的正名在于企图恢复奴隶制的旧秩序,即君君、臣臣、父父、子子的理想伦道。荀子的正名,在于为新兴封建的地主阶级立法，他的"礼"，实质上几等于法，这就是他所谓"礼者法之大分、类之纲纪"。(《荀子·劝学》)的要义。而《吕氏春秋》的正名却只是为吕不韦掌握秦政权服务的工具。他要秦始皇按照他所兴的"制"而不事心。《别类》明确指出："目固有不见也，智固有不知也，数固有不及也。不知其所以然为然。圣人因而兴制不事心焉。"这就是警告秦始皇不要擅作聪明，只有按照既定的制度去做，垂拱无为，就可达到至治的理想。

在《审分》中也讲到要"按其实而审其名"不能求牛则名马，求马则名牛。这似乎要正万物之名了，要纠正"形名异充，声实异谓"了。可是吕不韦的政治干预了他的逻辑，使他无法朝着正确的名实关系的道路走下去。我们只要看他之所谓名，所谓实，什么叫形名异充，声实异谓，就一目了然。

《正名》篇说："故君子之说也，是以言贤者之实，不肖者之充而已矣；足以喻治之所悖，乱之所由起而已矣；足以知物之情，人之所获以生而已矣。"可见《正名》之所谓实，不是指客观世界的"万物"，而是指秦政统治下的官吏。"正名审分，是治之辔"，(《审分》)正名只是正百官之名，审分只是审察百官的职务，看他所做的是否按他的名去做。人主只要抓住正名审分的两件武器，就可控制群臣为其所用。所以"至治之务，在于正名，名正则人主不忧劳矣"。(《审分》)"人事其事，以充其名"。(《勿躬》)这即吕不韦"君道无为"的政治意图在逻辑思想方面的体现。

《吕氏春秋》举起了儒家的正名旗帜，自然要非毁名辩，它把名辩骂为淫说，说"使名丧者淫说也。说淫则可不可，而然不然，是不是而非不非"。(《正名》)先秦名辩诸子如邓析、惠施、公孙龙等就被视为"可不可，然不然，是不是，非不非"的淫辞人物。在《离谓》篇中，邓析被描绘为拨弄是非的小人。"子产治郑，邓析务难。与民之有狱者约：大狱一衣，小狱襦裤；民之献衣襦裤而学讼者不可胜数。以非为是，以是为非，是非无度，而可与不可日变，所欲胜因胜，所欲罪因罪。"这简直是旧社会中唆使人打官司的讼棍。邓析不但是拨弄是非的讼棍，而且还是专和统治者捣乱的不轨之徒。请看《离谓》中另一段："郑国多相悬以书者，子产令无悬书，邓析致之。子产令无致书，邓析倚之。令无穷，则邓析应之亦无穷矣。"所谓相悬以书，颇类似今天贴在墙上的小字报。子产不让贴墙报，邓析就把小字报写好送到各家的门上去（致之）。子产不让送，邓析就把写好的东西混在其他杂物中寄出去（倚之）。这样，弄到子产无法应付，迫得子产杀了邓析（"子产患之，于是杀邓析而戮之"）。实则杀邓析的是子产死后二十年的驷歂。《离谓》篇作者的话或许从痛恨邓析的立场出发，才作出这种不符史实的诬陷吧？

《离谓》的作者，不但目邓析为讼棍，捣乱分子，而且还是个耍两面派的诡辩家。《离谓》中引了一段故事如下：

"洧水甚大，郑之富人有溺者。人得其死者，富人请赎之，其人求金甚多，以告邓析。邓析曰：'安之，人必莫之卖矣。'得死者患之，以告邓析。邓析又答之曰：'安之，此必无所更买矣'。"对于得溺尸的人和赎溺尸的人，都用同一的语言回答，让双方各得其所欲，真可称得上诡辩。难怪战国时的公孙龙也要抄袭这一诡辩的手法，为平原君解除困难。《淫辞》篇有如下一段的记载：

"空雄（地名，原为空洛）之遇，秦赵相与约。约曰：'自今以来，秦之所欲为，赵助之；赵之所欲为，秦助之。'居无几何，秦兴兵攻魏，赵欲救之。秦王不说，使人让赵王曰：'约曰，秦之所欲为，赵助之；赵之所欲为，秦助之。今秦欲攻魏，而赵因欲救之，此非约也。'赵王以告平原君，平原君以告公孙龙。公孙龙曰：'亦可以发使而让秦王曰，赵欲救之，今秦王独不助赵，此非约也。'"

根据同一契约,公孙龙进行反驳,手法是和邓析一样的。

《淫辞》的作者还记述了公孙龙的藏三耳的诡辩:

"孔穿、公孙龙相与论于平原君所,深而辩至于藏三耳(原作"牙")。公孙龙言藏之三耳甚辩,孔穿不应。少选,辞而出。平原君谓孔穿曰:'昔者公孙龙之言甚辩'。孔穿曰:'然,几能令藏三耳矣,虽然难,愿得有问于君,谓藏三耳甚难而实非也,谓藏两耳甚易而实是也,不知君将从易而是者乎?将从难而非者乎?'平原君不应。明日谓公孙龙曰:'公无与孔穿辩。'"

在《不屈》篇中对惠施也极其诋毁的能事:

《不屈》篇云:"匡章谓惠子于魏王之前曰:'蝗螟农夫得而杀之,奚故?为其害稼也。今公行多者数百乘,步者数百人;少者数十乘,步者数十人,此无耕而食者,其害稼亦甚矣。'"又说:"惠子之治魏为本其治不治。当惠王之时,五十战而二十败,所杀者不可胜数,大将爱子有禽者也。大术之愚,为天下笑,得举其讳,乃请令周太史更著其名,围邯郸三年而弗能取,士民罢潞(羸),国家空虚,天下之兵四至,罪庶诽谤诸侯不誉,谢于翟翦,而更听其谋,社稷乃存。"惠施治魏,兵败魏削事,钱穆曾考证其不确。钱穆云:"吕氏书成于众手,《不屈》一篇,盛毁惠施,因谓惠王之世,五十战而二十败,尽以为惠施之罪,吾窃疑其诬"。(钱穆《先秦诸子系年考辩》,第265页)

总之,《吕氏春秋》对于邓析、公孙龙和惠施都一味抨击,主要原因在于名辩的逻辑思想和《吕览》的正名逻辑互相凿枘之故也。

第三节 别类的逻辑意义

在《别类》、《召类》、《应同》、《察传》和《有始览》各篇,《吕览》

提出类的问题。特别是《别类》和《召类》两篇，提出了**逻辑推类**的困难，讲到了一些类比推理的原则，值得我们重视。在**先秦逻辑史**的发展过程中，邓析首先提到类。到了墨翟就把知类、察类作为逻辑推理的基础。进到战国中期以后，也还是重视类在逻辑推理中的重要性。其间虽受到孟子的"辟违无类"和庄子的"类与不类，相与为类"的干扰，但类在逻辑中的地位是没有动摇的。

战国中期以后，在重视类的基础上，对类概念逐渐深入研究的结果，也发现推类中的问题。公孙龙认为，单凭类以为推，而忽视物指的关系，就会发生"狂举"的错误。墨辩也认为"推类之难，说在名之大小。"（参阅拙著《先秦逻辑史》有关公孙龙和墨辩的章节）《吕览》在前述各篇中概括了先秦各家对类的看法，概括出关于推类的问题，兹分两点，略谈如下：

1. 关于类的产生。

物类是怎样产生的呢？自来有两种不同的看法。一为形而上学的看法，认为物类之生从天地形成时，即已确定，从那以后，物类相生，所谓"类不悖，虽久同理。"另一为进化的观点，物类是依宇宙的发生发展而同时演变的。我国先秦时代，这两种观点都有过，如荀子的"古今一度也，类不悖，虽久同理"，（《荀子·非相》）这是一种形而上学的观点。庄子说："万物皆种也，以不同形相禅"。（《庄子·寓言》）这是承认万物虽原先同是一类，但后来变成不同形的物类，这就是承认物类有进化。《吕览》的物类观虽也讲到物的变化，如《察传》篇云："故狗似玃，玃似母猴，母猴似人，人之与狗则远矣。"《别类》篇也讲到类的复杂性，这是建立在它的"别类"说的基础上，但总的说来，它的物类观是形而上学的。在《有始览》中描述了物类的形成情况："天地有始，天微以成，地塞以形，天地合和，生之大经也。以寒暑日月昼夜知之，以殊形殊能异宜说（译）之。夫物合而成，离而生，知合知成，知离知生，则天地平矣。……天地万物，一人之身也，此之谓大同。众耳目鼻口也，众五谷寒暑也，此之谓众异，则万物备也。天斟（会集也）万物，圣人览焉，以观其类。解在乎天地之所以形，雷电之所以生，阴阳材物之精，人民禽兽之所安平。"这里，把万物的生成，由于天地的合和，其中有大同，有众异，而圣人观类的关键即在天地之所以形。所以说"解在乎天地之所以形。"这一原则，在《应同》篇中明确指出"皆（比）类其所生"，即物是以类相生的。

2．关于推类的原则。

推类的原则，《吕览》定了两条，即：

（1）为"类同相召"，这是可以进行类推的；

（2）为"类不可必推"，这是不能进行类推的。

兹先解"类同相召"的原则。在《应同》和《召类》两篇中都提到"类同相召"说。《召类》云："类同相召，气同则合，声比则应。故鼓宫而宫应，鼓角而角动，以龙致雨，以形逐影。"在《应同》中也有大同小异的描述。《应同》云："类固（应作同）相召，气同则合，声比则应。鼓宫而宫动，鼓角而角动。平地注水，水流湿；均薪施火，火就燥。山云草莽，水云鱼鳞，旱云烟火，雨云水波，无不皆（比）类其所生以示人。故以龙致雨，以形逐影。"这两段话都认为宇宙间万物有它们各自相同的地方，主要由于一气所构成，这是根据先秦气一元论的宇宙观导出的。"气同则合"，这是"类同相召"的依据。比如一样的柴禾，点燃之后，干燥的就先着，因为干燥的部分存有易燃的素质。声音互相召动，理亦如此。宫与宫相应，角与角相应，这由于宫与角各自有相同的音符，因而能引起共鸣。

从逻辑的推论上说，类比推论的基础即事物之间的同一性。我们从两件事物的相似点进行类推，即可以由甲推乙，把甲所有的属性推到乙上去，这样，就可以认知了乙。"类同相召"就属于可推知的物类上。

"类同相召"肯定了推类的可靠性，在逻辑上言是无可非议的。但《应同》篇所讲的"召"又属人为。它说："天降灾布祥，各有其职，以言祸福，人或召之也。"这就陷于阴阳五行家的迷信，给西汉董仲舒的天人感应说开了先河，这是应该批判的。

"类不可必推。"在《别类》篇中，《吕览》提出类的复杂性，致使逻辑推论有莫大困难。这是值得重视的。《别类》云：

"物多类，然而不然。……夫草有莘有藟，独食之则杀人，合而食之则益寿。万堇不杀（高诱注：堇，乌头也，毒药则能杀人。万堇则不能杀）。漆淖水淖，合两淖则为蹇（强也），泾之则为干。金柔锡柔，合两柔则为刚，燔之则为淖。或湿而干，或燔而淖，类固不必可推知也。小方大方之类也，小马大马之类也，小智非大智之类也。物固有可以为小，不可以为大，可以为半，不可以为全者也。……义，小为之则小有福，大为之则大有福。于祸则不然，小有之，不若其亡也。射招者欲其中小也。射兽者欲其中大也。物固不必，安可推也？"

《别类》篇根据具体事物的观察，归纳出类不可必推，是合乎科学的结论。同一莘藟，独食和合食得出杀人与益寿的相反结果。漆淖水淖，同属流体，但两淖相合，却变流体为坚硬。金柔锡柔，合了以后，并不成柔，反为刚。用火烧它，它反变为流体。所以如果根据原是杀人的物类而推其加在一起后，也必杀人，就是错误的。流体的东西，加在一起以为也必然会成了流体，也是错误的推论。从这些实例的经验证明物类本身的复杂性，我们不能仅凭抽象的同一性作出演绎的必然结论，而必须进行经验的归纳，才能得出真实的论断。

前文已谈到公孙龙和墨辩也提出类的困难来。但公孙龙只注意到类的外延在推论中的不可靠性，墨辩则只注意到类概念的外延的大小问题。但《吕览》却进而深入物类本身的复杂性，从物类的构成提出问题。这自然是《吕览》逻辑的进步处。因为物类本身构造的复杂，我们就不能单从同一律出发，仅作演绎的推论，而必须从经验的归纳着手。这一注意归纳的逻辑方向，为《淮南子》所继续，在逻辑史上言，是有贡献的。

不过应当指出，《别类》篇最后把"不可必推"的原则推到过头，结果却断言"物固不必，安可推也"，这就否定了逻辑推论的作用，却是错误的。否定推论之后，自然就陷入"不知知上"（《别类》）的不可知论，这是反逻辑的，应该受到批判。

第四节 言和辞的分析

《吕览》在言和辞的分析上也有它的所见，值得重视。在《离谓》、《淫辞》、《别类》、《精谕》和《察传》各篇中，对言和辞作了逻辑分析。它主要认为言和辞必须和心意一致，这就是语言和思维必须统一，而不能背离，这是正确的。兹分述如下：

1. 言辞要和心意一致，也要和行一致。

《离谓》篇云："言者以喻意也，言意相离凶也。乱国之俗，甚多流言而不顾其实，务以相毁，务以相誉，毁誉成党（党即相助为非），众口熏天，贤不肖不分。"又云："夫辞者，意之表也，鉴其表而弃其意，悖。故古之人得其意，则舍其言矣。听言者以言观意也，听言而意不可知，其与桥言（桥通矫，矫饰之谓）无择。"《淫辞》篇云："非辞无以相期，从辞则乱。乱辞之中，又有辞焉，心之谓也。言不欺心，则近之矣。凡言者以喻心也，言心相离，而上无以参之，则下多所言，非所行也，所行非所言也。言行相诡，不祥莫大焉。"言即逻辑的命题，意即判断所指的内容，判断的内容必须表达于命题的语言物质外壳，然后其意才得知。犹之概念必须以语言的外壳——词表出，然后才能让人知道一样。在语言文字上言，词，或命题，即言。在逻辑思维上言，即概念或判断，即意。语言的表达必须和它所表的内容一致，否则造成言与意分离，就会弄到以甲言表乙意，成为拨弄是非的"流言"或"诡辞"，那是反逻辑的。

"辞者意之表"，这里的"辞"和"言"的意义同（一般在先秦逻辑的术语中，"辞"是指判断的）。辞与意为表里关系，所以听言者，以言听意，如果听了他的话，而话的意义不明，那末，这句话就是矫糅造作的空话（即桥言）。空话无实，只是诡辩家玩弄的流言。

语言是社会交流思想的工具，"非辞无以相期"，如果没有语言，则人和人之间无从互相领会（期）。所以言辞在社会上占有很重要的地位。但言辞必须受心意的控制，然后才可发挥它的交流思想的作用。否则"言心相离"，不但言不能达意，而且还造成言行背谬的恶果。因此，《吕览》认为言辞如要合乎逻辑，则必须做到：第一，言辞要和心意一致，即保持语言和思维的统一。第二，必须保持言和行的一致，即言之必可行。正确的言必须从实践总结得来，只有这样的言，才能指导未来的实践。言和实践的统一是正确的。

2．怎样使言辞正确？

《吕览》提到应注意如下几点，即：

（1）重言：重言即重视言辞之意。《重言》篇举殷高宗重言的故事说："人主之言，不可不慎。高宗天子也，即位，谅闇（居丧）三年不言，卿大夫恐惧患之。高宗乃言曰：'以余一人正四方，余惟恐言之不类（善）也，兹故不言。'"以下还列举周公等重言的历史以证成其说。《吕览》列举这些历史故事，可能有它的政治意图。我们也不必学那不飞不鸣的鸟，三年不飞，一飞冲天，三年不鸣，一鸣惊人，只要注意出言，不随便乱说一顿，还是有好处的。

(2) 察言：察言者即听了人家的话，不能即信以为真，必须加一番自己的审察，考其当否。《察传》篇云："夫得言不可以不察，数传而白为黑，黑为白。故狗似玃，玃似母猴，母猴似人，人之与狗则远矣。此愚者之所以大过也。闻而审，则为福矣，闻而不审，不若无闻矣。"传言之不可靠，确有三人成市虎之势。怎么办呢?《察传》的作者提出要"缘物之情，及人之情"，就可以把类非而是和类是而非之辞分辨清楚，征验物理，参酌人情，也是甄别言辞真实性的一种方法。

(3) 严禁名词歧义的滥用。从汉语的文法上说，往往有一词多义。在逻辑上说，同一名词发生不同意义时，即属于不同的概念。如果人们利用名词的歧义来达到他的不正确的目的，就会产生混淆概念的逻辑错误。为保持语言的准确性，就需严格禁止语词歧义的滥用。《离谓》篇举了一个齐国事人的故事。

"齐有事人者，所事有难而弗死也，遇故人于涂。故人曰：'固不死乎?'对曰：'然。凡事人以为利也；死不利，故不死'。故人曰：'子尚可以见人乎?'对曰：'子以死为顾可以见人乎?'"这里，故人所提的"见人"是指道德品质的，属社会性的。而事人者的"见人"却指能看见人，属于生理上的。事人者以生理上的"见人"曲解故人道德品质上的"见人"藉以躲避自己的责任，这就是诡辩。

《淫辞》篇也举了一段利用名词歧义进行诡辩的事例。

"荆柱国庄伯令其父视日(原作"曰"，依孙锵鸣校改)，曰：'在天'。视其奚如，曰：'正圆'。视其时，曰(原作'日'依孙校改)'当今'。令谒者驾，曰'无马'。令涓人取冠，曰'进上'。问马齿,曰:'齿十二与牙三十'。"

这段文字有些对答不可解。但问"视日",是指时间的早晚言,而答者却指日在天。问"马齿"是问马的年龄,但答者却答以马的齿十二,牙三十。这样,答非所问,就是钻了名词歧义的空子。在《察传》篇中也提到同类问题:

"若夔者,一而足矣。故曰夔一足,非一足也。宋之丁氏,家无井而出溉汲,常一人居外。及其家穿井,告人曰:'吾穿井得一人'。有闻而传之者,曰:'丁氏穿井得一人'。国人道之,闻之于宋君。宋君令人问之于丁氏。丁氏对曰:'得一人之使,非得一人于井中也。'……子夏之晋,过卫。有读史记者曰:'晋师三豕涉河。'子夏曰:'非也,是己亥也,夫己与三相近,豕与亥相似。至于晋而问之,则曰:'晋师己亥涉河也。'"这里所举数例,倒不是故作穿凿,而是由于名词的歧义所生的误解。夔一人就够了,不是指夔只有一只脚说。"得一人之使",不是得一人于井里。"己亥"误作三豕。遇到这样情况,为避免误解,最好把不该省略的词语补充完全,才可避免错误。

(4) 严禁概念的混淆。有的逻辑错误,不是由于名词的歧义所生,而是由于把不同质的概念,故意混淆之故。《别类》篇云:"鲁人有公孙绰者,告人曰:'我能起死人。'人问其故。对曰:'我固能治偏枯,今吾倍所以为偏枯之药,则可以起死人矣。'"这里,"治偏枯"和"起死人"是本质的不同,决不可用"治偏枯"的药加大分量去"起死人",其理甚明。"治偏枯"是可能的,而"起死人"决不可能。"能为半,不可为全",(《别类》)正此之谓。

(5) 应注意概念的外延和内涵的不同。同一个词可以有相反的解释,这和名词本身的歧义又有分别。《离俗览》中曾有关于矛和戈的两种相反的看法。"齐晋相与战,平阿之余子(羡卒,以别正卒)亡戟得矛,却(退也)而去,不自快,谓路之人曰:'亡戟得矛,可以归乎?'路之人曰:'戟亦兵也,矛亦兵也,亡兵得兵,何为不可以归?'去行,心犹不自快,遇高唐之孤叔无孙,当其马前曰:'今者战,亡戟得矛,可以归乎?'叔无孙曰:'矛非戟也,戟非矛也,亡戟得矛,岂亢(当)责也哉?'平阿之余子曰:'嘻!还反战,趋,尚及之,遂战而死。'"这里路之人从矛戟的外延上看矛戟都是兵器,所以可以互通。但从叔无孙看,矛和戟有不同的内涵,不能互相替代。因此,矛非戟,戟非矛。所以确定一词的含义,应注意到它所代表概念的那一个方面,然后才可免于混乱。

从以上所述来看,《吕览》对言辞的探索是有逻辑的意义的。不过《吕览》因重言之故,甚至要离言求意。什么"圣人相谕,不待言。胜书能以不言说,而周公旦能以不言听,此之谓不言之谋,不闻之事"。(《精谕》)这就陷于老子的不言之教,成为反逻辑的东西,是不正确的,应该受到批判。当然"言者谓之属也"。(《精谕》)言表现为命题,就有所谓和所以谓。所谓为实,所以谓为名。这样,既有所肯定,就有所否定。所以不论如何以名指实,总有不能包括无余之处。这样提高我们对于命题或言的警惕性是对的。

第五节 逻辑方法的运用

《吕览》正名审分的逻辑基本上是演绎的,它要依据其所谓名和分来断定是非曲直,名分是它推论的大前提,这样的演绎逻辑是普存于先秦正名派的逻辑中,《吕览》也不例外。《离谓》篇也谈到"理",说:"理也者,是非之宗也。"但它所谓理,也不是指客观世界存在的条理,而是合于它的名分的准则。所以说:"辩而不当理则伪,知而不当理则诈,诈伪之民,先王之所诛也"。(《离谓》)从这样的理出发,自然要把邓析之辩为不当理的诡辩,应受到惩罚。《吕览》逻辑之受到政治的干预，于此可见一斑。

　　《吕览》逻辑的基调是演绎的，但由于它深入对类的分析，揭发类的复杂性，因而从演绎方面转入经验的归纳，这是《吕览》逻辑的新发展。兹先谈它的归纳逻辑的第一步，即观察。

　　1. 观察法。

　　归纳不从一般的原则出发，而从具体的个别事实入手，所以第一步必须着重客观事实的观察，《观表》篇中说："圣人之所以过人以先知，先知必审征表。""审征表"即观察的工夫。一件事的发生有它发生的征候，也即事物产生的原因。观察到了原因，就可推得它的结果，俗话说月晕而风，础润而雨。月晕和础润就是刮风和下雨的征候。《观表》举了郈成子观右宰穀臣和吴起望西河而泣的故事，说明这两人能够深入观察事件的因果联系，因而预知其必然要发生的后果。

　　观察的对象有的是明显可见的，如马的俊逸，或相口齿；如寒风，或相颊如麻朝；或相目，如子女厉，各取马的一特征进行分析，这是可见的观察对象，但也有属于不易觉察的微细对象。《察微》篇即评论观微的道理。它说："治乱存亡，其始若秋毫，察其秋毫，则大物不过矣。"篇中并举子贡赎臣妾而不受金，孔子评其过失。子路拯溺者而受牛，孔子称其德。这即孔子能"见之以细，观化远"之故。

　　当然，观察要得到正确，首先就要破除成见，不能有所蔽宥。《别宥》篇说："凡人必别宥然后知"，这是正确的。西方近代培根也提倡破除偶像，这和"别宥"有相同点。如果象一个偷金子的齐国人一样"独不见人，徒见金耳"(《别宥》)的话，就是在大白天，也会看不见眼前的许多东西，更没有希望见到客观真实了。

　　在另一方面，观察和掌握自然之势，也有密切关系。这就是因客观自然发展的规律作辨别事物的根据。如"审天者，察列星而知四时；推历者，视月行而知晦朔"（《贵因》）。这是对天象的准确观察。社会现象的变迁也可以从观察得到，这就是因人民之心，顺人民之欲。尧舜禅让，汤武征诛，不外顺民之欲的结果。

2．枚举归纳法。

《吕览》所提的归纳，还不是严格的科学归纳，而是举例式的枚举归纳法。如前举《别类》中莘藟独食的不同效果，并没有分析这些效果呈现的原因，不是发现了它们的内在联系，这是最粗浅的枚举归纳式。

在社会现象方面，所用的归纳也是一种枚举法。如《精谕》举齐桓公退朝后的举止而知其必伐卫。苌弘见晋之使者而使刘康公戒备不虞，作精谕的事例，都是枚举法。又《重言》篇列举殷高宗、周成王和周公旦等之重言，得出"人主之言，不可不慎"的结论，也是枚举法。又如《察今》篇举审堂下之阴而知日月之行，阴阳之变，见瓶水之冰而知天下之寒，鱼鳖之藏，尝一脔肉而知一镬之味，一鼎之调。用以证明由近知远是正确的，这还是采枚举法。

3．辩诘术。

《吕览》除了运用观察法和枚举法归纳之外，复提出辩诘的方法，揭露论敌的矛盾。在《顺说》篇引了惠盎说宋康王事，宋王反对仁义而主勇力。但听了惠盎层层揭露矛盾之后，却抛弃勇力而赞许仁义。田赞说荆王也采取同一方法。他从恶衣和甲之为恶的对比入手，使荆王领悟制甲备战之不可取。这种辩诘术在先秦时已有人用过。如《公孙龙子》、《迹府》记载尹文和齐王论士的辩诘法即暴露齐王所谓士之矛盾而最后放弃他所谓士的标准。《吕览》中的辩诘术不过是先秦辩诘术的继承而已。

总之，《吕览》的逻辑在类的研究方面、归纳的开展方面是作出了它的贡献的。我们也不能因为它"杂"而否定了它的这些贡献。

第二章 《淮南子》的逻辑思想

第一节 《淮南子》的著述及其
道家思想的逻辑特征

《淮南子》亦称《淮南鸿烈》，是汉初淮南王刘安召集宾客编纂而成的。刘安是汉高祖的孙子，为人善属文。他为对抗汉武帝的中央政权，所以招致宾客数千人。并与苏飞、李尚、左吴、田由、雷被、毛被、任被、晋昌及诸儒大山、小山之徒，讲论道德而编写《淮南子》一书，宣传他的道家思想以与汉武帝的独尊儒术相对抗。如果说吕不韦著《吕氏春秋》是为他篡夺政权服务，那么，刘安编著《淮南子》就是为他夺取汉武帝政权服务。刘安起兵叛变，兵败自杀身死，这和吕不韦夺权不遂而身死蜀中，也有类似处。

据《汉书·艺文志·诸子略》所载，有《淮南内》二十一篇，《淮南外》三十三篇。此外，"又有《中篇》八卷，言神仙黄白之术"。（《汉书·淮南王传》）现在中篇、外篇两部分都遗失了，只存《淮南内》二十一篇。

《淮南子》和《吕氏春秋》一样，都成于众人之手，所以先秦各家学说都羼入其中，《汉志》列为杂家，即由于此。《淮南子》内容虽阴阳、儒、墨、名、法、道德并陈，但其主旨却属道家，它是以道家思想为骨干而综合其他各家的。汉高诱序《淮南子》云："物事之类，无所不载，然其大较，归之于道。号曰：'鸿烈'，鸿，大也，烈，明也，以为大明道之言也。"高诱之言，正道出了《淮南子》的中心思想。《淮南子·要略》最后也直陈其著述宗旨说："观天地之象，通古今之事，权事而立制，度形而施宜，原道德（原缺德字，依顾千里校补）之心，合三王之风，以储与扈冶，（储与犹摄业也。扈冶，广大也。）玄眇之中，精摇靡览（楚人谓精进为精摇，靡小皆览之）。"高诱之言正和《淮南子》本旨相合。

鲁胜《墨辩注序》云："自邓析至秦时，名家者世有篇籍，率颇难知，后学莫复传习，于今五百余岁，遂亡绝。"尝考先秦辩者逻辑（即鲁胜所指的名家）从秦以后中断的原因，厥因有二。第一，汉武帝采纳董仲舒的建议，罢斥百家，独尊儒术，而儒是一向排斥辩者的。孔子批评佞者，诛少正卯。自余孟、荀诸儒，都口诛笔伐，目惠施、邓析为诡辩，应加以诛锄。两汉官方既定儒家学说为正统，辩者思想就很难存在。第二，作为汉代正统哲学的反对派，即以道家学说为主的思想，如《淮南子》也反对辩者。《淮南子》继承老子"大辩若讷，""知不知，上"的精神，反对辩说。

它主张"不言之辩，不道之道"。（《本经训》）它反对"口辩辞给"，（《齐俗训》）认为"苌弘，师旷，先知祸福，言无遗策，而不可与众同职也。公孙龙析辩抗辞，别同异，离坚白，不可与众同道也"。（《齐俗训》）它批评"公孙龙粲于辞而贸名，邓析巧辩而乱法"。（《诠言训》）可见《淮南子》虽标榜道家以与汉武帝的标榜儒家相对抗，但在反对名辩上却是一致的。先秦辩者的逻辑思想至汉代而不能继续发展，良有以也。

《淮南子》虽标榜道家，但因时代环境的不同，究和先秦老、庄的道家有别。比如它讲无为，就不是老、庄的消极无所作为，而是因物之所为而为之。它说："若吾所谓无为者，私志不得入公道，嗜欲不得枉正术，循理而举事，因资而立功，权（推）自然之势，而曲故（巧诈）不得容者"。(《修务训》)这就是要摒除主观的成见，依于客观规律（理）和客观条件（资）来有所作为。并不是"感而不应，攻而不动"。(《修务训》)所以《淮南子》的无为是要循理因资而做出一番事业。当然，这种积极无为，和用火烤井，以淮水灌山的"用己而背自然"(《修务训》)的有为，又有本质的不同。

《淮南子》之所谓道和先秦道家也不同。它的道不是摒弃事而不顾，而是把事包括其中。它说："故言道而不言事，则无以与世浮沈；言事而不言道，则无以与化游息"。(《要略》)在它的整个思想体系中，道和事是两个重要组成部分。它不能再象老、庄之超脱尘世，而要深入实际社会，解决具体问题。这样，它的道就既不是老子的客观唯心主义实体，也不是庄子的主观唯心主义的逻辑概念。而只是天地未形成前的一种物质性的存在。《天文训》说："道始于虚廓，虚廓生宇宙，宇宙生元气（原作生气，依庄逵吉校改），元气（原作气，依庄逵吉校补）有涯垠。清阳者薄靡而为天，重浊者凝滞而为地。清妙之合专易，重浊之凝竭难，故天先成而地后定"。这里说："道始于虚廓"和老、庄的道生于无不同。"虚廓"是什么呢？从《俶贞训》看，这是相当于它的宇宙生成的最初阶段，即"有未始有夫未始有有始者"。它的状态是"天含和而未降，地怀气而未扬，虚无寂寞，萧条霄霓，无有仿佛，气遂而大通冥冥者也"。(《俶贞训》)这里明白指出虚廓是"气遂而大通冥冥者也"，可见"虚廓"即是物质性的气的原始状态。有了这一气的原始状态，然后生宇宙，即有空间和时间；有了宇宙之后，才生元气。元气演化为质量不同的阴阳两种不同的气流。《淮南子》即用此元气一元的宇宙解释宇宙万物的生成和发展，这和老、庄之作道的本体的探索者就大不相同了。

《淮南子》因为要解决实际社会的许多问题，它就重视逻辑推理的作用。作为逻辑推理基础的类概念，在先秦逻辑的旧有基础上，再作深入一步的分析。它不但在归纳推理方面有许多新的探索，即在演绎推理方面，也提出了许多基本范畴，这对以后逻辑的发展是起到了深远的影响的。《淮南子》对于这些逻辑问题的研究，我们当于以下各节分述之。

第二节　逻辑推理的重要意义

《淮南子》既然要解决社会实际的具体问题，就不能再用"堕肢体，绌聪明，大通混冥，解意释神"(《览冥训》)的先秦道家的神秘方法。现象是复杂的，自然现象如此，社会现象更是如此。《人间训》云："夫事之所以难知者，以其窜端匿迹，立私于公，倚邪于正，而以胜惑人之心也。若使人之所怀于内者与所见于外者，若合符节，则天下无亡国败家矣。"正因为一般事情头绪纷繁，往往不易为人所察识。狡谲之徒，又往往假公济私，藏邪于正，藉以迷惑人心。这样，就需动脑筋，运用逻辑思维分析的能力，察微辨隐，揭发坏人的阴私，区别正直与邪枉。假如现象和本质一样，人们的活动内外无别，表里分明的话，那就无所用于科学的研究，亡国败家的事情，也不会产生了。《淮南子》这里正道出了逻辑推论的重要性。

找出事物发生的原因和洞察事情的适当的地位，是一件不容易的工作。《说山训》云："得隋侯之珠，不若得事之所由，得昌(古"和"字)氏之璧，不若得事之所适"。在《淮南子》的眼光看，能够找着事物的原因，安排一件事情的适当地位，比得到世间无价之宝还贵重得多。《淮南子》重视客观事物的观察研究，所以它在逻辑方法的运用上能取得进一步的发展，实非偶然。

在《淮南子》中，是贯彻了追寻事物原由的精神的。比如对于宇宙生成的原因，虽采用先秦稷下唯物派的气一元说，但它却进一步分析，研究这天地一元之气怎样分化成大千世界。它发现气有质和量的不同。质清而量轻的为阳气，质浊而量重的为阴气。轻清的上升而为天，重浊的下沉而为地。（参阅《天文训》）它还进一步以阴阳二气为契机，解释飞潜动植的分化，如鸟属阳，排空而飞，鱼属阴，潜游水底之类。它是这样逐一考察事物分化的原因，所以《淮南子》的气一元的宇宙论就不是先秦时代浑沦一片了。

《淮南子》认为，就一事物的产生言，有它所以产生的原因；而就一物之措置言，却又有他们各自的所适。如马可以致远，但不能负重；牛能负重，但不能致远。"广厦阔屋，连闼通房，人之所安也，鸟入之而忧。高山险阻，深林丛薄，虎豹之所乐也，人入之而畏。川谷通原，积水重泉，鼋鼍之所便也，人入之而死。咸池承云，九韶六英，人之所乐也，鸟兽闻之而惊。深溪峭岸，峻木寻枝，猿狖之所乐也，人上之而慄。形殊性诡，所以为乐者乃所以为哀，所以为安者乃所以为危也"。（《齐俗训》）所以天下之物只能各适其性，各得其宜。鸡毒虽毒，但良医藏之以为药而治人。由于人对它的措施不同，可以取得相反的结果。

总之，《淮南子》就是这样从事之所由与事之所适来找许多科学的解释，发展了它的观察和归纳的逻辑方法。

《淮南子》认为人们必须运用逻辑思考的力量进行自然和社会现象的分析，然后才能找出事情的原因，解决具体问题。那么，人们的这种努力有没有把握呢？客观的事物是否如庄子所说，为人们所不能知道的东西呢？《淮南子》的答复是肯定的，它否定庄周的不可知论，认为世界是可知的。它说："天地虽大，可以矩表识也；星月之行，可以历推得也；雷霆之声，可以鼓钟写也；风雨之变，可以音律知也。是故大可睹者，可得而量也；明可见者，可得而蔽（或作察）也；声可闻者，可得而调也；色可察者，可得而别也"。(《本经训》)《淮南子》就是这样乐观地认为整个客观世界是可以让人们认识的。这也表现了两汉初期正在上升的地主阶级的学者具有积极进取的精神，决非代表没落的奴隶主阶级的庄周的虚无主义思想所可同日而语。它强调学习和知识的积累，《修务训》云："今使人生于僻陋之国，长于穷桐漏室之下，长无兄弟，少无父母，目未尝见礼节，耳未尝闻先古，独守专室而不出门，使其性虽不愚，然其知者必寡矣。昔者仓颉作书，容成造历，胡曹为衣，后稷耕稼，仪狄作酒，奚仲为车。此六人者皆有神明之道，圣人之迹，故人作一事而遗后世，非能一人而独兼有之；各悉其知，贵其所欲达，遂为天下备。今使六子者易事而明弗能见者何？万物至众，而知不足以奄之。周室以后，无六子之贤，而皆修其业。当世之人无一人之才，而知其六贤之道者何？教顺施续，而知能流通。由此观之，学不可已明矣。"这段文字说明《淮南子》否认知识的先天性，认为人的知识是靠后天的学习和与外界的不断接触以后，才能得到。因此，后天的学习特别重要，这种对于人类知识的唯物的解释，和董仲舒之以知识为先天的，正相反对。

以上谈到《淮南子》对于人们求得知识的重要意义以及逻辑推论在求知的活动中的重要作用。以下再谈《淮南子》关于推知的几种方法。

关于推论的方法不外由微知明，由近及远。《主术训》云："孔子学鼓琴于师襄，而谕文王之志，见微以知明矣。延陵季子，听鲁乐，而知殷夏之风，论近以识远也。"从微小的事物推到明确的事物，这是从小到大，由隐到显的方法。《说山训》云："纣为象箸而箕子唏，鲁以偶人葬而孔子叹，故圣人见霜而知冰。"这就是因为箕子看见象箸，知当复作玉杯，有玉杯必然有熊蹯豹胎以极广侈。这就是由微小之事终必酿成大变。我们从"履霜"可以推到

"坚冰"之将至，从础润而知将要下雨，也是从事物的微小变化推到它的必然的巨大变化。这都是人们在经验中常用的推论方法。孔子从当时师襄琴声的微妙变化推知文王的志操，也是从微见显，由小及大。琴声变化的事小，文王的志操却关系到周代兴隆之基，其事伟大。

由近及远，涉及时间的间隔和空间的距离。延陵季子听鲁乐，那是春秋时所有的事。但春秋上距殷夏却历时一千余年，这就是时间上，由鲁乐的今而推知殷夏的古。人们大部的历史的和外域的知识虽可以传闻得到，但事件的真假如何，却需藉助于逻辑推理的分析、考证工夫。《说山训》云："尝一脔肉，知一镬之味，悬羽与炭而知澡湿之气，以小明大，见一叶落而知岁之将暮，睹瓶中之冰，而知天下之寒，以近论远。"这是从事物近处的一部分，推到它的全部，也是属于空间量上的由近及远的推论。

推论由微到明，由小到大，这是一方面；但也可从相反的方向，即从外到内，由表及里。《说山训》云："千年之松，下有茯苓，上有兔丝，上有丛蓍，下有伏龟，圣人从外知内，以见知隐也。"（"千年之松"据王念孙说为衍文）上有兔丝，下边有茯苓；上边有丛蓍，下面有伏龟，这就是从已看到的东西，推到所未看到的东西，这就是由表及里的推论法。

由微推明，由小及大，或由外推内，都是基于客观事物的因果联系。如月晕和刮风，础润和下雨，兔丝和茯苓，丛蓍和伏龟，都是因果间的联系。一般归纳法都是以此为根据。关于归纳的客观依据，当于本章第五节述之。复有演绎的推论，《淮南子》不但提到"见本而知末，观指而睹归，执一而应万，握要而治详"（《人间训》）等演绎法，而且创造了中国所特有的蕴涵推理的一整套演绎范畴。其详当于本章第四节述之，兹从略。

第三节　类概念的进一步分析

类是逻辑推理的重要基础，从邓析，墨翟以至惠施、公孙龙、墨辩学者都步步持续深入分析，使这一逻辑范畴逐渐明确起来。《淮南子》继承了先秦逻辑对类的重视，它提出要"推类"，所谓"总形推类，而为之变象"。(《氾论训》)要"知类"，《说林训》中曾提到"尝被甲而免射者，被而入水，抱壶而度水者，抱而蒙火，可谓不知类矣。"甲可防箭，但不能防水，壶可度水，但不能蒙火，今以防箭者防水，以度水者蒙火，那即陷于类的混乱，必然要招致失败。我们只有知类的区分，才能避免失败。在《泰族训》《淮南子》又提到"明类"。它说："夫指之拘也，莫不事申也；心之塞也，莫知务通也；不明于类也。"《说林训》中，它还提到"类取"，说"视书上有酒者，下必有肉，上有年者，下必有月，以类取之。"《氾论训》中也提到"类取"，它说："见窾木而知为舟，见飞蓬转而知为车，见鸟迹而知著书，以类取之。"在《精神训》中，《淮南子》又提出"举类"，它说："众人以为虚言，吾将举类以实之。"

总之，我们从《氾论训》、《说林训》、《泰族训》、《精神训》各篇看来，《淮南子》提出了"知类"、"明类"、"举类"和"类取"等条目，足征它对于类的重视。

《淮南子》所谓"类"是什么意义呢？它有进一步的分析。

第一，类是平等的。《主术训》说："名各自名，类各自类。"宇宙间万类芸芸，各依于阴阳之气而生，既无贵贱之分，也没有上下之别。这和董仲舒的以"天者万物之祖"，而人又是天的缩影，所谓"天地之精，所以生万物者，莫贵于人"，(《春秋繁露·人付天数》)大不相同。《淮南子》认为万物各依自然而生，各得其所宁，各得其所适，彼此间并不存在目的"关系"。《泰族训》中有一段把这道理说得很清楚。它说:"天致其高,地致其厚,月照其夜,日照其昼,列星朗,阴阳化,非有为焉,正其道而物自然。(原作"阴阳化,列星朗,非其道,而物自然"依王念孙校改)故阴阳四时,非生万物也;雨露时降,非养草木也;神明接,阴阳和,而万物生矣。故高山深林,非为虎豹也;大木繁枝,非为飞鸟也;流源千里,渊深百仞,非为鲛龙也。致其崇高,成其广大,山居木棲,巢枝穴藏,水潜陆行,各得其所宁焉。"阴阳四时,不是故生万物,而是阴阳运行之际,万物自生耳。高山深谷,并不为虎豹而生,林木也不是为飞鸟而长,深潭更不是为鲛龙而设。人民生于天地之间利用百物以资生,既非受天所赐,也不须感恩戴德。所谓"天地无予也,故无夺也。日月无德也,故无怨也"。(《诠言训》)这是对董仲舒的神学目的论的根本否定。

第二,类各有长短,世无全尽之类。牛能负重,但不能致远,马能致远,但不能负重。狸不能搏牛,虎不能搏鼠。"桀有得事,尧有遗道。嫫母有所美,西施有所丑"。(《说山训》)作为一类事物如是,即作为一类事物中的个体,也莫不皆然。桀是历来被人指斥的,尧是大家推崇的;但桀作瓦棺,却是他的成就;尧不能放四凶,用十六相,却是他的遗道。嫫母虽貌丑,但她行端直,西施虽貌美,但她欠贞正。所以物类不得自诩而非他,个人也不得自是而非人。从自然观点看,万类一齐,其间不存在善恶美丑的价值判断。

第三,同类相动,异类不感。《淮南子》认为万物都由阴阳二气形成。如天、火、日、雨、露以及飞行的毛羽类属阳,而地、水、月、霜、雪以及潜伏的鳞介类属阴。同类相动,所以,"山云草莽,水云鱼鳞,旱云烟(爓)火,涔云波水,各象其形类,所以感之,夫阳燧取火于日,方诸取露于月,天地之间,巧历不能举其数。手征忽恍,不能览其光。然以掌握之中,引类于太极之上,而水火

可立致者，阴阳同气相动也"。(《览冥训》)

同气相动，本标相应，《淮南子》也谈到"天之与人，有以相通"(《泰族训》)之说，但它是基于精气相感说，所谓"专精厉意，委务积神"之故，并不是董仲舒的天人一体的神学目的论。感动是基于机械的动作，也不是天的有意而为，这是两者的区别处。

同类相动，所以"日者阳之主也，是以春夏则群兽除，日至而麋鹿解。月者阴之宗也，是以月虚(亏)而鱼脑减，月死而嬴蚌䐆(缩)。"阴阳各以其类相感召。异类则不然。比如在药物中，地黄主属骨，而甘草主生肉之药，我们不能以其属骨者令其生肉，或以其生肉者令其属骨。因为它们是不同类的。我们不能象王孙绰那样，拿治偏枯的药，加倍份量，以期起死回生。(参阅《览冥训》)

至于火能焦木，也可使火销金，这是行得通的，因金火相守而流。但磁石可以引铁，却不能使它引瓦，因磁之与瓦不共类。

从同类相动，异类不感的客观存在中，导引出一个重要的逻辑推类问题来，那就是类可推，又不可必推。逻辑推理，不论是归纳是演绎或类比，都是基于类的关系进行的。因此，自先秦以来，类始终是逻辑研究的重要范畴。

以类为推，是基于类的外延关系，这点是东西方逻辑之所同。但从类的外延作推论，公孙龙已提出问题。公孙龙重视类的内涵，企图以内涵逻辑取代外延逻辑。到了墨辩也在重视类之外，提出推类的困难问题。提出："推类之难，说在名之大小。"《吕氏春秋》更进一步提出类不可必推，它是从许多具体事例的研究得出这一结论来的。但类究竟在什么情况下可以作为逻辑推论的依据，又在什么情况下，不可以作为推论的依据，它并没有说出其所以然。到了《淮南子》就进了一步，它依于阴阳二气构成世界的宇宙观，建立逻辑类推的基础。它认为同类的事物可以相推,但异类事物却不能相推。我们从火可以烧木头,推到它可以销熔金属;这就是同类可推之例。但从磁石可以连铁,却不能推它可以引铜。铜铁虽同为金属,但铁具有磁性而铜却没有。因此磁石与具磁性的铁为同类,而和不具磁性的铜为异类。如果仅就金属这一类外延看,凡对于同一外延的某一个体为真者,对于同类外延之其他个体也必真(这是三段论的一条原则)。因此,我们就以磁石能连铁,推其也可以引铜,就陷入异类不推的逻辑错误。

从这样的分析,类的不同,不仅如墨辩所说,在于外延的大小,而在于质的变异。铁与铜同归为金属,有它们同属金属的共有属性,但铁是铁,铜是铜,它们彼此间又具有个体的差异性。如果无视这质的差异,就会使推理陷于错误。比如大和小可以从形量看是一类,但小马为大马之类,而小智却不是大智之类。因马的大小和智的大小是有质的不同。所以,《说山训》云:"小马非大马之类也,小知非大智之类也。"《淮南子》此点,注意到类的质变和类的演化,这是它超出前人的地方。

《淮南子》依据上边的理论,对类的可推和不可必推进行详细的分析。《说山训》云:"狸头愈鼠(瘰病,即寒热病),鸡头已瘘,蛀散积血,䴕(啄)木愈龋(龋虫):此类之推者也。"又说:"膏之杀鳖,鹊矢中(杀)蝟,烂灰生蝇,漆见蟹而不干,此类之不推者也。推与不推,若非而是,若是而非,孰能通其微?……小马大目,不可谓之大马。大马之目眇,可谓之眇马。物固有似然,似不然者。故决(伤也)指而身死,或断臂而顾(反也)活类不可必推。"又《说林训》云:"人食礜石而死,蚕食之而不饥,鱼食巴菽而死,鼠食之而肥。类不可必推。"狸头可治瘰病,鸡头可治瘘疮,蚊子吸血,可以利用它来去瘀血。啄木鸟啄木,却可以驱除木中的龋虫。这是可以类推的例子。但另一方面,膏反杀鳖,鹊之杀蜎，蟹之败漆，是类不可推者也。一个东西的部分大不能推到它的整体大，因为部分不等于整体，所以小马的目虽大，但不能推它的全身也是大。因此，小马还是小马，不能称为大马。在另一方面，大马的眼睛瞎了，却可称它为瞎马，因为瞎眼是属于大马的质的区别，这和形量上的大小分别不同。一样的人体受伤，有时断一指而身死，但有时断一臂却还活着。同样的东西，如礜石，人吃了会死，老鼠吃了，反而肥大。因此，对一件事情究竟能否作出合逻辑的推断，必须针对不同的对象、不同的情况来决定，决不能教条地硬套。因为一件事情或一样东西，从表面上看似乎是一样，但实质上却不同。反之，从表面上看似不同，但实际上却一样。《人间训》云："铅之与丹，异类殊色，而可以为丹者，得其数也。故繁称文辞，无益于说，审其所由而已矣。物类之相摩，近而异门户者众而难识也。故或类之而非，或不类之而是；或若然而不然者，或不若然而然者（王引之改为"若不然而然者"）。"铅和丹，类和色都不一样，但都可以为丹，由于得其"数"。这一"数"字不好解，我认为应作物质的化合成分解。《淮南子》十分重视一件事物的质量，从它分别阴阳二大类，便可得知。阳气轻而清，阴气重而浊，二者的质量不同，因之分为二类，如果质量一致，就可归之为一类，尽管它们的形色有异。

那么，怎样处理"类之而非，或不类之而是；或若然而不然者，不若然而然者"呢？关于这点，《淮南子》提出三种办法：

第一，"审其所由"。审其所由，即找出事物形成的原因。它认为"得隋侯之珠，不若得事之所由"。（《说山训》）这和上文引的《人间训》"审其所由"一致。要审其所由，得出事物形成的原因，不能从主观去悬拟臆测，而需去实地观察，作出具体的计量。因此，《淮南子》对于归纳，十分重视，它是发展了归纳逻辑的。

第二，要辨别形似。推类之难不在名之大小，而在疑似乱真。《氾论训》曾对此有痛切之言。它说:"夫物之相类者, 世主之所乱惑也, 嫌疑肖象者, 众人之所眩耀。故狠者(狠者自用, 似有知而非真知)类知而非知, 愚者类仁而非仁, 戆者类勇而非勇。使人之相去也, 若玉之与石, 美之与恶, 则论人易矣。夫乱人者, 芎𦬊之与藁本也, 蛇床之与麋芜也, 此皆相似者。故剑工惑剑之似莫邪者, 惟欧冶能名其种, 玉工眩玉之似碧卢者, 惟猗顿不失其情。阖主乱于奸臣, 小人之疑君子者, 惟圣人能见微以知明。"人们对客观事物的认识, 在于拨疑似而见真情, 使类知非知, 类仁非仁, 类勇非勇, 区别得清清楚楚, 好比玉石之不同, 泾渭之攸分。因此, 专精工艺, 使能如欧冶之辨莫邪, 猗顿之辨碧卢, 就有待于勤学苦练, 积累知识。《淮南子》之注重学, 否定知识的先验性, 正是它的进步处。

第三, 注意类的变化。类不是固定不变的。它是依于客观环境的不同而有所不同。同是人类, 但可因土质不同而变化, 如"坚土人刚, 弱土人肥, 垆土人大, 沙土人细……"(《地形训》)之类。物类还可以转化, 如"鹰化为鸠"(鹑)(《时则训》)之类。物类还可依于人的使用不同, 而改变它的性质。如"天雄乌啄药之凶毒者也, 良医以活人"。(《缪称训》)这就是本来可以毒死人的药, 而由于良医的善用, 反变为活人之药。这样就改变了天雄, 乌啄的类属关系。这里, 《淮南子》所引之例, 容有不科学之处, 如鹰化为鸠, 田鼠化为鴽, 或把人的体质不同归之于土质的刚或弱之类。但它的本意, 认为物类是可变化发展的, 这一物种演化的预测, 却是正确的。

总之, 《淮南子》对类的分析以及它对类的可推和不可推的逻辑分析, 确是超过了先秦诸子。它的重要处, 即不但注意到类的形量, 而且注意到类的实质, 不仅在类的外延上注意, 而且重要在类的内涵上下功夫。这是《淮南子》逻辑的贡献处。

第四节　演绎的重要范畴

如果西方逻辑的演绎系统建基于亚里士多德的三段论，印度逻辑的演绎系统建基于三支因明，那末中国的演绎系统却建基于演绎范畴。演绎范畴，起了演绎推论的大前提作用，但它并不象三段论或三支因明的狭义推论，而采用蕴涵式(Implicative inference)的推论。这就是说,演绎范畴蕴涵了它所推论的全部过程。

《淮南子》对于演绎逻辑的贡献即在于它建立了蕴涵推论的演绎范畴。

要弄清《淮南子》的蕴涵推论的演绎范畴，必须先介绍一下《淮南子》的世界结构图式。

《淮南子》的世界结构图式是汲取了先秦的阴阳五行说，并参照了秦汉间的天文学与医学的科学理论而成的。它的世界结构图式基本是唯物主义的，和董仲舒的形而上学的唯心主义正立于反对地位。董仲舒为建立他的神学目的论也采用了先秦的阴阳五行说,但他却把封建的伦理教条硬加到阴阳五行身上。阳尊阴卑,阳主德,阴主刑,阴阳四季运行,阴阳互相出入，交错流行,但阳居实位,阴居空位。他把五行相生(比相生，间相胜)说成父子相继的伦理关系,说什么"五行者，乃孝子忠臣之行也"。(董仲舒《春秋繁露·五行之义》)董仲舒就是这样先把封建伦常关系投射到阴阳五行上去，然后又再拿这一套神学目的论来作为三纲五常的理论基础。

《淮南子》则不然。它认为阴阳之气同出于元气，它们之间是平等的，并没有阳尊阴卑的道德关系。阴阳在一年四季中的运行,也是起同等的作用,并没有阳居实位、阴居空位的重阳贬阴的作法。至于五行也不是父子相继关系，只是在阴阳二气运行中，协助它们以成岁功。阳气与火是同类的，阴气和水也是同类的，所以春(木)夏(火)阳盛时，天气炎热，秋(金)冬(水)阴气盛时，天气就转为寒冷。这样《淮南子》的阴阳五行说肃清了董仲舒的伦理说教。它是继承了先秦阴阳五行说的唯物主义精神的。

以上说明了《淮南子》的世界结构图式，下面我们解释它的蕴涵式的演绎范畴。蕴涵式的演绎范畴主要有如下的几种：

1．天干：天干即甲、乙、丙、丁、戊、己、庚、辛、壬、癸。

2．地支：地支即子、丑、寅、卯、辰、巳、午、未、申、酉、戌、亥。

天干、地支相传为天皇氏所创。(见刘恕《外纪》)黄帝时始以干支相配作甲子，如甲子、乙丑、丙寅、丁卯，用以记日，到六十又一轮回。东汉前，只以记日。建武以后(东汉刘秀年号，公元25～56年)，始以记年、月、日、时。干支也有人说是从巴比伦传入，为巴比伦文之音译，但无确证。

3．阴阳五行、四时、方位：阴阳即指流行宇宙间的阴阳二气，这是本之于《易》的。"一阴一阳之谓道"。(《易传》)易卦即建基于阴阳二爻。所以阴阳即构成宇宙的基本素材。

五行即指金、木、水、火、土，初见于《周书·洪范》，这也是讲的宇宙为这五种物质元素所构成。五种元素既是任何事物构成的基础，也是人们生活之必需。五行说的原始是唯物主义的，但经后来孟轲的造说，邹衍又运用五行相胜说于历史的解释，就蒙上了唯心主义色彩。汉初董仲舒更以封建伦理关系加于五行之上，更彻底失去唯物精神了。

阴阳和五行原是两个不同的体系。秦汉以后，二说杂糅，以阴阳、五行互相配合，用以解释空间的分野和时间的变化。董仲舒和《淮南子》都这样做，但二者有根本区别，即董仲舒以阴阳、五行附合于神学目的论，为封建伦理说教，而《淮南子》却没有那样做。

四时即指一年四季，春、夏、秋、冬言，但以五行配四时，多一行而无所配，于是就有二解释。一说土是五行之中，故以季夏之月属土。一说土是五行之主，它寄旺四季。《淮南子》采用前说。

方位即指东、南、西、北、中，也叫作五方。再加上四隅即成为九。如天有九天，地有九薮、九州之类。

《淮南子》把这些基本范畴，互相配合，用以解释各种事物的生成和变化，范畴即成为它的推论的大前提。兹先解释范畴的配合，形成范畴结构的整体，再谈它如何从这范畴整体出发去作各种演绎推论。

以天干配方位和四时，为甲乙属东方，于时为春。丙丁属南方，于时为夏。戊已为中央，于时为季夏。庚辛为西方，于时为秋。壬癸为北方，于时为冬。

再配以地支，亥、子、丑属北方，于时为冬。寅、卯、辰属东方，于时为春。巳、午、未属南方，于时为夏。申、酉、戌为西方，于时为秋。《淮南子》此处未以地支配季夏，是否受《月令》影响，不可得知。《月令》以十一月为子月，十二月为丑月，正月为寅月，二月为卯月，三月为辰月，四月为巳月，五月为午月，六月为未月，七月为申月，八月为酉月，九月为戌月，十月为亥月。上边说亥、子、丑为冬，即十、十一和十二月。寅、卯、辰为春，即正月、二月、三月。巳、午、未为夏，即四、五、六三个月。申、酉、戌为秋，即七、八、九三个月，这样，它就不必再为季夏作分配。

现将干、支与四季方位配合图解如下：

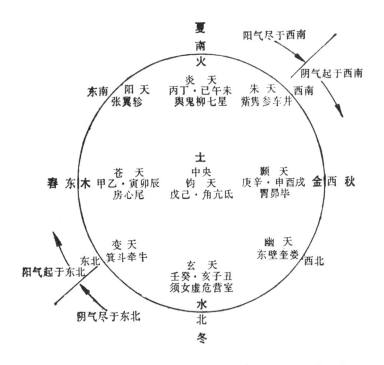

在上图的方位中，五方加四隅为九，合于九天的数，九天各有所属的列星。"阳气起于东北，尽于西南；阴气起于西南，尽于东北。"(《诠言训》)阳气向南运行，至东方与木合，为春暖现象。至夏与火结合，为大暑热。过了夏至，阳光衰竭，阴气继起，阴气北行至西方与金合，而天气凉爽。至北与水合，而大寒冻。过此，阴气又衰竭，而阳气代之而起。这即阴阳二气与四时、五行结合而成岁功。天道人事，都可以这一范畴整体推演而得。以下试举例以说明范畴的推演。

《时则训》云："孟春之月，招摇指寅，昏参中，旦尾中。其位东方，其日甲乙，盛德在木。……东风解冻，蛰虫始振苏，鱼上负冰，獭祭鱼。天子衣青衣，乘苍龙，服苍玉，建青旗。食麦与羊，服八风水，爨其燧火，东宫御女青色，衣青采，鼓琴瑟。其兵矛，其畜羊，朝于青阳左个，以出春令，布德施惠，行庆赏，省徭赋。立春之日，天子亲率三公九卿大夫，以迎岁于东郊，修除祠位，币祷鬼神，牺牲用牡。禁伐木，毋覆巢，杀胎夭（麛子）。毋麛（鹿子），毋卵（卵未鷇者）。毋聚众置城郭，掩骼薶骴。"从这段引文可以看出，动植物的生长，关系于阳气的始动。阳气活动的位置，初起于东方，时间在甲乙，因甲乙属木，木为东方之行，它助长阳气，使天气温暖，动植物因受温暖的阳气而复苏。作为统一人民的天子应依孟春行令，举凡饮食起居以及服饰都得配合木的青色。禁止杀夭胎，劝农，省税，禁用兵戈，免妨农事。这里容有旧五行说的一些迷信观念，如服色与饮食起居之类，但其基本大意是对的。在封建社会中，农业是最主要的国家大事，而不违农时，又是发展农业的先决条件。因此，天子的行政命令，都应在此前提之下，一切为发展农作物服务，然后才能民食充足，国事稳固。这即从演绎范畴作出动植物生长和行政命令的必须措施的一种推断。在以后二千年的长期封建社会中，历代帝王都无不依此行事，可见这一范畴演绎的影响之长远。

《淮南子》的演绎推论程序，不如西方或印度逻辑之局限于命题的严格衍算，而在于从范畴涵摄的关系中作出科学可靠的演绎。由于当时科学水平的局限，当然也有不科学的推测，如"鹰化为鸠"（《时则训》）之类，但其基本意义是合乎逻辑的。

《淮南子》的演绎推论虽主要为范畴的蕴涵推论，但它也很注意演绎依据的法则。《淮南子》对规、矩、准、绳只作了定义的解释，所谓"绳者，所以绳万物也；准者，所以准万物也；规者，所以规万物也；衡者，所以平万物也；矩者，所以方万物也；权者，所以权万物也。"（《时则训》）《说林训》云："循绳而斫则不过，悬衡而量则不变，植表而坐则不惑。"又说："非规矩不能定方圆，非准绳不能正曲直。"《齐俗训》云："夫聚轻重不失铢两,圣人弗用而悬之乎铨(权)衡;视高下不差尺寸,明主弗任,而求之浣(管)准(管所以视远,准所以求平)。何则?人才不可专用,而度量可传世也。"可见权衡,浣准的法则是超过任何个人的才智,而为我们演绎推论所必依的原则。上边曾谈到"见本而知末,观指而睹归,执一以应万,握要而治详。"(《人间训》)"本"、"指"、"一"、"要"即为演绎的前提,而"末"、"归"、"万"和"详",即推出的结论。《淮南子》重视"矩表"的作用,它认为只要能掌握了矩表,则天地虽大,可推而知。(参阅《本经训》)至于如何从规矩准绳作出实际的演算,它并未道及。这点似乎有逊于西方和印度的演绎之处。

第五节　归纳推理的发展

如果说《淮南子》对演绎推理有所创造,那么它对归纳推理便有所发展。归纳推理在《吕氏春秋》中已有所推进,但还未充分发挥出来。到了《淮南子》由于它重视具体事例的观察研究,并企图解决一些实际的具体问题,因而它对归纳推理的研究就比前人更进了一步。它对归纳推理的客观依据,对归纳推理的各种方法,都作了比较深入的分析。兹依次分述如下。

首先,我们研究一下它的归纳推理的客观依据。

《淮南子》认为客观世界是一个因果联系的网结。我们所以能从客观事物中找出它产生的原因,再从它的原因推出它的结果,就是因为客观世界确实存在这一因果的联系。因果联系虽不能括尽客观世界所有事物的关系,因为因果之外,还有函数的关系。但因果联系确实是客观世界的重要联系。列宁说:"我们通常所理解的因果性,只是世界性联系的一个极小部分。然而

——唯物主义补充说——这不是主观联系的一小部分，而是客观实在联系的一小部分。"(《列宁全集》第38卷，第170页。)当然，二千多年前的《淮南子》不可能有列宁这样高度的因果关系的认识，但我们从《淮南子》的有关篇章看，因果关系的网结，它是猜测到的。

《淮南子》的因果联系网可从下边四个方面来分析。

1．空间和时间的联系。

时间的演变即指一年四季的递嬗而言。空间的扩展，即指天上和地下的不同分布言。时间的演变必须利用空间方位的扩展，然后才可明确方位的不同。我们从《时则训》中就可了然这种空时互相联系的关系。

兹将四季和时间与空间的配合，列表如下：

(1)　孟春之月，招摇指寅，其日甲乙……………………时间；
　　　其位东方，盛德在木……………………………空间。

(2)　仲春之月，招摇指卯，其日甲乙……………………时间；
　　　其位东方，………………………………………空间。

(3)　季春之月，招摇指辰，其日甲乙……………………时间；
　　　其位东方，………………………………………空间。

(1)　孟夏之月，招摇指巳，其日丙丁……………………时间；
　　　其位南方，盛德在火……………………………空间。

(2)　仲夏之月，招摇指午，其日丙丁……………………时间；
　　　其位南方………………………………………空间。

(3)　季夏之月，招摇指未，其日戊己……………………时间；
　　　其位中央，盛德在土……………………………空间。

(1)　孟秋之月，招摇指申，盛德在金……………………时间；
　　　其位西方，其日庚辛……………………………空间。

(2)　仲秋之月，招摇指酉，其日庚辛……………………时间；

　　　　其位西方……………………………………空间。

　(3)　季秋之月，招摇指戌，其日庚辛……………时间；

　　　　其位西方……………………………………空间。

　(1)　孟冬之月，招摇指亥，其日壬癸……………时间；

　　　　其位北方，盛德在水……………………空间。

　(2)　仲冬之月，招摇指子，其日壬癸……………时间；

　　　　其位北方……………………………………空间。

　(3)　季冬之月，招摇指丑，其日壬癸……………时间；

　　　　其位北方……………………………………空间。

《淮南子》以季夏属土，这样五方和五行相合。

2．天象出没与动植物生长的联系。

《地形训》云："蛤蟹珠龟与月盛衰。"《天文训》云："月虚（亏）而鱼脑流，月死（毁或亏）而蠃蛸膲（减缩）"。这就是说月亮的盈亏和蛤、蟹、珠、龟等的成长有联系。《时则训》云："孟春之月，招摇指寅，……东风解冻，蛰虫始振苏。……孟夏之月，招摇指巳，……王瓜生，苦菜秀。……季夏之月，招摇指未，……鹰乃学习，腐草化为蚈。……孟秋之月，招摇指申，……凉风至，寒蝉鸣，鹰乃祭鸟，用始刑戮……孟冬之月，招摇指亥，……水始冰，地始冻，雉入大水为蜃（蛤），虹藏不见。"天象的变化，斗建的方位，左右一年季节的迁移，因而影响到动植物的生长和收藏。

3．土质的好坏和动植物生长的联系。

地区土质的不同，关系到人和万物的产生。《原道训》云："匈奴出秽裘，于（应为干，即春秋时吴国）越生葛𫄨，各生所急，以备燥湿，各因所处，以御寒暑。……橘树之江北，则化而为枳（橙），貉渡汶而死。"这是说各地的土质和气候不同，因此所生的动植物就有差异。如果不顾土质的不同而妄加移植，那就会招致失败。《地形训》中也谈到东南会稽山，产竹箭。南方梁山产犀象，西方霍山产珠玉,西北昆仑产球琳琅玕,北方幽都出筋角,东北斥山出文皮,中央岱岳生五谷桑麻鱼盐。

人类的繁殖也和土质气候等有密切的关系。《地形训》中即言"土地各以类生人(原作"土地各以 其类生",依王念孙 校改)。是故山气多男,泽气多女,障气多喑,风气多聋,林气多癃,木气多伛,岸下气多肿,石气多力,险阻气多瘿(上下险阻,气冲喉而结,多瘿咽也),暑气多夭,寒气多寿,谷气多痹,丘气多狂,衍气多仁,陵气多贪,轻土多利,重土多迟,清水音小,浊水音大,湍水人轻,迟水人重,中土多圣人,皆象其气,皆应其类。"这里边有许多说法是不科学的,但总其要,土质和气候的变化和人的生理间有各种不同的影响,是说得通的。

4.动植物间的相互联系。

在《地形训》中还谈到动植物间的相互依存的生活关系。如云:"食土者,无心而慧(俞樾云:应作"不息"),食木者多力而奰(音币,作怒也,刘文典注引《御览九百五十二》引奰作恶),食草者善走而愚,食叶者有丝而蛾,食肉者勇敢而悍,食气者神明而寿,食谷者智慧而夭。"这是说动物的食物不同,关系到它的躯体的发育,在生理学上说是有其一定道理的。

《淮南子》根据它的客观世界的因果联系网,导出它对于归纳法的探求,总结其要,有以下五点:

1.求因。

求因即《淮南子》所谓"求事物之 所由。"它十分重 视求得事物之所由,认为能得事物之所由,胜得隋侯之珠。不过一事物形成的原因是非常复杂的。同时一事物所产生之果也不简单。因果的复杂关系是古今中外所有从 事科学 研究的人所共同关注,研求解决的共同目标。

原因的复杂性,一方表现为异因同果的关系。《说山训》云:

"狂者东走，逐者亦东走。东走则同，所以东走则异。溺者入水，拯之者亦入水：入水则同，所以入水者则异。故圣人同生死，愚人亦同生死。圣人之同生死，通于分理，愚人之同生死，不知利害所在。徐偃王以仁义亡国，国亡者非必仁义。比干以忠靡其体，被诛者非必忠也。故寒颤，惧者也颤，此同名而异实，明月之珠，出于蚌蜃，周之简圭，出于垢石，大蔡神龟，出于沟壑。"这里所列举的事例中，有为一般人的行动，如东走、入水、同死生之类。有为历史事件，如徐偃王和比干。有属于人的生理和心理的现象，如发抖。也有为客观存在的事物，如明月之珠，周之简圭与大蔡神龟。类属虽不同，但都表现为异因同果关系。东走的结果同，但使其东走的原因则异。入水的结果相同，但使其入水的原因，则不同。同死生的果同，但一为通于分理，而另一为不知利害。亡国之果一样，但使之亡国的原因可有多种，被杀之果同，但所以被杀的原因有多端。发抖可由于天冷，也可由于心理害怕所致。至于连城之宝，或出蚌蜃，或出于垢石，或出之沟壑，因而有它们不同的来源。

因果的错综，既表现为异因同果，另方也表现为同因异果。《说林训》云："汤放其主而有荣名，崔杼弑其君而被大谤。所为之则同，其所以为之则异。"同样是以杀君的原因，但却产生荣或谤的不同结果。《说山训》云："申徒狄负石自沉于渊，而溺者不可以为抗（高也）。弦高诞而存郑，诞者不可以为常。"同是自沉可生不同的结果，同是撒谎，也可生相异的效果。因此，溺者不可以为抗，诞者不可以为常，"事有一应而不可循行"（《说山训》）者。

2．察微。

事物的发生，其始甚微，窜端匿迹，不易识别。因此，追求事物的产生，必须洞察细微所在，注意事物的区别性，《说林训》云：

"马齿非牛蹄,檀根非椅枝,故见其一本而万物知(别)也。石生而坚,兰生而芳,少自(有)其质,长而愈明,扶之与担,谢之与让,故之与先,诺之与己,也之与矣,相去千里。"这段末了的数例,已涉及文字上的运用差异,同时也涉及逻辑上概念的明确性,不容发生混淆概念。这是有逻辑意义的。

3.辨类。

上边曾谈到《淮南子》对类概念的进行分析,但如何去找出类来,尚未涉及。现将《淮南子》辨类的方法略言如下:

《淮南子》用以辨类的方法,大抵采用枚举归纳法。这和秦汉间所发展的天文和医学的水平相适应的,比如《天文训》中说:"春夏则群兽除,日至而麋鹿解",这只是从多年的经验积累中归纳得出的结论。至于如何得出这一结论,它并未作科学的说明。

当然,《淮南子》的辨类,也力求作些说明的,但它的说明,只求助于它阴阳的二大分类。在今天看来,这类的解释,是十分幼稚的,不科学的。《淮南子》以日属阳,月属阴,所以它说:"日者阳之主也,是故春夏则群兽除。日至而麋鹿解。月者阴之宗也,是以月虚而鱼脑减,月死而蠃蜕膲,……阳燧见日则燃而为火,方诸见月则津而为水。"用阴阳二大类来诠解万类的区别,有时就陷于神话式的说明。如"虎啸而谷风至,龙举而景云属。麒麟斗而日月食"。(《天文训》)据《淮南子》许慎注引,虎阴中阳兽,与风同类。龙阳中阴虫,与云同类。因此,虎啸和谷风连在一起,龙举和景云连在一起。麒麟为少阳之精,斗于地就引起日月相争于上。这类神话式的解释,充满于以后的纬书中。

因为《淮南子》的辨类,采枚举归纳法,所以也就难免出现枚举归纳的一般错误。如"鹰化为鸠","田鼠化为驾(鹑)"(《时则训》)之类。这是因为仅作表面的观察,未尝分析其所以然之故。至于"土龙致雨"(《地形训》)之类是属事件的偶合。以土龙求

· 43 ·

421

雨,容或有历史上某些次数的证验。但这是没有科学依据的。只要一次失败,就可以否定这一枚举的结论。"人每计其所得,而不计其所失,"这是古人轻信枚举的病根所在。

4．求实。

《淮南子》重视实知,这是唯物主义者一般所具的基本精神。我们的知识不能停留在名义上,必须在实际上能有所识别,才算得真知识,比如关于白黑的知识,如仅从名义上分别是没有意义的。必须在实际的黑白混杂的事物中,取出黑的或白的来,才算得真知道黑白。《主术训》云:"问瞽师曰:'白素何如?'曰:'缟然'。曰:'黑何若?'曰:'黮然'。授白黑而示之,则不处焉。人与视白黑以目,言白黑以口,瞽师有以言白黑,无以知白黑,故言白黑与人同,其别白黑与人异。"如果向瞎子说,什么是白的,什么是黑的,他会说,白的就是色白,黑的就是色黑。这只是名义上的黑白,不算黑白的真知。因为把黑的东西和白的东西杂在一起,让瞎子去拣择,他是无法拣择的。必须对具体的黑白东西能加以选择,这才真有黑白的知识。《淮南子》此处和墨翟所持一致。

因为《淮南子》重实知,所以它重视对具体事物的观察分析,从实际效果中取得有用的知识,它认为无论什么东西都有它的所适,或有它的所用。比如天雄、乌啄原是毒药,但良医用之得当,反可以活人。这就必须通过人们不断地实践和证验才能获得。这样的实际知识,不是只从书本上,或从原理上出发就可以得到的。客观事物如此,人也是这样。人各有所长,各有所短,因用处不同,差异互异,天下没有全粹之人。《主术训》云:"汤武圣主也,而不能与越人乘幹(小)舟而浮于江湖。伊尹贤也,而不能与胡人骑騵马而服驹騄(野马)。孔墨博通而不能与山居者入榛(丛木)薄(丛草)险阻也。"所以圣君贤相和一般平民均各有所长,也各有所短,依其中所用如何, 才能决定其本身所有的价值。

在求实的精神指引下,关于名实的问题,《淮南子》显然采取以实为主、名为附的唯物派见解。《缪称训》云:"圣人为善,非以求名,而名从之。"这即从为善的实际效果看,有为善之实,才能有为善之名,所谓实至名归。否则, 虚有其名而无其实, 徒足暴露其虚伪而已。

因为务实而不能务名, 所以审名实就要下一番功夫。一些事物,有名异而实同的,也有名同而实异的。《说林训》云:"或谓冢,或谓垄;或谓笠,或谓簦。"(名异而实同)。"头虱与空木之瑟,名同实异也",因这只是音同而其实不同。究竟怎样才可避免名实的混乱,真正取得实的知识,这只有从不断的实践证验之后,方可有望。

5.损益。

损益法是类似辩证的研究法。客观事物经常是对立矛盾地相互纠缠在一起的。福之于祸,邪之于正,利之于害,相反相成。因此,我们需用辩证的分析,从祸中找出福,从邪中找出正,从害中找出利。这种辩证的分析,《淮南子》称 为 损益法。在《人间训》中详言这一道理。它说:"事或欲利之, 适足以害之,或欲害之,乃反以利之。"竖阳谷进酒,原欲有利于司马子反,但他反使司马子反遭杀戮,这就是"事或欲利之,适足以害之"的例子。阳虎伤出门者,但受伤者反而得赏,这是"或欲害之,乃反以利之"的例子。楚国孙叔敖死时,嘱咐他的儿子只要沙石之丘,作为封地,因这块地很坏,别人不要,所以他的儿子能长得此封地(参阅《人间训》)。这就是"物或损 之而益"的例子。晋厉公 战胜诸侯之后,志骄气满,终于身死匠骊氏之手,这就是"物或益之而损"的例子。所以然者,就是因为"祸与福同门,利与害为邻……物或损之而益,或益之而损。……众人皆知利利而病病也,惟圣人知病之为利, 知利之为病也。"

那么 ,怎样对付这种复杂情况呢?《淮南子》提出要"清静恬愉",又要知"事之制",既要"谨小 慎微",又要"动 不失时"。(《人间训》)"清静恬愉"是说应摒除主观成见,使心如明镜,然后才可以正确反映客观事物的情况。所谓"知事之制"即指"仪表规矩"。这即《人间训》所谓"仪表规矩, 事之 制也。"只是主观 心理的平静,还不够,必须掌握从客观事物规律反映而成的仪表规矩, 然后才能正确处理客观事物的实际问题。"谨小慎微"即指能洞察事物发生的始端,"祸兮福所倚,福兮祸所伏",(《老子》)但无论由祸转化为福,还是由福转化为祸,其始也,其机甚微,必须细心洞察,才能抓住转化之机。"动不失时"者, 即客观事物是不断变化的,我们不能胶柱鼓瑟,必须掌握时机,才能作出适当的处置。《人间训》云"夫徐偃王为义而灭,燕子哙行仁而亡, 哀公好儒而削,代君为墨而残。灭亡削残,暴乱之所致也, 而四君独以仁义儒墨而亡者,遭时之务异也。非仁义儒墨不行,非其世用之, 则为之擒矣。"这充分发挥时变的重大意义,仁义儒墨可以兴国,也可以亡国,问题在于在什么时候,在哪一种场合下去运用。我们对任何事情,既不能绝对地肯定,也不能绝对地否定,应该是肯定中有否定,否定中有肯定。这就需采用辩证观点看问题,决不能采用形而上学的态度。"狂谲不受禄而诛,段干木辞相而显,所行同也, 而利害异者, 时使然也。"(《人间训》)辞官可以遭到杀戮,也可藉以显荣,只有看问题的变异,才能得出相应的结论。

第六节 小 结

《淮南子》的逻辑思想起了承先启后的作用。它一方面继承了先秦时唯物派逻辑的优良传统。在名实关系上，继承墨翟的以实为主，名为附的唯物主义名实论。在类概念的分析上，发挥了公孙龙注重类的内涵的研究，把墨辩所提的推类之难问题，作了深入一层的探索。同时把《吕氏春秋》所提的类不可必推的问题，作了具体分析，在哪些情况下，类是推理的可靠依据，在哪些情况下，类不可必推。

作为汉代初期的逻辑思想看，《淮南子》的逻辑又给尔后的发展奠定了基础。它把先秦唯物的阴阳五行说加以组织改造，形成了它的蕴涵推论的演绎范畴，开创了中国逻辑的独特的演绎形式，这为以后的演绎运用，广开门路。在归纳方面，它探测了归纳法的客观依据，是世界因果联系的网结，并研究了因果关系的复杂性，异因同果，同因异果都作了具体的分析。在它的损益法方面，还表现出辩证探索的精神。因此，《淮南子》的归纳逻辑，不论在广度或深度上，已比《吕氏春秋》的归纳研究，又有长足的发展。

总之，《淮南子》的逻辑确是起了承先启后的作用，这是本章小结的第一点。

其次，通过对《淮南子》逻辑的研究，我们也可以得出如下的这一结论，就是唯物的逻辑思想总是和唯物的哲学观点联系在一起的。关于《淮南子》的哲学思想有各种不同的看法，但我们认为它的哲学基本上是唯物的，辩证的，这和唯心主义的，形而上学的董仲舒的神学目的论是一个鲜明的对照。唯物论者比较要正视现实，逻辑为求真的工具，因此，唯物论者的逻辑是比较能完成逻辑求真的任务的。当然，唯心论者为论证他的唯心主义的正确性也要讲逻辑，老子讲无名，庄子讲无言，孔、孟反对辩，但都逃不出辩，所以然者，因为哲学既不是宗教经验，也不是道德践履，而是一套理论，必须"言之有故，持之成理"因此它就不能不用逻辑的工具。但唯心论的世界观是对世界的歪曲反映，他们从主观的玄想出发，因而他们的逻辑往往背离了逻辑求真的任务。从汉至清的二千多年的长期封建社会中，历代逻辑思想之可记述者，总在一些唯物论者的身上，如东汉的王充，六朝时的范缜，唐代的吕才、刘知几、柳宗元和刘禹锡，宋的张载，陈亮和叶适，明的王廷相、方以智和王夫之，清代的戴震等，其尤著者。

最后，应当指出，《淮南子》的逻辑是有缺点的。它虽想超出先秦道家的窠臼，但仍不免受其羁绊，老庄的神秘主义仍留有痕迹。它虽重视规矩准绳的法度，但以"不共之术"为最上。《齐俗训》中有一段表现得最突出。它说："若夫规矩钩绳者，此巧之具也，而非所以巧也。故瑟无弦，虽师文不能以成曲，徒弦则不能悲，故弦悲之具也，而非所以为悲也。若夫工匠之为连𣲲运开，阴闭眩错，入于冥冥之眇，神调之极，游乎心手众虚之间，而莫与物为际者，父不能以教子。瞽师之放意相物，写神愈舞，而形乎弦者，兄不能以喻弟。今夫为平者准也，为直者绳也，若夫不在于准绳之中，可以平直者，此不共之术也。"讲"不共之术"的结果，就自然掉进"不言之辩"和"不道之道"（《本经训》）的老、庄的神秘主义的泥坑中去。

另外，《淮南子》谈天人感应虽力主精气的机械感应，但其推演的最后结果，也陷入和董仲舒类似的"天人感应论"的错误。所谓"人主之情上通于天，故诛暴则多飘风，枉法则多虫螟，杀不辜则国赤地，令不收则多淫雨"。（《天文训》）最后就不得以四时为天之吏，日月为天之使，星辰为天之期，虹蜺彗星为天之忌，这就是承认天是有意志的，是一种唯心主义和神秘主义的糟粕。

还有，《淮南子》谈类不可必推，强调有些过火，终陷入不可知论的错误。在《览冥训》中谈到类不可必推时，说到："得失之度,涤微窈冥,难以知论,不可以辩说也。……故耳目之察,不足以分物理;心意之论,不足以定是非,唯通于太和而持自然之应者为能有之。"既然耳目不足恃,心意不足论,而企图通于太和来不了了之,这就走向神秘的 不可知论。这点不 能不说是《淮南子》逻辑中的瑕疵。

《淮南子》的逻辑,虽有以上所指的三种缺点,但它的贡献是主要的。三种瑕疵,不能掩盖它的成就。

第三章 董仲舒的神学正名逻辑

第一节 董仲舒逻辑思想的中世纪化

董仲舒（《史记》卷121，《汉书》卷56）生于公元前179年（汉文帝元年），卒于公元前104年（武帝太初元年）。广川人（即今河北省枣强县广川镇）。相传他发愤问学，曾"三年不窥园"，（《汉书·本传》卷56）他编造了一整套为汉王朝统治服务的神学理论。因此，他被称为西汉大儒。《汉书·董仲舒传》称赞他为"群儒首"。又《汉书·五行志》也称他为"始推阴阳，为儒者宗"。可见，董仲舒是一位封建王朝所推崇的杰出思想家。

纵观世界古代文化的三大系统，即中国、印度和希腊，发展到中世纪时，都有中世纪的共同特点，这就是神学化、复古化、笺注化、杂糅化。

董仲舒的逻辑思想和先秦不同，它已染上了中世纪色彩。

1．神学化。

我国古代文化发展到了战国时期，各种科学已非常发达，唯物主义思想已占统治地位，但至秦汉之后，转入宗教神学，神学唯心主义占了统治地位。先秦的儒家思想，逐渐变为儒教，《白虎通义》集其大成。东汉以后，道教创立，先秦道家也变为道教。东汉明帝年间，印度佛教传入中国以后，形成儒、释、道三教鼎立之势，直至宋明时代。印度在古印六宗时期，也是一个开明时期，释迦佛也是反婆罗门的外道之一。但佛灭后，由小乘到大乘，又把迷信咒语收罗进去，改变了释迦的本色。古希腊时代，自然科学发达，但到了希腊罗马时期，由于基督教的输入而逐渐转化为中世纪"黑暗时代"。足征世界三支古文化，都走上了由开朗转入黑暗之路。

人类文化的发展，宗教与哲学、科学是齐头并进的。以我国上古来说，殷周时代，宗教支配一切，但为生活的需要，也必须从事生产，因而农业、手工业也自然发达起来，与农业有关的天文、历数和与手工业有关的机械、冶金等，也同时产生。所以殷周时代既有它们的宗教文化，同时也有它们的科学文化。奴隶主阶级既要使奴隶们从事生产，更需对从事体力劳动的奴隶进行统治。武力镇压之外，宗教的精神麻醉更属必要。奴隶的不断暴动，既粉碎了奴隶制的政治统治，也推翻了天帝神灵的宗教统治。这样就开创了春秋战国时期的光辉灿烂的古代哲学与科学，形成了与希腊、印度媲美的我国古代文化。

殷周的帝天信仰，虽经奴隶与平民的暴动与唯物主义哲学的痛击而产生动摇，走向没落，但并没有灭绝。在墨子的《天志》中，还保留了人格神的信仰。孔、孟儒家一派也有意志天的遗留。战国中期以后，孟子的神秘主义和邹衍的阴阳五行说糅合成为战国晚期的神仙方士的崇拜。这样，古代的宗教信仰即到战国还保留一股不可轻视的势力。一遇适当的时期，还会兴风作浪，重新统治思想界。

秦始皇迷信神仙方士，但秦政短促，未暇组成系统的神秘宗教。汉兴，多年战乱之后，民穷财尽，天子不能用纯驷，将相只乘牛车，六国的旧族仍各祠奉他们的民族神。《史记·封禅书》载，汉高祖曾下诏说："吾甚重祠而敬祭。今上帝之祭及山川诸神，各以其时礼祠之如故。"可见汉初还未有统一的至上神——天帝的出现。

到了汉武帝时代,由于封建大帝国的建立,诸封王的覆灭,汉王朝的统治实质上已造成中央集权大统一局面。因而在思想意识上就要求有一相应的统一系统。汉武帝召问董仲舒:"三代受命,其符安在?灾异之变,何缘而起?性命之情,或夭,或寿,或仁,或鄙,习闻其号,未烛厥理"。(《汉书·董仲舒传》)对于这些国家统治的根本性问题,董仲舒以《天人三策》(见《汉书本传》)回答,开头即揭示天之可畏。仲舒答云:"臣谨案《春秋》之中,视前世已行之事,以观天人相与之际,甚可畏也!"(《汉书·本传》)"天人相与"一语道出仲舒神学的秘诀,他先用人比拟天,使天拟人化;然后又以拟人化的天为本,推出人事的一切。天是人的扩大,是"大宇宙"。而人是天的副本,是"小宇宙",这即"天人同类"的神学。他在《春秋繁露·阴阳义》说:"以类合之,天人一也。"这是他的神学基础所在。

董仲舒的"天"是至上神,是世间一切的创造者。不管自然界或人事界都出自天。"天者群物之祖",(《天人三策·汉书本传》)"天者万物之祖"。(《春秋繁露·顺命》)宇宙万物都是天老爷的创造。"天者百神之大君",(《春秋繁露·郊语》)那末,天又是神界的最高统治者。"人受命于天",(《王道通三》)"天亦人之曾祖父也"。(《春秋繁露·为人者天》)可见人也是上帝所创造的。"王道之三纲,可求之于天"(《春秋繁露·基义》)政治制度也皆出于天。仲舒这样最后得出"道之大原出于天,天不变,道亦不变"(《汉书本传·天人三策》)的最高原则,这不但是汉王朝统治者之所乐道,亦是整个封建王朝之所共赞的原则。董仲舒的神学体系是他的政治、伦理之所本,其为封建儒者所崇,是理所当然的。

董仲舒的神学体系,也是他的正名逻辑之所本。正名逻辑始于孔子,其正名以正政之说,为董仲舒所继承。董仲舒说:"治国之端在正名"(《春秋繁露·玉英》)。又云:"春秋理百物,辨品类,别嫌微,修本末者也"。(同上引)理百物,即指遂人道之极,以达于万物。辩品类,即指人辩其品,物区其类,这即正名之意。这种正名的逻辑还是孔子之旧,但仲舒却把孔子的正名纳入他的神学系统中,因为作为逻辑基础的名,是出于天意。名号不是反映客观的物,而是表达天意的符号,所以仲舒的正名逻辑就和先秦儒家的正名有别。他的逻辑思想的中世纪化是确然无疑的。

2．复古化。

中世纪化的第二个特征为复古化。秦代反对复古,定有"以古非今者族"的严重法令。但秦政却以反古而速亡。汉兴,吸取秦的教训,认为以法令禁止复古,是不可能的,不如藉古之力而压制民心,更属有利。董仲舒从《春秋》中总结出五个大字,即"奉天而法古"。(《春秋繁露·楚庄王》)"奉天"即他的神学理论,"法古"即他的政治依据。所以他说:"《春秋》之于事也,善复古,讥易常"。(《春秋繁露·楚庄王》)又说:"《春秋》之道奉天而法古,是故虽有巧手,弗修规矩不能正方圆;虽有察耳,不吹六律不能正五音;虽有知(智)心,不览先王不能平天下。然则,先王之遗道,亦天下之规矩六律而已"。(同上引)封建的统治既有天的神权的根据,又有先王的古法遵循,其为正确无疑。反抗封建帝王的统治,不但违反神意,亦且背叛先王,自当诛灭不赦了。

董仲舒的复古化,体现在他的神学逻辑中。仲舒的正名逻辑以《春秋》一书为他的大演绎的依据。不但一般推论从那里推导而出,即普通属于归纳的类比推理,也是以《春秋》为基础的。为什么他选中了《春秋》呢?就是因为"其(指《春秋》)辞体天之微,故难知也。弗能察,寂若无;能察之,无物不在。是故为《春秋》者,得一端而连之,见一空而博贯之,则天下尽矣"。(《春秋繁露·精华》)可见《春秋》的含义,可以任意引伸,妙在"得一端而连之,见一空而博贯之。"这就是仲舒主观逻辑所依赖的最好典籍。仲舒在《春秋繁露·玉杯》中就把这个主观逻辑推论的秘密,数语道破。他说:"《春秋》论十二世之事,人道浃而天道备。法布二百四十二年之中,相为左右,以成文采,其居参差,非袭古也。是故论《春秋》者,合而通之,缘而求之,伍其比,偶其类,览其绪,屠其赘,是以人道浃而王法立。"伍比、偶类、不但是他的重要逻辑方法,而且还是他的有名灾异法和断狱的方法。在这点上,我们也可以称他的逻辑为"《春秋》的古典逻辑。"

3.笺注化。

复古化的结果,必然走到笺注化。因为中世纪的学者认为真理都已被古人发现完了,所以只有埋头于古籍的钻研笺注,发见其中的微言大义,即可应用自如。西汉开始设立的五经博士,从事经典著作的注疏,以后经学蔚为封建文化的一个重要支部。董仲舒是讲公羊《春秋》的,他把《春秋》中的微言大义,依他的主观臆想,编造成体系。如《春秋》的第一句话是"元年,春,王正月。"什么是"王正月"?《公羊传》说:"大一统也。""大一统"的观念就是董仲舒所揭示的《春秋》中最重要意义。他在《天人对策》中说:"《春秋》大一统者,天地之常经,古今之通谊也。""大一统"的观念在西汉时已形成,西汉帝国的"大一统"必须有思想意识上的"大一统"来配合,才能巩固"大一统"的政权。因此,仲舒提出"诸不在六艺之科,孔子之术者皆绝其道,勿使并进。邪辟之说灭息,然后统纪可一,而法度可明,民知所从矣"。(《汉书·本传》)这就是罢黜百家,独尊儒术,把孔子的地位由圣人推为"素王"。儒家已转化为儒教。在两千余年的封建社会中,孔子成为地主阶级的精神统治者,仲舒与有力焉。

上边曾说,董仲舒的正名逻辑亦可称为一部"《春秋》的古典逻辑",这部古典逻辑同时也是笺注性的。我们从仲舒怎样解释"元"的观念,便可知道。《春秋》第一句"元年,春,王正月",这是鲁史对鲁隐公即位的记载。但董仲舒解释云:"一者,万物之所从始也;元者,辞之所谓大也。谓一为元者,视(示)大始而欲正其本也"。(《第一对策·汉书本传》)他又说:"是以《春秋》变一之谓元。元犹原也,其义以随天地终始也。……故元者为万物之本。"(《春秋繁露·玉杯》)元的地位如此重要,这是公羊家的一致看法。"以元之气正天之端,以天之端正王之政,以王之政,正诸侯之即位,以诸侯之即位,正境内之治"。(何休《公羊传注》)仲舒更推广到逻辑的正名解释,说:"受命之君,天意之所予也,故号为天子者,宜视天如父,事天以孝道也。号为诸侯者,宜谨视所候奉之天子也。号为大夫者,宜厚其忠信,敦其礼义,使善大于匹夫之义,足以化也。士者,事也,民者,瞑也"。(《春秋繁露·深察名号》)把诸侯的侯,解为"伺候"的"候",把"大夫"解为"大于匹夫",把"民"解为"瞑",可以说是一派胡言。中世的笺注演化为谶纬之后,又成为怪迂妄诞的神圣典籍了。

4．杂糅化。

中世纪已失去了古代百家争鸣、各创己见的光辉灿烂的学术气氛。他们只是把古代的各家说法糅合起来,虽然在糅合过程之中各有所侧重,如《淮南子》的糅合侧重道家,董仲舒的糅合却宗儒家之类。但其本质上还是一个糅合体,古代的独创精神,已不复见。

董仲舒的神学世界观就是一个大糅合。他虽以 孔子为宗,但汲收了阴阳家邹衍的阴阳五行说,在他的主宰天方面还可看出墨子天志的遗响。董神舒虽主德而不主刑,但正如天之不能只有阳而无阴,国家也不能只用德而不用刑。为缓和地主阶级与农民的矛盾,他是采取仁德以服民心的软的一手,但他并没有放弃刑罚的镇压。他说:"世治而民和,意平而气正,则天地之化精,而万物之美起。世乱而民乖,意僻而气逆,则天地之化精,气生灾害起"。(《春秋繁露·天地阴阳》)这里, 很明显,他用灾异说来威胁农民。西汉阳儒阴法,仲舒的思想体系,还可以找出法家的脉络。

董仲舒的神学的正名逻辑也可看出杂糅的线索。在他的逻辑中,"真"是一个很重要的基本概念。他说:"名者,圣人之所以真物也。名之为言真也"。(《春秋繁露·深察名号》)他的名号理论即建基于"真"上。但先秦儒家,并不讲真,讲真的是道家。仲舒讲真, 显然是受了黄老道家思想的影响。黄老思想在汉初是占了上风的。黄生、窦太后都是黄老的重要人物,仲舒生当其世,他受到道家影响,也是不足为奇的。

总观以上所述,董仲舒的神学的正名逻辑,充分体现了中世纪的特征。神学化、复古化、笺注化、杂糅化,无一不有。这也就是他的正名所以有别于孔、孟的正名,我们应当注意及此。

第二节　神学逻辑的基本概念

董仲舒根据他的神学的世界观构成他的神学逻辑,其所编造的体系都出自他的虚构是颇为难懂的。但是我们只要抓住他的几个重要概念加以剖析, 也不难理解。本节拟把他的神学逻辑的基本概念阐述一下。

1. "真"的概念。

董仲舒继承先秦正名以正政的衣钵,十分重视名的作用。但董仲舒所讲的名和先秦儒家有所不同。他的名既不是反映客观的物,也不是指名位等等,而是指代表神界的符号。仲舒说:"名生于真，非其真弗以为名"。(《春秋繁露·深察名号》)因此，真是名的根本，要弄清他的名，也就必须搞清他的"真"。

什么叫做真？董仲舒在《深察名号》篇中有简要的说明。他说："名生于真，非其真，弗以为名。名者，圣人之所以真物也。名之为言，真也。"仅从字面上看，这里的真，好象唯物派的实，有这物的真，才有这物的名，真没有了，物的名就不存在了。如果把真作这样的理解，那末，仲舒的逻辑应该是唯物的了。然而不然，他的真，并不指存在于客观界的物实，而只存在神界中的本质。本质只是神性的存在，不具备物质实体。它是万物之所以能显现为个别事物的原因。这即"真物"的作用。"真物"者即指物得到本质而显现为物的作用。物本不存在，只由于得到神性的本质后才显现为物的，所以物只是第二性的东西，而"真"——神性的本质，才是第一性的东西。董仲舒的"真物"的唯名观，是地道的神学唯心主义。

有人说，真是神的意志，这不能说不对，但微嫌笼统。仲舒明言："非其真，弗以为名"。可见，一事物有一事物的真，所以才有一事物的名。如笼统解为神意，则不足以区别各事物之名。因此，我们以神性的本质解真。真的本质是多样性的，有多少物，就有多少物的真。从这点上说，仲舒的体系也可称为多元的神学唯心主义。

董仲舒以真为成物的原因，从这点上说，他的真和先秦儒家的诚相当。依先秦儒家的唯心主义看，物是由于有诚而后成的。《中庸》说："不诚无物"。没有诚，便没有物；这和仲舒的没有真便没有物一样。

唯心主义者不论东方或西方，皆认为物是漆黑一团的，既没有条理，也没有秩序。物之条理和秩序是由精神界的作用加上去而后才出现的。近代德国哲学家康德就是一个典型的例子。康德认为,客观界的物是由于有了认识范畴加之其上,才出现条理与秩序,我国古代的唯心论者也抱同一态度。仲舒认为物是"黮黮"(音甚)的。《说文》云:"黮,桑黮之黑者。"《广雅》云:"黑也"。因桑黮黑,故引申为凡属黑色物之称。但此漆黑一团的东西,如果得到真的本质时,却能变为"昭昭"然,即有条理和明白的物了。这也即是名的作用。《说文》口部:"名自命,从口,从夕。"夕者冥也;冥不相见,故以自名。有了名,物就可以明白。

总之,真是物成的神性本质,是名的基础。这就是董仲舒神学逻辑的一个重要概念。

2."讥"。

什么是"讥"?有人把它解成"诘察"、"考察",这即作动词用。我认为这和仲舒的原文不合。仲舒说:"故凡百讥有黮黮者,各反其真,则黮黮者还昭昭耳"。(《深察名号》)从文法的结构说,这个"讥"是作为名词用的,它是这个句子的主词,它的意思是说,在百讥之中,有黑漆漆的,如果这黑漆漆的讥能够恢复它的真时,那末,黑漆漆的状态即可变为光明的了。

那么,这个"讥"又是什么呢?我认为"讥"即是"幾"。《易传》说:"幾者动之微。"庄子认为:"种有幾……万物皆出于幾;皆入于幾"。(《庄子·至乐》)从这样的分析看,董仲舒这个讥,即指万物的萌芽状态,也即是世间万物的萌蘖基础。东西方有神论者虽认为神主宰一切,但对山河大地的存在,总不能一味否定,而有他的一套解释。比如西方新柏拉图派的普洛丁那的流出说,就认为物质层是距离神最远的存在。因离神最远,所以价值最低。仲舒虽主"奉天"的一神论,说"天为百神之大君,"但天之有百神,有不同等级的神灵存在。众神之下,则为芸芸众物之"讥"。这个由"讥"构成的一层,也许就是我们所见的物质世界吧!

"以本为精,以物为粗",(《庄子·天下》)这是唯心论者看轻物质的通病。而有神论者更把物质看作最下的冥顽不灵的存在。仲舒认为讥只是"黮黮"然的，即指物质层是漆黑一团的世界。其中本无条理和秩序可言。但是这些讥，却有各自的神性本质，如能恢复它们各自所有的神性本质，即仲舒所谓"各反其真"，那么，黑黝黝的"讥"，即可立刻变为光明，成为有条理、有秩序的、明白确定的物了。这就是他所谓的"各反其真，则黮黮者还昭昭耳"。

3．名号。

先秦诸子论名实者，总是名实对举。但仲舒却名号并列。在他的神学逻辑中，"实"已由"真"所代替。名号是天意的表达，治国之要，必须体天意而为政。因此，深察名号为治国之端。仲舒云："治天下之端在审辨大。辨大之端，在深察名号。名者大理之首章也，录其首章之意，以窥其中之事，则是非可知，逆顺自著，其几通于天地矣"(《春秋繁露·深察名号》)。体天行道，就当首先抓住名的关键。

名既上通天意，又是辨别是非的准绳，因为"是非之正，取之逆顺，逆顺之正，取之名号；名号之正，取之天地；天地为名号之大义也。"(同上引)名之能发挥辨别是非的作用，关键还在于它取义于天地，代表了天意之故。我们应注意到，董仲舒所讲的是非，不是从能否反映客观真实以为断的。因为那样，就成了唯物的名实观了。他是从逆顺来断是非，而什么是逆顺，则依于是否遵循人主的意志以为断，能服从者为顺，不服从者为逆，这即"《春秋》大元"的正名深义所在。仲舒说："《春秋》之道，以元之深正天之端，以天之端正王之政，以王之政正诸侯之即位，以诸侯之即位正境内之治"。(《春秋繁露·二端》)故"《春秋》深探其本而反自贵者始，故为人君者，正心以正朝廷，正朝廷以正百官，正百官以正万民，正万民以正四方；四方正，远近莫敢不壹于正而亡有邪气奸其间者。"（《汉书·本传》）可见仲舒以顺逆定是非，无异于以王意定是非，是非不反映客观的真假，而反映对王者的逆顺，仲舒即以这样的是非观去断狱的。他说："《春秋》之听狱也，必本其事而原其志，志邪者不待成"。（《春秋繁露·精华》）这即原心定罪，欲之者，善重，恶深；不得已者，善轻，恶浅。

从总的说，逆顺的断决以王意为宗，但具体地说，"逆顺之正，取之名号"，因名号是天地之大义。

那末，在董仲舒的逻辑中，是否就只讲名号，就不讲名实？不是的。他也讲名实，不过那只指一些具体问题。在《春秋繁露·保位权》中，董仲舒也谈到要"挈名考质，以参其实，赏不空施，罚不虚出。"在《考功名》中，又说："有益者谓之公，无益者谓之烦，挈名责实，不得虚言。有功者赏，有罪者罚，功盛者赏显，罪多者罚重。不能致功，虽有贤名，不予之赏。官职不废，虽有愚名，不加之罚。赏罚用于实，不用于名，贤愚在于质，不在于文。故是非不能混，喜怒不能倾，奸轨不能弄，万物各得其冥（一作真），则百官劝职，争进其功。"这显然是法家考核名实，进行赏罚的调子。他重功重实，这是为维护封建统治的利益，不得不如此。阳儒阴法也体现在董仲舒的体系中，但和他重名的根本意不相涉。

以上把名号的重要意义和仲舒之所以重名号而不重名实之原，略加说明。以下再进就名号本身加以分析。

什么是名号？董仲舒在《深察名号》篇中，言之甚详。他说："名则圣人所发天意。"因为"天不言，使人发其意。"这个人当然是指圣人；只有圣人才能从名号中揭发天意所在。那末，圣人又怎样在名号里揭发天意呢？他说："古之圣人，謞而效天地谓之号，鸣而施命谓之名。名之为言，鸣与命也；号之为言，謞而效也。謞而效天地者为号，鸣而命者为名；名号异声而同本，皆鸣号以达天意者也"。董仲舒这里既说明了圣人怎样去发现名号的天意,同时也给名号下了个明确的定义。当然，他的定义，只是文字学上的定义,（此点，下当另谈。）并没有实质上的含义。因此，他的定义和普通逻辑的定义有别。

謞而效者为号。"謞"即大声喊叫。《庄子·齐物论》有"謞者"。《释文》云:"謞音孝",即大噑之意。

鸣而施命为名，一般发声就是名。徐幹《中论》《贵验》篇引子思云:"事自名也,声自呼也。"所谓"自名"、"自呼"就是指一般发声,不用于喊叫之意。

从上看来,董仲舒的名,不但和先秦的唯物派不同，即和孔子的名也不同。因为他的名既不反映客观的实,也不指名位,而是指天的意旨。我们称他的逻辑为神学的,理由在此。

名号都表达天意,异声而同本,实质上没有分别。但其间,也有不同,即号是纲,名是目。号是大全，名是别离分散。号的数目少,名的数目多。董仲舒云:"名众于号,号其大全。名也者,名其别离分散也。号凡而略,名详而目（应作"名目而详"）。目者偏辨其事也；凡者独举其大也。"（《深察名号》）董仲舒对名号的分别，承袭了墨辩关于"名、达、类、私"，和荀子"大共名"和"大别名"的遗绪。但他已不知不觉地，涉及到普通逻辑的种属区别(genus and species)。号是种,名是属。举例言之，如:"享鬼神者（同"之"字）号，一曰祭。祭之散名：春曰祠，夏曰礿，秋曰尝，冬曰蒸。猎禽兽者号，一曰田。田之散名:春苗,秋蒐,冬狩,夏狝。""物莫不有凡号,号莫不有散名。"（《深察名号》）这种依事物的种属联系作出分类，似比先秦前进了一步。如墨辩的"达、类、私"三种或荀子的"大共名""大别名"之间，其彼此类属关系，尚未作出明确的分析。而仲舒却运用这种种属关系于各事物的区别。例如，王号之下可分为五科，即"皇科,方科,匡科,黄科,往科。合此五科而一言,谓之王。

是故王意不普大而皇,则道不能正直而方。道不能正直而方,则德不能匡运周徧。德不能匡运周徧,则美不能黄。美不能黄,则四方不能往,四方不能往,则不全于王"。(同上引)

君号之下亦有五科,即"元科,原科,权科,温科,群科。合此五科以一言,谓之君。君者,元也;君者,原也;君者,权也;君者,温也;君者,群也。是故君意不比于元,则动而失本。动而失本,则所为不立。所为不立,则不效于原。不效于原,则自委舍。自委舍,则化不行,用权于变,则失中适之宜。失中适之宜,则道不平,德不温。道不平,德不温,则众不亲安。众不亲安,则离散不群。离散不群,则不全于君"。(同上引)从以上两段看,所分之各属,还彼此互相联系,互相制约。虽然这些划分的属,只是出于仲舒的主观臆想,并无什么合理依据,但就其形式看,恰似逻辑中的种属关系,还是有它积极意义的。

4. 辨大。

在《深察名号》篇的头一句话,即是"治天下之端,在审辨大。""辨大"不是指要辨别大事物,而是要作两项并列的重要事项。"大"指大纲或概略。不论什么东西,你要先知道它的"大纲"、"概略",然后才能提纲挈领,理出个头绪来。治理国家的事,也是这样。

什么叫做"辨"?辨者别也,审查事物之所以别异,称为辨。只知大纲,是不够的,必须进行分析,分别其中许多不同的构成部分,然后整体才能真正明确起来。从逻辑意义上说,仲舒的"辨大"既注意总纲,又注意细目,总纲网罗细目,细目充实总纲。比如他的名与号的区别,即依于纲目关系安排的。在逻辑方法上看,也有它的积极意义。

以上所提的四个基本概念是仲舒神学逻辑的核心思想。以下将分别阐述神学逻辑的各个方面。

第三节　《春秋》的推论逻辑

董仲舒的《春秋》推论法,有两点须注意,即他的推论前提为《春秋》本身,而其所用的方法为连类比附。而他所谓"类"又是真类、假类与空类的混合体。兹分述之。

1."伍比、偶类"的《春秋》推论法。

董仲舒以《春秋》为推论的典范,他的推论从形式上看,和普通逻辑没有什么不同。有推论的前提,有推论的结论,有推论的过程。"察视其外,可以见其内也"。(《春秋繁露·玉杯》)这即观察在外面的东西,就可推见它里面的东西。在外的东西,即推论的前提,在里面的东西,即推得的结论。这点还是承藉了墨辩"闻所不知若所知,则两知之"的推论义。同样的道理,依据过去的事例,可以推断未来的事例。这就是"观往可以验来。"(《玉杯》注文)其所以能这样进行推论的依据,也是依于事物之间有它们相互的联系,这就是他所谓"物莫无邻"(同上引)的意思。天下的东西都是彼此邻接的,有它们邻接的规律,这就是我们所以能进行推论的依据。从这些方面看来,董仲舒的推论逻辑,有它的正确的一面。

但董仲舒的《春秋》逻辑推论,在推的方法和推的过程中,却和普通逻辑的推论原则背离,这是因为《春秋》的推论有它的中心目的,即以揭示天意为目标。普通逻辑的推论以求得客观真实为目的,而他的推论却以求达天意为鹄的。董仲舒说:"《春秋》之道,举往以明来,是故天下有物,视《春秋》所举,与同比者,精微妙以存其意,通伦类以贯其理,天地之变,国家之事,粲然皆见,无可疑矣"。(《汉书·司马迁传》引董仲舒语)这就是以《春秋》所载事例为据,然后对比天下的事例,以精妙存意,伦类贯理的方法求得结论。这就不是普通的逻辑方法，而是他的主观臆测法。在《春秋繁露·玉杯》中，他又把这一方法，归结为以下的六句话，即："合而通之，缘而求之，伍其比，偶其类，览其绪，屠其赘"。而重要关键在于"伍比、偶类"，即连类比附的方法。董仲舒对于天地、阴阳、四时、五行、灾异、伦道等等的解释，都采用这种连类比附法以编造他的神学体系。我们只要举几个例子，就足以证明他的方法只是神学的逻辑方法和普通逻辑的方法是背道而驰的。

比如我们在直感上的天，是高高在上，光明灿烂的存在，这是一般常识和天文学家所共同承认的。但仲舒却从这样的天的直感推导出天本没有的东西来。请看《离合根》一段所载："天高其位而下其施，藏其形而见其光。高其位，所以为尊也；下其施，所以为仁；藏其形，所以为神；见其光，所以为明。故位尊而施仁，藏形而见光者，天之行也。"这就把自然天转成位尊施仁的人格神，这是天所本无，而董仲舒以已意加之于上的。

又如一年之中，春夏秋冬四季的变化，这也是大家同感的，没有什么深义存在，但董仲舒却说"四时之化，父子之道，君臣之义"都可从四时推出。

又如五行的关系，木、火、土、金、水。这本来是宇宙的五种物质原素，但董仲舒却从五行的相生次序中，编造出孝子忠臣之行的重大意义。他说："此其父子之序，相序而布。是故木受水，而火受木，土受火，而金受土，水受金也。诸授之者皆其父也，受之者皆其子也，常因其父，以使其子，天之道也。是故木已生而火养之，金已死而水藏之，火乐木而养以阳，水克金而丧以阴，土之事火，竭其忠，故五行者，乃孝子忠臣之行也"。（《春秋繁露·五行之义》）这一套五行相生的伦理说教，可以说是非常可怪之论。这不是从普通逻辑的推理可以推出，而要用他的"得一端而连之，见一空而博贯之"（《春秋繁露·精华》）的《春秋》推论法才能得到的。

2．连类比附之所谓"类"。

董仲舒十分重视类在推理上的作用，这是先秦逻辑的承藉。但仲舒之所谓类，却和先秦有别。先秦逻辑如惠、龙、墨辩、荀、韩等所讲的类都指客观事物存在的物类。他们对物类本身的复杂性，到了后来也感觉到了，因而有"推类之难"（《墨辩》）的说法。但无论如何，类是客观事物存在的物类，则无异义。

董仲舒则不然。他所讲的类，有时指的是客观存在的物类，则和先秦一致。有时他所讲的类，是由于对客观物类的曲解，而更多的是他所虚构的，实际不存在的空类。这三种类，在推论过程中常常混杂，而且常常以客观的真类，推导出他的假类。他推类的前提是真的，但他推出的结果，却是假的。普通逻辑称此为"推不出"的逻辑错误。但仲舒却从他的神学体系中，超出一般的逻辑，构成他的神学的推类逻辑。这就陷于无类比附了。

董仲舒在他的《春秋繁露·同类相动》中把类讲得最详尽，现摘引数段以资分析。《同类相动》云："今平地注水，去燥就湿；均薪施火，去湿就燥。百物去其所与异，而从其所与同。故气同则会，声比则应，其验皦然也。试调琴瑟而错之，鼓其宫则他宫应之，鼓其商则他商应之，五音比而自鸣，其数然也。美事召美类，恶事召恶类；类之相应而起也，如马鸣则马应之，牛鸣则牛应之。帝王之将兴也，其美祥亦先见；其将亡也，妖孽亦先见，物故（应作"固"）以类相召也。故以龙致雨，以扇逐暑，军之所处以棘楚，美恶皆有从来，以为命，莫知其处所。天将阴雨，人之病，故为之先动，是阴相应而起也。天将欲阴雨，又使人欲睡卧者，阴气也。有忧亦使人卧者，是阴相求也。有喜者使人不欲卧者，是阳相索也。水得夜，益长数分，东风而酒湛溢，病者至夜而疾益甚。鸡至几明,皆鸣而相薄,其气益精。故阳益阳,而阴益阴,阴阳之气,因(应作"固")可以类相益损也。天有阴阳,人亦有阴阳。天地之阴气起,而人之阴气应之而起。人之阴气起,而天地之阴气亦宜应之而起,其道一也,明于此者,欲致雨,则动阴以起阴;欲止雨,则动阳以起阳,故致雨非神也。而疑于神者,其理微妙也。非独阴阳之气,可以类进退也,虽不祥,祸福之所从生,亦由是也,无非已先起之,而物以类应之而动者也。"

从以上这一大段中,有的类是指客观的物类,如水就泾,火就燥,鼓宫宫应,鼓商商应,马鸣马应,牛鸣牛应之类。但有的类却是曲解客观的物类,如龙致雨,扇逐暑之类。还有的则是空类或神类,如国家将兴的美祥,国家将亡的妖孽之类。

从这段推论中,很明显,他是想以真类和曲解的类,来推出空类的存在,用以证明天人相感的神学体系。物类互相感应,因此,天地的阴阳,与人身上的阴阳亦互相感应。而人之感天,又是由于人的聪明圣神,先起主动作用,而后天地的类才感召而至。这样,仲舒的物类感召,表面上似为机械的,实质上,却为灵感的,有目的的;在仲舒的神学体系中,所谓物类,不过是神灵驱使的筹码而已。

当然,在董仲舒本人看,他所提的类,都是真类。所以不但美事召美类,恶事召恶类是真的,即龙致雨,扇逐暑,也是真的。因为是真的,所以他才有《求雨》《止雨》的篇章,演出假龙求雨的闹剧。

因为董仲舒分不开真类与假类,有时也使他无法排解,如祸福究从何来,也很难解释,到此,他只好求救于命。他说:"美恶皆有从来,以为命,莫知其处所"。(《深察名号》)

仲舒关于类的感召,以同类相动,讲得最多,但也提及异类相感。在《春秋繁露·郊语》中,他提到"磁石取铁,颈金取火",

这即磁石能引铁,但磁石与铁为不同类。颈金即阳燧,他和火也不同类。但它们能相互吸引。这点和同类相动似有矛盾。当然,我们现在加以分析,铁有磁性,和磁石仍为同类。如果不具有磁性的瓦片,磁石就不能发挥吸引之力了。阳燧遇日,则燃而为火。这是因为日光通过阳燧,把日光的热力聚集在一点,所以能把阳燧之下的艾烤焦生火。可见日光潜存热力才能使阳燧燃为火,仍属同类。关于类此科学的解释,仲舒是不屑知道的。仲舒说过:"能说鸟兽之类者,非圣人之所欲说也。圣人之所欲说,在于说仁义,……观于众物,说不急之言而以惑后进者,君子之所甚恶也。……"(《春秋繁露·重政》)科学研究,正是"君子之所甚恶",当无望其洞悉"磁石取铁,颈金取火"的奥秘了。

董仲舒以这样的虚假参半的类去做连类比附,大讲其灾异推衍的方法,结果竟至危及他的生命,《汉书·本传》载:"辽东高庙,长陵高园殿灾,仲舒居家推说其意。草稿未上,王父偃候仲舒,私见嫉之,窃其书而奏焉。上召视诸儒。仲舒弟子吕步舒不知其师书,以为大愚。于是下仲舒吏,当死,诏赦之。仲舒遂不敢复言灾异。"从这段故事看,也可证明不真实推论对于实际行动的恶劣影响。

董仲舒的类除了以上所述,该进行批判的之外,也有它的另外积极的一面。这就是他注意到每一类的特殊性,类的确定性,从而他注意到概念的确定性,防止概念的混淆。在《深察名号》篇中,董仲舒提出性和善的关系问题。他说:"性如茧,如卵。卵待覆而成雏,茧待缲而为丝,性待教而为善。……茧有丝,而茧非丝也。卵有雏而卵非雏也;比类率然,有(同"又")何疑焉?"这里仲舒用茧和丝,卵和雏,比拟性和善的关系,指出它们间的不同。实际上茧只是丝的潜能,丝是茧的现实;这一丝的现实,必须加以缲练之功才能得以实现。所以一个属于潜能的类,另一个属于现实的类。潜能与现实是两类不同的事物，我们不能把它们混而为一。同理，卵是潜能，雏是现实。卵虽可出雏，但卵不是雏。如此类推，禾能出米，但禾不是米，我们必须把谷壳去掉之后，才能从禾中取出米来。那么禾只是米的潜能而已。用茧与丝，卵与雏，禾与米三种具体事物的关系，推到性与善，就可了然于性只具善之端，但善端并非是善。要使善端成为善，必须有待于王者的教化。

仲舒以潜能与现实的物类不同，注意到这些类概念的不得混杂，保持概念的确定性，避免概念的混淆，这在逻辑上是有积极意义的。当然，性的善恶问题，是先秦哲学中的老问题。先哲只抽象地谈人性的善与恶，不知在阶级社会中，人在一定的阶级中生活，所以没有抽象的人性，只有具体的人的阶级性。至于道德的善恶也不是抽象的东西。恩格斯说："一切以往的道德论归根到底都是当时社会经济的产物。而社会直到现在还是在阶级对立中运动的，所以道德始终是阶级的道德；它或者为统治阶级的统治和利益辩护，或者当被压迫阶级变得足够强大时，代表被压迫者对这个统治的反抗和他们未来的利益"（《马克思恩格斯全集》第20卷，第103页。）这是正确的道德观。两千多年前的先哲不可能有这样的观点。所以我们对于古来性善恶争论的内容，可不必管。我们只从董仲舒这段议论中揭示其中所含的逻辑意义而已。

最后，还有一点值得一提的，即董仲舒注意物类的不同，防止概念的乱用。他在《郊事》篇中直率提出以鹜当凫、凫当鹜之非。他说："鹜非凫，凫非鹜，……奈何以凫当鹜，以鹜当凫，名实不相应，以承大庙，不亦不称乎？"这里，他在祭祀的实际中要正起名来了。

第四节　逻辑和语法

逻辑和语法涉及思维与语言问题，董仲舒对此，既有所承藉，也有所创新。《春秋》、《公羊》与《谷梁》的分析是他的承藉所本。而语义定义法却为他的创新。兹分述之。

1．逻辑与语法分析的承藉。

逻辑和语法的关系，先秦时代已开始研究。墨辩中《大取·语经》即其著者。《春秋》一书，也涉及这一方面的问题。《春秋》注意一些词的定义，如"僖公十五年，己卯，晦，震夷伯之庙"条，《公羊传》解释道："晦者何？冥也。震之者何？雷电击夷伯之庙者也。"类此的定义，比比皆是，这就具有逻辑定义的意义。

《春秋》注意逻辑的定义，同时又注意语法的解释。有涉及连词"及"的，例如"隐公元年，三月，公及邾仪父盟于蔑。"《公羊传》解道："及者何？与也。会、及、暨皆与也。曷为或言会？或言及，或言暨？会，犹最也；及，犹汲汲也；暨，犹暨暨也。及，我欲之；暨，不得已也。"这不但说明了"及"的意义，而且还把与"及"相似的"会"和"暨"也加以说明，并进行它们间的区别了。

《春秋》还涉及到代词。如"桓公六年，春正月，寔来。"《公羊传》解道："寔来者，犹曰，是人来也。"

有的涉及动词的，如"文公元年，天王使毛伯来锡公命。"《公羊传》解云："锡者何？赐也。"

还有涉及状词的。如"宣公十五年，初税亩。"《公羊传》解云："初者何，始也。"

又有涉及介词的，如"昭公十七年，冬，有星孛于大辰。"《公羊传》解云："其言于大辰何？在大辰也。"

总之，《春秋》一书是既注意到逻辑定义的作用，也注意到语法上的区别。

董仲舒也注意到这一逻辑与语法的联系，这是《春秋》的遗绪。他在《深察名号》篇曾云："《春秋》辩物之理以正其名，名物如其真，不失秋毫之末。故名陨石则后其五，言退鹢，则先其六，圣人之谨于正名如此。'君子于其言，无所苟而已矣，'五石六鹢之辞是也。"这段解释本之《春秋》"僖公十有六年，春，王正月，戊申朔，陨石于宋五。是月，六鹢退飞过宋都"的记载来的。对于《春秋》这一记载，《公羊传》与《谷梁传》已有详细的申述。《公羊传》释道："曷为先言霣，而后言石？霣石记闻，闻其磌然，视之则石，察之则五。……曷为先言六，而后言鹢？六鹢退飞，记见也。视之则六，察之则鹢，徐而察之，则退飞。……"

《谷梁传》释云："陨石于宋五，先陨而后石何也？陨而后石也。于宋四境之内曰宋。后数，散辞也，耳治也。是月也，六鹢退飞过宋都，先数，聚辞也；目治也。……君子之于物，无所苟而已。石鹢且犹尽其辞，而况于人乎？故五石六鹢之辞不设，则王道不无矣。"

《春秋》只是简单记载了五石六鹢的不常见的现象，但《公羊传》与《谷梁传》则分别解释了这一记载的意义，与夫先石后五，及先六后鹢的理由。它们从思维次序与语法的先后密切相关上进行分析。认为陨石是从听觉的认识程序获得。陨石在天空上体积太小，不易觉察，但落到地上，则因其发生巨响声音传到耳朵后，得知有陨石从天降下。再往前检查，则知落下五块陨石，所以《谷梁传》称此为"耳治"，并认为这是一个分析判断。(analytical judgement)

六鹢的认识程序却不然，它是从眼的视觉得到的认识。视觉先见到六个鸟在天空飞。先见到的是六鸟；再察看一番，则六鸟为鹢鸟；最后则发见六鹢的飞行为退飞。所以《谷梁传》称之为

"目治"，就是说，以眼睛的认识为主，和前者之以耳的听觉为主不同，因而由此形成的判断为"聚辞"，即综合判断。(synthetical judgement)

从《公羊》和《谷梁》两传的分析，可以看到《春秋》的记载，既有逻辑的问题，也有语法的问题。而语法的程序是依于逻辑程序，语言是思维的物质外壳，思维是语言的实质内容，它们是紧密联系，而不可分割的。物数的先后，依于思维认识先后的程序所定。视觉数先，所以六鹢的语词，先"六"后"鹢"。听觉数后，所以五石的语词，先"石"后"五"。《谷梁》还把这两种不同表达的语句区分为"散辞"与"聚辞"，这即相当于普通逻辑的分析判断与综合判断。

董仲舒从两传的分析中，又再一步分析，认为五石六鹢之辞的记载，是圣人名物如其真的一种表现。从董仲舒神学世界观出发，世间任一事物都有它所谓真，此点前已分析。五石、六鹢，也当然有它们各自所具有的真。所以他说名物必须如其真，这一真，并不是我们可指的真实事物，而是事物本身所具有的"神性的本质"。因此《谷梁》称为"君子之于物"的物，到董仲舒改为"名"，而说"圣人之谨于正名如此。"董仲舒对于思维与语言的关系，逻辑与语法的问题上也纳入他的神学系统中，这是他的神学逻辑的特点。但逻辑和语法的密切联系，他是继承《公羊》与《谷梁》的传统而肯定了的。对于这点的肯定，也有它的积极意义。

2. 逻辑与语法分析的创新——语义学的定义法。

董仲舒的神学逻辑中，创造了一种语义学的定义法。当然，我称他为语义学和当今欧美的语义学派无关，我只是借用这名词而已。

董仲舒的语义学的定义法，有二种，即一从字音出发来解释词的定义，可称之为声义学。另一是从字形出发来解释词的定义，可称为形义学。但无论是哪一种都是为他的神学体系服务的。而前者——声义学是基本的，兹分述如下：

(1)声义学的方法。

声义学的定义法，即根据文字的声音来解释词义的方法。例如"号"和"谪"，两音相谐。大声嚎叫为"号"。这与"谪"音相谐。所以仲舒给"号"下个定义为"谪而效天地为号"。(《春秋繁露·深察名号》)

同样，"名"和"鸣"、"命"字音相谐，所以他说："名之为言，鸣与命也。"(同上引)

此外，如"王"字的意义，他也照样处理。他说："王者，皇也；王者，方也；王者，匡也；王者，黄也；王者，往也"。(同上引)皇、方、匡、黄、往，又和"王"同音，所以他规定王具此五特点，所谓王，即皇、方、匡、黄、往之谓。

同理，"君"字的声音，也和元、原、权、温、群五字的音相谐，所以他说："君者，元也；君者，原也；君者，权也；君者，温也；君者，群也"。(同上引)

仲舒的声义学的定义法，所选的谐音字不是随便选择的，而是由他的神学体系所决定，比如，他把"民"定义为"瞑"，而"瞑"的实质，即指那些最下层的劳动者，他们没有觉悟，所以要待王者的教化来教养与制裁。这显然表现出仲舒的定义学的方法是为当时封建统治服务的。"屈民而伸君"，(《春秋繁露·玉杯》)充分表现出他的地主阶级的偏见。

(2)形义学的方法。

这是从文字的形体来决定它的意义的。如"三画而连其中谓之王"。(《春秋繁露·王道通三》)三划代表天、地、人，连其中，即指通天、地、人之道；能通天、地、人之道的，只有圣王。所以说："三画而连其中谓之王。"

又如"忠"的定义，从"中"与"心"二字的组成决定，"心止于一中谓之忠"。(《春秋繁露·天道无二》)这是从他的天道无二的世界观推导而出。他说："天之常道，相反之物也，不得两起，故谓之一；一而不二者，天之行也"。(同上引)他主张一，反对二，就是照天道行事。因此，他把"患"定义为二中，即"持二中者为患；患，人之中不一者也"。(同上引)仲舒迎合汉武帝大一统的帝国雄图，主张"《春秋》大一统者，天地之常经，古今之通谊。"(《汉书·本传》)当然，要讲忠于王，并从文字上作出论证。所以他的形义学的定义法，也是为封建统治服务的。

董仲舒除了提出上述的语义学的定义之外，还提出类似普通逻辑所谓同语反复，他称之为同字相训的意义。如《天道无二》篇云："一者，一也；"《五行相生》篇云："行者，行也。"董仲舒之所谓一，是最高的天道，最高的范畴，例如以普通逻辑的定义言，其上没有更高的纲，当然无法下定义。列宁说过："下'定义'是什么意思呢？这首先就是，把某一个概念放在另一个更广泛的概念里"。(《列宁全集》第14卷，第146页。)当然，董仲舒不会体会到这样定义的局限性，他只是从他的神学体系的最高范畴，作出这一规定的。

"行者，行也"这和"一者，一也"微有不同。主词的"行"为名词，而谓词的"行"为动词。所以他说："天地之气，合而为一，分为阴阳，判为四时，列为五行。行者，行也；其行不同；故谓之五行"。(《吕氏春秋·五行相生》)五行各异其行，故称五行。从这样解释"行者行也"，依于主谓的含义不同，就不是同语反复。

董仲舒这种同字相训也有所本。《荀子·大略》篇云："友者，所以相友也。"《易·象辞》："剥，剥也。"汉刘熙《释名》一书，则通篇以同声为训，所以说："友者，有也，相保有也"。(《释名·释言语》)可知汉代同字相训已蔚然成风。

第五节　关于类似唯物名实观
与类似辩证法的解释

董仲舒除了以名号为他的概念论的重点外，也提到名实问题。上边曾言，董仲舒的概念论是以神学的名号观为中心，但在涉及国家统治的问题时，他却沿袭了先秦法家综核名实的理论，这也反映了西汉统治者阳儒阴法的一面。关于名实问题，讨论较系统的地方，要以《春秋繁露》最后一篇《天道施》为详尽。对这一貌似唯物的名实观，又怎样解释。是否这一名实观和他的名号观相冲突？关于这个问题，我们分析如下。

董仲舒在《天道施》中，首先提出名的作用说："名者所以别物也。"这是说名在于分别万事万物。这样，名是和客观的物联系着的。他进一步又说："万物载名而来"，圣人因物象而命名，就不是圣人命名以表达天意。在名与物的关系中，从上两段也可看出，是先有物而后有名；物是第一位的，名是第二位的。世间万物，原来没有固定的名称，在没有命名之前，你可用牛名命马，也可以用犬名命名羊。但既已用牛名命牛，就不能再用牛名命马。既然用犬名命犬，就不能再用犬名命羊。各种名称既定，就不能随便改易。为什么呢？因名以义相从，如犬性独，所以"独"字从犬；羊性群，所以"群字从羊"。这样，就不能象先秦诡辩家所说"犬可以为羊"了。

关于名的分类，董仲舒在这篇中也提到。他把名分为"洪名"和"私名"。《天道施》云："物也者，洪名也，皆名也。而物有私名，此物也非夫物。"这是承藉了先秦墨辩与荀子的余绪。"洪名"即墨辩所谓"达名"，也即荀子之所谓"大共名"。"私名"仍沿用墨辩的旧称。私名具有它本身的独特性，这即他所谓"此物非夫物。"

根据以上分析，董仲舒在《天道施》关于名实的看法基本是和先秦的唯物派一致。这样的名实观又怎样能和他的神学正名观一致呢？我们仔细分析，才发见《天道施》中有一句重要的话应当指出的，即"名号之由人事起也。"名号并不是真从客观的物中反映得来，只是由于圣人有礼义之教，因礼义而生名号；而礼义之原，又实出于天道。这样《天道施》通篇尽管模拟唯物派的说法，然而到头来，从根本处否定了全篇阐述，而归本于名号的神性。因此本篇的主旨并未与他的神学正名观冲突，唯物派的名实观只能是一种貌似而已。

其次，关于董仲舒是否具有辩证法思想问题，我们最后再来分析一下。

在分析之前，我们应回顾一下汉兴以来的阶级对抗情况。汉高祖夺取农民起义的胜利果实，建立了地主阶级专政之后，地主阶级与农民阶级的对抗性矛盾，日益尖锐。《汉书·食货志》云："至武帝之初，七十年间，国家亡事。……都鄙廪庾尽满，而府库余财，京师之钱，累百巨万，贯朽而不可校；太仓之粟，陈陈相因，充溢露积于外，腐败不可食。众庶街巷，有马仟伯（阡陌）之间成群。"这是描绘了少数皇族与豪族地主阶级对农民掠夺的财富。

另一方面，被剥削、被镇压的农民则陷入饥寒交迫的深渊。《汉书·食货志》又云："汉兴，接秦之敝，诸侯并起，民失作业，而大饥馑，凡米石五千，人相食，死者过半。"董仲舒说上曰："至秦……用商鞅之法，改帝王之制，除井田，民得卖买，富者田连仟伯，贫者无立锥之地。又颛川泽之利，管山林之饶，荒淫越制，逾侈以相高，邑有人君之尊，里有公侯之富，小民安得不困？……或耕豪民之田，见税什五，故贫民常衣牛马之衣，而食犬彘之食。重以贪暴之吏,刑戮妄加,民愁亡聊,转为盗贼, 赭衣半道,断狱岁以千万。"从董仲舒这段阐述中,可以看出他深感到阶级矛盾对抗的可怕。客观矛盾的辩证法,势必反映到思维意识中来,仲舒的一些对立矛盾的思想,即由此形成的。

董仲舒在《春秋繁露·基义》篇中,提出"物必有合"的理论。他说:"凡物必有合,合必有上必有下,必有左必有右,必有前必有后,必有表,必有里,有美必有恶,有顺必有逆,有喜必有怒,有寒必有暑,有昼必有夜,此皆其合也。"这里,董仲舒提到万事万物都有它们的合,而合是由两个相对性质的东西构成。比如上和下,相反相成,上下在位置上是相反的,但又是相成的,因无上便无下之可言,无下也就不成其为上。其它, 左右、前后、表里、美恶、顺逆、喜怒、寒暑、昼夜等等也都一样,它们中的每一对,都是相反相成的关系。相反相成构成一个整体,他称之为"合"。

从上分析,董仲舒两相反对的事物构成的"合",有似辩证法的对立统一。辩证法认为一切事物都由矛盾双方构成,然后才能推动事物前进。仲舒相反相成而为合的图式,颇有辩证意味,这在思想上或承藉于《易》,但在当时的政治经济的情况下,或受地主与农民阶级对抗的影响在他思想上的反映。这些问题,姑放在一边,我们只研究他的图式是否真是辩证的。

董仲舒的"凡物必有合"的图式,貌似辩证法,实则为形而上学。这是因为,第一,他讲的相反因素,其地位永不能改变;但辩证法的对抗因素,是可以通过斗争而互易其位置的。第二,辩证法的对抗因素,通过斗争而向前发展,但他的图式是循环往复运动的,结果复归原处。第三,仲舒所指的二相反因素,其一永处于支配地位,另一则为被支配的,阳兼于阴,而阴永远被兼于阳。第四,辩证法旨在对抗斗争,通过斗争来解除矛盾,而董仲舒旨在调和。实际上仲舒的"限民名田"的主张即表示他企图以微薄利益诱使农民屈服于地主，是企图调和地主与农民的阶级矛盾，维护地主阶级的统治。所以我们认为他的图式是形而上学，实质上并非辩证法。

董仲舒"天不变，道亦不变"的形而上学，三纲五常的伦理观支配了两千多年的封建社会，他鄙视科学研究，反对学术上的百家争鸣，这就妨碍了以后逻辑的向前发展。

第四章 《盐铁论》中的逻辑问题

第一节 盐铁论辩之由来

1.《盐铁论》一书的作者——桓宽。

西汉昭帝始元六年,(公元前81年)举行了一个关于盐铁官营的政策讨论会议。参加会议的有两个互相反对的派别, 即一为御史大夫,以桑弘羊为首的御史、大夫等, 是主张盐铁官营的一派。另一方为当时郡国所举的六十多位的贤良文学, 是反对盐铁官营的一派。两派互相争论, 互相攻击。这一盐铁会议的内容由桓宽整理记录起来,就成为《盐铁论》一书。

《盐铁论》作者桓宽,《汉书》里无传, 他是汉宣帝(约公元前73—52年)时人物,生卒不可确考。《四库全书总目》云:"《盐铁论》,汉,桓宽撰。宽,字次公,汝南人。宣帝时举为郎,官至庐江太守丞。昭帝始元六年,(前81年),诏郡国举贤良文学之士,问以民所疾苦, 皆请罢盐铁榷酤, 与御史大夫桑弘羊等建议相诘难。宽集其所论, 为书凡六十篇。……后罢榷酤, 而盐铁则如旧。"这是桓宽生平的一段简略的记述。

桓宽是治《公羊春秋》的一位儒生, 他虽对桑弘羊有几分称赞,认为他是"博物通士",(《盐铁论·杂论》)但桓宽始终站在儒生一边, 批评了桑弘羊。不过桓宽《盐铁论》争辩的记述, 还属客观,我们可以从中窥见双方辩论的内容与方法。因此,我选择此书作为西汉中期逻辑发展的资料,藉以观察其中提出的一些逻辑问题大辩论是有助于逻辑问题深入开展的。

2.盐铁论辩的焦点。

汉武帝对外用兵五十多年,其中以对匈奴的征伐为尤甚。为应付酷繁的军需,故采纳桑弘羊的建议,把盐铁和铸币之权收归朝廷官营。武帝元狩五年(公元前 118 年),孔仅、东郭咸阳大农丞领盐铁事。于是这些商人出身的人物成为掌握国家财权的要角。代表豪族利益的诸侯王丧失了盐铁、铸币等特权。当时由郡国推举的贤良文学之士出面反对盐铁官营,他们认为这是与民争利,(实则这个"民"是指有特权的豪族,不是指老百姓)造成国家不安。御史则主张盐铁官营的优点,不但可裕军需,而且还可富人民。文学反是,认为盐铁官营是使国益贫而民益穷的坏政策。以这一辩论为中心,连及铸币和平准、均输、抗击匈奴,抑与匈奴和亲等等问题的辩论,这就构成盐铁论辩的基本内容。

3.两派人物的思想特点。

桑弘羊一派重法治,推崇申、韩、商鞅与吴起等法家主张,反对孔子、孟子的仁政思想。他们虽也重视发展农业,认为"铸农器,使民务本,不营于末"。(《盐铁论·水旱》)但他们不放弃工商业,而是本末并举。"开本末之途,通有无之用",(《盐铁论·本议》)"农商工师,各得所欲,交易而退"。(同上引)他们反对贤良文学的董仲舒神学目的论,认为"禹、汤圣主,后稷、伊尹贤相而有水旱之灾"。(《水旱》)这和荀子的"天行有常,不为尧存,不为桀亡"的唯物观点相似。不过大夫们为推却水旱责任,认为"六岁一饥,十二岁一荒"(《水旱》)是自然界不可抗拒的"天道"所致,就有形而上学的定命论色彩。

大夫们着重实际,追求富利。认为"天下穰穰,皆为利往"。

（《史记·货殖列传》）因而他们反对孔、孟的空谈仁义，认为无补实际。"子贡以著积显于诸侯，陶朱公以货殖尊于当世"。（《贫富》）这是他们所向往的目标。

文学们的思想，主要是属于孔、孟儒家一派，他们讲仁义。提出"贵以德而贱用兵"。（《本议》）认为"王者行仁政，无敌于天下"。（同上引）

他们"贵德而贱利，重义而轻财"。（《错币》）主张"事业不二，利禄不兼"。（《贫富》）主张"不得兼利尽物"，（《错币》）即不得兼职，只有这样，才能"愚智同功，不相倾也"。（同上引）董仲舒曾说天不重与，有角者不得有上齿，傅其翼者，两其足，他也主张官吏不得兼营商业，所以文学们的思想和董仲舒是一脉相承的。

文学们主张"节用尚本，分土耕田"，（《力耕》）反对大夫们的追逐财利，向外扩充。以安贫乐道为荣，以钻营利禄为耻。"功积于无用，财尽于不急"是极大的浪费。他们在《散不足》篇中，深有感慨地谈到当时朝野的淫靡风气，说："宫室奢侈，林木之蠹也；衣服靡丽，布帛之蠹也；狗马食人之食，五谷之蠹也；口腹从欲，鱼肉之蠹也；用费不节，府库之蠹也；漏积不禁，田野之蠹也；丧祭无度，伤生之蠹也。堕成变故伤功，工商上通伤农，故一杯棬用百人之力，一屏风，就万人之功，其为害亦多矣！"

在这两派不同思想体系的互相辩论中，处处互相对抗，御史主盐铁官营，文学则主私营；御史主抗击匈奴，文学主与匈奴和好，御史主广土富利，而文学却主节用力田；御史主本末并举，而文学则主重本弃末；御史主法治，而文学则主礼治。因此，双方都广征博引，攻击对方为诡辞。御史攻击文学为"词若循环，转若陶钧，文繁于春华，无效于抱风。饰虚言以乱实，道古以害今"。（《遵道》）文学则攻击大夫为"阿意苟全，以说其上"。（《杂论》）他们是"道谀之徒"（同上引），以巧言蛊惑其上，施行诸多病国伤民的主张。我们分析《盐铁论》中的辩论，双方都有违反逻辑规律的论证，但同时也揭出了一些逻辑问题，值得我们注意。下一节即简论《盐铁论》中表现出的逻辑问题。

第二节　《盐铁论》中的逻辑问题

在盐铁争论中，双方都揭出了一些逻辑问题，值得我们探索。这些问题不是逻辑的理论问题，而是逻辑方法的运用问题。兹分以下五个方面，略谈如次。

1.概念明确的问题。

在有些争论中，概念的运用是不够明确的。因为概念不明确，争论就不易得出正确的结果来。比如"均输"和"平准"问题，是双方争辩的两个主题。但什么叫"均输"？什么是"平准"？双方的定义是有出入的。大夫给"均输"所下的定义是"郡国置输官以相给运，而使远方之贡，故曰均输"。（《本议》）因当时各诸侯国要把各地所出的土特产贡献给朝廷，因货物质量差，路途遥远，运输费大，往往货物运到京师，所值还不够运费，因此，政府在各地设均输官互相调运，便利远方纳贡。

什么叫"平准"？大夫也有定义，"开委府于京师，以笼货物，贱即买，贵即卖，是以县官不失实，商贾无所贸利，故曰平准。"（同上引）这就是在当时的京师设立贮存货物的仓库，买贱卖贵，使国家得实惠，商贾不能从中牟利。所以均输、平准，主要是平定物价，便利人民的一种措施。

但文学们并没有在"均输"、"平准"的基本定义上提出不同意见，却对实行"均输"与"平准"的许多具体的手续提出非难。最后得出结论说："未见输之均……准之平"，（《本议》）从而否定了"均输"与"平准"。

从逻辑的分析说，"均输"与"平准"的原则好坏是一回事，而使"均输"、"平准"得到良好的施行手续，发挥"均输"、"平准"的实效又是一回事。但文学所指是"均输"、"平准"的具体方法，而大夫所指却为"均输"、"平准"的原则。这样，"均输"和"平准"两概念就发生歧义。论题既有分歧，辩论就不能针锋相对，得出逻辑论辩的应有结果。同时，论题一转换，又会陷于偷换论题的逻辑错误。

此外，如本末之争，本指农业，末指商业，这是双方所一致的，但从双方的主张看，又不是那么清楚。例如文学主"崇本退末"，（《本议》）这是重农业，抑商业。但文学们力争盐铁私营，把煮盐和冶铁由少数豪富去掌握，那不是发展商业，又是什么？这又那能说崇本抑末呢？

大夫主张，"以末易其本"，（《力耕》）那就是用工商业来推动农业的发展。但他们又主张"富国何必用本农，足民何必井田也？"（《力耕》）只要能"运之方寸，转之息耗"（《贫富》）就可达到白圭、子贡之巨富，这就不是"本末并利"及"以末易其本"了。

一件事情的原则问题和实行这一原则所用的方法问题，是应区别开来的。原则如果正确，那末，方法如果不当，可以变换更为恰当的方法来贯彻，所以不能以方法之不当而否定原则的正确。比如冶铁事业，如果官营的原则为正确，就不能因为官营的品种单一，不能应付各地不同的需要为由，而否定冶铁的官营。抗击匈奴的战争，如果是正确的，就不能以战争耗费财力，或所争的为边境的不毛之地为由而否定抗匈战争的正义性。文学们把一件事情的原则和实现这一原则的方法混淆起来，这在逻辑上说，就犯了混淆两种不同的逻辑概念的错误，因而他们的争辩，不是针对敌对论题展开，而是转入一些枝节问题，所以不能取胜。

2. 推理的方式问题。

在盐铁论争中,逻辑推理的形式,是有一些发展的。它们的发展不是单纯的演绎,或归纳,或类比,而是在于复杂方式的运用。概括起来,约有三式。

1) 对比推论式。

对比推论即抓住论辩双方的要点,一一进行对比,然后得出结论。例如《利议》中有二段文学们对于御史的抨击,即用对比推论的形式。

(A)"能言之,能行之者,汤、武也。

能言,不能行者,有司也。……(1)

文学窃周公之服,有司窃周公之位。……(2)

文学桎梏于旧术,有司桎梏于财利。……(3)

主父偃以舌自杀,有司以利自困"。……(4)

(B)"夫骐骥之才千里,非造父不能使;禹之智万人,非舜为相不能用。…………(1)

故季桓子听政,柳下惠忽然不见,孔子为司寇,然后悖炽。

(贤人多)……由(1)反推导而得出……(2)

骥,举之在伯乐,其功在造父。……(3)

造父摄辔,马无驽良,皆可取道。

周公之时,士无贤不肖,皆可与言至治。……(4)

(4)由(3)导出。

"故御之良者善调马;相之贤者善使士。——今举异才而使臧驺御之,是犹柅骥盐车而使责之疾。此贤良文学多不称举也"。(5)结论

在上列的 A 式中,先用有司和汤武对比,次用周公之服与周公之位对比,再次用桎梏于旧术与桎梏于财利对比,最后得出有

司以利自困,犹主父偃以舌自杀的结论。

在B式中,先用造父御骐骥和舜之使禹对比,次用季桓子听政和孔丘对比,然后推出只有造父,马无驽良,有周公,士无贤不肖。最后得出结论说,善使士与善调马对比。反责御史为戫驺。

总之,在对比推论中,是从二者优劣形势作出比较,从比较才得出合理的结论,这是对比推论的一个特点。

对比推论的形式,在盐铁论中用得不少,这里通过盐铁的大辩论中,才发展出的一种逻辑推论形式,我们应予肯定。

2)联锁推论式。

联锁推论式是继先秦时代而有所发展的。兹举《禁耕》中文学们的一段推论为例。

"山海者,财用之宝路也;铁器者,农夫之死士(得力的工具)也。(1)

死士用,则雠仇(杂草)灭;雠仇灭,则田野辟;田野辟,而五谷熟。(2)

宝路开,则百姓赡而民用给;民用给,则国富;国富而教之以礼,则行道有让,而工商不相豫(欺诈)。(3)

人怀敦朴以相接而莫相利。(结论)

在这段联锁推论中,是由一个前提和两个联锁式组成。前提是两个并列的判断,而第二、三的联锁式则分别由前提中的一个宾项直接展开。第一联锁式从"死士用"连续展开,第二联锁式由"宝路开"连续展开,最后得出"人怀敦朴以相接而莫相利"(不在对方讨便宜)的结论。在形式结构上似比先秦时代更复杂而整齐些。

在《本议》中,有一段批评"平准"的推论,也采用联锁式。

"县官猥发(随便订措施),阖门擅市(垄断市场),则万物并收。(包揽所有货物) (1)

万物并收,则物腾跃。 (2)

(物)腾跃,则商贾牟利。 (3)

自市(政府经营商业),则吏容奸 (4)

豪吏富商积货储物以待其急,轻贾奸吏收贱以取贵,(所以)未见准之平也。"(结论) (5)

在这段联锁式中,(1)是前提,即以政府乱订措施,垄断市场为依据,再由两套联锁式,推到"平准"不平的结论。第一套联锁式,由(2)至(3),第二套联锁式,由(4)至(5)。这就是说,政府垄断市场,必然豪吏与富商互相勾结,一方屯积居奇,他方必然贱买贵卖,得益者是奸吏和富商,受苦的是人民。这样,文学们就否定了"平准"的政策。这段文学们的揭发,确是事实的真相。"平准"的政策,从理论上说是要抑制商人,但在事实上,不但不能抑制商人,反而帮商人发财。《汉书·晁错传》说:"今法律贱商人,商人已富贵矣,尊农夫,农夫已贫贱矣。"汉武帝也说:"吾所为,贾人辄知,益居其物,是类有以吾谋告之者"。(《汉书·张汤传》)可见文学们对御史的批评,并不是无的放矢。

在《本议》中,文学和御史,各有一段辩论,采用联锁式以互相诘难。文学说:

"夫文繁则质衰,末盛则本亏。 (1)

末修则民淫,本修则民愨。 (2)

民愨则财用足,民侈则饥寒生。" (3)

所以,盐铁、酒榷、均输应罢免。(结论)

在这段推论中,(1)以文质和本末互相消长进行对比,作为整个推论的前提。(2)根据(1)的本末消长的对立推导出民淫、民愨的相反结果。(3)又根据(2)推导出"财用足"与"饥寒生"的结论。最后得出盐铁、酒榷、均输应该罢免的结论。

在御史的反诘难中，也提出一段相同的推论。

"工不出，则农用乏。 (1)

商不出，则宝货绝。 (2)

农用乏，则谷不殖。 (3)

宝货绝，则财用匮。" (4)

故盐铁、均输，所以通委财而调缓急，罢之不便也。
在这段推论中，(1)说明工和农的密切关系，农事依靠工业制造工具来耕种。(2)说明商通有无的重要作用。(3)根据(1)的结论推导出来。(4)根据(2)的结论推导出来。最后得出盐铁、均输不能罢免的结论。

在这些联锁推论中，不是和一般联锁式直线推进，而是曲折回环，向前推出应有的结论。

3）连珠推论式。

在盐铁辩诘中，除了以上两种推论形式外，也采用连珠推论式。连珠推论始于韩非。到汉代又有所发展。任昉说连珠始于扬雄，(《文章缘起》)傅玄又说连珠兴于东汉章帝之世，(《文选》李善注)。实则具有逻辑推论意义的连珠应说始于先秦的韩非。汉以后，连珠又成为文学的一种体裁，就另有所发展。盐铁论诘中的连珠式是属于逻辑推论意义的。

盐铁论中的连珠体可粗分为二，即

1）并列连珠式。

例如《刑德》篇中，大夫的一段推论，即采用此式。

"令者所以教民也，法者所以督奸也。 (1)

令严而民慎，法设而奸禁。 (2)

网疏则兽失，法疏则罪漏。 (3)

罪漏则民放佚而轻犯禁——故禁不必，法夫侥幸；诛诚，赇蹦不犯。   **(4)**

是以古者作五刑，刻肌肤而民不逾矩。"（结论）

在这一连珠体中，从(1)到(4)都是两者并列，即"令"和"法"二者的并列，从(1)推导到(2)得"令严，民慎"、"法设、奸禁"。(2)到(3)用反推导法得出"网疏、兽失"、"法疏"、罪漏"的结果。结论(4)以两相反对的"禁不必"与"诛诚"得出"法夫（守法之人）侥幸"与瞯瞲不犯的相反结论。同时这一结论是总结以上（1）（2）（3）三前提得来的。将(4)代以肯定判断即为"古者作五刑，刻肌肤而民不逾矩。"

文学们反对以严刑治民，也采用并列连珠式。

"道径众，人不知所由；法令众，民不知所辟。   (1)

故王者之制法，昭乎如日月，故民不迷；旷乎若大路，故民不惑。   (2)

幽隐远方，折乎知之；室女童妇，咸知所辟。   (3)

是以法令不犯，而狱犴（音按，古乡亭监狱之称，朝廷监狱称"狱"。这里狱犴即泛指监狱）不用也。"（结论）

(1)用"道"与"法"并举和"不知所由"与"不知所辟"并举。从(1)推导到(2)，以"日月"和"大路"对举，"民不迷""民不惑"对举，从(2)到(3)更深入表达"不迷"、"不惑"，而以"远方知法，妇幼知辟"对举，最后推出不用刑狱的结论。

2）为比喻连珠式。

连珠原以"假喻达旨"进行推论，所以一般是带比喻性的。即以并列式言。也用"网疏兽失"和"道径众"等为比喻。不过比喻连珠，是从一开始即用比喻，以后逐层深入，也以比喻推进。兹举《轻重》篇御史一段的推论为例。

"水有獱獭而池鱼劳，国有强御而齐民（平民）消（削弱）。   (1)

故茂林之下无丰草,大块(板结土块)之间无美苗。 (2)

夫理国之道,除秽锄豪,然后百姓均平,各安其宇(居住、生活)。 (3)

．．．．．．．．．．．．．．

大夫各运筹策,建国用,笼天下盐铁诸利,以排富商大贾,买官赎罪,损有余,补不足,以齐黎民(贫富不悬殊)。(结论)

这段推论中,从(1)到(3)都用比喻。猵獭喻豪强,池鱼喻平民,茂林喻豪族之多,大块喻豪强独霸天下的恶劣环境。"除秽"喻拔除毒草,整个推论都在不同的比喻中进行,最后得出结论说,盐铁官营为除豪强之必需的措施。

在《申韩》篇中,也有二段御史的推论采用比喻连珠式。

(A) "夫衣小缺,襟裂(碎布)可以补;而必待全匹而易之。政小缺,法令可以防,而必待《雅》、《颂》乃治之。(1)是犹舍邻之医而求俞跗(黄帝时名医)而后治病,废汙池之水(积水池),待江海而后救火也。 (2)

迂而不径,阔而无务(说空话不做实事)。

是以教令不从而治烦乱。"(结论)

．．．．．．

(B) 犀铫(大锄)利钼(同锄),五谷之利而闲草之害也。明理正法,奸邪之所恶,而良民之福也。 (1)

故曲木恶直绳,奸邪恶正法。 (2)

是以圣人审于是非,察于治乱,故设明法,陈严刑,防非矫邪,若隐括辅檠之正弧剌(歪斜)也。 (3)

在这两段中,A项以"衣小缺"喻"政小缺",以"求医","救火"喻治国。B项中,以"犀铫利钼"喻"正法",以"曲木"喻"奸邪",以"隐括辅檠"喻刑罚,通贯全段都在比喻中层层推进。因此,我们特以比喻连珠称之。

3.论证的形式问题。

1)演绎论证。

盐铁辩诘中,双方的论证,采用演绎方式居多。他们论证的大前提即为双方争论的主题。大夫方面力争盐铁官营,而文学方面则力争罢免盐铁官营。为证明各自论题的正确,双方都尽量搜集各种理由作为论据,以证成其所说。

他们所举的理由,有些是事实的理由,但有的却为虚假的理由。事实的理由,根据的是当时发生的客观事实,这当然没有什么问题。但这些事实的理由是否能成为充足理由以证成其所说,却有问题。依我们分析,他们所举的虽为事实,但不全面,仅为片面,而片面理由就很难作出有力的论证。有时这些理由是事实,但还推不出他们的论题,就会陷于推不出来的逻辑错误。还有他们双方是从各自的集团利益出发进行争辩的,因此,他们各自所提的理由,难免带了阶级性。这样,就不是客观的真实的理由。兹就以上所提各点,把双方辩诘中的理由问题分析如下。

(1)理由的真实性。在《世务》篇中,大夫提出抗击匈奴必须有准备,他们举了春秋时宋襄公无备而为楚所败为论据。他们的论证如下:

论题:"事不豫辩,不可以应卒;内无备不可以御敌……"。

论据:宋襄公信楚而不备,……身执囚而国几亡……

匈奴贪狼,因时而动,乘可而发;飙举电至,而欲以诚信之心,金帛之宝,而信无义之诈,是犹亲蹯踔而扶(养)猛虎也"。

这里大夫们所举的例证是历史的事实,理由是真实的。匈奴的百约百叛,时犯边境,入侵内地,也是真实的。因而这些理由是真实的理由。

反之，文学们所提的历史事实，作为对抗大夫论题的论据，却不是真实的理由，成为虚假的理由。文学们的论证如下：

论题："去武行文，废力尚德，罢关梁，除障碍，以仁义导之，则北陲无寇虏之忧，中国无干戈之事矣。"

论据："三王之所以昌，秦之所以亡，齐桓所以兴。"（《世务》）这一论据却是不真实。因三王之昌，齐桓之兴，不专靠仁义，而有武事；反之，秦之亡并非由于兴武事，而由内政的失败。

在《本议》篇中，大夫以"盐铁、均输、万民所戴仰（拥护），而取给（取得给养）者"作为理由，论证盐铁官营的正确性。反之，文学们又以"开利孔为民罪梯"，以盐铁官营为扰民，而以罢之为是。这都不是真实的理由，因盐铁官营，一般人民并不能从中得到好处。得到好处的只是皇族地主和富商。盐铁私营只有豪族得到实益，人民也得不到好处。所以双方以"为民请命"为由，作为官营或私营的论据都是不真实，都是虚假的理由。

（2）理由的全面性。有些理由尽管是真实的，但还不能证明它的论题，在推论上说，叫做推不出来。

论据论证不了它的论题，有由于论据本身只是片面的理由，不是论题的全面理由。比如在《险固》篇中，文学们有一段论证，即陷入理由片面的错误。他们的论证如下：

论题："在德，不在固"。

论据："秦，左殽、函，右陇、阺，前蜀、汉，后山、河，四塞以为固，金城千里。良将勇士，设利器而守径隧，……然戍卒陈胜无将帅之任，师旅之众，奋空拳而破百万之师。"

仅有"险固"，不能必保其社稷；但无"险固"却不能保其社稷。这是有之不必然，无之必不然。部分的原因存在，该现象不一定即出现，但若无此部分原因，则该现象却不能出现，文学们以"险固"作为国家存亡的唯一理由是错误的。

大夫们也有一段和文学们一样,论据论证不了论题,尽管理由本身真实,但不全面。他们的论证如下:

论题:"恤来兵(怜恤招来敌兵),仁伤刑。

论据:"楚自巫山起方城,属巫、黔中,设杆(gǎn)关(亦称捍关,在今湖北)以拒秦。秦包商、洛、崤、函以御诸侯。韩阻宜阳、伊阙,要成皋、太行以安周郑。魏滨洛筑城,阻山带河,以保晋国。赵结飞狐,句注、孟门以存邢、代。燕塞碣石,绝邪谷,佽援(屏障)辽。齐抚阿甄(音绢),关荣、历,倚太山,负海河。关梁者,邦国之固,而山川、社稷之宝也。"

险阻对于防守国家是重要的,但不能因为只有它就可保障国家不受侵犯。受外敌的侵犯,还有其他的原因,如将相不和或内政腐败,民不聊生之类。

在《和亲》中,双方也有这样的片面理由。大夫认为"行义"、"好儒"只会败灭国家,举历史上春秋时的徐偃王、鲁哀公为论据。他们说:"昔徐偃王行义而灭,鲁哀公好儒而削。"但把徐国之灭于楚,归于徐偃王之行义,鲁之削于齐,归之于鲁哀公之好儒,则不全面。二国武备松弛,兵力不足,恐也是重要原因。

另一方面,文学们却举了"公刘处戎、狄,戎、狄化之。太王(即古公亶父,周文王的祖父)去豳,豳民随之。周公修德,而越裳氏(古南越的民族)来"论证"行仁义可化夷狄"的论题,也是片面的。因仅有文事而缺武备是不行的。

(3)理由的阶级性。在盐铁会议的争论中,双方从不同的集团的利益出发,搜集各自的理由。御史们代表皇族利益,文学们代表豪族利益。这是地主阶级内部的两个不同剥削阶层。他们对于盐铁官营，平准、均输、铸币，以至抗击匈奴等等的政策都从各自的不同利益提出理由。盐铁官营，文学们认为是与民争利，使富者愈富，贫者益贫。刑罚酷繁，不能止奸，反苦人民。御史则认为盐铁官营，所以夺豪民之资，铲除豪民搞分裂造反的经济基础，所以维护人民的正常生活。文学们认为平准、均输有如庸医治人，徒伤病体。御史则反是，认为平准、均输有如扁鹊治病，调剂阻滞，使血脉畅通。文学们批评商鞅、吴起和张汤等是败坏国家的罪人，而御史们却认为他们是有功之臣。

在抗击匈奴问题上，文学们认为边境苦寒不毛，以中原的财力、物力、人力去征伐匈奴为得不偿失。御史却认为，匈奴野蛮无信，百约百叛，屡犯中国，破坏人民的生产，扰乱人民的生活，故力主抗击匈奴。

因此，在许多社会历史问题的争论中，争论者本人的阶级和阶层地位不同，就影响到他们对于同一问题的不同看法。所以有关社会历史一些问题的原因分析，就会打上了一定的阶级烙印。这和自然科学现象的分析，比较能排除主观因素的影响，大有不同。这点是值得我们深切注意的！

2) 归纳论证。

在盐铁辩诘中，采归纳论证不多。即用归纳论证时，也是枚举归纳，还不是科学归纳。兹举《险固》中文学们的一段为例。他们的论式如下：

论题："阻险不如阻义。"

论据：(1)"昔汤以七十里为政于天下，舒以百里亡于敌国。

······

(2)使关梁足恃，六国不兼于秦；河山足保，秦不亡于楚、汉。"

(3)"吴有三江、五湖之难而兼于越。

（4）晋有河、华、九河而夺于六卿。

（5）齐有泰山、巨海而负于田常。"

在这一枚举归纳中和普通逻辑所讲的枚举法不同，即在于有的例证，还采用对比推论，如（1）与（2）。

在《非鞅》中，大夫有一段论证，也采枚举法。

论题："缟素不能自分于缁墨，圣贤不能自理于乱世。"

论据：（1）"箕子执囚。

（2）比干被刑。

（3）伍员相阖闾以霸，夫差不道，流而杀之。

（4）乐毅信功于燕昭，而见疑于惠王（燕昭王子）。……

（5）大夫种辅翼越王，为之深谋，卒擒强吴，据有东夷，终赐属镂而死。"

这段枚举法和普通逻辑所用的相似，它是以举例作为归纳概括的基础。这样的推证，只能得到盖然性的结论。盖然性的结论很容易被新发现的相反事例所推翻，澳洲黑天鹅推翻了前此天鹅色白的结论，即是突出的例子。天下的事例无穷，任何一个原则都可举一、二个例子以证成其说，因此仅依举例作论证是靠不住的。科学的证明重视旁证的作用者以此。盐铁争辩的双方都是属于地主阶级的知识分子，他们只知引经据典立论，不知自然科学为何物，当然谈不上科学归纳的逻辑理论。

4. 反驳法。

采用与论敌的论题相矛盾的事实进行反驳，这是以 O 命题去反驳 A 命题，是反驳的有力方式。在《水旱》篇中，大夫对文学们的天人感应论进行反驳，即采此式。

文学的论题："古者政有德则阴阳调，星辰理，风雨时。故行修于内，声闻于外，为善于下，福应于天。"

大夫们的反驳："禹、汤圣主，后稷、伊尹贤相也，而有水旱之灾。"

结论："故水旱，天之所为，饥穰，阴阳之运也，非人力故。"

在另外一些反驳中，不是以O驳A，或以I驳E，就很难驳倒对方。如文学提出政府铸铁器多属大型规格，不适各地使用，质量粗糙，连割草都困难，而且农民购买不易等等，批驳盐铁官营之不当。反之，大夫们用政府经营充裕，材料丰富，私人缺乏资本与工具，熔炼不够，反驳盐铁私营之不当。双方理由虽互相对立，但不是互相矛盾。它们可以同假，故不能以甲之真，证明乙之假，反之也不能以乙之真来证甲之假。文学与大夫双方所提的理由都可是真的，但都不是盐铁官营的原则问题。

5.因果关系的问题。

1)因果关系的断定。

因果关系的两种现象必须紧相接连，如a为b因，b为c因，c为d因，但a不能断为d因，因a与d之间插入了b和c，就不能断定a必为d因。御史们以秦二世之亡是由于"邪臣擅断，诸侯叛乱，……今以赵高之亡秦而非商鞅，犹以崇虎乱殷而非伊尹也"。(《非鞅》)秦二世之亡国的恶果，只能归咎于当时的直接原因，即邪臣赵高的擅断，它不能远推到几百年前的商鞅，商鞅不是秦亡的原因。

文学们在《论儒》篇中，也同样反驳大夫，认为齐王建之亡，归咎于威、宣之时重用儒生。他们说："齐威、宣之时，显贤进士，国家富强，威行敌国。及湣王奋二世之余烈，南举楚淮北，并巨宋、苞(征服)十二国，西摧三晋，却强秦，五国宾从邹、鲁之君，泗上诸侯皆入臣，矜功不休，百姓不堪。诸儒谏不从，各分散，慎到、捷子亡去，田骈如薛，而孙卿适楚。内无良臣，故诸侯谋而伐之，信反间，用后胜之计，不与诸侯从亲，以亡国。为秦所禽(擒)，不亦宜乎?"所以齐王建用奸臣后胜为相,不搞战备,是齐亡的真正原因,但不能远推到齐威、宣的重用儒生。这样,双方都认定两个现象的因果关系必须以紧相接连的条件为标准,才能断定,这是应该肯定的。

当然,因果关系的断定,除紧相接之外,还有无条件一条更加重要。如日夜相代乎前,虽紧相接连,但它们并无因果关系,因它们相接是以地球自转为条件的。如无此条件,则向日处将永为白昼,而背日处将永为黑夜了。因此,无条件与紧相接是断定因果关系的两个重要标志。当然,西汉中期的文学与御史是不知道这点的。但仅就紧相接连一点的断定,也是宝贵的,我们应予以肯定。

关于因果的断定,还有一点,即两现象之间,即在有 a,无 b,无 a 反有 b 时,那末,这二现象,没有因果联系。文学们认为汉武帝以后搞盐铁官营,民不聊生;反之,汉文帝时不搞盐铁官营,人民(当然指的是"豪民")反而安定。可见盐铁官营和人民生活没有因果的联系。(我们这里只指出这一分析在形式上的正确性,不是指他们的推论的实质。因为推论的实质是错误的。)

又文学们认为盐铁私营和叛乱无关,也采用同样的分析。如三桓专鲁,六卿分晋,不由于盐铁私营,而汉武盐铁官营时,反有淮南王的叛乱。

又如贤与用没有必然联系。伊、吕为贤而用,而箕子与比干却为贤而不用。殷之崇虎,卫之弥子瑕为不贤而用,而孔丘却为不贤也不用。这是自大夫们看孔丘,以孔丘为"怀古道而不能行,言直而行之枉,道是而情非"的"不达世务"者。(《相刺》)

总之,盐铁论的辩诘中,双方都涉及到一些因果关系的断定问题,我们应予以重视。

2)社会因果关系的复杂性。

（1）社会因果关系的复杂性表现为社会原因的多样性。比如治国之道，文事与武备都是同等重要的。仅有文事而无武备，必招致外敌的侵略；反之，仅有武备而无文事，又必陷于内乱。因此，在《险固》一篇的争论中，大夫提"阻险"，文学提"阻义"都陷于片面性，都没有看清国家富强的整体原因。

（2）社会因果关系的复杂性又表现为结果的多样性。比如以抗击匈奴为因，可以产生互相反对的结果。文学们认为抗击匈奴是"弊所恃以穷无用之地，亡十获一"。（《击之》）这就是说抗击匈奴为得不偿失，结果很坏。

但御史的看法不同，他们认为抗击匈奴，可以得到"抚从方国，以为蕃蔽"，（《击之》）可以"咸享其功"。（同上引）

这两种不同的结果，在某种程度上都会发生。一方面抗击匈奴，远征不毛之地，是要耗费大量财力物力的。但另一方面，抗击匈奴之后，使之和西域断绝，孤立无援，使匈奴一蹶不振，一劳永逸。

（3）因果关系的复杂性，又可依各人观点的不同，甲方的因果，乙方反倒果为因。在《地广》篇中，大夫认为"边境强，则中国安；中国安，则晏然无事"。这样"边境强"是因，而"中国安"是果。但文学们反是，认为"中国不安"才招致匈奴的入侵，他们认为，当务之急"在于禁苛暴，止擅赋，力本农"。（《地广》）这就是"安内"才能"攘外"，"中国安"是因，而服匈奴是果。

（4）社会因果现象的复杂性表现为它的历史性。历史的现象都是一度出现的。尽管有些历史现象的发生，前后十分相似，但毕竟因为时间与地点的不同，政治经济与民情的不同，而有它们本身的巨大差异。我们决不能形而上学地把相似的历史现象等同起来进行类比。

在历史上的各朝代，对外国用兵可以招致国家的兴旺，也可以招致国家的覆亡。汉武帝对外用兵五十多年,击败匈奴,威振西域,国家兴旺。相反,隋炀帝,东征高丽,招致农民起义,身死国亡。一样的对外用兵,但结果却相反。

对外和亲也有不同的结果。公元634年,吐蕃松赞干布向唐求婚,唐太宗允许文成公主出嫁吐蕃,结果吐蕃内附,西南边疆无事。但汉对匈奴也有和亲之事,但匈奴"百约百叛",结果不同。

总之,因果关系问题,出现在盐铁会议的双方争论中,是值得我们注意的。

通过本章的分析,《盐铁论》中的逻辑价值在于通过双方的辩论,涉及了一些推论和证明与反驳问题。在推论形式中是继先秦而有所发展,如对比推论和连珠推论等。在因果关系的分析中提出了断定因果必须以"紧相接连"为条件,这是值得肯定的。在因果关系的复杂性上,对果有多因、因有多果的关系也有分析,这些都是有利于归纳逻辑的发展。总之,《盐铁论》中所揭出的逻辑问题,在西汉逻辑思想的发展上是有一定价值的。

第五章 扬雄的数的演绎逻辑

第一节 扬雄的生平及其著作

扬雄字子云,是西汉蜀郡成都人。他生于公元前53年(汉宣帝甘露元年),卒于公元18年 (即王莽天凤五年),年71岁。

根据《汉书·扬雄传》(卷八十七)的记载,扬雄家贫,所谓"家产不过十金,乏无儋石之储"。(《汉书·本传》)但他安于贫穷,不汲汲于富贵。汉成帝、哀帝、平帝时,王莽等权倾一世,而"雄三世不徙官"。(同上引)王莽称帝,阿谀得官者众,而"雄复不侯",(同上引)终至投阁自杀,几死。看来,他是一位封建社会中具有儒生本色的学者。

扬雄是西汉古文经学家的重要人物,他和董仲舒的今文经学家立于正相反对的地位。董仲舒宣扬天人感应 的 神学目的论,而扬雄则反对谶纬迷信,批驳了神学唯心主义。因此,扬雄具有唯物主义和无神论思想,这对后来的桓谭和王充发生了深刻的影响。他虽在世界观方面赞扬老子的自然无为,但人生观方面则推崇孔子,宣扬封建的伦道,基本上属于儒家的思想体系。扬雄对先秦各家都有所批评,他说:"庄、杨荡而不法,墨、晏俭而废礼,申、韩险而无化,邹衍迂而不信"。(《法言·五百》)又说:"老子之言道德,吾有取焉耳;及其槌提仁义,绝灭礼学,吾无取焉耳"。(《法言·问道》)看来他对老、庄、墨、法、阴阳各家都不满意。但他对孔子却推崇备至。他说："山径之蹊，不可胜由矣；向墙之户，不可胜入矣。曰：恶由入？曰：孔氏。孔氏者，户也"。（《法言·吾子》）他又说："说天者，莫辩乎《易》；**说事者，莫辩乎《书》**；说体者，莫辩乎礼；说志者，莫辩乎《诗》；**说理者，莫辩乎《春秋》**"。（《法言·寡见》）他对孔子和孔子所传的经书，是五体投地信服的。

扬雄推崇孔子，服膺儒家经典，所以他的重要的两部著述，即以儒经为宗依。他认为"经莫大于《易》，故作《太玄》；传莫大于《论语》，故作《法言》"。（《汉书·本传》）当然，扬雄不但是一个哲学家，而且还是一位有名的文学家，写了许多著名的辞赋和有关语言文字的书，但当时及后来人对他许多著述的评价却扬抑各异。刘歆讥其复瓿，桓谭却赞其传世。宋代学者枢于封建的正统观念，又讥其为莽官，有失士子气节。朱子作《通鉴纲目》特称"莽大夫扬雄死。"程子也评其"曼衍而无断，优柔而不决。"苏东坡（轼）则讥其"以艰深之辞文浅易之说。"平心而论，扬雄的文才，是世所共认的。至于他的《太玄》和《法言》，虽号称为仿《周易》与《论语》，然亦有它的创造的一面。在逻辑思想方面，则以数的理论为骨干，构成他一套蕴涵的演绎推论。上以继承《周易》的象数之学，下以开展宋代邵雍的象数学，在中国数的逻辑方面是有功的，应该肯定的。

在中国历史中，数的注重，渊源甚早。《汉书·艺文志》谈到六种数术，即天文、历谱、五行、蓍龟、杂占和形法。这些数术的中心思想，即认为天道人事，均和数的变化有关。所谓"貌言视听思，心失而五行之序乱，五星之变作，皆出于律历之数……"（《汉书·艺文志》）又说："非有鬼神，数自然也……"（同上引）所以数自古被认为是天道人事的重要关键。

《尚书·洪范》讲数，《周易》也讲数，《洪范》九畴重视"九"

数，而《周易》却重视"二"的数，它以二为基，演出一套卦爻的全部结构，用以说明天道人事的变化。扬雄的《太玄》模仿《周易》，但他讲数时，却重视"九"数。例如，他讲天，则有九天，即"一为中天，二为羡天，三为从天，四为更天，五为睟天，六为廓天，七为减天，八为沈天，九为成天"。（《太玄·玄数》）他讲地，有九地，即"一为泥沙，二为泽地，三为沚崖，四为下田，五为中田，六为上田，七为下山，八为中山，九为上山"。（同上引）讲人，有九人，即"一为下人，二为平人，三为进人，四为下禄，五为中禄，六为上禄，七为失志，八为疾瘀，九为极"。（同上引）人有九体，即"一为手足，二为臂胫，三为股肱，四为要，五为腹，六为肩，七为暇嗌，八为面，九为颡"。（《太玄·玄数》）如此等等，可证扬雄之受《洪范》的影响者不浅。

古代传统上讲《周易》者，讲数，也讲象，因数不能离象，象亦不能离数，所以称象数之学。但数象二者孰先孰后，则有争论。一派以数为主的，认为数是基本，象是由数所生，这就是数生而后有象说。反之，以象为主的，则认为象生而后有数。扬雄的《太玄》世界图式，虽以类似物质性的"玄"为基，但"玄"的本是"一"，那么，他应属于数论派的。

西方古希腊哲学家毕达哥拉斯也以数为万物始基。他提出十对数，即有限与无限；奇数和偶数；一和多；右和左；男和女；静和动；直和曲；明与暗；善和恶；正方形与长方形。他又以点为一，线为二，面为三，立体为四；土是立体，火是四面体，气是八面体等等。总之，从毕氏看来，宇宙万物的基本原素，无非是数罢了。毕氏的理论正和我国的数论派一致。

那么，数和象（即形）究竟哪个是最基本的呢？从辩证唯物主义看来，二者都是同样基本的，它们都从物质的具体的东西，抽象概括得来的结果。宇宙的根本存在为物质本身，因此，数论者和象论者都是形而上学的看法。恩格斯说:"数和形的概念不是从其他任何地方,而是从现实世界中得来的。……为了计数,不仅要有可以计数的对象,而且还要有一种在考察对象时撇开对象的其它一切特性而仅仅顾到数目的能力,而这种能力是长期的以经验为依据的历史发展的结果。和数的概念一样,形的概念也完全是从外部世界得来的,而不是头脑中由纯粹思维产生出来的。必须先存在具有一定形状的物体,把这些形状加以比较,然后才能构成形的概念。"(恩格斯《反杜林论》,《马克思恩格斯全集》第20卷,第41页。)从恩格斯这段话中,可以看出数和形(即象)不是先天的东西,也不是人类悟性思维的东西,而是从物质界的具体东西不断经验概括得来的成果。只有物质是基础的,而数和形不过是具体东西表现于外的两种互不相离的形式。把两种不能割裂的东西,反而把它们分离了,而只认定其中的一种是基本的,那就陷入唯心主义和形而上学的泥坑。扬雄的思想基本上是唯物主义的,但由于他片面注重数,就难免羼杂了唯心主义,甚至还带了神秘主义,这就是他的缺陷。

第二节 《太玄》的数的逻辑结构

扬雄的《太玄》是仿《周易》写成的。我们首先把《太玄》和《周易》作一比较,然后再就《太玄》本身进行剖析,最后概括出它的数的逻辑规律。

1. 《太玄》与《周易》的比较,及其与《洪范》、《老子》的关系。

"易有太极,是生两仪,两仪生四象,四象生八卦"。(《周易·系辞传》)《周易》以二为基,由太极之一,而生两仪之二,此二即阴(--)和阳(一)的两爻。然后再由阴阳两爻重叠而成卦,这

·101·

479

即八卦。八卦再互相重叠即成六十四卦。每卦有六爻，因而共有三百八十四爻。这样，易的体系是由太极、卦爻等成分组织起来的。易即以六十四卦和三百八十四爻的变化来说明天道和人事的变迁。

《太玄》仿《易》，但它不用二作为基数，而用三的基数。《易》的二，是取象于两仪，即天地。而《太玄》的三，是取象于天地人之三才。《太玄摛》说："上拟诸天，下拟诸地，中拟诸人。"可见天地人是玄用三数为基的所本。《太玄图》说："夫玄也者，天道也，地道也，人道也，兼三道而天名之。"可见玄是包括天道、地道、人道三者，因此，"三生"、"三起"即成为玄构成的根本规律，这就是它之所以异于《易》的"二"了。

相当于《周易》的卦，《太玄》名为首，首共八十一，这和《易》的六十四卦相当。每首有首辞，即仿《周易》的卦辞。每首有九赞，共有七百二十九赞，赞有赞辞，即仿《周易》的爻辞。总之，《易》是以二为基，由二而八，由八而六十四，再由六十四到三百八十四。玄以三为基，由三而九（三的倍数），由九而八十一（九的倍数），再由八十一到七百二十九。所以，《太玄》的数和《周易》是不同的。

《太玄》的结构虽和《周易》不同，但它的目的却和《周易》一致，即它企图以八十一首和七百二十九赞的数的变化，来推演天道和人事的关系，形成它的数的逻辑演绎。

《太玄》数的演绎基本来源于《易》，但正如前节谈到的，我国古代关于数的论述，《周易》以外，还有《周书·洪范》也讲数。《洪范》重视"九"数之外，还重视"五"数，这对扬雄都发生了影响。此外，扬雄的"玄"也和老子有关。侯外庐把"玄"比拟于老子的"道"（《中国思想通史》，第2卷，第211页。）也是有根据的。"览老氏之倚伏"（《太玄赋》）和"观大易之损益"并提（同上引），就可证明。至于扬雄之以"三"数为基，其思想来源，基于三才，但老子也说："一生二，二生三，三生万物"(《老子》，42章)，这也给扬雄以启发。总之，《太玄》的数的结构和推演是取之于《易》，但《周书·洪范》和《老子》也给了不少影响。

扬雄的数的逻辑推演，到北宋是发生作用的。周敦颐的《太极图说》和邵雍的《观物内篇》，可以看到《太玄》思想的遗响。

2、《太玄》数的结构的剖析。

《太玄》数的结构怎样组成的，《太玄图》中提出了组织的两个原则，即"三起"和"三生"的二原则。扬雄说："玄有二道，一以三起，一以三生。以三起者，方、州、部、家也。以三生者，参分阳气，以为三重，极为九营。是为同本离末，天地之经也"。(《太玄图》)《太玄》数的划分，从"玄"的一开始，由"一"分为"三"。第一层的"三"，名为"方"，于是共有三方，即一方，二方，三方，这即"一玄都覆三方"。(《太玄图》)第二层，每一方又分"三"，名之为"州"，即一州，二州，三州，一共九州，这即"方同(共也)九州"(同上)。第三层名为"部"，每"州"各有三部，即一部，二部，三部，共为二十七部，这即"枝载数部"。(同上)第四层名为"家"，每部各有三家，即一家，二家，三家，这即"分正群家"。(同上)这样，从最高的"一"依次选分为"三"，即所谓"以三起"的原则。

扬雄仿《周易》的阴(--)、阳(一)二爻的符号，也创立了每一"首"的符号，即以一代表一，以"--"代表二，以"---"代表三。这样，每首方、州、部、家的构成，都用符号表达，如第一首为"中首"，即由第一方、第一州、第一部、第一家组成，它的符号结构，即为"☰"。第二首为"周首"，即由第一方、第一州、第一部、第二家组成，它的符号即为"☲"。以此类推，到最末一首为

"养首",是由第三方、第三州、第三部、第三家组成，它的符号则为"☰"。这里每首所用的数目都为三或三的倍数，就是"以三生"。即《玄图》所谓"三分阳气，以为三重"，"三重"即指"一一"，"一二"，"一三"。"三"的倍数为"九"，所以"极为九营"，营犹虚也。《易》有六虚，故玄三变为九虚。总之，玄数的一，是宇宙的根本，宇宙万物都从此一数产生，所以称为"同本"。从"本"演化为各个事物，则分离自成一体，所以称为"离末"。但末虽离，本为一，因而能"旁通上下，万物并也；九营周流，始终贞也"。（《太玄图》）在整个玄的结构中，七百二十九赞，终而复始，不失其正，时间的流转，周而复始。

《太玄》数的结构，除了以上"三起"、"三生"的原则之外，扬雄复兼采阴阳五行家的说法，把五行的数，参列入其中，这就是"三、八为木，为东方，为春。……四、九为金，为西方，为秋。……二、七为火，为南方，为夏。……一、六为水，为北方，为冬。……五、五为土，为中央，为四维"。（《太玄数》）这样，在九天的每一天中，其所含的九首，也同时具有五行的生数和成数，例如中天的第一首"中首"和第六首"庚首"为水。第二首"周首"和第七首"上首"为火，每首的五行性质是由它在每天内的数的次序决定。《易·系传》云："天一，地二，天三，地四，天五，地六，天七，地八，天九，地十。天数五，地数五，五位相得而各有合。天数二十有五，地数三十。凡天地之数，五十有五，此所以成变化而行鬼神也"，阴阳五行家即据此而配入五行之数。"天一生水，地六成之。""地二生火，天七成之。""天三生木，地八成之。""地四生金，天九成之"扬雄的五行数字配合和此一致。后来，宋代刘牧之所谓《洛书》，朱熹之所谓《河图》均本此。

扬雄把《太玄》的数和五行的数配合之后，更适用于数在空间和时间上逻辑推演，这涉及《太玄》数对空时和人事的逻辑演绎,当于以下各节分述之。

3.《太玄》数的规律。

从《太玄》所含的数的结构看,它不是杂乱无章的,而有它的一定的规律。这些数的规律即为它在空间、时间和人事上各方面的逻辑演绎的依据。

数的规律有二,一为在九数中,彼此互相关系的规律。二为在九数中,彼此盛衰消长的规律。兹分别释之于下:

1)数的互相关系规律。

《太玄图》中,扬雄总结为如下一段话,即:"一与六共宗,二与七并明,三与八成友,四与九同道,五与五相守。"这一数的关系的规律涉及五行的方位。因为一与六代表北方之数,即天一生水,地六成之。二与七代表南方之数,即地二生火,天七成之。三与八为东方之数,即天三生木,地八成之。四与九为西方之数,即地四生金,天九成之。五和五为中央之数,即天五生土,地十成之。而天一、地二、天三、地四、天五、地六、天七、地八、天

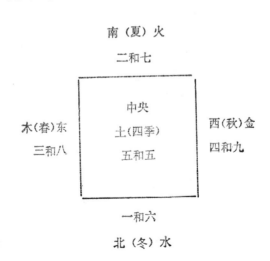

九、地十的数字配合是得之于《易传》的。

这一数的关系的规律,同时又涉及到五行的四季运转。一与六为北方之数,属冬。二与七为南方之数,属夏。三与八为东方之数,属春。四与九为西方之数,属金。五与五为中央之数,属土。兹以方形图表之。

数的关系的规律复支配着八十一首的部位。例如在中天的九首中,第一首与第六首为水,第二首与第七首为火,第三首与第八首为木,第四首与第九首为金,第五首为土。其余诸天内的九首,均可照此类推。这样,玄中所有各首的次序,都因其各自的数序的不同,纳入不同的部位。又因数位与四季配合,因而数的互相间的规律,同时也支配了一年中八十一首的流转。

2)数的盛衰消长的规律。

九数的内部不但相互间有一定的关系,而数的序列,还表达了盛衰消长的关系。

扬雄云:"自一至三者,贫贱而心劳;四至六者,富贵而尊高。七至九者,离咎而犯菑"。(《太玄图》)

这一规律分为三段,即第一段为"一至三";第二段为"四至六";第三段为"七至九"。第二段最好,第一段次之,第三段最坏。因而在这一数的序列中,五数是关键的,五以下是在发展,是好的,五以上是走下坡路,趋于衰亡。所以说"五以下作息,五以上作消。数多者见贵而实索,数少者见贱而实饶"。(同上引)数多的,好象高贵,但实际上已形消枯索;数少的,好象卑贱,但具有饶实的力量。

扬雄的数的发展规律,盛赞"五"数,这是由《洪范》之重视五数的启发,但它整个盛衰消长的概括,实由于一年四季阴阳流转的关系得来。这点,从他对一年中九天的流转消长的过程的解释,可以得知。扬雄把一年四季分为九天。即"一为中天,二为羡天,三为从天,四为更天,五为晬天,六为廓天,七为减天,八为沈天,九为成天"。(《太玄数》)扬雄并用阴阳消长来解释此九天的变化。他说:"诚有内者存乎'中',宣而出者存乎'羡'。云行雨施存乎'从',变节易度存乎'更',珍光淳全存乎'晬',虚中弘外存乎'廓',削退消部存乎'减',降坠幽藏存乎'沈',考终性命存乎'成'"。(《太玄图》)中天表示阳气开始萌芽于地中,这是一年十一月的情况,所以说:"诚有内者存乎中"。羡天表万物冒出土上,这是十二月的情况。所以说"宣而出者存乎羡"。从天表正月到三月,云雨时行,万物丛生,所以说"云行雨施存乎从"。更天主三月上旬到四月中旬,万物花开叶茂,如雨后春笋,变化迅速,所以说"变节易度存乎更"。晬天主四月中旬讫五月下旬,万物已由繁花似锦,变为硕果累累,故云"珍光淳全存乎晬。"廓天主五月下旬至七月上旬,是时虽阴气已潜生,但阳气旺盛,仍为炽烈的火象,所以云:"虚中弘外存乎廓。"减天主七月上旬到八月中旬,表万物开始衰落,所以说:"削退消部存乎减,"沈天主八月中旬讫十月上旬,这时万物已最后完成应该是摘实收藏的时候,所以说"降坠幽藏存乎沈。"成天主十月上旬至十一月朔,这时万物收检完成,此时阴气已极,而阳气又将复生于土中,故云:"考终性命存乎成。"这样看来,扬雄盛衰消长的数的规律,实建基于一年中阴阳盛衰,万物消长的变化。扬雄虽采孟喜,京房及易纬的"卦气"说,好象四季的变化是由于六十四卦的卦气发生作用,但扬雄九天的玄数解释,只是模拟万象的四季变化,变化的主体是客观的物自身,不是八十一首。所以扬雄的数论不是唯心主义的先验论,和西方古代的毕达哥拉斯及西方近代的杜林都不同。他是属于唯物主义的经验论。扬雄的《太玄》虽仿《周易》,他的写作却以客观自然为对象。他说:"夫作者贵其有循而体自然也。其所循也大,则其体也壮;其所循也小,则其体也瘠;

其所循也直,则其体也浑;其所循也曲, 则其体也散, 故不攘所有,不强所无。譬诸身,增则赘,而割则亏。故质干在乎自然,华藻在乎人事人事也,(司马光校多一"人事")其可损益欤?"(《太玄莹》)以自然为本,自然怎样就怎样,这就是唯物主义的态度。

第三节 《太玄》数的规律在空间、时间和人事上的逻辑演绎

扬雄以《易》为蓝本,依据西汉以来天文、历数的科学研究,写出他独特的《太玄》的数论。他依据他所拟的写作原则,以自然为对象,虽其中极其驰骋想象的能事,悬拟许多怪僻的专名,致遭宋儒"以艰深辞藻,文其浅陋"之讥。但《太玄》的数的结构,它的数的规律,还是有客观物质界的基础的。正因为如此,所以他才能把数的规律应用于空间、时间及人事三方面,导出他的逻辑演绎。本节专就数的规律在空间、时间和人事上的逻辑推演作一简单的分析。

1.数的规律在空间上的逻辑演绎。

数的规律在空间上的逻辑演绎,主要指第一条规律,即九数中相互关系的规律。空间即指四方上下的宇的结构。这一结构,如何生成,我国古代有二种不同的说法,一为《易传》的说法, 一为阴阳五行家的说法。阴阳五行家是以五行的方位解释空间的不同位置的,即木为东方,火为南方,水为北方,土为中央。以图表之。

《易传》的解释不用五行,而用八卦说明。八卦即指乾、坤、艮、巽、坎、震、离、兑。坎、震、离、兑是四方卦,艮、巽、坤、乾是指四隅之卦,这就是所谓"四正四维"。以图二表之。

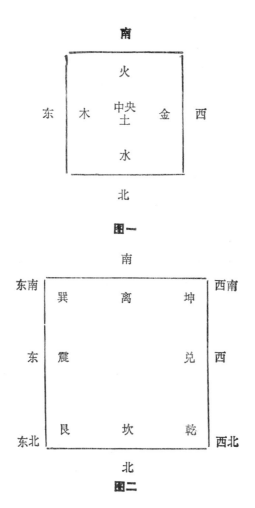

南

火

东 木 中央土 金 西

水

北

图一

南

东南 西南

巽 离 坤

东 震 兑 西

艮 坎 乾

东北 西北

北

图二

　　到了汉代,五行与八卦二说结合起来,成了汉代以象数讲易的汉代易学的特点。扬雄的《太玄》九数中的相互关系的规律,正表现出汉代象数学的特征。二者结合的关键, 即在九数的排列上。我们以下分析九数排列的根源。

九数方位排列的来源,当上溯《礼记·月令》所说。《礼记·月令》解释了"明堂"的"九室"。即"二九四、七五三、六一八"。"明堂"是古代帝王发号施令的地方。帝王居"明堂"发号施令,不但有政治意义,而且有宗教意义。"明堂"的"九室"和《月令》所说天子一年四季的居室正相合,以图表之如下:

　　在上图中的每一格代表"明堂"的一个室。每一室都有一定的数字。第一排三室为二、九、四、第二排三室为七、五、三,第三排三室为六、一、八。每一横排和竖排的数相加都为十五。对角线的三数相加,也是十五。这个"明堂"室数的表列,即形成了后来宋代刘牧之所谓"河图",朱熹和蔡元定之所谓"洛书"。"**戴九履一,左三右七,二四为肩,六八为足。**"如下图所示:

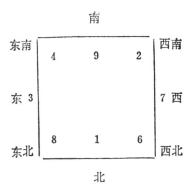

从上图即以数入象的数论解释。数是基本，象由数生，数生然后有象。古希腊毕达哥拉斯以相续奇数之和，可以排成正方形，如下图：

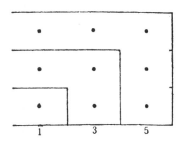

以相续偶数之和，排成一个长方形，如下图：

所以，毕达哥拉斯派以奇数为正方形的基础，偶数为长方形的基础，这即和我国的数论派相同。

在《太玄图》九数的相互关系的结构中，"一六"为一组，它的形象是水。"二七"又为一组，它的形象是火。"三八"又为一组它的形象为木。"四九"又为一组，它的形象为金。"五五"单独成组，它的形象为土。木在东方，所以"三八"为东方之数。金

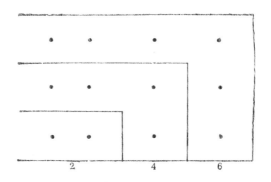

在西方，所以"四九"为西方之数。水在北方，所以"一六"为北方之数。火在南方，所以"二七"为南方之数。"五"在中央，所以"五"为中央之数。这样，从一到九，不但各自入了象，而且各自以数定空间的方位。而"太玄"数中的"一六"、"二七"、"三八"、"四九"、"五五"正和"明堂"的"九室"分布相当。从此，也可以看出扬雄的"太玄"虽本之于"易"，但以数入象之后，明显地参以五行的解释。扬雄的数的结构，显出他汉人讲易的特点，即八卦和五行是合糅在一起了。

以数入象，在《太玄》的八十一首中，也因九天的数序不同，确立每天的部位。如第一中天，共有九首，第一首为中首，第二首为周首，第三首为礥首，第四首为闲首，第五首为少首，第六首为戾首，第七首为上首，第八首为千首，第九首为狩首。一与六共宗，所以中首与戾首属水。二与七并明，所以周首与上首属火。三与八成友，所以礥首与千首属木。四与九同道，所以闲首与狩首属金。五与五相守，所以少首属土。这样，每一天的每一首因其各自的数序，而分别构成五行不同的形象。其余羡天、从天、更天、晬天等等的所各自包含的九首，亦可依序数的不同，而使它五行化。

在九天的序列中,也可以依九天的序数不同,而分别形成九天的不同部位。从中天开始以至最后的成天,分别代表了东南西北等四方的方位,这和一岁阴阳气的流转是结合的,我们讲到第二条规律时,当另作详细解释。

2.数的规律在时间上的逻辑演绎。

数的规律在时间上的逻辑演绎,主要指上边所讲的第二律,即数的盛衰消长的规律。盛衰消长是一个时间变化的过程。而这一过程不外乎"始"、"壮"、"究"三段。即任何事物都有它的初生,这即一物的开始;有它的壮大,这即一物的旺盛;有它的衰亡,这即一物的完成。《太玄》数的盛衰消长的规律云:"自一至三者,贫贱而心劳;四至六者,富贵而尊高;七至九者,离咎而犯菑"。(《太玄图》)

这里"一至三"是第一段,"四至六"是第二段,"七至九"为第三段。"一至三"是物之始,"四至六"是物之壮,"七至九"是"物之究"。把这一数的三段发展的规律在时间上作出逻辑的演绎,即可说明一年中季节的变化,《太玄》图的八十一首的递变,也在这一数的盛衰消长的控制之中。

我们现在要追究一下,一至九的数,怎样会套入时间的象去呢?它是怎样以数入象的?解决这一问题,当从《易》的九数分析入手。

《易》以卦爻说明阴阳气之流变。《易·系传》云:"易有太极,是生两仪,两仪生四象,四象生八卦。"太极的一(亦称"太一")生两仪的二(乾坤,即天地),天地有春秋冬夏之节而有四时,四时各有阴阳刚柔之分,则成雷、风、水、火、山、泽之象。这即八卦:乾、坤、艮、巽、坎、震、离、兑的八种不同卦象。以八卦配入时间,则震为东方之卦,位在二月。巽为东南方之卦，位在四月。离为南方之卦，位在五月。坤为西南方之卦，位在六月。兑为西方之卦，位在八月。乾为西北方之卦，位在十月。坎为北方之卦，位在十一月。艮为东北方之卦，位在十二月。这样，八卦之气成，万物生长收藏之道备，这即八卦和时间流转的结合。

但要追究一至九的变化，除了八卦本身的变化之外，还须分析一至九的数字变化。

《易》讲变，"易变而为一，一变而为七，七变而为九。九者，气变之究也，乃复变而为一（郑玄说，此"一"应为"二"。二变而为六，六变而为八，则与上七、九意相协）。一者形变之始。清轻者上为天，浊重者下为地。物有始，有壮，有究，故三画而成乾。乾坤相并俱生，物有阴阳因而重之，故三画而成卦。三画以下为地，四画以下为天，物感以动类相应也。易气从下生，动于地之下，则应于天之下；动于地之中，则应于天之中；动于地之上，则应于天之上。初以四，二以五，三以上，此之谓应"。（《易纬·乾凿度》）一、七、九是阳的三个发展阶段。二、六、八是阴的三个发展阶段。阳变七之九，阴变八之六。阳动而进；阴动而退。在阳的数目发展中，一、三、七、九为阳之数，一为阳之初生，三为阳之正位，（郑玄注说："圆者径一而周三"）七为阳之象，（郑玄注说："象者爻之不变动者"）九为阳之变。阴数之发展为二、四、六、八。二为阴之初生，四为阴之正位，（郑玄注"方者径一而匝四"）八为阴之象，六为阴之变。据《易纬·乾凿度》所说："阳动而进，变七之九，象其气之息也。阴动而退，变八之六，象其气之消也。故太一取其数以行九宫……。"一年阴阳盛衰消长之变，万物生长削落之迹，皆可于九数的递变中求之。

扬雄《太玄》数中的发展变化，分为三组，即第一组为"一至三"，第二组为"四至六"，第三组为"七至九"。第一组象征物之初生，第二组象征物之壮大，第三组象征物之消亡，这与《易》阴阳之变相符。阴阳数的递变，阳的一、七、九，阴的二、八、六也都是分为三段，表达阴阳的初生、成长与消亡。所以扬雄的《太玄》数是受到《易》的影响的。当然，他的时间的递变观念，也受到西汉以来的天文历法的影响，也是毫无疑问的。《易》的卦气说与扬雄的八十一首的四季说明，都具有一些科学价值，七十二候与二十四节气的变化，至今仍为我国人民种植农作物的依据。它的科学价值是无可怀疑的。现在我们结合卦气的变化，分析太玄八十一首的岁序流转，证明扬雄的数的盛衰消长的规律在时间流变上的广阔应用。

扬雄的八十一首岁序流转和卦气的分析，基本上是一样的，六十四卦中，坎、震、离、兑为四正卦，主四时，每卦六爻，每爻分主二十四气中的一气。坎初六，主冬至；震初九，主春分；离初九，主夏至；兑初九，主秋分，其如各爻分主二十气。如坎九二，主小寒；坎六三，主大寒；坎六四，主立春；坎九五，主雨水；坎上六，主惊蛰。如此类推，这是卦爻与二十四气的关系。

六十四卦中，除了四正卦外，还有六十卦，卦主六日七分，八十分日之七，即一日之八十分之七。一年三百六十五日又四分日之一。每卦六日，共三百六十，尚余五日又四分之一日。每日分为八十分，则五日又四分之一日，共四百二十分。以六十除四百二十，每卦得六日七分。

扬雄把太玄的九天，分布于一年的流转中，每天包括四十日，《太玄图》所谓"始于十一月，终于十月，罗重九行，行四十日"。则九天共为三百六十日。每年共有三百六十五日又四分日之一，则九天中的八十一首，每首主四天多。这和《易》之卦气的算法相差不多。

在阴阳气的循环流转上说，扬雄所说，也和《易》的卦气说相同。阳生于子,这即中首所占的时候,相当于十一月,冬至,正北方。这时,阳气将萌生,所谓"阳气潜萌于黄宫,信无不在其中。"阳气极盛于巳,位在四月。阳气极盛时,也就是它开始衰微时,这时阴气开始萌发,所以说"阴生于午",那是应首所占的位置,时值五月,夏至,正南方。阴气极盛在亥十月,位在西北。但阴盛时,也就是它开始衰微时,这时阳气又复萌发。如此阴阳互相消长,循环无端。兹以图表之于下,更可看得清楚:

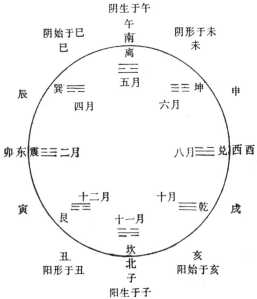

上图是《易》在八卦中、阴阳二气在一年十二月中的盛衰消长。阳始于亥,在十月;生于子,在十一月;形于丑,在十二月;极盛于巳,在四月。但阳极盛时,也就是它开始衰微时,因阴始于巳。此时,阴已潜生,所以阴生于午,时在五月;极盛于亥,即十月。阴极盛时,也即它开始衰微时,此时阳已潜在地中,到十一月冬至阳生。如此,终而复始。

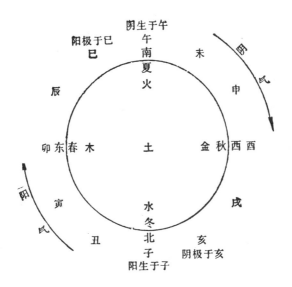

上图为扬雄在《太玄图》中所表述的阴阳二气在一年四季中盛衰消长图，基本上是和《易》的卦气说一致。《太玄图》云："是故一至九者阴阳消息之计耶？反而陈之，则阳生于十一月，阴终十月可见也。午则阴生于五月，阳终于四月可见也。生阳莫如子，生阴莫如午。西北则子美尽矣；东南则午美极矣。"阳生于子，终于四月。阴生于午，终于十月。阳尽阴生，阴尽阳生，阴阳生尽的时间计算和《易》的卦气说是一致的。

把一年中的阴阳消长表以太玄中的八十一首，则其盛衰消长，循环如下：

第一首为中首。中首者"阳气潜萌于黄宫，信无不在乎中"。（《太玄经》）中首时值十一月，阳生于子，万物潜萌于地下，土色黄，故称黄宫。阳气运行至第十三首为增首，增首者"阳气蕃息，物则增益，日宣而殖"（同上引）相当于四月，万物苗壮成长，枝叶茂盛。阳气运行到第三十六首为强首,强首者"阳气统刚,乾乾万物莫不强梁"。(同上引)这时阳极盛,阳气一统而刚乾在上,万物最为强盛之故,相当于五月,阳至极盛时,阴已萌生于下,这是阴生于午。到第四十一首为应首时,"阳气极于上,阴信萌乎下,上下相应"。(同上引)到此阳走下坡路,阴起而代之,步步高涨,相当于六月。运行到第四十九首逃首时,"阴气章强,阳气潜退,万物将亡。"逃首行属于金,"时值八月谓之逃者,言是时阳气当退而未讫,阴气当上而未腾,阴阳之气,更相避逃,故谓之逃。"(同上引)到七十八首将首时,"阴气济物乎上,阳信将复始之乎下"。时值十月,阴极盛的结果,阳气又将萌发于地下。而至此,一年之阴阳运转终而复始,八十一首之随阴阳盛衰流转,即如此者,以图表之如下:

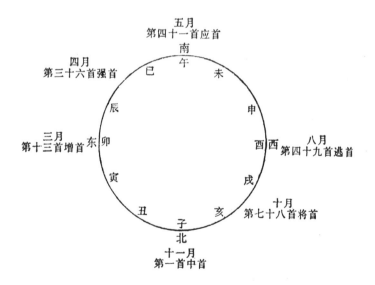

上图表示八十一首中,中、增、强、应、逃、将六首的阴阳盛衰

消长的明显变迁，阳气始于中首，而极于强首。阴气始于应首而终于将首。阳极则阴来，阴极则阳来，如此循环无端，周而复始。

以上边八十一首对应一年之日数时，每首主四天多。但表述阴阳气的运转时，则"中"、"增"、"强"、"应"、"逃"、"将"六首的距离不一。这点《太玄图》中没有说明。在《易》的卦气流转中，也只有十二辟卦，即复、临、泰、大壮、夬、乾、姤、遁、否、观、剥、坤，表示阴阳盛衰流转较为显著，其余诸卦，却不如此明显。可见想把宇宙间的具体变化，套入人们主观的某种框框，总不免于凿枘，很难完全一致。

3．数的规律在人事上的逻辑演绎。

扬雄的数的盛衰消长的规律，不但可应用于自然界，而且还可运用于人们的心思行动上。他在《太玄图》中说："故思心乎一，反复乎二，成意乎三，条畅乎四，著明乎五，极大乎六，败损乎七，剥落乎八，殄绝乎九。生神莫先乎一，中和莫盛于五，倨剧莫困乎九。夫一也者，思之微者也；四也者，福之资者也；七也者，祸之阶者也；三也者，思之崇者也；六也者，福之隆者也；九也者，祸之穷者也。二、五、八，三者之中，福则往而祸则承也。"在这一段中，扬雄也运用三段式规律，第一段为"始"，第二段为"壮"，第三段为"究"。按这三段盛衰消长的关系看，第一段是事业的萌发阶段，为内心的思维活动，由起念（思之微），而推理（思之反复），而成意（反复成意，得出结论）。第二段为根据意念之成而见诸行动，发展壮大；第三段为壮大后产生新的矛盾问题，为旧计划所不能解决，终至于必须抛弃原定计划而另起炉灶。但就某事业的发展全程说，至此已完全结束。

扬雄在这一段九数分析中，虽然涉及到思维和行动的关系，但其主要目的，并不在逻辑的思考过程，而在思考过程带来的实际结果，即福祸的效益上。福与祸互相对立，犹之阴与阳之递相转化。一至五是福的发展阶段，而六至九却为祸的发展阶段。祸极则福至，福极则祸来，扬雄这里是讲的祸福两极的机械循环论。

在封建社会中，一般人所谓祸福，必然是与富贵和贫贱相联系的。贫贱是祸，富贵是福，但贵以贱为基，富由贫而进，扬雄把人分作九等，即"一为下人，二为平人，三为进人，四为下禄，五为中禄，六为上禄，七为失志，八为疾瘀，九为极"。（《太玄数》）下人相当于"下愚"，潜隐勿用。"平人"指无官号的常人。"进人"指能进德修业的人。"下禄"指士大夫至公侯。"中禄"指天子。五为土，土为宫，宫居中央，天子居中食禄。"上禄"指宗庙，六为阴位，而尊者莫过宗庙。"失志"指狂荡之王陵。"疾瘀"指废圮之庙。"极"指位高戒危，极于九也。

根于这一分析，处贫贱者不必忧虑，处富贵者不必骄矜。因贫贱和富贵正好是福祸的具体表现，而祸福则是受数的三段规律的支配，任何人也不能有力量来改变它。

人的一生的发展也可用这一规律来说明。人从出生而幼年，而少年，这是相当于第一段成长的阶段。从少年进入壮年，则转入第二段成熟壮大的阶段。再到发育壮大的顶点，即转入衰老和死亡阶段，这即第三段。

人由生到死的整个发展过程是生与死的两种对抗力量的搏斗。第二段之前，生力超过死力，即表现为生机蓬勃的旺盛气象。第二段之后，死力超过生力，即表现为形容枯萎的现象，终至于死力完全战胜生力，而使生命归于消灭。

某一事业的发展，也可有类似始、壮、究的三段发展，而为数的发展规律所控制。从某一事业计划的制订，而见诸施行，为第一阶段。施行后逐渐扩充发展，即入于第二段。扩充发展后，由于内部新矛盾的出现,为原有机构之不易克服而走入第三阶段。最后,竟至冲破原有框框,而不得不全部改弦更张,另起炉灶,到此,就某一事业的原始言,已归结束。

我们也可说,在整个事业发展过程中,也有两种对抗力量斗争着。一个是成功的力量,一个是挫败的力量。成功超过挫败,即表现为发展;成功弱于挫败,则表现为衰败。终至挫败之力压倒成功之力,而归于破灭。

一年四季中阴阳盛衰消长的过程是无法用人力控制的。是否在人事的三段变化过程中,可施以人力的控制,即使生力永远超过死力,成力永远超过败力,福永远不为祸所乘,而永葆福寿康宁呢?照上边扬雄的解释,对这一问题的答复是否定的,作为数的第二条规律,无论自然和人事本身都是同等的。老子企图用柔道的方法,阻止对立面的转化。他讲了一些如何使对立面不致转化为失败的一面,即是使原先的一面,事先容纳它的反面,所以说:"大成若缺,其用不弊;大盈若冲,其用不穷;大直若屈;大巧若拙;大辩若讷"。(《老子》45章)但照扬雄的三段的数的发展规律看,老子这些办法是徒劳的。因为客观的规律是无法以人意为转移的。扬雄就是运用他的这种数的规律来和西汉以来的天人感应,神仙迷信思想作斗争,有力地批判了董仲舒所宣扬的神学目的论。就这点说,扬雄是有功的。其详当于下节阐述之。

第四节　扬雄的证验逻辑及其辩证的逻辑思维

1.扬雄的证验逻辑。

扬雄数的演绎逻辑是一个以数为依据的特殊演绎系统。他在《太玄》数的系统中，有以三为基础的一整套的方、州、部、家的结构，有"三生"、"三起"的结构规律。在应用数于空间、时间及人事的分析上，复作出九数间的互相关系的规律及九数间盛衰消长的规律。这些我们已毕述之于前节中。

扬雄数的演绎体系也不是凭空虚构的。而是从西汉以来的天文、历法及实际上阴阳二气的变动归纳概括得来。他不同于西方古代的毕达哥拉斯，也不同于西方近代的杜林，把数视为先验的东西，这点我们在前边也提到过。

根于以上分析，扬雄的数的逻辑，基本上是演绎的，但他并不完全抛弃了归纳。不过他对归纳并没有作出分析。因此，在他的逻辑思想中，归纳似乎并不占有什么位置。

如果我们说在扬雄的数的逻辑中，也涉及到归纳的一个重要方面的话，那就是他特别重视证验，归纳是以客观事实的观察和证验为基础的。从可靠的观察到的或证验到的事实中归纳得出普遍的规律，这是归纳逻辑的特征，而扬雄却是十分重视证验的。他说："君子之言，幽必有验乎明，远必有验乎近，大必有验乎小，微必有验乎著。无验而言之谓妄，君子妄乎不妄？"(《法言·问神篇》)扬雄这里把区别真伪的标准建基于能否经得起证验上。这是十分正确的。科学的断定即在实验的基础上，否则不能证验之言，不能证验之事，那就只能是妄言和荒诞之事。扬雄举着这面逻辑证验的大旗来和西汉以来的神仙迷信、谶纬妄诞、天人感应诸谬说作斗争。

在扬雄以玄为基础的数的逻辑中，基本上是唯物主义的，所以他具有无神论倾向。他在《法言·重黎篇》说："或问赵世多神，何也？曰'神怪茫茫，若存若亡，圣人曼(曼，无也)云'。"世传神怪之说，是无法证验的。无法证验的东西，圣人是不谈的。

神怪是渺茫的，不可信的。至于神仙之说，更是**欺人之谈**。古代许多圣王，往往传说他们死后神化而为仙，实则从**历史证明**，他们死后都有墓葬。他们死了，并没有成仙。《法言·君子篇》说："或问，'人言仙者，有诸乎？'曰：'吁！吾闻**伏羲、神农殁，黄帝、尧、舜殂落而死。文王毕，孔子鲁城之北。独子爱其死乎？非人之所及也，仙亦无益子之汇（同类）矣！'**"这和西汉今文经学家把孔子当成神，说什么孔子是"黑帝之子"，正互相对抗。

那么，没有神仙的话，又从何处得到神仙的语辞呢？扬雄回答说："语乎者，非嚣嚣也欤？惟嚣嚣能使无为有"。（《法言·君子篇》）所谓"嚣嚣"，即众口喧哗，人云亦云，如市集群众，往往一哄而起。三人成市虎，即此之由。市中本无虎，惟以讹传讹，终以为真。神仙之说，即以无为有的一种。实则神仙的传说，是经不起证验的。秦始皇迷信方士，以为徐福所传的海上三神山为真，结果，终被徐福所骗，贻笑千古。

扬雄以逻辑的证验为武器，批判了神怪和神仙的谬说。他认为"有生者必有死，有始者必有终，自然之道也"。（《法言·君子篇》）从他的数的三段规律出发也必然要否定长生不死之说。生死是有生命的动物的必然发展过程。人由幼而壮，由壮而老，由老而死，这一生理的自然发展过程是受数的三段规律的支配，人是无可奈何的。妄图生而不死，那是不可能实现的幻想。神怪和神仙的传说，既经不起实际的证验，也和数的发展规律相背违，其为妄说，当可无疑了。

扬雄不但否定神怪和神仙的传说，坚持了无鬼论，而且对于阴阳家（邹衍）所传的"五德终始"的历史变迁，也加以抨击。《法言·重黎篇》云："或问黄帝终始，曰'托也。昔者姒氏（禹也）治

· 123 ·

501

水土而巫步多禹。扁鹊卢人也,而医多卢?夫欲雠伪者必假真,禹乎,卢乎,终始乎?'"这里,扬雄提出一个真假的问题。世间想卖**假货**的大多装成真货,甚至有时装得逼真,鱼目混珠,弄得你真**假莫辨**。俗巫多禹步,庸医称卢人,无非妄想世人信其有真力量,**以冀**得实际利益。在商品交易中,名牌被假冒,也是同样道理。所谓"黄帝终始"即战国时邹衍利用五行相克说,制造的五德转移的神秘的历史发展循环论。扬雄指出这是假托伪造的谬论,藉此,以欺世人。究竟一个朝代是以何德旺(虞土、夏木、殷金、周火)是无法证明的。

扬雄最后对于历史上各种传说,都抱着无徵不信的态度。《法言·君子篇》:"或曰:甚矣传书之不果也。曰:不果则不果矣,又(原作人)以巫鼓。"传书不果,即不真实。不但不真实,而且还添了许多妄说,"巫鼓"者犹妄说也。孟子说"尽信书,不如无书",(《孟子·尽心下》)韩非说:"无参验而必之者,愚也;弗能必而据之者,诬也。故明据先王必定尧舜者,非愚则诬也。"(《韩非子·显学》)扬雄对于传书的批评态度,固出于他的证验说的必然结果,但是同时,他也继承了孟、韩对古书的怀疑的积极态度,对于肃清历史上的一些谬论是能起作用的。

扬雄的证验说,对东汉王充的论证逻辑起了巨大影响。

2.扬雄的辩证的逻辑思维。

扬雄的《太玄》数的逻辑演绎,基本上是机械论的。数的相互关系及数的盛衰消长的关系,都是受机械力的支配。这点,我们上边已提到过。但扬雄的数的逻辑系统中,也确实涉及了某些辩证逻辑思维的关系,扬雄对于辩证逻辑思维是有所认识的。

扬雄的辩证思维和老子的辩证法有关。他在《太玄赋》中说过:"观大易之损益兮,览老氏之倚伏。省忧喜之共门兮,察吉凶之同域。"（见《古文苑》）所谓"老氏之倚伏"即指老子的"祸兮福之所倚,福兮祸之所伏"。（《老子》,58章。）祸与福互相倚伏,互相转化,体现客观事物的矛盾对立,互相依存、互相渗透与互相转化的辩证法关系。看来,扬雄的辩证思想是得之于老子的。

扬雄的辩证思想承藉了老子,但更重要的还是《易经》辩证思想的影响。他把"大易的损益"放在前边,不是偶然的。扬雄承继了《易》的辩证思想,而且又发展了它,这比单纯确认祸福的对立转化,一仍老子之旧的,又前进了一步。以下简述扬雄的一些辩证关系的看法。

检查一个人的辩证思想,可以从辩证法的一些原则出发。辩证法注重矛盾对立双方的互相联系,互相依存,互相渗透。因为矛盾对立的双方,互相依存而有:没有对立的一面,则其他一面也不可能有。没有上,就没有下;没有前,就没有后;没有善,便没有恶。所以老子说:"天下皆知美之为美,斯恶矣。皆知善之为善,斯不善矣。故有无相生,难易相成,长短相形,高下相倾,声音相和,前后相随"。（《老子》,2章）这就说明对立面是相因而有,有则俱有,无则俱无。扬雄对辩证关系的这种互相依存的原则是有所认识的。他说:"省忧喜之共门兮,察吉凶之同域"。（《太玄赋》）忧喜和吉凶的两对矛盾对立的双方是相依存在一起的。没有忧,就无所谓喜;没有吉,就无所谓凶。反之亦然。"息与消兮,贵与贱交"。（《太玄图》）没有息,就谈不到消;没有贱,谈不上贵。反之亦然。因为贵贱和消息也是互相依存、互相联系而有的。推而至于其他天地间与人事上许多对立矛盾的关系,如阴阳、寒暑、昼夜、生死、寿夭、福祸等等,也都体现着互相依存、互相渗透的关系。

矛盾对立的双方,既互相依存、互相渗透,同时也互相对抗、互相斗争,这又是一条辩证法关系的原则。阴阳二气既互相依存,同时又互相对抗、互相斗争。在扬雄《太玄图》一年四季的阴阳的运转中,"子则阳生于十一月,阴终于十月可见也;午则阴生于五月,阳终于四月可见也。"但阳气从始生到极盛的过程中,阴气也潜伏对抗,但它的力量不如阳气,显得只有阳气存在;只有到了阳极之时,阴气萌芽始见。反之,阴气从始生到极盛之时,阳气也不是不生作用,只是阳气敌不过阴气,因而显得只有阴气存在。只有到阴极之时,阳气才开始萌发其作用。这就是说:"阳不极,则阴不萌;阴不极,则阳不牙"。(《太玄摛》)在八十一首的阴阳运转中,也体现了阴阳的互相对抗的形势。所谓"阳气极于上,阴信萌乎下",(《应首》)所谓"阴气济物乎上,阳信将复始乎下",(《将首》)这就表示阴阳二气互相斗争、互相对抗,因而循环流转,无有已时。

矛盾对立双方互相对抗斗争的结果,必然造成互相转化,这又是一条辩证法的原则。福与祸互相对抗的结果,祸转化为福,福也必转化为祸。所谓"福则往而祸则承"、(《太玄图》)"福至而祸逝,祸至而福逃"。(同上引)当然,对立的转化,必须对立斗争到了极点,才会发见,"阳不极则阴不萌,阴不极则阳不牙;极寒生热,极热生寒;信(伸)道致诎,诎道致信(伸)",(《太玄摛》)这就是必极而后返,物极必反之道。此外,如贵与贱的对立,贵上极则反贱,贱下极则反贵。"幽潜"与"亢极"、卑与高、寒与热等等,也都遵循这一原则。

辩证法讲对立面的相互依存,互相渗透,讲对立面的相互斗争、相互对抗,最后还讲对立面的互相转化,对于这些辩证法的思维原则,扬雄是有所认识的。所以在扬雄的逻辑思想中,虽主要为机械论,但也确实包含了辩证的逻辑思维。而且他的辩证思维虽承藉于先秦的老子和《周易》,但在某些方面,还发展了《周易》和超出了老子。老子只讲静的一面,这即他的"归根曰静"(《老子》,16章)的消极思想。但扬雄却强调动的一面,重视事物的不断更新。他说:"其动也日造其所无,而好其所新"。(《太玄摛》)这是《周易》"日新之谓盛德"的发挥。

扬雄讲事物的发展变化,提出了因革的原则。这虽是《周易》革卦的思想的继承,但对因革的矛盾对立关系的解释却超出了《周易》。他说,任何事物在发展变化过程中,既有因的一面,也有革的一面,只有因而无革,或只有革而无因,就会使事物的发展成为不可能。比如一年四季,冬去春来,春来是因于冬去,春是继冬而有的季节,这即它因的一面,但春天毕竟和冬天不同,这就是它的革的一面。所以扬雄说:"夫道有因,有循,有革,有化。因而循之,与道神之;革而化之,与时宜之。故因而能革,天道乃得;革而能因,天道乃驯(顺也)。夫物不因不生,不革不成。故知因而不知革,物失其则;知革而不知因,物失其均。革之匪时,物失其基;因之匪理,物丧其纪。因革乎,因革国家之矩范也。"(《太玄莹》)有因有革,也即有损有益,这不但是处理国家事物的原则,也可作为一般原则看待。

当然,因革要得宜,必须抓往"理"和"时"。要因之循理,革之得时,才能做到好处。但扬雄对"理"和"时"只空泛地讲,还不易令人捉摸。因此,他的因革论也只能是量的逐渐改革,而不是质的飞跃,这只能是一种改良主义,而不是革命的理论。扬雄虽不满王莽,但不敢和他对抗,正表现他的因革说的改良主义性质,扬雄之遭宋儒之讥,盖有由矣!

统观扬雄数的逻辑演绎,有其继承性的一面,也有其创造性的一面。他继承古代讲数的传统,特别是《周易》与《周书·洪范》的思想。但就数的结构与数的相互间,及数的发展的规律说,有他的创新,这对后来北宋,周敦颐和邵康节是有影响的。

扬雄摹仿《周易》写作他的《太玄》的数论,极其驰骋玄思的能事,但就数的来源和它的规律的概括上说,是反映了西汉以来天文、历法的成果,并通过阴阳五行的实际运行归纳概括得来,因而他的数论基本上是唯物主义的。扬雄也就根据他的唯物的数论推演与其证验的逻辑思想,批判了西汉董仲舒的天人感应论、神学目的论和神仙迷信等宗教思想,从而也就否定了董仲舒的神学正名逻辑。他的证验逻辑对东汉王充的论证逻辑是发生重大影响的。这就是扬雄的逻辑思想对于西汉逻辑思想的发展所作的重大贡献。

当然,扬雄的数的逻辑是有缺点的,这就是他的《太玄》数的体系的主观性。他企图以玄的首、赞说明天道与人事间的复杂变化,总不免有凿枘不入的地方,此点前边已指出过。他所讲的数的变化,主要是机械的,循环论的,虽其间包含了辩证逻辑思维的成分,然而还不是辩证法。辩证法讲质的飞跃,而扬雄的因革论只谈量的渐变,这点,我在上边已批评过。我们只能说扬雄的数论中有一些辩证思维的认识,但还不能说他有了辩证逻辑。真正的辩证法和辩证逻辑也不是近二千年前的扬雄时代所能产生的。我们对于他,也不能提出超时代的要求,有违历史唯物主义的精神。

第六章　王充的论证逻辑

第一节　王充一生的战斗性决定
《论衡》一书的逻辑性

1．王充的家世和他的生平。

王充是东汉杰出的唯物主义哲学家，同时又是中国中古时代的著名的逻辑学家。

王充字仲任，东汉光武帝建武三年生，(即公元27年)卒于东汉和帝永元年间（约在公元104年左右)，大约活了七十五岁。

据《论衡·自纪篇》说，充出生于"细族孤门"，在当时是属于中小地主阶级，为豪强地主阶级所鄙视，目王充为"妖变"。(《自纪》)因此，从王充的祖辈起即与强宗豪族作斗争。他的父亲和伯父还与豪家丁伯结怨。终于屡次迁徙，最后定居于会稽，上虞。

王充家世，并不富裕，祖辈以做小买卖和耕种为生。王充虽做过地方的小官，但很快连小官也不做，据说是不惯文书案牍生活与厌恶官僚机构的腐败，终于弄得"贫无一亩庇身，贱无斗石之秩"，(《自纪》)穷途潦倒以至于死。

王充继承他家的斗争传统，不过他不是用勇力，而用文笔作战斗的武器。在他所写的四部书中，除了最后一部《养性之书》为延年益寿之作外，其余三部《讥俗之书》、《政务之书》和《论衡》都是属于批判性的。前二者虽已遗失,但《论衡》大部仍保存下来,我们从中可以看到他的大无畏的战斗气魄!

2.王充时代的矛盾。

王充生活的时代是各种矛盾尖锐表现的时代。

(1)社会阶级的矛盾。西汉末的农民大起义,推翻了新莽的政权,刘秀(东汉光武帝)夺取农民胜利果实,建立了东汉政权。鉴于农民暴动的威力,东汉统治者为缓和地主与农民的矛盾,稍微放宽剥削。据《后汉书》卷一所载:"其令郡国募人无田欲徙它界就肥饶者,恣听之,到在所赐公田……勿收租五年……除算三年……"。但东汉政权的建立者光武帝本人即属于南阳的大豪强集团,它本身兼有严重的兼并性与割据性。各地豪强霸占大量土地,连地方官吏都不敢过问。因此,全国农民被迫到处起兵反抗。青、徐、冀等州是农民起义的发源地,斗争更为剧烈。兼以当时岁歉,民食无出,更激起农民的反抗。《对作篇》云:"建初孟年,中州颇歉,颖川、汝南民流四散。"这是东汉章帝时事。农民斗争,此起彼伏、终于酿成东汉末黄巾军的大起义而颠覆东汉政权。这是农民和地主阶级的矛盾。

地主阶级内部,豪强地主和中小地主也存在尖锐矛盾。豪强地主不但压迫农民,同时也压迫中小地主。他们看不起中小地主。王充一家即被豪强压迫和看不起的范例。王充对于豪强地主及官僚集团的抨击,充分表现出地主阶级内部的分裂。由于对豪强地主的揭露,王充有些主张比较接近农民,虽然他还不是代表农民利益的思想家。

(2)唯物主义哲学和宗教唯心主义的矛盾。西汉以来,由于天文学与医学等科学的进步,推动了唯物主义哲学家对于天道自然的思索。西汉董仲舒所宣扬的天人感应,神学目的论的思想自然要受到揭露和批判。王充依据许多科学的论证,说明天只是含气之自然，既没有意识，更不会进行赏罚。什么天人相通，灾异谴告，把天当作一个人格神的存在，只是虚妄的骗人把戏。

但天人感应，五行灾异之说虽是虚妄的，却为统治阶级所重视，封建帝王为愚惑人民，巩固政权，总采用宗教唯心主义的一套。刘秀利用谶纬（《后汉书·光武帝纪》）夺取政权，后又于公元56年"宣布图谶于天下"。（《后汉书·帝纪第一》）东汉章帝召集一批文人纂成《白虎通义》，把封建伦理和宗教迷信合而为一。神学唯心主义成为统治阶级的重要法宝。唯物主义者要和这种官方的神学作斗争，就必须有大无畏的精神。王充的《论衡》即肩负起这一艰巨的重任。王充之所以成为战斗的唯物主义者，良非偶然。

（3）古文经学与今文经学的矛盾。从汉武帝采纳董仲舒的对策，定"孔子之术"于一尊（《董仲舒·天人三策》）后，设五经博士，专讲《易》、《诗》、《礼》、《春秋》，并定于"学官"，传授弟子。经学在封建社会中具有法制和伦理规范的作用，也就是封建帝王统治的工具。当时的经书是用汉朝通行的隶书写的，称为今文经学。

今文经学之外，后来又发现许多用篆文写的经典，则称为古文。这样，在经学中分为今文和古文的二派。

今古文经学的区别，不仅在文字的不同，而且在内容还有差异。今文经学，以发挥微言大义为主，如董仲舒的公羊《春秋》，即其典型的例子。公羊《春秋》宣扬宗教神秘主义，把孔子吹捧为神。左氏《春秋》却没有这些神怪的气氛，只把《春秋》作为历史的记载。

因为今文为统治阶级所采用，所以被立于"学官"，称为官方经学，而古文经学不被统治阶级所采用，所以不立于学官，成为民间经学。

今文经学代表大小贵族和强宗豪族的大地主阶级的利益，而古文经学却代表"寒门细族"、中小地主阶级的利益。因此，古文与今文两派经学的斗争，反映了地主阶级内部当权派与不当权派的斗争。扬雄、桓谭是古文经学家。王充更是古文经学的杰出者。

3．王充的著作。

根据《论衡·自纪篇》所载，王充的著作有如下四种：

（1）《讥俗之书》。这是批判"俗情"写的。《自纪篇》云："充既疾俗情，作《讥俗之书》"。

（2）《政务之书》。《自纪篇》云："又闵人君之政，徒欲治人，不得其宜，不晓其务，愁精苦思，不睹所趋，故作《政务之书》"。这是对于当时东汉政治的批评。

（3）《论衡》。《自纪篇》云："又伤伪书俗文，多不实诚，故为《论衡》之书。"这是对当时一切虚妄谬论的批判。

（4）《养性之书》。《自纪篇》云："庚辛域际，虽恐终徂，愚犹沛沛，乃作《养性之书》，凡十六篇。"这是关于延年益寿的修养之书。

以上四种，除《论衡》保存至今外，其余三种都已遗失。即《论衡》一书，现存的八十五篇中，《招致篇》只存篇名，实只有八十四篇。如果从《论衡》中所载佚文看，恐原来应有百篇，则遗失将有十余篇了。

兹就现存《论衡》一书的内容，分析它的重要特征如下。

王充把著作分为三种，第一种称为"作"，那是指圣人所作的五经之类。第二种为"述"，那是指司马迁《史记》和刘子政《序》，班叔波《传》等。第三种为"论"，如桓君山的《新论》。王充的《论衡》，自列于论中。《对作篇》云：《论衡》细说微论，解释世俗之

疑,辩照是非之理,使后进见然否之分。"可见"论"是属于批评性的文章。所以《论衡》的特征,可分析为三种:

第一特征,是《论衡》的批判性。

《论衡》的批判性,表现它坚强的逻辑性。逻辑是求真去伪之学,是认识真实世界的工具。西方古代亚里士多德的逻辑称为"工具"(Organon),而近代培根的逻辑则称为"新工具"(Novum Organum)。关于逻辑求真的作用,马克思主义的经典作家也是肯定了的。恩格斯说:"甚至形式逻辑也首先是探寻新结果的方法,由已知进到未知的方法"。(《马克思恩格斯全集》第20卷,第147页)逻辑求真的特征,不但西方的逻辑家如此看,即我国古代的逻辑家也同样如此看。在我国古代的逻辑中,"明是非"(《墨经·小取》)一向被揭橥为逻辑的首要任务。而"明是非"即逻辑求真的要旨所在。王充的《论衡》以求实为归,所以《论衡》又称为"实论"。(《自纪篇》)而如"实论之"几成为王充的口头语。"实"即指客观真实,求实,即求得客观的真实情况。《论衡》中有《知实》和《实知》两篇,"知实"即以客观的实为知的对象,"实知"即如实了知。这样,《论衡》的逻辑求知的特征,充分表现无遗。

既要求真,就得去伪。因此,《论衡》的大量工作在于批判虚妄的谬说。这点,王充说得很清楚。

《论衡·佚文篇》云:"《诗》三百,一言以蔽之,曰'诗无邪'。《论衡》篇以十(疑为百)数,亦一言也,曰'疾虚妄'"。"虚"者,无实之言,"妄者"荒谬之说。凡灾异、谴告,人死为鬼,天人感应,"天为百神之大君"之类都属虚妄之言。王充痛恨这些西汉以来的荒谬神怪,虚而无实的妄说,才以《论衡》作刀枪,展开有力的批判。这是普通逻辑的辨谬工作,西方的亚里士多德的传统逻辑、印度的因明都有辨谬内容,而我国自先秦以来同样如此。荀子对于"三惑"(《荀子·正名》)的批判，墨辩注意"辟、侔、援、推之辞，行而异，转而危(诡)，远而失，流而离本"。(《小取》)即是注意逻辑错误的纠正。王充的"疾虚妄"确是逻辑辨谬的重大作用。

《论衡》一书，具有评定是非标准的逻辑作用，这是先秦以来，"明是非"的逻辑根本任务。"衡"字意指秤，秤者所以权衡轻重。王充明确地说："《论衡》者，所以铨轻重之言，立真伪之平"。(《对作篇》)"轻重"即指是非，评定是非和真伪，这是逻辑之所有事。《自纪篇》云："《论衡》者，论之平也。"平即天平，即秤的作用，有了一杆评定是非的天平，就可以"悟迷惑之心，使知虚实之分"。(《对作篇》)世人之所以把虚认作实，把妄作为真，就是由于他们心中没有是非真伪的标准去识别它。读了《论衡》就可恍然大悟，脱离谬妄之域，而跻于真理之途了。

《论衡》的第二种特征，即它的论证性。

王充的逻辑论证有两个重要的作用。第一，即作为批判虚妄之说的工具。第二，作为补充发展前人的不足。前者重在去伪，后者重在论真，使原来正确之说作出充分论证以后，更显得理由充足，真理大放光芒。我们可举王充对于道家论自然和荀子论天人之分为例。

第一，王充补充和发展了道家的自然论，王充为批判董仲舒以来的神学目的论，采用道家的自然说。这点，在《论衡·自然篇》中，言之甚详。王充说："随道不随事，虽违儒家之说，合黄老之义也"。(《自然篇》)道家重自然，儒家重人为，王充采自然，是违儒入道。作为东汉儒林中的知识分子，公开承认违儒入道，确也难得。王充欣赏黄老的自然，但对自然说，他认为有两点不足。即道家提倡自然，只作宣传，并未充分论证，未能使人信服。所以他说："道家论自然，不知引物事以验其言行，故自然之说，未见信也"。(《自然篇》)王充则采用许多论证,说明天为含气之自然。他认为天无口目,没有意识,天动施气,出于自然,不是有目的地去做。如夫妇合气,子则自生,天地合气,万物自生。"天动不欲以生物,而物自生,此则自然也"。(《自然篇》)"春观万物之生,秋观其成,天地为之乎?物自然也?如谓天地为之,为之宜用手,天地安得万万千千手,并为万万千千物乎?"。(同上引)王充就是这样运用逻辑证明的方法以证成天道自然之说,这比先秦道家是进一步了。

其次,道家任自然,否定人为,使人在自然面前束手无策,这也是不对的。王充认为,天道自然,须人为辅助,比如春耕夏耘,不加人力是不可能有收成的。至于"及谷入地,日夜长大(原误为"夫"),人不能为也"。(同上引)只有这样,天道自然之外,有人事为之补充,才能得自然之妙用,而见真理之全。

第二,王充对荀子"天人之分"的补充发展。荀子提出"天人之分"纠正"错人而思天"的错误,是十分正确的。但他并没有作出充分的论证。王充从逻辑的分析,说明天人不同类,天道自然,无目的,无意识,而人道却反是,人是有意识,有目的,本质上是有差别的。王充对灾异谴告说的驳斥,即运用天人不同类的原则。他说:"夫天道自然也,无为;如谴告人是有为,非自然也"。(《谴告篇》)无为和有为是矛盾的:无为既是;有为当为非,无疑。又如"物自生而人衣食之"。(《自然篇》)不是"天生五谷以食人,生丝麻以衣人"。(同上引)把天比作农夫桑女之徒,是不合自然的。王充就是这样充分论证了荀子所提的"天人相分"的命题,这就补充和发展了荀子的思想。

还有,在荀子的天的观念中,虽否定了意志天和命运天,有其进步意义。但在某些方面,仍有道德天的遗留。如《荀子·荣辱》云:"天生烝民,有所以取之。"又《赋》云:"皇天隆(降)物,以示下民，或厚或薄，帝不齐均。"这就表现上天还有神秘的道德性质。

王充则认为，天连意识都没有，更谈不上有道德的属性。这就比荀子前进了一步。

总之，王充的论证，一方在于破斥谬说，他方在于建立正论，向真理之途，大步前进。逻辑的任务在求真去伪，王充的论证逻辑是有贡献的。

第三种特征即《论衡》的科学性。

西汉以来，天文学和医学有长足的发展。这对王充的论证逻辑发生巨大影响。他运用他所修正的盖天说，证明日出为近，日入为远；日近为热，日远为寒，几乎对地为球面有所猜测。这是王充对于天文学本身的一点贡献。

王充运用他的天文知识，批判了当时俗人的迷信。《论衡》中的《四讳》即其一例。他说："夫妇人之乳子也，子含元气而生。元气天地之精微也，何凶而恶之？人物也，子亦物也，子生与万物之生何以异？"(《四讳篇》)王充就是这样根据天文学的知识驳斥了当时俗人的迷信和禁忌。

王充对有鬼论的批判，则运用当时医学的知识。他认为人的精神是以精气为基础，而精气又必须以五脏，血脉为基础。五脏腐朽，血脉涸竭，则精气消灭，精神也不复存在，又用什么东西来为鬼呢？他以火燃为喻，认为"天下无独燃之火，世间安得有无体独知之精"。(《论死篇》)这在当时是关于形神关系的光辉命题，克服了先秦稷下唯物派的把精神当作精细物质的错误。

总之，王充具备了当时天文学和医学的知识，所以他的论证就具备科学性，这是他的论证逻辑的又一个特点。

第二节　推　理　论

关于王充的推理论,拟分推理的意义、推理的依据、推理的规律和推理的种类等四段,阐述如下。

1．推理的意义。

王充的逻辑,既重视"验",又重视"推"。只有"验"而无"推",就会陷于片面的经验论,重蹈墨翟的错误。只有"推"而无"验",又将陷于空疏的主观妄测之弊。因此,王充十分重视逻辑推理的作用。对于推理的意义、推理的依据、推理的规律和推理的种类,在《论衡》一书中,分别作了明确的论述。兹先谈推理的意义。

什么是逻辑的推理?王充于此,还是继承先秦逻辑家的遗绪,由已知推到未知,根据已真的命题推到未知为真的命题,就是普通逻辑所指的推理作用。《墨子·小取》云:"推也者,以其所不取之同于其所取者予之也。""所取"即已知部分,"所不取"即未知部分。把所已知部分推到尚未知的部分,因而未知部分也知道了,这就是推理。《墨子·经下》又云:"闻所不知若所知,则两知之。"这也是明确由知到不知的推理过程。人们的知识固须从经验出发,这是唯物主义认识论的基本点。但我们不能事事都通过经验,比如外域的知识和古代的知识就不能由直接经验得来,必须通过思维,由推理才能得出。即在经验的领域中,也常有幻觉和错觉发生,必须通过思考,由推论来纠正经验的错误。王充注意以"心原物",即注意"心之官则思"(《孟子》)的推理的重要作用。

王充对于推理有明确的指示。他在《实知篇》中曾说"从闾巷论朝堂,由昭昭察冥冥"。"闾巷"即当前我们看到的地方,"朝堂"是我们还未看到的地方,现在从近看到的,推到远处还未看到的,因而把远处的情况也推知了,这就是推理。

总之,逻辑推理不外二途:即一,由近推远;二,由显及隐。王充的推理意义和普通逻辑所讲的是一致的。

关于推理的上述解释,在《实知篇》和《答佞篇》中,也有类似的陈述。《实知篇》云:"推原往验以处来事。"《答佞篇》云:"推其往言(原作"行"),以揆其来行(原作"官")。""往验"即过去的经验,一个人有了关于处理某一事件的经验之后,就可依据它来应付将来同类事件的处理。经验越多,见识越广,那末他的应变能力就越强,一个医生有了临床的长期经验之后,对治疗病人的能力就强。一个法官有了丰富的断案经验之后,他就善于审判未来发生的案件,这是因为以往的经验是他的可靠的前提,从可靠的前提出发,即可推出正确的断案。"往验"和"来事"之间具有紧密的逻辑的必然联系。

一个人的行动如何,可以调查他过去所讲过的话,分析研究推出。因为前言和来行之间,也是有逻辑的必然联系的。

总之,一个问题的发生或一个人的行动,都有他的历史原因,只要能深入研究它的历史原因,就可找出解决某一问题的方法。逻辑的推论是以客观事物的因果联系为依据的。我们必须先有客观事物的逻辑,然后才有主观思维的逻辑,理由在此。

2. 推理的依据。

客观事物的逻辑是思维逻辑的基础,也就是我们推理的依据。

王充重视知识的客观情况,他名知识的客观情况为"实"。"实"是我们知识的对象,我们的知识必须从"实"出发,从"实"的可靠情况出发,作出合逻辑的推论,就会得出和"实"相符的真知。这就是他之所谓"知实"。《论衡》的《知实篇》即阐明此理。

《论衡》亦称为"实论"。他经常用"如实论之"的一句话，即表明对实的重视。他说："违实不引效验，则虽甘义繁说，众不见信"。(《知实篇》)没有实的判断是虚妄的判断，就是说得天花乱坠也不会为人相信。凡灾异、感应、谶纬、迷信之类，都属虚妄无实之论，应该受到揭发和批判。

另外还有一些不是完全虚妄的历史事例，有时传得太夸张了，和实不相符，也是离实之论，我们也应把它纠正。《论衡·艺增篇》即阐述这种离实之事。王充说："宜如其实"。(《艺增篇》)如用"协和万国"来美尧之德是即离了历史的事实。王充认为，只能说"尧之德大，所化者众"，(同上)但不能说"协和万国"。因唐尧时代和周朝差不多，辖地不过五千里，充其量也不过三千，那里来"万国"，"万国"是增之也。

同样，《诗》云："子孙千亿"，也不真实。子孙众多，也不能"千亿"。这是"诗人颂美，增益其实"。(《艺增篇》)

"鹤鸣九皋，声闻于天"，这也失实。因"耳目所闻见，不过十里"，但"天去人以万里"(同上引)是人的耳朵听不到的。

增大固为失实，过于缩小了也是失实。如周宣王时大旱，诗人称人民遭乱，无一人不痛苦，以"靡有孑遗"形容它。这也失实。因为总有少数富人，"廪困不空"之故。

总之，把事实夸大了，或缩小了，都和实不符，在逻辑上说，都是错误的，王充的"实论"是他的逻辑的唯物主义精神的体现。

推理的第二依据为"类"。

客观的"实"的存在，不是杂乱无章的，而是具有条理井然的类属联系。宇宙间万类芸芸，生物和无生物，生物之中，又有动物和植物，每一系列的类，都各有它们的类属联系。我们如能找到每一事物的归类，就可了解某一事物的本然。因此，类是我们推理的可靠依据，这从先秦以来，即如此看。

当然，以类为推，也不是没有问题，先秦时的公孙龙首先提出类的问题，后来墨辩学者也提到推类之难。但在一般的逻辑推理中，总还不能不依据类以为推。因而知类、察类就成为逻辑推理的重要关键。王充一再强调要"推原事类"，(《实知篇》)要"揽端推类"，(同上引)这是因为只有掌握了事实的类，才能辨别事物的本然。

类既然如此重要，所以王充提出要"通类"。(《佚文篇》)他说"知文锦之可惜，不知文人之当尊，不通类也"。(同上)他还提到"知类"。(《程材篇》)他说："今世之将相，知子弟以久(生长庭院久)为慧，不能知文吏以狎为能，知宾客以暂为固(浅陋)，不知儒生以希(不谙文书)为拙，惑蔽暗昧，不知类也"。(同上)

类在王充的推理中既如此重要，因此，在《论衡》一书中，往往从类出发进行推论，《感虚篇》云："凡变复之道，所以能相感动者，以物类也。……故以龙治雨，以刑(扇)逐暑"。又云："夫贤明至诚之化，通于同类，能相知心，然后慕服。"《寒温篇》云："虎啸而谷风至，龙兴而景云起，同气共类，动相招致。故曰，以形逐影，以龙治雨。"又《道虚篇》云："体同气均，禀性于天，共一类也。"从以上引文看，王充认为类的共同基础是元气；元气是宇宙万物的物质基础，所以王充的逻辑是建基于唯物主义世界观的。由于当时自然科学的局限，有些事类只限于世俗的传说，并非科学的分析，如虎与风，龙和雨之类，并没有类属联系，那只能是假类。还有，从他的"天不变易，气不改更，上世之民，下世之民也，俱禀元气，元气纯和，古今不异。"(《齐世篇》)看，王充还保存荀子"古今一度也，类不悖，虽久同理"的形而上学观点。凡此，当于最后一节，评王充逻辑的优缺点时，另作评述。

王充的类的观念，虽有某些缺点，但作为推理的依据，基本上是正确的。类不但是演绎推理的依据，同时也是归纳推理的依据。《率性篇》云："异类以殊为同，同类以钧为异"。这即与普通逻辑的归纳法、求同、求异相近。"异类以殊为同"，这是异类求同；"同类以钧为异"，这是同中见异。总之，归纳的推理，也不外依于类来进行。王充此点是有贡献的。

3．推理的规律。

王充的《论衡》在于揭发批判虚妄的谬论，所以他对矛盾律特别重视。王充的矛盾律称为"异道不相连"（《薄葬篇》），这和韩非的"不相容之事不两立"是一致的。我们只要引他对孔、墨的一段批评，即可知他的所谓"异道不相连"的意义。

《薄葬篇》云："异道不相连。……孝子之养亲病也，未死之时，求卜迎医，冀祸消，药有益也。既死之后，虽审如巫咸，良如扁鹊，终不复使。何则？知死气绝，终无补益。治死无益，厚葬何差（求）乎？倍（背）死恐伤化，绝卜拒医独不伤义乎？亲之生也，坐之高堂之上，其死也，葬之黄泉之下。黄泉之下，非人所居，然而葬之不疑者，以死绝异处，不可同也。如当亦如生存，恐人倍之，宜葬于宅，与生同也。不明不知，为人倍其亲，独明葬黄泉，不为离其先乎？……圣人之立义，有益于化，虽小弗除；无补于政，虽大弗与。今厚死人，何益于恩？倍之弗事，何损于义？……传议之所失也。"这是王充对儒家厚葬和明死无知的矛盾的批评。因死既无知，则不该厚葬；厚葬与死为无知，是"异道不相连"的矛盾之事。

另一方面，王充对墨家的薄葬而又右鬼，也是属于"异道不相连"的矛盾之事。他说："墨家之议，自违其术。其薄葬而又右鬼，右鬼引效，以杜伯为验。杜伯死人，如谓杜伯为鬼，则夫死者审有知。如有知而薄葬之，是怒死人也。人情欲厚而恶薄，以薄受死者之责，虽右鬼，其何益哉？如以鬼非死人，则其信杜伯非

也；如以鬼是死人，则其薄葬非也。术用乖错，首尾相连，故以为非；非与是不明，皆不可行。"(《薄葬篇》)

王充对于墨家的薄葬而右鬼和对儒家的厚葬与死为无知的矛盾，运用了矛盾律进行批判。其他如《问孔篇》、《刺孟篇》及《非韩篇》，对《论语》、孟子和《韩非子》中，所有"圣贤之言，上下多相违，其文前后多相伐"的矛盾，他都运用矛盾律进行揭露和批判；对当时的谶纬迷信，灾异怪诞之事，也用矛盾律作武器进行尖锐的批判。所以，在王充的论证逻辑中，矛盾律是他运用得最经常的规律。王充说："两刃相割，利钝乃知；二论相订，是非乃见"。(《案书篇》)这是他的矛盾律的最鲜明的表述。"相割"即彼此相斫，谁刚谁柔，可以立见。"相订"即两论相攻，相攻的结果，有理者当然战胜无理者；或理由充足者战胜理由不充足者。两相反对的论断，决不能两者都是，而必有一非。这即韩非矛盾律的原有意义，而王充则充分运用于虚妄、矛盾之论的批判。

矛盾律之外，是否也涉及同一律呢？王充有时强调概念不得混淆，那就是同一律的体现。他批评了世人由于语言歧义而玩弄的概念混淆是违反逻辑的。《书虚篇》云："唐虞时，夔为大夫，性知音乐，调声悲善。当时人曰：'调乐如夔一足矣。'世俗传言：'夔一足'"。前"一足"是足够的足；后一足，却为一条腿的足，这是根本不同的。但世人却利用名词的歧义，为二不同概念的混淆，这是违反概念的同一性。但同一律在王充的论证逻辑中用得不如矛盾律之多。

4．推理的种类。

在《论衡》各篇的推理论证中，王充所用的推理形式是多种多样的。其中有演绎、有归纳，也有类比。兹分述如下。

(1)演绎推理。

演绎推理中，有直言三段论的推理，也有假言三段论的推理和二难推理。这些形式在以前的逻辑家中是用过的。但王充的演绎式，还有他自己所新创的形式，即对等推理和对比推理。最后，王充也偶尔运用普通逻辑中的更确然推理的形式。

（a）直言三段论的推理。现先述他的直言三段式。在《自纪篇》中，王充为论证天为无意识之自然（即含气之自然），即用直言三段论。王充说："何以（知）天之自然也，以天无口目也。有为者，口目之类也。口欲食，而目欲视，有嗜欲于内，发之于外，口目求之，得以为利欲之为也。今无口目之欲，于物无所求索，夫何为乎？何以知天无口目也，以地知之。地以土为体，土本无口目。天地夫妇也，地体无口目，以知天体无口目也。使天体乎？宜与地同；使天气乎？气若云烟，云烟之属，安得口目？"（《自然篇》）把以上一段的论证，析成三段论，可得如下论式：

> "凡有口目之类是有为的；
>
> 天无所为；
>
> 所以天无口目。"

这是三段论中第二格的推论式。

> "地是无口目的，
>
> 天和地相等；
>
> 所以天是无口目的。"

这是三段论中第一格的推论式。

> "凡云烟之属都无口目；
>
> 天是云烟之属，
>
> 所以天是无口目的。"

这也是属于第一格的推论式。

> "没有口目的东西是没有意识，没有要求的；
>
> 天是没有口目的东西；
>
> 所以天是没有意识，没有要求的。"

这还是第一格。再和下式相连，则成联锁式：

"没有意识、没有要求的活动是自然的；

天生物是没有意识、没有要求的活动；

所以天生物是自然的。"

(b)假言三段论。王充有时采用假言推论，如下式："使天地三年乃成一叶，则万物之有叶者寡矣"。(《自然篇》)现在万物之叶甚多，可见天地并非三年始成一叶，而天地不为万物之叶。这是否定后件可以否定前件之假言推论。

(c)二难推理：在《变虚篇》中，王充驳斥宋子韦荧惑徙心，为宋景公有三善之说，就用二难推理式。王充云："使荧惑本景公身有恶而守心，则虽听子韦言，犹无益也；使其不为景公，则虽不听子韦之言，亦无损也。"把这一推论，摆成二难论式如下：

"使荧惑本景公身有恶而守心，则虽听子韦之言，犹无益也；使其不为景公，则虽不听子韦之言，亦无损也。"——大前提

荧惑守心，或为景公，或不为景公。——小前提

则景公或听子韦之言为无益；或不听子韦之言为无损。——结论

总之，子韦之说，纯属虚言。

又《自然篇》中云："使天体乎，宜与地同；使天气乎？气若云烟。云烟之属，安得口目？"这一推论，也可摆成二难式如下：

"如天有体，则与地同；如天无体，则与云烟同。——大前提

天或有体，或无体。——小前提

天是无口目；因地与云烟都无口目。"——结论

当然，在王充的二难推理中，并不是二难推理的完整式，而有所省略。但我们把它补充起来，则二难式的完整式就可以看

得明白了。

(d)对等推理。王充除运用前人所用过的以上几种推理外，还自创两种新的推理式。即一，为对等推理。兹举《祸虚篇》一例以为说明。

王充认为子夏失明，曾子责之以罪，是错误的。他说："夫失明犹失听也。失明则盲，失听则聋。病聋不谓之有过，失明谓之有罪，惑也。盖耳目之病，犹心腹之有病也。耳目失明听，谓之有罪，心腹有病，可谓有过乎？伯牛有疾，孔子自牖执其手，曰：'亡之命矣夫！斯人也而有斯疾也'。原孔子言，谓伯牛不幸，故伤之也。如伯牛以过致疾，天报以恶，与子夏同，孔子宜陈其过，若曾子谓子夏之状。今乃言命，命非过也"。（《祸虚篇》）这里，王充运用失明和失听的对等推理，从失听无过，证明失明也无罪。列成对等式如下：

∵失明＝失听；——大前提

　失听——无过；——小前提

∴失明——无罪。——结论

∵耳目之病＝心腹之病；——大前提

　心腹之病——无过；——小前提

∴耳目之病——无罪。——结论

当然，我们用数学上的等号来表述他的对等推理，只是形象的表述，关非严格的分量关系。这点，应当分别清楚。

(e) 对比推理。对比推理就是拿两件相类似的事情进行对比，然后得出结论来。兹引《祀义篇》一段为例："且夫歠者内气也，言者出气也，能歠则能言，犹能吸则能呼矣。如鬼神能歠，则能言于祭祀之上。今不能言，知不能歠，一也。凡能歠者，口鼻通也。使鼻齁不通，口钳不开，则不能歠矣。人之死也，口鼻腐朽，安能复歠，二也。《礼》曰：'人死也，斯恶之矣'。与人异类，故恶之也。为尸不动，朽败灭亡，其身不与生人同，则知不与生人通矣。身不同，知不通，其饮食不与人钧矣，胡、越异类，饮食殊味。死之与生，非直胡之与越也。由此言之，死人不歆，三也。当人之卧也，置食物其旁，不能知也。觉乃知之，知乃能食之。夫死，长卧不觉者也，安能知食？不能歆之，四也。"

在这段中，第一，以言与歆对比，既不能言，当不能歆。第二，以口鼻与歆对比，口鼻腐朽，当不能歆。第三，以饮食与歆对比，既不能饮食，当不能歆。第四，以长卧不知食与歆对比，既不能食，当不能歆。总之，王充从四项对比推理中，证明死人无知，不能享用祭品（即歆）。世俗谓鬼神有知，能歆享祭品，是迷信的无稽之谈。

又《变虚篇》王充以鱼的活动与人的活动对比，得出人不能感天的结论，也采用对比法。"说灾变之家曰：'人在天地之间，犹鱼在水中矣；其能以行动天地，犹鱼鼓而振水也，鱼动而水荡，人行而气变。'此非实事也。假使真然，不能至天，鱼长一尺，动于水中，振旁侧之水，不过数尺，大若不过与人同，所振荡者不过数百步，而一里之外，淡然澄清，离之远也。今人操行变气，远近宜与鱼等；气应而变，宜与水均。以七尺之细形，形中之微气，不过与一鼎之蒸火同。从下地上变皇天，何其高也？"（《变虚篇》）

这里，王充拿人和鱼对比，鱼的振动，不达一里之外；人的行动也应和鱼相等。但"天之去人，高数万里，使耳附天，听数万里之语，弗能闻也"。（《变虚篇》）王充用这样的对比推理，驳斥了人动感天的荒谬。

（f）更确然的推论。最后，王充有时还运用了普通逻辑的更确然的推论来证成其说。

《讥日篇》云：“祭之无福，不祭无祸；祭与不祭，尚无祸福，况日之吉凶，何能损益？”这就是说，祭必择吉日才能得福；反之，以凶日祭，必有祸。但，祭之不得福，不祭也不得祸；那么，日之吉凶，更管不着祭祀了，这是确然无疑的。从祭与不祭无关的福祸的前提，自然就可以得出，日之吉凶，更无系于福祸的结论。

(2) 归纳推理。

王充所用的归纳推理，还是普通逻辑的枚举法。在归纳的形式上，也采用了求同、求异等形式。对于归纳的客观基础，客观世界的因果联系问题，王充有比较详细的分析，这是难能可贵的。兹分述如下。

(a) 枚举法。《龙虚篇》云：

“叔向之母曰：‘深山大泽，实生龙蛇’。(Ⅰ)

《传》曰：‘山致其高，云雨起焉；水致其深，蛟龙生焉。’(Ⅱ)

《传》又言：‘禹渡于江，黄龙负船’；‘荆次非渡淮，两龙绕舟。(Ⅲ)

‘东海之上，有菑(菑，或作菑，或作鲁)丘䜣，勇而有力，出过神渊，使御者饮马，马饮因没。䜣怒，拔剑入渊追马，见两蛟方食其马，手剑击杀两蛟。’”(Ⅳ)

由上四例，可知龙是生长在“渊水之中，则鱼鳖之类。”(《龙虚篇》) 王充这里，只根据龙和渊水二者之并现，并没有分析这二现象并存的原因，只是一种枚举归纳。

又《气寿篇》云：“儒者说曰：‘太平之时，人民侗(高大)长，百岁左右，气和之所生也。”王充以枚举法证成其说。

“《尧典》曰：‘朕在位七十载，求禅得舜，舜征三十岁在位，尧退而老，八岁而终，至徂落九十八岁。未在位之时，必已成人，今计数百有余矣’。(Ⅰ)

又曰：'舜生三十，征用二十，在位五十载，陟方乃死'。适百岁矣。（Ⅱ）

文王谓武王曰：'我百，你九十，吾与尔三焉。'文王九十七而薨，武王九十三而崩。（Ⅲ）

周公，武王之弟也，兄弟相差，不过十年，武王崩，周公居摄七年，复政退老，出入百岁矣。（Ⅳ）

邵公，周公之兄也，至康王之时，尚为太保，出入百有余岁矣。"（Ⅴ）

根据以上枚举，圣人"寿应在百岁"。但为何圣人之寿应为百岁，王充只说："圣人禀和气，故年命得正数，气和为治平，故太平之世，多长寿人，百岁之寿，盖人年之正数也。"这并未分析到寿数和人体格关系的实质处，则这一归纳仍停留在枚举形式中。

（b）差异法。王充有时运用差异法来证成其说。如《书虚篇》中，对《传》书所说，"孔子当泗水之滨而葬，泗水为之却流"的虚妄之言，即运用此法来批驳它的无稽。他说："夫孔子死，孰与其生？生能操行，慎道应天；死，操行绝。天佐至德，故五帝三王招致瑞应，皆以生存，不以死亡。孔子生时推排不容，故叹曰：'凤鸟不至，河不出图，吾已矣夫！'生时无佑，死反有报乎？

孔子之死，五帝三王之死也；五帝三王无佑，孔子之死，独有天报，是孔子之魂圣，五帝之精不能神也。

泗水无知，为孔子却流，天神使之；然则孔子生时，天神不使人尊敬。

如泗水却流，天欲封孔子之后，孔子生时，功德应天，天不封其身，乃欲封其后乎？"（《书虚篇》）

在这段推论中，第一，拿生死两种不同情况比较，生时慎道应天，死时操行无存。那么，天报当在生时，不宜在死时。

但孔子生时，推排不容，并无天佑，死时操行灭绝，反有天报。可见天报不是由于有德。

第二，拿孔子之魂与五帝之精比较，孔子死有天报，而五帝独无。那末孔子之魂，胜过五帝之精。这是不合理的。

第三，拿孔子本身和他的后人比较，孔子当身，功德应天，但天反不报。孔子死后，功德已止，天反报其后，这是不可理解的。

从以上三种情况对比的差异中，可以证明"孔子当泗水而葬，泗水为之却流"，是无稽之谈。实则泗水却流，乃偶然之事，和孔子之葬无关。

(c)异类求同，同类求异法。在《率性篇》中，王充提出了类似普通逻辑中的求同、求异法，这就是他所谓"异类以殊为同，同类以钧为异"的说法。《率性篇》云："夫禽兽与人殊形，犹可命战，况人同类乎?推此以论，百兽率舞，潭鱼出听，异类以殊为同，同类以钧为异，所由不在于物，在于人也。"兽、鱼和人不同类，但都同为动物，就有动物的共同属性，这就是从不同中找出它们彼此的相同处，近于从不同中求同的求同法。

另一方面，同属动物类中，各类动物不得齐一而皆有它们各自的特性，这就需要从相同之中，求出彼此的差别，这就近于普通逻辑的求异法。

当然，王充对于类同、类异的差别，似乎强调人的主观教导作用，只要用人力加以训炼，就可使异类变为同，同类转为异，这就未免降低了类的客观性了。

(d)关于因果关系的分析。因果关系是归纳推理的客观基础。虽然因果关系不是客观世界唯一的联系，但如果象唯心主义者所说，因果关系只是人们主观对客观世界的外加(如康德)，那么，归纳推理就要发生问题了。因果的客观性，马克思主义的经典作家是肯定了的。恩格斯说：“因果性。我们在观察运动着的物质时，首先遇到的就是单个物体的单个运动的相互联系，它们的相互制约。但是，我们不仅发现某一个运动后面跟随着另一运动，而且我们也发现：只要我们造成某个运动在自然界中发生的条件，我们就能引起这个运动；甚至我们还能引起自然界中根本不发生的运动(工业)，至少不是以这种方式发生的运动；我们能给这些运动以预先规定的方向和规模。因此，由于人的活动，就建立观念的基础，这个观念是：一个运动是另一个运动的原因。的确，单是某些自然现象的有规则的依次更替，就能产生因果观念；随太阳而来的热和光；但是在这里没有任何证明，而且在这个范围内休谟的怀疑论说得很对：有规则地重复出现的 Post hoc (在这以后)决不能确立 Propter hoe (由于这)。但是人类的活动对因果性作出验证。如果我们用一面凹镜把太阳光正好集中在焦点上，造成象普通的火一样的效果，那末，我们因此就证明了热是从太阳来的。如果我们把引信、炸药和弹丸放进枪膛里面，然后发射，那末，我们可以期待事先从经验已知道的效果，因为我们能够详详细细地研究全部过程：发火、燃烧、由于突然变为气体而产生的爆炸，以及气体对弹丸的压挤。在这里，怀疑论者也不能说，从已往的经验不能推论出下一次将恰恰是同样的情形。确实有时候并不发生正好同样的情形，引信或火药失效，枪筒破裂等等。但是这正好证明了因果性，而不是推翻了因果性，因为我们对每一件这样不合常规的事情加以适当研究之后，都可以找出它的原因：引信的化学分解，火药的潮湿等等，枪筒的损坏等等。因此，在这里可以说是对因果性作了双重的验证。”(《马克思恩格斯全集》第20卷，第572—573页。)在这段颇长的引文中，恩格斯以充分的科学论证，击破了从休谟以来对客观因果性的怀疑或否定。引文最后的着重点是作者添的,这些话强调不能再一次恰切出现同样的结果的情况,不是推翻了因果性,而是双重证明因果性的客观存在。归纳科学的研究,在于求得客观世界的因果联系,从而使我们能真正认识到王充之所谓"实"的世界。在王充的论证逻辑中,他是充分注意到这点的。

当然,因果性不能概括客观世界的全部联系,因为因果关系之外,还另有函数关系存在。但因果关系却是客观世界的真实的必然联系,它是我们认识客观真实的一条可靠道路。列宁说:"原因和结果只是各种事件的世界性的相互依存、(普遍)联系和相互联结的环节,只是物质发展这一链条上的一环。……因果性只是片面地断续地、不完全地表现世界联系的全面性和包罗万象的性质……我们通常所理解的因果性,只是世界性联系的一个极小部分,然而——唯物主义补充说——这不是主观联系的一小部分,而是客观实在联系的一小部分。"(《列宁全集》第38卷,第168,170页。)这里,列宁强调了因果联系确实是客观联系的东西。

王充当然不可能有革命导师对因果性的辩证唯物主义的分析,但他对因果联系的注意,对因果联系所具有的特征,及其因果关系的多样性都有所注意,这在一千多年前封建社会中是难能可贵的。现将王充对因果现象的规定,及对因果多样性的分析,分述如下。

第一,因果现象的确定。照普通逻辑的规定,客观世界的两种现象必须具备两个必备的条件,然后才能成为因果关系。这就是(一)二现象必须紧相连接;(二)二现象的紧相连接,必须是无条件的,如果二现象在时间上相距太远,中间插入许多中间环节,就不能说它们存有因果联系。但是,二现象的紧相接连,必须是无条件的,如果两现象虽紧相接连,但须以第三者为条件时，则不能断定它们之间有因果联系。例如白天和黑夜是紧相接连的，但白天不能为黑夜之因，黑夜也不是白天之果，因这二现象的相连是以地球绕日运行为条件的。如果地球不绕日运行，那么向日处将永为白昼，而背日处又将永为黑夜了。

对于因果关系之必须是无条件的，王充尚无此认识，但对因果现象之必须紧相接连，王充却认识到了。《异虚篇》云："夏将衰也，二龙战于庭，吐漦而去，夏王椟而藏之。夏亡，传于殷，殷亡，传于周，皆莫之发。至厉王之时，发而视之，漦流于庭，化为玄鼋，走入后宫，与妇人交，遂生褒姒。褒姒归周，幽王惑乱，国遂灭亡。……夫以周亡之祥，见于夏时，又何以知桑谷之生，不为纣王出乎？"这就是说，从夏到周，隔了上千年的时间，决不能把周幽亡国之果，出于夏龙吐漦之因，犹之乎，殷纣王之亡，不能归因于殷高宗时之桑穀（桑树与杨树）生于朝。为什么呢？因为在二现象之间相隔时间太长，其中插入的中间环节太多，就不能说相隔太久的二现象有因果联系。因此，因果关系的二现象必须紧相接连，王充此点是正确的。

当然，王充对因果关系的认识还不全面，因为他还未认识到因果关系的无条件性，而此点却是因果关系的重要一环。

第二，关于因果关系的多样性的分析。在《逢遇篇》和《幸偶篇》中，王充涉及了因果多样性的问题。《逢遇篇》云："伍员、帛喜，俱事夫差。帛喜尊重，伍员诛死，此异操而同主也。"伍员诛死，为不遇；帛喜尊重，为遇。但也有"操同而主异，亦有遇、不遇、伊尹，箕子是也。伊尹，箕子才俱也。伊尹为相，箕子为奴；伊尹遇成汤，箕子遇商纣也。"王充认为"才高行洁，不可保以必尊贵，能泊操浊，不可保以必卑贱。"因为因果关系是复杂的。

又《幸偶篇》云："凡人操行有贤有愚，及遇祸福，有幸有不幸，举事有是有非；及触赏罚，有偶有不偶。并时遭兵，隐者不中；同日被霜，蔽者不伤。中伤未必恶，隐蔽未必善。隐蔽幸，中伤不幸。俱欲纳忠，或赏或罚；并欲有益，或信或疑。赏而信者未必真，罚而疑者未必伪。赏信者偶，罚疑不偶也。"这是"贤、愚"，"祸、福"，"幸、不幸"，"是、非""偶、不偶"，作为变化的基数，可以得出许多不同的组合数。这就是原因尽管一致，但结果却可多种多样的。

王充对因果的看法有正确的一面，即因果的多样性，同因异果，异因同果的现象是存在于客观界中的。同受兵灾，但结果不一样。首当其冲的遭殃，隐匿者无事；因同而果不同。颜渊短命，伯牛病癞，其不幸之结果同，但其造成不幸的原因各异。韩昭侯罪典冠加衣之罪，卫驷乘呼车，有救危之义，称之为忠，二者忠君之心同，但一罪一奖，结果各异。管仲以才德受齐桓公之宠，佞幸者如阄藉孺之辈，却以色媚而受宠；受宠之果同，而其所以受宠之因异。因果的多样性是遍存于自然界和社会界中的。（参阅《幸偶篇》）

当然，自然界的因果关系是机械性的，而社会界的因果关系却是出于人们的意志的、有目的的活动。因此，后者可纳入价值的评价范围，而前者却否。这点，我们应该加以区别。但王充似未见及此。还有，王充所谓遇与不遇，偶与不偶，归之于偶然的机遇，但因果关系却有其客观规律，并非由偶然所支配。王充之因果观还存在着缺点。

(e) 对于实习的重视。王充重视经验，什么事都要经得起"验"的证实，所以他注意实习的锻炼，这对于做好归纳，从可靠的事例中推得可靠的结论是有好处的。《程材篇》云："齐都世刺绣，恒女无不能；襄邑俗织锦，纯妇无不巧。日（目）见之，日为之，手狃也。使材士未尝见，巧女未尝为，异事诡手，暂为卒睹，显露易为者，犹愦愦焉。方今论事，不曰希更（经历少），而曰材不敏;不曰未尝为,而曰知不达,失其实也。"王充不承认有天生的圣人,他说:"天地之间,含血之类,无性(生)知者"。(《实知篇》)一切知识都由后天获得,因而经验的训练,非常重要。由于经验的积累,逻辑思维 也 就可以逐步提高。同时归纳依据的事实,也增强了它的可靠性。这就是王充论证逻辑的唯物主义的可贵处。

(3)类比推理。

类比推理是先秦以来的逻辑家所经常运用的推理方法,王充的类比法正承藉了这一优良传统。不过王充的类比,又有其创新之处,即结合证验来进行,这是王充论证逻辑注意"验"字的影响。兹以《雷虚篇》为例,他用雷与水进行类比,即通过"验"说明雷是火。他说:"雷者,火也;以人中雷而死,即询其身,中火则须发烧焦;中身,则皮肤灼燫(焚);临其尸上闻火气,一验也。

道术之家,以为雷,烧石色赤,投于井中,石焦井寒,激声大鸣,若雷之状,二验也。

人伤于寒,寒气入腹,腹中素温,温寒分争,激气雷鸣,三验也。

当雷之时,电光时见,大若火之耀,四验也。

当雷之击,时或燔人室屋及地草木,五验也。"根据这五点类比,证明雷之为火,毫无可疑。

在《论死篇》中,王充以火烛比喻形神,得出"天下无独燃之火,世间安得有无体独知之精",也采用当时的医学知识验证这一类比。王充说:"人之所以聪明智惠者,以含五常之气也;五常之气所以在人者,以五脏在人中也。五脏不伤,则人智惠;五脏有病。则人荒忽,荒忽则愚痴矣。人死五脏腐朽,腐朽则五常无所托矣。形须气而成,气须形而知。天下无独燃之火,世间安得有无体独知之精?"精神好比火光，血脉好比蜡烛点完了，火光也即消灭;血脉涸竭了，精神也即消灭。精神既消灭，又拿什么东西去为鬼呢?王充此点比先秦稷下唯物派进了一步，因为他不承认有离形体而存在的精神，克服了稷下派的缺点。

两件事的类比，不能随便比附，陷于无类逻辑的错误。王充指出:"比不应事，不可谓喻"。(《物势篇》)这即异类不比的原则。《自然篇》中批评了以农夫桑女比天,"天生五谷以食人，生丝麻以衣人，此谓天为人作农夫，桑女之徒也,不合自然,故其义疑也。"这即违反了异类不比的原则。

当然，异类不比的原则，先秦墨辩已提出，王充不过恪守这一原则而已。

从本节上边所述，王充对推理的意义，依据和推理的各种形式都普遍涉及。而且在演绎，归纳和类比诸方法中，他还有所创新，这是难能可贵的。

第三节 逻辑证明的意义和方法

王充逻辑的特点,在于有坚强的论证。因此,我们特别标出他的逻辑为论证逻辑。

王充的论证比前人推进了一步。他创立了证明的两条重要原则，而且阐明了两种证明的重要作用。又因他的证明是结合当时的天文学和医学进行的，这又表现了他证明的科学性。至于证明的方法，除了一般前人用过的演绎和归纳之外,也有他的创新方面。兹依次分述于下。

1. 证明的原则。

王充认为，要使你的证明令人信服，就需满足两条重要要求;即(一)有效;(二)有证。

《薄葬篇》云："事莫明于有效,论莫大于有证。"可靠的论证应以客观的事实为归,这是唯物主义逻辑的根本点。但我们耳闻目见的经验事例,怎样才能起到证明的作用,那就是你所引证的事例,必须能发生证验的效力,而效力的证据,就全在一个"验"字。王充说:"雷是火"不是神,因为雷是火有五验,而雷是神,却无一验。(《雷虚篇》)有了这五验就证明雷是火,是"有效"的。王充根据有效的标准,证明西汉以来天人感应,谶纬迷信等为虚妄谬说,因为这些谬说是经不住有效的考验的。

有效只是逻辑证明的一个方面,这虽是一个证明的重要方面,但仅有它,是不够的,还必需加另一个重要原则,那就是有证。

什么叫做"有证"?"有证"不是指"有证据"言,(参阅北京大学历史系《论衡注释》,中华书局版,第3册,第1312页,《薄葬篇》注)而是指能作出理性分析,合逻辑的论证。王充批评道家论自然,没有作出充分的论证,因而不能使人见信,(参阅《自然篇》)这正是"有证"一词的注解。当然,逻辑的论证也不是抽象的推理而有其事实的证验,但它的重点是放在推导过程,也就是王充所谓"以心原物"(《薄葬篇》)的过程,是显而易见的。

真知必须从客观事实的经验出发,这是唯物主义的根本立场。但事实的经验有时会受错觉和幻觉的欺骗,使客观真实受到歪曲,这就必须通过理性的思维来纠正经验的错误。墨子片面的经验论,误以见鬼为真,就是缺乏思维的纠正。王充说:"夫论不留精澄意,苟以外效立事是非,信闻见于外,不诠订于内,是用耳目论,不以心意议也。夫以耳目论,则以虚象为言;虚象效,则以实事为非。是故是非者不徒耳目,必开心意。墨议不以心而原物,苟信闻见,则虽效验章明,犹为失实"。(《薄葬篇》)这就说明,只有经验上的象效,就会被虚象所欺骗,反以实事为非。因此，王充注重"以心原物"。即运用心思来分析闻见的是非，去伪存真，才能得到真知识。

总之，王充提出的"有效"和"有证"两项证明原则，是发前人之所未发。因此，他的论证逻辑成为中国逻辑史上光辉的一页。

2．证明的作用。

王充认为证明有两种作用，即(1)为补充发展前人正确学说的不足；(2)为批判前人或时人所持的谬说。前者在于正面的建立，后者在于反面的击破。兹分述如次。

(1)补充前人正确学说的不足。前已举了对道家自然说和荀子"天人之分"的补充发展，兹不赘。

(2)证明的批判作用。

证明的第二种作用，即对于天人感应，谶纬迷信等的批判。王充认为批判谬说，必须作出充分的论证，然后才能使人信服。《论衡》中的许多批判文章，如《四讳篇》、《讥日篇》、《卜筮篇》、《辨祟篇》、《难岁篇》、《诘术篇》和《解除篇》，以充分的论证，证明西汉以来的许多宗教神学的迷信思想，为虚妄无稽之谈。在《寒温篇》、《谴告篇》、《变动篇》、《是应篇》和《感类篇》等，又以充分的论证，证明西汉以来的天人感应，神学目的论的思想，是愚弄老百姓的欺人之谈。他就是这样，运用大量的篇幅来反驳虚妄的谬说，构成《论衡》一书的"天平"特征。

3．证明的科学性。

西汉以来，天文学和医学有长足的发展，王充的论证是结合当时天文学和医学进行的。因而王充的论证具有一定的科学性。现先谈他对于天文学的运用。

汉代关于天的说法有三家，即盖天说、宣夜说和浑天说。王充的说法和盖天接近，但有所不同。

王充对于天的看法详《谈天篇》和《说日篇》。他对于汉儒所宣扬的意志天,认为"天气也,故其去人不远。人有是非,天辄知之,又辄应之"(《谈天篇》)是虚妄之言,王充认为"天、体、非气也",(同上引)他坚持天为物质实体,否定了天的神秘性。

王充复据他的直观的审察,提出日入、日出和日温、日寒诸问题。

《说日篇》云:"日之出,近也;其入,远不复见,故谓之入。近,故谓之出。何以验之?……人望不过十里,天地合矣;远,非合也。今视日入,非入也,亦远也。当日入西方之时,其下之人,亦得谓日中。从日入之下,东望今之天下,或时亦天地合。如是……各于近者为出,远者为入;实者不入,远矣。

日以远为入,泽以远为属,其实一也。泽际有陆,人望而不见;陆在,察之若望(之);日亦在,视之若入,皆远之故也。

太山之高,参天入云,去之百里,不见垂块;夫去百里,不见太山,况日去人以万里数乎?太山之验既明矣。

试使一人,把大炬火,夜行于道,平易无险,去人十里,火光灭矣;非灭也,远也。

今日西转不复见者,非入也。"

在上述引文中,王充证明日出为近看故,日入为远看故。他举太山、水泽和火炬三事为例以验证之。我们从他的证明看,王充已直观地猜测到地为球面形。所谓"当日入西方之时,其下之人,亦将谓之日中,"这即证明远方球面居住的人,把日看作日中,而我们却成西入了。

当然,这一论证也预示着地的转动意。

至于一天之中,"旦"、"暮"、"日中",那个距人近?日中看日小,日出、入,看日大。日大、小问题和早晚感寒,中午感热的问题,王充也有分析。

关于日距人远近问题,他的答复是,日中近,日出入远,何以验之?《说日篇》云:"日中时,日正在天上,……夫如是,日中为近,出入为远。

日中,去人近,故温;日出,入,去人远,故寒。

然则日中,日小;其出入时,大者。日中光明故小;其出入时光暗,故大。犹昼日察火,光小;夜察之,火光大也。

既以火为效,又以星为验。昼日星不见者,光耀灭之也;夜无光耀,星乃见。夫日月,星之类也,平旦,日入,光销,故视大也。"(《说日篇》)

在以上引文中,王充以简单实验证明,近小,远大,近热,远寒的道理。王充的证明虽带简单直观性,但在当时,还是难能可贵的。

前边提到,王充运用西汉以来医学的知识证明精神不能脱离肉体而独立存在,纠正了先秦稷下唯物派的错误,更破斥了人死有知的妄说,把东汉唯物主义思想向前推进一步。而王充证明的科学性,于此亦可见一斑了。

4.证明的方法。

1)演绎证明。

王充驳斥谴告说即采演绎论证式。《谴告篇》云:"论灾异,谓古人之君,为政失道,天用灾异谴告之也。人君用刑非时则寒,施赏违节则温,天神谴告人君,犹人君责怒臣下也。"对于以寒温为谴告之说,加以驳斥道:"夫天道自然也,无为;如谴告人,是有为,非自然也"。(同上引)列成演绎式如下:

> 天谴告人是有为;——大前提
>
> 天道自然是无为(即天道自然非有为);——小前提
>
> 因此,天道不能谴告人。——结论

这是第二格,合逻辑的推论。如果以无为之天为能谴告人是类概念的混乱，犯了混淆概念的逻辑错误。

进一步分析，"谴告"说还犯了循环论证的逻辑错误。谴告论者先设想天和人一样。再拿人们互相谴告为依据，推到天地也能同样谴告人君。陷入循环论证的逻辑错误。

2）归纳的证明。

王充证明谴告为衰世之语时，即采用归纳式的证明。《自然篇》云："如有灾异（上古时），不名曰谴告，何则？时人愚蠢，不知相绳责也。末世衰微，上下相非，灾异时至，则造谴告之言矣。

夫今之天，古之天也，非古之天厚而今之天薄也。谴告之言生于今者，人以心准况之也：

诰、誓不及五帝，　　（a）

要盟不及三王，　　　（b）

交质子不及五霸，　　（c）

德弥薄者信弥衰，心险而行诐，则犯约而负教，教约不行，则相谴告，谴告不改，举兵相灭。

由此言之，谴告之言，衰乱之语也"。（d，结论）

王充有时也采用归纳中的差异法，从正反两面来证成其说。如他证明子夏失明是由于他哭子所致，非如曾子所说，子夏有三罪。受祸并非由于有罪。在《祸虚篇》中，他引颜渊、子路、白起、司马迁、盗跖、李广、卫青等人的事例，从正反两方面证明，祸与罪无关。

颜渊早死，子路菹醢，是颜回命短，子路命凶所致，并非颜回，子路有罪。（正面）

白起坑降卒数十万人，降卒有为善行者，天何故不佑之，而使遭白起之杀？（反面）

盗跖日杀不辜，肝人之肉，反得寿终。盗跖有罪，反得福。

（反面）

李广不侯，卫青封侯，也不是前者有罪，后者有德。（正反两面）这样，人的罪德与祸福无关。

王充有时还运用因果关系来证成其论点。《变虚篇》云："尧、舜操行多善，无移荧惑之效；桀、纣之政多恶，有反（反有）景公脱祸之验。"

　　a.在（多善），b.不在（无移荧惑之验）

　　a.不在（多恶），b.反在（有脱祸之验）。

可见，a、b无因果关系，荧惑出没和人善恶无关。

《变虚篇》又云："齐景公时有彗星，使人禳之。晏子曰：'无益也，'……且天之有彗，以除秽也。君无秽德，又何禳焉？若德之秽，禳之何益？"这里，

　　　　有彗——因，除秽——果，

　　　　无果（无秽），不怕有彗（因），

　　　　有果（有秽），因不可除（有彗）。

由此可证，彗之有无和人的善恶无关。

3）证明与反驳相结合。

王充的证明有时和反驳相结合，这样对论敌的攻击更为有力。《雷虚篇》中，王充一方面驳雷非天怒而实为火，以五验证之。另一方面，他又确定雷是太阳的激气。他说："雷者，太阳之激气也。何以明之？正月阳动，故正月始雷。五月阳盛，故五月雷迅。秋冬阳衰，故秋冬雷潜。盛夏之时，太阳用事，阴气乘之，阴阳分争，则相校轸，校轸则激射。激射为毒，中人辄死，中木木析，中屋屋坏。人在木下屋间，偶中而死矣。"（《雷虚篇》）只有雷为火的效验还不够，必须有进一步的推论，说明发生雷的原因，然后才能完成证明的手续。王充的立论，既有"有效"的验证，又有"有证"的推论，他的论证逻辑，的确算得是中国中古逻辑史的

• 161 •

539

光辉一页。

4)证明的辩证性。

王充在《道虚篇》中,证明人死不能为鬼,从生死的辩证关系推论。他说:"有血脉之类无有不生,生无不死,以其生,故知其死也。……死者生之效,生者死之验也。夫有始者必有终,有终者必有始,惟无始终者乃能长生不死"。(《道虚篇》)生死互为效验,无生则无死,无死必无生。反之,有生必有死,有死亦必有生。王充通过生死的对立矛盾概念,推断有则俱有,无则俱无。证明有生必有死,不能有生而无死。这比西汉末的扬雄更进一步。因扬雄只根据他的数的规律性推断有生必有死,而王充却更进一步,从生死矛盾对立的本质推断有生必有死,他用"死者生之效,生者死之验。"这是他的效验说论证的特色。

5)注意"验"的证明法。

王充论证逻辑的一个特点,即处处注意"验"字。我们从上边关于雷非天怒有五验和"生者死之验"的证明已可概见。《对作篇》云:"今著《论死》及《死伪》之篇,明死无知不能为鬼,冀观览者将一晓解,约葬更为节俭,斯盖《论衡》有益之验也。"又《订鬼篇》云:"人病亦气倦精尽,目虽不卧,光已乱于卧也。故亦见人物象。……何以验之?以狂者见鬼也。狂痴独语,不与善人(正常人)相得者,病因精乱也。夫病且死之时,亦与狂等。卧、病及狂三者皆精衰倦,目光反照,故皆独见人物之象焉。"又《论死》篇云:"夫死人不能为鬼,则亦无所知也。何以验之?以未生之时无所知也。"王充证明突出一个"验"字,这一注意"验"的精神贯穿于全部《论衡》中,这就是《对作篇》所称为"有益之验"。这点确是王充的独创,而以前的逻辑家是没有这样提的。

6)反证法。

王充有时采用反证法,证明论敌的错误。《福虚篇》云:"儒家之徒董无心，墨家之役缠子，相见讲道。缠子称墨家右鬼神，是引秦穆公有明德，上帝赐之十九年。董子难以尧、舜不赐年，桀、纣不夭死。尧、舜、桀、纣犹为尚远，且近难以秦穆公，晋文公。夫谥者，行之迹也，迹生时行，以为死谥。'穆'者误乱之名，'文'者德惠之表。有误乱之行，天赐之年，有德惠之操，天夺其命乎？秦穆公之伯不过晋文，晋文之谥美于穆公，天不加晋文以命，独赐穆公以年，是天报误乱，与穆公同也。"王充此处，从事实上，将善人之命不长，恶人之命不短，反证为善得寿，为恶反夭的谬说。

7)演绎与归纳相结合的证明法。

王充有时对某一论点先从演绎证明，继之运用归纳证成演绎所得的结论。《气寿篇》中提出"强寿弱夭，以百为数"的命题，他先用演绎证明为何"强寿弱夭，以百为数。"接着，他从历史上举了许多事例，以归纳证成此说。

(a)论题："强寿弱夭，以百为数。"

(b)演绎证明："强寿弱夭，谓禀气渥薄也。""人之禀气，或充实而坚强，或虚劣而软弱。充实坚强，其年寿；虚劣软弱，失弃其身"。"妇人疏字者，子活，数乳者，子死。何则？疏而气渥，子坚强；数而气薄，子软弱也。"这就证明人禀气渥厚，体格坚强，可以长寿。反之，禀气单薄，身体柔弱，自会夭折。

(c)归纳证明：

列举尧、舜、文、武、周公、邵公寿满百为证。（枚举归纳见前引）

这样，王充以具体的事例，补充演绎推证的结论，就加强了其论证的逻辑力量。

8)对否定判断的论证。

王充对西汉以来的方士造说，修道之人，可以身生羽毛而不死,对"羽毛不死"的否定判断,王充加以驳斥。

《无形篇》云:"图仙人之形,体生毛,臂变为翼,行于云,则年增矣,千岁不死。此虚图也,……海外三十五国,有毛民、羽民,羽则翼也。毛羽之民,土形所出,非言为道身生羽毛也。禹、益见西王母,不言有毛羽。不死之民,亦在外国。毛羽之民,不言不死;不死之民,不言毛羽。毛羽未可以效不死,仙人之翼,安足以验长寿乎?"

在上段中,王充把毛羽之民和不死分开,毛羽既不能作不死之证,那么,仙人生羽翼,也就不能证明他的长生了。以图解之如下。

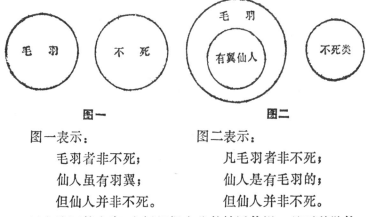

图一　　　　　　　　　　图二

图一表示:　　　　　　　图二表示:

　　毛羽者非不死;　　　　　凡毛羽者非不死;

　　仙人虽有羽翼;　　　　　仙人是有毛羽的;

　　但仙人并非不死。　　　　但仙人并非不死。

以上论证的内容,大抵根据古代的神话传说,是不科学的,但论证的过程是合乎逻辑的。

第四节　反　驳　法

王充的反驳法是针对西汉以来的虚妄之说的。诸如神学目的论、天人感应论、灾异说以及"四讳"等等都是他所反驳的对象。王充的反驳法形成了他的论证逻辑的又一特点。

王充的反驳法约有如下六种。

1.通过浅近事实的比较进行反驳。

《辩祟篇》中,王充反驳"吉日"和"忌日"的迷信,认为人的祸福和日忌无关, 即采用浅近事实的比较来进行反驳。《辩祟篇》说:"犹系罪司空作徒,未必到吏日恶,系役时凶也,使杀人者求吉日出诣吏,剶(断)罪,推善时入狱系,宁能令事解, 赦令至哉? 人不触祸,不被罪,不被罪不入狱。一旦令至,解械径出,未必有解除其凶者也。天下千狱,狱中万囚,其举事未必触忌讳也。居位食禄,专诚长邑,以千万数,其迁徙日未必逢吉时也。历阳之都,一夕沉而为湖,其民未必皆犯岁、月也。高祖始起,丰、沛俱复(免赋税徭役),其民未必皆慎时日也。项羽攻襄安,襄安无噍(活着的人)类,未必不祷赛也。赵军为秦所坑于长平之下,四十万众,同时俱死,其出家时, 未必不择时也。"从这段引文中,被囚者不是都犯禁忌,为官者未必都逢吉时,最明显的例子,沉湖溺死的历阳人民,都未必犯禁忌,而被项羽屠杀的襄安人民和被秦所坑杀的四十万赵卒,也未必都不去择时、祈祷。得到汉高祖免赋役的丰、沛老百姓也不见得是谨慎时日的。由此证明,得祸者未必犯忌日,而得福者未必从吉日,祸福之来和禁忌无关。

五行生克之说也经不住明显事实的比较、反驳。《物势篇》云:"……含血之虫亦有不相胜之效。午,马也;子,鼠也;酉,鸡也;卯,兔也。水胜火,鼠何不逐马?金胜木, 鸡何不啄兔?亥,豕也;未,羊也;丑,牛也;土胜水,牛羊何不杀豕?巳,蛇也;申,猴也。火胜金,蛇何不食弥猴?弥猴者,畏鼠也;啮弥猴者,犬也;鼠,水也;弥猴,金也;水不胜金,弥猴何故畏鼠也?戊,土也;申,猴也;土不胜金,弥猴何故畏鼠也?"通过这样明显的事例进行反驳,五行生克说就无法愚民惑众了。

2.通过因果关系的两件事例,进行反驳。

《感虚篇》反驳天人感应论,所谓人的行为可以感天的谬说,王充即采用因果关系来反驳。人的精神弱而小,而天的精气大而强,不能构成因果的关系。就象拿筋撞钟,以筹击鼓,不能使钟响和鼓鸣一样。

论敌:"凡人能以精诚感动天,专心一意,委务积神,精通于天,天为变动"。(《感虚篇》)

反驳:"夫以箸撞钟,以筹击鼓,不能鸣者,所以撞击者小也。今人之形,不过七尺,以七尺形中精神,欲有所为,虽积锐意,犹箸撞钟,筹击鼓也,安能动天?精非不诚,所用动者小也"。(《感虚篇》)

又《寒温篇》亦以因果不相应反驳论敌论题的荒谬性。

论敌论题:"说寒温者曰:人君喜则温,怒则寒。何则?喜怒发于胸中,然后行出于外,外成赏罚;赏罚喜怒之效。故寒温渥盛,凋物伤人。"

反驳:"夫寒温之代至也,在数月之间,人君未必有喜怒之气发于胸中,然后渥盛于外,见外寒温。"(Ⅰ)
这说明自然界的寒温和人君的喜怒并无相应关系。喜怒不能作为寒温的原因。

"六国之时,秦汉之际,诸侯相伐,兵革满道,国有相攻之怒,将有相胜之志。夫有相杀之气,当时天下未为常寒也。"　(Ⅱ)
这证明杀伐之怒气盛,不能使当时的气候常寒,可见天寒非怒气所致。

"唐虞之时,政得民安,人君常喜,弦歌鼓舞,比屋而有。当时天下未必常温也。"(Ⅲ)
这证明温非喜气所致。

从以上(I)(II)(III)项证明，论敌论题是虚假的，站不住脚的。

3.通过类比进行反驳。

《变动篇》中，驳灾异说者以政动天，即采用**此法**。

论敌云："灾异之至，殆人君以政动天，天动气以应之，**礕**之以物击鼓，以椎叩钟，鼓犹天，椎犹政，钟鼓声犹天之应也。"

反驳："夫人不能动地，则亦不能动天。夫寒温天气也。天至高大，人至卑小。**筳**小不能鸣钟，而萤火不爨鼎者，何也？钟长而**筳短**，鼎大而萤小也，以七尺之细形感皇天之大气，其无分铢之验，必也。"

王充此处以筳和钟及萤和鼎的类比反驳人能感天的谬说。

4.以论敌的论据反驳论敌的论题。

因为论敌的论据和他的论题是相矛盾的，这样就可以用他的论据来反驳他的论题。在《寒温篇》中，王充驳斥招致说的错误，即采用此法。

论敌论题："以类相招致也。喜者和温，和温赏赐。阳道施予，阳气温，故温气应之。怒者恚恚，恚恚诛杀，阴道肃杀，阴气寒，故寒气应之。"

这里论敌以人的喜怒为论据，来证明论敌的论题，以类招致天气的温与寒。这是矛盾的。因天气的寒温是属自然现象，而人的喜怒却属于心理现象，是两类绝然不同的事物，决不能用心理现象的变化作为自然现象变化的论据，而陷于类的混乱。

反驳：比邻地区的气候，大致相同，如春秋时，齐鲁二国相接，如齐国行赏，鲁国行罚，并不能使齐国变温，鲁国变寒。"齐鲁接境，赏罚同时，设齐赏鲁罚，所致宜殊，当时可齐国温，鲁地寒乎？"(《齐温篇》)

赏罚不同，则寒温"宜殊"，但"宜殊"而"不殊"，可证其说本身的矛盾。

"往年万户失火，烟焱参天，河决千里，四望无垠，火与温气同，水与寒气类；失火河决之时，不寒不温。然则寒温之至，非政治所致"。(同上引)

这里证明政治上的赏罚和天气的寒温无关，把无关的两件事，硬拉作论据与论题的关系，必然会发生矛盾。由此反证招致说的荒谬。

5.根据矛盾律进行反驳。

王充经常运用矛盾律从论敌议论的矛盾揭露中，暴露论敌立说之荒谬。

《异虚篇》中，揭露麒麟为吉，桑谷为凶，兽与草都属于野生之物，为何命兽为吉，命草为凶？假若雉伏于野草之中，又是否伏者吉而被覆者凶乎？人居草庐之内，又是否人吉而庐凶呢？如果食血的动物是吉的，那么少数民族的夷狄来到，又怎能被认为是凶的？如果认为夷狄来到不吉，又为何介葛卢来朝是吉的？如果以野草为凶，那末，朱草蓂荚又为何是吉的，视为祥瑞呢？总之，矛盾百出，只能称为无稽之谈。

在《雷虚篇》中，王充驳雷非神，也运用矛盾律。他说："神者恍惚无形，出入无门，上下无根(垠)，故谓之神。今雷公有形("图一人若力士之容")，雷声有器("左手引连鼓，右手推椎若击之状")，安得为神？""如无形，不得为之图象；如有形，不得谓之神。"有形而称神是矛盾的。

至于说被雷打死若有阴过，更是矛盾。"建初四年夏六月，雷击会稽，鄞县羊五头皆死，夫羊何阴过而雷击之？舟人洿溪上流，人饮下流，舟人不雷死。"羊无阴过，被雷打死；舟人有污人不洁之过，反不被雷伤，足征雷打者为阴过说之非。

又《谢短篇》驳诗家所谓诗作于衰世之非时，也以揭露矛盾的方法，进行反驳。《谢短篇》云："问诗家曰：诗作何帝王也？彼将曰，周衰而诗作，盖康王时也。康王德缺于房，大臣刺晏，故诗作。夫文武之隆，贵在成康，康王未衰，诗安得作？周非一王，何知其康王也，二王之末皆衰，夏、殷衰时，诗何不作？"这里用康王未衰，何故有诗，夏、殷衰时，何故无诗，这样把诗作于衰世说的矛盾暴露无遗。

此外，如《问孔篇》、《非韩篇》、《刺孟篇》诸篇当中，亦以"贤圣之言，上下多相违，其文，前后多相伐"。(《问孔篇》)批判了孔、孟、韩诸人学说的矛盾，驳斥了当时学者"好信师而是古，以为贤圣之言皆无非"(同上引)的错误。可见矛盾律是王充反驳论敌的最尖锐的武器。

6.用与论敌的论点相矛盾的事例反驳论敌。

《遭虎篇》提到"以虎食人应功曹之奸"，这就是论敌认为功曹之奸是虎食人的理由，这本身即矛盾的。如果依论敌原则推演下去，则必然得出"平陆广都之县，功曹常为贤，山林草泽之邑，功曹常伏诛也，"这是十分错误的，而且虎不但吃人，也吃其它禽兽，那又是应何官吏？

《商虫篇》称"变复之家，谓虫食谷者，部吏所致也，贪则侵渔，故虫食谷，身黑头赤，则谓武官；头黑身赤，则谓文官，使加罚于虫所象类之吏，则虫灭息，不复见矣。"王充反驳道："头赤则谓武吏，头黑则谓文吏所致也，时或头赤身白，头黑身黄，或头身皆黄，或头身皆青，或皆白若鱼肉之虫，应何官吏？

时或白布豪民，猾吏被刑乞货者，威胜于官，取多于吏，其虫形状何如状哉？

虫之灭也，皆因风雨，案灭之时，则吏未必伏罚也，陆田之中，时有鼠，水田之中，时有鱼、虾、蟹，皆为虫害，或时希出而暂为害，或常有而为灾，等类众多，应何官吏？"这样层层反驳，论敌将无地自容。

在《商虫篇》中,对以虫食谷为灾的谬说,也作了同一样式的反驳。王充说:"'倮虫三百,人为之长',由此言之,人亦虫也。人食虫所食,虫亦食人所食,俱为虫而相食物,何为怪之?设虫有知,亦将非人曰:'女食天之所生,吾亦食之,谓我为变,不自谓灾。'凡含气之类,所甘嗜者,口腹不异。人甘五谷,恶虫之食;自生天地之间,恶虫之出,设虫能言,以此非人,亦无以诘(反驳)也。夫虫之在物间也,知者不怪;其食万物也,不谓之灾"。(《商虫篇》)这里,王充从万物的平等观出发,认为人和物都是虫,是平等的。他打破了"人为中心"的论点。

其次,人和物都吃天地所生的东西,也是平等的。如认为虫吃人所食为灾,那么,人吃虫所食也是灾,理由是对等的。

这里,王充运用了论敌所提"虫食五谷为灾"的论据来反驳论敌,也即是以其人之道还诸其人之身,使论敌无言对答。因论敌的论据本身即包含了矛盾在内。王充揭露论敌的矛盾,使论敌的言论归于破产。

第五节 王充论证逻辑的贡献及其缺点

从上边各节所述,王充对于推理、证明和反驳等各种逻辑方法都有详尽的论述, 有些论点还是他的创见。兹将他的主要贡献,总述如下。

1."效验"的论证方法是王充论证逻辑的杰出贡献。

"事莫明于有效, 论莫大于有证"。(《薄葬篇》)合逻辑的证明,既要"有效",又要"有证"。"有效"可以避免空疏的主观武断;"有证",则可以避免错觉和幻觉的欺骗。因此,"有效"和"有证"是逻辑论证的完整系统,这是以前的逻辑家所未曾提到的。

2.以"实"为论证出发的基础，真伪的标准在于是否能做到"如实"以为断。

知识的对象即是客观存在的"实"，这即王充所谓"知实"。（《知实篇》）因此，必须做到"如实了知"，才能成为真知 这即王充所谓"实知"。（《实知篇》）只有实知才能扫除以往空疏论证的流弊。王充的《论衡》亦称"实论"，（《自纪篇》）而"如实论之"，几成为王充论证的口头禅。这样的"实证"精神，确是王充所创造。

3.王充的论证补充前人的不足。

王充论证的一个重大作用，在于补充和发展前人学说的不足。如对道家的"自然"之说，引了许多具体事例以证成之，对荀子的"天人之分"的光辉命题，则用天人不同类以申说之。这样，道家的自然之说和荀子的天人之分就更放光芒了。

4.王充论证逻辑的第四点贡献在于它的巨大的批判作用。

王充标榜写作的目的在"疾虚妄"。举凡西汉以来，天人感应，五行灾异，谶纬迷信等等谬论都遭到王充的无情抨击。王充的逻辑批判扫清了宗教神学的迷雾。《论衡》"铨轻重之言，立真伪之平"，发出中古唯物主义的特异光辉。王充在中古逻辑史上的确作出了杰出的贡献。

王充的论证逻辑虽有以上四点主要贡献，但仍有一些缺点，主要为：

1.效验说的局限。

由于王充受了机械唯物主义的影响，没有彻底解决形神关系的问题，在《吉验篇》中，提出了许多反科学的论证，正中了他对墨子的批评，"虽效验章明，犹为失实"。由此可证逻辑的正确方法还必须有正确的世界观为指导，然后才能保证它的正确性。

2.论证的形而上学性。

王充对生死关系的论证体现了辩证的观点；在对历史的进步和类的变化中，也体现了一些质变的思想，这是可贵的。但他的"有效"和"有证"的论证法，基本上仍是形而上学的。他不可能理解到感性认识和理性认识的辩证关系。在类的变化观念中，也存在古今不变的形而上学思想。

3.作为逻辑推论的基础的类，存在许多糊涂不清的概念。

王充将真类和假类（如土龙求雨），混为一谈。这就犯了他自己所批评的"比不应事"，异类不比的逻辑错误。

4．关于"两刃相割"的矛盾律的运用，也受了他的阶级的局限，而不能相割到底。

王充对董仲舒虽批判了他的天人感应、神学目的论，但又赞扬他能发扬孔子精神。对神怪灾异作了深刻的批评，但又宣扬汉代的符瑞。虽批判了墨子的有鬼论，但又认为世上确有鬼的存在，不过不是人变的。王充虽否认生知，但又认为有些事情是无法知道的，陷入不可知论的泥坑。这样，在他的许多光辉命题中，不免带来了瑕疵。

王充的论证逻辑虽有以上四种缺点，但他的贡献仍是主要的。在一千九百多年前的封建社会中，由于受历史的和阶级的局限，有些错误是很难避免的。我们无求备于一人，从历史唯物主义观点来看王充逻辑的成就，它仍可看作中古逻辑史上的一盏明灯！

第七章　东汉伦理的逻辑思想

第一节　东汉伦理的逻辑思想的产生和发展

1.东汉伦理的逻辑和孔子的伦理的逻辑的联系与区别。

在拙著《先秦逻辑史》一书中，曾提到孔子儒家一派的正名逻辑和辩者派的区别。孔子主正名以正政，这即以逻辑的正名为整理伦理政治纲纪服务，因而和辩者的以纯逻辑为讨论中心不同。孔子一派的逻辑，我们称之为伦理的、政治的逻辑，逻辑的研究是为伦理政治服务的。

东汉伦理的逻辑，是一种伦理、道德本身的研究，从广义上说，它和孔子的伦理的逻辑有共同点。但孔子的伦理逻辑是以正名为正政服务，那么，逻辑和伦理是两码事。东汉的伦理的逻辑是一种人伦品鉴的研究，这就是逻辑的伦理化，伦理与逻辑已溶而为一，并没有谁为谁服务的问题。东汉伦理的逻辑从名义上说似和先秦正名派有关，但它产生的根源，却在于东汉的社会政治的历史环境，此点容当以下另述。

2.先秦物实的名实观转变为东汉的人伦品质的考核观。

春秋战国时代是由奴隶制转变到封建制的大变革时代，因而发生旧名不能反映新实，成了"名实相怨"的重大问题。如何解决"名实相怨"的方法，尽管有"改实就名"的唯心主义和"取实予名"的唯物主义的不同，但对于实的看法基本上是一致的。所

• 173 •

谓实是指客观存在的物实。制度、器物都可称为客观存在的物实。器物制度的指称则为名。《管子·心术上》云:"名者圣人之所以纪万物也。"又云:"物固有形,形固有名。"《尹文子·大道上》云:"有形者必有名,……形而不名,未必失其方圆白黑之实。"可见先秦逻辑家之所谓实是指存于客观界的物实言,而名不过是指对于这一物实的反映而已。

东汉的名实却和先秦时代有别。他们之所谓实并不指客观的物实,而指的是个人所有的品质;而他们之所谓名,也不是指反映客观物实言,而是指社会所给某人的名誉。所谓"盛名之下,其实难副"(李固给黄琼的信)即指社会给某人的荣誉超过了他本身具有的品质。这样,东汉的名实观纯属个人的道德评价,和先秦所讲的名实是两码事。如果说先秦的名实观是属于逻辑范畴的,那末,东汉的名实观就是属于伦理的范畴,逻辑成为伦理化了。这是东汉伦理的逻辑所具的特点。

3.东汉伦理的逻辑思想与汉代荐举制度的关系。

《后汉书卷九十一》《黄琬传论》云:"汉初诏举贤良方正,州郡察孝廉秀才,斯亦贡士之方也。中兴以后,复增敦朴、有道、仁贤、能直言、独行、高节、清白、敦厚之属。荣路既广,觖望难裁。自是窃名伪服,浸以流竟,权门贵仕,请谒繁兴。"荐举是东汉朝廷选拔人才的重要途径。当时,郡太守国相按一定比例荐举孝廉,而所举孝廉,大多取年少能报恩者,耆宿大贤,都见废弃。荐主和被荐人发生君臣关系,在私人情感上,发生父子关系。这样,就形成了全国大大小小的私人集团,掌握当时的政治势力。为了做官,当时的士人固急于上太学或私学学习,但是更多的是奔走于名人之下,以求得一奖誉声望,为取得荐举的资格。荐举盛行和人物品评就相应而发达起来。在好的一面,也有才德兼优之士,被提拔而上,尽忠效力,如李固、周举之渊谟弘深,左雄、黄琼之政事贞固。但坏的方面,就成为"窃名伪服,浸以流竞"的恶劣作风,使所举之名与其实不符,这是荐举制的坏结果。总之,东汉的重视荐举,推动了品评人物之风,诚如顾亭林所说:"汉自孝武表章六经之后,师儒虽盛,而大义未明。故新莽居摄,而颂献符者遍于天下。光武有鉴于此,故尊儒节义,敦厉名实,所举用者,莫非经明行修之人,而风俗为之一变"。(《日知录》卷十三,两汉风俗条)亭林此处所谓"尊儒节义,敦厉名实"确是东汉人伦之风盛行的原因。而"名实"一词,固沿用先秦逻辑家的成语,但其所指内容,却为东汉士人的道德修养,那是人伦品鉴的对象,远离先秦"名实"一词之纯逻辑意义了。

4.人伦品鉴的风行促使伦理逻辑的发展。

东汉人伦品鉴的方式多端:

第一、有所谓"风谣"的。袁宏《后汉纪》卷二十二,《延熹九年纪》云:"是时太学生三万余人,皆推陈蕃、李膺,被服其行。由是,学生同声,竞为高论,上议执政,下讥卿士、范滂,岑晊之徒,仰其风而扇之。于是,天下翕然,以臧否为谈,名行善恶,托以谣言。曰:'不畏强御陈仲举,天下模楷李元礼。'公卿以下皆畏,莫不侧席。"从这段记载,可知谣言是臧否人物的一种方式。他编成韵语,便于流传。其内容有标榜经学成就的,如"五经纵横周宣光",(《后汉书·周举传》)"五经无双许叔重"(《后汉书·许慎传》)之类。有标榜个人品质的,如"道德彬彬冯仲文",(《后汉书·冯衍子豹传》)"关西孔子杨伯起"(《后汉书·杨震传》)之类。风谣用简短韵语,概括个人的学术或品德的成就,社会广为流传,成为拔擢上进的有力利器。

第二,题目。题目是从风谣蜕变而来。它直指人物,并不通过比喻。如"神君"直指荀淑,"二瑝"直指周瑝都、孙子瑝,"三虎"直指贾彪兄弟三人之类。

这种人物品鉴的方式因和个人升迁有关,所以风行一世。当时,士子以能得名人的品目鉴识为莫大光荣,一经品鉴,身价百倍。曹操少时也力求许子(劭)将的品鉴,许称曹为"治世之能臣,乱世之奸雄"。(《世说新语·识鉴》第七)曹操听后,感到十分愉快。乔玄也曾称曹为"乱世之英雄,治世之奸贼"。人伦之风盛行,有如此者。

5.人伦品鉴的逻辑方法。

人物的品鉴,不外有两种方法,即一为名士的品评,一为地方的品评。前者由上而下,有类演绎;后者由下而上,有类归纳。

演绎式的品鉴法,即由当时的人伦泰斗的品评出发,然后广及各方面。郭泰(林宗)是当时品鉴人伦的杰出人物,谢承书云:"泰之所名,人品乃定。先言后验,众皆服之。……初,泰始至南州,过袁奉高(阆),不宿而去。从叔度(黄叔度),累日不去。或以问泰。泰曰:'奉高之器,譬之泛滥,虽清而易挹。叔度之器汪汪若千顷之波,澄之不清,扰之不浊,不可量也。'已而果然,泰以是名闻天下。"《后汉书》九十八《郭泰传》云:"郭泰奖拔人士,皆如所鉴……,后之好事或附益增张,故多华辞不经,又类卜相之书。"这里所谓"先言后验,众皆服之。"他对袁奉高和黄叔度的品评,果如他的品定,得到证验,这即颇类演绎式的品鉴推论,先作出某人的结论,然后把它作为前提,再从实践中去证验它。推验的情况,果然和品鉴的预想一致。

归纳的方法,由下而上。这即从各地区的品鉴步步归纳,最后得出一总的标题。例如《后汉书·周举传》引京师之语,得出"五经纵横周宣光。"又《后汉书·戴恶传》:"解经不穷戴侍中",这些就是从京师一般人的品鉴逐渐归纳得来。此外,还有从乡里的评鉴得来的,如"道德彬彬冯仲文",(《后汉书·冯衍子豹

传》)"道德恂恂召伯春"。(《后汉书·召驯传》)

也有专从某一地区来的,如"任文公,智无双"(《后汉书·任文公传》)引益都之语归纳品鉴得来。"荀氏八龙,慈明无双"(《后汉书·荀爽传》)即从颖川的品鉴得来。

此外,也有采用当时一般人的评价,如"五经无双许叔重"。(《后汉书·许慎传》)"关中大豪戴子高"。(《后汉书·戴良传》)"徒见二千石,不如一逢掖"。(《后汉书·王符传》)

也有明指从天下来的,如"贾氏三虎,伟节最怒"。(《后汉书·贾彪传》)

除地区外,也有从某部分人归纳得来的,如"关西孔子杨伯起"(《后汉书·杨震传》)是从诸儒集团中得来。

从以上所引述,归纳式的评鉴和演绎式的最大区别在于它不是出于一个名人之手,而是从普通的群众中产生,最后才成为简短的结论的。

6.人伦品鉴的逻辑问题——即名实不相副走到了人伦逻辑的反面。

人伦品鉴,原为东汉的荐举制度而兴。这一制度的主旨,原想从全国的优秀士子中,由各方推举贤能,以备朝廷录用,发挥治国安邦的重大作用。但荐举途径增多,贤良方正、孝廉秀才之外,复增敦朴、仁贤、能直言、独行、高节、清白、敦厚之属。于是就出现"荣路既广,觖望难裁。自是窃名伪服,浸以流竟,权门贵士,请谒繁兴"。(见前引《后汉书·黄琬传》)这样,人伦品鉴走向反面,伦理的逻辑走到名实不相副的反逻辑的恶极。《抱朴子》卷三十三《汉过篇》中,言之甚详,兹引录一段如下:

"历览前载,逮乎近代,道微俗弊,莫剧汉末也。……柔媚者受崇饰之祐,方棱者蒙刬弃之患,养豺狼而驭骍虞,殖枳棘而翦淑桂。于是傲兀不检,丸转萍流者,谓之弘伟大量。苛碎峭嶮,怀鳌挟毒者,谓之公方正直。令色警慧, 有貌无心者,谓之机神朗彻,利口小辩,希指巧言者,谓之标领清研。猝突萍鸶,骄矜轻悦者,谓之巍峨瑰杰。嗜酒好色,闒茸无疑者,谓之率任不矫。求取不廉,好夺无足者,谓之淹旷远节。蓬发亵服,游集非类者,谓之通美泛爱。反经诡圣,顺非而博者,谓之庄老之客。嘲弄妍妍,凌尚侮慢者,谓之肖豁雅韵。毁方投圆,面从响应者,谓之绝伦之秀。凭倚权豪,推货履径者,谓之知变之奇。懒看文书,望空下名者,谓之业大志高。仰赖强亲,位过其才者,谓之四豪之匹。输货势门,以市名爵者,谓之轻财贵义。结党合誉,行与口违者,谓之以文会友。左道邪术,假托鬼怪者,谓之通灵神人。卜占小数,诳饰祸福者,谓之知来之妙。蟹马弄稍,一夫之勇者,谓之上将之元。合离道听,偶俗而言者,谓之英才硕儒。若夫体亮行高,神清量远,不谄笑以取说,不曲言以负心,含霜履雪,义不苟合,据道推方,窾然不群,风虽疾而技不挠,身虽困而操不改,进则切辞正论,攻过箴阙,退则端诚杜私,知无不为者,谓之阇骏徒苦。夙兴夜寐,退食自公,忧劳损益,毕力为政者,谓之小器俗吏。"

在上段引文中,所有"谓之"的名,和某人的实际品质,正好背道而驰。而在最后两节中,却把好的说成坏的,而坏的却成了好的,这真是人妖颠倒是非淆,人伦的品鉴发展到了它的反面,伦理的逻辑发展成违反名实相副的反逻辑了。

这种品藻乖滥的情况,不但到晋的葛洪深为揭发,即在东汉末,社会上也尖刻指摘。《抱朴子·审举篇》引时人语云:"举秀才,不知书;察孝廉,父别居;寒素清白,浊如泥;高第良将怯如鸡!"当时朝野充塞了这类品质败坏的人物,文贪武怯,民怨沸腾,终于引起黄巾军大起义而颠覆了东汉政权。

第二节 王符的伦理逻辑思想

1.王符的家世与著作。

王符,字节信,安定临泾(今甘肃镇原)人,约生于东汉章帝建初五年(公元80年),卒于东汉桓帝,灵帝之间,(约在公元167年)大约活了85岁。

据《后汉书·王符传》所载,王符出身微贱,"自和、安之后,世务游宦,当涂者更相荐引,而符独耿介不同于俗,以此遂不得升进。志意蕴愤,乃隐居著书三十余篇,以讥当时得失,不欲章显其名,故号曰《潜夫论》。"可见王符的个人耿介和他的家庭出身有关。他和当时的天文学家张衡友善,这对于他建立唯物主义世界观,批判神学迷信有一定影响。他是继王充之后展开谶纬学批判的进步思想家。王充是章帝时人,对汉帝还是歌颂的。但王符生活在和、安二帝时代,东汉政权已由兴旺转入衰败,因而王符对当时的政治、社会就展开批判,成为后此仲长统的先河。《后汉书·本传》说《潜夫论》具有"指讦时短,讨谪物情"的特征,可见《潜夫论》在当时的异端性。

2.王符的物质一元的世界观。

《潜夫论·本训》云:"上古之世,太素之时,元气窈冥,未有形兆,万精合并,混而为一,莫制莫御。若斯久之,翻然自化。清浊分别,变成阴阳。阴阳有体,实生两仪。天地壹郁,万物化淳;和气生人,以统理之。"从这段宇宙生成论看,宇宙的本原是物质性的气。此气自古存在,没有起始,这和《白虎通义》的"上古之始,太素之初"的有始论不同。

其次,这一元气的存在,是"莫制莫御"的,即它不受其他外在的物,如上帝或无形的抽象的"道"的制御。它是"翻然自化",

自己变化的。王符虽然还没有说明由于气的内在矛盾而起变化，**但实际上是具备了对立的两种力量，如阴阳、两仪之类的矛盾才展开元气的发展变化的。**

王符这里强调和气生人。人是**宇宙所生，**但人生出后，他有统理天地自然的作用。他认为，人的重大作用在于统理天地，这与天人感应论不同。他说：“人行之动天地，譬犹车上御驰马，篷中擢舟船矣，虽为所覆载，然亦在我所之可（应为“耳”）。”（《本训》）这点他比王充只强调自然，忽视人为的消极性，就进了一步。他一再引“书”经的“天工人其代之”，强调人的主观能动性多少避免了王充的形而上学的片面性。他虽也承认有命，但他却强调人自己的行，这又克服了王充命定论的缺点。

王符《本训》中有一段“道德之用，莫大于气，道者之根也，气所变也，神气之所动也”。这里，清代汪继培的笺注，在“之根”前，加上一“气”字，就把原来的唯物的命题变为唯心的命题，或转为二元论的命题。因而引起有的同志的反对。我觉得，从《潜夫论》全部著作看，这一改动是不合王符的原意的。我同意保留《潜夫论·本训》中的原文不动。

　　3．王符注意经验积累和实效的认识论。

王符注重经验积累和实际效验的认识论是唯物主义的。这是他批判东汉《白虎通义》谶纬迷信思想的锐利武器。王符和王充一样，认为人的知识是从后天的经验中得来，根本否定了生知的圣人。他说：“虽有至圣，不生而知；虽有至材，不生而能”。（《赞学》）这和王充的观点一致。人的知识只有从求师问学得到，决没有不学能知，不问便晓的天生圣人。他列举黄帝师风后，颛顼师老彭，帝喾师祝融，尧师务成，舜师纪后，禹师墨如，汤师伊尹，文武师姜尚，周公师庶秀，孔子师老聃（见《赞学》）为例，证明以前的圣人都是从老师那里问学得到知识。至于一般普通人，更是不能无师自通了。

王符既强调求师问学，就注重经验实践的积累，这是荀子的优良传统。他以善恶为例，善人之所以为善，不是偶尔做一两件善事，而是终生如此，积善不休。反之，恶人之所以为恶，也不是偶一失足，而是他怙恶不改之故。他说："凡山陵之高，非削成而崛起也，必步增而稍上焉。川谷之卑，非截断而颠陷也，必陂池而稍下焉。是故积上不止，必至嵩山之高；积下不已，必极黄泉之深；非独山川也。人行亦然。有布衣积善不怠，必致颜、闵之贤，积恶不休，必致桀、跖之名，非独布衣也，人臣亦然。积正不倦，必生节义之志；积邪不止，必生暴弑之心。非独人臣也，国君亦然。政教积德，必致安泰之福；举错数失，必致危亡之祸。故仲尼曰：汤、武非一善而王也，桀、纣非一恶而亡也，三代之废兴也，在其所积。积善多者，虽有一恶，是谓过失，未足以亡。积恶多者，虽有一善，是为误中，未足以存"。(《慎微》)这些话虽然指的是道德方面的知识，然而它却具有一般知识获得和积累的意义。

知识既要从积累而得，而真知更需由客观实际的锻炼，与实际的参效，实证而得。王符注重实，注重效，注重练，这些都是王充的宝贵思想，王符实受其影响。真正的知识不是"虚论"和"浮游之说"，而是经得起客观事实的证效的。他以医为例，说："凡治病者，必先知脉之虚实，气之所结，然后为之方，故疾可愈而寿可长也"。(《述赦》)他又以祸福为喻，说："明于祸福之实者，不可以虚论惑也；察于治乱之情者，不可以华饰移也。是故不疑之事，圣人不谋，浮游之谈，圣人不听，何者？计不背见实而更争言也"。(《边议》)

他紧密结合实来考验知的真伪。他说："有号者，必称之典；名理者，必效于实"。(《考绩》) 这是因为"夫剑不试则利钝暗，弓不试则劲挠诬，鹰不试则巧拙惑，马不试则良驽疑"。(《考绩》)因此,只有用"考功"和"效于实"的办法才能知事物的真相。

总之,王符的世界观和认识论是唯物主义的,这对于他的逻辑思想是有影响的。《叙录》云:"予岂好辩,将以明真",合逻辑的辩论,目的在于辩别真伪,非逞口辩以求胜,王符的这一认识是正确的、可贵的。

4. 王符的伦理逻辑思想。

王符虽注重名实,但他之所谓名实和先秦逻辑家的名实,却有不同的内容。王符的名是指个人的社会称誉,实即指个人所有的道德品质。比如"君子"之名,即在于其具有所以为"君子"之实。而君子之实,却为"志节美"非指高官厚禄、荣华富贵之谓。"小人"之名,即指其具有"所以为小人之实";而小人之实,即指"心行恶",并非指贫贱冻馁,困辱阨穷之谓。(参考《论荣》)所以,他所谓"名理效于实"是指某一官位之名,必和任某一官位之人的实相副。这样,才能做到"官无废职,位无非人"。(《考绩》)如果官位之名和任职者之实不副,那就会造成当时群僚举士的矛盾。他说:"群僚举士者,或以顽鲁应茂才,以桀逆应至孝,以贪饕应廉吏,以狡猾应方正,以谀谄应直言,以轻薄应敦厚,以空虚应有道,以嚚闇应明经,以残酷应宽博,以怯弱应武猛,以愚顽应治剧,名实不相副,求贡不相称。富者乘其材力,贵者阻(依也)其势要,以钱多为贤,以刚强为上。凡在位所以多非其人,而官听所以数乱荒也"。(《考绩》)这里,桀逆之实和至孝之名,正好背道而驰;其他,如贪饕和廉吏,狡猾和方正,谀谄和真言,轻薄和敦厚等等,也无一不是正相矛盾。王符所称为"名实不相副,求贡不相称"正是指当时所给予某人的令名和他的恶劣品质正相凿枘。这是荐举制度的流弊。伦理的逻辑正趋相反的方向发展。

在东汉中期以后,农民起义不断发生,终至于黄巾军爆发而颠覆了东汉政权。地主阶级的知识分子,如王符、仲长统、左雄等人企图从主观的伦理方面把改革社会的方案建基于当时人伦道德变革的基础上,是无补于实际的。当时称为人伦泰斗的郭林宗,已预兆人伦的悲观实质,郭林宗虽善人伦,但他并不危言高论。从纲常名教的儒学的提倡以至纲常名教的否定,终于出现了仲长统的"叛散五经,灭弃风雅"。(《后汉书·仲长统传》)从孔圣人的与老、庄"将无同", 转为魏晋的玄风,东汉的伦理的逻辑终于转入魏晋清谈家的形而上学的逻辑(Metaphysical Logic),这是从东汉到魏晋逻辑发展的必然趋势, 这一趋势是符合汉魏经济政治发展的转变的。

5．王符对韩非矛盾律的批评。

王符逻辑的基调是属于东汉时期所特有的伦理的逻辑, 如前所述。但在《释难》篇中也涉及纯逻辑本身问题,那就是他对韩非的矛盾律的批评。当然,王符之评韩非,其目的无非赞美尧、舜之盛德,认为可以并容,并不如韩非之认为势不两立。就这点看,王符仍是孔、孟的儒家之旧,从伦理道德的立场出发,不属于纯逻辑的讨论。王符的观点仍和他的伦理的逻辑思想一致。

现在我们就进而分析王符对矛盾律的批评过程与他和庚子的辩论,并指出他的批评的当否如下。

《释难》篇云:"庚子问于潜夫曰:'尧、舜道德,不可两美,实若韩子戈伐之说邪?'潜夫曰:'是不知难而不知类。今夫伐者盾也,厥性利;戈者矛也,厥性害。是戈为贼,伐为禁也, 其不俱盛,固其术也。夫尧舜之相于人也,非戈与伐也, 其道同仁,不相害也。舜伐何如弗得俱坚?尧伐何如不得俱贤哉?(周文英认为应作"戈伐弗得俱坚, 尧舜何如不得俱贤哉?"见周著《中国逻辑思想史稿》,第 83 页。我也同意。)且夫尧、舜之德,譬犹偶烛之施明于幽室也,前烛即尽照之矣,后烛入而益明。此非前烛昧而后烛彰也,乃二者相因而成大光,二圣相德而致太平之功也。是故大鹏之动，非一羽之轻也；骐骥之速，非一足之力也。众良相德，而积施乎无极也。尧、舜两美，盖其则也'"。

在这段引文中，王符回答庚子以韩非不知难和不知类。不知难，是评韩子没有抓住问题的本质，而只抓到表面现象，这即王符之所谓"文"，不是事物之"真"。王符评韩子为"不知类"，即指人和物不同类，异类不比，这是先秦逻辑家传下的逻辑原理。从这一点看，王符对形式逻辑的基本原理是认识到的。虽然这两个原则，一要求真，一要辨类，不是王符的创见，但决不能说他对形式逻辑一无所知。

从另一方面看，韩非的矛盾律是有不够清晰的地方，这点我在《先秦逻辑史》第二编，第五章，"韩非的逻辑思想"中已讲到，读者可参考。从矛和盾的客观存在看，我们如果不把它们联在一起的话，则矛的无不入和盾的莫能陷，是不会产生矛盾的。这点，王符还没有认识到，所以他说"戈伐不俱盛，固其术也"。其次，尧，舜是人，属人类；而戈伐是物，是物类。所以我们不应把属于物的戈伐不相容，类比于尧、舜为人之不两立。因为实际上，尧、舜之德是可并美的，那是相容的。贤尧之明察与赞舜之德化，不会构成矛盾。韩非的目的，当时在于站在法家立场，批评尧、舜的德治，认为尧、舜不可两誉，这一结论不免陷于粗略的概括。

王符虽也提倡法和赏罚，以期维护东汉政权，但他的根本思想是属于孔孟儒家一派，这从《释难》下边的辩难可以证知。

"伯叔曰：'吾子过矣，韩非之取矛盾以喻者，将假其不可两立，以诘尧，舜之不得并之势。而论其本性之仁与贼，不亦失是譬喻之意乎？'"（《释难》）

伯叔认为潜夫转移了论点，因韩非是以矛盾之不两立，喻尧、舜之不得两誉，他并没有讨论到本性上的仁与贼。但潜夫的解答却去分析仁与贼，那就文不对题，犯了偷换论题的逻辑错误。

王符对伯叔的批判，紧抓住逻辑比喻的意义进行反驳，他说："夫譬喻也者生于直告之不明，故假物之然否以彰之。物之有然否也，非以其文也，必以其真也。今子举其实文之性以喻，而使鄙也释其文，鄙也惑焉"。(《释难》)

王符认为用两件事物进行比喻，应就事物的"实"上说，不能以它们的表现的"文"上言。王符认为，矛盾之不两立，只见其文，不能以喻于尧、舜的品德之实。尧、舜品德之实是属于可以相容的二事，犹如暗室中的两支蜡烛，它们的光照是可相容，并不相互排斥。

从以上分析，王符评韩子为不知难与不知类，实有他的所见。王符这里，不在于企图推进矛盾律，只是站在儒家立场上来揭露韩非的错误罢了。

6．王符对封建迷信的批判及其批判的逻辑价值。

王符注重实，注重真，注重效验，因而对于东汉流行的封建迷信，许多无实之说，浮游之言，持批判态度。他在《卜列》篇说："圣人甚重卜筮，然不疑之事，亦不问也。甚敬祭祀，非礼之祈，亦不为也。故曰'圣人不烦卜筮'，'敬鬼神而远之'。夫鬼神与人殊气异务，非有事故，何奈于我？故孔子善楚昭之不祀河，而恶季氏之旅泰山。今俗人笑于卜筮，而祭非其鬼，岂不惑哉？"王符虽没有否定鬼神，但也重视人力，不依于鬼神卜筮所以他又说："夫妖不胜德，邪不伐正，天之经也"。(《巫列》)又说："鲁史曰：'国将兴，听于民，将亡，听于神'。楚昭不禳云，宋景不移咎，子产距裨灶，邾文公违卜史，此皆审已知道，身以俟命者也"。(同上引)这是继先秦无神论的优良传统。

王符这种批判精神固然也受到王充的影响，但从他的"明真"的逻辑思想出发，也是必然要去伪的。凡虚伪不实之说，都是逻辑求真的对立物。王符在《叙录》篇说："予岂好辩，将以明真"。

王符对于逻辑的根本任务是有所了解的。这点,我们应予以肯定。

王符不但悟到逻辑求真的任务,而且对语言和思维的密切联系,也意识到,他说:"且夫议者,明之所见也;辞者,心之表也。维其有之,是以似之"。(《边议》)辞指命题,心指思维,"辞者心之表也",即思维必表之于语言的命题之中,然后才能把你的主张说清,但语言的物质外壳,又必须以思维为其内容。有真实的内容,才能表之于外,而得相似的表现,这样,语言和思维是密切联系在一起的。"维其有之,是以似之"就是指语言之依赖于思想上说的。王符对语言和思维的关系的看法是很简略的,他还不能有详尽的理论分析。但上引聊聊数语,是值得我们注意的。它在中古逻辑史上也算闪现出一点宝贵的光辉!

第三节　仲长统的伦理逻辑思想

1．生平及著书。

据《后汉书·本传》所载:"仲长统,字公理,山阳高平人也。……献帝逊位之岁,统卒,时年四十一。"献帝逊位为公元220年,从四十一岁上推,他的出生,当在灵帝光和二年,即公元179年。

仲长统,姓仲长,名统。他所著《昌言》一书,亦名《仲长子》(见《隋唐经籍志》载《仲长子·昌言》十二卷)。《昌言》全书,大部已佚,现存者只《后汉书·本传》所载三篇,即《理乱篇》、《损益篇》、《法诫篇》,还附有言志一段,诗二首。此外,《群书治要》摘了几段,《意林》摘了二十一段,《齐民要术序》摘引四段,《抱朴子内篇·至理》摘了二段。关于仲长统的研究,只有依据上述材料,虽不能窥其全豹,但也可推想一般,仲长统是东汉一位具有批判精神的杰出思想家。

仲长统也是一位品鉴人伦的卓越人物。《后汉书·本传》载:

"并州剌史高幹,袁绍甥也。素贵有名,招致四方游士,士多归附。统过幹,幹善待遇,访以当时之事。统谓幹曰:'君有雄志而无雄才,好士而不能择人,所以为君深戒也'。幹雅自多,不纳其言,统遂去之。无几,幹以并州叛,卒至于败。并冀之士皆以是异统。"可见统对高幹的品鉴灵验,确有郭林宗的风度。

仲长统的时代正值黄巾军大起义(184年)时代,社会困陋,贫富悬殊,宦官外戚当权,纲纪废弛,东汉政权已摇摇欲坠。统企图以儒家的伦道改革时弊,已无济于事,他终于由入世而遁世,离儒入老,这是中古封建地主阶级的知识分子无法摆脱的结局。

仲长统是一位进步的思想家,他的世界观基本上是唯物主义的。他否定天命、政权神授以及天人感应、五行灾异的奇谈怪论。他对政权的无情揭露已超过王充,仲长统不若王充对东汉政权抱有希望。而王充的定命论却被仲长统否定了,这又是他超过王充的地方。兹依次分述他的思想如下。

2.唯物主义的世界观及注重实践的认识论。

仲长统和王充,王符一样,认为世界只是物质自然界的存在,并无所谓超自然的神灵或主宰。仲长统的"天"有两种含义,一为西汉以来之所谓"天道",那就是天人感应的对象,是谶纬迷信,五行灾异的依据。另一为"天之道",这即指星辰,四时等物质自然现象及其运行变化的规律。他反对"天道",而注重研究"天之道"或运用"天之道"。迷信"天道",讲求灾异、禁忌,就会遭殃。而研究"天之道","指星辰以授民事,顺四时而兴功业",(《群书治要》引)就可以利用厚生,为民造福,金、木、水、时,是客观界的存在。我们必须取水、攻金、伐木、择时才能谋取衣食住之所必需。因为"天为之时,而我不农谷,亦不可得而取之"。(《齐民要术序》引)对于这样的"天之道",仲长统提出要研究把握,这即他之所谓"所取"。"所取于天之道,谓四时之宜也"。天的运行规律是要人去加以探索而后才能得到，这不是占星术之可以随便主观妄测的。

仲长统反对"天道"，所以注重人事。上边所说的所取于天之道，即人事中的重要项目，抛弃人事，妄信天道，那是巫医卜祝之伍，下愚不齿之民，昏乱迷惑之主，覆国亡家之臣。仲长统说："二主（指刘邦、刘秀）数子（指肖、曹等）之所以威震四海，布德生民，建功主业，流名百世者，唯人事之尽耳；无天道之学也。然则王天下作大臣者，不待于知天道矣。所贵乎用天之道者，则指星辰以授民事，顺四时而兴功业，其大略吉凶之祥，又何取焉！故知天道而无人略者是巫医卜祝之伍，下愚不齿之民也；信天道而背人事者，是昏乱迷惑之主，覆国亡家之臣也"。（《群书治要》引）他竟敢申斥汉代迷信天道，背人事的君主为迷惑之主，难怪他被目为异端，而遭范晔的批判，评为"谬遍方之训，好申一隅之说"。（《后汉书·王充·王符·仲长统传论》）

"人事为本，天道为末"，（《群书治要》引）这比王符仅引《书》经所说的"天工人其代之"，又推进了一步。从仲长统的遗著看，人事之大本，实在在一个"公"字，他把"公"和"私"对立，"公"是道德的重要核心，反之，"私"却是罪恶之源。他说："今夫王者，诚忠心于自省，专思虑于治道，自省无怨，治道不谬，则彼嘉物之生，休祥之来，是（犹）我汲井而水出，爨灶而火燃者耳，何足以为贺者耶？故欢于报应，喜于珍祥，是劣者之私情，夫可谓太上之公德也？"（《群书治要》引）这里把"私情"和"公德"对立。依公德之法则去做，就可得到个人的福利和导致国家的休祥了，反之，违反公德的法则，唯个人的私欲是求，那就必致焚身之祸，灭顶之灾，政权颠覆，国家灭亡。

公德是合理性的，私情是违理性的。从仲长统之反对谶纬迷信，否定天神主宰看，他是重视理性的。认识自然的规律那是理性探索之所有事，决非讲禁忌的人所能了知。这样，"公德"自然和理性结合，成为指导人生的重要原则。否则，就要陷入"迷"、"惑"、"误"、"悖"，而归于失败，无可挽救。比如掘地取水，凿山攻金，入林伐木，适野割草，都不择时日，等构成了房屋之后，又怀疑它有吉凶，这样的人就是"迷"。逆时令，背大顺，反求福于不祥之物，那就是"误"。图家画舍，转局指天，而企图致德于我，那就是"惑"。至于以所贵者教民，以所贱者教亲，又陷于"悖"了。总之，"迷"、"误"、"惑"、"悖"是迷于私情，违反公德、公理所致的必然结果。

以上略谈仲长统的唯物主义世界观，以下再谈他重视用和验的认识论。

仲长统说："盖食鱼鳖而薮泽之形可见，观草木而肥饶之势可知"。(《齐民要术序》引) 食和观就是发动人们的主观能动作用，通过这样运用，就可以知道客观薮泽和土地肥饶的情况。上边所说的取水、攻金、伐木等等，也是人们生活的必须的活动，只有通过这些活动才能了解客观的情况。

仲长统还注重验，他说："士不与其言，何以知其浅深，不试之事，何以知其能之高下"。(《群书治要》引)"与其言"和"试之事"即是一种重要的考验方法。通过考验，然后才能真知一个人所有的才能。他又说："智足以立难成之事，能足以图□□□□"。(《意林》引) 只有做到"足以立"，才能称为真智，"足以图"才能成为真能。至于知言而不能行，言和行背离，说的和做的不一，那就成了他所谓"知言而不能行谓之疾，此疾虽有天医莫能治也"。(《意林》) 仲长统的认识论强调认识的实践性和可验性，这是可贵的。

3．历史逻辑的矛盾规律。

仲长统要贯彻他的"人事为本，天道为末"的原则，就一方面既要用"天之道"以利用自然，控制自然，清除迷、误、惑、悖的谶纬巫祝的谬说。他方面，又要运用历史矛盾的法则，从历史的真实事件中，找到历史逻辑的矛盾发展规律，以清除西汉以来的五德、三统的神道说教。仲长统的历史逻辑的矛盾规律表现在他对历史发展的三部曲的阐述。

第一部曲是天下大乱，豪杰争雄，彼此都伪假天威，矫据方国，角知角力，以争胜负，决一雌雄。他说："豪杰之当天命者，未始有天下之分者也。无天下之分，故战争者竟起焉。于斯之时，并伪假天威，矫据方国，拥甲兵与我角才智，程勇力与我竟雌雄，不知去就，疑误天下，盖不可数也。角智者皆穷，勠者皆负，形不堪复伉，势不足复校，乃始羁首系颈就我之衔继耳。夫或曾为我之尊长矣，或曾与我为等齐矣，或曾臣虏我矣，或曾执囚我矣，彼之蔚蔚，皆匈（胸）㗋腹诅，幸我之不成，而以奋其前志，讵肯用此为终死之分耶？"。（《后汉书·本传·理乱篇》）

在这一段描述中，仲长统还不可能看到这些混乱背后的阶级矛盾，但他已明确指出，所谓开国之君，并没有什么"天命"在身，更谈不到以水灭火，或以白继黑的妄说，那其间，各人都没有天下之分，只有以各人的才智，互相角逐。解决社会政治矛盾的方法，只有诉诸武力。政权神授之说，不过是"伪假天威"而已。仲长统这样就揭开了董仲舒的"奉天"神话的面纱，还历史逻辑矛盾的本来面目。

第二部曲即是天下稍安阶段，杰出者打倒群雄之后，天下权力尽归统理，矛盾初步得到解决。《理乱篇》续说："及继体之时，民心定矣，普天之下，赖我而得生育，由我而得富贵，安居乐业，长养子孙，天下晏然，皆归心于我矣。豪杰之心既绝，士民之志已定，贵有常家，尊在一人。当此之时，虽下愚之才居之，犹能使恩同天地，威侔鬼神。暴风疾霆，不足以方其怒，阳春时雨，不足以喻其泽，周、孔数千，无所复角其圣，贲、育百万，无所复奋其勇矣"。在这里,矛盾似乎表面上解决了,但潜藏的矛盾,却复深化,这由于统治者无视一切,唯我独尊,终使矛盾激化。同时,在第一阶段被压服的矛盾一方,又乘机抬头,终于使第二阶段暂时的安定,很快陷于破裂,而展开第三部曲的大混乱。仲长统在《理乱篇》中,对第二段之很快转入第三段,暂时矛盾的解决,很快激发更大的矛盾的过程,很有感慨地言之如下:

"彼后嗣之愚主,见天下莫敢与之违,自谓若天地之不可亡也,乃奔其私嗜,聘其邪欲,君臣宣淫,上下同恶,目极角觚之观,耳穷郑卫之声,入则耽于妇人,出则驰于田猎,荒废庶政,弃亡人物,澶漫弥流,无所底极。信任亲爱者,尽佞谄容悦之人也,宠贵隆丰者,尽后妃姬妾之家也。使饿狼守庖厨,饥虎牧牢豚,遂至熬天下之脂膏,斫生人之骨髓,怨毒无聊,祸乱并起,中国扰攘,四夷侵叛,土崩瓦解,一朝而去。昔之为我哺乳之子孙者,今尽是我饮血之寇仇也。至于运徙势去,犹不觉悟者,岂非富贵生不仁,沉溺致愚疾邪?存亡以之,迭代致乱,从此周复,天道常然之大数也。……昔春秋之时,周氏之乱世也。逮乎战国,则又甚矣。秦政乘并兼之势,放虎狼之心,屠裂天下,吞食生人,暴虐不已,以招楚汉用兵之苦,甚于战国之时也。汉二百年而遭王莽之乱,计其残夷灭亡之数,又复倍乎秦、项矣。以及今日,名都空而不居,百里绝而无民者,不可胜数,此则又甚于亡新之时也,悲夫!不及五百年,大难三起,中间之乱,尚不数焉。变而弥猜,下(后)而加酷,不知来世,圣人救此之道,将何用也?又不知天若穷此之数,欲何至邪?"仲长统在前面一段分析了统治者得天下之后,怎样目空一切,唯我独尊,骄奢淫逸,任用非人,因而激起了新的矛盾,并促使矛盾激化。后一段阐述,从春秋到东汉,实际上只有小乱和大乱之分,而且乱的程度是越来越厉害,他看不出什么出路,在一千八百年前的中古时代,即使是进步的封建的知识分子也无法解决这一动乱,矛盾虽能暂时解决,很快引起了新的矛盾,而且矛盾的程度越来越扩大,越深化。这实际上是封建社会内部农民与地主阶级矛盾的对抗在政治社会中的反映,这一封建社会的根本矛盾是无法在封建体制中解决的。仲长统企图以恢复井田制和道德伦理的说教来解决这一无法解决的矛盾是没有希望的,这只是他个人的空想。井田制根本不可能为地主阶级所接受,道德伦理的说教与半复古半改革的损益法,也无济于事,其详待下节再加论述。

4.伦理的逻辑思想。

仲长统是讲名实须一致的问题的。他认为"慕名而不知实,一可贱"。(《意林》引) 但他所讲的名实也和先秦的名实观不同,他所称的名是指一个人的职称,他所指的实,即指一个人的才能。仲长统反对当时朝廷的"任人唯亲",而主张"任人唯贤"。一国之内,从君王以至各级官长都有它所有的名和这一名所要求的才能,这样构成全国的贤能关系网,国家自然得治。他说:"一伍之长,才足以长一伍也;一国之君,才足以君一国也;天下之王,才足以王天下也"。(《后汉书本传·损益篇》)这里长、君、王之名和长、君、王之实,即他们的才能必须相副,然后才能发挥贤人政治的作用。否则名实不相副,用非其人,就成为大乱之阶,东汉朝政被外戚宦官把持,引起农民大起义,就是明证。

仲长统不但要按名实相副去用人,而且也要按各官阶所要求的名实关系定各人的等级。所以,官阶的升迁不能越等。他说:"官之有级犹阶之有等,升级越等,其步也乱,乱登朝级,败伤礼法。是以古人之初仕也,虽有贤才,皆以级次进焉"。(《玉函山房辑佚书》引)在封建的王权下,各级官吏,必须逐渐考察各等级官吏所具有的才能,然后决定逐一提升,这是保证名副其实的最有效的办法。否则,踏等升级,就会打乱秩序,被狡猾之徒钻了空子。

因为仲长统主张用人唯贤，主张德治，所以他特别提倡德教。他说："德教者，人君之常任也"。(《群书治要》引) 又说："教化以礼义为宗，礼义以典籍为本，常道行于百世，权宜用于一时，所不可得而易也"。(同上引) 他把德教作为百世不易之常道，在他提出的十六条政务中，"表德行以厉风俗"成为其中重要的一条。他写了《德教篇》，有人认为，《群书治要》所引第一段，疑为《德教篇》。(侯外庐等的《中国通史》第2卷，第451页。) 总之，其内容不外孔、孟儒家的德治主义而已。

5．伦理逻辑的破产。

仲长统生当东汉末的大乱之世，眼看历史矛盾的发展就要冲决东汉的政治的堤防，他站在地主阶级立场，想为东汉摇摇欲坠的政权加以补救，力挽狂澜，用伦理德教纠正时弊，以贤人政治代替用人唯亲，另一方面注意运用"天之道"使人民物质生活得以充足，避免饥寒交迫、铤而走险。他指出"使通治乱之大体者，总纲纪以为辅佐，知稼穑之艰难者，亲民事而布惠利"。(《群书治要》引) 但他的"布德生民建功立业"的一番苦心，终无补于实际。外戚宦官的专政，终于迫起农民大起义(公元184年黄巾军大起义)，仲长统最后不得不发出"变而弥猜，下而加酷，推此以往，可及于尽矣"(《后汉书本传》)的慨叹！他以积极的入世精神，重人事以抗天道，但终于转为出世生活的欣羡。"立身扬名，而名不常存，人生易灭，优游偃仰，可以自娱……安神闺房，思老氏之玄虚；呼吸清和，求至人之仿佛。与达者数子，论道讲书，俯仰二仪，错综人物。弹南风之雅操，发清商之妙曲，消摇一世之上，睥睨天地之间，不受当时之责，永保性命之期。如是，则可以凌霄汉，出宇宙之外矣。岂羡乎入帝王之门哉！"(同上引) 这哪里有"人事可为"、"人事为本"的精神呢？

仲长统从"人事可为"开始，终于发出"人事可遗"（同上引）的怨声，从讲公德、公理，讲是非出发，终于发扬"任意无非，适物无可"（同上引）的不谴是非的庄生精神。他从提倡儒教经典，高揭德教的旗帜出发，终于发出了"叛散五经，灭弃《风》、《雅》"的离经叛道的悲歌！这不是仲长统本人的人格分裂，而是当时客观的形势造成。伦理逻辑的破产，终于不得不转入魏晋南北朝的形而上学的逻辑局面，中古逻辑的发展与转变是和汉魏以后的政治经济形势吻合的。（参阅下章）它不过是客观历史逻辑在当时人们主观思维的逻辑的反映而已。

第四节　徐幹的伦理逻辑思想

1．生平及著书。

徐幹字伟长（公元170—218年），北海人，生于汉魏之际。魏文帝曹丕曾称"幹怀文抱质，恬淡寡欲，有箕山之志"。（曹丕《典论·论文》）先贤行状，亦称"幹笃行体道，不耽世荣"。（曾巩《中论·偏校》）看来，徐幹是一位有志儒家道业，不汲汲于富贵的才志之士。徐幹生活在东汉末农民大起义的时代，东汉政权，朝不保夕，董卓作乱，群雄割据。作为地主阶级的知识分子，他宣扬儒家的伦道，以期挽救人心，期致太平。这样，他的逻辑思想也和王符、仲长统一样，转为伦理化，成为东汉伦理逻辑思想家的一员。

徐幹是建安七子之一，以文才见称。但也不满意于当时的追求典丽的文风，而潜心于大义的阐发。他废诗赋颂铭之文，而著《中论》之书二十篇，阐扬孔、孟之道，他曾说："君子之辩也，欲以明大道之中也"。（《覈辨·中论》）这或许是徐幹之所以称其书为《中论》吧？他在《慎所从》篇，对于人君的"从"、"违"问题，既不主一味地"从"，也不主一味道"违"。他在《赏罚篇》中，既不都主

"重"，也不都主"轻"，既不主疏，也不主数，因为那样，就要偏离他的"中道"了。

曹魏建安二十三年春二月，徐幹遭大疬，病死，时年四十八。建安二十三年为公元218年，上推他的生年，当在公元170年。曹丕曾有"徐、陈、应、刘，一时俱逝，痛可言邪！"（《典论·论文》）徐幹一代才华，遭大疫而死，难怪曹丕对他表示深切的哀悼！

2．名实观。

徐幹是讲名实问题的。他在《考伪》篇中云："名者所以名实也，实立而名从之，非名立而实从之也。故长形立而名之曰长，短形立而名之曰短，非长短之名先立，而长短之形从之也"。他把实摆在先，名摆在后，名是实的反映，这是唯物主义的名实观，是正确的逻辑观点，我们应予以肯定。他引孔子之所以贵名，是名实之名，贵名所以贵实，用以证成他的实为主，名为副的主张。当然，孔子的名实观是唯心主义的，他是以名正实，（参考拙著《先秦逻辑史》第二编，第一章《孔子的逻辑思想》）名为主而实为副。徐幹为找出他的名实论的依据，竟把孔子的唯心的名实观改成他的唯物的名实观，这是错误的。

徐幹的实先名后的思想是具有正确的逻辑意义的。但他并没有发挥这一正确观点的逻辑条件，却去讲些正名和伪名的不同，和君子之所以能承其正名的过程，说什么"君子者能成其心，心成则内定，内定则物不能乱，物不能乱，则独乐其道，则不闻为闻，不显为显，故礼称君子之道，闇然而日彰，小人之道，的然而日亡；君子之道，淡而不厌，简而文，温而理，知远之近，知风之自，知微之显，可与入德矣"。（《考伪》）这样，徐幹的逻辑转入伦理道德化。他的名须副实的问题和先秦的名实相副问题不同，他是指君子之名必与君子之实相副，而不是指一般的物实和名的一致，这就不具有纯逻辑意味，而为伦理的逻辑了。

徐幹在《贵验》篇中还引子思的话云："事自名也,声自呼也,貌自眩也,物自处也,人自定也,无非自己者。"这就更清楚了然于他之所谓名,不是从外边反映而来,而是由于内发,"治乎八尺之中,而德化光矣"。(同上引) 一个人的名是一个人的内在品质的表露。因此,徐幹的名实观到头来,纯从伦理道德立论,和先秦纯逻辑的名实观有别,**我们所以称他的逻辑思想为伦理的逻辑者以此。**

徐幹也讲名实的同异。在《谴交》篇中,他曾说:"今子不察我所谓交游之实,而难其名。名有同而实异者矣,名有异而实同者矣。故君子之于是伦也,务于其实而无讥其名。"又说:"故古之交也近,今之交也远;古之交也寡,今之交也众。古之交也为求贤,今之交也为名利而已矣"。这里所讲的名实异同,并不指一般的物实和名的同异,而指交友方面的名实异同,他把古今交友的不同,严格区分,而最后归结为古之交也为求贤,而今之交也为求名与利。这仍是伦理道德的问题,属于伦理逻辑的范畴,而非属于纯逻辑的范畴了。

徐幹也深慨乎当时的名实不相当,说:"故名实之不相当也,其所从来尚(久)矣"。(《审大臣》) 先秦时代也有名实不相当,即"名实相怨"的问题,但徐幹所指的名实不相当,并非先秦时所指,而实指人才的选择上,才职不相称上。他悲悯荀卿之有才而不用,而痛恨游士之名震诸侯,这即他所指的名实的不相当。所以,徐幹的名实不相当,仍是属伦理的逻辑范畴。

3．言辩观。

先谈徐幹之所谓言,再论其所谓辩。

(1) 言。《中论》有《贵言》篇,对言的重要意义和作用,对言的方法,对言的目的都有简要的阐述。言是了解人的一种重要渠道。他引《周书》说:"人无鉴于水,鉴于人也;鉴也者可以察形,言也者可以知德"。(《贵验》)照镜子不过可以察人的形体，但听言却可以观察到人的内在品质，因言为心声，品质的好坏察言可以得知。因此，他说："君子必贵其言"。(《贵言》)贵言所以尊身，尊身所以重道，重道即可立教。贵言是立教之本，不仅能察人品之良莠而已。

言这样重要，那末，怎样去发言呢？依徐幹看，言有一定的尺度。这就是"君子之与人言也，使辞足以达其知虑之所至，事足以合情理之所安，弗过其任而强牵制也"。(《贵言》)从逻辑观点看，辞即命题，"知虑"即思维，即指概念判断等抽象活动。命题和判断必须相应，这是思维和语言的密切的表里关系。"辞足以达其思虑之所至"，就实质上说，是指语言中的命题恰好能把判断的含义表达出来，这就是一般逻辑所要求的，徐幹对言的尺度的规定，是具有逻辑意义的，我们应予以肯定。

不过徐幹对言的逻辑分析也就只此而止。过此以往，他却离开逻辑的范畴，而转入伦理道德方面，他提出言的重大目的在于"语大本之源而谈性义之极"，这就要求"必先度其心志，本其气量，视其锐气，察其堕衰，然后唱焉以观其和，导焉以观其随。随和之征，发乎音声，形乎视听，著乎颜色，动乎身体，然后可以发口而步远，功察而治微。于是乎闿张以致之，因来而迹之，审论以明之，杂称以广之，立准以正之，疏烦以理之。疾而勿近，徐而勿失，杂而勿结，放而勿逸，欲其自得之也"。(同上引) 这一大段是讲语言和道德修养，无干于逻辑的事情了。

（2）辩。徐幹也讲辩。而且对辩也具有逻辑意义的分析，值得我们肯定。他在《覈辩》篇中明白指出一般俗士之所谓辩，并不是真正意义的辩，因为他们只图利口。期于辞胜，既不讲是非之性，也不务曲直之理，那就等于反逻辑的诡辩。他说："俗士之所谓辩者；非辩也；非辩而谓之辩，盖闻辩之名，而不知辩之实'

故目之妄也。俗之所谓辩者,利口者也。彼利口者,苟美其声色,繁其辞令。如激风之至,如暴雨之集,不论是非之性,不识曲直之理,期于不穷,务于必胜"。(《覈辩》)他这样指责俗士之辩后,就直接把辩的任务指出,而且给辩下了个定义。他说:"故辩之为言,别也;为其善分别事类而明处之也;非谓言 辞切给 而以陵盖人也"。(《覈辩》)把辩定义为分别事类的逻辑活动,就要讲是非,明曲直,这是正确的,具有逻辑的价值,我们应予以肯定。但徐幹的这一逻辑定义,并没有进一步发挥下去,却转而去讲一大堆辩的风度,并引《春秋》论辩的话,说什么"故《传》称《春秋》微而显,婉而辩者,然则辩之言,必约以至,不烦而谕,疾徐应节,不犯礼教,足以相称,乐尽人之辞,善致人之志,使论者各得其愿,而与得解其称也"。(同上引)这就还是属于伦理道德范畴的辩,而无预于逻辑。他直捷了当指出辩的最后目的为"君子之辩也,欲以明大道之中也"。(同上引)这不是逻辑求真之的,而为伦理求善之务。徐幹也讲"族类辩物"。(同上引) 但他反对真正具有逻辑意义的先秦辩者的辩,并引孔子之诛少正卯时所数的罪状加在诸辩者身上,这就暴露了徐幹伦理的逻辑思想的本质。

4．效验观。

徐幹也讲效验,这或许是受王充的影响。《贵验》篇云:"事莫贵乎有验,言莫弃乎无征。言之未有益也,不言未有损也。水之寒也,火之热也,金石坚刚也,此数物未尝有言,而人莫不知其然者,信著乎其体也。使吾所行之信,若彼数物,而谁其疑我哉?"这里"事莫贵乎有验,言莫弃乎无征"是具有正确意义的逻辑命题,我们应予以肯定。但徐幹之所谓有验,和一般逻辑之注重效验有别,因为他的效验是指一个人所具有的内在的诚信品德,所以能自然表之外,而显其诚信之验。他在这段引文的后半中, 引火和金石为例,火之燃和金石之坚, 正因此数物具有的内在的本质,自然能使人不疑其燃烧与坚刚的特点。这样,徐幹的效验说,仍属于伦理的逻辑范畴,而和一般的逻辑不相干。他在《修本》篇中指出"怀疾者人不使为医,行秽者人不使尽法,以无验也"。这就更可证明他之所谓有验与无验是指道德品质上讲,这和王充的效验说是不同的。

第五节　刘劭的伦理逻辑思想

1．生平及著书。

刘劭(亦作邵),字孔才,东汉广平邯郸(即今日河北邯郸)人也。约生于东汉灵帝初年(公元168～172年之间),卒于魏正始年间(公元240～249年之间)。刘劭也和仲长统一样,生活在东汉末黄巾大起义,东汉政权趋于崩溃的时代。他在汉献帝和魏文帝时,都曾任官,职位不高。《三国志·魏志》中曾有《刘劭传》。

刘劭著书,涉及面颇广。举凡音乐、法律、政制、文学等都有著述。但大都早已亡佚。今存者只有《人物志》三卷,共十二篇。《隋唐经籍志》所载《人物志》的篇章与今本同。著录于名家。刘劭品鉴人物,辩名析理,其中有不少言论是涉及逻辑问题,而且也具有逻辑意义的。《隋唐志》把他列入名家是对的。不过他的辩名析理的目的在于人物的鉴定,以备国家量材录用,和逻辑求真之旨不同。刘劭的逻辑和王符、仲长统、徐幹一样,属于伦理的逻辑范畴。因其年代比前三人略后,而《人物志》一书,又起到由东汉伦理的逻辑转入魏晋南北朝的形而上学的逻辑的 过 渡,所以把刘劭的伦理逻辑思想放在本章的最后一节。

2．名实观。

刘劭是讲名实问题的,而且有的地方还讲得很具有逻辑意义。比如就名的产生来说,他认为名由质生,有某种质即表现为某种名。质是实,那就说名由质生,等于说名由实生。实为主, 名为副,这是符合唯物的名实观的。他在《八观》中的第三观曾说: "观其至质,以知其名"。"至"指元气, "质"指形质。《九征》中云: "凡有血气者, 莫不含元一以为质, 禀阴阳以立性, 体五行以著 形"。刘昞注云:"质不至则不能涉寒暑,历四时"。(《九征》第一注) "元一"即指一元之气, 这是神之主。五行之体为金、木、水、火、 土,这是形之主。因此,"观其至质",实即指一个人的精神和体质 言。刘劭接着解释"何谓观其至质, 以知其名?凡偏材之性, 二至 (刘昞注:"二至, 质气之谓也, 质直气清, 则善名生矣")以上,则 至质相发, 而令名生矣。是故骨直气清, 则休名生焉; 智直疆悫, 则任名生焉"。(《八观》)

当然,刘劭这里所讲的名生于实之说,究与一般逻辑所讲有 别。先秦逻辑家讲名生于实,是指客观存在的物实,把物实反映 到人的意识中来, 即成为与实相副的名。刘劭所谓名生于实之 实,不是存于客观的外在界,而潜藏于人的内心之中。有诸内必 形诸外,名只是内心的外在表露。这样, 刘劭的名生于实之说, 只是就人的道德品质而论,究非纯逻辑的探究,我们把刘劭的逻 辑归之于伦理的逻辑者以此。

刘劭还讲名实相副的问题,《效难》篇中云:"夫名非实,用之 不效。(刘昞注云:"南箕不可以簸物,北斗不可以挹酒浆")故曰: 名犹口进, 而实从事退。中情之人, 名不副实, 用之有效;故名由 众退, 而实从事章。"刘劭此处提出以效用作为名实相副与否的 标准,这是十分正确的。这点具有正确的逻辑意义。一般人有两 种不同情况, 一即名过其实, 另一即实过其名。名过其实的人, 他 的名是从众人吹捧起来的,他的实本不副他的名。这种人只要实 事检验他一下, 即可暴露他的虚名。所以他说:"名犹口进, 而实 从事退"。至于另一种人, 实过其名, 从众人眼光看, 他的名不足道,但如试验之以事,他的坚实才能却表现出来了。所以他说:"名不副实,用之有效;故名由众退,而实从事章"。

因为名实相副的问题如此复杂,所以必须辩别依似,明辩是非,既不为似是而非所蒙蔽,也不应为似非而是者所失误。刘劭在《八观》中有一段分析此情况甚精。他说:"四曰,观其所由,以辩依似。夫纯讦性违不能公正。依讦似直,以讦讦善。纯宕似流,不能通道,依宕似通,行傲过节。故曰,直者亦讦,讦者亦讦;其讦则同,其所以为讦则异。通者亦宕,宕者亦宕;其宕则同,其所以为宕则异。然则何以别之?直而能温者,德也;直而好讦者,偏也。讦而不直,依也;道而能节者,通也。通而时过者,偏也;宕而不节者,依也。偏之与依,志同质违,所谓似是而非也。是故轻诺、似烈而寡信,多易,似能而无效;进锐,似精而去速;诃者,似察而事烦;讦施,似惠而无成;面从,似忠而退违,此似是而非者也。亦有似非而是者:大权,似奸而有功;大智,似愚而内明;博爱,似虚而实厚;正言,似讦而情忠,夫察似明非,御情之反,有似理讼,其实难别也。非天下之至精,其孰能得其实?"在这段中,刘劭把真正的是非,从似是而非和似非而是区别开来,这是逻辑明是非的主要要求,具有重要的逻辑意义。刘劭还注意到同果异因的问题,同为讦,但其所以致讦之因却不同;同为宕,但其所以造成宕的原因却各异,这样,他对同异问题,不迷于表面的同异,而深入同异内部的分析,求其所以异和所以同,这也是具有逻辑意义而须加以肯定的。但刘劭所讲的名实相副,明辩是非,区别同异等等,仍就道德品质立论,而要做到这一点,只有达天下之至精,即达圣人境界才能有济;那么他的这些论列,仍属伦理范畴,于纯逻辑无涉。

3.论辩观。

刘劭是精于辩名析理的人物,所以他不但要论名实,而且还要论辩理。在《材理》篇中，他提出"夫建事立义，莫不须理而定。"理有四部，即一，为道之理，指天地气化，盈虚损益。二，为事之理，指法制正事。三，为义之理，指礼教宜适。四，为情之理。刘劭接着讲四理和才的关系，"四理不同，其于才也，须明而章，明待质而行。是故质与理合，合而有明，明足见理，理足成家。是故质性平淡，思心玄微，能通自然，道理之家也。质性警彻，权略机捷，能理烦速，事理之家也。质性和平，能论礼教，辩其得失，义礼之家也。质性机解，推情原意，能适其变，情理之家也"。(《材理》)因为刘劭重理，所以他对于辩，主张理胜，而反对辞胜。他说："夫辩有理胜，有辞胜。理胜者，正白黑以广论，释微妙而通之。辞胜者，破正理以求异，求异则正失矣。"理胜在于明辨是非，精释微妙，不在服人之口，而在能服人之心。这是合逻辑的辩论。而辞胜"破正理以求异"，以口给压人，强辞夺理，等于诡辩，那是违反逻辑的。刘劭主理胜是合逻辑的要求，是正确的。

刘劭对于比喻，对辩难，也有精确的表述。他说："善喻者，以一言明数事；不善喻者，百言不明一意"。(同上引)这是因为辞中有理，就可言简而意明。言远于理，虽多言亦无益。

至于辩难，则须有所难，才能得出是非的结果。他说："若说而不难，各陈所见，则莫知所由矣"。(同上引)辩论双方，如果各讲一套，不能交锋，有如《韩非子》中所引的"郑人争年，以后息者为胜"，那就毫无意义了。

总上所述，刘劭对于辩难是提了许多具有逻辑意义的命题，值得肯定。但他所讲的理，以人的才性为基。其所以达到确切辩难，又缺乏逻辑分析，只讲"必也聪能听序，思能造端，明能见机，辞能辩意，捷能摄失，守能待攻，攻能夺守，夺能易予；兼此八者，然后乃能通于天下之理，通天下之理，则能通人矣"。(同上引)可见刘劭论辩的目的在于求达"通人"，这和逻辑以求真为鹄的，就分道扬镳了。他的论辩仍属伦理的逻辑范畴。

4．概念的确定。

刘劭也注意到名的内涵的差异，不能把不同内涵的**名混淆起来**，这是合逻辑的。《材能》篇云："或曰，人材有能大而不能小，犹函牛之鼎不可以烹鸡。愚以为此非名也。夫能之为言，已定之称（先有定质，而后能名生焉），岂有能大而不能小？凡所谓能大而不能小，其语出于性有宽急。性有宽急，故宜有大小。宽弘之人，宜为郡国，使下得施其功，而总成其事。急小之人，宜理百里，使事办于已。然则郡之与县，异体之大小者也，以实理宽急论辩之，则当言大小异宜，不当言能大不能小也，若夫鸡之与牛，亦异体之小大也，故鼎亦宜有大小。若以烹犊，岂不能烹鸡乎？故能治大郡，则亦能治小郡矣。推此论之，人材各有所宜，非独大小之谓也。"这里，刘劭把能的大小和宜的大小区别开来；能大即能小，但宜大却不一定宜小。大鼎可以烹犊，但不宜烹鸡，宜不宜和能不能应该有所区别。这为澄清思维概念的混淆与语言用词的混乱是有益的。刘劭已从人材的品鉴的具体分析中，逐渐提高到抽象概念的认识。他虽没有把"能"、"宜"、"大"、"小"等概念进一步作出哲学的抽象。但已向魏晋南北朝玄学的抽象概括迈进一步。刘劭的《人物志》确是从东汉的伦理的逻辑转入魏晋南北朝的形而上学的逻辑契机。

5．道儒的混合，从无名的中和思想转入魏晋南北朝的玄学逻辑。

上段曾言《人物志》一书起到了从东汉伦理逻辑转入魏晋南北朝玄学逻辑的契机。《体别》篇云："夫中庸之德，其质无名。故咸而不碱（食盐的一种），淡而不䫉，质而不缦，文而不缋，能威能怀，能辩能讷，变化无方，以达为节"。又说："凡人之质量，中和最贵矣。中和之质，必平淡无味，故能调成五材，变化应节"。（《九征》)这里所谓中庸或中和之德,"其质无名"。无名是出乎定义的规定,因为定义既有所肯定,则有所否定。但无名却超出肯定与否定之上,它是对立的统一体,既能威,也能怀;既能辩,也能讷。这已走入形而上学本体论的范畴。从"无名"、"有名"导致"有"和"无"的辩论。"言尽意"与"言不尽意"的辩论,"一和多"、"本和末"、"质和用"这些都是魏晋南北朝的玄学命题。

第八章　魏晋南北朝的形而上学逻辑或玄学逻辑

第一节　玄学逻辑产生的背景

从公元 3 世纪起至公元 7 世纪的400年间，史称魏晋南北朝时代。（即从魏文帝曹丕黄初元年，公元 220 年至公元589年，陈灭于隋为止）

魏晋南北朝的思想主流为形而上学，亦称玄学。形而上学一词是从英语Metaphysics翻译得来。《易·系辞传》云："形而上者谓之道"，"形而上"指未成形之前，这是一门研究抽象本体的学问，亦即我国古哲所谓"道"的研究。形而上学又译称玄学。"玄"字最早见于《老子》。"玄之又玄，众妙之门"。（《老子》一章）玄即宇宙万有所从出的根源，所以玄学即关于宇宙根源的研究，和形而上学一词同义。魏晋士人崇尚《老子》、《庄子》和《周易》，又称"三玄"。《老子》、《庄子》属道家，而《周易》却是儒家的重要经典。但这个时期的儒学已道家化，因此，魏晋士子都以道家思想解《易》。《周易》、《老子》、《庄子》称为"三玄"或由于此。（《颜氏家训·勉学》云："《庄子》《老子》《周易》总谓三玄"）

这个时期的儒学已道家化，他们不但以《老》《庄》解《易》，同样也用以解《论语》。甚至讲佛学的高僧们也用《老》《庄》解佛学。佛学讲"空"，《老》讲"无"，以"无"喻"空"，内典外书，互相比附,称为"格义"。因此,讲逻辑的大部人士, 也就渗透了玄学的气氛,成为玄学的逻辑,也叫做形而上学的逻辑。

玄学逻辑是魏晋南北朝时期的社会历史的产物。产生的原因有二,即一为政治经济体制的背景,二为西汉思想的转变, 现分述于下:

1.政治经济体制的原因。

东汉的县乡亭的经济体制产生察举的选才制度,因而诞生了东汉的伦理的逻辑。但东汉末的黄巾大起义打破了安土重迁的汉代县乡亭制,人民陷于丧乱,户口减少过半,田园荒芜,饿殍遍野。曹操诗所谓"白骨露于野,千里无鸡鸣"。(《蒿里》)即那时的悲惨写照。强宗豪族通过屯田制,用半军事半生产的游离经济来榨取农民的血汗, 由屯田制而占田制无非强宗豪族的大量土地占有,加紧剥削农民的制度。不但著名巨富如石崇、王戎等园田水碓遍天下, 即以清高自命的诗人谢灵运也遍占会稽的山阴湖田。相应经济制度的转变,东汉的察举,变为曹魏的九品中正。"上品无寒门,下品无势族"的政制。"九品中正"正反映强宗豪族地主占有权的典型制度。

魏晋的地主阶级占有大量的土地财富, 极尽人间的富贵享受,自然要"高谈虚论,左琴右书","迂诞浮华,不涉世务"。(《颜氏家训·涉务》)浮华玄虚之音, 正以豪族的门阀为背景。玄风披靡于魏晋,即基于魏晋时代的特有的政治经济制度使然。玄学逻辑中的基本范畴,即为他们玄虚思想的集中反映。

在另一方面,魏晋南北朝时期,封建社会中的各种矛盾日趋激化。封建社会中的基本矛盾为农民阶级与地主阶级的对抗矛盾。东汉末,黄巾大起义虽被地主阶级所镇压,但小规模的农民起义仍不断发生。公元301年(西晋永宁元年),李特领导着賨族和当时在巴蜀一带的其他民族举行起义。公元303年(秦安二年）义阳蛮族张昌领导人民在江夏地区举行起义。公元311年（永嘉五年）在长河爆发以杜弢为首的流民起义。北方则有王弥率领数万人活动于青、徐、兖、豫一带。可见农民与地主的矛盾仍在继续发展。

农民与地主的矛盾之外，还有少数民族和汉族间的民族矛盾。民族矛盾主要由于华北和西北地区的少数民族相继内迁和汉族农民遭受豪族的压迫而愈演愈烈，终至推翻了西晋王朝，晋元帝司马睿不得不渡江，依靠江南士族而偏安江左。

除以上两种矛盾之外，还有地主阶级统治集团争夺政权的矛盾。魏晋之际，地主阶级的内讧，先有曹魏与司马氏的争夺。《世说新语·尤悔第三十三》云："宣王（司马懿）创业之始，诛夷名族，笼树同己。"嘉平元年（公元249年）司马懿诛曹爽、何晏等八族。景元三年（公元262年）司马昭诛嵇康、吕安等等，短短十二、三年间屡诛大族，曹魏集团的势力被司马氏打垮了，终于使司马炎（晋武帝）夺了曹魏天下，建立西晋王朝。

司马氏替代曹魏之后，也是以互相杀伐，争夺政权为事的。公元290年晋武帝死，扬皇后与扬骏当权。次年，晋惠帝妻贾皇后杀扬骏，迫死扬皇后，族灭扬氏并杀扬氏党徒数千人。终于爆发了八王之乱，促使西晋灭亡。

各种矛盾斗争的激化，就发生两种趋势，煽起了玄风。一为栖身玄境，企图超出斗争之外而保全自己。二为矛盾激化的处置，妄图以割断矛盾的一方来解除矛盾，这就产生了玄学逻辑的形而上学的解决矛盾的方法，兹依次分述如次。

魏晋统治集团内讧惨酷，不仅敌对两派常有杀身之祸，即使中间派也有难于幸免者，所谓："魏晋天下多故，名士少有全者"。（《阮籍传》语）为明哲保身，置身虚无，遁入玄境，确是一种安全的方法。王弼说："既失其位，而上迫至尊之威，下比（靠近）

分权之臣,其为惧也,可谓危矣!唯夫有圣知者,乃能免斯咎也!"(《易·大有》注)他又说:"处平地之将闭,平路之将陂,时将大变,世将大革,而居不失其正,动不失其应,艰而能贞,不失其义,故无咎也"。(《易·泰卦》注)王弼深有感于平地之将闭,大变大革的恶劣环境。这就是他所谓"犯时之忌,罪不在大,失其所适,咎不在深"。(《周易略例·明卦适变通义》)这只有取得圣智,置身虚无,庶可无咎。

置身虚无,不但是个人避祸之方,而且也是门阀士族统治人民的一桩法宝。魏晋统治阶级鉴于汉末农民大起义之足以颠覆政权,也略为变换高压手法,而采用诸如屯田制等比较注意生产,改善农民生活的措施。王弼之深有鉴于高压之足以迫使民反,他说:"在(任)智,则人与之讼,在(任)力,则人与之争。""如此,则己以一敌人,而人以千万敌己"。(《老子》49章注)那就危险了!假如能用"无所察","无所求","无避无应"的方法对付人民,那么,人民就会俯首贴耳,听凭宰割了,这即玄虚手腕的妙处。

如果说东汉伦理的逻辑产生于察举制度,那么,魏晋的玄学逻辑则产生于"九品中正"的门阀士族的专政。虚无的玄境不但是残酷斗争中的个人护符,也是门阀统治的一宗法宝。谈玄道虚的玄学逻辑不过是魏晋时期客观经济政治体制在思维上的反映而已。

以上就玄学逻辑的产生和魏晋的经济政治体制的特有关系作一简略的说明。以下再就玄学逻辑产生和东汉学术思想转变的关系,加以阐发。

2.汉魏学术之转变。

从两汉的学术思想转变为魏晋玄学的道路,我认为有四点值得注意。即第一,从两汉的经学章句烦琐转为魏晋玄学的清谈。第二,从两汉五行灾异、谶纬迷信的神学目的论转为魏晋玄学的虚无论,(即神性的实体)。第三,从东汉虚伪的伦理说教转为魏晋的蔑弃礼教。第四,从两汉自然主义为主的唯物论转为魏晋探源宇宙本质的本体论。这即从汉代的宇宙论(Cosmology),转为魏晋的本体论,(Ontology)兹依次阐述于下。

第一,由汉代的经学转为魏晋的玄学。汉立五经博士,经学成为仕进之阶。但经学的章句烦琐已不适应于东汉末的政治社会环境。经学大师马融与郑玄即首先出来作了经学的自我否定,走向玄学的清谈。《后汉书·马融传》说:"融既饥困,乃悔而叹息,谓其友人曰:'古人有言,左手据天下之图,右手刎其喉,愚夫不为,所以然者,生贵于天下也。今以曲俗呎尺之羞,灭无资之躯,殆非《老》《庄》所谓也。'故往应(邓)骘召"。(《后汉书卷六十上》)由此可见,马融由于饥困,已奋起冲决经典的束缚,打破汉代的师法,转尊"《老》《庄》所谓",开辟了玄学清谈之风了。

《后汉书·郑玄传》也说:"念述先圣之玄意,思整百家之不齐,亦庶几以竭吾才,……而黄巾为害,萍浮南北,复归邦乡,……末所愤愤者,徒以亡亲坟垄未成,所好群书,率皆腐敝,不得于礼堂写定,传于其人。日西方暮,其可图乎"。(《后汉书·卷三十五·郑玄戒子书》)因此,他应袁绍召,引为上宾,与群客辩。玄"依方辩对,咸出问表,皆得所未闻,莫不嗟服"。(同上引)郑玄的辩对即"正始"的清谈方式。他也和马融(郑为马弟子)一样作了经学的自我否定,转入魏晋玄学了。

第二,从两汉五行灾异、谶纬迷信的神学目的论转为魏晋玄学的虚无论(神性的实体)。

西汉董仲舒讲五行灾异,天人感应的神学目的论,为西汉统治阶级张目。东汉光武帝又宣布图谶于天下。东汉章帝时(公元79年),大会群儒于白虎观,编制成《白虎通义》一书,集谶纬迷信之大成。这些神学迷信的东西,经东汉末农民大起义,跟它的政治经济体制的崩溃而失去统治阶级的维护作用。曹操虽被人称为"乱世之奸雄",但他不信神仙,禁绝淫祀,用人唯才等等措施,却起到推动社会前进的作用,对西汉神学迷信推陷廓清,其功绩不容泯灭!《三国志·魏志·武帝纪》云:"禁断淫祀。""太祖到,皆毁坏祠屋,止绝官吏民不得祠祀。及至秉政,遂除奸邪鬼神之事,世之淫祀,由此遂绝"。(《魏书》)又曹操诗曾有:"造化之陶物,莫不有终期"。(《精列》)又云:"神龟虽寿,犹有竟时,螣蛇乘雾,终为土灰"。(《龟虽寿·步出夏门行》)可见曹操不但不信鬼神,而且也抨击长生谬说。这就为此后王弼之批评两汉神学唯心主义,而步入更精致的本体论的唯心主义打下基础。王弼的"崇本息末"的唯心主义本体论的玄学思想远超两汉的幼稚的粗糙的神学目的论。

第三,从东汉虚伪的伦理说教,转入魏晋蔑视伦理说教的玄学作风。东汉虚伪的伦理说教暴露了一些孝廉、孝子们的丑行,如许武被举孝廉后竟和两个兄弟分家,自己取得最好的一份财产。他在大会宾客之时,又把他这份财产分给二弟,因此而得到更大的虚名。又如赵宣葬父母,在墓道中举行丧礼,前后二十余年,人称为孝子。后来郡太守陈蕃查出赵宣在墓道里生了五个儿子,才按欺惑群众处罚。这就激起魏晋玄学家的反动。曹操首先提出用人唯才,他说:"若必廉士而后可用,则齐桓何以伯世?今天下得无有被褐怀玉而钓于渭滨者乎?又得无有盗嫂受金未遇无知者乎?二三子其佐我明扬仄陋。唯才是举,吾得而用之!"(《求贤令》)他又说:"或堪为将守,负汙辱之名,见笑之行,或不仁不孝而有治国用兵之术,其各举所知,勿有所遗"。(《举贤勿拘品行令》)他竟敢用不仁不孝的人才,这是对东汉虚伪礼教的大胆挞伐。曹操不愧为魏晋蔑视礼教的玄风的先驱者。

魏晋玄风，倡始于何晏、(字平叔，曹操养子，约生于公元196～240年，因辅曹爽秉政，事败，被司马懿所杀)王弼、(字辅嗣，生于魏文帝黄初七年，卒于齐王芳嘉平元年。他只活了24岁)。何晏著有《道论》和《无名论》，鼓吹"无"为宇宙根本，说什么"有之为有，恃'无'而生；事之为事，由'无'而成。夫道之而无语，名之而无名，视之而无声，则道之全焉，故能昭音响而出气物，见形神而章光影，玄以之黑，素以之白，矩以之方，规以之圆，圆方得形，而此无形，白黑得名，而此无名也"。(《列子·天瑞》注引《道论》)又说："夫惟无名，故得以天下之名名之，然岂其名也哉?"(《列子·仲尼》注引《无名论》)在他看来，一切分别都可不计，什么善恶、美丑等等的名称都是虚无的。因而他可以随心所欲地去干许多卑劣的腐朽的事情。所以，何晏的崇无论不过是以玄学之"无"来掩盖他的蔑弃礼教的护身符而已。

嵇康(字叔夜，约生于公元223年，卒于公元262年，在曹魏与司马氏的政争中被诛。)和阮籍(字嗣宗，公元210—269年)都以崇奉老、庄来毁弃礼教。嵇康在《难自然好学论》中公开攻击儒家经典。他"以六经为荒秽，以仁义为臭腐"。(《嵇中散集·难自然好学论》)六经不是太阳，不学不见即为长夜。阮籍作《大人先生传》，比拟守礼法之士如裤裆之虱，他说："汝君子之处域内，亦何异于虱之处裤中乎?"(《阮步兵集·大人先生传》)"籍嫂尝归宁，籍相见与别，或讥之，籍曰：'礼岂为我设耶?'""邻居少妇有美色，当炉沽酒，籍尝诣妇饮，醉便卧其侧，籍既不自嫌，其夫察之，亦不疑也。"(《阮步兵集·本传》)总之，魏晋玄风之诽毁礼教，正是东汉虚伪礼教的反动。以《老子》、《庄子》为主的更精致的唯心主义终于代替汉代儒家的唯心主义。

第四，从两汉的自然主义的唯物论转入魏晋玄学唯心的本体论。汉代的唯物主义者采用《老子》、《庄子》的自然主义以抨击神学目的论，自然是有力量的，《淮南子·原道训》云："是故春风至则甘露降，生育万物，羽者妪伏，毛者孕育，草木荣华，鸟兽卵胎，莫见其为者，而功既成矣。秋风下霜，倒生挫伤，鹰雕搏鸷，昆虫蛰藏，草木注根，鱼鳖凑渊，莫见其为者，灭而无形。"天地生万物，一本自然。并非如董仲舒之流所宣扬为天神的有目的创造。"莫见其为者而功既成矣"，"莫见其为者，灭而无形"。一生一灭，一荣一枯，都本乎自然，谁看见有天神在创新和消灭呢？正如王充所说，如果有天神创物的话，那么，他也要用手来做，"天地安得万万千千手，并为万万千千物乎？"（《论衡·自然篇》）王充还公开承认，这点虽违反儒者主张，但合黄老之意。他说："虽违儒家之说，合黄老之意也"。（同上引）可见两汉唯物论者在批评神学唯心主义的荒谬主张时，就公开站到道家一边去。

在形神关系问题上，唯物论者也是采取自然主义的观点，反对人死为鬼的谬说。王充在《论衡·论死篇》中论证精气灭，形体朽，不能为鬼，作出无鬼论的有力论证。

魏晋唯心主义者鉴于两汉神学目的论败了阵之后，又抓住唯物主义者的漏洞。他们认为，天地自然的变化，是无可否认的。但自然的变化只是我们看得见的表面现象，那么，在这些现象之后、之上，是否有一更根本的东西为现象所自出？他们答复是肯定的。即现象之后，有一现象所依存的本体。本体即宇宙万有的根本，没有本体，即没有现象。这样，魏晋唯心主义者从汉代的唯物论的宇宙生成论（Cosmology）转入宇宙本体论（Ontology）。这就是王弼的"崇本息末"之说。"本"是本体，"末"即现象，只要抓住本体，就可抛弃现象。王弼的本体论的唯心主义，不但超出了西汉的神学唯心主义，而且也超出了汉代的唯物主义了。

总之，魏晋玄学逻辑的产生，不但有它的时代背景，而且还有它的历史根源。

第二节　玄学逻辑的基本范畴

1．"有"和"无"的范畴。

1)"有"、"无"范畴的由来及魏晋玄学家的发展特点。

"有"和"无"这对范畴的提出，始于《老子》书中。《老子》中不但提到"有"、"无"，还提到"有名"和"无名"，或"有欲"和"无欲"等等。在《老子》中的"有"和"无"究竟是什么意思?我们这里不去详说。我们只想确定"有"、"无"的先后问题。魏晋玄学家把"无"捧到至高无上的地位。但《老子》是否也这样看法呢? 我认为不然。《老子·一章》虽说"无名天地之始,有名万物之母。"这好象无在有先,但紧接着却说:"此两者同出而异名,同谓之玄,玄之又玄,众妙之门。"(《老子·一章》)既谓"同出"就没有先后可分,因此,只能以"玄"称之。

《老子·四十章》也说到"天下万物生于有，有生于无。"那么,这是否说无在有先呢?从字面看，无是在有先,但仔细分析,并没有那个意思。我很同意陈鼓应的解释。他说这里的"有"和一章"有名万物之母"的"有"相同……"无"和一章"无名天地之始"的"无"相同……是意指超现象界的存在之"形而上"之"道"。(《老子注释及评价》第224页)这样，一章"有"、"无"同出的原则照旧适用于本章。实质上,并无先后可言。陈鼓应说:"老子则不仅重视'有',亦重视'无',而且这两个概念并不是对立的,乃是一贯的"。(同上书,第225页)的确,老子的"有"、"无"不是对立,更不是魏晋人之所谓对抗。它们是辩证的联系,更不能象魏晋玄学家之可以把它们割裂,抛弃其中之一,而保留其另一方。

"有"与"无"的辩证关系，见之于《老子·二章》的"有无相生"，这是老子"有"和"无"的范畴的又一个重要意义。"有无相生"的原则，贯穿于两个互相对立的事件之中，如"难易相成，高下相盈，音声相和，前后相随"。没有难，就无所谓易；没有长，就无所谓短；没有高，也无所谓下；没有前，也就无所谓后。因此，没有"无"，就无所谓"有"；没有"有"，也就无所谓"无"。这个道理在《老子·十一章》说得很透彻。老子举了车子、器皿、房屋为例，说道："三十辐，共一毂，当其无，有车之用。埏埴以为器，当其无，有器之用。凿户牖以为室，当其无，有室之用。故有之以为利，无之以为用。"由于"有"的为利，才有"无"之为用。反之，如果没有"无"之为用，则车子、器皿、房屋也就无所谓利了。

　　我们再进一步分析，老子的无，作为"形而上"的道的无，也不是如何晏、王弼所谓"虚无"空无所有的。老子明白说："道之为物，惟恍惟惚。"（《老子·二十一章》）恍惚为物之"道"，是"有物"，"有精"，"有信"的。因此，老子的"无"，既不是英语所谓not-existence，也不是non-being，毋宁相当于chaos，即汉语之所称为"浑沌"。"浑沌"指天地未有固定形体的状态。有了固定状态之后即成为万类之有了。这样，"有无相生"之"有""无"，也就相当于英语的Concrete existence和Abstract existence、即具体的存在和抽象的存在而已。

　　以上是就老子"有"、"无"这对范畴的原始意义，加以剖析。以下再就玄学家何晏、王弼等之所谓"无"阐述如下。

　　在何、王等玄学家手里，老子的原则不见了。我们既看不到"有"与"无"同出的原则，更看不见"有"与"无"相生的原则，在他们的眼里已没有"有"的地位，"无"占了宇宙间的一切。我们看何、王是怎样谈"无"的。

　　何晏在他的《道论》中，畅言有必待无生。在他的《无名论》

中，又说道无可名。他把"无"等于"道"，而"道"是超感觉之外的存在，它虽无形无声，然这却是道之大全。它超出名言的区划，虽得尽以天下之名叫它，但这不是"道"的真名。为道之体的"无"真是言语道断，灭诸心行，所以他们不讲"言道"，而讲"体道"。"无"只有通过神秘的体验才能得到。在生活上糜烂不堪的何晏却大谈其神秘的体道。何晏曾说："唯深也故能通天下之志，夏侯太初（玄）是也；唯几也故能成天下之务，司马子元（师）是也；惟神也不疾而速，不行而至，吾闻其语，未见其人。"（《魏志注引魏氏春秋》按云："盖欲以神况诸己也。"）他许夏侯玄之"深"，许司马师之"几"，而他自己却以"神"自况。神也者，"不疾而速，不行而至"，那已不是凡夫俗子所能企及。但这正是何晏之所以利用此浮华虚无的玄语，来掩盖他的庸俗腐朽生活的一块遮盖布。实际上的"有"的存在，是不以玄学家之空想妄用一"无"字即可取消的。其遭司马氏之诛，正证明其玄想的破灭。

王弼比何晏胜过一筹，这从他们论"圣人"时就可看出。何晏称"圣人无喜怒哀乐"。（《魏志》卷28《钟会传注引》）王弼提出反对。王弼说："圣人茂于人者神明也，同于人者五情也。神明茂，故能体冲和以通无，五情同，故不能无哀乐以应物，然则圣人之情应物而无累于物者也，今以其无累，便谓不复应物，失之多矣"。（《魏志》卷28）从这里也可看何、王对"有"、"无"范畴的看法有不同的地方。王是相对承认有的地位的。何晏的圣人无喜怒哀乐，那么圣人如果不是槁木死灰，那就是超人的神仙。那样，圣和凡要对立起来。但王弼的圣人只是人中之杰出者，他既是人，就有和一般人所同有的五情，但又和常人不同，即在于他有过人的"神明"，因为他有"神明"，所以能体道通无。所以王弼的圣人既有"无"的一面，又有"有"的一面。就这点说，王弼比何晏要拔出多了。《王弼传》说："其论道附会文辞不如何晏，自然有所拔得多晏也"。这是切合实际的。

再就关于"无"的理论的说明，王弼也承认了"有"的地位，王弼论《易》的大衍义。他说："演天地之数，所赖者五十也。其用四十有九，则其一不用也。不用而用以之通，非数而数以之成，斯《易》之太极也。四十有九，数之极也。夫无不可以无明，必因于有，故常于有物之极，而必明其所由之宗也"。(《韩康伯注《易》系辞上引文》)这里"无不可以无明，必因于有"，王弼以四十有九为"有"，必有此"有"之后，而其"无"之一，才能显现其用。如果抛弃了"有"，则无以明"无"了。王弼之意，"有"是可以保留的，但不能为"有"所拘，"滞于有"是不对的。他紧接着说："常于有物之极，必明其所由之宗。"这一"宗主"是什么？就是"无"。王弼的体系，"有"和"无"并非同出，更不是"相生"，这和老子异趣。他认为"无"是主、是宗，而"有"只是陪衬的作用。这是主从关系，上下级关系，王弼这点比何晏更狡猾，更精密，他不要人抛弃"有"，只是要从"有"返宗。不要人往前看，要人往后看，往前越往越离本，所以他说："不胜之理，在往前也。"这样，就把他崇奉的"无"端了出来。他说："以天地之行，反复不过七日，复之不可远也，往者小人道消也。复者反'本'之谓也。天地以'本'为心者也。凡动息则静，静非对动者也；语息则默，默非对语者也。然则天地虽大，富有万物，雷动风行，运化万物，寂然至无，是其本矣。故动息地中，乃天地之心见也。若其以有为心，则异类未获具存矣"。(《四库备要》本《周易注·复象卷三，页四》)这里说得很清楚。天地以"本"为心，而这本便是"无"，而且是"寂然至无"，那就是绝对的"无"。反本即反诸"至无"，他警告说，必须以"至无"为心，而后天地之用可见。否则，"以有为心"，那万类就要俱灭了。上边，王弼还给了"有"一点配角地位，到了这关键处，"有"的配角地位也没有了。如果说老子的无还有点唯物性，那么，王弼的"无"就是彻底的唯心的了。岂但唯心，而且**还神性化呢！王弼的"无"和董仲舒的"天"**究是一路货色。

王弼再进而把他的绝对的"无"描绘成超出一切言说意象之外的东西，这就是他的忘象忘言的妙论。他说："夫象者，出意者也，言者明象者也。尽意莫若象，尽象莫若言。言生于象，故可寻言以观象；象生于意，故可寻象以观意。意以象尽，象以言著。"王弼这段把象和言分别当作得意、得象的工具，肯定了言和象的作用。这还是正确的，但他再往下说时，就慢慢地离题了。他接着说："故言者所以明象，得象而忘言，象者所以存意，得意而忘象，犹蹄者所以在兔，得兔而忘蹄；筌者所以得鱼，得鱼而忘筌也。"王弼这里，要过河拆桥了；毁了桥，然后才可阻止被桥所羁绊，得不到目的。他说："然则言者象之蹄也；象者意之筌也，是故存言者，非得象者也；存象者非得意者也；象生于意，而存象焉，则所存者乃非其象也；言生于象，而存言焉，则所存者乃非其言也。"王弼最后暴露了他的彻底唯心主义者本来面目，把有形有象的言和象根本否定，而且说只有这样，才能得到最后的意象。也就是他心目中玄虚的"无"的范畴。他最后竟明白地说："然则，忘象者乃得意者也；忘言者乃得象者也。得意在忘象，得象在忘言。故立象以尽意，而象可忘也；重画以尽情，而画可忘也。"（《周易略例·明象》）王弼从他最初正确的前提出发，却得出最终的荒谬结论，这是受他的唯心主义玄学思想的支配有以致之。前边说过，王弼对"有"还给以配角的地位，到此则抛弃了"有"，只剩了"无"。因此，他极端赞美绝对的"无"，说："天地虽广，以无为心，圣王虽大，以虚为主。……虽贵以无为用，不能舍无以为体也。"（《道德经》下篇注）"无"是"心"，是"体"，是"宗主"，这样，"有""无"对立矛盾的统一范畴，终于被王弼**割断而成为形而上学的"无"逻辑范畴。**

• 217 •

595

2)形而上学的逻辑方法的破产。

上节讲到玄学逻辑产生的背景之一，即当时各种矛盾激化的集中反映。魏晋时代，既有农民和地主的阶级矛盾，又有少数民族和汉族间的民族矛盾，再加以统治集团中的争夺政权的内部矛盾。这些矛盾对抗的结果，自然要反映到魏晋的士人之中。怎样排除矛盾，解决矛盾，成为他们心中的重要问题。

他们很想解决矛盾，但他们又不敢正视矛盾的现象，采用正确解除矛盾的方法，而妄想从唯心主义、形而上学的逻辑方法割裂矛盾，把矛盾对立的一方割弃，而保留其敌对的、自以为是的一方。在"无"和"有"这对矛盾来说，他们竭力否定"有"的存在，而把"无"抬到天上去。他们企图以"无"吞灭"有"，以"虚无"并吞实际的"有"。这样，企图在"无"的幻想的境界中保存自己的性命。何晏企图以"反民情于太素"（《景福殿赋》）来掩饰他的糜滥生活，结果"太素"的虚无玄想还是拯救不了他被司马氏所诛。颜之推批评王弼说："辅嗣以多笑人被疾，陷好胜之阱也"。（《颜氏家训·勉学》）桓温曾慨叹说："使神州陆沉，百年丘墟，王夷甫(衍)诸人不得不任其责"。（《晋书卷九八》）王衍最后被石勒活埋，死前，他说："呜呼！吾曹虽不如古人，向若不祖尚浮虚，戮力以匡天下，犹可不至今日！"。（《晋书卷四三》）这就是玄学逻辑破产的自供状！

3)关于裴頠的"有"的范畴的分析。

裴頠是西晋的大官僚，他生于晋泰始三年(公元267年)，卒于晋永康元年(公元300年)。年仅三十三岁，他是一位具有医学知识的，比较进步的统治阶级的人物。

裴頠从维护地主阶级的利益出发，认为何晏、王弼的崇无思想，是不利于门阀士族的统治的。当时崇无风气所及，弄到"薄综世之务，贱功烈之用，高浮游之业，卑经实之贤。""立言藉其虚无,谓之玄妙;赴官不亲所司,谓之雅达;奉身散其廉操,谓之旷达"。崇无的结果,就使手中的政权也懒得去管,那就十分危险了。因此,他著《崇有论》反对何、王的唯心主义的贵无论。(据说他还有一篇《贵无论》,已佚,可能是他发挥老子所谓"无"的真义,决不是何、王的崇无。)

裴頠首先抨击何、王对老子的歪曲,认为老子只教人节省退让,并没有以无为本的思想。其次,"无"和"无为"是没有用处的,一切自然和人事都要凭藉"有"或"有为"才行。他说:"养既化之有,非无用之所能全也;理既有之众,非无为之所能循也。"比如人做任何事情,必须用心去做,我们不能说心和事不同,就说心是无为的。做器具必须有工匠才能成,我们不能说匠人不是器具,就说匠人不存在。你要想从河里捕鱼,必须用网罟,决不能坐在河边等待,希望鱼跳到你跟前。你要猎取高处的飞禽,你也必须利用弓箭,也不能静坐等待。总之,无与无为办不了事,只有"有"和"有为"才能成功。

以上所述,是裴頠从实际的利益,特别是为维护门阀士族的统治利益,去发扬崇有之论的。从这点看,裴頠的崇有论是具有唯物主义精神的,与何、王的唯心主义是立于反对的地位。

但我们如进一步分析裴頠之所谓"有",还是一个形而上学的逻辑范畴。因为他也是把"有"和"无"割裂开来,只保留"有"的一方,这样,就使他的理论说明发生困难。他批评无不能生有说:"夫至无者,无以能生,故始生者自生也。"他用"自生"代替"从无生",因为是"自生",所以不必再去找"有"的本体,"自生而必体有,则有遗而生亏矣。"不过这样,就和西哲巴门尼德的"有"(Being)相似,"有"与"有"相连,又怎能说明万象的变化呢?因此,巴门尼德干脆承认宇宙静而非动。我想这决不是裴頠的本意。但他用形而上学的逻辑方法去解决"有"和"无"的矛盾,也只能得出这样一个形而上学的结果。因此，我认为他的"有"也是一个形而上学的逻辑范畴。

2. "本"和"末"的范畴。

1）先秦时代所谓本末的意义。

"本"、"末"二词的对举不见于《老子》书中。全部《道德经》只二十六章上有"轻则失本，躁则失君"，和三十九章"贵以贱为本"。这两处的"本"都作根本解，但和"本"相对的并没提到"末"。前者"本"的对立面为"轻"，而后者则只就"贵"、"贱"二者之孰"本"、孰"末"的评价。

"本"、"末"二词对举，是出于儒家经典。《大学》云："物有本末，事有终始"，这就指明德是本，新民是末。《孟子·告子下》云："不揣其本，而齐其末，方寸之木，可使高于岑楼"。这是指比较二物的高度，应使二物的本根处相齐，不能只就二物的"末"去比。因为那样，就会使一方寸的木头比高楼要高了。这是错误的。

古代儒家经典中的"本"、"末"只是指现象界中的事物比较言，并没有提高到它们的抽象的哲学含义。

2）王弼的本末观。

把"本"、"末"二词抽象化当作一对哲学的范畴，那是王弼从批评汉代唯物主义者的元气自然论出发，认为宇宙如果只是些表面现象的变化，看不到这些现象变化的本根，那么，对宇宙的认识还是肤浅的。他认为应该追寻宇宙万有变化的根源，找到了根源，就可了解现象的错综复杂的变化。这个根源是什么呢？他叫它为"本"。照现在的哲学术语说，王弼的"本"即是"本体"，而世间各种现象的变化，即王弼之所谓"末"。因此，"本"、"末"这对哲学范畴，亦即"本体"和"现象"的范畴。

3）王弼对本末范畴分析的正确和错误。

王弼认为,本和末即本体和现象是对立的,矛盾的。

首先,现象是纷然杂陈,我们都看得见,摸得着的;但本体是超现象的,我们不能用感觉经验去接触它。因为它是超形象、离经验的存在,所以我们只好称它为"无","无"为万象的根本,即为万象的本体。

其次,宇宙万象是不断运动着、变化着。寒往则暑来,暑往则寒来,水流而不息,物生而无穷,人有少壮老死,物有荣华枯萎,总之,无时而不动,无动而不变。但本体是不动不变的,尽管世界是生住坏灭,而它却万劫常存,亘古不凋的。

第三,宇宙万象,族类纷繁,无可纪数。但本体是万有之极,只能为一,不能为多。

从以上分析,本体和现象是对立的、矛盾的。王弼看出本体和现象的区别,这是十分正确的,他不满意于现象的认识,而去探求本体的认识,这也是对的。从这点看,王弼确比汉儒高一着。他的本末范畴的提出,确有创见,而且对后此中国哲学思想的发展也发生了重大作用。王弼的这点贡献,我们应予以肯定。

但王弼的正确分析也只限于此,过此以往,他就陷入形而上学、唯心主义的错误泥坑,我们应予揭露和批判。

王弼的错误在于如何解决本体与现象的矛盾上。由于王弼出身于门阀士族的阶级,又被唯心主义观点所蒙蔽,他不敢正视矛盾,采用正确的方法去解决矛盾。他采取"崇本息末"的形而上学的逻辑方法,企图割断本体与现象的辩证关系,并抛弃现象来保存本体。他说:"《老子》之书,其几乎可以一言以蔽之。噫!崇本息末而已。观其所由,寻其所归,言不远宗,事不失主"。(《老子指略》,楼宇烈《王弼集校释》上册,第198页。)这就是说,不论什么事,要从"本"下手,而"末"是可放弃的。比如道德的修养,重要在于"存诚",不在于"善察"。因"存诚"是本,而实际上一件一件地去察善,那是"末"。"息淫"防止过分,在于"去华",不在"滋章",制止实际上的一件件铺张的行为。"绝盗在乎去欲,不在严刑;止讼存乎不尚,不在善听"。(同上引)因为"去华"是本,而"滋章"是末;"去欲"是本,而"严刑"是末;"不尚"是本,"善听"是末。总之要"不攻其为也,使其无心于为也;不害其欲也,使其无心于欲也。"(同上引)这就是王弼教人要从根本处下手,不去枝节上着刀:"谋之于未兆,为之于未始。"(同上引)这些就是王弼所谓"崇本息末"的功夫。王弼最后还引了《老子》的"既知其子"而必"复守其母"。母是本,是"道",子是末,是万物。他要"得本以知末,不舍本以逐末"。(《老子》五十二章注)

王弼除了"崇本息末"的原则之外,又提"举本统末"的方法。他在解释《论语》"余欲无言时"就说:"予欲无言,盖欲明本。举本统末,而示物于极者也。"(《论语释疑》,见楼宇烈:《王弼集校释》,第633页)王弼认为,孔子不想说话,就在于要明本。他要则天行化,见天地之心于不言,天地以无为心,那就要以无为本,所谓"举本统末",无非以"无"统"有",以本体统万象,把万象放在次要地位。

王弼处理本体和现象的矛盾的方法和他处理"有"和"无"的矛盾的方法一样,是割裂本体和现象的联系,终至于抛弃现象,保留本体。他从本体和现象有差别的正确前提出发,因受到他的唯心主义的支配,夸大了本体和现象的差别,终使二者矛盾对抗,割断二者的辩证关系。他只知"崇本",不知"息末"之后,本也成了无源之水,成为空无所有之物了。须知本体和现象既对立、又统一,这是客观实际上本体和现象的辩证关系。列宁说:"规律是本质的现象"。(《列宁全集》,第38卷,第159页)"本质的现象"是什么意思呢?这是说本质内在于现象之中,不是超出现象之外,如王弼所认为的那样。我们只能从现象中求本体,不能超现象之外去求本体,更不能割断它们二者的联系,因为实际上,本体和现象虽是对立的、矛盾的。但同时又是联系的、统一的。客观自然的辩证法即是如此。当然,我们不能要求一千多年前的王弼能有辩证法的认识,他能提出本体和现象的不同和对立,就比前人高一筹。只因他从唯心主义观点出发,以"崇本息末"的形而上学的逻辑方法去处理二者的矛盾,结果使他陷入形而上学的泥坑。其所得的最高逻辑范畴"无",只是一个空无所有的"玄想"。这一不具任何物质性的实体,只能是玄学化的"神"。唯心主义最终还是走向僧侣主义。王弼的"无"和董仲舒的"天"都是一路货色,都是神性化的实体。

3．"一"和"多"的范畴。

"一"和"多"的范畴这是属于数字方面的范畴,宇宙万物有形就有数,有数也有形,形数相联而生。东西古哲自始注意到这一形数关系。古希腊的毕达哥拉斯即认为数是形的根本,宇宙的本质是数。我国古代,《周易》讲数也讲象,因此《周易》是一部讲象数之学的书。但这种古哲的数论,还是从宇宙的本质上着眼的。《老子》也讲数,他说:"道生一,一生二,二生三,三生万物"。(《老子》42章)这也是就宇宙生成上论。只有我国古代的《墨经》才有关于"一"和"多"的比较的认识。《经下158》云:"一少于二,而多于五,说在建位"。《经说下》云:"一:五有一焉,一有五焉,十,二焉"。(依汪奠基《中国逻辑思想史料分析》第一辑,页356—357所标号。)一和二、五比是少数,但因建位不同,一可多于五。这是因为一进为十时,变成了两个"五"。所以说:"五有一焉,一有五焉,十,二焉。"从《墨辩》看,"一"和"多"的多寡不是绝对的,是依于数的序列的不同而可起相应的变化的。

从宇宙本体和现象的关系上说,本体为万物之总,大多认为是"一"的。而现象纷然杂陈，总认为是多的。东西古哲都想从杂多现象之中求得一个贯穿一切的原理，老子言"得一"，说："昔之得一者，天得一以清，地得一以宁，侯王得一以为天下贞"。（《老子39章》）老子这里的"一"等于他的"道"，"一"为"道"的别名。孔子讲"一贯"，《论语》云："子曰：参乎！吾道一以贯之"。（《论语·里仁》）佛言"一如。"《三藏法数四》曰："不二不异，名曰'一如'，即真如之理也。"《教行信证四》曰："法性即是真如，真如即是一如。"可见"一如"即指"本体"境界，柏拉图亦称如能多中求一，哲理思过半矣。从这样看来，"一"和"多"的关系，也就是"本体"和"现象"关系又一个侧面。

上边曾说过，本体和现象是既对立，又是统一；既是矛盾的，又是联系的。"一"和"多"的关系既是本体和现象关系的一个侧面，当然，它们之间的关系也和前二者一样。"一"和"多"既是对立的，矛盾的。是"一"就不能是"多"；是"多"也不能是"一"。但"一"和"多"又是有联系的，也是统一的。它们是辩证的关系。列宁说过："有一句古话：'一即多，特别是多即一'"（《列宁全集》第38卷，第117页）又说："一和多的差别被规定为二者的相互关系的差别，这种相互关系又分为两种关系：排斥和吸引。"（同上引，第117页）"一即多，特别是多即一"，这就是说"一"与"多"的统一。它们既是"排斥"的，同时又是"吸引"的。

王弼从唯心主义观点出发，把"一"捧到天上去，而把"多"踩在脚下。"一"即他所谓"无"，也即他之所谓本体，而"多"即他所谓"末"，即所谓现象。因此，他处理"一"、"多"对立矛盾时，也就割断它们二者之间的联系，以形而上学的逻辑方法，分裂"一"与"多"的统一，抛弃"多"而保留"一"。王弼说："万物万形，其归一也。何由致一，由于无也。由无乃一，一可谓无。"（依陶鸿庆说："'谓无'乃'无言'二字之误"。"由无乃一，一可无言？已谓之一，岂得无言？"参阅楼宇烈《王弼集校释》，第118页）他又说：
"一数之始而物之极也。各是一物之生，所以为主也。（依楼宇烈校释应改为"各是一生，所以为物之主也"）物皆各得此一以成，既成而舍以居成，居成则失其母。"（《老子》三十九章注）这里很清楚，王弼把"一"当"无"，都是万物之主，是万物之极（宗）、众多万物是由一（无）以生、以成，就不能舍一以居成，停留在众多万物之上。那样，就会失去母，离开了道，成为无本的东西。所以他的办法，即要守母以存子，决不能居停于众物之上，而抛弃其母。这就是割裂"一"、"多"的辩证联系，所存的"一"也自然只是虚无的一，只能是形而上学逻辑范畴了。

　　"一"和"多"的既对立，又统一，是客观的辩证法的本然，是无法割裂的。因"一"实际上是寄托在"多"的基础上，没有多，就不会有一。诚如老子所说的，车子正因三十辐之多，才能形成车子的一（统一）之用。没有多，也即不能有一。就拿王弼所引《周易》大衍义来说，大衍之数五十，其用四十有九，其一不用。但正因有四十有九的"多"之用，才能显出"一"之用，否则，"一"之用也不可见了。王弼妄图弃多存一，只能是唯心主义者的形而上学的幻想。

　　我们应注意到，王弼之所以重视一而鄙弃多，是有他的政治背景的。他说："夫众不能治众，治众者寡者也。"又说："夫少者多之所专也，寡者众之所宗也"。（《周易略例·明象》）可见王弼的"一"、"多"范畴正是门阀士族专政在思维上的反映。帝王的统治正充分表现了一以统众的原则。王弼的玄学逻辑正好为曹魏政权的统治服务。前边，我曾谈到魏晋玄学逻辑的产生有它的政治根源者，于此又得一证明。

　　4．"意"和"言"的范畴。

　　1）王弼的"得意忘象"、"得象忘言"说。

上边谈到"有"、"无"的范畴时，王弼为推崇"无"而抛弃"有"，竟提出"得意在忘象，得象在忘言"的妙论。王弼是精通《周易》的，但《周易》只言"立象以尽意，……系辞焉以尽其言。"（《易·系辞传》）并没有说象不能尽意，或辞不能尽言之说，更没有忘象得意，忘言得意之意。可是王弼因受他的唯心主义思想的支配，看到意象间有不同，言象间有区别，竟夸大了他们彼此间的差别，终至于割裂了"言"和"意"的联系，而弃言存意。其结果，他所得的"意"，也只能是言语道断的"玄意"，是不具任何意义的虚空玄想。须知思维上的意即逻辑上所谓概念，而表意的言，即逻辑上所谓语词。概念和语词是有区别的，一个概念可以用不同的语词表述；反之，同一语词也可有不同的概念。但尽管如此，概念和语词还是互相联系的，概念是语词的内容，而语词又是概念的语言物质外壳。它们之间是存在表里的统一关系。斯大林说过："没有语言的物质外壳 的 赤裸裸 的 思维是不存在的"。（《马克思主义与语言学问题》，《斯大林文选》下卷，第547页）象王弼所割裂了语言的"意"，只能是唯心主义者的虚构。他由于言难尽意，言意间有矛盾，竟采用形而上学的逻辑方法，去言存意，这是十分错误的！语言和概念间的关系，正有类于规律和现象间的关系。正如列宁所说："规律，任何规律都是狭隘的、不完全的、近似的。"（《列宁全集》第 38 卷，第 159 页）这样看来，规律是内在于现象之中。因此，规律虽不能完全反映现象，但它已近似地反映了它。同理，语词虽不能完全表述概念，但它也能近似地表述概念的要义。我们不能因语言的粗糙表达，而竟否认它的表达作用，抛弃了语言。王弼以为抛弃语言竟能得到精密的意念，那只能是神秘的幻想。

2）欧阳建的"言尽意论"。

欧阳建是西晋时代一位进步的思想家。约生于公元267年，卒于公元300年。（参考《晋书》卷三十三）他不满于王弼的"言不尽意"的唯心主义谬说，从唯物主义观点，建立他的"言尽意论"。该文收入《全晋文》中。

欧阳建从解决物和言、意的关系入手，把基点建立在客观存在的物上，这就和王弼根本决裂了。王弼是不敢正视物的存在的。客观的物是独立于人的意识之外而存在的，它不以人的意识为转移。他说："形不待名，而方圆已著；色不俟称，而黑白已彰。然则名之于物，无施者也；言之于理，无为者也"。（《言尽意论》）客观事物的方圆之形和黑白之色，在人们没有立名去称谓它时，即已存在着。同时，事物间的规律在人们未曾去用言语分析表达它时，也早已存在，并不是由于人们认识它之后才有的。这是表明物的第一性与意识的第二性的唯物论者的基本立场。

人们的名言虽不能对客观事物的存在上有所移易，但对客观事物的认识上却有重大作用，先秦逻辑家早已注意到"名也者圣人之所以纪万物也"。（《管子·心术上》）万物殊，如果不是用特定的名称去加以指称，那么就会造成漆黑一团，无从鉴别客观事物的理。事物的规律是人的意识所无法左右的，但这些事物的理却须用语言文字去加以分析表达才能搞清楚，何况人是社会的动物，在社会活动中，人们也必须运用语言交流思想，互相促进对物理的认识。因而名和言又有它们的重大的用处。欧阳建说："诚以理得于心，非言不畅；物定于彼，非名不辨。言不畅志，则无以相接；名不辨物，则鉴识不显。鉴识至而名品殊，言称接而情志畅"。所以，某物叫某名虽不是"自然"的规定，理的称谓，也非有"必然"的确定；但放弃名言的区别，就会造成与物隔绝，陷入不可知论的泥坑了。

那么，欧阳建又怎样论证言尽意的观点呢？他把论证的基础建立在名和实的一致上。名和实的关系正如声之于响，影之于形。"名逐物而迁"，就如"声发响应，形存影附，不得相与为二矣，吾故以为尽矣"。名与实相副，所以名实本来是统一的；因为统一的，所以言也即能尽意了。

欧阳建基于唯物论的立场，从名与实、或名与物的关系论证名实的一致性，证明名实不得为二。既不得为二，则言与意为一，当然言可尽意了。但我们仔细分析，在逻辑论证的手续上是有漏洞的。第一，他只说明名和物的一致性，但名和物的一致性和言和意的一致性是有区别的。前边已解释，意相当于逻辑的概念，言相当于表达概念的语词，而概念和语词虽为表里的关系，但它们是有区别的，它们不是一个东西。逻辑概念又是反映客观事物的根本属性的思维形式，它和客观的物又有区别。当然，概念从属于客观的物，它只是客观的物的存在属性在思维意识上的反映。从这点上说，概念和物有一致性。因此，仅证明名与物的一致性来证明言尽意之说，就落了意和物之间的一致性的证明。这样，欧阳建的证明就陷于论证不足的逻辑错误。

其次，王弼的论题是"言不尽意"，他没有提到物，今欧阳建以名和物的一致代替了言和意的一致，就有陷于转移论题的逻辑错误。

最后，欧阳建之所谓名，也没有明确的界说。因为依荀子的分析，名可有三种不同意义，即逻辑的、语言的和政治伦理的。（参阅拙著《先秦逻辑史》第275—277页）逻辑的名固然有与实一致与否的问题，但其余的名则不存在那种关系。

欧阳建之所谓"言"也是笼统的。言一般似指"语词"说，但他说："理得于心，非言不畅"。那么，他的言似包括了"辩"与"说"，要把客观的条理说得通畅，自非有辩说之功不可。

基于上述分析，欧阳建的《言尽意论》，仍不免陷于形而上学的逻辑分析，其所得的结果也只能是形而上学的逻辑范畴。

5．"动"和"静"的范畴。

1）古代哲学家的"动"、"静"观。

"动"和"静"的范畴，自古代开始，即为东西哲人所注意。宇宙万有，究是变动不居，周流不息？抑或亘古如一，静止不动？各家所见不同。有以宇宙万象为旋转无已的，寒来暑往，冬去春来，水流而不息，物生而无穷。孔子说："逝者如斯夫，不舍昼夜"。(《论语·子罕》)希腊古哲赫拉克利特也说："你不能两次涉足同一河流，因为河水永在流变"。(F.Thilly；A History of Philosophy．P23)这就是变动的宇宙观。

和变动的宇宙观相反的为静止的宇宙观。希腊古哲巴门尼德即主世界是静止的，不变不动的。老子亦云："致虚极，守静笃"。(《老子》十六章)他们认为变动是虚幻的，而静止不动才是真实。

古代哲学家对于动静范畴的分析，是属于宇宙论(Cosmology)的问题，即研究宇宙的生成及发展。到了魏晋时代，由于玄学风气的熏染，动静问题却由宇宙论范畴，转入本体论(Ontology)范畴。王弼、僧肇等所论的"动"、"静"是和"有"、"无"，"本"、"末"等本体论上的问题联系着的，它们是"本体"与"现象"关系的一个侧面。这样就显出了这一问题的时代特色，现依次分述如下。

2）王弼的"动"、"静"观。

王弼崇"无"弃"有"，"崇本息末"，当然也就重"静"轻"动"。"静"是真谛，而"动"只是俗谛。"静寂"是根本，而运动只是静寂的暂时表现形态。"静"是绝对的，而"动"只是相对的。王弼说："凡动息则静，静非对动者也；语息则默，默非对语者也"。(《周易·复卦注》)运动停了，总归寂静。"水流万壑心无兢，月落千山影自孤。"从王弼看，世间事物的运动变化，只是暂时的现象。"天地虽大，富有万物，雷动风行，运化万变，寂然至无，是其本

・229・

607

矣"。(《周易·复卦注》)疾雷迅风,气象万千,然终为寂静。因静是本,是根,是运动的起源。王弼在《〈老子〉十六章注》中说得更明确,他说:"凡有起于虚,动起于静,故万物虽并动作,卒复归于虚静,是物之极笃也。"王弼就是以"寂然至无"(《周易·泰卦注》)为宇宙本体。在这一本体中是没有动的地位的。

王弼割裂了动和静的矛盾关系,并把动和静的矛盾绝对化。他企图用处理"有"、"无"的矛盾方法,弃"有"保"无",也就采用形而上学的逻辑方法,弃动就静,结果动既不见,静也就没有了。王弼所得的"静",只能是玄学的空想。

3) 僧肇的"物不迁论"。

僧肇是一位杰出的高僧。他生于晋孝帝太元元年,公元384年,卒于晋安帝义熙七年,公元414年,活了31岁。

僧肇是鸠摩罗什的四大弟子之一。据《高僧传》卷七所记,僧肇著有《物不迁论》、《不真空论》、《般若无知论》、《维摩诘经注》、《答刘遗民书》等。他研究《老子》、《庄子》,又精研《般若》。由玄入佛,内典外书,互相融贯,深有所得,造书《肇论》,远超"格义"。罗什盛赞他的《般若无知论》,谓"吾解不谢子,辞当相挹"(《高僧传·本传》)庐山刘遗民也惊叹说:"不意方袍,复有平叔"!(同上引)他是一位学贯玄佛的杰出的思想家。本节只就他的《物不迁论》,阐述他对于动静问题的论证。

僧肇比王弼高一筹,他入手处是承认运动的。他不回避运动,却从运动概念本身的分析,暴露了运动本身的矛盾,最后才得出否定运动的结论。复次,王弼只是从他的唯心主义世界观说到寂静是天地之本,他没有逻辑的论证,但僧肇却作出各种矛盾分析的论证,虽论证的本身是带诡辩性的。在一千多年前,人们还远不了解辩证法之时,他的分析论证,就够迷惑人了。难怪他"名振关辅",压倒"京兆宿儒及关外英彦"(参考《高僧传·本传》)了!兹将僧肇论证"物不迁"的过程以及其论证的形而上学性,进行分析批判于下。

僧肇证明"物不迁"的论点,是从时间流动的否定及因果联系的否定入手的。

(1) 对时间迁流的否定。

事物的变动是在时间中进行的。时间有过去、现在和将来三时,从过去流为现在,从现在流向未来。因此,事物在过去、现在、将来三时的流程中显示其变动。

僧肇认为时间的三时流动是不可能的。他依据龙树《中论观时品》否定时间的论证,把今古割裂,成为互不往来的独立存在。既无今古的往来,当然也就不能有时的流动了。僧肇说:"今若至古,古应有今;古若至今,今应有古。今而无古,以知不来;古而无今,以知不去。若古不至今,今亦不至古,事各性住于一世,有何物而可去来?"(《物不迁论》)在僧肇眼光看,一切事物是亘古恒在,未尝移动。因为"求向物于向,于向未尝无;责向物于今,于今未尝有。于今未尝有,以明物不来;于向未尝无,以明物不去。复而求今,今亦不往,是谓昔物自在昔,不从今以至昔;今物自在今,不从昔以至今。故仲尼曰:'回也,见新,交臂非故。'如此,则物不相往来明矣,既无往返之微联,有何物而可动乎?"(同上引)僧肇的论据,在于"不来"与"不去","不来"是断了时流的源头;"不去"是阻截了时流的下迁。这样把两头堵死了,时流也就不见了。

(2) 对因果联系的否定。

僧肇先就事物生灭的否定,然后证明由因生果的不可能。他在《维摩诘经注》说过:"过去生已灭,已灭法,不可谓之生也。""未来生未至,则无法,无法,何以为生?""现在流连不住,何以为生耶?若生灭一时,则二相俱坏,若生灭异时,则生时无灭,生时无灭,则法无三相。"总之,若过去有生,过去生已灭。若未来有生,则未来生未至,若现在生,现在生无住,因此生灭是假相。继之,他论证因果的不存在。他说:"果不俱因,因因而果;因因而果,因不昔灭;果不俱因,因不来今;不灭不来,则不迁之致明矣。"因果不同时,因存于过去,不存在现在;果存于现在,不存于过去。这样,因果不相续,即不存在因果关系。由此看来,僧肇对生灭和因果的否定仍建基于时间的否定,因为没有三时,就不可能有生灭和因果的联系,这是很明显的道理。在僧肇看来,世界有如一潭死水,这就是他所谓:"旋岚偃岳而常静,江河竞注而不流,野马飘鼓而不动,日月历天而不周"的怪现象了。

(3) 对《物不迁论》的批判。

僧肇《物不迁论》的论证,也和其他玄学家如王弼等用基本相同的逻辑方法,即以割断矛盾,摘取和自己唯心主义观点相同的一边,而抛弃敌对的另一边,这是形而上学的逻辑方法。其所得的结果,只能是虚构的玄学空想。

僧肇发见时间的点截性和连续性二者的矛盾,这是正确的。承认这个矛盾是有辩证意味的,但他受佛学唯心主义的支配,把点截性与连续性的矛盾割裂开来,片面地保留点截性作为时间的本质,而把同样重要的矛盾另一方的连续性抛弃。这样,他所得的三相永住的时间只是形而上学的虚幻范畴,不是时间的实在真相。列宁曾说:"运动是时间和空间的本质。表达这个本质的基本概念有两个:(无限的)不间断性(Kontinuität)和点截性(=不间断性的否定,即间断性)。运动是(时间和空间的)不间断性与(时间和空间的)间断性的统一。运动是矛盾,是矛盾的统一。"(《列宁全集》第38卷第283页)时间本身即是流动的体现,而这一流动即它的点截性与连续性的对立统一。我们决不能把矛盾的统一体割裂开来,而摘取片面的一方作为它的本质。这点在列宁引述黑格尔的话中已提到过。黑格尔说:"不论不间断性或点截性,都不能被单独地当作本质"。(同上引,第283页。)可是僧肇恰好把时间的点截性与连续性割断了,单独摘取点截性当作时间的本质,这是形而上学的逻辑方法。其所得的时间概念只能是形而上学的玄想。以虚假的玄想,即三相永住的时间观念妄图证明运动的消灭,那自然要陷入论证不足的逻辑错误。

僧肇对我们的上边的批判,或许要提出辩护,他曾说:"寻夫不动之作,岂释动以求静?必求静于诸动。必求静于诸动,故虽动而常静;不释动以求静,故虽静而不离动;然则动静未始异,而惑者不同"。(《物不迁论》)在这段诡辩性的论证中,僧肇并没有摆脱动静分裂的困境。他要人在动中求静,静是本根,动是静的暂时表现形态。所谓静不离动的话,实即要人去动中求静的诡语。这样动和静仍是两橛,不能表示运动的本质。恩格斯说过:"运动就是矛盾,甚至简单的位移之所以能够实现,也只是因为物体在同一瞬间既在一个地方又在另一个地方,既在同一个地方又不在同一个地方。这种矛盾的连续的产生和同时解决正好就是运动"。(《马克思恩格斯全集》,第20卷,第132页。)恩格斯这里充分说明了运动矛盾的本质,即动和静的对立统一的不断展现。既没有离开动的静,也没有离开静的动。如果像僧肇所说,把动静当作两码事,然后叫人去动中求得绝对的静来,那就只能得出形而上学的空虚的范畴。僧肇的论证和王弼的解释同是陷于玄学逻辑的空想。当然,我们也不能希望一千多年前的僧肇能作出运动辩证矛盾的分析,他能发现时间的点截性与连续性的矛盾,这已比前人推进了一步。而这点带辩证性的认识,我们还是应予以肯定的。

6. 质和用的范畴。

1）质用范畴产生的由来。

质用范畴是南北朝齐、梁之际由范缜所提出的。范缜提出质用范畴的目的在于解决形神关系的矛盾。关于形神关系的问题，从古以来即已发生。形即人的形体，神即指人的精神，形体和精神在一个人身上是共存的。但形体和精神不同，形体受空间和时间的限制，而精神却可以超越于时空限制之外。我们睡觉时，形体躺在床上，但精神或俗之所谓魂灵却可飘游于各地，或遨游于过去，而与死去的亲人聚会，这是蒙昧时的人们所大惑不解的。他们为解释这一奇怪的现象，就假定形神是属于二种不同的存在。形体是父母所生的，但精神却由魂灵的世界乘个人出生之际走来和肉体结合，作为肉体活动的主持者。这样即产生一个问题，即魂灵的前在、后在的问题。魂灵的前在即指魂灵未和肉体结合之前的存在。魂灵的后在，即指肉体已死之后的存在。肉体虽死，但魂灵存在，这就是古来的有鬼论，其实质即神不灭。但也有不信此说的，认为人的肉体一死，形体和魂灵同归于尽，这就是古来的无鬼论，其实质即神灭论。

基于以上分析，形神关系的实质问题，即神灭和神不灭的争论问题。我们简单回顾一下，自先秦两汉以至魏晋南北朝时代，各思想家对这一问题的看法。也就是说追踪一下范缜是如何从古来的争论的基础上，提出他的质用范畴的创见的。

2）范缜以前形神观的变迁和发展。

（1）先秦时代。

孔子是怀疑鬼神的存在的。一则说："未知生，焉知死"。（《论语·先进》）再则说："未能事人，焉能事鬼"。（《论语·先进》）但孔子并不彻底，他又说："敬鬼神而远之"。（《论语·雍也》）同时，他又注重祭祀，子"所重民食、丧、祭"。（《论语·尧曰》）

孔子的这种重祭祀而又怀疑鬼神的存在，遭到墨子的抨击。

他批评公孟子"无鬼神"又"君子必学祭礼"时说:执"无鬼而学祭礼,是犹无客而学客礼也,是犹无鱼而为鱼罟也"。(《墨子·公孟》)因此,墨子就主张有鬼论,他的《明鬼篇》即解决了孔家的矛盾。

孔、墨显学对有鬼无鬼的争论各有他们不同的学术思想渊源。我们在此,不去说它。但孔、墨之争,并没有深入到形神关系问题的实质,即形神二者到底怎样互相结合着的。

依于战国以来自然科学及医学的发展,唯物主义的哲学家们才用物质第一性,精神意识第二性的见解来解决形神关系问题。这里,我们要提到的即《墨经》学者们和荀子的观点。《墨经·经上》说:"生,刑(形)与知处也"。(《经上22》)形和知相处才有生,那么,形和知分离必为死。知是神的一种作用,这种作用的表现必以形为基础。从逻辑的推论,神如失去形的物质基础,就会失去这种作用,固不问它的灭和不灭。

荀子的唯物观点,比《墨经》又前进了一步。他说:"形具而神生"。(《荀子·天论篇》)这就确立了形体在先,精神在后的唯物主义的光辉命题。精神只是物质的形体的派生物,它没有独立于形之外的存在可能性。因此,荀子又是一位无鬼论者。他在《解蔽篇》中还举了一个涓蜀梁惑鬼致死之例,并感慨地说:"凡人之有鬼也,必以其感忽之间,疑玄之时正(定)之"。(《解蔽篇》)涓蜀梁的惑于鬼而死,实为愚蠢之至。

荀子"形具而神生"的光辉命题是建立在他的唯物的世界观之上的。荀子认为气是万物之本,是万物普遍具有的。但"水火有气而无生,草木有生而无知,禽兽有知而无义,人有气有生有知亦且有义,故最为天下贵也。"(《荀子·王制篇》)可见作为人的精神作用之知和义,是在有生命的形体之后产生的,其不能离形而独存,是事有必至,理有固然的。

(2)两汉时代。

杨王孙。据《前汉书·本传》载,杨王孙为孝武帝时人,学黄老道德之术,将死时,令其子嬴葬。他以道家的理论为基础,反对当时的厚葬。杨王孙虽不能说是一个明显的无鬼论者,但他认为"死者终生之化而物之归者也。归者得至,化者得变,是物各反其真者也。反真冥冥,亡形亡声,乃合道情。……且吾闻之,精神者天之有也,形骸者,地之有也;精神离形,各归其真,故谓之鬼,鬼之为言归也;其尸块然独处,岂有知哉?"(《报祈侯书》《前汉书·本传》)这里他认生死是物的变化,由生变死,各归其真。死者无知,不能为鬼,所谓鬼,不过是"归还"的意思,并不是有另一个超人的东西叫鬼。在这点上,杨王孙也可说得上是主张无鬼论者。杨王孙的《嬴葬篇》也可说是两汉无神论者的初期形态。

桓谭。根据《后汉书卷十八·本传》载,桓谭是两汉之际的一位唯物主义的哲学家。他著有《新论》29篇,但宋时已佚失,只有辑本。他的重要著作为《新论·祛蔽》 即他的《新论形神》。(见《弘明集》卷五)在本篇中,桓谭发挥了他的形神烛火之喻。认为形弊神灭,如烛灭光消同理。桓谭说:"精神居形体,犹火之燃烛矣。如善扶持,随火而侧之,可毋灭而竟烛;烛无火亦不能独行于虚空,又不能复燃其灺。灺犹人之毫老,齿坠发白,肌肉枯腊,而精神弗为之能润泽内外周遍,则气索而死。如火烛之俱尽矣"。(《新论形神》)这里,他以蜡烛喻形体,火光喻精神,火光的长短依于蜡烛的长短而定,如果蜡烛点完了,火光也就消灭了。桓谭认为烛尽火灭,不能复燃, 所以人死神灭,不能复知。这本于一切生命之必然变化。"生之有长,长之有老,老之有死,若四时之代谢也;而欲变易其性,求为异道, 惑之不解者也"。(《弘明集》卷五)生老病死,自然之常道,求为长生久视,只能是愚蠢的妄作,于事无济。

王充。王充是东汉杰出的唯物主义者。他的逻辑思想已于本书第六章中详述，毋庸再叙。这里只就他对形神关系问题的分析，撮要阐述。

王充继桓谭烛火之喻后，根据汉代天文、医学等科学知识，发表他的"天下无独燃之火，世间安得有无体独知之精"的光辉命题。他说："形须气而成，气须形而知，天下无独燃之火，世间安得有无体独知之精？……人之死，犹火之灭也；火灭而耀不照，人死而知不慧，二者宜同一实。论者犹谓死有知，惑也。人痛且死，与火之且灭何以异？火灭光消而烛在，人死精亡而形存。谓人死有知，是谓火灭复有光也"。（《论衡·论死篇》）王充的烛火之喻，比桓谭推进一步，即在于他紧抓住医学科学的知识进行了有力的逻辑论证。他说："人之所以生者，精气也，死而精气灭。能为精气者，血脉也；人死血脉竭。竭而精气灭，灭而形体朽，朽而成灰土，何用为鬼？"（同上引）。这一有力的论证是有鬼论者无法招架的。

（3）魏晋南北朝。

曹植的《辩道论》（《广弘明集》卷五）反神仙思想及傅玄、杨泉的神灭论思想。曹植出于他的门阀士族的统治需要，写了一篇《辩道论》，反对神仙方士。他说："方士有董仲君者，系狱佯死。数日目陷虫出，死而复生，然后竟死。生之必死，君子所达，夫何喻乎？夫至神不过天地，不能使蛰虫夏潜，震雷冬发，时变则物动，气移则事应。彼仲君者，乃能发其气，尸其体，烂其肤，出其虫，无乃大怪乎？"（《广弘明集》卷五）曹植这里确定有生必有死，反对神解尸化的迷信滥调，具有神灭论的思想。

魏晋之际的傅玄著《傅子》百二十卷，稍后的杨泉著《物理论》一卷均佚。辑佚本有互相羼越的现象，只能把他们当作一家之说看。

傅、杨根据他们的以气为本的唯物世界观，论生之必死时说："人含气而生，精尽而死，死犹澌也，灭也。辟如火焉，薪尽而火灭，则无光矣，故灭火之余，无遗炎也；人死之后，无遗魂矣"。(《物理论》页6)这种薪火之喻，一仍桓谭、王充之旧，并无新意，不过在当时佛玄思想占统治地位的时代，保留这一唯物论点亦值得一道。

　　慧远对薪火之喻的反击。神灭论的论据，从汉到东晋一直以薪火之喻，即数学家何承天(生于东晋废帝太初五年，公元370年，卒于刘宋文帝元嘉24年，公元447年)也不例外。何承天说："生必有死，形毙神散，犹春荣秋落，四时代换，奚有于更受形哉?"(何承天《达性论》，《弘明集》卷四)何承天之神灭论目的在于反佛。他曾作《报应问》、《白黑论》和《达性论》，三次反佛斗争，是一位当时反佛的健将。

　　东晋释慧远(生于东晋成帝咸和九年，公元334年，卒于义熙12年，公元416年)钻了"薪火之喻"的漏洞，写了一篇《形灭神不灭》论。(《弘明集》卷五)

　　他说："验之以实，火之传于薪，犹神传于形；火之传异薪，犹神传异形。前薪非后薪，则知指穷之术妙。前形非后形，则悟情数之感深。惑者见形朽于一生，便以谓形神俱丧。犹睹火穷于一木，谓终期都尽耳。此由从养生之谈，非远寻其类者也。"(《弘明集》卷五)薪火之喻的缺点，即在于把形神当作二物看，因此，始终难免陷于二元论的缺点。

　　范缜从薪火之喻的失足处入手，提出形质神用的范畴，把形神融合为一，达到中古时期所能达到物质一元的高度，在我国唯物主义发展史上是具有巨大成绩的。

　　3)范缜的《神灭论》。

　　范缜在《梁书》(卷48)和《南史》(卷57)都有传，但生卒不详。

兹依侯外庐《中国思想通史》第三册，页375—377所载关于范缜年表的考证。范缜约生于宋文帝元嘉十七年，公元450年。约卒于梁武帝天监六年，公元507年。他曾和竟陵王子良（约489年）辩论。缜盛称无佛，不信因果报应之说。他不信神鬼，在宜都太守任上，禁祠王相庙等神祠。子良辩拙，曾使王融劝其放弃论点，可以高升"中书郎"。缜大笑曰："使范缜卖论取官，已至令仆矣，何但中书郎耶?"(《南史·本传》)梁武帝天监三年宣布佛教为国教，范缜于天监六年发表《神灭论》，掘掉佛教立论的基础，梁武帝发动王公朝贵论客六十四人围攻范缜，终不能屈。范缜确是一位具有大无畏战斗精神的唯物论者。兹将他在《神灭论》中对所提的"质"、"用"范畴作的谨严逻辑推论作一分析如下。

(1)《神灭论》的两个纲领性的逻辑推论的大前提，即：

a."神即形也，形即神也；是以形存则神存，形谢则神灭也。"这是"形神相即"的大前提。

b."形者神之质，神者形之用，是则形称其质，神言其用，形之与神，不得相异。"这是"形质神用"的大前提。

这两个前提是互相关联的，因形神相即，所以质用为一。有了a，便有了b。反之，因质用为一，所以形神不异。这又由于有b才可有a。形神相即，而不是相异。关于相即而非相异的问题，容待下节"即"、"异"范畴中去讨论。这里，只谈"质"、"用"问题。

(2)范缜是怎样概括出"质"的范畴的特征的?

范缜运用当时自然科学的知识，从广泛的自然的认识中，概括出"质"的范畴来，这就是他之所以能超出"薪火"之喻的地方。他运用逻辑的类比推理，采用坚强的科学事例作为类比的基础，如以刃利喻形神，这是取之于冶炼方面的知识；以丝缕喻形神，这是采之纺织方面的知识；又以植物的荣枯关系，说明先荣后枯,不能先枯后荣,这是取之于博物学的知识。范缜采用这样的科学类比,就使他的形质神用的理论得到了充分的论证,富有坚强的逻辑力量,为论敌所难于攻破的。

(3)"质"的基本特征。

范缜对于客观事物的"质"有较深入的认识,他坚定地站稳唯物论的立场,把握着"质"的物质性。因此,他的"质"具有如下的特征。

第一,"质"的第一性特征。"质"是宇宙万物的始基,所以它是第一性的东西(Primary qualities),其他的东西都是由它所派生的,只能称为第二性(Secondary qualities)。

第二,"质"的区别性。"质"是万物的始基,但非漆黑一团,了无区别。就"质"之第一性言,那是"质"的普遍性;但就构成不同的万物言,又有其特殊性。这个特殊性即"质"的区别性。因此,木的质和人的质不同。而人质中,生人的质又和死人的质不同。范缜说:"人之质,质有知也;木之质,质无知也。人之质,非木质也;木之质,非人质也。"可见有知与无知是人木二质的不同点。至于死人和生人的质不同,也在有知与无知上。"死者有如木之质,而无异木之知;生者有异木之知,而无如木之质。"这一逻辑推论是紧跟大前提得出,是论敌不易攻破的。

第三,"质"的变化发展性。万物的"质"既有各自的特殊的表现,自然要引出它的变化发展性。从无生的矿物质如水、火可发展为有生命的生物质。从有生的生物质中,又可从植物质发展为禽兽之质。这一物质的发展已萌生于古代荀子的思想之中。范缜在答肖琛的《难神灭论》(《弘明集》卷九)云:"今人之质,质有知也;木之质,质无知也。人之质,非木之质也;木之质非人之质也。安在有如木之质,而复有异木之知?"范缜强调人质和木质不同,这是由于人质的动物性是从木质的植物性发展进化之后产生的。同时，"生者之形骸，变为死者之骨骼"也理同一律。人的生质与死质同样从质的不同变化表现。

第四，"质"有表德(Attribute)，表德即用。

质是本体，用是表德。表德从属于本体，因此，用是第二性。第二性的东西是从第一性派生出来的，所以不能离第一性而单独存在。人的形体即人的质，而人的精神为人的形体所有的作用。作用从属于形体，所以"形存则神存，形谢则神灭也"。(《神灭论》)

人之质的重要特征即在于人之所以区别于其它动物的特质上。这即指人质具有知的精神作用。西哲称人是有理性的动物。我国古哲称人为知礼义的动物，现在我们称人是能创造工具的动物。有理性、知礼义、能创造工具，正是人和禽兽的分别所在。这种生人之质的特征，不但其他的物所没有，即死人之质也同样是没有的。

(4)《神灭论》的逻辑推论的正确性及其所犯的错误。

范缜《神灭论》的论证是有坚强的逻辑力量的。他从"形质神用"的大前提出发，稳稳站在唯物主义的立场。在第一段的论证中，通过科学的类比方法，如刃利之喻、丝缕之喻等，证明大前提形质神用的正确性。第二段，再运用质的区别性和变动发展性，反驳论敌对人之质和木之质的混淆、生人之形骸和死者之骨骼的混一。第三段，再根据当时生理学、心理学及医学的知识，再把大前提形质神用的理论作出充分的合逻辑的论证。范缜认为，精神的活动必须凭藉于人体的生理器官，如手足有痛痒之知，心有是非之虑。手足是痛痒之知所本，心器是是非之虑所本。其他七窍如眼、耳等都各有它们各自的所本(即形)和不同的用(即知)。总之，范缜认为人体的生理体系，即人的精神作用所本，决不能离形而有虚无的用。这是合逻辑的科学论证。

范缜和其他古人一样(孟子："心之官则思")，也把人的思维活动认作心所主持，但他有实验证明，说"心病则思乖，是以知心为虑本。"这点他就超过前人了。

以上是《神灭论》论证的合逻辑部分，以下再谈他论证的所犯的错误。

范缜论证的错误，一方是由于当时科学的限度，另方是由于儒家立场的干扰，致使对论敌的攻击无法招架。如凡圣之形和神的区别，正落入论敌的陷阱。所谓"圣人区分，每绝常品，非惟道革群生，乃亦形超万有。"这就使他无法解决阳货类仲尼，丘、旦殊姿，汤、文异状等论敌对他的反驳。实则人的聪明才智不同关系到社会的培养，无与于个人形体的结构。范缜受机械唯物论的影响，误认为依自然的原则就可解决社会的问题，也同样陷入所有机械唯物者的遭遇，即半截唯物主义，而另半截却为唯心主义。以唯心主义者的论据去反驳唯心主义者的进攻是无济于事的。

至于范缜在《答曹舍人》(《弘明 集》卷九)中引用"如蛩駏相资，废一不可，此乃灭神之精据，而非存神之雅决"。立即遭到曹思文的驳斥，认为蛩駏相资，是二物合用之证，不能作为"相即"的论据。这是范缜蔽于当时的博物学知识，把蛩駏二种动物当作一体看，致犯引证的错误。曹思文云："蛩蛩駏虚，是合用之证耳，而非形灭即神灭之据也。何以言之，蛩非虚也，虚非蛩也。今灭蛩蛩而駏虚不死，斩駏虚而蛩蛩不亡，非相即也。今引此以为形神俱灭之精据，又为救兵之良援，斯倒戈授人，而欲求长存也"。曹思文的这一反驳，切合客观的实际，因蛩虚确为二种不同的动物，只是合在一体生活。范缜竟引作"相即"的例证，使其陷入自相矛盾的逻辑错误。

范缜论证的又一错误，即由于他的儒家立场的干扰，对儒家重祭祀，拜祖先，不敢反对。难怪曹思文驳斥说："若形神俱灭，复谁配天乎？复谁配帝乎？"又云："孔子菜羹瓜祭，祀其祖祢也。记云：'乐以迎来，哀以送往'，神既无矣，迎何所迎，神既无矣，送何所送？"(《难神灭论》《弘明集》卷九)这一反驳使范缜陷于两难的困境。如承认儒家的有神鬼而反对佛教的神不灭，那也是自相矛盾之论，无法使人信服。

4)"质"，"用"范畴的形而上学性确定了"质"、"用"范畴之为形而上学的逻辑范畴。

在魏晋南北朝时期的玄学逻辑中，裴頠之"有"，欧阳建之"物"和范缜的"质"、"用"是建立在唯物论基础之上的，这和何晏、王弼、僧肇的以唯心主义为基础建立他们的玄学逻辑不同。唯裴頠、欧阳建与范缜的唯物论是属于机械的唯物论，因而范缜所得的逻辑范畴仍不免落入形而上学的范畴之中。我们现在把范缜的"质""用"范畴分析批判如下。

第一，范缜的"质"虽明确了它的第一性，但对"质"的物质性分析不够。物质是和时间、空间、运动三者分不开的。列宁说："世界上除了运动着的物质，什么也没有，而运动着的物质只有在空间和时间之内才能运动"。(《列宁全集》第14卷，第179页)所以抛开空时和运动来泛谈物质，这一物质范畴只能是形而上学的，而形而上学的物质范畴，就很容易被唯心主义钻空子，把它变成精神性的本体，失掉它物质本体的意义。宋明时代唯心的理学家们大谈其"体用一元，显微无间"即是明证。

第二，范缜虽确定"质""用"为主从关系，质是主而用是从，但形体的"质"怎样产生精神的"用"，说得很笼统。依范缜分析，精神的认识作用是心官产生(现指大脑产生)的。心官产生思虑作用，犹如耳目等七窍同科。这样，就容易使人误解到心之产生精神的用，有如胆脏分泌胆汁一样。这正是机械唯物论者所犯

· 243 ·

621

的错误。列宁说："概念是人脑(物质的最高产物)的最高产物"。(《列宁全集》第38卷,第177页)但他又说："自然界在人的认识中的反映形式,这种形式就是概念、规律、范畴等等"。(《列宁全集》第38卷,第194页)那么,在人脑中所有的概念、规律、范畴等等的认识作用只是自然界在人的认识中的反映形式,它们和自然界的物质运动根本不同。所谓概念是人脑的最高产物,决不能理解为由大脑分泌出概念等作用来,而只是人脑有反映自然界的机能。人的精神意识作用和自然界是属于不同层次的存在,精神意识作用的出现在人类进化史上是一个质的飞跃。

基于以上理由,范缜的"质"、"用"范畴,只能是属于形而上学逻辑范畴。

范缜的《神灭论》虽有如上的错误和缺点,但在佛教国教化时代也切实起到了批判当时统治阶级的腐朽的政治经济体制的作用。特别对僧侣地主阶级击中了要害,它确是一篇具有坚强战斗性的檄文,在中古宗教迷雾的世界中成为一盏永不灭的明灯。范缜的功绩是不小的!

7."即"和"异"的范畴。

1)"即"、"异"范畴的提出。

"即"、"异"范畴的提出,主要为僧肇和范缜二人,前边讲到"动"、"静"范畴时,已略述了僧肇的《物不迁论》的即动即静观,提到形神关系时,谈到范缜的形神相即而非异的"即"、"异"观。二人所提的问题,有其相同的一面,也有不同的地方。范缜提出形神相即是指形神对立的统一,为解决形神对立的矛盾而提出的。他和佛教徒的争论,即在"即"与"异"的不同。佛教徒们如肖琛、曹思文等力争形神相异,形神是两种不同的存在,不能把它们混而为一,其目的在形灭而神不灭,维护了佛教义理的基础。范缜力主反佛,提出《神灭论》,力争形神相即,而非相异,形神不是相异的二物，而是一物的两面。既是形神相即，所以形存则神存，形谢则神灭了。侯外庐等解范缜的"即"字的意义为"接近"，(《中国思想通史》第三卷，第382页)我看不如解作"统一"较好，因仅"接近"尚不能表达形神一体的本意。

僧肇的问题和范缜不同。当然二人在力求"即"、"异"对立的矛盾统一上是相同的。但由于二人想要解决的问题不同，目的不同，因而他们之所谓"即"和"异"也就不同。范缜的"即"对立面为"异"，而僧肇的"即"的对立面为"偏"。僧肇和当时佛教有名各宗的争论为"即"和"偏"的问题。当时佛教徒谈空，都不免有所偏。僧睿说："六家偏而不即"，(《高僧传》卷七云："后祗洹寺僧睿，善《三论》，为宋文帝所重。"他是宋文帝时人。)盖即阐明僧肇时六家都有所偏的批判。他们或偏空心，或偏空物。佛家的"空"，等于玄学之"无"。因此，支愍度、竺法温的心无论，就偏于"空心"。支道林(遁)主即色空，从万物方面讲空，这是偏于"空物"。当时负有盛名的释道安主"本无论"，僧肇也不满意，说他"情尚于无多"。"无多"即偏于无，是即"触言以宾无"。《不真空论》云："心无者，无心于万物，而万物未尝无。此得在于神静，失在于物虚。即色者，明色不自色，故虽色而非色也。夫言色者，但当色即色，岂待色色然后为色哉？此直语色不自色，未领色之非色也。本无者，精尚于无多，触言以宾无。故非有，有即无；非无，无亦无。"这是僧肇对心无，即色空及本无各宗的批评。他认为这几家有一个共同的缺点，就是一个"偏"字，有所偏，就要陷于边见，而非正见。祛去偏见，只有在"即"字下功夫。僧肇在《不真空论》一再提到"圣人之于物也，即万物之自虚"。这就是说，"色之性空，非色败空"。(同上引)关键在一个"即"字，即空，即有，有无双遣，不落边见。因为"欲言其有，有非真生；欲言其无，事象既形，象形不即无，非真非实有"。(同上引)不真即空，是即"不真空"的本义。

《般若无知论》旨在解除知识和无知的矛盾。"般若"是智慧之称，"般若无知"，等于说"知即无知"、"无知即知"的对立矛盾的统一。《般若无知论》云："圣心无知，故无所不知。……圣人虚其心而实其照，终日知而未尝知也。故能默耀韬光，虚心玄鉴，闭智塞聪，而独觉冥冥者矣。然则智有穷幽之鉴，而无知焉；神有应会之用，而无虑焉。神无虑，故能独王于世表；智无知，故能玄照于事外。智虽事外，未始无事；神虽世表，终日域中"。这即僧肇用一个"即"字，把知和无知的矛盾对立统一起来。

2）对"即"、"异"范畴的批判。

前边谈"动"和"静"的范畴时，曾批判了僧肇的即动即静的诡辩。动静是矛盾对立的统一体，不能加以形而上学的割裂。但僧肇却把它们割裂了，不但割裂，还运用诡辩掩盖其唯心主义的玄想。所谓"言去不必去"是真的，"称住不必住"是假的。归根到底，只是动归于静，以静统动，证成他的不动恒静的世界观。所谓"如来功流万世而常存，道通百劫而弥固"。（《物不迁论》）即是他所要达到的玄境。

同样，僧肇解决空有的对立矛盾时，也要同一的手法。表面上空有双遣，但实际上，他用"即"字的魔术，把即空即有，变而为抛有存空。不真即空的结果，必至万物都成"幻化人"，有界终归消尽，只存了"空无"的玄境。

《般若无知论》以"知即无知"，"无知即知"的手法，把知统于无知之中。他进一步，更以"无知"和"知无"区别圣智与惑智之不同的两种无，"无知"即"般若之无"，"般若之无"是"内虽照而无知（按这指冥鉴），外虽实而无相。内外寂然，相与俱无。"（《般若无知论》）他引《经》"诸法不异者，岂曰续凫截鹤，夷狱盈壑，然后无异哉？诚以不异于异，故虽异而不异也"（同上引）。总之，僧肇用一个"即"字，把"知"和"无知"，"异"和"不异"，"寂"和"用"等的对立矛盾，一齐勾销，最后达到他的"神无虑"、"智无知"的玄境。

范缜的"即"、"异"范畴，把神之用统一于形之体，这个体是物质性的存在。但僧肇的"即"、"异"范畴，把"有"统一于"无"，把"动"统一于"静"，把"知"统一于"无知"。最后他的即体即用之体，只能是精神性本体。因此僧肇运用玄学逻辑的方法，最后只能得到玄学的逻辑范畴。汤用彤说："《肇论》仍属玄学之系统"。（《汉魏两晋南北朝佛教史》上册，第236页）这是对僧肇的定论。

第三节　玄学逻辑中的二难推理

1.本节玄学逻辑方法与上节的区别。

本章第二节列举了一些玄学逻辑家如何用形而上学的逻辑方法取得他们玄学逻辑的范畴。他们主要的方法是把对立矛盾的双方联系割断，然后，摘取他们自以为是的一方，作为他们最高的理想。这种方法把矛盾的整体割裂，显出它的片面性和形而上学性，因此，我们称它为形而上学的逻辑方法。

本节所谈的玄学逻辑家也同样企图获得他们的玄学理想范畴，但所采用的方法和第二节所谈的有区别。他们总的是运用二难推理的逻辑方法暴露现实中的矛盾对立，从而证明现实界中的一切都是相对的，靠不住的。他们不满于相对的，靠不住的现实界，所以寻求和现实界相对抗的理想界，这个理想界即他们所认为世界和人生的最后归宿，也即是他们所认为最高的逻辑范畴。嵇康的"至"的世界，向秀之所谓"玄冥"境界，就是这类玄学逻辑的范畴。兹依次分述于下。

2.嵇康"至"的范畴的获得。

嵇康所谓"至"的世界，即本体的世界。这个"至"的世界是和他之所谓"常"的世界，即我们称之为现象的世界不同。"至"的世界是常住不变，超时间、空间而永住，但"常"的世界却是变动无常，生灭无已。在"常"的世界中"因事与名，物有其号"，(《声无哀乐论》)所以可以用普遍的认识方法去了解。但"至"的世界是"名实俱去"，(同上引)就不能用寻常的认识方法去探求，只能用超感觉的玄契，即他所谓"理知"的方法去体会。"至"的世界是绝对的，而"常"的世界是相对的。在"常"界中的一切，都可运用二律背反律来证明它的虚假性。现在我们略举数例，说明嵇康是如何运用二难的逻辑推论来揭露常界中事物的矛盾。

(1) 关于声音的常与无常的矛盾。

《声无哀乐论》云："又曰：季子听声，以知众国之风；师襄奏操，而仲尼睹文王之容。按如所云，此为文王之功德，与风俗之盛衰，皆可象之于声音。声之轻重，可移于后世。襄、涓又可以得之于将来。若然者，三皇五帝可不绝于今日，何独数事哉？若此果然也，则文王之操有常度，韶、武之音有定数，不可杂以他变，操以余声也。则向所谓声音之无常，钟子之触类，于是乎颐矣。若声音之无常，钟子之触类，其果然耶？则仲尼之识微，季札之善听，固亦诬矣。"这段揭露声音有常和无常的矛盾。如果说文王之操有常度，韶、武之音有定数，那么，钟子之触类必非。如果钟子之触类为是，那么，仲尼之识微，季札之善听必非。二者必居其一。实则"至乐"超乎声音，是乃"无声之乐"，(《声无哀乐论》)决不是可用和谐与否，或常与变来拟论的。这样，嵇康就声音之常与无常的矛盾，从常界声音之相对性，证明"至界"声音的绝对性。他否定常界，高捧至界，结果他之所谓"至"，也和王弼、僧肇等玄学逻辑，同为玄虚的妄想，是了无二致的。

(2)关于寿命可求与不可求的矛盾。

《难宅无吉凶摄生论》云："既曰寿夭不可求，甚于贵贱；而复曰，善求寿强者，必先知夭疾之所自来，然后可防也。然则寿夭果可求耶？不可求也？既曰彭祖三百，殇子之夭，皆性自然，而复曰不知防疾，致寿去夭，求实于虚，故性命不遂。此为寿夭之来，生于用身，性命之遂，得于善求。然则夭短者，何得不谓之愚？寿延者，何得不谓之智？苟寿夭成于愚智，则自然之命不可求之论，奚所措之，凡此数事，亦雅论之矛戟矣"。这是说性命既出自然就不必去防疾；既要防疾，才得寿延，则性命非出自然。因此，自然和防疾为矛盾之论，决难置信。

(3)关于宅有吉凶和无吉凶的矛盾。

《难宅无吉凶摄生论》云："苟宅能制人使从之，则当吉之人，受灾于凶宅，妖逆无道，获福于吉居。尔唯吉凶之致，唯宅而已。更令由人也，新便无征耶？若吉凶故当由人，则虽成居，何得而后有验耶？若此，果可占耶？不可占也？果有宅耶？其无宅也？"这里是说吉凶由宅的机械地制定，则不是由人自由强求。如果吉凶由人，则不能又说是由宅的决定，因那样说就会陷于二难的困境。

(4)信相命与信顺的矛盾。

《答释难宅无吉凶摄生论》云："相所当成，人不能坏，相所当败，智不能救。……全相之论，必当若此……若命之成败，取之于信顺……安得有性命自然也？若信顺果成相命，请问亚夫由几恶得饿，英布修何德以致王？生羊积几善而获存，死者负何罪而遭灾耶？既持相命，复惜信顺，欲饰二论，使得并通，恐似矛盾无俱立之势，非辩言所能两济也。"这里，嵇康直接指出论敌的矛盾之论，揭露立论之虚假性。

嵇康揭露论敌的"两许之言"(同上引)为矛盾之说，矛盾之说是违反排中律的，必然要陷于两难。且矛盾的二说，势不两立，也无居中调和的可能。嵇康在和论敌辩争鬼神有无的问题时，即指出此点。他说："足下得不为托心无神鬼，齐契于董生(按指董无心难墨子有鬼论)耶？而复顾古人之言，惧无鬼神之弊，貌与情乖，立从公废私之论(按指私神、公神)。欲弥缝两端，使不愚不诞，而讥董、墨，谓其中央可得而居，恐辞辩虽巧，难可俱通，又非所望于核论也"。(《释难宅无吉凶摄生论》)这里，嵇康指出论敌企图在董、墨之间，找一"中央"之地位，是"难可俱通"的谬论。

基于以上分析，嵇康用二难推论揭露"常"的世界一切的虚假性，目的在于他抛弃虚假的"常"界而找得真实绝对的"至"界。但他不知抛弃"常"界之后，也就没有"至"界，因为本体和现象是既对立又统一的，嵇康的"至"的范畴仍和王弼、僧肇等之所得，同为玄学逻辑范畴。

3.向秀(与嵇康同时，为竹林七贤之一)的"玄冥"范畴。

向秀也和嵇康一样，运用二难推论的方法得出他的"玄冥"的玄学逻辑范畴。兹举以下数例，分析说明。

(1)偶然和必然的矛盾。

宇宙万物的产生既是偶然的，又是必然的。他说："然则凡得之者，外不资于道，内不由于已，掘然自得而独化也"。(《大宗师注》)所谓掘然自得而独化，那就是偶然地发生。但在另一方面，他又说："夫竭唇非以寒齿而齿寒。鲁酒薄非以围邯郸而邯郸围。……此自然相生，必至之势也"。(《胠箧注》)鲁酒薄和邯郸围，既是自然相生，那是没有因果联系的偶然事件，但它们又是"必至之势"，那同时又是必然的事情。偶然和必然是对立矛盾的。究竟是偶然抑是必然，谁也不知道，因为这些是"皆不知其所以然而然"，(《齐物论》注)只好说它是"芒"。(同上引)"芒即是冥"。世界生成的原因，你可说是偶然，也可说是必然，而偶然和必然是要陷入两难的困境的。因而偶然和必然都不是真实的情况，因实际上是"芒"，即混然无别。我们只有采用"玄同"彼此，物我混冥的形而上学的逻辑方法，才能获得"玄冥"的最高逻辑范畴。

(2)相对和绝对的矛盾。

从一方面看，一切事物都是相对的，但从另一方面看，它们又是绝对的。向秀说："夫以形相对，则太山大于秋毫也，若各据其性分，物冥其极，则形大未为有余，形小不为不足"。（《齐物论》注）又说："苟以性足为大，则天下之足未有过于秋毫也，其（若）性足者为（非大），则虽太山亦可小矣"。（同上引）这里，秋毫为小，就形体看；但它又可说大，就性足看。太山的形固可说大，但自性分上看，也可说小。这样，一切的差别，大小、寿夭、美丑等等都只是相对的，但各就其个别的性分看又是绝对的。相对和绝对是矛盾的，矛盾的东西都是不真实的。反证只有"与物冥而循大变"（《逍遥游》注）的人才能超虚幻的相对界而入绝对的"玄冥"境界。

(3)知与不知的矛盾。

向秀的诡辩命题是"遗知而知，不为而为，自然而生，坐忘而得，故知称绝而为名去也"。（《大宗师》注）所谓"遗知而知"即放弃知才能知。你越想知，就越得不到知。"故言之者孟浪，而闻之者听荧"，（《齐物论》注）只有"玄合乎视听之表，照之以天而不逆计，放之自尔而不推明"。（同上引）才能真达"玄冥"的境界。他就是这样以"玄冥"来超出知与不知的矛盾。

(4)事物联系和孤立的矛盾。

向秀认为宇宙万物是互相联系的。他说："故天地万物凡所有者，不可一日而相无也。一物不俱，生者无由得生，一理不至，则天年无由得终"。（《大宗师》注）他这样夸大事物的联系，同时，他又不承认事物的内部因果联系，而各自孤立。这就陷入联系和孤立的两难困境。怎样办呢？他只好指出"无所不在，而所在都无"(同上引)的诡辩。"同天人,齐万致……旷然无不一,冥然无不在,而玄同彼我也"。(同上引)向秀就是从矛盾的现象世界,超入"玄冥"的绝对的统一世界的。

(5)新和旧、是与非的矛盾。

向秀好象讲变化,讲革新的,实则他是"寄游而过去","顺物之迹",既无新旧,也无是非。他说:"夫无力之力,莫大于变化者也。故乃揭天地以趋新,负山岳以舍故,故不暂停,忽已涉新。则天地万物无时而不移也。世皆新矣,而自以为故,舟日易矣,而视之若旧;山日更矣,而视之若前;今交一臂而失之,皆在冥中去矣。"(《大宗师》注)既"皆在冥中去",就只能不去认真分别,采"玄冥"、"游寄"的办法,超出矛盾世界。

他一方面要改革,说"夫先王典礼,所以适时用也;时过而不弃,则为民妖,所以兴矫效之端也"。(《天运》注)但是他又说:"俗之所贵,有时而贱,物之所大,世或小之。故顺物之迹,不得不殊,斯五帝三王之所以不同也"。(《秋水》注)究竟怎样是贵,怎样是贱,怎样是大,怎样是小呢?这就很难讲了。因为实际上,这些分别,很难有胜负。所以他并不真正要革新,而是为司马氏夺取政权制造理论而已。

通过以上四个例子看来,向秀的手法和嵇康是一致的。他最后所得的"玄冥"范畴,也就难免陷于玄学的逻辑范畴。这就不但和嵇康之"至"一样,同时与王弼、僧肇等,都是一路货色!他们讲的,貌似辩证法,实则是地道的形而上学!

第九章 魏晋南北朝形式
逻辑科学的发展

第一节 鲁胜在形式逻辑科学上的贡献

1.玄学逻辑与逻辑科学。

在魏晋南北朝玄学思想弥漫的年代，逻辑的研究主要已转入玄学的探索，成为这一时期所特有的玄学逻辑。其详已备述于第八章。

玄学逻辑的一个特点，即逻辑已玄学化。玄学逻辑虽也有不少值得肯定的东西,有些还带有辩证性的萌发,少数以唯物论为基础的逻辑家，如裴頠,欧阳建,特别是后来的范缜的逻辑思想及方法,不但在中古有其异彩,而且影响还远及后代。但尽管如此,玄学逻辑的玄学性，总不免在逻辑科学上占上了瑕疵,因而玄学逻辑尚不足与语于科学的逻辑。

魏晋南北朝时期中，真正具有逻辑科学的价值的,当数鲁胜的逻辑和这一时期特别发展起来的连珠推论以及在这一时期自然科学研究中演绎与归纳的发展。本章即阐述这三个内容。

2.鲁胜的生平及著书。

鲁胜是中国中古逻辑史上一位杰出的逻辑学家，但他的生平及著书，我们现在所能知道的很少。这或许因他的重要逻辑著作已被毁于永嘉之乱，这是十分可叹的事情。关于他的生平及著书我们只能从《晋书·隐逸传》(《晋书》卷九十八)中很短的一段记载来捉摸。

《晋书·隐逸传》说："鲁胜字叔时，代郡人也，少有才操，为佐著作郎。元康年，迁建康令，到官，著《正天论》……其著书为世所称，遭乱遗失。惟《注墨辩》，存其叙。"

从这段记载中，我们可以知道如下的几件事。第一,他从少就有才操，著述颇丰，并为世所称道。第二,他的著作基本上已遭乱遗失,只存了《墨辩注序》。第三,他是一位研究精湛的天文学家，他著了《正天论》上报，曾云："若臣言合理，当得改先代之失,而正天地之纪。如无据验,甘即刑戮,以彰虚妄之罪"。这种大胆以生命发誓的豪言壮语必有他的充分的天象观测的根据。可惜《正天论》已遗失,内容已不得而知。鲁胜之成为科学的逻辑家,在形式逻辑科学上作出杰出的贡献,或许他的逻辑即以他的天文科学的研究为基础推导出来的吧？

3.鲁胜是中国逻辑史研究的开创者。

在魏晋南北朝玄学名理风行的时代,鲁胜并没沾染玄风,却致力于逻辑史和逻辑科学本身的研究。他是我国研究逻辑史发轫和发展的第一人。《墨辩注序》云："自邓析至秦时，名家者世有篇籍，率颇难知，后学莫复传习，于今五百余岁，遂亡绝。《墨辩》有上下《经》,《经》各有说,与其书众篇连第,故独存。"从这段文字中,我们可以发见几件重要的事情。第一,中国逻辑思想的发轫是开始于春秋末季。邓析是春秋末季名家的始创者,现存的《邓析子》虽不能说是邓析所著,但其中《无厚》与《转辞》的内容是邓析本人的思想。这于先秦的典籍中是可以找到旁证的。(参阅拙著《先秦逻辑史·第一章·邓析》)《汉书·艺文志》把《邓析》列为名家之首,这是有根据的。

第二，鲁胜把墨子列入名家之内。他说："墨子著书,作《辩经》以立名本。"这就打破了汉儒关于先秦诸子分为六家的框框。墨子是否亲自著了《辩经》之说,还可有争论。但墨子的逻辑思想确是起了从邓析到战国中期惠施和公孙龙的逻辑思想的中介。我在拙著《先秦逻辑史》(参阅第三章,第一节)已把这一点道理作了论述。惠施、公孙龙进一步对逻辑概念作了深刻的分析,确是承藉了墨子的概念论。"祖述其学"确有其根据。这样,中国逻辑思想的发展,从邓析,经墨翟,到惠施,公孙龙,最后完成于战国晚期的墨家后学。这就是仅存的《墨经》的《经》与《说》共四篇。鲁胜还为之作注,他对《墨经》是有深刻的研究的。

第三,鲁胜是第一位称《墨经》四篇为《墨辩》的。《墨经》的主要内容 就是阐发辩学的原理 与方法的。辩的六项重要任务,辩的七种逻辑方法,都系统地载于《墨经》之中,所以鲁胜把《墨经》称为《墨辩》,正道出了《墨经》的中心思想。西方逻辑传入中国时,曾译为"辩学",即基于此。"辩学"即西人所称为逻辑科学。所以墨辩的逻辑思想形成了我国古代逻辑思想的一颗明珠,可与西方与印度的逻辑相媲美。

第四,鲁胜提出了名学研究的重要问题,确定了逻辑科学的内容。

1)鲁胜给名学下了正确的定义。

鲁胜说:"名者所以别同异,明是非。"逻辑是人们认识客观事物的工具。客观事物,万类芸芸,然而它们之间有一定的秩序,不是杂乱无章的。万类间最重要的关系,即为同异关系。比如有生命的东西归为一类,称为生物类;无生命的东西又归为一类,称为无生类。有生类中,能自由行动的称为动物,不能自由行动的称为植物。因此,各类事物都以各自共有的特征互相区别着。就其互相区别言,则称为异类,就其共有的特征言,则称为同类。因此,对客观事物的重要认识即在于区别类的同异。

· 255 ·

类同类异的问题是比较复杂的,因万类的同异不是绝对的。类与类之间就某一方面说是相同的,但在另一方面说,又是不同的。比如人和禽兽比较,就其都是动物言是相同的,但人是有理性,知礼义而又能创造工具的动物,而一般禽兽却不能,这又是它们的绝大差异。这样,同中有异,异中又有同。如果没有适当的方法加以运用,就会发生错误。逻辑科学帮助我们正确地认识同异,如类同法、类异法、异类不比法等等。总之,它从人们的认识实践过程中总结概括出一般的逻辑规律与规则来,使我们尽量达到认识客观真实的目的,逻辑为求真的科学即是这个道理。

鲁胜把别同异定为逻辑学的重要任务,正是道出了逻辑科学的主要内容。

逻辑的另一重要任务,即是"明是非"。逻辑思维的一个重要特征即对客观事物有所断定,而断定不外肯定与否定两种。肯断者即为"是",也即口语之所谓"对";否断者即为"非",也即口语之所谓"错"。"对""错"是判断真值的表现,而怎样才能达到真值的断定,在逻辑上又有许多重要的规律在制约着。

总之,依鲁胜之意,逻辑即是研究如何区别同异,明确是非的科学。这和我们现代逻辑所下的定义基本上是相同的。

至于鲁胜所谓"道义之门,政化之准绳",是逻辑科学的具体应用。从鲁胜之注重《墨辩》看来,他的逻辑思想应属于"辩者"派。(参阅拙著《先秦逻辑史》,第一编)但他也受了正名派的影响,那就是逻辑为伦理政治服务。但我认为这不是鲁胜逻辑思想的主流。

2)鲁胜提出名学研究的重要问题。

有人认为鲁胜没有提到《墨辩》中"故"和"类"的问题,是他的一个疏忽,我不以为然。鲁胜是从先秦逻辑思想发展的角度,来提出名学研究问题的。他不是要借助于《墨辩注序》的"讲古"

来道出魏晋时期逻辑发展的"道今"，（参阅周文英《中国逻辑思想史稿》，第88页）他卓有见识地打破汉儒六家划分 的 偏 见 之后，把墨翟推为名学研究的支柱，墨翟所倡导的辩学成为先秦科学逻辑发展的主流。鲁胜排斥了儒道二家，认为"孟子非墨子，其辩言正辞则与墨同。荀卿、庄周等皆非毁名家而不能易其论也。"（《墨辩注序》）鲁胜指出这一以辩者的逻辑为主的先秦逻辑的发展线索之后，概括出这一时期的重要名学的争论内容，其主要为：

(1)坚白之辩。鲁胜云："名必有形，察形莫如别色，故有坚白之辩"。（《墨辩注序》）名是反映客观事物的标志，故可用名以举实。客观的实，都有一定的形，这是唯物论者的物实观的基本原则。物实所具的形都以其所有的属性标志于外，而颜色即其重要的标志之一。因此，察形莫如辨色。所谓坚白之辩，即由察形提出的重要逻辑课题。关于坚白的问题，很早就被注意到。《论语·阳货》云："不曰坚乎磨而不磷，不曰白乎涅而不缁。"《孟子》中也曾提到白羽之白、白雪之白（《孟子·告子章句上》）等等。公孙龙则写了《坚白论》详细分析了坚白两种属性存在的问题。往后，就形成了公孙龙的"离坚白"和墨辩学者的"盈坚白"的两大流派。可见鲁胜提出坚白之辩作为名学的一个重要内容是有逻辑史的根据的。

(2)无序之辩。《墨辩注序》云："名必有分明，分明莫如有无，故有无序之辩。"周文 英认为"故有无序之辩"当为"故序 有无之辩"。（《中国逻辑思想史稿》第86页）我认为"故有无序之辩"是不错的，这是因为"无序之辩"是自春秋末的邓析以至战国晚期的《墨辩》所争论的一个问题。按邓析 提出"无厚"的概 念之后，惠施提了"无厚不可积也，其大千里"的命题。《墨辩经上55》云："厚有所大也。"又《经上61》云："端，体之无序（即无厚）而最前者也。"鲁胜这里所讲的有无，即指有序或无序而言，也即是有厚或无厚的意思。厚有容积,故有所大。惠施专就几何学的面言,认为无厚即没有容积,就不能有所积,但它的面可以扩大到千里。墨辩认为只有有容积之体才能有所大之厚。这是兼论其体言和惠施不同。端以体言,为无所大,因端为无厚(序)之故,端只是形成体的最前列的一点而已。所谓有厚、无厚,或有序、无序之辩,即指此惠、墨的争辩言。这是当时名学家争论有无的重要内容。如果改作"序有无之辩",则此"有无之辩"的内容反而落空了。

(3)同异之辩。《墨辩注序》云:"是有不是,可有不可,是名两可。同而有异,异而有同,是之谓辩同异。至同无不同,至异无不异,是谓辩同辩异。"从惠施提出"大同而与小同异, 此之谓小同异; 万物毕同毕异, 此之谓大同异"以后, 同异之争构成了逻辑科学的重要内容。墨辩学者不同意惠施对同异问题的抽象说法,深入同异问题的具体分析,它对同异问题作了许多重要的规定。比如,什么叫做同,它作出定义的界说,"同,异而俱于之一也"。(《经上88》)异中具有某一共同点即为同,如"二人而俱见是楹"之类。同有诸种不同的类别,《经上86》定同为四种,即重、体、合、类。异也有四种,即二、不体、不合、不类。《大取》把同定为十种,即重同、具同、连同、丘同、鲋同、同类之同、同名之同、是之同、然之同、同根之同。异定为三种,即有非之异、有不然之异、有其异也,为其同也,为其同也异。

墨辩不但对同异作了界说,作了分类,而且还定了规律去正确地认识同异。如同异律:"法同则观其同;法异则观其宜"。(《经上97、98》)又"同异交得,放有无"。(《经上89》)这是从同中有异和异中有同的客观界事物中, 总结出如何认识客观界同异交错的复杂情况。这和普通逻辑所讲的同异联合法基本上有相似之处。

总之,同异问题的讨论至墨辩可谓集其大成,鲁胜指辩同辩异作为这一时期的名学讨论的重要内容是以先秦逻辑史的发展为根据的。

(4)是非之辩。"同异生是非"(《墨辩注序》)就必然产生是非之辩，同异的断定必然要产生是非，其断定与客观事物的同异一致者即为是，否则为非。逻辑为求真之学，它是求真的工具，所以是非之辩是逻辑的主要问题。怎样才能得到真是非，这要通过辩论。战国时代如庄子之流抱怀疑主义态度，他认为辩论不能解决是非问题。他们以两行为是，所以不谴是非。墨辩对这种怀疑论予以批判，说："谓辩无胜，必不当，说在辩"。(《经下134》)《经说下134》更申说："谓：所谓非同也，则异也。同则或谓之狗，其或谓之犬也。异则或谓之牛，其或谓之马也。俱无胜，是不辩也。辩也者，或谓之是，或谓之非，当者胜也。"辩而当，是符合客观的情况，必为是，否则为非。墨辩为求是非的肯断，制订了一些逻辑规律，如矛盾律和排中律等等，用以保证是非断定的正确。这样，不但怀疑论者无所容身，即惠施，公孙龙等的错误断定也可以从而纠正。墨辩逻辑之所以能集先秦逻辑之大成者，良非偶然。

总之，鲁胜提出是非之辩为这一时期的名学争论的一个重要内容是正确的。

鲁胜的《墨辩注序》提出以上四种名学研究的重要内容，这也可证明他对逻辑史的研究是精湛的。可惜他的《墨辩注》和《刑(形)名》二篇已荡然无存，我们所知者仅此而已。

第二节　连珠推论的产生和它的发展

1.连珠推论的产生。

关于连珠体的推论式究始于何时，有不同的说法。一说连珠始于扬雄，这是任昉《文章缘起》的说法。一说连珠始于汉章帝之世，班固、贾逵、傅毅三子曾奉诏作之，这是傅玄的说法。（见《文选·连珠·李善注》）又一说，连珠始创于韩非，见《北史·李先传》说："魏帝召先读《韩子连珠》二十二篇"。我认为带有逻辑推论式的连珠应该说创始于古代的韩非。我在拙著《先秦逻辑史》第二编，第五章《韩非的逻辑思想》中，言之甚详。（参阅该书第346—354页）这里就不再重述。

韩非是连珠体的创始者是大家所公认的，但扬雄、班固、贾逵与傅毅都是文章家，对连珠的发展也起了推动作用，也应无可怀疑。

我国古代的连珠似与我国汉字的结构与文章体裁不无关系。连珠的共同点，都是属辞典雅、假喻达旨。而讲究对偶排比，则到西晋太康时尤甚。西晋陆士衡（公元261年—公元303年）的演连珠，更是典型的范例。陆机，字士衡，西晋吴郡人。祖逊，父杭，为吴将相。吴灭后，他闭门读书十年。太康末年，与其弟云，同去洛阳，以文才名重一时。他后事成都王司马颖，因兵败受谮，为颖所害。据《晋书·陆士衡传》所说："机诗文词藻宏丽，讲求排偶，开六朝文风之先"。从陆机现存的著作，计诗104首，演连珠50首看，他的"诗文词藻宏丽，讲求排偶"，是有根据的。例如他的《折杨柳》中有"邈矣垂天景，壮哉奋地雷。"《赴洛道中》有"夕息抱影寐，朝徂衔思往。""奋地雷"对"垂天景"，"衔思往"对"抱影寐"都是排偶对句的华丽辞藻。即以讲述文学理论著名的《文赋》来说，也不乏这类对句。如"遵四时以叹逝，瞻万物而思纷，悲落叶于劲秋，喜柔条于芳春。心懔懔以怀霜，志眇眇而临云。"具有逻辑推论的连珠，至是已成为文学表述的一种优美体裁。连珠推论至西晋陆平原（陆机曾官平原内史，世称陆平原）而臻极盛。和文章排偶的转变具有密切的关连的，以四六体对偶为工的六朝骈文的风行，固与陆士衡的演连珠等诗文作风是有关的。《晋书》称其"开六朝文风之先"是有根据的。

2．连珠推论的发展

1）陆机的演连珠。

陆机的演连珠，照《文选》卷五十五所载共有五十首。在这五十首中，以二段为体裁的占四十二首；以三段为体载的占八首。所以二段式占了百分之八十以上，而三段式只占一小部分。但不论二段或三段都有逻辑的指导过程。陆机是西晋太康时期的有名的文学家，他以独特的文才，用优美的排比对偶发挥他的逻辑推论，可以称得上文理并茂的作者。兹将其连珠体的种类结构及其所含的逻辑思想分述于下。

（1）陆机连珠的种类及其结构。

陆机连珠依其构成分为二段或三段可大别之为二类。即一，为二段连珠；二，为三段连珠。从形式上看，二段连珠颇类西方逻辑的二段论式；三段连珠颇类西方逻辑的三段论式。但连珠以假喻达旨为推，其间并没有三段论的大词、中词和小词的关系，因而在本质上是和三段论式不同的。二段连珠之间，以"是以"、"是故"或"故"为连词互相连结。三段连珠之间，或加以"何则？"冠于二段之前。结论之前也同样用"是以"作为连词，连结起来。如果第二段用"是以"时，则第三段之前用"故"连结。究竟采用何种连词作为连结的标志，恐怕要看不同的推论情况决定，没有硬性规定。

以上是就连珠的结构形式看，分为二段连珠和三段连珠的二大类。

如果就连珠的推论的实质上看，就可分为推理式与论证式的二大类。而推理式中，又可分为演绎式的及归纳式的二种。演绎式是从一般的原则推到具体的结论，归纳式却从具体事例推导出一般结论。兹先述推理式的两种如下。

①演绎式。

例如演绎连珠第二首：

第一段：臣闻任重于力，才尽则困。用广其器，应博则凶。

第二段：是以物胜权而衡殆，形过镜则照穷。

第三段：故明主程才以效业，贞臣底力而辞丰。

这里第一段为一般的前提，说明任务超过力量就会弄到穷困，器具超过它的适用范围，也会造成破损的结果。

第二段用具体事物作比喻，将第一段的一般原则推导出来。说明称的东西超过秤锤那就会使秤发生危险；形象超过镜面，就无法把形象全照出来。

第三段从第一、第二段推导出所要的结论。故英明的国君要量才录用人臣；而忠贞的臣子也要尽自己能力所及来担负任务而把超过自己力量的职务辞掉。

这是一个典型的三段论的演连珠。不过它的第二段却采用比喻的形式，把第一段的一般原理阐述推导出来。连珠以假喻达旨为推论核心，实质上是和普通逻辑的类比推理相近。但这一式以物理的现象类比社会现象，又是严格的逻辑类比所不许可的。我们只能说它近似类比者以此。

演连珠虽不能称为严格类比，但段与段之间确有逻辑的推导过程，这就超过了一般词藻华丽的文学作品，而有广义的逻辑意义。连珠推论在中国逻辑史上是独具一格的逻辑形式，此为西方和印度逻辑之所无的。

我们再举另一三段连珠为例。

陆机演连珠第八首：

第一段：臣闻鉴之积也无厚，而照有重渊之深；目之察也有畔，而眠(视)周天让之际。

第二段：何则?应事以精不以形,造物以神不以器。

第三段：是以万邦凯乐,非悦钟鼓之娱;天下归仁,非感玉帛
之惠。

这里,第二段不象前式采用假物取譬方法,而用"何则"的连词诠
解第一段的一般原则。最后得出第三段的结论。

在二段连珠中,也有这样的演绎式。兹举二例如下。

第十一首：

第一段：臣闻智周通塞,不为时穷;才经夷险,不为世屈。

第二段,是以凌飚风之羽,不求反风;耀夜之目,不思倒日。

这是从第一段的一般原则,推导出第二段的个别事例,是一种演
绎推论。

又第四十首：

第一段：臣闻达之所服,贵有或遗;穷之所接,贱而必寻。

第二段：是以江汉之君,悲其堕屦;少原之妇,哭其亡簪。

这是从第一段的一般原则推到第二段人事上的个别事例,属于
演绎推论。第一段是说一般人居穷则志高,处适则思轻的一般原
则;第二段从一般原则推到楚君和少原之妇的个别事例。据传
说,楚昭王与吴人战,军败走,昭王亡其踦屦(单只鞋),已行三
十步,后还取之。左右曰：大王何惜于此?昭王曰：楚国虽贫,岂
无此一踦屦哉?吾悲之皆出,而不与皆反,于是楚俗无相弃者。
《韩诗外传》云："孔子出游少原之野,有妇人中泽而哭,甚哀!孔
子怪之。使弟子问焉,妇人对曰:'向者刈蓍薪而亡吾簪,是以
哀。'孔子曰:刈蓍薪而亡簪,有何悲也?妇人曰:'非伤亡簪,吾所
以悲者,不忘故也'。"

以上所举的三段连珠及二段连珠都是从一般推到特殊,是
演绎式的推论。底下我们另举几种三段或二段连珠,是由特殊
的个别事例推出一般原则,有类归纳。例如：

第二十四首三段连珠：

第一段：臣闻寻烟染芬，熏息犹芳；征音录响，操终则绝。

第二段：何则？垂于世者可继，止乎身者难结。

第三段：是以玄晏之风恒存，动神之化已灭。

这里，第一段是用熏香和录音的具体事例为喻，通过第二段的诠解而得出第三段一般性的结论。这有类于普通逻辑的归纳推理。当然，归纳所依的事例只限于两件，是极不完全的。从这两例所得出的共性也不够明确。所以我们只能说它有类于归纳，而不是严格的归纳。

再就它归纳所得的结论的内容上说，所谓"玄晏之风恒存"是歌颂周公、孔子之以礼乐训也。所谓"动神之化已灭"是暗指"兒(说)惠(施)以坚白为辞，故其辩难继。"由此可见，陆机演连珠的名理推导，既不同于魏晋的玄学逻辑，又有别于辩者的真正逻辑分析。

又第一首连珠：

第一段：臣闻日薄星回，穹天所以纪物；山盈川冲，后土所以播气。

第二段：五行错而致用，四时违而成岁。

第三段：是以百官格居，以赴八音之离；明君执契，以要克谐之会。

这里第一段是自然界的具体事例，日薄星回，山盈川冲。第二段从自然具体事例中，概括出五行四时的作用。第三段最后从第一第二两段导出一般性的结论，君臣治国的要领。也是一种归纳式。

又第十九首二段连珠：

第一段：臣闻钻燧吐火，以继汤谷之晷，挥翮生风，而继飞廉之功。

第二段：是以物有微而毗(辅助)著，事有琐而助洪。

这里，第一段从钻燧取火，可继汤谷(同旸谷。《楚辞》："出自汤谷，次于蒙池。""汤谷"，古代传说中的日出处)的日光。鸟类挥翮生风，也可继飞廉(传说中的风神)之功。基于这两件事例，得出第二段一般性的原则，即微小的东西可有助于大的东西。这也是从个别推到一般的类似归纳的推导。

又第三十七首的二段连珠：

第一段：臣闻目无尝(试也)音之察，耳无照景之神。

第二段：故在我者不诛(痛责之甚)之于己，存乎物者不求备于人。(《论语》："周公曰：'无求备于一人'")

这里也是从第一段目和耳的个别情况导出第二段的一般原则，和前两例俱为归纳式的推导。

以上所举几种都属于推理论式，不过有为演绎，有为归纳而已。在陆机的连珠推论中，除了推论式之外，也有类似论证的形式。

②论证式。

例如第三十九首：

第一段：臣闻冲浪(《楚辞》·"冲风起兮，横波。"王逸云："冲隧也。言及遇隧风，大波涌起。")安流，则龙舟不能以漂(激也)；震风洞(疾貌)发，夏屋有时而倾。

第二段：何则?牵乎动则静凝；(言舟牵乎水波，静而舟定，故曰静凝)系乎静则动贞。(言屋系乎地，风动而屋倾，是动贞也。贞，正也。)

第三段：是以淫风大行，贞女蒙冶容之悔，(应作诲)淳化殷流，盗跖挟曾(参)史(鱼)之情。

这里，第一段为证明的论题，由负命题与正命题的结合。第二段为假言的推证。第三段由第二段导出人事上贞女与盗跖的推证。

这首牵涉到动静的关系问题。水本动,但风静则安;屋本静,但暴风可使它倒塌。这一论题的论证,由第二段以诠释的方法加以论证,言舟牵乎水,波静而舟定。屋虽静而为动之所牵,则静止而为动也。第三段,则举人事上具体事例为证,贞专之女,值淫奔之俗,或有桑中之心;凶辱如盗跖之徒,被淳风之化,当挟贤士之义。这是一种论证式的连珠。

又第四十二首三段式也是论证式:

第一段:臣闻烟出于火,非火之和;情生于性,非性之适。

第二段:故火壮则烟微,性充则情约。

第三段:是以殷墟有感物之悲,周京无伫立之迹。

第一段论证的论题,为两个负命题组成,指烟火和情性的联系和区别。第二段用"故"作连词,以假言命题为喻证。第三段更举殷墟与周京的事例,证成论题。《文选》李善注云:"夫性者生之质,情者性之欲。故性充则国兴,情侈则国乱。二王皆弃性而从欲,所以灭亡也。或者以诗序云,徬徨不忍去。而疑伫立之迹。然序又云:尽为禾黍,岂待伫立哉?"当然,李善以殷纣王与周幽王之亡国,归之于主观的性情关系,还是唯心的解释。

又二段中的连珠也有论证式的,如第四十九首:

第一段:臣闻理之所开,力所常达;数(术)之塞,威有必穷。

第二段:是以烈火流金,不能焚影;沈寒凝海,不能结风。

第一段为论证的论题,要证明理开力达,数塞威穷的关系。第二段用烈火虽可流金,但不能焚影,沈寒虽能冻海,但不能结风。这两件具体事例证成第一段的论题,所以这一连珠也成为论证式。

又如第三十四首二段连珠,也是采论证式:

第一段:臣闻示应于近,远有可察;托验于显,微或可包。

第二段:是以寸管下素(向也),天地不能以气欺;尺表逆立,日月不能以形逃。

第一段论题,指陈远近和微显的测验原则。第二段喻证,以寸管和立表证明论题的正确性。

从以上的分析,可以看到陆机的连珠是多样性的。从结构上说有三段和二段的不同;从内容上说,则有推理式之演绎和归纳,也有以证明为主的论证体。比起古代韩非的连珠来,形式上已进一步确定,体裁上也整齐一致。在中国逻辑史上,连珠推论已到达于发展的高峰。这是陆机对形式逻辑的一大贡献。

(2)陆机连珠所反映的逻辑思想。

①反玄学的逻辑思想。

陆机连珠所反映的逻辑思想有它进步的一面。他虽不满于兒说、惠施等辩者,但更反对当时何晏、王弼所倡导的玄风。在他的第十八首连珠中,即表达了他的反玄风思想。

第一段:臣闻览影偶质,不能解独;指迹慕远,无救于迟。

第二段:是以循虚器者,非应物之具;翫空言者,非致治之机。

这即从览影和慕远的无实效,导出循虚器、玩空言的劳而无功。李善《文选注》云:"此言为事非虚,立功须实。故三章设而汉隆,玄言流而晋灭,此其验也。"李善的注正道出陆机反玄风的心理。

②重视物实,具有唯物的精神。

陆机的唯物的逻辑思想表现于以下各首连珠中,例如第七首:

第一段:臣闻积实虽微,必动于物;崇虚虽广,不能移心。

第二段:是以都人冶容,不悦西施之影;乘马班如(盘桓不前),不辍太山之阴。

这里第一段用虚实相对,表明实之可贵,虚之无用。积实虽小,就能为物所动;空虚虽大,反不能有动于心。第二段拿具体的两件事,证成第一段的原则,美人西施的影子,不会被好色之徒作为对象去追求;乘马盘桓不前,也不会把太山的阴影误为障碍物而停止前进。这一虚实对比,更可显出实之可贵,虚之可贱。

又第十七首云:

第一段:臣闻因云洒润,则芬泽易流;乘风载响,则音徽自远。

第二段:是以德教俟物而济,荣名缘时而显。

这里,第一段依据雨润因云而易流,声响依风而自远,导出第二段的一般原则,即德教必须依物而济,荣名必须因时而显。这也是强调物实的作用。

又第四十六首:

第一段:臣闻图形于影,未尽纤丽之容;察火于灰,不睹洪赫之烈。

第二段:是以问道存乎其人,观物必造其质。

这里,观物造质,即重物实精神的表现。

又第四十七首:

第一段:臣闻情见于物,虽远犹疏(通达);神藏于形,虽近则密(隐蔽)。

第二段:是以仪天步(推也)晷,而修短可量;临渊揆水,而浅深难察。

这里注重情见于物,如仪天步晷之类,这也是重视物实的表现。

③反对门阀、贵贱殊科。

这可能是他以吴亡之后,受到司马氏门阀的歧视,才有此怨言。例如第十六首:

第一段:臣闻赴曲之音,洪细入韵,蹈节之容,俯仰依泳。

第二段:是以言苟适事,精粗可施;士苟适道,修短可命。

这里以协曲之音,不论巨细,适道之士,不论修短。所以李善注此云："此言取其正事而已，岂复系门阀乎？"用士不论出身，只看能否适道；择言依其适事，切合实际，不论言的精粗。这是陆机对西晋门阀士族的抗议。

又如第五首：

第一段：臣闻禄放（依也）于宠，非隆家之举；官私于亲，非兴邦之选。

第二段：是以三卿（三桓）世及，东国（鲁）多衰蔽之政；五侯（《汉书》："成帝悉封舅王、谭王、商王、立王、根王逢时列侯，五人同日封，故世谓之五侯。"）并轨，西京有陵夷之运。这是反对司马氏政权任人唯亲的明显的不满。

又第二十首：

第一段：臣闻春风朝煦（暖也），萧艾蒙其温；秋霜宵堕，芝蕙被其凉。

第二段：是以威以齐物为肃，德以普济为弘。

这里，第一段说明自然界的寒温，不以花卉之贵贱而异。第二段导出人君的用威和施德也应效法自然，不以贵贱而异其赏罚。这也是反对司马氏的特权阶层的一种表现。当然，陆机之所谓贱，恐怕也只能限于他们这些不当权派的士大夫阶层，未必能包括劳动人民在内。

④陆机注意除恶，以清仕途。

例如第二十六首：

第一段：臣闻披云看霄，则天文清；澄风观水，则川流平。

第二段：是以四族放而唐劭（美也）；二臣（费无极与鄢将师）诛而楚宁。

这里，从自然界的浮云蔽日和疾风激水，导出清除罪恶，如舜之诛四凶及楚之戮二臣有助于致治之功。

⑤陆机也注意到"类"在认识上的重大作用。

例如第四十一首：

第一段：臣闻触非其类，虽急弗应；感以其方，虽微则顺。

第二段：是以南飙漂山，不兴盈尺之云；谷风乘条，必降弥天
之润。

第三段：故暗于治者，唱繁而和寡；审乎物者，力约而功峻。

这里，第一段指出类在自然界的重要存在。第二段用秋风不兴云，谷风必阴雨为喻，说明第一段的一般原理。第三段从第一、第二段推导出所要得出的结论，即暗君乱政，不能怀百姓之心；明君在上，则天下自安。从形式上看，这一三段式的第二段以"是以"为连词，而第三段则用"故"为连词，总结前两段为结论，又和前边所举的三段式有别。

总之，陆机的连珠推论在形式结构上是多样的，在思想内容上，如反对玄风、注重物实、重视类的推论作用等，都有积极意义。至其反对门阀，批判司马氏的腐朽政权上也具有一定的进步意义。我们认为陆机连珠推论的逻辑思想确为中国中古逻辑史上一朵光辉灿烂的鲜花，它是我国逻辑史上的一份宝贵的财富。

2)葛洪的《博喻》、《广譬》。

(1)葛洪的生平及著书。

葛洪(公元282—342年)，字稚川，丹阳句容人，自号"抱朴子"。他约生于西晋武帝太康三年(公元282年)，约卒于东晋成帝咸康八年(公元342年)，活了61岁。葛洪上代曾为官东吴。吴亡之后，备受冷落。《抱朴子·外篇》卷十五《审举》、卷二十五《疾谬》、又卷二十六篇《讥惑》各篇中，对司马氏政权歧视东吴名士愤慨不平，对于当权贵族荡检逾闲，生活糜滥，备极讥刺。正是表现亡国者的哀怨。葛洪的处境和陆机有类似处。

但据葛洪《自叙》(《抱朴子》卷五十)上所载，葛洪的经历却和陆机迥异。他年青时曾镇压过农民起义，明显地站在农民的对立面。他所宣扬的道教也是属于为贵族服务的金丹派，和农民所信奉的符水派对立。他想当纯儒，却杂以道家，以至于神仙家，最后在罗浮山修道而卒。他的思想是复杂矛盾的。在逻辑思想方面，他既想正名，说："名与实违，弗亲也"，(《抱朴子·名实》)重是非，说："夫物有似而实非，若然而不然"。(《抱朴子·行品》)但又批评古代辩者派的真正逻辑分析，说："辩虚无之不急，争细事以费言，论广修坚白无用之说，诵诸子非圣过正之书，损教益惑，谓之深远，委弃正经，竟治邪学"。(《抱朴子·知止》)因此葛洪的逻辑思想包含了互相矛盾的因素，不若陆机之体系井然，具有进步意义。当然，他所讲的名实和是非还是属于伦理逻辑的范畴，不具纯逻辑的意义，在此就不再分析了。

在逻辑形式的运用上，葛洪继续陆机连珠推论之后，体例上却又有所发挥，作出贡献，我们应予以肯定。他写了《博喻》(《抱朴子·外篇》卷三十八)九十六条，《广譬》(《抱朴子·外篇》卷三十九)八十五条，他把连珠推论直接称为"博喻"、"广譬"这符合连珠假喻达旨之意。其详当于下段详述。

葛洪著作甚多，重要的为《抱朴子》一书。计内篇二十卷，外篇五十卷。《外篇·自叙》云："凡著内篇二十卷，外篇五十卷。"又云："内篇言精仙方药，鬼怪变化，养生延年，禳邪祛祸之事，属道家。其外篇言人间得失，世事臧否，属儒家。"他是儒道杂糅的。关于葛洪著作的详目，可参考侯外庐等编的《中国思想通史》第三卷，第284—286页。这里不俱载。

(2)《博喻》、《广譬》的连珠推论分析。

葛洪把连珠推论径称为"博喻"、"广譬"，这是继陆机连珠的发展。他虽在辞藻排比方面远赶不上陆机，即连珠结构形式，亦不如陆机的连珠整齐。但在"博喻"、"广譬"的多方应用之后，却比陆机连珠增加了类比推论的形式，这就是从一些个别的事例推到另外一些个别的事例。由特殊推到特殊的形式。至于陆机所用的演绎式、归纳式及论证式等，葛洪还是继续运用的。

在葛洪以前的逻辑家对于什么叫做"喻"，什么叫做"譬"是早有明确规定的。早在战国时代惠施是一位善作譬喻的名家，他对梁王"无譬"的回答，至今还发人深省。这段故事是这样的：梁王"谓惠子曰：'愿先生言事则直言耳，无譬也'。惠子曰：'今有人于此而不知弹者曰：弹之状何若？应曰：弹之状如弹则谕乎？'王曰：'未谕也'。于是更应曰：'弹之状如弓，而以竹为弦则知乎？'王曰：'可知矣。'惠子曰：'夫说者固以其所知论其所不知而使人知之，今王曰无譬则不可矣。'王曰：'善'。"（《说苑·善说》）"以其所知论其所不知而使人知之"，这即由已知推到未知的推理过程。所以譬喻具有逻辑的推理作用，成为逻辑推论的一个重要方法。

到了战国晚期，墨辩学者更进一步为"譬"下了定义。说："譬也者，举也（同他）物而以明之也"。（《墨辩·小取》）"譬"成为墨辩七大推论形式之一。

葛洪列"博喻"为九十六条，"广譬"为八十五条，但仔细分析，喻和譬的分别不大，都是表达譬喻的总括的意义，所以我们也就把《博喻》和《广譬》两章概括在一起来分析。

《博喻》和《广譬》表达的连珠推论可大别为二类，即一，为推论式；二，为论证式。在推论式中又可分为类比推论，归纳推论和演绎推论。兹依次分析于下。

第一大类，推论式。

①类比推论式：

《博喻》第一条：

第一段：盈乎万钧，必起于锱铢；竦秀临霄，必始于分毫。

第二段：是以行潦集而南溟就无涯之旷；寻常积而玄圃致极
天之高。

第一段，锱铢之重可积到万钧，分毫之积可达霄汉。第二段，就第一段的两例推到另外的两种具体事例，即小水可积成大海，寻尺可积到高天。这是由两组具体事例推到另外两组具体事例，从特殊推到特殊的类比推理式。这一连珠式用"是以"作为连词。

又《博喻》第 68 例：

第一段：商风霄肃，则绨扇废；登危涉峻，则轻舟弃。

第二段：干戈云扰，则文儒退；丧乱既平，则武夫黜。

第一段就商风和绨扇，登危和轻舟二具体事例分析。第二段从第一段的自然两例，导出人事上两例的推证，即干戈和文儒，丧乱和武夫的关系。这也是从一组具体事例推到另一组具体事例的类比推理。在这一式中，并未用连词，而整组命题都是由假言构成的。

在《广辟》中，也有类比式的推论。例如《广辟》第 45 条：

第一段：沧海扬万里之涛，不能敛山峰之尘；惊风摧千仞之
木，不能拔弱草之荄；貙(chu)虎虓(音暴，强侵意)
阚(虎怒视)，不能威蚊虻。

第二段：冠世之才，不能合流俗。

这里第一段，从沧海不能敛山峰之尘，惊风不能拔弱草之荄，虓虎不能威蚊虻三具体事例推出第二段冠世之才，不能合流俗的结论。也是由个别事物推到个别的人事上的关系，由个别推个别，属于类比推论式。

再如《广辟》第 37 条：

第一段：开源不亿仞，则无怀山之流；崇峻不凌霄，则无弥
天之云；财不丰，则其惠也不厚；才不远，则其辞也

不赡。

第二段：故睹盈大之牙，则知其不出径寸之口；见百寻之枝，则知其不附毫末之木。

这里，也是从第一段的四件具体事例，推导出第二段的另两组事例，也属于从特殊推特殊的类比推理式。

②归纳推论式：

在《博喻》第六条：

第一段：衡飙倾山，而不能效力于拔毫；火烁金石，而不能耀烈以起泾。

第二段：是以淮阴善战守，而拙理治之策，绛侯安社稷，而乏承对之给。

这是从第一段中两件具体的自然事例，推导出第二段人事上的一般原则。是从特殊推出一般，为归纳式的推理。

又《博喻》第22条：

第一段：鯪鳇鹒首，涉川之良器也，擢之以北狄，则沈漂于波流焉；蒲梢汗血，迅趋之骏足也，御非造父，则倾偾于险塗焉；青萍豪曹，剡锋之精绝也，操者非羽越，则有自伤之患焉。

第二段：劲兵锐卒，拔乱之神物也，用者非明哲，则速自焚之祸焉。

这里，第一段从驾船、骑马、使剑三件具体事件中，推导出第二段人事上用兵的一般原则，也属于归纳式，由特殊推到一般的形式。

在《广辟》中也不乏归纳式的例子，例如《广辟》第61条：

第一段：千羊不能扞独虎，万雀不能抵一鹰，庭燎（大烛）攒举，不及羲和之日影；百鼓并伐，末若震霆之余声。

第二段：是以庸夫盈朝，不能使彝伦攸叙；英俊孤仕，足以令庶事根长。

这里，第一段以羊与虎、雀与鹰、庭燎与羲和、百鼓与震霆四例并举，归纳得出第二段两件一般的人事关系，是从特殊推出一般的归纳推论。

又如《广辟》第50条：

第一段：金以刚折，水以柔全，山以高陊，谷以卑安。

第二段：是以执雌节者，无争雄之祸；多尚（夸大自负）人者，有召怨之患。

这里也是从第一段四件自然现象概括出第二段两例人事一般情况，从特殊到一般，属于归纳推论。

③演绎推论：

葛洪的《博喻》、《广辟》中也有演绎推论式，如《博喻》中的第67条：

第一段：利丰者害厚，质美者召灾。

第二段：是以南禽歼于藻羽，穴豹死于文皮，鳣鲤积而玄渊涸，麋鹿聚而繁林焚，金玉崇而寇盗至，名位高而忧责集。

这里，第一段为一般原则，说明利害交错而且成正比。第二段从一般原则推出南禽、穴豹、鳣鲤、麋鹿、金玉、名位等六项具体事例，由一般推特殊，属于演绎推论式。

又如《博喻》第 78 条：

第一段：至大有所不能变，极细有所不能夺。

第二段：故冰霜肃杀，不能凋菽麦之茂；炽暑郁阴，不能消雪山之冻；飙风荡海，不能使潜泉扬波；春泽荣物，不能使枯卉发华。

这里，第一段说明尺有所短，寸有所长的一般原则。第二段依于第一段的一般原则，推出冰霜、炽暑、飙风、春泽四种个别事例的关系，也是从一般推到特殊的演绎推理 。

在《广辟》中也不乏演绎推理的形式,如《广辟》第 29 条:

第一段:常制不可以待变化,一涂不可以应无方。

第二段:刻船不可以索遗剑,胶柱不可以谐清音。

第三段:故翠盖不设于晴朗,朱轮不施于涉川,味淡则加之
以盐, 沸溢则增水而减火。

这里,第一段说明常制局限的一般原则;第二段用具体事例推证
第一段的一般原则。第三段以 "故"作连词,结合第二段的事例
推证,推广到广大的个别事例,如翠盖、朱轮、味淡、沸溢等上边。
所以这是从一般推到个别的演绎连珠。

又如《广辟》第 34 例:

第一段:贵远而贱近者, 常人之用情也;信耳而疑目者, 古
今之所患也。

第二段:是以秦王叹息于韩非之书而想其为人;汉武慷慨于
相如之文而恨不同世。及既得之,终不能拔:或纳
谗而诛之;或放之乎冗散。此盖叶公之好伪形,见
真龙而失色也。

这里,第一段为一般原则:贵远贱近,信耳疑目。第二段从第一
段的一般原则推出秦王之叹息韩非与汉武之慷慨相如的个别事
例,结论并用带证体加以说明,这是一种特殊的演绎推论式。

第二大类:论证式。

在《博喻》中不乏论证式。如《博喻》第 24 条:

第一段:谤讟(音毒, 怨言)不可以巧言弭,实恨不可以虚事
释。(《论题》)

第二段:释之非其道,弭之不由理。(人事推证)

第三段:犹怀冰以遣冷,重炉以却暑,逐光以逃影,穿舟以止
漏矣。(事例推证)

在这一条中,第一段是论题,都由负命题组成, 也即一般性的结

论。说明谤讟不可用巧言消弭，实恨不可以用虚事解释。

　　第二段是一种人事推证，不以其道解释，不由正理弭之，终归无效，仍用负命题。

　　第三段再引广泛的事例来证明论题。怀冰遣冷、重炉却暑、逐光逃影、穿舟止漏都是矛盾对立的现象，徒劳而无功。全组也由负命题组成。

　　又《博喻》第 7 条：

第一段：徇名者不以受命为难；重身者不以近欲累情。（论题）。

第二段：是以纪信甘灰糜而不恨，扬朱同一毛于连城。（论证）

　　又《博喻》25 条：

第一段：明主官人，不令出其器；忠臣居位，不敢过其量。（论题）

第二段：非其才而妄授，非所堪而虚任。（假言设证）

第三段：犹冰碗之盛沸汤，葭莩之包烈火，缀万钧于腐索，加倍载于扁舟。（事例推证）

　　在《广辟》中，也有不少论证式。例如《广辟》第 4 条：

第一段：粗理不可浃全，能事不可以毕兼。（论题）

第二段：故悬象明而可蔽，山川滞而或移，金玉刚而可柔，坚冰密而可离。公旦不能与伯氏跟绀（亦作跟挂，倒挂身体的杂技表演）于冯云之峻，仲尼不能与吕梁较伎于百仞之溪。（事例推证）

　　又《广辟》第 83 条：

第一段：观听殊好，爱憎难同。（论题）

第二段：飞鸟见西施而惊逝，鱼鳖闻九韶而深沉。（具体事例推证）

第三段：故衮藻之粲焕，不能悦裸乡之目；采菱之清音，不能快楚隶之耳；古公之仁，不能喻欲地之狄；端木之辩，不能释系马之庸。(广泛的人事推证)

从以上关于连珠体的阐述，可知连珠推论的形式到西晋而极盛，但这一仅有的连珠推论形式为何以后没有继续发展而终于中断？我认为这恐怕和六朝的四六骈文的衰歇有关。陆机的华丽排偶词藻开六朝一代文风，而连珠式即以对偶排比著称。因而六朝文风衰蔽自然影响到连珠体裁的运用。连珠推论之难于继承乃职此之由。

第三节　魏晋南北朝自然科学研究中演绎与归纳推理的发展

魏晋南北朝虽玄风披靡一世，但精研科学者亦不乏人。科学家精研天文数学的结果，使演绎推理有较大的发展。另一些钻研农业生产科学的，则在归纳和实验方面，有长足的进步。本节拟就这两方面，作一简略的阐述。

1．演绎推理的发展。

恩格斯说："天文学只有借助于数学才能发展，因此，也开始了数学的研究"。(《马克思恩格斯全集》第20卷，第523页)魏晋以来，研究天文历法的学者们都因测算的需要，注重算学的研究。魏的刘徽(约公元263年时人)有《九章算术注》，北周甄鸾有《周髀算经注》。(见《周髀算经序》引) 东晋虞喜有《安天论》，运用岁差测算法纠正《周髀算经》的一些错误。南齐祖冲之(公元429--500年)则作《大明历》，(因戴法兴的反对，故迟至梁天监九年始施行) 远超过去的各种历法。他又注《九章算经》创造《缀术》，精确测定圆周率。据《隋书》所载，祖冲之总结前人成果，"罄筹策之思，究疏密之辨"，说祖冲之"设开差幂，开差立，兼以正圆参之，指要精密，算氏之最者也。所著之书，名为《缀术》，学官莫能究其深奥，是故废而不理"。(《隋书·律历志》)祖冲之依照《缀术》使圆周率的推算精密化，达到 π = 3.14159265，远早于德国数学家渥特 (V. Otto) 一千多年前，因渥特在 1573 年才测得这一数值。由上可知，这一时期的天算家对算学是作出了杰出的贡献。

天算家关于天算的研究对逻辑的演绎推理发生一定影响，兹分述于下。

1)注意旧典原理的参照，根据演绎推论，纠正偏差谬误。这也就是祖冲之所谓"罄筹策之思，究疏密之辨"。(《参阅他的《算经序文》)既要"揆量"旧典，又要"核验"事实，二者互相结合，自可取得正确结论。

2)图解与命题推论相结合。刘徽《九章算术注原序》云："析理以辞，解体用图，庶亦约而能周，通而不黩，览之者思过半矣。""析理以辞"即要进行逻辑命题的分析推演。"解体用图"，即用图表形象帮助证明推论，如西方之欧拉氏(Euler，18世纪德国数学家)图然。兹以刘徽的割圆术为例。在单位圆为（半径为 1 尺）作内接正六边形。然后倍增边数，依次求出圆内接正 12 边形、正 24 边形、正 48 边形、正 96 边形和正 192 边形的面积，其面积终与圆面积相合。这样，图解的分析帮助了命题测算的理解。

3)注重类的推理基础。刘徽《九章算术注原序》云："事类相推，各有攸归。故枝条虽分，而同本干者，知发其一端而已。"这就是说，推论的重要基础在于类的运用。只要抓住事物的正确的类，即可条分缕析，求得可靠结论。

在《周髀算经》中复提出"通类"、"知类"、"观类"及"以类合类"等方法。《周髀算经》卷上载："陈子答荣方问：此亦望远起高之术,而子不能得,则子之于数未能通类。"又云:"夫道术言约而周博者,智类之明。"注云:"夫道术圣人之所以极深而研几。唯深也,故能通天下之志;唯几也,故能成天下之务。是以其言约,其旨远,故曰:'智类之明'也。"《周髀算经》一书,"以勾股之法,度天地之高厚,日月之运行,而得其度数"。(《周髀算经序》鲍澣之)可见勾股之法,即所以测度天象的枢纽,唯能掌握勾股之理,才能通天下之类。勾、股、弦的关系,即为直角三角形的三边的比例,勾三、股四、弦五;勾六、股八、弦十。这即勾方加股方等于弦方的定理。古代埃及的测算家,即准绳专家(Ropefasteners)运用三、四、五比例长度的绳子,连在一起以求直角的方法,颇类勾股定理。如能把这一定理运用于天算各方面,也就是从定理到个别事象的演绎,不难获得正确的成果。只有这样,才能称得上"智类之明。"

《周髀算经》复提出"知类"的必要性。《周髀算经》卷上载:"问一类而万事通者,谓之知道。注云:'引而伸之,触类而长之,天下之能事毕矣,故谓之知道'。"又云:"既习矣,患其不能知。注云:'不能知类'。"这里"知类"即等于"知道","知道"即通晓学术的方法,而通晓之法,则唯有从"知类"或"观类",即"同事相观"及"事类同者,观其旨趣之类"。(同上引)祖冲之运用圆周率研究的新成果于度量衡的制作,(祖冲之运用密率以纠正刘歆的律嘉量的计算)也是掌握了类的原理,推到相类事物的极好例证。这或许即是《周髀算经》之所谓"以类合类"吧。

2.归纳推理的发展。

这一时期的农业科学家,注重农业生产的实践,从观察和实验体现归纳推理的方法。所以,归纳和实验的密切结合是这一时期归纳推理的特有精神。

六世纪时,北魏贾思勰著有《齐民要术》十卷,(收入百子丛书中)备述粮食、蔬菜、果木的栽种,家畜的驯养及许多食品的制作方法,它是总结前人的成果,探询老农的经验。"询之老成,验之行事"。(《齐民要术序》)确是一部农业科学技术的系统总结。

贾思勰在总结前人的经验中, 特别重视汉代 《氾胜之书》,(《氾胜之书》 有石声汉著的《氾胜之书今释》1956年科学出版社版),《齐民要术》也可以说是摘引而发展了《氾胜之书》的。氾胜之是公元 1 世纪的汉代著名的农学家。氾胜之所著,据《汉书·艺文志》所说"《氾胜之书》共有十八篇。《隋书》、《唐书》 都记为二卷。大部分保留在《齐民要术》中。贾思勰《齐民要术》 序文的注中云:"《史记》曰'齐人无盖藏。'如淳注曰:齐无贵贱, 故谓之齐人,古今言平人也。"这样,"齐民" 即指从事耕种的平民,贾思勰以此名书,足征他标出"要术"的重要性,从书名看, 他比氾胜之更为旗帜鲜明了。

《齐民要术》一方既发展了《氾胜之书》,他方又是后来宋代陈敷、元代王桢《农书》 和明代徐光启《农政全书》的先河。它是中国农技史承先启后的一部重要著作。

《齐民要术》对归纳法的发展, 即在于它密切和观察与实验结合,兹阐述如下。

1)求同法。

在不同种的粮食作物, 求出它们各自的共同种植时间。例如,"凡荞麦,五月耕,经三十五日草烂得转, 并种耕三遍。立秋前后皆十日内种之。"又"凡麻地,须耕五六遍,倍盖之,以夏至前十日下子"(《齐民要术·杂说》)。假如种类一样而土地不同时,应求出不同土地的先后。如"先种黑地, 微带下地, 即种糙种,然后种高壤白地。其白地候寒食后, 榆荚盛时纳种"。(同上引)总之,"要观其地势,干湿得所"。(同上引)这就需运用许多各样的求同方法,来定出适宜的种植时间和地点。

2)差异法。

通过差异法以求收成的丰硕。如"立春后土块散上没橛,陈根可拔。此时二十日后,和气去而过刚。以此时耕,一而当四。和气去耕,四不当一"。(《齐民要术·耕田第一》)这里"和气"的有无,发生相反的成果。时间的差异也可使种植取得不同的成果。如"五月耕,一当三。六月耕,一当再。若七月耕,五不当一"。(同上引)这是依于时间不同的实验,使丰收有保证。总之,我们应该利用各种不同的差异法,谋求丰收而避免歉收。

贾思勰还提出休耕法。"秋无雨而耕,绝上气,土坚洛,名曰腊田。及盛冬耕,泄阴气,土枯燥,名曰脯田。脯田与腊田,皆伤田。二岁不起稼,则一岁休之"。(《齐民要术·耕田第一》)通过休耕法,即可把伤田转好,这也是差异法之最大的实验。

3)运用矛盾对立统一的方法,使矛盾双方互相转化,从而取得成果。

贾思勰提到强土与弱土的相互转化时说:"春地气通,可耕坚硬强地黑垆土,辄平摩其块以生草。草生复耕之。天有小雨,复耕和之。勿令有块以待时,所谓强土而弱之也。……杏始华荣,辄耕轻土弱土。望杏花落复耕,耕辄蔺之。草生有雨泽,耕重蔺之。土甚轻者,以牛羊践之,如此则土强,此谓弱土而强之也"。(同上引)。这里使强弱土的相互转化,也带了一些辩证思想的萌芽。

4)精密的联锁实验方法。

在下种耕作时,《齐民要术》也提出一系列连锁的实验方法。比如,"取马骨挫一石,以水三石煮之,三沸漉去滓,以汁渍附子五枚。三四日去附子,以汁和蚕矢羊矢各等分,挠令洞洞如稠粥。先种二十日时,以溲种如麦饭状,常天旱燥时溲之立干。薄布数挠令易干,明日复溲,天阴雨则勿搜,六七溲而止。辄曝谨藏,勿令复湿。至可种时，以余汁搜而种之，则禾稼不蝗虫。无马骨，亦可用雪汁。雪汁者五谷之精也。使稼耐旱，常以冬藏雪汁，器盛埋于地中，治种若此，则收常倍"。(《齐民要术·种谷第三》)这里，他用了马骨、蚕矢、羊矢以及雪水等拌种耕种，使庄稼获得好收成。而这一连锁实验的成功，又需通过许多不同的观察归纳而得，是可想见的。

5)使土地发生极大效益的实验法。

这即贾思勰所谓套种法。他说："葱中亦种胡荽"。(《齐民要术·种葱第二十一》)在种葱的地里套种一行胡荽，使同样的土地多一倍的收获，这是农民最大的收益。

总之，贾思勰认为农作物的种植，可以归纳为"顺天时，量地利，则用力少而成功多。任情返道，则劳而无获。"(《齐民要术·种谷第三》)因"凡谷成熟有早晚，苗杆有高下，收实有多少，质性有强弱，米味有美恶，粒实有息耗，地势有良薄，山泽有异宜"。(同上引)针对各种不同的情况，具体作出安排才能有获。

在前举的例中，有的是引了《氾胜之书》的研究成果的。但这些成果也是贾思勰所赞许而为之宣扬的。因而我们可以认为，这些方法是他们二人共同所创获的。

第十章　因明在印度的产生及其在中国的传播和影响

第一节　因明在印度的产生及其发展

1. 古因明的产生

1) 古印度的情况。

因明可以说是印度的逻辑,因为它不但为佛教徒所研索,而且亦为佛教以外的许多印度教派所阐述。(称之为印度逻辑,除上举理由外。亦所以别于中国逻辑和西方逻辑。不过因明主要由佛教徒发展和完成的, 所以又可称为佛教逻辑或佛家逻辑。)古印度人有两大特点,即一,信仰宗教;二,喜欢辩论。而这两个特点是互相联系的,因为辩论是为各自的宗派辩护与宣扬。

印度得天独厚,一般可以衣食无忧,因此,他们醉心于天国,虔诚其所信。而各人所信不同,就自然热衷于辩论。据说,有时在路上两个人进行辩论,一天完不了,就继续到第二天, 以至第三天。他们身上披着长围巾,洗澡用的是它,晚上盖的也是它,反正那里的气候,无须有被子的。

2) 古印六宗的兴起。

公元前 6 世纪与 5 世纪间,印度发生六派哲学主张,这六派是:

(1) 弥曼萨派(Purva Mimansa),亦称声论派。

(2) 吠坛多派(Vedanta)。

(3) 僧佉派(Sankhya),亦称数论派。

(4) 瑜伽派(Yoga)。

(5) 吠世史迦派(Vaisesika),亦称胜论派。

(6) 尼耶也派(Nyaya),亦称正理派。

以上六派中,正理派和胜论派有唯物倾向。它们从早就结合得很紧,因此,有人把它们当作一派评论。

正理派的开山祖为乔达摩,亦称足目。正理的梵语"尼耶也"原义,为"引导到一结论的准则",后引申为印度的古典逻辑。"正理论"亦可称为"推究学"。(参阅沈剑英:《因明学研究》页10)

足目(据说乔达摩常以目视足故称)何时代人,不可确知。窥基《因明入正理论疏》云:"劫初足目,创标真似。""劫初"究竟指何时,也不得而知。从正理派的成立看,也许相当于我国的春秋末季吧。

足目虽为正理派的开山祖,但《正理经》恐非他一人所专著,而为正理派的集体创作。他只是作出系统整理的人。《正理经》的最后完成,当在公元3世纪以后,因《正理经》曾反驳佛徒龙树的中观学说。《正理经》外,《方便心论》也是古因明的系统著作。

3)古因明的内容。

(1)古因明的论式——五支作法。

古因明的论证特点为五支作法。兹以声音无常为例:

宗:声是无常;

因:所作性故;

同喻:犹如瓶等,于瓶见是所作与无常;

合:声亦如是,是所作性。

结：故声无常。

异喻：犹如空等，于空见是常住，与非所作；

合：声不如是，是所作性；

结：故声无常。

这一论式，首见于《正理经疏》，这是正理派反驳声论派的。印度婆罗门教中的弥曼萨派及吠坛多派都主声显论，他们想通过声音常住来证明吠陀之声（圣贤之音）的不灭。《法苑义林》："声显论者，声体本有，待缘显之，体性常住"。（卷二）至于声生派"计声本无，待缘生之，生已常住，由音响等，所发生故"。（《法苑义林》卷二）总之，不论声显或声生都认为声是常住的。这种唯心的说法为正理派、数论派及胜论派所反对。就此一例，可以证明上边所说，论辩是为自教服务的。印度逻辑之与宗教密切结合是印度逻辑之所以区别于西方和中国的逻辑的一大特色。

(2)古因明中之所谓"能立"与"所立"。

什么叫做"能立"与"所立"，在古因明中有其不同的分界。古因明中的"能立"指宗、因、喻三部分，而"所立"则指宗的"自性"（物体）或"差别"（义理）。例如在"声是无常"的论证中，声是"自性"，无常是"差别"。在古因明中即以声和无常连结所成的命题为能立，而以这一命题的主宾项，即"自性"的声或"差别"的无常为所立。而新因明却以成立宗的因喻为能立，而以宗为所立。

从宗的命题分析看，宗的主项"声"或宾项"无常"都是立敌共许的，只是把主宾连结起来时，宗的意义才为立所许而敌所不许，引起论争即由此故。因此，立方为证明其宗，就必须提出正确的因和喻来以证成之，使敌生了解。这样，把宗当作所立，而因喻当成能立，新因明的提法是比古因明合理的。兹为清醒眉目起见，把前例列表于下：

$$\text{古因明}\begin{cases}\text{所立：自性（宗中之"声"）或差别（宗中之"无常"）}\\\text{能立：}\begin{cases}\text{宗（"声是无常"）}\\\text{因（"所作性故"）}\\\text{喻（"犹如瓶等"）}\end{cases}\end{cases}$$

$$\text{新因明}\begin{cases}\text{所立：宗（"声是无常"）}\\\text{能立：因（"所作性故"）}\\\quad\quad\text{喻（"犹如瓶等"）}\end{cases}$$

(3)九句因。(决定因之正确与否的方法)

古因明决定因是否正确运用九句因的方法。九句因是怎样产生的呢？这是依据因对于同品和异品的关系找出来的。凡具有宗命题的宾语性质的都称为同品，否则为异品。如"声是无常"凡具无常性质的如瓶之类为同品，不具无常性质的，如空之类为异品。这样，从同异品之有无，共有九种关系，称为九句因，兹略解于下。

(1)第一句，同品有，异品有，这是不定因。如：

宗：人是有死的，

因：存在物故。

这里的因"存在物"既贯通于有死的东西，也通于不死的东西。此因陷于太宽，不能断定人属于有死的一面。如图：

以"存在物"作为因，既包同品"人"，也包异品"岩石"。因此，这因失去了决定宗的能力。陷于不定过。

(2)第二句：同品有，异品非有，这是正确的因为正因。

如：

宗：人是有死的，

因：有生命故。

"有生命"因于同品具有死的性质，如鸟兽等，而异品如岩石，却无生命，不具有死的性质。

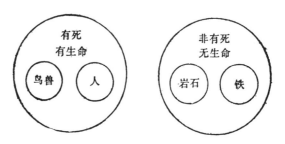

这里，"有生命"因贯通于同品有死物中，因和宗外延相等。而在异品"无生命"因，一概被排斥于有死物之外。人既为有生命，当然必在有死物中，所以，此因可决定宗的正确，故称为正因。

（3）第三句：同品有，异品有非有，不定。

同品皆有此因，但异品中也部分有此因，并非全无此因，如：

宗：人是有死的，

因：有形体故。

有形体之因固然贯通于全部有死者之中，但有形体之因，并非全部排在无死者之外，而部分无死者中，如矿石、花岗石等固为有形体者，但无死者却还有虚空等为无形体者。因此，以有形体为因，不能断定人一定属于有死者，而有可能属于无死者之内。所以成为不定因。（见下图）

（4）第四句：同品非有，异品有。这是相违因。这样的因不但不能证成本宗，反而证成相反的宗，故称为相违因，如：

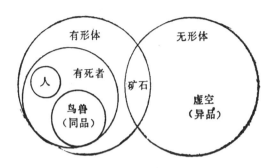

宗：声是常住，

因：所作性故。

所作性于同品常住遍不存在，而于异品"无常"却都存在，正好证成相反的宗，故称相违。

（5）第五句：同品非有，异品非有。不定。如：

宗：声是常住，

因：所闻性故。

所闻性因，除声之外，所有常住或非常住之物都没有。因此，以所闻性为因，就无法断定声之为常住或非常住，成为不定因。

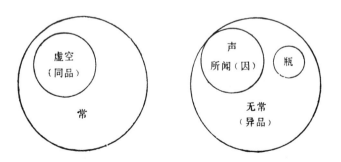

（6）第六句：同品非有，异品有非有。相违。因于同品全无，而于异品反部分地有，这因也无法证成本宗，反而证成敌宗，便成相违过。如：

宗：声是常住，

因：勤勇无间所发性故。

勤勇无间所发性因，于同品遍无，而于异品反部分地有。

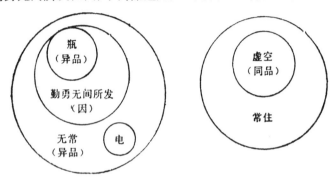

（7）第七句：同品有非有，异品有。不定。如：

宗：某处无烟；

因：有火故。

有烟（异品）总有火，有火处却未必有烟。所以无烟处（同品）可以有火，也可以无火。因此，以有火为因，不能断定某处一定无烟，成了不定因。

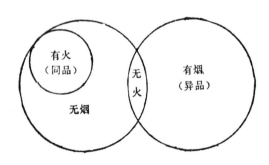

无烟的同品可以有火,也可以无火。但无烟的异品有烟,却不能无火。

(8)第八句:同品有非有,异品非有。可称正因。如:

宗:声是无常,

因:勤勇无间所发。

瓶与电为无常的同品,虚空为无常的异品。勤勇无间所发性因于同品瓶上有,于同品电上无,这合于同品定有性。勤勇无间所发性因于异品(常住)空全无,所以合于异品遍无,成为正因,如下图:

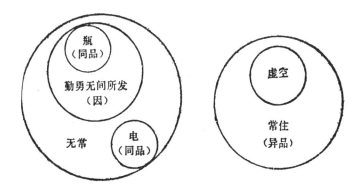

(9)第九句:同品有非有,异品有非有。不定。此因于同品及异品都有有和无的两面,所以,无法断定宗的所属,成为不定因。如:

宗:声是常住,

因:无质碍故。

无质碍因于宗同品虚空上有,于宗同品极微上无;于异品乐上无,于异品瓶上有。

因此,这因失去了中词的作用,成为不定因。如下图。

总计以上九句因中,只有二、八句为正因,四、六句为相违因,其余五种为不定因。古因明决定因的方法,只是一种关系的

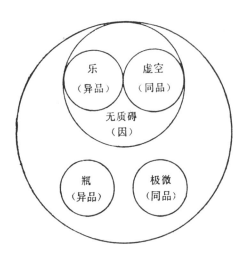

罗列,尚未能揭示出正因的必备的条件,这是它的缺点。因此,有待于新因明的进一步改进。

2．新因明的产生。

1)新因明的创始者和发展者。

(1)陈那。(约公元600年)陈那是新因明的创始者,他是南印度香至国人,本属小乘犊子部,后从世亲改习大乘,成为瑜伽行宗大师。陈那精研因明,有创造性的改革。他写了《因明正理门论》、《因轮抉择论》和《集量论》。(后二者有藏译本)玄奘在《大唐西域记》中曾以生动的文笔, 神话般地描述 陈 那之撰述新因明。他说:"陈那菩萨者,佛去世后,承风染衣,智愿广大,慧力深固,愍世无依,思弘圣教以为因明之论。言深理广,学者虚功难以成业。乃匿迹幽岩,栖神寂定,观凿作之利害,审文义之繁约。是时岩谷震响,烟云变采,山神捧菩萨高数百尺,唱如是言:'昔佛世尊,善权导物,以慈悲心,说因明论, 总括妙理, 深究微言。如来寂灭，大义泯绝。今者陈那菩萨，福智悠远，深达圣旨，因明之论，重弘兹日。'菩萨乃放大光明，照烛幽昧。"这种宗教神 圣般的 渲染，我们 不能尽信，但对陈 那在因明上的贡献，可谓赞颂已极。衡以新因明的逻辑理论体系看，并不算溢美的。

(2)天主。天主又称商羯罗主，是陈那的高足弟子。据《因明入正理论疏》所载，他"考核前哲，规模后颖，总括纲纪"，(《卷一》)著《因明入正理论》，亦称《入论》。天主对新因明又作了不少补充，新因明更趋系统化。因此，为《因明入正理论》作疏记者不少，成为研究新因明者所必读的专著。

(3)护法。(约6世纪中叶) 他是陈那的另一大弟子。他著有《唯识三十颂》、《广百论释》等书，对新因明作出了贡献。护法是瑜珈行宗的重要理论家，曾主持那烂陀寺。其弟子戒贤在公元6~7世纪间也主持那烂陀寺，玄奘到印度，即在该寺受戒贤的教导，学了因明和法相唯识学的。

(4)法称。陈那、天主之后，对新因明作出贡献的有法称。他撰有《正理滴论》和《释量论》。法称之学约于8世 纪 传入西藏，对藏传因明发生极大影响。

2)新因明的内容。

(1)新因明的三支论式。

①三支式之一：

宗：声是无常。

因：所作性故。

喻：$\left\{\begin{array}{l}\text{同喻：若是所作，见彼无常，(喻体)犹如瓶等。(喻依)}\\\text{异喻：若是其常，见非所作，(喻体)犹如空等。(喻依)}\end{array}\right.$

②三支式之二：

宗：声是无常。

因：所作性故。

喻：$\begin{cases}\text{同喻：凡诸所作，见彼无常，（喻体）犹如瓶等。（喻依）}\\\text{异喻：凡是其常，皆非所作，（喻体）犹如空等。（喻依）}\end{cases}$

以上二式的不同，在于喻的表达命题上。①式的喻，用的是假言命题，"若是所作，见彼无常，犹如瓶等"，这是用一般逻辑的假言推理说明因和宗的后陈的关系，即"所作性"因与宗的"无常"，有因果的联系。②式的喻，用的是直言命题"凡诸所作，见彼无常，犹如瓶等。"这就把假言关系提高到必然关系，即全称肯定判断，"凡所作性的东西都是无常的。"

假言论式的三支大概在世亲时已早建立。再过一百年后，陈那又推进一步，建立了以直言判断构成的三支式。这是和西方逻辑的三段论式近似的一种必然推理。陈那为这样的三支式建立了一套完整的体系，其中最重要的为"因三相"的规则，用以确定三支因明的正误。

（2）"因三相"的理论。

"因三相"即因有三相。因即理由，相有形式及表征的意义，这即分析了因和三支各部的关系，明确了达到正因的要求，即应遵循"因三相"的规则，否则要发生错误，成为不正确的因了。

①因的第一项为"遍是宗法性"。

宗法即有法的性质，因必须为宗的有法（即主项）普遍所有，如立"声是无常，所作性故。""所作性"因必须遍为"声"这有法所有，成为所有声的一种属性。如后页图：

"所作性"的东西都在"无常"之中，而声又遍在"所作性"中，所以才能推出"声是无常"的结论。如果有的声不是因"所作"而生，这样，以"所作"为理由，就违反了"遍是宗法性"的规则，成为错误的因。

これ用的因明术语，要附带说明一下，即 宗 的主项称"前陈"，亦称"有法"。宗的宾项称"后陈"，亦称"法"。

②因的第二相为"同品定有性。"

"同品"依《因明入正理论》的解释："谓所立法均等义品说名同品。""所立法"即宗的后陈，是对因的"能立法"说的。如"声是无常，所作性故"，"无常"是"所立法"，这是由有"能立法"的因"所作性"才产生的。"所立法均等义品"即指"具有与之所立法共通为相似的那种法"，才是同品。共通性而相似 即 指二者非全同，只是意义相等，如声是无常，瓶也是无常，在"无常"上看，声与瓶是相等的，但声为生灭的无常，而瓶为成坏之无常，却各不同。

"同品定有性"只要求诸多同品中，定有一部分有因，有多少无关系。如上例："声是无常，所作性故，犹如瓶等"，只要有瓶这一同品具无常性，其它同品却不具此因，则无关系。电、雨、雾为无常的同品，但他们不具"所作性"因。总之，第二相是规定"因"对"宗后陈"的关系。（如下图。）

③因的第三相"异品遍无性"。

"异品"依《因明入正理论》所释："异品者，谓于是处，无其所立。若有是常，见非所作，如虚空等。"如虚空，没有"所立法"无

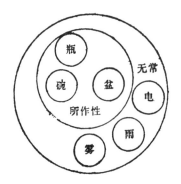

常的性质,同时,也完全没有因所作性问题。它是非所作而为常的。

异品中必须尽排斥在因之外,如有一个异品不排在外都不行。如下图,

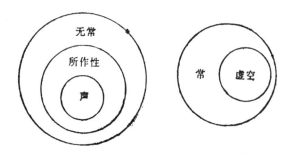

常是无常的异品,代表"常"的圆是和代表"无常"的圆无关,当然,也和"所作性"的圆无关。因"所作性"圆是被包于"无常"圆之内,当然也就和其他的无常物一概被排于"常"之外了。

第三相"异品遍无性"是从反面证明正面论证的正确。

总之,因三相的三条规则,是确定正因的必备条件,如果这个因能通过三相的规定时,那就是正因,否则为不正因。这就比古因明的九句因不但简要而且规律化了。

3) 新因明与古因明的比较。

新因明是在古因明的基础上改革发展起来的，自有它的进步处。

（1）论式上的改进。从五支改为三支，不但简化了手续，而且使三支的喻逐渐向西方逻辑中三段论的大前提转化。五支的喻，只单纯地举例，这是带归纳性的或然推理。三支的喻却加强了它的总结力量，特别是前举第二式②的三支，从第一式①的假言判断改为全称直言判断时，就起到了三段论的大前提的作用，加强了对宗的论证力量。

（2）检查正因方法的改进。古因明运用九句因的方法，片面罗列了五不定，二相违和二正因的松散系列。而新因明却直接找出正因的三个必备条件，提出因三相的规则。第一相对宗的要求要达到"遍是宗法性"的条件，明确了因对宗的关系。第二相"同品定有性"，从正面对因的检证。第三相"异品遍无性"又从反面加以对因的考察。这样，从正反双方证明因之圆满无缺，而九句因之杂乱烦琐，不复见了，这是新因明之一大进步处。

3. 因明在印度的衰亡。

1) 因明本身存在着形式与内容的矛盾，陈那创立新因明建立了因明完整的逻辑体系，他可以称为印度中世纪的逻辑之父。但陈那所改造的以直言判断为基础的三支，简直和西方的三段论一样。这样，第三支是一个全称的肯断命题，和三段论的大前提相当。既成了大前提的一般原理，而又拖着喻的辫子，就不免画蛇添足了。因此，7世纪的法称，认为喻已不重要，主张把因喻合而为一，这是有道理的。但法称的改造并没有继续下去，而因明的这一内容和形式的矛盾始终未能解除，这就影响到因明在印度的继续发展。

2)印度人是重信仰而轻理智的,他们研究因明,并不是为建立一支纯粹逻辑体系,而主要为自己的教派辩护,一般逻辑的特点在于求真,而因明的特点在于求胜, 即和敌方辩论时能够取胜。因此,因明究与一般逻辑有别。

周叔迦曾在他所著《因明新例》一书中说:"因明……在实际上是没有多大用处的。……佛教利用这因明来战胜一 切 外道,结果却被外道将佛教根本铲除了"。(该书, 页一, 商务印书馆版)周叔迦的因明无用论的理由是人重信仰感情, 而不重理智,这有他一方面的道理。实则因明本身固有许多科学 逻 辑成分,但它也充分表现了它的宗教性。

3)因明的特点即在于为自宗教理辩护。因此, 关于知识的来源与标准,除了现量和比量之外,复设有圣教量。圣教量即自宗所信的教条, 也成为真似区别的标准。这和逻辑之以求真为鹄的,分道扬镳了。

4)因明本身包含了一些折衷主义和诡辩,这是和科学逻辑不相容的。因明中设有"简别"和"自许"的防护术语,这即为掩盖许多不合逻辑的东西。鼎鼎大名的玄奘在一次无 遮 大会上,为宣扬法相唯识学时,提出下列的论式:

宗:真故极成色,不离于眼识。

因:自许初三摄,眼所不摄故。

喻:犹如眼识。

这里, 玄奘用了"真故""极成"的简别语和"自许"的语词来躲避论敌的非难。如不用简别语时,仅说:"色不离于眼识",就犯了世间相违过。还有,玄奘当时得到戒日王的支持,大家慑于王权,不敢出来反驳罢了。

从上分析,陈那与天主对因明的改造,终无补于佛教在印土的衰亡,而因明本身也与佛教的衰亡陷于同一命运。

第二节　因明与西方逻辑及中国逻辑的比较

1．因明与西方逻辑。

1）世界的三大支逻辑体系。

世界的逻辑体系共有三大支，一、西方从古希腊一直到现代的西方各国的逻辑体系。二，我国从先秦一直传到现在的中国逻辑体系。三，印度的因明所代表的逻辑体系。逻辑科学作为人类组织思维、交流思想的工具言，有它的全人类性的一面。它们都旨在辨别真似，揭示思维活动的形式和思维正确的规律等，这些都是它们的共同点。但依于各民族生活习惯的不同、社会历史沿革的不同、所用语言的不同，就形成了各自不同的特点，构成三支不同的逻辑体系。现在以因明为主分别简述它和西方与中国两支逻辑的不同。

2）因明和西方逻辑的不同。

因明和西方逻辑的不同，有如下七个方面：

(1) 形式上的不同。以全称肯定的直言判断组成的三支因明和西方逻辑的三段论式逼似，宗相当于三段论的结论，因相当于三段论之小前提，而喻（指喻体）则相当于三段论之大前提。如下例：

$$
因明
\begin{cases}
宗：声是无常。\cdots\cdots\cdots\cdots 结论\\
因：所作性故。\cdots\cdots\cdots\cdots 小前提\\
喻：凡所作皆无常，如瓶等。\cdots 大前提
\end{cases}
\Big\}三段论
$$

从上表看，因明和三段论的组织成分有其相应部分，但排列的顺序不同。因明为辩论所用，所以它把争议的命题首先提出，然后举出它的理由，即因，最后又以具体的事例（喻）来充实证明。三段论是为正确推理之用，所以它先列大前提作为普遍的原则，然

后推到小前提的个别事例，最后得出这一事例与普遍原则的关系。因此，双方的形式的次序迥然不同。其次，因明为强调因的作用，所以只单提因一项，这相当于三段的中词，而三段论的小前提则把整个命题列出，如上例"所作性故"应改为"它是所作成的。"这又是它们的不同处。

（2）目的上的不同。因明固然要辨别真似，这是和逻辑的求真一致的。但因明辨别真似，目的在于能辩论取胜，这和逻辑之单纯求真不同。

（3）体系上的不同。因明的目的既在辩论求胜，因此，它组成的论证体系完全为辩论用的。我们可称它为辩论的体系。逻辑的目的单纯在求真，推理如何得达正确，这是它的中心目标。因此，逻辑的体系是为推理用的，我们也可称它为推理的体系。

（4）主持者的不同。逻辑的推论单纯在求真，因而主持者只有运用思维推理的一方。但因明为解决辩争胜负之用，因而主持者除论主一方之外，同时还有论敌的一方和第三者共证的一方。因而主持因明的论辩，就有立、敌和共证的三方存在。

（5）推论的确然性不同。因明的喻依是和归纳（不完全归纳）连结在一起的，所以它的推论不免带有或然性。但逻辑的推论，不论是演绎或归纳（科学的归纳）都是必然性的推理。

（6）对谬误的看法不同。逻辑的辨谬是为求真的辅助。但因明论辩在于"出过"，这即找出对方的过失。因此，在逻辑上认为是和事实相符的，不算谬误。而因明却定了一条"相符极成"过。如"声是所闻"，这一事实，立敌双方和第三者都共同承认的，逻辑上不算错，但因明认为是"相符极成"过。因为举了大家所共同承认的命题来争论是极端错误的。

（7）演绎和归纳联系不同。逻辑的演绎和归纳各成体系，划分清楚；但因明中的演绎和归纳参杂为用，界限不分。陈大齐云："因后二相即逻辑之归纳推理，逻辑归纳不除其宗，因明除之，此为二者不同之点。同品除宗，犹有一利，可免循环论证之讥。逻辑之法，集诸事例，归纳以造普遍原则；继复自此普遍原则，演绎推理，返判诸事例之一，论者讥之，谓为循环论证。惟利与弊，相因而生。同品除宗，既未尽举，自同品定有性言之，三支作法，仅自特殊以推知特殊，非自普遍以推知特殊，亦即但有比论之力，应无演绎论证之功。试更推究其极，亦有若干论证，本无过失，以同品除宗，遂成非量"。（陈大齐著：《因明大疏蠡测》页72）陈又云："逻辑三段论法，纯粹演绎，不摄余事，因明三支作法，于演绎中兼寓归纳。此之不同，世所公认。因明归纳作用存于后二相中，后二相以宗同异品为推理之资料，同有异无为推理之准则。推理所得，即二喻体。故后二相归纳之用，同异喻体，归纳之果。一用一果，其不同一。在三支作法中，同异二种喻体，既为归纳推理之结论，又为演绎推理之前提，归纳演绎，两俱有关"。（同上书，页77）可见因明是杂糅演绎与归纳的逻辑体系，和西方逻辑大有不同，陈大齐的分析，我们是同意的。

因明三支和逻辑三段论的不同，在于因明包含了归纳，这点吕澂也曾明确指出过。他说："形式逻辑的三段论式是演绎推理，而因明的三支则包含有归纳的意味。所以，因明的三支不仅在形式上与形式逻辑的三段论不同，就是在内容上也不完全相同。……因明的三支还要求举出例子'如瓶等'，这就兼有归纳的意味了"。（吕澂著《因明入正理论讲解》中华书局1983年版，第148页）吕澂这里指出因明的特点和陈大齐相同，不过不如陈大齐分析详尽罢了。

以上，就因明和西方逻辑的比较分析，约有如上的七点不同。以下再谈因明和中国逻辑的比较。

2. 因明与中国逻辑。

近人谭戒甫以因明和中国逻辑进行类比,他指出:"墨辩《经下》76 条和因明似立宗所谓'现量相违过'相近,……""《经下》第 77 条和'世间相违过'正同"。(谭戒甫《墨辩发微》,科学出版社 1958 年版,296 页)我认为这样进行类比是值得商榷的。中国的逻辑发生于先秦的名辩之学,有它的社会历史渊源,有它自己独特的问题和不同的结构,不能拿中国逻辑去硬套因明体系。何况中国的汉语言文字和印度的梵文大不相同,而因明的推论则受梵语的影响,如生搬硬套就会闹出笑话。周叔迦就明确指出了这点。他说:"但是就宗因两支的立言上,因为中国与印度的文法不同,所以,那因明的体例也有出入,不可太拘执了,印度的字是由字母拼成的,印度文法是没有虚字的,一切虚字全由实字的语尾上变化表示出来,于今将中印文法不同的地方对照如下:

中国
宗:我当要死,
因:因为我是人。
印度
宗:我死,
因:人。

在这例上,'当要'的意思在死字语尾上表示。所以在印度文,那因上绝对不许加'我'字。假使加上'我'字,便变成了'我是因为人'。不但这句话没有意思,并且又成了一句宗的格式,旁人听了,可以误会以为是两个并立的宗了。所以只许说'人',就是'因为是人'。但是要人知道是指'我是人',不是'死是人',所以特别规定了因一定要是宗上有法的法性。譬如,我当要死,因为是人。若谓指死是人,便大错了。死是人生的终了,便不是人了"。

（周叔迦著《因明新例》，商务印书馆版，第36～37页。）这里，周叔迦分析得很清楚"死是人生的终了，便不是人了"，这就是说："死变为非人。"所以他提因的要求必是有法的属性，而不能是法的属性，才可无误。否则，用中文去硬套，就会成为笑柄。我不懂梵书，无法去比较，不过如周叔迦所分析，这就值得我们注意。我之所以不赞成以因明硬套中国逻辑，这是一因。

第三节　因明之传入中国

因明之传入我国，可分为两部分论述，即一为汉传因明，二为藏传因明。而汉传因明中，又可以玄奘为界，分为玄奘以前时期和玄奘本人传入时期，兹先述汉传因明。

1. 汉传因明。

1) 玄奘以前时期。

古因明部分在南北朝时期已有传入。北魏孝文帝延兴二年（公元472年），吉迦夜和昙曜流支合译《方便心论》。东魏孝静帝兴和三年（公元541年）毗目智仙与瞿昙流支合译《回诤论》。梁简文帝大宝元年（公元550年），真谛译《如实论》。这些都属古因明系统。从刘勰所著《文心雕龙》的缜密论著看来，他是有逻辑修养的，也许他受了这些古因明著作的影响。刘勰笃信佛教，最后出家，法名慧地。

此外梁启超也曾提到《五明论》的传入，（梁启超著《佛典之翻译》，见《佛学研究十八篇》，中华书局版，下册，页60）他说："宇文周时有攘那跋陀罗、屠那耶舍共译五明论。其目则一、声论；二、医方论；三、工巧论；四、咒术论；五、符印论；其卷数不详。"这是外五明，或称婆罗门五明，不包因明。

2) 玄奘传入因明。

玄奘（公元 596～664 年，约生于隋文帝开皇 16 年，约卒于唐高宗麟德元年）。玄奘俗姓陈，名纬，出生在洛州缑氏县（今河南偃师县）。年幼时，他跟他二哥陈素出入洛阳寺庙讲经场所，笃信佛教。因此，他十三岁那年特许做了和尚，成为名副其实的一个虔诚的佛教徒。

玄奘出家后，不满意于当时的和尚们以道教和玄学思想解经，而且翻译也很不完备，于是，他于唐太宗贞观元年（公元 627 年），不顾当时朝廷不许私自出国的禁令，毅然从长安前往印度，于公元 531 年底历尽千辛万苦，到达摩竭陀国。该国为佛教古国，阿育王（公元 273 —337 年）时规定以佛教为国教。公元 6 世纪笈多王朝时，繁逻迭多王又建立庄严的那烂陀寺。后来戒日王又大力支持，使该寺成为佛教的文化中心。有名的大师安慧、护法、戒贤先后主持那烂陀寺。玄奘即在戒贤主持下学习了因明和其他大、小乘经典的。

公元 645 年，玄奘 49 岁时学成回国，唐太宗派人去迎接他，礼遇甚丰，后来又支持他译述工作。他从事译述一十九年，虽没有自己的专著，但他译了天主的《因明入正理论》（公元647年），又译陈那的《因明正理门论》，（公元649年）这是有选择的。因为这两部书是专门讲述因明法式的。玄奘只口头讲述，但他的高弟却有大量的疏记。窥基的《因明入正理论疏》（世称《大疏》）八卷、文轨的《因明入正理论疏》（即《庄严疏》）四卷以及神泰的《理门述记》四卷，其尤著者。

玄奘在印度取经经历了 19 年之久，回国后 又得 到唐帝王的支持，大量翻译经典，曾盛极一时。但数十年之后，因明及唯识之学已无人问津。因明之学也和它在印度的 命运 一 样 而归消亡，梁启超说："相宗所说，则当其所谓认识论之一部也，前此未之闻。而其所用因明，又为外道所同用，其论心物之法，又与小乘之俱舍相辅翼,重以繁重艰深,不易明习,则厌而蔑焉。……直至玄奘归来,乃始大昌,而数十年后已莫能为继也"。(《中国佛法兴衰沿革说略》佛学研究十八篇,上册,中华书局、民国25年版,第13页)梁启超这里所说的"繁重艰深,不易明习,则厌而蔑焉。"他道出了因明衰败之速的一点消息。法相唯识之学流于烦琐的分析,因明大部分也陷于无意义的概念游戏,这和当时人习于玄想是格格不入的。何况当时三教合流,只向唯心主义的玄思发展,而抛弃名辩上的分析,因明之遭抛弃,固有由也。详情容待本章末节阐述。

2. 藏传因明。

藏传因明较晚,大约在北宋末年,法称的著作《释量论》、《定量论》、《正理滴论》、《因滴论》、《成他相属论》、《净正理论》等已有翻译,法师子(公元1109—1169年)曾注《定量论》,为藏传因明最早的注疏。稍后,格鲁派创始人宗喀巴(公元1357—1419年)著有《因明七论除暗论》,把因明的逻辑训练和解脱的修炼结合起来,使因明蒙上了修道的神秘色彩。宗喀巴的弟子,如贾曹杰·达玛仁钦(公元1364—1432年)撰《它量论广注》、《正理滴论善说心藏注》、《释量论能显解脱道论》。克主杰·格雷贝森(公元1385—1438年)撰《量理海论》、《因明七论除暗庄严疏》。根顿珠巴(公元1391—1474年)撰《量理庄严论》、《释量论广注》。所以,宗喀巴师弟的因明为藏传因明之主导。

总之,藏传因明以研究法称为主。法称大弟子寂护(约公元700—760年)曾两次入藏传法,受到赤松德赞的欢迎。寂护弟子莲花戒(约公元730—806年)也到过西藏传过法。这和玄奘之未提法称大不相同。

格鲁派从明末清初起即掌握了西藏地方政权,政教合一。因此,藏传因明得以延续到现在,这和汉传因明之绝而复续者又不相同。（参阅沈剑英《因明学研究》,第23—25页。）

第四节　玄奘所传因明的要义

1.因明的意义。

1)印度的五明。

古印有所谓"五明"之称。"明"者即阐明或研究之意。第一,为"内明",即对佛教教义的研究。第二,为"医方明",即对病体、病因、治疗与修养的研究。第三,为"工巧明",即对各种技艺的研究。第四,为"声明",即关于文法的科学。第五,为"因明"即研究论辩的理由之学,即逻辑学。所以因明是属于内五明的一部,这和前举之"外五明"或婆罗门五明不同。

2)什么叫做因?

(1) 因的定义:因即立言的理由或依据。跟论敌辩论就要提出充分的理由,作为你的主张的依据。你的主张的理由是什么?可靠与否?应该具备什么必备的条件,才能成为正因?因为只有以正因为理由才能立于不败之地。古因明的九句因和新因明的因三相,都是决定正因的逻辑方法,这于前边已分别论述过了。

(2) 因的种类。

因明所讲的因,可大别为二大类:一为生因,如种子生芽,能生出成果来。二为了因,有如明灯照物,使人了解清楚。

以上二大类,又可各别为三小类。生因中可分为"智生因",即立言者的智慧。"言生因",即立言者的语言表达。"义生因",即立言者所说的道理。

了因也同样分为三种,即"智了因",即对答者的智慧。"言了因"即对答者对立言者语言的了解。"义了因",即对答者所生的

智解。兹为清醒眉目,列表如下:

$$因 \begin{cases} 1.\ 生因 \begin{cases} (1)\ 智生因 \\ (2)\ 言生因 \\ (3)\ 义生因 \end{cases} \\ 2.\ 了因 \begin{cases} (1)\ 智了因 \\ (2)\ 言了因 \\ (3)\ 义了因 \end{cases} \end{cases}$$

以上六种中,以言生因与智了因为主,这即指立者所说的话, 能使对方得到正确的了解。因明的任务即在于通过什么途径能使自宗确立起来,击破敌对的他宗。这即所谓"能立"和"能破"的主题。

2.八门、二益。

1)总述。

《因明入正理论》开首云:

"能立与能破,及似,唯悟他。

现量与比量,及似,唯自悟。"

列表如下:

$$悟他 \begin{cases} 真能立 \\ 真能破 \\ 似能立 \\ 似能破 \end{cases} \qquad 自悟 \begin{cases} 真现量 \\ 真比量 \\ 似现量 \\ 似比量 \end{cases}$$

悟他有四门,自悟也有四门,共有八门。通过这八门的方法达到悟他与自悟的两益。

2)分释。

现在我们进一步把八门二益加以分别的简单解释。

(1)悟他。

①真能立。

即立者论式正确,应该具备两个条件,即一,**宗因喻三支无**

过;第二,因的三相无阙。总之,立者论法无过而又能达到悟他的目的,才是真能立。

②真能破。

真能破必然对着似能立的,所谓"能破之境,体即似立。"如果对方确是真能立时,那就无法攻破的。真能破有两种,即立量破和显过破。立量破是指自己排列论式,破对方论式。显过破是指揭发论敌的错误,对论敌进行驳斥。

立量破必须包含显过破,因为自己摆开阵势以攻敌论,就必然是显过破。但显过破却不一定是立量破,这是它们的不同。

③似能立。

似能立即立者的论式不能证成自宗,这和真能立相反,它是一种不正确的论式。似能立只成为真能破的对象,前言"能破之境,体即似立"即指此意。

④似能破。

论敌的论式本来圆满无缺,而误把它当成有缺进行反驳,反将自己陷于似能破的困境。《大疏》云:"敌者量圆,妄生弹诘,所申过起,故名似破"。(卷一)即指此意。

《大疏》之外,在《庄严疏》中又指出另一种似能破,即"亦有于他有过量中不知其过,而更妄作余过类推,亦是似破。"这就是说论敌论式是有错的,但你没指出这过的所在,而于无过处,妄加指责,也成了似破的错误。

似能破也可分为似立量破与似显过破二种。

(2) 自悟。

① 真现量。

自悟的四门是属于认识思考的活动,何以这四门都称为量?量是从梵语 Pramana 译来,而 Pramana 又从它的语根 ma,即动词的量得来,所以量有尺度或标准之意,我们依据它即可分别知识的真似。

量可大别为二组，即以感觉经验为依据的现量及以推理为依据的比量。现量与比量各有真似，因此，共得四门。兹先讲真现量。

所谓现量，依陈那、天主的定义，即"无分别"。现量即指感官和它所感的对象接触后产生，这是"现量别转"。吕澂称为"纯粹感觉"。(吕澂：《因明入正理论讲解》，第52页)主要指前五识眼、耳、鼻、舌、身的活动。如眼识缘色，但不起"色"的概念，根和根之间没有联系，若有联系就成有分别的知觉(perception)，而非纯粹感觉(pure sense)了。有人在讲"现量相违"时，注了英文解释云：Imcompatible with perception, 这就把现量解成perception, 成为知觉，恐怕有误。如译成英语时应作Incompatible with sensation。现量是属感觉层的活动，并没到知觉层故。

真现量即指感官的直接所感，并没有迷误。如见烟感知其为烟，见雾感知其为雾，这即是真现量。这样，真现量有两个条件：即一，无分别；二，无迷误。

② 真比量。

什么叫比量？即指从思维的推论上，以某一件事物为因，推得它所应有的结果。《因明入正理论疏》云："言比量者谓藉众相而观于义。相有三种，如前已说，由彼为因于所比义，有正智生，了知有火，或无常等，是名比量。"因有三相，借助因的三相进行比度，推论得到正确的认识，就是真比量。《因明入正理论疏》又说："以其因有现、比不同，果亦两种：火，无常别。了火从烟，现量因起，了无常等，从所作等，比量因生"。(《因明入正理论疏》卷八)所以比量有两类，一是从感觉的事物为依据，进行推论，如见烟而知有火，这是以现量因为据的比量。另一，是从看不见的

"所作性"为依据,推得声为无常, 这是以比量因为理由的比量。
总之,不论从现量因或比量因,如能得出正确的结论都叫做真比
量。

③ 似现量。

《因明入正理论疏》(卷八)云:"不称实境,别妄解生,名于义
异转,名似现量。"真现量是一种纯粹感觉(pure sensa),是没有
分别的。如果有了分别,就是"不称实境,别妄解生",如眼缘色
而得了"红"的认识,就不是真现量,而为似现量了。

似现量不是比量,因它还不是从概念上进行,而只从自相而
生分别。这是它们的不同处。

④ 似比量:

什么叫似比量?据《因明入正理论疏》说:"若似因为先,所起
诸以义智,名似比量。似因多种,如先已说,用彼为因,于似所
比,许有智生,不能正解,名似比量。"因的过失共有十四种,以这
种错误的因为理由进行推论,得出错误的结论,就是似比量。如
见雾以为烟,并由此误推其有火, 就是似比量。"似因智"指依于
错误的理由而生的智慧。"似义智"即指作了错误了解的智慧。
总之,似比量就是一种不正确的推论。

3.论法的种类。

因明论法的组织有种种的不同。兹就其中重要的一项, 即
形势的区分略解如次。

论法形势依立论者的目的,是为防守、抑进攻,抑共诤而有
自比量、他比量和共比量的不同。第一是立所许,敌所不许;第
二是敌所许,立所不许。因此,都要加上简别语的标帜。第三是
立敌所共许的对诤形势,就毋须加以简别。

第一,自比量。如:

宗:我说甲是乙,

因：许是丙故，

喻：许如子丑等。

这里，"我说"和"许"就是简别语，如不加简别，就会有过。

第二，他比量。如：

宗：你说甲是乙，

因：许是丙故，

喻：许如子丑等。

这里"你说"与"许"也是简别语。

第三，共比量。如：

宗：耶稣是普通人，

因：身体与常人同，

喻：例如我们。

以上三种论法又可各分为三种。

自比量的三种。

（1）自比的自比量：宗因喻都为立者自许。

（2）自比的他比量：宗自许，因喻他许。

（3）自比的共比量：宗自许，因喻共许。

他比的三种。

（1）他比的他比量：宗因喻都为敌者他许。

（2）他比的自比量：宗他许，因喻自许。

（3）他比的共比量：宗他许，因喻共许。

共比的三种。

（1）共比的共比量：宗因喻都是立敌共许的。

（2）共比的自比量：宗共许，因喻自许。

（3）共比的他比量：宗共许，因喻他许。

4．谬误论。（即33过）

因明为辩论胜负之学，所以它极注重论辩时所犯的过错。有

• **311**

689

时在普通逻辑上看是无过的,但因明却认为有误,如相符极成过即是。如"声是所闻"这是大家公认的事实,在逻辑上是许可的。但因明认为拿这种立敌共许的命题提出争论,是无意义的,是犯了相符极成过。

因明的谬误论,即为宗的九过,因的十四过,喻的十过,一共三十三过。兹分述如下。

1) 宗的九过。

宗的九过,陈那提出五种,天主增补四种。陈那所提的五种,在组织上,宗体与宗依都无问题,宗依——前陈或后陈,是立敌共许的,宗体——前陈联系后陈,是立许敌不许的。虽组织上没问题,但其内容上却有问题,它或违反眼前事实,或违反逻辑推论,或违反自宗信仰,或违世间信仰,或违语言表达,发生前后陈的矛盾等。

天主增补的四种,专指宗在组织上的过失,宗的组织有两点必须严格遵守, 即宗依应为立敌所共许, 宗体应为立敌所不共许。如不遵守这规则,则宗依要犯别不极成,所别不极成。俱不极成的错误,宗体就犯相符极成的一过。兹分述如下。

(1) 现量相违过。这是违反经验事实的过失,如:

宗:蛇有脚,

因:能行走故,

喻:如人畜等。

(2) 比量相违过。这是推理上的过失。如立宗云:"孔子不会死"、"声常"之类, 是违反逻辑推论的,因孔子是人,而人是会死的。声音瞬间消失,不能常住,所以这种比量是错误的。

(3) 自教相违过。

这是和自宗的教义相违,例如佛教徒说:"因果律不确",耶稣教徒说:"神非实在",就违反各自的教理,成为过失。

（4）世间相违过。

这有两种，一为违反学者世间，如说"物理学是空论"。另一为违非学世间，如印度说："怀兔非月"。

从表面看世间相违并未违反违他顺自的原则，但宗的组织上无误的，不一定内容上也无误。违他顺自是对论敌说的，世间相违是对社会说的，二者迥然不同。

（5）自语相违过。

自语相违即前陈与后陈发生矛盾。《因明入正理论》举例云："我母是石女。"《因明入正理论疏》解云："宗之所依谓法、有法。有法是体，法是其义。义依彼体，不相乖角，可相顺立。今言我母，明知有子，复言石女，明示无儿。我母之体与石女义，有法与法不相依顺，自言既已乖反，对敌何所申立，故为过也。"

（6）能别不极成。

即后陈不为立敌所共许。如佛教徒对数论师立"声灭坏"，即为能别不极成，因数论只认为声有转变，而无灭坏。

（7）所别不极成。

即前陈不为立敌所共许，如耶教徒对佛教徒说："真神末日的审判是正确的。"

（8）俱不极成。

即前陈、后陈都为立敌所不许。如耶教徒对佛徒说："真神是末日审判的主权者。"

（9）相符极成。

如"声是所闻"，这是立敌共许的宗，违反了宗体应为立敌所不许。前三者(6)(7)(8)为违反宗依要立敌共许的规则，而末条则为违反宗体应不共许的规则。

2）因的十四过。

因的十四过是由于违反了因三相的规则而生。共有三类，即一类为不成,由于违反第一相而生,共有四种。二类为不定,即由于违反第二或第三相而生,共有六种。三类为相违,由于违反了第二及第三相之故,使因尽在异品中,同品反无之故。这样,因的十四过,共有四不成、六不定和四相违,兹分别解释如下:

四不成过。

(1) 两俱不成过。

如:"成立声无常等,若言是眼所见故"。(《因明入正理论》)即为两俱不成,因立敌双方都不认此因能证明此宗。

(2) 随一不成过。

如《因明入正理论》云:"所作性故,对声显论,随一不成。"这即因是否周遍于前陈,立敌有异议。如"所作性故"之因对声显论即为随一不成,因声显论不认声为所作而生。他们认声本在,只由缘而显,非由缘而生。

(3) 犹豫不成过。

这是由于因的疑惑不定。如以远处上升东西为云、为雾、为尘、为烟、尚不能定,即以远处之烟为有火之因,即犯此过。

(4) 所依不成过。

所依指宗依的前陈。因为能依,宗的前陈为所依。宗的前陈必须为立敌所共许,否则有一不许,就陷于所依不成过。如《因明入正理论》云:"虚空实有,德所依故,对无空论,所依不成。"无空论不认有虚空的存在,此论以"虚空实有"陷于所依不成过。

六不定过。

四不成是由于违反因的第一相"遍是宗法性"的规则而生,而六不定则由于违反因的第二相"同品定有性"或违反因的第三相"异品遍无性"而生。"因"为联合宗的同品的媒介,因此,它必须和同品多少有关系;同时,又必须于异品毫无关系。否则于异品固无关系,于同品也没关系,成为违反第二相的论式,或者于

· 314 ·

同品有关系,但于异品也有关系,成为违反第三相的论式。前五种不定,就是根源于此。第六不定,为相违决定。相违决定,即立者所主的宗和敌者相反,如立者主"甲是乙",而敌者却主"甲不是乙"。"甲不是乙"正为"甲是乙"的反对命题。从组织上说,这立敌双方的论式都合于因三相是无可非议的。但因明是为求胜负的一种逻辑,它认为这是两败俱伤,就是一种错误。兹依次解释于后。

(1) 共不定过。

共不定过是由于因的范围过宽所成。《因明入正理论疏》云:"同异二品,因皆遍转,故成(共)不定"。(卷六)例如:

宗:鲸是哺乳类,

因:是动物故。

"动物"为因,陷于过宽,因为它既包同品"哺乳类",也包异品非哺乳类,则此因不能推证鲸之必为哺乳类,如下图所示:

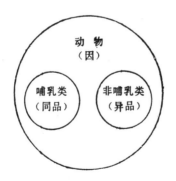

如图以动物为因的圆既包同品哺乳类,也包异品非哺乳类,违反了第三相异品遍无的规则,成不定过。

(2) 不共不定过。

这是因为因的范围过小,既包括不了异品,也包括不了同品。它和共不定正处于相反的地位。如《因明入正理论》云："言不共者，如说声常，所闻性故。常无常品，皆离此因。"

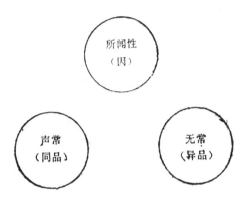

如上图所示，"所闻性"因，只声才有，声以外无一可闻，因此，它没有同品，异品当然也排斥在因之外。所以以上三圈各无关系，这是犯了因第二相的过失。

(3)同分异全不定过。

这是违反第三相异品遍无的过失。同品固有一部分包在里面和第二相合，但异品也全部包在里面，却和第三相违反，因而陷于不定过。

《因明入正理论》云："同品一分转异品遍转（即包有意）者，如说声非勤勇无间所发，无常性故。此中非勤勇无间所发宗，以电、空等为其同品，此无常性于电等有，于空等无。非勤勇无间所发宗，以瓶等为异品，（无常性因）于彼遍有。"

如下图，无常性因，包括了"非勤勇无间所发"宗的同品电与空，又包括了它的异品瓶在内，因此，违反第三相，成为同分异全不定过。

(4)异分同全不定过。

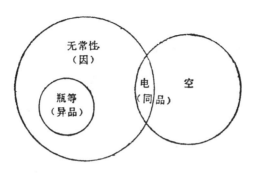

异分同全不定过,也称异品一分转同品遍转,这也是由于因过宽,不但包括了同品的全部,也包了异品的一部分。包同品的全部是于第二相无碍;但异品也包了一部分,却违反了第三相"异品遍无"的规则,成为不定过。

《因明入正理论》云:"异品一分转同品遍转者,如立宗言声是勤勇无间所发,无常性故。勤勇无间所发宗,以瓶等为同品,其无常性于此遍有;以电空等为异品,于彼一分电等是有,空等是无。"如下图:

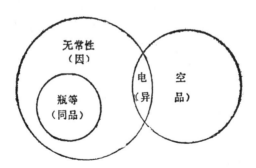

同品圈如瓶等全包在内,固合第二相;但异品电也包在内,则和第三相抵触,成为不定因。

(5) 俱品一分转或俱分不定过。

695

《因明入正理论》云：“俱品一分转者，如说声常，无质（碍）性故。此中常宗，以虚空极微为同品，无质碍性于虚空等有，**于极微等无**。以瓶乐等为异品，于乐等有，于瓶等无。是故此因以**乐**，以空为同法故亦名不定。”如图：

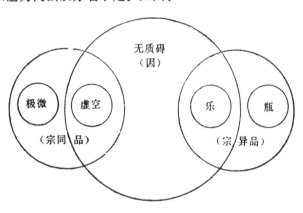

宗常的同品有极微与虚空，虚空为常与“无质碍”因的同品，但极微虽常，却为有质碍，为因的异品。宗的异品有乐和瓶，瓶是有质碍，为因的异品，但乐是“无质碍”因的同品。因此，同异品双方都包有相反的一部分，成为俱分不定过。

（6）相违决定过。

相违决定过，前已明解。《因明入正理论》云：“相违决定者如立宗言，声是无常，所作性故，辟如瓶等。有立声常，所闻性故，辟如声性。此二者是犹豫因故，俱名不定。”这两组论式都于三相无阙应为正确论式，但因明是讲胜负的，这两组的宗互相反对，成为相违，就成两败俱伤，因此也算一种不定过。

四相违过。

四相违过是由于论式所提的因，不但不能成立自己的宗，反而成立了论敌的宗，这是违反了第二相及第三相之故。相违计有四种：

（1）法自相相违过。

这里须先解释两组术语，即"自相"和"差别"。所谓"自相"即论辩者的语言表达；所谓"差别"即论辩者的言语里所包含的意义，即称"意许"。照因明论辩的习惯，往往各宗派的争论，对自宗的真实主张不便以公开语言表达时，即把意许的东西以另种语言来替代，这意许的内容，称为"差别"。因此，照宗的结构法和有法的不同，而有四种分别，列表如下：

$$
法\begin{cases}自相——言陈\\差别——意许\end{cases}
$$

$$
有法\begin{cases}自相——言陈\\差别——意许\end{cases}
$$

先讲法自相相违过。

法自相相违因，此因不能论证自宗，反而证成了敌宗。如说：

宗：声常。

因：所作性故（或勤勇无间所发性故）。

喻：如空（同品），如瓶（异品）。

"所作性"因，在常的同品一概没有，在异品中倒遍有。这是违反第二相"同品定有性"和第三相"异品遍无性。""所作性"因正好证成论敌的"无常"，所以名法自相相违，这是根本的相违。

（2）法差别相违过。

如：宗：眼等必为他用。

因：积聚性故。

同喻：如卧具等。

这是数论为证成他的"神我"所用的论式,他不明说"为神我"用,改以"为他","为他"只是数论的意许。

佛家反对神我,就用法差别相违因来出过,提出如下论式:

宗:眼等必为积聚性他用。

因:积聚性故。

同喻:如卧具。

数论想用积聚性证成"非积聚性的他(神我)",但佛家却用此因证成"积聚性的他",正好和数论的意许矛盾,成为法差别相违过。以逻辑推理去检查,数论实犯了四名词的错误。大词在宗里为"非积聚性的他",而在喻里却为"积聚性的他",不是同一概念。

(3) 有法自相相违过。

有法自相相违者即立者所用的因正好和自己的宗的前陈的语言表达相违反。《因明入正理论》云:"有法自相相违因者,如说:

宗:有性非实、非德、非业。

因:有一实故,有德业故。

喻:如同异性。

此因如能遮(即排除意)实等,如是亦能成遮有性,俱决定故,"胜论想用所立宗"非实、非德、非业"来成立"有性"。但此因(有一实故,有德业故)除能成立有性非实之外,也还能成立"有德非有性。"因此,佛家提出对抗的论式:

宗:汝所言有性非有性。

因:有一实故,有德业故。

喻:如同异性。

所以此因能论证"有性非实、非德、非业",也能论证"有性非有性"。"有性非有性"这是矛盾之论。陷于有法自相相违过。

（4）有法差别相违过。

胜论提出如下论式：

宗：有性是作有缘性。

因：有一实故，有德业故。

喻：如同异性。

胜论这里想立"有性是作有缘性"，但把他的因喻连起来，却得出了"有性是作非有缘性"。而"非有缘性"正好是"有缘性"的矛盾概念，因而陷入有法差别相违过。我们把反对他的论式列出如下：

宗：汝所言有性应作非有缘性。

因：有一实故，有德业故。

喻：如同异性。

后二相违很特殊，而且解释纷繁，大多不用了。

3）喻过十种。

上边所讲因过是违反三相的规定。阙第一相者为四不成，任阙第二或第三相的为六不定。并阙二、三相的，为四相违。

喻过却属于三支上语言表达的问题。义理虽全，但语言表达有问题，如无合及倒合之类是。因此，对论式的检查，除了因的三相检查之后，还要检查三支的语言表达。

喻过共十种，即同喻过五，异喻过五。

同喻五过，即能立不成，所立不成，俱不成，无合和倒合。

（1）能立不成。

喻中的同喻应有助成因去证成宗的作用，否则因的能立不成，如：

宗：声常。

因：无质碍故。

同喻：诸无质碍，见彼是常，犹如极微。

这是声论对胜论提出的声常论式，但极微虽常住，为立敌所共许，但它为有质碍；因此，它无法去证成宗常，成为能立不成过。

（2）所立不成。

这是缺宗的同品而生，如：

宗：声常。

因：无质碍故。

同喻：诸无质碍，见彼是常，犹如觉等。

觉无质碍，是因同品，但觉是无常，缺宗同品，因而所立不成。

（3）俱不成。

如：宗：声常；

　　因：无质碍故；

　　同喻：诸无质碍，见彼是常，犹如瓶等。

瓶既非无质碍，又不是常，因而犯了俱不成过。

（4）无合。

前三过是关于喻依的谬误，后两过为关于喻体的谬误。

无合即把因及宗后陈并列，没有作出适当的配合。《因明入正理论》云："无合者谓于是处无有配合，但于瓶等双现能立所立二法，如言于瓶见所作性及无常性"。如：

宗：声是无常；

因：所作性故；

同喻：于瓶见所作性及无常性。

应改为"诸是所作，见彼无常，犹如瓶等。"

（5）倒合。

这是违反先因后宗，反成先宗后因的过失。《因明入正理论》云："倒合者谓应说言，诸所作者皆是无常，而倒说言，诸无常者皆是所作"，这就犯了不当周延之误，无常者不皆为所作，如电是。

异喻过五。

（1）所立不遣。

不遣即不排除之意。异喻应排除在宗所立之外，今所举的异喻还在宗所立之内时，就犯此过。如：

宗：声常；

因：无质碍故；

同喻：诸无质碍，见彼是常，犹如虚空；

异喻：诸无常者，见彼质碍，犹如极微。

这里，异喻的极微，是有质碍，为因异品，但它是常，没有排在宗"常"之外。

（2）能立不遣。

宗为所立，因为能立。异喻如不排在因外，**即为能立不遣**，如：宗：声常；

因：无质碍故；

异喻：诸无常者，见彼质碍，如业。

业虽为无常，排在宗"常"之外，但它无质碍，**没有排在因"无质碍"之外**，故犯能立不遣过。

（3）俱不遣。

这即既没有排在宗之外，也没有排在因之外，如：

宗：声常；

因：无质碍故；

异喻：如虚空。

这里，异喻"虚空"既没有排在宗常外，也没有排在因"无质碍"之外，故犯此过。

以上三支为关于喻依的过失，以下二过为关于喻体的过失。

(4)不离。

这和不合相当,不离者即没有把异喻中的离作法表达出来,《因明入正理论》云:"不离者,谓说如瓶, 见无常性,有质碍性。"如声论对胜论云:

宗:声常;

因:无质碍故;

同喻:诸无质碍者,见彼是常,犹如虚空;

异喻:见无常性,有质碍性,犹如瓶等。

这里,异喻无常性和有质碍性,各自独立,不能显出宗与因的远离,从而不能从反面证明无质碍与常的关系。应改为:

"若是无常,见彼质碍,犹如瓶等。"

(5)倒离:

这和倒合相当,如:

宗:声常;

因:无质碍故;

异喻:诸质碍者,皆是无常,如瓶。

并非有质碍均为无常,如极微,有质碍,但为常。所以应改为"诸无常者,见彼质碍,犹如瓶等"。这是先宗后因,把先因后宗的错误改了过来。

第五节　玄奘传入因明后在当时
及其以后的影响

玄奘传入因明后,在当时少数学人中,也引起了注意。这些学人是重视因明的,但对它的不同解释颇引起疑窦,因而发生了争论。另一方面, 在当时广大的知识群中却对之漠然,不感兴趣,因而促使因明的速亡。兹分述如下。

1. 以吕才为主的少数学人的研究。

1) 吕才。(公元600—665年)

吕才是当时一位有唯物主义倾向的逻辑学家，他生于隋文帝开皇二十年，卒于唐高宗麟德二年。兹将他的哲学思想和因明的研究分述如下。

(1) 吕才的唯物主义世界观、认识论和逻辑学。

吕才是初唐的一位杰出的思想家，他博学多才，举凡哲学、文学、军事等等无不涉猎。他重视科学，注意实事的研究。因此，他也重视科学知识所由取得的逻辑方法。吕才的重视因明，就因为因明是印度的逻辑，其中包含有正确的逻辑方法，为研究一切哲学科学之所必由之路。同时，他的逻辑思想又是以他的唯物主义的世界观和认识论为基础，这表明了他的世界观与方法论是统一的。在未谈吕才的因明的逻辑思想之前，有必要先谈他的唯物主义世界观和认识论。

不过十分遗憾的，以这样一位杰出的思想家著作广博，但十之八九都遭遗失。就是他的著名的《因明注解立破义图》也只剩了个序。在中古逻辑史上，他的著作陷于与晋的鲁胜同一命运，这是最可惜的。侯外庐等考证吕才的遗著只剩残文八篇，即：

《进大义婚书表》；

《进白雪歌奏》；(摘自《旧唐书·本传》)

《议僧道不应拜俗状》；(录自藏经，参看《大正藏》卷五二，释彦悰《集沙门不应拜俗事》卷第五)

《因明注解立破义图序》；(录自藏经，参看《大正藏》卷五〇，沙门慧立本，释彦悰笺《大唐大慈恩寺三藏法师传》卷八)

《东皋子后序》；

《叙宅经》；(录自《旧唐书》本传)

《叙禄命》；（同上）

《叙葬书》。（同上）

（参阅侯外庐主编《中国思想通史》，第四卷，上册，第117页。）

以上残篇，不过五千余字，和吕才原著相差甚远。即《因明注解立破义图》原书三卷，全已丧失，只剩了它的序。因此，关于吕才的全部思想，只能从残篇之外的许多论敌的议论中勾稽一二，藉资蠡测而已。

吕才的唯物主义世界观得力于《周易》和印度古代六派哲学中的胜论。他认为宇宙是由物质性的气（浑元之气）组成。他说："且天复地载，乾坤之理备焉；一刚一柔，消息之义详矣。或成于昼夜之道，感于男女之化，三光运于上，四气通于下，斯乃阴阳之大经，不可失之于斯须也。"（《叙葬书》，《旧唐书·本传》）。吕才这里认为天地的构成，昼夜的转变，都由阴阳之气所使然。阴阳之气即为宇宙形成的基础，这是《周易》的本义。

在《因明注解立破义图序》中，他也说道："盖闻一消一息，范围天地之仪，大哉至哉，变通爻画之纪。理则未弘于方外，事乃犹拘于域中，推浑元而漠知，穷阴阳而不测。"吕才这里讲到"浑元"，即指浑沌一元之气。而浑沌一元之气，表现为阴阳气流的一消一息的活动，因而构成宇宙间的一切事物，这也是《周易》的本义。

人们对于宇宙万物的认识即应从客观的实际着手，从矛盾转变的消息中寻找它的规律，这即吕才的唯物主义世界观和认识论的基本处。吕才注重历史的实证，用以批判"五姓说"之无稽，说"验之经典，本无斯说，诸《阴阳书》亦无此语；直是野俗口传，竟无所出之处。"因而它是近代巫师的迷信之说，应被破除。

在《叙禄命》中，吕才也注重具体事实，用以批驳禄命说的迷信。他说："《史记》宋忠、贾谊讥司马季主云：'夫卜筮者，高人禄命，以悦人心，矫言祸福，以尽人财。'又案王充《论衡》云'见骨体而知命禄，睹命禄而知骨体。'此即禄命之书，行之久矣。多言或中，人乃信之，今更研寻，本非实录。"（《旧唐书》卷七九，《吕才传》）这即吕才用具体的实事来批驳一切迷信思想的逻辑方法。

总之，吕才承认世界是实在的、它是物质性的存在，并非神感的灵光。

吕才的唯物主义世界观另一根源，为古印度的六派哲学中的胜论。胜论认为宇宙的基本原素为"极微"。"极微"者即物质性的实体。胜论主持的"实句义"即承认地、水、火、风等都为物质的存在。因此，胜论的世界观是唯物主义的。吕才把胜论的"极微"和《易传》的气当作物质性的宇宙基础。这点，我们可从吕才的论敌明澹的批评中看到。明澹说："胜论立常极微，数乃无穷，体唯极小，后渐和合，生诸子微，数则倍减于常微，体又倍增于父母，迄乎终己，体遍大千，究其所穷，体唯是一。吕公所引《易•系辞》云："太极生两仪，两仪生四象，四象生八卦，八卦生万物，云此与彼，言异义同。今案，太极无形，肇生有象，元资一气，终成万物，岂得以多生一而例一生多？引类欲显博闻，义乖复何所托？"（明澹《致柳宣书》，《大正藏》卷五〇，页265）明澹反对吕才的"云此与彼，言异义同"，认为《易传》是以一生多，而胜论却从多生一。实则明澹的批判出于宗教的成见，不明逻辑的类比方法，议论是肤浅的。一与多的关系为辩证的统一，无一便无多，无多也无所谓一。一可生多，多也可生一。因而明澹批为"义乖"实表现他的无知。吕才从逻辑的类比，推出二者统为唯物的世界观，这一看法是有根据的。

吕才的唯物主义世界观,由于他受了儒家思想的影响,却陷于不彻底性。此点,他和南北朝时的范缜陷于同一命运。他从唯物的观点出发,批判了许多封建的迷信,如丧葬、禄命及住宅之类,具有无神论的气魄,这是值得称颂的。但他批禄命时,却提到"皇天无亲,常与善人;祸福之应,其犹影响。"(《旧唐书》卷79《吕才传》)则陷入有神论的圈套。儒家赏善罚恶的通权设教说是所以使吕才不能彻底贯彻他的唯物主义思想的绊脚石。他虽批判了"五姓说"的迷信,但却保留了《堪舆经》所载的黄帝的"五姓之言"。他虽批判了《葬书》,但又认为"卜其宅兆","谋及龟筮"为"慎终之礼"。这是他所谓"圣人设教"不在批判之列。诸如此类,足以证明吕才的唯物思想的不彻底性,他对鬼神的抨击,也同样陷于软弱无力。因此,他的不彻底的唯物主义思想也就影响到他的逻辑思想。兹转而谈及他对逻辑的看法。

吕才从他的唯物主义世界观出发,重视具体实际的思想,当然也十分重视逻辑学的。因为理和事是密切结合的,所谓"理则未弘于方外,事乃犹拘于域中"即指此意。当印度逻辑即因明学由玄奘传入我国时,吕才和一般僧人不同,十分重视因明的运用。一般僧人视因明为小道,说:"因明小道,现比盖微,斯乃指初学之方隅,举立论之标帜。至若灵枢秘键,妙本成功,备诸奥册,非此所云也"。(《大正藏》卷50,页265)显然,僧人认为因明只是初学的阶梯,不是通往玄妙的途径。但吕才的看法不如此。他认为因明虽蒙上宗教外衣,但有它的逻辑科学的内核,假以细心披寻,是有助于探求真理的。吕才认为因明"理则包括于三乘,事乃牢笼于百法,研机空有之际,发挥内外之宗;虽词约而理弘,实文微而义显。"(《大正藏》卷50,页265)可见因明并不是只为初学的阶梯,而且也是洞达深奥理海的津梁。吕才的重视因明,正从他的逻辑方法与世界观的统一观分析得来的。

吕才的逻辑方法的运用,在于他深刻理解矛盾律的**重要性**。世界是物质的存在,而它的发展转变则在矛盾交替作用的发展之中。掌握矛盾律就可以帮助我们认识到客观的真际,**解开迷误**。吕才之研究因明,是依靠这一规律,他之批判封建迷信,提**倡无神论思想**,也是依于这一规律的运用。吕才说:"诸法师等三家《义疏》……既已执见参差,所说自相矛盾。义既同禀三藏,岂合更开二门?但由衅发萧墙,故容外侮窥测。然佛以一音演说,亦许随类各解;何必独简白衣,术为众生之例?……法师等若能忘狐鬼之微陋,思句味之可尊,择善而从,不简真俗,**此则如来之道**,不堕于地,弘之者众,何常之有?(法师等)必以心未忘于人我,义不察于是非;才亦扣其两端,犹拟质之三藏"。(《大正藏》卷50,页263。)这里所谓"执见参差","自相矛盾",正是吕才运用矛盾律揭露诸法师的漏洞的一件尖锐武器。

至于吕才批判封建迷信,诸如《叙宅经》批"五姓之说",认为把天下万物,悉以五音配属是自相矛盾的,因有"同是一姓,分属宫、商;后有复姓数字,徵、羽不别"。(《旧唐书》卷79,《吕才传》。)这就是自相矛盾的表现。其他如禄命说更与历史事实相违,《葬书》定时,与《礼传》矛盾。总之,**矛盾律是吕才用来批判迷信思想的尖锐武器**。

上边曾云,吕才的唯物论的不彻底性影响他的逻辑思想不完全性。这即他所用的矛盾律反过来又足以批判他自己的违背矛盾律的地方。他保留了儒家一套神道设教的框框,结果使他无法自拔于自相矛盾的困境。这和范缜的处境是相同的。

(2)吕才对因明的研究。

吕才重视因明和一般僧侣不同,我们前边已提到。他认为"此因明论者即是三藏所获梵本之内之一部也。 理则包括于三乘,事乃牢笼于百法,研机空有之际,发挥内外之宗,虽词约而理弘，实文微而义显。……以其众妙之门，是以先事翻译"。（《大正藏》卷50，页262）因此，他对因明采取科学的客观态度，作出冷静的分析，既不盲从诸法师的疏解，也不一概否认他们的正确意见。这点，吕才在著名的《因明注解立破义图》一书中，已和盘道出。他说："才以公务之余，辄为斯注。至于三法师等所说善者，因而称之；其有疑者，立而破之；分为上、中、下三卷，号曰《立破注解》。其间墨书者，即是论之本文；其朱书注者，以存师等旧说；其下墨书注者，是才今之新撰，用决师等前义，凡有四十余条；自邠以下，犹未具录。至于文理隐伏，稍难见者，仍画为《义图》，共相比较；更别撰一方丈图，独存才之近注论"。（《大正藏》卷50，页263）从此可见，吕才对神泰、靖迈、明觉三法师的疏解，既不是完全肯定，也不是完全否定，而是一种批判地研究，充分表现出吕才作为科学家的客观态度。其间既有破，又有立，既有注解，又有论述，既有文的说明，又有图的示意，可谓图文并茂，学理贯通。可惜全书三卷已佚，无从窥其全貌。这是中古逻辑的一大损失，正和晋鲁胜的《墨辩注》的损失相同，诚属一大憾事！

下边我们再就吕才和诸法师所争论的问题，作一简要的阐述。

据吕才论敌慧沼、明濬、善珠等所说，吕才曾于他的《因明注解立破义图》中，提出了"差别为性"，"生因了因"，"宗体宗依"等七条疑难。对这些问题的争论焦点与争论的过程，因《因明注解立破义图》已全部遗失，无从知其底蕴，我们只有依据论敌对吕才的一些批驳，略测一二。

第一，关于"差别为性"的问题。慧沼曾有一段抨击的话说："三藏本译云：'差别性故'。后吕才与文轨法师改云：'差别为性'。岂以昧识为诚言，灵哲为谩语？"（《大正藏》卷44，页145，慧沼《因明义断》）窥基在他的《因明入正理论》中也反对改语。他说："或有于此不悟所由,遂改论云'差别为性',非直违因明之轨辄,亦乃闇唐、梵之方言、辄改论文,深为可责!"（《大正藏》,卷44,页100）窥基接着解释"差别性故"云："差别者,谓一切'有法'及'法'互相差别。'性'者体也,此取二中互相差别,不相离性,以为宗体"。（同上引）从慧沼和窥基的这两段反驳的话看来,"差别"云者即指宗命题中的主词（有法或前陈）和谓词（法或后陈）的互相差别。因明为了立敌双方的辩论,所以宗依即前陈和后陈必须立敌共许,而宗体（即宗的整个命题）必须立许,敌不许。而主谓必须互相差别,否则将为同语反复,毫无意义,当然也就不能成为辩论的主题,是十分明显的。所以,我们认为"差别为性"和"差别性故"只能是文字表达的分歧,没有实质的意义。至于慧沼所谓"岂以昧识为诚言,灵哲为谩语?"不免是僧侣的官腔。所以他说："自既无是,而能言是;《疏》本无非,而能言非。言非不非,言是不是。言是不是,是是而恒非;言非不非,非非而恒是。非非恒是,不为是所是;是是恒非,不为非所非。以兹贬失,致感病诸"。（《大正藏》卷50,页265）这纯粹是一种文字游戏,从"疏本无非"的武断前提出发批评反对者。和吕才从科学的态度作客观的分析实相径庭了。

第二,"生因"、"了因"的问题。

关于"生因"和"了因"的意义,前边已加诠解,此处毋庸重述。吕才反对这一区别。这是根据日本僧人善珠的《因明论疏明灯钞》对吕才的评述。善珠云："居士吕才云:谓立论言,既为'了因',如何复说作'生因'也?《论》文既云,由宗等多言,开示诸有问者未了义故,说名能立果。既以'了'为名,'因'亦不宜别称;不尔,岂同一因之上,乃有半'生'半是'了因'?故立论言,但名'了因',非'生因'。

此虽实是,义实未通,非直不耻于前贤,亦是有惭于后哲。立言虽一,所望果殊,了宗既得为因生智,岂非所以此乃对所生'了',合作二因,难令生了半分?吕失实为孟浪。如灯显瓶,既得称'了',能起瓶智,岂不名'生'?……"(《大正藏》卷68,页258。)

又《大唐大慈恩寺三藏法师传》(卷8)也说:"(吕才)且据'生因'、'了因',执一体而忘二义,能了,所了,封一名而惑二体"。(《大正藏》卷50,页265)

从认识论的角度分析,吕才实有所见,但因明是为辩论而设,就有立者和听者(或敌者)的不同,立者的意义必使听者能理解,使他发生智解,这从不同的身份出发就有"生"和"了"的差别。可惜吕才的全部论点已无可考知,我们也只能略作推测而已。

第三,关于宗体、宗依和喻体、喻依的问题。

这一名词的诠解,前边已讲到,此处毋庸重复,吕才主去体留依,这有他的根据,特别是在喻依方面,表现更突出。因明的喻是带归纳性的,但喻体却构成了与演绎相近的大前提,对因明的性质未免有所拔高,为保留因明的本性,去体留依,我认为是无可厚非的。不过吕才的原著已失,我们也无从确证,只能作蠡测而已。

从以上问题的争论看,吕才和法师们的斗争是剧烈的。但僧侣方面恣恃其皇家的权力,以势压人,排斥吕才,即玄奘自己也是偏袒僧方而拙吕才。

根据侯外庐编《中国思想通史》的考证,唐高宗永徽六年(公元655年),"吕才五十六岁,著《因明注解立破义图》三卷,与沙门慧立,明濬等展开争论,并与诸僧学士共往慈恩寺与玄奘对定"。(《中国思想通史》,第四卷上册,第109页)对定后,慧立对吕才仍作毁谤性的攻击,他说:"近闻尚药吕奉御,以常人之资,窃众师之说,造《因明图》,释宗因义。不能精悟,好起异端,苟觅声誉,妄为穿凿。排众德之正说,任我慢之偏心。媒衒公卿之前,嚣喧闾巷之侧。不惭颜厚,靡倦神劳。再历炎凉,情犹未已。"(《大正藏》卷50,页263)所谓"再历炎凉,情犹未已"可以证明,斗争是在玄奘裁决后,继续进行的,在僧侣们的围攻下,吕才的斗争是艰苦的。但吕才是坚定不屈,具有与范缜同等的战斗唯物主义的精神,这是值得钦佩的!

不过吕才的学识,即使他的论敌也不能不佩服。明濬就说过:"吕奉御以风神爽拔,早擅多能;器宇该通,凤彰博物。弋猎开坟之典,钩深坏壁之书,触类而长,穷诸数术。……五行资其笔削,六位伫其高谈。……实晋代茂先(张华的字,公元232—300年),汉朝曼倩(东方朔的字,前154年—前93年),方今蔑如也"。(《大正藏》卷50,页265。)何况和吕才同一态度的,还大有人在呢。

2)李淳风。

李淳风对吕才学说有所补充。《大正藏》述云:"太史令李君(淳风)者,……专精九数,综述六爻,博考坟图,瞻观云物,鄙卫宏之失度,陋神灶之未工。神无滞用,望实斯在。既属吕公余论,复致问言;以实际为大觉玄躯,无为是调御法体,此乃信薰修容有分证,禀自然终不可成;良恐言似而意违,词近而旨远。"(卷50,页625。)

3)柳宣。

博士柳宣也是吕才的赞同者。在《大正藏》中曾登载两条关于柳宣对吕才的赞语。他说:"吕奉御……闻持拟于昔贤,洞微侔于往哲,其词辩,其义明,其德真,其行著,……立破因明之《疏》,若其是也,必须然其所长,如其非也,理合指其所短"(卷50,页264。)又说:"吕君学识赅博,义理精通,言行枢机,是所详悉。

至于陀罗佛法, 禀自生知, 无碍辩才, 宁由优习? 但以因明义隐, 所说不同, 触象各得其形, 共器饭有异色, 吕君既已执情, 道俗企望指定"。(同上引)柳宣是采取科学家的客观态度, 对吕才的学识渊博加以赞扬之外, 又以明辨是非精神, 分析其短长, 使"择善而从, 不简真俗", "道俗企望"皆得指定。决不象僧侣们的宗派主义, 盛气凌人所能比拟。

由上可知, 对因明的批判研究, 吕才之外也有少数学人, 参与其中。而这场争论却深入到社会各阶层。慧立所谓"媒衒公卿之前, 嚣喧闾巷之侧"足以证明当时论争的广泛性。

2. 因明的衰落。

玄奘传入的因明, 虽有少数学人的研究, 但得不到广大学人的推崇。几十年后, 因明也随唯识法相宗的衰落而衰落, 兹略析其根由。 梁启超曾提到因明之所以速亡和中土学人习于玄风, 不喜辩析有关。(参阅本章第三节)。这是道出了因明速亡的一点消息。我们考察一下唐初的玄风披靡于学界即可了然。唐初学人所谈的玄风又和魏晋时的玄风不同, 因这时已是三教合流的一股儒、释、道唯心主义的大杂烩。封建帝王了然于宗教能迷醉人民的作用, 是善于利用各种宗教的势力的。儒、释、道三教尽管不同, 但都可为统治者所利用。因此, 三教的议论, 有时由帝王亲自主持, 促进三教的合流。正如范文澜所说: "初若矛盾相向, 后类江海同归"。(《中国通史简编》第三编, 第二册, 第 656 页, 引《南部新书》说: "三教讲论的格式是'初若矛盾相向, 后类江海同归。'有这个格式, 三教间的矛盾, 大体上调和了"。)三教合一的玄学已超出了魏晋以《老子》、《庄子》、《周易》为主的玄学, 这是当时广大学人的情趣。而陆德明其尤著者。《旧唐书·陆德明本传》云: "陆德明苏州吴人也, 初受学于周弘正, 善于玄理。陈大建中, 太子征四方名儒讲于承光殿, 德明年始弱冠, 往参焉。

国子祭酒徐克开讲,恃贵纵辩,众莫敢当,德明独与抗对,合朝赏叹。……后高祖(唐)亲临(国子)释奠。时徐元远讲《孝经》,沙门慧乘讲《波若经》,道士刘进喜讲《老子》。德明难此三人,各因宗旨,随端立义,众皆为之屈。高祖善之,赐帛五十匹。"这里说"各因宗旨,随端立义"足征陆德明融汇了三教的玄意,为三教合一的代表人物。这样,朝野上下,群染玄风。在玄风披靡一世的环境下,又怎能看得起因明的学问?何况因明之为唐初广大学人所不喜者,并非如有人说的,由于它具有逻辑科学价值,而是由于因明钻牛角尖的、毫无意义的烦琐分析,和唐初学人格格不入之故。范文澜也说:"这种烦琐哲学的分析,和我国'得意忘言'的思维习惯不合"(《中国通史简编》第三编,第二册,第579页,修订本)。范文澜的意见正和梁启超的看法一致。因明学之速亡,良有由也。我在解放前曾写过一部《中国哲学史》,其第十章曾云:"印度佛教已流为末期之烦琐哲学,所以玄奘所介绍者祇唯识之心理学及因明之论理学,因分析名相太过,不免失之支离烦琐,故虽有当代帝王之提倡,然于吾国人之兴趣不合,故于思想史上终未能有深刻之影响。玄奘之古典主义在中国思想之发达史上言,可谓失败!"(1947年稿,未出版)那么,我对因明传播的失败,看法也和梁启超、范文澜一致。

3.因明之传入朝鲜和日本。

1)因明之传入朝鲜。

新罗僧园测(公元613--696年,即园测文雅)在玄奘未回国之前即游学长安,玄奘回国后,乃从玄奘学,为唐京师西明寺僧。园测写过《因明理门论疏》惜已遗失。

园测再传弟子太贤(古朝鲜人)撰《古迹记》一书,园测曾向他的弟子道征传授因明,又由道正传给太贤。因明就这样从我国唐代传入古朝鲜。

圆测之外，从玄奘受学的新罗僧人，还有元晓、义寂、顺憬等。元晓著有《判比量论》，顺憬著有《因明入正理疏》。窥基盛赞顺憬的著作，称为"声振唐番，学苞大小"，"海外时称独步"。（见沈剑英著《因明学研究》，第26页引）

2) 因明之传入日本。

日本僧人道昭（公元628—700年）于公元653年随日本遣唐使吉士长丹入唐，从玄奘学，他于公元661年归国后开创了法相宗于日本。

道昭三传弟子护命著有《研神章》、《破乘章》、《分量决》等因明著作。他的五传弟子明诠著有《大疏里书》、《因明大疏寻》、《因明大疏融贯钞》等。道昭六传弟子三修与贤应也各著有《因明入正理疏记》。

公元703年（武则天长安二年），日僧智凤、智鸾、智雄到长安就学于玄奘再传弟子智周，智凤门下所著因明书甚多，如神睿的《因明入正理论疏记》，春德的《因明入正理记》，空操的《因明入正理疏记》，平忍的《因明入正理记》、真兴的《因明入正理疏记》、《因明入正义记》、《因明纂要略记》、《四种相违断略记》，僧都撰有《因明入正理疏论》、永超和赖信也各著有《因明入正理疏记》。藏俊有《因明大疏钞》，贞庆有《因明入正理疏记》等等。

公元716年（唐玄宗开元四年）日僧释昉（？—公元746年）来长安，从智周受学。回日后，在奈良元兴寺传学于秋篠山善珠，善珠的《因明论疏明灯钞》对后来颇有影响。

日本僧人大量的因明研究，就把我国失传的许多重要著作给保存下来，其中凤谭的《因明论疏瑞源记》尤为重要。我国因明失传之后，几成绝学，到了清代末年，才在日本发现《因明大疏》，才从日取回翻印，文轨的《庄严疏》残本，神泰的《理门述记》残文，以及慧沼、智周等的著作也相继取回刊行。因此,我国因明的研究到清末才有复兴之势,这就不能不归功于日本僧人。(关于因明在朝鲜与日本的传播是根据沈剑英的《因明学研究》的考证,参阅该书页25—28。)

第十一章 刘知几的论证逻辑

第一节 刘知几的生平及其论证逻辑产生的时代背景

1. 刘知几(公元661—721年)的生平及著作。

根据《新唐书·刘知几本传》载:"刘子玄,名知几,以玄宗讳嫌,故以字行。"他生于唐高宗龙朔元年(公元 661 年),卒于唐玄宗开元九年(公元 721 年),活了61岁。

刘知几是我国一位著名的历史学家,也是中古时代的一位有名的逻辑学家。他在《史通·自叙》上说:"自小观书,喜谈名理"。(《史通通释》上册,页 289)名理者即相当于我们现在所谓逻辑。这说明了他从小就喜欢作逻辑的分析研究,也许是他天生的一种喜爱吧?他博览群书,但"其所悟者,皆得之襟腑"。(同上引,同页)那就是不作史料的记诵,而进行思考的探赜。因而他能作出"独断"("成其一家,独断而已"《史通通释》,上卷, 页 284)之见,"而敢轻议前哲",(同上引)与众不同。他之所以能成为卓越的史学家者,良非偶然。

刘知几著述甚多,计有《刘氏家乘》15卷、《刘氏谱》3卷、《史通》20卷、《睿宗实录》10卷、《刘子集》30卷。与他人合著的有《三教珠英》1313卷、《姓族系录》200卷、《唐书》80卷、《高宗实录》20卷、《中宗实录》20卷、《则天皇后实录》30卷, 而他的著作精华则为《史通》。

刘知几一生长期在国史馆工作，但他对于监修国史的达官贵人极为不满，因此，他私下才另写了《史通》。他在《自叙》中曾把撰《史通》的主旨和方法阐述如下："若《史通》之为书也，盖伤当时载笔之士，其义不纯，思欲辨其指归，殚其体统。夫其书虽以史为主，而余波所及，上穷王道，下掞人伦，总括万殊，包吞千有。……有与夺焉，有褒贬焉，有鉴诫焉，有讽刺焉。其为贯穿者深矣，其为网罗者密矣，其所商略者远矣，其所发明者多矣。盖谈经者恶闻服、杜之嗤，论史者憎言班、马之失；而此书多讥往哲，喜述前非，获罪于时，固其宜矣"。（同上引，页291—292）这里，刘知几指出写《史通》的目的在于找出规律，釐订体系。（"辩其指归，殚其体统"。）他以史实为主，但总结出人伦日用之道，既有客观的历史事实，又有原则上的、理论上的贯通，可谓史和论的相互结合，他朦胧中有历史的和逻辑的统一观，这就使他忠于真理而不得不"多讥往哲，喜述前非"，成其卓越的鉴识而得罪于世了。

2.刘知几论证逻辑产生的时代背景。

刘知几论证逻辑的特点在于他掌握了矛盾律来批判以往的一切。他在思维上矛盾律的运用是有客观的社会基础的，那就是他的生活年代确是各种尖锐矛盾的集中时代。总计当时的矛盾有如下四种。

1)农民与地主阶级的矛盾。

隋末农民大起义终于颠覆了隋王朝，这是唐初帝王的一面镜子。唐太宗就说过："人君依靠国家，国家依靠民众，刻剥民众来奉养人君，好比割身上的肉来充腹，腹饱了身也就毙命，君富了国也就灭亡"。（范文澜：《中国通史》，第三编，第一册，页94所引。）因此，当时统治阶级的剥削稍轻，农民与地主的矛盾有所缓和。

但农民与地主的矛盾是封建社会的基本矛盾，这一基本矛盾在封建社会中是无法解决的。统治阶级的穷奢极欲，无不加重农民的负担，加以战乱频仍，人民颠沛流离，无日不在死亡线上。公元633年唐太宗想登泰山封禅，被魏征谏阻，理由是农民被地主武装屠杀后，人烟稀少，荒草无边之故。（参阅范文澜《中国通史简编》第三编，第一册，第202页）唐实行的均田制，实际上对于贫苦农民收益甚微。它的实质，也不过引导农民开垦荒地，但开垦越多，地主掠夺也越重。杜佑《通典》曾说："虽有此制，开元之季，天宝以来，法令弛坏，兼并之弊，有逾于汉、成、哀之间"。（见范文澜前书，第206页所引）均田制企图缓和农民与地主的矛盾，终归失败，这就说明农民和地主的矛盾还是尖锐的。

2）统治阶级争夺皇权的矛盾。

人类自进入阶级社会以来，统治阶级除了残酷镇压被统治阶级之外，在统治阶级内部为争夺皇权而产生残酷的斗争。虽至父子、兄弟之间，乃至夫妇之间都不惜用杀戮手段去夺取皇权。这点，在刘知几生活的唐初年代也不例外。

唐初争夺皇权的斗争表现为三个方面。其一，即武则天的武氏集团对李唐的争夺。武则天为夺取李唐的皇权，第一步毒死她的长子李弘，立次子李贤为太子。继之，她又驱逐了李贤，废为庶人，立第三子李显为太子（即唐中宗）。公元683年，唐高宗死，唐中宗即位，武则天则以皇太后名义临朝称制。到公元684年，武则天又废唐中宗为庐陵王，立第四子李旦（唐睿宗）为皇帝。公元684年以后，武则天大改唐官制，为她自己登基作准备。终于在公元690年，由僧怀明和唐睿宗等捧上皇帝的宝座，改唐为周，自称神圣皇帝。这是武则天经营三十六年取得的成果。

其二，即韦后集团和李氏集团的斗争。

武则天下台后，韦皇后掌权，她杀了皇太子李重后，继之。她和安乐公主合谋毒杀唐中宗。李隆基（唐玄宗）发动羽林军攻入宫中杀了韦皇后、安乐公主、武延秀等。进而大举杀戮韦后集团，虽小孩也遭惨杀。武氏集团被杀逐之后，也基本消灭了。

其三，唐睿宗、太平公主和太子李隆基的斗争。唐睿宗即位，事事都问过太平公主和李隆基，因此引起太平公主和李隆基的斗争。公元 712 年，唐睿宗让位给太子，唐玄宗即位。太平公主准备用羽林军攻入宫内杀唐玄宗，反被唐玄宗杀戮，并把她的余党驱逐出朝廷。

总之，唐初统治阶级内部为争夺皇权，都不惜用最残酷的杀戮手段，以期达到他们的目的。

3）庶族和士族的矛盾。

地主阶级和农民有矛盾，地主阶级内部、大地主阶级和中小地主阶级也有矛盾。大地主阶级的当权派即指士族层，而中小地主的不当权派即指庶族。庶族一向受到士族的压抑。即以刘知几本人来说，他是出身于庶族的一员，他看不起农民，称他们为"冥"，（《史通自叙》"民者，冥也，冥然罔知"。《史通通释》卷上，页291）在历史发展的动力上只看到个别英雄人物，而看不到人民群众的力量。这些就显出刘知几的中小地主阶级的偏见。但从刘知几的《自叙》上看，他又是受大地主阶级的压抑，他说："凡所著述，尝欲行其旧议，而当时同作诸士及监修贵臣，每与其凿枘相违，龃龉难入，故其所载削，皆与俗沉浮。虽自谓依违苟从，然犹大为史官所嫉。嗟呼！虽任当其职，而吾道不行；见用于时，而美志不遂！"（《史通通释》上册，页290）这里所指的监修贵臣,即指当时宰相韦巨源、纪处讷、杨再思、宗楚客等,他们是代表大地主阶级意见,因而和刘知几不相容。

不过由于统治阶级的争夺皇权,庶族的地位也有所抬头。武则天为巩固她的政权,大量招收天下贤士。她令九品官以上都可荐举,其方法有自举、试官、员外官及殿试贡士,这样一大批庶族阶层想作官的都来应举。武则天就是以这样的方法来收揽中小地主的人心。《资治通鉴》卷205(第14册,页6477—页6478)曾载当时的谚语说:"补阙连车载,拾遗平斗量。**攫**(四齿耙)推侍御史,**盌脱**校书郎。"形容当时的官滥。刘知几也曾上表说,当时官员冗杂,赐勋阶太滥,取士太宽,六品以下和土芥一样贱。(参阅范文澜《中国通史简编》第三编,第一册,第112页。)但是这些官迷们同样遭到武则天的杀戮,以致当时户婢们私下对着那些新官说"死鬼又来了",不久那个新官果然被杀。可见斗争是相当残酷的。

4)逻辑科学探究的进步思想和当时封建迷信及守旧的章句派的思想矛盾。

刘知几在《史通》所反映的以追求历史真实的求真、求实的逻辑思想是和封建的神话迷信以及保守周、孔章句的守旧思想是矛盾的。刘知几提出写史的三个重要条件,即才、学、识。学是属于资料的事,才是属于方法与工具的事。有工具与方法而缺乏资料,固然不行,但仅有资料而缺方法与工具,也将如"愚贾操金,不能货殖"。(《新唐书·刘知几本传》,见《史通通释》下册,页604)而识更重要,识是卓见,贯穿于学与才之中,掌握了"通识",才能拨开历史的云雾而得到历史的真实面目。但这一真实的逻辑的进步思想的追求是和当时史馆的士族的章句派矛盾的,更不用说历史中的神话迷信的烟雾了。

这两种思想的矛盾不但表现于刘知几和守旧史官之间,而且也反映在刘知几本人身上。刘知几作为追求历史真实的一位逻辑家来说,他是进步的,他对禅让说的批判,对《尚书》与《春秋》的批判是有力的。他揭发神话怪异的迷信思想,澄清历史的真实面目,是有功的。但另一方面,由于他的中小地主阶级的偏见,他不敢站在异端的斗争立场而有所却步。对于历史发展的规律,终于迷误不清而陷入英雄决定一切的唯心史观!

　　总之,刘知几所处的年代,是各种矛盾集中的时代,既有阶级上的矛盾,又有思想上的矛盾。这些矛盾的现实反映到刘知几的思想中,就形成了他以熟练运用矛盾律为武器的论证逻辑。

第二节　逻辑探究的目的与方法

　　1.逻辑探究的目的。

　　逻辑的主旨在于求真,因而逻辑探究的目的,即在于求得客观事物的真实面目,而不容有半点虚伪。虚是不实,伪即假造,对虚伪不真的以往历史,需要从头估价,进行一番驳斥。刘知几"自幼喜谈名理",天生有一味追求真实的逻辑天性。他不满于国史馆监官的虚伪,退而私著《史通》,以"直笔"来书写他认为真实的历史。《史通》的目的在一个"通"字。这即要掌握"通识",才能写出真实的历史。历史的真实是有它的发展规律的。客观事实有其所赋有的理存焉,这表现出刘知几心中有一种朦胧的历史的与逻辑的统一观在指导他的思考。比如,历史的经过是有变革的。他说:"盖闻三王各异礼,五帝不同乐。"(《史通通释·因习》卷上,页136)又说:"世异则事异,事异则备异,必以先王之道,持今世之人,此韩子所以著《五蠹》之篇,称宋人有守株之说也。"(《史通通释》上卷,页221。)其次,历史的发展是进步的。

刘知几认为今不一定不如古,他列举韦、孟的诗,赵壹的赋,贾谊的《过秦》,班彪的《王命》,刘向、谷永之上疏,李固之对策等,"其文可与三代同风,其事可与五经齐列。"(《史通通释·载文》卷上,页127)而且还有古不如今的,因"远古之书与近古之史,非唯繁约不类,固亦向背皆殊。……孟子曰:'尽信书不如无书,《武》《成》之篇,吾取其二三简。'推此而言,则远古之书,其妄甚矣。"(《史通通释·疑古》下卷,页394)只有找着这些历史发展的规律,才能算做到"通几"。但是过去的历史是经不住这些规律的检核的,我们应把它重新做出估价,还历史的本来面目。

过去的历史传载,总认为古代,特别是尧、舜、禹三代为黄金时代。尧、舜禅让传为美谈,果真是这样吗?刘知几根据历史的矛盾律,揭发了禅让说的虚伪性。有充分证据可以证明,所谓禅让实际不外是篡夺而已。古代帝王借神权来巩固他们的帝位,不惜假造神话,把帝王的出生,神化什么"禹生启石",禹母获月精石,吞之而生禹,后稷生乎巨迹,伊尹生乎空桑。(参阅《史通通释·采撰》卷上,页116—119)实则这些都是骗人的把戏,"苟出异端,虚益新事"(《史通·采撰》,同上引)而已。凡此种种,刘知几都运用矛盾律一一加以驳斥,其详见后,兹从略。

2.逻辑探究的方法。

通过什么逻辑方法来求得正确的历史判断呢?从《史通》的分析,约有如下五条。

1)博采。

这是以归纳的逻辑方法,从广泛的历史载籍中求得事实的一般原则的方法。《史通》中的《采撰》篇(《史通通释》卷上,页115)言此綦详。《采撰》云:"盖珍裘以众腋成温,广厦以群材合构。自古探穴藏山之士,怀铅握椠之客,何尝不征求异说,采摭群言，然后能成一家，传诸不朽。"（《史通通释》卷上，页115）这说明正确的历史判断，首先必须从广泛搜集材料入手，从广博的资料中然后才有可能归纳出正确的结果来。他赞颂丘明立传，"广包诸国"，（同上引，同页）司马迁《史记》、班固《汉书》也是采用同样的方法。因此，"能取信一时，擅名千载"。（同上引）

但广泛搜集材料，必须"明其真伪"，（同上引，页117）否则朱紫不分，是非莫辨，前后错乱，有无颠倒，那么，所得的材料就根本不可靠，又怎能从虚伪的事件中归纳出真实的东西呢？

2）善择。

博采必须和善择相结合，才能显现其作用。如果说博采是通过归纳来广泛搜集材料，那么，善择就是运用演绎来进行论证，证明所选择的材料正和自己的目的相符。如果只有前者而没有后者，那就只是一堆杂乱无章的史料，是没有什么意义的。但如果只有后者而无前者，则演绎论证又将成为空话，一文不值。因此，刘知几提出博采的方法之后，又提出善择的必要性。他说："凡此诸书，（按指郦道元《水经注》之类）代不乏作，必聚而为志，奚患无文？辟夫涉海求鱼，登山采木，至于鳞介修短，柯条巨细，盖在择之而已。苟为鱼人、匠者，何虑山海之贫罄哉？"（《史通通释·书志》卷上，页74）我们必须做一个善打鱼的渔夫，精选适合自己目的鳞介之属，也必须象工精的巨匠，能选择自己合用的大小长短适度的好木。这就须凭藉自己的鹄的来作出一番合逻辑的演绎论证，然后才能办到。

在《杂述》篇中，刘知几更推言善择的重要性。他说："然则荛莞之言，明王必择，葑菲之体，诗人不弃。故学者有博闻旧事，多识其物，若不窥别录，不讨异书，专治周、孔之章句。直守迁、固之纪传,亦何能自至于此乎?且夫子有云:'多闻,择其善者而从之','知之次也'。苟如是,则书有非圣,言多不经,学者博闻,盖在择之而已。"(《史通通释·杂述》卷上,页277)刘知几引用孔子的话,知识的次序,第一步必须从多闻、多看做起,然后第二步就必须从那里选择最好的来采用。所以农民樵夫的鄙俚之言,明王也不能抛弃,别录异书也必须有所选择,博而之约,精选加工,目的自然可以达到。

3)"兼善"与"忘私"。

在方法的大方向说,运用归纳和演绎的择善,大致可以无差错了。但欲求判断的正确,却又必须具备"兼善"和"忘私"的两个条件。"兼善"即要双面顾到,它是两点论,而不是一点论,既要看到正面,也要看到反面,这即既要看到美,也要看到丑,既要看到善,也要看到恶。反之亦然,既看到了丑,也要见到美,既看了恶,也要发现它的善。总之,我们既不能一概肯定,也不能一概否定。只有这样,判断才可几于正确。合乎客观事物的本然。刘知几在《杂说下》提到:"夫能以彼所长而攻此所短,持此之是而述彼之非,兼善者鲜矣。"(《史通通释》卷下,页525)他在这里提出"兼善"一词。他在《惑经》篇中,对此说得更透辟。他说:"盖明镜之照物也,妍媸必露,不以毛嫱之面或有疵瑕,而寝其鉴也;虚空之传响也,清浊必闻,不以縣驹之歌,时有误曲,而辍其应也。夫史官执简,宜类于斯。苟爱而知其丑,憎而知其善,善恶必书,斯为实录。"(《史通通释》卷下,页402)明镜照物,妍媸毕照,虚空传响,清浊毕闻,这就是正反双方都不遗漏。美的东西,我们发心爱慕之情,但也要看到它的丑的另一面。坏的东西,引起我们的憎恨,但也要看到它的善的另一面。这就是"兼"的意义,这和我们今天所讲的两点论相近。

刘知几对于过去历史那种不是一味歌颂,就是一味贬斥,深

· 346 ·

为不满。他在《惑经》中，另有一段深有感慨地说："考兹众美，征其本源，良由达者相承，儒教传授，既欲神其事，故谈过其实。语曰：'众善之，必察焉。'孟子曰：'尧、舜不胜其美，桀、纣不胜其恶'。寻世之言《春秋》者，得非睹众善而不察，同尧、舜之多美者乎？"（《史通通释》卷下，页414）这就是传统的史书把尧、舜作为至善的典型，而桀、纣又是作为罪恶的典型。对尧、舜作了全盘的肯定，而对桀、纣却作了全盘的否定，违反"兼善"的原则，所下的判断当然违反逻辑的规则了。

对客观事物言，要采"兼善"的方法，但对衡量者的主体说，却要采"忘私"的方法。忘私就是要摒除主观成见，不戴有色眼镜，这样，才能反映客观真实。但忘私一节是不易做到的，虽圣贤有时也难免有私。刘知几对此，深有所感。他在《杂说下》曾说："夫书名竹帛，物情所竞，虽圣人无私，而君子亦党。盖《易》之作也，本非记事之流，而孔子系辞，辄盛述颜子，称其'殆庶'。虽言则无愧，事非虚美，亦犹视予犹父，门人日亲，故非所要言，而曲垂编录者矣。既而扬雄寂寞，师心典诰，至于童乌稚子，蜀汉诸贤，《太玄》、《法言》恣加褒赏，虽内举不避，而情有所偏者焉，夫以宣尼睿哲，子云参圣，在于著述，不能忘私，则自中庸以降，概可知矣！如谢承《汉书》偏党吴越，魏收《代史》盛夸胡塞，复焉足怪哉？"（《史通通释》卷下，页527）刘知几《史通》多讥前哲，这里在忘私一点上，孔子同样受到他的批评了。

4) 实事求是，注意分析。

要想得到正确的判断，除了应遵循以上的三种方法外，还应实事求是，注意分析。《史通》有《探赜》篇。什么叫做"探赜"？"探赜"有两种含义，一即指幽隐难明之事；其二，即"赜"字通"啧"字，"探赜者，探众论之啧有烦言，而辩证之也"。（《史通通释》卷上，页213。）刘知几说："古之述者，岂徒然哉？或以取舍难明，或以是非相乱,由是《书》编典诰,宣父辨其流,《诗》列风雅,卜商通其义。夫前哲所作,后来是观。苟失其旨归,则难以传授。而或有妄生穿凿,轻究本源,是乖作者之深旨,误生人之后学,其为谬也,不亦甚乎?"(《史通通释》卷上, 页 209) 正由于古籍的取舍难明,是非相乱,所以有必要进行缜密的分析,实事求是地去找出真相。我们不应受表面的迷雾,致失去它的主旨,而应披沙淘金,寻取正义。这就是他所谓"虽古人糟粕,真伪相乱,而披沙拣金,有时获宝"(《史通通释·直书》卷上, 页 193)之意。探赜的必要就由于此。

在另一方面,我们也应看到许多好的东西也蕴藏着坏的一面,我们不能看到优美的光辉就掩盖它的疵瑕。"盖明月之珠不能无瑕,夜光之璧不能无颣,故作者著书或有病累。"(《史通通释·探赜》卷上, 页 210) 因此,我们又得作一番分析工夫,从美中揭出其不足的地方。只有这样,才能作出合乎史实的逻辑判断。

5)直笔的表述方法。

通过以上的逻辑方法或许可以找得客观事实的真相了。但事情还没有完,因为找得真实之后,敢不敢把真相公诸于世,这是对一个忠于真理的学者的一个严峻的考验。俗话说:"'直如弦,死道边;曲如钩,反封侯。'故宁顺从以保吉,不违忤以受害也"。(《史通通释·直书》上卷, 页 192)刘知几提出,正直的史学家应该用直笔来表述历史的真实,不应用曲笔去歪曲历史。这样,从逻辑求真方法的所得,才不致于白费。刘知几在《杂说下》中提到直笔的含义,即"夫所谓直笔者,不掩恶,不虚美"。(《史通通释》卷下, 页 529)有恶,决不遮掩其恶,虽面临威胁,亦不惜生命危险,秉笔直书,"宁为兰摧玉折,不作瓦砾长存。若南、董之仗气直书,不避强御;韦、崔之肆情奋笔,无所阿容,虽周身之防有所不足,而遗芳余烈,人到于今称之。"(《史通通释》卷上,页193—194)这是维护真理的典型范例。

在另一方面,也有一些史家不敢坚持真理,他们怕"以直笔见诛"。(同上引,页199)不敢用直笔表述历史的真实,而采用"曲笔"达到他们自私的目的。因而"事每凭虚,词多乌有;或假人之美,藉为私惠;或诬人之恶,持报己仇。若王沈《魏录》滥述贬甄之诏,陆机《晋史》虚张拒葛之锋,班固受金而始书,陈寿借米而方传。此又记言之奸贼,载笔之凶人,虽肆诸市朝,投畀豺虎可也"。(《史通通释·曲笔》卷上,页196。)这类心灵肮脏的人,不惜为自己的私利而歪曲真理,真是千古罪人!

第三节　刘知几论证逻辑的核心
——矛盾律的运用

刘知几论证逻辑的特点在于他熟练地运用逻辑的矛盾律揭发以往历史的迷雾,兹分条阐述如下。

1.对尧、舜禅让说的批判。

尧舜禅让,千古传为美谈。几千年来,历代帝王篡夺,莫不假行禅让。即逊清最后一个皇帝,也假行禅位,而安处"故宫"之中。刘知几根据唐初统治阶级的内斗,争夺皇权的矛盾,悟出帝王篡夺,千古一揆,以今方古,岂能例外?尧、舜禅让,自是儒家美化二帝盛德的把戏,用以欺惑愚众。对于尧、舜禅让的史实争论,不是我们现在的主题。我们现在所着眼的,在于刘知几如何从野史的记载与正史的矛盾事实,充分论证尧、舜禅让说之可疑。

刘知几在《疑古》篇云:"《尧典序》又云:'将逊于位,让于虞舜。'孔氏注曰:'尧知子丹朱不肖,故有禅位之志'。案《汲冢琐语〉云：'舜放尧于平阳'。而书（书名缺）云，某地有城，以'囚尧'为号。识者凭斯异说，颇以禅授为疑。然则观此二书，已足为证者矣，然犹有所未睹也。何者？据《山海经》，谓放勋之子为帝丹朱，而列君（疑睹名字之讹）于帝者，得非舜虽废尧，仍立尧子，**俄又夺其帝者乎**？观近古有奸雄奋发，自号勤王，或废父而立其子，或黜兄而奉其弟，始则示相推戴，终亦成其篡夺。求诸历代，往往而有。必以古方今，千载一揆。斯则尧之授舜，其事难明，谓之让国，徒虚语耳。"（《史通通释》卷下，页384）这里，刘知几根据历代帝王篡夺的普遍规律，从原则上推断尧禅舜之可疑。再用《汲冢琐语》"舜放尧"及另书"囚尧"城的事实，证明禅让说不但和篡夺规律相矛盾，而且和具体的事实也相矛盾。这充分论证了禅让说不但在理论上说不通，而且在事实上也有矛盾，这在逻辑证明上是充分有力的。

后半段，刘知几又证明舜不但夺了尧的帝位，而且又夺了尧子丹朱的帝位，这也是他依赖后来发生的帝王篡夺规律进行论证的。所谓"始则示相推戴，终亦成其篡夺"，从这一历史归纳的结论再论证舜夺丹朱地位是有充分的逻辑理由的。

对于舜禅禹的事，刘知几也根据帝王篡夺的普遍规律进行反驳。他说："《虞书·舜典》又云：'五十载陟方乃死'（'方，道也。升道，南方巡守，死于苍梧之野。'）注云：'死苍梧之野，因葬焉'。按苍梧者，于楚则川号汨罗；在汉则邑称零、桂。地总百越，山连五岭，人风蝶划，地气歊瘴，虽使百金之子，犹悼经履其途，况以万乘之君，而堪巡幸其国？且舜必以精华既竭，形神告劳，舍兹宝位，如释重负。何得以垂殁之年，更践不毛之地？兼复二妃不从，怨旷生离、万里无依，孤魂溘尽，让王高蹈，岂其若是者乎？历观自古人君废逐，若夏桀放于南巢，赵嘉（当作迁）迁于房陵，周王流彘，楚帝徙彬，语其艰辛，未有如斯之甚者也。"（《史通通释》卷下，页385）这里，刘知几也是根据帝王被篡夺后所遭受的悲惨遭遇，来证明舜的陟方之死，也同样是被禹放逐的结果。论证是有充分的逻辑力量的。

2. 对经书虚美增恶的批判。

刘知几揭出《春秋》"虚美者有五"。（《史通通释》卷下，页410）所谓"尧、舜不胜其美，桀、纣不胜其恶"。（孟子语，见《史通通释》卷下，页380引文）"因美者因其美而美之，虽有其恶，不加毁也；恶者因其恶而恶之，虽有其美，不加誉也。"（同上引）这种情况，虽《论语》亦未能免。兹以殷纣王与周文王为例，"称周之盛也，则云三分有二，纣为独夫；语殷之败也，又云纣有臣亿万人，其亡流血漂杵。"（同上书，卷下，页388）这里显然是矛盾的。因周之盛德和血流漂杵是矛盾的，周既占有三分天下有其二，似应兵不血刃，何至于流血漂杵？其次，称纣为独夫和纣有臣亿万人更显然为矛盾的。从这两对矛盾中说明称周之盛德是虚美，而称纣之恶是增恶无疑。

其次，称周文王之臣殷和文王受命称王，也是矛盾的。《疑古》篇云："《论语》曰：'大矣，周之德也。三分天下有其二，犹服事殷。'案《尚书·序》云：'西伯戡黎，殷始咎周。'夫姬氏爵乃诸侯，而辄行征伐，结怨王室，殊无愧畏。此则《春秋》荆蛮之灭诸姬，《论语》季氏之伐颛臾也。又案某书曰：'朱雀云云，文王受命称王云云。'夫天无二日，地惟一人，有殷犹存，而王号遽立，此即《春秋》楚及吴、越僭号而陵天子也。然则戡黎灭崇，自同王者，服事之道，理不如斯。亦犹近魏司马文王害权臣，黜少帝，坐加九锡，行驾六马，及其殁也。而荀勖犹谓之人臣以终，盖姬之事殷，当比马之臣魏，必称周德之大者，不亦虚为其说乎？"（《史通通释》卷下，页390）刘知几这里揭发事殷和称王的矛盾。周文事殷比于魏司马之臣魏，必称周的盛德，其为《论语》之增美无疑。

刘知几这里也间接地揭出孔圣人的虚伪性，这是大胆的非圣罪行，在当时是有生命危险的。

刘知几不但批评了孔子，而且也批评了周公。《疑古》篇云："《尚书·金縢》篇云：'管、蔡流言，公将不利于孺子。'《左传》云：'周公杀管叔而放蔡叔，夫岂不爱，王室故也。'案《尚书·君奭》篇《序》云：'召公为保，周公为师，相成王为左右，召公不悦。'斯则旦行不臣之礼，挟震主之威，迹居疑似，坐招讪谤，虽奭以亚圣之德，负明允之才，目睹其事，犹怀忿懑。况彼二叔者，才处中人，地居下国，侧闻异议，能不怀猜？原其推戈反噬，事由误我，而周公自以不诚，遽加显戮。与夫汉代之赦淮南，宽阜陵，一何远哉？斯则周公于友于之义薄矣！而《书》之所述，用为美谈者，何哉？"（《史通通释》卷下，页392—393）这里，刘知几揭发周公的"不臣"和他的圣德的矛盾，杀、逐管、蔡也和他的"友于"之德矛盾，通过这两种矛盾的论证，说明周公之德为虚美。

3. 对"讳饰"的批判。

史书的讳饰是和历史事实矛盾的。正确的逻辑判断应以符合客观事实为准则，刘知几为维护历史的真实性，对于歪曲事实的讳饰作法予以大力的批判。《春秋》一书为贤者讳，为尊者讳，和事实相违，为《春秋》一大缺点。《惑经》篇云："观夫子修《春秋》也，多为贤者讳。狄实灭卫，因桓耻而不书；河阳召王，成文美而称狩。斯则情兼向背，志怀彼我。苟书法其如是也，岂不使为人君者，靡惮宪章，虽玷白圭，无惭良史也。"（《史通通释》卷下，页402。）闵公二年，狄实灭卫，但《春秋》为贤者讳，（齐桓公不能攘夷狄）不言"灭"而言"入"。僖公二十八年，晋侯召王，但《春秋》竟书"天王狩于河南"，不说天王被召，而说天王出巡，这也是为尊者讳的一种。类此《春秋》的书法是违反事实的，同时也是不合逻辑的判断的。

《春秋》之外，曲笔阿时，假人之美，诬人之恶的也不在少数。如陆机《晋史》虚张拒葛之锋，班固受金而始书，陈寿借米而方传。"案《后汉书·更始传》称其懦弱也。其初即位，南面立，朝群臣，羞愧流汗，刮席不敢视。夫以圣公身在微贱，已能结客报仇，避难绿林，名为豪桀，安有贵为人主，而反至于斯者乎？将作者曲笔阿时，独成光武之美，谀言媚主，用雪伯升之怨也。……陈氏《三国志·刘后主传》云：'蜀无史职，故灾祥靡闻'。案黄气见于姊归，群鸟坠于江水。成都言有景星出，益州言无宰相气，若史官不置，此事从何而书？盖由父辱受髡，故加兹谤议者也。"（《史通通释·曲笔》卷上，页197。）这里，刘知几揭发班固"曲笔阿时，独成光武之美"；陈寿为父受髡，所以对后主加以谤议的卑劣作法。这不仅违反了逻辑正确论断的标准，亦且违反了史家的道德品质。难怪刘知几认为这种品质恶劣之人"虽肆诸市朝，投畀豺虎可也"。（同上引，页196）

4.对神奇传说混淆史实的批判。

以往史书往往把神奇传说，神话图谶混入史书，这种迷信传说是和史实不符，其间矛盾百出，是违反矛盾律的错误论断，刘知几予以尖锐的驳斥。

《书志》篇云："洎汉兴，儒者乃考《洪范》以释阴阳，其事也如江璧传于郑客，远应始皇，卧柳植于上林，近符宣帝。门枢白发，元后之祥，桂树黄雀，新都之谶。……至于蜚蜮蜮蚕、震食、崩坼、陨霜、雨雹、大水、无冰，其所证明实皆迂阔。故当春秋之世，其在于鲁也，如有旱雩舛候，螟螽伤苗之属，是时或秦人归襚，或毛伯赐命，或滕、邾入朝，或晋、楚来聘。皆持此恒事，应彼咎征。昊穹垂谪，厥罚安在？"（《史通通释》卷上，页64。）这里，明显指出同一天然发生的事件而休咎应征各异，矛盾显然，怎能使人相信？

还有前后错乱，"以前为后，以虚为实。移的就箭，曲取相谐，掩耳盗钟，自云无觉"。（同上引，页 66）如王子札之作乱，在彼成年，实则札子之杀毛伯在宣公十五年，并非在成公时。又如高宗谅阴，亳都实生桑谷，实则桑谷之生，始于太戊，而太戊到高宗（武丁）已时历五世。同时高宗也不以亳为都。

还有"叙一灾，推一怪，董（仲舒）、京（房）之说，前后相反；向、歆之解，父子不同"。（同上引，页 66）如桓公三年发生日蚀，董仲舒、刘向以为鲁、宋杀君，刘歆以为晋曲沃庄伯杀晋侯，京房以为后楚严称王，兼地千里。还有严公七年，夜中星陨如雨，刘向以为夜中指中国，刘歆以为昼象中国，夜象夷狄，刘向认为蜮是盛暑所生，非来自越。类似这样矛盾诡妄，混进史书，是应该大张挞伐，严厉肃清的。

大抵神奇怪异的迷信之说，其本身即与事实相矛盾。比如周武王伐纣，至于有戎之隧，大雨，卜而龟燋，（《说苑·权谋》）决疑龟焦是神明不许出征，但武王不信，毅然出兵，一举擒纣。南北朝时，南朝宋武帝出兵征卢循，军中大旗竿折，旛沉水中，这也是不吉利的兆头，但刘裕还是毅然进兵，大败卢循。西汉初年，贾谊在长沙为傅三年，有鵩入舍，这是不吉的。但第二年，汉文帝还征谊入朝。通过这些迷信事例，可以证明迷信以为凶，事实反是吉，迷信和事实是矛盾的。我们决不能以迷信邪说充塞史书。

5.揭露《汉书·五行志》的矛盾。

《五行志》对灾眚的解释，类多附会征应，矛盾百出。如昭公十六年九月大雩，和定公十二年九月大雩，混而为一，"其二役云雩，皆非一载，夫以国家恒事，而坐延灾眚，岁月既遥，而方闻响应。斯岂非乌有成说，扣寂为辞者哉?"（《史通通释》卷下，页542）这是"影响不接，牵引相会"（同上引，同页）的错误。

又如严公(即庄公)七年秋,鲁大水,董仲舒、刘向以为严母姜与兄齐侯淫,共杀桓公。又严公十一年秋,宋大水,董仲舒以为时鲁、宋比年有乘丘、晋之战。百姓愁怨,阴气盛,故二国俱水。这种解释是矛盾的,因为严公十年、十一年,公败宋师于乘丘及鄑,克敌致胜,应该是好事,又怎样会愁怨贻灾呢?而且同一大水,而反应不同,也是矛盾的。

其次,对于冬而亡冰的解释,也是先后凿枘,互相矛盾。《五行志·错误》篇云:“其释‘厥咎舒,厥罚恒燠,’以为其政弛慢,失在舒缓,故罚之以燠。冬而亡冰,寻其解《春秋》之无冰也,皆主内失黎庶,外失诸侯,不事诛赏,不明善恶,蛮夷猾夏,天子不能讨,大夫擅权,邦君不敢制,若斯而已矣。次至武帝元狩六年冬亡冰,而云先是遣卫、霍二将军穷追单于,斩首十余万级归,而大行庆赏。上又闵悔勤劳,遣使巡行天下,存赐鳏寡,假与乏因,举遗逸独行君子诸行在所。郡国有以为便宜者,上丞相、御史以闻。于是天下咸喜。案汉帝其武功文德也如彼,其先猛后宽也如此,岂是有懦弱凌迟之失,而无刑罚戡定之功哉?何得苟以无冰示灾,便谓与昔人同罪。矛盾自己,始末相违,岂其甚邪?此所谓轻持善政,用配妖祸也。”(《史通通释》卷下,页543—544)同样的“亡冰”现象,前者作为咎征,而后者应成休征,两相反对,违反了矛盾律。

更有可笑的,即占事年代悬殊,前后相违,无法置信。《五行志·杂驳》篇云:“春秋桓公三年,日有蚀之,既。京房《易传》以为后楚严始称王,兼地千里。案楚自武王僭号,邓盟是惧,荆尸久传,历文、成、缪三王方至于严。是则楚之为王已四世矣,何得言严始称之哉?又鲁桓公薨后,历严、闵、釐、文、宣凡五公而楚严始作伯,安有桓三年日蚀而已应之者耶?非唯叙事有违,亦自占候失中者矣”。(《史通通释》卷下,页558)这就是距离好几代以前的天象，又怎能应于辽远的后代之事？

又《春秋》釐公二十九年秋，大雨雹，刘向认为是反应釐公末年弑君事，但这是文公末代事，世代悬殊，占有何用？讥祥家言，不过欺惑愚众吧了！

6．对于祥瑞说的批判。

唐武后为创唐作准备，大讲其祥瑞的兆吉。垂拱四年（公元668年），武承嗣使凿白石为文：“圣母临人，永昌帝业”。诡称得之于洛水，武后命其石曰：“宝图”，称洛水为永昌洛水，封其神为显圣侯。（参阅《资治通鉴》卷204）这即武则天为自己登极所作的神学虚张。刘知几对历代帝王以至武后的藉祥瑞为欺惑愚众的宣传是深恶痛绝的。大抵祥瑞之说是一些奸诈的人臣编造出来吹捧他们的主子的。而那些为人主的也乐得利用他们所编造的胡说来为篡权的工具。因此，后来的符瑞比前代多，道德越败坏的君主，符瑞就越丰富。刘知几说：“夫祥瑞者所以发挥盛德，幽赞明王，至如凤凰来仪，嘉禾入献，秦得若雉，鲁获如麕，求诸《尚书》、《春秋》，上下数千载，其可得言者，盖不过一二而已。爰及近古则不然。凡祥瑞之书，非关理乱，盖主上所惑，臣下相欺，故德弥少而瑞弥多，政逾劣而祥逾甚。是以桓、灵受祉，比文、景而为丰；刘、石应符，比曹、马而益倍。而史官征其谬说，录彼邪言，真伪莫分，是非无别。”（《史通通释·书事》卷上，页231）刘知几这里还承认有祥瑞，不过数千年才一遇，这是他思想的不彻底处。但他揭发了历代伪造祥瑞的奥妙，突出于君臣相欺，帝王用为神化政权的手段，这是有见地的。祥瑞大多都是伪造，因此，祥瑞也有真伪之分。如武后之伪造“宝图”即是一例。祥瑞既可伪造，因此，刘知几得出道德差的瑞越多，政绩劣的祥越盛的规律。汉代桓、灵二帝政治够混乱了，但他们的祥瑞比汉初盛时的文、景二帝还多。曹魏和司马氏的政治也是混乱的，而五胡十六国的刘渊、刘曜和石勒等更比曹魏和司马氏残暴，可是刘、石的祥瑞却超出曹魏与司马。这是十分滑稽可笑的。

7.对命定说的批判。

刘知几对于以命定说说明历史的兴衰，提出反对，这点他比王充进步。因此，他批评司马迁《史记·魏世家》的说法。"《魏世家》太史公曰：'说者皆曰魏以不用信陵君，故国削弱而至于亡。余以为不然。天方令秦平海内，其业未成，魏虽得阿衡之徒，曷益乎？'"(《史通通释》卷下，页 462 引)对此，刘知几作了如下的批评："夫论成败者固当以人事为主，必推命而言，则其理悖矣。盖晋之获也，由夷吾之愎谏；秦之灭也，由胡亥之无道；周之季也，由幽王之惑褒姒；鲁之逐也，由稠父之违子家。然则败晋于韩，狐突已志其兆；亡秦者胡，始皇久铭其说；檿弧箕服，彰于宣、厉之年，征褰与襦，显自文、武之世。恶名早著，天孽难逃，假使彼四君才若桓、文，德同汤、武，其若之何？苟推此理而言，则亡国之君，他皆仿此，安得于魏无讥者哉？

夫国之将亡也若斯，则其将兴也亦然。盖妫后之为公子也，其筮曰：八世莫之与京。毕氏之为大夫也，其占曰：万名其后必大。姬宗之在水浒也，鸑鷟鸣于岐山；刘姓之在中阳也，蛟龙降于丰泽。斯皆瑞表于先，而祸居其后。向若四君德不半古，才不逮人，终能坐登大宝自致宸极矣乎？必如史公之议也，则亦当以其命有必至，理无可辞，不复嗟其智能，欲其神武者矣。

夫推命而论兴灭，委远而忘褒贬，以之垂诫不其惑乎？"(《史通通释·杂说上》卷下，页462—463)

在这一大段引文中，刘知几批评太史公的命定说，而强调人主的主观品德。他批评太史公的命定说是对的，但国家的兴亡，决定于人主的品德，认为晋、秦、周、魏的败亡是由于四国君主的道德败坏，而田、魏、周、汉的兴起又是由四国君主的智能起决定作用，这就陷于英雄史观的唯心主义泥坑。刘知几受他的士族门第的阶级偏见所左右，看不起人民群众的力量，所以他还找不到历史发展的真正规律，这点有待于柳宗元和刘禹锡作出进一步的阐述。

第四节　刘知几论证逻辑的缺点

在本章第一节，曾说到刘知几的逻辑思想是当时各种矛盾的集中反映，所以刘知几思想本身也显现了矛盾的对抗因素。刘知几要求对历史的事件作出一番逻辑的鉴定，要求还历史事实的本来面目，这是进步的。但由于他站在中小地主阶级立场，不敢毅然站在异端的观点，对旧的东西进行彻底的清扫，这样他被旧东西拖住尾巴，形成新旧思想的矛盾对抗。他所熟炼运用的矛盾律就可以反转来向他的矛盾思想开刀，而无法解脱。

比如关于祥瑞的批判，他一方面认为祥瑞是少数的君臣们编造出来的，但又承认确有真正的祥瑞在。他说："夫灾祥之作，以表吉凶，此理昭昭，不易诬也。然则麒麟斗而日月蚀，鲸鲵死而彗星出，河变应于千年，山崩由于朽址。又语曰：'太岁在酉，乞浆得酒；太岁在巳，贩妻鬻子'，则知吉凶递代如盈缩循环，**此乃关诸天道，不复系乎人事。**"（《史通通释·书志》卷上，页63。）在这一段中，首尾是矛盾的，既然灾祥之作，以表吉凶，那就和人事发生关系了，又哪里能说"**此乃关诸天道，不复系乎人事**"呢？其**次，把麒麟**斗和日月蚀作为因果现象联结在一起；鲸鲵死和彗星**出又联**在一起；太岁的运行和人间的祸福又联在一起，也不是**"天道"的本然，而仅为世俗的传说。以世俗的传说误作自然的规律是和刘知几的历史观矛盾的。**

再如刘知几是反对神秘主义预言的。但他在《书志》篇中却又说:"至如梓慎之占星象,(《左传》昭公十七年,梓慎预言宋、卫、陈、郑将有火灾,后果有火灾。)赵达之明凤角,(《三国志·吴志》:赵达善于推算吉凶,'无不中效',)单扬识魏祚于黄龙,(《后汉书·方术传下》,单扬预言五十年后谯地有王者兴,后曹魏果在那里取代了汉朝政权。)董养征晋乱于苍鸟。(《晋书·隐逸传》,永嘉中洛阳城东北步广里中地陷,有二鹅出现,苍色的飞走,白色的不能飞。董养预言,中国将发生大乱。)斯皆肇彰先觉,取验将来,言必有中,语无虚发:苟志之竹帛,其谁曰不信?"(《史通通释》卷上,页67。)这就正象他自己所说的"矛盾自己,始末相违"。(《史通通释·五行志错误》卷下,页544)

刘知几的论证逻辑虽有以上错误,但他的成绩是应该肯定的。他运用矛盾律批判了禅让说,灾祥符命等迷信谬论,在中国中古逻辑史上作出了杰出的贡献。这是中古逻辑史上光辉的一页。何况他的"史识"论,对中国历史的研究还作出了卓越的贡献呢?

第十二章　柳宗元、刘禹锡的唯物的逻辑思想

第一节　柳宗元、刘禹锡的生平及著书

1．柳宗元、刘禹锡的生平。

柳宗元、刘禹锡都是唐代中叶的著名文学家、哲学家和逻辑学家。

1）柳宗元（公元773—819年）。

据《旧唐书》（卷160）和《新唐书》（卷168）所载，柳宗元，字子厚，河东人。生于唐代宗大历八年（公元773年），卒于唐宪宗元和十四年（公元819年），只活了47岁。

2）刘禹锡（公元772—842年）。

据《旧唐书》（卷160）和《新唐书》（卷168）所载，刘禹锡，字梦得。生于唐代宗大历七年（公元772年），卒于唐武宗会昌二年（公元842年），活了70岁。

3）柳宗元、刘禹锡生活的时代情况。

唐代中叶由于封建统治阶级的腐朽，集团藩镇与宦官互相勾结，对人民进行残酷的剥削，造成了严重的政治危机。柳宗元所谓"贫者无资以求于吏，所谓有贫之实而不得贫之名；富者操其赢以市于吏，则无富之名而有富之实。贫者愈困饿死亡而莫之省，富者愈恣横侈泰而无所忌。"（《答元饶州论政理书》《柳宗

元集》卷 32,第 3 册,页 832)为挽救这一地主阶级统治的危机,便产生了以王伾、王叔文为首的政治革新运动。柳宗元和刘禹锡是参加革新派的重要人物。贞元二十一年(公元 805 年)正月,革新派得到唐帝(顺宗)的重用,进行一些有利于人民的改革。但当时以宦官俱文珍(即刘贞亮)为代表的宦官势力和以韦皋为代表的藩镇势力勾结起来,不到八个月时间即把革新派打下去。王叔文被杀,王伾被逼死。柳宗元、刘禹锡被贬到边远地区作司马,这即有名的"二王、八司马事件"。

2.柳宗元、刘禹锡的著作。

1) 柳宗元的著作。

除有《柳宗元集》(亦称《柳河东集》),计四十五卷之外,另有《外集》上、下两卷。1978 年中华书局编为《柳宗元集》四册。柳宗元有些重要文章,如《天说》、《天对》及《贞符》之类是他被贬后在贬所写的,他比较接近人民,作品带有一定的人民性。

2) 刘禹锡的著作。

刘禹锡曾做过太子的宾客,因此他的集子《刘梦得集》亦称《刘宾客集》。

在以上柳宗元、刘禹锡二人的著作中,有关哲学和逻辑的重要文献,计有:

(1) 柳宗元的《天说》(卷 16);

(2) 刘禹锡的《天论上篇》(卷 12);

(3) 刘禹锡的《天论中篇》(卷 12);

(4) 刘禹锡的《天论下篇》(卷 12);

(5) 柳宗元答刘禹锡《"天论"书》(卷 31);

(6) 柳宗元的《天对》(卷 14);

(7) 柳宗元的《封建论》(卷 3);

(8) 柳宗元的《贞符》(卷 1)等等。

第二节　柳宗元、刘禹锡唯物逻辑的认识论基础

1. 自因说(Causa Sui)。

对于天人关系如何认识的问题，是从古代即开始的一个老哲学问题。大抵从先秦开始就有两派对立的认识。即一为唯心主义的认识，一为唯物主义的认识。前者先有宗教神秘主义的帝天说，后来又演变为客观精神的实体的客观唯心主义，如老子等，或为主观精神的实体的主观唯心主义，如孟子等。

唯物主义的认识却站在否定天帝存在的立场，认为天不过是物质的存在。这派开始有阴阳说和五行说，阴阳说认为世界是由阴阳二气互相交错而形成，如《周易》所说。五行说认为宇宙是五种物质元素构成，如《周书·洪范》所说。到了春秋时代又有以气为宇宙构成基础的，如著名医学家医和的"六气"说。也有认为水是宇宙基本原素的，如《管子》的《水地》篇。(《水地》篇只提齐、楚、越、秦、晋、燕、宋七国之水，未提韩、赵、魏，似应为公元前476年三家分晋以前的作品。)显然，唯物主义的认识已从元素一元论逐渐向元气一元论演进。到荀子更明确了这元气一元论的体系。他说："水火有气而无生，草木有生而无知，禽兽有知而无义，人有气，有生，有知，亦且有义。"(《荀子·王制》)荀子并提出了"制天命而用之"(《荀子·天论》)的战斗性的光辉命题。但思想的发展是有曲折的，荀子的进步思想又受到西汉董仲舒神学目的论的打击，到东汉王充才对董仲舒进行揭发批判。

柳宗元、刘禹锡的世界观认识论是继承了先秦以来元气一元论的优秀传统，但他们比前人更推进一步，提出自因说来深入解决已往元气一元的唯物主义所未推究的问题，这是柳宗元、刘禹锡的杰出贡献。

自因说有两个重要方面：即

1）排除外因说。(external Cause)

宇宙自己的存在是以自身为原因,除自因之外,没有其他的所谓外在因的存在。这就从根本上把宗教的创世说否定了。**韩愈认为天能赏功罚祸,他说:"有功者受赏必大矣,其祸焉者受罚亦大矣。"**(《柳宗元集》《天说》卷16,第二册,页442)韩愈站在宗教神学唯心主义的立场,所以认为人的赏罚都在于天。柳宗元根据自因说,针锋相对地提出对立命题**"功者自功,祸者自祸。"**(同上引,页445)天无预于赏罚。

2）排除最后因(The final cause)或最初因。(The first cause)。

形而上学家虽不认有神的创世,但他们总想追究万象的最后原因,或万象的最初原因。这种最后因,一般都称为本体。柳宗元根据他的自因说,认为宇宙万象除了自己是自己的原因之外,并没有另外最后因的存在。柳宗元在《天对》中,对屈原的《天问》"遂古之初,谁传道之?"的答复是:**"本始之茫,诞者传焉。……庞昧革化,惟元气存,而何为焉?"**(同上引,页365)这就是说天地元气自己自在,并没有另外的原因最初使它存在。所谓有一个原因使它存在的,那只是荒诞者的说法。

总之,从自因说看,整个宇宙的元气是自己的自在,既没有神的外在因,也没有形而上学的最后因。这就是柳宗元之所谓**"自动自休,自峙自流"**(《柳宗元文集·非国语上》卷44,第四册,页1269)的真义。

2．矛盾对立的运动发展论。

宇宙元气是怎样发生运动呢?柳宗元、刘禹锡提出矛盾对立的运动发展说,兹分条缕析如下:

1）阴阳二气的矛盾对立。

元气内部自身含有阴阳不同的两种气流，阴阳二气由于矛盾对立，但同时又互相联系，因此，使元气整体发生运动，展开变化。柳宗元在《天对》中对屈原提出"阴阳三合，何本何化？"的问题，作了如下的回答："合焉者三，一以统同，吁炎吹冷（音零），交错而功。"（《柳宗元集》第三册，页365）这就是说阴阳冷热两种不同的气流，互相吹吁，矛盾交错，展开运动。可见运动原于元气自身，不需有外力的协助。

2）天和人的矛盾对立。

这里的天即指自然界的整体，人即指人类社会。自然和人是对立的，但同时又是统一的。自然界有自然界的规律，人类社会又有人类社会的规律，不能把它们混淆起来。刘禹锡说："天之道在生殖，其用在强弱；人之道在法制，其用在是非。"（刘禹锡《天论上》，《柳宗元集》第二册，页444）在自然界中没有是非和道德可言，我们决不能象以往的思想家把自然的规律运用于社会之中，这是柳宗元、刘禹锡的进步处。

人类社会却另有他们自己的规律，这就是法制和是非的规律。天之能在生，人之能在治，天之所能不是人之所能。而人之所能，天亦有所不能。"义制强讦，礼分长幼，右贤尚功，建极闲邪"。（同上引，同页）即是人之所能。动植物的生长，是人无可如何的，我们不做"拔苗助长"的傻事，但因时树艺，适时培植，除虫去害，灌溉排涝，可使生长旺盛，获得丰收，这是人力的治理功夫，是天所不能的。柳宗元在《种树郭橐驼传》中，备言人治的作用，"橐驼非能使木寿且孳也，能顺木之天，以致其性焉尔"。（《柳宗元集》第二册，页473）人能顺自然之性而进行治理，这就表示人与天不同，但他们又互相联系着。这一天人矛盾对立的规律，刘禹锡总结为"天与人交相胜，还相用"。（《柳宗元集》第二册，页448。）"交相胜"是矛盾的对抗，"还相用"是对立统一的联系,所以天人的矛盾是既对立又统一的。

3)理明(知)与理昧(无知)的对立。

理即客观世界的规律,人们对客观的规律是能够认识到的。这种世界的可知性为柳宗元、刘禹锡所主持,这是唯物主义者的正确立场。但知只能是根据各种实践的经验,一步步地探索得到的,我们决不能一蹴而就。知与无知有它们对立的一面,我们必须藉助于既知的条件去逐渐克服无知的范围,然后才能使无知变为有知,就无知之能变为知的一面说,知和无知又有联系的一面。人类整个知识的发展,即从大量的无知的范围,逐渐使它变为有知,使无知日益缩小。比如掌握了行驶于江河的技能之后,就可逐渐扩大泛舟海上的技能。人类知识的增进即在此知与无知的矛盾对立与统一的过程之中,刘禹锡在《天论中》(《柳宗元集》第二册,页447)提出了"理明"与"理昧"两词用以说明知与无知的关系,他对人类知识的积极态度,是继承了荀子戡天说的优秀传统的。

4)有形与无形的对立。

有形与无形的对立,也就是有和无或空的对立的一个侧面。唯心论者总强调无的存在,认为无是万有的基础。佛教传入中国后,又强调空为万形之始。反之,唯物论者却认为有是最根本的存在,因为世间一切都是有形体的存在,根本没有无形体的东西。西晋的裴𬱟的《崇有论》是充分发挥了以有为体的道理。但裴𬱟《崇有论》的形而上学性(参阅本书第九章)也很难折服唯心论者。

柳宗元、刘禹锡依据他们矛盾对立统一的理论,提出了无形的新解。刘禹锡在他的《天论中》作了精辟的分析。他说:"若所谓无形者,非空乎?空者形之希微者也,为体也不妨乎物,而为用也,恒资乎有,必依于物而后形焉"。(《柳宗元集》第二册,页

488）这里，刘禹锡戳穿了主无论者的核心，把无和空等同起来。但空并不是无形的东西，它只是形体希微的存在罢了。空的作用必依于有而后存。车轮的空轴，如果没有三十辐之有是不能发挥出来的。房屋的空的作用，也必资于墙垣及屋顶之有才能形成。刘禹锡最后作出结论说："以目而视，得形之粗者也；以智而视，得形之微者也。乌有天地之内有无形者邪？古所谓无形，盖无常形耳，必因物而后见耳。"（同上引，同页）形之粗可见，形之微不可见，即形同于无形。因此，无形和有形是对立的，但又是统一的。从现代科学对于物质粒子的分析看，从原子至于电子，又由于电子以至于各种不同的粒子，形似于无，终归实有。我们不能说柳宗元、刘禹锡的认识即有此科学的预感，但我们却不妨用此科学的分析来证成他们的哲学理论。

有形与无形的对立，又派衍出有限与无限的对立。有限与无限也是对立统一的。柳宗元在《天对》中已畅言此理。屈原问到天的八柱的安放，东南如何亏损，以及九天的布置，隅隈的多少，东西南北的长短等等，柳宗元概以宇宙无限的观念来答复他。"皇熙壐壜，胡栋胡宇，宏离不属，焉恃夫八柱？"（《柳宗元集》第二册，页366）这即天以积气而成，自然高广，化育不穷，不须恃八柱的支撑，如我们所住的房子。"无青无黄，无赤无黑，无中无旁，乌际乎天则？"（同上引，同页）这就是说，天之气变化无方，不能执着九天的分际，它是没有固定的中央，没有固定的边际的。"无限无隅，曷憭厥列。"（同上引，同页）这是说天地的方隅，无法用数计的。"东西南北，其极无方，夫何濒洞，而课校修长！"（同上引，页372）天际无限（濒洞），没有方法去计算它的长短。总之，在柳宗元看来，宇宙是无限的，但无限和有限是对立的统一。九州分野，依于土壤之不同，作些有限的区划是可以的，如果没有有限的区划，则亦失去无限的意义。无限与有限既对立又统一。

5）数与势的对立统一。

刘禹锡在《天论中》里，提出数和势两个范畴。万物有形便有数,有数即有势。他说:"夫物之合并,必有数存乎其间焉，数存,然后势形乎其间焉。一以沉，一以济,适当其数乘其势耳。彼数之附乎物而生,犹影响也。本乎徐者,其势缓,故人得以晓也;本乎疾者其势遽,故难得以晓也。彼江海之覆犹伊，淄之覆也,势有疾徐，故有不晓耳。"(《柳宗元集》第二册，页447)在江海里，水和船两者都有它的数和依数不同而产生不同的势。就是大至于天,也不例外,昼夜旋转可以数计，恒动不休，有必然之势。所以一切有形都逃不了数与势的制约。

数为形的基础，又是势的动力,这有点象希腊哲学家毕达哥拉斯。但刘禹锡不承认空洞的数,而只承认形体的具体存在,这是他和毕氏不同的地方。

从一方面看,数决定了势,但从另方面说，势又会反过来影响了数,数和势相互对立而又统一着。

6）历史发展的势与政制创立者的意志的对立。

柳宗元在他的《封建论》(《柳宗元集》第一册,页68)中提出势来解释历史发展的动力。这个势究竟指的是什么?从他在《贞符》(同上引，页30)中所说"唐家正德受命于生人之意"看,势就是人的生命力的表现。人类为维持其个体的生存,必须争夺物质生活的资料,因而,"交焉而争,睽焉而斗,力大者博，齿利者啮,爪刚者决,群众者轧,兵良者杀,披披藉藉,草野涂血"。(同上引,页31）生存竞争的结果，即逐渐发生从低级以至最高级的行政首长。古代封建制(指裂土分封，不是生产所有制的一个阶段)的产生，即由于这样的自然之势，并不是任何圣人意志所能创造。所以他说:"故封建非圣人意也,势也。"(同上引,页70)

势和意是对立的,比如秦废封建为郡县,"其为制,公之大者

也;其情,私也,私其一己之威也,私其尽臣畜于我也。然而公天下之端,自秦始。"(同上引,页74)

势和政制创立者的意志是矛盾的。秦代郡县制之创立是从私出发,但制度本身却是大公。公与私有对立的一面,也有统一的一面。因而势和意也是既对立又统一的。

柳宗元从社会本身发展去找发展的动力,固然否定了神权的迷信说教,也排除了英雄或圣人创制之唯心说教,这点他比刘知几超过了一步,这一光辉思想应予以肯定。

总之,从柳宗元、刘禹锡看,一切运动的产生与发展都由于事件本身的矛盾对抗与联系形成,这也是从他们的自因说必然推得的结论。

第三节　运用矛盾律对于神怪、灾异、符瑞等说的批判

柳宗元和刘禹锡依据他们的元气一元的唯物主义,以自因论的逻辑观为基础,运用矛盾律对以往各种宗教神学的唯心主义谬说进行无情的揭发和批判。兹分条缕述如下:

1.对宗教神话历史观的批判

1) 对神化帝王的批判。

古代史书为神化帝王的出生,借用神权来欺惑愚众,乃虚造帝王感生,迥异常人的妄说。如《帝王世纪》载:大电光绕北斗枢星照耀郊野,少典妃附宝,感而怀孕,二十四月而生黄帝。《帝王世纪》又载:舜母握登见大虹,意感而生舜。《诗·商颂》:"天命玄鸟,降而生商。"有娀氏女简狄,配高辛氏。玄鸟遗卵,简狄吞之,孕而生契。《史记》载帝喾之妃姜嫄,见大人迹履之,感而生稷。这些神话的记载,都是妖淫嚚昏,好怪之徒所作的诡谲阔诞

的谬说,衡以男女生殖的道理是矛盾的,无法证明的, 我们应该清除这类神话的历史,还历史的真实面目。

2) 对《月令》假借神话以行赏罚说的批判。

《月令》上说:"苟以合五事,配五行,而施其政令。"这是荒谬的。因为应赏的不待春而后赏,要罚的也不要等到秋冬而后罚。"必俟春夏而后赏,则为善者必怠,春夏为不善者,必俟秋冬而后罚,则为不善者必懈。为善者怠,为不善者懈,是驱天下之人而入于罪也"。(《断刑论下》《柳宗元集》第一册, 页90)那些只讲天不讲人的人是不懂得人的道理的,他们不知苍苍者是不能干预人事的。

他们又辩解道:"雪霜者,天之经也;雷霆者,天之权也。非常之罪,不时可以杀,人之权也;当刑者必顺时而杀, 人之经也。"(同上引,页91)柳宗元对此予以批判道,这些话是不对的。"夫雷霆雪霜者,特一气耳,非有心于物者也;圣人有心于物者也,春夏之有雷霆也,或发而震,破巨石,裂大木,木石岂为非常之罪也哉?秋冬之有霜雪也,举草木而残之,草木岂有非常之罪哉?彼岂有惩于物者哉? 彼无所惩, 则效之者惑也。"(同上引,页91) 总之,功与罪是人的事情,天不能赏功罚罪。把不相干的两件事硬拉在一起,自然矛盾百出,我们应予以彻底的批判。

3) 对符瑞说的批判。

自西汉董仲舒昌言"受命之符"(董仲舒"对策")以后, 自如司马相如、(《封禅文》)刘向、(《洪范五行传》)扬雄、(《剧秦美新》)班彪、(《王命论》)班固、(《典引》)都讲符瑞,汉的"赤蛇"、"天光"、(汉高祖的符瑞)"驺虞"、"神鼎"、(汉武帝的符瑞)"赤伏"(汉光武的符瑞)乃至王莽,公孙述等都妄造符瑞,据以称帝。实则符瑞本身自相矛盾。柳宗元在《贞符》篇中,已揭发古代"桑穀","雊雉"的矛盾。"桑穀""雊雉"本是不祥之符。相传商代太戊时有"桑穀"共生于朝,一暮大拱。伊陟说:"妖不胜德,太戊修德,桑穀死。"(见《柳宗元集》第一册,页35所引)所以商之王却以"桑穀"昌。"桑穀"本为咎征,但却反成了休征,这说明符瑞本身的矛盾,根本不可信。

又殷高宗时,祭成汤,有飞雉升鼎耳而雊(音欧),这也是不吉利的,但殷高宗修政行德,殷代反而复兴,这样"雉雊"的不吉,反成了复兴的休符,同样是矛盾的。

在另一方面,休征反成了凶兆,如西汉平帝时,越裳氏献白雉,这是一种祥瑞,但西汉却以灭亡,反成咎征。王莽时黄支国献犀牛,莽以为休符,但王莽却以身亡,反成凶兆。这样,休符反成了凶征,也是矛盾的。所以柳宗元作出正确的结论说:"受命不于天,于其人;休符不于祥,于其仁。"(《柳宗元集》第一册,页35)符瑞说,正"类淫巫瞽史,诳乱后代。"(同上引,页30)"妖淫嚚昏"、"诡谲阔诞"。(同上引,页32)应予以彻底批判,摧陷廓清。

4) 对灾异说的批判。

灾异说是过去错误历史观的一个组成部分,柳宗元在《时令上》篇中,曾引了反时令(按即指照《月令》而行事)者之言,并加以批驳。他说:"'反时令,则有飘风、暴雨、霜雪、水潦、大旱、沉阴、氛雾、寒暖之气,大疫、风欬、鼽(音求)嚏、疟寒、疥疠之疾,螟蝗、五谷、瓜瓠果实不成、蓬蒿、藜莠并兴之异,女灾、胎夭伤、水火之讹,寇戎来入相掠、兵革并起、道路不通、边境不宁、土地分裂、四鄙入堡、流亡迁徙之变。'若是者,特瞽史之语,非出于圣人者也"。(《柳宗元集》第一册,页86)违反时令做事,就会引起天灾和人祸,这是不可思议的。不探求暴风骤雨、旱涝的自然原因,也不去研究各种疾病的来源,而一味推到违反时令的不可思议的力量上,这只能说是愚蠢的表现。客观的矛盾事实,足以驳斥灾异说之无稽。

柳宗元在《非国语上》(《柳宗元集》第四册,页1269。)曾驳斥了西周时伯阳父对于"三川震"的解释。伯阳父用阴阳二气解释地震,比以往神学解释归之于上帝的震怒,自有进步的一面,但他却从三川震来推断周将亡,而且预定必亡为十年,就陷于利用灾异来预测国家吉凶的灾异说教,这是十分错误的。阴阳流行自有它自己的规律,和人事无关。正如柳宗元之所说:"山川者特天地之物也,阴与阳者气而游乎其间者也,自动自休,自峙自流,是恶乎与我谋?自斗自竭,自崩自缺,是恶乎为我设?"(同上引,同页)伯阳父把天然和人事两不相干的二事拉在一起,自然要矛盾百出。

2. 对道德天的批判

道德天的信念是始于孟子。孟子曾云:"有天爵者,有人爵者,仁义忠信,乐善不倦,此天爵也;公卿大夫,此人爵也。古之人修其天爵,而人爵从之;今之人,修其天爵以要人爵,既得人爵而弃其天爵。"(见《柳宗元集》第一册,页79所引)孟子认为仁义礼智信的道德根源本之于天,所谓仁义礼智非由外铄我也,我固有之耳。《孟子》云:"夫仁,天之尊爵也,人之安宅也。"(《公孙丑》上)所谓我固有之的道德先验性实即本之于天。孟子盖把天认为道德存在的实体,这即道德天的古代根源。

孟子之后,继承道德天的信仰的,当推韩愈。韩愈在他的《原道》中明说,这一封建伦理的道统,从古代尧舜开始,就传递下来。"尧以是传之舜,舜以是传之禹,禹以是传之汤,汤以是传之文、武、周公,文、武、周公传之孔子,孔子传之孟轲。轲之死,不得其传焉。荀与扬也,择焉而不精,语焉而不详。"(《韩昌黎全集》,卷11)韩愈对荀、扬都有所批评,而慨然以继承孟轲之道统自命。道德天的信仰,以封建伦理为中心的仁、义、礼、智、信自为他的核心,他企图用这样的道来反对佛、老。

柳宗元针对孟轲的和韩愈的道德天展开批判。柳宗元在《天爵论》中,明确指出:"仁义忠信,先儒名以为天爵,未之尽也"。(《柳宗元集》第一册,页79)柳宗元否认天具有仁义忠信的道德规范,因为仁义忠信是人伦之所有事,无预于天。他说:"道德之于人,犹阴阳之于天地;仁义忠信,犹春秋冬夏也。"(同上引,页80)天只有阴阳之气,其能影响于人者,只有刚健、纯粹之气。"刚健之气,钟于人也为志,得之者运行而可大,悠久而不息,拳拳于得善,孜孜于嗜学,则志者其一端耳。纯粹之气,注于人也为明,得之者,爽达而先觉,鉴照而无隐,旽旽于独见,渊渊于默识,则明者又其一端耳。"(同上引,页79)志和明是涉及知识的事情,无关于道德之善恶。他引《论语》"敏以求之"释"明","为之不厌"释"志",而个人所得之于天的"明"和"志",又各合乎各人不同之气,正如庄周所说"自然"之天,非天之有意做作。

总之,仁义忠信的道德是人伦日用之所有事,与天不相干涉。

3.对韩愈无类逻辑的批判。

荀子评孟子为"甚僻违而无类",因孟子把不同类的东西,如朝廷的爵、乡党的齿和辅世长民的德进行类比,违反"异类不比"的逻辑原则。(参阅拙著《先秦逻辑史》第224页)这一无类逻辑的传统也被韩愈继承下来。

韩愈一方面继承了孟子道德天的信念,同时在逻辑方法上又继承孟子的无类比附来证成他的有神论和封建伦理道统。柳宗元和刘禹锡对他曾予以深刻批判,兹分条简释如下。

1)"坏而后出"的无类比附。

韩愈以物坏,虫由之生,类比元气阴阳之坏,人由之生。人们开垦田地,采伐山林,凿泉以饮,掘墓送死,建造城郭,疏为陂池等等活动,就如同虫子吃东西一样,这就把不同类的人和物比附在一起,违反了异类不比的原则。(参阅《柳宗元集》第二册,页442)

韩愈从他的无类比附为前提却得出一个荒谬的结论,他说:"吾意有能残斯人使日薄岁削,祸元气阴阳者滋少,是则有功于天地者也;繁而息之者, 天地之仇也。"(见柳宗元《天说》所引韩愈说,同上引,同页)试问流着血汗去干韩愈所说的"祸元气阴阳"的人,不就是劳动人民吗?豪族地主阶级的统治者对人民残酷压迫剥削,韩愈反认为"有功于天地",(同上引)而对劳苦大众的开拓,反认为是"天地之雠",(同上引)这种荒谬的结论实际上是反映了豪族法制的意识形态,他把豪族法制颠倒为帝天的规律。韩愈不但继承了道德天,而且还继承了人格神的帝天信仰。

复次,"坏而后出"的思想不但是一种无类比附,而且是违反事物变化发展的形而上学的诡辩命题。韩愈说:"木朽而蝎中(出),草腐而萤飞"。(同上引)这就是说必须"木朽"即木坏灭了,然后蝎虫才生出,草烂了然而萤虫才飞出,因而事物彼此之间,只有对抗, 没有联系。这是歪曲了客观事物发展的规律。实际上,木和蝎,草和萤既有对抗的一面,也有联系的一面。人和元气阴阳的关系亦复如此。

2)"残民者昌,佑民者殃"和赏功罚罪的矛盾。

韩愈一方面提出"残民者昌,佑民者殃"的命题,另一方面又提出"有功者受赏必大矣,其祸焉者受罚亦大矣。"(见柳宗元《天说》所引,同上,页441、442)我们先就他前边的命题来分析,所谓"残民者"即指为恶甚大的人物。这种人在我们正常人们的逻辑推论看,应该受到重大的惩罚。反之,"佑民者"即所谓有功于人民的人,按正常的推理,又应受到极高的奖赏。但韩愈反是,"残民者"反得赏,"佑民者"反受罚。那么他的前后所提两组命题,显然是诡辩的矛盾命题。

韩愈这样的矛盾命题,在他的神学的无类比附中,却反而是一贯的。韩愈认为人民的劳动创造是为祸元气阴阳的罪魁,那是"天地之仇"。既是天地之仇,就应受严刑峻罚,而得到天的赏赐;反之,如果给"天地之仇"以庇佑,那就应受到天的惩罚,而受到灾殃。韩愈的无类比附和他的拟人的天帝观的结合,正所以解除他的逻辑矛盾的"法宝"。

3. "不类"的伦理比附。

韩愈认为天是仁义忠信的伦理典范,所以能赏功罚罪,福善祸淫。但天果真是善的化身吗?证以人间功罪、赏罚之事,就可证明其矛盾。因为实际上如孔丘、颜回善而受祸,盗跖之类,恶而受赏之事,正是违反天意的事实,足以驳斥天为伦理典范之非。韩愈所谓善的化身之天,实际不过是他把封建社会之伦理关系比拟虚构而成。柳宗元在《褚(诅)说》篇中,力驳褚为神说之非。他说:"神之貌乎,吾不可得而见也;祭之飨乎,吾不可得而知也。是其诞漫憰悦,冥冥焉不可执取者。"(《柳宗元集》第二册,页 458)又说:"则苟诞漫之说胜,而名实之事丧。"(同上引,页 459)韩愈从伦理的无类比附中所得的伦理天帝典范,也正如柳子厚之所评,为"诞漫憰悦",违反名实的谬论。

违反名实的谬论,其要害在于"不类"。柳子厚评《鹖冠子》一书之无稽时,即指出《鹖冠子》为杂抄贾谊《鹏鸟赋》的伪书。其辩伪的根据,在于"不类"。(《柳宗元集》第一册,页 116)盖伪书不管如何巧妙,总和真书"不类"。韩愈无论如何使用无类比附的手法去虚构——善的化身的天帝,终归和人间所谓善恶是不类的。

第四节　辩证逻辑思想的萌芽

　　如果柳宗元和刘禹锡运用矛盾律去批判过去的封建迷信和神话式的历史观,那和刘知几所采用的是一样的逻辑方法。不过柳宗元、刘禹锡创立了过去未有的自因论,因而派衍出矛盾对立与联系的运动发展观。因此,在他们的思想中,却萌生出辩证逻辑的幼芽,这是刘知几之所无。柳宗元、刘禹锡的辩证逻辑思想的幼芽,在中古逻辑史上,不能不说是一束灿烂的光辉, 我们应予以肯定。

　　柳宗元、刘禹锡辩证逻辑思想的体现,可在如下四个方面去探索。即:

　　一、阴阳对立矛盾与统一;

　　二、天人对立矛盾与统一;

　　三、自然和人为的对立矛盾与统一;

　　四、理论和实际的对立矛盾与统一;

　　兹依次综述如下:

　　1．阴阳的对立矛盾与统一。

　　阴阳两种不同的气流是互相对立,但是又彼此互相联系的。所谓"吁炎吹冷, 交错而功"。(《柳宗元集》第二册, 页 365)即说二者的对抗与联系的统一关系。拿一年四季的运动来说吧,春夏属阳, 秋冬属阴;但是在春夏阳气盛行之时, 阴已潜伏其中。同样,秋冬阴气盛行之时,阳也暗流不息。"冬至子之半,天心无改移。一阳初动处,万物未生时。"冬至是一年最冷之日,也即阴气最盛之时, 但一阳的初动, 已萌发生机了。《周易》阳卦以阴为体,阴卦以阳为体,阴阳之精,互为其宅。更能说明阴阳交错,产生事物运动发展变化的道理。如果阴阳只是互相对立,而无联系,只有矛盾而无统一,那就成了形而上学的片面性。孤阳不生,独阴不长,宇宙万象,行将息灭,宇宙本身也难以存在了。

阴阳对抗而无联系那是形而上学的宇宙观,阴阳对立而又统一却是辩证法的宇宙观。柳宗元和刘禹锡在一千多年前的封建社会中,虽不可能有明确的辩证逻辑思想,但他们已有辩证思想的幼芽,这是不能否认的。

2.天人对立的矛盾与统一。

天然和人事、自然界和人类社会界是互相对立的。贯穿自然界的运动变化与发展为自然的规律,人类社会的组织与发展却又另有其规律。天然的变动无预于人事,荀子所谓"天行有常,不为尧存,不为桀亡",(《荀子·天论》)这就是说,自然运动有它的常则(规律),它不会为尧的善而存在,也不会因为桀的罪恶而灭亡。风调雨顺,寒暖适时,固然对人有好处,但暴风骤雨,大旱大涝,地震山崩,洪水泛滥却给人带来极大的灾害。总之,天然和人事有他对立的一面,表现天人矛盾的存在。

但在另一方面,天和人又有联系的一面,人们可以利用天然运动的好的方面去创造物质生活的财富,也可以发明许多工具与方法去防止和克服灾害的方面。刘禹锡把这一天人矛盾对立与统一的关系,总结为"天人交相胜,还相用"(《天论中》《柳宗元集》第二册,页448)的规律。刘禹锡认为"天之道在生植,其用在强弱,人之道在法制,其用在是非。"(《天论上》《柳宗元集》第二册,页444)这是天和人的对立,但人能"阳而树艺,阴而敛,防害用濡,禁焚用光;斩材窾坚,液矿硎铓"。(同上引)这是人之所以能发挥人力去征服自然的地方。因此,天然和人事是互相为用的。

柳宗元、刘禹锡对天人的关系,既看到对立的一面,又看到联系的一面,这是辩证思想的萌芽。

3．自然和人为的对立矛盾与统一。

以往老、庄道家把自然和人为对立起来，看不到它们的统一。庄子《应帝王》篇，有一则寓言，说："南海之帝为儵，北海之帝为忽，中央之帝为浑沌，儵与忽时相与遇于浑沌之地，浑沌待之甚善。儵与忽谋报浑沌之德，曰：'人皆有七窍以视听食息，此独无有，尝试凿之'。日凿一窍，七日而浑沌死。"这是天人对立而无联系的灾难性的恶果。庄子提出"无以人灭天"。(《庄子·秋水》)他把人和天看作对抗的存在，而忽视他们之间的联系，这是形而上学的唯心主义思想。

柳宗元和刘禹锡却不同。他们既看到自然与人为的对立一面，又看到它们二者的联系一面，只要能顺自然之性而适当作人为的加工，如郭橐驼之种树然，就可取得二者共济的成效。此理在柳宗元的《种树郭橐驼传》(《柳宗元集》第二册，页473)中言之綦详。由是，可以证明，自然和人为既有对立，也有统一，这就是具有辩证逻辑因素的辩证思想幼芽。

4．理论和实践的对立矛盾与统一。

1）唐代永贞革新(公元805年)前的政治结构与思想情况。

唐代从安史之乱后已走下坡路，阶级矛盾进一步激化，藩镇跋扈，拥兵割据，宦官专权，总揽朝政。政治危机到了不得不改革的时候了。

以二王、八司马为主的革新运动在唐帝(顺宗)支持下，作了一番有利人民的改革，但终被宦官与藩镇联合镇压，很快就被推翻了。二王或被杀、或被逼致死。八司马被流放远荒，一场轰轰烈烈的革新运动，终为昙花一现。

为豪族地主服务的思想武器即封建迷信与唯心的神学史观，以韩愈为代表。而唯物主义、无神论却为庶族地主对抗豪族的思想武器，以柳宗元和刘禹锡为代表。这是政治战线上的斗争在思想战线上的反映。

2）永贞革新前,柳宗元、刘禹锡的思想是和当时的政治斗争实践密切结合在一起的。

柳宗元的《封建论》，以历史发展的必然趋势说明社会发展的动力，这样就打击了为豪族服务的神权政治论和圣人创立制度的英雄史观，但他的主要矛头是直指当时的豪族垄断。柳宗元说:"今夫封建者继世而理,继世而理者,上果贤乎？下果不肖乎？则生人之理乱未可知也。将欲利其社稷，以一其人之视听，则又有世大夫世食禄邑，以尽其封略,圣贤生于其时，亦无以立于天下。"(《柳宗元集》第一册, 页 75) 革新的一个重要步骤即打击那些恃强凌众的坏人，如贬京兆尹李实为通州长史，即是一例。柳宗元曾称"苟一明大道,施于人世"。(《贞符》同上引, 页 30) 可见柳宗元的"道"(理论)和"施于人世"(即实践)是密切结合的。他的"势"论正从打击豪族的统治着眼，这是由他的政治斗争实践所发扬的理论武器。

3）永贞革新后，柳宗元、刘禹锡思想的人民性与反抗性的发展深化。

（1）柳宗元的七百多篇作品，大部分是他在贬所写的。贬谪生活的痛苦实践，加深了他对人民的同情和对豪族集团的憎恨。这样使他原来的反抗性理论更加具体化和深刻化。他在《捕蛇者说》中深刻描绘了劳动人民受残酷剥削的悲惨生活！捕蛇者宁愿冒万死以捕蛇,却不愿恢复他沉重的赋税。他说:"盖一岁之犯死者,二焉，其余则熙熙而乐，岂若吾乡邻之旦旦有是哉！"(《柳宗元集》第二册, 页 456) 一幅"苛政猛于虎"的图象，跃然纸上。"苛政猛于虎"是孔子过泰山之言,而毒赋甚于蛇,则子厚在永州贬处所说。永州去唐都长安三千五百里，又足证唐赋毒害人民之远。

（2）对劳动者的贫困寄予深厚同情。在子厚永州贬所时，他曾写了《答元饶州论政理书》。他说："贫者无赀以求于吏，所谓有贫之实，而不得贫之名。富者操其赢以市于吏，则无富之名而有富之实。……主上思人之劳苦，或减除其税，则富者以户独免，而贫者以受役，卒输其二三与半焉。是泽不下流，而人无所告诉。"（《柳宗元集》第三册，页832）因此，柳提出"定经界，覈名实。"（同上引）这样，他探究贫富的根源，是在于剥削制度的存在，对豪族喧嚣的富贵命定论给以有力的打击。这又是柳宗元通过贬谪的实践而获得他反抗理论深化的又一证明。

（3）对豪族特权的"六逆论"与"命官论"等谬论的批判。柳宗元在《六逆论》中，批判了"贱妨贵，远间亲，新间旧"为逆。他说："若贵而愚，贱而圣且贤，以是而妨之，其为理本大矣，而可舍之以从斯言乎？此其不可固也，夫所谓'远间亲，新间旧'者，盖言任用之道也。使亲而旧者愚，远而新者圣且贤，以是而间之，其为理本亦大矣，又可舍之以从斯言乎？"（《柳宗元集》第一册，页95、96）这即明白宣布了任人唯贤才是正道，而任人唯亲，只是权门篡政的谬论而已。

在《非国语下·命官》（《柳宗元集》第四册，页1308）批判了以姓命官的不当。他说："官之命，宜以材耶？抑以姓乎？……若将军大夫必出旧族，或无可焉，犹用之耶？必不出乎异族，或有可焉，犹弃之耶？"（同上引）这是对贵族政权的无情批判。

总之，通过柳宗元的贬谪实践，无疑对他过去的理论是增加了不少具体而准确的内容，这也说明理论和实践的辩证联系。

第五节　柳宗元、刘禹锡唯物逻辑的缺点

柳宗元、刘禹锡的唯物逻辑思想虽有他们的创新一面，但由

于历史的和阶级的局限，又有他们不足的一面。他们思想还存有一些缺点，兹综述如次。

1. 柳宗元、刘禹锡的神秘主义的渣滓，使他们的无神论思想陷于不彻底性。

1）柳宗元的神秘主义思想的潜存。

柳宗元的神秘主义思想，表现为以下三个方面：

（1）神怪动物迷信的存在。在他的《逐毕方文》（《柳宗元集》第二册，页501）中，把永州元和七年的火灾认为是由于"毕方"怪鸟所致，因此他为文以驱逐之。通篇表现出他对于神怪动物的迷信。

在《憩螭文》（同上引，页504）中，柳宗元也迷信有螭的怪物潜于江水作祟，因此，他为文对它进行控憩。

此外，在《龙马图赞》（同上引，页527）中也同样有龙马神的信仰。这是和柳宗元的无神论思想矛盾的。这种矛盾的思想正易被论敌反戈一击，而无法自卫。

（2）对神道的信仰。唐贞元十二年，夏至秋不雨，禾稿枯焦，唐帝遣使者祷于终南山，卒下大雨，沛泽周被，丰收有望。柳宗元因此写了《终南山祠堂碑》，（《柳宗元集》第一册，页126）竭力宣扬神灵的感应。他说："神道感而宣灵，人心观而致和。嘉气充溢，忭蹈布野。"（同上引，页127）他又说："今其神又能对于祷祝，化荒为穰，易祲（音浸，妖气）为和，厥功章明，宜受大礼，俾有凭托，而宣其烈也。"（同上引，页128）这那里有无神论的影子呢？

（3）相信灾异的偶然性。柳宗元虽批判了过去的灾异说，但他并不彻底，他还相信有些灾异的存在，不过它只是偶然出现而矣。在《褚说》中他承认"致雨反风，蝗不为灾，虎负子而趋"为"所谓偶然者信矣"。（《柳宗元集》第二册，页458）据传说，周公居东,天大雷以风。王出郊,天乃雨,反风,禾则尽起。又刘昆为弘农守,崤、黾多虎灾。昆为政三年,虎皆负子渡河,又宗均为九江守,郡多虎。均下令去其陷阱,虎乃相率渡江。又山阳、楚、沛多蝗,其飞至九江界者,辄东西散去。以上数则都见《褚说》注引,试问这些神话式的灾异变易说,与他所批判的大虹、玄鸟、巨迹之类有什么差别。但子厚却信它们为偶然的存在,正和他的无神论矛盾。

2)刘禹锡的神秘主义表现在如下三点:

(1)信"风水"的迷信思想。刘禹锡在他所写的《牛头山第一祖融大师新塔记》中曾云:"大师号法融,姓韦氏,……志求出世间法……徙居是山……贞观中,双峰过江望牛头。颛锡曰,'此山有道气,宜有得之者。'乃来,果与大师相遇。性合神授,至于无言。"(《刘宾客集》卷30)这里所讲的"此山有道气"纯是"风水先生"的一派胡言,和无神论是互相凿枘的。

(2)地理决定论的唯心思想。刘禹锡在《故唐衡岳大师湘潭唐兴寺俨公碑》文中,曾云"佛法在九州间,随其方而化。中夏之人泊于荣,破荣莫若妙觉,故言禅寂者宗嵩山。北方之人,锐以武。摄武莫若示观,故言神道者宗清凉山。南方之人剽而轻制轻莫若威仪,故言律藏者宗衡山"。(《刘宾客集》卷4)这种地理决定论实充塞了神秘主义的唯心说教。

(3)刘禹锡对"生死"问题,更具神秘主义的迷信。他在《俨公碑》文里曾云:"俨公……兆形在孕,母不嗜荤,成童在侣,独不嗜戏。其夙植因厚者欤!……元和十三年九月二十七日中夜,具汤沐,剃颐顶,与门人告别即寂;而视身与色,无有坏相,呜呼!岂生令我真,故死不速朽,将有愿力耶?"这显然已是一个虔诚的佛教徒的口吻,没有一点唯物论者的气味了!

2.柳宗元、刘禹锡政策主张的不彻底性。

柳宗元虽为贫者呼吁,但仍主张有贫富两极的存在。

柳宗元在《答元饶州论政理书》中,前半段深刻批判贫富悬殊的不安,主张"定经界,覈名实"(《柳宗元集》第三册,页832)来纠正斯弊。但他仍把劳动人民看成蒙昧无知的群众。他在《断刑论下》曾云:"且古之所以言天者,盖以愚蚩蚩者耳,非为聪明睿智者设也"。(《柳宗元集》第一册,页91)这里他以"蚩蚩"来对"聪明睿智",那也就和刘知几的"民者冥也,冥然罔知"(《史通·自叙》《史通通释》上册,页291)差不多,这也显出他中小地主阶级的偏见。

3.柳宗元、刘禹锡唯物主义理论的唯心因素。

首先,柳宗元在他的《封建论》中,以历史的发展的必然趋势的"势"来解释历史的进化,这比以天帝创世或圣人创制的英雄史观进步。但他所谓"势"的实质和他的"生人之意"是一致的,以"生人之意"去解释历史的进化,就很难找到社会发展的真正规律。因为促进社会的进化是生产力发展,而不是带主观性的"生人之意"。因此,"势"的解释就不免陷于唯心的圈套。

其次,刘禹锡提出"势"和"数"的理论,用以解释宇宙的发展变化,这也带了唯心的色彩。刘禹锡在他的《天论中》说:"数存,然后势形乎其间焉"。"彼势之附乎物而生,犹影响也"。万物"又乌能逃乎数而越乎势耶?"(《柳宗元集》《天论》引文,第二册,页448)"势"和"数"的解释,当比用天的意志来解释进步得多,但由"势"和"数"所形成的格局,就包含了一种人们无法控制的神秘力量,反有定命论的因素,机械唯物论仍不免于唯心论者以此。

根据以上分析,柳宗元、刘禹锡的唯物主义逻辑仍难摆脱唯心主义的成分。这样,他们运用矛盾律以抨击宗教迷信的武器,却可以反过来被论敌用来攻击他们自己。本节我们指出柳宗元、刘禹锡的唯心论的残余,正使他们陷于自相矛盾而难以自拔。

不过，柳宗元、刘禹锡的唯物论逻辑思想虽有以上缺点，但他们的优点还是主要的。他们有创新、有贡献，在中国中古逻辑史的最后发展上，发出了可喜的灿烂的光辉。

中国近古逻辑史

温公颐 著

上海人民出版社

（沪）新登字101号

责任编辑　　秦建洲
封面装帧　　庄　磊

中国近古逻辑史
温公颐　著
上海人民出版社出版、发行
（上海绍兴路54号）
新华书店上海发行所经销　常熟第四印刷厂印刷
开本 850×1156　1/32　印张 6.75　字数 166,000
1993年10月第1版　1993年10月第1次印刷
印数 1—2,000
ISBN7-208-01565-1/B·193
定价 6.75元

目　录

前　言

　　本书《中国近古逻辑史》是我的四卷本中国逻辑史的第三卷、第一卷《先秦逻辑史》、第二卷《中国中古逻辑史》已分别于1983年和1989年由上海人民出版社出版,早已和读者见面了。

　　本卷是从北宋至清中叶 1840 年鸦片战争前夜为止。在这一时期,有许多巨大的政治经济的变化,给逻辑的发展以重大的影响。首先是封建主义经济制度开始崩溃。从明末到清初,在封建主义经济中已孕育着资本主义经济的幼芽,这一巨大的经济变化,真有如"天崩地解",给社会各方面的关系予以莫大的冲击,思想领域内也呈现出全新的面貌,一些进步的思想家开始对封建的旧思想、旧礼教进行激烈的批判。在批判的过程中,也就同时产生逻辑思想的前进。总计这一时期思想的特点约略有如下几条:

一、科学实验和观察的注重。

　　北宋王安石以实验法推行他的新政,张载运用观察以探视天象并发现古书中许多疑例,明代王廷相运用观察断定雪花六出和"螟蛉有子蜾蠃负之"的确解。这些注重试验和观察的逻辑家是具有一定科学精神的。

二、对各种唯心主义思想的批判。

　　这一时期逻辑思想的第二个特点就是宋、明思想家对于形形色色的唯心主义思想展开批判,从批判的过程中发展逻辑思想。

　　首先南宋叶适对《周易》提出批判。《周易》是道学家的最后屏障，他们抬出孔子作易来把《周易》神圣化。叶适指出《周易》非孔子所作，而是在孔子之前，或在孔子之后，或与孔子同时的人所集体创作的。《周易》内容有许多矛盾，如伏羲卦卦，文王重卦，又说"易之兴也，其于中古乎？"类此自相矛盾之言，似非圣人所作。

其次，明罗钦顺对陆象山、王阳明的批判。钦顺认为陆象山是"儒其名，禅其实"，王阳明"格物在致如"之说为自相矛盾，他还指出佛书的自相矛盾处。

又其次，明王廷相对鬼神、风水、信时日的批判，对五行配四时的批判，对邵雍数论的批判。

李贽对孔子及六经语孟的批判，认为六经语孟"有头无尾，得后遗前"是"道学之口实"。他揭开孔子圣人的面纱，不能以孔子之是非为是非。

明清之际颜元还批判唯心主义理学为砒霜，他说："入朱门者便服其砒霜，永无生机"。这是对宋明理学的重大的打击。

总之，这一时期的逻辑家都有批判精神，逻辑学说也由此促进。

三、民主主义思想的发扬。

明清之际，封建制逐渐解体，一些思想家痛恶封建君主的罪恶，展开大力的批判。如黄宗羲的《明夷待访录》中的《原君》、《原臣》各篇，揭发君是"天下的大害"，君对人民残酷压迫，使民不聊生。梁启超认为《明夷待访录》中的民主主义思想正可为变法图强服务，他将该书翻印，大力宣传。

唐甄更进一步，痛骂君为贼，如果他掌握治狱权时，当判君为死罪。

章学诚批判封建制度用各种残酷办法剥削人民，迫使人民造反。

四、男女平等,婚姻自由的倡导,这是对封建制的男尊女卑、包办婚姻的有力批判。

李贽认为男女的差别不能用在见解问题上,如果说见有长短则可,说男子之见尽长,女子之见尽短则不可。因为女子之见也有超过男子的。他反对女子守节,赞成卓文君改嫁给司马相如,认为是对的。这就批判了"饿死事小,失节事大"的胡论。

颜元痛斥只指责妇女的失身,而放任男子的失身。他在白塔寺椒园和僧无退辩论"无一妇人更谈何道"尤脍炙人口。

汪中在"礼"的外衣下宣传男女婚姻自由,反对女子不改嫁而守节的作法。他倡议设一"贞苦堂"的制度,表达了他男女平等、婚姻自由的主张。

这种进步思想的传播是有利于逻辑思想的前进的。

五、西方逻辑的输入。

此为这一时期的最大特点。世界逻辑体系,计有我国、印度和西方。印度的因明在唐代已大量传入中国,给中国逻辑史以新鲜的血液。西方逻辑到了明末才由传教士传来中国,有名的李之藻译的《名理探》即其代表作。《名理探》从1831年起已陆续刊行,虽因其译词造句"艰深邃奥",而其中纠缠许多宗教神学问题,所以当时一般人问津者甚少,但《名理探》在它的译词上还是有意义的,清末严复还采用它的"十伦"的译名。所以从整体上说《名理探》对中国逻辑史的发展是有贡献的。从此,世界三大逻辑体系有可能融会而成一世界的逻辑体系。

总之,以上《中国近古逻辑史》的五大特点,是本人学习所得的体会。最后我还要补充说一句,就是这时期的逻辑思想以唯物主义的逻辑占上风,唯心主义的逻辑家只谈个别的客观唯心主义如朱熹之流的方法论,至于主观唯心主义者如陆象山、王阳明的思想是反逻辑的,就略而不谈了。

本书原稿写作开始于1988年,至今五历寒暑,才完成写作。稿成后曾邀请少数专家加以评阅,曾蒙北京中国社会科学院哲学所的刘培育同志、广州中山大学的林铭钧同志、天津南开大学的崔清田同志以及上海人民出版社的秦建洲同志提供宝贵意见,加以修改,特此致谢。本人年事已高,思考容有不周,错误之处,在所难免,尚希读者不吝指正!

温公颐

1992年6月20日于南开大学

第一章　北宋的试验逻辑与
观察逻辑思想

第一节　王安石的试验逻辑思想

一、王安石的生平及著书。

王安石字介甫,江西抚州临川人。生于宋真宗天禧五年(公元1021年),卒于宋哲宗元祐元年(公元1086年)。

列宁称"王安石是中国十一世纪时的改革家"。(《修改工人政党的土地纲领》,《列宁全集》第十卷,第152页,注2。)他帮助宋神宗变法,推行改良主义的改革办法,但由于保守党的反对,又得不到农民的支持,而失败了。

王安石所著有《三经义》和《字说》。《三经义》包括《周礼义》、《诗义》及《书义》,这是他变法的重要依据。王安石的《字说》侧重文字的语义研究,确定概念的涵义,这是他的新学代替了汉代传注的形式研究。宋学注重义理,汉学注重传注,其分别如此。

除《三经义》(已佚)和《字说》外,尚有《易义》20卷(已佚),《洪范传》一卷(存《文集》中),《论语解》,《孟子解》(今佚),《老子注》二卷,《王氏杂说》十卷(今佚),《临川先生文集》一百卷(今存),《钟山日录》二十卷(已佚)。王安石博学多才,著作甚丰广,论敌亦钦佩。

二、王安石的世界观与认识论。

王安石的世界观和认识论基本上是唯物主义的,进步的。他和司马光、程颢、程颐的唯心主义理学相对抗。他认为世界是由五种物质元素，即水、火、木、金、土组成。（这是继承古代五行说之旧，不过王安石对五行说有他新的解释。）这就是他的试验逻辑所由出发的理论基础。

第一，五行各有自己的特殊性质。他说："五行之为物，其时，其位，其材，其气，其性，其形，其事，其情，其色，其声，其臭，其味，皆各有耦"。（《王文公文集》卷二五，《洪范传》第281页，上海人民出版社版。）如水性润，火性爤，木性敷，金性敛，土性溽。形状也各不同，如水形平，火形锐，木形曲直，金形方，土形圆。五行之味也各不同，水碱，火苦，木酸，金辛，土甘。因此，它们材质不一，水因，火革，木变，金从革，土化等。这些解释只依据当时可能有的科学水平，是直观性的，不能算真正的科学解释，但王安石还是据事论事，依据于客观实物尽可能观察到的，作出解释。还是唯物主义的态度。

第二，五行之行，即运动意。王安石说："五行也者成变化而行鬼神，往来于天地之间而不穷者也；是故谓之行。"（同上引，同页。）水、火、木、金、土五种物质元素不是僵死的东西，而具有不断运动的特征。行就是运动，也可说五种运动着的物质元素。这是王安石的解释而是旧说之所无的。（董仲舒也解释："行者行也"，但他这种同字相训和"一者一也"是同语反复相似，他对行并无更深的解释。）

五行的运动是矛盾对立的变化。因为五行有耦有对，这就是王安石所谓"皆各有耦"、（同上引，同页。）"耦之中又有耦也，而万物之变遂至无穷"。（同上引，同页。）耦即对偶，善恶、美丑、有无等等都是对偶，有对偶才发生彼此的矛盾对立而形成运动变化。他反对"有生于无"的唯心主义命题，而主张"有无之变，更出迭入"。（《道德经注》）"有之与无，难之于易，长之与短，高之与下，音之于声，前之于后，是皆不免有所对"。（同上引）他反对老子的强调无，认为车子的运用固在于车辐中之无,但如果废掉车子的毂辐,则无也不能有用。他说:"今知无之为车用,无之为天下用,然不知所以为用也。故无所以为车用者,以有毂辐也;无之所以为天下用者,以有礼乐刑政也。如其废毂辐于车,废礼乐刑政于天下,而坐求其无之所用者,则亦近于愚矣。"(《王文公文集》卷二七,第311页。)

矛盾对立的表现,一方为相反相成,他方又为新故相除。新故相除,即新陈代谢的必然趋势,此为王安石变法的理论基础。安石说:"有阴有阳,新故相除者,天也;有处有辨,新故相除者,人也。"(《杨龟山集》《字说辨》)他在朦胧中意识到社会的辩证性的发展。

总之,王安石的世界观是唯物的,也具有一些辩证法的因素。

根据他的唯物世界观再谈他的认识论。他认为世界是可知的。他站在素朴的唯物反映论的立场上。他说:"天至高也,日月星辰阴阳之气,可端策而数也;地至大也,山川丘陵万物之形、人之常产可指籍而定也。"(《王文公文集·礼乐论》,页336—337。)这就是说宇宙间万事万物,包括人们所制作的东西,没有一件是不可通过经验探索得知的。一切从经验出发,从试验检察都可为人所知。这即王安石试验逻辑的认识论基础。

三、试验逻辑的条件。

王安石认为要想从试验逻辑的探索中获得可靠的知识,必须破除一切成见。这和西方近代培根(F.Bacon)之主张打破一切偶像相当。王安石提出三句话"天变不足畏,祖宗不足法,人言不足恤"。(《王文公文集》,蔡上翔《王荆公年谱考略》重印说明所引。)这是一种大无畏的斗争精神的表现。

1."天变不足畏",这是王安石无神论思想的表现。守旧派司马光等用灾变来反对王安石的新法,但王安石认为这是自然界所难免之事,所谓"日月之薄蚀,阴阳之进退,虽天有所不能违,人事

· 3 ·

何与其间哉?"(《周礼详解》卷12,《鼓人注引》。)天的变异和人事无关,我们只有尽人事来克服一切灾变。熙宁七年夏四月已巳,……神宗以久旱,忧见容色,欲罢免保甲、方田等新法。王安石对神宗说:"水旱常数,尧、汤所不免,陛下即位以来,累年丰稔,今旱暵虽逢,但当益修人事,以应天灾"。(《续通鉴长篇》卷252)历史上有名的圣君尧、汤治世还不免出现干旱,何况其余,安石举了历史事实证明干旱无关人事。

熙宁八年冬十月戊戌,神宗又以山崩地震,彗出东方,旱暵频仍,召安石等言朝政阙失。王安石又对道:"臣等伏观晋武帝五年彗灾出轸,十年轸又出崇,而在其位二十八年,与《乙巳占》所期不合。盖天道远,先王虽有官占,而所信者人事而已。天文之变无穷,人事之变无已,上下附会,或远或近,岂无偶合?此其所以不足信也。……神灶言火而验及欲禳之,国侨不听,则曰:不用吾言,郑又将火。侨终不听,郑亦不火。有如神灶,未免妄诞。观今星工,岂足道哉?所传占书,又世所禁,誊写伪误,尤不可知。"(《续通鉴长篇》卷269。)安石用历史上郑神灶云火与子产不听禳亦无事,证明天变的不足畏。

这就把人们的灾异鬼神的偶像打破,使人们思维正确化。

2.祖宗不足法。人们的思想经常受传统观念所束缚。安石提出"祖宗不足法"以打破传统信仰的束缚。世异则事异,事异则备变。"礼义日已偷,圣经久埋埃。……俗儒不知变,兼并可无摧"。(安石诗《兼并》)礼义圣经已毁坏,而俗儒还因循守旧,弄得百孔千疮。安石《上仁宗皇帝言事书》更清楚地指出:"夫以今之世,去先王之世远,所遭之变,所遇之势不一,而欲一一修先王之政,虽甚愚者犹知其难也。"(《王荆公年谱考略》,第97页。)"祖宗不足法"不仅指政制等应随时变更,即一切传统习俗亦须随时改易,这样,人们的头脑就不会为旧观念所束缚,而从当前的实际事例中找出合理的办法来。

· 4 ·

774

3．"人言不足恤"。 "人言不足恤"不但指司马光等守旧派攻击新法之言，应排除它，即传统的许多虚言，也在排除之列。王安石认为，世界只是自然规律的存在，并没有上帝主宰其间。他说："天地之于万物，只有如刍狗、当祭祀之用也，盛之以筐函，巾之以文绣、尸祝斋戒，然后用之。及其既祭之后，行者践其首迹，担者焚其肢体。天地之于万物，当春生夏长，如其有仁爱及之，至秋冬万物凋落，非天地之不爱也。"（《道德圣经》《天地不仁章第五》）这就否认了天地为有仁爱的主宰，一切顺自然之道安排而已。

安石还大胆批评自孔子以来的儒家命定说，他说："苟命矣，则如世之人何？"（《文集》卷67，《行述》。）他主张应用人事克服天命，主张"继天道而成性"。（《洪范传》）这就把孔子"道之将行也与命也；道之将废也与命也"公开否定，这是他的大无畏精神，亦可见安石思想的异端性。

四、试验逻辑的典型。

王安石"谓国家革五代之乱，垂八十年。纲纪制度，日削月侵。官壅于下，民困于外，不可不更张以救之。"（《王荆公年谱考略》页112）北宋统治阶级外受少数民族的压迫，内遭豪族的垄断，内忧外患，纷至踏来，政几危殆。安石主张变法更新，内制豪强的侵凌，外御少数民族的入侵。宋神宗也想振作一番，起用安石为相。新法虽也有某些实效，但因豪强的反对，终归失败。对于新法的好坏，那是历史评论家的事，我们不去理它。我们只感到新法的实行，具有典型试验调查方法论上的意义，姑名它成为试验逻辑。

考安石新法的施行，并不是只是一纸空文。而是先就局部地区进行试验，有效即推广全国，这和现在普通逻辑所讲的典型调查类似。

1．青苗法的试验。安石在鄞县时已试过。"史称（安石）知鄞县，起堤堰，决陂塘，为水陆之利。考是年公初抵任，其勤已如此。史又云，贷谷与民，立息以偿，俾新陈相易，邑人便之，此即异曰行青苗之法也"。(《王荆公考略》第59页。)安石后定青苗法,仍先自河北京东淮南三路施行,俟有绪,推之诸路。可见他施行新法的慎重。

考青苗法的用意,不外一,解决农民青黄不接的困难,免遭豪强的掠夺。二,为兴修农田水利,既要注重试验,还要注重施工图表的核对。注重试验属运用归纳方法,而图表的核对,却属运用演绎的推论。如荒田的垦辟,陂湖内港等的兴复创修,应先由地方官或群众提出施工计划图表,由长官加以审慎的勘定。如果发现计划上有问题或与实际有出入,就得派人实地再勘,务使符合实际,然后决定施工。

从此可见,安石青苗新法的实施,既有归纳试验的一面,亦有演绎推论的一面。

2.保甲法的试验。熙宁三年十二月,定畿县保甲条制,保甲法初试行于畿县,既就诸,遂推之五路。

保甲法是将民众依军事编制组织起来。所谓"因内政以寄军合"。(《周礼详解》卷11)如是,则民兵增强,国防巩固。保甲法有二点可注意的。即一为组织安排,所谓"比闾族党州乡","伍两卒旅师军",都是组织系统的方法。平居无事,则进行教养,一旦有事,则群起御敌。

其二,即注意实习武艺。保丁可以在平时实习武艺,即从事实际的锻炼。前者要涉及逻辑的分类排比,后者则涉及到测试准备,这都是试验逻辑之所有事。

3.募役法。初行于开封府,熙宁四年十月,推行天下。募役法用意使国家职役负担,不因贵贱等级不同而有差别。如富弼告老还乡后,河南府令与富民平均出钱。(《续长篇纪事本末》卷70)因此,这一新法试行的结果,遭到豪族大户的攻击,骂王安石是破坏祖宗法规的叛徒。

青苗法初行鄞县时,老百姓是欢迎的。但后施之于天下,情况复杂化,遭到反对。募役法初行于开封时,辄遭大户反对,可见阶级阶层的利益不同,欢迎与反对不一。王安石代表中小地主阶级利益,新法于中小地主阶级有益,而于大地主阶级不利,因而遭到他们的反对。安石欲以试验的方法推行他的新法,其困难可以想见。

4．方田均税法。先行于京东路,熙宁五年八月颁行于天下。此法是从了解人民所占土地的情况,使大户无法偷税。因"税役不均久矣,富者轻,贫者重,故下户日困"。(《续长篇纪事本末》卷73)方田均税的施行为大户所反对,其施行也较晚。

5．市易法。先在京师置市易务,后行于各路。"古通有无,权贵贱,以平物价,所以抑兼并也。去古既远,上无法以制之,而富商大室,得以乘时射利。出入敛散之权,一切不归公上。今若不革,其弊将深。"(《续长篇》卷231)可见这一新法是针对大户的,因涉及皇亲国戚利益,以致熙宁七年王安石的第一次罢相。

以上五种新法虽为大户所反对,但有的颇受农民的欢迎。放青苗钱,兴修水利,是有利于农业的发展的。所以到了元丰年间,也出现了丰收足食的好情况。安石曾为诗歌颂此盛况。诗云:"水满陂塘谷满沟,漫移蔬果亦多收。神州处处传萧鼓,共赛元丰第二秋。"又云:"湖海元丰岁又登,积生犹是暗沟塍。家家露积如山垄,黄发咨嗟见未曾"。(《王文公文集》,卷27。)安石诗容有歌颂过头的地方,什么"歌元丰,十日五日一雨风。麦行千里不见土,连山没云皆种黍。水秧绵绵复多稌,龙骨长乾挂梁桷。鲥鱼出网蔽州渚,获笋肥甘胜牛乳。百钱可得酒斗许。……"(《王文公文集》卷下,第438页。)这简直是风调雨顺的一片太平盛世,恐非北宋时期的实绩。

五、试验逻辑的追随者及其存在问题。

1．试验逻辑的追随者。

王安石的试验逻辑思想,亦为当时一些人所追随。这种注重试验，重视实践的风气，一直影响到明末、清初的顾炎武、李塨、颜元等，影响颇为深远。

当时陆佃所作《埤雅》即追随者的一例。陆佃的儿子陆宰，曾为其父《埤雅》作《序》。《序》云："先公作此书，自初迄终，仅四十年，不独博极群书，而岩父牧夫，百工技艺，下至舆台皂隶，莫不谘询。苟有所闻，必加试验，然后记录。则其深微渊懿，宜穷天下之理矣。"（《埤雅序》）乡下老百姓以及被人看不起的抬轿子的、做苦力的，都得追问一遍，还要亲自加以试验，考证它的真实。这就打破了儒家独宗孔孟的传统，提倡学术思想的自由，其被司马光等守旧派所反对，固有由矣！

陆佃父子的这种重视试验实践的学风，正出自王安石。王安石给曾子固的信上说："世之不见全经，久矣；读经而已，则不足以知经。故某自百家诸子之书，及于《难经》、《素问》、《本草》诸小说，无所不读。农夫女工，无所不问，然后于经为能知其大体而无疑。盖后世学者与先王之时异矣，不如是，不足以尽圣人故也。扬雄虽为不好非圣人之书，然于《墨》、《晏》、《邹》、《庄》、《申》、《韩》，亦何所不读？（《王文公文集》卷73《答曾子固书》）封建社会中山村樵夫和不识字的女工都得遍问一过。这种大胆解放的思想精神和他的推行新法是一致的。

2．试验逻辑中的问题。

王安石新法的试验，其内容本身，我们不去评议，但试验方法还存在问题。科学的试验是以客观世界的因果关系网作基础的。试验的目的即为求得现象间的真实因果关系而后找出它的规律，一般逻辑书上都讲求因果的五种归纳法——这即求同、求异、同异联合、共变与剩余五种方法。可是五种方法的运用，都以因果之孤立疏散为前提进行的。因此，五种方法的运用必须互相补充，综合进行，庶可避免错误。至于社会现象的研究，因果错综，不易进行原因的孤立，试验起来，更加困难。我在我的《逻辑学》一书中曾提到："五种方法的运用是基于现象原因分散孤立的假定下进行的，但实际上客观界的原因是交互错综的，彼此联系着。在自然科学的研究中还可用实验暂时把各现象孤立起来去研究，但在社会科学研究中，就不容易有这样的便利。因社会现象都很复杂，不易使它完全孤立起来。"（《逻辑学》，高等教育出版社版，第275页。）在将近一千年前的封建社会中，企图欲以新法的试验推行新法，其困难更大。不但地主阶级与农民阶级严重的对抗，即地主阶级中，又有大地主阶级与中小地主阶级的对抗。而且城市和农村又有很大的区别，青苗法行之于鄞县受人民的欢迎，但普及于全国，却出现了问题，这其间执行新法的人的好坏也起了作用。

在这样复杂的情况下，根本无从进行原因的孤立研究。因此，王安石企图以试验的方法推行新法，从方法论上说也注定要失败的。

近年来关于社会科学的研究，采用典型调查的方法，一般试验法可以作为典型调查研究的辅助方法。如毛泽东同志所作《兴国调查》、《长岗调查》即是典型调查研究的范例。选择典型，解剖麻雀，了解全局，其间辅以测试或实验。这样，试验逻辑的发展，在社会科学研究中自有广阔的前途。

王安石的进步革新的新法失败了，他的试验逻辑思想作为社会研究的启蒙方法，还是值得赞许的。当然，该法有待于改造补充，才有前途。

六、王安石的正名逻辑。

1．王安石的名实观。

王安石除了试验逻辑思想以外，复有正名逻辑。正名逻辑本之孔子，但孔子之正名为唯心主义的，他是以名正实（参阅拙著《先秦逻辑史》第一编，第一章，孔子）。但王安石的正名虽标出孔子之说，"圣人之教，正名而已"。（《王文公文集》《原性》卷上，第317页。）但我们考之他的《性情》、《原性》、《字说》诸篇的全部用意，他还是以实为本,名为副,名依实生,这是唯物主义的名实观,和孔子有别。安石认为性情之实是表里关系,一存之于心内,为性;一见之于行,为情。他说:"性情一也。世有论者曰:'性善情恶'是徒识性情之名而不知性情之实也。喜、怒、哀、乐、好、恶、欲未发于外而存于心性也;喜、怒、哀、乐、好、恶、欲发于外而见于行情也。性者情之本,情者性之用,故吾曰:性情一也。"(同上引,《性情》页315。)这里他把性情之名和实的关系,说得很清楚,决不可说性善而情恶,因为"性情之相须,犹弓矢之相待而用,若夫善恶,则犹中与不中也。"(同上引,同页。) 他以本用一体的关系,说明性情为一而非二,比唯心主义理学家高出一筹,情既非恶,情不可去,这给清戴震之批判"去人欲,存天理"以深远影响。

安石之性说,不但与孔子有唯物和唯心的不同,即于性说本身,也有不一致处。这就是指"上智与下愚不移"之说。安石认为上智下愚不移非指生来如此,而存于行为之终极。安石说:"有人于此未始为不善也,谓之上智可也;其卒也去而为不善,然后谓之中人可也。有人于此,未始为善也,谓之下愚可也,其卒也去而为善,然后谓之中人可也。惟其不移,然后谓之不移,皆于其卒而命之,非夫生而不可移也。"(同上引,上卷《性说》,第317—318页。)安石否定了生而不可移,这和孔子有别。于此,亦可见安石思想的异端性。

2.王安石的字说。

安石不但认为名是以实为基础,而且也认为字出于自然的摹仿,有它的客观的实在,这和以字为由圣人创作的唯心主义不同。安石说:"盖闻物生而有情,情发而为声。声以类合,皆是相知。人声为言,述以为字,字虽人之所创,本实出于自然。凤鸟有文,河图有画,非人为也,人则效此。故上下内外,初终前后,中偏左右,自然之位也。衡邪曲直,耦重交析,反缺倒仄,自然之形也,发敛呼吸,抑扬合散,虚实清浊,自然之声也。可视而知,可听而思,自然之义也。以义自然,故先圣之所宅,虽殊方域,言音乖离,点画不同,译而通之,其义一也。"(《进字说表》《王文公文集》卷上,第236页。)这里说明文字虽为人们所创造,但并非主观臆测,向壁虚构,而一本乎自然,因为有客观的自然之实,所以能成意义相通之字。虽异国殊方,也得以客观之实为据,彼此互译而交流思想。

安石还不知文字语言和逻辑思维的关系。实则自然之实,必须反映为思维的逻辑结构,当然,思维的逻辑仍本于客观逻辑。但若无人们普遍存在的思维逻辑则亦何从去沟通意义?所以安石只说到自然为文字之本,尚有不完备处。但这亦无求责之将近千年前的安石。我们只把他的字说当作唯物的看法,这样,他的名实的唯物观更可得到补充说明了。

第二节　张载的注重科学观察的逻辑思想

一、张载的生平及著书。

张载,字子厚,生于宋仁宗天禧四年(公元1020年),卒于宋神宗熙宁十年(公元1077年),活了58岁。

张载是陕西凤翔郿县横渠镇人,学者称横渠先生,他是关学的始创者。

据《宋史》本传所载:"(载)少喜谈兵,至欲结客,取洮西之地。年二十一,以书谒范仲淹,一见知其远器,乃警之曰:'儒者自有名教可乐,何事于兵?'"从此,载读《中庸》,泛及释老,无所得,反而求之六经。于是他深有感慨地说:"吾道自足,何事旁求",乃尽弃异学。朱熹曾赞云:"早悦孙吴,晚逃佛老。勇撤皋比,一变至道。精思力践,妙契疾书。《订顽》之训,示我广居。"(《张子全书》)朱熹简要地道出了张载的一生。

关学注重实用,张载答二程说:"学贵于有用"。(《二程粹言论学》)举凡兵制、井田在所论及。他相对地赞同王安石的新法。他自已也有实施井田制的拟议。这都是不触动封建土地所有制的改良主义办法。

张载生活俭朴,"贫无以敛,门人共买棺,奉其丧还。"(《宋史·本传》)

所著有《西铭》、《东铭》、《经学理窟》、《易说》、《语录》等,皆收入《张子全书》中。

二、观察逻辑的唯物的世界观与认识论基础。

中国的唯物主义思想至张载而有崭新的发展。因为从古代以来,唯物主义都不免带直观性,即范缜亦不能免。所谓直观性即以现象界中的某一具体的物,如水、火之类,可为吾人感觉到的,为宇宙本源。这就很难驳斥王弼之以无为体的本体唯心论。张载认为宇宙的本质是"太虚"。"太虚"是一个新创造的物质哲学范畴。"太虚"即"虚空",是我们所看不到的,但虽看不到,并不空无一物,因为"太虚即气",气是极微小的物质,虽不能为肉眼所见,然它是存在的。他说:"气块然太虚。升降飞扬,未尝止息,《易》所谓絪缊,庄生所谓'生物以息相吹','野马'者与?"(《正蒙·太和篇》)他又说:"气之聚散于太虚,犹冰凝释于水,知太虚即气,则无无。"(同上引)张载和以往的唯心论的区别,即在于他认为太虚等于气,气便是太虚,它们本来是一而非二。但王弼等唯心论者却要从有之外找个无来,为万物本体,使本体与现象割裂为二,体用殊绝,是十分错误的。

张载说得很清楚:"太虚无形,气之本体。其聚其散,变化之客形尔。"(《正蒙·太和篇》)不具某一具体形体的太虚,就是气的本体。不是气之外,别有什么本体,气的聚散,就象冰的凝释于水,本来它们是一物,所谓一,故能合。张载批驳"虚能生气"之说:"若谓虚能生气,则虚无穷,气有限,体用殊绝,入老氏有生于无自然之论,不识所谓有无混一之常。"(同上)故只有太虚和气一致,才成为体用一元,显微无间的本色。

根于太虚与气为一之理，张载只承认有聚散而没有有无。他说："气聚则离明得施而有形；不聚则离明不得施而无形。方其聚也，安得不谓之客；方其散也，安得遽谓之无。"（《正蒙·太和篇》）宇宙间万物芸芸，都由气化，即我们之身亦不例外，都不过为气化之客形。他说："人本无心，因物为心。"（《语录》）主观的心也必须依于客观的物而存在。在观察逻辑上看，这点很重要。因为观察即对客观的物的观察，如无客观的物，观察就会落空。即便人们的进德修业的作为，与夫国家政制等等，也莫不是作为物而存在，坚持物的客观存在是观察逻辑的一个重要基础。

客观存在的物是可以观察到，认识到的。张载说："人谓己有知，由耳目有受也。人之有受，由内外之合也。"（《大心篇》）我们的感官与外界事物接触，将外界情况反映到意识中来，才有知识。这是唯物论的反映论的认识论。他说："感亦须待有物，有物则有感，无物则何此感？"（《语录》）无物既无所感，当然就谈不到观察。所以唯物的认识论又是观察逻辑的一个重要基础。

当然，感官的知觉是有限的，只靠感官的认识，还不能得到知识的全貌。这点，张载提出穷理来补充。他说："若不知穷理，如梦过一生"。（《语录》）但张载并没有从此去发展理性之知，而囿于封建道德思想，强调"德性之知"，甚至说："德性所知，不萌于见闻"，（《大心篇》）这就滑到唯心主义方向去，是错误的。

三、观察逻辑的观察意义。

1．观察即张载之所谓"观"。

张载之所谓观，固然大部在于观书，但观书之外，还是由于他精密观察，苦心思索得来。张载说："某观《中庸》二十年，每观每有义，已长得一格。六经循环，年欲一观。"（《横渠理窟》）又说："观书解大义，非闻也，必以了悟为闻。"（同上引）这是张载教人观书必须有悟，否则仅流览一遍而无所悟，算不得观书。

2．观的二重要方面，即感性的直观和理性的静察。

读书了解文义是为感性的直观。但仅有直观而无静察则亦难有所得。张载说："观书以静为心"。(同上引)又说："书须成诵精思,多在夜中或静坐得之"。(同上引)所谓静不是叫你静坐不动,而须有以制其乱。主要在于摒除一切杂念。即如教小孩念书,也是静之一法。他说："常人教小童,亦可取益。绊己不出入,一益也;授人数次,己亦得此文义,二益也;对之必正衣冠,尊瞻视,三益也;尝以因己而坏人之才,为之忧,则不敢惰,四益也。"(同上引)人心不能静而不动,这就必须有所事事,不落空虚,终能安顿在一处。

在另一方面,心又要能主动地去行动。从自己的实习实践中,才能得到义理。他作了一个生动的比喻说:"譬之穿窬之盗。将窃取室中之物,而未知物之所藏处。或探知于外人,或隔墙听人之言,终不能自到,说得皆未是实。观古人之书,如探之于外人,闻朋友之论,如隔墙之言,皆未得其门而入。不见宗庙之美,室家之好。比岁方似入至其中,知其中是美是善,不肯复出。天下之议论,莫能易此。"(同上引)古人之书和朋友之言只有启发作用,但得此启发之后,必须用力去苦心探索一番,方能得大道理。关学重视实践,是它的一个特色。

3．观须有疑,从疑入手。

观察不是盲目地进行,而是在一个目标下细致的探索,这就观察之先必须有疑。张载说:"于不疑处有疑,方是进矣。"(《经学理窟》)他又说:"在可疑而不疑者,不曾学。学则须疑。譬之行道者,将之南山,须问道路之出。自若安坐,则何尝有疑。"(同上引)张载为何重视疑,这是因为"义理有疑,则濯去旧见,以来新意。"(同上引)一切新见都从疑中得来。不疑等于不学。照现在我们的解释,疑即是发现问题,提出问题。既发现问题,就得推究问题的原因,层层分析,鞭辟入里,然后问题才能得到解决,等到问题解决了,知识自然向深度和广度推进,学问也就提高了。横渠教人"于不疑处有疑",意义是深长的。许多事,平常人习而不见,苹果落地,谁人不见,但等到牛顿对此提出问题,才发见万有引力原理。横渠致疑的方法,可能主要在于如何教人读书,从读书中探索进德修业的门径。但横渠的观察一方既在观书,同时也在观物。**观物能有所得,也必靠能有疑的途径,才能真有所获。**

4．观察要有坚忍攻关的毅力。

科学的观察决不是轻率从事可以得到结果的,必须坚忍不拔,百折不回,攻破难关,决不退缩的气魄。横渠说:"今人为学如登山麓,方其迤逦之时,莫不阔步大走;及到峻削之处,便止。须是要刚决果敢以进。"(同上引)刚决果敢,冲破难关,才能步入胜境。革命导师马克思也曾教导我们说:"在科学上面是没有平坦大路可走的,只有在那崎岖小路的攀登上,不畏劳苦的人,有希望到达光辉的顶点。"(《资本论》,第一卷,第19页。)双方的内容尽管不同,但作为研究学问的方法上看,是一致的。

5．**观察须和推类相结合。观察是一种逻辑辨察的过程,因此,它必须和逻辑的推类法相结合,才能发挥其极致。**横渠说:"凡所当为,一事意不过,则推类如此,善也。一事意得过,以为且休,则百事废,其病常在。"(同上引)他又说:"不能推父母之心于天下百姓,谓之王道可乎?所谓父母之心,非徒见于言。必须视四海之民如己之子。"(《文集》)又说:"发乎性则见乎情,发于情则见于色,以类而应也。"(同上引)横渠十分重视推类的方法,虽然他指的是关于进德修业中事,但也具有一般方法论上的作用。能推类时即可渐臻善境。否则一事得过,停步不前,不能推类,终至百事无成。

四、观察逻辑在进德修业和天文学上的运用。

张载的观察逻辑既运用于道德修养,亦运用于天文的考察。这即观察逻辑的应用。兹先谈进德修业的运用。

1．观察逻辑在进德修业上的运用。

我想举"变化气质"为例。宋代学者都认为张载的"变化气质"说,是有功于圣门,有利于后学的重大发见。

人的气质，照张载看来，是有美有恶的不同。气质恶的就要用学去改变它，使趋于善。他说："如气质恶者，学即能移。今人所以多为气所使而不得为贤老，盖为不知学。"(《横渠理窟》)他又说："为学大益在自能变化气质。不学，卒无所发明，不得见圣人之奥。故学者须先变化气质。"(同上引)

张载何由得到变化气质的道理。我认为，这和他读《孟子》，肯细心观察《孟子》书中所言有关。横渠说："变化气质。孟子曰：'居移气，养移体'，况居天下之广居者乎？居仁由义，自然心和而体正，更要约时，但拂去旧日所为，使动作皆中礼，则气质自然全好。《礼》曰：'心广体胖'，心既宏大，则自然舒泰而乐也。"(同上引)这里从"居移气，养移体"观察体会到气质变化的关键。学者但能居仁由义，行动中礼，久之，自然可以去恶趋善，变化气质了。

孟子所讲的"居移气，养移体"，凡读《孟子》的人都知道，但必须等到横渠去细心观察一番，才悟到"变化气质"的学说来。使人依"变化气质"去做，久之，自然去恶趋善，到达圣人之境。这样，变化气质之说，在实践上可以收到很大的效益。

横渠提倡读书，因"读书少，则无由考核得义精。盖书以维持此心，一时放下，则一时德性有懈，读书，则此心常在"。(同上引)但读书之要，在于能熟读精思，细心观察。从字里行间去悟出个道理来。否则读书再多，也无用处。

横渠的"变化气质"，在于能熟读体察《孟子》，其他如"立天理"，"复归天理"之说，也是从六经循环朗读，细心理会得出。横渠说："今人之性，灭天理而穷人欲。今复反归其天理，古之学者，便立天理，孔孟之后，其心不传。"(同上引)这里说到"归"，说到"立"，表明横渠自己细心体察天理之义。既得天理，又可在实践中运用。因为能从天理洞察一切，则可得"平物我，合内外"之功。否则只以身鉴物，终流于偏私。横渠打个比喻说："犹持镜在此，但可鉴彼，于己莫能见过，以镜居中，则尽照，只为天理常在身，与物均见。"

（同上引）

以上是横渠如何运用他的观察法在读书明理进德修业中的运用。

2．观察在天文科学上的运用。

横渠在天文科学上有精密之观察。他说："心明不为日月所眩，正观不为天地所迁"。（《正蒙·天道篇》）"正观"即正确精密的观察，有了正观，就可以发见天象运行的真相，而不为它的假象所迁迷。天文学是一种观察的科学，但当时还没有望远镜，纯靠肉眼的艰苦观察。关学长于苦思力索，此亦其一端。由于张载有了正观，他在天文科学上，有如下几点发见。

（1）地动说。

张载说："地有升降，日有修短。地虽凝聚不散之物，然二气升降其间，相从而不已也。阳日上，地日降而下者虚也，阳日降，地日进而上者盈也，此一岁寒暑之候也。至于一昼夜之盈虚升降，则以海水潮汐验之为信。然间有小大之差，则系日月朔望，其精相感。"（《正蒙·参两篇》）地因阴阳气之相随，而有上升下降的运动，所以，地虽凝聚宇宙之中，但非静止不动之物。

地不但有上下升降的运动，而且有左右旋转的运动。张载说："地纯阴，凝聚于中，天浮阳，运旋于外，此天地之常体也，恒星不动，纯系乎天，与浮阳运旋而不穷者也。日月五星遂天而行并包乎地者也。地在气中，虽顺天左旋，其所系辰象，随之稍迟，则反移从而右，间有缓速不齐者，七政之性殊也，月阴精，反乎阳者也，故其右行最速。日为阳精，然其质本阴，故其右行虽缓，亦不纯系乎天。如恒星不动，金水附日，前后进退而行者，其理精深存乎物感可知矣，镇星地类，然根本五行，虽其行最缓亦不纯系乎地也。火者亦阴质，为阳萃焉，然其气比日而微故其迟倍日，惟木乃岁一盛衰故岁历一辰，辰者日月一交之次，有岁之象也。"（同上引）这里张载把地左右旋的原因与其他星象的运动的关系，说得很清楚。

张载详观"日月出没,恒星昏晓之变",才得到这一有价值的地动说。他说:"古今谓天左旋,此直至粗之论尔。不考日月出没,恒星昏晓之变。愚谓在天而运者惟七曜而已。恒星昏晓为昼夜者,直以地气乘机左旋于中,故使恒星河海,因(一作回)北为南,日月因天隐见,太虚天体,则无以验其运动于外也"。(同上引)七曜的运转,左右旋的不同,都由横渠细心观察得之。

(2) 风雨雷霆等气象变化说。

张载根据阴阳聚散之理,进而观察风雨雷霆等气象变化。他说:"阴性凝聚,阳性发散,阴聚之,阳必散之,其势均。散阳为阴累,则相持为雨而降。阴为阳得,风飘扬为云而升。故云物班布太虚者,阴为风驱敛聚而未散者也。凡阴气凝聚,阳在内者不得出,则奋击而为雷霆。阳在外者不得入,则周旋不舍而为风。其聚有远近虚实,故雷风有大小暴缓。和而散,则为霜雪雨露;不和而散,则为戾气曀霾。阴常散缓,受交于阳,则风雨调,寒暑正。"(《正蒙·参两篇》)这里根据阴阳聚散不同的本性,双方气流不同,产生了风云雨露,雷霆霜雪等自然气象。这是在当时直观性科学的基础上所能作出的解答。

(3) 辩证观察的萌发。

张载的观察逻辑之难能可贵处,在于他作了辩证运动的观察。辩证运动的观察,可表现为两点,即:

a. 一与二的对立矛盾统一。张载认为,运动不是外在之力如鬼神之类所致,而是由事物的内在原因。他说:"凡圆转之物,动必有机,既谓之机,则动非自外也。"(同上引)那末,这样的内在的动又怎样进行呢?张载认为这是由于矛盾对立的一与二相互作用。他说:"两不立,则一不可见。一不可见,则两之用息。两体者,虚实也,动静也,聚散也,清浊也,其究一而已。"(《正蒙·太和篇》)任何一物都有两方面,虚实、动静、聚散、清浊等都是。任一物都有两端,两端矛盾发生运动。这就是"物无孤立之理,非同异、屈伸、终始以发明之,则虽物非物也。事有始卒乃成,非同异、有无、相感则不见其成。不见其成,则虽物非物"。(《正蒙·动物篇》)两端相合为一,分则为两。"二端故有感,本一故能合"。(《正蒙·乾称篇》)"感而后有通,不有两,则无一"。(《正蒙·太和篇》)

矛盾对立的发展,只有一方克服另一方,才能前进。但张载因受时代与阶级的局限,提出了调和矛盾的改良主义说法是错误的。张载说:"气本之虚,则湛本无形,感而生,则聚而有象,有象斯有对,对必反其为;有反斯有仇,仇必和而解。"(《正蒙·太和篇》)这里有象,有对,"对必反其所为",是正确的。"有反斯有仇,仇必和而解"则是错误的。

b. 渐变与突变。张载观察运动变化有两种不同的类型,即一为渐变,他之所谓"化",另一为突变,即他所谓显著的"变"。张载说:"气有阴阳,推行有渐为化,合一不测为神。"(《正蒙·神化篇》)又说:"变言其著,化言其渐。"(《易说·乾》)又说:"变则化,由粗入精也;化而裁之谓之变,以著显微也。"(《正蒙·神化篇》)渐变与突变相互为用,变则化,化又变,循环不息,无有穷已。然不论变或化都由矛盾对立所引起,非由外力。所以他说:"阴阳之气……循环迭至,聚散相荡,升降相求,细缊相揉,盖相兼相制,欲一之而不能,此其所以屈伸无方,运行不息,莫或使之。"(《正蒙·参两篇》)这样精密的观察,已感到辩证的矛盾的发展观,这是前人所未有者,是张载的一重大贡献。

第二章 北宋数理推导与理学推导的逻辑思想

第一节 邵雍的象数逻辑推演

一、邵雍的唯心的宇宙生成论。

1. 邵雍的生平及著书。

邵雍字尧夫,号康节,原籍为范阳人,后居洛阳。生于宋真宗大中祥符四年(公元1011年),卒于宋神宗熙宁十年(公元1077年),活了67岁。

邵雍著书有《观物篇》、《渔樵问答》、《伊川击壤集》、《先天图》、《皇极经世》等。

据《宋史·朱震传》载:"陈抟以《先天图》传种放,放传穆修,修传李之才,之才传邵雍"。所以邵雍的先天象数之学和周敦颐的《太极图说》都是道教的产物。

2. 邵雍的太极世界和宇宙生成。

邵雍是客观唯心主义者,他幻想未有天地之前即有一个完整无缺的神的世界。这个神的世界,他称之为"太极"。他说:"太极一也。不动;生二,二则神也。"(《皇极经世》)又说:"太极不动,性也,发则神,神则数,数则象,象则器,器之变复归于神也。"又说:"神生数,数生象,象生器。"(同上引)我们从这三条引文中,可以看出如下几点,即(一)宇宙的本源是太极,一切都由太极生,最后又复归于太极。(二)太极是静的本体,但因它具有神性,所以能有力推动宇宙的发展。这和张载的宇宙发展观对立，张载否定一切外在的动力如神之类，而由于内在矛盾对立的推动。邵雍却把宇宙的动力归之于想象中的神，神是超越于现实世界之外，它是先天的。(三)邵雍的宇宙生成次序是神生数，数生象，象生器。从现实的世界看，数是神的摹本，同时又是宇宙万物的基础。这有点象西方古代毕达哥拉斯(Pytagoras)之数论，以数为万有本源。由数产生象，如两仪、四象、八卦之类。由象再生各种具体的器物。例如，"阳交于阴而生蹄角之类也，刚交于柔而生根茎之类也，阴交于阳而生羽翼之类也，柔交于刚而生枝干之类也。"(同上引)阴阳即所谓四象之一，而各种动植物都由此象相交而成。所以邵雍的宇宙生成次序是，太极(神)→数→象→器。物质的器是神的最低级的产物。神学唯心论的宇宙观不论是我国汉代的董仲舒或西方古代的普罗丁那(Plotinus)都是如此。物依于神而存在，所以"器之变复归于神"。

3．邵雍的"物"和"观物"。

邵雍的"观物"是内观(intropection)，不是外观，他所谓"物"是神的产物，没有客观存在。因此，邵雍的"观"和"物"和张载正好对立。现在我们来分析邵雍的"物"和"观物"的实质。

要想认识邵雍的"物"，最好看他写的一首诗："身生天地后，心在天地前。天地自我出，其余何足言？"(《击壤集》卷19《自余吟》)这就是说，大至于天地都自我心出，那末，天地中的一切物当然也是心的化身了。邵雍的象数学为先天学，先天学就是心学，(他也叫"心法")心是太极，("心为太极"，同上引)所谓万物之体，只不过是声色气味的表露，这样，物就等于感觉的复合体，没有它自身的独立存在。这和马赫的感觉素材论十分类似。邵雍在物中强调"人"，而在人中，又强调圣。"盖人之所以灵于万物者，谓其目能收万物之色，耳能收万物之声，鼻能收万物之气，口能收万物之味。声色气味者，万物之体也；耳目鼻口者，万人之用也。体无定用，惟变是用。用无定体，惟化是体。体用交而人物之道于是乎备矣，然则

• 21 •

791

人亦物也,圣亦人也。"(同上引)他虽承认人也是物,但这不是普通的物,因他是"兆物之物。生一物之物当兆物之物者岂非人乎?……生一人之人当兆人之人者岂非圣乎?"(同上引)在邵雍看来,人之可贵,在于有心,他"能以一心之心观万心,一身观万身,一世观万世者焉"。(同上引)他把人的心捧上天去,而把物踩在地下,而这一地下之物之所以能为人所观者,又只是因它本身为心(神)的低级产物呢!

邵雍之所谓物如是,他之所谓"观物",是要我们"以物观物",不要"以我观物"。以物观物之"物",实际上是绝对精神,用绝对精神来体察物的一切,把物融化于绝对精神之中,这实在是邵雍的唯我主义的真实表现。

二、邵雍的象数逻辑推演。

1.加一倍法的演绎(二分法)。

宇宙的原始是太极,太极用二分法,也就是加一倍法演绎成整个世界。他说:"太极既分,两仪立矣,阳下交于阴,阴上交于阳,四象生矣。阳交于阴,阴交于阳而生天之四象;刚交于柔,柔交于刚,而生地之四象,于是八卦成矣。八卦相错,然后万物生。是故一分为二,二分为四,四分为八,八分为十六,十六分为三十二,三十二分为六十四,故曰分阴分阳,迭用柔刚,《易》六位而成章也。十分为百,百分为千,千分为万,犹根之有干,干之有枝,枝之有叶,愈大则愈小,愈细则愈繁,合之斯为一,衍之斯为万。"(《观物外篇》)这里是说太极分为两仪,两仪分为四象,四象分为八卦,八卦相错而万物生。两仪,四象,八卦都是象。从数上说,即一分为二,二分为四,四分为八,八分为十六,十六分为三十二,三十二分为六十四。都是二的倍数,所以称之为加一倍法,也就是二分法。

太极何以能用二分法,分化出两仪、四象、八卦呢?那就是由于有动静关系。照我们上边所述,这个动静实即太极之神所主持。太极不动为一,"生二,二则神也。"可见动静为太极神所主持。邵雍在

《观物内篇》中，备述动静之生万象的经过。他说："天生于动者也，地生于静者也，一动一静交而天地之道尽之矣。动之始则阳生焉，动之极则阴生焉，一阴一阳交而天之用尽之矣。静之始则柔生焉，静之极则刚生焉，一刚一柔交而地之用尽之矣。动之大者谓之太阳，动之少者谓之少阳，静之大者谓之太阴，静之小者谓之少阴。太阳为日，太阴为月，少阳为星，少阴为辰，日月星辰交而天之体尽之矣。静之大者为太柔，静之小者谓之少柔，动之大者谓之太刚，动之小者谓之少刚。太柔为水，太刚为火，少柔为土，少刚为石，水火土石交而地之体尽之矣。"日月星辰为天之四象，水火土石为地之四象，由日月星辰而为寒暑昼夜之"变"，由水火土石而有风雨露雪之"化"，八者错综而万物成。

邵雍的先天图以四为宇宙的基础，他不用五行之五，认为金木是由土所生，所以把金木水火土改为水火土石。《周易》用二，扬雄《太玄》用三，而邵雍的《先天图》却用"四"，"四"是邵雍用以推衍空间和时间的基础的数字。元、会、运、世正是时间演变的四阶段。邵雍何以特别重视四呢？这或许他受了佛教成、住、坏、空论的影响，而成住坏空又正好投合他的退化的循环历史观。

2．顺观法和逆推法。

邵雍提出顺观和逆推二法来测知天地万物。他说："推类者必本乎生，观体者必由乎象。生则未来而逆推，象则既成而顺观。……推此以往，物奚逃哉？"(《皇极经世》)象是既成的东西，如天上的日月星辰，地上的水火土石，都有具体形象，对于这些具体形象，我们只要顺观，就可考见它们的理，从字面上看，邵雍的观，好象张载的观，然其实不然。因为他的顺观，不过是要"反观"其理，不是指我们普通逻辑的观察。顺观他也称为"顺理"，"顺理则无为，强则有为也"。(同上引)无为是神妙的"洗心"，如果象我们有为的观察，那就陷于勉强。

依照邵雍的顺观，如他对天的顺观，说："阳消则生阴，故日下而西出也。阴盛则敌阳,故日望而月东出也。天为父,日为子,故天左旋,日右行。日为夫,月为妇,故日东出,月西生也。"(同上引)他把父子和夫妇比附日月的运行,实陷于牵强附会的无类比附,是反逻辑的。当然,邵雍也运用一些天文学上的命题,如"日月相食,数之交也。日望月,则月蚀,月掩日,则日蚀"(同上引)之类,不过这些还是为他的神学服务,把自然科学的命题当作神学的附属品罢了。

对于未来的东西,他用逆推法,这里他重在"推"字,怎样推,就是用数去推,如前引蹄角之类生于阳交阴,根茎之类生于刚交柔,羽翼之类生于阴交阳,枝干之类生于柔交刚,最后他说:"各以类推之,则物之类不逃乎数矣。"(同上引)这还是一种无类比附,是反逻辑的。

邵雍更用天干10和地支12两种数的加减和相乘来解释宇宙万象的变,他主观认定,日是太阳,数是10;月是太阴,数是12;星是少阳,数是10;辰是少阴,数为12;石是少刚,数为10;土是少柔, 数为12;火是太刚,数为10;水是太柔,数为12。太阳、少阳、太刚、少刚,各数相加10＋10＋10＋10＝40;太阴、少阴、太柔、少柔各数相加12＋12＋12＋12＝48。4×40＝160,4×48＝192, 这叫做太阳、少阳、太阴、少阴、太刚、少刚、太柔、少柔的"体数"。160－48＝112,192－40＝152, 这叫做太阳、少阳、太阴、少阴、太刚、少刚、太柔、少柔的"用数"。112×152＝17024叫做水火土石的"化数"。152×112＝17024叫做日月星辰的"变数"。"变数"叫"动数","化数"叫"植数",17024×17024＝289816576,这是动植的"通数"。邵雍就是用这种机械的框框来逆推万物之理。诚如列宁批评毕达哥拉斯引黑格尔的话说:"这是一些枯燥的,没有过程的,非辩证的,静止的规定。"(《列宁全集》第38卷,第273页。)邵雍的象数推衍只能表现他主观思维的游戏,对客观实在世界什么也反映不了。

3．宇宙时间的象数逻辑推演。

如果我们上边所述的是侧重于空间的象数逻辑推衍的话,那

· 24 ·

794

么，邵雍对于宇宙时间却又另有一套逻辑推演法，就是以12与30两数相乘，配入他的元会运世的四段演变。一元是具体世界所能存在的时间。一元等于12会，一会等于30运，一运等于12世，一世等于30年。所以一元之数为12×30×12×30＝129600年。129600年之后，这一世界归于消灭，而另一世界重新开始。时间是无限的，世界是循环的。邵雍从何而得出12×30的公式呢？依其子邵伯温所说："一元在大化之中犹一年也"。（《性理大全》卷8）这就是说一年为十二月，一月为三十日，一日为十二时，一时为三十分。这些数字相乘的积，恰为一元所有之年数。一元只不过是一年的放大。

邵雍复用地支子、丑、寅、卯、辰、巳、午、未、申、酉、戌、亥分别配入十二会。用十二辟卦依次列入十二会以观其发展与衰亡。如复卦配子会，临卦配丑会，泰卦配寅会，大壮配卯会，夬配辰会，乾配巳会，姤配午会，遯配未会，否配申会，剥配戌会，坤配亥会。前六会为发展壮大阶段，后六会为衰亡消灭阶段，天开于子，地辟于丑，人生于寅，乾为历史进展最盛期。邵配以唐尧盛世。从此之后，由夏、殷、周、秦、两汉以至于宋，就逐渐衰退，终至消灭。

在一元中也有小循环，先秦历史就是一例。这即皇、帝、王、伯四阶段是，三皇"以道化民"，（《观物内篇》）五帝"以德教民"，（同上引）三王"以功劝民"，（同上引）五伯"以力率民"，（同上引）各有其特点。不论如何，从邵雍的退化史观看来，一代不如一代，盛世已一去不复返了。所以他说："汉王而不足；晋、伯而有余；三国，伯之雄者也；十六国，伯之丛者也；南五代，伯之借乘也；北五朝，伯之传舍也；隋，晋之子也；唐，汉之弟也；隋季诸郡之伯，江汉之余波也；唐季诸镇之伯，日月之余光也；后五代之伯，日未出之星也。"（同上引）到了宋，似乎是一个新时代，似有希望，所以他说"苟有命世之人，继世而兴焉，则虽民如夷狄，三变而帝道可举"。（同上）但在总的退化趋势中，希望也是渺茫的。这是代表走下坡路的地主阶级的退化的历史观。

尽管邵雍企图用数来范围历史的发展，然而他的数的演变，终究不能说明实际的历史，他对于历史的批评，充分表示他的主观成见，所以，邵雍的象数学对时间的逻辑推演，也和他对空间的推衍一样，是架空的概念游戏，是反逻辑。

第二节　二程的理学推导的逻辑思想

一、二程的生平及著书。

1．生平。

二程即程颢和程颐兄弟二人。程颢，字伯淳，生于宋仁宗明道元年，（公元1032年）卒于宋神宗元丰八年，（公元1085年）学者称他为明道先生。

程颐，字正叔，生于宋仁宗明道二年，（公元1033年）卒于宋徽宗大观元年，（公元1107年）学者称伊川先生。他们是河南人，因而后人称他们的学派为"洛学"。他们反对王安石的新法，是北宋豪族大地主保守派的代言人，和司马光为同派。

2．著书。

他们著书有《二程遗书》、《二程外书》、《明道文集》、《伊川文集》、《伊川易传》、《程氏经说》、《二程粹言》等。后人把它编为《二程全书》，现称《二程集》，全四册，1980年中华书局出版。

二、理学推导的最高范畴 ——理。

理或称"天理"是二程的得意发见。程颢说："吾学虽有所授，天理二字却是自家体贴出来。"（《二程集》卷2，第424页。）在二程之前不是没有提到理的，先秦韩非已提出理的范畴。（《韩非子·扬权》）二程的老师周敦颐在他的《通书·理性命》中，二程的表叔张载在他的《正蒙》中，都曾提出过理。不过周敦颐哲学的最高范畴是太极，张载哲学的最高范畴是太虚，他们都还没有把理当作最高的哲学范畴看。把理作为最高哲学范畴的是二程。在二程看来，理是宇宙的本体,它是先于天地一切的精神存在。它是善的化身,也是逻辑推论的最后依据。总之,世间的一切事物没有不从理产生出来的。我们以下再把这个最高范畴——理的特点进行分析于下。

1. 理的普遍性与特殊性的统一。

理是逻辑推论的依据。我们所以能格物穷理者原因就是有此普遍存在之理作依据。程颢说:"格物穷理,非是要穷尽天下之物,但于一事上穷尽,其他可类推。至如言孝,其所以为孝者如何穷理。如一事穷不得,且别穷一事。或先其易者,或先其难者,务随人深浅,如千蹊万径,皆可适国,但得一道入便可。所以能穷者,只为万物皆是一理,至如一物一事虽小,皆有是理。"(《二程集》第一册,第157页。)他又说:"苟无此理,却推不行。"(《二程集》第一册,第167页。)"万物皆是一理"这是理的普遍性。"一物一事虽小,皆有是理"这是理的特殊性。因有此普遍性与特殊性的统一,所以我们能作出逻辑推论。否则"苟无此理,却推不行"。

二程的理的普遍性与特殊性的统一,即一理和万理的关系,或受华严宗"一多相摄"说的影响。一理摄万理犹如"月印万川",万川之月都是一月所照。

穷一物之理以明一理之理,有似普遍逻辑所讲的归纳法。但归纳由特殊到普遍可以得到新的结论,而二程的穷理所得,还只是原来的理,没有新东西。因此二程的穷理本质上和归纳有异,我们也可称它为循环推论,因为推了,不能有所得,没有新东西。"百理俱在,平铺放着,几时道尧尽君道,添些得君道多?舜尽子道,添得子道多?元来依旧。"(《二程集》卷1,第34页)"元来依旧"正道出了循环推论的本色。

2. 理的推论的伦理性。

上边说过,理是宇宙的本质,又是善的化身。"穷理、尽性、以至于命。三事一时并了,元无次序。不可将穷理作知之事,若实穷得理,则性命亦可了。"(《二程集》第1册,第15页。)可见理学推导的推理,把求真与至善合而为一。穷理的归宿在于入圣,程颐说:"人皆可以至圣人,而君子之学必至于圣人而后已;不至圣人而后已者皆自弃也。孝其所当孝,弟其所当弟,自是而推之,则亦圣人而已矣"。(《二程集》第 1 册,第318页。)推而至于圣人,则这个推不是逻辑求真的推,而是伦理求善的推。推的结果在于成圣。

因此,二程反对学以为文,也反对学以为探同异。反对学以探同异,那正是反对逻辑的辨同异。因此,理的推论的本色纯在做圣人。程颐说:"学也者使人求于内者也,不求于内而求于外,非圣人之学也。何谓不求于内而求于外?以文为主者是也。学也者使人求于本也。不求于本而求于末,非圣人之学也。何谓不求于本而求于末?考详略,采同异者是也,是二者皆无益于身,君子弗学。"(《二程集》第1册, 第319页。)他认为逻辑的同异是非之探讨是末,而非本,可见二程的推理纯在超凡入圣上下功夫,和逻辑之求真迥异。

3.理学穷理的内在性。

由穷理在于至善所以注定穷理的内在性。二程对格物之物虽也指外边事物,但那只是个陪衬,主要是指身内之物。二程说:"今人欲致知,需要格物,物不必谓事物然后谓之物也, 自一身之中至万物之理,但理会得多,相次自然有受处"。(《二程集》第1册,第181页。)又说:"致知在格物,非由外铄我也,我固有之也"。(同上书,第1册,第 316 页。)何以格物能作为内部事物看呢? 这是因为物我一体,穷物理也即明我理。二程说:"物我一理,才明彼,即晓此,合内外之道也。语其大至天地之高厚,语其小至一物之所以然,学者皆当理会,……然一草一木皆有理,须是察"。(《二程集》第1册,第193页。)物我一理,彼此一致,所以格物穷理为份内事。二程反对把格物解成"正物",因为那样就把物看做外在东西,那是"二本",(《二程集》第1册,第129页。)非"一本"。"格物"应解为"至物"。这即穷至物之理而已。二程虽说"一草一木皆有理,须是察",但他们的目的完全在内心中,否则如"游骑无所归",不是超凡入圣之学。我们应注意二程的"物"和张载的"物"是不同的。张载的物是坚固的物质性的，而二程的物却没有，张载的物是唯物主义范畴，而二程的物则属于唯心主义范畴，这是重大的区别。

4．理的客观精神性。

以上三点的理的特性实由于理的客观精神性所决定。二程的理是存于未有天地之先，是本身具足的精神实体。这一个理能产生万物，因此，"天下物皆可理照，有物必有则，一物须有一理"。(《二程集》第一册，第193页。)唯心主义者总把物当成冥顽不灵的东西，只由于精神实体的存在，才变成有条理的东西。二程的"理照"也是其中的一例。这样，二程的"一本"格物说，也即可以明白了。

理不但能"照物"，而且还统辖着物，对自然和社会起到规范的作用，"理则天下只是一个理，故推之四海而皆准"。这样起到范畴作用的理实即北宋大地主阶级的社会统治在二程哲学思想中的反映。

三、理学逻辑的正名观。

二程理学推导的逻辑也讲了一些名实相须的传统逻辑问题。程颢说："正名(声气名理，形名理)，名实相须，一事苟，则其余皆苟矣。"(《二程集》第一册，第121页。)又说："有实则有名，名实一物也。若夫好名者，则徇名为虚矣。如'君子疾没世而名不称'，谓无善可称耳，非徇名也。"(同上引，第1册，第129页。)程颢说："凡有物有形，则有名，有名则有理，如以大为小，高为下，则言不顺，至于民无所措手足也。"(《二程集》第2册，第386页。)又说："饰过则失实，故宁俭丧主于哀戚。"(同上引，第2册，第395页。)又说："称性之善谓之道，性之自然者谓之天，自性之有形者谓之心，自性之有动者谓之情；凡此数者皆一也，圣人因事以制名，其不同若此。而后之学者，随文析义，求奇异之说，而去圣人之意远矣。"(《二程集》第1册，第318页。)

从以上所列二程对于名实问题的看法，好象有实才有名，那就是说名出于实,实为主名为副,是唯物派的名实观。但是我们仔细分析,他们之所谓名,所谓实,和唯物派不同。他们所谓的名出于实,这个实不是指存于客观外界的事物,而是抽象的理。他们说:"物之名义,与气理通贯……名出于理,音出于气。"(《二程集》第四册,第1169页。)又说:"实是实非能辩,则循实是。天下之事归于一是,是乃理也。循此理乃可进学至形而上者也。"(《二程集》第二册,第351页。)这样,名出于实,实不是物实,而是精神性抽象的理,这就纯粹是唯心主义的正名观了。

四、理学逻辑的辩证观。

理学逻辑思想中也带了一些辩证思想。它的表现如下:

1. 对立的观察。

在二程的宇宙观中,对立面的考察是他的重要的一环。"天地万物之理,无独必有对,皆自然而然,非有安排也。每中夜以思,不知手之舞之足之蹈之也"。(《二程集》第1册,第121页。)无独必有对一事,使他高兴得手舞足蹈。因之,二程书中,不少谈到无独必有对的道理。程颢说:"万物莫不有对,一阴一阳,一善一恶,阳长则阴消,善增则恶减,斯理也,推之其远乎!人只要知此耳。"(《二程集》第1册,第123页。)又说:"道二,仁与不仁而已,自然理如此。道无无对,有阴则有阳,有善则有恶,有是则有非,无一亦无三,故《易》曰:三人行则损一人,一人行则得其友,只是二也。"(同上引,第1册,第153页。)又说:"质必有文,自然之理也,理必有对,生生之本也。有上则有下,有此则有彼,有质则有文,一不独立,二必为文,非知道者孰能识之?"(同上引,第四册,第1171页。)正反两方面的对立正是辩证法矛盾产生的原因。从二程以上所引各段中,他们对于对立矛盾的基本现象,已无意中体会到。当然,仅有对立矛盾一点,还不能构成辩证法,此点后当评述。

2. 辩证句的认识。

在二程语录中也发现了一些辩证意义的句子。如"有不知则有知,无不知则无知"。(《二程集》,第四册,第1266页。)"忘敬,而后无不敬"。(《宋元学案》,第1册,第624页。)"有心于息虑,则思虑不可息矣"。(《二程集》第四册,第1255页。)"孟子曰:'教亦多术矣,予不屑之教诲也,是亦教诲之而已矣。'孔子不见孺悲,所以深教之也"。(同上引,第2册,第389页。)辩证句体现相反相成的道理,如"有知"和"无知","息思虑"与"不息思虑","敬和不敬","教诲之"和"不教诲之"都是相反相成,具有辩证意味。

3. 对于"中"义的灵活解释。

程颐答季明问:"'君子时中'莫是随时否?"曰:"是也。中字最难认,须是默识心通,且试言一厅,则中央为中,一家则厅中非中,而堂为中,言一国则堂非中而国之中为中,推此类可见矣。且如初寒时,则薄裘为中,如在盛寒用初寒之裘则非中也,更如三过其门不入,在禹、稷之世为中,若居陋巷,则不中矣。居陋巷,在颜子之时为中,若三过其门不入,则非中也。或曰:'男女不授之类皆然'。曰:是也。男女不授受中也,丧祭不如此矣。"(同上引,第1册,第214页。)在上引长文的对答中,有涉及空间的中,如厅堂之类,有涉及时间的中,如穿衣服及居陋巷及三过家门不入之类。这就体会到事物的动的变易性,而变动观却是辩证法的重要的一点。

4. 动静互涵、始终联贯的观点。

动静对立,然而又是统一的。二程说:"静中便有动,动中便有静。"(《二程集》第1册,第98页。)又说:"冬至一阳生,却须陡寒,正如欲明而反暗也。阴阳之际,亦不可绝然不相接。厮侵过,便是道理,天地之间,如是者极多。艮之义终万物,始万物,此理最妙,须玩索这个道理。"(同上引,第39页。)终始也不是绝对分割,而有辩证的联系。

5. 关于"度"的观念。

"度"是辩证观的一个重要观念,二程也有所体会。"圣人之明犹日月,不可过也,过则不明。"(《二程集》第4册,第1266页。)"问:

"非礼之礼,非义之义,何谓也?'曰:'恭本为礼,过恭是非礼之礼也'。以物与人为义,过与是非义之义也"(同上引,第1册,第212—213页。)真理走前一步即成错误,所以掌握事物一定的度,是认识事物的重要要求。

从以上五点分析,在二程的逻辑思想中是有辩证因素的。但二程所讲的对立虽有矛盾,但没有斗争,更谈不上矛盾的一方克服另一方。动静互涵,终始联贯之说,亦陷于循环论而非辩证的上升,所以二程的辩证思想尚不能称为真正的辩证法。

五、理学逻辑中的普通逻辑思想。

在二程的逻辑思想中也涉及到普通逻辑问题与方法。兹分述如次:

1．对逻辑规律的认识。

在《程氏粹言》中,曾记了两条,(1)"韩侍郎曰:'道无真假'。子曰:'既无真,则是假,既无假,则是真矣,真假皆无,尚何有哉? 必曰,是者为真,非者为假,不亦显然而易明乎?'"(《二程集》第4册,第1171页。)(2)"子曰:守道当确然而不变。得正则远邪,就非则违是,无两从之理。"(同上引,第4册,第1174页。)真假不能两存,正邪不得两是,这即矛盾律与排中律的体现。

2．理智的直观。

程颐曾谈到真知和行的关系。必须有亲身经历的东西才能算真知。否则没有指导能力,即行亦不能持久。他说:"知有多少般数,煞有深浅,向亲见一人曾为虎所伤,因言及虎,神色便变。旁有数人,见他说虎,非不知虎之猛可畏,然不如他说了有畏惧之色,盖真知虎者也,学者深知亦如此。且如脍炙,贵公子与野人莫不皆知其美。然贵人闻着便有欲脍炙之色,野人则不然。学者须是真知,才知得是,便泰然行将去也。"(《二程集》第1册,第188页。)真知虎,从被虎伤的亲身经历得来,因此谈虎色变。真知脍炙,从亲尝脍炙美味得来,所以言之即有想吃脍炙之色。因此真学问也必从亲身经历方得。"某年二十时,解释经义,与今无异。然思今日觉得意味与少时自别"。(同上引,同页。)

亲自经历为理智的直观,它是透过理智分析感觉得来的东西,在某种意义上,这是一种理性与感性的结合。此点可以肯定。

真知是"实见得","须是有见不善如探汤之心,则自然别得之于心,是谓有得,不得勉强。"(同上引)"实见"便是"真见"。如实见清水可喝,貂虎可怕,脍炙诱人之类,只有实见才能发出智慧的光辉,使人行将去。

3.联锁推导法。

在二程的语录中,我们也可发见他们采用普通逻辑的联锁推导。如下所引四例,即可见其联锁推导的一般。(《宋元学案》第1册,第623页。)

(一)"艮其所,止其所也。艮其止,谓止之而止也。……①
止之而能止者,由止得其所也,止而不得其所,则无可止之理矣。……②
夫子曰:于止知其所止,谓当止之所也。……③
夫物必有则:父止于慈,子止于孝,君止于仁,臣止于敬;庶事万物,莫不各有其所。……④
得其所则安,失其所则悖。圣人之所以能使天下顺治,非能为物作则也,唯使之各得其所而已"。……⑤

以上①、②、③、④、⑤表示层层推导,最终达于⑤的结论。

(二)"故学必尽其心……………………………………①
尽其心,则知其性…………………………………②
知其性,反而诚之,圣人也"………………………③

(《颜子所好何学论》,《二程集》第2册,第577页。)

(三)"诚之之道在乎信道笃……………………………①
信道笃,则行之果……………………………………②
行之果,则守之固"…………………………………③

（四）"有求为圣人之志,然后可与其学……………………①

　　学而善思,然后可与适道…………………………②

　　见而有所得,则可与立。…………………………③

　　立而化之,则可与权"……………………………④

（《二程集》第1册,第322页。）

以上各例中之①、②、③等都表示层层推导关系,最后到达结论。联锁推导已为二程逻辑中的一种熟用的方式。

　　4．对比法。

　　在二程逻辑中有时也采用对比法来解释问题。例如他用今之为学与为仕和古之为学与为仕不同。他说:"古之学者为己,今之学者为人;古之仕者为人,今之仕者为己。古之强有力者将以行礼,今之强有力者将以作乱"。(《语录》)又如"夫内之得有浅深,外之来有轻重。内重则可脱外之轻,得深则可见诱之小"。(《语录》)这也是把内外和轻重对比,使人更深刻得到了解。

　　5．不完全归纳法。

　　二程有时采用普通逻辑的归纳法,自然,这种归纳是不完全的,而且在质上也有差别。他说:"所务于穷理者,非道须尽穷了天地万物之理,又不是穷得一理便到,只是要积累多,后自然见去。"（《语录》)又说:"钻木取火,人谓火生于木,非也,两木相戛,用力极则阳生。今以石相轧,便有火出。非特木也,盖天地间无一物无阴阳。"(《二程集》,第1册,第237页。)穷理必须积累多,两力相戛,自然火生,这都靠积累知识。这样,积习的功夫,也为二程所重视。"或问:'学必穷理,物散万殊,何由而尽穷其理。'子曰:'诵《诗》、《书》,考古今,察物情,揆人事,反复研究而思索之,求止于至善,盖非一端而已也。'又问:'泛然,其何以会而通之?'子曰:'求一物而通万殊,虽颜子不敢谓能也。夫亦积习既久,则脱然自有该贯。所以然者,万物一理故也'。"(《二程集》,第4册,第1191页。)这即积习的功夫。

6．定义法。

二程解释文词，有时采用简明的定义法。如"所谓德者，得也。须是得之于己，然后谓之德"。"义者宜也。知者，知此者也。礼者，节文此者也。"(《二程集》《附录》)以简明定义的方式作出敬、忠、信等之别，是能使人容易领会的。

7．两难法。

二程逻辑中有时采用两难法。如下例"汤既胜夏，欲迁其社，不可。圣人所欲不逾距，既欲迁社，而又以为不可，欲迁是，则不可为非矣；不可是，则欲迁为非矣。然则圣人亦有过乎？"(《二程集》，第1册，第89页。)这里提出迁社与否是非两可问题，构成两难论式。对此两难，他作出驳斥如下："曰非也，圣人无过。夫亡国之社迁之，礼也。汤存之以为后世戒，故曰，欲迁则不可也。《记》曰：'丧国之社屋之不受天阳也。'又曰：'亳社北牖，使阴明也。'《春秋》书'亳社灾'，然则皆自汤之不迁始也"。(同上引，同页。)这里采用否定两难式，即欲迁，礼也，不迁以为后世戒，也是对的。那么或人提出的两难都不是真两难。

又下边二例，也是两难式。

"问：'可以取，可以无取，天下有两可之事乎？'曰：'有之，如朋友之馈，是可取也，然己自可足，是不可取也，强取之，便伤廉矣'。"(同上引，第212页。)这里也是采用否定两难的驳斥法。

"问有鬼神否？明道先生曰：'待向你道无来，你怎生信得及；待向你道有来，你且去寻讨看'"。(《二程集》，第2册，第426页。)这是采用两难来回答鬼神有无问题。

8．换位问题。

二程有时似乎注意到逻辑的换位问题。如，"问仁。曰：'此在诸公自思之，将圣贤所言仁处，类聚观之，体认出来。'孟子曰，恻隐之心仁也，后人遂以爱为仁；恻隐固是爱也，爱自是情，仁自是性，岂可专以爱为仁？孟子言恻隐为仁，盖为前已言，恻隐之心，仁之端也。既曰，仁之端，则不可便谓之仁。退之言，博爱之谓仁，非也。仁者固博爱，然便以博爱为仁，则不可。"(《二程集》第1册，第182页。)恻隐、博爱只为仁的部分，所以不能作简单换位，而陷于不周延之误。

又如"敬则虚静，而虚静非敬也"。(《二程集》第4册，第1179页。)这也是不能把虚静和敬作简单换位，因敬只能是致虚静的一种方法。

9．观察与试验。

在二程的逻辑思想中，我们也发见他们有时注意到观察及试验。二程对兴云致雨，兴妖，僧伽避火三问题，采的是正确的试验法。"《易》说鬼神，便是造化也。又问名山大川能兴云致雨，何也？曰：气之蒸成耳。曰：既有祭，莫须有神否？曰：只气，便是神也，今人不知此理，才有水旱，便去庙中祈祷，不知雨露是甚物，从何处出，复于庙中求耶？名山大川能兴云致雨，却都不说著，却只于山川外土木人身上讨雨露，土木人身上有雨露耶？又问，莫是人自兴妖？曰只妖亦无，皆人心兴之也。世人只因祈祷而有雨，遂指为灵验耳，岂知适然。某尝至泗州，恰值大圣见，及问人曰，如何形状？一人曰如此，一人曰如彼，只此可验其妄。昔有朱定亦尝来问学。但非信道笃者曾在泗州守官，值城中火，定遂使兵士舁僧伽避火，某后语定曰，何不舁僧伽在火中？若为火所焚，即是无灵验，遂可解天下之惑，若火遂灭，因使天下人尊敬可也。此时不做事，待何时耶？惜乎定识不至此。"(《二程集》第1册，第288页。)他不信土木人能兴云致雨，不信僧伽能避火，而是站在试验的立场去考验，这是对的。

10．比喻法。

二程重要主张即仁者与天地万物为一体，这一仁的深切了解，即采寻常比喻法。程颢说："医书言，手足痿痹为不仁，此言最善名状。仁者以天地万物为一体，莫非己也，认得为己，何所不至，若不有诸己，自与己不相干，如手足不仁，气已不贯，皆不属己。"(《二程集》第1册，第15页。）又说：＂切脉最可体仁＂。（《二程集》第1册，第64页。）根据医书的道理，手足痿痹为不仁；切脉，脉脉不断好比仁为生生不息之体。这种比喻最切实际，简明易了。此外如＂观鸡雏此可以观仁＂。（《二程集》第1册，第15页。）之类也是很好的比喻。

11．诡辩术。

二程之学与邵雍不同，邵主数推，而二程反对。二程主＂有理而后有象，有象而后有数。《易》因象以知数，得其义，则象数在其中矣。必欲穷象之隐微，尽数之毫忽，乃寻流逐末，术家之所尚，非儒者之所务也＂。（《二程集》第1册，第277页。）有一次二程和邵雍争论问题，二程施了诡辩术以搪塞，事情是这样的。＂邵尧夫谓程子曰，子虽聪明，然天下之事亦众矣，子能尽知邪？曰，天下之事，某所不知者固多，然尧夫不知者何事？是时适雷起，尧夫曰，子知雷起处乎？子曰，某知之，尧夫不知也。尧夫愕然？曰，何谓也？曰，既知之安用数推也？以其不知，故待推而后知。尧夫曰：子以为起于何处乎？子曰：起于起处。尧夫瞿然称善＂。（《二程集》第1册，第269—270页。）看来，邵雍对付不了二程的诡辩术。

第三章　朱熹的逻辑方法

第一节　朱熹生平及著书

朱熹，字元晦，一字仲晦，号晦庵，别号考亭、紫阳。徽州婺源（今属江西）人。生于宋高宗建炎四年（公元1130年），卒于宋宁宗庆元六年（公元1200年），活了70岁。

朱熹的父亲韦斋，于建炎四年罢官，寓尤溪城外毓秀峰下之郑氏草堂，生朱熹。卒后，墓葬在福建崇安之九峰山下。他生于福建，死葬福建，而其师李侗是福建延平人，所以后人称他的学派为"闽学"。

朱熹一生具有道学家的风度。他为宋孝宗侍讲时，"有要之于路，以为正心诚意之论，上所厌闻，戒勿以为言。先生曰'吾生平所学，惟此四字，岂可隐默以欺吾君乎？'"（《宋元学案·晦翁学案》）这正表现出道学家的刻板生活。

朱熹是宋代理学的集大成者。他的老师李侗为程颐的三传弟子，（一传杨时，再传罗从彦）。他继承了程颐的客观唯心主义思想。他也受到佛教禅宗、华严宗的影响，因而带有浓厚的僧侣主义色彩。

他阅读甚多，著作丰富，现存者有《四书集注》、《通书解》、《太极图说》、《楚辞集注》、《周易本义》、《西铭解》以及后人编纂的《朱子语类》及《朱子文集大全》等。

第二节　朱熹逻辑方法的客观
唯心主义基础

朱熹的逻辑方法建基于他的客观唯心主义的哲学上的。他认为世界的根本存在，便是理。他也吸取北宋张载的唯物主义的气，说："天地之间有理有气。理也者，形而上之道也，生物之本也。气也者，形而下之器也，生物之具也。是以人物之生，必禀此理，然后有性；必禀此气，然后有形"。(《文集·答黄道夫书》)又说："天下未有无理之气，亦未有无气之理"。(《语类》卷1)但理气虽为生物之所必具，然理终是主，理主宰着气。他说："气之所聚，理即在焉，然理终为主"。(《文集·答王子合》)可见主宰宇宙的是理，不是气。所以他说："理与气本无先后之可言，然必欲推其所从来，则须说先有是理"。(《语类》卷1)未有天地之前毕竟只有是理，万物的生存变化都是理的作用，这就所谓"若在理上看，则虽未有物，而已有物之理，然亦但有其理而已，未尝实有是物也"。(《文集·答刘叔文》)

在朱熹看来，理是第一位的，气是第二位的，这显然不是二元论，而是客观唯心的一元论。我们明白了他的理和气、理和物的关系，就可帮助我们了解他的逻辑方法的许多说法。现在先把他的理的特征分析如下。

第一，理是最高的逻辑范畴。马克思主义的经典作家曾说："在抽象的最后阶段，作为实体的将是一些逻辑范畴。所以形而上学者认为进行抽象就是进行分析，越远离物体就是日益接近物体和深入事物。这些形而上学者说，我们世界上的事物只不过逻辑范畴这种底布上的花彩。……既然如此，那末一切存在物，一切生活在地上和水中的东西经过抽象都可归结为逻辑范畴。因而整个现实世界都淹没在抽象世界之中，即淹没在逻辑范畴的世界之中……"(《马克思恩格斯全集》第四卷,第140—141页。)朱熹的理或太极就是马克思、恩格斯所说抽空了一切的最高的,也就是最抽象的逻辑范畴。一切事物都是这个抽象范畴的化身,因而客观界的事物本身并没有存在。比如一把扇子,不论是羽扇或团扇,都只是扇子的理的化身,它本身并不存在。他说:"且如这个扇子,此物也,便有个扇子的道理。扇子是如此做,合当如此用,此便是形而上之理……形而下之器之中,便各自有个道理,此便是形而上之道。"(《语类》卷62)他又说:"辟如扇子,只是一个扇子,动摇便是用,放下便是体。才放下时,便只是这一个道理"。(《语类》卷94)这样,具体的扇子不是由扇骨扇面等物质性的东西所构成,而只是扇子的道理的化身。存在的只是最抽象的逻辑范畴。

朱熹扇子的比喻,有类于西方的观念说,但其实不然。因观念说的各个事物都有各自的观念,如扇子有扇子的观念,椅子有椅子的观念,扇子的观念不能包括椅子,椅子的观念也不能包括扇子。但朱熹的扇子或椅子观念发展到极点时,却等于世界的理的总和或太极。他说:"一个一般道理,只是一个道理,恰如天上下雨:大窝窟便有大窝窟的水,小窝窟便有小窝窟的水,木上便有木上水,草上便有草上水,随处各别,只是一般水。"(《语类》卷18)因此,朱熹很欣赏佛教的"月印万川"之喻,他说:"释氏云:一月普现一切水,一切水月一月摄,这是那释氏也窥见得这些道理。"(《语类》卷18)太极和万物的关系也正如此。他说:"本只是一太极,而万物各有禀受,又各自全具一太极尔,如月在天,只一而已,及散在江湖,则随处而见,不可谓月已分也"。(《语类》卷94)

根于"月印万川"之说,朱熹的归纳法的结论就并没有新东西,因为自下往上积累的结果,还是那个一般的理。同时他的演绎推论自上而下的抽绎也一样没有新东西,因为从上而下推导所得也还只是那一个太极。这是我们所当注意的。

第二,理是产生宇宙万物的根源。朱熹说:"太极生阴阳,理生气也,阴阳既生,则太极在其中,理复在气之内也"。(《朱子全书》卷一集说)太极生阴阳,理生气,则宇宙一切有形之物,都出于理或太极,理是宇宙万物产生的根源。朱熹引了周敦颐的一段话,说明理和气和五行的关系,"周子谓:'五殊二实,二本则一。一实万分,万一各正,小大有定。'自下推而上去,五行只是二气,二气又只是一理。自上推而下来,只是此一个理,万物分之以为体,万物中又各具一理。所谓'乾道变化,各正性命',然总又只是一个理。此理处处皆浑沦,如一粒粟生为苗,苗便生花,花便结实,又成粟,还复本形。一穗有百粒,百粒个个完全,又将这百粒去种,又各成百粒。生生只管不已,初间只是这一粒分去。物物各有理,总只是一个理"。(《语类》卷94)这说明了理生阴阳二气,二气又生五行,五行生万物,这就是"一实万分",有如种粟。但终归总是一个理。

理是亘古长存,未有天地之先,毕竟只有此理, 即大地山河都毁灭,这理还是存在在那里,他说:"且如万一山河大地都陷了,毕竟理却只在这理。"(《语类》卷1)朱熹形容理的世界为"净洁空阔"的世界,这一抽象精神的本体是万古不灭的。

第三,理也是世间动静的根源。理既是万物的主宰,当然也是万物运动的泉源。动而阳,静而阴,都是太极、理之所为。他解释太极为"所以动而阳,静而阴之本体也"。他说:"太极理也,阴阳,气也。气之所以能动静者,理为之宰也。"(《太极图说章句》)阴阳二气的动静都出于理。这也说明精神性的理是驾凌于物质性的气,宇宙只是精神的存在。

第三节　朱熹的逻辑方法

一、朱熹的格物说对逻辑方法探索的作用。

从上节对朱熹的理的分析,朱熹的哲学思想无疑是客观唯心主义一元论。但朱熹的客观唯心主义和陆象山的主观唯心主义有别，这就是他主格物以致知。朱熹的物虽为客观精神的化身，他把物看成理的一个儿子，说什么"某常说，人有两个儿子，一个在家，一个在外干家事。其父却说道在家的是自家儿子，在外的不是"。(《语类》卷15，第303页。)这就是说心和物都是理的儿子，不过物是在外边，我们不能把它抛弃。唯心论者虽说一切事物为精神之再现，然对山河大地总不能不承认，眼前的一事一物也不能矢口否定。朱熹说："眼前凡所应接的都是物"，(《语类》卷15。)又说："天下之事皆谓之物"。(同上引)因此，要求得关于理的知识，就得从格物入手。他在《大学章句》中说了一段很重要的话，"所谓致知在格物者，言欲致吾之知，在即物而穷其理也。盖人心之灵莫不有知，而天下之物莫不有理，惟于理有未穷，故其知有不尽也。是以大学始教必使学者即凡天下之物，莫不因其已知之理而益穷之，以求至乎其极。至于用力之久，而一旦豁然贯通，则众物之表里精粗无不到，而吾心之全体大用无不明矣。此谓'物格'，此谓'知之至'也。在这里，为什么要格物，格物的方法与格物的最后目的说得非常清楚。人的心有知的才能，天下之物又有理存在，这知的才能只有应用于穷理，才能获得知识。所以我们只有把天下的物理穷尽了，积累日久，则可得到豁然贯通，不但可以明了物理，也可以明了我们本身的全体大用。这表现朱熹承认有知的客体，而且要就客体的认识来反观主体，这和陆九渊的否定客体，迥然有别。

朱熹说："虽草木亦有理存焉。一草一木，岂不可以格。如麻麦稻粱，某时种，某时收，地之肥，地之硗，厚薄不同，此宜植某物，亦皆有理"。(《语类》卷18)朱熹的物虽主要为社会伦理方面，事君忠，事亲孝之类，但一草一木等等自然物也是他所注意的穷格对象，而且"格"字他解释为到。他说："格谓至也，所谓实行到那地头如南剑人往建宁，说到得郡厅上方是；若只要到建阳境上，即不谓之至也。"(《文集》卷39，答齐仲。)用这样仔细穷格的工夫，自然可得物理的知识。难怪他批评陆子静为"苟简容易"。他说："陆子静说,良知良能,四端根心',只是他弄这物事。其他有合理会者,渠理会不得,却禁人理会。鹅湖之会,渠作诗云:'易简工夫终久大。'彼所谓易简者,苟简容易尔,全看得不仔细。"(《语类》卷16)的确,从陆学的"苟简容易"中是发展不出逻辑的方法来,只有从朱熹的仔细穷格,终归抓得一些有积极意义的逻辑方法。所以朱熹的逻辑方法是和他的格物致知密切相关的。

二、推的意义。

朱熹极重视推,因只有推才能得知,这相当现代逻辑所讲的推理意义。朱子答吕伯恭云:"但事有日生者,须推类以通之,则告者不费而闻者有深益耳。"(《朱子大全》卷33)他又说:"大伦有五,盖不止此,'究其精微之蕴',是就三者里面穷究其蕴,'推类以通其余',是就外面推广,如夫妇、兄弟之类。"(《语类》第二册,第320页。)我们须用推理的思考就是因为日常生活中,天天总有新生的东西出来,就得用推类的方法,从已知推到未知。五伦的关系也是可以这样推知。推就是"从已理会得处推将去"。(同上引,第416页。)他极着重推的力量,他说:"人之一心,在外者又要收入来,在内者又要推出去,《孟子》一部书皆是此意。又以手作推之状,曰:'推,须是用力如此'。"(同上引,第二册,第436页。)至于怎样推,他也提到推的许多条件。

第一,推须具有一般性。有一般性时能推,否则不能推。"如蜂蚁之君臣,只他义上有一点子明,虎狼之父子,只他仁上有一点子明,其他更推不去,恰似镜子,其他处都暗了,中间只一点子明。"(《宋元学案·卷48·语要》)所谓一般性恰似镜子的明照,无幽不烛,如果某处镜子遮蔽了,就无法去推知。人和禽兽的不同,即在于人有如明镜之智慧,而禽兽则无。所以他说:"论万物之一原,则理同气异,观万物之异体,则气犹相近,而理绝不同。"(同上引)理一而分殊,人能推而禽兽不能推,所以人禽各异理。

第二,推必须根据已知去推未知。所谓"**格物致知,亦是因其**

所已知者推之，以及其所未知。只是一本，原无两样工夫也"。（《文集》答陈才卿）根据诚意正心修身齐家就可推到治国平天下。因为"治国平天下与诚意正心修身齐家只是一理"。（《文集》答江德功）二者理同，所以能据已知而推未知。

第三，推须从疑处着手。朱熹说："然读书有疑，有所见，自不容不立论。其不立论者，只是读书不到疑处尔。将诸家说相比，并以求其是，便是有合异处"。（《宋元学案·卷48·语要》）有所疑，有所见，就要提出推论，表达自己的意见。从无疑到有疑，从有疑通过推论而逐渐使疑解，终至融会贯通，这样才有所得。他说："读书始读，未知有疑。其次，则渐渐有疑，中则节节是疑。过了这一番后，疑渐渐解。以至融会贯通，都无所疑，方始是学。"（同上引）这就是由疑而推，由推而得的明确阐述。

第四，推须从事上着手。推不能凭空瞎推，而要根据客观的事物上入手。古人为学分小学大学。"古人小学养得小儿子诚敬善端发见了。然而大学等事，小儿子不会推将去，所以又入大学教之"。（《语类》卷1，第124页。）又云："小学是直理会那事，大学是穷究那理，因甚恁地。"（同上引）又云："小学者，学其事；大学者，学其小学所学之事之理"。（同上引）小学从事入手，只是诚敬善端的发见，还不能推究其理，等到大学则可推出这些之理。由小学到大学是一个人为学推理的阶梯。

第五，推要从不同中求同，求个彻底的是非。朱熹说："其实工夫只是一般，须是尽知其所以不同，方知其所谓同也"。（《语类》卷1，第130页。）其所以不同，即是有它的原因。必须知事物所以不同的原因，然后才能推出它们的同来。不同求同，即异中求同，明辞同异，才能辨别是非。我们为学无非要彻底分别是非，哪个是真是，哪个是真非，然后才能从而推广之。"人为学，须是要知个是处。千定万定，知得这个彻底的是，那个彻底的不是，方是见得彻，见得是，则这心里方有所主。"（同上引，第154页。）在日常生活中，明德经常发见,问题在于我们能经常去推,所以他说:"明德未尝息,时时发见于日用之间。如见非义而羞恶,见孺子入井而恻隐,见尊贤而恭敬,见善事而叹慕,皆明德之发见也。如此推之,极多。但当因其所发而推广之"。(同上引,第262页。)只要能因其所发而推广之,那末就可推出许多东西来。

三、归纳法。

朱熹的逻辑方法是抓住本、末、上、下四个字下功夫。自其本而之末,也就是自上面做到下去,这有类于普通逻辑的演绎法。自其末而之本,这就是从下面做上去,这有类于普通逻辑的归纳法。朱熹说:"二气五行,天之所以赋授万物而生之者也。自其末以缘本,则五行之异本二气之实,二气之实又本一理之极,合万物而言之,为一太极而已也。自其本而之末,则一理之实而万物分之以为体,故万物之中各有一太极,而小大之物莫不各有一定之分也。"(《通书解·理性命章》)本和末的关系,即一理和万理的关系,由本到末,即由一到万;由末到本,即由万到一,一和万都是一理所贯穿。所以我们可从末以推本,也即是由万以到一;也可从本以之末,这就是从一以至万。一本万殊,相互贯通。"如这片板,只是一个道理。这一路子怎地去,那一路子怎地去。如一所屋,只是一个道理,有厅,有堂。如草木,只是一个道理,有桃有李。如这众人,有张三,有李四;李四不可为张三,张三不可为李四。"(《语类》卷6)房屋、草木、众人是一般的属,而厅堂,桃李,张三、李四是种,要求众人的道理,必须从实际的张三、李四无量的个人观察概括而得,也必须从人的本性深入分析而后可知个体之人之所以异于物处。

基于以上分析,朱熹得出为学的两条方法。他说:"大凡为学有两样:一者是自下面做上去,一者是自上面做下来。"(《语类》卷114)这即归纳和演绎之所本。现先述归纳。

归纳之自下而上,是先从各物观察调查做起。所谓"零零碎碎凑合将来,不知不觉,自然醒悟"。(《语类》卷18)"格物只有逐物格将去"。(《语类》卷17。)这就是归纳的方法。

朱熹把归纳分为完全的归纳与不完全的归纳,这两种归纳必须联贯起来然后才能找出至理。完全归纳即他所讲的格尽所有事物之理,"格物者,格,尽也,须是穷尽事物之理,若是穷得三二分,便未是格物,须是穷尽得到十分,方是格物。"(《语类》卷15)比如吃果子,先去皮壳然后见肉,最后还必须连核子也咬破,才算吃尽了果子的滋味。所以他拿吃果子打比喻,他说:"辟如吃果子一般:先去其皮壳,然后入其肉,又更和那中间核子都咬破始得。若不咬破,又恐里头别有多滋味在。若不是去其皮壳,固不可;若只去其皮壳了,不管里面核子,亦不可。恁地则无缘到得极至处。"(《语类》卷18)所以对一件事必须极至其知,"但须去致极其知,因那理会得的,推之于理会不得,自浅以至深,自近以至远。因其已知之理而益穷之,以求至乎其极。"(《语类》卷14,第266页。)我们必须从万物的事理中,四面八方的穷格。"理会一重了,里面又见一重,一重了,又见一重。以事之详略言,理会一件又一件;以理之浅深言,理会一重又一重。只管理会,须有极尽时。"(《语类》卷15,第286页。)朱熹也知道这样穷尽事物之理,不是对所有天下万物之理都能一一做到的。因而他又提出另一不必穷尽的方法。

这即朱熹的不完全归纳法。他说:"所谓不必穷尽天下之物者,如十事已穷得八九,则其中一、二虽未穷得,将来凑会,都自见得。又如四旁已穷得,中央虽未穷得,毕竟是在中间了,将来贯通自能见得。如一百件事理会得五六十件了,这三四十件虽未理会也大概是如此。"(《语类》卷18)

怎样能如此呢?这有两方面的原因,其一,即天下万物之理是一致的,穷一物之理即可推及另一物之理。其二,逐一穷格多了,积累起来,就有融会贯通的作用。这样虽不必穷尽天下每一事物之理,然到七、八分工夫终可使全部知道。

完全归纳与不完全归纳是相互为用的。没有完全归纳的穷尽，则不完全归纳失其基础。如果没有不完全归纳，则完全归纳又陷于局限。只有两种归纳互相贯通，穷理才能真有所得。朱熹说："穷理者，非谓必尽穷天下之理，又非谓止穷得一理便到，但积累多后，自当脱然有悟处"。(《语类》卷18，第395页。)又说："自一身之中以至万物之理，理会得多，自当豁然有个觉处。今人务博者却要尽穷天下之理，务约者又谓'反身而诚'，则天下之物无不在我者，皆不是。如一百件事，理会得五六十件事，这三四十件虽未理会，也大概是如此"。(同上引，同页。)这里朱熹批评了只用完全归纳或不完全归纳的错误。

四、"比验"法。

相当于普通逻辑中归纳五律的剩余法。朱熹说："向来某在某处，有讼田者，契数十本，中间一段作伪。自崇宁、政和间，至今不决。将正契公案藏匿，皆不可考。某只索四畔众契比验，前后所断情伪更不能逃者。穷理亦只是如此。"(同上引，同页。)将四畔众契比验参照，自可求得作伪部分来。

五、因果推断法。

朱熹重视类的存在。"问：'德不孤，必有邻'。邻是同类否？曰：'然'非惟君子之德有类，小人之德亦自有类。'德不孤'，以理言；'必有邻'，以事言。'德不孤'是'同声相应，同气相求'。吉人为善，便自有吉人相伴，凶德者亦有凶人同之。是'德不孤，必有邻'也。"(《语类》卷27，第707页。)君子有君子的类，小人有小人的类。类的存在，是我们推理的依据。类犹原因，个体的存在犹结果，我们从人类有死，可以推得个体张三有死。由因可以推果，同样的道理，我们可以从甲件推断到乙而不爽。如子贡闻一以知二，颜渊闻一以知十，要能"推类反求"。(《语类》卷1，第183页。)兹引一段子贡学诗的例子："子贡言无谄无骄，孔子但云仅可而已，然未若乐与好礼，子贡便知义礼无穷，人须就学问上做工夫，不可少有待而遂止。诗所谓'如切如磋,如琢如磨',治之已精,而益求其精者,其此之谓乎。故子曰:'赐也始可与言诗,告诸往而知来,告其所已言者,谓处贫富之道,而知其所未言者,谓学问之功。'"(《语类》卷22,第530页。)这里即把贫富之道与为学之道视为同类,所以由此可以推彼。

在自然界中,更是万类杂陈,但我们可以推类以求。如水生动物,必在水中,今反而在山上,可推知地壳有变迁。朱熹说:"天地始初混沌未分时,想只有水火二者,水之滓脚便成地,今登高而望群山皆为波浪之状,便是水泛如此。只不知因什么事凝了。初间极软,后来方凝得硬。问:想得如潮水涌起沙相似。曰:然。水之极浊便成地,火之极清便成风霆雷电日星之属"。(《宋元学案·卷48·语要》)又说:"尝见高山有螺蚌壳,或生石中,此石即旧日之土螺蚌,即水中之物,下者却变为高,柔者却变为刚。此事思之,至深有可验者。"(同上引)这两段话还不免有些直观猜测性,但山坡的波和水波浪类似,就可推断陆地是由海水构成的。螺蚌为水中之物,今忽转生于高山之上,也可证明陆地由水构成。这种根据因果关系进行推断还有它的一定理由。朱熹还直观地臆测到地为圆形之说。他说:"天地初间,只是阴阳之气。这一个气运行,磨来磨去,磨得急了,便桵许多渣滓,里面无处出,结成个地在中央。气之清者便为天,为日月,为星辰,只在外常周环运转,地便在中央不动,不是在下"。(同上引)"地在中央不动,不是在下",这意味着地不是扁平的,而是圆形的。不过他还没认识到地也是转动的。朱熹所注意的,当为人伦日用之事,但自然物的变迁,他也观察到。可见他的格物致知说范围是广阔的。朱熹主张博览群书,即"如礼乐射御书数许多周旋升降文章为节之繁岂有妙道精义在,也要理会,理会得熟时,道理便在上面。又如历律刑法,天文,地理,军旅,官职之类,都要理会,虽未能洞究其精微,然也要识个规模大概道理,方浃洽通透。……大学要格物致知,即要无所不格,无所不知。物格知至方能意诚,心正,**身修**,推而至于国治,天下平,自然滔滔去,都无障碍。"(《语类》)这和陆九渊之以"六经皆我注脚"大不相同了。

六、比较同异法。

朱熹还提出比较同异法,用以断定真实的情况。他说:"凡看文字,诸家说有异同处最可观。谓如甲说如此,且寻扯住甲,穷尽其词。乙说如此,且寻扯住乙,穷尽其辞。两家之说既尽,又参考而穷究之,必有一真是者出矣。"(《语类》,第192页。)甲乙两说不同,必须追求其不同之所以然。把双方的理由摆出以后,然后加以比较对照,即可断定哪个是真是。这也就是是非相参。"凡观书史,只有个是与不是。观其是,求其不是,观其不是,求其是,然后便见得义理。"(《语类》卷11,第196页。)从是可以考见其不是,同时,从不是也可考见其。"只是理会个是与不是便了。"(《语类》卷11,第228页。)这有点象普通逻辑归纳推理的同异联合法。正反两面对参,就可找出个对的来。朱熹这一提法是有积极意义的。

七、演绎法。

以上所讲是在归纳方面,兹转而讲述演绎方面。

上边谈到为学的方法有二,一是从末而之本,从下面做上去;一是由本而之末,从上面做下来。前者是归纳,后者即演绎。

演绎要先有一般性的大前提做根据,然后由大前提推到个别的事物。大前提即朱熹之所谓"大体",从"大体"以观事物即演绎之由前提推出结论。朱熹说:"自上面做下来者,先见得个大体,却自此而观事物,见其莫不有当然之理,此所谓自大本而推之达道也。"(《语类》,卷114。)大体是关于一类的知识,从类推到它所属的个体,是必然的知识。此正如三段论法之前提和结论的关系。朱熹之所谓从大体以观事物可以推见其当然之理。当然之理也就是必然之理,因此它和归纳推理之只具或然性者不同。

朱熹很重视"当然之理"的推论法,因为它是知的总纲。得到总纲就可以拿它"做样子"推广出去。所以他说:"只要以类而推,理固是一理,然其间曲折太多,须是把这个做样子,却从这里推去始得"。(《语类》卷18)大体是类,是总纲。它是一个大的道理,"其他道理总包在里面。其他道理已具,所谓穷理,亦是自此推之,不是从外面去寻讨,一个人有个大的物事,包得百来个小的物事。既存得这大底,其他小底只是逐一为他点过,看他如何模样,如何安顿。"(《语类》,卷59。)所以从上面做下来就是根据大底道理推到被包在大底中的小底的道理。这是演绎推论。

演绎法,朱熹亦称为"绅绎法"。他与张敬夫信曾提及此。《与张敬夫论癸已论语说》云:"程子曰:'时复绅绎,学者之于义理,当时绅绎其端绪而涵泳之也',……学之为言效也,以已有所未知而效夫知者以求其知,以已有所未能而效夫能者以求其能之谓也。"(《朱子大全》,卷31。)如蒴之有丝,既绅绎出来,又从而涵泳之。所以绅绎便即是演绎,把演绎中的大体绅绎出来,得出其中所含的奥义。

八、由忠恕到一贯的推导法。

尽已之谓忠,推己之谓恕,曾子以忠恕解一贯,忠者一之谓,恕者贯之谓,恕者在万贯中进行。《曾子问》中述曾子每一事都钻研,然后孔子点了一贯之意。万事之理,不外一理,但必须在万事中去寻找。然后才能得一贯之理。忠恕的恕重在推己及人。"有一言可以终身行之者乎?曰:其恕乎!己所不欲,勿施于人。"推己及人,己所不欲,就不要拿给人家,因人和己同,由己可推到人。重在一个推字。

曾子从行动上由忠恕找一贯,子贡从知识上由忠恕找一贯。"汝以予为多学而识之者与!曰:非也,予一以贯之"。这是用一贯方法对各种知识进行演绎。总之,由忠恕到一贯的推导法是属于演绎式的。(参阅《语类》卷27,《里仁篇下,子曰参乎章》。)

九、联锁推论法。

朱熹有时也运用联锁推论法。他说:"若无敬,看甚事做得成。

不敬，则不信；不信，则不能'节用爱人'；不'节用爱人'，则不能'使民以时'矣。所以都在敬事上。若不敬，则虽欲信不可得。如出一令，发一号，自家把不当事忘了，便是不信。然敬又须信，若徒能敬，则号令施于民者无信，则为徒敬矣。不信固不能节用，然徒信而不能节用，亦不济事。不节用固不能爱人，然徒能节用而不爱人，则此财为谁守耶？不爱人固不能使民以时，然徒能爱人，而不能使民以时，虽有爱人之心，而人不被其惠矣。"(《语类》卷21，第495页。)又说："圣人言语，自是有伦序，不应胡乱说去。敬了，方会信；信了，方会节用；节用了，方会爱人；爱人了，方会使民以时。又敬了，须是信；信了，须是节用；节用了，须是会爱人了，爱人须是使民以时。"在这两段引文中，把敬、信、节用、爱人，使民以时几件事，进行了联锁推论以推出它们彼此间的密切关系。

十、图解法。

朱熹有时也采用图解法帮着推理。"陈敬之说，'孝弟为仁之本'一章，三四日不分明。先生只令仔细看，全未与说。数日后，方作一图示之：中写'仁'字，外一重写'孝弟'字，又外一重写'仁民爱物'字。谓行此仁道，先自孝弟始，亲亲长长，而后次第推去，非若兼爱之无分别也"。(《语类》卷20，第462页。)又说："仁便是本了，上面更无本。如水之流，必过第一池，然后过第二池，第三池。未有不先过第一池，而能及第二、第三者，仁便是水之原，而孝弟便是第一池。"(同上引，第463页。)兹依朱熹这两段所讲的意义作图解如下。(见52页图一)

以上图是从内向外流出，这是从内涵着想，越流越稀薄，与普通逻辑的外延图相反。

又他讲性时，也用图解法。他说："前日戏与赵子钦说，须画一个圈子，就中更画大小次第作圈，中间圈子写一'性'字，自第二圈以下，分界作四去，各写'仁义礼智'四字。仁之下写'恻隐'；'恻隐'下写'事亲'；'事亲'下写'仁民'；'仁民'下写'爱物'。'义'下

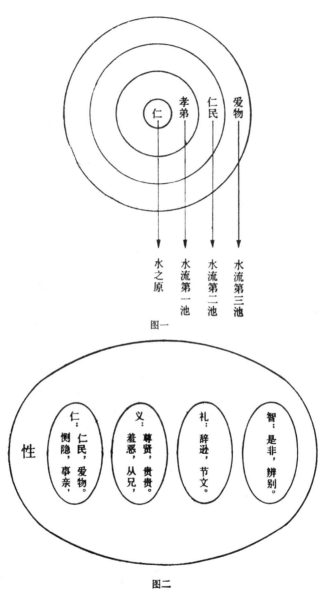

图一

图二

写'羞恶';'羞恶'下写'从兄';'从兄'下,写'尊贤';'尊贤'下,写'贵贵'。于'礼'下写'辞逊';'辞逊'下写'节文'。'智'下写'是非','是非'下,写'辨别'。"(《语类》,卷20,第473页。)兹依次作图如上。(见52页图二)

这里,性的大圈包了仁、义、礼、智四小圈,表示全体和部分的关系。这是从它们的外延上说的。

十一、朱子读书法中所体现的逻辑思想。

朱熹重视读书,读书也是格物中的一事,这和当时高谈空论者不同。朱子在教人读书中,摸索了一些方法,是具有逻辑意义的。我于1937年在商务印书馆出版的《哲学概论·附录》中,曾把朱熹读书法归结为六点:即一,循序渐进;二,熟读精思;三,虚心涵泳;四,切己体察;五,著紧用力;六,居敬持志。这是当时自己对朱熹读书法的一点小结。现将朱熹《语类》卷10与卷11所载《读书法》上、下以及散见于他的《文集》中有关读书法的内容,摘要简括为以下六条。

(1)虚心涵泳。读书要从感官感触到的语言文字探求,加强感性认识,要从本文逐字逐句"白直晓会"。他说:"近日看得读书别无他法,只是除却自家私意,而逐字逐句,只依圣贤所说,白直晓会,不敢妄乱添一句闲杂言语,则久久自然有得。"(《文集》卷52,答吴伯丰。)他又说:"大抵读书,须且虚心静虑,依傍文义,推寻句脉。"(《文集》卷62,答张元德。)他提出要仔细细读,这就是他所讲的"涵泳"。"所谓涵泳者,只是仔细细读之异名也"。(《语类》卷116)既不要求语言之外,亦戒人只在言语文字上求,既要有感性认识,也要有思维的推导,这是十分正确的。他批评读书贪多务广之病,说:"往往未启其端,而遂已欲探其终。未究乎此,而忽已志在乎彼。是以虽复终日勤劳,不得休息,而意绪匆匆,常若有所奔趋迫逐,而无从容涵泳之乐。"(《文集·卷24·行宫便殿奏札二》)这种批评,我们应引以为鉴戒。

（2）温故知新。读书穷理不外据其所已知，推其所未知，这就是温故而知新。他说："近觉讲学之上，不在向前，只在退后，若非温故，不能知新，且故者亦不记得。"（《文集》卷49，答王子合。）故即是已知的东西，新是未知的东西，明确已知，才能推求未知，这是合乎逻辑的。

（3）摒除主观成见，从古人之字原意上探求。因为"先有私主，便为所蔽，而不得其正"。（《文集》卷48，答吕子约。）他经常以明镜作比喻，必须心如明镜，无一点尘埃，才能把外物照得清楚。近代西方培根要人打破偶像也是同一道理。

（4）穷尽与不穷尽互相结合。所谓穷尽者，即看一书要把书中逐字逐句一一推穷，以至于极。他答吴伯丰说："若看大学，则当且先看大学，如都不知有他书相似。逐字逐句，一一推穷，逐章反复，通看本章血脉，全篇反复，通看一篇次第，终而复始，莫论遍数，令其通贯浃洽，颠倒烂熟，无可得看，方可别看一书。"（《文集》卷52）这就是要熟读精思，专心一志，才能有所得。他说："大抵观书先须熟读，使其言皆若出于己之口，继以精思，使其意皆若出于己之心，然后可以有得尔。"（《文集》卷74）这样做是好的，但天下事众多，也很难如此一一穷尽，那就可用不穷尽的办法。比如在一百件事中，穷得五六十件，其余三四十件即可推知。

（5）要有次序。他说："某适来，因澡浴得一说：大抵揩背，须从头徐徐用手，则力省，垢可去。若于此处揩，又于彼处揩，用力杂然，终日劳而无功。学问亦如此……。"（《语类》卷8，第143页。）

（6）不要擅自拣别。他提到读书不要擅自拣别。他说："莫云《论语》中有紧要的，有泛说的，且要著力紧要的便是拣别。若如此，则《孟子》一部可删者多矣！圣贤言语，粗说细说，皆着理会教透彻。盖道理至广至大，故有说得易处，说得难处，说得大处，说得小处；若不尽见，必定有窒碍处。"（《语类》卷19，第435页。）因此，拣别容易渗入主观成见，歪曲事理，应有所警惕。

十二、朱熹的逻辑分类问题。

朱熹认为分类的标准不能使子类互相混淆。如"但据己见思量，若所观在人，谓君子常过于厚，小人常过于薄，小人于其党类亦有过厚处，故君子小人之过，于厚薄上分别不开。"(《语类》卷26，第659页。)这里，拿厚薄作标准分别君子与小人，就使子类混淆，就是不当的分类标准。

分类可帮助我们为学。比如为学与修德二事，各有次序，不能相混。如他指出"讲学自是讲学，修德自是修德。如致知、格物是讲学，诚意、正心、修身是修德。博学、审问、慎思、明辨是讲学，笃行是修德"。(《语类》卷34，第858页。)讲学与修德各自有不同的类别。

十三、朱熹对逻辑规律的认识。

(1) 对同一律的认识。他指出"文振说：'发己自尽为忠，循物无违为信。'发己自尽，便是尽己，循物无违，辟如香炉只唤做香炉，桌只唤做桌，便著实不背了。若以香炉为桌，桌为香炉，便是背了它，便是不着实。"(《语类》卷21，第487页。)又说："自中心而发出者，忠也；施于物而无不实者，信也。且如甲谓之甲，乙谓之乙，信也。以甲为乙，则非信矣。与'发己自尽，循物无违'之义同。"(同上引，第488页。)甲是甲，乙是乙，香炉是香炉，桌是桌，这即同一律的表现。

(2) 对矛盾律的认识。"问子贡欲知为卫君，何故问夷齐？曰：一个是父子争国，一个是兄弟让国，此是，则彼非可知。"(《语类》卷34，第880页。)此是则彼非，因为它不得两是，这是矛盾律。

(3) 对排中律的认识。朱熹在与人对答中，也用到排中律。如，"人只有个天理人欲，此胜则彼退，彼胜则此退，无中立不进退之理。"(《语类》卷13，第224页。)"无中立不进退之理"，即排除中间地位，为排中律的表现。又如"凡人之心不存则亡，而无不存不亡之时。故一息之顷，不加提醒之力，则沦亡而不自觉。天下之事，不是则非,而无不是不非之处。故一事之微,不加精察之功,则陷于恶而不自知。"(«语类»)"没有不存不亡"、"不是不非之处",即存亡或是非,二者必居其一,这是排中律的表现。又答刘季章云:"天下只有一理,此是则彼非,此非则彼是。不容并立"。(«文集»)不容并立,无法居间,亦即排中之意。此外如«语类»两条:"学者工夫只求一个是。天下之理,不过是与非两端而已。从其是则为善,从其非则为恶。"(«语言»卷13,第229页。)"道二:仁与不仁而已,二者不能两立。"(«语类»卷13,第243页。)是与非,仁与不仁,不能两立,亦即为排中律的表现。

十四、朱熹的辩证思维。

以上就朱熹对形式逻辑方面所作的一些分析。最后,我们谈谈他的辩证思维。朱熹的逻辑方法,差不多已涉猎到形式逻辑的各方面。他对有些问题的看法,却越出形式逻辑的界限,而到达了辩证思维的领域。比如他对于为学的大小、远近、内外、本末、终始等问题,都提出了具有辩证意义的看法。他说:"学问须是大进一番方始有益。若能于一处大处攻得破,见那许多零碎,只是这一个道理,方是快活。然零零碎碎非是不当理会,但大处攻不破,纵零碎理会得些少,终不快活。"(«语类»卷8,第131页。)又说:"为学须先立得个大腔当了,却旋去里面修治壁落教绵密。今人多是未曾知得个大规模,先去修治得一间半房,所以不济事"(同上引,第130页。)这是从大处和从小处的辩证统一。他又说:"圣贤千言万语,教人且从近处做去,和洒扫大厅大廊,亦是如洒扫小室模样,扫得小处清净,大处亦然。若有大处开拓不去,即是于小处不曾尽心,学者贪高慕远,不肯从近处做去,如何理会得大头项。"(«语类»卷8,第131页。)这里远近和大小一样,亦须互相结合构成辩证的统一。至于博约的问题,内外的问题和本末的问题,也须双方结合统一做去,才能有济。他说:"为学须是先立大本,其初甚约,中间一节甚广大,到末梢又约。近日学者多喜从约,而不于博求之;不知不求于博,何以考验其约!如某人好约,今日只做得一僧,了得一身。又有专于博上求之,而不反其约,今日考一制度,明日又考一制度,空于用处作工夫,其病又甚于约而不博者。要之,均是无益。"(《语类》卷11,第188页。)这说明博约要辩证统一。陆象山和陈亮各有所偏,前者偏于约,后者偏于博,都是错误的方法。

对于内外、本末、终始、动静理亦如此。他说:"须是两头尽,不只偏做一头。如云内外,不只是尽其内,而不尽其外;如云本末,不只是致力于本而不务乎其末。"(《语类》)因为内外是表里关系,本末是一贯关系,必须"两头尽",否则偏于一头,就会陷于错误。"又如乾四德,元最重,其次贞亦重,以明终始之义。非元则无以生,非贞则无以终;非终无以为始,不始则不能成终矣。如此循环无穷,此之谓大明始终。"(《语类》卷6,第105页。)终始有则俱有,无则俱无,二者缺一,他一亦不存在。

朱熹辩证的思维是根于宇宙万物都有对。他说:"天下之物未尝无对,有阴便有阳,有仁便有义,有善便有恶,有语便有默,有动便有静。"(同上引,第142页。)他对动静更发挥对立统一之理。他说:"动时,静便在这里,动时也有静,顺理而应,则虽动亦静也。"(《语类》卷12,第218页。)又说:"'动静无端',亦无截然为动为静之理。"(同上引,同页。)他还举具体的例子说:"尺蠖之屈,以求信也;龙蛇之蛰,以存身也;大凡这个都是一屈一信,一消一息,一往一来,一阖一辟,大底有大底阖辟消息,小底有小底阖辟消息,皆只是这道理。"(《语类》卷12,第219—220页。)有屈就有信,有往就有来,有阖就有辟,它们是辩证的统一。朱熹更用动静的辩证观解释仁和智的关系。他说:"然仁主于发生,其用未尝不动,而其体则静。知周流于事物,其体虽动,然其用深潜缜密,则其用未尝不静。其体用动静虽如此,却不须执一而论,须循环观之。盖仁者一身浑然天理,故静而乐山,且寿,寿是悠久之意;智者周流事物之间,故动而乐水,且乐,乐是处得当理而不扰之意。若必欲以配阴阳,则仁配

• 57 •

827

春,主发生,故配阳动,知配冬,主伏藏,故配阴静。然阴阳动静,又各互为其根,不可一定求之也。"(《语类》卷32,第823页。)阴阳动静互为其根,正表现辩证关系。

朱熹也意识到度的问题。他说:"事至于过当,便是伪。"(《语类》卷13,第239页。)事物发展到它的一定的度,就流入反面。朱熹天才地猜测到了这一辩证的观点。

第四章　南宋浙东学派的逻辑思想

第一节　叶适的唯物主义逻辑思想

一、叶适的生平及著书。

本章的主要内容为永康的陈亮和永嘉的叶适,而永康和永嘉都在现浙江省境,所以称之为南宋浙东学派。

叶适字正则,又号水心,谥安定,永嘉瑞安人。因晚年弃官讲学于永嘉城外的水心村,人称之为水心先生。他出生于没落地主家庭,时为宋高宗绍兴二十年,即公元1150年,卒于宋宁宗嘉定十六年,即公元1223年,活了74岁。

叶适为学注重事功,反对空谈,他说:"读书不知接统绪,虽多无益也;为文不能关世教,虽工无益也;笃行而不合于大义,虽高无益也;立志不存于忧世,虽仁无益也。"(《水心文集》卷29,《赠薛子长》。)他是代表浙东庶族地主及个体农民和工商业者利益的思想家,为朱熹所不满。朱熹批评他为"大不成'学问'"(《朱子语类》卷112)是有原因的。只讲"正心诚意"的朱熹,当然不把事功当作学问。

叶适主张抗金,但他反对韩侂胄的无准备的讨伐。他建议"备成而后动,守定而后战"。(《水心文集》卷1)但韩侂胄不听,终于失败。为收拾残局,朝廷乃命叶适知建康府兼沿江制置使。他筑坞堡,收集流民,终于击溃金兵,为抗金战役之唯一的胜利。

但叶适抗金的功绩,不但得不到朝廷的赏赐,反而遭到雷孝友的弹劾而罢了官。实则韩侂胄战败之罪,不能记在叶适身上。雷

孝友出于学派的门户之见,出此一招。从开禧年以后,叶适退出政治舞台,退归故里从事著述工作。但叶适之为人,深为明朝李贽所称颂,他说:"此儒者乃无半点头风气,胜李纲、范纯仁远矣,真用得,真用得!"(《藏书》卷一四)可见叶适刚正不阿的高尚品质。

叶适著书,有《习学记言》、《水心先生文集》和《别集》。

二、叶适逻辑的唯物主义基础。

叶适"无验于事实者其言不合"(《水心别集》卷五,《进卷总义》)的注重事实经验的逻辑思想是建基于他的唯物主义的哲学基础上的。叶适的唯物主义思想可于以下几点见之。

1.宇宙的唯一存在即是物。

物是一切东西的基础,即是抽象的道也不能离物。叶适说:"夫形于天地之间者,皆一而有不同者,物之情也;因其不同而听之,不失其所以一者,物之理也;坚凝纷错,逃循谲优无不积然而释,油然而迁者,由其理之不可乱也。"(《水心别集》卷五,《进卷讨》。)宇宙间万物虽参差不同,但有一共同点,即物的存在基础。拿人作比喻说:"夫(人)内存肺腑肝胆,外有耳目手足,此独非物耶?……此孰定之也,是其人欤?是其性欤?是未可知也,人之所甚患者,以其自为物而远于物。凡物之与我,夫孰是之相去也,是故古之君子,以物用而不以己用,喜为物喜,怒为物怒,哀为物哀,乐为物乐,其未发为中,其已发为和,一息而物不至,则喜怒哀乐几若是而不自用也。自用则伤物,伤物则已病矣。是谓之格物。《中庸》曰:'诚者物之终始,不诚无物',是故君子不可以须臾离物也。夫其若是,则知云至者,皆格物之验也;有一不知,是吾不与物皆至也,物之至,我其后愈不相应者,吾格之不诚也。古之圣人,其致知之道,有至于高远而不可测者,而世遂以为神矣;而不知其格之者至,则物之所以赴之者速且果是固当然也。"(《水心别集》卷七,《进卷大学》。)人的一身都是物,肺肝手足是物,喜怒哀乐也由物发,亦莫非物。所以,应该以物用而不以己用。因为己用则伤物,故君子不可以须臾离物。只有这样,才能物格知至。

盈天地之间者都是物,即抽象的道也是物。他说:"古诗作者无不以一物来定义。物之所在,道即在焉。非知道者不能谈物,非知物者不能至道。道虽广大,礼备事足,而终归之于物不使散流,此圣贤经世之业,非习文解者所能知也。"(《习学记言》)

道不离物,亦不离器。叶适说:"上古圣人之治天下,至矣,其道在于器数;其通变在于事物,……无验于事者,其言不合;无考于器者,其道不化;论高而违实,是又不可也。"(《水心别集》卷五,《进卷总义》。)因为道不离器,所以,我们必须就天下的事物去剖析道,而不能离事物而空言道。脱离器数而言道,那是佛老之误。叶适说:"周官言道则兼艺,贵自国子弟,贱及民庶,皆教之。其'言儒以道得民','至德以为道本',最为要切,而未尝言其所以为道者。虽《书》尧、舜时亦已言道,孔子言道尤著明,然终不的言道是何物。岂古人所谓道者,上下皆通知之,但患所行不至邪?老聃及周史官,而其书尽遗万事而特言道。凡其形貌朕兆,眇忽微妙,无不悉具。余尝疑其非聃所著,或隐者之辞也,而《易传》、子思、孟子亦争言道,皆定为某物,故后世之于道,始有异说;而又益以庄、列、西方之学,愈乖离矣。"(《习学记言》卷七)叶适批评老聃、子思、孟子遗万事而言道,实则道不能离器,如礼乐之道不离玉帛钟鼓,玉帛钟鼓正是礼乐之道之所体现。"永嘉以经制言学。"(全祖望说,见《宋元学案》)叶适坚决反对当时的空谈心性。

2.务实不务虚。

务实而不务虚,这是叶适唯物精神之又一种表现。叶适对当时的朝廷政事极力从求实着眼,一切求实,政要求实政,德要求实德,这样,就可以变弱为强。他上宁宗皇帝札子说:"论定而后修实政,行实德,弱变为强,诚非有难也。"这是注重实的理论,一切着实考虑,才能立于不败之地,比如抗金不能如韩侂胄之无准备而蛮干,必须先从修实政,行实德做起,"先为不为可胜以待可胜","备成而后动,守定而后战","以修实政者"如"当经营灏淮沿汉诸郡,各为处所,牢实自守,敌兵至则阻于坚城,彼此策应,而后进取之计可言。至于四处御前大军,练之使足以制敌;小大之臣,试之使足以立事,皆实政也"。(《宋史本传》)

至于所谓修实德者,"当今赋税虽重,而国愈贫,如和买、折帛之类,民间至有用田租一半以上,输纳者,况欲规恢,宜有恩泽,乞诏有司,审度何名之赋害民最甚,何等损费,裁节宜先,减所入之额定所出之费,既修实政于上,又行实德于下,此其所以能屡战而不屈,必胜而无败也。"(同上引)总之,叶适认为必须把内政军备先整顿一番,民心振作起来,然后审时度势,出谋划策,如"当微弱之时,则必思强大,当分裂之时,则必思混并,当仇自心之时,则必思报复,当弊坏之时,则必思振起,当中国全灭之时,则必思维持保守,当夷狄宾服之时,则必思兼爱休息。先视苦时之所当尚,而择其术之所当出。"(《上光宗皇帝札子》)决不能"补泻杂医,不能起疾;禾莠杂种,迄靡丰年"。(同上引) 这是叶适务实精神在政治上的表现。国家大事,决不是象朱熹专讲"正心诚意"所能有济的。

叶适竭力批判当时消极萎靡不振的作风,大力提倡"机自我发,非彼之乘;时自我为,何彼之待。"(《上孝宗皇帝札子》) 只有这样,才能掌握主动权而操胜券也。

3.依据历史经验,揭发古书的作伪。

为反对空谈的道学,对于道学所凭藉的《周易》,叶适提出尖锐的批判。《宋史》把叶适列入《从儒传》以别于朱熹之列入《道学传》(《二十五史》宋史第193卷,1461—1462页,《叶适传》。)是有根据的。叶适说:"旧传(孔子)删诗定书;作春秋,予考评,始明其不然。"(《宋元学案》,卷54。)他考证"其余《文言》、《上、下系》、《说卦》诸篇,所著之人,或在孔子前,或在孔子后,或与孔子同时,习《易》者象为一书,后世不深考,以为皆孔子作,故象象撑珍未振,而十翼讲诵独多。魏晋而后遂与《老》、《庄》并行,号为'孔老',佛学后出其变为禅,喜其说者以为与孔子不异,亦援十翼以自况,故又号为'儒释'"。(同上引)叶适追源《易》创始说之矛盾,说:"既谓伏羲始作八卦,神农、尧、舜续而成之,又谓《易》兴于中古,是不能必其时,皆以意言之。"(同上引)道学家过分推崇孔子,亦不适当。他说:"孔子之先非无达人,六经大义,源深流远,取舍于夺,要有所承,使皆芜废讹杂,则仲尼将焉取斯?今尽捭前闻,一归孔氏,后世所以尊孔者固已至矣,推孔子之所以承先圣者则未为得也"。(同上引)这里叶适显然是运用了矛盾律。对道学家所推崇的《中庸》一书,叶适也提出质疑。他说:"《中庸》未必专子思作,其徒所共言也。"(《宋元学案》卷54)

道学家谈心论性,凿空言道,于古无征。

古代往往把许多不同的时代的书,捏合在一起。他说:"十翼非孔子一人之书,司马迁不能弁,而刘向父子尤笃信之",(同上引)又说:"《管子》非一人之笔,亦非一时之书,以其言毛嫱、西施、吴王推之,当是春秋末年,山林处士妄意窥测,借以自名,而后世信之为申、韩之先驱,鞅、斯之初览"。(同上引)书上所载事实的矛盾,正是作伪者的漏洞。

4.批判义利分裂的形而上学观。

叶适务实而不务虚,功利是实,义理是虚,只有兼利而言义,道义才得着实。他说:"'正谊不谋利,明道不计功',初看极好,细看全疏阔。古人以利与人而不自居其功,故道义光明;既无功利,则道义乃无用之虚语耳。"(同上引)这是叶适对道学家吹捧的董仲舒的批判,他说:"古人以利非义,不以义抑利"。(同上引)

三、叶适的逻辑方法。

叶适依据他的唯物主义世界观和认识论,提出一些侧重归纳的逻辑方法,兹分述如次。

1.效验法。

叶适注重实,只有符于实的道理才是有验的正确的。他在《上宁宗皇帝札子》上说："臣闻欲占国家盛衰之符，必以人材离合为验。昔周文武身考多士，作而用之，预卜天命，最为长久。召康公为成王赋《卷阿》之诗，言求贤用吉士，其兴托渊然以深，其旨意沃然以长，不以美而戒其词曰：'蔼蔼王多吉士，惟君子使媚于天子'，又曰：'蔼蔼王多吉人，惟君子命媚于庶人。'夫上以媚天子，下媚庶人，不以抗犯为能，而以顺悦为得，此岂有诌媚之意存乎其间哉？忠信诚实，尽公忘家，惟以国家之休戚关忧乐，不以己之曲直较胜负，故能上为人主所信，下为百姓所爱，盖人材合一之时，和平极盛之论，其效如此，非末世所能及也。"（《水心文集》，卷之一。）这里把国家的盛衰归结于人才的用否，并举了召康公为例证，这是在政治上的效验。

叶适还举了搏虎的生动例子，以证明效验明白规定。他说："夫徒手搏虎，以拳其毙，一夫之勇也，一夫之勇未必验，而一夫之怯，其为验也决矣。为天下者不以天下之九而就一夫之勇，故某愿朝廷以谋困虏，以计守边，安集两淮而以扞江面，使淮人不遁，则虏又安敢萌窥江之谋乎？"（《水心文集·安集两淮申省状》）空手搏虎，只能是一夫之勇，这是存侥幸之心，其失败之验可立而决。

叶适的效验法是以他的物实说的唯物主义观点为基础的。致于实的可验为是，无效于实，可验为非。在叶适为朱熹辩解状中，即依据此点。他说："凡栗（即林栗）之辞，始末参验，无一实者。至于其中谓之道学一语，则无实最甚。利害所系不独朱熹，臣不可不力辩。"（《辩兵部郎官朱熹元晦状·水心文集》，卷二。）林栗伪作许多不实的诳言弹劾朱熹，而叶适则一一为之查验，了无实据，这在逻辑的论证上是无可辩驳的。

2．尽考法。

通过个别事件的考验是求得真知的可靠方法。这是枚举归纳的特点。枚举归纳的缺点在于反面事例的可能出现，所以必须做到完全的归纳才有把握，叶适的尽考法即旨以弥补枚举归纳这一缺点。他在《题姚令威两溪集》中即说："欲折丧天下之义理，必尽考详天下之事物而后不谬。"（《水心文集》，卷二十九。）"尽考详天下之事物"问题在一"尽"字，只有做到"尽"，才能真有把握。因为"无验于事者,其言不合。无考于器者,其道不化,论高而违实,是又不可也"。（《水心文集·进卷·总义》）要做到这点，必须一生兢兢业业、积累经验。"古人多识前言德行以畜其德，近世以心通性适为学，而见闻几为其不能离德也，废狭而不充，为德之病矣。"（《水心文集》，《题周于实所罪》）这和朱熹、陆九渊的空谈心性,学德爱人，大不相同。

3．尽观法。

尽观比尽考进了一步,尽观必须通过观察实际的事例入手,所以叶适特别强调观察。他说："故观众器者为良匠，观众病者为良医,尽观而后自为之,故无泥古之失,而有合道之功。且古之为国具在方世而已,其观之弗难也。"（《法度总论一·水心文集》卷三）临床经验丰富了,治病自有把握,器物制作多了，即可达到精工巧匠,要论理国家,也只有从观察典簿入手。

4．有的放矢。

议论必须从事实出发,先有客观要解决的事实,然后才能找出解决事实的根据。客观的事实是的, 解决事实的议论是弓矢。弓矢应从的,不是的从弓矢。"无验于事者,其言不合",要有的放矢。叶适说："论立于此,若射之有的也。或百步之外,或五十步之外,的必先立,然后挟弓注矢以从之,故弓矢从的,而的非从弓矢也。"（《水心文集》卷五《终论七》）无的乱放,空论一番是不能解决问题的。

5．矛盾律的运用。

叶适善于运用矛盾律以揭破论敌之非,前已言之。矛盾对立之事决不能两立,必有一非,"补泻杂医,不能起疾；禾莠杂种,迄靡丰年。"（《水心文集》卷一，《上光宗皇帝札子》。）补泻是对抗的,矛盾兼用，病将加重。禾莠不并存，禾莠并种也是无法得到好收成的。

叶适批判佛教，也运用矛盾律。他说："浮屠以身为旅泊，而严其宫室不已；以言为赘疣而传于文字愈多；固余所不解，尝以问昶（继昶）昶亦不能言也。"（《水心文集》，卷十一，《法明夺教藏序》。）佛教的言行凿枘，决不能令人信服。

6．内外交相成，古为今用。

人的认识必须感性和理性交互作用，才能获得真知识。感性凭耳目之官吸取外边印象，这是自外入内。理性凭思维的思考与推论作用，对外来的印象加以去粗取精，去伪存真的考察工作，是即由内出以成其补。叶适说："按《洪范》，耳目之官不思，而为聪明自外入而成其内也；思曰睿，自内出以成其外也。故聪入作哲，明入作谋，睿出作圣，貌言亦自内出后成于补。古人未有不内外交成而至于圣贤。……盖以心为官，出孔子之后；以性为善，自孟子始。然后学者尽废古人入德之条目，而专以心性为宗主虚意多，实力少，测知广，凝聚狭，而尧、舜以来由外交相成之道废矣。"（《习学记言》，卷十四。）这里叶适虽谈的为入德之门，但也可以推至求知的路径。

所谓古为今用，即应考察前世兴坏之度，吸取历史经验以应用于今，古今是相互联系，而不是互相隔绝。叶适说："论者曰，……古今异时，言古则不通于今，是摈古今，绝今于古。……欲自为其国者，苟不因已行，不袭旧例，不听己然，而加之以振救之术，则如之何而可？必将以意行之，以心运之，忽出于一人之智虑，而不合于天下之心，则其谋俞谬，而政俞疏矣。"（《水心文集》卷三，《法度总论》一）一切知识都莫不由已知推到未知，已知历史的证验是推知之所本，割断历史，摈断历史，摈绝已知，是无由得到知识的。

内外交相成，是谈横的联系，古为今用，是谈纵的联系，只有掌握纵横的两个重要方面，我们才有可能获得知识。

7．名实必相符。

叶适注重名实相符的问题，因名实不相符正是一切误谬之所由生。叶适说："名实不欺，用度有记，式宽民力，永底阜康。"（《水心文集》，《上宁宗皇帝札子》。）他又说："陛下修实政于上，而又行实德于下，和气融洽，善颂流闻，此其所以能屡战而不言必胜而无败者也。"（同上引）所谓实政和实德即指名实相符之政与德。只有这样的政和德才能治理国家，使臻强盛。为说明此理，叶适引了以往对夷狄的关系，要求"无以卑吾名，而亦无以丧吾实"。叶适说："秦汉以来，待夷狄者，不和亲，则征伐何也？其术尽于此矣。和亲，主辱名卑，而民得安；征伐有功，则主荣名尊而民伤，无功则主与民俱伤，而有功常少，无功常多，是以后世之论，是和亲者十九。夫必知有征伐之害，而后知有和亲之利，先王未尝征伐夷狄，虽不与之为和，而亦不与之为怨，是故无以卑吾名，亦无以丧吾实。虽然，先王之道不行久矣，而今日之请和尤为无名，夫壮虏乃吾仇也，非复可以夷狄富，而执事者过计，借夷狄之名以扰之。夫子弟不报父兄之耻，反惧仇人怀不积憾之疑，遂欲与之以结悟可乎？"（《水心文集》，《外论二》。）

这样，叶适提出要善于用名。他说："为国以义，以名、以权。中国不治夷狄，义也，中国为中国，夷狄为夷狄，名也。名者为我用，故其来寇也，斯与之战，其来服也，斯与之按；论其所以来而治之，权也。中国虽贵，夷狄虽贱，然而不得其义，则不可以论，不得其名，则不可以守，不得其权，则不可以应。三者并亡，是犹舍舟辑而济深渊，川为勇怯为沉浮，幸而得济，不可为常，不幸而没，死且及之矣。"（《水心文集》，《外论》。）这里，他把名与义、名与权的关系，说得很清楚。

叶适名实必须相符之说是本之于荀子的正名说。叶适说："'后王之成名，刑名从商，爵名从周，文名从礼，散名之加于万物则从诸夏之成俗曲期'，荀子之言如此，其于名可以为精矣"。（《习学记言序三·荀子·正名》)正名实即正事,为正事才正名,孔子之正名正是正其事。叶适说:"孔子谓卫政当正名,是时父子不正而人道失,则孔子所欲正之者,亦其事而已,名不正故事乱,名正则事从矣。"(同上)与实相符之名谓之正名,名不正即与实不符,所以必须使与实符然后才可免于事乱。

与实相符之名具有客观正确性,归根到底,名以实为归,否则成为主观的名,是无实之虚名,为误谬之所从出。叶适说:"古者善恶是非皆出于实,其行一途;未有之名以借于外,使实恶而善者也。"(《习学记言·序目·春秋·僖公》)恶实就不能得善名"以桀纣之,何汤武之名,虽圣人复生,不能救也,悲夫!"(同上引)

由此观之,叶适之名实相符说是和古之正名说一脉相承的。

8.族类辨物。

《周易》有"君子以族类辨物"之说。叶适发挥其意作为逻辑上的求同、求异的方法。叶适说:"族类者,异而同也;辨物者,同而异也。君子不以苟同于我者为悦也,故族之异者类而同之,物之同者辨而异之,深察于同异之故,而后得所谓诚同者。由是而有行焉,乃所以类于同也。"(《习学记言序目·周易一》)这里所谈的虽为交友之道,然族类从异中求同,辨物,从同中求异,具有一般逻辑归纳法的意义。因此,族类辨物具有认识方法的作用。

9.两难法。

叶适也间或用两难法来揭露论敌。他反驳扫心图即用此法。叶适说:"以为无可扫,则扫之者妄矣;以为有可扫,则是扫安从起?"(《题扫心图·水心文集》,卷29。)摆成两难式,则上文可列如下式:

大前提:或者无可扫,或者有可扫。

小前提:不是扫之为妄,即是无从扫起。

结论:总之,扫心为妄。

10.辩证法的运用。

叶适对物质世界的运动意识到宇宙万物的矛盾对立运动，这就是所谓"道原于一而成于两"，一和两的矛盾对立统一的辩证法。他说："道原于一而成于两。凡物之形，阴阳、刚柔、逆顺、向背、奇偶、离合、经纬、纪纲，皆两也。夫岂惟此，凡天下之可言者皆两也，非一也，一物无不然而况万物？万物皆然，而况其相禅之无穷者乎。"

　　"交错纷纭，若见若闻，是谓人文。虽然天下不知其为两也，久矣，而各执其一以自遂。奇诡秘怪，塞陋而不闿者，皆生于两之不明。是以施于君者，失其父之所愿援乎上者非其下之所欲，乖迕反逆，则天道穷而人文乱也"（《水心别集》，卷七，《进卷中庸》。）这里讲的一和两的对立统一，不有两，无以见一，这是辩证的看法，具有重要的方法论的意义。

　　叶适在天理人欲问题上也本着辩证精神，他认为天理和人欲既对立又统一。他说："'人生而静，天之性也'，感于物而动，性之欲也'。但不生耳，生即动，何有于静？以性为静，以物为欲，尊性而贱欲，相去几何？"（《习学记言》卷八）他又说："君子之当自损者，莫如惩忿而窒欲；当自益者，莫如改过而迁善，若使内为纯刚，而愈不得惩，欲不待窒，刚道自是，而无善可迁，无过可改，则尧、舜、禹、汤之所以修己者废矣，然后知近世之论学，谓动以天为无妄，而天理人欲为圣狂之分者，其择义未精也。"（同上，卷二。）把天理人欲绝对分割，是道学家之通病。叶适本于辩证的看法，无两便无一，天理人欲是对立又统一，这和道学家之形而上学的看法不同。

　　辩证法矛盾对立的解决在于斗争，而叶适受他阶级的局限，不能采取斗争而采取调和矛盾的办法，则又未免沦于形而上学。叶适说："及其为两也，则又形具而相不适，迹滞而神不化，然则是终不可耶？彼其所以通行于万物之间，无所不可而无以累之，传之万世而不可易何欤？呜呼，是其所谓中庸者耶？"

　　"然则中庸者，所以济物之两，而明道之一者也；为两之所能依,而非两之能在者也。水至于平而止,道至于中庸而止矣"。(《水心文集》,卷七,《进卷·中庸》。)他把中庸作为两之所依为道之极,如水之至于平而止,这即表现叶适庶族地主阶级害怕斗争,害怕农民运动。他对杨么、方腊、蒋圈十都目为盗匪而主剿平他们,盖有由矣。

叶适自己也明确反对斗争。他说:"且夫君子之于小人也,岂欲近而与之所哉?惟欲运而与之遁示。词令之交,卑而不亲;笑亲之接,顺而不同;权势之争,逊而不厉;言论之开,和而不当,所谓不恶而严者皆遁也。"(《习学记言》卷二)这就是君子与小人和平共处,失去辩证法矛盾对立斗争的真义了。

第二节　陈亮的唯物主义逻辑思想

一、陈亮的生平及著书。

1. 陈亮的生平。

陈亮,字同甫,原名汝能,浙江婺州永康人。生于宋高宗绍兴十三年,即公元1143年,卒于宋光宗绍熙五年,即公元1194年。晚年讲学于家乡的龙窟村,学者称他为龙川先生。

陈亮是坚决主张抗金派,曾给宋孝宗四上书备言抗金的道理。他不但有抗金的理论,而且作抗金的实际勘察。他曾到京口、建邺一带观看地形,他中了状元后,曾写了一首诗,表明他一生抗金的愿望,诗云:"云汉昭回倬锦章,烂然衣被九无光。已将德雨平分布,更把仁风与奉扬。治道修明当正宗,皇威震叠到遐方。复仇自是平生志。勿谓儒臣鬓发苍。"(《及第诗·昌和御赐诗韵》《文集·诗》)"复仇自是平生志"正表明他抗金激昂的气慨!

陈亮和朱熹的道学分道扬镳。他批判当时一般空谈性命的道学家。他说:"二十年之间,道德性命之说一兴,迭相唱和,不知其所以来,后生小子,读书未成句读,执笔未觉手颤者,已能拾其遗

说,高自誉道,非议前辈,以为不足学矣"。(《送王仲德序·文集》)
朱熹一再以醇儒勉陈亮,但陈亮认为儒不过是诸学派之一,未足
学。他主张应学可"成人"。陈亮说:"故客以为学者学为成人,而儒
者一门户中大者耳,秘书不教以成人之道,而教以醇儒自律,岂揣
其分量,仅近于此乎?"(《与朱元晦又甲辰答书》《文集》)这表现陈
亮对朱熹的不满。

此外,陈亮主张"义利双行","王伯并用"也和朱熹凿柄。朱熹
是采倒退的历史观而陈亮则主前进的历史观。陈亮认为"心之用
有不尽而无常岷,法之文有不备而无常废","天地常运而人为常不
息,要不可以架漏率补度时日耳"。(《文集·与朱元晦秘书》)汉唐
可以和三代媲美,当时也可以赶汉唐,这是前进的历史观。在对
道学的态度上,陈亮是和叶适一致的。

2.著作。

陈亮著作不少,有《上孝宗皇帝书》四篇,《中兴五论》等六篇,
《酌古论》四篇,《辩士传》、《高士传》、《龙川文集》等。1974年中华
书局出版《陈亮集》。

陈亮著作有许多遗失,如《辩士传》只存了一篇序,即《辩士传
序》,收入《文集》中。从《辩士传序》中,可以看出《辩士传》是陈亮
对于古来名辩之术的评述及其辩证的方法,这是一部很重要的中
国逻辑史的著作。可惜《辩士传》只存一篇《序》与晋鲁胜的《墨辩
注》遭同一命运。这不能不说是中国逻辑史上的又一大损失!

二、陈亮逻辑的唯物主义基础。

陈亮逻辑是以他的唯物主义世界观为基础,他重视经验,重视
实践,这些都和他的唯物主义世界观联系着。陈亮反对事外之道,
盈天地间,无非物的存在。我们分析陈亮之所谓道,有两个方
面:

1.道即是物。

陈亮说:"夫盈宇宙者无非物,日用之间无非事。古之帝王独

明于事物之故,发言立政,顺民之心,因时之宜,处其常而不惰,遇其变而天下安之,今载之书者皆是也。"(《文集》卷七)他又说:"夫道非出于形气之表,而常行于事物之间者也。人主以一身而据崇高之势,其于声、色、货、利必用吾力焉,而不敢安也。其于一日万机,必尽吾心焉,而不敢忽也;惟理之循,惟是之从,以求尽天下贤者之心,遂一世人物之生,其功非不大,而不假于外求,天下固无道外之事也。不恃吾天资之高,而勉强于其所当行而已。……夫道岂有他物哉?喜怒哀乐爱恶得其正已。行道岂有他事哉?审喜怒哀乐爱恶之端而已,不敢以一息而不用吾力,不尽吾心而强勉之实也。贤者在位,能者尽职,而无一民之不安,无一物之不养,则大有功之验也。"(《文集》卷九·《勉强行道大有功》)他又说:"道之在天下,平施于日用之间,得其性情之正者,彼固有以知之矣。……圣人之于《诗》,固将使天下复性情之正,而得其乎施于日用之间者,乃区区于章句训诂之末,岂圣人之心也哉?"(《文集》卷十《经书发题·诗》)总之,道不是抽象空洞的东西,它是和天地间的万物万事联在一起,这和唯心主义者所谓"万一山河大地都塌了,道还亘古存在"迥然不同。总之,"舍天地无以为道",这是唯物主义命题。

2.道又是事物的规律。

道不仅是具体的事物,而且也是事物的规律。在历史发展的过程中,也有道的体现。陈亮说:"世之学者,玩心于无形之表,以为卓然而有见,事物虽众,此其得之浅者,不过如枯木死灰而止耳。得之深者,纵横妙用,肆而不约,安知所谓文理密察之道,泛乎中流,无所底止,犹自谓其有得,岂不可哀也哉。故格物致知之学,圣人所以惓惓于天下后世,言之而无隐也,夫道之在天下,何物非道,千涂万辙,因事作则,苟能潜心玩省,于所已发处体认,则知'夫子之道,忠恕而已'非设辞也。"(《文集·与应仲实》)"千涂万辙,因事作则"正体现道即在事物变化进行之中。道即指事物变化的规律。所以陈亮认为道不仅指物,也指事物的规律。

陈亮在致朱熹的信中，也认为历史演变，处处有道，并不是在某个段落，道忽然中断。他说："天地之间，何物非道？赫日当空，处处光明。闭眼之人，开眼即是，岂举世皆盲，便不可与此光明乎？眼盲者摸索得着，故谓之暗合，不应二千年之间，有眼者皆盲也。亮以为后世英雄豪杰之尤者，眼光如黑漆，有时闭眼胡做，遂为圣门之罪人，及其开眼运用，无往而非赫日之光明。"（《文集》卷二十《又乙巳与朱元晦秘书》）赫日光明，无幽不照，犹如道在历史进程中，无时间断。这是规律的存在，而规律是客观的。

总之，陈亮的道，既指事物，也指事物变化的规律。

三、陈亮的逻辑方法。

陈亮的逻辑方法是经验论的，它侧重于归纳。兹约略分析如下：

1．归纳前人的经验，总结出成功的与失败的教训以为我们所用。

陈亮善谈兵，他写《酌古论》即有借鉴前人的军事经验之意。他说："成天下之大功者，有天下之深谋者也。"（《文集·酌古论》）所谓深谋，是符合客观实际的计划，不是主观的臆测，这必须建筑在"审敌情，料敌势，观天下之利害，识进取之缓急"的基础上，要做到这点，就必须从前人的军事经验中逐一归纳出总的原则来，这是紧靠历史事实的经验论，是具有唯物主义意义的。陈亮在说他写作《酌古论》的动机时，说："能于前史间窃窥英雄之所未及，与夫既已及之，而前人未能别白者，乃从而论著之，使得失较然，可以观，可以法，可以戒，大则兴王，小则临敌，皆可以酌乎此也，命是曰《酌古论》。"（《文集·酌古论》）可以法，即成功的经验，可以戒，即失败的经验，从正反两面去归纳，就可以得出有用的原则。

2．注重实用的方法。

浙东学派都重用，陈亮更特别重视用的方法。陈亮说："人才以用而见其能否，安坐而能者，不足恃也，兵食以用而见其盈虚，安坐而盈者不足恃也。"(《文集·上孝宗皇帝第一书》)他又说:"才非求奇,贵其可用。"(《文集·谢葛丞相启》)注重实用即注重功利,对社会国家有利,便是好的。浙东学派对于董仲舒的"正其说不谋其利,明其道不计其功"采批评态度,"既无功利,则道义乃无用之虚语耳。"(叶适语)但这种重功利,重实用的方法却为朱熹所反对。在朱熹看来,功利之学比江西(指陆象山)之学更坏。朱熹说:"江西之学只是禅,浙学却专是功利。禅学,后来学者摸索一上,无可摸索,自会转去。若功利,学者习之,便可见效,此意甚可忧。"(《朱子语类》卷123)功利一学,便可见效,说得也对,但却被朱熹看得可怕,因这对封建制社会会起危险作用。当然,江西之学是主观唯心主义,而朱学是客观唯心主义,这和浙学之为唯物主义正相反对也。

3．注重实践。

重实用,当然要重实践,只有从实践中才能考验到是否正确。比如抗金,不能口头上说说,必须有实践行动。陈亮说:"臣尝疑书策不足凭,故尝一到京口、建邺,登高四望,深诣天地设阴之意,而古今之论,未为尽也。"(《文集·上孝宗皇帝第三书》)实际调查研究地形以为抗金用兵之准备,这就是操胜算的基础。

4．注重合逻辑的辩。

陈亮写了《辩士传》。此传惜已遗失,只剩了一篇《辩士传序》收在《文集》中。从《辩士传序》的内容看,可以窥见陈亮对合逻辑的辩是有研究的。关于辩的原则、辩的方法和辩的目的,都提出来了。现在分析如下。

(1) 辩的目的。辩说是在出使两国之间,用以"通两国之情,释仇而约,免憾而欢"。(《辩士传序·文集》)使两国之间得到和睦相处,人民安宁的利器。

(2) 辩的原则。

陈亮提出辩辞要以《诗》为原则,因为《诗》能"曲尽人情"。(《辩士传序·文集》)这是合理的感情,他本于孔子的诵《诗》出使的意旨。

（3）辩的方法。

陈亮说要"达乎《诗》而使，则道之以义，开之以理，广譬而约喻"。（同上引）即合乎道义，又合乎逻辑的理。方法在于"广譬约喻"的逻辑手法。他是很重视比喻的逻辑的说服力的。

只有用这种方法进行辩说，才能达到"辩析利害，切见事情"。（同上引）这是合逻辑的辩。

陈亮反对不合逻辑的诡辩。诡辩即"纷拿之辩不贵"。（同上引）陈亮认为诡辩是出自战国鬼谷子与张仪、苏秦之流。他说："及至列国之际，强弱之相形，众寡之相倾，一时鲜廉寡耻之徒往来乎其间，摇吻鼓舌，劫之以势，诱之以利，怒之以其所甚辱，趋之以其所甚欲，捭阖而钳制之，以苟一时之成事者，此无异于白昼而攫者也。"（同上引）诡辩家用种种反逻辑的方法来达到他的暂时成事，他比之于在大白天抢人家的东西，一样地坏。所以他坚决反对。他称孟子、荀子和庄周还具有"辩士"的风格，主要在他们的辩是正派的辩论。

5．因事增智，注重读书以外的学习。

因为陈亮注重实用，重视实践，所以对于读书以外的学习也非常重视。人们在做具体的事时，也可锻炼脑筋，开阔智慧。陈亮称之为"因事增智"。（《文集·送徐子才赴富阳序》）陈亮说："子路乃以有民人焉，有社稷焉，何必读书，然后为学，此后世英雄豪杰之所以因事增智，诸儒尝若瞠乎其后，而夫子平时教诲中人以上之辞也，岂所以施之子羔哉？"（同上引）只死读书，不去切实经历一番，那是书呆子，不能有所用的。

6．辨名实，正是非。

陈亮鉴于当时学风不正，名不副实，混淆是非，所以提出正名实，正是非的主张。他说："往三十年时，亮初有认知，犹记为士者必以文章行义自名，居官者必以政事书判自显，各务其实而极其所至，人各有能与不能，卒亦不敢强也。自道德性命之说一兴，而寻常烂熟无所能解之人，自托于其间，以端悫静深为体，以徐行缓语为用，务为不可穷测，以盖其所无。一艺一能皆以为不足以通于圣人之道也，于是天下之士始丧其所有，而不知适从矣。为士者耻言文章行义，而曰'尽心知性'，居官者耻言政事书判，而曰'学道爱人'相蒙相欺，以尽废天下之实，则亦终于百事不理而已。"(《送吴允成运干序·文集》)士之实在"文章行义"，官之实在"政事书判"，当时一些人却把这实丢掉，而空讲什么"尽心知性"，"学道爱人"，这即名实不相符，终于混淆天下之是非，丧失正确的逻辑标准。

在名实二者的关系中，应以实为主，名为副，这即陈亮所引"圣策""名宾于实"，名者实之宾也。他说："名宾于实而是非不能文其伪；私灭于公，而爱恶莫可容其情，……其要在于辩名实是非之所在，公私爱恶之所归。"(《文集·廷对》)"名宾于实"虽他引自"圣策"，但他认为辩名实是非之所在，正是切要关键处。逻辑的任务在于正是非，辩名实，这样，陈亮的提法是有意义的。

7．数理的演绎推论。

陈亮的逻辑，虽偏重归纳。他说："察古今之度，识圣人之用。"(《文集·书林，本政书后》)这即从历史的事实演变中归纳出原则。但陈亮并没有放松数理的演绎推论。他说："《易》有理有数，数出于理者也，得其理足以知百世之度，明其数足以计将来之事。"(《文集》书《文中子》附录后) 这里他对于数理的求得客观事物知识的作用，是很重视的。

8．主张理胜，反对辞胜。

陈亮主张文章辩论，如合逻辑的理则为重，如不合理则只强词夺理，那是没有价值的东西。陈亮说："大凡论，不必作好语言，意与理胜，则文字自然超众。故大乎之义，不为诡异之体，而自然宏富，不为险怪之辞，而自然典丽，……理得而辞顺，文章自然出群拔萃。"(《文集·书作论法后》)理是实，文是表，必须实站得住，然后文才能典丽,这一提法是正确的。

9.对逻辑规律的认识。

陈亮对逻辑规律也有所认识,比如他说:"儒释之道,判然两涂,此是而彼非,此非而彼是。"(《文集·与应仲实书》)又说:"有公则无私,私则不复有公。"(《文集·午复朱元晦秋书》)此是则彼非,此非则彼是,是非不并立,有公不能有私,有私不能有公,公私不相容,这即是排中律的运用。

10.辩证观。

陈亮除了形式逻辑各方面有所涉及外,复有辩证观的思想萌芽。陈亮说:"夫阴阳之气,阖辟往来,间不容息。建亥之月,六阴并进,宜于无阳矣,而昔人谓之阳月者,阳运于其间而不知也。子一建而一阳遽出,而为群阴之主此天地盈虚消息之理,阳极必阴,阴极必阳,迭相为主而不可穷也"。(《文集·与徐大谏》)物极必反,所以阳极必阴,阴极必阳,矛盾的对立面互相转化,这具有辩证观的意义。

矛盾对立转化之外,陈亮复注重主观的能动作用。他说:"风不动则不入,蛇不动则不行,龙不动则不能变化。今之君子欲以安坐感动者,是真腐儒之谈也。孔子以礼教人,犹必以古诗感动其善意,动荡其血脉,然后与礼相入,未兴于诗而使立于礼是真嚼木屑之类耳,况欲运天下于掌上者,不能震动,则天下固运不转也。"(《文集·又癸卯秋书·与朱元晦》)陈亮对于当时"待时"、"待机"的萎靡不振的主和派,竭力批判,就由于这些人不能发挥主观能动作用,争取抗金的胜利发挥主观能动作用是合乎辩证意义的。

第五章 明代反宋明理学的逻辑思想

第一节 罗钦顺

明代反宋明理学的思想家,在批判程、朱、陆、王的唯心主义中,发展了他们的逻辑思想。我们这里,提到罗钦顺、王廷相和李贽三人。先讲罗钦顺。

一、罗钦顺的生平及著书。

罗钦顺(《明史》卷282;《明儒学案》卷47),字允升,号整庵,吉之泰和人。生于明宪宗成化元年,公元1465年,卒于明世宗嘉靖二十六年,公元1547年,活了83岁。谥文庄。

罗钦顺和王守仁同时,他对于王守仁的主观唯心主义竭力批驳,他与王廷相是明朝中叶的唯物主义哲学家。他不但批判陆象山、王阳明的主观唯心主义,而且也批判程、朱的客观唯心主义和佛教的唯心主义。在批判过程中,揭示了他的逻辑思想。所著有《困知记》,为研究他的思想的主要材料。

二、罗钦顺的气一元的唯物论。

罗钦顺的逻辑思想是以他的气一元的唯物论为依据。他根据理气一元的唯物论批判形形色色的唯心论,揭示了他唯物的逻辑观。所以我们阐述他逻辑思想先须略述他气一元的唯物论。

罗钦顺采用过去唯物论的基本理论,以物质性的气为宇宙万有的根本。他说:"通天地,亘古今,无非一气而已。气本一也,而一动一静,一往一来,一阖一辟,一升一降,循环无已。积微而著,由著复微,为四时之温凉寒暑,为万物之生长收藏,为斯民之日用彝伦,为人事之成败得失,千条万绪,纷纭胶轕,而卒不克乱,莫知其所以然而然,是即所谓理也。初非别有一物,依于气而立,附于气而行也。"(《明儒学案》卷47)他认为通贯空间时间的一切,都是气之所为,由于有此物质性的气的运动,而产生一年的寒暑的变化,万物之生长收藏,即使人事上的变化也莫不由此气促成。总之,天地和人事无非此一气生成,除此气之外,没有超然的理在。罗钦顺竭力贯彻理气一元的唯物论。他说:"理只是气之理,当于气之转折处理之,往而来,来而往,便是转折处也。"(同上引)理即指气的转折处,不是气之外,有超然的理在。这和朱熹认理气为二,而且理是本的说法正好对立。罗钦顺的理气一元的唯物论批判了朱熹的客观唯心论。

三、一与二对立统一的辩证观。

理与气名虽有二,实则为一。一与二,形似对立,实则统一。罗钦顺说:"理一也,必因感而后形,感则两也,不有两则无一。然天地间无适而非感应,是故无适而非理。"(同上引) 罗钦顺在此通过一和两的对立统一关系阐明理与气之为一。所以然者,一与两之间有神和化的关系。罗钦顺于此引张载的神化之说,说明一与两的对立统一。他说:"张子云:'一故神,两故化',盖化育其运行者也,神言其存主者也。化虽两,而其行也常一;神本一,而两之中无弗在焉。合而言之则为神,分而言之则为化。言化则神在其中矣,言神则化在其中矣,言阴阳则太极在其中矣,言太极则阴阳在其中矣。一而二,二而一者也。"(同上引)通过神化关系,罗钦顺阐明了理与气为一。他同时也批判了周敦颐的太极图说,认为太极与阴阳并非二物而实为一体。罗钦顺说:"《太极图说》'无极之真,二五之精,妙合而凝'三语,愚则不能无疑,凡物必两而后可以言合,太极与阴阳果二物乎?其为物也果二,方其未合之先,各安在耶?朱子终身认理气为二物,其源盖出于此"。(同上引)太极、阴阳本非二物,而周敦颐硬把它们分开,不知不有两,无以见一。周子的错误,在于他阆于辩证观点，而朱熹之以理气为二，正受周子的错误影响。

四、名与实必须相副。

从唐宋以来，一些学者时尚禅学，有的公开不讳其禅，自有其道，但有的却不如此，儒其名，禅其实，名实不相副，那是违反逻辑的。罗钦顺说："唐宋诸名臣多尚禅学，……且凡为此学者，皆不隐其名，不讳其实，初无害其为忠信也。故其学虽误，其人往往有足称焉。后世乃有儒其名，禅其实，讳其实而俦其名者，吾不知其反之于心果何如也?"（同上引）这里，他批评名实不副的思想家，讲的是禅，但偏挂儒者招牌，这在逻辑上是自相矛盾的，不合逻辑的。宋的陆象山即儒其名，禅其实的思想家，因此，罗钦顺提出批评。他说："或者见象山所与王顺伯书，未必不以为禅学，非其所取。殊不知象山阳避其名，阴用其实也。"（同上引）他又说："'《乐记》人生而静，天之性也，感于物而动，性之欲也'一段，义理精粹，要非圣人不能言，象山从而疑之，过矣。"（同上引）总之，象山之学，所提存本心的方法和禅宗的顿悟，了无二致。他所谓"一是即皆是，一明即皆明"即禅宗所谓"一念愚则般若绝，一念智，则般若生"，"若识自性，一悟便至佛地"，（《坛经》）实质上是禅，即朱熹亦有同感。

陆象山的"心即理"，（《象山全集》卷十一，《与李宰书》）"明本心"的主观唯心主义，到了杨简（慈湖），更发挥成为神秘的唯我主义。陆象山提出"宇宙便是吾心，吾心便是宇宙"，慈湖则改为宇宙即我，我即宇宙，这种自我夸大狂，亦为罗钦顺所批判。罗钦顺说："慈湖误矣! 藐焉数尺之躯乃欲私造化以为己物，何其不知量耶?"（同上引）"私造化以为己物"高歌什么"仰首攀南斗，翻身依北辰。回头天外望，无我这般人!"正是如发疯了的钢琴，以为世界上只有它一个钢琴，一切都发生在它身上，（参阅列宁引用法国唯物论者狄德罗批评主观唯心主义，见《列宁全集》，第14卷，1957年版，第26页。）这是反逻辑的。

五、对王阳明违反逻辑的批判。

王阳明的格物说显然和《大学》所讲矛盾。《大学》说："致知在格物"，而照阳明所讲，则反为"格物在致知，知至而后物格矣！"罗钦顺与王阳明书云："执事又云，吾心之良知即所谓天理也，致吾心良知之天理于事事物物，则事事物物皆得其理矣。致吾心之良知者，致知也，事事物物各得其理者，格物也。审如所云，则《大学》当云格物在致知，知至而后物格矣。且既言精察此心之天理以致其本然之良知，又言正惟致其良知以精察此心之天理，然则天理也，良知也，果一乎？果非一乎？察也，致也，果孰先乎？孰后乎？不能无疑者三也。"（《困知记》）罗钦顺又云："吾人有此身，与万物之为物，孰非出于乾坤，其理固皆乾坤之理也。自我而观，物固物也；以理观之，我亦物也，浑然一致而已，夫何分于内外乎？所贵乎格物者，正欲即其分之殊而有以见乎理之一，无彼无此，无欠无余，而实有所统会，夫然后谓之知主，亦即所谓知止，而大本于是乎可立，达道于是乎可行，自诚正以至于治乎，庶乎可以一以贯之而无遗矣。"（同上引）这里，罗钦顺揭发王阳明许多违反矛盾律的地方。其一，王阳明的格物说与《大学》的格物说矛盾。《大学》说，致知在格物，格物是因，致知是果，而阳明却说，"格物在致知，知至而后物格"，是则倒果为因，发生矛盾。

其二，"正惟致其良知以精察此心之天理"，又说"精察此心之天理以致其本然之良知"，这是自相矛盾的。天理、良知究竟是一，抑是二？精察、致知，孰先孰后？阳明之说是不清楚的。

其三，"人之有心，固然亦是一物，然专以格物为格此心则不可"。（《答元恕弟书》，同上引。）这是因为心之外还有别的许多物在，也即有它们的物理要格，不能把不周延的心（物）换位为周延，使心物等同，变为周延，这是犯了不当周延的逻辑错误。

罗钦顺指出阳明格物说的逻辑错误之后，最后用理一分殊说明格物的意义。这样，证成了格物的正确本意。

六、对佛书违反矛盾律的批判。

罗钦顺在《谈佛书辩》中揭出了佛书的自相矛盾处。他说:"且其以本体为真,末流为妄,既分本末为两截,谓违则真成妄,悟则妄即真,又混真妄为一途,盖所见即差,故其言七颠八倒,更无是处。"(同上引)这里本末、真妄互相混淆,以致自相矛盾,暴露其无逻辑性。

七、对排中律的运用。

罗钦顺对于排中律也曾不自觉地运用到。他说:"此是则彼非,彼是则此非,安可不明辩之?"(《困知记》)是非彼此,互相对立,其间决无居中的可能。这即排中律之运用。

总之,罗钦顺的逻辑思想都于辩论中见之,辩论有助于逻辑思维的发展,于此亦得一证。

第二节 王廷相

一、王廷相的生平及著书。

1.王廷相的生平。

王廷相,字子衡,号平厓,又号浚川,别号河滨丈人。河南仪封人。生于明宪宗成化十年,公元1474年,卒于明世宗嘉靖二十三年,公元1544年,活了71岁。

王廷相是明孝宗弘治八年壬戌科进士,授翰林庶吉士,历官荣禄大夫、太子少保、兵部尚书兼都察院左都御史掌院事。

王廷相曾两次受到宦官的迫害,第一次受宦官刘瑾的迫害,谪亳州判官;第二次受宦官廖鹏等的迫害,被谪为赣榆县丞。嘉靖二十一年(即公元1542年)以勋臣郭勋事牵连,被斥归乡,后三年,他71岁时死去。

王廷相是一位博学的思想家,他是一个有名的唯物主义哲学家,又是一位科学家。他对天文学及音律学都有深刻的研究,著有

《岁差考》、《玄浑考》及《律尺考》、《律吕论》。在农业科学方面曾为贾思勰的《齐民要术》作序并加以证引。最后，他又是一个著名文学家。童年时即以能文章诗赋而出名，被列为"前七子"之一，也即弘治年间，以李梦阳、何景明、康海、王九思、边贡、徐祯卿连王廷相共七人。

2. 著书。

王廷相著书甚丰，哲学、文学、自然科学无不涉及。他每到一地，执行某一官职即随时有写作。今举其著者，有《沟断集》、《台史集》、《近海集》、《吴中稿》、《华阳稿》、《泉上稿》、《小司马集》、《金陵稿》、《玄浑考》、《岁差考》、《律尺考》、《律吕论》、《慎言》、《雅述》、《射礼图注》、《摄生要义》、《内台集》、《奏议》、《复奏语略》、《归田集》、《阐玄述》，总名为《王氏家藏集》。他的哲学思想充分表达在《慎言》与《雅述》二篇中，其详可参考葛荣晋编的《王廷相生平学术编年》一书。

二、王廷相逻辑的气一元论的唯物主义基础。

王廷相的逻辑思想建基于他的气一元论的唯物主义哲学基础。王廷相重视自然科学研究，这对他的唯物主义哲学有重大影响。他批判程、朱的客观唯心主义理学，也批判陆、王的主观唯心主义心学。他发挥了张载气一元的本体论，成为由张载到王夫之的过渡桥梁。王廷相认为宇宙的本原只有元气，元气之上没有更根本的东西，什么理？理是根于气的，气是本，理是末；什么太极？太极不过是最高的气的表现，不是另有一物在气之上的；什么太虚？也是气之本体，虚不离气。这些可于王廷相的下列陈述看出来。他说："气，物之原也；理，气之具也；器，气之成也"。(《慎言·道体》)"理载于气，非能始气也"，(同上引)"气者，造化之本"，(同上引)"离气无道"，(同上引)"气有聚散，无灭息"。(同上引)他在《雅述·上篇》说："天地之先元气而已矣，元气之上无物，故元气为道之本"，又说："老、庄谓道生天地，宋儒谓天地之先只有此理。此乃改易面目立论耳,与老、庄之旨何殊?愚谓天地未生,只有元气,元气具,则造化人物之道理即此而在,故元气之上无物、无道、无理。"(同上引)

王廷相根据元气为道之本,批判了伊川。他说:"伊川曰:'阴阳者气也,所以阴阳者道也。'未尝即以理为气。嗟呼,此大节之不合者也!余尝以为元气之上无物,有元气即有元神,有元神即能运行而为阴阳,有阴阳则天地万物之性理备矣。非元气之外,又有物以主宰之也。今曰:'所以阴阳者道也',夫道也者空虚无着之名也,何以能动静而为阴阳?又曰:"'气化终古不忒,必有主宰其间者',不知所谓主宰者是何物事?有形色耶?有机轴耶? 抑纬书所云十二神人弄丸耶?不然,几于谈虚驾空无着之论矣。老子曰:'道生天地',亦同此论,皆过矣,皆过矣!"(《答薛君采论性书》)这里所谓"元神"即指包含阴阳对立的妙化运动,并非神明之神。王廷相认为宇宙的生成变化即由于元气有阴阳对立的运动,元气中的"太虚真阳之气"和"太虚真阴之气"互相对立感触就产生宇宙万有的发展变化。王廷相这里直观地感觉到对立统一的辩证运动,其次序是,先有日月星辰,再生水火,最后生出土、金、石、草、木,以达于人类。(《何柏斋造化论十四首》)

总之,王廷相认为宇宙的本原为气,这气是宇宙最根本的东西,所谓"太极"也不过是气的别名。他在《太极辩》中曾说:"太极之说始于《易》有太极之论,推及造化之源,不可名言,故曰太极。求其实,即天地未判之前,太极浑沌清虚之气是也。虚不离气,气不离虚,气载乎理,理出于气,一贯而不可离绝言之也。故有元气,即有元道……以元气之上不可以意象求。故曰,太极;以天地万物未形,浑沌冲虚不可以名义别,故曰元气;以天地万物既形,有清浊、牝牡、屈伸、往来之象,故曰阴阳,三者一物也,亦一道也,但有先后之序耳,……邵子太极已见气之论为有得。"这里,他把理和太极一并归于气中,表示元气之外没有更根本的东西。

气是实有的客观存在。他说："气虽无形可见，却是实有之物，口可以吸而入，手可以摇而得，非虚寂空冥无所索取者。世儒类以气体为无，厥睹误矣！愚谓学者必识气本，然后可以论造化，不然，头脑既差，难与辩其余矣！"（《答何柏斋造化论十四首》）

根据这一唯物主义命题"气是实有之物"，王廷相极力反对老氏之无与佛之空。他批驳何柏斋对他的误解道："柏斋以愚之论出于横渠，与老氏'万物生于有，有生于无'不异，不惟不知愚，及老氏亦不知矣。老氏谓万物生于有，谓形气相禅者，有生于无，谓形气之始本无也。愚则以为万有皆具于元气之始，故曰，儒道本实本有，无'无'也，无'空'也。柏斋乃取释氏犹知形神、有无之分，愚以为此柏斋酷嗜仙佛受病之源矣"。（同上引）

元气不但客观存在，而且永恒不灭。王廷相直观地感觉到物质守恒原则。王廷相说，气有聚散，无息灭。他说："气有聚散，无灭息。雨水之始气化也；得火之炎，复蒸而为气。草木之生，气结也；得火之灼，复化而为烟。以形观之，若有'有''无'之分矣；而气之出入于太虚者，初未尝减也。辟冰之于海矣，寒而为冰，聚也；融渐而为水，散也；其聚其散，冰固有'有''无'也，而海之水无损焉。此气机开阖、有无、生死之说也，三才之实化极矣"。（《慎言》卷一）气是亘古如一的，所以决没有离开气而单独存在之理。王廷相根据气不息灭的理论批判了朱熹离气有理的客观唯心主义，也批判了形形色色的神、风水等宗教唯心主义。王廷相的元气一元的唯物主义哲学不但是他的批判逻辑的哲学基础，而且也是他注意观察、实验等逻辑方法的基础。

三、逻辑方法。

1．破立相结合的批判法。

（1）王廷相根据他气一元的唯物主义，批判形形色色的唯心主义，所以他的作品有坚强的逻辑力量。先谈他对神不灭的批判。

王廷相和已往的唯物论者一样，不承认有形而上存在之神。他说，"神必借形气而有"，他批判何柏斋的论点道："气者形之种，而形者气之化，一虚一实皆气也。神者，形气之妙用，性之不得已者也，三者一贯之道也。今执事以神为阳，以形为阴，此出自释氏仙佛之论，误矣。夫神必借形气而有者，无形气则神灭矣。纵有之，亦乘夫未散之气而显著，如火光之必附于物而后见，无物则火尚何在乎？"（《答何柏斋造化论十四首》）这里所采用的薪火之喻，同于前人，但他指出"神者形气之妙用，性之不得已者也"却是他的创见。王廷相对自然科学有深刻研究，他认为客观事物的变化有它的必然规律，他用"性之不得已"或"势不得不然"以表达规律的必然性。他认为"天地之生物势不得不然也，天何心哉？强食弱，大贼小，智残愚，物之势不得不然也，天又何心哉？世儒曰，天地生物为人耳。嗟呼！斯其昧也已！"（《慎言》卷十）物竞天择，优胜劣败，他的天演论击破了人为的中心的谬论。

王廷相根据他的物理必然性的理论，击破了"鱼阴类从阳而上，二阳时伏在水底，三阳则鱼上负水，四阳五阳则浮在水面"的神话。他说："愚谓此物理之必然者，冬月水上冷而下暖，故鱼潜于水底，正月以往，日渐近北，冰面渐暖，故鱼涉水上，冰未解而鱼已上，……皆性不得已而然者，"（《雅述》下篇）很明显，王廷相是运用他的天文学知识进行批驳的。

（2）对五行配四时的批判。

五行家"以五行分配十二支于四时"，王廷相根据他的天文学知识加以驳斥。第一，一年四季的寒热实由日光之多少而定，受日光多者为热，受日光少者为寒，这和五行无关。其次，每季都有金木水火土。不能以五行之一行归属于每季，而把其余去掉。假如"春止为木，则水火土金之类孰绝之乎？秋止为金，则水火土木之气孰留停之乎？土惟旺于四季，则余月之气，孰把持而不使之运乎？"（《五行配四时辩》）实则金木水火土不过构成事物的五种物 质 元素,这是王廷相的唯物观点。他根据这种观点,解释《大禹漠》,他说:"《大禹漠》曰'政在养民,水、火、金、土、木、谷惟修'。言六者能修治之,使遂民用,则养生之具备矣。堤防祛害,灌溉通利,水行地中,则水政修矣。出火纳火,钻燧取火,昆虫未蛰,不以火田,则火政修矣。衰蹄泉货,铁冶鼓铸,金政修矣。山林有禁,取木有戒,斧斤时入,木政修矣。画井限田,正疆别涂,高城深池,土政修矣。教民稼穑,播艺百谷,谷政修矣。六政既修,则民用皆足,王者生养万民之功成矣。"(《慎言》卷十)王廷相重视人的修为,发挥主观能动性作用,改造自然。他极力批驳五行灾异的谬说。"尧仁如天,洪水降灾;孙皓昏暴,瑞应式多"这可证明"和气致祥,乖气致异"的荒谬。(参阅《答顾玉华杂论五首》)反之,如能竭尽人为,虽水旱也不足畏。"尧尽治水之政,虽九年之波,而民罔鱼鳖,汤修救荒之政,虽七年之亢,而野无饿殍。人定亦能胜天者此也,水旱何为乎哉?"(《慎言》卷十)"人定胜天"一语正表现他唯物论者的战斗性格。

(3) 对鬼神、风水、信时日等批判。

鬼神论者总以善恶报应之说蛊惑人心。实则"世之人物,相戕相杀,无处无之,而鬼神之力不能报其冤。"风水福荫之说,也不过是"邪术惑世以愚民"。因为共是一个祖先的坟墓,其子孙富贵贫贱、夭寿、强弱不一。所谓福荫之事,纯属骗人的把戏。时日也不尽信,"周以甲子日而兴,纣以甲子日而亡"(《与徐都阃溥》)。国家的兴亡,究于时日无关。迷信之事,也有偶中者,这是多言偶中,不足为据。王廷相《答何粹夫论五行书》说:"执事所谓世之言五行亦有奇中者,此何足异哉?盖多言而能中耳,……不中者,人不传之矣,中者必传之以为神。"这是人每计其所得而不计其失的习惯造成。

(4) 对邵雍数论的批判。

王廷相根据气一元的唯物论提出"象者气之成,数者象之积"。(《慎言》《道解》)数是由气派生出的第三位东西,他以这一理论批判邵雍以数为宇宙本原的错误。宇宙的本原是气,是由气构成的各种迹象，数或算是根于客观事物的迹象。他依于天文学的知识认为先有"日月合璧五星连珠会于子辰"的迹，才能"定夜半之冬"。他又依据音律学的知识，先有"以喉音为宫，管虚为声"的迹，才可以定"九寸之黄钟"。迹象是数的依据。"迹也者，定也；数之可据也"，(《数辩》)决没有像邵雍所吹嘘的离开迹象的数。

宇宙现象万有不齐，或奇或偶，或三或四，或五或六随物而定，但邵雍却硬分为四，牵强附会。王廷相在《慎言·卷十》中对此有详尽的批评，他说："天地造化不齐，故数有奇偶之变，自然之则也，太极也，君也，父也，不可以二者也；天地也，阴阳也，牝牡也，昼夜也，不可以三者也；三才不可以四，四时不可以五，五行不可以六，故曰：'物之不齐，物之情也'。……邵子于天地人物之道，必以四而分之，胶固矣，异于造化万有不齐之性，戾于圣人物各付物之心，牵合附会，举一而废百者矣。"这里，他把邵雍的主观唯心的数的错误，揭发无遗。至于"弃人为而尚定命，以故后学论数纷纭，废置人事，别为异端"，(《雅述》，上篇)则又是此谬论之实际危害者。

2．观察法。

王廷相重视自然科学研究，所以他特别重视观察法。他在《送少司空林公(林小泉)序》上说："星阴如雨，予尝疑之。今嘉靖十二年十月七日夜半，众星陨落，真如雨点至晓不绝，始如《春秋》所书，'夜半星陨如雨'，当作如似之义，而左氏乃谓'星与雨偕'，盖亦揣度之言，不曾亲见。而不敢谓星之陨真如雨也，然则学者未见其实迹，而以意度解书者可以省矣，所陨者星之光气，星之体实未陨也"。他这里批评左氏对星陨如雨的解释是昧于观察，错认为星与雨偕。当然他所说陨为星之光气，星之体未陨也，恐怕他还未亲见陨石所致。

王廷相注重"观"字。他说："山是古地结聚，观山上石子结为大石可知；土是新沙流演，观两山之间，但有广平之土必有大川流于其中可知。因思得有天，即有水火，……有水则必下沉，水结而

土生焉。有土则木生焉,有石则金生,有次序之实理如此。"(《天是地内凝结之物》)

王廷相作实际观察,如"螟蛉有子,果蠃负之"的解释,即其一例。他说:"《诗·小雅》:'螟蛉有子,果蠃负之'。《诗笺》云:'土蜂负桑虫入木孔中,七日而化为其子'。予田居时,年年取土蜂之窠验之,每作完一窠,先生一子在底,如蜂蜜一点,却将桑上青虫及草上花蜘蛛衔入窠内填满,数日后,其子即成形而生,**即以次食前所蓄青虫、蜘蛛食尽则成一蛹,数日即蜕而为蜂,噬孔而出。累年观之无不皆然。**……古人未尝观物踵讹立论者多矣,无稽之言勿信,其此类乎?"(《雅述》下篇)王廷相经过几年的田间观察纠正了《诗笺》的错误。

又如"雪花六出",他是通过自己的观察证实的。他说:"冬雪六出,春雪五出,言自小说家。予每遇春雪以袖承花观之,并皆六出,不知此说何所凭据?"(《雅述》下篇)他于春雪时用自己衣袖承雪花观察,证明雪花六出,五出者只是小说家言。

王廷相注重观察,注重实历,注重实践。他说:"夫心固虚灵,而应者必藉视听聪明会于人事,而后灵能长焉。赤子生而幽闭之,不接习于人间,壮而出之,不辨牛马矣。而况君臣、父子、夫妇、长幼、朋友之节度乎?而况万事万物几微变化不可以常理执乎?彼徒虚其心者何以异此,传经讨业,致知固其先务矣,然必体察于事会,而后为知之真。《易》曰:'知至至之,可与几也,知终终之,可与存义也'。然谓之至之终之,亦非凭藉讲说可以尽之矣。世有闭户而学操舟之术者,何以舵,何以招,何以橹,何以帆,何以引笮,乃罔不讲而预也,及夫出而试诸山溪之滥,大者风水夺其能,次者滩漩泊其智,其不缘而败者几稀,何也?风水之险,必熟其机然后能审而应之,虚讲而臆度,不足以擅其功矣。夫山溪且尔,而况江河之澎泊,洋海之渺茫乎?彼徒泛讲而无实历者,何以异此。"(《石龙书院学辨》)**只讲不练,没有实际知识不能算真知识。驾船的学习,即如此。王**

廷相重视从学习、失误、质疑而得的真知。《少保王肃敏公传》所引一段可以证知,他说:"婴儿在胞中自能饮食,出胞时自能视听,此天性之知,神化之不容己者。自余因习而知,因悟而知,因过而知,因疑而知,皆人道之知也。父母兄弟之亲,亦积习稔熟然耳,何以故?使父母生子孩提而乞诸他人养之,长而惟知所养者为亲。涂而遇诸父母,视之常人焉耳。可以侮,可以詈也,此可谓天性之知乎?由父子之亲观之,则万物万事之知皆因习,因悟,因过,因疑而然。人也,非天也。世之儒者乃曰,思虑见闻为有知,不先为知之艺别出德性之知为无知,以为大知,嗟呼,其禅乎!不思甚矣。"

王廷相重视实行,如越在南方,必须亲自去越实践一番,然后才算真知越的情况。他说:"讲得一事,即行一事;行一事,即知一事,所谓真知矣,徒讲而不行,则遇事终有眩惑,如人知越在南,必亲至越而后知越之故,江山,风土,道路,城域,可以指掌而说,与不至越而想像以言越者,大不侔矣。故曰,知至至之可与几也;知终,终之可与存义也,其此之谓乎?晚宋以来,徒为讲说,近日学者崇好虚静,皆于正道有害。"(《薛君采二首之二》)王廷相这里既批评了陆、王的主观唯心主义,也批评了程、朱的客观唯心主义,"皆于正道有害"。

3.复核名实。

在名实问题上,王廷相认为要核名实。他说:"皇极之建,其大有五,……五曰,核名实,……名实核则上下不罔,而苟且欺蔽之风远矣。"(《慎言·保傅篇》)名实要一致,他也称为名实须相副。他说:"仲尼有云,'君子疾没世而名不称',然则名也者,固不可已之道也。今兹石之刻,纪其姓名者也,非所以得名者也。是故君子观其名之实焉,行足以性谓之德,劳足以定国谓之功,道足以垂训谓之言,契乎天人之微谓之学,通古今之变而时稽之谓之才,由是而道德备则为名儒,功业建则为名臣,千载之下仰其德也而敬慕之,梦寐如见矣,苟实焉无之睹其名者……夫名足乎已而后成也,非可强而取助长而获也。"(《吏部考功司题名记》)这里他把名之获得必须道德事功都有切实表现，方能名副其实，这是正确的。

4．类推法。

王廷相重视类推。他说："理可以会通，事可以类推，智可以旁解，此穷神知化之妙用也。"(《石龙书院学辩》)他举了一个虎不吃人的例子。"昔有山行者，失路而坠于虎穴，卧虎子侧。自分为虎食矣。及虎至，见其人卧不动，探视其子安而无恐，知非害其子者，乃负其人出穴。夫虎至恶者，以无害子之故，而犹欲生其人；况民与我同类，使我之政诚，无害其民焉，而民又忍有不肖之心，以及我者哉？故曰，民无刁良，惟政翕张，伯山其图之！"(《送刘伯山元广灵令序》)以虎的不吃人，喻良政之于民，必得民之欢心，这一类比是正确的。王廷相注重推类，大多根于因果的联系。他说："山石之欹侧，古地之曾倾坠也"，(《慎言》《乾运篇》)又说："山是古地结聚，观山上之石子结为大石可知，土是新沙流演，观两山之间，但有广平之土，必有大川流滚其中可知。"(《答孟望之论》《慎言》)因为现象间有因果联系，所以我们可以由此推彼，由因求果，由果推因，这是逻辑推断的作用。

5．联锁推论。

王廷相的推论有时采用联锁推论式。比如下例：

"使农事不修，则稼穑灭裂；

稼穑灭裂，则刍粟减输；

刍粟减输，则廪庾虚耗。

由之，子弟寡赖，而教不率矣，诡伪日滋而刑罚滥矣，馈饷弗给，而兵戎不振，惠民之政五，而立政之本存乎农，是故教农者有司之实政也。"

(《刻齐民要术序》)

这里，"由之"以下，根据前三段的联锁，作一最后的总结。

又如：

> "夫没流官必近城池，
>
> 有城池必须官守，
>
> 有官守必须粮食，
>
> 此事必然而不可易也。"

（《与胡静庵论芒部改流草土书》）

这里，最后一段也是依据前三段联锁作出的总结。

王廷相的联锁式，有时采用复合体。兹举二例如下：

例一：

① 吾且为赤子，且为虚舟，且为游于天壤之际。

② 赤子不识不知也，虚舟，中心无物也，游于天壤之际，广漠而无人为之忧也。

③ 不识则明至，彼且恶乎遁情？无物，则虚至，彼且恶于乱真？无忧于人为一惟顺厥天耳，彼且恶乎售其私而欺正民？

④ 以圣人之明若日月之昭，无隐也，故不敢以诡伪至其前矣，以圣人之如天不可得而出也，故输其实而不作变矣。

⑤ 卒之，善善、恶恶，是是，非非，曲曲、直直，各自悔服，咸得其正。

⑥ 无枉，则夫民之讼也何有于兴？又何事于听乎？圣人以天正人之道如此。

（《送王大夫（王元玉）提刑江西序》）

这里，每一行都为并列几个句子，底下的一行，即依前行的主要对象如赤子、虚舟进行推演，构成了复合的联锁式，这是王廷相的创新。

再举一例：

① 夫惟君子之于天下，不难于济事，而难于合道；不难于敢为，而难于中几。

② 畔厥道,虽显于功,仁者不为也,失厥几虽勇于火,圣者不
敢也。

③ "故合道以济事,中几而敢为,乃谓之道术,乃谓之嘉猷
大也。"

（《送少司空林公(林小泉)序》）

这例的结构同前,都从前一列的主题,如合道、中几逐一推演,
最后得出结论。

6．辩证观。

王廷相对形式逻辑方法有他创见外,他还直观地有感于对立
统一的辩证规律。他的世界观是气一元的唯物主义,但从物质的
一元之气如何发展成宇宙万物的变化,他于此提出气中的阴阳二
种力量,即阴阳二种力量互相撞击,变为各种事物。而阴阳二气相
待而有,有阴即有阳,有阳亦必有阴,这二者是辩证的统一。王廷
相在《答何柏斋造化论》中,即曾详言阴阳相待而有之理。他说：
"是气者形之种,而形者气之化,一虚一实皆气也。神者气之妙用
性之不得已者也,三者一贯之道也。

愚谓道体必有本实,以元气而言也。元气之上无物,故曰,太
极,言推究于至极不可得而知, 故论道体必以元气为始。故曰,有
虚即有气,虚不离气,气不离虚,无所始,无所终之妙也, ……凡属
气者皆阳,凡属形者皆阴,以此数语甚真,此愚推究阴阳之极言之,
虽葱苍之象亦阴,飞动之象亦阳,盖谓二气相待而有, 离其一不得
者。……吾尝谓天地水火万物皆以元气而化,盖由元气本体具有
此种,故能化出天地、水火、万物。如气中有蒸而能动者,即阳,有
湿而能静者即阴,即水,道体安得不谓之有?且无湿则蒸无所附,非
蒸则湿不化,二者相须而有,欲离之不可得者,但变化所得有偏盛,
而盛者尝主之,其实阴阳未尝相离也。其在万物之生,亦未尝有阴
而无阳,有阳而无阴也,观水火阴阳未尝相离可知矣,故愚谓天地
水火万物皆生于有,无'无'也,无'空'也。"这里"二气相待而有",

"二者(蒸湿)相须而有"皆对立统一之辩证观点。

因为宇宙万物受对立统一的辩证规律所支配,王廷相认为世间没有不变的东西。他反对"天不变,道亦不变"的形而上学观点。他说:"儒者曰,'天地间万形皆有敝,惟理独不朽',此殆类痴言也。理无形质,安得而不朽?以其情实论之,揖让之后为伐放,伐放之后为篡夺,井田坏而阡陌成,封建罢而郡县设。行于前者不能行于后,宜于古者不能宜于今,理因时致宜,逝者皆刍狗矣,不亦朽敝乎哉?"(《雅述》,下篇。)这是气变道理亦变,没有不变的东西。王廷相于此还接触到"常"与"不常"的对立统一关系。他说:"道莫大于天地之化,日月星辰有薄食彗孛。雷霆风雨有震击飘忽,山川海渎有溃亏竭溢,草木昆虫有荣枯生化,群然变而不常矣,况人事之盛衰得丧,杳无定端,乃谓'道一而不变',得乎?气有常有不常,则道有变有不变,'一而不变',不足以该之也。为此说者,庄、老之绪余也,谓之实体,岂其然乎?"(《雅述》上篇)从万事万物之出自元气而言,即"常",但万有参差不齐,又有它的"不常"。"天地之间,一气生生,而常而变,万有不齐。故气一则理一,气万则理万。世儒专言理一而遗理万,偏矣。天有天之理,地有地之理,人有人之理,物有物之理,幽有幽之理,明有明之理,各各差别"。(《雅述》上篇)唯心主义者脱离物质世界,把理当成亘古不变的东西,这是十足的形而上学观点。

第三节 李 贽

一、李贽生平

1. 生平。

李贽原名载贽,避讳,去"载"字,号卓吾,亦称笃吾,"卓"与"笃"闽方言为同音字,又称温陵居士。生于明世宗嘉靖六年,公元1527年,卒于明神宗万历三十年,即公元1602年,活了76岁。

李贽是福建泉州人。泉州一向为和外国通商口岸。李贽先祖是巨商,信回教。因此,他受了工商业者的影响, 与封建主义相抵触。他说:"自幼倔强难化,不信道,不信仙释,故见道人则恶,见僧则恶,见道学先生则尤恶。"(《王阳明先生道学钞》, 附《王阳明先生年谱后语》)他的倔强性格表现为对道学先生的抵触。他说:"为县博士,则与县令提学触,为太学博士,即与祭酒,习业触。……司礼曹务,即与高尚书、殷尚书、王侍郎、万侍郎尽触也。"(《焚书·豫约·感概生平》)终于在他76岁时,被明政府关押,说"李贽敢倡乱道,惑世诬民,便令厂卫五城严拿治罪"。(《明实录》卷369)李贽在狱中用剃刀自刎死。这是封建主义残酷压迫的表现。

2.李贽反道学的异端性。

(1)非孔子。孔子是封建主义的宗师,道学家崇拜的偶像。李贽却大胆非薄孔子,从根本上打倒道学家的靠山。他说:"夫天生一人自有一人之用,不待取给于孔子而后足也。若必待取足于孔子,则千古以前无孔子,终不得为人乎?"(《焚书·答耿中丞》)这就否定了孔子为千古圣人的地位。他在《焚书·赞刘谐》中,更幽默地指出孔子并不是万古的明灯。他说:"刘谐者,聪明士,见而哂曰:'是未知我仲尼兄也'。其人勃然作色而起曰:'天不生仲尼,万古如长夜。子何人者,敢呼仲尼而兄之!'刘谐曰:'怪得仪皇以上圣人尽日燃纸烛而行也'。其人默然自止。"李贽这种大胆非圣,充分表现他的战斗性格。

(2)批判语孟经书。李贽不但反孔,而且批判了语孟经书。他说:"诗何必古选,文何必先秦,降而为六朝,变而为近体,又变而为传奇,变而为院本,为杂剧,为西厢曲,为水浒传,为今之举子业皆古今至文,不可得而时势先后论也。故吾因是而有感于童心者自文也,更说什么六经,更说什么语孟乎?夫六经语孟,非其史官过为褒崇之词,则其臣子极为赞美之语。又不然,则其迂阔门徒,懵懂弟子记忆师说,有头无尾,得后遗前,随其所见,笔之于书,后学不察,便谓出自圣人之口也。决定目之为经矣,孰知其大半非圣人之言乎?纵出自圣人要亦有为而发,不过因病发药以救此一等懵懂弟子,迂阔门徒云耳,药医假病,万难定执,是岂可遽以为万世之至论乎?然则六经语孟乃道学之口实假人之渊薮也。断断乎不可以语于童心之言明矣!呜呼!吾又真得真正大圣人童心未曾失,而与之一言文哉!"(《焚书·童心说》)这种批判精神大有东汉王充风格。

3．李贽的进步思想。

李贽是比较开明的地主阶级知识分子,所以具有一些进步思想。这表现为:

(1)进化观。他说:"夫春秋之后为战国,既为战国之时,则自有战国之策,盖与事推移,其道必尔,如此者非可以春秋之治治之也明矣,况三王之世乎?"(《焚书·战国论》)他又说:"但天下之事,固有行于古而可行于今者,如夏时周冕之类是也,亦有行于古而难行于今者,如井田封建之类是也。可行者行,则人之从之也易,难行而行,则人之从之也难,从之易,则民乐其利;从之难,则民受其患,此君子之用世贵得时措之宜也。"(《翰林修撰王公》《续焚书》)这种与时推移的变动的进化观和"天不变,道亦不变"的形而上学思想是正相反对的。

(2)男女平等观、反对封建主义重男轻女的思想、反对封建主义的三纲说。他说:"故谓人有男女则可,谓见有男女岂可乎?谓见有长短则可,谓男子之见尽长,女子之见尽短,又岂可乎?设使女人其身,男子其见,乐闻正论而知伪语之不足听,乐学出世而知浮世之不足恋,则恐当世男子视之,皆当羞愧流汗,不敢出声矣。此盖孔圣人之所以周流天下欲庶几一迁而不可得者,今反视之为短见之人,不亦冤乎?"(《焚书·答以女人学道为见短书》)见的有无和见的长短不能因男女性别不同而有所不同,这是正确的。

李贽反对道学家宣扬的"饿死事小,失节事大"的谬说,歌颂卓文君寡妇再嫁。他认为卓文君守寡，不待父母之命，媒妁之言，而和司马相如结婚是对的。他说："斗屑小人，何足计事，徒失佳偶，空负良缘，不如早自抉择，忍小耻而就大计。"(《藏书·司马相如传论》)卓文君是一位自择佳偶的典范妇女。

4．李贽的功利观。

(1)李贽宣扬人欲的正确性。他说："穿衣吃饭即是人伦物理。除却穿衣吃饭无伦物矣。世间种种，皆衣与饭类耳。故举衣与饭，而世间种种自然在其中，非衣饭之外，更有所谓种种与百姓不相同者也。"(《焚书·答邓石阳》)他宣扬"私心"是人的天性。他说："夫既谓之心矣，何言无心也?既谓之为矣，又安有无心之为乎?农无心则田必荒，工无心则器必窳，学者无心则业必废。"(《藏书·德业儒臣后论》)又说："财之与势，固英雄之所资"，"虽大圣人不能无势利之心，则知势利之心亦吾人兼赋之自然矣。"(《文集·明灯道古录》)他宣扬谋利、计功的正确性，揭露董仲舒"正其谊不谋其利，明其道不计其功"的虚伪性。他说："汉之儒者咸以董仲舒为称首，今观仲舒不计功谋利之云矣，而以明灾异下狱论死，何也?夫欲明灾异，是欲计利而避害也。今既不肯计功谋利，而欲明灾异者，何也?既欲明灾异以求免于害，而又谓仁人不计利，谓越无一仁，又何也?所言自相矛盾矣!且夫天下曷尝有不计功谋利之人哉?若不是真实知其有利益于我，可以成吾之大功，则乌用正义明道为耶?"(《焚书·读史·贾谊》)董仲舒"正谊不谋利，明道不计功"之说，是自相矛盾的。李贽已知运用矛盾律。

(2)重商贾。李贽的功利观又表现在他的重商贾，这也是对传统思想的对抗。他说："且商贾亦何可鄙之有?挟数万之资，经风涛之险，受辱于官吏，忍诟于市易，辛勤万状，所挟者重，所得者末。"(《焚书·又与焦弱侯》)李贽先代为巨商，他的重商论当然也受其影响。

5．李贽的著书。

李贽著书甚多,主要有

(1) 李氏藏书68卷

(2) 李氏续藏书27卷

(3) 李氏焚书6卷

(4) 李氏续焚书5卷

(5) 李氏文集20卷

(6) 阳明先生道学钞8卷

附阳明先生年谱2卷

(7) 初潭集30卷

(8) 九正易因2卷

(9) 王龙溪先生文录钞9卷

二、李贽的逻辑思想。

1.李贽的名实观。

李贽重视名,更重视实,他反对道学家如耿定向之流,满口仁义道德,而脑子里却装满了肮脏思想。从逻辑分析上说,实是客观存在,是逻辑判断的依据。李贽重视实的思想是有唯物精神的。他批评伪君子们尽说谎话,"反不如市井小夫,身履是事口便说是事,作生意者但说生意,力田作者但说力田,凿凿有味,真有德之言,令人听之,忘厌倦矣。"(《焚书·答耿司冠》)市井小夫据实说话,所以是有实有名的,不像伪君子们徒有其名而无其实。李贽对于名不副实的批评,说了不少话。他说:"但知为人,不知为己,惟务好名,不肯务实。"(《焚书·答李见罗先生》)又说:"然二老有扶世立教之实,而绝口不道扶世立教之言,人亦未尝不以扶世立教之实归之。今无其实,而自高其名可乎?(《焚书·答耿大中丞》)又说:"夫妇之际,恩情尤甚,非但枕席之私,亦以辛勤拮据,有内助之益。若平日有如宾之敬,齐眉之诚,损己利人,胜似今世伪道学者,徒有名而无实。"(《焚书·与庄纯夫》)有名无实的伪君子倒不如真诚的夫妇。名实不相称莫过于一个人的名字,李贽于此提出批评。他说:"不但此也,均此一人也,初生则有乳名,稍长则有正名,既冠而字,又有别号,是一人而三四名称之矣,然称其名,则以为犯讳,故长者咸讳其名而称字,同辈则以字为嫌而称号,是以号为非名也。若以为非名,则不特号为非名,字亦非名,讳亦非名,自此人初生,未尝有名字夹册带将来矣,胡为乎而有许多名,又胡为乎而有可名不可名之别也。若直曰名而已,则讳固名也,字亦名也,号亦名也,与此人原不相干也。又胡为而讳,胡为而不讳者乎?"(《焚书·又答京友》)总之,李贽认为名必须副实,这是正确的。

2.注重类。

类是逻辑推理的依据,李贽也重视类的作用。他说:"夫见瓶水冻知天下之寒,尝肉一脔识镬中之味。物有其类,可推而得。"(《藏书·崔浩》)瓶水冻和天下寒,一脔肉和一镬味是同类的东西。所以可类推而得知。

类和似有区别,李贽注意到这个问题。他在《焚书·方竹图卷文》中曾说:"或曰,王子以竹为此君,则竹必以王子为彼君矣。此君有方有圆。彼君亦有方有圆。圆者常有,而方者不常有,常不常异矣,而彼此君之,则其类同也,同则亲矣。……今之爱竹者吾惑焉。彼其于王子不类也,其视放傲不屑,至恶也,而唯爱其所爱之竹以似之,竹固不之爱矣。夫使若人而不为竹所爱也,又何以爱竹为也?以故余绝不爱夫若而人者之爱竹也,何也?以其似而不类也。然则石阳之爱竹者类也,此爱彼君者也。石阳习静庐山,山有方竹,石阳爱之,特绘而图之,以方竹世不常有也。"这里把类和似分开,类为本质的相同,而似则仅表面的类似而已。

李贽注意类,因此他十分注重分类法。他的分类法有多种:

第一种,以"首""次"作为分类的标志。如"主兵戍守,践更者任转输,首分数,次形名,次技击,次步伐,次值逻,次乡守,次批捣,次追袭,必俘馘,次首功,军政必张,无不以律"。(《续藏书·卷十四·都司戚公》)

第二种,以"曰"字为标志的。如"故以臣论之,不若即古人已用而有成及今日可行而未尽者,举而措之,其为力也少,其致功也多。曰,重将权,以一统制,而责成功;曰,增城堡,广斥堠,以保众而疑贼;曰,募民壮,去客兵,以弭患而省费;曰,明赏罚,严间谍,以立兵纪而战贼情;曰,实屯用,复漕运,以足兵食而纾民力。"(《续藏书·经济名臣·倪岳》)

第三种,以数字一、二、三、……标出。如慇荐列十三事以上:一曰,三代以前,无立后之礼;二曰,祖训不言立后;三曰,孔子射于矍圃,斥为人后者;四曰,遗诏不言继嗣;五曰,礼轻本生父母;六曰,祖训称天子为叔伯父;七曰,汉宣帝、光武俱为父立皇考庙;八曰,朱熹尝言定陶事为坏礼;九曰,古者迁国载主;十曰,祖训皇后治内,凡外事无得干预,不宜假昭圣懿旨;十一曰,皇上于大行寿安太后,不得率天下终三年丧;十二曰,新颁诏宜改正;十三曰,台冻连名章疏,势有所迫,礼官欺安,罪不可逭。"(《续藏书·卷十二·太师张文忠公》)

第四种,用"为"字作标志。如"夫语弗慎,为夸,为毁誉,为诞,为凡近,为诣,为易,为恬,为虐,行已弗慎、为矜,为贪墨,为放纵,为邪淫,为率易,为苟照,为侧媚,为薄"。(《续藏书·卷二十·清正名臣·景旸》)

第五种,用"或"字分开。如"往来相会,或论经筵,不宜以大寒大暑辍讲;或论午朝,不宜以一事两事塞责;或论纪纲废弛;或论风俗浮沉;或论生民憔悴,无赈济之策;或论边境空虚,无储蓄之具"。(《续藏书·卷二十一·理学名臣·邹智》)

以上五种,究竟用哪一种,不作硬性规定。

3．逻辑方法。

李贽的逻辑方法,凡形式逻辑所用的,他差不多都涉及到。举其要者约有如下几种。

(1)同异法。李贽在《焚书·观音问》中,谈到成佛之异同时,即谈及同中有异,异中有同的问题。他说:"成佛者,成无佛可成之佛,此千佛万佛之所同也。发愿者,发佛佛各所欲为之愿,此千佛万佛之所不能同也。故有佛而后有愿,佛同而愿各异,是谓同中有异也。发愿尽出于佛,故愿异而佛本同,是谓异中有同也。"从异求同,从同求异,然后事理即可分析明白。

在《藏书·程灏》篇中,李贽举了一个实际的例子,说明同异法的运用。他说:"民有借其兄宅以居者,发地得藏钱。兄之子诉于县,县令曰,'此无佐证,何以决之?'灏曰,'此易辩尔。'即先问其兄之子曰,你父藏钱当几何时?曰,四十年。彼借宅以居又几何时?曰,二十年。即遣吏取钱十千视之,谓借宅者曰,此钱皆尔未借宅前数十年所铸,何也?其人遂服"。借宅才二十年,不可能有二十年前铸之钱,这一时间的差异即可据以断决钱之谁有了。

(2)实验法。李贽亦采用实验法以求得事情的真相。他举田齐治齐为例。《藏书·田齐》云:"齐威王初即位不治,委政卿大夫,九年之间,诸侯并伐,于是威王召即墨大夫语之曰,自子之居即墨也,毁言日至,然吾使人视即墨,田野辟,人民给,官无留事,东方以宁,是子不事吾左右以求誉也,封之万家。召阿大夫语曰,自子之守阿也,誉言日闻,然吾使人视阿,田野不辟,人民贫苦,昔日赵攻甄,子弗救,卫取薛陵,子弗知,是子以币厚吾左右以求誉也。即日烹阿大夫及左右尝誉者。遂起兵西击赵魏,败魏于浊津而围惠王,惠王请献观以和,赵人归我长城。于是齐国震恐,人人不敢饰非务尽其情,齐国大治,诸侯闻之,莫敢致兵于齐。"齐威王处理即墨大夫与阿大夫的办法,就是采用实验法的。

(3)复合联锁法。李贽经常运用复合联锁法进行推论。如《焚书·决疑论前》云:"经可解不可解。解则通于意表,解则落于言诠。解则不执一定,不执一定,即是无定,无定则如走盘之珠,何所不可。解则执定一说,执定一说,即是死语,死语则如印印泥。欲以何用也。"又如《焚书·观音问·答自信》云:"既自信,如何又说放不下；既放不下，又如何又说自信也？试问自信者是信个什么，放不下者又是放不下个什么？于此最好参取。信者自信也，不信者亦自信也。放得下者自也，放不得下者亦自也。放不下是生，放下是死；信不及是死，信得及是生。信不信，放下不放下，总属生死。总属生死，则总属自也，非人能使之不信不放下，又信又放下也。于此着实参取，使自得之，然自得亦是自，来来去去，生生死死，皆是自，可信也矣。"又如《藏书·左氏春秋》云："法者，盖绳墨之断例，非穷理尽性之书也。故文约而例直，听省而禁简。例直易见，禁简难犯。易见，则人知所避，难犯则几于刑措。"

李贽有时还把假言判断结合在联言判断中的复合式，如《续藏书·太师徐文贞公》云："夫守令勤，则饷峙具，守令果，则哨探严；守令警，则间不容，守令仁，则兵必力。臣以为重责守令可也。"在此例中之每一分句都为假言判断，然后合各假言判断而成为联言判断。

（4）两难法。李贽有时亦采用两难推论。如《续藏书·太常岳文肃公》云："且纵欲穷治其事，缓则人情怠忽，事自觉露；急则人情恐惧，愈求韬晦，不如勿究。"这里，穷治的缓急构成两难。

又如《续藏书·太师李文达公》云："秃翁曰：袭亦不必，总是爱作官耳。"这里，袭与不袭，亦构成两难。

（5）比喻法。李贽有时采用比喻法。如《续藏书·经济名臣·黄孔昭》云："国家用才，犹农家之积粟。粟积于丰年，乃可以济饥；才储于平时，乃可以济事。"这里，用积粟和储才作比喻。又如《续藏书·经济名臣·黄文毅公》云："张庄简称公，学纯志洁，公正刚直，重如山，不依势以动；介如石，不逐物以移。"这里，"重如山"，"介如石"都是比喻词。

（6）更确然的推论。《藏书·阮籍》篇云："有司言子杀母者，籍曰：'嘻，杀父乃可，至杀母乎？'坐者怪其失言。昭曰：'杀父天下之极恶,而以为可,何也?'籍曰:'禽兽知母而不知父,杀父禽兽之类也,杀母禽兽之不若。'众乃悦服。"杀母之罪大于杀父,因杀母还不如禽兽,这是更确然的道理。

4.辩证思维。

李贽不但涉及到形式逻辑的各方面,而且也有辩证法思想的萌芽。他对世界的观察是变动不居的,而变化发展又出于事物本身的对立统一。这些都具有辩证的思想。《焚书·复丘若泰》云:"人知病之苦,不知乐之苦,——乐者苦之因,乐极则苦生矣。人知病之苦,不知病之乐——苦者乐之因,苦极则乐至矣。"这是说,苦乐互相转化,物极必反,这具有辩证意味。《焚书·又答京友》云:"善与恶对,犹阴与阳对,柔与刚对,男与女对,盖有两则有对,既有两矣,其势不得不立虚假之名以分别之,如张三、李四之类是也"。这里,善恶、刚柔、男女都是对立的,事变生于对立的转化,这也是辩证的思维。《焚书·与弱侯》云:"乐中有忧,忧中有乐。夫当乐时,众人方以为乐,而至人独以为忧;正当忧时,众人皆以为忧,而至人乃以为乐。此非反人情之常也,盖祸福常相倚伏。惟至人真见倚伏之机,故宁处忧而不肯处乐,人见以为愚而不知至人得此微权,是以终身常乐而不忧耳。"老子说:"祸兮福之所倚,福兮祸之所伏。"(《老子》58章)祸福也是对立面的转化,它们是辩证的。

李贽因有辩证思想,故能据以批判孔子。《藏书·世纪列传总目前论》云:"人之是非,初无定质,人之是非人也,亦无定论。无定质,则此是彼非,并育而不相害;无定论,则是此非彼亦并行而不相悖矣,……前三代吾无论矣,后三代汉唐宋是也,中间千百余年,而独无是非者,岂其人无是非哉。咸以孔子之是非为是非,故未尝言有是非耳,……夫是非之争也如岁时然,昼夜更迭,不相一也。昨日是而今日非矣;今日非而后日又是矣。即使孔夫子复生于今,又不知作如何是非也"。

李贽反对孔子的是非,更提出反对执一。《藏书·孟轲》云:"夫人本至洁也,故其善为至善,而其德为明德也。至善者无善无不善之谓也,惟无善无不善乃为至善,惟无可无不可,乃为当可耳。若执一定之说,持刊定死本,而欲印行以通天下后世,是执一也。执一便是害道。"执一是形而上学,不是天下的至理。只有辩证地分析世界才能得到客观的本然。

总之,从以上各条所述,李贽确有辩证思想的萌芽,这是进步的。

第六章　明末西方逻辑的初输入

第一节　明末传教士的东来

世界逻辑的三大体系,中国、印度、西方是独立发展的。到了中古,印度逻辑,因明开始传入中国。到了明末, 西方逻辑亦开始传入中国。于是,中国逻辑受了印度和西方两大支逻辑影响,构成了中国逻辑史的部分成份。但唐玄奘传入印度因明,虽经唐王朝的奖掖,但不久却销声匿迹。明末的西方逻辑输入一开始,问津者甚少,有名的译著《名理探》因文字古奥,少有读完该书者,故西方逻辑对中国的影响甚微。本章仅就西方逻辑输入的内容,主要为演绎法的部分, 包括徐光启译的《几何原本》 及李之藻译的《名理探》作一简单的介绍。

要介绍西方逻辑的输入,就要提到西方传教士的来华,因为西方逻辑是靠传教士带来的。西方传教士当时即为耶稣会会士。耶稣会在中国的创始者为利玛窦。(Matteo Ricci, 生于公元1553年,卒于公元1610年)利玛窦是意大利人,于1581年来华。后来有艾儒略, (Julius Aliui,公元1582—1649年)他是意大利人,于1613年来华。傅汎际, (Francisco Furtado,公元1587—1653年)他是葡萄牙人,于1621年来华。南怀仁, (Ferdinandus Verbiest,公元1623—1688年)他是比利时人,于1659年来华。毕方济, (Francesco Sambiaso,公元1582—1649年)他是意大利人, 于1613年来华。汤若望, (Adam Schall von Bell,公元1591—1666年)德国人,于1622 年来华。阳玛诺, (Emmanuel Diay,公元1574—1659年) 葡萄牙人,于

1610年来华。龙华民,(Nicolaus Longobardi,公元1559—1654年)意大利人,于1597年来华;高一志,(即王丰肃,Alfonso Vagnani,公元1566—1640年)意大利人,于1605年来华。孟儒望,(Joan Momteino,公元1603—1648年)葡萄牙人,于1637年来华。庞迪我,(Diego de Pantogu,公元1571—1618年)西班牙人,于1599年来华。穆迪我,(Jacques Motel 公元1638—1692年)法国人,1657年来华。罗雅谷,(Jacobus Rho,公元1593—1638年)意大利人,于1624年来华。金尼阁,(Nicolus Trigault,公元1577—1628年)法国人,于1610年来华。邓玉函(Johannes Terrenz,公元1576—1630年)德国人,于1621年来华。孙璋,(Alexander de La Charme,公元1695—1767年)法国人,1728年来华,戴进贤,(Ignatius Kogler,公元1680--1746年)德国人,1716年来华。陆安德,(Giovanni Andrea Lobelli,公元1610—1683年)意大利人,1659年来华。熊三拔(Sabkathinus de Ursis,公元1575—1620年)意大利人,1606年来华。

以上介绍了传教士的主要人物,兹进而介绍传教士的组织——耶稣会及其宣传的内容。

耶稣会是受宗教改革运动打击后的一种反改革运动的组织。这是当时封建势力顽强的西班牙、葡萄牙及意大利等国的天主教的组织。耶稣会成立于1540年,它仇视一切新的东西。举凡自然科学,人文主义等等,它都采反对态度。会士必须绝对服从教义,听从教皇及会长的指挥,而且到处宣传,远及中国、印度、日本及非洲与南美洲等。来华的利玛窦等即属于耶稣会主要人物。

耶稣会所宣传的主要内容为天主教神学及中世纪阿奎那(Thomas Aquinas)的经院哲学。上帝存在,灵魂不灭及意志自由是天主教神学的三个主要命题。

耶稣会所传来的天主教、僧侣主义的经院哲学,主要包括三方面:即一为传统的形而上学;二为基督教的神话,如创世记、乐园放逐、受难与复活、天堂与地狱及最后末日审判等等；三为灵修：教义问答，祈祷文，日课，崇修与礼节等等。这些都是阿奎那阉割亚里士多德思想而构成的思想体系，诚如列宁所说："僧侣主义扼杀了亚里士多德学说中活生生的东西，而使其中僵死的东西万古不朽。"（《列宁全集》第38卷，第415页。）例如把事物分为"自主"与"依赖"（利玛窦《天主实义》第二篇）两个方面。即和亚里士多德的"本质"与"偶然"有关。耶稣会士所引阿奎那（1225—1274年）的《神学大全》最多，如利类思所译的《超性学》，即《神学大全》三部分中的第一部分，安文思所译的《复活论》，即该书的第三部分。阿奎那的《神学大全》是天主教唯一信仰的哲学。

耶稣会士所带来的东西的经院哲学性，注定了他们不可能带来新思想、新科学。

第二节　《几何原本》的演绎推理

利玛窦传教士东来之后，已带来了古希腊的有名的《几何原本》。《几何原本》的创始人，为公元前四世纪至三世纪间的亚历山大城的著名数学家欧几里得。全书计有十三卷：第一至第六卷为平面几何学；第七卷至第十卷为数论；第十一卷至第十三卷为立体几何学。《几何原本》是从数学的公理、公设出发，推出一整套逻辑严整的演绎推理系统。利玛窦带来的，是他在国内接受他老师克拉维作注的课本，利玛窦口译，徐光启笔述。徐光启（公元1561—1633年）字子先，号玄扈，上海徐家汇人，万历三十二年进士。做过翰林院庶吉士、礼部尚书及文渊阁大学士等官职；著有《农政全书》，现编入《徐光启集》；数学根底好，翻译谨严。《几何原本》的传译，他实有功。兹依徐光启对《几何原本》的研究，作一简单的介绍。

首先，他作了《几何原本》的定义。他说："《几何原本》者，度数之宗,所以穷方圆平直之情,尽规矩准绳之用也。

既卒业而复之,由显入微,从疑得信,盖不用为用,众用所基,真可谓万象之形囿,百家之学海。"(徐光启《刻几何原本序》)

这里所谓"度数之宗","不用为用,众用所基",正道出《几何原本》的特色。

徐光启极端推崇《几何原本》。他认为《几何原本》的道理,是"欲脱之不可得,欲驳之不可得,欲减之不可得,欲前后更置之不可得"。"欲驳之不可得",即具有坚强的逻辑性。传教士熟练《几何原本》的严密演绎法,所以在他们和佛、道二家论战时,能取得胜利。"欲前后更置之不可得"表明《几何原本》的谨严的演绎推理,由公理、公设逐步推出命题,不能颠倒其次序。

这样,徐光启根据《几何原本》的特点,提出"四不必"的原则。即"此书有四不必:不必疑,不必揣,不必试,不必改"。这是一门基础的科学,"举世无一人不当学"。虽此书在当世没有引起重视,但他坚信"百年之后必人人习之"。后果为李善兰主持的"算学馆"的必读教材。

徐光启本人就依《几何原本》做出许多实际应用的研究。他的《测量法义》、《测量异同》及《勾股义》三书,即运用《几何原本》的方法研究所得成果。

《测量法义》一书,原来是利玛窦的测量方法片段,其中无理论说明,也没有系统。徐光启依《几何原本》的公理、公设找出其中的条目,并用《周髀算经》、《九章算术》的测量条目,作了中西的会通。他在《题测量法义》云:"法而系之仪也,自岁丁未(万历三十五年)始也,曷待乎?于时《几何原本》之六卷始卒业矣,至是而后能传其义也。"又云:"是法也,与《周髀》、《九章》之勾股测量,异乎?不异也。不异,何贵焉?亦贵其义也。"这里所谓"义"即指《几何原本》的公理、公设及其命题推演的严密逻辑系统。徐光启认为,西学之长在于有这一套演绎推论,不像我们中国古算学"第能言其法,不能言其义"。(《勾股义绪言》)他的《测量异同》及《勾股义》两书都和《测量法义》一样，用西学的理论体系提高中学的推论系统。所以，徐光启是璧合中西提高演绎推论的有功人物。

《几何原本》的翻译是成功的。徐光启所用的译名，如点、线、面、直角、四边形、平行线、相似及外切等，至今仍沿用它们。可见《几何原本》对后来的影响。

在另一方面，我们也应当指出，由于传教士的顽固守旧，仇视新事物，对于当时数学方面的伟大成果如解析几何、极限与微分积分、级数与或然率等等，都没能传入中国。这就推迟了我国在数学方面的发展，这不能不归咎于传教士们。

第三节 《名理探》的翻译——亚里士多德逻辑的输入

一、李之藻对于《名理探》的翻译。

如果《几何原本》的翻译端赖徐光启之力，那么，《名理探》的介绍就是靠李之藻之功。兹对李之藻作一简单的介绍。

李之藻(公元1569—1630年)，字振之，又字我存。浙江杭州仁和人。万历二十六年，他中了进士，做过南京太仆寺少卿，光禄寺少卿等官。

李之藻和利玛窦、徐光启交游擘密。李之藻的数学根柢好，才华出众，因此也极为利玛窦所赏识。利玛窦曾说过："自吾抵上国，所见聪明了达，惟李振之。徐子先二先生耳。"李之藻曾和利玛窦合译《浑盖通宪图说》、《园容较义》、《同文算指》、《乾坤体义》各书。除了与利玛窦合译数学书外，他自己还著有《天学初函》五十二卷。他重视数学，认为生活一切都要数学，"小则米盐凌杂，大至画野径天"，无不依靠数学。《名理探》一书是他和葡萄牙的传教士傅汛际合译的，李之藻时已晚年。该书的译述计历五个寒暑，他刻苦精译，须发皆白，一眼还遭到失明。他盛赞西方的演绎推理，这是亚里士多德逻辑的特点。他苦心翻译《名理探》，良有以也。

二、《名理探》的内容。

1．《名理探》的来源。

《名理探》是17世纪初葡萄牙的高因盘利大学耶稣会会士的逻辑讲义，用拉丁文写的。原名《亚里士多德辩证法概论》。原书于1611年在德国印行，书分上下二编，共二十五篇。我们所见到的是上编十卷，即下边所介绍的"五公"、"十伦"。下编至今未见有翻译；下编又分为二部：一为各名家之训诂；二为亚里士多德逻辑的判断（即命题）、三段论（即推理）及形式逻辑的规律等。传教士南怀仁的《穷理学》也曾详细地介绍亚里士多德的"命题"及"三段论法"，即西语所谓"细录世斯模"（Syllogism）。

2．李之藻对《名理探》的解释。

李之藻在《名理探》中对逻辑一词作了解释。他说："名理探有二，一是性成之名理探，乃不学而自有之推论；一是学成之名理探，乃待学而后成之推论也。"（《名理探》）逻辑是"待学而后成之推论"。

李之藻十分重视逻辑学，认为它是一切学问的基础。不学逻辑学固然可以作出推论，但学了逻辑学就可使我们推论得更好。好比有了车马，能使我们走得更顺利一样。他说："名理乃人所赖以通贯众学之具，故须先熟此学。"（《名理探》第14页）他又说："无其具，犹可得其为；然而用其具，更易于得其为，是为便于有之须。如欲行路，虽走亦可，然而得车马，则更易也。"（同上引，第29页。）这里，李之藻正道出了逻辑学的作用。

李之藻对于逻辑学的重要内容，也有概括的分析。他说："名理探三门，论明悟之首用、次用、三用。非先发直通，不能得断通；非先发断通，不能得推通。三者相因，故三门相须为用，自有相先之序。"（同上引，第31页。）这里所谓"直通"，即指概念，也是"明悟照物之纯识"。所谓"断通",即指判断,即"明悟断物之合识"。所谓"推通"即推理,即"明悟因此及彼之推识"。直通是首用,断通是次用,推通是三用。对于概念、判断和推理,李之藻还分别名为"解释",即"所以畅明物之本元";"剖析"即"所以分别物之属分";"推辩"即"由所已明推而知所不明"。(同上引,第32页。)看来,李之藻是掌握了逻辑学的系统的。

3. 《名理探》的"五公"。

"五公"是按照公元4世纪的薄斐略(Porphyry of Tyre,公元323—304年。)的烦琐分析得来的,它讲的是概念的属种关系和它们所有的特性。属种关系,由大到小,有一定次序,不能颠倒,基本上与亚里士多德的种属定义一样。

《名理探》云:"物理者,物有性情先后,宗也,殊也,类也,所以成其性者,因在先;独也,依也,所以具其情者,因在后。"(第31页)举例说,"生觉为宗,人性为类,推理为殊,能笑为独,黑白为依"。(第106页)这里第一公是宗,第二公为类,第三公为殊,第四公为独,第五公为依,前三公宗、类、殊为本然之称,后二公独、依为依然之称。本然之称所反映的是事物的本质属性,依然之称所反映的是事物的非本质属性。

《名理探》对于宗的解释说:"宗字之指有二,一是生所自来之亲,一是类所共属之宗也。名理云宗,惟取次义,以称属类。"

宗是事物的最大的属性。这是凡是同一属的事物都具有的属性。属类的关系是相对的,凡大于次一层的事物云,它是宗,而低一属为类。如"生觉为人性之宗;人性为能笑之宗,多有生觉而不能笑者"。

第二公为"类"。类是什么呢?如果宗是属,类即是种。《名理探》云:"在宗下者是之谓类,生觉色形,皆各谓宗。若人,若白,若三角形,是乃属类"。宗、类的关系,不能颠倒,"举宗称类,是谓正称,举类称宗,谓不正称。盖凡上者可以称下,若其下者不可称上"。(第127页)宗为统,类为偏。"可举统以称偏,不可举偏以称统也"。比如,人和生命体二者的关系,生命体是宗,是统,而人则为类,为偏。我们可举宗以称类,说"人是生命体",但不可颠倒说"生命体是人",因人之外,还有许多别的动植物是生命体。

第三公为"殊"。殊即类与类之间的差别。差别有三种,即一为"泛殊",二为"切殊",三为"甚切殊"。泛殊是非本质属性的差别,如人群中有高有矮,有肥有瘦,有穿长袍,有穿短裤之类。"切殊"是事物的固有属性的类别,如人能笑,马能嘶,虎能啸,狮能吼等。这虽为事物的固有属性,然而不是它们的本质属性。"甚切殊"为事物的本质属性,如人能制造工具而其他动物却不能。这样,殊可分为"依然而异"与"本然而异"之二大类。"依然而异"之殊是指前二者,泛殊与切殊;"本然而异"之殊,那是"甚切殊",是一种种类的差别。可作为种差者,如上举人能制造工具之类,为其他动物之所无者,这即指"种差"而言。

第四公为"独"。独是指事物的固有属性。如人能笑之类。《名理探》云:"如能笑者,一人能之,众人尽能,而又常能,即不常笑,笑能具备。"(第167页)所以,"凡为人者,即为能笑;凡能笑者,固即为人。彼此转应,故正为独"。"独"的特征即是指"畸类自有,又至全类,又所时有"的固有属性言。

第五公为"依"。"依"是指事物的偶有属性言。如颜色的黄白,形态的高矮等。"依"的偶有属性有可离与不可离之分,如人的衣服,可以有各种不同的服装。穿什么衣服,可以由人自选,这即是可离的偶有性。至于马的颜色,固可有黄白等不同。但固定一色之后,就不能改,这是不可离的偶有性。

4.《名理探》的"十伦"。

《名理探》的"十伦"是依照亚里士多德的十范畴划分的。这即本体、性质、数量、关系、空间、时间、姿态、状态、主动、被动等十范畴。

（1）第一伦为本体（Substance），亦称实体。《名理探》称为"自立体"。"自立体"有初体和次体两种。"凡不能称的又不能在的，是之谓初体，最切为自立"。例如个别的人或马，初体可组成"人"、"马"这样的种，"动物"这样的类。人、马、动物是为次体。

（2）第二伦为"数量"（Quantity），《名理探》称为"几何"。"几何"有"通合者"和"离析者"两类。"通合者"指连续的数量，有线、面、立体、时间和地点五类。"离析者"指分离的数量，有数和语言两类。几何的标志在于"均不均"（即等于，不等于）。

（3）第三伦为"关系"（Relation），"关系"，《名理探》称为"互视"。"互视"指"向他而谓"。《名理探》云："夫凡互物者，彼此相转应。君谓臣之所君，臣谓君之所臣；倍谓半之倍，半谓倍之半。"（第283页）事物彼此间的关系总是相对的。

（4）第四伦为"何似"，即性质（Quality）。《名理探》云："物所以何似，是谓何似者。"（第307页）"何似"有四种：一为"习熟缘引"，即从习惯而示。二为"因性之能"，即本有的能力，如打拳者的膂力，竞走者的疾走。这是"非习而然，本性所具"。（第308页）三为"动成动感"，如甜、苦、冷、热、红、黄等。四为"模也与相"，指事物的形状，如三角形、正方形、曲、直、圆等。

（5）第五伦为"施作"。即"主动"（Activity）。施作又简称"作"，如燃烧、讲话等。

（6）第六伦为"承受"，即"被动"（Passivity）。如被燃烧和听讲等。

（7）第七伦为"体势"，即"状态"（State）。"体势"是形体之分布。"形物之中，惟有生觉者，切云体势"。如穿着衣服，拿着武器之类，只有有生觉的人才有之。

（8）第八伦为"何居"，即"位置"（Position）。"何居"有"外所"、"内即"之分。"外所"如"在……之中"，"内即"如"人在海船中"、"河面上的桥"等。海船本身虽不变，但海船中之人的位置却可随时变，桥本身虽不变，但桥周围的环境如河中的水却可不断变化。

（9）第九伦为"暂久"，即"时间"（Time）。"暂久"即时间的范畴。《名理探》云："举夫在今岁在前岁，以明暂久也者之理"。"谓各物自有所以在之暂久，是此伦之内理也"。（第343页）

（10）第十伦为"得有"，即"情况"（Situation）。"得有"是指作者与受者之间有一定的联系。如人穿衣，"但为人所以得有其衣之理"。

三、《名理探》的评价。

1．《名理探》的宗教性与经院哲学性。

《名理探》一书原是中世纪的经院哲学家结合亚里士多德的逻辑为宗教神学辩护而写的。亚里士多德原用三万五千字写的，神学家却纠缠于神学宗教问题，拖长了十四万字。列宁说："经院哲学和僧侣主义抓住了亚里士多德学说中僵死的东西。"（《列宁全集》第38卷，第416页。）神学家正是利用亚里士多德哲学为神学服务。

李之藻和傅汎际选择《名理探》，他们的用意也是为神学服务。他们不去介绍新兴的逻辑科学，如1620年出版的培根的《新工具论》，1637年出版的笛卡尔的《方法论》，而选中了经院哲学性的《名理探》，正因为该书可以利用来为宗教服务。根据李天经和他儿子李次彪在《序名理探》的话去看，李之藻原本想用经院派的传统逻辑，来和"格物致知，穷理尽性"的"大原本"互为比附。这样就可以达到"息异喙，定一真"，（《名理探》序）复活宋明唯心主义理学的目的。李天经说："有些书，则曩之窒者通，疑者信，宁为名理探而已耶？"又说："三论明——概念、判断、推理——而名理出，即吾儒穷理尽性之学"。李次彪也说："研究理道，吾儒本然……浸假而承身毒之唾，拾柱下之沉，以奸吾儒之正。……惟德曩侍先大夫，日聆泰西诸贤昭事之学，其旨以尽性至命为归，其功则本于穷理格致。"

(《名理探》序)这里看得很清楚,他是以《名理探》来排除佛老,妄把西方逻辑与理学混为一谈。可见,《名理探》的翻译,不单纯是学术上问题。

2.《名理探》的传播。

《名理探》虽从1631年起陆续印行,然而读者甚少。这是由于这本书的译述,造辞"艰深邃奥",一般人不易看懂。而且书的内容,纠缠了神学问题,对于一般教外之人,不感兴趣。李之藻虽皈依天主教,醉心《名理探》,但当时一些进步思想家如李贽之辈却采无神论态度,而加以蔑视。李贽曾于1601年见到利玛窦,他曾说:"其学固未有其比……毕竟不知到此何干也。意欲以所学易吾周孔之学则又太愚。"(《焚书》)李贽对这般传教士采排斥态度。因明的译述,还曾盛行一时而后才衰竭。《名理探》则当时就无人问津,对中国学术不发生影响,其命运比因明更惨。一直到250年后,严复译述《穆勒名学》,才看出《名理探》达辞的影响。

3.《名理探》的贡献。

《名理探》代表西方逻辑思想,虽不免陈旧,但总算表达了西方逻辑的面貌。从西方逻辑与中国逻辑发生联系上看,《名理探》对中国逻辑史的发展是有贡献的。何况《名理探》有些达辞方面,造出了许多新的词。在今天看来,还是有它的意义。例如它以直通、断通及推通译概念、判断和推理;以明辩及推辩译演绎和归纳;以致知、致明和致用解释科学、理论和实用等。这些都是想沟通中西逻辑思想的有意义的方法。此外,如名物理学为形性学,数学为审形学,形而上学为超形性学,自然科学为明艺,精神科学为韫艺,逻辑学为辩艺、名理等等,亦自有它值得重视的看法。这点《名理探》的贡献和玄奘因明的翻译一样,在丰富中国逻辑史思想上,是有它的功绩的。

第七章 明末清初名辩学的复兴

第一节 傅 山

一、傅山的生平及著书。

1. 生平。

傅山(1607—1684年),初名鼎臣,字青竹,后改青主,别字公它,号朱衣道人。此外还有真山、浊翁、石道人等别号。山西阳曲人,生于明万历三十五年,公元1607年,卒于清康熙二十三年,公元1684年。他是我国17世纪时杰出的思想家,逻辑学家和书画家。他年轻时考得秀才,后因他不喜欢八股文,从此就不再参加科举。

他抗拒清廷,不与清廷合作。清兵入关后,他入山为道士,隐居不出。他曾有"风闻旷润苍先生举义"一诗,诗云:"铁骨铜肝杖不靡,山东留得好男儿。汇装唱散天祯棒,鼓角高鸣日月悲。咳唾千夫来虎豹,风闻万里泣熊罴。山中不诵无衣赋,遥伏黄冠拜义旗"。(《霜红龛集》卷十)可见他戴黄冠,做道士,不过是作掩护,等到有人起义,马上连黄冠也不要了。

傅山的诗文集中还有这样的诗句:"待得汉廷明诏近,五湖同觅钓鱼槎"。(《霜红龛集》卷十,附录二。)看来,他似乎有反清的秘密组织。

傅山有抗清思想,还有他的反道学思想,表示他思想的异端性。他批判宋儒为奴性人物,他说:"不知人有实际,乱言之以沮其用,奴才往往然,而奴才者多又竞相推激,以争胜负,天下事难言矣!偶读《宋史》,暗痛当时之不可为,而一二廉耻之士又未必中用。……落得奴才混帐，所谓奴才者小人之党也，不幸而君子有一种奴君子，教人指摘不得!"(《霜红龛集》卷31,"书宋史内"。)他赞陈亮而贬朱熹，说"同甫容得朱晦翁，而晦翁不能容同甫"。(《霜红龛集》卷37,"杂记"二)"或强以宋儒诸学问，则曰，必不得已，吾取同甫"。(《鲒埼亭集》卷26,《阳曲白先生事略》)

傅山批判宋儒，而且不迷信古人。他说:"一双空灵眼睛，不惟不许今人瞒过，并不许古人瞒过，看古人行事，有全是的，有全非的;有先是后非的，有先非后是的;有似是而非，似非而是的；至十百是中之非，十非非中之是，了然于前，我取其是。去其非，其中实有执拗之君子，恶其人，即其人之是亦硬指为非。喜承顺之君子，爱其人，即其人之非亦私泥为是。千变万化，不胜辨别。但使我之不受私蔽，光明洞达，随时随事，能著便了。"(《霜红龛集》卷36)这是研究学问的客观态度，表示他个性解放的胸襟。顾炎武赞他"萧然物外，自得天机"，并非无因。

傅山竭力批判宋儒的道统说，把经和子分开。实则"有子而后有经"。(《霜红龛集》，卷38)子比经更根本，他们以佛学与子学为异端邪说，实则在异端邪说中大有真理性存在。他破除异端与正宗的划分，而自命为异端。他竭力破除经的道统性，说:"今所行四书五经注，一代之王制，非千古之道统也"。(《霜红龛集》卷36,《杂记一》)经学即王制，并没有道统的地位。他把经与子一样看待，说:"经子之争亦末矣，只因儒者知六经之名，遂以为子不如经，习见之鄙可见。……孔子、孟子不称为孔经孟经，可见有子而后有作经者也。"(《霜红龛集》卷38,《杂记三》)他这样提高子学研究的地位，开展了清代子学研究的先河。

2. 著作。

傅山著述甚多，现存者有《霜红龛集》四十卷，其余如《性史》、《十三经字区》、《周易音释》、《周礼音辩》、《春秋人名韵、地名韵》、《易解》、《左锦》、《明纪编年》、《乡关见闻录》等书，都已失去。他对

《老子》、《庄子》、《淮南子》、《亢仓子》、《鬼谷子》、《尹文子》、《邓析子》、《管子》、《鹖冠子》、《墨子》、《公孙龙子》等都有批注，很有创见。《荀子》的批注，现山西省文物管理委员会存有手稿。他对《荀子》的看法是："《荀子》三十二篇，不全是儒家言，而习俗称为儒者，不细读其书也，有儒之一端也，是其辞之复而啴者也。但其真挚处，则与儒远，而近于法家，近于刑名家，非墨而又有近于墨家者言"。傅山一生颠沛流离，缺乏著述条件，曾自述著述之苦："自恨以彼资性，不能闭户十年读经史，致令著述之志不能畅快。值今变乱，购书无复力量。间遇之涉猎之耳，兼以忧抑仓皇，蒿目世变，强颜俯首。……或劝我著述，著述须一付坚贞雄迈心力，始克纵横。"（《霜红龛集》，《家训》）所以不如作些批注，自由量大些。

傅山长于医学、文学、书画，故有许多医学作品、文学作品和书画作品。

二、逻辑思想与方法

傅山的逻辑思想与方法散见他对于诸子的批注中，尤以《墨子·大取》及《公孙龙子》的批注为最精辟，兹分述之。

1. 演绎法与归纳法。

傅山的演绎法即他之所谓蜕，此蜕的演绎法，是从《荀子·大略》"君子之学如蜕"来。他说："荀子如蜕之脱，君子学问不时变化，如蝉脱壳。"（《霜红龛集》卷25）人的为学，不能人云亦云，必须有新见，就像蝉的脱壳，每脱一次，都有新的创收，另有心得，这样才能得到新知，把知识推向前进。兹举他对《公孙龙子·坚白篇》释义为例。傅山对于《坚白论》用功最深，他把该篇文字加以认真地整理，如把"恶乎甚石也"的"甚"字改为"其"字之类。他认为公孙龙区别坚与白是有意义的。他说："就与石争之人言，若说'我得其白、得其坚'，则白、坚不在石上矣。是我见白见坚不见石，则见与不见离。有所不见者是离，其如见坚离白，见白离坚……得见白，其白；得见坚，其坚。"人的认识要通过感觉，但眼只能看见白，不能看见坚；手只能触及坚，而不能触到白。这样坚，白互离。傅山称此为"离焉离也者"的认识事物方法，通过这种方法，可以把事物的属性认识得更清楚。

傅山通过蜕的剥离方法，把《坚白论》中的"离"字读作去声，读如附离之"离"。这样，《坚白论》中的"藏"、"自藏"就会有一番新义。这是作了重点的认识，认识"坚"时，"白"并没有"离"别石，认识"白"时，"坚"也没离开石。而是"自藏"于石，暂时隐藏起来。所以傅山说："所见之白，所不见之坚，实相附离也。所不见之坚，离在一偏，即当与所见之一争盈矣。而卒不相盈，故能相附离。""争盈"即"突出"起来，眼见白，白的属性即突出起来，而把"坚"离在一偏。傅山说："坚、白、石三者相离而有之，知其为相附离而有者，则亦因是而白之，而坚之，而石之，何必争其为白也，为坚也，为石也？不争而因之，则知、力俱无是处。"只要认识坚、白、石三者互相附离的关系，则突出一方认识是可以的。从离别的"离"转为互相附离的离，这是傅山运用蜕的演绎方法得出的新见。傅山重视公孙龙，说"《公孙龙子》四篇一义，其中精义，尤有与老庄合者，不知庄生当时非公孙龙何故？"（《白马论注》）又说："似无用之言，吾不欲以言之辩奇之，其中有寄旨焉。"（同上）他把"公孙龙子"提高到和佛经巨著《楞严经》相比美。他说："不回复幽杳……顾读之者不无用其言也，旨趣空深，全似《楞严》。"（《指物论注》）傅山对公孙龙的认识也自鸣得意。他说："呵！千百年下，公孙得遇我浊翁，翁命属水，盖不清之水也。老龙得此一泓浊水而鲵桓之，老龙乐矣。"从傅山对《公孙龙子》的批注看，傅山是了解公孙龙的。

其次，归纳法。傅山的归纳法即他之所谓"归"，这即"谓有所归宿，不至无所着落，即博后之约。"（《霜红龛集》卷25）傅山打破正宗与异端的分界，研究子学，儒佛道一齐列举。对于某派的学术思想，多方征引，深入比较，最后归纳出自己的意见。例如，他把庄子的"齐是非"和公孙龙的离坚白看成一义。从表面上看，它们是两相反的。但从它们分离感觉认识割裂事物的联系看,是一致的。这是傅山归纳二者的研究所得出的结论。

又如《荀子》三十二篇,经他分析比较,认为不是儒家一家之言。其中有"近于法家,近于刑名家,非墨而又有近于墨家者言"。荀墨是不同的,但经傅山精心比较归纳之后,得出"道固有互相左右,而与之少合者如此"。这大致是指二者自然观和思维逻辑方面的一致。

总之,依傅山意,做学问要善于运用蜕与归的方法,既要作演绎分析,又要博为归纳。他既提倡"博学广闻",(《霜红龛集》卷25)又提要"审辨精断","读书勿怠,凡一字一义,不知者问人检籍,不可一'且'字放在胸中。"(同上引)他运用训诂、音韵和钟鼎文对前人所说,作出审察精断,所以能有所创见。

2.唯物的名实观。

这即"实在斯名在",名依实有,实变即名移。依于划分标准之不同,他把名分为如下各类。

(1)实指之词和想象之词。

实指之词是实在之词,即《墨子·大取》篇中"以形貌命者",如"居运"。"居运犹出移在此在彼也,凡以居运名者,皆实实有人于其中者,如居齐,曰'齐人'。而去之荆,则不得谓'齐人'矣之类也,即如山之非丘,室之非庙,实在斯名在。"居齐为齐人,居荆则为荆人,山是山,丘是丘,室是室,庙是庙,形貌不一,各有具体所指。傅山进而解释说:"物之以形貌命者,必知是为某物。"如白石、白醊、白霉以及大牛大马之类。这即普通逻辑所指的具体名词。

想象之词,即《墨子·大取》中所谓"不可以形貌命者"。傅山解释说:"若其不可以形貌命者,知之不真,不能的确知是物为某物也,但知某之可也。"如黄、坚等属性,是从黄的、坚的事物中抽象出来的概念,并不具体,只是反映事物的一般的属性。这即普通逻辑所谓抽象名词。

（2）共名与别名。

这是从公孙龙《白马论》推得。《白马论》云："马者无去取于色，故黄黑马皆可以应，白马者有去取于色，黄黑马皆以所色去，故唯白马独可以应耳，无去者非有去也。故曰：'白马非马'。"傅山认为，"无去"之下应添一"取"字，说"'无去'二句，文义须连上文'无去取于色'两句看之，'去'字下添一'取'字，"无去取者非有去取也。"他并且指出"无去取是浑指马名，有去取是偏指白马而言"。傅山所谓浑指和偏指，即普通逻辑所谓共名与别名。

（3）单名与兼名。

这是从对《荀子》的批注中，找出荀子关于名的分类有与公孙龙相近处。他说："若单名谓之'马'，万马同名。复名谓之'白马'，亦然。虽共不害于分别也，其意以为公孙龙'白马非马'之说。如马可共谓之'马'，白马不可共谓之'马'矣。以其白马而必白之，则既害于白之异，亦害于马之同也。而马，马也，白马仍马也，原可共之。而不必相避者，通称之曰马，何害也。"单名和兼名也即普通逻辑所谓单称名词与复合名词的分别。

（4）整体与部分。

整体之名与部分之名不一，不能相混。傅山是从《公孙龙子·通变论》分析得来，通变两名来源于《周易》。他说："通变两名明取《易·系辞》化而藏之，推而行之二句，以命篇名。"这是讲整体和部分的关系。他认为，公孙龙的一是"老氏得一之一，是所贵者在一"，二是整体的两个部分，这样，"二无一"之意即部分不是整体。如"出一黄于青白之间，犹以青白喻二，而黄喻一耳，又何不可以"。我们知道，青与白配合为黄，青白是二，黄是一，既不能说白是黄，也不能说青是黄，所以说"二无一"。部分不是整体，明确了类的区分。

（5）是与非之名。

这是傅山对《庄子》批判得来。《庄子批注》仅存山西文物局手抄本一套。傅山对庄子是很崇拜的,他说:"老夫学老庄也",(《霜红龛集》卷17)又说:"吾父子学庄列",(同上引,卷22。)又说:"吾师漆园",(同上引,卷5。)他时时阅读《庄子》,说:"癸己之冬,自汾州移寓土堂,行李只有《南华经》,时时目在"。(《霜红龛墨宝》)但傅山对《庄子》的"齐是非"与郭象的"理无是非,而惑者以为有"都不赞成。《庄子·天道》篇说:"昔者子呼我牛也,而谓之牛,呼我马也,谓之马。苟有其实,人与之名弗受,再受其殃。"他批注道:"受弗受,艰深一层,然不必。"傅山认为名依实有,"如尔谓之不仁,若我果不仁,尔之名我,称我之实也,非必诬我。我若不受此不仁之名,而强与尔辩,谓我本仁,天下岂有可逃之名?"

傅山对于《庄子·大宗师》"与其誉尧而非桀,不如两忘而化道",傅山批道:"此节颇不易通,尧毕竟非不得,桀毕竟誉不得","尧桀毕竟两忘不得"。他对郭象的批注是"是非岂得无之?"因为是与非之名毕竟依于客观的是与非之实。是非是客观存在。他认为,"若是非可以自立,则'明'字可以不用"。"是非顾在",这是傅山的客观是非观,是正确的。

3. 同异分类。

同异问题是逻辑中的一个重要问题,傅山根据《墨子·大取》进行分析。《大取》原文是:"同是之同,然之同,同根之同。有非之异,有不然之异,有其异也,为其同也,为其同也异。"傅山对此结合《楞严》进行解释云:"同是同,然是然,有异同。根同而枝叶异,非与是异,不然与然异。'非'即是'不然'矣,而非与'不然'又微异,因有异也。而欲同之,其为同之,又不能浑同。而各有私同,又异。《楞严》'因彼所异,因异立同'之语可互明此旨。"同异是互相比较而生,问题是微妙的,傅山认为"同是同,然是然"。这是两类的不同。不过他要求在同中应分别"浑同"和"私同"。浑同是抽象的同,私同是具体的同。傅山进而把同异分为四类。他说:"其同异之中,略分四种辨之。其一曰,乃是而然。……犹云是其是而然之。其二曰，是不然而不然之，然与不然，不欲苟异也。三曰，迁，则就人之意多，犹因其然然之；因其不然而不然之。……无定见也。四曰，强，则己之意多，犹本然之而强不然之，本不然而强然之。四种之中，各有深浅尊益。"傅山对前二种态度是赞成的，但对后二者不赞成，因为第三种迁是无定见，人云亦云，第四种强，又偏于武断，都是不合乎逻辑态度，傅山的分析是正确的。

第二节　程　　智

一、程智的生平及著书。

程智是傅山之外又一位复兴名辩学的杰出者。他字云庄，又另字子尚及极士。安徽休宁县会里人，即今之洪里乡人。他生卒不详，大约主要活动在明末崇祯年间。他早年喜究《易经》。据安徽《休宁县志》：程智"深究易理至忘寝食，闻善易者必就正焉"。他潜心学问，但不喜科举。据全祖望《鲒埼亭集·外编》载，他大约在崇祯年间迁居到江苏吴县讲学，倡教吴彰之门，从游者甚众。卒后即葬吴县阳山。

程智不但喜欢易经，而且对先秦诸子，特别是《公孙龙子》尤其酷爱。全祖望说他著有《守白论》，"其言以《公孙龙子》为宗，而著定十六目。"（《鲒埼亭集·外编》）《守白论》已遗失，仅见他的十六目。即1.真白；2.真指；3.指物；4.指变；5.名物；6.真物；7.物指；8.物变；9.地天；10.天地；11.真神；12.神物；13.审知；14.至知；15.慎谓；16.神变。另外六句写作宗旨："天地惟神，万物惟名；天地无知，惟神生知；指皆无物，惟名成物。"从《守白论》的十六目及写作宗旨看，程智虽标榜《公孙龙子》，但实质上与《公孙龙子》有差异，全祖望亦说他附会释老之言，或许可信。

二、《守白论》的逻辑思想。

程智的《守白论》已遗失，对其中十六目又言简意赅，不易作出

确解。兹只就"名",指的概念,"物"认识对象,"神"认识能力三个方面略作分析如下:

(1)"名","指"的概念分析。先秦诸子中,曾提到指为名称,如《庄子·天下篇》的"辩者二十一事",曾提到"指不至,至不绝";《墨经》中有"兼指"、"衡指"和"独指"的名称;《公孙龙子》则有"指物论"的专篇分析。但什么叫做"指",尚未有明确的定义。程智则明确指出,"彼此相非之谓指","彼此相非"即彼此互相区别,如"白马"与"黑马"互相区别。各有各的特质,这就是"指"。所以"指"是反映客观事物的本质属性的思维形式,和普通逻辑的概念定义相当。

程智又把指分为"真指"与"物指"两种。他说:"指有不至,至则不指;不至之指,是为真指。"这就是说,真指是抽象的存在,不依附任何具体事物,如"不白石物之白"是为"真白",也就是"真指"。反之,"白石物之白"则为具体的白石之白,则为"物指",或称"与物之指"。

"物指"是指称具体事物的"与物之指","指而非指,非指而指;非指而指,而指非指,是为物指"。这就是程智的所谓"指物"。"是非相错,此彼和同,是为指物。""是非相错"即把对立的东西放在一起。"此彼和同"即把不同的事物放在一更高的属之下。这就是对具体事物的指称,给以不同的名。公孙龙只称"物指"为"非指",程智则把它明确规定为不与真指相同的另一种指,即名"物指"。

物指既然是与物之指,那么,它就会因事物的变动而发生变动。物指的变化,程智称为"指变"。他说:"青白既兼,方圆亦举,二三交错,直析横分,是谓指变。"这是根据《公孙龙子·通变论》所谓"不相与而相与,反而对也;不相邻而相邻,不害其方也"推演而来。青、白二概念原来各自反映青和白,但如果青白兼在一起,则会从青白的混合而变为第三色,黄色。黄色还是"正色"。总的看来,物指是会随事物的变化而起变化的。

(2)"物",认识对象的分析。程智把事物的指名,称为"名物"。

他说:"万变攘攘,各正性命;声负色胜,天地莫能定,惟人言是正。言正之物,是为名物。"物指的变化甚多,但变化后的概念仍各确指某一事物。这种指称事物的标准,不是天地所能定,而是依于人的感觉器官的不同和人的实际不同需要而定,如对于一块坚白石言,眼只能感到石之白,所以名为白石;手只能感触到石之坚,所以名为坚石。如果我们需要区别石的不同颜色,那就区别白石与黄石。这就所谓"惟人言是正,言正之物,是为名物"。

物之中又有最高抽象的"真物"。他说:"惟名统物,天地莫测;天地莫测,名与皆极;与天地皆极之物,其谁得而有无之,幻假之?是为真物。"真物是最高的范畴,如"物质",虽然具体的某一事物,都不等同于"物质",但是"物质"确是从无数的具体事物中抽象概括得来,并非虚幻的东西,而且它是"与天地皆极之物",永不消灭,这就是"真物"。

"真物"是"物变"的基本元素。程智说:"一不是双,二自非一;只双二只,黄石坚白,惟其所适,此之谓物变。"程智这里是推演了《公孙龙子·通变论》中的"二无一"的道理。物变是从真物的不同变化得来,比如黄、石、坚、白为四种不同的"真物",黄与石结合为黄石,白与石结合为白石,坚与石结合为坚石,各随需要的不同,而彼此结合,这就是"惟其所适"。

(3)关于"神",认识能力的分析。《公孙龙子·坚白论》曾云:"神乎!是之谓离也,离也者天下,故独而正。"程智从这里推出"神"是能认识"独"的特等思维能力。认识一切的变化,不论指变或物变,必须通过神的思考力量,所以他说,"通变惟神"。

对于两种思维对象最难把握,一为程智之所谓"地天","不落形色,不涉是即;自地之天,地中取天,曰地天";一种是"天地","统尽形色,脱尽是即;有天之地,天中取地,曰'天地'。"这两种不易捉摸的对象,只有靠"真神"才能理解。他说:"天地地天,地天天地,闪铄难名,精光独透,曰'真神'。""真神"怎样能认识这两种对象呢?它是靠有认识这两种能力的特有属性,他称之为"神物"。他说:"至精至神,结顶位极,名实兼尽,惟独为正,曰'神物'。"具有了神物,真神才能有超凡的认识。

为保证真神认识的正确性,程智提出两个条件,即一是"审知"。他说"天地之中,物无自物;往来交错,物各自物。惟审乃知。曰,'审知'。"天地之中,万物纷纭,既有它们的同一性,又有它们的差别性。这只有靠谨慎审查,才能认识得到。

第二个条件即是"至知"。怎样达到正确的认识,必须达到"至"的标准。他说:"惟审则直,惟至则止;从横周遍,一知之至,曰'至知'。"审察才能正确,认识到了极至,才能真正掌握了事物本质。

从逻辑的角度观察,就要把握概念确定性,概念的确定问题,即名实一致问题。程智提出"慎谓"的要求,他说:"实不旷位,名不通位;惟慎所谓,名实自正,曰,'慎谓'。"旷位即没有反映客观的实的全部,如"白马"称之为"马",则旷了"白"。通位即扩大了概念的外延,如"白马"之名只能称"白马"之实,如果超过"白马"之实,那就是"通位"。总之,概念的确定性即须从内涵、外延两方面掌握事物的全貌。这就是"慎谓","彼此惟谓,当正不变",这是唯谓的原则。

当然事物是变化发展的,由于物变、指变内有不断的变化,掌握不断变化的法则,程智称为"神变"。

以上是对于程智《守白论》的十六目的大略介绍,以下再对程智写作的宗旨作一简单的说明。

程智写作宗旨的六句话,上文已引到,这就是把天地和万物、神和名作一概括阐述。

天地无边无际,无始无终,不易捉摸。这只有依靠抽象思考的能力,即神的分析探究,才能认识到。但是万物为天地所产生之后,却有具体的确定形态,可供指名。头两句是说认识天地,要依靠神,认识万物,要依靠名。

第二两句,是说天地本身没有知识,知识是靠人脑的精神作用反映客观世界万物得来的。

第三两句,真指是不涉及具体事物,认识客观具体事物要依靠名的指称。

程智的《守白论》已经遗失,我们不易找出它的理解。但就上述情况看,它在中国逻辑史上是有地位的。

第八章　明末清初逻辑方法的发展

　　明末清初,时代更迭,社会动荡,封建主义的经济自然解体,冲击了统治阶级的唯心主义上层建筑。一些学者目睹国事之日艰,除了参加反抗清初的残酷压迫外,复孜孜不倦地研究科学,重视实践。有的人如方以智,为抗拒清统治者的压迫,削发为僧,但仍日夜不忘学术上的研究。在他们的各种学术研究中,注重逻辑方法的运用,因而这一时期的逻辑方法有了新的发展。这是续前章程智、傅山的名辩学的兴起后的又一逻辑史的可喜发展。兹先述方以智的逻辑方法。

第一节　方　以　智

一、方以智生平与著书。

1. 生平。

　　方以智字密之,号曼公、浮山愚者,别号甚多,有密山氏、浮山愚者、鹿起山人、浮园主人、龙眠愚者等等。明亡后,改名吴石公,出家后,名大智,号无可,又称弘智、五老、药地、浮庭、墨历、愚者大师、极丸老人等。他是安徽桐城县凤仪里人。桐城是当时商业发达的地区。方以智生于明万历三十九年,即公元1611年,卒于康熙十年,即公元1671年,活了60岁。

　　方以智从事政治活动,"接武东林,主盟复社"。(卢见曾《感旧集话》)据徐芳《愚者大师传》(见《明文海》卷421)所载,方以智"日与诸子画灰聚米,筹当世大计,或酒酣耳热,慷慨呜咽, 拔剑砍地,以三尺许国,誓他日不相背负"。看来方以智是东林作理论工作的人物。

方以智性喜学问,不欣赏仕宦。他虽曾于崇祯年间举进士,官翰林院检讨,即萌退隐之志。他从小随父宦游,遍历名山大江与京华之地,喜爱当时西方传教士所传的科学书籍,读利马窦所著《天学初函》不解,求教于熊明遇。好研物理,大约20岁时,他曾遍访江淮吴越间,在访藏书家时,遍览群书。晚年在吉安青原山道场主持讲学、授徒,孜孜不倦研讨学问,直至他死前一年的春天,还向数学家梅文鼎请教象数之学。他和顾炎武、王夫之等杰出学者相往来,交游甚广。据说他死前一月还为顾炎武作山水十二帧。而王夫之也很敬佩方以智的学问。他说:"姿抱畅达,早以文豪誉望动天下。"(《方以智传》)又说:"密翁与其公子为质测之学,诚学思兼致之实功,盖格物者即物以穷理。惟质测为得之。若邵康节、蔡西山则立一理以穷物,非格物也。"(《搔首问》)

方以智以博学称,凡科学、哲学、文学乃至医学、书画艺术无所不精,全祖望说他"尤以博学称",是有根据的。

2．著书。

方以智著述甚丰,但佚失者也不少。据侯外庐《中国思想通史》所载,其著述如下:

(1) 文集、诗集。

《浮山前集》十卷。

《浮山后集》四卷。(抄本)

《博依集》十卷。(存七卷)

《流离草》(抄本《方密之诗抄》摘录)

《药集》(抄本)

《膝寓信笔》(见《桐城方氏七代遗书》)

《象环寱记》(抄本)

《合山栾卢占》(抄本)

（2）哲学著作。

《药地炮庄》（47本，成都美学林排印本，不全。）

《东西均》（抄本）

《易余》（抄本）

《性故》（又名《会宜篇》，抄本）

《一贯问答》（抄本）

（3）语录。

《冬灰录》（抄本）

《愚者智禅师语录》（嘉兴藏本）

（4）史学著作。

《两粤新书》

（5）音韵学著作。

《四韵定本》（抄本）

《正叶》（抄本）

《五老约》（抄本）

（6）医学著作。

《内经经络》（抄本）

《医学会通》（抄本）

（7）杂著。

《庐墓考》（抄本）

《印章考》（见《篆学琐著》）

在他的著作中，尤以《通雅》为前期的代表。《物理小识》原附于《通雅》书尾。后期著作以《炮庄》为代表。据他的诗集，有"取稽古堂各种杂录合编之曰《通雅》"一题，《通雅》一书约作于他36岁的时候。（大约在1646—1647年）

《通雅》表面上似为类书，但其实它是包括科学、哲学等所有知识。他说："函雅故，通古今，此鼓箧之必有事也。不安其艺，不能乐业；不通古今，何以协艺相传？……理其理，事其事，时其时，开而辩名当物，……今以经史为概，遍览所及，辄为要删。古今聚讼，为征考而决之，期于通达……名曰通雅。"(《自序》)这就把《通雅》的旨意说得清清楚楚，"函雅故，通古今"即《通雅》的主题。

《药地炮庄》一书，是炮制、评论《庄子》的。他说："十年药地支鼎重炮，吞吐古今，百杂粉碎。"(《冬灰录》卷一)他不仅批评了《庄子》，凡《庄子》涉及的先秦名辩学者，他都一概批评一番。特别是对惠施、公孙龙加以评论，他极推崇惠施的科学研究，说他是"穷大理者"。

二、方以智逻辑方法的唯物主义基础。

方以智的逻辑方法注重实际，重视实践。这有他的唯物主义基础。依方以智的世界观，整个宇宙无非是物的存在。他说："盈天地间皆物也，人受其中以生，生寓于身，身寓于世。所见所用，无非事也。事一物也，圣人制器利用以安其生，因表里以治其心，器固物也，心一物也。深而言性命，性命一物也。通观天地，天地一物也。"(《通雅·自序》)他又说："天有日月岁时，地有山川草木，人有五官八骸，其至虚者即至实者也。天地一物也，心一物也，惟心能通天地万物，知其原，即尽其性矣。……本末源流，知则善于统御，舍物则理亦无所得矣，又何格哉?"(《物理小识·总论》)

两间皆物，无道，无神，因"即器即道"，"道寓于器"，(《曼寓草·字汇辩序》)假如没有物的存在，那就无所谓道了。

所谓神即指人类的知识能力。他说："晶光莫文于天，条理莫文于地，配义而充之以名，人受中生而传呼其中，因表其象。……人心之所吹响流注，即神不可测者也。"(《曼寓草·采石文昌三台阁碑记》)人类知识的不断发展，可理解万事，透彻神明，这就是他所说明"天之为天也，神不可知，而神于可知之人"。总之，道及神只能附丽于物才能存在。

那么，这物又是什么呢?方以智进一步分析，这物就是"火"。他说："满空皆火，惟此燧镜面前，上下左右光交处，一点而燃……丈人有五行尊火之论,金木水土四行皆有形质,独火无体,而因物乃见,吾宗谓之传灯"。(《炮庄·大宗师篇评》)又云:"野同曰:'满空皆火,物物之生机皆火也,火具生物化物照物之用,而有焚害之祸。"(《炮庄·养生主篇评》)又云:"火弥两间,体物乃见。"(《炮庄·大宗师篇评》)他用五行尊火旧说,提出火为物的本质,这和西方古代赫拉克利特的火的物质一元论相似。

火质运动,他说:"上律天时,凡运动皆火之为也,神之属也。"(《物理小识》卷一)又说:"天恒动,人生亦恒动,皆火之为也。……天非火不能生物,人非此火不能自生,……无与火同,火传不知其尽,故五行尊火曰君。"(《物理小识》卷一)总之,两间物质无非是火。

三、方以智的逻辑方法。

1.函雅故,通古今的逻辑方法。类比、归纳、演绎相结合。

《通雅》所讲的是广义的"大物理",前已言之。《通雅》的考证,穷源溯委,词必有证。《钦定四库全书总目·通雅》一条评述道:"是书皆考证名物象数,训诂声音,……穷源溯委,词必有证。在明代考据家中,可谓卓然独立矣。"方以智掌握了文字声韵学的知识,作了精确的科学分析,他说:"天地岁时推移,而人随之。""古人名物本系方言训诂,相传遂为典实。"他采用类比方法,"以经传诸子歌谣韵语征古音,汉注汉语征汉音。"(《通雅·凡例》)其中变化大的,如草木鸟兽之名,"盖各方各代,随时变更"。这就需要"足迹遍天下,通晓方言,方能核之"。(同上引)

对于同名异实,异名同实的文字音韵变化,方以智则用归纳法从众多的例子加以论证。在《通雅·称谓》一条即作了详细的论证。例如:

> 天家、大家、官家、宅家、县官,皆指谓国家也。至尊亦称巨公、崖公。独断曰:百官小吏称天子曰天家,亲近侍从官称大家,又曰官家。李济翁《资暇集》云:至尊以天下为宅,故曰宅家,公主曰宅家子……

家家,嫡母也。北朝称天子曰家家,北齐称嫡母亦曰家家。这是对于"家"的归纳分析。

对"别子"也有同样的分析。他说:"别子有三。《诗·正义》:诸侯之子,始称为卿大夫,谓之别子,是嫡夫人之次子或众妾之子,别异于正君继父,故曰别子。《丧服记》曰:别子为祖注别子有三:一是诸侯适子之弟,别子正适;二是异姓公子,来自他国,别于本国者;三是庶姓之起于是邦为卿大夫而别于不仕者,皆称别子也。"

方以智有时又采归纳兼演绎以论证文字声音者,如"郑重"与"珍重"之转假。他说:"郑重即珍重之转,……汉《王莽传》称非皇天所以郑重降符命之意注,郑重犹言频繁也。《颜氏家训》云:吾亦不能郑重,聊举近世切要以启寤汝耳。沈存中《笔谈》言石曼卿事云:他日试使人,通郑重,则闭门不纳,亦无应门者。《魏志·倭人传》云:使知国家哀汝,故郑重赐汝好物也。智谓郑重乃珍重之转。《芥隐笔记》引乐天谢庾顺之送紫霞绮诗云:千里故人心郑重。可知即珍重矣。"(《通雅》五)这里,方以智就平日多方接触的材料,总结归纳为"郑重即珍重之转"的论题,然后又逐条引了《王莽传》、《颜氏家训》、《梦溪笔谈》、《魏书·倭人传》等书的材料,作出演绎的证明,最后得出原论题"郑重即珍重之转"的真实证明。

再如"许"与"所"两字的转假考证,亦用同一方法。他说:"'几所'犹'几许'也,'里所'犹'里许'也。《疏广传》:'问金尚有几所?'师古曰,几所犹言几许。《张良传》:'父去里所复还。'师古曰,行一里许而还。古'许'、'所'声近,如"伐木许许"汉人引为"伐木所所"可证。"(《通雅》五)这里,他先提出"许"与"所"可互相转假的论题,然后分别引《疏广传》、《张良传》等证成之。方以智提出"考古所以决今,然不可泥古"的原则,其目的在于正古人的错误。

《通雅》这部有影响的考证著作,曾于清嘉庆、道光年间,先后传入日本、朝鲜,其严谨的逻辑方法,在国外也是有影响的。

2.重视科学实践的研究,批判《庄子》的以及其它唯心的**虚幻**

臆测。

方以智重视科学实践，批判《庄子》及其它唯心的臆测，这是他后期代表作《药地炮庄》的任务。他说："十年药地，支鼎重炮，吞吐古今，百杂粉碎。"(《冬灰录》卷一)《炮庄》即批判《庄子》。因《庄子》涉及先秦各名家言，所以他也附带评述先秦各名家，尤其是以惠施，公孙龙为尤著。他说："世谓惠庄、与宋儒必冰炭也，讲学开口动称万物一体，孰知此义之出乎惠施手。世谓惠施与公孙龙，皆用倒换机锋，禅语袭之。愚谓不然。禅家止欲塞断人识想，公孙龙翻名实以破人，惠施不执此也，正欲穷大理耳。观黄缭问天地所以不坠不陷，风雨雷霆之故，此似商高之周髀，与太西之质测，核究物理，毫不可凿空者也。岂畏数逃玄，窃冒总者所能答乎？又岂循墙守常，局咫尺者所能道乎？惠子相梁，事不槩见，其不屑仪衍一辈明甚。……斯人也，深明大易之故，而不矜庄士之坛，以五车藏身弄眼者乎？"这里，方以智把惠施、公孙龙和禅学区别开来，而且还把惠施与公孙龙也区别开来。公孙龙翻名实以破人，而惠施则通过历物方法以穷究大理，他把惠施的科学研究等同于商高之周髀算经，与西方之自然科学，这决不是一般谈玄说妙者所能解决，也决不是局于眼前一般之见者所能答复的。

反之，方以智对于庄子谈玄说妙，以大吓小，以死吓生，以无吓有，以不可知吓一切知见，完全采取反对态度。他完全站在惠施、公孙龙一边，反驳庄子。例如《庄子·秋水》有贬低惠施、公孙龙的话，说是"惠施相梁，庄子往见之。或谓惠子曰：'庄子来，欲代子相'。于是惠子恐，搜于国中三日三夜。"对这一点，方以智却讥评道："庄子不能治事，而大訾讥世，惠子故意吓之，何为不可？"

《庄子·秋水》中又云："公孙龙问于魏牟曰：'龙少学先王之道，长而明仁义之行。合同异，离坚白，然不然，可不可，困百家之智，穷众口之辩，吾自以为至达已。今吾闻庄子之言，汒然异之，不知论之不及，与知之弗若与。今吾无所开吾喙，敢问其方。'公子牟隐机大息，仰天而笑曰：'……今子不去，将忘子之故，失子之业。'公孙龙口呿而不合，舌举而不下，乃逸而走。"这里，庄子把公孙龙形容得很狼狈，但方以智却反认为公孙龙看不起庄子。他说：**"公孙龙离坚白、翻名实以困人，不通大小互换耳。庄子取其大小互换以为玄，而又欲压之以为名，公孙龙笑破口矣。"**（**《药地炮庄·秋水篇》**）公孙龙对名理是研究有素的。他所作"白马非马"命题，也许是"逃玄设难以取娱"，也许是"胶盆验人，而令其不惑也"。（同上引）总之，方以智推崇了惠施、公孙龙的名理研究，而贬低庄子的主观唯心论的玄谈。

方以智既批判了庄子的主观唯心主义，也批判了理学家的客观唯心主义。他说："舍物则理亦无所得矣，又何格哉？"（**《炮庄·秋水篇注》**）他又说："其执格去物欲之说者，未彻此耳，心一物也，天地一物也，天下国家一物也。格物，而诵诗读书，穷理博学，俱在其中。但云（按指朱熹）今日格一物，明日格一物，以为入门，则胶柱矣。"（**《一贯问答》**）这里方以智批判朱熹与陆象山、王阳明的理学家言。

方以智对于利马窦的洋神学，也同样批判它为"拙于言通几"。（**《物理小识·自序》**）总之，他是站在唯物论的立场，对于一切唯心主义的形式，都加以批判。

第二节　顾炎武

一、顾炎武的生平及著书。

1．顾炎武的生平。

顾炎武（1613—1682年），字宁人，江苏昆山亭林镇人，故学者称之为亭林先生。他生于明万历四十一年（即公元1613年），卒于清康熙二十一年（即公元1682年）。14岁时，他和友人归庄参加当时知识分子的政治组织"复社"，评议朝政，反对宦官权贵。1645年5

月,清兵打到江南,顾炎武在苏州参加抗清斗争。失败后,化名蒋山庸,避祸于山东、河北、山西、陕西一带,结识了王弘撰、傅山等爱国学者。他后半生都在旅途中度过,"远路不须愁日暮,老年终自望河清。"(《五十初度时在昌平》)从诗中可以看出他念念不忘恢复明室。他避祸陕西,不只是著书立说,而且还有抗清的秘密活动。这从他给傅山的信中可以看出来。孙中山对于顾炎武的这一情况曾说道:"他们刚才结合成种种会党的时候,康熙就开博学鸿词科,把明朝有知识学问的人几乎都网罗到满洲政府之下。那些有思想的人,知道了不能专靠文人去维持民族主义,便对于下流社会和江湖上无家可归的人收罗起来,结成团体……"(《孙中山选集》616页)这话是有根据的。康熙召开博学鸿词科,企图尽力网罗他,但顾炎武却以死抗拒,说:"绳刀俱在,勿速我死。"(全祖望《亭林先生神道表》)顾炎武的确是一位坚贞的爱国学者。

2．顾炎武的著书。

顾炎武所著书,有《日知录》、《天下郡国利病书》、《音学五书》、《顾亭林诗文集》等。其中尤以《日知录》为他的代表作。《日知录》等于一部中华文化史,举凡经、史、子、集,以及公移邸抄与文字学之类,无不一一涉及。他的弟子潘耒序《日知录》云:"《日知录》则其稽古有得,随时札记,久而类次成书者。凡经义史学官方吏治财赋典礼舆地,艺文之属,一一疏通其源流,考证其谬误,至于叹礼教之衰迟,伤风俗之颓败,则古称先,规切时弊,尤为深切著明。"他讲创新,抨击摹仿。他说:"近代文章之病,全在摹仿,即使逼尚古人,已非极诣,况遗其神理而得其皮毛者乎?"(《日知录》卷十九《文人摹仿之病》)又说:"君诗之病,在于有杜,君文之病,在于有韩欧,有此蹊径于胸中,使终身不脱依傍二字。"(《亭林文集》《与人书》十七)他的作法是与此相反,他在《日知录·自序》上说:"愚自少读书,有所得辄记之,其有不合,时复改定,或古人先我而有者,则随削之。积三十年乃成一编,取子夏之言,名曰《日知录》。"他的著书原则是"其必古人之所未及就,后世之所不可无,而后为之。"(《日知录》卷十九《著书之难》)他的独创精神是至足令人钦佩的。

《四库全书提要》曾提到顾炎武的著述精神,说:"炎武学有本源,博赡而能通类,有一事必详其始末,参以证佐,而后笔之于书。故引据浩繁,而牴牾者少。"这种评语是正确的。

他的这种独创精神也贯穿于他的《天下郡国利病书》中。全祖望《亭林先生神道表》说:"历览二十一史,十三朝实录,天下图经,前辈文编说部以至公移邸抄之类,有关民生之利害者,随录之。旁推互证,务质之今日所可行而不为泥古之空言,曰:《天下郡国利病书》。"学贵创造,贵验于事则是顾炎武著述的精神。

二、逻辑方法的唯物论基础。

1.唯物的宇宙观。

顾炎武的逻辑方法重实践与书本并用,重脑与体并用。这是和他的唯物主义的宇宙观相关的。顾炎武继承了张载"太虚即气"的气物质一元论。他说:"张子《正蒙》有云:'太虚不能无气,气不能不聚而为万物,万物不能不散而为太虚,循之出入,是皆不得已而然也'。"(《日知录》卷一《游魂为变》)因此,他提出:"盈天地之间者气也,气之盛者为神。神者天地之气,而人之心也。"(同上引)他引邵氏(宝)对于物的看法,他说:"邵氏(宝)《简编录》曰:'聚而有体谓之物,散而无形谓之变。唯物也,故散必于其所聚;唯变也,故聚不必于其所散。是故聚以气聚,散以气散,昧于散者,其说也佛,荒于聚者,其说也倦'。"(同上引)他认为,"君臣父子国人之交,以至于礼仪三百,威仪三千,是之谓物。"(《日知录》卷六《致知》)

天下物莫非气之聚散,所谓道不能离器而存在,道即规律,规律必附于物而存在。所以他说:"形而上者谓之道,形而下者谓之器。非器则道无所寓,说在乎孔子之学琴于师襄也。……是虽孔子之天纵,未尝不求之象数也。"(《日知录》卷一《形而下者谓之器》)器即指具体的物,而物莫非气之聚,所以道寓于气中。

顾炎武不信有天神、地狱的存在，他说："善恶报应之说，圣人尝言之矣。……岂真有上帝司其祸福，如道家所谓天神察其善恶，释氏所谓地狱果报者哉？善与不善，一气之相感，如水之流湿，火之就燥，不期然而然，无不感也，无不应也。"(《日知录》卷二《惠迪吉从逆凶》)善与不善，是自然气的相感，善与善相感，恶与恶相感，其间并没有报应。他不信有鬼，他同意明朝一位哲学家吕仲木(吕楠，1479—1542)的意见，认为世间上的人如果都长生不死，那么，世界上也没有这么多地方去容纳人；如果人死了都为鬼，那么世界上也没有这么多地方去容纳鬼。有生的，即有死的，而新生的不是死者的转生，所以没有轮回可言。顾炎武说："夫灯熄而然，非前灯也，云霓而雨。非前雨也，死复有生，岂前生邪？"(《日知录》卷一《游魂有变》)鬼既没有，地狱又有何用？

顾炎武站在唯物主义立场上，对宋明唯心主义理学展开批判。他说："世之君子苦博学明善之难，而乐乎一超顿悟之易，滔滔者天下皆是也。"(《文集》卷六《答友人论学书》)这是指王阳明学派那些人，空口谈心，谈性，无半点实用东西。对于程朱理学客观唯心主义一派，顾炎武同样进行了批判。他说："古之所谓理学，经学也"，"今之所谓理学，禅学也"。(《亭林文集》卷三《与施愚山书》)他用经学说明理学，这是从经世致用的立场出发。这样，不管王阳明的主观唯心主义或程朱的客观唯心主义，都是一丘之貉。他引《黄氏日抄》对唯心主义理学的批判说："心者吾身之主宰，所以治事，而非治于事。……至于斋心服形之老庄，一变而为坐脱立忘之禅学，乃始瞑目静坐，日夜仇视其心，而禁治之，及治之愈急而心愈乱，则曰易服猛兽，难降寸心。呜呼，人之有心，犹家之有主也，反禁切之，使不得有为，其不能无忧势也。……古人之所谓存心者，存此心于当用之地也，后世之所谓存心者，摄此心于空寂之境也。造化流行，无一息不运，人得之以为心，亦不容一息不运，心岂空寂无用之物哉？"(《日知录》卷一《艮其限》)顾炎武从主动的看法观心，以别于唯心主义的被动观心，从根本上拔除唯心主义理学的用心于内之说。

2．重视后天知识的认识论。

顾炎武否认程朱的先验的道德论。程朱认为仁义礼智是先天的而具于心，顾炎武认为先天的道德、仁义礼智必须从后天学习而得。他说："仁与礼未有不学问而能明者也。"(《日知录》卷七《求其放心》)又说："必待学而知之"。(《日知录》卷十八《破题用庄子》)无论如何，道德知识都必须经过学习而后有得。

炎武重视经验，一切知识必须从实际经验中得来。他说："圣人所闻所见无非'易'也。若日扫除闻见，并心学'易'，是'易'在闻见之外也。"(《亭林文集》卷四《与人书》二)他重视孔子的好古敏求，多见而识。他说："好古敏求，多见而识，夫子之所自道也。然有进乎是者，六爻之义至赜也，而日知者观其象辞，则思过半矣。三百之'诗'至泛也，而日一言以蔽之，曰思无邪。三千三百之仪至多也，而日礼与其奢也宁俭。……此所谓予一以贯之者也，其教门人也，必先叩其两端，而使之以三隅反。……岂非天下之理，殊而同归，大人之学举本以该末乎?彼章句之士既不足以观其会通，而高明之君子又或语德性而遗问学均失圣人之指矣。"(《日知录》卷七《予一以贯之》)不过他所谓"一贯"不是先天的东西，而是问学中会通的原则。他说："舍多学而识，以求一贯之方，置四海困穷不言而终日讲危微精一之说，……我弗敢知也。"(《亭林文集》卷三《与友人论学书》)

总之，顾炎武否定先天知识，重视后天实践，是难能可贵的。

三、逻辑方法。

1．归纳和演绎相结合的逻辑方法。

顾炎武的旁征博引的方法，基本上是枚举归纳法，但在研究的过程中，在作假定的推断时，也运用演绎法。他的方法是归纳——演绎——归纳。顾炎武重视经验的积累，这基本上是枚举归纳的过程。在《日知录》卷七《朝闻道夕死可矣》上说："有弗学，学之弗能弗措也。有弗问,问之弗知弗措也。有弗思,思之弗得弗措也。有弗辩,辩之弗明弗措也。有弗行,行之弗笃弗措也。不知年数之不足也,俛焉日有孳孳,毙而后已。……有一日未死之身,则有一日未闻之道。"他就是这样注重终生经验的累积。他自述他的两部书即在这种累积的精神中写的。一部是《音学五书》。他说:"予纂辑此书(《音学五书》)三十余年,所过山川亭障,无日不以自随,凡五易稿而手书者三矣。"(《亭林文集》卷二《音学五书后序》)另一部即《日知录》。"历今六七年,老而益进,始悔向日学之不博,见之不卓。……渐次增改,得二十余卷。欲交刻之而犹未敢自以为定,故先以旧本质之同志。盖天下之理无穷,而君子之志于道也不成章不达,故昔日之得,不足以为矜,后日之成不容以自限。"(《初刻日知录自序》)

炎武在旁征博引中,往往提出自己的"独见",但他的"独见"是有充分证据证明的。比如他提出"天下之事有言在一时而其效见于数百年之后者",继之,他即以枚举归纳来证成其说。第一,"《魏志》:司马朗有复井田之议,谓往者以民各有累世之业难中夺之,今承大乱后民人分散,土业元主,皆为公田,宜及此时复之。当世未之行也,及拓跋氏之有中原,令户绝者墟宅桑榆尽为公田,以给授而口分,世业之制自此而起,迄于隋唐守之。"

第二,"《魏书》:武定之初,私铸滥恶,齐文襄王议称,钱一文重五铢者听入市用,天下州镇郡县之市,各置二称,悬于市门,若重不五铢,或虽重五铢而杂铅铁,并不听用。当世未之行也。及隋文帝之有天下,更铸新钱文曰五铢重,如其文置样于关,不如样者没官销毁之,而开通元宝之式,自此而准。至宋时犹仿之。"

第三,"《唐书》:李叔明为剑南节度使,上疏言道佛之弊,请本道定寺为三等,观为二等。上寺留僧二十一,上观道士十四,每等降杀以七,皆择有行者,余还为民。德宗善之,以为可行之天下。诏下,尚书省议已而罢之。至武宗会昌五年,并省天下寺观,敕上都、东都、西街各留二寺，每寺留三十人，天下节度观察使治所及华商汝州各留一寺，为分三等，上等留僧二十人，中等留十人，下等五人。……明洪武中亦行其法。"（以上引文见《日知录集释》卷十九《立言不为一时》）

在这些引例中，顾炎武是先据"独见"引出许多事例，归为一类。这是枚举归纳第一步。继之，从这一类事例找寻假定，然后又依假定，作出演绎推演。最后从演绎所得，又引证新事例以证成之。这样，他的归纳是结合演绎进行的。

2．"采山之铜"的创新法。

顾炎武的治学方法，主张创新，反对摹仿。当然，他也反对宋明理学家的"豁然顿悟"的方法。对于《日知录》，他一次又一次地不断修改，他与潘次耕书曾说"以临终绝笔为定"。（《亭林文集》《与潘次耕书》）他重视直接的原始资料，认为这是"采山之铜"。他说："尝谓今人纂辑之书，正如今人之铸钱。古人采铜于山，今人则买旧钱，名之旧废铜，以充铸而已。新铸之钱既已粗恶，而又将古人传世之宝，春锉碎散，不存于后，岂不两失之乎？承问《日知录》又成几卷，盖期之以废铜。而某自别来一载，早夜诵读，反复寻究，仅得十余条，然庶几采山之铜也。"（《日知录》自序《与友人书》）

这种"采山之铜"的认真著述方法，也是我们所当记取。

3．重求"本证"和"旁证"的证明法。

从《日知录》的全部写作来看，顾炎武每提出一"独见"，都有充分的论证，所以立论扎实，颠扑不破。这点，潘耒在《日知录序》中也提到过。他说："有一疑义，反复参考，必归于至当；有一独见，援古证今，必畅其说而后止。"顾炎武的论证，提出本证、旁证两条。他引陈弟的话说："……列本证旁证两条。本证者，《诗》自相论也。旁证者，采之他书也。二者俱无，则宛转以审其音，参错以谐其韵。"（《音论》卷中《古诗无叶音》陈弟语出《毛诗古音考序》）顾炎武这种旁搜博讨的精神，亦于他的《金石文字记序》里见之。他说："一二先达之士知余好古，出其所蓄，以至兰台之坠文，天禄之逸字，旁搜博讨，夜以继日，遂乃抉剔史传，发挥经典。"（《亭林文集》卷二）

兹以《亭林文集》卷四《答李子德书》一段为例。他以古音证据言古文字义，他说："开元十三年敕曰：'……洪范……无偏无颇……颇字宜改为陂。'盖不知古人之谈义为我，而颇之未尝误也。《易象传》：'鼎耳革，失其义也，覆公𫗧，信如何也。'《礼记》'表记'：'仁者右也，道者左也，仁者人也，道者义也'。是义之读为我，而其见于他书者遽数之不能终也。……《易·渐》上九：'鸿渐于陆，其羽可用为仪'。范谔昌改陆为逵，朱子谓以韵读之良是，而不知古人读仪为俄，不与逵为韵也。《小过》上六：'弗、遇过之，飞鸟离之'。朱子存其二说，谓仍当作'弗过遇之'，而不知古读离为罗，正与过为韵也。《杂卦传》：'晋，昼也，明夷诛也'。孙奕改诛为昧，而不知古人读昼为注，正与诛为韵也。《楚辞·天问》：'简狄在台礨何宜？玄鸟致诒女何嘉？'后人改嘉为喜，而不知古人读宜为牛何反，正与嘉为韵也。……《诗》曰：'汎彼柏舟，在彼中河，髧彼两髦，实惟我仪，之死矢靡他'。则古人读仪为俄之证也。《易·离》九三：'日昃之离，不鼓缶而歌，则大耋之嗟'。则古人读离为罗之证也。……《诗》曰：'君子偕老，付笄六珈委委佗佗，如山如河，象服是宜，子之不淑，云如之何？'则古人读宜为牛何反之证也……"

顾炎武这里把仪、罗、宜的读法加以考证，理由充分，诚足令人信服。他在这里本证、旁证兼采，而孤证则不采。

4. 重辨源流而审名实法。

这是一种考证学术思想的异同离合，是一种历史流变的研究法，值得重视。潘耒对此曾说出这一方法的精要。他说："综贯百家，上下千载，详考其得失之故，而断之于心，笔之于书，朝章国典、民风、土俗，元元本本，无不洞悉。……凡经义史学……疏通其源流，考正其谬误……学博而识精，理到而辞达"。（《日知录序》）《日知录》不啻是一部中华文化史，举凡经义、朝章、风俗、文字等等，无一不考证其源流，审理其名实。这是一种很好的历史方法。兹举他的周末风俗的流变为例："自《左传》之终以至此，凡一百三十三年，史文阙轶，考古者为之蒙昧。如春秋时犹尊礼重信，而七国则绝不言礼与信矣；春秋时代犹宗周王，而七国则绝不言王矣；春秋时犹严祭祀，重聘享，而七国则绝无其事矣；春秋时犹论宗姓氏族，而七国则无一言及之矣；春秋时犹宴会赋诗，而七国则不闻矣；春秋时犹有赴告策书，而七国则无有矣。邦无定交，士无定主，此皆变于一百三十三年之间。"（《日知录》卷十三《周末风俗》）这种氏族贵族没落的情况是合乎历史事实的。春秋战国流风习俗之不同历历在目。

再举他的"古今音之变，而究其所以不同"为例："三百五篇，古人之音也。……自秦汉之文，其音已渐戾于古，至东京益甚，而休文作谱（四声谱）乃不能上据雅南，旁摅'骚'子……而仅按班张以下诸人之赋，曹刘以下诸人之诗，所用之音，撰为定本，于是今音行而古音亡，为音学之一变。下及唐代，以诗赋取士，其韵以陆法言'切韵'为准，虽有独用同用之注，而其分部未尝改也。至宋景祐之际，微有更易。理宗末年，平水刘渊始并一百六韵为一百七。元黄公绍作'韵会'因之，以迄于今，于是宋韵行而唐韵亡，为音学之再变。……炎武潜心有年，既得《广韵》之书，乃始发悟于中，而旁通其说。于是据唐人以正宋人之失，据古经以证沈氏、唐人之失，而三代以上之音，部分秩如，至赜而不可乱。乃列古今音之变，而究其所以不同。……自是而六经之文乃可读，其他诸子之书离合有之，而不甚远也。"（《音学五书序》）顾炎武根据《广韵》研究而有得于中，乃作出音学之流变。这一考证，至足令人信服。

5．重明古今史学的研究法。

这是对于一些蔑视史学研究的"俗佞"们的抨击。顾炎武重视历史的递变，认为从历史可以学到很多东西。他对于轻视历史，痛加抨击。他说："唐……谏议大夫殷侑言。……比来史学废绝，至有身处班列，而朝廷旧章莫能知者。……自宋以后，史书烦碎冗长,请但问政理成败所因,及其人物损益关于当代者,其余一切不问。……今史学废绝,又甚唐时。……太常博士倪思言,举人轻视史学,今之论史者独取汉唐混一之事,三国六朝五代以为非盛世而耻谈之。然其进取之得失,守御之当否,筹策之疏密,区处兵民之方,形势成败之迹,俾加讨究,有补国家。……薛昂……尝请罢史学,哲宗斥为俗佞。吁,何近世俗佞之多乎?"(《日知录》卷十六《史学》)"俗佞"们轻视史学,实为浅薄之至。

6．不盲从的存疑法。

顾炎武写《日知录》有许多"独见",然"独见"不是武断。对于有些可疑之事,宁可阙疑,不作武断论述。例如,他考知古书错简(《日知录》卷七《考次经文》)及"昔人所言兴亡祸福之故不必尽验",(《日知录》卷四《左氏不必尽信》)他不作主观臆断,宁可阙疑。他说:"近代有好事者,刻九经补字并属诸生补此书(九经字样)之阙以意为之,……予至关中,洗刷元石,其有一二可识者,显与所补不同,乃知近日学者之不肯阙疑而妄作如此。"(《日知录》卷十八《张参五经文字》)炎武此处用洗刷元石的本字证明意补本的妄作,注重存疑。这是应当肯定的科学方法。

7．虚怀广师的问学法。

独学而无友,则孤陋而寡闻,这是顾炎武虚怀若谷,重视广师的原因。他说:"人之为学,不日进则日退,独学无友,则孤陋而难成。久处一方,则习染而不自觉。……既不出户,又不读书,则是面墙之士。……子曰:十室之邑必有忠信。如某者焉,不如某之好学也。"(《亭林文集》卷四《与人书》一)。为学如逆水行舟,不进则退,只有孜孜不倦,勇往迈进,才能有成。他以孔子的好学自励,不断修改他的《日知录》,常叹"向日学之不博"。(《初刻日知录自序》)他说:"人之为学,不可自小,又不可自大……自小小也,自大亦小也。"(《日知录》卷七《自视缺然》)他又说:"每接高谈,无非方人之论……《论语》二十篇,惟《公冶长》一篇多论古今人物而终之曰:

'己矣乎，吾未见其过而内自讼者也'，……是则论人物者所以为内自讼之地，而非好学之深，则不能见己之过，虽欲改不善以迁于善而其道无从也。"（《亭林文集》卷四《与人书》十四）论古今人物是为作自我检查，使不善迁于善，顾炎武是深有所得的。他在《广师》篇中，把他自己和友人作一对比，深感自己之不足，他说："学究天人，确乎不拔，吾不如王寅旭；读书为己，探赜洞微，吾不如杨雪臣；独精三礼，卓然经师，吾不如张稷若；萧然物外，自得天机，吾不如傅青主；坚苦力学，无师而成，吾不如李中孚；险阻备尝，与时屈伸，吾不如路安卿；博文强记，群书之府，吾不如吴任臣；文章尔雅，宅心和厚，吾不如朱锡鬯；好学不倦，笃于朋友，吾不如王山史；精心六书，信而学古，吾不如张力臣。（张氏评炎武《音学五书》）至于达而在位，其可称述者亦多有之，然非布衣之所得议也。"（《亭林文集》卷六《广师》）

顾炎武在找出这十位友人的优点的对比中，深感自己之不足，这是虚怀若谷的良好的学习态度。这也是值得我们学习的。

8．书本与实践相结合，手和脑并用的考证法。

顾炎武的考证法常以书本与实践相结合，手和脑相结合。书本与实践相结合即先从书本中探寻历史的演变，犹如他对于音学的研究，运用《广韵》的启悟，作出音学一变、再变的理论。经学方面，也从历史的考究，疏通其源流。他说："经学自有源流。自汉而六朝，而唐，而宋，必一一考究，而后及于近儒之所著，然后可以知其异同离合之指。如论字者必在于《说文》，未有据隶楷而论古文者也。"（《亭林文集》卷四《与人书》）

但书本知识有局限，这就须用实践的检证，以充实其不足。顾炎武考察嘉定县的水利时，不固守郏氏单氏五百年前的观点，他认为"以古治今者不尽今之变，善治水者固以水为师耳！若谓昔人之法可常用而不弊，必为二子笑矣"。顾炎武从实际调查嘉定的水利后，提出了"使江水自西而东"的新观点。

顾炎武游历了大半个中国,他说:"九州历其七,五岳登其四。"(《亭林文集》卷六《与杨雪臣》)他在实地考察中,遍询老兵逃卒,询其曲折,在他的二马二骡的小图书室里,检出书加以对勘。全祖望说:"(先生)所至阨塞,即呼老兵逃卒,询其曲折,或与平日所闻不合,则即坊肆中发书而对勘之。"(《亭林先生神道表》)这种重视实践的精神,诚是令人敬佩!

书本与实践相结合,即手和脑并用。顾炎武更进一步把实践推至亲自去做,使劳心与劳力得到统一。每到一地,不是耕田,就是垦荒,而且还邀他的友人一起干。"频年足迹所至无三月之淹,友人赠以二马二骡装驮书卷,所雇从役多有步行。一年之中,半宿旅店,此不足以累足下也。近则稍贷赀本,于雁门之北,五台之东,应募垦荒,同事者二十余人,辟草莱披荆棘,而立室庐于彼,然其地苦寒特甚,仆则邀游四方,亦不能留住也。彼地有水而不能用,当事人遣人到南方求能造水车水碾水磨之人,与夫能出资以耕者,大抵北方开山之利过于垦荒,蓄牧之获饶于耕耨,使我有泽中千牛羊,则江南不足怀也。"(《亭林文集》卷六《与潘次耕书》)手脑并用,切实做一个有用之人,不做空谈的文人,这是顾炎武之可贵处。

顾炎武的考证法虽未成为理论系统,但在表面的琐碎中,有他的一贯精神,这就是胡适所谓"无论如何琐碎,却有一点不琐碎的元素,就是那一点科学的精神"。(《清代学者的治学方法》)顾炎武的考证法确是具有科学精神的。

第三节 王 夫 之

一、王夫之的生平及著作。

1. 王夫之的生平。

王夫之,字而农,号姜斋,湖南衡阳人。生于明万历四十七年,即公元1619年,卒于清康熙三十一年,即公元1692年。因他晚年隐居衡阳石船山，故人称他为船山先生。

王夫之是一位渊博的思想家，又是一位热心救国的实行家。他早年读书甚多，曾说："六经责我开生面。"他的确从古籍中创造出许多有价值的思想。他反对宋明唯心主义的理学，更反对释老。他高举唯物主义大旗，批判了形形色色的唯心主义，把自古以来的素朴唯物主义发展到顶峰。

清兵进占中原后，他在衡山举兵抵抗，后又投奔桂林南明永历帝政权，做一个行人司行人小官。王夫之痛恨永历政权的腐败，上书要求改革，因此受到大官僚的迫害，几于丧了性命。王夫之原本小地主阶级立场，虽然同情劳苦人民，但他拒绝张献忠的邀请参加农民革命军。后来隐居衡阳石船山，从事著述。写出许多不朽的著作。

2．著书。

王夫之著作甚丰，计有100多种，400多卷，800多万字。现存较完备的《船山遗书》收入有60种，355卷。曾国藩曾刻《船山遗书》，望以自赎投靠清朝之罪，但他写的序言却以唯心主义歪曲王夫之，其罪更不小。

王夫之的重要著作有《张子正蒙注》、《尚书引义》、《周易外传》、《思问录》、《俟解》、《黄书》、《噩梦》、《诗广传》、《老子衍》、《庄子通》、《读通鉴论》、《读四书大全》、《宋论》等，这些都是他的重要的哲学著作。

二、王夫之唯物逻辑的唯物主义基础。

1．唯物的宇宙观。

王夫之是明清之际三大师（其余为顾炎武、黄宗羲）之一。他注重物实，通过对于宋明以来的唯心主义的斗争，对于释老的斗争，建立了他的唯物的元气本体论，把古代以来的素朴唯物主义推到顶峰。他把宇宙本质概括为"实有"，这就比认为宇宙本质是元气进了一步。他认为物质是不灭的，是互相转化的。这是进步的新命题，不是简单地用元气的聚散来说明，而是通过当时的科学的实践加以证明的。

王夫之很崇拜张载，说张载的学说"如日月丽天，无幽不烛，圣人复起，未有能易焉者也。"（《张子正蒙注·序论》）他自题墓石道："抱刘越石之孤愤而命无从致，希张横渠之正学而力不能企"。实则王夫之的学说发展了并纠正了张载。

王夫之的唯物哲学表现在他对理、气、道、器问题的分析上。

在理气问题上，王夫之反对程、朱"理在气先"。他说："气者，理之依也，气盛则理达。"（《思问录·内篇》）又说："天下岂别有所谓理？气得其理之谓理也。气原是有理底，尽天下之间，无不是气，即无不是理也。"（《读四书大全说·孟子三》）气本身有运动，运动的规律即理。可见理依气而存在，气是第一性的，理是第二性的，无气则亦无理了。王夫之说："气外更无虚托孤立之理"。（《读四书大全说》卷七）程朱所谓"理在气先"之理，正是"虚托孤立"的东西，即只有精神性的实体或神了。

其次，关于道器问题。王夫之批判程朱"寓道于器之外"，而主张天下惟器论。他说："天下惟器而已矣。道者器之道，器者不可谓道之器也。"（《周易外传·系辞上传》）器指宇宙间的各种实际事物，有某一种具体东西，即有某种事物的道，如果根本不存在具体事物，那也就没有道了，即"无其器则无其道"。（同上引）器不断变化，道也不断变化。他深切地说："洪荒无揖让之道，唐虞无吊伐之道，汉唐无今日之道，则今日无他年之道者多矣。未有弓矢而无射道，未有车马而无御道，未有牢、醴、璧、币、钟、磬、管、弦而无礼乐之道；则未有子而无父道，未有弟而无兄道。道之可有而且无者多矣。故无其器则无其道，诚然之言也，而人特未之察耳。"（同上引）这充分证明没有具体事物存在，就不可能有它的道存在。可见器是第一性的，而道只是第二性的东西了。

2. 素朴的辩证法。

对于整个物质世界,不是冥顽不动的,而是不断创新发展的。王夫之提出"絪缊生化论",说明整个世界实有都在运动变化。他说:"阴阳异体,而絪缊于太虚之中。"(《张子正蒙注·太和篇》)所谓"絪缊",即指元气本体孕育着运动变化形态。在太虚本体中,即存在阴阳对立面的统一。因此,运动成为太虚元气的本质。他说:"太虚者,本动者也。"(《周易外传·系辞下传》)又说:"而阴阳一太极之实体,惟其富有充满于虚空,故变化日新……阴阳之消长隐见不可测,而天地人物屈伸往来之故在于此。"(《张子正蒙注·太和篇》)因为不停运动变化,所以世间事物无不在不断推故创新的过程中。他说:"今日之日月,非用昨日之明也,今岁之寒暑,非用昔岁之气也,明用昨日,则如灯如镜,而有息有昏,气用昨岁,则如汤之热,沟浍之水,而渐衰渐泯,而非然也。是以知其富有者,惟其日新,斯日月贞明而寒暑恒盛也。"(《周易外传·系辞下传》)事物的变化,有明显的,有隐蔽的不易见。实则明显的外形中而内容已变。正如爪发之日新,人所易知,而肌肉之日生,人所未知。实际上肌肉的外形如一而内容不同。正如他所说:"爪发之日新而旧者消也,人所知也。肌肉之日生而旧者消也,人所未知也。人见形之不变,而不知其质已迁,则疑今兹之日月为邃古之日月,今兹之肌肉为初生之肌肉,恶足以语日新之化哉?"(《思问录·外篇》)推故出新,故能发展成繁茂的世界,这种不断运动、不断创新的思想,整个世界充满了矛盾的思想是很有价值的。

三、逻辑思想与方法。

1.逻辑思想。

王夫之站在唯物主义立场上,提出了名从实起的唯物逻辑。

名究竟从何而来,从来有两种相反的看法。唯心论者如董仲舒之流,则认为名由天造,他说:"名之为言,鸣与命也,号之为言,谓而效也,谓而效天地者为号,鸣而命者为名,名号异声而同本,皆鸣号以达天意者也。"(《春秋繁露·深察名号》)这就是董仲舒神学逻辑的看法。实则名是人对物的反映,是后天获得的,如果天下无物及能反映的人的思维，则名根本无从起。如耳闻声，则有声之名,目视色，则有色之名,没有客观声色的存在,也就没有声色的名了。王夫之说:"知其物乃知其名,知其名乃知其义。"(《张子正蒙注》卷一)名是由于知物后才产生，客观的事物反映到心而得到某种印象,而形成某事物之名。他说:"形之所以生与其所用,皆有理焉,仁义中正之化裁所生也。仁义中正可心喻而为之名者也,得恻隐之意,则可自名为仁,得羞恶之意,辄可自名为义,因而征之于事。"(《张子正蒙注》卷一)天下的各种具体事物,包括仁义等道德条目都可为名的对象。如得恻隐之意,即可名为仁。可见名是由于接触到物之后,才产生的,名并非是先验的。

王夫之既提出"名非天造,必从其实",那么,名与实必须相应。有名无实,实不应名都不能产生知识。所以他说:"知实而不知名,知名而不知实,皆不知也。"(《姜斋文集·知性论》)人们开始接触"某一事物时,只是外表的大概轮廓,还不清楚它的内部属性,这是知实而不知名"的情况。必须进一步进行观察、分析然后才了然其本质,这时对它才能确定其名。在另一方面,如果只知其名而不考究其实,则势必流于空洞。"斯问而益疑,学而益僻,思而益甚其狂惑,以其名加诸迥异之体。"所以必须循名而责实,力求与名相应之实际情况,然后名实统一,方得称为真知,此所谓"实在而终得乎名。"(《姜斋文集·知性论》)

名对我们的行为能发生很大作用,所以名是非常重要的。王夫之说:"名者,人道之大者也。"(《尚书引义》)因此正名十分重要,他说:"君子必正其名而立以为道。"(同上引)正名的目的在于用更确切的名来更好地指导行动。

名能否正确反映事物,对这一问题,王夫之是肯定的。当然,也有人反对名能反映客观事物,因此主张"无为",古代的老子便是如此。王夫之提出一种"克念"论。他说:"有已往者焉,流之源也,而谓之曰过去,不知其未尝去也。有将来者焉,流之归也,不知其必来也,其当前而谓之现在者,为之名曰刹那,不知通已往将来之在念中者,皆其现在,而非仅刹那也。"(《尚书引义·多方一》)夫之是把名"通已往将来之在念中"的思惟过程,看作是一系列的活动,它具有能动的反映作用。所谓"已往者"即我们过去的认识;所谓"将来者"即依于判断、推理而可得出的必然结果;所谓"现在者"也不是刹那生灭,而是通过去与将来的桥梁。这样名就可对客观事物有正确的反映,得到真知识。我认为这是王夫之运用了辩证法的观点分析名的主观能动作用,名决不是如唯心论者所说,只是廓然大公,物来顺应的"明镜"。当然名的作用是通过判断与推理的协助,完成其任务。

那么,什么是判断,什么是推理呢?王夫之分别有所解释。先述辞(即判断)的性质。

王夫之给辞以如下说明,他说:"夫辞所以立诚,而为事之会,理之著也。"(《尚书引义·毕命》)辞就是确立思维的对象,揭示事物间的关系和事物的属性,使其中的条理显露出来。每一事物有它的质和它的义,即它所有的属性。他说:"物生而形形焉,形者质也。形生而象象焉,象者文也"。(《尚书引义·毕命》)如一匹白马,马是形,是质,而白则是它的文。因此,事物间的差别,既要看到它们的质,又要看到它们的文。所以他说:"疏而视文,雪玉异而白同,密而察之,白雪之白,白玉之白,其亦异矣。人之与马,雪之与玉,异于质也,其白则异于文也。"(《尚书引义》)文与质是统一的,不能割裂开来,否则就会犯"白马非马","白人非白"的错误。

事物的文与质是可以从观察中得到的,他说:"先王视之而得其质,以敦人心之诚,而使有以自立;察之而得其文,以极人心之诚,而使有以自尽;于是而辞兴焉"。(《尚书引义·毕命》)辞也是依照客观事物的本然,而为之确立对象及对象所有的属性,既有一定对象的认识,又有对象属性的知识,我们就可以下判断了。

辞可以为行动的指南。王夫之重视辞的作用，他说："辞所以显器，而鼓天下之动，使勉于治器也。"（《周易外传·系辞上传》第十二章）目的即使客观事物明现其本身，这就可任使人们该如何行动。《易传》说："辩吉凶者存乎辞"，辞不止于辩吉凶而已，它可揭示事物的本质及其运动的规律，它是我们知识的基础。

客观事物是不断变化发展的，判断要符合客观实际，就必须随事物的变化而变化。王夫之认为这是可以做到的。他介绍《易传》"化而裁之存乎变"的办法，他说："存，谓识其理于心而不忘也。变者，阴阳顺逆，事物得失之数，尽知其必有之变而存之于心，则物化无恒，而皆豫知其情状而裁之。"（《张子正蒙注·天道篇》）这就是说，把事物变化的规律'积存于心，久之自然可以豫测事物变化的实际情况，作出恰当的判断。

世间事物的区别总是相对的，因而任何一个判断都不能绝对化。他说："天尊于上，而天入地中，无深不察；地卑于下，而地升天际，无高不彻；其界不可得而剖也。……天下有公是，而执是则非；天下有公非，而凡非可是。善不可以谓恶，盗跖亦窃仁义，恶不可以谓善，君子不废食色。其别不可得而拘也。"（《周易外传·说卦传》）这就是说高低、是非、善恶等的区别只是相对的，如果把它们绝对化了，就会犯错误。王夫之这里显然是运用了辩证法。

什么是推理，推理就是据所闻以验所进的思维过程。王夫之说："即所闻以验所进，以义推之。"（《周易外传》卷一）这是类比推理的方法。他又说："由其法象，推其神化，达之万物一原之本，则所以知明处当者，条理无不见矣。"（同上引）这是一种演绎法。总之，推理是有其前提和结论的，"所闻"、"法象"是前提，"所进"、"神化"是结论。推理就是由前提和结论组成。

推理必须藉助于名与辞的工具。因此，一切推论又必须肯定名为实的反映这一唯物主义的原则。王夫之说："言有大而无实，无实者不祥之言也。"（《宋论》卷六）又说："言无者，激于言有者而破除之也,就言有者之所谓有,而谓无其有也。天下果何者而可谓之无哉?言龟无毛,言犬也,非言龟也;言兔无角,言麋也,非言兔也。言者必有所立,而后其说成。"(《思问录》内篇》)言者必须有实,有其所以立,然后推论可成。因为推理是根于事实,而不依于"先设立之定理",只有根据事实的推,才能使"通者化,虽变而吉凶相倚,喜怒相因,得失相互,可会通于一也。推之情之所必至,势之所必反。"(《张子正蒙注》卷二)可见根于事实的推,揭发客观事物的必然联系,和其变化规律,所谓"情之所必至势之所必反"。如从昼之作以推夜之息,从夏之葛以推冬之裘,只有这样,才能建立我们科学系统的知识。

2.逻辑方法。

①比类相观法。

类是推理的重要基础,自古以来的逻辑家都注重类。王夫之也同样注重类在推理中的作用。他说:"凡物非相类则相反"。还说:"错者同异也,综者屈伸也,万物之成,以错综而成用。"(《张子正蒙注·动物篇》)宇宙之间万类不同,各有差异,又有它们的共同点,所以能互相结合为类。它们互相矛盾,又互相联结。同异是矛盾,屈伸也是矛盾,但它们既对立又统一。"或同者,如金铄而肖水,木灰而肖土之类。……或始同而终异,或始异而终同,比类相观,乃知此物所以成彼物之利。金得火而成器,木受钻而生火,惟于天下之物知之明,而合之、离之、清之、长久,乃成吾用。"(《张子正蒙注·动物篇》)这里很清楚地说明了万物之有同异,所以我们能对它们作出比较推论。所以比类相观法实即普通逻辑所谓的类比法。

②推故致新法。

王夫之依照他的绷缊生化论的观点,认为整个世界的万事万物无一不在变化日新之中,因为变化日新,所以能造成宇宙的富有。这一日新的过程,他称之为"推故而别致新"。(《周易外传·无妄》)这就是把旧有无用的东西扬弃掉,另外产生新的更加坚强活波的东西。没有"推故",就不能"致新"。推故致新的过程,则需运用演绎、归纳等逻辑方法。我们通过批判过去、发展将来,知识才能逐渐进步。王夫之对释老的批判,即推故致新法的实施。他对释老不是单纯的否定,而是要"入其垒,袭其辎,暴其恃,而见其瑕。"(《老子衍·自序》)扬弃旧的错误的东西,发展了新的正确的东西。比如他批老子说:"天下之言道者,激俗而故反之则不公,偶见而乐持之则不经,凿慧而数扬之,则不祥,三者之失,老子兼之矣。"(《老子衍·自序》)但他对老子去瑕存瑜,他说:"治天下者,生事扰民以自敝,取天下者,力竭智尽而敝其民,使测老子之几,以俟其自复则有瘳也。……较之释氏之荒远诡酷,究于离披缠棘,轻物理于一掷,而仅取欢于光怪者,岂不贤乎?"(同上引)老子之几,即在"反者道之动"一语,这是老子的瑜。弃瑕取瑜,即是一种"推故以致其新"的方法。

王夫之对佛家的批判,也是用同一方法。比如认识上主观和客观的关系,佛家所谓"能所"问题,佛家是消"所"入"能",否定了客观而只承认主观。这是唯心论的诡辩。他们说:"天下固无有'所',而惟吾心之能作者为'所',吾心之能作者为'所',则吾心未作,天下本无有'所'。"(《尚书引义·召诰·无逸》)王夫之汲取了他们的"能"、"所"的名词,而另作批评的解答。他说:"天下无定所也,吾之于天下,无定所也。立一界以为'所',前未之闻自释氏昉也。境之俟用者曰'所',用之加乎境而有功者曰'能'。'能''所'之分,夫固有之。释氏为分授之名,亦非诬也。乃以俟用者为'所',则必实有其体,以用乎俟用而以可有功者为'能',则必实有其用。体俟用,则因'所'以发'能';用,用乎体,则'能'必副其'所'。体用一依其实,不背其故,而名实各相称矣。乃释氏以'有'为幻,以'无'为实,唯心唯识之说,抑矛盾自攻,而不足以立。"(《尚书引义·召诰·无逸》)这里夫之肯定了"能"、"所"的分别,但批判了释氏消"所"入"能",用主观吞并了客观的错误。

第四节　黄　宗　羲

一、黄宗羲的生平及著书。

1. 生平。

黄宗羲,字太冲,号南雷,又号梨洲,人称之为梨洲先生。他是浙江余姚人,生于明万历三十八年,即公元1610年,卒于清康熙三十四年,即公元1695年。他和顾炎武、王夫之被称为明清之际三大师。他所处的时代为"天崩地解",(《黄梨洲文集·留别海昌同学序》)他反对不问政治,"天崩地解,落然无与吾事"。(同上引)当时明朝政治腐败,宦官把持朝政,黄宗羲的父亲即被阉党魏忠贤所害,所以他早年从事于反阉党的斗争,草疏为其父黄尊素申冤。他著书斥责阮大铖,几遭残害。

清兵入关后,黄宗羲举义旗抗清,他邀集同志设"世忠营",在四明山结寨。到明亡后,他从事著述,不受清廷诏旨。他坚持"身遭国变,期于速朽",他和顾炎武、王夫之一样,具有浓厚的爱国主义思想。

黄宗羲学识渊博,不但熟悉经史,而且对于天文、历法、数学、音律等各方知识都有广博的研究。所以他不但政治上反对封建制度,而且还反对迷信。他不信有"舍利"、"神物",反对鬼荫之说,他用科学说明"海市"现象,反对求仙的妄说,这表明他是有科学知识基础的。

2. 著作。

黄宗羲著作甚多,编著有《明儒学案》、《宋元学案》等断代哲学史。他开了中国哲学史写作的先河。此外,还有《明夷待访录》,宣传民主政治,批判封建专制制度,其中《原君》、《原臣》等编,脍炙人口。清末康有为、梁启超曾印发此书,作为宣传君主立宪之用。梁启超曾说:"我们当学生时代,《明夷待访录》实为刺激青年最有力之兴奋剂。我自己的政治活动，可以说是受这部书的影响最早而最深。"(《中国近三百年学术史》第40页）他又说："此书（《明夷待访录》）……光绪间我们一班朋友曾私印许多送人，作为宣传民主主义的工具。"(同上引）可见《明夷待访录》对后来影响之大。

此外，黄宗羲还著有《孟子师说》、《破邪论》、《黄梨洲文集》等，都是研究他的重要哲学著作。

二、逻辑方法的唯物主义基础。

黄宗羲和顾炎武、王夫之一样，是一位具有坚强战斗精神的思想家，他在政治上要和腐败阉党作斗争，又要对社会封建迷信的信仰作斗争，在逻辑方法上注重实际事实的考察，这些都和他的物质元气观的本体哲学观是分不开的。

黄宗羲认为世界统一于物质一元的气，气以外无他物。所谓道是气之道，理是气之理，道、理依气而生，它们都是气的流行规律的表现。如果没有气，道或理也就不见了。他说："天地之间只有一气充周，生人生物，人禀是气以生。"(《孟子师说》卷二《浩然章》）又说："大化之流行，只有一气充周无间，时而为和，谓之春；和升而温，谓之夏，温降而凉谓之秋；凉升而寒，谓之冬；寒降而复为和，循环无端，所谓生生之为易也。圣人即从升降不失其序者，名之为理。……皆一气为之。《易传》曰：'一阴一阳之谓道'。盖舍阴阳之气，亦无从见道矣。苟非是气，则天地万物为异体也，决然矣。"(《黄梨洲文集·与友人论学书》）可见若无气则无以见理，亦无以见道了。所以他又说："流行而不失其序，是即理也，理不可见，见之于气。"(《孟子师说》卷二《浩然章》）他反对程朱理在气先之说，认为那是佛家说法，他说："世儒分理气而为二，而求理于气之先，遂坠佛氏障中。"(《明儒学案》卷二十《王塘南学案》）

在道器的关系上，他也说器是道的依傍，他说："器在斯道存，离器而道不可见。"(同上引）他反对气质之性与义理之性的划分，他引他的老师刘宗周的话说："止有气质之性，更无义理之性。"

（《先师蕺山先生文集序》）气质决不是坏的。

总之,黄宗羲认为宇宙为一气所充周,"理是气之理,无气则无理"。(《明儒学案》卷二《薛敬轩学案》)道是气之道,无气便无道。这是唯物的宇宙观。宗羲的政治论、伦理观和逻辑方法等受此影响。

三、逻辑方法。

1．对比法。

对比法即普通逻辑所谓比较法。有比较才能鉴别,黄宗羲提出理想和现状对比,古和今对比。他的《明夷待访录》即采用对比方法写的。他的理想是"三代"盛世,拿理想的"三代"盛世和现状对比,也是拿古和今对比。比如古代的君是怎样,现代的君又是怎样? 古代的君是以天下为主,君为客,他说:"古者以天下为主,君为客,凡君之所毕世而经营者,为天下也。今也以君为主,天下为客,凡天下之无地而得安宁者,为君也。"(《明夷待访录·原君》)黄宗羲进一步批判当时的专制君主把天下的一切视为他的私产,认为"君"是"天下之大害",使得天下人民的私利保存不了,倒不如无君为好。他说:"后之为人君者不然,以为天下利害之权皆出于我,我以天下之利尽归于己,以天下之害尽归于人,亦无不可。使天下之人,不敢自私,不敢自利,以我之大私为天下之大公。……凡天下之无地而得安宁者,为君也。是以其未得之也。屠毒天下之肝脑,离散天下之子女,以博我一人之产业,曾不惨然,曰我固为子孙创业也。其既得之也,敲剥天下之骨髓,离散天下之子女,以奉我一人之淫乐,视为当然,曰此我产业之花息也。然则为天下之大害者,君而已矣。向使无君,人各得自私也,人各得自利也。……而小儒规规焉,以君臣之义无所逃于天地之间,……使兆人万姓崩溃之血肉,曾不异乎腐鼠,岂天地之大,于兆人万姓之中,独私其一人一姓乎?"(《明夷待访录·原君》)他在这里把君的残酷剥削的丑恶嘴脸,描绘的淋漓尽致。反观古代之为君者,则不然,他"不以一己之利为利,而使天下受其利,不以一己之害为害,而使天下释其害",黄宗羲说:"有生之初,人各自私也,人各自利也,天下有公利而莫或兴之,有公害而莫或除之。有人者出,不以一己之利为利,而使天下受其利,不以一己之害为害,而使天下释其害。此其人之勤劳必千万于天下之人。"(《明夷待访录·原君》)这就说明古代之为君者自视为人民公仆,一切都为了人民,他决不去剥削人民,这就是古代之君主和人民的关系。人民是主,君是客,而不是如现在之君以他为主,人民为客。从这一鲜明对比,封建君主之流毒一目了然了。

黄宗羲对臣的看法也用古今对比来分析。他说古代之为臣,不过为君之同僚关系。他说:"臣之与君名异而实同","以天下为事则君之师友"。(《明夷待访录·原臣》)他打个比喻,君臣都是拉一根木头的伙伴,他说:"治天下犹曳大木然,前者唱邪,后者唱许,君与臣共曳木之人也。"(同上引)因为"天下之大,非一人之所能治而分治之以群工故我之出而仕也,为天下,非为君也。为万民,非为一姓也。"(同上引)

但是现在的君臣关系则不同,他批评说:"世之为臣者昧于此义,以谓臣为君而设者也,君分吾以天下而后治之,君授吾以人民而后牧之,视天下人民为人君橐中之私物。今以四方之劳扰,民生之憔悴足以危吾君也,不得不讲治之牧之之术。苟无系于社稷之存亡,则四方之劳扰民生之憔悴,虽有诚臣,亦以为纤芥之疾也……后世骄君自恣不以天下万民为事,其所求乎草野者不过欲得奔走服役之人,乃使草野之应于上者亦不出夫奔走服役……跻之仆妾之间而以为当然。"(《明夷待访录·原臣》)这揭破当时的臣仆不过是一伙敲诈百姓的走卒,他们和君是主仆关系,这那里是古代的平等同僚呢?

黄宗羲的《原君》用的是古今对比的方法,来揭示封建社会的君臣关系。此外如《原法》也用同一的对比方法。封建时代之法是为人君谋私利之私法,不是古代为公的公法。他称封建帝王之法是为一家之私法，而古代圣王之法则为天下之法。"一家之法"，君民是不平等的，"天下之法"，君民是平等的。黄宗羲主张"天下之法"而废除后王之私法。

2．同异法。

同异法即相当于普通逻辑的求同求异法。从众异中求同来，于同一中分出异来，然后才能得到比较真实的道理，因为客观事物总是同中有异，异中有同的。黄宗羲的《明儒学案》就是采用这一方法编纂的。他说："学问之道，以各人用得着者为真。凡依门傍户，依样葫芦者，非流俗之士，则经生之业也。此编所列，有一偏之见，有相反之论，学者于其不同处，正宜著眼理会，所谓一本而万殊也。以水济水，岂是学问？"(《明儒学案·凡例》)黄宗羲这里指出"学者于其不同处，正宜著眼理会。"即希望我们于众异中求出同来，因而他所采的学案有一偏之见，有相反之论。各种理论，只要言之有故，持之成理，都得搜罗进来，决不能"依傍门户，依样葫芦"。这也好象调羹术，甜酸苦辣，油盐酱醋，调和在一起，才能成为美味。决不能"以水济水"，这是为学的不二法门。

3．怀疑法。

怀疑也是黄宗羲认为是求学的一个重要方法。读书是要从字里行间找出矛盾的漏洞，然后才能有所长进。黄宗羲曾怀疑王守仁的天泉问答的四句道语："无善无恶心之体，有善有恶意之动，知善知恶是良知，为善去恶是格物"。他认为"其实无善无恶者，无善念恶念耳，非谓性无善无恶也。下句意之有善有恶，亦是有善念恶念耳，两句完得动静二字"。(《明儒学案·姚江学案》)后来，他在《答董吴仲论学书》中，则不但怀疑这四句话，而且肯定这四句话的不通，并且提出重疑的方法。他说："承示刘子质疑，弟……自疑之不暇，而能解老兄之疑？虽然，昔人云小疑则小悟，大疑则大悟，不疑则不悟。老兄之疑，固将以求其深信也。……若徒执此四句，则先当疑阳明之言自相出入而后其疑可及于先师也。夫此四句，无论与《大学》本文不合，而先与致良知之宗旨不合。……先为善去恶，而后求知夫善恶也，岂可通乎？……四句之弊，不言可知。……龙溪亦知此四句非师门教人定本，故以四无之说救之。阳明不言四无之非，而坚主四句，盖也自知于致良知宗旨不能尽合也。……如以阳明之四句，定阳明之宗旨，则反失之耳。……从来儒者之得失，此是一大节目，无人说到此处，老兄之疑，真善读书者也。透此一关，则其余儒者之言，真假不难立辩耳！"（《南雷文集》卷三）宗羲这是讲到小疑则小悟，大疑则大悟，不疑则不悟。可见读书要有所悟，必须从疑着手，重疑是求学的一个重要方法。

黄宗羲的怀疑法后来被陈确（乾初）所重视。陈确的《大学辩》即用揭露矛盾的方法，怀疑《大学》非圣人之书，他说："《大学》首章非圣经也，其传十章非贤传也。程子曰：'《大学》孔氏之遗书'，而未始质言孔子。朱子则曰：'右经一章，盖夫子之言，而曾子述之，其传十章则曾子之意而门人记之也。'古书盖字皆作疑词。朱子对或人之问，亦云无他左验，且意其或出于古者先人之言也，故疑之而不敢质。以自释盖字之疑，程朱之说如此，而后人直奉为圣经，固已渐信于程朱矣。虽然，程朱之于《大学》，恐亦有惑焉，而未之察也。《大学》其言似圣，其旨实邃于禅，其辞游而无根，其趋因而终困，支离虚诞此游夏之徒所不道，决非秦以前儒者所作可知。"（《大学辩》北京图书馆藏抄本）陈确说《大学》言似圣，旨似禅，这在当时是一个大胆的怀疑。

第九章　清初唯物论者的逻辑思想

第一节　唐　甄

一、唐甄的生平、著书及唯物主义的世界观。

以大胆抨击封建帝王著名的唐甄是四川省达县人。他原名大陶,字铸万,号圃亭。生于明崇祯三年,即公元1630年,卒于清康熙四十三年,即公元1704年,活了74岁。他终身不仕,说:"天下之达道五,君臣也,父子也,夫妇也,昆弟也,朋友之交也,……自古有五伦,我独阙其一焉,……君臣之伦,不达于我也。……不敢言君臣之义也。"(《潜书·守贱》)他从事著述,写了一部《潜书》,是积30年写成的。《潜书》原名《衡书》,"衡者,志在权衡天下也。后以连蹇不迁,更名《潜书》。"(王闻远《西蜀唐圃亭先生行略》)

唐甄虽提倡王阳明的学说,但经他修正后转向唯物主义。从道和物的关系,理和客观事物的关系看,他的世界观是唯物主义的。他说:"天生物,道在物而不在天"。(《潜书·自明》)他又说:"譬如天道,生物无数,即一微草,取其一叶,审视之,肤理筋络亦复无数,物有条理,乃见天道"。(《潜书·性相》)唐甄这里所讲的"道在物","物有条理;乃见天道"是唯物主义命题。

唐甄坚持唯物主义的立场,所以反对神鬼的迷信。他说:"天子之尊,非天神大帝也,皆人也"。(《潜书·抑尊》)他又说:"方子曰:'人皆疑先生言兵'。唐子曰:'世之称良将者,人乎?神乎?'曰:'人也'。'所云大敌者,人乎?鬼乎?'曰:'人也'。唐子曰:'若良将

克敌,如神之斩鬼,则吾不敢言,若皆人也,何疑于吾言"。(《潜书·知言》)

二、唐甄是位政治家。

唐甄反对封建专制制度,这点和黄宗羲一样。不过抨击的程度又激烈些。他说:"自秦以来,屠杀二千余年,不可究止,嗟呼!何帝王**盗贼**之毒至于如此其极哉?"(《潜书·全学》)把帝王和盗贼并列,这在当时是极为大胆的言论。他进而更追述帝王的罪恶,他说,如果经他审判,可以处决。这是对抗性的矛盾。他说:"自秦以来,凡为帝王者皆贼也。……今也有负数匹布或担数斗粟而行于涂者,或杀之而有其布粟,是贼?非贼乎?曰:是贼矣。……杀一人而取其匹布斗粟,犹谓之贼,杀天下之人而尽有其布粟之富,乃反不谓之贼乎!……过里而墟其里,过市而窜其市,入城而屠其城,……大将杀人,非大将杀之,天子实杀之;……官吏杀人,非官吏杀之,天子实杀之;杀人者众手,实天子为之大手。天下既定,非攻非战,百姓死于兵与因兵而死者十五六,暴骨未收,哭声未绝,目眦未干。于是乃服衮冕,乘法驾,坐前殿,受朝贺,高宫室,广苑囿,以贵其妻妾,以肥其子孙。彼诚何心而忍享之!若上帝使我治杀人之狱,我则有以处之矣。……有天下者无故而杀人,虽百其身不足以抵其杀一人之罪"。(《潜书·室语》)唐甄在这里分析的很清楚,而且很有说服力。帝王是杀人贼,难怪唐甄如果掌治狱时,一定要把他处决,而且定一死也不足以赎其辜!

历代帝王尽做坏事,不做好事,乱天下者都是帝王。他说:"治天下者惟君,乱天下者惟君。……海内百亿万之生民,握于一人之手,抚之则安居,置之则死亡,天乎君哉,地乎君哉。……一代之中,治世十一二,乱世十八九。……君之无道也多矣。民之不乐其生也久矣,其如彼为君者何哉?帝室富贵,生习骄恣,岂能成贤?是故一代之中,十数世者二三贤君……其余非暴即闇,非闇则辟,非辟即懦,懦君蓄乱,辟君生乱,闇君召乱,暴君激乱,君罔救矣,其如斯民何哉!呜呼,君之多辟,非人之所能为也,天也;天无所为者也,非天之所为也,人也;人之无所不为者,不可以有为也。此古今所同叹,则亦莫可如何也矣!"(《潜书·鲜君》)"懦君蓄乱,辟君生乱,阉君召乱,暴君激乱",可见君之生民之害,又何有用乎君呢?这是唐甄彻底反对封建专制制度的呼声。

三、唐甄是位军事家。

在清初的思想家中,对军事有所研究者,唐甄实属其一,(另一为王源,著《兵法要略》。)他反对宋儒高谈性命而不屑言兵。唐甄提出要"全学"。所谓"全学"即仁、义及兵,缺一则非"全学"。他说:"国多**孝**子而父死于敌,国多悌弟而兄死于敌,国多忠臣而君死于敌,身为仁人而为不仁者虏,身为义人而为不义者虏。……学者善独身居平世,仁义足矣,而非全学也。全学犹鼎也,鼎有三足,学亦有之,仁一也,义一也,兵一也。……不知兵则仁义无用而国因以亡矣。……高者讲道,卑者夸文,谓武非我事,蔽一;视良将如天神,非**常**人所可及,蔽二;畏死,蔽三。习为懦懦,……无惑乎士之不知兵也"。(《潜书·全学》)唐甄这里说,不知兵,仁义无用,如鼎之缺一足不成其为鼎,可知兵事之重要。这是他对宋儒高谈仁义的一种反击。

唐甄的兵学还具有进步性,他认为军队应具有人民性,军队应该是为人民的。他说:"古之用兵者皆以生民,非以杀民;后之用兵者皆以杀民,非以生民。兵以去残而反自残,奈何袭行之而不**察**也。古之贤主……为民父母,……不握而提,不怀而抱,痛民之陷于死,兵以生之,恐民之迫于危,兵以安之,如保赤子,德者乳也,兵者药也,所以除疾保生也。汤武之后,……惟利天下,利爵土,无救人爱人之意,……自二千年以来,时际易命,盗贼杀其半,帝王杀其半,百姓之死于兵者不可胜道矣。"(潜书·仁师》)兵所以保民生民,非以杀民,这是人民的军队为人民的先进思想。

唐甄讲明军队的人民性之外,对于战略战术也颇有研究。他在注重正兵之外，还有游兵、缀兵、形兵、声兵等类似游击战争。他说：
"善用兵者，不专主乎一军，正兵之外有兵，无兵之处皆兵，有游兵
以扰之，有缀兵以牵之，有形兵以疑其目，有声兵以疑其耳，所以挠
其势也，能挠之者胜"。（《潜书·五形》）唐甄深知游击战的作用，
所以他的军事学是全面的。

四、唐甄的逻辑思想与方法。

唐甄的逻辑思想和方法具有实践逻辑精神，这和颜元相近。他
的逻辑思想主要有如下几点：

1．注重实践观察。

唐甄反对宋明理学的空谈心性、不注重实际具体事物的观察
实践。比如，军事学的知识不能只纸上谈兵，而必须自己实际参加
军队的生活，亲身去体验，才会真有所得。他说："用兵之道，非身
在军中，虽上智如隔障别色……身在军中，百人为耳，千人为目，两
敌之形，皆熟知之，要塞山阨，熟知地利，面背应逆，熟知人心，远近
离附，熟知援势，巧谍捷侯，熟知敌隐，别道间谷，熟知奇伏，智力等
类，熟知将能，信疑爱怨，熟知卒用，骑步水火，熟知技便，危险尝
之，岁月历之，是以谋可效，功可成也"。（《潜书·审知》）不论敌我
双方的主观条件，在人事方面，或客观条件，如地形险阻，都要自己
去实地观察，做到"危险尝之，岁月历之"，达到他所讲得几个"熟
知"，然后才能真正具有军事学知识。

唐甄不但注重自己的实践，而且还注重众人的实践。他说"天
下有天下之智，一州有一州之智，一郡一邑有一郡一邑之智，所言
皆可用也。我有好，不即人之所好，我有恶，不即人之所恶，众欲不
可拂也。以天下之言谋事，何事不宜？以天下之欲行事，何事不达？"
（《潜书·六善》）可见众人的实践是不可忽视的。

因为唐甄注重观察，所以他能从历史演变的长期观察中，得出
历史的进化。他说："天地之既成也，吾必知其有毁也，……君臣上
下，必复如是"。天地不是一成形而长久的，社会制度也必然有崩

溃的时候。这是唐甄的进步的进化史观。

2．注重常识的经验，不重书本。

《潜书》写作少引六经之言，但常用当时的俗论常识。他说"今人于五经，穷搜推隐，自号为穷经，此尤不可。何也？当汉之初，学者行则带经，止则诵习，终其身治一经，而犹或未逮。若其难者何也？盖其时经籍灭而复出，编简残缺，文辞古奥，训义难明，是以若是其难也。今也不然，训义既明，坐享其成，披而览之足矣。虽欲穷之，将何所穷！甄也，……于《诗》患毛郑之言大同而小异，……择其善者而从之，以便称引，……于《春秋》患左氏之言太简，取触类而长之义，以通其所未及，……夫心之不明，性之不见，是吾忧也，《五经》之未通，非吾忧也"。（《潜书·五经》）只要能明心性，五经之未通，不是缺点。唐甄此观点也是对当时谈经风气的一种批判。这样的读书法，值得借鉴。

3．重正名。

唐甄主张名应和实相符，对于当时有名无实的三种人，即道学、气节与文章的追求者痛加驳斥。他说："名者虚而无实，美而可慕，能凿心而灭其德，犹钻核而绝其种，心之种绝则德绝，德绝则道绝，道绝则治绝。……世尚道学，则以道学为名，矫其行义，朴其衣冠，足以步目，鼻以承睫，周旋中规，折旋中矩，熟诵诸儒之言，略涉百家之语。名既成，则升坐以讲，……弟子数千人各传师说，天下皆望其出，以兴太平，或征至京师，即以素所讲论者敷奏于上，……未有所裨益，即固辞还山，天下益高其出处焉，此道学之名也。世尚气节，则以气节为名，自清而浊人，自矜而屈人，以触权臣为高，以激君怒为忠，行政非有大过必力争之，任人非有大失必力去之，……窜于远方，杖于阙下，磔于都市，天下之士闻之，益高其义，……此气节之名也。世上文章，则以文章为名，……书纸如飞，文辞靡丽，……文士无用，其重于天下，不下道学气节二名也，……君子为政……惟破其术，塞其径，绝其根。"（《潜书·去名》）唐甄这里把三种人的有名无实的丑恶嘴脸描写得淋漓尽致。

唐甄认为名是必须正的。怎样才算正名呢？那就是他所说的
"言即其行，行即其言，学即其政，政即其学"。(《潜书·有为》)这就
是言行必然一致，政学必然一致，才算得上真的正名。唐甄深有慨
于程朱之称周礼，都是不实之言。程朱之讲学，也是不必为政之要。
他说："顾景范语唐子曰：'子非程子朱子，且得罪于圣人之门。'唐
子曰：'是何言也？二子……学精内而遗外，……吾非非二子，吾助
二子者也。顾子曰：'内尽则外治'唐子曰：'然则子何为作方舆书
也，但正子之心，修子之身，险阻战备之形，可以坐而得之，何必讨
论数十年而后知居庸雁门之利，崤函洞庭之用哉？……霍韬之书，
其言有之曰：'程朱所称周礼，皆未试之言也，程朱讲学而未及为政
……'唐子曰：'善矣，霍子之言先得我心之所欲言也古之圣人，言
即其行，行即其言，学即其政，政即其学。'……徐中允著书，著有明
之死忠者。唐子曰：'公得死忠者几何人？'曰：'千有余人'。唐子
慨然而叹曰：'吾闻之，军中有死士一人，敌人为之退舍，今国有死
士千余人而无救于亡甚矣才之难也。……为仁不能胜暴，非仁也，
……为义不能用众，非义也，为智不能决诡，非智也……不能救民
者不如无贤'"。(《潜书·有为》)在这一大段中，唐甄深刻地批判
了程朱言行不一，学政不一的错误。

第二节　颜　　元

一、颜元的生平及著书。

1．颜元的生平。

颜元字易直，又字浑然，号习斋。河北博野（今河北安国县）
人。他生于明崇祯八年，即公元1635年，卒于清康熙四十三年，即
公元1704年。颜元家境清寒，要自己去"耕田灌园劳苦淬砺"，"行
医卖药"，教授生徒为生。他厌恶科举，没有做过官。晚年主持漳

南书院,书院后遭水灾淹没,他于是回家教学终老,从事著述。

颜元在清初高举批判宋明唯心主义理学的大旗,以经世致用,实学实践为学之目的。他早年也信过程朱陆王,但亲身经历的结果,才发现程朱陆王的唯心主义理学是能毒死人的砒霜。他说:"入朱门者便服其砒霜,永无生机"。(《朱子语类评》)他又说"予未南游时,尚有将就程朱附之圣门支派之意,自一南游,见人人禅子,家家虚文,直与孔门敌对。必破一分程朱,始入一分孔孟,乃定以为孔孟程朱判然两途,不愿作道统中乡愿也"。(《颜习斋先生年谱》卷下)他不但批程朱,也批陆王,他说:"阳明近禅处尤多,……所谓与贼通气者"。(《存人编》卷二《第四唤》)又说:"今何时哉?普地昏梦,不归程朱,则归陆王,而敢别出一派,与之抗衡翻案乎?……熄扬墨,著孔道……如昔人者乎?"(《习斋记余》卷三《寄桐乡钱生晓城》)可见颜元对唯心主义理学的批判,比顾炎武、王夫之、黄宗羲更彻底。

颜元以为程朱陆王已离于孔孟圣学,因为他们空谈心性,无补实际。这些道学先生们"无事袖手谈心性,临危一死报君王",于国计民生是无用的废物。

颜元针对程朱陆王的务"虚"主"静",提出务"实"以主,"动"以抵制之。他说:"浮言之祸,甚于焚坑",又说:"彼以其虚,我以其实",(《存学编》卷一)"救弊之道在实学,不在空言"。(同上引,卷三)所以他主张"身实学之,身实习之",要"实文,实行,实体,实用,卒为天下造实绩"。(同上引,卷一《上陆桴亭书》)总之,要实际做出事业来,不讲虚文。

程朱主敬,陆王主静,实质上都是静。他说:程朱"以主敬致知为宗旨,以静坐读书为工夫,以讲论性命、天人为授受,以释经注传纂集书史为事业",陆王则"以致良知为宗旨,以为善去恶为格物,无事则闭目静坐,遇事则知行合一"。(《存学编》卷一)可见主敬和主静,实质上都是静。颜元针锋相对地提出"动"以抵制"静"。

他说:"养身莫善于习动"。(《习斋言行录·学人》)因为动的结果可以有益于身心。他说:"人心动物也,习其事则有所寄而不妄动,故吾儒时习力行,皆所以治心"。(同上《刚峰》)这点,颜元深有切身体会。他说:"吾用力农事,不遑食寝,邪妄之念亦不自起"。(《习斋言行录·理欲》)如果不劳动,则闲起来,容易产生邪念,所以他又说:"人不做事则暇,暇则逆,逆则惰,惰则疲,暇、逆、惰、疲,私欲乘之起矣"。(同上《禁令》)劳动的人私欲少些,就是这个道理。

颜元披着古代孔孟的外衣来描绘他实践、实用的新世界,他的思想是进步的。他主张男女平等,深以重男轻女为非,他认为砭斥女子,维护男子是不对的。他说:"世俗非类相从,止知斥辱女子之失身,不知律以守身之道,而男子之失身,更宜斥辱也"。(《颜习斋先生言行录》卷上《理欲第二》)"且世俗但知妇女之污为失身,为辱父母,而不知男子或污其失身辱亲一也"。(同上引《法乾第六》)他有一段"无一妇人更讲何道"的有趣描写。颜元26岁时,曾寓白塔寺椒园。有僧无退者"侈夸佛道,先生曰:'且只一件不好'。僧问之,曰:'可恨不许有一妇人'。僧惊曰:'有一妇人更讲何道?'先生曰:'无一妇人更谈何道?'当日释迦之父,有一妇人生释迦,才有汝教,无退之父,有一妇人又生无退,今日才与我有此一讲,若释迦父与无退父无一妇人,并释迦无退无之矣,今世又乌得佛教?白塔寺上又焉得此一讲乎?'僧默然颔首。"(《颜习斋先生年谱》卷上)实际上颜元的生母曾改嫁,她病后,颜元去伺候她,后来他母死,他为之服丧,这是对程朱"饿死事小,失节事大"的有力批判。

2.著作。

颜元的著作有:《四存编》、《四书正误》、《朱子语类评》、《习斋记馀》以及由他的学生辑录的《习斋先生言行录》、《辟异录》等。

后来,把他学生李塨的著作编在一起,称为《颜李丛书》。他们的学派称为颜李学派。

二、颜元实践逻辑的唯物主义基础。

1．气的唯物一元论。

颜元的实践逻辑思想是从批判程朱陆王的唯心主义理学发展起来的。但当时程朱的唯心主义理学是当时官方哲学，对占统治地位的官方哲学进行批判是有杀身之祸的。然而颜元并没有因此而退却。这种"冒死言之"（《存学编》卷一）的精神，实和他的战斗唯物主义思想分不开的。

颜元的唯物主义思想表现为气的物质的一元论。颜元反对程朱的"理在事先"和"心外无理"的唯心主义说教，提出理气物质一元论的唯物论。他认为："理气融为一片"，（《存性编》卷一）"既无无理之气"亦无"无气之理"，"理即气之理"，（同上）理在气之中。颜元说："理者，木中纹理也，其中原有条理"。（《四书正误·卷六》）如木头上的纹理，必须依于木头的物质上。所以物质的气是第一性的，理只是由气派生的，为第二性的。这是理气一元的唯物论，和程朱的"天理"论是对抗的。

2．非气质无以见性。

根据理气物质一元论的观点，颜元反对程朱的义理之性与气质之性的分割，而主张非气质无以见性。颜元说："非气质无以为性，非气质无以见性"。（《存性编》卷一）这就是说，只有气质之性，没有什么义理之性，比如眼睛，他说："譬之目矣；眶、疱、睛，气质也；其中光明能见物者，性也。将谓光明之理专视正色，眶、疱、睛乃视邪色乎?"（《存性编》卷一）眼睛能视的光明是通过它的物质眶、疱、睛来实现的，如果去掉它的物质，就变成无目了，又哪里去找眼睛的性呢?

3．强调物的存在。

颜元的新世界是从"失物"的旧世界找出"得物"的新世界。宋儒的唯心主义理学是"镜花水月"是失物的世界，而他所向往的新世界是得物世界。他说："《大学》曰'格物'，又曰;'物有本末'，兹曰仁义不过乎物,孝子不过乎物,盖周先王以三物教万民,凡天下之人,天下之政,天下之事,未有外于物者也。二千年道法之坏,苍生之阨,总以物之失耳。秦人贼物,汉人知物,而不知格物。宋人不格物而并不知物,宁第过乎物,且空乎物矣。仁人乎哉?孝子乎哉?吾愿天下为仁人为孝子也"。(《习斋记馀》卷九《题哀公问》)这样,他认为过去由于失物之故,以致不能为"仁人孝子",而且过去"失物"的程度也各时间不同。战国诸子的世界犹有七成物的利益,汉儒的世界犹有三成物的实在,宋儒的世界则一点物也没有了。所以颜元的世界即惟有唯物是格物。这种重物的主张确是颜元唯物主义精神的表现。我们在他的唯物主义的世界观中可以看出他对程朱唯心主义理学的批判。

三、颜元的逻辑思想。

1．判断论。

判断是反映客观事物的一种思维活动,它必须"以物为体",同时和感觉密切结合。颜元说:"不断,由于怠也;不觉,由于荒也。夫人日有以荒其心,日有以荒其身,日有以荒其耳目口舌,虽得孔子以为师,颜曾与为友,不能强其心而使之断也。故荒则不觉,不觉则益荒,怠则不断,不断则益怠,……常觉则断有力,常断则觉亦有力"。(《习斋记馀》卷四《答刘孝廉焕章书》)判断是对客观事物有所断定,所以必须具有自觉之心,然后判断才能合乎逻辑。判断与自觉是互相影响的,"常觉则断有力,常断则觉亦有力"即此之故。

不过,判断又必须有客观对象为基础,离开对客观对象的洞察和实践的思索是不能作出合乎逻辑的真判断。他说:"'必有事焉'句是圣贤宗旨,心有事则心存,身有事则身修。至于家之齐,国之治,天下之平,皆有事也。无事则道统治统俱坏,故乾坤之祸莫甚于老之无,释之空,吾儒之主静。"(《颜习斋先生言行录》卷上《言卜第四》)所谓有事,即有客观的物质对象,无事则抽去了客观事物对象,既无实际事物则所下判断都成了虚拟的了,所以老、释和程朱理学所讲的都是不实之言。

颜元认为"格物致和"必须亲手格物而后知至,他说:"知无体,以物为体。犹之目无体,以形色为体也。故人目虽明,非视黑视白,明无由用也;人心虽灵,非玩东玩西,灵无由施也。今之言致知者,不过读书讲问思辩已耳,不知致吾知者,皆不在此也。辟如欲知礼,任读几百遍礼书,讲问几十次,思辩几十层,总不算知;直须跪拜周旋,捧玉爵,执币帛,亲下手一番,方知礼是如此,知礼者斯至矣。……是谓物格而后知至,……格即手格猛兽之格,……故曰手格其物而后知至"。(《四书正误》卷一)所以具有逻辑真实的判断,不但要有客观对象,而且也要亲手制作一番方能算是真判断。

2.推理论。

颜元所讲推理,强调向外实证,反对向内自省。推即要用力推将出去,他说:"致者,推而及之也。解致字最好到底实讲处。却说'自戒惧而约之以至于至静之中。无少偏倚,而其守不失,则极其中自谨独而精之以至应物元少差谬云云'。世有至静之中不失其守,而天地便位者乎?有应物无差谬而万物便育者乎?……春秋之天地不位,万物不育。将谓孔子至静之守犹有失应物之处,犹有差谬乎?……理之不通明矣。且字义之训诂亦自相矛盾焉。夫推者用力扩拓去,自此及彼,自内而外,自近及远,之辞也。推而极之,则无彼不及,无外不周,无远不到之意也,曾可云约之乎?"(《四书正误》卷二)他所谓"要用力扩拓出去",就不单纯是思维工夫,而要实地有所证验。这比一般逻辑所要求的要多了。我们称他的逻辑为实践逻辑者以此。

推理总是可以获得结果的,他说:"学之患莫大于以理义让古人做,程朱动言古人如何如何,今人都无,不思我行之即有矣。虽古制不获尽传,只今日可得而知者尽习行之,亦自足以养人;况因偏求全,即小推大,古制亦无不可追者乎?若只恁口中所谈,纸上所见,心内所思之礼义养人,恐养之不深且固也"。(《存学编》卷四《性理评》)这里,颜元对推理有极大的信心,他认为以"因偏求全,即小推大",总是可以推到古制的全貌。

四、颜元的逻辑方法。

1.求因法。

研究问题必追究客观事实的原因,因为客观事实是有它们的因果联系的。例如,宋真宗时,辽人虽至澶州,但又无事,这有它的真实原因。宋靖康时,宋一败涂地,二帝蒙尘,又另有它的真实原因。但是朱熹却把这一胜一败归之气数,以气盛气衰解释成败。颜元批评道,这是"悬空闲论,不向着实处看"。他说:"宋儒论事,只悬空闲论,不向着实处看。如真宗澶渊之役,是一时将相有人,未经周程欧苏辈禅宗训诂文字坏士习,惑人心,六军还可用,高将军还敢斥呵文墨之人。至靖康时……扬时得罢荆公配飨,汤、汪等蒙高宗,使宗汝霖,李伯纪壮志成灰,秦桧竟杀岳忠武,……乌救灭亡哉?朱子却归之气盛气衰……"(《朱子语类评》)的确,朱熹用气的盛衰解释成败,诚是悬空闲论,不解决问题。抛开客观事实的因果分析,是无由得到解决问题的。

2.理论与实践相结合的考察法。

理论是和实践相结合的,理论的正确与否,要经得起实践的证验。只有书本上的东西是靠不住的。比如,朱熹注"鹏诗"二字,注为"天地之淫气",这是无法从实践证明的,只能认为是胡说。颜元说:"书本上所穷之理,十之七分舛谬不实,朱子却自认甚真。天下书生遂奉为不易之理,甚可异也,如'鹏诗''蟏蛸',朱子注:'天地之淫气',不知却是一虫为之。……愿天下扫净书生见,观法孔孟以前道传可也"。(《习斋记余》卷六《阅张氏王学质疑评》)

颜元认为方法是否正确还要加以自然实际的证验。他考证关于系字方法,曾请教天文学家,其方法是科学的。他说:"系字(日月星辰系焉)义千古无人发明,予……夜观天象,忽有流星自南来,触五车口大星,摇移须臾乃定,如有所系状,……录此以俟有得于天文学者"。(《四书正误》卷二)颜元以亲自观天象的流星行动,证明系字的字义,这是可以证验的科学论证。

3．功利的判断法。

任何方法都要经得起实际的检验。实际的检验当然包括功利在内。能产生功利的理论便是正确的理论,没有功利的效益,便是空洞的理论。当然,所讲的功利是属于人民利益的公利,而不是指个人的私利。如果视实际与实用为同一东西,而惟人之私利是求,乃是资产阶级的实用主义。如果视实际与理论分裂为二,而否认功利的实际效益,乃是唯心主义。董仲舒的"正谊不谋利,明道不计功"的命题就属十足的唯心论。于此,颜元批评道:"以义为利,圣贤平正道理也。尧舜利用,《尚书》明与、正德、厚生并为三事。利贞、利用安身,……利者义之和也,《易》之言利更多。……后儒乃云:'正其谊不谋其利',过矣!……予尝矫其偏,改云:正其谊以谋其利,明其道而计其功"。(《四书正误》卷一)这里颜元历举古代《书》、《易》中言利条目,论证古先圣人并不蔑视功利的。

4．格致法。

格致法是人类向自然界作斗争的方法,任何知识都必须从亲自动手以改变客观实际的过程中,才能得到。比如学医,读了许多医学书籍之后,必须亲自临床诊断病人一番,然后从疗效中获得治病的真知识。又如学乐,除了能看乐谱之外,还必须亲自拿乐器吹打一番,然后才能真知乐。因此颜元在他的著作中,经常以"格杀猛兽之格"训格字义。颜元说:"格物之格,王门训正,朱门训至,汉儒训来,似皆未稳。窃闻未窥圣人之行者宜证圣人之言,未解圣人之言者宜证诸圣人之行。但观圣人如何用功,便定格物之训矣。元谓当如史书'手格猛兽'之格,'手格杀之'之格,乃犯手搔打搓弄之义,即孔门六艺之教是也。如欲知礼,恁人悬空思悟,口读耳听,不如跪拜起居,周旋进退,捧玉帛,陈边豆,所谓致知乎礼者,斯确在乎是矣；如欲知乐，恁人悬空思悟，口读耳听，不如手舞足蹈，搏拊考击，把吹竹，口歌诗，所谓致知乎乐者，斯确在乎是矣。推之万理皆然，似稽文义质圣学为不谬，而汉儒朱陆三家失孔子学宗者从可知矣。"（《习斋记余》卷六《阅张氏王学质疑评》）他又进一步讲到各种不同的格法，他说："截指习射，为修身之格法，治家出入丰减皆有定规。齐家之格法，守荆州则任先教练农士。治国之格法，较先生半日静坐半日读书，……自是"。（《朱子语类评》）总之，格就是要用手去亲自磨炼一番，然后才能得到真知识。

颜元关于"致"也有他的新义。他说："致字不是一用力便了的工夫，曲字不是多端乱营的勾当，乃就吾辈各得赋分之一编，而扩充去"。（《四书正误》卷二）所谓"扩充去"即是要用一把刀，非徒口说而已。

5. 类比法。

颜元提出类比要有"可伦"的原则，所谓"可伦"即有可类比之性，否则为不伦，成为异类，异类不比。宋儒常犯类比的原则错误，如朱熹以纸喻气质，以光喻性。"拆去了纸，便自是光"，以喻排除气质便见性。于此，颜元批评道："此纸原是罩灯火者，欲灯火明，必拆去纸。气质则不然，气质拘此性，即从此气质明此性。何为拆去，且何以拆去？"（《存性编》卷一《性理评》）纸罩和灯光原是二物，可以拆去，但气质与性却是一物，无法拆去，眵瞇睛的眼的气质无法拆去而保眼的光明之性，所以它们是异类不比，朱熹犯了异类不比的错误。

又如朱熹以水清喻天性，水浊喻气质。这也是不妥的类比。因为天下之水没有像他所说"水流至海而不污者"。颜元批评说："水流未远而浊，是水出泉即遇易污之土，水全无与也。水亦无如何也。人之……引蔽习染人与有责也，人可自力也，如何可伦？"（同上）水的清浊的关系与人性的善恶的关系不同，不能进行类比。类比是要有"可伦"的关系存在。

6．时习法。

习即实践，即亲自动手去做。要想得到真知识，只看书本无济于事，必须实习一番，方能有济。颜元说：“吾辈只向习行上做工夫，不可向言语文字上着力。孔子之书，名《论语》矣，诚观门人所记，却句句是行，‘学而时习之’、‘有朋自远方来’、‘人不知不愠’、‘其为人也孝弟’、‘节用爱人’等，言乎？行乎？”（《颜习斋先生言行录》卷下《王次亭第十二》）他又说：“心上思过，口上讲过，书上见过，都不得力，临事时依旧是所习者出”。（《存学编》卷一《学辩二》）这就说明习对真知获得的关键作用。

不但要习，而且要时习。颜元说：“孔子开章第一句，道尽学宗。思过读过，总不如学过。一学便住也终殆，不如习过，习二三次终不与我为一，总不如时习，方能有得。习与性成，方是乾乾不息”。（《颜习斋先生言行录》卷下《学须》第十三）

要时习即要不断运动，比如学琴，手制弦器，耳审音律，必须动手。又如学医，必须亲自诊脉，制药针灸摩砭，不停地动着。常动对身体有好处，因为“常动则筋骨竦，气脉舒，故曰：立于礼，故曰：制礼而民不胂。宋元来儒者皆习静，今日正可言习动”。（《颜习斋先生言行录》卷下《世情》第十七）而且习动是古代圣王之教，他说：“五帝三王周礼皆教天下以动之圣人也，皆以动造成世道之圣人也。……汉唐袭其动之一二以造其世也，晋宋之苟安，佛之空，老之无，周程朱邵之静坐，徒事口笔，总之，皆不动也，而人才尽矣，圣道亡矣，乾坤降矣。吾尝言，一身动则一身强，一家动则一家强，一国动则一国强，天下动则天下强，益自信其考前圣而不谬，俟后圣而不惑矣”。（《颜习斋先生言行录》卷下《学须》第十三）这里颜元深刻地批判了佛老宋儒习静之危害。

第三节 戴 震

一、戴震的生平及著书。

1．生平。

戴震字东原，安徽休宁人。生于清雍正元年，即公元1723年，卒于乾隆四十二年，即公元1777年。戴震家贫，初作商贩，后以教书为生。戴震是清代有名的汉学家、哲学家，他一生集中精力研究经史，他精研天文、数学、历史、地理、文字、声韵、训诂。他40岁才中举，五次会试不第，后经乾隆殿试，才得到进士。当时他已入四库馆为纂修官，负有盛名了。

戴震之学，出于婺源江永。章炳麟说："震生休宁，受学于婺源江永，治小学礼经算术舆地，皆深通，其乡里同学有金榜，程偐田，后有凌廷堪三胡，三胡者匡哀，承珙培翚也，皆善治礼，而偐田兼通水地，声律工艺，谷食之学。震又教于京师，任大椿，卢文绍，孔广森皆从问业，弟子最知名者金坛、段玉裁、高邮、王念孙。玉裁为《六书音韵表》以解《说文》、《说文》明。念孙疏《广雅》，以经传诸子，转相证明。诸古书文义诘诎者皆理解。授子引之，为《经传释词》，明三古辞气，汉儒所不能理绎。其小学训诂自魏以来未尝有也。……凡戴学数家，分析条理，皆梦密严瑮，上溯古义，而断以己之律令，与苏州诸学殊矣"。（《检论》卷四《清儒》）从这段叙述中，我们可知戴学的来源及其同窗好友的关系，确证戴震为清代有名的汉学家，并知戴学（皖派）虽受吴学（惠栋）的影响，但实质上却不同。还有诸子学的兴起，经传诸子转相证明，打破已往唯一尊经的风气，发展了诸子学，复兴我国古代的全部文化，所以章炳麟的叙述意义重大。

本来专门汉学是清统治者为了统治文人在"钦定"、"御纂"等名词下发展起来的，皮锡瑞说："乾隆以后，许郑之学大兴，治宋学者已越,说经皆主实证,不空谈义理,是为专门汉学"。(《经学历史》)戴震治汉学重实证,而能不偏主一家自有其特色。何况在当时清统治者大捧程朱哲学的时候,戴震能肩起唯物主义的旗帜痛击程朱唯心主义理学,使唯物主义思想达到又一发展的新阶段,他是有功的。

2．著作。

戴震著述甚多,重要的有《孟子字义疏证》。他自称:"仆生平著述之大,以《孟子字义疏证》第一"。该书虽受到当时官方学者的冷落,但在唯物主义发展史上却有重要意义。

关于戴震著作,有中华书局出版的《孟子字义疏证》及《戴震文集》二书。

二、戴震逻辑的唯物主义哲学基础。

以"综形名,任裁断","分析条理,多密严瑮"(章炳麟《检论》卷四《清儒》)著称而又注重证验及总结经验的戴震的逻辑思想与方法,是有他的唯物主义世界观作基础的。戴震的唯物主义是针对宋儒唯心主义理学的批判展开的,他反对程朱"理在事先"的形而上学,而主张理在事内。他说:"就事物言,非事物之外别有理义也,有物必有则,以其则正其物,如是而已矣。就人心而言,非别有理以予之而具于心也。心之神明于事物,咸足以知其不易之则。譬有光皆能照,而中理者乃其光盛,其照不谬也。"(《孟子字义疏证》卷上)又说:"事物之理必就事物剖析至微而后理得"。(同上引)他又说:"天地人物事为都是有物有则的,物者指其实体实事之名,则者称其纯粹中正之名。实体实事罔非自然而归于必然"。(同上引)这就清楚地表明了理在事中,如木之纹理在木中,非木之外另有其理也。

复次,戴震既根据物质一元的宇宙观,批驳程朱理在事先的唯心论,再根据他的物质一元的认识论批驳程朱"冥心求理"的先验论。戴震认为人的认识建立于血气心知,而血气心知都是从物质一本发展而来。人的认识始于感官的接触外物，譬如"耳之能听也，目之能视也，口之知味也，物至而迎受者也"。（《原善》中）"味与声色在物不在我，接于我之血气，能辨之而悦之"。（《孟子字义疏证》）主观方面的认识之所以能和外界事物认识一致，原于主观与客观都由同一物质世界发展而来。他说"人物受形天地，故恒与之相通"。又说："外内相同，其开窍也，是为耳目鼻口……资于外是以着其内，此皆阴阳五行所为"。（《孟子字义疏证》）戴震的认识过程是，第一步先由感官知觉的接触，以得外物的形象，再由心知（即思维活动）的审察，以达到神明的认识，即真实的知识。他说："有血气则有心知，有心知则学以进神明，一本然也"。（同上引）可见完全认识的构成，一方既有感性的认识，他方复有理性的思维。戴震说："事物之理，必就事物剖析至微而后理得"。"事物来乎前，虽以圣人当之，不审察无以尽其实也"。（《孟子字义疏证》）所谓"审察"就是理性的思索。感性的认知如果没有理性的思索，还是不能完成真知。

知识既以客观事物为基础，只有从客观事物的感性接触，才能得到知识的素材。有了知识的素材之后，又必须经过理性的考察。这是十分过硬的工夫，不加紧学习是不行的。戴震自己即实践他的主张，他一切都学，举凡哲学、天文、声韵、训诂等等无一不学。他对于学习要求非常严格，每一字都要求"真的解"。他说："治经先考字义，次通文理。志存闻道，必空所依傍。汉儒故训有师承，亦有时附会；晋人附会凿空益多；宋人则恃胸臆为断，故其袭取者多谬，而不谬者其所弃。我辈读书，原非与后儒竞立说，宜平心体会经文，有一字非其的解，则于所言之意必差，而道从此失。……学不是以益吾之智勇，非自得之学也。……会而不化者也。……宋以来，儒者以己之见硬作为古圣贤立言之意，而语言文字，实未之知；其于天下之事也，以己所谓理强断行之，而事情原委隐曲实未能得，是以大道失而行事乖"。（《戴东原集》，《与某书》）戴震在这段话中,对汉的附会之学,晋宋以来的凿空文学,深为不满,他是要人"空所依傍"抒以己见,然后才能有得。

三、逻辑思想与方法。

1.**综形名、任裁断的严密逻辑方法。**

章炳麟曾把汉学家的逻辑方法归纳为六点,他说:"近世经师皆取是为法。审名实,一也;重佐证,二也;戒妄牵,三也;守凡例,四也;断情感,五也;汰华词,六也。六者不具,而能成经师者,天下无有。学者往往崇尊其师,而江戴之徒,义有未安,弹射纠发虽师亦无所避"。(《太炎文录初编》,《文录》卷一《说林下》)这里所提六点,都是逻辑方法问题。名实须相应,故必须先加审察;论证要有充分论据,才能令人信服;不作无根据的牵连,避免发生错误;遵守普遍的法则,以避违反逻辑;去掉情感用事,保持客观态度;华词容易使宾主倒置,致生谬误,故必须淘汰。统观这六点,都是逻辑方法所要求的。

戴震精研天文、数学、地理等科学,在研究这些科学中确有值得重视的逻辑方法。他要求研究经书,必须重视科学的训练。他说:"寻思之久,计于心曰,经之至者道也,所以明道者其词也,所以成词者字也,由字以通其词,由词以通其道。……一字之义,当贯群经,本六书然后为定,至若经之难明,尚有若干事,诵《尧典》数行,至乃命羲和,不知恒星七政,所以运行,则掩卷不能卒业;诵《周南》、《召南》,自'关雎'而往,不知古音徒强以协韵,则龃龉失读;诵古《礼经》,先'士冠礼',不知古者宫室衣服等制,则迷于其方,莫辩其用;不知古今地名沿革,则《禹贡》、《职方》失其处所;不知少广旁要,则《考工》之器,不能因文而推其制;不知鸟兽虫鱼草木之状类名号则比兴之意乖,而字学与故训音声未始相离,声与音又经纬衡从宜辨。……凡经之难明,有若干事儒者不能忽置不讲……仆闻事于经学,觉有三难:淹博难,识断难,精审难,……为书之大概端在乎是。前人之博闻强识,如郑渔仲扬用修诸君子,著书满家淹博有之,精审未也,别有略是而谓大道可以径至者,如宋之陆,明之陈王,废讲习讨论之学,似所谓尊德性以美其名,然舍夫道问学,则恶可命之尊德性乎?……群经六艺之未达,儒者所耻,仆用是戒其颓惰"。(《戴东原集》卷九《与是仲明论学书》)在这一大段文字里边,戴震首先提出字和词是通道的基础,继之,说明不具有天文、地理及生物诸科知识,就无法读懂经。最后,批判陆、王不讲道问学而美其名,为尊德性的荒谬。这就是他之所以重视学习的原因。

2.字、词、道等名词的语义分析。

戴震鉴于宋明唯心主义理学家轻视文字的研究,往往恁主观的臆测,造成不符事实的意义。如"理"字,他们把天理与人欲对立起来,造成"以理杀人"的严重恶果,所以他重视文字语词的科学分析。他在《孟子字义疏证》中,曾分析了理、天道、性、才、道、仁、义、礼、智、诚、权等十一个字的意义。他认为对这些字义的分析为他生平最重要的论述。他在死的那年,曾写信给他的弟子段玉裁讨论此事。他说:"仆自十七岁有志闻道,谓非求之六经,孔孟不得,非从事于字义、制度、名物,无由以通其语言。宋儒讥训诂文学,轻语言文字,是欲渡江而弃舟楫,欲登高而无阶梯也。为之卅十余年,灼然知古今治乱之源于是。……观近儒之言理,吾不知斯民之受其祸之所终极矣"。(《孟子字义疏证·与段玉裁论理书》)他在这里说得很清楚,语言文字是载道的工具,未有忽视语言文字而能通道者,犹之弃舟楫而欲渡河,无阶梯而欲登高也。

研究语义,首先必须了解文字结构的法则,戴震的语义分析得益于许慎的《说文解字》就是一例。戴震《与是仲明论学书》云:"仆自少时家贫,不获其师,闻圣人之中有孔子者,定六经示后之人,求其一经启而读之,茫茫然无觉。寻思之久,计于心曰:经之**至者道也**,所以明道者其词也,所以成词者字也。由字以通其词,由词以通其道,必有渐。求所谓字,考诸篆书,得许氏《说文解字》,三年知其节目,渐睹古圣人制做本始。又疑许氏于故未能尽,从友人假

《十三经注疏》读之，则知一字之义，当贯群经，本六书然后为定。"（《戴震文集》）这里，戴震运用归纳和演绎，"贯群经，本六书"，然后才能确定一字之义，可见语义分析之不易。

其次，语义的分析还须考诸名物、制度。举凡古代历法，古代音韵，古代衣服宫室制度，古今地名沿革，以及古鸟、兽、虫、鱼、草木之状类、名号等等。戴震说他就这些东西用了上十年功夫，这样对经书才渐渐理会。

3．完全归纳和不完全归纳。

公元1755年，姚鼐拜戴震为师，姚时为孝廉，比戴震年纪小。戴震曾写信给姚鼐，即《与姚孝廉姬传书》。信中曾提出"十分之见"与"未至十分之见"的分析。他说："然寻求而获，有十分之见，有未至十分之见。所谓十分之见，必征之古而靡不条贯，合诸道而不留余议。巨细必究，本末兼察。若夫依于传闻以拟其是，择于众说以裁其优，出于空言以定其论，据于孤证以信其通，虽溯流可以知源，不目睹渊泉所导，循根可以达杪，不手披枝肄所岐，皆未至十分之见也"。（《戴震文集》）这里所谓"十分之见"与"未至十分之见"是什么意思呢？梁启超认为二者是定理与假设的关系。他说："所谓十分之见与未至十分之见者，即科学定理与假设之分也。科学之目的在求定理，然定理必经过假设之阶段而后成。初得一义，未敢信为真也，其真的程度或仅一二分得已，然姑假定以为近真焉，而恁藉之以为研究之点，几经试验结果，寖假而真之程度增至五六分，七八分，卒达于十分，于是认为定理而主张之。其不能至十分者或仍存为假说以俟后人，或遂自废弃之也。凡科学家之态度，固当如是也。震之此论，实从甘苦阅历得来"。（《梁启超论清学史二种》）与梁启超同一见解者，还有侯外庐著的《中国早期启蒙思想史》，他认为"十分之见，颇当形式逻辑的定理；未至十分之见，颇当犹待证明的假设"。（该书第417页）不过他不象梁启超深述其理由。

我认为，以定理和假设的关系说明"十分之见"与"未至十分之见"的关系,自然也讲得通,但对二者的逻辑作用似未揭开。我认为戴震的"十分之见"相当于逻辑的完全归纳法,而"未至十分之见"则相当于逻辑的不完全归纳法。不完全归纳法都有逻辑缺点,如前文所引的未至十分之见,不是犯论证不足,就是犯轻率概括的毛病。但不完全归纳几经多次修改证验,最终还是可以达到完全的归纳的,戴震注重客观事实的经验,所以应认识到归纳的逻辑作用。梁启超说他是"从甘苦阅历所得"是有见而言然的。

4. 概推法。

概推法即戴震所讲的"心之所同然"法。他说:"凡一人以为然,天下万世皆曰:'是不可易也',此之谓同然"。(《孟子字义疏证》)比如桌子,我说它是桌子,你说它是桌子,现在的人也人人说它是桌子,过去和将来的人不得不承认它是桌子,这就对桌子有同然的认识,可以把它概推成桌子。

戴震提出"心之同然"的目的,在于论证心官也和其他感官一样,有它的同然,即是"悦理义"。他说:"孟子言:'口之于味也,有同耆焉;耳之于声也,有同听焉;目之于色也,有同美焉,至于心独无所同然乎?明礼义之悦心,犹味之悦口,声之悦耳,色之悦目。……味与声色,在物不在我,接于我之血气,能辨之而悦之,其悦者必其尤美者也。理义在事情之条分缕析,接于我之心知,能辨之而悦之,其悦者必其至是者也"。(同上引)戴震这里运用了概推法,由口之同味,耳之同声,目之同色,至于心之同悦理义。他承认,味、声、色和理义,都是客观存在的事物,接于我之血气心知,我们都同样地能认识它。这是一种朴素的唯物论的反映论,是可以肯定的。

不过逻辑概推法的运用,有容易犯轻率概推的缺点,即以"心之同然"来说,在阶级社会中很难有人类普遍的同然。戴震只是看到一般的人性,所以他之所谓同然仍是抽象的。

5. 类推法。

戴震曾提出"以情絜情"的方法,这相当于普通逻辑的类推法。

戴震在解释《大学》时，曾说："……'所恶于右毋以交于左，所恶于左毋以交于右'，以等于我言也。曰'所不欲'，曰'所恶'，不过人之常情，不言理而理尽于此。唯以情絜情，故其于事也，非心出一意见以处之。苟舍情求理，其所谓理，无非意见也。未有任其意见而不祸斯民者"。(《孟子字义疏证》卷上)这里，他提出"以情絜情"的方法，就可取得人己关系的平等对待。"絜"字即度量的意思，即以己之情去度量人之情，"己所不欲，勿施于人"。自己不要的东西，不要拿给人家。这是从人的平等原则出发，理该如此。

戴震反对脱离情去讲理，因为理即是情之不爽失者。他说："理也者，情之不爽失者也。未有情不得而理得者也，凡有所施于人，反躬而静思之，人以此施于我，能受之乎？凡有所责于人，反躬而静思之，人以此责于我，能尽之乎？以我絜之人，则理明。……自然之分理，以我之情絜人之情，则无不得其平是也。……情得其平。是为好恶之节，是为依乎天理"。(同上引)人我是平等的，人我之情是同样的，这就可以得到公平。情得其平即理的体现。

类推法是常用的逻辑方法，但类推常易违异类不比之原则。戴震的"以情絜情"的类推，是建立在人人平等的社会原则之上，但实际上，在阶级社会中，情感是有阶级性的，工人和资本家不可能有相同的感情，那是无法去絜的。戴震的"以情絜情"仍是一条抽象的法则。

第十章 清中叶诸子学中的
逻辑思想

第一节 汪 中

一、汪中的生平及著书。

1．生平。

汪中，字容甫，江苏江都人（即今扬州），他生于清乾隆九年，即公元1744年，卒于清乾隆五十九年，即公元1794年，只活了50岁。

汪中少孤贫好学，但他的家很贫穷，买不起书，因而帮助书贾卖书于市。汪中因此遍读经史百家。39岁时为拔贡，以后没再应试，他也没有做过官，只做幕僚工作，生活贫困。他自己说过："直岁大饥，乃荡然无所托命矣。再徙北城，所居只三席地，其左无壁，复之以苫。日常使姊守舍，携中及妹僄然匄于亲故，率日不得一食，归则藉藁于地。每冬夜号寒，母子相拥，不自意全济，比见晨光，则欣然有生望焉。"（《述学补遗·先母邹孺人灵表》）可见他饥寒交迫的苦境。这样贫穷的家庭，使汪中身体虚弱，终于得了心脏病，听到半夜鸡叫都害怕。江藩说他："以劳心故，病怔忡，闻更鼓鸡犬声，心怦怦动，夜不能寐。"（《汉学师承记》卷七《汪中传》）汪中的身体如此衰弱，又时被饥寒所迫，影响了他的写作，正如他所说："牵于人事，且作且止。"这就使他不能发挥才能，构成系统的学说。章学诚批评他说："其人聪明有余，而识力不足，不善尽其天职之良，而强言学问，恒得其似，而不得其是。"（《文史通义》外篇一《立言有本》）又说："汪氏之文，聪明有余，真识不足，触隅皆悟，大体茫

• 184 •

954

然。"(同上引《述学驳文》)这就是说,汪中有卓见,**但没构成体系**,这也是事实。

汪中的诸子研究,推动了其后诸子研究,子学的发展,走上复兴我国古代各种文化的道路,所以他对诸子的研究是有功的,这里,我们提出如下几点:

第一,他提出荀子之学是孔子的正传,一反以往孔孟系统的旧说。他写了《荀卿子通论》,阐发他的新观点。他说:"荀卿之学出于孔氏,而尤有功于诸经。"(《述学补遗·荀卿子通论》)他认为《毛诗》、《左氏春秋》、《谷梁春秋》都为荀子所传,《易》又为荀子深有研究的学问,所以他又说:"自七十子之徒既殁,汉诸儒未兴,中经战国,暴秦之乱,六艺之传赖以不绝者荀卿也。周公作之,孔子述之,荀卿子传之,其揆一也。……《史记》载孟子受业于子思之门人,于荀卿则未详焉。今考其书,始于《劝学》,终于《尧问》,篇次实仿《论语》。《六艺论》云,《论语》子夏、仲弓合撰,《风俗通》云,谷梁为子夏门人,而《非相》、《非十二子》、《儒效》三篇,每以仲尼、子弓并称,子弓之为仲弓犹子路之为季路,知荀卿之学实出于子夏、仲弓也。"(同上引)汪中这里把荀子和周公、孔子并提,他是传周、孔之道的重要人物,汪中于此,作了充分论证,诚足令人信服。

第二,提高墨子的地位,一反过去"拒扬墨"的传统观点。汪中曾作《墨子序》对于孟子评墨子无父,有所反驳。他说:"彼且以兼爱教天下之为人子者,使以孝其亲,而谓之'无父',斯已过矣!后之君子,日习孟子之说,而未睹墨子之本书,众口交攻,抑又甚焉。世莫不以其诬孔子为墨子罪,虽然,自儒者言之,孔子之尊,固生民以来所未有矣;自墨子言之,则孔子鲁之大夫也,而墨子宋之大夫也,其位相埒,其年又相近,其操术不同,而立言务以求胜,此在诸子百家,莫不如是。是故墨子之诬孔子,犹老子之绌儒学也,归于不相为谋而已矣。"(《墨子序》)这里,汪中指出孟子之评墨子为太过,更重要的,他指出孔子和墨子都是诸子之一,无所谓正宗与异端之分,这是汪中诸子学的特点。不过当时正统派人物翁方纲大怒,说褫革汪中的生员的衣顶为法之所宜,且加以"墨者汪中"的头衔,(参考《复初堂文集》卷十五《书墨子》)汪中的说法在他们眼里便是异端了。

第三,除了以上两点外,汪中对于老子及《吕氏春秋》亦有所评述。他认为孔子问礼于老聃的老子,与作《道德经》的老子不是一人。《老子考异》云:孔子向之问礼的老子与作《道德经》的老子是两个不同的人,因为精于礼的老聃,不可能又是攻击礼的人,这样去掉儒家的面纱,恢复道儒对立的道家地位。

汪中在《吕氏春秋序》中,分析了《吕氏春秋》的内容为调和先秦诸子各家的学说,他说:"周官失其职,而诸子之学以兴,各择一术以明其学,莫不持之有故,言之成理,及比而同之,则仁之与义,敬之与和,犹水火之相反也,最后《吕氏春秋》出,则诸子之说兼而有之。"这是证明诸子各有其地位。

总之,汪中是在那里大声疾呼诸子的应有地位,于是子学的研究蔚然成风。其中著名的人物有卢文弨(1717—1796年), 毕沅(1730—1797年),王念孙(1744—1832年),孙星衍(1753—1818年),辛从益(1759—?),张惠言(1762—1802年),陈澧(1810—1882年)等。

汪中于子学有巨大贡献之外,还有一些进步思想。

第一,他破除迷信。

汪中不信鬼神,见有人作邀福祈祷者,辄痛骂不休。江藩说:"且言'世多淫祀,尤为惑人心,害政事。'见人邀福祈祷者,辄骂不休,聆者掩耳疾走,而君益自喜。"(《汉学师承记》卷七《汪中传》)汪中大有唯物论、无神论观点,他成为封建社会的叛徒。

第二,汪中有男女婚姻自由的思想。

汪中在古老"礼"的外衣下,提出男女的自由结合。他说:"《媒氏》:仲春之月,令会男女,于是时也,奔者不禁,若无故而不用令者罚之。'会'读若'司会',其训计也,……凡**男女**自成名以上,媒氏皆书其年月日名焉,于是时计之,则其年与**其人**之数皆可知也。其有三十不娶,二十不嫁,虽有奔者不禁焉,非教民淫也,所以著之令,以耻其民,使及时嫁子娶妇也。……**婚姻**之道可以观政焉。"(《述学》内篇一《释媒氏文》)这是反封建礼教的一篇檄文。

汪中还反对女子不改嫁,坚守节操的做法。他说:"夫妇之礼,人道之始也。……许嫁而婿死,适婿之家,事其父母,为之立后而不嫁者非礼也。……今也,生不同室,而死则同穴,存为贞女,没称先妣,其非礼孰甚焉!……先王恶人之以死伤生也,故为之丧礼以节之,其有不胜丧而死者,**礼**之所不许也。……事苟非礼,虽有父母之命,夫家之礼,犹不得遂也。是故女子欲之,父母若婿之父母得而止之,父母若婿之父母欲之,邦之有司、乡之士君子得而止之。"(《述学》内篇一《女子许嫁而婿死从死及守志议》)汪中这里认为夫死不许嫁为非礼,他是在礼的名义下反对贞操的。汪中还因为他看到母亲守节之苦,而设想一个"贞苦堂"的制度。汪中的男女平等、婚姻自由、反对守节等观念是和颜元一致的。

汪中讲学,重在实事求是,注重习,这是一种好学风。他说:"中少日问学,实私淑诸顾宁人处士,故尝推六经之旨以合于世用,及为考古之学,惟实事求是,不尚墨守,所为文恒患意不称物,文不逮意,不专一体。"(《述学·别录》《与巡抚毕侍郎书》) 可见他的世界观与当时一般考古学家不同。他务于世用,不是钻到故纸堆中去,他重习,要"学而时习之"。他说:"讲,习也;习,肄也;肄,讲也。《国语》三时务农,而一时讲武。……古之为教也以四术,书则读之,诗乐同物,诵之歌之;弦之舞之,**揖**让周旋,是以行礼。故其习之也,恒与人共之,学而时习之。……孔子适宋,与弟子习礼大树下,鲁诸儒讲礼乡饮大射于孔子冢,皆讲学也。礼乐不可斯须去身,故孔子忧学之不讲,后世群居终日,高谈性命,而谓之讲学,吾未之前闻也。"(同上别录《讲学释义》)汪中这里批判宋儒的学风,与颜元的态度相似。

2．汪中的著述。

汪中的著作不少，计有《广陵通典》、《述学》内外篇、《容甫先生遗诗》等。《述学》原是一个大部头的著作，据侯外庐著的《中国早期启蒙思想史》所载，汪中的儿子喜孙曾作《年谱》记《述学》一书的内容颇为庞杂。又云："嘉庆时乌程徐有壬氏有《述学故书跋》一文。"（见《汪氏丛书·汪氏学行记》卷四）赞扬汪中的著作有为唐宋以下儒者所未能见及者，该文保存容甫《述学》的书目，如下：古之学出于官府，人世其官，故学世其业，官既失守，故专门之学废。卷一，虞夏、殷之制；卷二，成周之制……周礼，……幼仪，曲礼，内则，学则；卷三，周衰列国（异礼、失礼、变古、存古、举礼、从礼乐、制度之失）；卷四，孔门、言、行、储说、通论附；卷五，七十子后学者；卷六，旧文、典籍原始，卷七，阙；卷八，通论甲（古之学在官师瞽史）、通论乙（史数典、史释经、史司图籍）、通论丙（史明天道、史世官世业）。（参阅该书第481—482页）可见《述学》是一部复杂的历史学丛书。惜汪中多病，生活艰难，而又只活了50岁，所以未完成。

二、汪中的逻辑思想与方法。

汪中的逻辑思想是与他的思想异端性结合的，他反对传统观念，批判社会制度，在反对与批判的过程中发挥了他的逻辑方法。

汪中的逻辑方法，我们提出如下几点：

1．疑问法。

汪中对宋儒宣扬《大学》表示怀疑，他说："《大学》其文平正无疵。与《坊记》、《表记》、《缁衣》伯仲，为七十子后学者所记，于孔氏为支流余裔，师师相传，不言出自曾子。视《曾子问》《曾子立事》诸篇，非其伦也。宋世禅学盛行，士君子入之既深，遂以被诸孔子。是故求之经典，惟《大学》之格物致知，可与傅合。而未能畅其旨也。一以为误，一以为缺，举平日之所心得者著之于书。以为本义固然,然后欲俯则俯,欲仰则仰,而莫之违矣。习非胜是,一国皆狂,即有特识之士,发瘤于心,止于更定其文,以与之争,则亦不思之过也。诚知其为儒家之绪言,记礼者之通论,孔门设教,初未尝以为至德要道。而使人必出于其途,则无能置其口矣。"(《述学别录·大学平义》)汪中这里指出《大学》与《曾子问》《曾子立事》诸篇不同,它不是真正的孔学,而为孔氏之支流余裔。其次,《大学》是宋人用禅学的外衣,被诸孔学,因为他们正可利用《大学》来任意附会。汪中还提出以下三点理由,论证《大学》非孔氏真传。

第一,"周秦古书,凡一篇述数事,则必总详其目,而后备言之。……今定为经传,以为二人之辞,而首末相应,实出一口,殆非所以解经也。意者不托之孔子,则其道不尊,而中引曾子则又不便于事,必如是而后安尔。"(《述学补遗·大学平义》)

第二,"门人记孔子之言,必称'子曰'、'子言之'、'孔子曰'、'夫子之言曰'以显之。今《大学》不著何人之言,以为孔子,必无所据。"(同上引)

第三,"孔子曰,'中人以上可以语上也,中人以下不可以语上也。'明乎教非一术,必因夫其人也。其见《论语》者,问仁,问政,所答无一同者,闻之行诸,判然相反,此其所以为孔门也。标《大学》以为纲,而驱天下从之,此宋以后门户之争,孔氏不然也。宋儒既借《大学》以行其说,虑其孤立无辅,则牵引《中庸》以配之,然曾子受业于孔门,而子思则其孙也。今以次于《论语》之前,无乃慎乎?盖欲其说先入乎人心,使之合同而化,然后变易孔氏之义,而莫之非,所以善用其术,而名分不能顾也。"(同上引)

汪中之疑《大学》论据是充分的。

2. 语义分析的论证法。

汪中引钱大昕说:"《荀子》三十二篇,世所共訾謷之者惟《性恶》一篇。然多未达其旨趣。……世人见篇首云:'人之性恶,其善者伪也',遂掩卷而大诟之,不及读之终篇。今试平心而读之,荀子所谓'伪',只作为善之为,非'诚伪'之'伪',故曰:'不可学不可事而在人者谓之性,可学而能可事而成之在人者谓之伪。'古书'伪'与'为'通。《尧典》《平秩南讹》,《史记》作'南为',《汉书·王莽传》作'南伪',此其证也。若读'伪'如'为'则其说本无悖矣。"(《潜研堂文集》卷二十七《跋荀子》)这里把"伪"字从意义上分析和"为"的义同,这是人的作为,非人的作伪也。世人误解荀子之"伪",因而不满荀子,实则荀子本无错也。

汪中在《述学别录·讲学释义》一文中曾说:"讲,习也;习,肄也;肄,讲也。"这是从"讲"字的字义分析,"讲"即习的意义。他证明讲必须通过习而始成,这是对宋儒"群居终日,高谈性命,而谓之讲学"的批判。

3.历史参考法。

这是通过具体历史的实际考察去解决问题。汪中在《老子考异》一文中,曾论证老聃、老子、老莱子是三个不同的人,写《道德经》五千言的老子决不是孔子问礼的老聃,因为精于礼的老聃决不可能成为攻击礼的人。所以《道德经》的作者是孔子以后战国时代的人。

对于《庄子》的反证,他驳斥道:"若《庄子》载老聃之言,率原于道德之意,而《天道篇》载孔子西藏书于周室尤误后人,寓言十九,固已自掊之矣。"(《述学·老子考异》)

汪中在《墨子序》中,列举"孔墨、儒墨"对举以证明儒墨之分并非正统与异端之不同,儒墨都为诸子中之一家。这也是从春秋战国的历史发展考察得来。

第二节 章 学 诚

一、章学诚的生平及著书。

1.生平。

章学诚，字实斋，号少岩，浙江会稽（今绍兴）人。生于清乾隆三年，即公元1738年，卒于嘉庆六年，即公元1801年。他是乾隆进士，曾主讲定州定武、肥乡清漳、永平敬胜、保定莲池、归德文正等书院。他曾在湖广总督毕沅的幕府，赞助编纂《续资治通鉴》一书。他一生从事讲学，编修方志及著述，是清代有名的史学家和哲学家。

章学诚生逢乾嘉经学考据的极盛时代，"达人显贵之所主持，聪明才隽之所奔赴"，(《章氏遗书》卷二)社会上已形成一种令人窒息的风气，他对这种时代的风气深恶痛绝，力求有以改之，故他的思想和时代对抗，成为当时的异端。

章学诚对时代的对抗，表现为以下几个方面：

第一，推崇子学，认为应与经学并重。他说："就经传而作训诂，虽伏郑大儒不能无强求失实之弊，……离经传而说大义，虽诸子百家未尝无精微神妙之解，以天机无意而自呈也。"(《章氏遗书》卷十三《校雠通义》外篇《吴澄野太史历代诗钞商语》）章学诚在这里肯定诸子有"精微神妙"之解，应与经传并重。他又说："诸子争鸣，皆得……一端"，(《章氏遗书》卷四《文史通义》内篇四《答客问》中)可见诸子皆各有独到之处。

章学诚又申述诸子和六艺的关系。他说："诸子之为书，其持之有故，而言之成理者，必有得于道体之一端，而后乃能恣肆其说，以成一家之言也。所谓一端者无非六艺之所赅，故推之而皆得其所本，非谓诸子果能服六艺之教，而出辞必衷于是也。老子说本阴阳，庄列寓言假象，《易》教也，邹衍侈言天地，关尹推衍五行，《书》教也；管商法制，义存政典，《礼》教也；申韩刑名，旨归赏罚，《春秋》教也；其它扬墨尹文之言，苏张孙吴之术，辨其源委，挹其旨趣，九流之所分部，七录之所叙论，皆于物曲人官，得其一致，而不自知为六典之遗也。"(《章氏遗书》卷一《文史通义》内篇一《诗教上》)章学诚这里把诸子之学出于六艺，不尽可信，但他重视诸子学，与六艺并提,就有打破传统正宗与异端的划分的旧习。总之,章学诚是继承了清初傅山经史不分,五经皆王制的理论。这是清初诸儒的优良传统,章学诚对于清中叶子学的发展是有功的。

第二方面,表现为他对传统孔孟正宗的否定,此点和汪中同。他说:"圣门身通六艺者七十二人,然自颜、曾、赐、商,所由不能一辙。再传而后,荀卿言《礼》,孟子长于《诗》《书》,或疏或密,途径不同,而同归于道也。……循于一偏,而谓天下莫能尚。则出奴入主,交相胜负,所谓物而不化者也。"(同上引卷二《文史通义》内篇二《博约下》)这里章学诚认为荀子和孟子都是传圣人之道,如果独尊孔孟一派认为正宗,那就有陷于入主出奴,物而不化的恶果。

章学诚还为荀子辩解,认为《性恶》篇之"伪"应作人为解,不是作为事伪的伪。他说:"荀子著性恶,以谓圣人为之化性而起伪,伪于六书,人为之正名也。荀卿之意,盖言天质不可恃,而学问必藉于人为,非谓虚诳欺罔之伪也。而世之罪荀卿者,以谓诬圣为欺诳,是不察古人之所谓,而遽断其是非也。"(同上《文史通义》内篇四《说林》)这样,荀卿并无可罪,就不能尊孟而非荀子了。

第三方面,反封建剥削制度。章学诚思想的倔强的异端性表现为他对专制制度的露骨攻击,这就超过戴震诸人只含蓄地对理学攻击。至于反对当时执政,就超过很多了。他在《上执政论时务书》中,曾痛切地说道:"由官迫民反观之,则吏治一日不清,逆贼一日得藉口以惑众也。以良民胁从推之,则吏治之坏,恐亦有类于胁从者也。盖事有必至,理有固然。……,其最与寇患相呼吸者,情知亏空为患,为上下相与讲求弥补,谓之'设法',……'设法'者巧取于民之别名耳。……盖既讲'设法',上下不能不讲'通融',州县有千金之通融,则胥役得乘而牟万金之利,督抚有万金之'通融',州县得乘而牟十万之利。……侧闻所'设'之'法',有通扣养廉,而不问有无亏损者矣;有因一州县所亏之大,而分累数州县者矣;有人地本属相宜,特因不善'设法',上司委员代署,而勒本员闲坐会城,或令代摄佐贰者矣;有贪劣有据,勒令缴出赃金,而掩覆其事者矣;有声名向属狼籍,幸未破案,而丁故回籍,或升调别省,勒令罚金若干,免其查究者矣;有肤腴之缺,不问人地宜否,但能担任'弥补',许买升调者矣;……种种意料难测,笔墨难罄之弊,皆由'设法'而生也。"(同上卷二十九《上执政论时务书》)章学诚在这里揭露了封建统治祸国殃民的弊端,他不怕当时洪亮吉被流戍的惨惧,直言不讳地指出当时专制政府由于"设法"和"弥补"所产生的弊病,这是继承清初学者的民主主义思想的。

2.著书。

章学诚是清代有名的史学家,所著书涉及了文化史、学术史,所著有《文史通义》、《校雠通义》。前者为文化史性质,后者为学术史性质。此外还有《史籍考》(代谢苏谭撰)、《和州志》等。1920年出版的《章氏遗书》,把他的著作都搜集在内,是我们研究他的思想的重要材料。

二、章学诚逻辑思想的唯物主义基础。

章学诚的逻辑思想注重实,注重实践与验证是有他的唯物主义世界观与认识论作基础的。他的唯物主义世界观表现在:

第一,他承认世界唯有物的存在。他说:"盈天地间惟万物,屯次乾坤之义也。"(同上卷三《文史通义》内篇三)物是第一性的,而道及理都是第二性的,这是唯物论的基本点。

第二,表现为器先于道。在道器的关系上,器是主,道是从,道依于器而存在。他说:"《易》曰:形而上者谓之道,形而下者谓之器,道不离器,犹影不离形。……六经即其器之可见者也,后人不见先王,当据可守之器而思不可见之道,故表彰先王政教,与夫官司典守以示人,而不自著为说,以致离器言道也。夫子自述《春秋》之所以作,则云:'我欲托之空言,不如见诸行事之深切著明。'则政教典章,人伦日用之外,更无别出著述之道,亦已明矣。……而儒家者流,守其六籍,以谓是特载道之书耳。夫天下岂有离器言道,离形存影者哉?彼舍天下事物人伦日用,而守六籍以言道,则固不可与言夫道矣!"(同上卷二《文史通义》内篇二《原道中》)他用形和影比喻器和道的关系,离形则影不见,离器则道亦不存,这和王夫之"未有弓矢而无射道,未有车马而无御道"之意同。

器是指客观事物,道是指事理和物理,"道者万事万物之所以然。"器有时他认作气,器即指气,他说:"天著于人,而理附于气。"这即指器为气。但谈到事与理的关系时,他说:"《易》曰:'神以知来,智以藏往。'知来,阳也;藏往,阴也。一阴一阳,道也。文章之用,或以述事,或以明理,事溯已往,阴也,理阐方来,阳也。其至焉者,则述事而理以昭焉,言理而事以范焉,则主适不偏,而文乃衷于道矣。"(同上《原道下》)总之,道在器中,"道因器而显,不因人而名也。"(同上《原道中》)这些论点和清初学者是一致的。

宋儒即是忘器言道,他们认为训诂名物是溺于器而不知道,似欲使人离器而言道。他批评说:"夫子教人'博学于文',而宋儒则曰'玩物而丧志'。……宋儒之意,似见疾在肺腑,遂欲并肺腑而去之。"(《章氏遗书》卷二《文史通义》内篇二《原道下》)"疾在肺腑,遂欲并肺腑而去之",这是可笑的。

第三,他提出理在事中的命题,这是和唯心主义对立的。他说:"古人未尝离事而言理,六经皆先王之政典也。"(同上卷一《文史通义》内篇一《易教》上)又说:"事有实据,而理无定形。故夫子之述六经,皆取先王典章,未尝离事而著理。"(同上《经解》中)这就是说,从孔子开始,都没有离事言理的。事是主,理是从。他将事比器,水比理,器形如何,决定水之容量。他说:"其理著于事物,而不托于空言也。师儒释理以示后学,惟著之于事物,而无门户之争矣。理,辟则水也,事物,辟则器也。器有大小浅深,水如量注之,无盈缺也。今欲以水注器者,姑置其器,而论水之挹注盈虚,与夫量空测实之理,争辩穷年,未有已也,而器固已无用矣。"(同上卷二《文史通义》内篇二《朱陆》)理和事的关系是"述事而理已明,言理而事以范焉。"(同上《原道》下)理的认识,只有从事物中去研究分析才能得到。这也和道器的关系一样,离器则道不存。

总之,器与事物是实在的,道和理是派生的。这是唯物主义的命题。

第四,他认为感觉是实在的,感觉是客观事物的反映,因而感觉是实在的,而且是我们知识的源泉。这是唯物论的认识论的基本点,他说:"声色臭味,天下之耳目口鼻皆相似也。心之所同然者,理也,义也。然天下歧趋,皆由争理义,而是非之心亦从而易焉,岂心之同然,不如耳目口鼻哉?声色臭味有据,而理义无形。有据,则庸愚皆知率循;无形,则贤智不免于自用也。"(同上卷三《文史通义》内篇四《砭异》)感觉反映客观事物有事实根据,所以庸愚都知遵循,理义为抽象的分析,所以各人难于统一是非。章学诚认为,认识即人向客观事物的效法,他说:"《易》曰:'成象之谓乾,效法之谓坤。'学也者,效法之谓也;道也者,成象之谓也。夫子曰:'下学而上达。'盖言学于形下之器,而自达于形上之道也……"。他又说:"平日体其象,事至物交,一如其准以赴之,所谓效法也。此圣人之希天也,此圣人之下学上达也。"(同上卷二《文史通义》内篇二《原学》上)效法必须运用我们的感官去探求客观事物的情状,此感觉之所以重要。

基于以上的分析,章学诚的世界观和认识论是唯物主义的。

三、章学诚的逻辑思想与方法。

1. 章学诚的逻辑思想。

名为实之宾。名实关系问题是我国从古以来的一个重要问题。章学诚对这一问题的看法是唯物的,那就是实是主,而名是从。万物本无名,人们反映客观事物后,强以名称之,以分别门类。他说:"三垣,七曜,二十八宿,一十二次,三百六十五度,黄道,赤道,历家强名之以纪数耳。古今以来,合之为文质损益,分之为学业事功,文章性命。当其始也,但有见于当然而为乎其所不得不为,浑然无定名也。其分条别类而名文名质，名为学业事功，文章性命，而不可合并者，皆因偏救弊，有所举而诏示于人，不得已而强为之名，定趋向尔。"（同上内篇三《天喻》）显然，先有客观的实，而后有它的名。实是第一性的，名是第二性的。这是唯物的名实观。

章学诚在名实关系上，采用古代"名者实之宾"（《列子》《扬朱篇）的提法，他说："钦明之为敬也，允塞之为诚也，宪象之为宪也，皆先具其实，而后著之名也。"（同上卷一《文史通义》内篇一《易教》中）又说："名者实之宾也，类者，例所起也。"（同上卷六《文史通义》内篇六《文集》）"名者实之宾，循名而忘实，并其所求之名而失之矣。"（同上卷三《文史通义》内篇四《黠陋》）

名者实之宾，虽则是一个老命题，但他采用了以表达他的逻辑思想。这证明了他的逻辑思想是唯物的。

章学诚对名的划分，引用古代尹文之说而加以修正。他说："名家之言，分为三科：一曰，命物之名，方圆黑白是也；二曰，毁誉之名，善恶贵贱是也；三曰，况谓之名，贤愚爱憎是也。尹文之言云尔，然而命物之名，其体也，毁誉况谓之名，其用也，名家言治道，大率综核毁誉，整齐况谓，所谓循名责实之谓尔。命物之名，其源本于《尔雅》，后世经解家言，辨名正物，盖亦名家之支别也。由此观之，名家之得失可辨尔。"（《校雠通义》《补核汉艺文志》）这里，他用体用的二分修改了尹文的三分。所谓用即循名责实，以期达于治道。

章学诚注意名的明确性，这是用正确的语言表达名的含义。他说："传述文字，全是史载，法度谨严，乃本《春秋》家学。官名地名必遵现行制度。不可混用古称，使后世无可考证，亦不可袭用易字省字陋习，均于事理有碍，前人久已言之。……即如二名不可偏举一字，古人二名不偏举者正以省去一字，不得即为其人之名故也。颜氏《匡谬》谓延寿称寿，相如称如，犹为命名之义无碍，弃疾称疾，不害称害，无忌称忌，则与命名之义且大背矣。"（《章氏遗书》《评沈梅村古文》）不该有的字，就不可省，这话是对的。

2．章学诚的逻辑方法。

章学诚的逻辑方法都于史学研究时得之，计有如下五条：

（1）博古。

章学诚认为要"学于形下之器，而自达于形上之道"，就得用博古的方法，因为六经皆器，是我们的效法之资。他说："观于生民以来，备天德之纯，而造天位之极者，求其前言往行，所以处夫穷变通久者，而多识之，而后有以自得所谓成象者，而善其效法也。"（《章氏遗书》卷二《文史通义》内篇二《原学》上）前言往行，必须多学而识，这是我们学习的重要途径。

其次，我们学习，必须"遍阅自古圣人不得不然而知其然。"（同上《原道》上）这是抓住历史的渊源流变，为最重要之资。这须通过"综核前代，纂辑比类"，（同上卷四《文史通义》内篇四《答客问》上）然后得之。

（2）通今。

当时考据家钻到故纸堆中，那种为古而博古是无用的。博古所以通今，借古为鉴以用于今之改进，这才是有用于世的学问。这是清初经世致用之优良传统。章学诚说："所谓好古者，非谓古之必胜乎今也，正以今不殊古，而于因革异同求其折衷也。"（同上卷四《文史通义》内篇四《说林》）他又说："学者但诵先圣遗言，而不达时王之制度，是以文为鞶帨绨绣之玩，而学为斗奇射覆之资，不复计其实用也。……书吏所存之掌故，实国家之制度所存，亦即尧舜以来，因革损益之实迹也。……君子苟有志于学，则必求当代典章，以切于人伦日用，必求官司掌故，而通于经术精微，则学为实事，而文非空言。……不知当代而言好古，不通掌故而言经术，则鞶帨之文，射覆之学，虽极精能。其无当于实用也，审矣！……故舍器而求道，舍今而求古，舍人伦日用而求学问精微，皆不知府史之史通于五史之义者也。……孔子曰：'生乎今之世，反古之道，灾及其身者也。'……夫三王不袭礼，五帝不沿乐，不知礼时为大，而动言好古，必非真知古制者也。……学者昧于知时，动矜博古，辟如考西陵之蚕桑，讲神农之树艺，以谓可御饥寒而不须衣食也。"（同上卷三《文史通义》内篇三《史释》)他依据历史进化的道理，竭力批判那些泥古不通今的当时一些考据家"舍器而求道，舍今而求古"的恶劣作风实无裨于世。

（3）实践。

博古通今还不够，因为书本上的知识是虚空的，必须通过实践才能找到真实的东西，章学诚说："以诵读为学者，推教者之所及而言之，非谓此外无学也。子路曰：'有民人焉，有社稷焉，何必读书，然后为学？'孔子斥以为佞者，盖以子羔为宰，不若是说，非谓学必专于诵读也；专于诵读而言学，世儒之陋也。"（同上卷二《文史通义》内篇二《原学》上）又说："观《易》《大传》之所称述，则知圣人即身示法，因事立教，而未尝于敷政出治之外，别有所谓教法也。"（同上《原道》中）这是说读书只是学习方法的一种，更重要的是在于有实践的知识，即以身示法，因事立教。

实践不但是个人的，而且须是大众的，因为公是由众人来的。圣人学于众人，圣人之所讲不过是众人生活中检验过的东西，并不是主观虚构的一套理论。他说："道有自然，圣人有不得不然。……圣人有所见，故不得不然，众人无所见，则不知其然而然。孰为近道？曰：不知其然而然，即道也。……圣人求道，道无可见，即众人之不知其然而然，圣人所藉以见道者也。"（《章氏遗书》卷二《文史通义》内篇二《原道》上）众人之不知其然而然，即圣人之藉以见道处。道不隐于庸愚，众人与圣人是一样的，凡圣同等的思想表示真理的客观性，他说："古人于学求其是，未尝求异于人也。……夫子曰：'俭，吾从众；泰，吾违众，吾从下。'圣人方且求同于人也，有时而异于众，圣人之不得已也。天下有公是，成于众人之不知其然而然也。圣人莫能异也。贤智之士深求其故，而信其然，庸愚未尝有知，而亦安于然，而负其才者，耻与庸愚同其然也，则故矫其说以谓其然。"(同上卷四《文史通义》内篇四《砭异》）公是为众人之所同，圣人亦莫能外，这是以圣人之从其同实践获得的。

实践的检证即在行事上，所以他又说："必习于事而后可以言学。"(同上《原道》中）又说："极思而未习于事，虽持之有故，言之成理，而不能知其行之有病也。"(同上卷二《文史通义》内篇二《原学》中）民人社稷为事之荟萃所在，这些非书本的知识是更重要的知识，因为它自能对书本作出检证。

（4）参取。

《庄子·天下》篇云："天下多得一察正以自好。"诸子百家各有见于道之一隅，因此参取百家之学，庶几能得道之全貌。章学诚很推崇《庄子·天下》篇，他从那里悟得参取方法的作用，他的天道观参取了老子、荀子学说，他的历史进化参取了法家"五帝不相复，三皇不相袭，各以其治，时变易也。"学于众人，参取了墨子"原察百姓耳目之实"。但他的参取决不是折衷，比如他参取老子即抛弃了老子唯心主义成分而采用他的自然天道观。他告诫我们说："辩证文字，但明其理，而不必过责其人。"(同上卷七《文史通义》外篇一《与孙渊如观察论学十规》）因此，他对戴震的排拒宋学，不无微词。他说："戴氏好辟宋学，……谓其无异于释老。……仆谓当问其果类圣人君子否耳。……必斤斤而摘其如何近释，如何似老，不知释老亦人，其间亦有不能与圣人尽异者。宋儒于同志所见有歧，辄以释老相为诋毁，此正宋之病。"(《与史余村书》）他对诸子也采同一态度，他说："孟子拒杨墨，必取扬墨之说而辟之，则不惟其人，而惟其学，故引扬墨之言，但明扬墨之家学，而不必专指扬朱、墨翟之人也。……彼异学之视吾儒，何独不然哉？韩非治刑名之说，则儒墨皆在所摈矣。墨者……历诋尧舜文周之行事，必藉儒者之言以辨之，故诸《难》之篇多标儒者，以为习射之的焉，此则在彼不得不然也。……然而其文华而辨，其意刻而深，后世文章之士多好观之。惟其文，而不惟其人，则亦未始不可参取也。"(《章氏遗书》卷四《文史通义》内篇四《匡谬》)这里,他对各家之相辟,不以为然,如韩非之文可取,固无关于其人也。

(5) 互注。

为求得古人学说之源委,不必因为偏见而有所抹杀。章学诚采用互注的方法,他说:"非重复互注之法,无以究古人之源委。"(《章氏遗书》卷十《校雠通义》内篇一《互注第三》之四)他又说:"得裁其篇章,补苴部次,别出门类,以辨述探流。"(同上《别裁》第四)他即用互注的方法写了《文史通义》与《校雠通义》的。这二书都是《通义》,所以不能完全截然分开。在"义解"和"源流"之间,互相补充说明的不少。他认为古人之书各有专长,不能因为有了某些偏见而加以抛弃。诸子百家各有所见,我们不妨就各家之所见进行互注,庶可得出道之全貌。章学诚要求学者必须做到:"学必求其心得,业必贯于专精,类必要于扩充,道必抵于全量,性情喻于忧喜愤乐,理势近于穷变通久。"(《章氏遗书》卷二《文史通义》内篇二《博约》下)道必抵于全量,这须"参取""互注"之方。

第三节 焦 循

一、焦循的生平及著书。

1. 焦循的生平。

焦循字理堂,一字里堂。江苏甘泉黄珏桥镇(今江苏邗江黄珏桥镇)人,生于乾隆二十八年,即公元1763年,卒于嘉庆二十五年,即公元1820年。他是鸦片战争前夜(前20年)一位有名的数学家与数理演绎的逻辑学家。嘉庆时举乡试,和阮元齐名,后应礼部试不第,在家乡筑楼名"雕菰楼"读书著述,不入城市者十余年。焦循于学无所不窥,举凡天文、经学、数学、地理、文学、音韵等,都有较深的研究之处,对于建筑、博物、戏曲等也有贡献,他反对"执一",博取众家之长,被目为"通儒"。

焦循对《易》学有新的创造，他以数理解《易》，一揭《周易》的神秘面纱。他精研《易》学，得出三条结论，即"旁通"、"相错"、"时行"，（详见后）把《周易》的数理结构作一体系的说明。江藩说："焦君里堂，历节读书，综经研传，钩深致远，复精推步，稽古法之九章，考西术之八线（即三角学），穷弧矢之微，尽方圆之度，与凌君仲子（延堪），李君尚之（锐）齐名。"（《释椭》序）英和也说："古今《易》学无虑数千百家，其大旨不外二端，曰理曰数而已。……言理者斥数，其弊流为庄老；言数者置理，其弊涉于方术。……后儒……高谈性命，推论图书，立'无极'之名，创'先天'之说，支离附会，去《易》弥远，……群经皆可理释，而惟《易》必由数推。……数实而可据，理虚而无凭也。……焦子里堂，深明洞渊九容之数，因以测天之法测《易》。其视《易》之爻位，犹天之躔度，凡山泽雷风水火，若七政恒星之昭布，一一可窥器而辨其方也。其视爻位之往来，犹躔度之交错，凡山泽雷风水火之变化，若七政恒星之经纬迟速，一一可窥器而辨其方也。所著《雕菰楼易学》，……无不条分缕析，珠连绳贯，以观其通。《易》之数得是书而明，《易》之理即是书而备矣。……今观所学，非列国，非汉，非唐，非宋，发千古未发之蕴。"（《雕菰楼易学》英序）这里，英和把研究《易》之所以需数，与夫焦循之如何以测天之法测《易》说得很清楚。他赞扬焦氏之《易》是"发千古未发之蕴"，评价是高的。

焦循为何从事研究《易》学呢？这有两个原因，一，即家庭传统。焦循家庭是以《易》学传家的，他从小就对《易》学感兴趣，有新领悟。二，即受戴震影响。他从小就服膺戴震的，而戴震却是提倡《易》学，提高《易》学地位的人。据阮元在《畴人传》中说："九数……下与方技同，……盖自戴氏，天下学者乃不敢轻言算数，而其道始尊。"焦循受戴震的影响，重视数学，后来，他又和数学家李锐、汪莱友善，被称为"谈天三友"。他广为"网罗算氏，缀辑遗经"，所著《里堂学算记》一书，就包括了几何、三角、代数、天文历算之学，他把刘徽注的《九章算术》中的"方田"、"粟米"的问题，归结为加减乘除，并说："九章不能穷加减乘除之用，而加减乘除可以通九章之穷。"（《加减乘除释·自序》）所以人称"今里堂之说算，不屑屑举夫数，而数之精意无不包，简而不遗，典而有则。"（《里堂学算记·总序》）总之，焦循对数学是有贡献的。

还有一事须提的，即当时西洋算法如欧几里得几何学等已传入我国，焦循主张"会通两家（中西）之长，不主一偏之见。"（《里堂学算记·总序》）这和他反对执一思想有关。西学的输入，对他是起作用的。

2．焦循的著书。

焦循著作甚多，一生著作达三百卷，重要的著作为《里堂学算记》、《易学三书》、《孟子正义》、《开方通释》、《雕菰楼集》等。

焦循对于两千年来的解《易》者都以己意附会非常不满，他希望能从《易》找出一条公式"通前彻后，提起一头绪，处处贯入。"（《易话》上）他首先通读二千多年来的所有有关《易》的注释和论著，"年四十一，始尽屏众说，一空己见，专以十翼与上下两经，思其参互融合，脉胳纬度。"（《雕菰楼集》卷二十四）在这个基础上，逐渐修改他的理论，到五十一岁时，才写成《易通释》，完成他的《易》学体系，可见他从事著作是非常认真的。

他在给王引之的信中曾说："此易辞全在明伏羲设卦，观象指其所之，故不言理。……义理自具画之所之中，指明其所之，则义理自见。……宜按辞以知卦，泥辞以求义理，非也。"（《焦里堂先生轶文·寄王伯申书》）王引之认为很对，称赞他为"凿破混沌，可谓精锐之兵。"阮元推崇他的理论为"石破天惊"。（见《雕菰楼易学》《附两氏手札》）焦循《易》学为时人见重者如此。

二、焦循的数量的世界观。

焦循以测天之法测《易》，发现《易》的全部数理结构，他认为整个世界都是数量结构的关系，因而数理的规律不但通于自然，也适于社会。这就是焦循数量世界观的基本点，我们再分别分析如下：

第一，数是世界结构的基础，所以当时学者都重视数理知识。阮元有一段话，可以代表焦循的观点。他说："数为六艺之一，而广其用则天地之纲纪，群伦之统系也。天与星辰之高远，非数无以效其灵；地域之广轮，非数无以步其极；世事之纠纷繁颐，非数无以提其要。通天地人之道曰儒，孰谓儒者可以不知数乎？自汉以来，如许商、刘歆、郑康成、贾逵、何休、韦昭、杜预、虞喜、刘焯、刘炫之徒，或步天路而有验于时，或著算术而传之于后，凡在儒林，类能为算。后之学者，喜空谈不务实学，薄艺事而不为，其学始衰。降及明代，寖以益微。……我国家（清朝）……为学之士，甄明度数，洞晓几何者，后先辈出，专门名家，有若吴江王昆阁（锡阐）、淄川薛仪甫（凤祚）、宣城梅征君（文鼎）、儒者兼长有若吴县惠学士（士奇）、婺源江慎修（永）、休宁戴庶常（震），莫不各有撰述，流布人间。……江都焦君里堂，……湛深经学，长于三《礼》，而于推步数术，尤独有心得。比辑其所著《加减乘除释》八卷、《天元一释》二卷、《释弧》三卷、《释轮》二卷、《释椭》一卷，总而录之，名《里堂学算记》。……元尝稽考算氏之遗文，泛览欧逻之述作，而知夫中之与西，枝条虽分，而本干则一也。中之与西不同者其名，而同者其实，乃强生畛域，安所习而毁所不见，何其陋与？里堂会通两家之长，不主一偏之见。……里堂之说算，不屑屑举夫数，而数之精意无不包，简而不遗，典而有则，所谓扶以文义，润以道术者非耶？"（《里堂学算记》总叙）阮元这里首先把数的重要性说得很清楚，数是纲纪，天地人伦的基础。也可说是整个世界都由数构成，中间提到数学的发展，最后提出焦循的学贯中西的杰出成就。当时学者都以数的推衍为学术的基础。

第二，理先名后，数先形后的宇宙结构论。焦循说："名起于立法之后，理存于立法之先。""名主其形，理主其数"。这是先天存在的宇宙结构式，焦循用许慎的《说文解字》与《九章算术》对比说明,他说:"刘氏徽之注《九章算术》,犹许氏慎之撰《说文解字》。士生千百年后,欲知古人仰观俯察之旨,舍许氏之书不可,欲知古人参天两地之原,舍刘氏之书亦不可。……循谓古人之学期以实用,以乂百工,察万品,而作书契,分别其事物之所在,俾学者按形而得声。若夫声音之间,义蕴精微,未可人人使悟其旨趣,此所以主形不主声也。惟算亦然,既有"少广"、"勾股",又必指而别之,曰"方田",曰"商功";既有"衰分"、"盈不足"、"方程",又必明以示之,曰"粟米",曰"均输",亦指其事物之所在,而使学者人人可以案名以知术也。然名起于立法之后,理存于立法之先。'理'者何?加减乘除四者之错综变化也。而四者之杂于九章,则不啻六书之声杂于各部,故同一今有之术,用于'衰分',复用于'粟米';同一齐同之术,用于'方田',复用于'均输';同一弦矢之术,用于'勾股'复用于'少广'。"(《加减乘除释》自序)这里,焦循说明加减乘除变化之理存于名之先,而名都出于后,亦就是他的数先形后之说。数是基本的,形是派生的,宇宙间的最后依据为数。

焦循进一步说明数和形的关系,他说:"自一至九,数也,加减乘除,错综此数者也。乘而后有幂,再乘而后有体,有幂有体,则数已成形。故平方立方纵方生于加减乘除,而加减乘除所生而致者实尽乎此。勾股者,生于形者也,形复生形,而非数无以驭,则加减乘除又为勾股之所用也。勾股为众形之始,故为众形之所从生。盖有勾股,则用以割圆,则圆之形成;有勾股而化之为锐钝,则三角之用著;鳖臑(楔之一种)为勾股之立者。规之即成立圆,又弧三角之弦切所集也。西人萨几里得(即欧氏)《几何原本》一书,精于说形,梅勿菴明以勾股之理。……学者由数以知形,由形以用数,悉诸加减乘除之理,自可识方圆幂积之妙。"(《加减乘除释》卷三)总之,从焦循看来,宇宙间一切事物的变化,莫不是由于"理之一"或"数之约"所致。所以他说:"其理本一,其数本约,析之以至于緐,变之以成其异,得其理之一·,自仍归于数之约也。"(同上引卷八)从他最后一句看来,理还是本于数的。

总之,焦循的世界只数量上的变化而无质的内容,他注重数的推衍,理由在此。

三、焦循的逻辑方法

1. 研究《易》的方法。

焦循说他研究《易》学有三种心得。他说:"余学《易》所悟得者有三:一曰旁通,二曰相错,三曰时行。……夫《易》,犹天也,天不可知,以实测而知。七政恒星,错综不齐,而不出乎三百六十度之经纬;山泽水火,错综不齐,而不出乎三百八十四爻之变化。本行度而实测之,天以渐而明;本经文而实测之,《易》亦以渐而明;非可以虚理尽,非可以外心衡也。余初不知其何为'相错'实测其经文传文,而后知比例之义出于相错,不知'相错',则比例之义不明。余初不知其何为'旁通',实测其经文传文,而后知升降之妙出于'旁通',不知'旁通',则升降之妙不著。余初不知其何为'时行',实测……而后知变化之道出于时行,不知'时行',则变化之道不神。……十数年来,以测天之法测《易》,……发明旁通、相错、时行之义,……非能越乎前人,亦由前人之说而密焉耳。"(《易图略·自序》)可见相错、旁通、时行是他以测天之法测《易》,精心探索所得到的结果,兹分述如次:

(1) 相错。

什么叫相错?焦循有解说,他说:"《说卦传》云:'天地定位,山泽通气,雷风相薄,水火不相射。'天地,乾坤也;山泽,艮兑也;雷风,震巽也;水火,坎离也。天地相错,上天下地成否,二五已定为定位。山泽相错,上山下泽成损,二交五为通气。雷风相错,上雷下风成恒,二交五为相薄。水火相错,上水下火成既济。六爻皆定,不更往来,故不相射。此否则彼泰,此损则彼咸,此恒则彼益,此既济则彼未济,而统括以八卦相错一语。六十四卦,皆此天地、山泽、雷风、水火之相错也。《传》又自发明之云:水火相逮,雷风不相悖,山泽通气，然后能变化而成万物。变'不相射'而云'相逮'，不相射谓既济，相逮谓既济变通于未济也；不相射则寂然不动，相逮则感而遂通矣。(《尔雅》：'逮，与也'。即谓感应相与)变'相薄'而云'不相悖'，……不相悖由于相薄也。"(《易图略》卷四《八卦相错图第四》)可见"相错"是研究两组卦的特殊关系，因为每卦都有上下卦的关系，乾卦上下两卦都是乾，坤卦上下两卦都是坤，如果乾坤两卦的下卦彼此交换，则可得出两个相反的新卦。如乾下坤上为泰，坤下乾上为否，反过来也一样。相错四卦的内容相通，可以互相推导。相错两极的构成分子，其统一是绝对的，对立是相对的。

(2) 旁通。

旁通是什么？焦循说："在卦爻为旁通，在算数为互乘。"(《易通释》卷二十《天地之数五十有五》)他又说："旁通情，即所以类万物之情。"(《易图略》卷六《原卦第一》)他又说："旁通之义，即由一索、再索、三索之义而推，索即摩也，刚柔相摩即'吾与尔摩'之'摩'，一以贯之者也。"(《易图略》卷一《旁通图第一》)由以上几条看来，"旁通"即是一种"类通"，有了类通，对立两极可以互通而归于统一。旁通是指卦爻运动变化的基本方式，每卦组的十二爻，由无动无静组成，只有动爻可以交换，每卦义有阴有阳，只阳爻可以交换。可见旁通即由动而使对立两极互相转化，这一动之理，即《易》辞的内容，"辞也者，各指其所之"。"所之"即指数量之间的错综关系。所以他说："所之者，旁通也"。"《易》重旁通，乃卦之序，不以旁通，而以反对，用反对者正所以用旁通也，无反对即用旁通为序，则反对有穷而旁通不穷也。……万物之情非生而即类者也，神明之德非生而即通者也。自然而定位者，天地也，自然而变通者，寒暑日月也。……反对者，自然者也，一阴一阳之谓道，反对之卦不能一阴一阳，即不能合于道，故必旁通以为道焉。如震反为艮，男仍是男，巽反为兑，女仍是女，男女长幼皆父母一气所生，生而相聚，故列以为序；夫妇必由嫁娶，不容任其自然，故不以旁通序也。卦之有旁通，如人之有夫妇也,序以反对,而辞则指其'所之','所之'者旁通也。"(《易图略》卷六《原序第三》)由此看来,旁通的要点在于有动,而动则实指卦爻之"所之"。

(3)时行。

什么是时行,对此焦循有详细的解释,他说:"《传》云:变通者,趣时者也。能变通即为时行。时行者,元亨利贞也。……孔门贵仁之旨,孟子性善之说,悉可会于此。'大有'二之五,为乾二之坤五之比例,故《传》言元亨之义,于此最明。云大中而上下应之,大中谓二之五,为元,上下应则亨也,盖非上下应,则虽大中不可为元亨。'既济'《传》云,利贞刚柔正而位当也,刚柔正,则六爻皆定,贞也,贞而不利,则刚柔正而位不当,利而后贞,乃能刚柔正而位当。由元亨而利贞,由利贞而复为元亨,则时行矣。……阴变阳为'得',阳通阴为'丧',自阳退而易为阴,谓之'反',自阴进而交为阳,谓之'复',是为反复其道,复而不返则亢,反而不复则迷。……《易》之一书,圣人教人……穷可以通,死可以生,乱可以治,绝可以续。……孔子曰:'假我数年,五十以学《易》,可以无大过矣。'……又举'恒''九三':'不恒其德,或承之羞',断之云'不占而已矣',占者变也,恒者久也,羞者过也,能变通则可久,可久则无大过。不可久则至大过。所以不可久而至大过。由于不能变通,变通者,改过之谓也。"(《易图略》卷三《时行图第三》)可见时行的关键在于能变通,能变通即可依照元亨利贞的次序进行不息。

2.一般的研究方法。

一般研究法,焦循分为五种:即

(1)通核。

"通核者主以全经,贯以百氏,协其久辞,揆以道理。人之所蔽,独得其间。可以别是非,化拘滞泥,相授以意,各慊其衷。其弊也,自师成见,亡其所宗。"

(2)据守。

“据守者，信古最深，谓传注之言，坚确不易，不求于心，固守其说，一字句不敢议，绝浮游之空论，卫古学之遗传。其弊也，跼蹐狭隘，曲为之原，守古人之言，而失古人之心。”

(3) 校讎。

“校讎者，六经传注，各有师授，传写有讹，义蕴乃晦，鸠集众本，互相纠核。其弊也，不求其端，任意删易，往往改者之误，失其本真。”

(4) 摭拾。

“摭拾者，其书已亡，间存他籍，采而聚之，如断圭碎璧，补苴成卷，虽不获全，可以窥半。是学也，功力至繁，取资甚便，不知鉴别，以赝为真，亦其弊矣。”

(5) 丛缀。

“丛缀者，博览广稽，随有心获或考订一字，或辨证一言，略所共知，得未曾有，溥博渊深，不名一物。其弊也，不顾全文，信此屈彼，故集义所生，非由义袭，道听途说，所宜戒也。”(以上皆见《雕菰集》卷八《辨学》)。

焦循对这五种方法分析，都各有利弊，故主张集合采用，取利除弊。